CB142219

plurall

Esta obra está no **Plurall**.
Baixe o app no seu celular
ou acesse **http://plurall.net**
e descubra uma nova
forma de estudar!

AASPEY4PW

Atenção! Somente serão liberados conteúdos
e serviços relacionados a esta obra.

Ajuda: @plurallnet

SOMOS EDUCAÇÃO

TERRITÓRIO E SOCIEDADE

NO MUNDO GLOBALIZADO

CONECTE LIDi

ELIAN ALABI LUCCI

Bacharel e licenciado em Geografia pela Pontifícia Universidade Católica de São Paulo (PUC-SP)

Professor da rede particular de ensino

Diretor da Associação dos Geógrafos Brasileiros (AGB) – Seção local Bauru-SP

ANSELMO LAZARO BRANCO

Licenciado em Geografia pela FAI – Faculdades Associadas Ipiranga

Professor da rede particular de ensino

CLÁUDIO MENDONÇA

Bacharel e licenciado em Geografia pela Faculdade de Filosofia, Letras e Ciências Humanas da Universidade de São Paulo (FFLCH-USP)

Professor da rede particular de ensino

Editora Saraiva

Conecte Território e sociedade no mundo globalizado – Volume único (Ensino Médio)

Direitos desta edição:
Saraiva S.A. – Livreiros Editores, São Paulo, 2014

Dados Internacionais de Catalogação na Publicação (CIP)
(Câmara Brasileira do Livro, SP, Brasil)

Lucci, Elian Alabi
Conecte : Território e sociedade no mundo globalizado, Volume único / Elian Alabi Lucci, Anselmo Lazaro Branco, Cláudio Mendonça. – 1. ed. – São Paulo : Saraiva, 2014.

ISBN 978-85-02-22364-6 (aluno)
ISBN 978-85-02-22367-7 (professor)

1. Geografia (Ensino médio) I. Branco, Anselmo Lazaro. II. Mendonça, Cláudio. III. Título.

14-01397 CDD-910.712

Índices para catálogo sistemático :
1. Geografia : Ensino médio 910.712

Gerente editorial	M. Esther Nejm
Editor responsável	Wagner Nicaretta
Editores	Diego Emanuel Campos Oliveira, Brunna Paulussi, Raquel Maygton Vicentini
Assistentes editoriais	Felipe Rodrigues Sanches, Ana Flávia Cechinel
Coordenador de revisão	Camila Christi Gazzani
Revisores	Cesar G. Sacramento, Maura Loria, Salvine Maciel, Sueli Bossi
Coordenador de iconografia	Cristina Akisino
Pesquisa iconográfica	Thiago Fontana
Licenciamento de textos	Érica Brambila
Gerente de artes	Ricardo Borges
Coordenador de artes	Aderson Oliveira
Produtor de artes	Narjara Lara
Design	Homem de Melo & Troia Design
Fotos de capa	Jamie Farrant/E+/Getty Images / Frank Krahmer/Photodisc/Getty Images / James Lauritz/Photographer's Choice RF/Getty Images
Diagramação	Felipe Frade
Assistente	Jacqueline Ortolan
Cartografia e gráficos	Mario Yoshida
Tratamento de imagens	Emerson de Lima
Produtor gráfico	Robson Cacau Alves
Impressão e acabamento	Eskenazi Indústria Gráfica Ltda

074.786.001.001

Editora Saraiva

SAC 0800-0117875
De 2ª a 6ª, das 8h30 às 19h30
www.editorasaraiva.com.br/contato

Rua Henrique Schaumann, 270 – Cerqueira César – São Paulo/SP – 05413-909

APRESENTAÇÃO

A complexidade das paisagens, das atividades humanas, das sociedades e do nível de desenvolvimento entre os países é enorme no espaço geográfico mundial. As transformações tecnológicas ocorrem em ritmo acelerado, alterando os processos de produção, as relações de trabalho, o modo como a sociedade se relaciona com a natureza e as formas de organização espacial. Ao mesmo tempo em que se amplia a capacidade produtiva e surgem novas modalidades de consumo, intensifica-se a retirada de recursos naturais e a degradação de ecossistemas. Alguns problemas ambientais atingem dimensão planetária, os quais a humanidade nunca havia enfrentado.

No âmbito das relações internacionais surgiram novos conflitos, e novos arranjos nas relações de poder no mundo atual estão sendo redefinidos.

A Geografia tem muito a contribuir para a compreensão desse novo mundo, cada vez mais complexo, cujas transformações são surpreendentes.

A seleção dos conteúdos, a estruturação das atividades e seções e a organização desta coleção foram feitas com base em algumas preocupações centrais que caminham conjuntamente: a discussão dos principais temas estudados no Ensino Médio, a compreensão de questões relevantes que envolvem o espaço geográfico no mundo atual, e a formação de cidadãos atentos, críticos e capazes de refletir sobre soluções para os problemas sociais, econômicos e ambientais.

Nesta coleção, a realidade brasileira, abordada em todas as unidades, recebe destaque especial de modo que o território brasileiro possa ser estudado num contexto mais abrangente e em comparação com outras realidades do mundo atual. A economia, a sociedade e a natureza são tratadas como integrantes de um mesmo e diversificado processo, que envolve desenvolvimento tecnológico, globalização, impactos ambientais e sociais, redes mundiais de produção, de informação e de circulação.

A abordagem dos conteúdos não está restrita à visão dos autores desta coleção. Em diversos momentos, contrapomos visões e situações distintas – por vezes conflitantes – sobre um mesmo assunto, contribuindo para uma percepção crítica e ampla da realidade. Além disso, há espaço para que você – aluno e leitor – se manifeste. Para que isso ocorra, apresentamos seções e atividades que solicitam sua opinião, reflexão e discussão sobre os mais variados temas, além da investigação da sua realidade mais próxima.

Os capítulos apresentam uma seleção de textos (poesias, crônicas, notícias de jornais e de revistas, textos científicos) e outros recursos (fotografias, charges, mapas, tabelas, gráficos, infográficos) sobre os diversos temas. Muitas vezes, eles são acompanhados por atividades de análise e interpretação.

Esperamos que esta coleção possa auxiliá-lo em seus estudos, ampliar seus conhecimentos e sensibilizá-lo para as grandes questões e os desafios do mundo contemporâneo, a fim de lhe proporcionar possibilidades mais amplas de inserção crítica na sociedade em que vivemos.

Portanto, este projeto não termina aqui. Será efetivado com o seu envolvimento e a sua participação em seu cotidiano.

Os autores

CONHEÇA SEU LIVRO

Abertura de unidade

Uma imagem e um breve texto apresentam e relacionam os conteúdos que você irá estudar nos capítulos que compõem as unidades do livro.

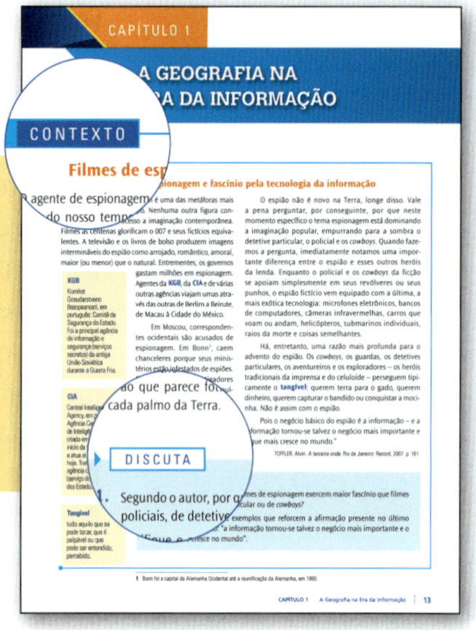

Abertura de capítulo

Os capítulos abrem com a seção *Contexto* (texto e/ou imagem), relacionada ao tema que será trabalhado, seguida do boxe *Discuta*, com atividades que apuram os conhecimentos prévios sobre o tema que será estudado.

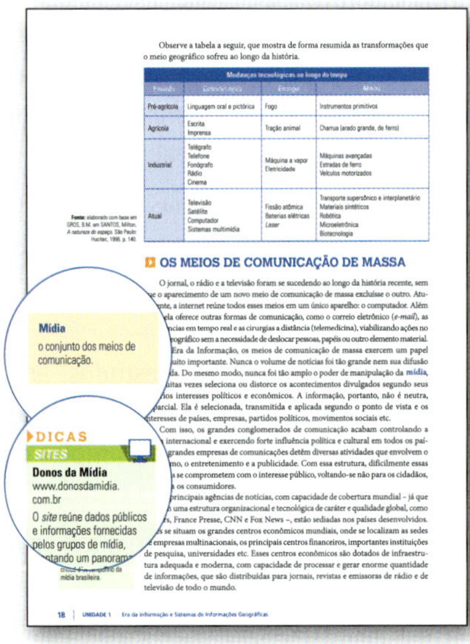

Glossário

Traz definições sucintas de termos ou conceitos. Assim, você pode ampliar seu vocabulário e desenvolver a compreensão leitora.

Dicas

Oferecem sugestões de filmes, livros e *sites* relacionados aos temas do capítulo, na coluna lateral das páginas.

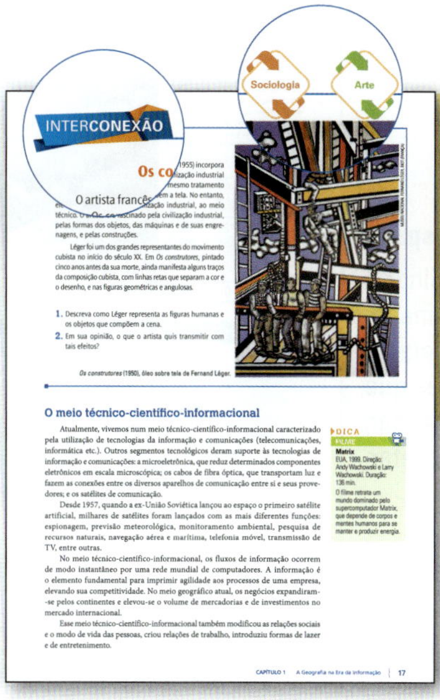

Interconexão

Seção que trabalha a interdisciplinaridade. Ocorre em diversos momentos, apresentando diferentes recursos visuais e textuais, como obras de arte, textos literários, letras de música, gráficos, mapas, charges e outros, sempre explorados com atividades.

Para evidenciar a disciplina com a qual a seção *Interconexão* vai trabalhar, são colocados selos de identificação. As atividades podem ser aplicadas nas aulas de Geografia, utilizando-se dos conhecimentos das outras disciplinas.

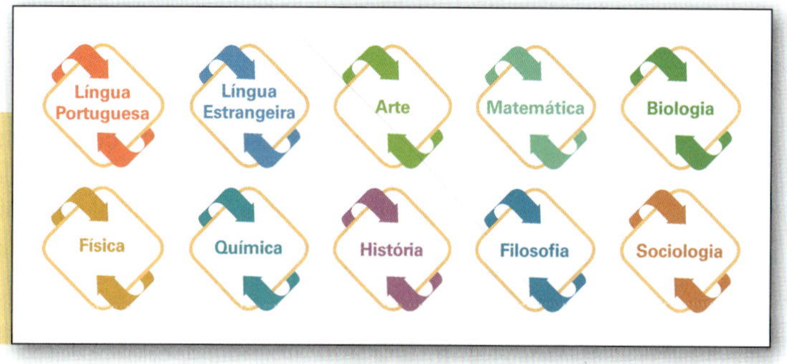

Leitura complementar

Textos científicos e jornalísticos ampliam e enriquecem os assuntos tratados no capítulo. Alguns são acompanhados de atividades de compreensão e interpretação.

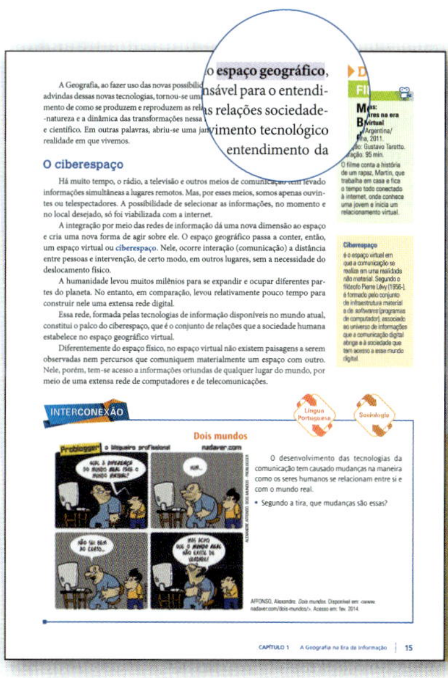

Dicionário geográfico

Ao final do livro, os conceitos destacados com uma tarja são explicados de maneira mais aprofundada.

Olho no espaço

Traz propostas para trabalhar a leitura espacial através de mapa, ilustração, gráfico, tabela ou texto, com atividades que estimulam a observar, analisar, relacionar e interpretar.

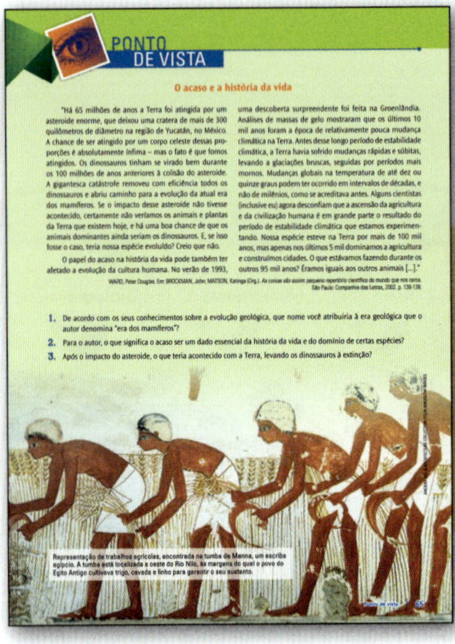

Ponto de vista

Propõe o contato com temas importantes ligados à realidade nacional ou mundial por meio de textos teóricos/opinativos e atividades.

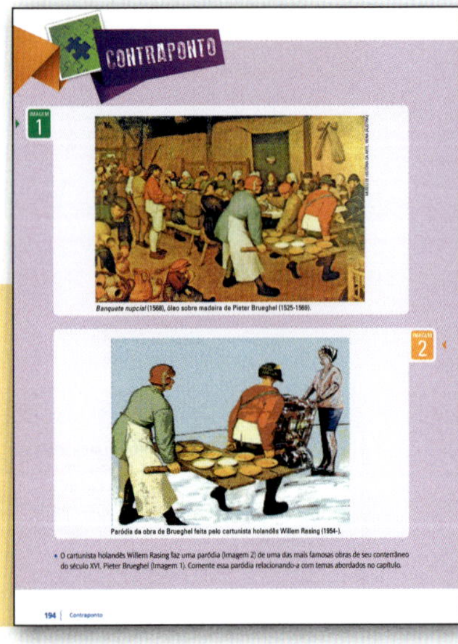

Contraponto

Apresenta textos ou imagens com diferentes opiniões e abordagens sobre assuntos relacionados aos conteúdos estudados. Desenvolve o senso crítico e possibilita debates interessantes.

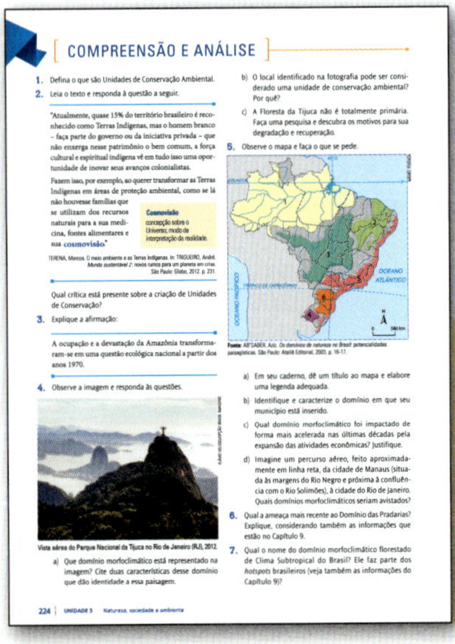

Compreensão e análise

Finaliza o capítulo com um conjunto de atividades variadas que possibilitam avaliar os conhecimentos que você adquiriu, antes de seguir para o próximo capítulo.

SUMÁRIO GERAL

PRIMEIRA PARTE

SEGUNDA PARTE

UNIDADE 6 | Contexto histórico e geopolítico do mundo atual

UNIDADE 7 | A economia mundial e a globalização

UNIDADE 8 | Infraestrutura e desenvolvimento

UNIDADE 9 | Espaço e produção

TERCEIRA PARTE

UNIDADE 10 | Etnia, diversidade cultural e conflitos

UNIDADE 11 | Espaço geográfico e urbanização

UNIDADE 12 | Espaço, sociedade e economia

Sumário da primeira parte

UNIDADE 1 | Era da Informação e Sistemas de Informações Geográficas

UNIDADE 2 | Planeta Terra: estrutura, formas, dinâmica e atividades humanas

UNIDADE 3 | Clima e formações vegetais

UNIDADE 4 | As águas do planeta

UNIDADE 5 | Natureza, sociedade e ambiente

UNIDADE 1

ERA DA INFORMAÇÃO E SISTEMAS DE INFORMAÇÕES GEOGRÁFICAS

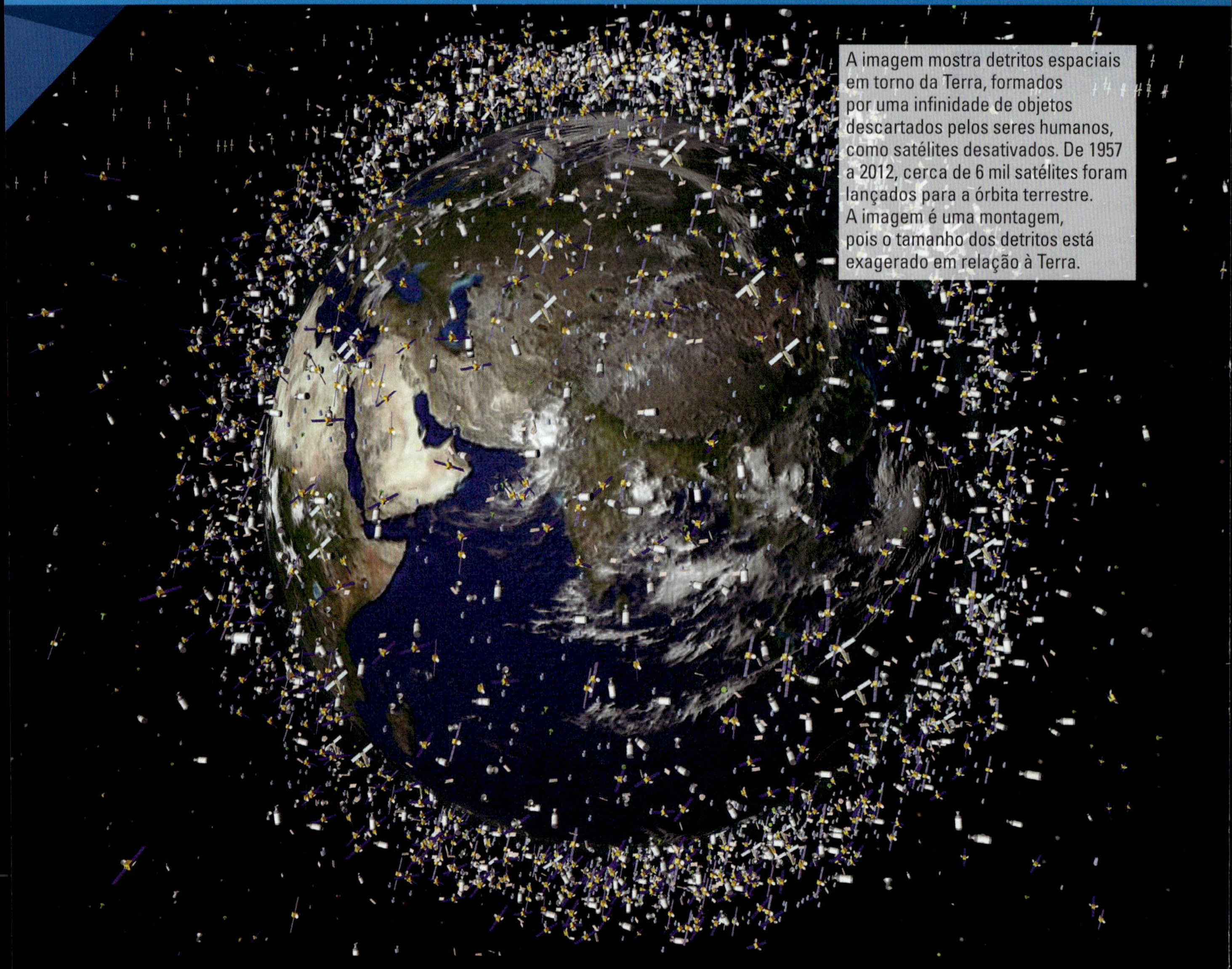

A imagem mostra detritos espaciais em torno da Terra, formados por uma infinidade de objetos descartados pelos seres humanos, como satélites desativados. De 1957 a 2012, cerca de 6 mil satélites foram lançados para a órbita terrestre. A imagem é uma montagem, pois o tamanho dos detritos está exagerado em relação à Terra.

ESA

As relações entre a sociedade e o espaço são mediadas, cada vez mais, pela tecnologia da informação. Para a Geografia, a informação é um recurso importantíssimo para o estudo e a representação do espaço geográfico.

As tecnologias da informação utilizadas pela Geografia apoiam-se em satélites artificiais, computadores (*hardware*) e programas específicos (*software*), entre outros recursos. Esses recursos tecnológicos, conhecidos como SIGs (Sistema de Informações Geográficas), captam, processam e elaboram imagens que são utilizadas para fazer mapas e monitorar diversas atividades humanas, sendo essenciais para o trabalho do geógrafo.

CAPÍTULO 1

A GEOGRAFIA NA ERA DA INFORMAÇÃO

CONTEXTO

Filmes de espionagem e fascínio pela tecnologia da informação

"O agente de espionagem é uma das metáforas mais poderosas do nosso tempo. Nenhuma outra figura conquistou com tanto sucesso a imaginação contemporânea. Filmes às centenas glorificam o 007 e seus fictícios equivalentes. A televisão e os livros de bolso produzem imagens intermináveis do espião como arrojado, romântico, amoral, maior (ou menor) que o natural. Entrementes, os governos gastam milhões em espionagem. Agentes da **KGB**, da **CIA** e de várias outras agências viajam umas através das outras de Berlim a Beirute, de Macau à Cidade do México.

Em Moscou, correspondentes ocidentais são acusados de espionagem. Em Bonn[1], caem chanceleres porque seus ministérios estão infestados de espiões. Em Washington, investigadores do Congresso denunciam simultaneamente os crimes de agentes secretos americanos e coreanos, o próprio céu está cheio de satélites espiões, ao que parece fotografando cada palmo da Terra.

O espião não é novo na Terra, longe disso. Vale a pena perguntar, por conseguinte, por que neste momento específico o tema espionagem está dominando a imaginação popular, empurrando para a sombra o detetive particular, o policial e os *cowboys*. Quando fazemos a pergunta, imediatamente notamos uma importante diferença entre o espião e esses outros heróis da lenda. Enquanto o policial e os *cowboys* da ficção se apoiam simplesmente em seus revólveres ou seus punhos, o espião fictício vem equipado com a última, a mais exótica tecnologia: microfones eletrônicos, bancos de computadores, câmeras infravermelhas, carros que voam ou andam, helicópteros, submarinos individuais, raios da morte e coisas semelhantes.

Há, entretanto, uma razão mais profunda para o advento do espião. Os *cowboys*, os guardas, os detetives particulares, os aventureiros e os exploradores – os heróis tradicionais da imprensa e do celuloide – perseguem tipicamente o **tangível**: querem terra para o gado, querem dinheiro, querem capturar o bandido ou conquistar a mocinha. Não é assim com o espião.

Pois o negócio básico do espião é a informação – e a informação tornou-se talvez o negócio mais importante e o que mais cresce no mundo."

TOFFLER, Alvin. *A terceira onda*. Rio de Janeiro: Record, 2007. p. 161.

KGB
Komitet Gosudarstveno Bezopasnosti, em português: Comitê de Segurança do Estado. Foi a principal agência de informação e segurança (serviços secretos) da antiga União Soviética durante a Guerra Fria.

CIA
Central Intelligence Agency, em português: Agência Central de Inteligência. Foi criada em 1947 no início da Guerra Fria e atua até os dias de hoje. Trata-se de uma agência de informação (serviço de inteligência) dos Estados Unidos.

Tangível
tudo aquilo que se pode tocar, que é palpável ou que pode ser entendido, percebido.

DISCUTA

1. Segundo o autor, por que filmes de espionagem exercem maior fascínio que filmes policiais, de detetive particular ou de *cowboys*?
2. Justifique e apresente exemplos que reforcem a afirmação presente no último parágrafo do texto: "a informação tornou-se talvez o negócio mais importante e o que mais cresce no mundo".

1 Bonn foi a capital da Alemanha Ocidental até a reunificação da Alemanha, em 1990.

INFORMAÇÃO E ESPAÇO GEOGRÁFICO

Tablet
aparelho eletrônico em forma de uma pequena prancheta com capacidade para acessar a internet sem fio e desenvolver outras tarefas básicas de um computador pessoal.

Telemática
associação dos recursos dos sistemas de telecomunicações – satélites artificiais, cabos de fibra óptica, centrais telefônicas – aos equipamentos (*hardwares*) e programas (*softwares*) da informática.

As tecnologias da informação e das telecomunicações provocaram grandes transformações em todos os setores da sociedade. Os novos meios de comunicação e de obtenção de informações e serviços estão tão incorporados ao modo de vida que poucos se dão conta de que vivemos uma nova era tecnológica, com novas estruturas sociais e econômicas, que tem sido chamada de Era da Informação.

Usar telefone celular, computador ou ***tablet*** para conversar, escrever *e-mails*, ler revistas, jornais, livros, traduzir textos, consultar o saldo bancário, efetuar pagamentos, fazer compras, investir em ações, realizar pesquisas e reservar ingressos para espetáculos em teatros ou cinemas são ações que fazem parte do cotidiano de milhões de pessoas.

Armazenar dados e informações[2] e enviá-los para qualquer outro lugar é possível por meio de um simples computador pessoal, objeto que já se tornou comum nos lares de milhões de famílias, assim como a geladeira, o rádio, a televisão e o forno de micro-ondas. Utilizando os recursos da **telemática** é possível conectar-se à internet – a rede mundial que interliga computadores em todo o planeta. A internet é, provavelmente, o principal símbolo dessa nova era.

Ao mesmo tempo que as novas tecnologias conectam pessoas e mercados em todo o mundo, também ampliam as desigualdades entre povos e territórios. Isso acontece porque muitos estão praticamente excluídos dos avanços tecnológicos, carecendo até mesmo da infraestrutura básica para o funcionamento de equipamentos, como a rede de energia elétrica.

MARTIN PUDDY/CORBIS/LATINSTOCK

Internet café totalmente ocupado em Gulin (China), 2008.

Cartografia digital

Do ponto de vista da Geografia, a informática e as telecomunicações são importantes porque possibilitaram a integração instantânea entre regiões distantes, por meio de redes de informação que se distribuem por todo o planeta, provocando profundas transformações na organização e nas relações que ocorrem no espaço geográfico. Essas informações são captadas, armazenadas, monitoradas, mapeadas e analisadas através dos SIGs (Sistemas de Informações Geográficas) – assunto que será abordado no Capítulo 2.

2 Embora sejam complementares, os termos **dado**, **informação** e **conhecimento** não possuem o mesmo significado. **Dados** são quantificáveis e podem ser processados pelo computador para fazer cálculos, estatísticas e projeções. Os computadores conseguem manipular os dados, funcionando como máquinas "inteligentes". **Informações** trabalham com palavras, frases, imagens digitalizadas, sons, vídeos e não podem ser processadas pelo computador, apenas armazenadas e transmitidas. **Conhecimento** é uma experiência pessoal que depende da capacidade de estabelecer relações e comparações e dar significado a dados e informações. Nesse sentido, os computadores fornecem e armazenam dados e informações, mas não produzem conhecimento.

A Geografia, ao fazer uso das novas possibilidades de análise do **espaço geográfico**, advindas dessas novas tecnologias, tornou-se uma ciência indispensável para o entendimento de como se produzem e reproduzem as relações humanas, as relações sociedade-natureza e a dinâmica das transformações nessa fase de desenvolvimento tecnológico e científico. Em outras palavras, abriu-se uma janela ampla para o entendimento da realidade em que vivemos.

DICA
FILME

Medianeras: Buenos Aires na era do amor virtual
Espanha/Argentina/Alemanha, 2011.
Direção: Gustavo Taretto.
Duração: 95 min.

O filme conta a história de um rapaz, Martin, que trabalha em casa e fica o tempo todo conectado à internet, onde conhece uma jovem e inicia um relacionamento virtual.

O ciberespaço

Há muito tempo, o rádio, a televisão e outros meios de comunicação têm levado informações simultâneas a lugares remotos. Mas, por esses meios, somos apenas ouvintes ou telespectadores. A possibilidade de selecionar as informações, no momento e no local desejado, só foi viabilizada com a internet.

A integração por meio das redes de informação dá uma nova dimensão ao espaço e cria uma nova forma de agir sobre ele. O espaço geográfico passa a conter, então, um espaço virtual ou **ciberespaço**. Nele, ocorre interação (comunicação) a distância entre pessoas e intervenção, de certo modo, em outros lugares, sem a necessidade do deslocamento físico.

A humanidade levou muitos milênios para se expandir e ocupar diferentes partes do planeta. No entanto, em comparação, levou relativamente pouco tempo para construir nele uma extensa rede digital.

Essa rede, formada pelas tecnologias de informação disponíveis no mundo atual, constitui o palco do ciberespaço, que é o conjunto de relações que a sociedade humana estabelece no espaço geográfico virtual.

Diferentemente do espaço físico, no espaço virtual não existem paisagens a serem observadas nem percursos que comuniquem materialmente um espaço com outro. Nele, porém, tem-se acesso a informações oriundas de qualquer lugar do mundo, por meio de uma extensa rede de computadores e de telecomunicações.

Ciberespaço
é o espaço virtual em que a comunicação se realiza em uma realidade não material. Segundo o filósofo Pierre Lévy (1956-), é formado pelo conjunto de infraestrutura material e de *softwares* (programas de computador), associado ao universo de informações que a comunicação digital abriga e à sociedade que tem acesso a esse mundo digital.

INTERCONEXÃO

Língua Portuguesa
Sociologia

Dois mundos

ALEXANDRE AFFONSO. DOIS MUNDOS - PROBLOGGER

AFFONSO, Alexandre. *Dois mundos*. Disponível em: <www.nadaver.com/dois-mundos/>. Acesso em: fev. 2014.

O desenvolvimento das tecnologias da comunicação tem causado mudanças na maneira como os seres humanos se relacionam entre si e com o mundo real.

- Segundo a tira, que mudanças são essas?

O MEIO GEOGRÁFICO

O ambiente onde a sociedade humana desenvolve as suas relações, chamado **meio geográfico**, é resultante das alterações que os seres humanos introduziram na natureza por meio dessas técnicas.

Sob o ponto de vista histórico, o meio geográfico pode ser dividido em três períodos: meio natural, meio técnico e meio técnico-científico-informacional. Cada um desses períodos corresponde a uma etapa de evolução técnica pela qual passou a sociedade humana.

O meio natural

A humanidade viveu a maior parte da sua existência no meio natural, ainda que impusesse transformações à natureza, com o uso de ferramentas simples, para a produção de sua sobrevivência. Quando extraía da natureza seus meios de subsistência, com a caça, a pesca e a coleta, o ser humano era totalmente dependente dela.

Demorou até que a humanidade desenvolvesse técnicas que possibilitassem o cultivo do solo, a domesticação de animais, a construção de abrigos, a confecção de vestimentas para proteção contra o frio e a criação de ferramentas que ampliassem suas formas de interferência na natureza.

Nessa fase, representada pela Revolução Agrícola, já era possível planejar um pouco mais a sobrevivência: os humanos viviam em comunidade, fixados em determinado lugar, e dividiam as tarefas entre seus membros. A domesticação dos animais também tornou possível o deslocamento por longas distâncias, o contato entre outros grupos humanos e a troca de conhecimento. Nesse meio natural, o ser humano vivia em um meio geográfico no qual a terra era a base da economia, da estrutura de poder e das relações sociais.

O meio técnico

Há cerca de 250 anos, o avanço da ciência criou condições para a invenção de máquinas que modificaram radicalmente e com muita rapidez o modo de vida no planeta. A técnica adquiriu papel cada vez mais importante. O conjunto das técnicas envolvidas no processo de fabricação de mercadorias, na produção de energia e na circulação de pessoas foi resultado da aplicação prática dos conhecimentos científicos. As técnicas aplicadas à produção e à organização da vida social passaram a ser fruto das invenções tecnológicas[3].

Nesse período, teve início a sociedade industrial. Um conjunto de edificações resultantes do desenvolvimento das novas tecnologias foi acrescentado à paisagem: cidades foram ampliadas com a construção de indústrias, residências e estabelecimentos comerciais. O espaço geográfico tornou-se mais interdependente, e foram abertas novas e amplas rotas de distribuição de mercadorias e circulação de pessoas, com a construção de canais, estradas e ferrovias. Essas construções transformaram o meio natural em meio técnico, no qual as técnicas ficaram mais visíveis na paisagem geográfica.

---

3 Enquanto a técnica se refere a um conjunto de habilidades, ao modo de fazer determinadas ações ou desenvolver um trabalho com o uso de ferramentas, máquinas e outros equipamentos, a tecnologia está associada à invenção e à inovação de técnicas que serão aplicadas no processo de produção de mercadorias ou serviços.

INTERCONEXÃO

Sociologia | Arte

Os construtores

O artista francês Fernand Léger (1881-1955) incorpora na obra *Os construtores* a temática da civilização industrial e urbana. Léger dá à figura humana o mesmo tratamento que aos demais objetos que compõem a tela. No entanto, ele não faz uma crítica à civilização industrial, ao meio técnico. O artista era fascinado pela civilização industrial, pelas formas dos objetos, das máquinas e de suas engrenagens, e pelas construções.

Léger foi um dos grandes representantes do movimento cubista no início do século XX. Em *Os construtores*, pintado cinco anos antes da sua morte, ainda manifesta alguns traços da composição cubista, com linhas retas que separam a cor e o desenho, e nas figuras geométricas e angulosas.

1. Descreva como Léger representa as figuras humanas e os objetos que compõem a cena.
2. Em sua opinião, o que o artista quis transmitir com tais efeitos?

MUSEU NACIONAL FERNAND LÉGER, BIOT (FRANÇA)

Os construtores (1950), óleo sobre tela de Fernand Léger.

O meio técnico-científico-informacional

Atualmente, vivemos num meio técnico-científico-informacional caracterizado pela utilização de tecnologias da informação e comunicações (telecomunicações, informática etc.). Outros segmentos tecnológicos deram suporte às tecnologias de informação e comunicações: a microeletrônica, que reduz determinados componentes eletrônicos em escala microscópica; os cabos de fibra óptica, que transportam luz e fazem as conexões entre os diversos aparelhos de comunicação entre si e seus provedores; e os satélites de comunicação.

Desde 1957, quando a ex-União Soviética lançou ao espaço o primeiro satélite artificial, milhares de satélites foram lançados com as mais diferentes funções: espionagem, previsão meteorológica, monitoramento ambiental, pesquisa de recursos naturais, navegação aérea e marítima, telefonia móvel, transmissão de TV, entre outras.

No meio técnico-científico-informacional, os fluxos de informação ocorrem de modo instantâneo por uma rede mundial de computadores. A informação é o elemento fundamental para imprimir agilidade aos processos de uma empresa, elevando sua competitividade. No meio geográfico atual, os negócios expandiram-se pelos continentes e elevou-se o volume de mercadorias e de investimentos no mercado internacional.

Esse meio técnico-científico-informacional também modificou as relações sociais e o modo de vida das pessoas, criou relações de trabalho, introduziu formas de lazer e de entretenimento.

DICA

FILME

Matrix

EUA, 1999. Direção: Andy Wachowski e Larry Wachowski. Duração: 136 min.

O filme retrata um mundo dominado pelo supercomputador Matrix, que depende de corpos e mentes humanos para se manter e produzir energia.

Observe a tabela a seguir, que mostra de forma resumida as transformações que o meio geográfico sofreu ao longo da história.

Mudanças tecnológicas ao longo do tempo			
Período	Comunicação	Energia	Meios
Pré-agrícola	Linguagem oral e pictórica	Fogo	Instrumentos primitivos
Agrícola	Escrita Imprensa	Tração animal	Charrua (arado grande, de ferro)
Industrial	Telégrafo Telefone Fonógrafo Rádio Cinema	Máquina a vapor Eletricidade	Máquinas avançadas Estradas de ferro Veículos motorizados
Atual	Televisão Satélite Computador Sistemas multimídia	Fissão atômica Baterias elétricas *Laser*	Transporte supersônico e interplanetário Materiais sintéticos Robótica Microeletrônica Biotecnologia

Fonte: elaborado com base em GROS, B.M. em SANTOS, Milton. *A natureza do espaço*. São Paulo: Hucitec, 1996. p. 140.

OS MEIOS DE COMUNICAÇÃO DE MASSA

O jornal, o rádio e a televisão foram se sucedendo ao longo da história recente, sem que o aparecimento de um novo meio de comunicação de massa excluísse o outro. Atualmente, a internet reúne todos esses meios em um único aparelho: o computador. Além disso, ela oferece outras formas de comunicação, como o correio eletrônico (*e-mail*), as conferências em tempo real e as cirurgias a distância (telemedicina), viabilizando ações no espaço geográfico sem a necessidade de deslocar pessoas, papéis ou outro elemento material.

Na Era da Informação, os meios de comunicação de massa exercem um papel social muito importante. Nunca o volume de notícias foi tão grande nem sua difusão tão rápida. Do mesmo modo, nunca foi tão amplo o poder de manipulação da **mídia**, que muitas vezes seleciona ou distorce os acontecimentos divulgados segundo seus próprios interesses políticos e econômicos. A informação, portanto, não é neutra, imparcial. Ela é selecionada, transmitida e aplicada segundo o ponto de vista e os interesses de países, empresas, partidos políticos, movimentos sociais etc.

Mídia
o conjunto dos meios de comunicação.

Com isso, os grandes conglomerados de comunicação acabam controlando a mídia internacional e exercendo forte influência política e cultural em todos os países. As grandes empresas de comunicações detêm diversas atividades que envolvem o jornalismo, o entretenimento e a publicidade. Com essa estrutura, dificilmente essas empresas se comprometem com o interesse público, voltando-se não para os cidadãos, mas para os consumidores.

As principais agências de notícias, com capacidade de cobertura mundial – já que mantêm uma estrutura organizacional e tecnológica de caráter e qualidade global, como Reuters, France Presse, CNN e Fox News –, estão sediadas nos países desenvolvidos. Neles se situam os grandes centros econômicos mundiais, onde se localizam as sedes de empresas multinacionais, os principais centros financeiros, importantes instituições de pesquisa, universidades etc. Esses centros econômicos são dotados de infraestrutura adequada e moderna, com capacidade de processar e gerar enorme quantidade de informações, que são distribuídas para jornais, revistas e emissoras de rádio e de televisão de todo o mundo.

DICAS

SITES

Donos da Mídia
www.donosdamidia.com.br
O *site* reúne dados públicos e informações fornecidas pelos grupos de mídia, montando um panorama sobre a mídia no Brasil.

Observatório da Imprensa
www.observatoriodaimprensa.com.br
O Observatório da Imprensa é uma entidade não governamental que acompanha de forma crítica o desempenho da mídia brasileira.

ZUMA WIRE SERVICE/ALAMY/GLOW IMAGES

Estúdio da agência de notícias estadunidense CNN, uma das principais agências de cobertura internacional, em Atlanta (Estado Unidos), 2011.

A INTERNET

A internet é uma rede mundial de computadores criada na década de 1960 como um sistema de defesa, ligado ao Departamento de Defesa dos Estados Unidos. A ideia era armazenar informações nos computadores de diversas bases militares estadunidenses, preservando-as caso um ataque inimigo destruísse uma das conexões. Além disso, o sistema permitia o controle de mísseis nucleares por qualquer base militar ligada à rede.

Nos anos seguintes, esse sistema foi aplicado a importantes centros de pesquisas e universidades, e somente na década de 1990 foi aberto ao público em geral. Em 2011, mais de 2,2 bilhões de pessoas estavam conectadas à rede.

Os novos meios eletrônicos dão a impressão de que a informação está acessível a todas as pessoas, em todo lugar e a qualquer momento. Além disso, levam muitos a considerar a internet um meio democrático de acesso à informação.

Mundo: usuários de internet – 2000 e 2012

Região	Usuários (2000)	Usuários (2012)	% em relação ao total da população da região (2012)
África	4.514.400	167.335.676	15,6%
Ásia	114.304.000	1.076.681.059	27,5%
Europa	105.096.093	518.512.109	63,2%
Oriente Médio	3.284.800	90.000.455	40,2%
América do Norte	108.096.800	273.785.413	78,6%
América Latina e Caribe	18.068.919	254.915.745	42,9%
Oceania e Austrália	7.620.480	24.287.919	67,6%
Total mundial	360.985.492	2.405.518.376	34,3%

Fonte: INTERNET WORLD STATS. *World internet usage and population statistics*. Disponível em: <www.internetworldstats.com>. Acesso em: ago. 2013.

1. Qual região teve o maior aumento no número de usuários de internet?
2. Qual região teve a maior taxa de crescimento? Qual região teve a menor taxa de crescimento?

DICA

FILME

A rede social

EUA, 2011. Direção: David Fincher. Duração: 190 min.

Por meio da história dos idealizadores da rede social *Facebook*, o filme traça um perfil de uma geração que cresceu com as novas tecnologias.

Contrainformação

que se contrapõe às notícias e análises divulgadas pela imprensa oficial.

Wikileaks

organização transnacional sediada na Suécia, criada com base em princípios de informação livre. Em seu *site* são divulgadas, por fontes anônimas, informações confidenciais vazadas de empresas e governos, sobre assuntos sensíveis.

Blog

página da internet em que qualquer pessoa pode publicar textos, vídeos e imagens. Sua construção é simples e não requer conhecimento das ferramentas utilizadas para o desenvolvimento de um *site*.

Xenofóbico

que demonstra ódio ou aversão ao que é estrangeiro.

Mas o acesso a dados e informações por meio de um sistema sofisticado e combinado, que envolve satélites artificiais e cabos de fibra óptica, permitindo a estruturação de redes de banda larga e acessos por meio de equipamentos como telefones, televisão a cabo e microcomputadores, é diferenciado e seletivo quanto à possibilidade de utilização, tanto em relação aos países como em relação às classes sociais.

"Navegar" na internet envolve custos, pois requer provedor de acesso, linha telefônica, computador pessoal, *softwares* e outros equipamentos[4]. Mas a questão da democratização da informação não se restringe apenas ao custo, visto que a maior parte dos provedores é controlada pelas grandes empresas de comunicação.

A internet, no entanto, vai além do poder das grandes empresas de comunicação. Os meios eletrônicos também são utilizados como canal de organização popular, divulgação científica e educacional, defesa ambiental e "**contrainformação**". Diversos *sites* da internet têm sido utilizados por comunidades, partidos políticos, grupos guerrilheiros, organizações não governamentais e órgãos de imprensa eletrônica de todas as vertentes ideológicas.

Grupos têm utilizado a rede como forma de luta contra o sistema, como a Attac[5] (Ação pela Tributação das Transações Financeiras em Apoio aos Cidadãos); o Movimento Rawa (Associação Revolucionária das Mulheres do Afeganistão), que denunciou a perseguição das mulheres afegãs durante o regime talibã e hoje constitui um importante movimento social do país; a **Wikileaks**, que publicou milhares de documentos e informações sigilosas do governo de diversos países, em especial da diplomacia dos Estados Unidos, e de empresas de espionagem com forte repercussão mundial; e muitos outros. Da mesma forma, grupos comunitários e ambientalistas utilizam a internet como meio de divulgação, discussão e denúncia de questões de interesse público.

Alguns países, no entanto, exercem forte censura na rede. Neles, seus governantes obrigam os provedores a bloquear o acesso a determinados *sites* e ***blogs***. Além disso, algumas palavras-chave são proibidas nos *sites* de busca, como é o caso de termos ligados a movimentos democráticos, como "revolta", "massacre", "direitos humanos", na China. O maior controle ocorre em situações em que o usuário possa ter acesso a críticas ao governo ou aos costumes do país.

A Agência Nacional de Segurança dos Estados Unidos, por sua vez, tem utilizado informações fornecidas por grandes empresas, como Google, Facebook, Skype, Yahoo, Microsoft e Apple, entre outras, para vasculhar ligações telefônicas, fotos e *e-mails* de seus usuários. Além da invasão da privacidade da população estadunidense e de outras partes do mundo, as denúncias, que vieram a público em 2013, relatam casos de espionagem de membros do governo e de empresas de outros países, inclusive do Brasil. A justificativa do governo dos Estados Unidos é que essas ações visam proteger os seus cidadãos e o mundo da ameaça terrorista.

A internet, ainda, vem sendo utilizada como canal para a atuação de redes criminosas comandadas pela máfia, pelo narcotráfico e por grupos terroristas, que a utilizam para articular ações em diversos países do mundo, além de divulgar mensagens de cunho racista e **xenofóbico**.

---

4 Embora alguns provedores ofereçam acesso gratuito, existe o custo dos pulsos telefônicos ou da banda larga. Além disso, alguns portais são de acesso restrito a assinantes, que pagam pelo serviço. *Sites* de grandes meios de comunicação não estão disponíveis a todos os usuários.

5 A Attac luta pela taxação das atividades financeiras internacionais, propondo que o dinheiro arrecadado seja destinado às obras sociais nos países subdesenvolvidos. Essa taxa ficou conhecida pelo nome de taxa Tobin.

PONTO DE VISTA

"Não temos o direito de ficar isolados"

"Eleito pela revista americana *Fast Company* como um dos líderes mais criativos do mundo dos negócios, o índio receita a tecnologia para preservar as tradições

Soa contraditório, mas a mesma modernidade que quase dizimou os suruís nos tempos do primeiro contato promete salvar a cultura e preservar o território desse povo. Em 2007, o líder Almir Suruí, de 37 anos, fechou uma parceria inédita com o Google e levou a tecnologia às tribos. Os índios passaram a valorizar a história dos anciãos. E a resguardar, em vídeos e fotos *on-line*, as tradições da aldeia. Ainda se valeram de *smartphones* e GPS [Global Position System][6] para delimitar suas terras e identificar os desmatamentos ilegais. Em 2011, Almir foi eleito pela revista americana *Fast Company* um dos 100 líderes mais criativos do mundo dos negócios.

ÉPOCA – Quando o senhor percebeu que a internet poderia ser uma aliada do povo suruí?

Almir Suruí – Meu povo acredita no diálogo. Para nós, é uma ferramenta muito importante. Sem a tecnologia, não teríamos como dialogar suficientemente para propor e discutir os direitos e territórios de nosso povo. Nós, povos indígenas, não temos mais o direito de ficar isolados. Ao usar a tecnologia, valorizamos a floresta e criamos um novo modelo de desenvolvimento. Se a gente usasse a tecnologia de qualquer jeito, seria um risco. Mas hoje temos a pretensão de usar a ferramenta para valorizar nosso povo, buscar nossa autonomia e ajudar na implementação das políticas públicas a favor do meio ambiente e das pessoas. Estamos construindo um modelo diferente. Ainda não temos resultados economicos, mas com certeza teremos. Temos a clareza de que o dinheiro não é a solução, mas um instrumento de trabalho. O respeito que conseguimos com a comunicação nos trouxe resultados políticos e sociais. Há valores adquiridos com esse diálogo.

ÉPOCA – Qual o impacto da internet na cultura da tribo?

Suruí – Entendemos que cultura não é algo parado. Cultura anda, cultura avança. A própria história do país mostra isso. A cultura de antes é diferente de agora. Precisamos ter responsabilidade para administrar tudo. Teremos uma política pedagógica na escola para mostrar às crianças suruís que é necessário respeitar nossa religião, nosso plano, nossas ideias. Para valorizar nossa cultura, usamos as práticas dos rituais. Vamos continuar com nossos rituais. Sempre. Mas isso não nos impede de avançar. Os suruís vão continuar com sua cultura, mas ao mesmo tempo terão nível superior, doutorado. Em 1997, começamos a desenhar o que chamamos de Plano de Gestão de 50 anos. Ele prevê melhorias no sistema de saúde, de educação, além da valorização das tradições e o combate ao desmatamento. Nele, está também a criação de uma universidade indígena.

ÉPOCA – O primeiro contato dos suruís com o homem branco foi em 1969. A população foi dizimada por doenças e matanças e recentemente voltou a crescer. Qual é a situação de seu povo hoje?

Suruí – Temos uma população de 1.300 índios em 25 aldeias espalhadas pelo centro-sul de Rondônia e noroeste de Mato Grosso. A maior pressão em nossas terras é o desmatamento para retirada de madeira, preparo de pastagens e agora também para plantar soja. O modelo atual de desenvolvimento na região traz essa pressão.

ÉPOCA – Vocês usam *smartphones* e GPS para fiscalizar desmatamentos ilegais desde quando? Quais são os resultados?

Suruí – Temos usado a tecnologia para comunicar essas pressões. O conhecimento tecnológico não é adquirido de um dia para o outro. Nosso povo continua se capacitando. Temos ganhos significativos. Sem essas tecnologias, não chegaríamos entre os 100 mais criativos da *Fast Company*. Não faço isso sozinho. Tenho uma equipe, a maioria indígenas suruís, além de parceiros importantes. Temos agentes ambientais para vigiar as ameaças ao território. Claro, com o apoio da polícia, do Ministério Público e da Funai. É uma parceria, não uma ação isolada. O resultado, de imediato, é que os invasores das terras dos suruís diminuíram muito. Ainda há ameaças, sim, mas elas ficaram menores."

Almir Suruí: "Não temos o direito de ficar isolados". *Época*, 24 fev. 2012. Disponível em: <http://revistaepoca.globo.com>. Acesso em: ago. 2013.

1. De que forma as tecnologias da informação têm sido usadas para preservar as terras dos suruís?

2. Qual a situação apontada nessa entrevista que aparentemente é contraditória ao senso comum em relação ao uso das tecnologias?

---

6 Veja mais detalhes sobre o GPS no Capítulo 2.

[COMPREENSÃO E ANÁLISE]

1. Explique o impacto da tecnologia da informática e das telecomunicações para a Geografia.

2. Interprete a charge, relacionando-a ao conceito de meio geográfico.

PEPE SAN MARTIN

3. Leia o texto e responda à questão.

"A sociedade rural não tinha outra saída senão localizar cada plantio no terreno mais apropriado. O homem era 'obrigado' às suas escolhas espaciais. E o mesmo valia para o tempo: cada estação do ano implicava somente um número determinado de atividades.

A sociedade industrial conseguiu fazer com que o tempo virasse uma mania, uma neurose. Também o espaço era em grande parte obrigatório: era mais conveniente elaborar a matéria-prima o mais perto possível dos cursos d'água que acionavam as turbinas. E todas as ações humanas, até mesmo os pensamentos, possuíam tempos e lugares específicos: o amor, de noite em casa, o trabalho, de manhã no escritório, as compras, num determinado bairro, a diversão, num outro, e assim por diante.

Ora, com o fax, o celular, o correio eletrônico, a internet, a secretária eletrônica, nós podemos fazer tudo em todo e qualquer lugar. Usos, mentalidades e sentimentos separam-se sempre mais dos lugares e dos horários."

MASI, Domenico de. *O ócio criativo*. Rio de Janeiro: Sextante, 2000. p. 49.

O texto apresenta características dos meios geográficos. Identifique-os em cada um dos parágrafos.

4. Compare as possibilidades de desenvolvimento social e profissional entre uma pessoa que esteja integrada ao meio técnico-científico-informacional e outra que esteja distante dele.

5. Em que sentido a internet se diferencia dos outros meios de comunicação? Justifique.

6. Reflita sobre a afirmação a seguir e escreva um pequeno texto em seu caderno:

A internet democratizou o acesso às informações.

7. Compare os dados da tabela da página 19 com o gráfico abaixo e responda à questão.

Mundo: usuários de internet – jun. 2012

MARIO YOSHIDA

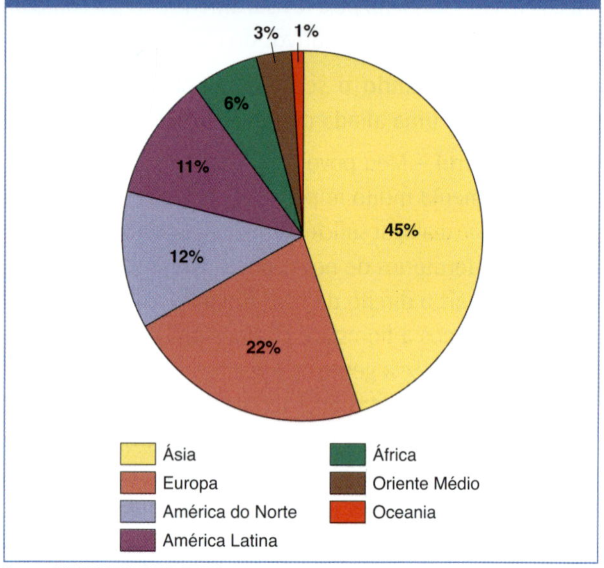

Fonte: INTERNET WORLD STATS. *Usuários de internet no mundo. Distribuição por regiões do mundo.* Disponível em: <www.internetworldstats.com>. Acesso em: set. 2013.

Com base nas disparidades que podem ser apreendidas dos dados do gráfico e da tabela, qual região tem maior evidência? Quais as prováveis razões para isso?

8. Leia o texto.

"Há uma tirinha muito boa, já bem famosa, que mostra dois cachorros usando a *internet*. Um deles escreve ao outro: **'Na *internet*, ninguém sabe que você é um cachorro'**. Caberia acrescentar: **'E ninguém sabe onde você está'**."

NEGROPONTE, Nicholas. *A vida digital*. São Paulo: Companhia das Letras, 2003. p. 184.

Explique cada uma das frases destacadas nesse trecho do texto.

CAPÍTULO 2

A LOCALIZAÇÃO NO ESPAÇO E OS SISTEMAS DE INFORMAÇÕES GEOGRÁFICAS

CONTEXTO

O prêmio da longitude

"O tempo estava péssimo, com ventos fortes, tempestades e céu completamente encoberto. Depois de três semanas, o céu clareou, vários navios calcularam a latitude e tomaram-se medidas da profundidade. Quando sir Clowdisley[7] convocou uma reunião entre os pilotos, todos concordaram que estavam na borda da **plataforma continental**, aproximando-se da entrada do canal da Mancha.

O céu nublou de novo e a frota prosseguiu para leste, impelida por ventos favoráveis. Em 22 de outubro [1707], por volta das sete e meia da noite, quatro dos navios se chocaram contra um recife ao largo das Ilhas Scilly, cerca de vinte milhas a oeste da Cornuália[8]. Em poucas horas, os quatro navios avariados afundaram, junto com os seus tripulantes. Segundo alguns relatos, morreram oitocentos homens; segundo outros, as vítimas foram 2 mil. Outros naufrágios tinham ocorrido naquela época e haveria muitos mais, mas a dimensão dessa perda abalou profundamente os britânicos – quatro navios de guerra destruídos e centenas de marinheiros mortos sem um único inimigo à vista.

Pensou-se que a tragédia tivesse resultado do desconhecimento da posição do navio, mas recentemente os historiadores começaram a ver de maneira diferente o naufrágio ao largo das Ilhas Scilly. Acredita-se que, quando o almirante consultou os pilotos, as conclusões destes estavam corretas – eles sabiam onde estavam e aonde queriam ir –, e que o desastre foi causado por erros nos mapas e cartas de navegação que eles usavam.

As cartas de navegação precisas devem ser traçadas a bordo e com conhecimento exato da longitude, que tem duas finalidades: fornecer ao navegador mapas e cartas confiáveis e, no mar, informar onde ele se encontra, permitindo-lhe utilizar as cartas de navegação.

Os navios ingleses navegavam por toda parte no mundo ocidental, confiando em cartas e mapas que, frequentemente, tinham pouca correspondência com a realidade. [...]

Independentemente da causa direta do desastre – mapas imprecisos ou navegação falha –, a causa básica era o desconhecimento da longitude. O clamor público que se seguiu à tragédia levou o Parlamento a aprovar uma lei, em 1714, oferecendo um prêmio muito maior do que o oferecido por outros países, pois a Grã-Bretanha tinha a maior e mais importante Marinha mercante do mundo. Qualquer aparelho ou invento para determinar a longitude que 'tenha sido testado e considerado viável e útil no mar' seria recompensado com 20 mil libras.

A soma era enorme, mais ou menos o equivalente a 12 milhões de dólares de hoje, e prêmios menores foram oferecidos para soluções parciais. Os mais notáveis cientistas do país, entre os quais sir Isaac Newton e Edmond Halley, disputaram o prêmio, bem como os lunáticos mais desvairados. [...]"

DASH, Joan. *O prêmio da longitude*. São Paulo: Companhia das Letras, 2002. p. 14-16.

Plataforma continental
parte do relevo submarino em contato com o relevo do continente cujo declive atinge a profundidade de até 200 metros, aproximadamente.

DISCUTA

1. Quais foram as prováveis causas apontadas do acidente com a esquadra da Marinha britânica nas Ilhas Scilly?

2. De acordo com as informações do texto, em qual oceano a esquadra navegava?

3. Embora a latitude fosse demarcada com relativa precisão desde a Antiguidade, a demarcação da longitude só ocorreu no decorrer do século XVIII. Sendo assim, quais problemas poderiam ser encontrados para navegar nos sentidos:
a) leste-oeste? Justifique. b) norte-sul? Justifique.

7 Sir Clowdisley era o comandante da esquadra cuja tragédia é relatada no texto.
8 Cornuália é uma região situada no sul da Grã-Bretanha.

DICA

FILME

1492 – A conquista do paraíso
EUA/Inglaterra/França/Espanha, 1992. Direção: Ridley Scott. Duração: 154 min.

O filme narra a viagem do navegador genovês Cristovão Colombo rumo ao continente desconhecido dos europeus, a América, usando como orientação a latitude.

Equidistante
situado à mesma distância (em relação a algo).

AS COORDENADAS GEOGRÁFICAS

As coordenadas geográficas são linhas imaginárias traçadas sobre o globo terrestre que permitem a localização de qualquer ponto sobre sua superfície. Essa rede de linhas é composta pelos meridianos, que ligam o polo geográfico norte ao polo geográfico sul, e pelos paralelos, que cruzam perpendicularmente os meridianos.

Paralelos e latitudes

Paralelos são linhas traçadas, em um globo terrestre ou em um mapa, paralelamente ao Equador.

O Equador – o principal paralelo – é a linha que circunda o globo. Todos os seus pontos estão a igual distância de ambos os polos, formando um plano que divide horizontalmente a Terra em duas partes iguais: o Hemisfério Norte, também chamado de Setentrional ou Boreal, e o Hemisfério Sul, também chamado de Meridional ou Austral.

A distância, em graus, de qualquer ponto da superfície terrestre à Linha do Equador recebe o nome de latitude. Definiu-se, portanto, como 0° a latitude do Equador. Nos hemisférios Norte e Sul têm-se, respectivamente, latitudes norte (N) e sul (S), que atingem o ângulo máximo de 90° nos polos. Assim, se traçarmos 90 paralelos **equidistantes** em cada hemisfério, a distância entre eles será de 1°. Todos os lugares situados em um mesmo paralelo têm a mesma latitude.

Paralelos e latitudes

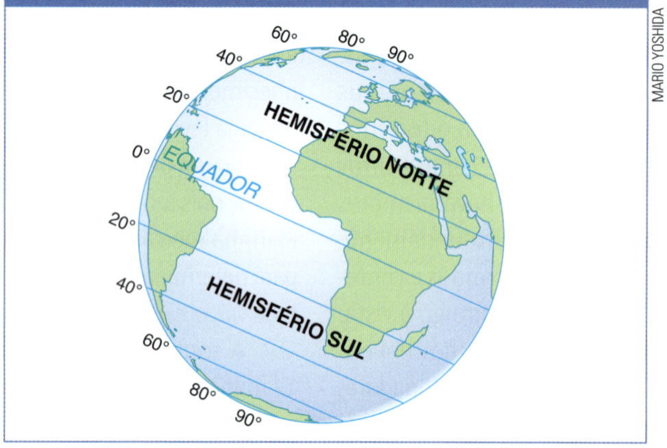

Fonte: *Diercke Geography, for bilingual classes.* Braunschweig: Westermann, 2006. p. 5.

As zonas térmicas e as estações do ano

Além do Equador, há quatro outros paralelos importantes: o Trópico de Câncer e o Círculo polar Ártico, no Hemisfério Norte, e o Trópico de Capricórnio e o Círculo polar Antártico, no Hemisfério Sul.

Os trópicos distam 23°27' (23 graus e 27 minutos) do Equador e indicam os limites máximos ao sul e ao norte em que os raios solares incidem verticalmente sobre a Terra durante o solstício de verão.

A faixa do planeta situada entre o Trópico de Capricórnio e o de Câncer é denominada intertropical. Nela, os raios solares incidem perpendicularmente em determinado período do ano.

Ao norte do Trópico de Câncer e ao sul do Trópico de Capricórnio, os raios solares atingem a superfície terrestre sempre de forma inclinada (oblíqua nas Zonas Temperadas e tangente nas Zonas Polares).

Planisfério: zonas térmicas

MARIO YOSHIDA

Fonte: ROBINSON, Arthur H. *et al. Elements of cartography*. Nova York: John Wiley & Sons, 1995.

Os círculos polares distam 66°33' da Linha do Equador e assinalam o limite máximo de iluminação das regiões polares nos solstícios de verão. Assim, durante o verão, não há noite na região polar, que recebe os raios solares durante 24 horas. Esse fenômeno é conhecido como Sol da meia-noite. No início do inverno (solstício de inverno), acontece o contrário, ou seja, não se vê a luz do Sol durante 24 horas.

O Sol da meia-noite na Zona Polar

LUIS MOURA

Fonte: *Geografie*. Berlim: Cornelsen, 2009. p. 11.

A partir da meia-noite o Sol recomeça a "subir" e quando, ao meio-dia, atinge o ponto mais elevado, ainda permanece próximo da linha do horizonte.

A variação na duração do dia (período de iluminação) e da noite em cada lugar da Terra é tanto maior quanto mais distante o lugar estiver da Linha do Equador.

A "posição" do Sol no céu também altera a incidência dos raios solares. Na maior parte do território brasileiro, por exemplo, ora eles incidem aproximadamente a partir da direção norte, ora aproximadamente a partir da direção sul (quando for próximo do meio-dia). Para as localidades que são atravessadas pelo Trópico de Capricórnio e, principalmente, para as que estão ao sul dessa linha, os raios solares atingem a superfície aproximadamente a partir do norte, por volta do meio-dia.

A variação na distribuição dos raios solares nos dois hemisférios, que dá origem às estações do ano, é consequência da inclinação do eixo terrestre, em combinação com o movimento que a Terra faz ao redor do Sol durante o período de um ano – o movimento de translação.

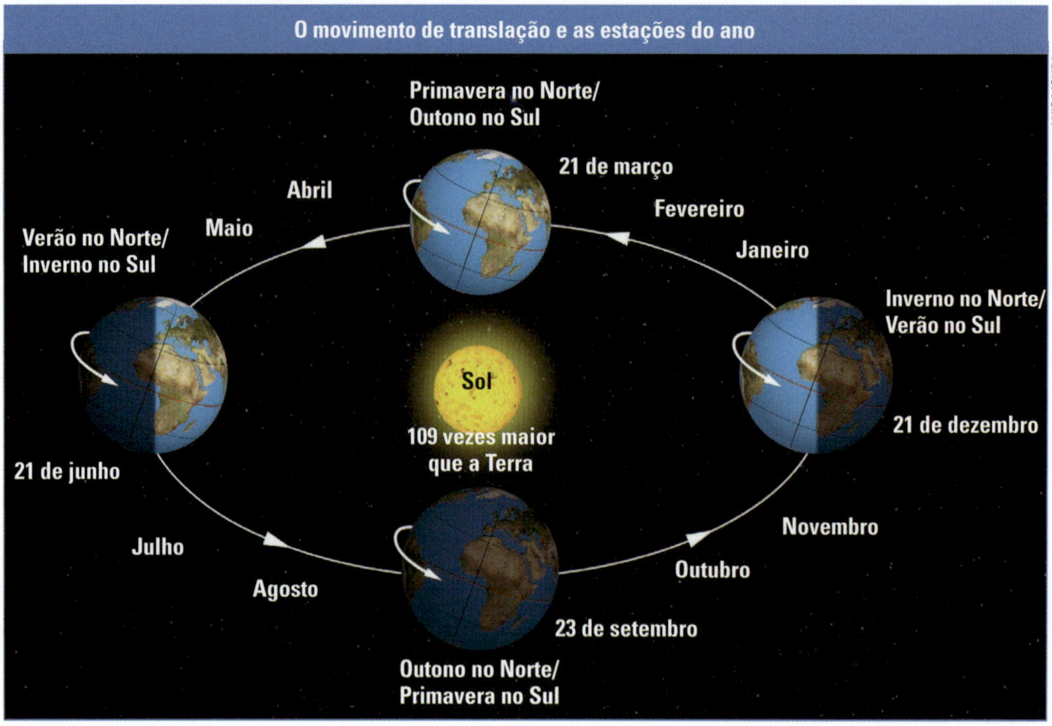

Fonte: *Diercke Geography, for bilingual classes*. Braunschweig: Westermann, 2006. p. 24.

Quando os raios solares incidem direta e verticalmente sobre o Trópico de Capricórnio (por volta de 21 de dezembro), no Hemisfério Sul há o início do verão e o dia mais longo do ano (solstício de verão), enquanto no Hemisfério Norte há o solstício de inverno, com o início do inverno e o dia mais curto do ano. A situação se inverte quando os raios incidem verticalmente sobre o Trópico de Câncer (por volta de 21 de junho). Observe a ilustração a seguir.

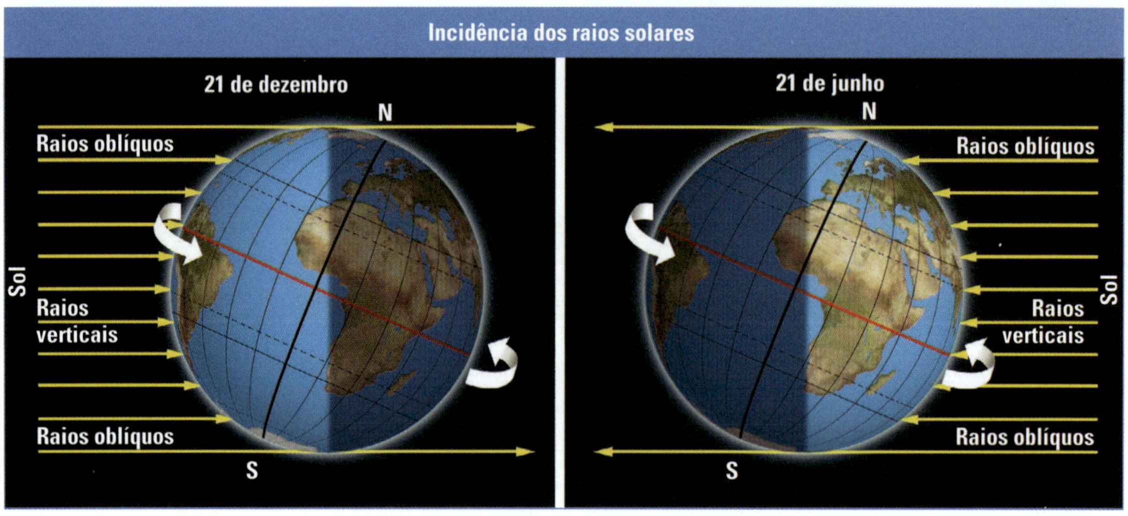

Fonte: *Diercke Geography, for bilingual classes*. Braunschweig: Westermann, 2006. p. 25.

Nas localidades próximas ao Trópico de Capricórnio e ao sul deste, os raios solares atingem a superfície a partir do norte. Por isso, os imóveis com os cômodos voltados para a face norte recebem mais insolação. O contrário acontece com as localidades próximas ao Trópico de Câncer e ao norte deste, onde os raios solares atingem a superfície a partir do sul. Nesse caso, são os imóveis com os cômodos voltados para a face sul os que recebem mais insolação.

As medidas, distâncias, cores e proporções das imagens não correspondem à realidade.

Apenas por volta de 21 de março e de 23 de setembro os hemisférios Norte e Sul recebem a mesma quantidade de luz e calor, pois os raios solares incidem perpendicularmente à Linha do Equador (equinócio), de forma que os limites da zona iluminada da Terra passam exatamente pelos dois polos. No dia 21 de março, iniciam-se a primavera no Hemisfério Norte e o outono no Hemisfério Sul, ocorrendo o inverso no dia 23 de setembro. Nesses dias, o dia e a noite têm igual duração.

Meridianos e longitudes

Os meridianos, ao contrário dos paralelos, não circundam totalmente a esfera terrestre, indo apenas de um polo ao outro. Desse modo, só dividem o planeta verticalmente em duas partes iguais, ou hemisférios, junto com seu meridiano oposto, chamado antimeridiano.

Em 1884, o meridiano que passa por Greenwich, próximo à cidade de Londres, foi estabelecido como referencial ou principal. A partir dessa data, o Meridiano de Greenwich e o seu antimeridiano passaram a dividir, por convenção, a esfera terrestre em dois hemisférios: Leste ou Oriental e Oeste ou Ocidental.

A distância de qualquer ponto da superfície terrestre ao Meridiano de Greenwich recebe o nome de longitude e é dada em graus. A longitude de Greenwich é, portanto, zero grau (0°). Nos hemisférios Leste e Oeste têm-se, respectivamente, longitudes leste (L) e oeste (O), que medem até 180°. Assim, os meridianos 180° leste e oeste coincidem.

Para determinar a localização exata de um ponto na superfície terrestre, basta assinalar a sua latitude e sua longitude. Observe o mapa a seguir.

Meridiano de Greenwich e seu antimeridiano

MARIO YOSHIDA

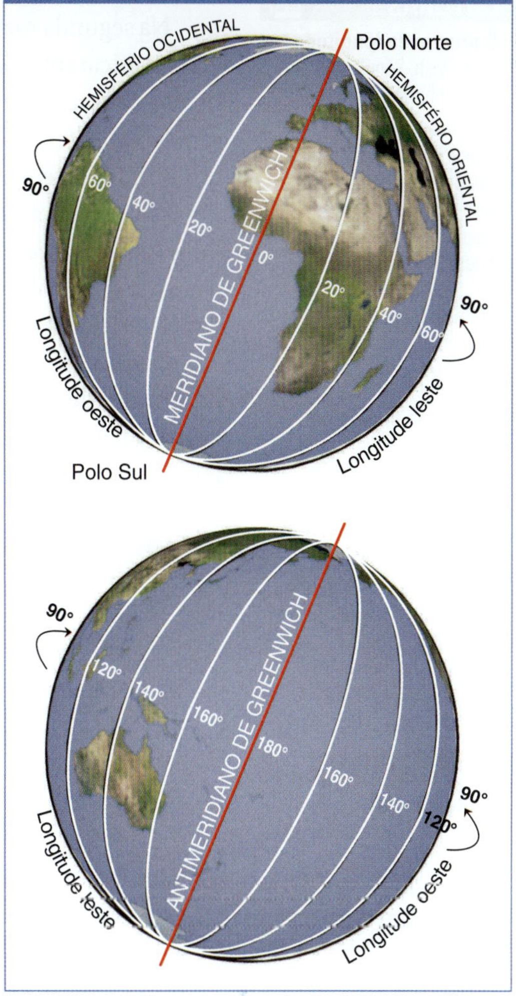

Fonte: *Atlas geográfico escolar.* Rio de Janeiro: IBGE, 2005. p. 18.

Planisfério: coordenadas geográficas de algumas cidades

MARIO YOSHIDA

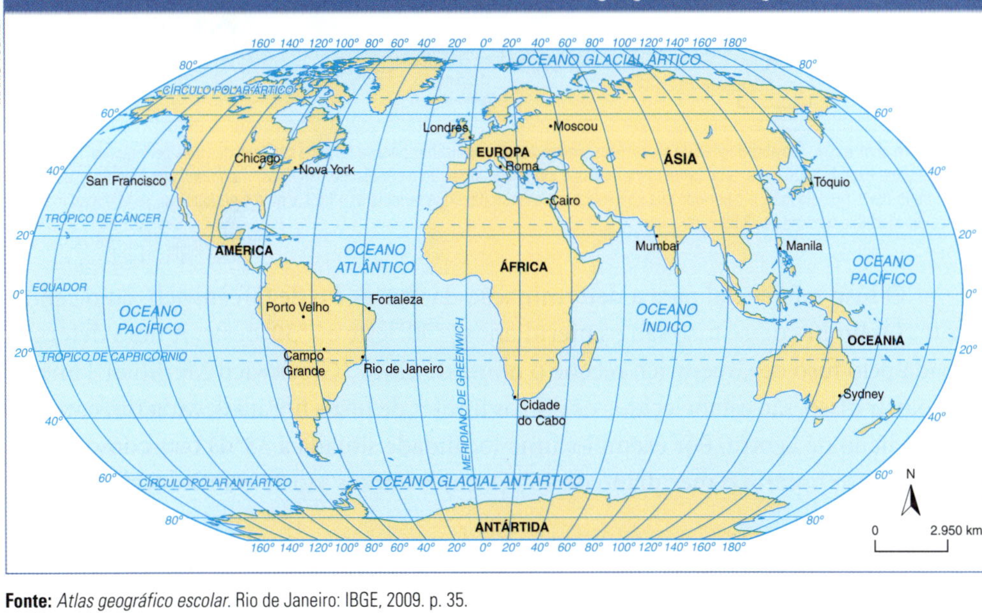

Cidade	Latitude	Longitude
Cairo	31° N	31° L
Campo Grande	20° S	54° O
Chicago	42° N	88° O
Cidade do Cabo	34° S	18° L
Fortaleza	3° S	38° O
Londres	52° N	0°
Manila	15° N	121° L
Moscou	56° N	38° L
Mumbai (ex-Bombaim)	19° N	73° L
Nova York	41° N	74° O
Porto Velho	8° S	63° O
Rio de Janeiro	23° S	43° O
Roma	42° N	13° L
San Francisco	38° N	122° O
Sydney	34° S	151° L
Tóquio	36° N	140° L

Fonte: *Atlas geográfico escolar.* Rio de Janeiro: IBGE, 2009. p. 35.

DICAS

LEITURAS

O prêmio da longitude
Joan Dash. São Paulo: Companhia das Letras, 2002.
Uma reportagem que combina história da ciência, diário de bordo e biografia para contar como, no século XVIII, o obstinado e desconhecido relojoeiro John Harrison deixou para trás astrônomos renomados e descobriu como medir com precisão a longitude no mar.

A volta ao mundo em 80 dias
Júlio Verne. São Paulo: FTD, 2007.
Com um enredo rico em aventuras, o autor apresenta a sua visão dos costumes de várias regiões do mundo. O centro do desfecho da trama principal é a questão do fuso horário.

SITE

Cálculo Exato
www.calculoexato.com.br
O *site* converte automaticamente os fusos entre diversas cidades. Você deve clicar em Conversões e depois em Fusos Horários.

Os fusos horários

Na segunda metade do século XIX, praticamente o mundo inteiro já era conhecido e intensificaram-se as relações entre os diversos pontos do planeta com o desenvolvimento dos meios de comunicação e de transporte. Em tais circunstâncias, a padronização de um sistema universal de referência horária tornava-se cada vez mais necessária.

Em 1884, representantes de 25 países reunidos em Washington D. C. estabeleceram uma divisão do mundo em 24 fusos de uma hora, tendo como referência as linhas de longitude e baseando-se no fato de que a Terra demora praticamente 24 horas para dar uma volta completa em torno do próprio eixo[9]. Dessa forma, dividindo os 360° da circunferência terrestre por 24, obtém-se a medida de cada fuso horário: 15°.

Cada fuso é delimitado por dois meridianos, e todas as localidades situadas dentro dos limites de um fuso têm o mesmo horário. Esses limites teóricos são chamados de hora legal. Como a rotação da Terra ocorre no sentido de oeste para leste, o dia sempre tem início nos países localizados a leste do globo.

Observe que as horas aumentam na direção leste e diminuem na direção oeste.

Fusos horários

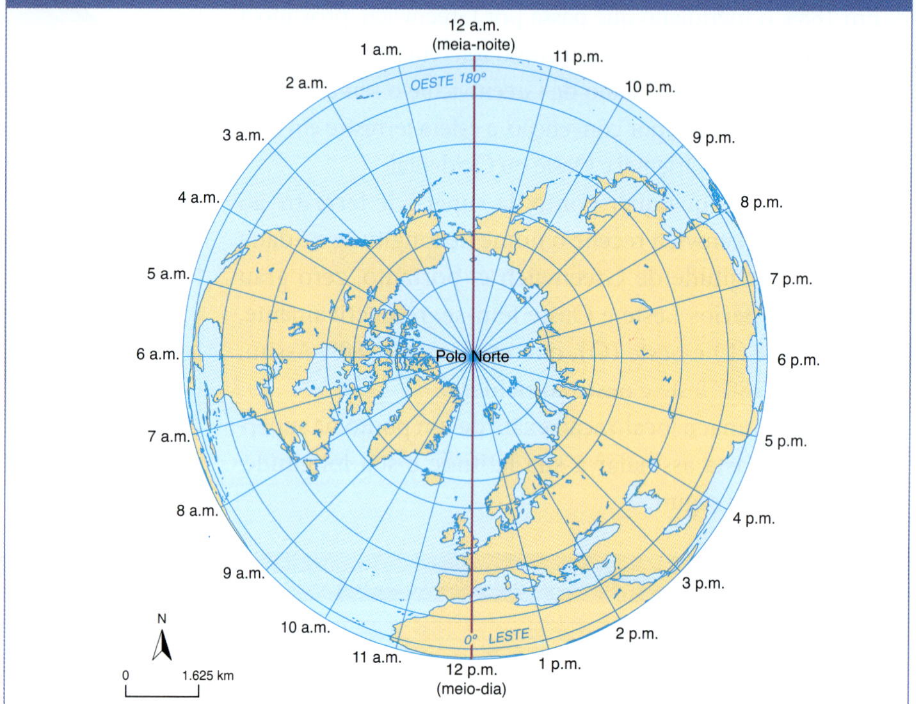

Fonte: SCHLEICHER, Yvonne (Org.). *Diercke multimediale Methoden Westermann*. Braunschweig: Westermann, 2010.

Nota: a.m. e p.m. são abreviações de expressões vindas do latim utilizadas para se referir a cada um dos dois períodos de 12 horas em que está dividido o dia: a.m. (*ante meridiem*, que significa "antes do meio-dia") e p.m. (*post meridiem*, que significa "após o meio-dia"). Ou seja, a.m. é o período que se inicia à meia-noite (00:00) e termina às 11:59; p.m. é o período que se inicia ao meio-dia (12:00) e termina às 23:59.

O fuso referencial para a determinação das horas é o de Greenwich, cujo centro é 0°. Os limites desse fuso são os meridianos 7°30' leste e 7°30' oeste. A hora determinada pelo fuso de Greenwich recebe o nome de GMT (Greenwich Meridian Time[10]). A partir disso, são estabelecidos os outros limites de fusos horários, cada um com um meridiano no centro. Por exemplo, uma localidade situada a 38° O tem como centro de seu fuso horário o meridiano de 45° O, cujos limites são 37°30' O e 52°30' O.

9 Trata-se aqui do movimento de rotação. Esse movimento da Terra completa-se exatamente em 23 horas, 56 minutos e 4 segundos.
10 Horário de Greenwich.

Observe o quadro a seguir.

Cálculo de fusos horários a partir da cidade do Rio de Janeiro

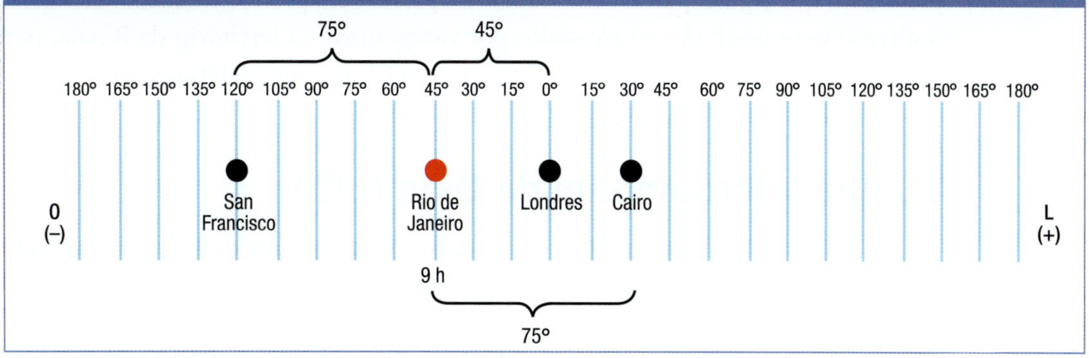

Fonte: elaborado pelos autores.

Cidade	Longitude	Centro do fuso	Distância em relação ao fuso de referência (em graus)	Diferença em horas	Horário
Rio de Janeiro (Brasil)	43° O	45° O	Fuso de referência	---	9 horas
Londres (Reino Unido)	0°	0°	45°	+3	12 horas
San Francisco (EUA)	122° O	120° O	75°	–5	4 horas
Cairo (Egito)	31° L	30° L	75°	+5	14 horas

Apesar de os limites teóricos (hora legal) dos fusos horários serem estabelecidos em faixas de 15°, cada país define os limites práticos (hora oficial) dos seus fusos, de acordo com as suas necessidades. Portanto, as linhas dos fusos não são retas, acompanham as fronteiras dos países e estabelecem seus próprios limites de fuso, no caso de um país com mais de um fuso. Observe o mapa a seguir.

Planisfério: fusos horários – 2013

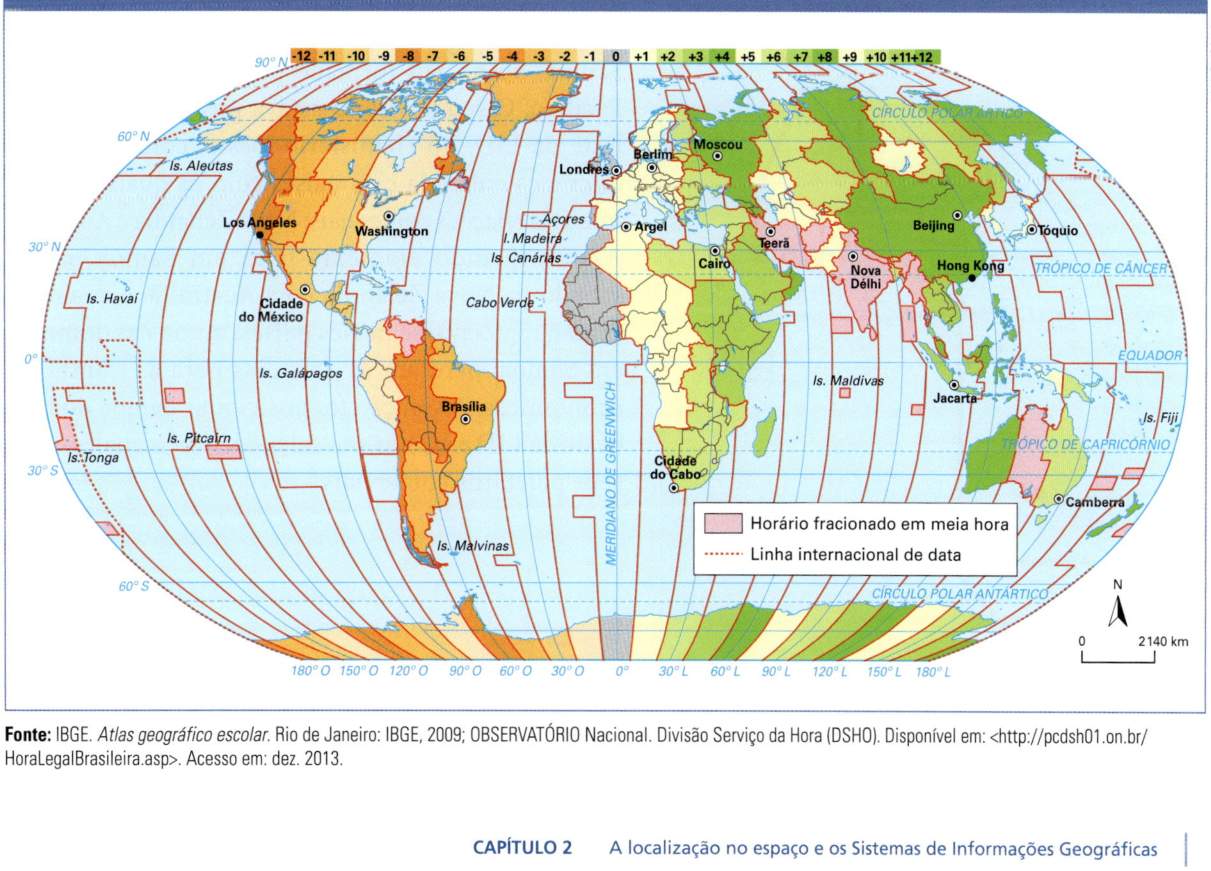

Fonte: IBGE. *Atlas geográfico escolar*. Rio de Janeiro: IBGE, 2009; OBSERVATÓRIO Nacional. Divisão Serviço da Hora (DSHO). Disponível em: <http://pcdsh01.on.br/HoraLegalBrasileira.asp>. Acesso em: dez. 2013.

O mapa mostra os limites práticos entre os fusos: eles seguem os contornos dos limites dos países ou unidades administrativas e federativas (como estados e províncias) em que alguns países se dividem. Os países com grande extensão territorial na direção leste-oeste são atravessados por vários fusos. O território da Rússia, por exemplo, abrange 11 fusos horários. No entanto, a China, que poderia possuir 4 fusos horários, adota apenas 1 fuso para todo o seu território.

A Linha Internacional de Data (LID)

A Linha Internacional de Data (LID) corresponde à linha de 180° de longitude (Antimeridiano de Greenwich) situada no meio do Oceano Pacífico. Ela separa dois dias consecutivos, ou seja, entre um lado e outro da linha existe a diferença de 24 horas. Portanto, toda embarcação que cruza a LID no sentido leste-oeste passa da tarde de sábado imediatamente para a tarde de domingo. Já uma embarcação que a cruza no sentido oeste-leste no mesmo momento passa da tarde de domingo à tarde de sábado.

Ao longo dos anos, para acomodar os interesses ou necessidades de países situados ao longo da linha, ela foi adquirindo contornos variados e, por isso, não forma uma linha reta. Existem países ou estados que já estiveram situados de um lado ou de outro da linha, caso das Filipinas, da Indonésia e do Alasca.

Até 1995, a Linha Internacional de Data cortava o Arquipélago de Kiribati e originava uma diferença de um dia entre as ilhas situadas de um lado e outro da linha. Agora o país, mais de dez mil vezes menor que o Brasil, tem três fusos horários, mas no mesmo dia. Com essa mudança, além de entrar primeiro do que outros no Terceiro Milênio, comemorou em seu pequeno território a entrada no século XXI três vezes, atraindo milhares de turistas. Sua ilha mais oriental é a Ilha Carolina, que passou a ser conhecida como a Ilha do Milênio, com 14 horas a mais em relação a Greenwich.

A mudança mais recente ocorreu em 2011, em Samoa, outro país formado por um arquipélago no Pacífico. O seu território estava posicionado do lado leste da LID, no Hemisfério Oeste, com um dia de diferença entre ela e os países com os quais mantém intensas relações comerciais: Nova Zelândia e Austrália. Assim, quando era sexta-feira em Samoa, já era sábado na Nova Zelândia e na Austrália, e quando a semana iniciava-se nesses países, ainda era domingo em Samoa: perdiam-se dois dias para as transações econômicas. A solução foi posicionar Samoa do lado oeste da LID e ajustar seu calendário semanal aos dos seus parceiros comerciais.

MARIO YOSHIDA

Linha Internacional de Data – 2011

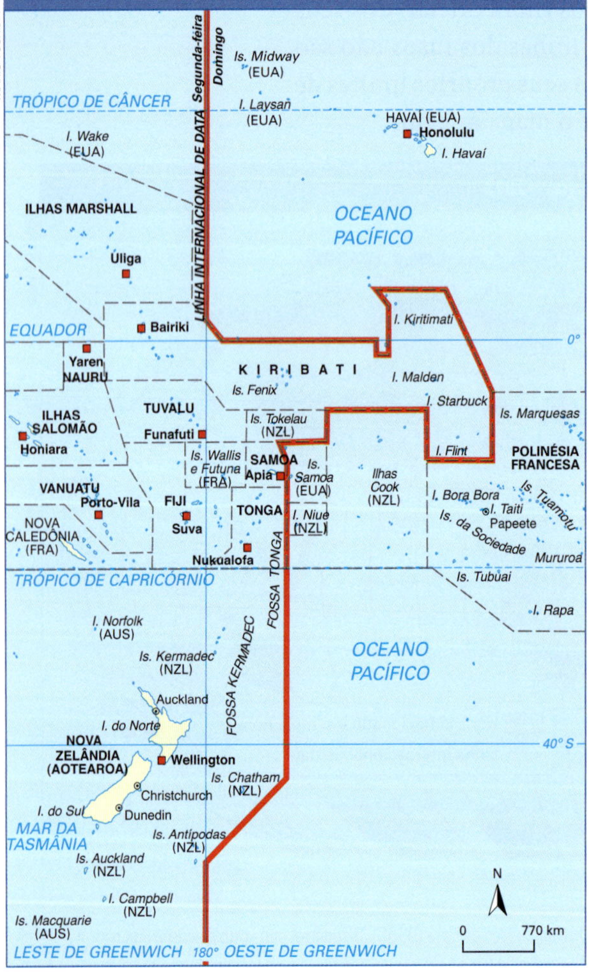

Fonte: elaborado com base em FERREIRA, Graça M. L. *Atlas geográfico – Espaço mundial*. São Paulo: Moderna, 2010. p. 111; WORLD TIME ZONE. Disponível em: <www.worldtimezone.org>. Acesso em: set. 2012.

A LID cria uma série de situações curiosas. Se viajarmos para oeste e dermos uma volta completa ao redor da Terra, "perderemos" um dia, pois estaremos caminhando no sentido contrário ao movimento de rotação. Na situação oposta, se circundarmos a Terra no sentido leste, "ganharemos" um dia, pois estaremos viajando no mesmo sentido do movimento de rotação da Terra: de oeste para leste.

A LID também gerou fatos interessantes. Por exemplo: o Imperador Taisho (1879--1926) do Japão faleceu à 1h25min do dia 25 de dezembro de 1926, em seu país. Como o Brasil está a leste da Linha Internacional de Data e o Japão, a oeste, o falecimento foi noticiado aqui na tarde de 24 de dezembro. Como consequência, a embaixada do Japão, no Rio de Janeiro, decretou luto pela morte do soberano de seu país, teoricamente, na véspera do seu falecimento.

Os fusos horários no Brasil

O Brasil, por conta da sua grande extensão na direção leste-oeste, apresenta quatro fusos horários diferentes.

O primeiro fuso horário abrange as ilhas oceânicas brasileiras, incluindo o arquipélago de Fernando de Noronha. A maior parte do território brasileiro fica no segundo fuso horário (atrasado três horas em relação a Greenwich), que corresponde à hora oficial do Brasil – o horário de Brasília. Nesse fuso, estão as regiões Sul, Sudeste (exceto as ilhas oceânicas), Nordeste (exceto as ilhas oceânicas), Goiás, Tocantins, Pará e Amapá. O terceiro fuso compreende os estados de Mato Grosso, de Mato Grosso do Sul, de Rondônia, de Roraima e a maior parte do estado do Amazonas. O quarto fuso inclui o sudoeste do estado do Amazonas e o Acre.

Observe o mapa dos fusos do Brasil a seguir e note também que o **horário de verão** é adotado apenas nas regiões Sul, Sudeste e Centro-Oeste.

Horário de verão
é a alteração do horário de uma região durante parte do ano, adiantando-se, em geral, uma hora o fuso horário oficial local, visando à economia de energia elétrica.

Brasil: fusos e horário de verão – 2013-2014

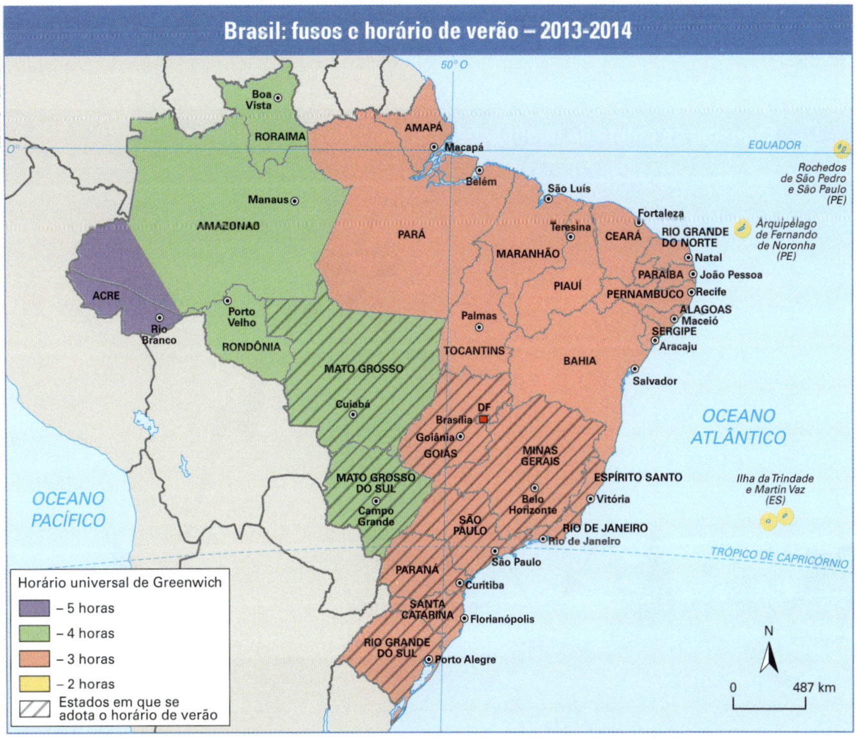

MAR O YOSHIDA

Fonte: OBSERVATÓRIO Nacional/Divisão Serviço da Hora (DSHO). Disponível em: <http://pcdsh01.on.br/HoraLegalBrasileira.asp>. Acesso em: dez. 2013.

Durante o horário de verão, os relógios dos estados de RS, SC, PR, SP, RJ, ES, MG, GO, MT e MS, além dos do DF, são adiantados em uma hora durante um período do ano.

1. Quando for meio-dia em São Paulo, qual será o horário em Rio Branco (AC) e no arquipélago de Fernando de Noronha (PE)?
2. Explique por que alguns estados não adotam o horário de verão.

SISTEMAS DE INFORMAÇÕES GEOGRÁFICAS (SIGs)

O desenvolvimento tecnológico atual propiciou um manancial de informações obtidas com grande detalhamento e rapidez. O conjunto de tecnologias relacionadas às informações e ao monitoramento do espaço terrestre recebe o nome de Sistemas de Informações Geográficas (SIGs).

Para a Geografia, a crescente implantação de novas tecnologias de informação criou uma nova base para a análise do espaço geográfico. Por meio dos SIGs, é possível coletar e armazenar informações sobre os mais diferentes aspectos da superfície terrestre e monitorar as transformações e as ações que a sociedade humana realiza sobre ela. Eles são utilizados tanto por pesquisadores como por organizações empresariais, ONGs, governos, serviços de espionagem, instituições militares e policiais e servem de base para tomadas de decisões imediatas e planejamentos futuros.

Atualmente, várias empresas realizam a implantação de sistemas de satélites, o levantamento de dados por meio de fotos aéreas, a comercialização de mapas e aplicativos (*softwares*), o monitoramento de sistemas de transporte de cargas e passageiros etc.

Um sistema de informações geográficas combina três tecnologias: sensoriamento remoto, Sistema de Posicionamento Global (GPS – Global Positioning System) e **geoprocessamento**, que será tema do próximo capítulo.

Geoprocessamento
etapa dos SIGs em que as informações das imagens de satélite e de aerofotogrametria (medição das distâncias e das dimensões reais dos objetos por meio de fotografias aéreas) são selecionadas para a elaboração de mapas.

Sensoriamento remoto

O sensoriamento remoto corresponde à tecnologia de captação de imagens através do fluxo de ondas eletromagnéticas refletidas ou emitidas pelos objetos existentes na superfície terrestre. Além de registradas, essas imagens podem ser quantificadas, fornecendo informações sobre o volume de biomassa, isto é, do conjunto de organismos vivos, existente em determinada paisagem, a extensão de uma superfície agrícola ou de uma cidade etc.

Esquema de coleta de informações por meio de sensoriamento

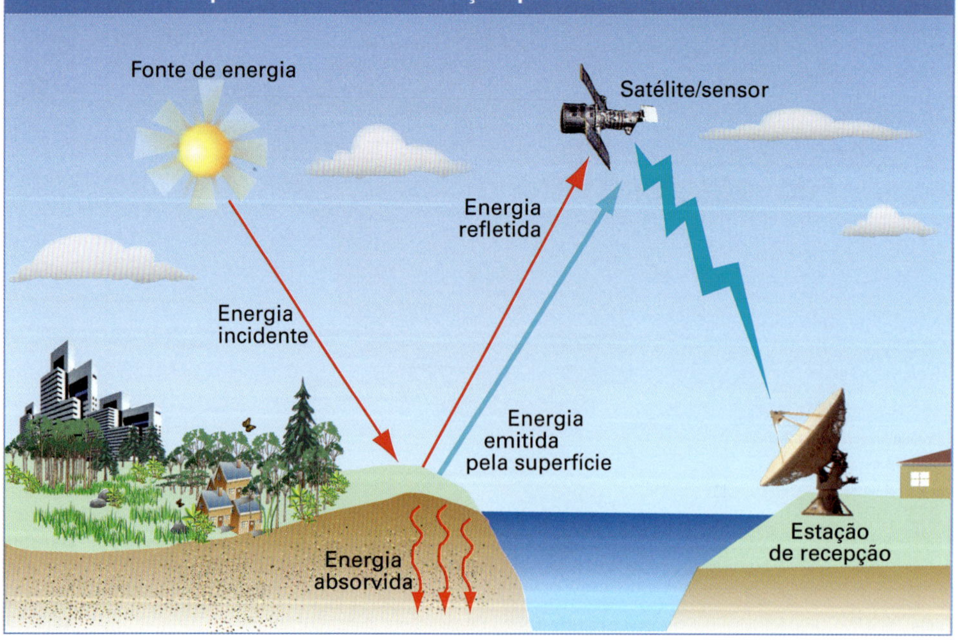

Os sensores instalados nos satélites captam imagens por meio da energia eletromagnética refletida, absorvida ou emitida pela superfície.

Fonte: FLORENZANO, Tereza G. *Imagens de satélite para estudos ambientais*. São Paulo: Oficina de Textos, 2002. p. 9.

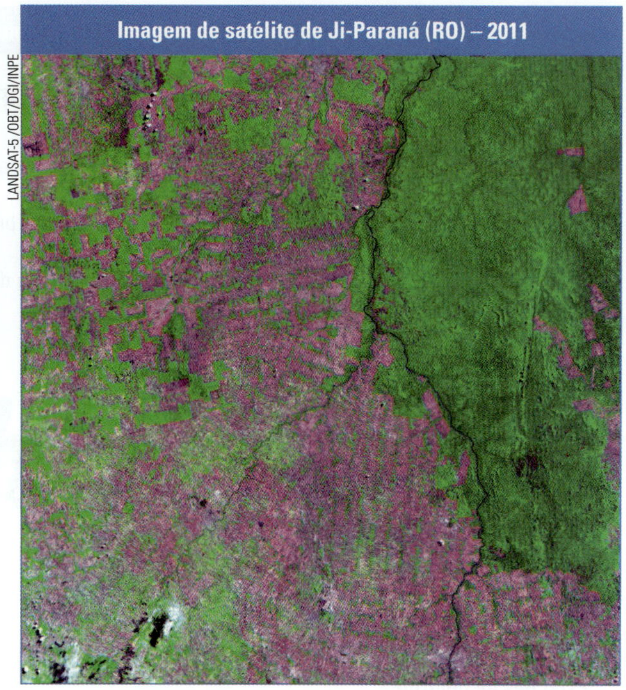

Nessas imagens do satélite Landsat 5, as cores foram aplicadas de acordo com as áreas conservadas e com a destruição causada na floresta: o verde da floresta original contrasta com o rosa da área derrubada, ocupada pela área urbana, estradas, por atividades agropastoris ou para a extração de madeira, muitas vezes ilegal. A imagem da esquerda mostra um trecho do município de Ji-Paraná (RO) em agosto de 1986; a da direita mostra o mesmo trecho em agosto de 2011.

As informações coletadas continuamente por meio dos sensores dos satélites artificiais[11] em órbita no planeta possibilitam diferentes aplicações. São exemplos: o monitoramento de florestas para coibir processos de devastação, de bacias hidrográficas para coletar dados sobre a poluição e uso inadequado das águas, da ocupação e crescimento de áreas urbanas. Enfim, o sensoriamento permite a análise das transformações e dos impactos socioambientais que ocorrem na paisagem e a tomada de medidas para melhor gestão do espaço .

GPS (Sistema de Posicionamento Global)

O GPS (Global Positioning System – Sistema de Posicionamento Global) é atualmente o mais elaborado sistema de localização e orientação geográficas. O sistema está apoiado em 24 satélites em órbita e 31 estações de controle que refletem os sinais de rádio para o local onde um aparelho de recepção está em operação. O aparelho pode estar acoplado a um telefone celular, um *notebook* ou um veículo, no qual atualmente ele é mais utilizado. O satélite envia ao GPS dados sobre a localização de qualquer lugar, no continente ou no oceano, por meio de coordenadas geográficas. Além da posição geográfica, o aparelho pode indicar velocidade, tempo de deslocamento e distância em relação a qualquer outro ponto de referência da Terra.

O GPS surgiu na década de 1960. Pode ser aplicado em diversas situações que envolvem mapeamento, localização e navegação aérea, marítima e terrestre. Nesse sentido, é utilizado para demarcação de fronteiras, propriedades rurais, terras indígenas, monitoramento de deslocamento de cargas, ações militares, entre outros.

11 O Instituto Nacional de Pesquisas Espaciais (INPE) é responsável pelos satélites brasileiros que captam e transmitem dados climáticos e ambientais.

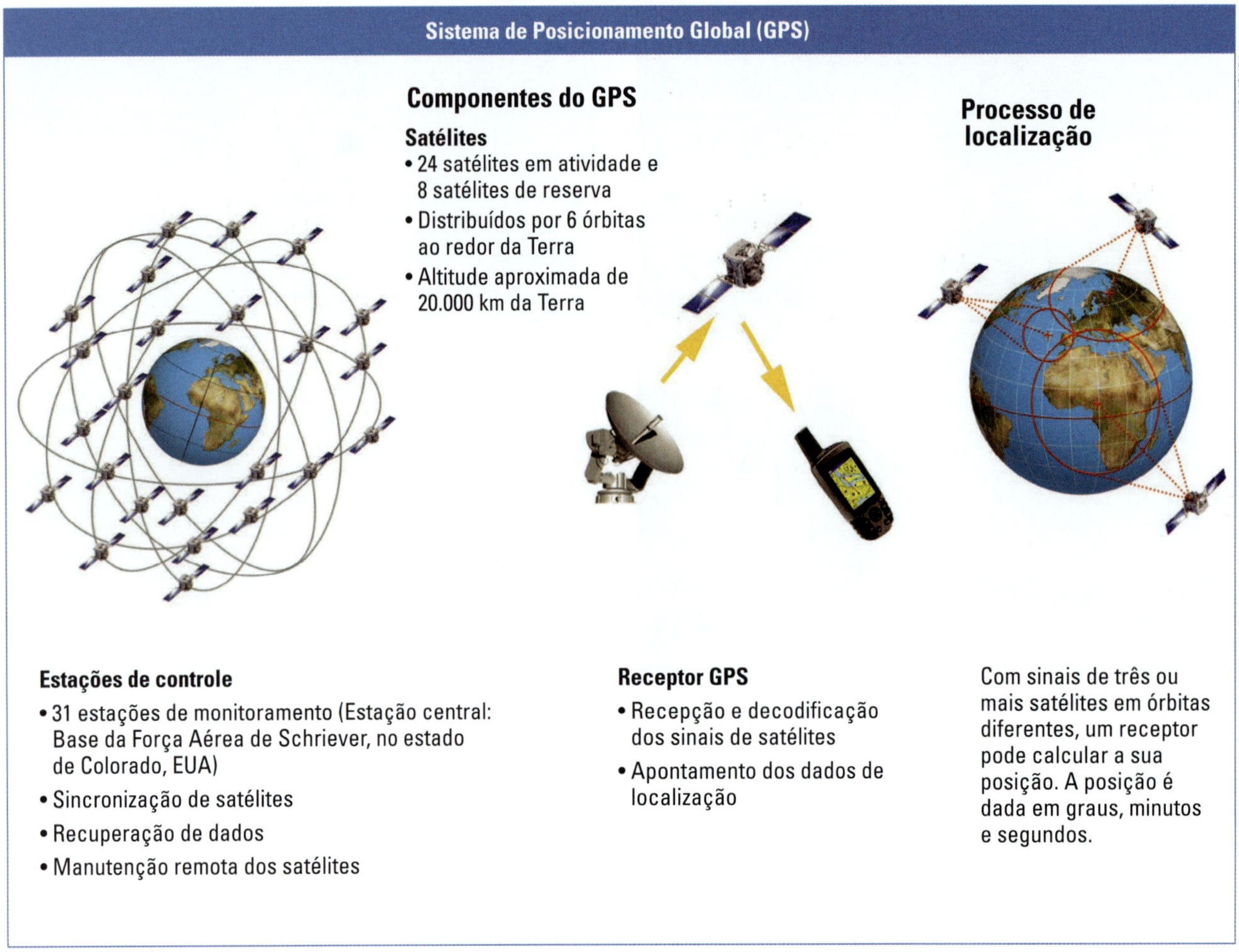

Fonte: *Heimat und Welt, Weltatlas*. Berlim/Bradenburgo: Westermann, 2011. p. 171.

As medidas, distâncias, cores e proporções das imagens não correspondem à realidade.

INTERCONEXÃO

Matemática

Trilateração

Como vimos anteriormente, com três ou mais sinais de diferentes satélites em órbita, um receptor de GPS pode calcular a sua posição através da latitude e da longitude. Esse princípio matemático, conhecido como trilateração, permite a localização de qualquer ponto a partir de três referenciais.

A trilateração em um GPS é tridimensional, como pode ser observado no esquema acima (Processo de localização). Esse princípio pode ser aplicado em um mapa, isto é, em forma bidimensional.

Com base nas informações fornecidas a seguir é possível encontrar, no mapa da página seguinte, a localização de um ponto situado em um importante rio da Bacia Amazônica e de uma cidade que está junto a ele.

O trecho do rio a ser localizado está situado a:

- 600 km de Cruzeiro do Sul (AC);
- 432 km de Tapauá (AM); e
- 300 km de Carauari (AM).

Trecho da Amazônia brasileira

Fonte: FERREIRA, Graça M. L. *Atlas geográfico*: espaço mundial. São Paulo: Moderna, 2010. p. 155.

Material

- Fotocópia do mapa: "Trecho da Amazônia brasileira"
- Régua
- Compasso

Procedimento

1. Com a cópia do mapa em mãos, localize as cidades de referência (Cruzeiro do Sul, Tapauá e Carauari).
2. Com base nas distâncias reais de cada uma das cidades de referência em relação ao ponto a ser localizado, calcule as distâncias equivalentes em centímetros no mapa.
3. Utilizando uma régua, abra o compasso com as distâncias em centímetros calculadas no item anterior. Faça esse procedimento para a distância de cada uma das cidades.
4. Coloque a ponta-seca do compasso na localização da cidade no mapa e trace a circunferência do entorno. Repita esse processo para cada cidade.
5. Com a triangulação pronta, observe a convergência do traçado das circunferências e indique o nome do rio e o da cidade mais próxima do ponto encontrado.

PONTO DE VISTA

Horário de verão

“Já passei por muitos horários de verão e até hoje não sei se adoro ou detesto a mudança do meu fuso horário, embora a questão transcenda aos fusos e parafusos terrestres.

Pessoalmente, sou cumpridor de horários, aprecio saber a hora de as coisas acontecerem, hábito adquirido no seminário, o sino tocava e a gente sabia que era hora de estudar, brincar, rezar, dormir, acordar. O tempo rendia mais e melhor.

Havia uma piada sobre os frades de determinada ordem, que acordavam mais cedo do que os demais: eles tinham mais tempo para não fazer nada. Era mais ou menos por aí que eu me submetia aos horários, sempre me sobrava um tempo para ficar sozinho comigo mesmo.

No Rio, a mudança de horário funciona. No final da tarde, ainda há bastante sol e vontade de dar um mergulho. A água está menos fria, o céu mais doce, bom para [...] beber água de coco. Numa cidade do interior, o dia parece ficar mais comprido, mas aí vem a piada dos frades que acordam mais cedo: sobra mais tempo para o nada. Já me explicaram mil vezes a vantagem do horário de verão: economiza energia, evita sobrecarga nas linhas. Mesmo assim, é com raiva que adianto os relógios e mais raiva ainda quando, meses depois, sou obrigado a atrasá-los. Lembro outra piada: um gato botou um ovo na fronteira do Peru com a China, o gatinho que nascer será peruano ou chinês?

Nem uma coisa nem outra. Gato não bota ovo e o Peru não tem fronteiras com a China. Se eu morresse aos dez minutos do último domingo, teria morrido num sábado? Nasci num domingo e uma cigana já me garantiu que morreria em outro. Essa terra de ninguém no tempo é mais angustiante que a terra de ninguém no espaço. Se brincadeira tem hora, morrer também deve ter a sua hora. E de hora em hora Deus piora.”

CONY, Carlos Heitor. *Folha de S.Paulo*, 20 out. 2003. p. A-2.

1. Qual a opinião do autor do texto em relação ao horário de verão? Explique.

2. Que medida tomada no horário de verão faz com que o autor afirme que o dia fica mais comprido?

3. Esse horário é implementado no estado em que você vive? Em caso afirmativo, comente as mudanças em sua rotina em razão disso. Em caso negativo, descubra a razão da não adoção.

Relógio de rua mostrando horário após as 19h ainda com o céu claro em Florianópolis (SC), durante horário de verão. Fotografia de 2014.

PALÊ ZUPPANI/PULSAR IMAGENS

[COMPREENSÃO E ANÁLISE]

1. Analise a importância da utilização dos SIGs de modo geral e especificamente para a Geografia.

2. O que são solstícios e equinócios? Relacione esses fenômenos com as estações do ano.

3. Em regiões situadas em latitudes ao sul do Trópico de Capricórnio, as empresas imobiliárias costumam ressaltar, como aspecto positivo, que certos imóveis são voltados para a face norte. Explique por que isso ocorre.

4. O esquema a seguir representa um sistema de coordenadas geográficas com o norte na parte superior.

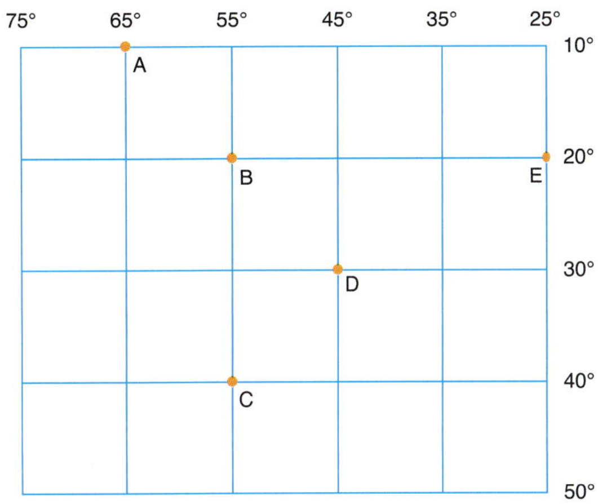

MARIO YOSHIDA

No caderno, faça um quadro, como o do exemplo abaixo, e responda:

Localidade	Latitude	Longitude

a) Quais as coordenadas indicadas pelas letras de *A* a *E*?

b) Um avião partiu da localidade *A* às 13h30 e levou 6 horas para chegar à localidade *E*. Qual era a hora local em *E* no momento da aterrissagem?

5. Se você estiver exatamente na metade da distância entre o Equador e o Polo Norte, e a leste do Meridiano de Greenwich, na sexta parte do comprimento em graus da Linha do Equador, a que latitude e longitude você se encontrará?

6. O sistema de fusos horários só foi adotado no final do século XIX. Relacione a adoção de um sistema internacional de horário com as transformações econômicas e sociais ocorridas nesse período.

7. Um navio partiu da Austrália para o Brasil atravessando a Linha Internacional de Data (LID). No meridiano 179° Leste, seu relógio estava marcando 13h do dia 21 de setembro. Quando chegou a um local a 179° Oeste, 40 minutos depois de partir, em que hora e dia o navio estava navegando?

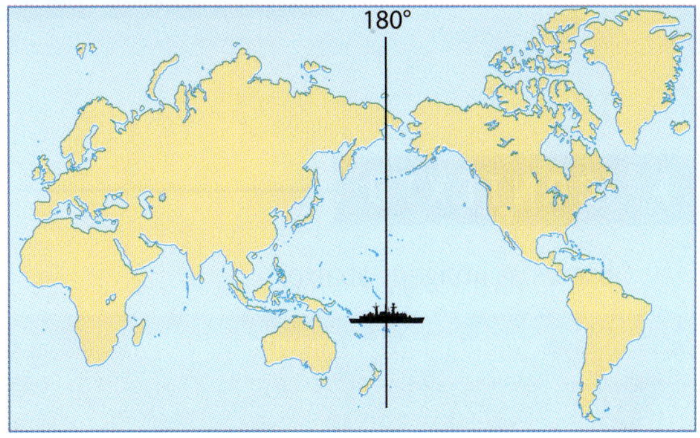

MARIO YOSHIDA

8. No dia 12 de dezembro, um avião que partiu de Roma (13° L) às 7h levou 14 horas para chegar até a cidade de Chicago (88° O). Em que dia e horário o avião chegou a Chicago?

9. Explique como o horário de verão pode proporcionar economia de energia elétrica.

10. Observe as imagens a seguir.

Imagem 1

LUIGUIPHOTOS

Imagem 2

DOUGLAS KEISTER/CORBIS/LATINSTOCK

a) Quais são as aplicações do GPS em veículos sugeridas pelas imagens?

b) Em que outras situações o uso do GPS pode ser fundamental?

CAPÍTULO 3

GEOPROCESSAMENTO E MAPAS

CONTEXTO

Observe as imagens abaixo.

Arquipélago das Anavilhanas (AM)

INPE

Imagem de satélite do Arquipélago das Anavilhanas (AM), 2007.

Arquipélago das Anavilhanas (AM)

CJT/ZAPT

Fonte: CALDINI, Vera; ÍSOLA, Leda. *Atlas geográfico Saraiva.* São Paulo: Saraiva, 2009. p. 92.

DISCUTA

1. Que elementos contidos no mapa não aparecem na imagem de satélite?
2. Em um mapa como o apresentado, todos os elementos representados são retirados apenas da imagem de satélite? Explique.

Representação cartográfica
refere-se à representação da superfície terrestre por meio de mapas, cartas ou plantas.

GEOPROCESSAMENTO

Como definido no capítulo anterior, geoprocessamento é a etapa dos SIGs (Sistemas de Informações Geográficas) que seleciona todas as informações das imagens de satélites e aerofotogramétricas (medição das distâncias e das dimensões reais dos objetos por meio de fotografias aéreas) para a **representação cartográfica**.

Computadores com *softwares* adequados para cada finalidade transformam as imagens em informações sobre características físicas (dimensão, forma, cor), temperatura e composição química dos elementos em estudo. Essas informações são transformadas em banco de dados sobre os mais diferentes temas, como uso do solo, dados geológicos e topografia, entre outros.

O geoprocessamento permite analisar esses elementos separadamente ou em conjunto para elaborar mapas, planejar intervenções em determinada área ou monitorar qualquer modificação na paisagem, como nos casos de devastação de florestas, queimadas, poluição de rios, determinação da extensão de áreas alagadas por enchentes etc. Permite, ainda, resgatar informações passadas, pois existem imagens de satélites artificiais arquivadas que podem fornecer dados sobre aspectos estudados[12].

DICA

FILME

Atlantis – O reino perdido

EUA, 2001. Direção: Gary Trousdale e Kirk Wise. Duração: 95 min.

Desenho animado ambientado em 1914 sobre o jovem cartógrafo, linguista e museólogo Milo Tach, que parte em uma expedição ao Oceano Atlântico, para tentar encontrar Atlântida.

MAPAS

A cartografia atual conta com todos os recursos dos SIGs para a elaboração mais rápida de mapas digitalizados e de mapas convencionais bastante precisos. No entanto, as diversas formas de representação da superfície terrestre num plano, o sistema de localização (coordenadas), os símbolos cartográficos e a escala utilizada são anteriores a essas novas tecnologias.

Um mapa é considerado de boa qualidade quando apresenta medidas precisas e informações corretas – as posições e formas de seus elementos devem corresponder proporcionalmente à realidade. A seleção de informações presentes em um mapa deve ser relevante e significativa para o objetivo com que foi elaborado ou o tema representado.

Turista consulta mapa do lado de fora da Catedral de Saint Paul, em Londres (Inglaterra), 2013.

OLI SCARFF/GETTY IMAGES

Quanto maior a quantidade de informações em um mapa, maior a diversidade de símbolos, linhas e cores nele presentes, o que pode dificultar a leitura e a interpretação. Além disso, é imprescindível que o mapa apresente boa diferenciação de símbolos, que devem vir acompanhados de legenda explicativa para facilitar a compreensão.

A leitura e a interpretação de mapas são fundamentais para a boa compreensão do espaço geográfico. Após a leitura do título, deve-se verificar o que o mapa está representando e sua posição no espaço geográfico. Observa-se, então, a legenda e onde seus símbolos aparecem no mapa, etapa que demanda mais tempo e atenção. A escala também deve ser observada para o cálculo de distâncias entre pontos e a verificação das dimensões reais dos elementos representados.

Os mapas mais utilizados em Geografia são temáticos, isto é, especializados em determinado tema, como atividades industriais, atividades agrícolas, jazidas minerais, população, regiões climáticas, relevo etc.

12 O Brasil possui imagens arquivadas desde o início da década de 1970, feitas a partir do satélite Landsat.

Mapas temáticos

Cada tema abordado pela Geografia pode ter a sua representação cartográfica correspondente. A escolha do modo como as informações serão representadas dependerá do tipo de dado destacado no mapa.

Por exemplo: um mapa do clima do Brasil pode apresentar simplesmente a distribuição territorial dos diferentes tipos climáticos ou destacar a distribuição das temperaturas médias ou das chuvas; um mapa de relevo representará as diferentes unidades de relevo; um mapa político do Brasil mostra os limites territoriais dos estados por linhas e a superfície dos estados por cores diferentes.

Hipsometria
representação de altitudes por meio de uma escala de cores (escala cromática).

Dependendo do tipo de informação priorizada num mapa temático, ele pode ser físico, político, econômico, demográfico ou histórico.

Um **mapa físico** inclui aspectos naturais, como a **hipsometria** e a hidrografia. A representação das altitudes é feita pela gradação de cores (mapa hipsométrico): verde (para representar as baixas altitudes), tons claros e escuros de amarelo e laranja (médias altitudes), marrom e vermelho-escuro (maiores altitudes). Assim, são estabelecidos intervalos de altitude para a aplicação das cores.

Um **mapa político** traz como principais informações os limites territoriais das unidades políticas que os compõem e suas denominações.

Os **mapas econômicos** representam temas referentes ao uso do solo pelas diferentes atividades econômicas de determinada região, em conjunto ou isoladamente. Os temas que podem estar representados são: localização industrial, agropecuária, recursos minerais, produção de energia, rede de transporte etc.

Brasil: físico

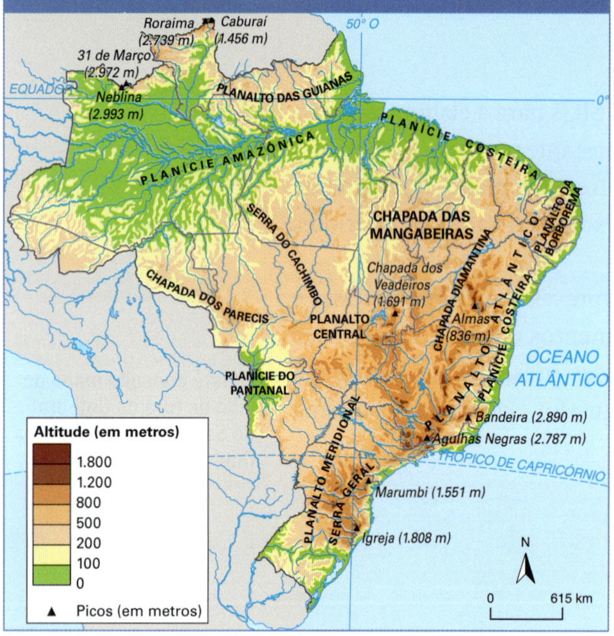

Fonte: *Atlas geográfico escolar.* Rio de Janeiro: IBGE, 2002. p. 96.

Brasil: político

Fonte: *Atlas nacional do Brasil.* Rio de Janeiro: IBGE, 2007. p. 90.

Brasil: atividades econômicas – Início do século XXI

Fonte: CALDINI, Vera; ÍSOLA, Leda. *Atlas geográfico Saraiva.* São Paulo: Saraiva, 2009. p. 54.

Os **mapas demográficos** representam a distribuição da população em um território, com a diferenciação das áreas de grande, média e baixa concentração demográfica. Podem ser mais específicos e representar dados como a localização de comunidades indígenas, cidades mais populosas, deslocamentos populacionais com indicação de fluxos migratórios etc.

Os **mapas históricos** podem representar determinados acontecimentos históricos de escala nacional, continental ou mundial, a evolução do processo de devastação de uma mata natural em determinado período, atividades econômicas, a ocupação humana de determinado território no passado etc.

Anamorfose

Há mapas que podem representar os mais diversos temas (economia, demografia e outros) por meio de recursos gráficos que indicam a grandeza do fenômeno destacado. São os mapas estilizados, em que não há preocupação quanto a proporção, forma e tamanho das regiões, continentes e países, uma vez que esses elementos variam conforme os dados que se quer representar.

Essa distorção proposital das áreas e das formas nos mapas estilizados é chamada de anamorfose. A anamorfose é uma representação na qual o objetivo principal é a visualização quantitativa dos dados ou das informações apresentadas.

Observe a tabela com os países mais populosos do mundo e a anamorfose correspondente.

Países mais populosos (em milhões de habitantes) – 2011

País	População	País	População
China	1.346	Paquistão	177
Índia	1.241	Nigéria	162
Estados Unidos	312	Bangladesh	151
Indonésia	238	Rússia	143
Brasil	197	Japão	128

Fonte: POPULATION REFERENCE BUREAU (PRB). 2011 World Population Data Sheet. Disponível em: <www.prb.org>. Acesso em: out. 2013.

Planisfério: Países mais populosos – 2011

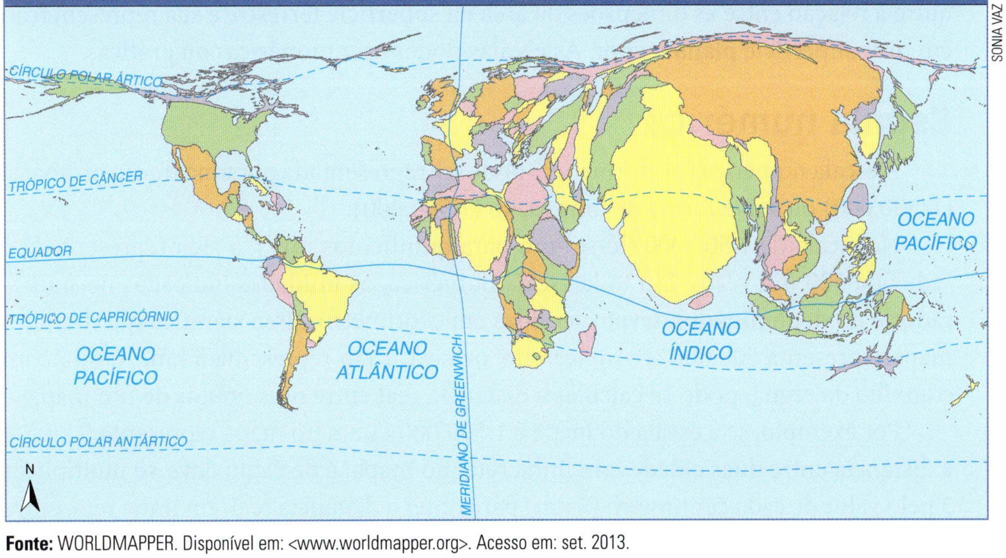

Fonte: WORLDMAPPER. Disponível em: <www.worldmapper.org>. Acesso em: set. 2013.

Mapas ou cartas topográficos

são representações cartográficas da variação de altitude de uma determinada superfície da Terra, permitindo uma leitura tridimensional da paisagem representada.

Representação topográfica

Nos **mapas** ou **cartas topográficos** são empregadas as curvas de nível, linhas que ligam os pontos de igual altitude de uma determinada superfície da Terra representada, considerando o médio do mar como marco 0 (zero metro). Os algarismos que acompanham cada linha são as cotas de altitude e indicam que todos os pontos sob ela têm igual altitude no terreno.

Com a representação da topografia por curvas de nível podemos visualizar o terreno cortado por uma série de planos horizontais, guardando entre si uma mesma distância vertical (equidistância). Se duas curvas se aproximam, o declive (inclinação) é maior, ou seja, o terreno é mais íngreme; se, ao contrário, as curvas se afastam, o declive é mais suave, ou seja, o terreno é menos íngreme.

Perfil topográfico

MARIO YOSHIDA

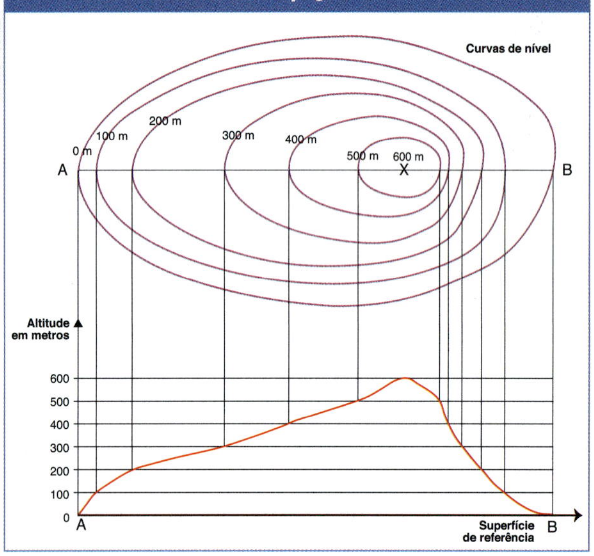

Fonte: elaborado pelos autores.

Para obter visualização de um determinado plano do terreno, pode-se construir um perfil topográfico. Para isso, escolhe-se o trecho a ser representado, traça-se, no mapa, um segmento de reta e constrói-se um gráfico cartesiano. As cotas de altitude são indicadas no eixo *y* (ordenada), de acordo com a escala escolhida. No eixo *x* (abscissa), a escala adotada pode ser a mesma do segmento a ser projetado. Cada cota de curva de nível que cortar o segmento deve ser transportada para o gráfico e indicada por um ponto. Ligando-se os pontos, obtém-se o perfil topográfico. Assim, o observador poderá visualizar a configuração do terreno num plano horizontal, como se estivesse de frente ao trecho (AB) selecionado.

Observe o perfil ao lado.

ESCALAS

Para reproduzir a superfície da Terra ou parte dela em um mapa, seja em uma folha de papel, seja na tela de um computador, é preciso representar o espaço de maneira reduzida. É possível manter as proporções dos elementos de um mapa utilizando escala, que é a relação entre as dimensões da área na superfície terrestre e sua representação em uma superfície plana menor. As escalas podem ser numéricas ou gráficas.

Escala numérica

A escala numérica (ou aritmética) pode ser representada por uma fração ordinária (1/500.000) ou sob a forma de uma razão (1:500.000).

Na escala de 1:500.000 (lê-se "um para quinhentos mil"), a área representada é reduzida 500 mil vezes. Em toda escala numérica, as unidades indicadas no numerador e no denominador devem ser lidas em centímetros. Isso significa que 1 cm no mapa representa 500.000 cm no terreno, ou seja, 1 cm representa 5 km. Assim, com o auxílio da régua, pode-se calcular a distância real entre dois pontos de um mapa.

Por exemplo, se a escala do mapa é 1:500.000 (1 cm no mapa representa 5 km), e a distância entre duas cidades em linha reta, no mapa, é de 3 cm, deve-se multiplicar 3 pelo valor de cada centímetro (5 km) para obter a distância real, em linha reta, entre essas cidades: 15 km.

INTERCONEXÃO

Matemática

Escala métrica decimal

Os sistemas de medidas foram criados com o objetivo de padronizar as formas de medição. O sistema padrão adotado no Brasil é o Sistema Métrico Decimal, que tem como referência o metro. Veja a tabela a seguir.

Múltiplos e submúltiplos do metro para medidas de comprimento						
Múltiplos			m	Submúltiplos		
km	hm	dam		dm	cm	mm
quilômetro	hectômetro	decâmetro	metro	decímetro	centímetro	milímetro
5	0	0	0	0	0	0
(5 km, por exemplo, equivalem a 5.000 m ou 500.000 cm.)						

Nesse sistema, a unidade de comprimento imediatamente superior é 10 vezes maior que a anterior. Desse modo, a transformação de uma unidade de comprimento **para outra** imediatamente superior requer a divisão por 10, e para a imediatamente inferior requer a **multiplicação** por 10.

Múltiplos e submúltiplos do metro para medidas de superfície						
Múltiplos			m^2	Submúltiplos		
km^2	hm^2	dam^2		dm^2	cm^2	mm^2
quilômetro quadrado	hectômetro quadrado	decâmetro quadrado	metro quadrado	decímetro quadrado	centímetro quadrado	milímetro quadrado
(5 km^2, por exemplo, equivalem a 5.000.000 m^2.)						

Nesse sistema, a unidade de superfície imediatamente superior é 100 vezes maior que a anterior. Desse modo, a transformação de uma unidade de superfície **para outra** imediatamente superior requer a divisão por 100, e para a imediatamente inferior requer a **multiplicação** por 100.

- Com base nas informações anteriores e nos seus conhecimentos sobre cálculos de superfícies geométricas, determine qual produto cultivado ocupa maior área na propriedade representada ao lado.

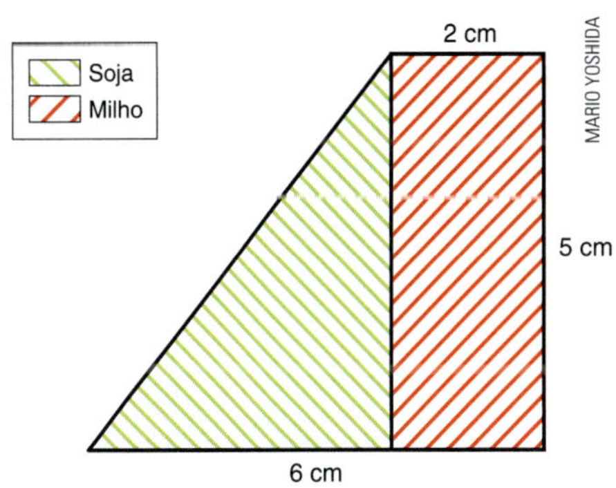

Escala 1: 200.000

Escala gráfica

A escala gráfica é representada por uma linha reta dividida em partes iguais, como no exemplo ao lado.

Nela a distância no mapa e a distância correspondente no terreno são estabelecidas diretamente, sem necessidade de cálculo, como ocorre com a escala numérica.

Escala gráfica

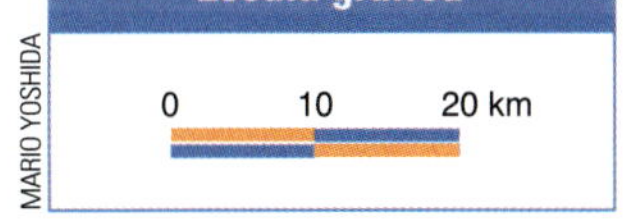

Nessa escala, cada centímetro no mapa representa a distância de 10 km. Portanto, a escala numérica correspondente a essa escala gráfica é a de 1:1.000.000.

Escala maior e menor

Qual das duas escalas é a maior: 1:50.000 ou 1:100.000? Se você pensou na escala 1:50.000, acertou.

Uma área representada na escala 1:50.000 foi reduzida 50 mil vezes; já uma área representada na escala 1:100.000 foi reduzida 100 mil vezes. Portanto, quanto maior for o denominador, menor será a escala.

O detalhamento de informações é maior na escala 1:50.000 do que na 1:100.000. Assim, quanto maior a escala (denominador menor), maior a riqueza de detalhes fornecida pela representação. Veja nos exemplos a seguir.

Trecho de Cornélio Procópio (PR)

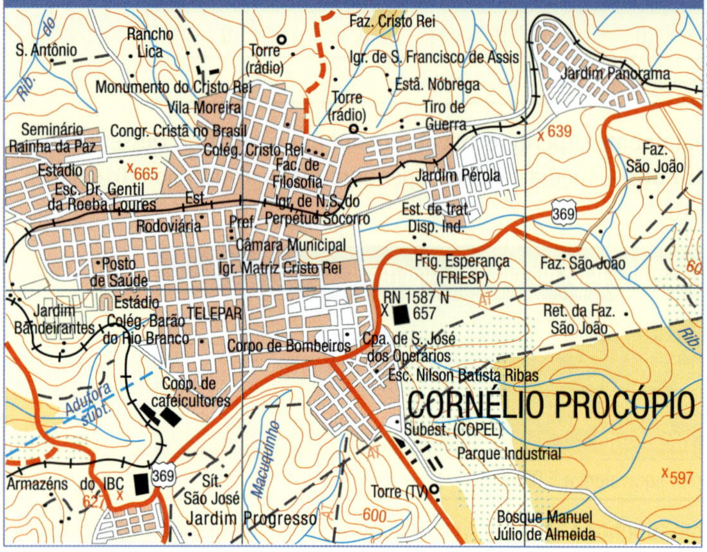

Escala 1:50.000

Região de Cornélio Procópio (PR)

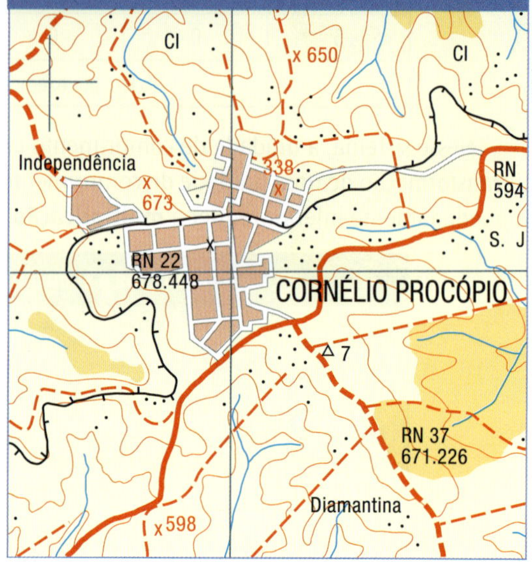

Escala 1:100.000

Fonte: *Atlas geográfico escolar*. Rio de Janeiro: IBGE, 2009. p. 25.

PLANTAS

As plantas são representações elaboradas em escalas grandes – em geral, maiores que 1:10.000, ou seja, apresentam grande riqueza de detalhes[13]. Representam, dessa forma, áreas mais restritas da superfície terrestre, como um trecho de cidade, um bairro, um quarteirão, um imóvel ou uma propriedade rural. As prefeituras utilizam as plantas para administrar e planejar as cidades ou outros trechos dos municípios.

Muitas plantas incluem informações sobre a localização de hotéis, restaurantes, cinemas, museus; enfim, oferecem dados sobre os principais pontos turísticos e de serviços existentes na cidade. Outras incluem informações sobre linhas de ônibus, metrô, trens e outros meios de transporte. Além disso, indicam o melhor percurso para o deslocamento de um ponto a outro da cidade.

Há plantas digitais *on-line* de quase todas as grandes cidades brasileiras e de diversas cidades do mundo. Diversos *sites* e provedores da internet disponibilizam serviços de localização de ruas por meio do endereço do local a ser pesquisado. O *Google Maps*, além das plantas, imagens de satélite e visão tridimensional, permite navegar pelas ruas, calcular a distância entre lugares e a melhor rota a ser percorrida – a pé ou de carro – de um endereço a outro, entre outras informações. Observe as imagens a seguir.

---

13 Existem propostas para subdividir as representações cartográficas de acordo com as escalas. Assim, representações em escalas menores que 1:100.000 são chamadas de mapas; aquelas entre 1:100.000 e 1:10.000 são denominadas cartas; e as maiores que 1:10.000 são conhecidas como plantas (SILVA, Ademirio de Barros. *Sistemas de informações georreferenciadas, conceitos e fundamentos*. Campinas: Editora da Unicamp, 2003. p. 80.). Há classificações que consideram plantas as representações em que a escala é maior que 1:20.000.

Imagem de satélite dos arredores do viaduto José Bonifácio C. Nogueira, São Paulo (SP), 2008

GOOGLE EARTH

Planta digital dos arredores do viaduto José Bonifácio C. Nogueira, São Paulo (SP)

© 2013 GOOGLE – MAPLINK/GOOGLE MAPS

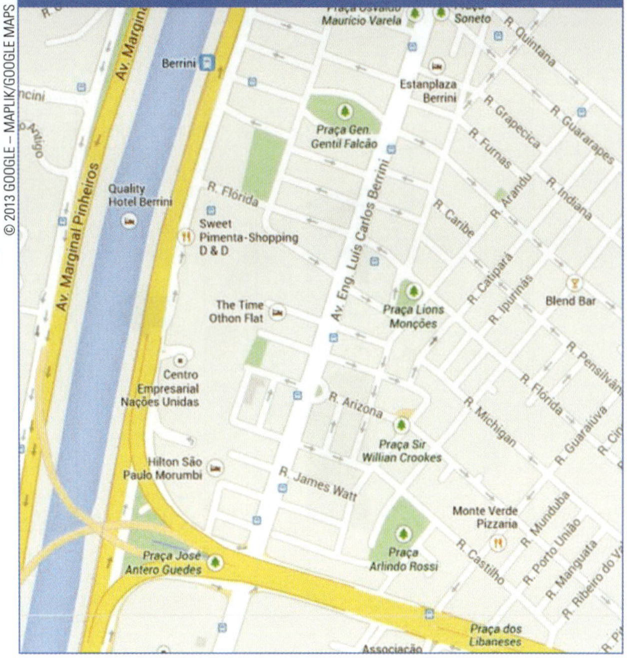

PROJEÇÕES CARTOGRÁFICAS

A representação da superfície curva da Terra numa superfície plana – o mapa – já foi o grande desafio da cartografia e tornou-se possível graças às projeções cartográficas, baseadas em relações matemáticas e geométricas. Para representar o globo sem essas projeções, teríamos de dividir os mapas em partes. Entre as projeções cartográficas mais usadas estão a cilíndrica, a cônica e a azimutal.

Não é possível representar a superfície curva da Terra numa superfície plana sem que ocorram extensões ou contrações. Por isso, toda representação plana sempre apresentará algum tipo de deformação, qualquer que seja a projeção utilizada. A única maneira de representar a superfície da Terra sem distorções é por meio de um globo.

DICA

SITE

Labtate – Laboratório de Cartografia Tátil e Escolar

www.cartografiaescolar.ufsc.br

O *site* ilustra de forma pedagógica diversos conceitos de cartografia e a sua evolução.

Projeção cilíndrica

Consiste na projeção da superfície terrestre, dos paralelos e dos meridianos sobre um cilindro, que posteriormente é desenrolado e apresentado sobre uma superfície plana.

Tanto o planisfério de Mercator como o de Peters foram elaborados a partir da projeção cilíndrica, idealizada por Mercator. A projeção de Mercator é **cilíndrica conforme**, ou seja, conserva a forma dos continentes, as direções e os ângulos. A projeção de Peters é **cilíndrica equivalente**, pois não mantém as formas, as direções e os ângulos, mas preserva as superfícies representadas em suas proporções.

Há também a projeção **cilíndrica equidistante**, na qual os comprimentos são representados em escala uniforme, conservando as proporções entre as distâncias, entre alguns pontos. Nessa projeção, a distância em graus traçada entre os paralelos corresponde à mesma distância traçada entre os meridianos.

Projeção cilíndrica

MARIO YOSHIDA

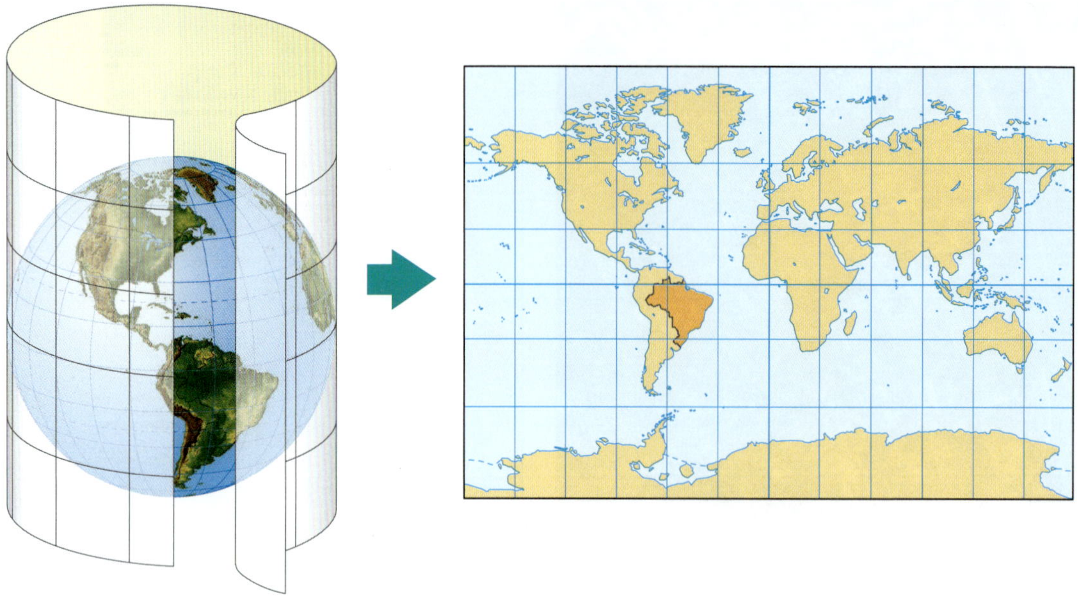

Fonte: FERREIRA, Graça M. L. *Atlas geográfico*: espaço mundial. São Paulo: Moderna, 2010.

LEITURA COMPLEMENTAR

Projeção de Robinson

A projeção de Robinson destina-se à representação global da Terra. Nela, os meridianos estão transformados, de certo modo, em linhas curvas (elipses), e os paralelos, em linhas retas. Apresenta características semelhantes à projeção cilíndrica, mas não é conforme, pois modifica em parte a forma dos continentes, nem equivalente, pois as áreas representadas não correspondem exatamente à realidade (embora não apresentem os exageros das projeções baseadas em Mercator).

É uma projeção utilizada em muitos atlas, pois representa um meio-termo entre os diversos tipos de projeções existentes, valorizando seus aspectos positivos.

Planisfério: projeção de Robinson

MARIO YOSHIDA

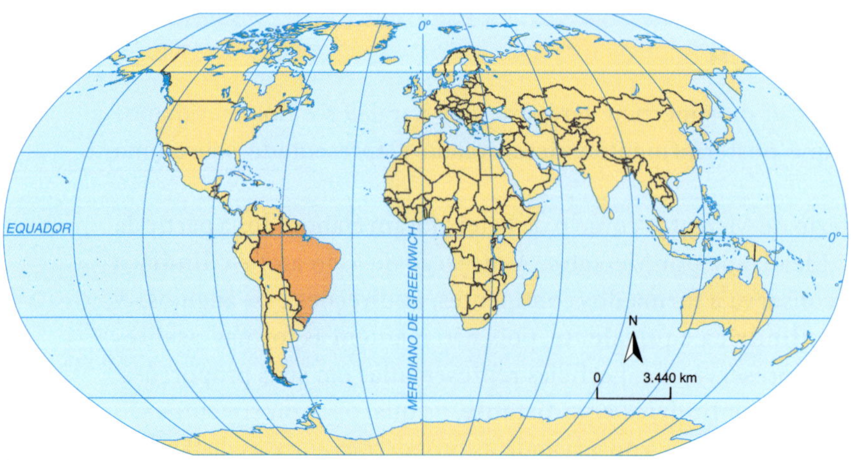

Fonte: *Atlas geográfico escolar*. Rio de Janeiro: IBGE, 2009. p. 24.

Projeção cônica

Na projeção cônica, a superfície terrestre é representada sobre um cone imaginário, que está em contato com a esfera em determinado paralelo.

Por essa projeção, obtemos mapas com meridianos que formam uma rede de linhas retas convergentes nos polos e com paralelos que constituem círculos concêntricos a partir do polo. As deformações são pequenas próximas ao paralelo de contato, mas tendem a aumentar à medida que as zonas representadas se distanciam desse paralelo. Esse tipo de projeção é muito utilizado para representar partes da superfície terrestre, ou de um continente, situadas em latitudes médias como as da zona temperada.

Fonte: FERREIRA, Graça M. L. *Atlas geográfico*: espaço mundial. São Paulo: Moderna, 2010.

Projeção cônica

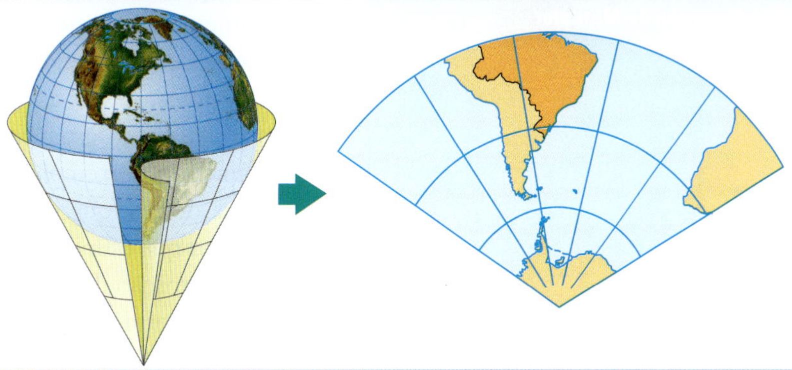

MARIO YOSHIDA

Projeção azimutal (plana)

Na projeção azimutal, a superfície terrestre é representada sobre um plano tangente a um ponto qualquer da esfera terrestre. O ponto de tangência ocupa sempre o centro da projeção.

Nesse tipo de projeção, as deformações são pequenas nas proximidades do ponto de tangência, mas aumentam à medida que as áreas representadas se distanciam dele.

Se o plano é tangente ao polo, os paralelos são representados por círculos concêntricos que têm o polo como centro e os meridianos como raios, todos convergindo para o ponto central ou de tangência (o polo).

A projeção azimutal é usada para representar as regiões polares e suas proximidades ou localizar um país na posição central do mapa.

Projeção azimutal polar

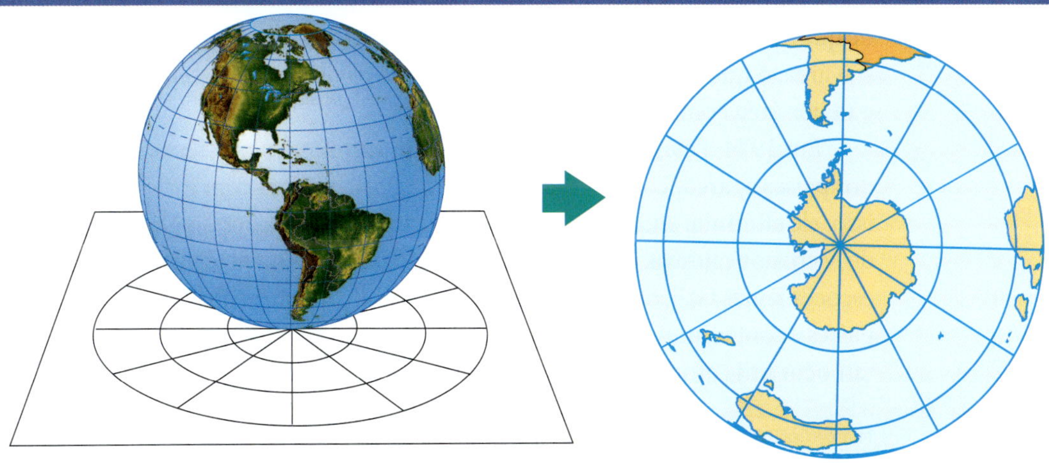

MARIO YOSHIDA

Fonte: FERREIRA, Graça M. L. *Atlas geográfico*: espaço mundial. São Paulo: Moderna, 2010.

MAPAS E VISÃO DE MUNDO

Planisfério
é a representação do globo terrestre em forma plana. O mesmo que mapa-múndi.

Os mapas produzidos ao longo do tempo sempre expressaram ideias ou visões de determinada sociedade ou período histórico.

O flamengo Gerard Mercator (1512-1594), importante nome da cartografia, desenvolveu seu trabalho na época em que a Europa havia conquistado os mares e dominado diversas regiões do mundo. Do continente europeu partiam navios para a África, a América e a Ásia. O **planisfério** de Mercator, de 1569, expressa o contexto histórico da expansão marítima europeia e conhecimento de terras até então desconhecidas. Observe, no mapa abaixo, que a Europa se situa no centro e na parte superior da representação.

Planisfério: projeção de Mercator

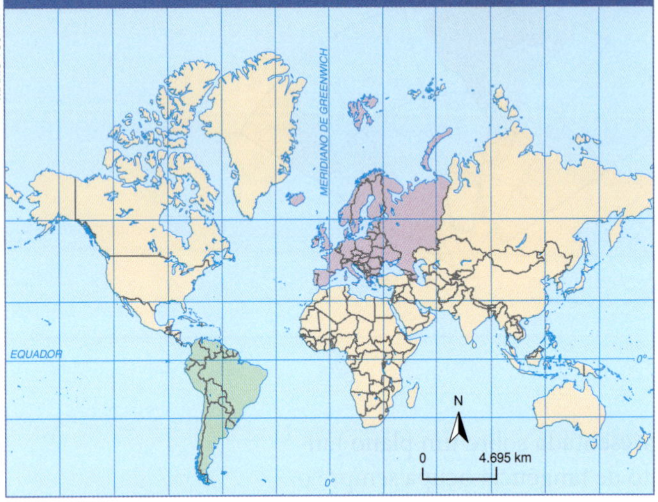

MARIO YOSHIDA

Fonte: *Atlas geográfico escolar*. Rio de Janeiro: IBGE, 2009. p. 23.

No mapa de Mercator, a forma dos continentes é representada com fidelidade, mas sua área apresenta distorções. A Europa, com território de 9,7 milhões de km², aparece com uma superfície maior que a da América do Sul, que tem 17,8 milhões de km². É possível verificar essa distorção comparando a projeção de Mercator com a de Peters, na página seguinte.

Nesse planisfério os meridianos estão traçados paralelamente de um polo a outro, e as distâncias entre os paralelos aumentam conforme se aproximam dos polos. Assim, as áreas mais distantes do Equador aparecem exageradamente grandes. A Groenlândia, por exemplo, parece ser maior que a América do Sul, quando, na verdade, é quatro vezes menor que o Brasil.

Essa distorção de tamanho parece reforçar a ideia da superioridade do continente europeu, pois a maior parte de suas terras está mais próxima do Polo Norte que da Linha do Equador. Entretanto, não podemos afirmar que essa fosse a intenção de Mercator. Ao que parece, ele priorizou a representação da forma e dos contornos das massas continentais, levando em consideração a utilização de seus mapas pelos navegadores europeus.

Após a Segunda Guerra Mundial e a independência de várias colônias europeias na África e na Ásia, ficaram ainda mais evidentes as enormes diferenças socioeconômicas entre os países. Diversos pesquisadores de todas as partes do mundo passaram a desenvolver a tese de que a exploração dos países subdesenvolvidos, situados em sua maioria no Hemisfério Sul, pelos países desenvolvidos, quase todos no Hemisfério Norte, levou os primeiros a uma situação de pobreza, dependência e submissão.

O historiador e cartógrafo alemão Arno Peters (1916-2002) considerava que os mapas eram uma das manifestações simbólicas dessa submissão. Ele partia do princípio de que todos os países do mundo devem ser retratados no mapa-múndi de forma fiel à sua área, o que colocaria em maior destaque os países subdesenvolvidos que ocupam a maior área continental do planeta.

Em 1974, Peters apresentou ao mundo um novo planisfério, em que a superfície dos países aparece com medidas proporcionais, embora com formas distorcidas. Com isso, ele eliminou a impressão de superioridade das nações do Norte que o planisfério de Mercator causava. Para a sua projeção, Peters baseou-se em uma antiga proposta do escocês James Gall, de 1885, que concebeu uma projeção com o objetivo de representar países e continentes com suas medidas proporcionais. Mas na projeção de Peters havia também uma atitude declaradamente terceiro-mundista[14].

14 A ideologia terceiro-mundista surgiu a partir da Conferência de Bandung (Indonésia, 1955). Os teóricos do terceiro-mundismo buscaram um projeto de desenvolvimento independente, não alinhado ao modelo capitalista dos países desenvolvidos, sob a liderança dos Estados Unidos, nem ao modelo socialista, liderado pela antiga União Soviética.

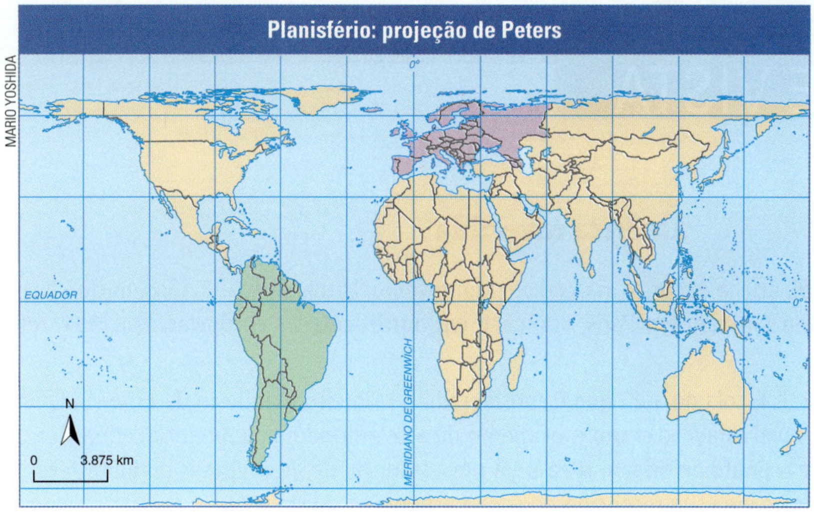

Fonte: *Atlas geográfico escolar*. Rio de Janeiro: IBGE, 2009. p. 21.

O planisfério de Peters projeta, em linguagem cartográfica, o ideal de igualdade entre os países.

Como você pôde observar, tanto o planisfério de Mercator como o de Peters apresentam limitações. Mas cada um se adapta a determinadas finalidades.

Os mapas, que são representações bidimensionais da superfície terrestre, sempre acarretam em alterações na forma, na dimensão da superfície ou na distância dos elementos apresentados.

No mapa de Mercator, a correspondência com a realidade se dá pelos contornos e formas dos países e continentes, por isso é bastante apropriado à navegação; já o mapa de Peters permite a visualização e a comparação da extensão da superfície entre os elementos representados.

OLHO NO ESPAÇO

- Observe com atenção o mapa ao lado e responda às questões.

1. Qual tipo de representação cartográfica foi utilizada nesse mapa?

2. Qual o continente representado no mapa?

3. O que representam as cores do mapa?

4. Quais os quatro países com maior Produto Interno Bruto (**PIB**)?

PIB

Produto Interno Bruto é o valor agregado de todos os bens e serviços produzidos dentro de um país.

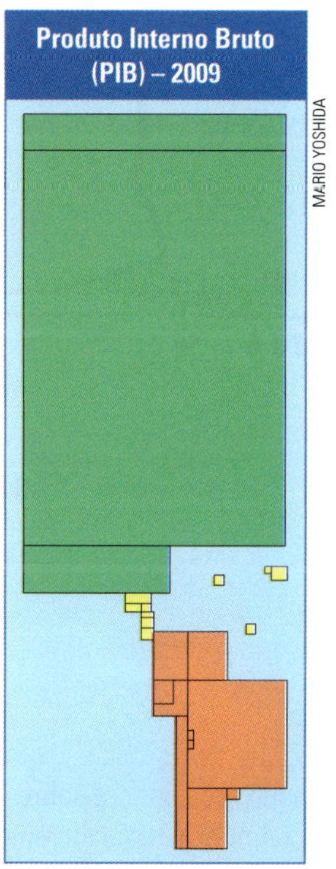

Fonte: CIATTONI, Annette (Org.). *Geographie 1*. Paris: Hatier, 2011. p. 272.

PONTO DE VISTA

América invertida

Joaquín Torres García (1874-1949), artista e teórico, nasceu em Montevidéu, Uruguai. Aos 17 anos, iniciou sua carreira artística em Barcelona, Espanha. Viveu também em Paris, França, e em outras cidades europeias. Em 1934, retornou a Montevidéu.

Em 1935, Torres García publicou "A Escola do Sul", que é considerado o primeiro manifesto da América Latina. Nele, formulou a premissa de que seria possível estabelecer um movimento de arte autônoma na América Latina. Torres García propunha que a América Nativa fosse o ponto de origem para uma nova tradição de artes visuais no hemisfério fundada na recuperação do passado pré-hispânico e na sua reconciliação com a arte universalista.

Mesmo antes de desenhar *América invertida* (1943), Torres García já havia declarado em "A Escola do Sul" que: "Tenho dito 'A Escola do Sul' porque, na realidade, nosso norte é o sul. Não deve haver norte para nós, exceto em oposição ao nosso sul. Portanto, agora viramos o mapa de cabeça para baixo, e então temos uma verdadeira ideia de nossa posição, e não como o resto do mundo deseja. A ponta da América, a partir de agora, prolongando-se, aponta para o Sul, nosso norte".

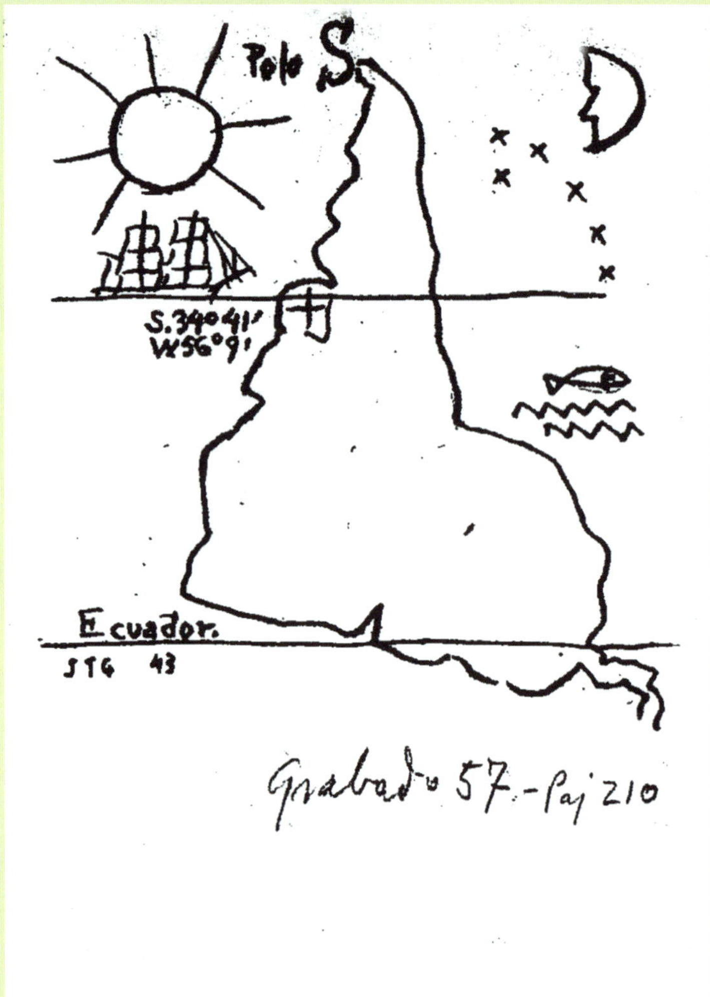

MUSEU TORRES GARCÍA, MONTEVIDÉU (URUGUAI)

América invertida (1943), obra de Joaquín Torres García.

- Levando em consideração o que você conhece sobre cartografia, analise a obra de Torres García e converse com seus colegas sobre a maneira como a América do Sul foi representada. Discuta também as possíveis interpretações que se pode fazer dela.

[COMPREENSÃO E ANÁLISE]

1. Analise a importância do geoprocessamento.

2. Observe o mapa a seguir.

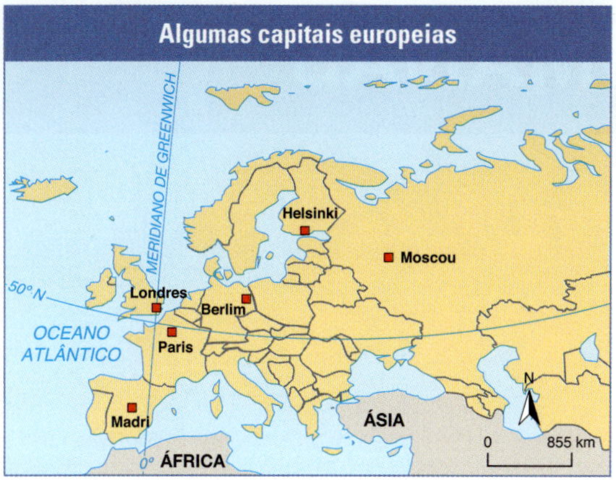

Fonte: elaborado pelos autores.

a) Calcule a distância aproximada, em linha reta, entre Madri e Helsinki.

b) Qual a escala numérica do mapa?

3. Identifique e indique a vantagem da projeção em que foi elaborada o mapa abaixo.

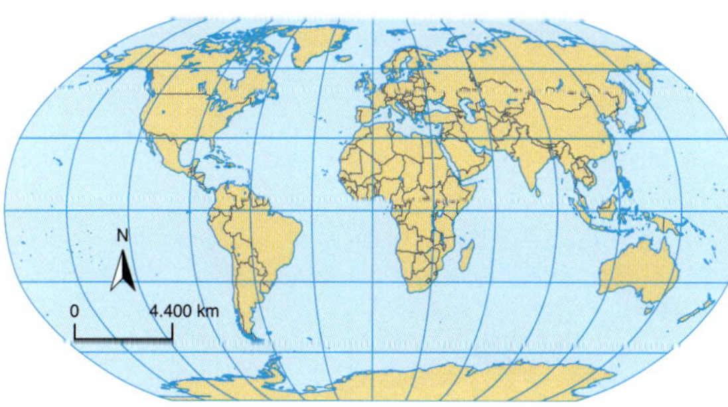

Fonte: *Atlas geográfico escolar*. Rio de Janeiro: IBGE, 2007. p. 24.

4. Observe o mapa de curvas de nível que segue.

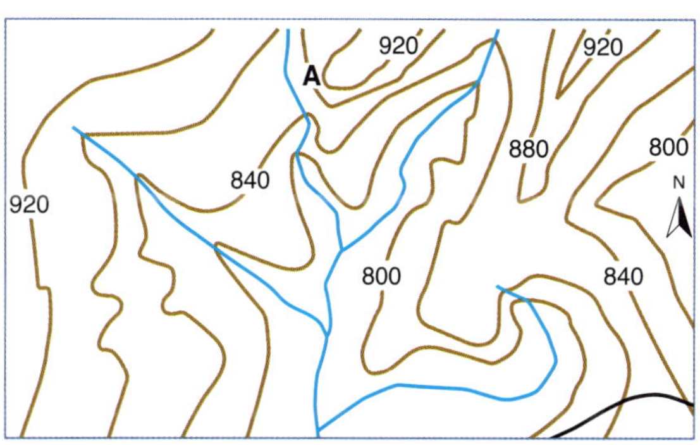

Fonte: elaborado pelos autores.

a) Qual a cota de altitude do ponto *A*? Justifique.

b) Em qual sentido, em relação aos pontos cardeais, corre o rio principal nesse mapa?

5. Explique a importância das representações do relevo por curvas de nível para o planejamento urbano, a construção de rodovias e a exploração de áreas rurais.

6. Leia o texto a seguir.

"O Japão não é um país pequeno, a despeito do que os próprios japoneses possam pensar. A ilha principal, Honshu, é maior que a Grã-Bretanha. Se o Japão estivesse na Europa, dominaria o continente. O Japão é maior que a Itália, maior que a Noruega, maior que a Alemanha. Uma viagem do cabo Sata, no sul, ao cabo Sõya, no norte, cobre três mil quilômetros. Na América do Norte, seria como uma viagem de Miami a Montreal – e aproximadamente nas mesmas latitudes. Então, por que essa imagem persistente de que o Japão é (...) minúsculo?"

FERGUSON, Will. *De carona com Buda – O Japão de cabo a cabo*. São Paulo: Companhia das Letras, 2007. p. 19.

A imagem persistente de que o Japão é minúsculo é um problema de projeção cartográfica ou apenas uma percepção incorreta que é de senso comum?

7. Na carta topográfica (mapa de curva de nível), as cotas de altitude estão indicadas em metros. Observe a carta abaixo (de um lugar hipotético) com atenção e resolva as questões.

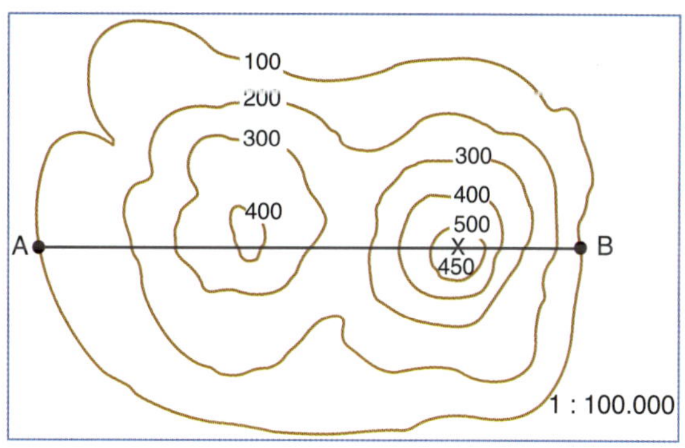

Fonte: elaborado pelos autores.

a) Copie essa carta numa folha de sulfite e construa o perfil topográfico do segmento AB. Observação: utilize a escala vertical (altitude) 1:20.000.

b) Represente a escala gráfica correspondente à escala numérica da carta topográfica.

c) Qual é a distância real, em linha reta, das localidades *A* e *B*?

UNIDADE 2

PLANETA TERRA: ESTRUTURA, FORMAS, DINÂMICA E ATIVIDADES HUMANAS

Vista a partir do alto do Morro do Pai Inácio, na Chapada Diamantina, em Palmeiras (BA), 2011.

LUIS SALVATORE/PULSAR IMAGENS

Ao observarmos as paisagens, percebemos que são constituídas por uma diversidade de elementos naturais ou humanizados. Um dos aspectos que podemos notar numa paisagem são as diferentes formas da superfície terrestre, ou seja, o relevo. Em muitas delas esse é um dos aspectos que mais se destacam, como podemos constatar nesta imagem.

Sabemos que os processos formadores do relevo são variados (tanto internos quanto externos) e que podem ocorrer ao longo de milhões de anos. Alguns, muitas vezes, se manifestam de maneira impactante em questão de segundos, como os terremotos. Identificar, compreender e analisar esses processos, bem como reconhecer as características geológicas, as formas da superfície terrestre e como a sociedade se relaciona com isso, são alguns dos desafios desta unidade.

CAPÍTULO 4

GEOLOGIA: EVOLUÇÃO DA TERRA E FENÔMENOS GEOLÓGICOS

CONTEXTO

Poucas coisas sobrevivem por longo tempo

"Se você imagina os cerca de 4,5 bilhões de anos da história da Terra comprimidos em um dia terrestre normal, a vida começa muito cedo, em torno das quatro da madrugada, com o surgimento dos primeiros organismos unicelulares simples, mas depois não avança mais nas próximas dezesseis horas. [...] Finalmente as primeiras plantas marinhas aparecem, seguidas vinte minutos mais tarde da primeira medusa. [...] Às 21h04 entram em cena os **trilobites** (a nado) [...]. Pouco antes das 22h, plantas começam a brotar em terra firme. Logo após, faltando duas horas para o fim do dia, despontam os primeiros animais terrestres.

Graças a uns dez minutos de bom tempo, às 22h24 a Terra é coberta pelas grandes florestas **carboníferas** cujos resíduos fornecem todo o nosso carvão, e os primeiros insetos com asas se fazem notar. Os dinossauros entram em cena pouco antes das 23h e dominam por cerca de 45 minutos. Faltando 21 minutos para a meia-noite, desaparecem, e a era dos mamíferos começa. Os seres humanos emergem um minuto e dezessete segundos antes da meia-noite. Nessa escala, toda a nossa história registrada não duraria mais que alguns segundos e a vida de um único ser humano mal duraria um instante. Nesse dia grandemente acelerado, continentes deslizam e se chocam num ritmo positivamente frenético. Montanhas se erguem e se desfazem, bacias oceânicas surgem e desaparecem, lençóis de gelo avançam e recuam. [...]

Talvez uma forma mais eficaz de visualizar quão recentes somos como parte desse quadro de 4,5 bilhões de anos seja você abrir os braços ao máximo e imaginar aquela extensão como toda a história da Terra. Nessa escala [...], a distância das pontas dos dedos de uma mão até o pulso da outra mão é o Pré-Cambriano. Toda a vida complexa está em uma mão, 'e de um só golpe, com uma lixa de unha de granulação média, você pode erradicar a história humana'."

BRYSON, Bill. *Breve história de quase tudo*. São Paulo: Companhia das Letras, 2007. p. 343-344.

Trilobite
artrópode que possui patas articuladas e uma carapaça externa.

Carbonífera
refere-se ao Período Carbonífero (Era Paleozoica).

DISCUTA

1. Identifique o tema central do texto e justifique seu título.
2. De acordo com seus conhecimentos, distingua os eventos biológicos dos geológicos presentes no texto, citando ao menos três exemplos de cada um.

A FORMAÇÃO DO PLANETA TERRA

A Terra surgiu há aproximadamente 4,5 bilhões de anos, resultando da agregação de poeira cósmica e do bombardeamento de material rochoso atraídos pela força gravitacional[1]. De sua origem até o estágio atual, o nosso planeta passou por diversas transformações, em termos geológicos e biológicos, como você pôde perceber no início

1 Trata-se de uma das teses mais atuais sobre a formação do Universo, conhecida por Teoria da Agregação.

DICAS

LEITURAS

A deriva dos continentes
Samuel Murgel Branco e Fábio Cardinale Branco. São Paulo: Moderna, 2004.

O livro discute a Deriva Continental a partir da Teoria da Tectônica das Placas e da descoberta de ecossistemas em águas profundas do oceano. São ecossistemas que não dependem da luz para a sua existência, mas da energia geotérmica proveniente das dorsais oceânicas.

Atlas da Terra
Susanna Van Rose. São Paulo: Martins Fontes, 1994.

Atlas ilustrado sobre fenômenos geológicos como erupções vulcânicas, terremotos e outros agentes modeladores de relevo.

deste capítulo (veja também a tabela nesta página e a ilustração na página seguinte). Essas transformações são estudadas a partir da disposição das camadas rochosas e dos fósseis nelas encontrados. Essas camadas representam registros dos acontecimentos passados e permitem compreender a evolução do planeta.

Enquanto a vida se transformou e se desenvolveu, a crosta terrestre também se modificou. O primeiro grande bloco continental formado foi a Pangeia, envolvido por um único e extenso oceano, o Pantalassa. A Pangeia se dividiu em Laurásia e Gondwana, que também se fragmentaram e deram origem aos atuais continentes (veja a ilustração "Deriva dos continentes", na página 59). Trechos da crosta se enrugaram, num processo de formação de dobras, dando origem às montanhas, as áreas mais profundas foram sendo preenchidas por sedimentos e alguns mares foram soerguidos e incorporados aos continentes.

É a **Geologia** a ciência responsável pelo estudo da origem, formação e contínuas transformações da Terra, bem como dos materiais orgânicos e inorgânicos que a constituem. É ela que estuda o interior do nosso planeta.

Essa ciência divide a história da Terra em eras geológicas, que correspondem a grandes intervalos de tempo divididos em períodos, os quais, por sua vez, são subdivididos em épocas e idades. As subdivisões marcam as importantes alterações ocorridas na evolução do planeta e são organizadas numa tabela geológica.

Na parte superior de uma tabela de tempo geológico estão as eras mais recentes e na parte inferior, as mais antigas. Veja a seguir.

Escala geológica do tempo

Eras geológicas	Períodos	Ocorrência aproximada (em milhões de anos atrás)	Principais eventos	Principais eventos no Brasil
Cenozoica	Quaternário	1,8	Surgimento do *Homo sapiens*. Últimas glaciações.	Vulcanismo constrói arquipélago de Fernando de Noronha. Depósitos sedimentares sobretudo na parte ocidental da bacia Amazônica e no litoral do Nordeste.
	Terciário	65	Dobramentos modernos (atuais cadeias de montanhas). Aves, mamíferos e primatas. Atuais continentes.	
Mesozoica ou Secundária	Cretáceo Jurássico Triássico	250	Início da formação do petróleo (há cerca de 70 milhões de anos). Divisão do grande continente da Pangeia em Laurásia e Gondwana (130 milhões de anos). Grandes répteis (como os dinossauros).	Última fase de deposição mais ampla nas grandes bacias. Derrames vulcânicos na bacia do Paraná.
Paleozoica ou Primária	Permiano Carbonífero Devoniano Siluviano Ordoviciano Cambriano	550	Grandes florestas. Formação do carvão mineral (carbonífero). Bacias sedimentares. Glaciações. Peixes e vegetais. Insetos e répteis.	Início da formação das grandes bacias sedimentares no Brasil: Paraná, Parnaíba (ou do Meio-Norte) e Amazônica. Formação do Quadrilátero Ferrífero (atual estado de Minas Gerais).
Pré-Cambriano: Proterozoica Arqueozoica	Algonquiano Arqueano	4.600	Formação das primeiras rochas metamórficas. Surgimento da vida unicelular. Formação dos escudos cristalinos e das rochas magmáticas.	Escudos cristalinos e dobramentos antigos. Formação das rochas mais antigas em território brasileiro. Depósito da formação ferrífera da Serra dos Carajás.

Fonte: elaborado com base em PRESS, Frank *et al. Para entender a Terra.* Porto Alegre: Bookman, 2006. p. i-ii; TEIXEIRA, Wilson *et al.* (Org.). *Decifrando a Terra.* São Paulo: Companhia Editora Nacional, 2009. p. 621-623; POPP, José Henrique. *Geologia Geral.* Rio de Janeiro: LTC, 2010. p. 117-118; ROSS, Jurandyr L. S. (Org.). *Geografia do Brasil.* São Paulo: Edusp, 2008. p. 50-51.

A ilustração a seguir apresenta graficamente alguns desses eventos geológicos e biológicos.

Processo de formação da Terra – alguns eventos

LUIZ IRIA E RODRIGO MAROJA/EDITORA ABRIL – IMAGENS/CONTEÚDO EXPRESSO

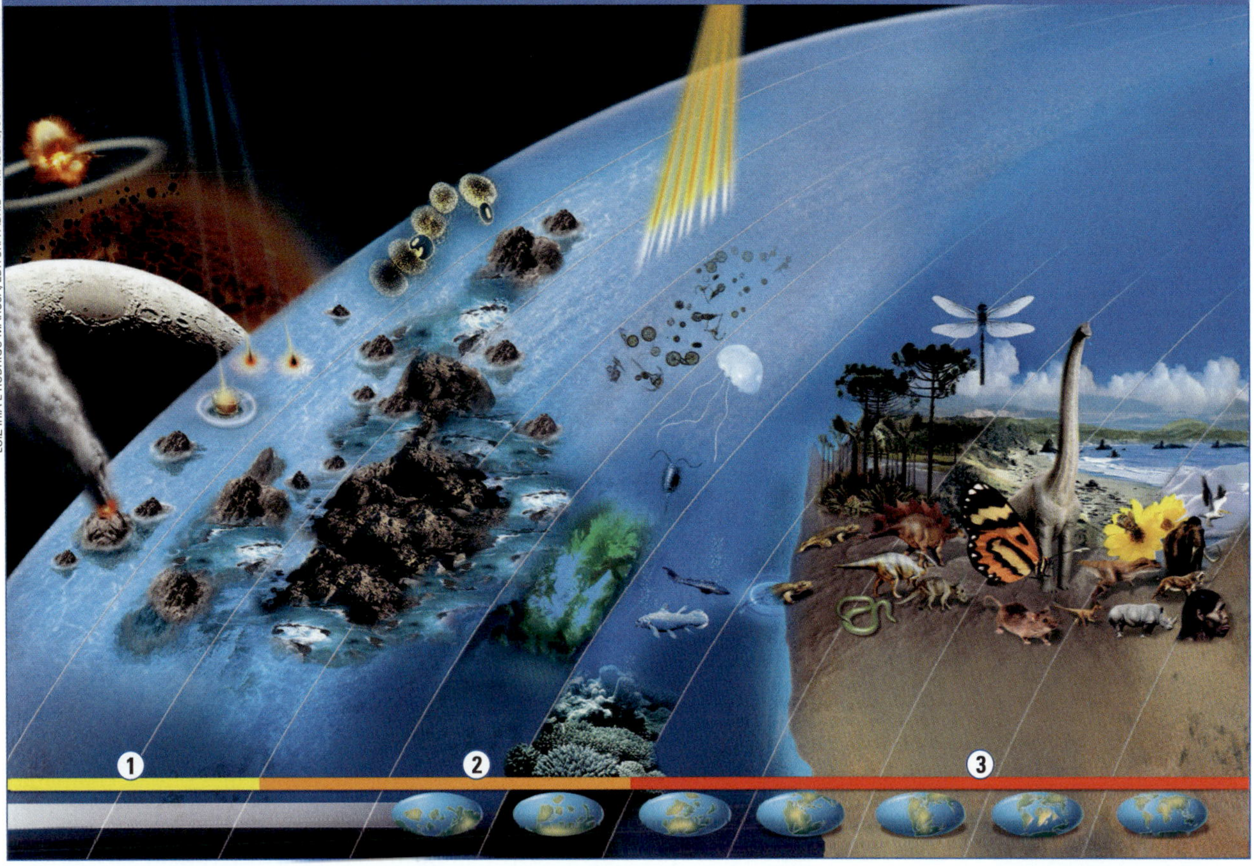

(1) No início, a Terra era uma massa incandescente. O resfriamento e a solidificação de parte desse material incandescente deram origem à crosta terrestre, camada externa rochosa que cobre o planeta. As altas temperaturas, a radiação solar e a intensa atividade vulcânica que existia na delgada crosta da Terra impediram o surgimento da vida por bilhões de anos.

(2) Somente com a constituição da hidrosfera, formada provavelmente pela precipitação de vapor-d'água sobre a superfície mais profunda, e com a manutenção da temperatura em níveis menos elevados, a vida tornou-se viável. Surgiram então as primeiras formas de vida, com organização celular simples. Posteriormente, surgiram outros organismos, como os primeiros animais.

(3) A vegetação expandiu-se pelas terras emersas e contribuiu para a transformação da composição química da atmosfera. Essas novas condições possibilitaram grande diversificação dos animais e sua conquista do ambiente terrestre, sendo os anfíbios os primeiros animais vertebrados a explorá-lo. Ao longo da evolução desse grupo, surgiram répteis – como os dinossauros –, mamíferos e aves. A partir do seu surgimento, os seres humanos passaram a intervir de forma dominante sobre o planeta.

As medidas, distâncias, cores e proporções das imagens não correspondem à realidade.

DICA

FILME

Quando os dinossauros reinavam na Terra
EUA, 2001. Discovery Channel. Duração: 90 min.

Animações computadorizadas, aplicadas sobre paisagens reais, mostram a Terra na época do *Dilophosaurus*, do *Dromaesaurus* e de outros dinossauros.

SITE

Here is today
www.hereistoday.com

Site que apresenta um infográfico interativo para trabalhar a noção de tempo geológico por meio de comparações entre diferentes escalas de tempo.

ESTRUTURA INTERNA DA TERRA

O conhecimento da estrutura interna da Terra é essencial para a compreensão dos fenômenos que se manifestam em sua superfície, como o vulcanismo e os terremotos, responsáveis por modificações nas formas da superfície terrestre e suas consequências para os seres humanos e para a estruturação de determinados aspectos do espaço geográfico.

Os terremotos (ou sismos) afetam a vida de milhões de pessoas e provocam grandes estragos em diversos países, como Estados Unidos (sobretudo na Califórnia), Japão, Chile, Turquia e China. O vulcanismo, outro fenômeno natural causado pelas forças internas da Terra, também costuma acarretar graves desastres.

AP PHOTO/BRENNAN LINSLEY/FILE/GLOW IMAGES

O ser humano também pode tirar proveito da energia do interior da Terra, transformando-a em energia elétrica. Na imagem, dutos gigantes transportam vapor superaquecido de dentro de um campo vulcânico para as turbinas de uma usina geotérmica em Reykjavik, capital da Islândia, 2011. A energia geotérmica pode servir também para aquecer habitações, piscinas e estufas.

A atividade mineradora depende igualmente do conhecimento da estrutura interna da Terra. Os recursos minerais e os energéticos são matéria-prima básica na produção de diversas mercadorias e na geração da maior parte da energia consumida no mundo.

Na década de 1960, cientistas estadunidenses resolveram perfurar o solo até atingir o manto. O objetivo era entender os mecanismos que causavam os movimentos das rochas e, dessa forma, prever terremotos e compreender outros fenômenos responsáveis por desastres naturais. Porém, ao tentar perfurar a crosta oceânica, acabaram desistindo quando atingiram 180 metros de profundidade. Quatro anos mais tarde, os soviéticos fizeram a mesma tentativa em terra emersa e escavaram o poço mais profundo que existe ainda hoje – o da Península de Kola, na Rússia. No entanto, desistiram do projeto a pouco mais de 12 quilômetros, pois a temperatura a cerca de 10 quilômetros já havia atingido 180 °C, bem superior ao que se esperava.

Por conta da impossibilidade de atingir grandes profundidades, os estudos sobre o interior da Terra baseiam-se em observações indiretas. As informações são obtidas por meio da análise dos tremores que ocorrem no interior da Terra, cujas ondas, chamadas sísmicas, propagam-se em diferentes direções, algumas atingindo o núcleo do planeta. As ondas mudam de direção à medida que atingem matéria de densidade diferente. A intensidade dessas ondas é registrada por sismógrafos, aparelhos que medem também a velocidade e, portanto, o tempo que elas levam para se deslocar do **hipocentro** até o local onde se manifestam na superfície terrestre – o epicentro. Foi a partir dessas e de outras observações que os cientistas chegaram à conclusão de que a Terra é formada basicamente por três camadas: a crosta terrestre ou litosfera, o manto e o núcleo.

Hipocentro
local do interior da Terra onde se origina um terremoto.

As camadas da Terra

Na crosta terrestre – a camada superficial – são encontradas rochas relativamente leves, constituídas principalmente por silício e alumínio. Essa camada apresenta espessura variável: nos continentes, atinge de 20 a 70 quilômetros, nos locais montanhosos; sob os oceanos, onde predominam o silício e o magnésio, varia de 5 a 15 quilômetros.

O manto – camada intermediária – é formado por material mais denso, constituído principalmente por magnésio, ferro e silício. Na parte externa do manto, há uma região conhecida por **astenosfera** (veja a ilustração da página seguinte e também a "Formação das dorsais", na página 60). Essa região é formada por um material pastoso chamado magma, onde ocorrem movimentos de convecção: o magma aquecido sobe das porções mais internas da Terra em direção à crosta e depois volta para o interior, à medida que se resfria. Os movimentos de convecção dão origem a terremotos e erupções vulcânicas. Há também movimentos de convecção que envolvem todo o manto. Todo o material que sai pelos vulcões vem de uma profundidade máxima de 200 quilômetros. Comparadas com o raio da Terra – 6.380 quilômetros, aproximadamente –, essas medidas são muito pequenas.

O limite interior máximo do manto é de aproximadamente 2.900 quilômetros, onde começa a camada mais interna: o núcleo. Este é constituído por níquel e principalmente ferro. Encontra-se subdividido em duas camadas: o núcleo externo, que parece ser líquido, e o núcleo interno, que é sólido.

Observe a representação da Terra e suas camadas.

Camadas da Terra

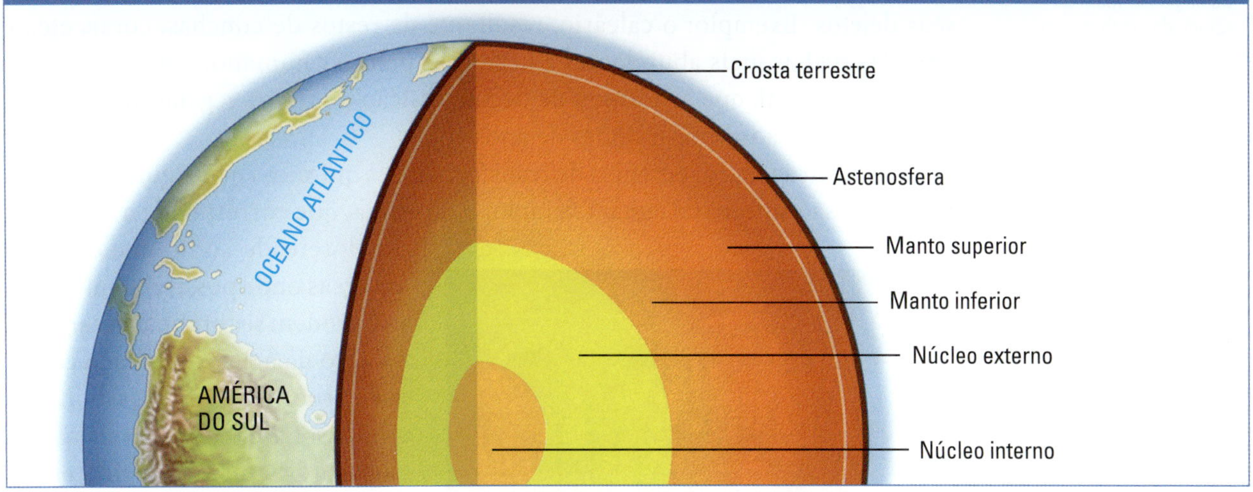

Fonte: CALDINI, Vera; ÍSOLA, Leda. *Atlas geográfico Saraiva*. São Paulo: Saraiva, 2009. p. 20.

A crosta terrestre

A crosta terrestre é formada principalmente por rochas, como o arenito, o granito, o mármore, o calcário e a argila. As rochas são agregados de um ou mais minerais solidificados, que, por sua vez, são elementos ou compostos inorgânicos. O granito, por exemplo, é composto por três minerais: quartzo, mica e feldspato.

Quanto à origem, as rochas classificam-se em **magmáticas** ou **ígneas**, **sedimentares** e **metamórficas**. As rochas magmáticas resultam da consolidação de material proveniente do manto em estado de fusão. Elas constituem aproximadamente 80% da crosta terrestre e se subdividem em dois tipos:

- **Intrusivas** ou **plutônicas** – que se formaram internamente, como o granito.
- **Extrusivas** ou **vulcânicas** – que se formaram na superfície, como o basalto.

As rochas magmáticas intrusivas aparecem na superfície quando a erosão remove as rochas que as encobrem. São os **afloramentos**. O granito é muito utilizado no revestimento de pisos e paredes e na fabricação de tampos de pias. A decomposição do basalto, por sua vez, geralmente dá origem a solos férteis, como a **terra roxa**, encontrada nos estados de São Paulo e Paraná, por exemplo, importante para o desenvolvimento da atividade agrícola.

Extração de granito no espaço rural de Itu (SP), 2009.

DICA

LEITURA

A Geologia em pequenos passos
François Michel. São Paulo: Ibep/Nacional, 2006.
Uma introdução à Geologia por meio do estudo das rochas e da origem e evolução da Terra.

As rochas sedimentares resultam da deposição, compactação e cimentação de sedimentos rochosos ou orgânicos, que sempre ocorrem em camadas. Quanto à origem dos sedimentos, as rochas são classificadas como:

- **Detríticas** – constituídas pelo acúmulo de fragmentos de outras rochas (magmáticas, metamórficas ou mesmo sedimentares). Exemplos: arenito, argilito, folhelho, varvito, conglomerado e tilito.
- **Orgânicas** – formadas pela ação de animais e vegetais ou pelo acúmulo dos seus dejetos. Exemplo: o calcário, resultante de restos de conchas, corais etc., é uma das rochas mais abundantes e utilizadas pelo ser humano; outro exemplo é o carvão mineral, que se formou da decomposição de restos vegetais que permaneceram enterrados por milhões de anos.
- **Químicas** – provenientes de transformações químicas que alguns materiais em suspensão sofrem na água. Exemplo: o sal-gema, que corresponde a depósitos de cloreto de sódio encontrados em áreas onde possivelmente havia mar. Podem ser originadas também da ação da água combinada com o gás carbônico (ácido carbônico), que dissolve o teto de **cavernas calcárias** e origina os **espeleotemas**, como as estalactites e estalagmites. São chamadas também de **regiões cársticas** e, se as cavernas estão muito próximas da superfície do terreno, pode ocorrer desmoronamento, levando à formação de crateras, chamadas de **dolinas**.

As rochas sedimentares têm grande importância econômica, pois nelas se encontram recursos energéticos, como o carvão mineral e o petróleo. O arenito, o varvito e o calcário também são muito utilizados, especialmente pelo setor de construção civil.

ZIG KOCH/OPÇÃO BRASIL IMAGENS

Caverna no Parque Nacional de Ubajara (CE), 2009, com destaque para as estalactites (que se originam no teto).

FABIO MUZZI/AFP

Extração de mármore em Carrara (Itália), 2010. O mármore de Carrara, com sua cor branca ou cinza-azulada, é um dos mais conhecidos do mundo.

As rochas metamórficas resultam da transformação (metamorfização), em condições de pressão e temperatura elevadas, de rochas preexistentes. As principais rochas metamórficas são o gnaisse, formado a partir da transformação do granito; a ardósia, resultado da metamorfose do xisto; e o mármore, que resulta da transformação do calcário. A ardósia e o mármore também são bastante empregados no setor de construção civil.

A crosta em movimento

Em 1912, o cientista alemão Alfred Wegener elaborou a Teoria da Deriva dos Continentes. Observando semelhanças entre os contornos da América, da Europa e da África, e também entre as rochas que os formam, Wegener propôs que, há cerca de 200 milhões de anos, os continentes estariam todos unidos, formando um único bloco, a **Pangeia**. Esta teria se partido, separando-se em dois grandes blocos continentais: **Gondwana** e **Laurásia**. Posteriormente, outras fragmentações deram origem aos atuais continentes, em tempos geológicos mais recentes.

A teoria foi contestada pela maior parte da comunidade científica da época. Um dos poucos que a apoiaram, o geólogo britânico Arthur Holmes (1890-1965), elaborou, em 1928, a hipótese da expansão dos fundos oceânicos, baseando-se no movimento de convecção do magma na astenosfera. Para Holmes, esse movimento teria empurrado os continentes.

Em 1967, o geofísico estadunidense William Jason Morgan confirmou a hipótese de Holmes: os fundos oceânicos se deslocam e se expandem a partir das dorsais, as cordilheiras situadas na porção central dos oceanos, chamadas meso-oceânicas (veja as ilustrações da página seguinte). Constatou-se também que a idade das rochas dos fundos oceânicos aumenta à medida que elas se distanciam das dorsais, ou seja, quanto mais próximas dos continentes, mais antigas são as rochas.

A partir dessas constatações, chegou-se à conclusão de que o envoltório da Terra (a crosta terrestre) é descontínuo e fragmentado em vários blocos, os quais são formados por partes continentais e oceânicas (o fundo ou assoalho dos oceanos). Cada bloco corresponde a uma placa tectônica, que se desloca pelos movimentos de convecção do magma (veja mapa da página 61). A deriva dos continentes, a formação das cordilheiras montanhosas e de outras formas de

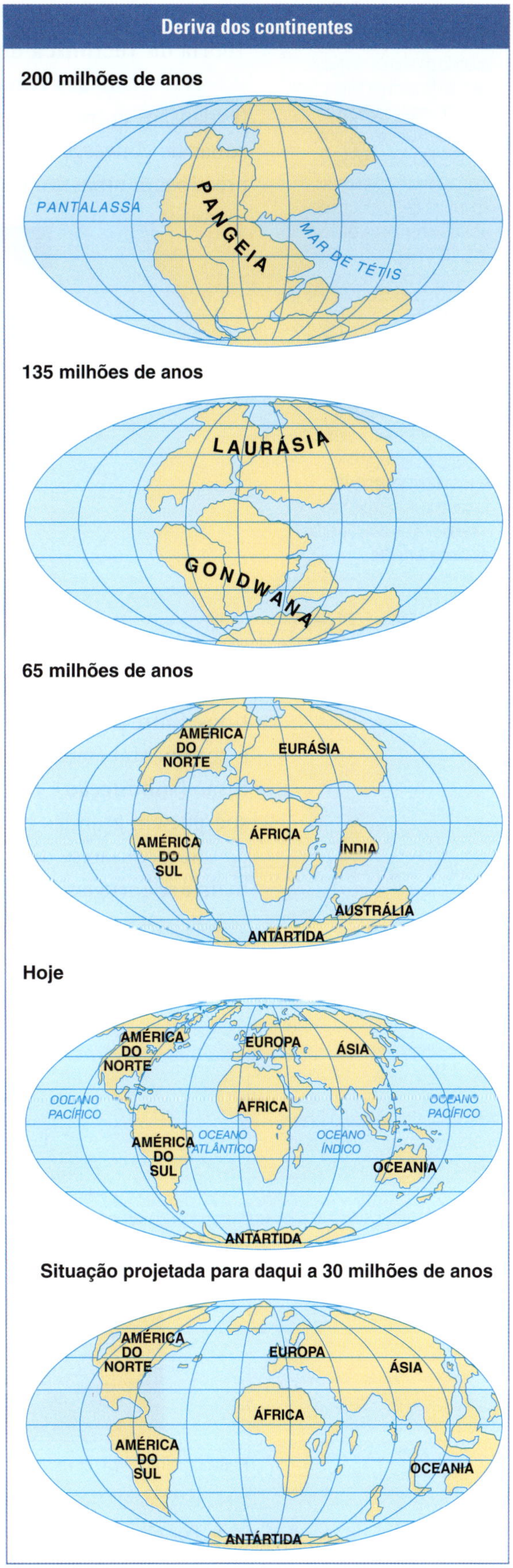

Fonte: BAUER, Jürgen; MACK, Wolfgang Wilfried; NÜBLER, Klaus Rentzmann. *Mensch und Raum*: Physische Geographie. Berlim: Cornensen, 1989. p. 20.

relevo, os terremotos e os ***tsunami*** passaram a ser compreendidos melhor pela Teoria da **Tectônica** de Placas.

Nas chamadas **zonas de divergência** de placas há um processo de afastamento (expansão) entre as placas tectônicas – como nas cordilheiras meso-oceânicas. Nas zonas de convergência de placas verifica-se um processo de fricção, em que elas se pressionam umas contra as outras.

Tsunami
quando os abalos sísmicos se manifestam no fundo dos oceanos, recebem o nome de maremotos, que, em alguns casos, podem formar ondas gigantescas – com mais de 40 metros de altura – chamadas *tsunami*.

Tectônica
relativo às forças envolvidas no tectonismo, que é todo movimento na crosta terrestre provocado por pressões internas. É também o ramo da Geologia que estuda o dinamismo das forças que interferem na movimentação das camadas da crosta terrestre.

Formação das dorsais

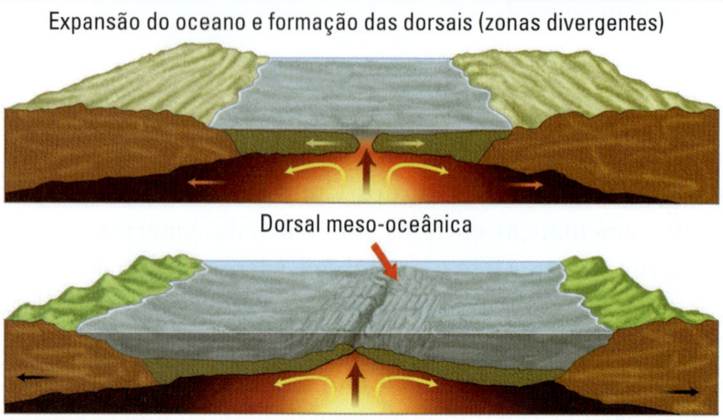

PAULO CESAR PEREIRA

Fonte: TEIXEIRA, Wilson *et al.* (Org.). *Decifrando a Terra.* São Paulo: Companhia Editora Nacional, 2009. p. 105.

Nas **zonas de convergência**, o contato entre as placas pode ser de diversos tipos. Entre placas continentais e oceânicas, a oceânica (mais densa) "mergulha" sob a continental (menos densa e mais espessa), afunda-se na astenosfera e entra em fusão (**subducção**), dando origem às fossas abissais. A placa continental se dobra e soergue em grandes cordilheiras.

Se a colisão se dá na parte continental da crosta, os trechos em colisão se deformam e se enrugam, dando origem também às cordilheiras montanhosas continentais.

Subducção

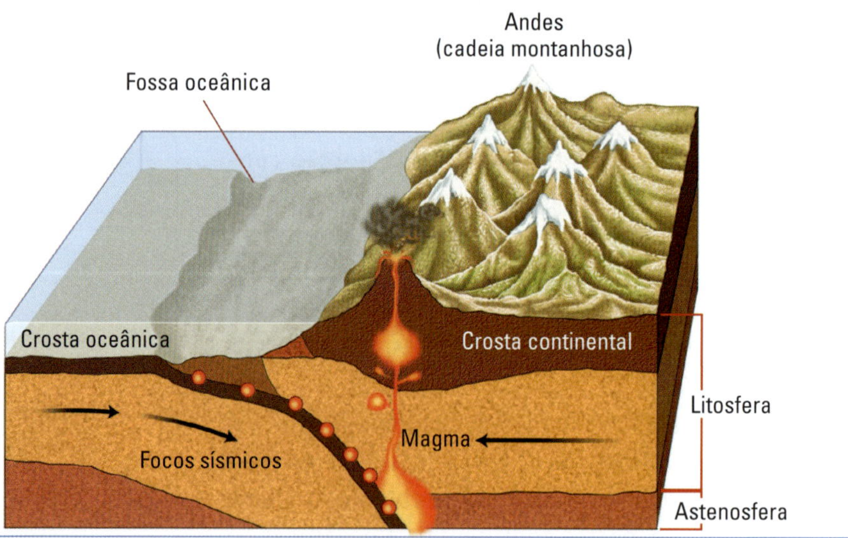

PAULO CESAR PEREIRA

As medidas, distâncias, cores e proporções das imagens não correspondem à realidade.

Fonte: DEPARTAMENTO DE RECURSOS MINERAIS DO RIO DE JANEIRO. Disponível em: <www.drm.rj.gov.br>. Acesso em: set. 2013.

- Por que se afirma que a deriva dos continentes, a formação das cordilheiras montanhosas e de outras formas de relevo, os terremotos e os *tsunami* passaram a ser mais bem compreendidos a partir da Teoria da Tectônica de Placas?

Um exemplo de formação de cordilheira na convergência entre placas continentais e oceânicas é a Cordilheira dos Andes, na porção oeste do continente sul-americano. Uma situação de convergência de placas na parte continental da crosta é o que ocorre entre as placas Indo-Australiana e Euro-Asiática, cuja colisão formou a Cordilheira do Himalaia.

Quando a convergência se dá entre placas com trechos oceânicos, como a Indo-Australiana e a do Pacífico, se originam muitas ilhas. Isso acontece também entre as placas do Pacífico e Euro-Asiática. Em março de 2011, o Japão foi atingido por um sismo de grande intensidade, com 8,9 pontos na Escala Richter (veja a tabela na página 64), seguido de um *tsunami*.

JIJI PRESS/AFP

Tsunami invade a cidade de Miyako, no nordeste do Japão, logo após um maremoto de grande magnitude, em março de 2011. O tremor foi o sétimo pior na história, e o pior já registrado na história do Japão, e afetou o complexo da usina nuclear de Fukushima.

OLHO NO ESPAÇO

Planisfério: principais placas tectônicas e zonas vulcânicas

MARIO YOSHIDA

Fonte: TEIXEIRA, Wilson *et al.* (Org.). *Decifrando a Terra*. São Paulo: Companhia Editora Nacional, 2009. p. 86.

- Com base no mapa e no planisfério com a divisão política que há no final do livro, indique:
  - a) três exemplos de zonas de convergência, citando os nomes das placas.
  - b) nomes de três países com grande probabilidade de ocorrência de terremotos.
  - c) nomes de três países com probabilidade de serem atingidos por *tsunami*.

Abalos sísmicos e vulcanismo

Orogênese
processo de formação de cadeias montanhosas, resultante de dobramentos rochosos causados por movimentos das placas tectônicas.

Nas áreas próximas aos limites entre as placas ocorrem intensas atividades sísmicas e vulcânicas. As grandes cadeias montanhosas da Terra, situadas nessas áreas, são **orogênicas**, ou seja, surgiram por causa da movimentação de placas, como as cordilheiras dos Andes e do Himalaia; as Montanhas Rochosas na América do Norte; a cadeia do Atlas no noroeste da África; e os Alpes na Europa.

A tensão entre as placas tectônicas em movimento acumula intensa energia, que, ao ser descarregada, produz a ruptura do material rochoso até que ocorra uma nova acomodação entre elas.

DICA

FILME

Terra: um planeta fascinante
EUA, 2002. Discovery Channel. Duração: 100 min.

O documentário apresenta uma visão do subterrâneo do planeta, com imagens de vulcanismo e terremotos.

RIC FRANCIS/ZUMA PRESS/EASYPIX

Moradores da cidade de Concepción (Chile) observam um prédio de apartamentos que desabou por causa de um terremoto que atingiu o país em março de 2010.

Existem ainda os terremotos que se dão em **falhas transcorrentes**, também chamadas de transformantes, como é o caso da Falha de San Andreas, na Califórnia (EUA), que se estende por mais de 1.000 quilômetros. Nessas falhas as placas se movimentam lateralmente e em sentidos opostos, e a fricção provoca focos sísmicos, levando à ocorrência de muitos terremotos. No caso da Falha de San Andreas, as placas são a do Pacífico e a Norte-Americana, entre as quais há um **limite** denominado de **conservativo**, pois não há destruição de placas nem geração de crosta nova, como acontece respectivamente nos casos dos limites convergentes e divergentes.

O limite conservativo é o terceiro tipo de limite entre as placas. Outro exemplo desse tipo de falha é a de Anatólia, na Turquia.

A descarga de energia produzida no foco sísmico ou hipocentro propaga-se sob a forma de ondas sísmicas. A propagação dessas ondas provoca vibração nas rochas

Falha transcorrente (ou transformante)

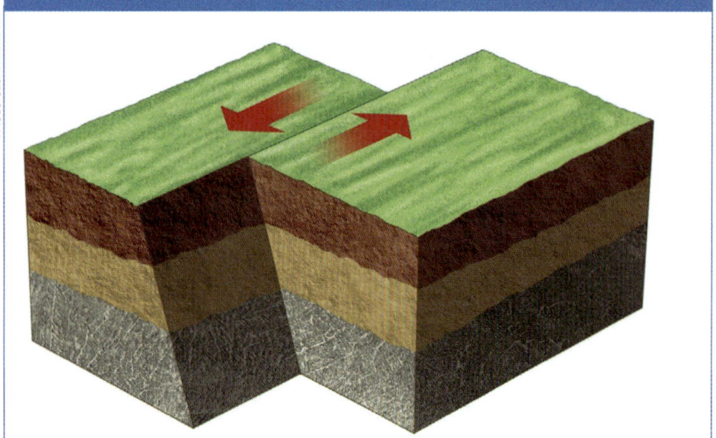

PAULO CESAR PEREIRA

Fonte: TEIXEIRA, Wilson *et al.* (Org.). *Decifrando a Terra.* São Paulo: Companhia Editora Nacional, 2009. p. 439.

e grande impacto no epicentro, mais perceptível nos pontos da superfície terrestre próximos ao foco de atrito (veja ilustração na página seguinte).

O Brasil, por estar situado no centro da Placa Sul-Americana e, portanto, distante da zona de contato entre as placas, não registra tremores de grandes proporções.

É também nas zonas de contato entre as placas que ocorrem a formação de vulcões e as atividades vulcânicas, como as que se manifestam através da formação de **gêiseres** ou **fumarolas**. As bordas das placas são mais instáveis – sujeitas a fissuras – e mais flexíveis. O magma nessas zonas cria caminhos que o levam à superfície. Penetra por meio de fissuras ou da "chaminé" construída por sua pressão e entra em erupção pela cratera ou boca do vulcão.

A principal região da Terra em ocorrência de terremotos e vulcanismo é o "Círculo do Fogo do Pacífico", que reúne as cordilheiras montanhosas que contornam as costas oeste da América e leste da Ásia, incluindo diversas ilhas como o Havaí e o Japão. As outras áreas são as dorsais oceânicas, o conjunto montanhoso que se estende na Eurásia, do sul da Europa até o Himalaia, no continente asiático, e a porção do oceano Índico ao largo do Sudeste Asiático (observe novamente o mapa da página 61).

ANGELA PLATANIA/ZUMA PRESS/EASYPIX

Erupção do vulcão Etna, na Sicília (Itália), 2012. O Etna entra em erupção com frequência, mas raramente causa danos à população local.

De todas as áreas sujeitas a terremotos no mundo, o Japão e os Estados Unidos (Califórnia) são as mais bem preparadas para enfrentá-los. Isso decorre do nível de desenvolvimento desses países e de suas condições econômicas, que possibilitam investimentos em pesquisas no setor de construção civil, no treinamento da população, nos equipamentos para previsão de tremores, na manutenção de cientistas etc. No Japão existe a tecnologia de construção de prédios com base e estrutura flexíveis, capazes de absorver, como amortecedores e suspensões, o impacto dos tremores.

Em outras áreas, no entanto, os terremotos continuam provocando grandes danos. Em 2008, um abalo de 7,9 pontos na **Escala Richter** (veja tabela da página seguinte) atingiu a província de Sichuan, na China, e causou a morte de cerca de 80 mil pessoas. Uma das causas do grande número de vítimas foi a má qualidade das construções. A destruição de escolas construídas em período relativamente recente deixou milhares de crianças sob escombros, amplificando a tragédia. Já o estádio olímpico "Ninho de Pássaro", construído para a Olimpíada de Pequim, em 2008, tem estrutura para suportar um terremoto de magnitude 8 na Escala Richter.

Outras causas de terremotos são as erupções vulcânicas e os desmoronamentos no interior da crosta terrestre, em decorrência de atividades desenvolvidas pelo ser humano, como a construção de represas, explosões de minas e de rochas e testes nucleares.

Gêiser
fonte que lança no ar jatos de água quente ou vapor periodicamente.

Fumarola
exalação de gases e vapores, que chegam à superfície através de fissuras existentes na crosta e no solo.

- Em quais tipos de zona de contato entre as placas as zonas vulcânicas estão presentes?

Magnitude e intensidade dos terremotos

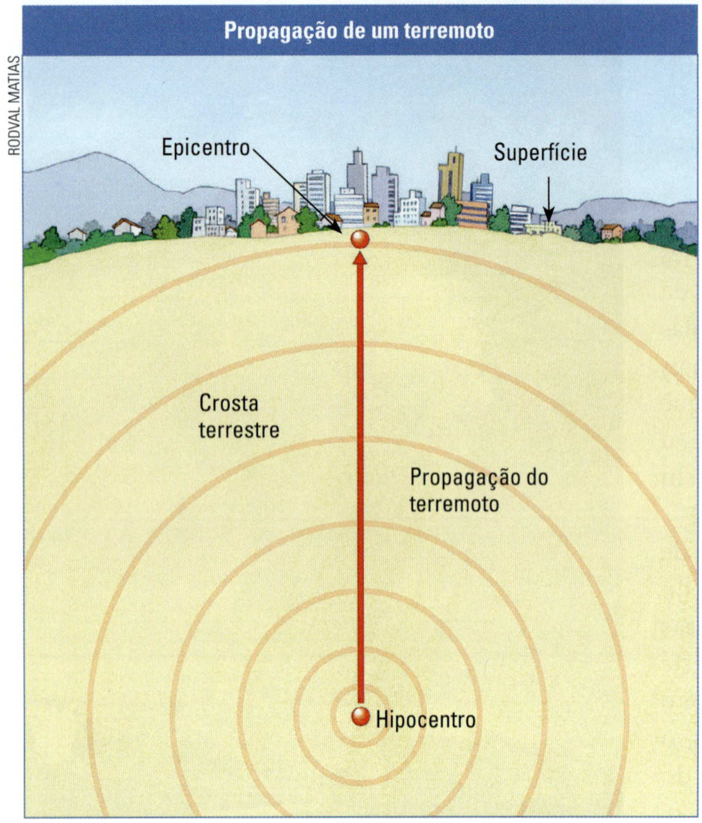

Fonte: *Enciclopédia do Estudante*: Ciências da Terra e do Universo, v. 3. São Paulo: Moderna, 2008. p. 166.

É possível medir a magnitude e a intensidade dos terremotos. Chamamos de magnitude a quantidade de energia liberada no foco do sismo, medida por meio de uma escala estabelecida pelo sismólogo estadunidense Charles Richter (1900-1985). A chamada Escala Richter começa no grau zero e teoricamente não tem limite superior. Ela é logarítmica, ou seja, um terremoto de magnitude 5, por exemplo, produz efeitos 10 vezes mais intensos que outro, de magnitude 4. Conforme o departamento de ciências geológicas da Universidade de Illinois (Estados Unidos), a magnitude do abalo sísmico ocorrido na Ásia em dezembro de 2004, que provocou um *tsunami* e causou a morte de cerca de 300 mil pessoas, foi de 9,3, inferior apenas ao terremoto ocorrido no Chile, em 1960, que atingiu magnitude 9,5.

A classificação da intensidade dos terremotos baseia-se na constatação dos danos provocados na superfície, que normalmente são menores à medida que se distancia de seu epicentro.

Outra escala de intensidade sísmica utilizada é a de Mercalli modificada, que varia de I (danos mínimos) a XII (danos máximos), situação em que se dá o desaparecimento quase total de vestígios de construções humanas, formam-se grandes fendas no terreno e ocorrem consideráveis transformações no relevo.

Escala Richter	
2,4 ou menos	Praticamente não é sentido, mas pode ser gravado em sismógrafo.
2,5 a 5,4	É eventualmente percebido e provoca danos menores, como a quebra de vidros e a queda de objetos.
5,5 a 6,0	Ligeiros danos, como rachaduras em edifícios e outras estruturas. Apenas edificações precárias podem desabar.
6,1 a 6,9	Pode causar uma série de danos em áreas muito povoadas. Derruba várias edificações, causa o transbordamento de rios, danos nas estradas, entre outros.
7,0 a 7,9	Grande terremoto. A destruição é de grande proporção no local do epicentro.
8,0 ou maior	Grande terremoto. Pode destruir totalmente comunidades perto do epicentro e se propaga para locais mais distantes.

Fonte: U.S. GEOLOGICAL SURVEY. Disponível em: <www.usgs.gov>. Acesso em: dez. 2012.

Quando o epicentro do terremoto encontra-se no fundo do oceano, ele provoca o movimento ascendente da água e a formação de ondas gigantescas. Ao atingir o continente, a onda que se forma no meio do oceano perde velocidade, mas ganha altitude em função da menor distância entre a crosta oceânica e a superfície da água, amplificando a sua altura e seu poder de devastação na linha costeira. Outros fenômenos podem causar ***tsunami***, como a queda de meteoros, o deslizamento de gigantescos blocos de gelo e o vulcanismo.

PONTO DE VISTA

O acaso e a história da vida

"Há 65 milhões de anos a Terra foi atingida por um asteroide enorme, que deixou uma cratera de mais de 300 quilômetros de diâmetro na região de Yucatán, no México. A chance de ser atingido por um corpo celeste dessas proporções é absolutamente ínfima – mas o fato é que fomos atingidos. Os dinossauros tinham se virado bem durante os 100 milhões de anos anteriores à colisão do asteroide. A gigantesca catástrofe removeu com eficiência todos os dinossauros e abriu caminho para a evolução da atual era dos mamíferos. Se o impacto desse asteroide não tivesse acontecido, certamente não veríamos os animais e plantas da Terra que existem hoje, e há uma boa chance de que os animais dominantes ainda seriam os dinossauros. E, se isso fosse o caso, teria nossa espécie evoluído? Creio que não.

O papel do acaso na história da vida pode também ter afetado a evolução da cultura humana. No verão de 1993, uma descoberta surpreendente foi feita na Groenlândia. Análises de massas de gelo mostraram que os últimos 10 mil anos foram a época de relativamente pouca mudança climática na Terra. Antes desse longo período de estabilidade climática, a Terra havia sofrido mudanças rápidas e súbitas, levando a glaciações bruscas, seguidas por períodos mais mornos. Mudanças globais na temperatura de até dez ou quinze graus podem ter ocorrido em intervalos de décadas, e não de milênios, como se acreditava antes. Alguns cientistas (inclusive eu) agora desconfiam que a ascensão da agricultura e da civilização humana é em grande parte o resultado do período de estabilidade climática que estamos experimentando. Nossa espécie esteve na Terra por mais de 100 mil anos, mas apenas nos últimos 5 mil dominamos a agricultura e construímos cidades. O que estávamos fazendo durante os outros 95 mil anos? Éramos iguais aos outros animais [...]."

WARD, Peter Douglas. Em: BROCKMAN, John; MATSON, Katinga (Org.). *As coisas são assim*: pequeno repertório científico do mundo que nos cerca. São Paulo: Companhia das Letras, 2002. p. 138-139.

1. De acordo com os seus conhecimentos sobre a evolução geológica, que nome você atribuiria à era geológica que o autor denomina "era dos mamíferos"?
2. Para o autor, o que significa o acaso ser um dado essencial da história da vida e do domínio de certas espécies?
3. Após o impacto do asteroide, o que teria acontecido com a Terra, levando os dinossauros à extinção?

ANCIENT ART & ARCHITECTURE COLLECTION LTD/ALAMY/GLOW IMAGES

Representação de trabalhos agrícolas, encontrada na tumba de Menna, um escriba egípcio. A tumba está localizada a oeste do Rio Nilo, às margens do qual o povo do Egito Antigo cultivava trigo, cevada e linho para garantir o seu sustento.

[COMPREENSÃO E ANÁLISE]

1. Quanto mais recente a era, menor é sua duração e maiores são as transformações que ocorrem na evolução da Terra. Observe a linha do tempo geológico a seguir. No caderno, faça uma legenda identificando cada uma das eras geológicas retratadas.

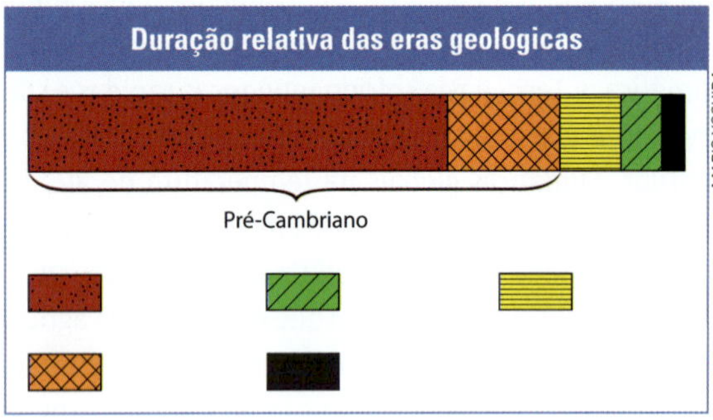

MARIO YOSHIDA

Figura sem escala.

2. A dificuldade para perfurar grandes profundidades em direção ao centro da Terra deve-se ao grau geotérmico. Observando a figura a seguir, responda: o que é grau geotérmico?

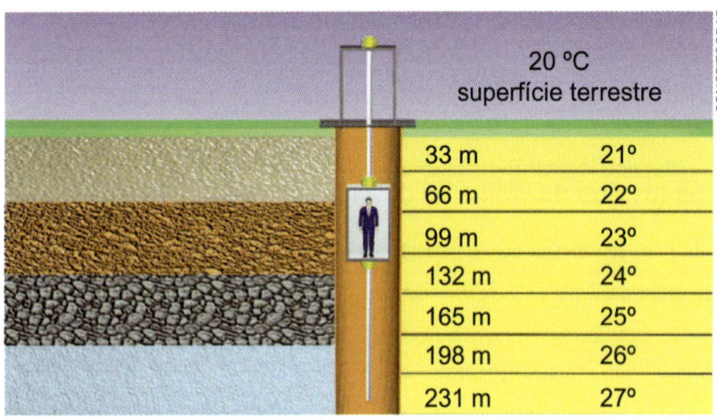

CONCEITOGRAF

Fonte: KUHLMANN, F. *Geografia 1*: iniciação geográfica. Brasília: MEC, 1973.

3. Por que os estudos de sismologia e vulcanismo têm importância fundamental para a sociedade?

4. Identifique as eras geológicas correspondentes às ilustrações a seguir.

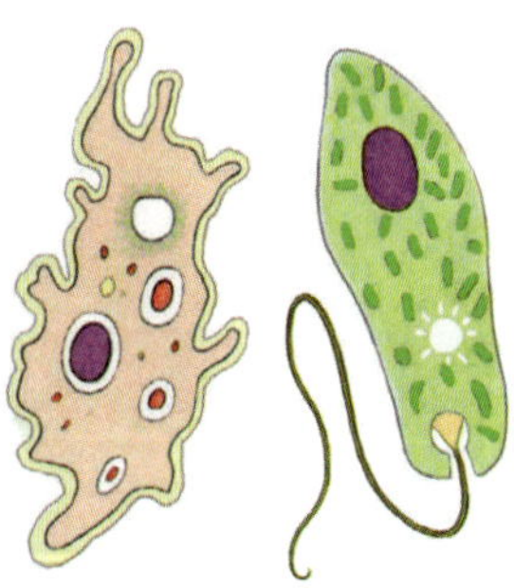

Ⓐ

Ⓑ

RODVAL MATIAS

Ⓒ

Ⓓ

RODVAL MATIAS

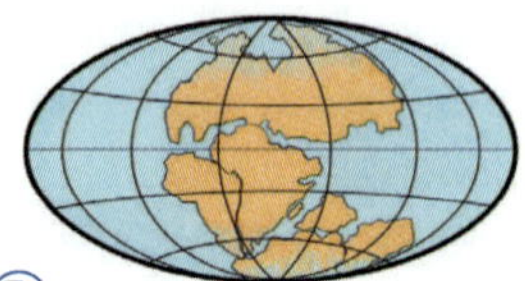

Ⓔ

Ⓕ

5. Leia o texto e responda às questões a seguir.

O que é a Geologia?

"Podemos dizer que é uma ciência que estuda a Terra em seu conjunto, descreve os materiais que a formam para averiguar posteriormente a sua história e evolução. Procura entender como se produzem os fenômenos que acontecem no interior e exterior da Terra, e investigar suas causas.

Embora o estudo da Terra tivesse sido objeto de interesse na Antiguidade, a partir dos anos 70 deste século tem adquirido maior importância devido à aceitação, pela maioria dos geólogos do mundo, da Teoria da Tectônica das Placas. Esta teoria oferece uma explicação para a maioria dos fenômenos geológicos."

CASTELLANOS, A. Sebastián *et al. Geología*: generalidades, reservas económicas. Barcelona: Fapa, 1997. p. 2. (Tradução dos autores.)

a) Explique a Teoria da Tectônica das Placas.

b) Cite ao menos três fenômenos geológicos que podem ser explicados por essa teoria.

6. Em grupo, façam uma lista com os nomes dos tipos de rocha utilizados em edifícios e casas, como revestimentos, pisos, pias e balcões. A pesquisa deve ser feita por meio de visita a depósitos ou *sites* de lojas de materiais de construção. Informem-se também sobre o preço dessas rochas. Com as informações obtidas, elaborem um texto explicativo avaliando se a utilização dessas rochas é acessível a todas as classes sociais.

CAPÍTULO 5

ESTRUTURA GEOLÓGICA E MINERAÇÃO NO BRASIL

CONTEXTO

ANTONIO CÍCERO/FOTOARENA

Extração de minério de ferro em Parauapebas, na Serra dos Carajás (PA), 2012.

ROGÉRIO REIS/PULSAR IMAGENS

Vagões transportam o minério de ferro da Serra dos Carajás (PA), 2008.

PAULO SOARES/FOLHAPRESS

Minério de ferro sendo exportado em Ponta da Madeira (MA), 2009.

JIJI PRESS/AFP

Produção de aço em Kimitsu (Japão), 2010.

DISCUTA

1. O que essas quatro imagens têm em comum?
2. Qual dos processos econômicos mostrados nas imagens é o mais rentável? Explique.
3. Levante hipóteses sobre o fato de o Brasil ser um grande exportador de minérios e o Japão ser um grande importador.

ESTRUTURA GEOLÓGICA

Nas terras emersas, a crosta terrestre é formada por três tipos de estruturas geológicas, caracterizadas pelos tipos de rochas predominantes, seu processo de formação e sua idade geológica. Essas estruturas geológicas são os dobramentos modernos, os maciços antigos e as bacias sedimentares.

Planisfério: estrutura geológica

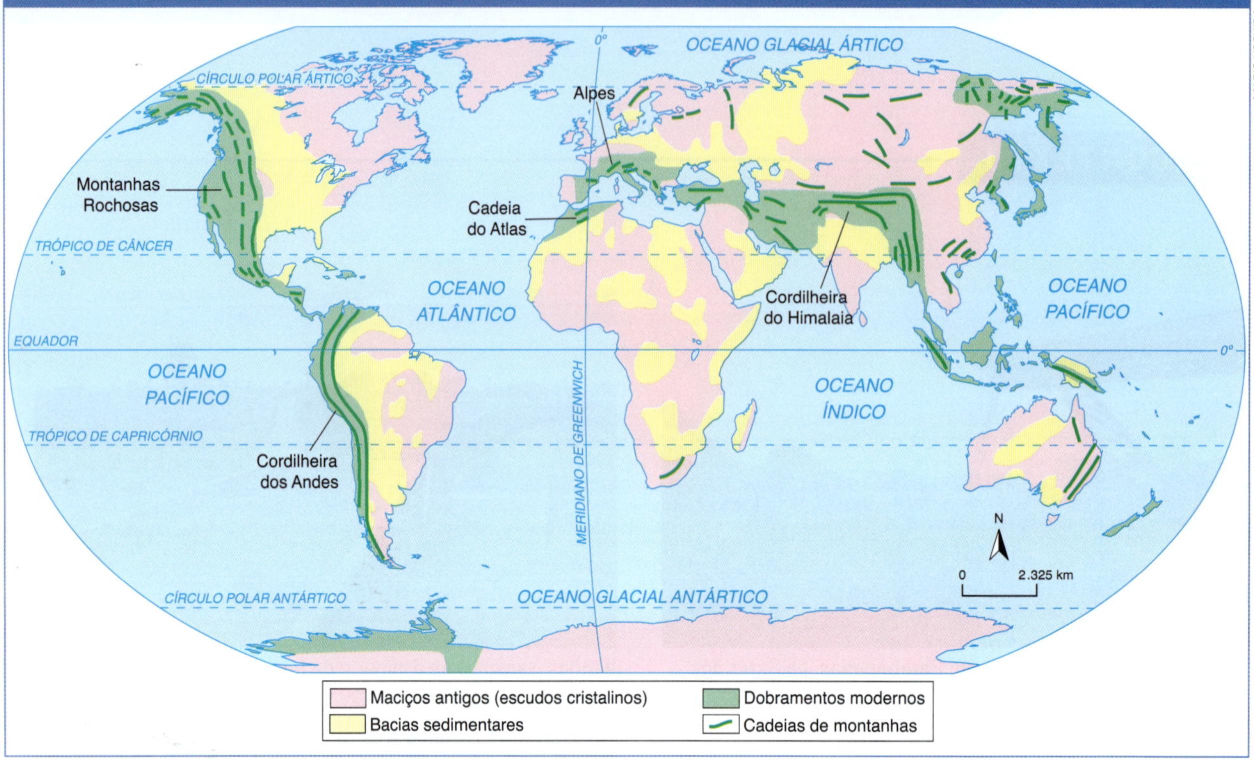

Fonte: elaborado com base em *Atlas geográfico escolar*. Rio de Janeiro: IBGE, 2007. p. 57; ROSS, Jurandyr (Org.). *Geografia do Brasil*. São Paulo: Edusp, 2009. p. 46.

Os **dobramentos modernos** são trechos da crosta de formação recente compostos de rochas menos rígidas, situadas relativamente próximo às zonas de contato entre placas (zonas convergentes). Por conta da pressão de uma placa sobre a outra, essa parte da crosta dobrou-se num processo lento e contínuo (orogênese), dando origem às cordilheiras. A parte convexa do dobramento é chamada de anticlinal e a parte côncava, de sinclinal.

As placas tectônicas, ao escorregarem sobre o manto superior, tendem a buscar um equilíbrio, que é chamado de **isostasia** ou equilíbrio isostático. Esse equilíbrio altera-se com as mudanças ocorridas na litosfera. No caso dos dobramentos que criam regiões de maior altitude, as placas também dobram-se proporcionalmente em direção ao manto.

Dobramento

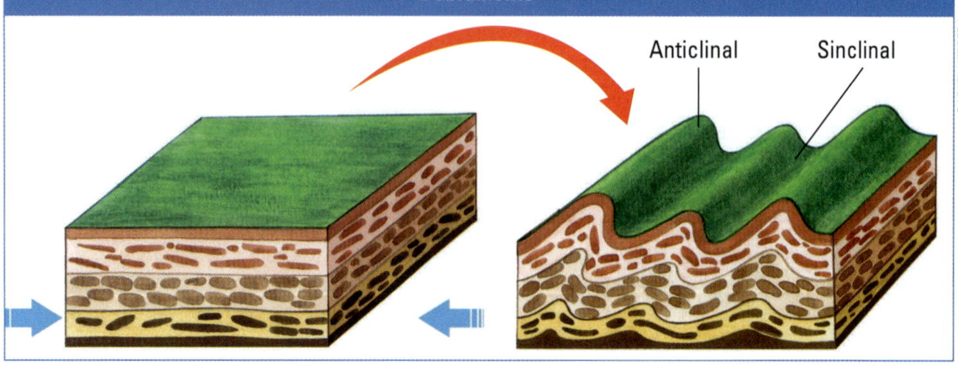

Fonte: elaborado com base em POPP, José Henrique. *Geologia geral*. Rio de Janeiro: LTC, 2010. p. 150-151.

Os **maciços antigos**, também chamados **escudos cristalinos**, são os terrenos mais antigos da crosta terrestre. Datam do Pré-Cambriano (eras Arqueozoica e Proterozoica) e são constituídos basicamente por rochas magmáticas e metamórficas. Nos maciços que se formaram na Era Proterozoica apareceram as jazidas de minerais metálicos, como ferro, ouro, manganês, prata, cobre, alumínio e estanho.

A **epirogênese** corresponde ao movimento vertical que ocorre em regiões afastadas das zonas de contato entre as placas e, consequentemente, em áreas de rochas mais sólidas e estáveis. A pressão das forças internas provoca a fratura (ou a formação de falhas) nos blocos rochosos e o soerguimento ou rebaixamento do terreno na superfície da Terra.

Após o movimento epirogenético, os blocos da litosfera são deslocados, para cima ou para baixo, seguindo a linha da falha. ***Graben*** é uma depressão de origem epirogenética, geralmente em forma de vale alongado e fundo. No Brasil, temos o *graben* do Vale do Paraíba do Sul, entre as serras do Mar e da Mantiqueira, nos estados de São Paulo e do Rio de Janeiro, e o da Baía de Guanabara, no Rio de Janeiro. O *graben* resulta do afundamento de um bloco. Os ***horst*** são blocos que ficam mais elevados. As **escarpas** das serras do Mar e da Mantiqueira, em áreas de dobramentos antigos, foram formadas a partir desse processo. No próximo capítulo, ao analisarmos a classificação de relevo de Jurandyr Ross, esse assunto será retomado.

Epirogênese

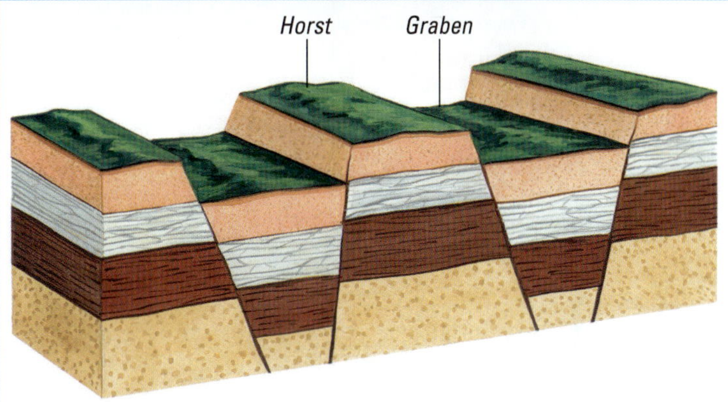

Fonte: elaborado com base em POPP, José Henrique. *Geologia geral*. Rio de Janeiro: LTC, 2010. p. 146.

As medidas, distâncias, cores e proporções das imagens não correspondem à realidade.

As **bacias sedimentares** começaram a se formar a partir da Era Paleozoica. Resultam da acumulação de sedimentos provenientes do desgaste das rochas, de organismos vegetais, animais ou de camadas de lava vulcânica solidificada. Podem ser formadas por sedimentos de origem continental ou marinha e conter grande quantidade de material fossilizado em suas diversas camadas. Nessas estruturas se formam importantes recursos minerais energéticos, como o petróleo, o gás natural e o carvão mineral.

Formação de uma estrutura sedimentar

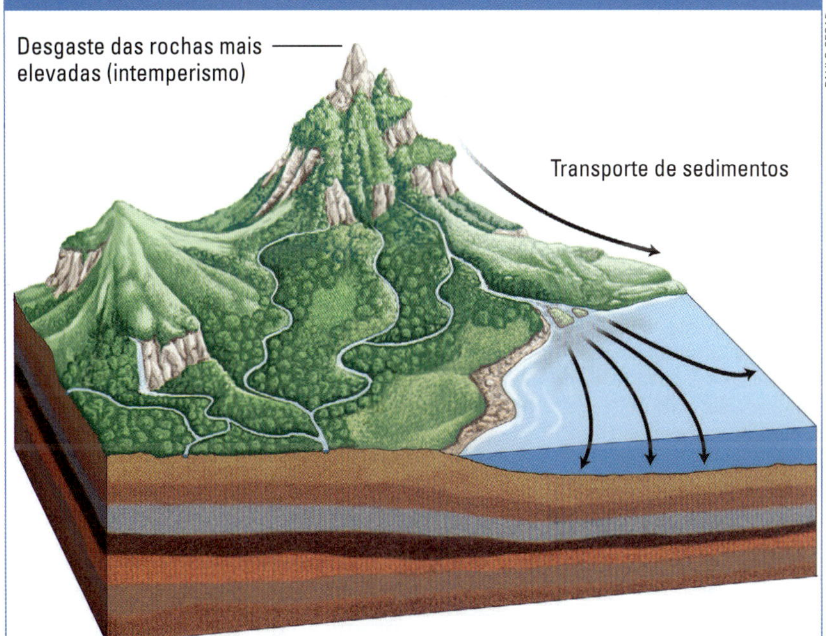

As medidas, distâncias, cores e proporções das imagens não correspondem à realidade.

Fonte: elaborado com base em PRESS, Frank *et al. Para entender a Terra*. Porto Alegre: Bookman, 2006. p. 107.

ESTRUTURA GEOLÓGICA DO BRASIL

A estrutura geológica do Brasil compõe-se de maciços (escudos) antigos e bacias sedimentares, não ocorrendo a existência de dobramentos modernos.

Fonte: ROSS, Jurandyr (Org.). *Geografia do Brasil*. São Paulo: Edusp, 2009. p. 47.

Na porção meridional do país, a Bacia do Paraná é formada por sedimentos de arenito e rochas vulcânicas basálticas (da Era Mesozoica). A decomposição das rochas basálticas deu origem ao solo terra roxa, fértil e rico em ferro.

O território brasileiro está distante de zonas de instabilidade tectônica – a mais próxima fica junto ao Oceano Pacífico, nos países andinos – e localiza-se ao centro da Placa Sul-Americana. Nessa posição geográfica e no atual contexto da evolução geológica do planeta Terra, está livre de vulcanismo, atividade frequente, no que corresponde ao atual território do Brasil, em eras geológicas passadas.

* Crátons correspondem aos terrenos mais antigos extremamente erodidos, do Pré-Cambriano, com grandes extensões de coberturas sedimentares.
** Dobramentos antigos ou cinturões orogenéticos correspondem a antigas cadeias de montanhas muito erodidas, mas que ainda mantêm grandes extensões de aspecto serrano.

Diversos tremores de terra já foram detectados em Minas Gerais, São Paulo, Rio de Janeiro, Ceará e particularmente no Rio Grande do Norte (no município de João Câmara, nos anos 1980, foram destruídas várias casas), mas sem a ocorrência de tragédias, como as que fazem parte da história de países como a Colômbia, o Chile ou o Peru, situados próximo às regiões onde ocorre o choque entre a Placa Sul-Americana e a de Nazca.

DICA

LEITURA

Minerais comuns e de importância econômica
Sebastião de Oliveira Menezes. São Paulo: Oficina de textos, 2012.

O livro apresenta os principais conceitos envolvidos nos estudos dos minerais, trata da utilização de minerais como recursos naturais, comenta sobre as reservas e a produção desses recursos no Brasil, além de apresentar uma chave para o reconhecimento de minerais comuns a partir de suas propriedades físicas.

A atividade mineradora e os recursos energéticos

O Brasil é um dos grandes produtores mundiais de **minérios** (lembrem-se das discussões da seção *Contexto*). Os países que contam com recursos comparáveis aos brasileiros têm, também, grande dimensão territorial, como Estados Unidos, Canadá, Austrália, Rússia e China.

As principais **reservas brasileiras** localizam-se nos **maciços antigos** (escudos cristalinos) e, por essa razão, tem evidência a extração dos minérios metálicos, os que mais contribuem para a balança comercial do país. Nas bacias sedimentares são explorados, entre outros, o petróleo, o carvão mineral e o calcário, este último utilizado para a produção de cimento. Novas descobertas de petróleo, ocorridas entre os anos de 2007 e 2008, apontam para um cenário de participação expressiva do Brasil no mercado internacional.

Diversas empresas brasileiras de mineração de metais têm destaque mundial. Boa parte delas está sob o controle acionário da Vale (antiga Companhia Vale do Rio Doce) ou atua em parceria com ela. A Vale disputa com a BHP Billiton, empresa anglo-australiana, a liderança mundial do setor.

A Companhia Vale do Rio Doce (CVRD) foi criada em 1942. Em plena Segunda Guerra Mundial, Getúlio Vargas (1882-1954), o então presidente do Brasil, negociou um financiamento com os Estados Unidos para a implantação de um polo siderúrgico brasileiro, com a criação da Companhia Siderúrgica Nacional (CSN) e da Companhia Vale do Rio Doce.

Na década de 1990, no governo Fernando Henrique Cardoso, as duas empresas foram privatizadas. A CVRD foi arrematada no leilão de privatização, em 1997, por pouco mais de US$ 3 bilhões, valor subestimado, segundo os críticos do processo de privatização. Dez anos depois, o faturamento da empresa foi de US$ 20 bilhões.

Em 2006, a CVRD comprou a mineradora canadense de níquel Inco, o que a coloca entre as duas maiores mineradoras do mundo. Atualmente, o grupo de empresas que compõem a CVRD é denominado Vale.

As **jazidas** minerais e energéticas estão distribuídas nas diferentes regiões do Brasil. No entanto, destacam-se:

- Pará e Minas Gerais: ferro, manganês, minério de alumínio (bauxita);
- Rio Grande do Norte: sal;
- Rio de Janeiro, Espírito Santo, Rio Grande do Norte e Bahia: petróleo;
- Estados da região Sul do Brasil: carvão mineral;
- Rondônia e Amazonas: estanho;
- Vários estados da Amazônia brasileira: ouro.

Jazida
reserva mineral de valor econômico, isto é, cuja exploração é comercialmente viável.

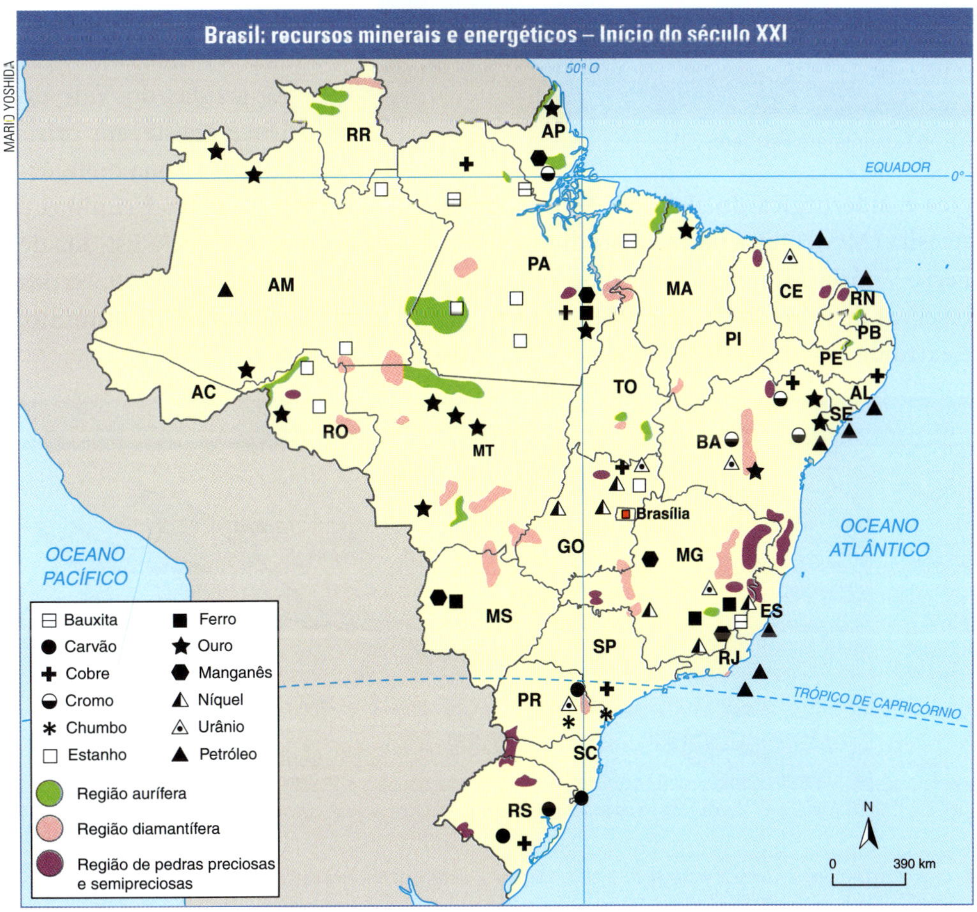

Fonte: BOCHICCHIO, Vincenzo R. *Atlas do mundo atual.* São Paulo: Atual, 2009. p. 108.

Minas Gerais

O grande centro de extração mineral desse estado é o Quadrilátero Ferrífero, formado por um conjunto de cidades na porção central do estado, com tradição histórica nesse tipo de produção. Em Minas Gerais se desenvolveu a economia dominante do Brasil no século XVIII, com a descoberta de ouro e diamante. As reservas de minerais raros foram exauridas, mas as jazidas de ferro e de manganês alimentam hoje o parque metalúrgico do estado, o mais importante do Brasil.

RICH PRESS/BLOOMBERG VIA GETTY IMAGES

Mina de ferro em Serra Azul (MG), no Quadrilátero Ferrífero, 2011.

Na região do Quadrilátero Ferrífero, encontra-se parte das bacias hidrográficas do Rio Doce e do Rio Paraopeba (não confunda com o município de Parauapebas, que está na região da Serra dos Carajás, no Pará, onde também há uma mina de ferro da Vale).

A produção de ferro e manganês do Vale do Paraopeba, transportada pela Estrada de Ferro Central do Brasil, abastece principalmente as mineradoras CSN (RJ), Cosipa (SP) e também o mercado externo[2], através do Porto de Sepetiba (RJ).

As jazidas do Vale do Rio Doce abastecem principalmente a zona metalúrgica e siderúrgica do Vale do Aço, onde se destacam as empresas Usiminas e Acesita (MG). Outra parte da produção é escoada para exportação pela Estrada de Ferro Vitória-Minas até o Porto de Tubarão (ES). Minas Gerais detinha 79,7% das reservas de ferro do Brasil (2011). A bauxita, utilizada na produção do alumínio, é extraída em Poços de Caldas, no sul de Minas Gerais.

Quadrilátero ferrífero

MARIO YOSHIDA

Fonte: MELLO, C. L.; BERGQVIST, L. P.; SANT'ANNA, L. G. *Vegetais fósseis do terciário brasileiro.* p. 74. Disponível em: <www.unb.br>. Acesso em: set. 2013.

2 De acordo com o Sumário Mineral Brasileiro 2012, elaborado pelo Departamento Nacional de Produção Mineral (DNPM), os principais importadores de minério de ferro brasileiro, em 2011, foram: China (51%), Alemanha (15%), Japão (11%) e Coreia do Sul (4%).

Pará

O Pará é outro estado brasileiro que vem se destacando na produção mineral do país nas últimas décadas. A exploração da província mineral de Carajás[3], uma das maiores concentrações de minério de ferro do mundo, é a principal responsável pelos resultados favoráveis.

Pará: mineração – Início do século XXI

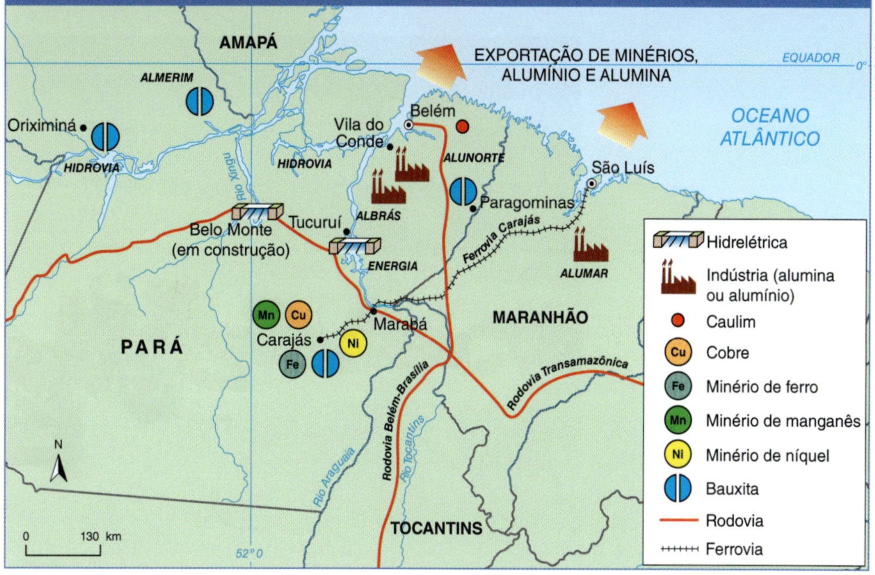

Fonte: BECKER, Bertha K. *Amazônia*. São Paulo: Ática, 1990. p. 66; TEIXEIRA, Wilson *et al.* (Org.). *Decifrando a Terra*. São Paulo: Oficina de Textos, 2003. p. 465; ISA. Especial Belo Monte. Disponível em: <www.socioambiental.org>. Acesso em: jan. 2013.

No **Projeto Grande Carajás**, que explora minério na região que lhe dá nome, além do ferro, também são extraídos outros minerais metálicos, como manganês, cobre e níquel. O complexo abrange a extração, o escoamento e a exportação do minério de ferro. Depois de extraído, o minério segue pela Estrada de Ferro Carajás até Ponta da Madeira, no Maranhão, onde se localiza o terminal marítimo do Porto de Itaqui (pertencente à Vale), e daí é exportado para os Estados Unidos, a Europa, a China e o Japão. A hidrelétrica de Tucuruí, instalada no Rio Tocantins, é que fornece a energia necessária aos projetos minerais e às atividades industriais a eles relacionadas. Sua construção trouxe problemas socioambientais, como veremos na Unidade 4.

Também no estado do Pará[4], os municípios de Oriximiná, onde está localizado o Projeto Trombetas, e de Paragominas desenvolvem atividades ligadas à exploração da bauxita, o minério do alumínio.

Rondônia e Amazonas

A cassiterita, minério de estanho[5], é extraída por empresas de mineração estabelecidas em Rondônia - principalmente em Ariquemes, na mina de Bom Futuro - e no Amazonas - especialmente em Presidente Figueiredo, na mina do Pitinga. O estanho é utilizado na produção de folha de flandres, usada na fabricação de latas para embalagens, soldas etc.

Essa atividade econômica projetou o estado de Rondônia como o principal produtor de cassiterita do Brasil, posição ocupada hoje pelo estado do Amazonas. No município de Ariquemes existem diversas indústrias de fabricação de lingotes de estanho, para o abastecimento interno e a exportação para países asiáticos. Mas a distância das minas em relação aos centros de consumo e a ausência de infraestrutura adequada para o transporte do minério são os principais obstáculos para as atividades que utilizam o estanho como matéria-prima.

3 O município de Parauapebas, no Pará, integrante do Complexo Carajás, detém a maior produção de minério de ferro do Brasil.
4 O Pará possui 95% das reservas brasileiras de bauxita. O Brasil é o terceiro maior produtor mundial do minério (2011).
5 O Brasil possui cerca de 14% das reservas mundiais de estanho, a quinta maior do mundo (2011).

Rio Grande do Norte

As águas da costa do Rio Grande do Norte possuem elevada salinidade por causa dos altos índices de evaporação e da baixa precipitação. Além disso, nesse trecho do litoral brasileiro existem lagoas costeiras que são utilizadas como reservatórios naturais para a secagem do sal. O Rio Grande do Norte responde por mais de 70% de toda a produção salineira do Brasil. Outros estados produtores são Rio de Janeiro, Ceará e Piauí.

DU ZUPPANI/PULSAR IMAGENS

Salina na região da Costa Branca, em Areia Branca (RN), 2011.

Mato Grosso do Sul

O maciço do Urucum é uma elevada formação rochosa cristalina sobressalente no relevo plano do Pantanal. Está situado no município de Corumbá, no Mato Grosso do Sul, e é uma das maiores jazidas de manganês do país. Urucum abriga também uma grande reserva de minério de ferro.

O principal destino da produção mineral é a Argentina. O escoamento se dá através do porto de Corumbá, no Rio Paraguai, com destino aos países do Mercosul.

Exploração mineral e problemas ambientais

As jazidas minerais, de fundamental importância para o abastecimento de matérias-primas usadas na indústria, são recursos naturais não renováveis. Assim, se não forem exploradas de forma racional, poderão não estar disponíveis para as gerações futuras. Esse, no entanto, é apenas um dos problemas da atividade mineradora.

A mineração é responsável por grandes danos ambientais. A paisagem é alterada de diversas formas: escavações necessárias à retirada dos minérios; instalação de equipamentos e sistemas de transporte; retirada da vegetação; poluição das águas dos rios e do lençol freático por produtos químicos tóxicos usados no processo de extração; contaminação do solo por óleos e graxas utilizados nos maquinários e nos veículos. Os rejeitos da extração geralmente são empilhados nas proximidades, podendo ampliar a área de vegetação devastada e provocar o assoreamento de rios ao serem transportados pela chuva ou pelo vento.

DICA

LEITURA

Minerais, minérios, metais: de onde vêm? Para onde vão?
Eduardo Leite do Canto. São Paulo: Moderna, 2004.
Abordagem técnica e crítica sobre os processos de extração mineral e os efeitos sociais, econômicos e ambientais dessa atividade.

MÁRCIA FOLETTO/AGÊNCIA O GLOBO

A cidade de Bom Jesus da Serra, no semiárido baiano, abrigou durante muitos anos uma mina de amianto, que foi desativada em 1967. Trabalhadores da mina e moradores da região sofrem com as doenças ocasionadas pelo amianto. Na imagem, a mina abandonada, em 2012.

Muitas minas são abandonadas quando esgotada sua capacidade produtiva. Restam imensas crateras, para as quais as mineradoras raramente realizam os reparos ambientais necessários para reconstituir o relevo e a vegetação e diminuir os danos causados.

No Brasil, o garimpo de ouro ocorre principalmente em rios da Amazônia. O mercúrio é utilizado nessa atividade para separar as pepitas de ouro dos detritos dispersos na terra. Ao se misturar o mercúrio com o ouro, gera-se o amálgama. Posteriormente, o amálgama é aquecido, e os metais são separados: o ouro é guardado e o mercúrio é descartado na natureza.

O mercúrio é um metal líquido altamente tóxico. A ingestão pode comprometer o sistema nervoso humano, provocar debilidade mental, cegueira e até levar à morte. Além de contaminar o organismo do garimpeiro, ao ser lançado em rios é absorvido pelos peixes, contaminando todos os que consomem os produtos da pesca.

DICA

FILME

La loi de la jungle (A lei da selva)
França, 2003. Direção: Philippe Lafaix. Duração: 53 min.

Documentário sobre a exploração clandestina de ouro na Amazônia (Guiana Francesa), com depoimentos de brasileiros submetidos a regime de semiescravidão. Mostra também a exposição dos trabalhadores ao mercúrio, utilizado no processo de agregação das pepitas de ouro, e a contaminação deles por esse metal líquido.

A reciclagem de metais

A reciclagem ameniza os custos econômicos e os danos ambientais das diferentes etapas da mineração, desde a extração até a redução do minério a metal:

> "[...] os metais representam apenas uma fração do minério que os contenha, que por sua vez representa uma fração da terra que tem que ser escavada para extrair o minério. Assim, a proporção de terra-metal geralmente é de 400 para 1 no caso de uma mina de cobre, e 5 milhões para 1 em uma mina de ouro. É uma imensa quantidade de terra para as empresas de mineração limparem."
>
> DIAMOND, Jared. *Colapso*. Rio de Janeiro: Record, 2005. p. 549.

O reaproveitamento dos metais descartados no lixo ou recolhidos em ferros-velhos, conhecidos como sucata, elimina o **processo de redução**, diminui o consumo de energia e não altera a qualidade final do produto. Calcula-se que 40% do aço consumido no mundo seja produzido com a reciclagem de metais ferrosos.

A reciclagem do alumínio utiliza 95% menos energia que a usada no processo original. Elimina ainda os custos de extração da bauxita e evita os problemas ambientais inerentes ao processo de mineração.

Processo de redução
processo em que técnicas são aplicadas para reduzir o metal presente no minério, aumentando o teor metálico. As técnicas variam conforme os diferentes metais e podem se utilizar do calor, da eletricidade ou de substâncias químicas para realizar a redução.

PONTO DE VISTA

Mineração e ocupação territorial

"Durante o longo período em que controlaram o governo no Brasil (1964-1985), os militares desenvolveram uma política muito agressiva para o Norte e o Centro-Oeste, implantando programas que promoveram a abertura de estradas, integrando essas regiões às demais do país, apoiando políticas de colonização, projetos de grandes empresas, intensificando a exploração mineral e promovendo o povoamento, mas sem maiores preocupações com os impactos ambientais e sociais provocados por essa intervenção. As preocupações eram dominantemente estratégicas.

[...] Preocupados em promover o capitalismo e em colocar o Brasil no grupo dos países ligados aos Estados Unidos na Guerra Fria, trataram de abrir grandes rodovias e de desenvolver uma agricultura empresarial no Centro-Oeste, área em ocupação, além de estimular o desenvolvimento da mineração.

Nas duas décadas de domínio militar foram abertas numerosas estradas, muitas delas hoje inviabilizadas, como a Perimetral Norte, a Porto Velho-Manaus e outras de utilização precária como a Cuiabá-Santarém, a Cuiabá-Porto Velho, a Manaus-Boa Vista, que pretende atingir a Venezuela e a República Cooperativista da Guiana etc. O processo de exploração de minérios foi muito intensificado em Rondônia (cassiterita), no Amazonas (também cassiterita) em Pitinga e no Pará (bauxita, ferro, manganês, ouro etc.), onde foi implantado o Complexo Carajás, hoje ligado à Companhia Vale do Rio Doce, que é a maior mineradora de ferro do mundo, recentemente privatizada[6].

A Amazônia sofreu grande transformação, uma vez que era, até os anos 1960, dependente dos transportes fluviais e apenas a partir de Belém. Com as medidas implementadas por aquele longo período de domínio militar no país, passou a ser atingida pelo sul, pelas rodovias, e a ser depredada intensamente por mineradoras e madeireiras. As maiores vítimas foram as nações indígenas, os habitantes das florestas, dominantemente extrativistas, e os posseiros que chegaram à região antes das empresas capitalistas e foram mortos ou expulsos de suas terras. Repetia-se a espoliação que os portugueses perpetraram a partir do século XVI."

ANDRADE, Manuel Correia de; ANDRADE, Sandra Maria Correia de. *A federação brasileira*: uma análise geopolítica e geossocial. 2. ed. São Paulo: Contexto, 2003. p. 41-42.

1. A partir da leitura do texto, responda: em que sentido a mineração e outras atividades implantadas nos governos militares foram prejudiciais à Amazônia?

2. Explique esta afirmação sob o ponto de vista histórico: "Repetia-se a espoliação que os portugueses perpetraram a partir do século XVI.".

6 A Vale do Rio Doce foi privatizada em 1997.

Garimpeiros em uma mina de ouro ilegal em Novo Progresso (PA), 2009.

COMPREENSÃO E ANÁLISE

1. Leia o texto com atenção.

Escassez de recursos

"Na atualidade, as ciências geológicas estão adquirindo dia a dia mais importância devido à crescente escassez de matérias-primas e recursos minerais. Entre esses recursos, é conhecido o rápido esgotamento que estão sofrendo os minerais metálicos com a crescente necessidade de matérias-primas para a indústria e a agonizante necessidade de água em muitas regiões do globo."

CASTELLANOS, A. Sebastián *et al. Geología, generalidades, reservas económicas.* Barcelona: Fapa, 2000. p. 2 (tradução dos autores).

Identifique o problema levantado no texto. Depois, proponha uma solução para amenizar esse problema. Justifique a sua proposta.

2. O minério de ferro é o mineral metálico mais explorado no mundo. Apesar de amplamente utilizado na indústria siderúrgica, sozinho esse minério não possibilita a fabricação de aço. Para isso, são necessários outros elementos.

Com base em seus conhecimentos em Química, e por meio de pesquisa em livros e *sites*, elabore um pequeno texto sobre a siderurgia, abordando a importância do carbono e outros elementos nessa atividade.

3. Existem estruturas de coleta seletiva e reciclagem de materiais em seu município? Quais são os metais mais procurados para essas finalidades?

Para responder às questões, faça uma pequena entrevista com catadores de material reciclável, trabalhadores de cooperativas de reciclagem de seu bairro ou na prefeitura de seu município.

4. Por que o Brasil não está sujeito a terremotos de grandes proporções e ao vulcanismo? Explique.

5. Observe o objeto mostrado na fotografia abaixo e indique qual a relação entre ele e a atividade de mineração.

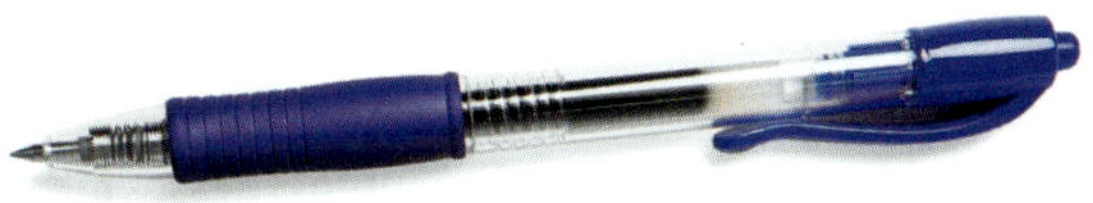

THINKSTOCK/GETTY IMAGES

6. O mapa a seguir representa a distribuição dos escudos cristalinos e bacias sedimentares do Brasil. No caderno, escreva a legenda com o nome dessas estruturas, assinaladas pelas letras de *A* a *E*.

Brasil: estrutura geológica

CJT/ZAPT

Fonte: ROSS, Jurandyr. L. S. (Org.). *Geografia do Brasil.* São Paulo: Edusp, 2009. p. 47.

7. As letras *A* e *B* no mapa abaixo representam duas áreas economicamente articuladas. Observe com atenção e responda às questões a seguir.

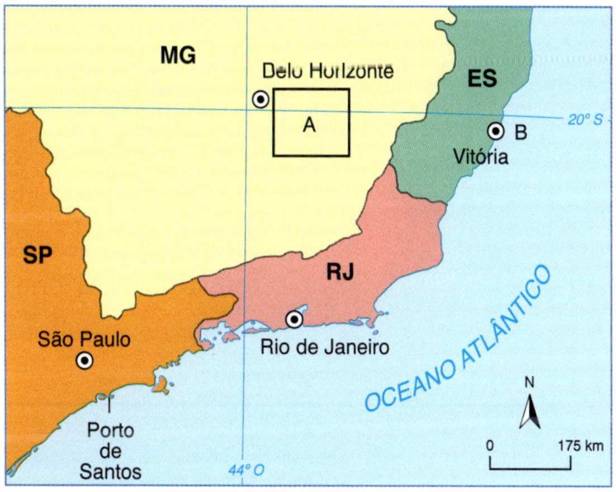

MARIO YOSHIDA

Fonte: elaborado pelos autores.

a) Qual o nome das áreas indicadas por *A* e *B* e em qual estado estão localizadas?

b) Como é feita a ligação entre elas?

c) Qual é a sua importância econômica?

CAPÍTULO 6

RELEVO E SOLO – FORMAÇÃO E CLASSIFICAÇÃO

CONTEXTO

Relações entre relevo e sociedade

"As formas do relevo devem ser vistas e entendidas como mais um dos vários componentes da natureza e, na perspectiva humana, como um recurso natural, pois as variações de tipos de formas favorecem ou dificultam os usos que as sociedades humanas fazem do relevo. É mais ou menos evidente que as populações preferem os terrenos mais planos, ou pouco inclinados, para desenvolver atividades econômicas como a agricultura ou para construir cidades, aos relevos montanhosos ou, ainda que planos, pantanosos. Há, evidentemente, exceções, pois nas montanhas existem áreas restritas que permitem ocupações, do mesmo modo que nos relevos planos há locais que, em decorrência de problemas de solos ou de excesso d'água, dificultam as práticas das atividades humanas.

Entre os extremos, relevos montanhosos e planos, há uma diversidade infinita de tipologias de formas de relevos que facilitam ou dificultam os processos de ocupação humana. Não são apenas as condições de solos e climas os fatores indutores únicos no processo de produção dos espaços pelas sociedades humanas. Na verdade, é um conjunto de fatores que podem ser distinguidos em duas grandes ordens: os fatores naturais e os cultural-econômicos.

Isso significa dizer que, em uma determinada condição natural do relevo, solo e clima, sociedades humanas de hábitos tradicionais e mais simples organizam e produzem um determinado arranjo espacial e sobrevivem em condições de vida modestas. Nesse mesmo ambiente natural, uma outra sociedade, com hábitos mais sofisticados, com maior desenvolvimento tecnológico e com mais disponibilidade de recursos financeiros, desenvolve suas atividades econômicas de modo mais intenso e, consequentemente, define arranjos espaciais em território completamente diferente do primeiro grupo social."

ROSS, Jurandyr L. S. *Ecogeografia do Brasil*. São Paulo: Oficina de Textos, 2006. p. 62.

DISCUTA

1. De acordo com o autor, quais as relações entre relevo e sociedade?

2. Como você caracterizaria os processos de ocupação humana no seu município, considerando as formas de relevo?

O RELEVO E O SOLO EM NOSSO COTIDIANO E NA ESTRUTURAÇÃO DO ESPAÇO

Ao circularmos em nosso espaço de vivência, no lugar onde desenvolvemos nossas relações, nos deparamos com subidas, descidas, trechos planos. Em muitos desses lugares há plantas, mesmo que seja apenas em praças ou parques, como é o caso das cidades.

As diferentes formas da superfície terrestre compõem o conjunto das formas de relevo. As plantas, para se desenvolverem, dependem de vários elementos, entre os quais o solo.

Ao longo da história das sociedades, as formas de relevo constituíram-se num elemento importante da ocupação e do desenvolvimento das atividades humanas.

Uma série dessas atividades, como a agricultura, está condicionada, em certa medida, pelas formas do relevo e, em menor grau atualmente, pelas características do solo. Mesmo o surgimento e o desenvolvimento de cidades, a construção de vias de circulação terrestres, como rodovias e ferrovias, e a instalação de barragens e usinas hidrelétricas são processos de modificação do espaço geográfico que, de um modo ou de outro, levaram e levam em conta as características **topográficas** e a estrutura geológica dos lugares.

É preciso considerar, no entanto, que as intervenções humanas nas formas de relevo e a utilização do solo podem gerar problemas ambientais, como veremos no decorrer deste capítulo.

Topográfica
relativo à topografia, que é a descrição das formas do terreno, suas configurações e associações, sem considerar os elementos ligados à gênese, ou seja, aos processos que atuaram na estruturação das formas de relevo.

DELFIM MARTINS/PULSAR IMAGENS

Pontes na Rodovia dos Imigrantes transpõem relevo acidentado na escarpa da Serra do Mar, em Cubatão (SP), 2013.

A FORMAÇÃO DO RELEVO

As estruturas geológicas correspondem à composição rochosa da crosta terrestre, enquanto o relevo se refere à forma como elas se apresentam na superfície. A **geomorfologia** é a ciência que estuda as formas do relevo, os processos que lhes dão origem – a sua gênese – e a sua evolução/transformação ao longo do tempo.

As diversas formas da superfície terrestre são resultado da ação de forças ou agentes internos e externos. Os agentes internos, analisados nos capítulos 4 e 5, são o tectonismo, o vulcanismo e os sismos. Os agentes externos são os rios, as chuvas, as geleiras, os oceanos, os ventos, a alternância de temperaturas e os seres vivos – principalmente o ser humano –, que provocam os processos erosivos que esculpem as formas de relevo da superfície.

DICA

SITE

Ambiente Brasil – Processos erosivos
http://ambientes.ambientebrasil.com.br/agropecuario/erosao_do_solo.html?tag=Eros%C3%A3o

O *link* traz textos e fotos sobre os processos erosivos.

Esses dois tipos de agentes atuam de forma simultânea: ao mesmo tempo que os agentes internos provocam, por exemplo, a elevação de determinadas áreas e o rebaixamento de outras, os externos são responsáveis pela erosão, nas áreas elevadas, e pelo acúmulo de sedimentos, nas áreas rebaixadas.

Agentes externos modificadores do relevo

Os agentes externos ou exógenos correspondem ao conjunto dos processos erosivos relacionados à atmosfera e, portanto, aos diversos tipos climáticos do globo, às características morfológicas e aos tipos de rochas. O ser humano, por meio de suas atividades, pode desencadear ou acelerar a erosão.

Erosão e intemperismo

A erosão é um processo natural que se completa em três etapas: desgaste, transporte e acúmulo de sedimentos. Nesses processos há a atuação dos agentes externos, como os ventos, as águas e as geleiras, que transportam os fragmentos de rocha das áreas mais elevadas para as mais baixas. Ela se inicia com o desgaste das rochas em decorrência do intemperismo.

O intemperismo é o conjunto de processos que gera a desagregação física e a decomposição química dos minerais das rochas. Há dois tipos de intemperismo: o mecânico e o químico.

No **intemperismo mecânico**, ou **físico**, ocorre dilatação e contração das rochas devido à alternância de temperaturas, entre o dia e a noite e no decorrer das estações do ano, e ao congelamento da água nas fissuras das rochas. A alternância de volume dos minerais presentes nas rochas ocorre de forma desigual, tornando a rocha quebradiça. Esse é o principal agente do intemperismo em regiões de clima seco, em que a amplitude térmica é alta.

Já em áreas de temperatura e umidade mais constantes, como as regiões tropicais, de clima quente e úmido, o intemperismo predominante é o químico.

O **intemperismo químico** se dá pela ação da água. A água da chuva e dos rios se infiltra nas fissuras das rochas e provoca sua dissolução. Isso ocorre por causa da reação entre elementos químicos (oxigênio, hidrogênio e dióxido de carbono).

Por fim há o processo de acúmulo de sedimentos, a sedimentação.

O processo de erosão e intemperismo pode ser acelerado pela ação humana.

ALEX SILVA

Erosão

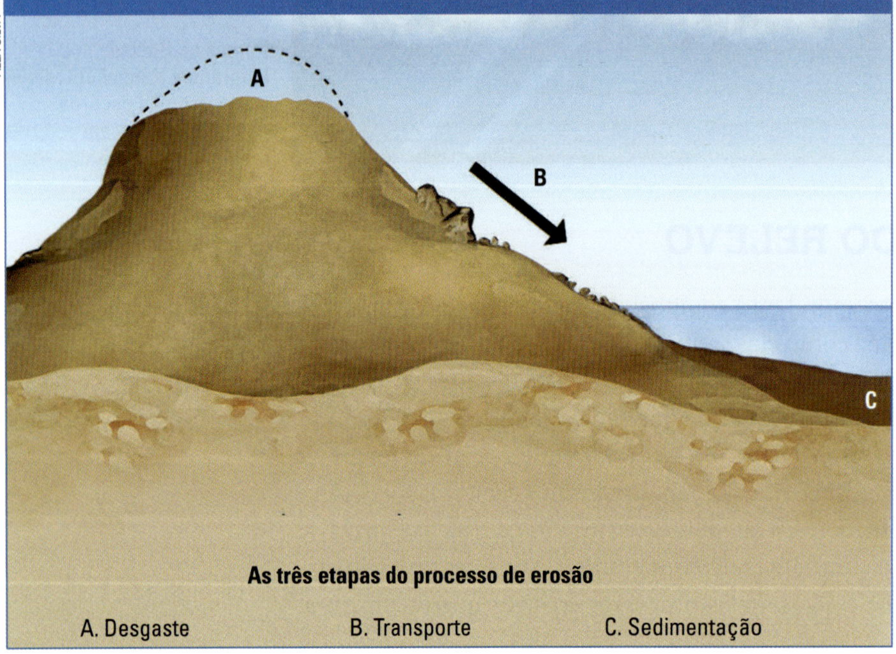

As três etapas do processo de erosão

A. Desgaste B. Transporte C. Sedimentação

Fonte: elaborado pelos autores.

Tipos de erosão

A atuação das águas pluviais (das chuvas) e fluviais (dos rios) costuma ser intensa nas regiões de climas temperados e tropicais.

No caso das águas pluviais, é comum nas áreas com relevo em declive formarem-se as enxurradas que, dependendo da intensidade das chuvas e, principalmente, de sua duração, podem causar deslizamentos de terra em encostas, particularmente naquelas onde a vegetação foi retirada. Esse processo erosivo é comum nos trechos de serras, em diversas regiões do espaço brasileiro, no período das chuvas.

Nas encostas dos espaços urbanos que são ocupadas por moradias, a **erosão pluvial** é intensificada, provocando deslizamentos que acarretam a destruição das casas e até a morte de pessoas que viviam nesses locais, muitos deles considerados áreas de risco.

No Brasil, essas áreas, em geral menos valorizadas, são ocupadas sobretudo por pessoas de baixa renda, que não têm como comprar um imóvel em locais melhores e mais seguros. Isso evidencia as fortes desigualdades sociais existentes no país. No entanto, existem também casas de pessoas de renda média ou alta nas encostas de morros. Ambos os casos evidenciam a ineficácia da atuação do poder público.

ARTUR MASER/RBS/FOLHAPRESS

Casa sob risco de desabamento em Blumenau, no Vale do Itajaí (SC), 2008.

O desmatamento aumenta o escoamento superficial da água das chuvas e, consequentemente, agrava o processo de perda de solo. Os sedimentos vão então parar nos rios, localizados em áreas de menor altitude. Disso resulta o assoreamento dos rios, com o acúmulo de detritos no leito e a diminuição da capacidade de vazão. Entre as consequências está o aumento significativo da intensidade das cheias nos centros urbanos.

Por conta da intensidade das chuvas, da ampla impermeabilização dos solos nos espaços urbanos e da ocupação de áreas de inundação, situadas às margens dos rios, as enchentes também são uma constante no Brasil.

Apesar de existirem leis determinando que parcelas dos terrenos devem permanecer com piso drenante, como grama e outras plantas e, portanto, sem cobertura por cimento, concreto, asfalto, lajotas etc., essas leis acabam não sendo cumpridas. Tal fato, associado à ocupação das margens de rios e córregos (planícies de inundação) e ao acúmulo de lixo nas vias públicas, que as chuvas levam para os bueiros e tubulações, contribui para o agravamento das enchentes, sobretudo nas grandes cidades.

No processo de **erosão fluvial**, o leito do rio é ampliado gradativamente e formam-se suas vertentes (encostas ou margens), que delimitam o seu vale. A intensidade de ampliação do leito do rio depende do volume de água que ele apresenta, da forma do relevo e da natureza das rochas por onde ele corre. Essa alteração no relevo, no entanto, não é percebida na escala de tempo da vida humana.

Percorrendo trechos de relevo pouco inclinado, nos quais a intensidade da força das águas não é grande, o material desagregado pelas águas dos rios (aluvião) acumula-se ao longo das margens (curso médio e inferior), principalmente no período das cheias, podendo dar origem a planícies. Esse tipo de planície é chamada de aluvial e é rica em material orgânico, favorecendo o desenvolvimento da agricultura. É o caso da planície Amazônica.

O processo de erosão fluvial também modela vales profundos e cânions.

MAURICIO SIMONETTI/PULSAR IMAGENS

Cânion do Rio São Francisco, em Paulo Afonso (BA), 2012.

A ação das águas do mar – **abrasão marinha** – sobre os costões do relevo litorâneo tende a desgastá-los. Quando esses costões são constituídos de rochas cristalinas, formam-se as falésias. Se forem formados por rochas sedimentares, surgem as barreiras.

As águas do mar realizam também um trabalho de acumulação: as ondas que batem continuamente nas áreas baixas litorâneas depositam nesses lugares areia e outros materiais, como restos de animais marinhos. Esse é um dos processos que resultam na formação das praias.

DICA

FILME

Atafona por quê?
Brasil, 2006. Direção: Miguel Freire. Duração: 18 min.

O documentário aborda inquietações mediante as paisagens e ruínas no balneário de Atafona, no litoral de São João da Barra (RJ), afetado por erosão costeira.

Disponível para *download* em: <www.atafona.uerj.br/atafona_por_que.zip>.

EVANDRO TEIXEIRA/TYBA

Falésias na praia de Canoa Quebrada, em Aracati (CE), 2011.

As geleiras, ao se deslocarem, agindo sobre a crosta terrestre, provocam erosão, denominada **erosão glaciária**. Os movimentos ou alternâncias de gelo e o derretimento das geleiras são fatores que também contribuem para o desgaste do relevo. Os fragmentos rochosos são então arrastados pelas geleiras e se deslocam pelo terreno, dando origem às **morainas**.

Moraina
depósitos de blocos e argilas carregados pelas geleiras.

GERALD & BUFF CORSI/VISUALS UNLIMITED, INC./GLOW IMAGES

Geleira Dawes, Alasca (Estados Unidos), 2011.

A **erosão eólica** ocorre diretamente pela ação dos ventos ou por meio do lançamento de pequenas partículas de rochas contra outras rochas, que pode provocar um lento desgaste por meio do atrito. O material desagregado pela ação do vento pode também ser transportado e depositado em outros locais, dando origem às dunas.

LUIS SALVATORE/PULSAR IMAGENS

Entre as dunas do Parque Nacional dos Lençóis Maranhenses, Barreirinhas (MA), 2010, nota-se a presença de lagoas formadas pela água das chuvas.

Os seres vivos também são agentes modificadores do relevo. Entre eles, os seres humanos se destacam, interferindo na dinâmica da natureza, construindo estradas, túneis, viadutos, pavimentando ruas e avenidas e extraindo riquezas naturais. As formas de relevo são modificadas, portanto, num processo mais acelerado do que aquele promovido pelos agentes naturais.

Formas de relevo

Há quatro formas fundamentais de relevo: **cadeias de montanhas**, **planaltos**, **depressões** e **planícies**. Além de suas características estruturais, outro importante elemento usado para diferenciar as formas de relevo é a sua gênese, ou seja, os processos que lhes dão origem. As cadeias de montanhas e os planaltos são constantemente erodidos, enquanto as planícies recebem sedimentos das áreas mais elevadas.

As **cadeias de montanhas** constituem grandes elevações da superfície, que apresentam relevo acidentado, encostas íngremes e vales profundos, originados de dobramentos modernos (lembre-se de seus estudos nos capítulos 4 e 5). Por serem formas mais recentes, considerando a história geológica da Terra, a ação erosiva ainda não provocou transformações significativas nesse tipo de relevo.

PABLO PORCIUNCULA/AFP PHOTO

Cordilheira dos Andes, no Chile, 2013.

Os **planaltos** apresentam altitudes e formas variadas, como morros e serras, e elevações com um extenso topo plano, como as chapadas. Os planaltos são formações mais antigas e, portanto, sujeitas à erosão intensa. Mesmo as serras dos planaltos mais acidentados apresentam-se arredondadas, indicando longo período de atividade erosiva.

Abaixo, cidade de Crato (CE), 2010, no sopé da Chapada do Araripe, que faz limite com Pernambuco. Em suas proximidades estrutura-se o principal polo de produção de gesso (gipsita) do país, com destaque para o município de Araripina (PE), que será interligado ao Porto de Suape, no litoral pernambucano, por meio da construção da ferrovia Transnordestina, facilitando o escoamento da produção de gesso.

DELFIM MARTINS/PULSAR IMAGENS

As **depressões** podem estar situadas abaixo do nível do mar (depressões absolutas) ou das formas de relevo vizinhas, geralmente encaixadas entre regiões de planalto (depressões relativas).

GERALDO GOMES/OPÇÃO BRASIL IMAGENS

Depressão Cuiabana, na região do Parque Nacional da Chapada dos Guimarães (MT), 2008.

As **planícies** são áreas relativamente planas, formadas pela deposição de sedimentos. No Brasil, essa forma se restringe aos terrenos situados numa estreita faixa litorânea, que sofrem a ação erosiva do mar, e àqueles situados ao longo dos grandes rios e próximo a lagos e lagoas, onde é mais intensa a deposição do material erodido de outras formas de relevo.

JOÃO RAMID/AMAZON IMAGE BANK

Vista parcial da planície da Ilha do Bananal, maior ilha fluvial do mundo, em Tocantins, 2008.

Observe a seguir o planisfério físico no qual estão representadas algumas unidades de relevo e as faixas de altitude do relevo continental (hipsometria), além do relevo submarino (batimetria). Observe também, na página 613, o mapa "Brasil: físico".

Planisfério: físico

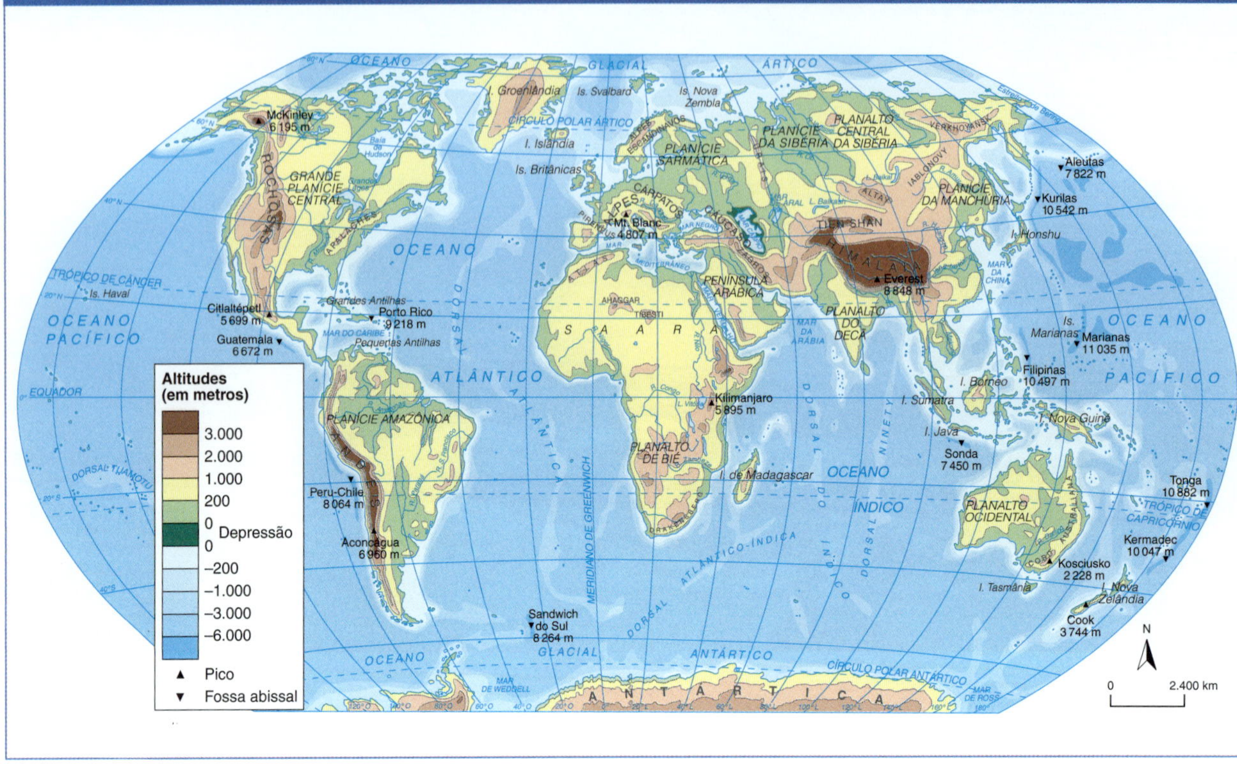

Fonte: CALDINI, Vera; ÍSOLA, Leda. *Atlas geográfico Saraiva*. São Paulo: Saraiva, 2009. p. 166.

RELEVO DO BRASIL

O relevo brasileiro, como o de toda a Terra, é resultado da atuação de agentes internos e externos. Enquanto a estrutura geológica do Brasil é, na maior parte, bastante antiga (Arqueozoica e Proterozoica para os terrenos cristalinos e Paleozoica e Mesozoica para boa parte dos sedimentares), os processos que modelaram as formas do nosso território como se apresentam nos dias atuais são, de modo geral, recentes (Era Cenozoica), e continuam atuando, evidentemente.

A alternância entre climas mais úmidos e mais secos no decorrer do Terciário e do Quaternário influenciou decisivamente a atuação dos processos erosivos e, em consequência, a modelagem do relevo em nosso país. Além disso, o soerguimento da Plataforma Sul-Americana, também ao longo da Era Cenozoica, concomitantemente à formação da Cordilheira dos Andes, delineou formas marcantes no território brasileiro, como diversos vales e escarpas de planaltos.

DICA

SITE

Empresa Brasileira de Pesquisa Agropecuária – Embrapa

www.relevobr.cnpm.embrapa.br

Traz informações, mapas e imagens de satélite do relevo dos estados brasileiros.

As unidades do relevo brasileiro

Três classificações das unidades do relevo brasileiro foram formuladas em períodos distintos e por geógrafos diferentes: Aroldo de Azevedo, Aziz Ab'Saber e Jurandyr L. S. Ross. Cada uma delas foi feita levando em conta determinados critérios.

A partir da década de 1940, adotou-se a classificação do geógrafo **Aroldo de Azevedo**, que dividia o Brasil em planaltos e planícies e definia essas unidades a partir das altitudes. As planícies correspondiam às superfícies planas de até 200 metros de altitude, e os planaltos situavam-se acima dessa cota altimétrica e apresentavam-se relativamente acidentados.

Na década de 1960, o geógrafo **Aziz Ab'Saber** estabeleceu uma classificação um pouco mais detalhada, que considerava, além da altitude, os processos geológicos responsáveis pela gênese, ou seja, pela formação do modelado terrestre. Os planaltos eram definidos como terrenos onde prevalecia o processo de desgaste em relação aos processos de sedimentação; as planícies, por sua vez, constituíam os terrenos em que predominava a sedimentação. Observe os mapas a seguir.

Brasil: classificação do relevo brasileiro segundo Aroldo de Azevedo – 1949

MARIO YOSHIDA

Fonte: AZEVEDO, A. de. O planalto brasileiro e o problema de classificação de suas formas de relevo. Em: *Boletim da AGB*, 1949. p. 43-50.

Brasil: classificação do relevo brasileiro segundo Aziz Ab'Saber – década de 1960

MARIO YOSHIDA

Fonte: AZEVEDO, A. de (Dir.). *Brasil*: a terra e o homem. São Paulo: Nacional, 1972. v. 1. p. 155.

A partir de 1990, o geógrafo **Jurandyr L. S. Ross**, apoiado em levantamentos técnicos do **Projeto Radambrasil**[7], fez uma classificação bastante detalhada do relevo brasileiro. Há décadas, o mapeamento e a classificação do relevo baseavam-se praticamente em observações realizadas em terra. Levantamentos aerofotogramétricos (por meio de radares instalados em aviões), realizados pelo Radambrasil, forneceram informações detalhadas, que foram utilizadas para fundamentar uma nova classificação do relevo e de suas unidades.

A classificação de Ross associa as informações altimétricas, ou seja, relacionadas às altitudes, com os processos de erosão, sedimentação e gênese, integrando-os às estruturas geológicas nas quais ocorrem. O relevo brasileiro passou, assim, a ser classificado com base em três formas: depressões, planaltos e planícies (observe o mapa na página seguinte).

As **depressões** no Brasil são definidas como terrenos relativamente inclinados, nos quais predominam os processos erosivos que ocorrem em estruturas cristalinas ou sedimentares. Esses terrenos localizam-se geralmente entre 100 e 500 metros de altitude, apresentando bordas em aclive, como uma subida para quem olha de baixo para cima. A maior parte das depressões brasileiras se originou de processos erosivos que atuaram nas bordas das bacias sedimentares.

7 O **Projeto Radambrasil**, realizado entre 1970 e 1985, constituiu um extenso levantamento dos recursos naturais e geológicos brasileiros, que possibilitou o mapeamento de todo o território nacional, com base no cruzamento de informações obtidas em trabalhos de campo com as obtidas por imagens de radar.

ALTMAN CRIAÇÕES

Brasil: relevo segundo Jurandyr L. S. Ross – 1990

Fonte: ROSS, Jurandyr L. S. (Org.). *Geografia do Brasil*. São Paulo: Edusp, 2009. p. 53.

Relevo residual
denominação das formas de relevo que resultam de um trabalho de erosão desigual, ou diferencial, dos diversos agentes erosivos. Isso se deve ao fato de existirem formações rochosas próximas com diferentes constituições – umas mais resistentes e outras menos.

A Depressão da Amazônia Ocidental apresenta formas de relevo em colinas baixas e é recortada por diversas planícies fluviais.

As depressões Norte e Sul-Amazônica foram esculpidas em terrenos cristalinos. Enquanto a primeira apresenta colinas e morros baixos, entre os quais aparecem **relevos residuais** gerados por intrusões graníticas, na Sul-Amazônica são constantes os relevos residuais (com topos em forma levemente convexa) resultantes de intrusões graníticas e coberturas sedimentares antigas. Ambas pertencem ao grupo denominado "depressões marginais".

As demais depressões representam o grupo das interplanálticas, duas das quais se distinguem das demais por terem características morfogenéticas peculiares: a Depressão Periférica da Borda Leste da Bacia do Paraná e a Depressão Periférica Sul-Rio-Grandense. Elas foram esculpidas em terrenos da bacia sedimentar do Paraná e limitam-se a leste com terrenos cristalinos.

No estado de São Paulo, alguns trechos da Depressão da Borda Leste, próximos aos terrenos cristalinos, atingem altitudes em torno de 600 metros. Essa depressão teve papel importante no período colonial, pois se configurou como um corredor de comunicação entre o Sul e o Sudeste, por onde se deslocavam os tropeiros, com gado e alimentos para a região mineradora, por exemplo.

Nesse sentido, também a Depressão Sertaneja e do São Francisco, em parte cortada pelo Rio São Francisco, favoreceu a expansão da atividade criatória no interior do Nordeste brasileiro. Essa depressão apresenta relevos residuais, tanto em terrenos sedimentares, como as chapadas do Araripe (CE e PE) e do Apodi (RN), como em cristalinos. Esses relevos residuais são denominados **inselbergues**.

Outra peculiaridade da Depressão Sertaneja e do São Francisco é a existência dos **pediplanos**. De modo geral, as áreas de pediplanos apresentam baixíssimos índices pluviométricos.

Pediplano
área rebaixada e aplainada, gerada por milenares fases erosivas, nas quais se alternavam condições climáticas extremamente úmidas com outras intensamente secas.

TIAGO QUEIROZ/AE

Vista aérea de plantações no Vale do São Francisco, viáveis graças ao sistema de irrigação das águas do rio, em Petrolina (PE) e Juazeiro (BA), 2010.

Cuesta
é uma forma de relevo constituída por uma rampa íngreme de um lado e, de outro, por um declive suavemente inclinado. O lado que apresenta a rampa íngreme é a frente da *cuesta*, propriamente. Trata-se, portanto, de uma forma de relevo dissimétrica ou assimétrica. As *cuestas* são predominantes em terrenos sedimentares, inclusive onde ocorreram derrames basálticos (camadas de lavas vulcânicas sobre áreas continentais).

Nas depressões que estão em contato com os planaltos e as chapadas da Bacia do Paraná ocorrem as frentes de **cuestas**. Existem *cuestas* nas depressões Periférica, do Miranda, do Alto Paraguai-Guaporé e do Araguaia.

Cuesta

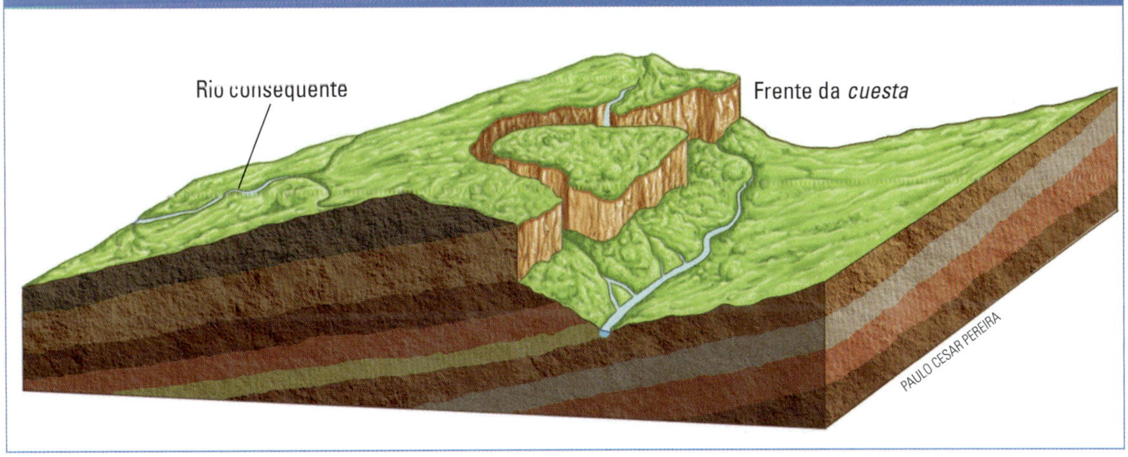

Fonte: GUERRA, Antônio T.; GUERRA, Antonio José T. *Novo dicionário geológico-geomorfológico*. Rio de Janeiro: Bertrand Brasil, 2011. p. 179.

Os **planaltos** apresentam superfícies irregulares (planas ou acidentadas), nas quais predominam os processos erosivos de estruturas cristalinas ou sedimentares. Localizam-se geralmente acima dos 300 metros de altitude e apresentam bordas em declive, ou seja, como uma descida para quem olha de cima para baixo. São formas residuais do relevo, como as chapadas, encontradas no Centro-Oeste e no Nordeste do território brasileiro, e as serras em estruturas cristalinas encontradas em vastas extensões do Sudeste e também do Sul do Brasil, como as Serras da Mantiqueira e do Mar (Mares de Morros).

Mineração na Serra dos Pirineus, Pirenópolis (GO), 2011, região dos planaltos e serras de Goiás-Minas.

As **planícies** estão situadas em áreas mais restritas, em alguns casos sujeitas a inundação; nessas áreas, predominam os processos de sedimentação, que ocorrem apenas em estruturas geológicas sedimentares. As planícies apresentam bordas em aclive, e suas altitudes variam geralmente entre 0 e 100 metros.

No Brasil, essa forma de relevo encontra-se restrita às margens de grandes rios, como o Amazonas e alguns afluentes e o Araguaia; à região do Pantanal Mato-Grossense; à faixa litorânea; e ao redor das lagoas dos Patos e Mirim, no Rio Grande do Sul. Foram formadas, portanto, por deposição de materiais (sedimentos) de origem marinha, lacustre ou fluvial, sendo a sedimentação, nesses casos, um processo recente, ocorrido no Quaternário.

No caso da planície das lagoas dos Patos e Mirim, a gênese está associada ao processo de sedimentação tanto marinha como lacustre.

Em diversos trechos da Planície Litorânea, do Amapá até o norte do Rio de Janeiro, estão presentes os tabuleiros costeiros. São colinas, de topos ora convexos, ora planos, que, muitas vezes, ao lado do oceano formam barreiras e falésias, com paredões de até 50 metros de altura.

O SOLO

Recurso natural básico e fundamental, o solo levou milhões de anos para se formar. É resultado do processo de desintegração e decomposição das rochas devido ao intemperismo. As transformações nas rochas continuam até hoje, mas são muito lentas, sendo necessários séculos para que se forme um único centímetro de solo.

Entre os fatores responsáveis pela formação do solo incluem-se o clima, a rocha matriz e os elementos orgânicos, além da topografia, ou seja, a inclinação do terreno. Conforme o local, alguns desses fatores podem exercer maior ou menor influência na formação dos solos, e é justamente essa variação que ocasiona a diversidade dos tipos de solo.

No lento processo de formação do solo, surgem camadas com características diferentes: são os **horizontes do solo**. O conjunto desses horizontes, desde a superfície até a rocha matriz que lhe deu origem, ou rocha não alterada, é denominado perfil do solo. Um corte vertical no terreno expõe esse perfil. Os solos maduros ou bem desenvolvidos apresentam basicamente quatro horizontes, identificados por letras maiúsculas.

Horizontes do solo – Características

Horizonte	Características
O	Camada superficial, constituída por boa quantidade de matéria orgânica em diferentes graus de decomposição. É chamada, por isso, de horizonte orgânico.
A	Camada com matéria orgânica em decomposição e relativa concentração de minerais, constituindo-se na camada mineral mais próxima da superfície. Perde minerais em virtude do processo de **lixiviação**.
B	Camada com grande concentração de minerais e pouca matéria orgânica. É chamada de horizonte de acumulação, porque recebe grande quantidade dos materiais lixiviados do horizonte A.
C	Camada inferior, que fica em contato com a rocha matriz ou inalterada, formada por material decomposto dessa rocha.
R	Rocha matriz

Fonte: elaborado com base em TEIXEIRA, Wilson *et al.* (Org.). *Decifrando a Terra.* São Paulo: Companhia Editora Nacional, 2009. p. 230.

Lixiviação

"processo que sofrem as rochas e solos, ao serem lavados pelas águas das chuvas. Nas regiões equatoriais, e nas áreas de clima úmido, com abundantes precipitações sazonais, verificam-se, com maior facilidade, os efeitos da lixiviação. Nas regiões intertropicais, de clima úmido, os solos tornam-se estéreis com poucos anos de uso, graças, em grande parte, aos efeitos da lixiviação produzidos pela água da chuva." Fonte: GUERRA, Antônio T.; GUERRA, Antonio José T. *Novo dicionário geológico-geomorfológico.* Rio de Janeiro: Bertrand Brasil, 2011. p. 400.

Classificação dos solos

Quanto à origem, os solos podem ser classificados em:

- **Eluviais** – provenientes da desagregação e decomposição das rochas existentes no próprio local de formação.
- **Aluviais** – formados em virtude do acúmulo de material transportado pela ação da água e do vento.

Diferentes classificações dos solos podem ser feitas, de acordo com critérios genéticos, morfológicos ou morfogenéticos.

Uma classificação dos solos que foi muito utilizada desde meados do século XX baseia-se na influência que a vegetação, o relevo e, principalmente, o clima exercem sobre eles. Essa classificação recebe o nome de **classificação zonal**, porque está fundamentada nos tipos ou zonas climáticas. A classificação zonal divide os solos em três conjuntos, subdivididos em categorias (veja a tabela na página seguinte).

Na década de 1970, a FAO/Unesco publicou um mapa que agrupa cerca de 30 diferentes tipos de solos. A partir dessa classificação, foi desenvolvido, em 1998, o Sistema Básico para Recursos dos Solos do Mundo (WRB, das iniciais em inglês).

É importante considerar que os sistemas de classificação devem atender às necessidades de cada país. No caso brasileiro, a Empresa Brasileira de Pesquisa Agropecuária (Embrapa) criou o Sistema Brasileiro de Classificação de Solos (SiBCS), cuja segunda edição foi lançada em 2006.

De acordo com essa classificação, os **latossolos** ocupam cerca de 39% do território brasileiro ou aproximadamente 300 milhões de hectares e são subdivididos em quatro subordens: latossolos bruno, amarelo, vermelho-amarelo e vermelho.

Já os **argissolos**, bem evoluídos, argilosos, com acúmulo de argila no horizonte B, ocupam cerca de 20% do nosso território. Um dos exemplos é o solo denominado **massapê**, da Zona da Mata nordestina, resultante de decomposição do gnaisse e do calcário.

Os **neossolos**, pouco evoluídos, sem horizonte B, com cerca de 20 cm de espessura, ocupam cerca de 14% do território brasileiro.

Ocupando apenas 2% da área total do território brasileiro, os **nitossolos** compõem uma parte do que se denomina terra roxa (resultado da decomposição do basalto), sobretudo em São Paulo e no Paraná. Observe o mapa da página seguinte.

Solos – Classificação zonal		
Conjuntos	**Algumas categorias**	**Características**
Zonais (maduros, horizontes bem diferenciados e, de modo geral, relativamente profundos).	Latossolos	Próprios de climas quentes e úmidos e semiúmidos; muito profundos (mais de 2 m); extremamente lixiviados (muito intemperizados) e geralmente pouco férteis. A lixiviação pode ocasionar a laterização ou latossolização do solo, processo no qual há remoção da sílica e aumento da concentração de ferro e alumina (lateritos).
	Podzóis	Próprios de climas temperados ou frios; horizonte B enriquecido pela acumulação de óxidos de ferro e húmus; férteis.
	Solos de pradaria	Horizonte A rico em matéria orgânica e cálcio; regiões subúmidas de clima temperado; muito férteis (o que ocorre na Ucrânia, de nome *tchernoziom*, é considerado um dos mais férteis do mundo).
	Desérticos	Bastante rasos e pouco férteis.
Intrazonais (bem desenvolvidos; refletem a influência de fator local bem preponderante).	Solos salinos ou halomórficos	Alta concentração de sais solúveis; regiões áridas e semiáridas e proximidades do mar; baixa fertilidade.
	Solos hidromórficos	Locais de grande umidade (proximidades de rios e lagos e planícies de inundação); quando drenados, são férteis.
Azonais (pouco desenvolvidos e, portanto, rasos).	Litossolos	Locais de alta declividade; assentados diretamente sobre a rocha inalterada.
	Solos aluviais	Principalmente sobre sedimentos recentes das planícies de inundação; ausência do horizonte B; quando os sedimentos são transportados pelo vento, formam-se os solos *loess*, de coloração amarela, que ocorrem sobretudo na China, mas também na Europa.

Fonte: elaborado com base em LEPSCH, Igo F. *Formação e conservação dos solos*. São Paulo: Oficina de textos, 2010. p. 86.

Brasil: distribuição dos solos

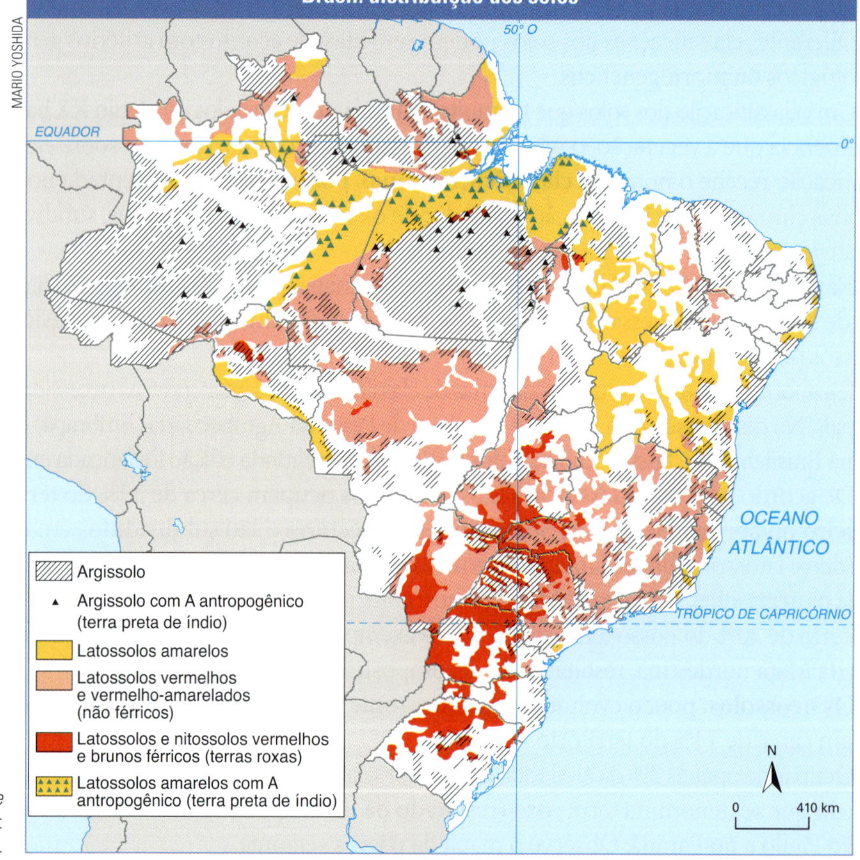

Fonte: LEPSCH, Igo F. *Formação e conservação dos solos*. São Paulo: Oficina de textos, 2010. p. 99 e 103.

Técnicas para melhorar o solo

O solo é de grande importância para diversas atividades humanas, sobretudo a agricultura. No entanto, as intervenções humanas muitas vezes acabam destruindo esse recurso natural. Também acontece de nem sempre o solo estar em condições de ser aproveitado para o cultivo da maneira como se encontra na natureza. Assim, para melhorá-lo, ou conservá-lo, o ser humano desenvolveu diferentes recursos. Exemplos desses recursos:

- Nos solos pobres em nutrientes, pode-se aplicar adubo mineral ou orgânico ou alternar o plantio com leguminosas (plantas que dão vagens), como tremoço, feijão-de-porco e leucena. Por produzir grande quantidade de massa verde (folhas, ramos e raízes), as leguminosas são chamadas de adubo verde, que é todo vegetal fresco que se incorpora ao solo. Elas também acrescentam muito nitrogênio ao terreno.
- Corrigir a acidez do solo com a aplicação de calcário (processo de calagem). O solo ácido apresenta alto teor de alumínio, elemento tóxico para os vegetais. Esse processo de correção de acidez do solo foi muito importante para a expansão da atividade agrícola na região do Cerrado brasileiro.
- Usar máquinas agrícolas apropriadas ao tipo de solo. A perda do solo agrícola e a baixa produtividade muitas vezes estão relacionadas à utilização inadequada das máquinas agrícolas. Para evitar isso, é preciso fazer a análise do solo e definir as melhores técnicas e maquinários. Nem sempre as técnicas, as máquinas ou mesmo os equipamentos empregados em países de clima temperado são adequados aos de clima tropical, como o Brasil.
- Manter ou introduzir no solo seres vivos fundamentais à agricultura, como minhocas, larvas e insetos. Eles constroem túneis que servem para fazer o ar circular e a água penetrar nas raízes. Além disso, trituram a matéria orgânica, facilitando a absorção pelas raízes das plantas.
- Manter o solo coberto com vegetação (cobertura viva) ou palha (cobertura morta) como forma de evitar a erosão.

Erosão em campo causada por água pluvial, Santa Maria (RS), 2011.

CERSON GERLOFF/PULSAR IMAGENS

Um solo desprotegido e mal arado perde alguns centímetros em uma única chuva de verão, que levariam cerca de mil anos, em condições favoráveis, para serem repostos.

Quanto mais terra a erosão levar, menos solo haverá e mais rapidamente as raízes das plantas chegarão à rocha matriz, parando de crescer. Além disso, o solo armazenará pouca água, porque estará raso, e as culturas sentirão mais intensamente os efeitos da seca. Quando as chuvas forem muito fortes, a água atingirá a rocha matriz e, não havendo mais solo para penetrar, encharcará o terreno, prejudicando a plantação.

Algumas formas de cultivo podem conservar o solo.

- **Plantio direto** – técnica que consiste em plantar diretamente sobre os restos de plantas da colheita anterior. Essa técnica contribui para aumentar a umidade do solo, assim como seus nutrientes, reduzindo a necessidade de aragem excessiva, que promove a perda de solo pela erosão.
- **Rotação de culturas** – cultivo alternado de produtos, pois cada produto absorve nutrientes diferentes do solo.
- **Curvas de nível** – linhas que ligam pontos de mesma cota altimétrica, sobre as quais se faz a semeadura, estabelecendo-se fileiras de plantas. Em terrenos inclinados, a água escorre mais lentamente.
- **Afolhamento** – método no qual o terreno é dividido em três partes: enquanto duas partes são cultivadas, a terceira permanece em repouso por um ou dois anos para recuperar as propriedades retiradas com as colheitas anteriores.

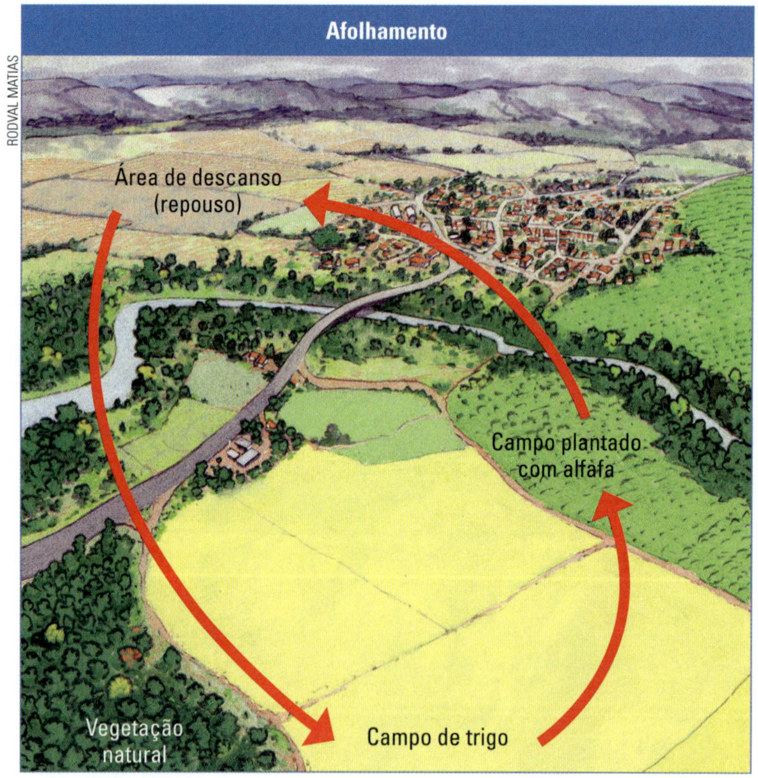

Fonte: elaborado pelos autores.

Outra forma de combater a erosão, especialmente aquela causada pelo vento (erosão eólia ou eólica), consiste no plantio de árvores, como eucalipto, cedrinho e bambu, dispostas em fileiras, formando uma espécie de quebra-vento.

Se a erosão já formou sulcos ou crateras (voçorocas) no terreno, há maneiras de recuperá-lo. Podem ser feitas, por exemplo, barreiras de madeira ou pedra na cratera, para que diversos materiais passem a se depositar sobre elas.

PONTO DE VISTA

Problemas ambientais rurais

"É incontestável a necessidade crescente de produção de alimentos que possam atender ao crescimento do consumo pela população que cada dia mais vive nas cidades. Para suprir tais necessidades, a tendência tem sido a de recorrer a tecnologias cada dia mais sofisticadas. Nesse processo de aperfeiçoamento técnico e na procura de aumento da produtividade [...] o ambiente natural está cada dia mais sendo alterado, chegando em algumas áreas do Brasil e do mundo à verdadeira degradação ambiental.

As atividades agrícolas chamadas modernas são cada vez mais avançadas tecnologicamente, empregando baixa quantidade de mão de obra e utilizando maquinaria, adubos químicos, inseticidas e herbicidas. Esse modelo de produção agrícola intensificou-se principalmente nas décadas que sucederam à Segunda Guerra Mundial. É um modelo dos países industrializados, como Estados Unidos, Inglaterra, França, Alemanha, Rússia e Ucrânia. A produção agrícola mecanizada, em face das exigências de grandes investimentos nos insumos (máquinas, adubos, controladores de pragas), é mais vantajosa quando praticada em grandes extensões de terras e com o cultivo do tipo monocultura.

A agricultura tecnificada é extremamente especializada, tanto na mão de obra quanto na seleção das espécies cultivadas e das regiões ou áreas de produção. Assim, nos Estados Unidos, o sul da região formada pelas bacias dos rios Mississípi, Missouri e Ohio especializou-se em algodão; a parte central e norte da mesma região especializou-se em milho; e o norte-nordeste ficou com o trigo. O modelo americano de manejo agrícola observa-se também na Rússia, na Ucrânia, nas planícies e terrenos planos do norte da Europa (França, Alemanha e Inglaterra), no norte da Itália, no sul e sudeste do Brasil, nas planícies da bacia do Prata, sobretudo na Argentina, e em outras regiões menos extensas.

Gradeação
ato de gradear, ou seja, nivelar, aplainar.

As monoculturas estendem-se principalmente pelos terrenos planos (planície) ou em planaltos com relevo suave. Em áreas muito inclinadas, a utilização de máquinas modernas enfrenta muitas dificuldades. A monocultura mecanizada tem a vantagem do aumento da produção e da taxa de produtividade, mas, em contrapartida, provoca grandes danos na fauna, na flora e no solo. [...]

A aplicação frequente de quantidades cada vez maiores desses produtos químicos, genericamente chamados de insumos agrícolas, contamina o solo. Além disso, eles são transportados pela chuva para os riachos e rios, afetando, desse modo, a qualidade das águas que alimentam o gado, abastecem as cidades e abrigam os peixes. O veneno afeta a fauna, e os pássaros e os peixes desaparecem rapidamente das áreas de monocultura, favorecendo a proliferação de pragas, lagartas, mosquitos e insetos em geral. A impregnação do solo com venenos e adubos químicos tende a torná-lo estéril [...]. O solo é um elemento vivo da natureza: sua contaminação o torna progressivamente sem vida e menos produtivo.

A agricultura mecanizada necessita do preparo da terra para o plantio. Isso significa a aração ou o tombamento para revolver a terra e **gradeação** para deixá-la nivelada para o plantio. Esse procedimento é praticado na passagem do período seco para a estação chuvosa. [...]"

ROSS, Jurandyr L. S. (Org.). *Geografia do Brasil*. São Paulo: Edusp, 2009. p. 225, 226, 228.

1. Por que a agricultura mecanizada é mais vantajosa economicamente quando praticada sob a forma de monocultura?
2. Que tipo de relevo favorece a prática de monoculturas? Por quê?
3. Apesar das vantagens econômicas, as monoculturas mecanizadas trazem prejuízos para o ambiente. Explique.

TERRANCE KLASSEN/ALAMY/GLOW IMAGES

Agricultura mecanizada em Manitoba (Canadá), 2010.

[COMPREENSÃO E ANÁLISE]

1. Observe a imagem a seguir.

DANIEL TEIXEIRA/AE

Deslizamento de terra em favela no município de Mauá, na Grande São Paulo, 2011.

a) Analise em seu conjunto os fatores que contribuem para a ocorrência de situações como a mostrada na imagem.

b) Esse tipo de situação acontece em seu município? Em caso afirmativo, o que pode ser feito, em sua opinião, para amenizá-la?

2. Leia o texto a seguir.

Geomorfologia

"A Geomorfologia tem sido fundamental nos estudos relacionados à erosão dos solos. Na verdade, é praticamente impossível diagnosticar e prognosticar a erosão dos solos de uma determinada área sem levar em consideração a Geomorfologia."

GUERRA, Antonio José Teixeira; MARÇAL, Mônica dos Santos. *Geomorfologia ambiental*. Rio de Janeiro: Bertrand Brasil, 2006. p. 79.

a) Explique a afirmação presente no texto.

b) Como essa afirmação poder ser relacionada com a questão 1? Justifique.

3. É possível afirmar que o relevo é resultado do antagonismo de duas forças? Explique.

4. Observe os mapas de relevo propostos por Aziz Ab'Saber e Jurandyr Ross (páginas 87 e 88, respectivamente). Identifique as semelhanças e principais diferenças entre eles.

5. Por que o solo é um recurso fundamental para a sociedade? Justifique.

6. Quais técnicas agrícolas podem conservar o solo e amenizar os problemas relacionados à erosão do solo?

7. Leia o texto para responder às questões.

Unidade de relevo com formas conhecidas como "mares de morros", formada por serras construídas sobre terrenos cristalinos e fortemente erodidas, principalmente pelas chuvas. Ela constitui, do ponto de vista das construções humanas, o meio físico mais complexo e difícil, se comparado ao de outras paisagens naturais do Brasil. No entanto, boa parte dessa unidade está situada na região de maior concentração econômica e populacional do país.

a) Como se chama a unidade do relevo brasileiro descrita no texto, de acordo com a classificação de Jurandyr Ross, e em qual região brasileira a maior parte desse relevo está localizada?

b) Explique por que essa paisagem natural é a mais problemática do país do ponto de vista das construções humanas.

c) Indique dois importantes agentes responsáveis pelos processos erosivos nessa unidade de relevo.

8. Observe a imagem.

JOÃO PRUDENTE/PULSAR IMAGENS

Plantação de café na zona rural da cidade de Alfenas, sul de Minas Gerais, 2010.

Qual é a técnica de cultivo utilizada, apresentada na imagem, para amenizar a erosão do solo? Explique.

UNIDADE 3

CLIMA E FORMAÇÕES VEGETAIS

Mulheres caminham por via inundada na província de Songkhla (Tailândia), 2012.

AP PHOTO/SUMETH PANPETCH/GLOW IMAGES

O tempo e o clima interagem intensamente com outros elementos naturais e exercem influência no dia a dia das pessoas, nas atividades econômicas, na organização do espaço geográfico e nas alterações ambientais. Os temas que serão abordados nesta unidade – clima e formações vegetais – se relacionam de forma muito estreita.

A vegetação é o elemento natural que deixa as marcas mais visíveis dentre os impactos decorrentes das relações sociedade-natureza numa determinada porção do espaço.

O combate às ações responsáveis pelas alterações climáticas e a luta pela conservação das formações vegetais estão entre os grandes desafios ambientais do mundo atual e do Brasil, em particular.

CAPÍTULO 7

DINÂMICA CLIMÁTICA

CONTEXTO

As imagens a seguir mostram maneiras diferentes de intervenção humana na paisagem, relacionadas às condições atmosféricas.

RICARDO AZOURY/PULSAR IMAGENS

Parque Eólico Rio do Fogo, no litoral do Rio Grande do Norte, 2012.

GLOW IMAGES - BOTANICA/DIOMEDIA

Plantação irrigada em área de Clima Semiárido, na Califórnia (Estados Unidos), 2011.

DISCUTA

1. Explique essas intervenções e as suas diferenças.
2. Avalie os seus impactos ambientais. Comente.

CLIMA E SOCIEDADE

A sociedade humana ocupou diferentes regiões do planeta com condições climáticas adversas e fenômenos atmosféricos de grande impacto, como nevascas, ciclones, furacões, chuvas torrenciais e contínuas, entre outros. A previsão meteorológica e o monitoramento desses fenômenos podem prevenir catástrofes provocadas por essas manifestações naturais da atmosfera.

NASA VIA GETTY IMAGES

A imagem de satélite mostra o Furacão Sandy sobre o Oceano Atlântico, próximo aos Estados Unidos, em 28 de outubro de 2012. O furacão atingiu vários países (Jamaica, Cuba, Bahamas, Haiti, República Dominicana, costa leste dos Estados Unidos e Canadá), com diferentes graus de intensidade, provocando destruição e mortes por onde passou.

BRENDAN MCDERMID/REUTERS/LATINSTOCK

Quando chegou aos Estados Unidos, o Furacão Sandy perdeu parte de sua força e passou a ser classificado como tempestade, ainda assim causando muitos estragos com ventos fortes e inundações. Na imagem, casas destruídas após a passagem da tempestade por Nova York (Estados Unidos), 2012.

No entanto, é preciso lembrar que toda intervenção humana na natureza requer cuidados. As diversas técnicas desenvolvidas pelo ser humano para enfrentar situações climáticas adversas podem causar problemas ambientais não menos adversos. A irrigação, por exemplo, pode provocar a salinização do solo e a alteração nos padrões de vazão dos rios.

Algumas atividades humanas têm estreita relação com o clima. Entre elas, a agropecuária pode ser considerada a mais dependente. São muitos os exemplos: diversas espécies de plantas cultiváveis adaptam-se mais a determinado tipo de clima do que a outro; a produtividade de uma cultura pode aumentar ou diminuir de acordo com as condições do tempo; a semeadura e a colheita estão ligadas às estações do ano; secas ou chuvas prolongadas podem ocasionar a perda parcial ou total das lavouras; a produtividade na pecuária extensiva depende da regularidade das chuvas. Veja a imagem a seguir.

DICAS

SITES

Climatempo
www.climatempo.com.br
Site com informações sobre previsão do tempo, imagens de satélite e vídeos.

Centro de Previsão do Tempo e Estudos Climáticos
www.cptec.inpe.br
Traz imagens de satélite, vídeos e glossário de meteorologia.

JON ARNOLD IMAGES RM/JOHN COLETTI/DIOMEDIA

Plantação de bananas em Puerto Viejo de Sarapiqui (Costa Rica), 2011. O cultivo de banana é típico de áreas de Clima Tropical.

DICA

LEITURA

Clima e meio ambiente
José Bueno Conti. São Paulo: Atual, 2011.

Uma abordagem sobre a relação entre clima e meio ambiente, considerando as influências que os fenômenos atmosféricos exercem nas atividades humanas e no ambiente em geral, e em que medida as sociedades estão provocando alterações nos padrões do clima.

Evapotranspiração
perda de água de uma comunidade ou ecossistema para a atmosfera, causada pela evaporação a partir do solo e pela transpiração das plantas.

No entanto, ao longo do tempo, o desenvolvimento tecnológico minimizou a interferência de aspectos naturais, como o clima, nas atividades humanas. Um exemplo é a adaptação de espécies originárias de clima frio a regiões de clima mais quente e seco, possível com o uso de diferentes técnicas, como a irrigação do solo e a manipulação genética de sementes.

O clima interfere na dinâmica da Terra, quando pensamos, por exemplo: na distribuição geográfica da fauna e da flora; nos processos de formação das dunas; na distribuição das águas doces; nos índices de evaporação em rios, lagos e oceanos; na **evapotranspiração**; enfim, em diversos fenômenos e processos da superfície e da atmosfera terrestres.

Disso decorre a atenção que os governos e a sociedade civil de todos os países devem dar aos processos provocados pela ação humana que interferem na dinâmica do clima, como a poluição do ar, a intensificação do efeito estufa, a destruição da camada de ozônio, a derrubada de florestas e de outras formações vegetais.

A PREVISÃO DO TEMPO

A previsão do tempo é uma das funções da meteorologia, ciência que estuda os fenômenos atmosféricos por meio do levantamento de dados e dos diversos registros sobre as condições da atmosfera.

O trabalho de previsão do tempo não é simples, visto que a atmosfera é um sistema complexo e instável. A pressão do ar, por exemplo, elemento determinante nas condições atmosféricas, varia diariamente. Assim, quanto maior a antecedência da previsão, maior a possibilidade de erro.

Os centros de previsão do tempo recebem informações sobre chuva, vento, temperatura, pressão e umidade de diversas fontes e de vários locais do país e do mundo. Essas informações são difundidas pela rede da Organização Meteorológica Mundial (OMM), agência especializada da ONU.

No Brasil, uma das instituições que trabalham com dados meteorológicos é o Centro de Previsão do Tempo e Estudos Climáticos (CPTEC), vinculado ao Instituto Nacional de Pesquisas Espaciais (INPE). O Brasil hoje conta com bons equipamentos e supercomputadores equivalentes aos melhores do mundo.

Um serviço meteorológico exige grandes investimentos, pois são necessários diversos equipamentos tecnológicos e de medição, como supercomputadores, satélites, entre outros. Contudo, os gastos justificam-se em virtude dos inúmeros benefícios que as previsões proporcionam a diversos setores da sociedade: agricultura, aviação, navegação, pesca, construção de represas e de estradas, arquitetura urbana, turismo, planejamento do lazer. A agricultura, por exemplo, pode ter ganhos de produtividade se as previsões do tempo forem feitas com vários dias de antecedência e se os agricultores fizerem uso regular desse serviço.

Camadas da atmosfera

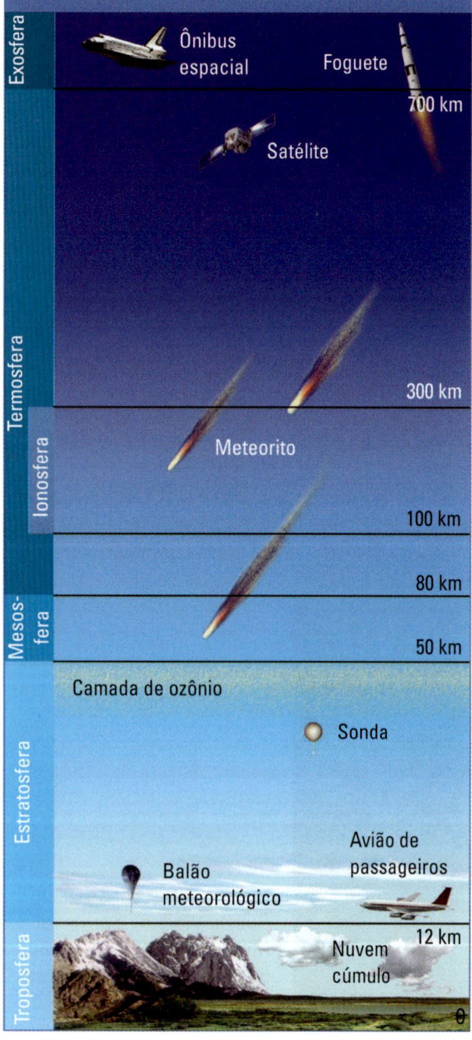

ILUSTRAÇÕES: RAFAEL HERRERA

Fonte: CALDINI, Vera; ÍSOLA, Leda. *Atlas geográfico Saraiva*. São Paulo: Saraiva, 2009. p. 21.

É na troposfera, camada da atmosfera que vai do solo ou do nível médio do mar até aproximadamente 12 quilômetros de altitude, que ocorre a maior parte dos fenômenos atmosféricos.

DINÂMICA CLIMÁTICA

"Tempo bom, com nebulosidade; temperatura em ligeiro declínio." Os meios de comunicação divulgam diariamente informações sobre o tempo. Nessa acepção, tempo é o estado momentâneo da atmosfera em certo local. Para determinar as condições do tempo, é preciso considerar os elementos climáticos ou fenômenos atmosféricos: temperatura e pressão do ar, vento, umidade, precipitações (como chuva, granizo e neve), geada etc. Como esses fenômenos variam com frequência, a mesma variação ocorre com o tempo, que muda constantemente.

A expressão "tempo bom", muito empregada em nosso cotidiano, é relativa. Para quem pretende ir ao clube ou à praia, um tempo quente e sem chuvas será considerado bom; para um agricultor, cuja plantação esteja comprometida pela falta de chuvas, o tempo quente e sem chuvas será considerado ruim.

Clima é a variação das condições do tempo no decorrer do ano, em determinada região, definidas após um longo período de análise (30 anos, aproximadamente). Na definição do geógrafo francês Maximilien Sorre (1880-1962) "o clima é sucessão habitual dos tipos de tempo num determinado local da superfície terrestre". Por meio desse longo período de análise, podem-se identificar os padrões que ocorrem ao longo do ano do período de chuva e da sua quantidade (índice pluviométrico), do período de **estiagem**, da variação da temperatura e das relações entre esses elementos do clima. Esses dados podem ser representados por um climograma.

DICA
LEITURA
Novos tempos
Ana Lúcia Azevedo. Rio de Janeiro: Zahar, 2012.
Este livro procura analisar alguns fenômenos naturais e trazer algumas histórias, com base em cientistas e pessoas que estão mais próxima do tempo e seus elementos.

Estiagem
seca, ausência de chuva.

Elementos do clima

Elementos do clima são os atributos básicos que definem o tipo climático de uma determinada região. Os principais são temperatura, umidade e pressão atmosférica.

A temperatura, geralmente medida em graus Celsius[1] (°C), registra o calor da atmosfera de um lugar, cuja variação depende da sua localização e da circulação atmosférica.

A umidade é o volume de vapor de água presente na atmosfera em determinado instante e pode ser expressa em valores absolutos ou relativos:

- a umidade absoluta do ar é a quantidade de vapor-d'água contida no ar, expressa em g/m^3;
- a umidade relativa do ar é obtida através da relação entre a umidade absoluta (o volume de vapor-d'água) e o ponto de saturação (o volume máximo de vapor-d'água que o ar consegue reter), em determinado local e momento. Essa relação é expressa em porcentagem (%). Quando a umidade atinge o ponto de saturação (100%), ela libera água que cai sobre o solo em forma de chuva ou outros tipos de precipitação.

A pressão atmosférica é a força (pressão) provocada pelo peso do ar sobre uma determinada superfície, cujo valor é expresso em **milibares** (mb). Em regiões onde as temperaturas são mais baixas a pressão atmosférica é maior, pois as moléculas do ar estão mais concentradas. No entanto, em altitudes elevadas, de menor temperatura, o ar é mais rarefeito e, neste caso, a pressão é menor. É no nível do mar que o ar se encontra mais denso e concentrado, e a pressão atmosférica é maior.

O ar se desloca das áreas de alta pressão para ocupar espaço disponível nas áreas de baixa pressão. As diferenças de pressão atmosférica determinam também a circulação do ar em grandes blocos, com milhares de quilômetros quadrados de extensão: as massas de ar. Elas apresentam relativa homogeneidade quanto à temperatura e à umidade. Esse tema será analisado adiante, neste capítulo.

Milibar
unidade correspondente a um milésimo de bar, que é uma unidade de medida de pressão equivalente a 100.000 pascals (10^5 Pa). O pascal é a unidade padrão de pressão definida pelo Sistema Internacional de Unidades (SI, sigla do francês *Système International d'unités*).

1 Outros países, principalmente os de língua inglesa, usam a escala Fahrenheit.

LEITURA COMPLEMENTAR

Climograma

O climograma é um gráfico que representa o comportamento da temperatura e da precipitação ao longo do ano. Na abscissa, são assinalados os meses do ano; nas ordenadas, as temperaturas médias mensais (à direita), indicadas no gráfico ao lado pela linha vermelha, e o total de precipitações em cada mês (à esquerda), indicado no gráfico pelas barras.

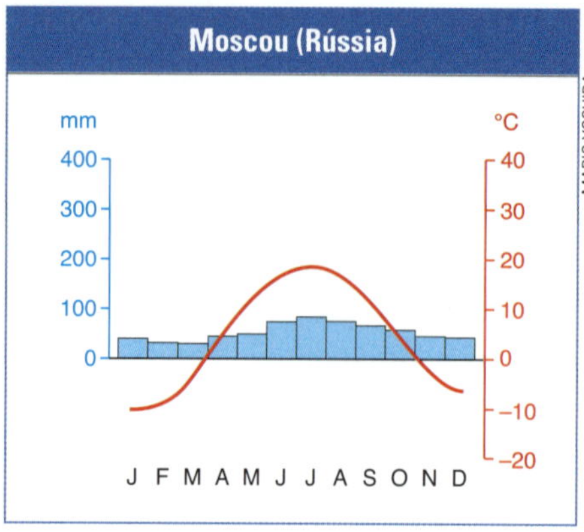

Fonte: *Heimat und Welt – Weltatlas*. Berlim/Bradenburgo: Westermann, 2011. p. 60.

Amplitude térmica
diferença entre a máxima e a mínima temperatura registrada. Para se obter a amplitude térmica anual de uma região, calcula-se a diferença entre a temperatura média do mês mais quente e a do mês mais frio. A amplitude térmica diária é a diferença entre a temperatura mais elevada e a mais baixa do dia.

1. Qual a característica do clima apresentado quanto à temperatura?
2. Indique a estação do ano em que ocorre maior pluviosidade.
3. Calcule a **amplitude térmica** de Moscou no ano em que os dados do climograma foram registrados.

Fatores do clima

Antrópico
relacionado à ação humana.

Os fatores climáticos, por sua vez, influenciam a dinâmica dos elementos do clima: a altitude, a latitude, as correntes marinhas, a proximidade ou distância em relação ao mar (maritimidade ou continentalidade), a configuração do relevo e as massas de ar.

Deve-se considerar, ainda, que a dinâmica do clima também é influenciada por fatores **antrópicos**, como a formação de grandes cidades, o desmatamento, as queimadas e a emissão de gases pelas atividades industriais e pelos meios de transporte.

O gradiente térmico que indica o quanto o ar arrefece com a elevação de altitude é geralmente – 0,6 °C/100 m. Porém, em situação de ar seco, o gradiente de temperatura pode cair para – 1 °C/100 m.

A altitude

A radiação solar é pouco absorvida pela atmosfera até atingir a superfície. Parte será absorvida pela vegetação, pelo solo, pela água e pelas construções humanas; outra parte é refletida ou irradiada. Essa energia irradiada é absorvida pela atmosfera e transformada em calor. O vapor de água, o gás carbônico e outros gases têm a propriedade de aquecer e conservar o ar aquecido, funcionando como uma estufa natural do planeta. Portanto, a atmosfera é aquecida pela irradiação.

À medida que a altitude aumenta, o ar se torna mais rarefeito e, com isso, a pressão atmosférica diminui, bem como sua capacidade de conservação de calor. Portanto, as temperaturas também variam na razão inversa da altitude, ou seja, quanto maior a altitude, menor a temperatura.

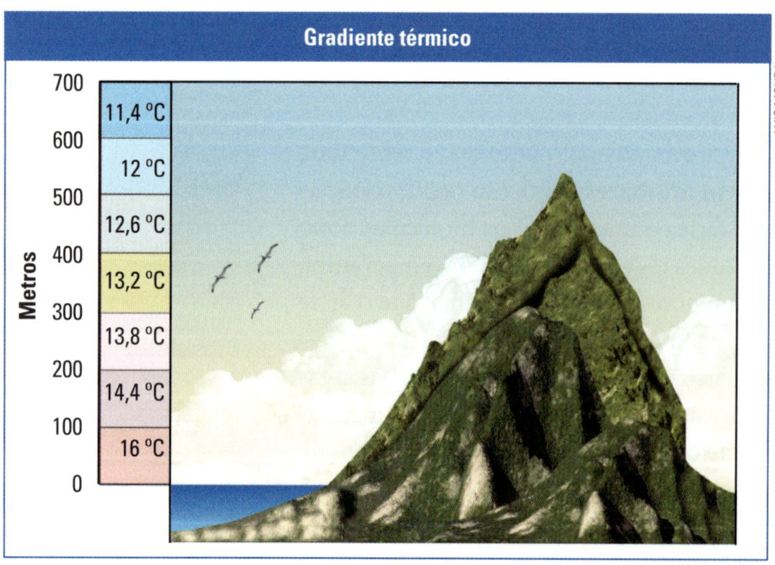

Fonte: elaborado pelos autores.

A latitude

Em baixas latitudes (próximo à Linha do Equador) estão as regiões com as temperaturas mais elevadas do globo e amplitudes térmicas menores, pois recebem maior intensidade de radiação solar. Essas regiões fazem parte da Zona Tropical, localizada entre os trópicos de Câncer e de Capricórnio.

Nas altas latitudes situam-se as regiões do planeta com as temperaturas mais baixas, com as menores intensidades de luz e calor do Sol. Delas fazem parte as Zonas Frias ou Glaciais. Nas médias latitudes, estão as Zonas Temperadas.

Incidência dos raios solares em baixas e altas latitudes

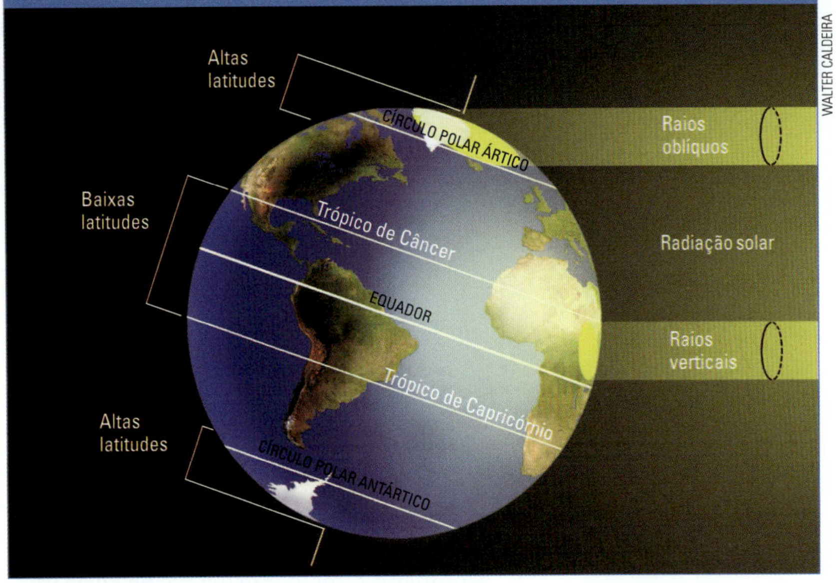

Fonte: RICKLEFS, Robert E. *A economia da natureza*. Rio de Janeiro: Koogan, 2011. p. 55.

A incidência de radiação solar sobre regiões de baixas latitudes é mais concentrada que a radiação incidente nas altas latitudes. Nas altas latitudes ela se espalha sobre uma superfície maior.

A disposição do relevo

Além da altitude, o relevo influencia nos padrões climáticos das regiões do planeta por meio de outros fatores, como a posição das **vertentes** em relação ao Sol.

A disposição das cadeias montanhosas, ou outras formas elevadas de relevo, pode também facilitar ou dificultar a circulação dos ventos e, portanto, a troca de calor e de umidade entre regiões.

A disposição da Cordilheira dos Andes e a vasta extensão de terras baixas no centro da América do Sul, por exemplo, permitem a entrada das massas de ar polares provenientes do sul para o norte do subcontinente sul-americano e, no sentido inverso, o deslocamento da massa equatorial para o sul.

Por outro lado, os Andes dificultam a entrada de umidade do Oceano Pacífico para o interior do subcontinente.

No caso da orientação das vertentes, quando as latitudes são superiores às dos trópicos, em ambos os hemisférios, temos as seguintes situações:

- no Hemisfério Sul, as vertentes voltadas para o norte são mais aquecidas que as voltadas para o sul;
- no Hemisfério Norte, ocorre o contrário; nas referidas latitudes, as vertentes direcionadas para o sul recebem mais calor.

Vertente
superfície inclinada; declive que delimita áreas elevadas.

Além disso, massas de ar quente e úmido, ao se chocarem com uma barreira de relevo, ganham altitude, perdem temperatura, condensam-se e provocam chuvas (veja o item "Chuva orográfica ou de relevo", na ilustração na página 107).

As correntes marinhas

As correntes marinhas quentes podem elevar a temperatura e a umidade em áreas litorâneas de alta latitude. Por exemplo, o aquecimento da costa atlântica europeia e a umidade das ilhas britânicas resultam da ação da Corrente do Golfo do México (Gulf Stream), que se origina nas áreas mais quentes do Mar das Antilhas.

As correntes oceânicas frias na formação de desertos na América do Sul e na África

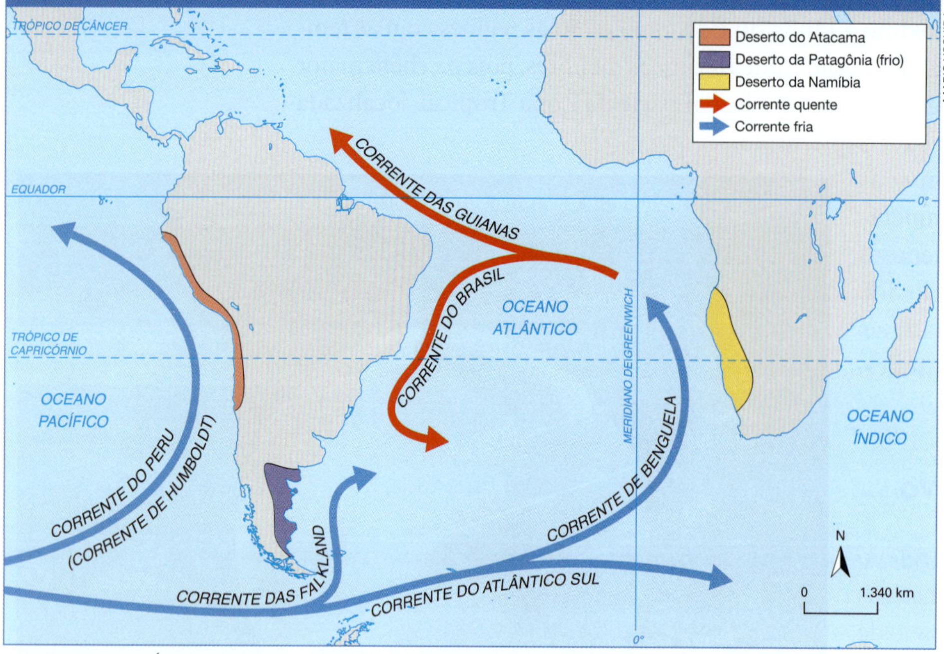

Fonte: CALDINI, Vera; ÍSOLA, Leda. *Atlas geográfico Saraiva*. São Paulo: Saraiva, 2009. p. 170.

As correntes frias podem provocar queda na temperatura das regiões costeiras ou, em alguns casos, contribuir para a formação de Climas Semiárido ou Árido, como ocorre no Chile, Argentina e Namíbia. No Deserto de Atacama, no norte do Chile, a massa de ar quente e úmida que segue para o continente se resfria ao cruzar a Corrente de Humboldt (Corrente do Peru). A queda da temperatura provoca a condensação do vapor-d'água, a formação de nuvens e chuvas intensas sobre o Oceano Pacífico. Dessa forma, a massa de ar perde a umidade antes de alcançar o continente.

Fenômeno semelhante ocorre na costa atlântica sul-americana, no sul da Argentina, onde se localiza o extenso Deserto frio da Patagônia. O movimento da Corrente fria das Falklands (Malvinas) condensa o ar úmido proveniente do Oceano Atlântico e as chuvas desabam antes de atingir o continente.

Localização em relação ao mar

A proximidade (maritimidade) e a distância do mar (continentalidade) também provocam alterações na dinâmica das temperaturas de uma região. Esse fator está relacionado à capacidade de retenção de calor da água e da terra. Os continentes se aquecem e liberam calor mais rapidamente que os oceanos; a água, de modo geral, demora mais tempo para se aquecer e se resfriar. Assim, os lugares próximos dos oceanos apresentam **amplitude térmica** menor que os situados no interior dos continentes.

Vegetação

A vegetação é também um fator que influencia os padrões climáticos. Nas áreas com concentração de florestas, as temperaturas são menores que as das áreas do entorno, pois as árvores formam uma barreira à entrada da radiação solar de forma mais intensa, direta. As grandes áreas florestais das regiões tropicais também ocasionam maior intensidade de chuvas, em razão da maior evapotranspiração.

Massas de ar

Como vimos, o ar que compõe a atmosfera está em constante movimento em função das diferenças de pressão, que, por sua vez, são decorrentes das diferenças de temperatura (desigual repartição da energia do Sol). Assim, o ar desloca-se das áreas de alta pressão para as áreas de baixa pressão. Também a rotação da Terra tem influência na circulação geral da atmosfera, pois esse deslocamento ocorre no sentido oposto ao da rotação.

LEITURA COMPLEMENTAR

O que é circulação geral da atmosfera?

A região próxima à Linha do Equador é de baixa pressão (**B**). Denominada Zona de Convergência Intertropical (ZCIT), para ela convergem as massas de ar formadas nos trópicos, mas, dependendo da estação do ano e das características do relevo, até mesmo massas de ar polares chegam à região equatorial, como é o caso da Massa Polar Atlântica (mPa), que pode atingir a Amazônia, provocando o fenômeno da **friagem**, que corresponde a uma queda brusca da temperatura no sul da região amazônica, por alguns dias.

Na Zona de Convergência Intertropical ocorrem as maiores precipitações da Terra. Perto dos trópicos de Câncer e de Capricórnio, encontram-se as regiões de alta pressão (**A**), onde se formam ventos alíseos, que circulam dos trópicos em direção ao Equador – no caso do Hemisfério Sul, os alíseos são de sudeste (SE); no caso do Hemisfério Norte, são de nordeste (NE). Essas zonas são denominadas **Zonas Subtropicais** (ou **dispersoras de massas de ar**).

Na região próxima aos círculos polares, formam-se novas zonas de baixa pressão, denominadas **Zonas Baixas Subpolares**, para as quais convergem as massas de ar que se originam nas **Zonas Subtropicais** e nas **Altas Polares** (também dispersoras de massas de ar, em função da baixíssima temperatura). Veja a ilustração ao lado.

Circulação geral da atmosfera: zonas de pressão atmosférica

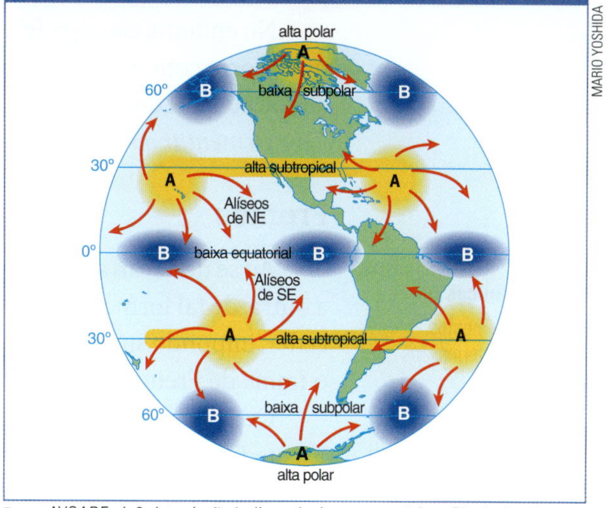

Fonte: AYOADE, J. O. *Introdução à climatologia para os trópicos*. Rio de Janeiro: Bertrand Brasil, 2011. p. 82.

As regiões de **alta pressão** são chamadas **Anticiclonais** (Zonas de Divergência) e as regiões de **baixa pressão** são chamadas de **Ciclonais** (Zonas de Convergência). Nas primeiras, ocorre a **subsidência** – descida do ar; nas segundas, a ascensão do ar – **ascendência**.

Os valores da pressão atmosférica num mesmo local variam, principalmente, em razão das mudanças de estação do ano (verão, outono, inverno e primavera). No entanto, é possível delimitar algumas áreas com predominância de altas pressões e outras em que predominam as baixas pressões, o que irá determinar a circulação geral da atmosfera. É no interior dessa circulação geral que, de certo modo, se estabelece a dinâmica das massas de ar, elementos importantes na determinação das características dos diferentes tipos climáticos.

O local em que a massa de ar se forma recebe o nome de região de origem. É onde ela adquire características de temperatura, pressão e umidade. Essa região apresenta também extensa planura e, normalmente, baixa altitude: oceanos, mares e planícies continentais.

Uma massa de ar que se forma sobre uma superfície coberta de gelo, como a Antártida, tem propriedades típicas dessa região: temperatura baixa, alta pressão e pouca umidade. Por isso, o estado do tempo em toda a área abrangida pela massa de ar será condicionado por suas propriedades, só ocorrendo modificações onde existam montanhas, vales ou grandes extensões de água (lagos, por exemplo) e nas zonas de contato entre duas massas de ar.

Ao se deslocar, as massas de ar perdem aos poucos as suas características de temperatura, pressão e umidade. Por exemplo: uma massa de ar fria e úmida formada, portanto, em altas latitudes, diminui de temperatura e de umidade à medida que se dirige para latitudes mais baixas – áreas mais quentes.

As massas de ar que se originam sobre os continentes são secas, com exceção das formadas sobre áreas de densas florestas Tropicais e Equatoriais, onde a evapotranspiração é intensa – casos da Massa Equatorial Continental Amazônica e da Massa do Congo. As massas que se formam sobre os oceanos, por sua vez, são úmidas. Considerando-se a latitude na qual elas se formam, as massas de ar são classificadas como Equatoriais, Tropicais e Polares. Em relação ao tipo da superfície, podem ser Continentais ou Oceânicas.

No entanto, esses padrões de circulação atmosférica podem sofrer alterações. É o que ocorre com o aparecimento dos fenômenos El Niño e La Niña, responsáveis pela alteração das condições normais da atmosfera em escala global. Veja a seção *Leitura Complementar* a seguir.

Frentes

Ao se deslocar, as massas de ar se encontram, mas não se misturam: uma empurra a outra, de tal forma que aquela que avança com mais intensidade leva a outra a retroceder, impondo suas características. A zona de contato entre duas massas de ar recebe o nome de Frente ou Superfície Frontal.

Quando a massa de ar frio avança, fazendo o ar quente recuar, trata-se de uma Frente Fria. Como a massa de ar frio é mais densa, ela ocupa o espaço mais próximo à superfície, obrigando o ar quente (mais leve) a subir.

Quando as Frentes Frias são rápidas, elas provocam precipitações do tipo "pancada", enquanto as Frentes Frias lentas provocam precipitações contínuas. Quando a massa de ar quente avança sobre o ar frio temos uma Frente Quente. O ar frio recua para a baixa altitude, pois é mais pesado, enquanto o ar quente, mais leve, sobe uma espécie de rampa deixada pelo ar frio (veja o item "Chuva frontal", na ilustração na página 107).

Boias oceânicas
contêm instrumentos que captam informações da temperatura da atmosfera sobre o mar, da pressão atmosférica e da velocidade dos ventos e transmitem via satélite para um centro de previsão no continente.

Esturricar
mesmo que queimar ou torrar.

LEITURA COMPLEMENTAR

Leia o texto e observe o mapa da página seguinte.

Crianças malvadas

El Niño

"O El Niño é conhecido há séculos na costa sul-americana do Pacífico, mas foi só por volta de 1970, com a ajuda de satélites, **boias oceânicas** e outros equipamentos, que pesquisadores se deram conta de que se tratava de um fenômeno global. Ele ocorre há milhares de anos, em ciclos não muito regulares de dois a sete anos. Da mesma forma que outros fenômenos extremos, ele parece fazer parte dos esforços da Terra para se livrar do excesso de calor. [...]

Ninguém sabe muito bem o que desencadeia um Niño, mas, graças aos satélites, conseguimos saber com certa antecedência quando ele começa a se formar. Sua marca registrada é o aquecimento das águas superficiais do Pacífico Central. Como o oceano está conectado à atmosfera, o grande oceano aéreo[2], todo o regime de ventos enlouquece. Nuvens de chuva do oeste do Pacífico – Indonésia e vizinhança – se mudam para leste, chegam à costa da América do Sul e causam aguaceiros no deserto peruano. Enquanto isso, na Ásia, Índia, Paquistão e Indonésia **esturricam** com calor e seca.

No Brasil, o El Niño é uma praga. Para começar, ele aumenta a temperatura em quase todo o país – no verão e no inverno! Só isso já bastaria. Mas o El Niño é muito pior. Ele agrava a seca no Nordeste e, em alguns anos, estende seus tentáculos ainda para o norte e afeta a Amazônia. Alguns dos piores fenômenos de seca na Amazônia estão associados a El Niño [...]. Ele provoca chuvas torrenciais no Sul [...]"

La Niña

"O La Niña dá sinais de que está por vir em meados do ano. Chega ao máximo por volta de dezembro e vai embora seis meses depois. O El Niño pode durar mais que isso. A marca registrada do La Niña é o resfriamento das águas do Pacífico Central, bem ali pela altura da costa do Peru. O La

2 Veja a seção *Ponto de Vista* no final do capítulo, página 111.

Niña traz os peixes de volta[3]! O problema mais grave produzido pelo La Niña no Brasil é a redução das chuvas no inverno e na primavera, na Região Sul, com impacto por vezes na produção agrícola. Ela também pode fazer chover na Amazônia. Porém, de forma geral, o La Niña não mostra seu lado mais feio por aqui. Costuma ser pior na Ásia, na Oceania e nos Estados Unidos. [...]

O La Niña foi apontado como principal responsável pelo dilúvio australiano entre o fim de 2010 e início de 2011. Boa parte da Austrália ficou submersa. Também seria culpada pela seca em parte do Pacífico Sul, que deixou países insulares como Tuvalu e as ilhas Salomão sem uma gota de água doce durante meses, em meados de 2011.

Especula-se que esse mesmo La Niña particularmente destrutivo teria sido a origem da multiplicação de tornados em 2011 nos Estados Unidos."

AZEVEDO, Ana Lucia. *Novos tempos*. Rio de Janeiro: Zahar, 2012. p. 60-63.

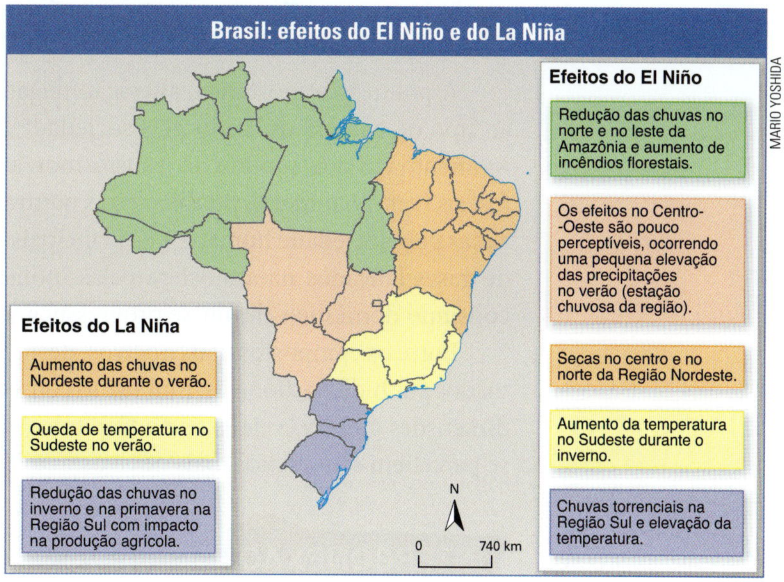

Fonte: elaborado com base em MENDONÇA, Francisco; DANNI-OLIVEIRA, Inês Moresco. *Climatologia*: noções básicas e climas do Brasil. São Paulo: Oficina de Textos, 2007. p. 194.

Chuvas

As chuvas são um tipo de precipitação que ocorre quando a atmosfera em determinada região atinge seu ponto de saturação em relação ao vapor-d'água. Como vimos, quando a previsão do tempo anuncia que a umidade relativa do ar está em 80%, isso significa que naquele momento a atmosfera local está com 80% do total de vapor-d'água que consegue comportar.

Os esquemas a seguir apresentam a classificação dos tipos de chuva, de acordo com os processos que lhes dão origem.

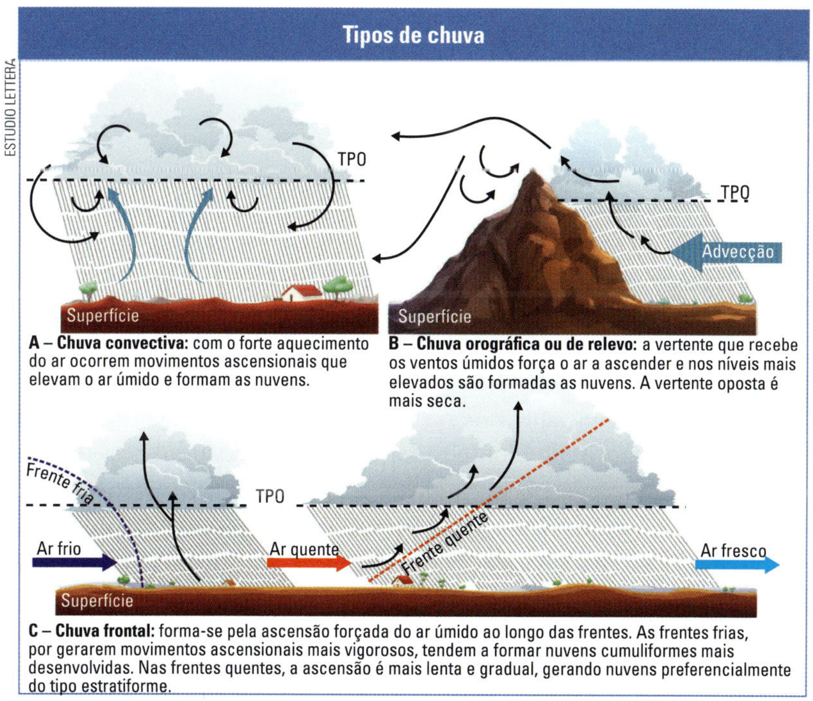

A – Chuva convectiva: com o forte aquecimento do ar ocorrem movimentos ascensionais que elevam o ar úmido e formam as nuvens.

B – Chuva orográfica ou de relevo: a vertente que recebe os ventos úmidos força o ar a ascender e nos níveis mais elevados são formadas as nuvens. A vertente oposta é mais seca.

C – Chuva frontal: forma-se pela ascensão forçada do ar úmido ao longo das frentes. As frentes frias, por gerarem movimentos ascensionais mais vigorosos, tendem a formar nuvens cumuliformes mais desenvolvidas. Nas frentes quentes, a ascensão é mais lenta e gradual, gerando nuvens preferencialmente do tipo estratiforme.

Fonte: MENDONÇA, Francisco; DANNI-OLIVEIRA, Inês Moresco. *Climatologia*: noções básicas e climas do Brasil. São Paulo: Oficina de Textos, 2007. p. 72.

Nota: O ponto de orvalho (TPO) é a temperatura necessária para que o vapor-d'água se condense em água, formando as nuvens. Essa temperatura é atrelada à altitude, posto que, quanto maior a altitude, menor a temperatura do ambiente.

3 A Corrente fria de Humboldt, responsável pela considerável ocorrência de peixes na costa peruana. A grande quantidade de fitoplânctons de suas águas frias atrai grande quantidade de cardumes.

POLUIÇÃO ATMOSFÉRICA

A poluição atmosférica, alteração negativa na qualidade do ar, está relacionada ao tipo de energia utilizado pela sociedade humana nos últimos 260 anos. Desde o momento em que a indústria transformou as atividades produtivas, os combustíveis fósseis (carvão mineral, petróleo e gás natural) tornaram-se as principais fontes utilizadas pela sociedade humana e os principais agentes da poluição do ar. A quantidade de gases lançados na atmosfera pelas indústrias, pelos meios de transporte e pelo consumo doméstico elevou-se progressivamente.

Entre os compostos mais nocivos, destacam-se os de enxofre, nitrogênio e os formados por hidrocarbonetos. Embora as consequências desse tipo de poluição alcancem dimensões globais (veja mais no Capítulo 13, Unidade 5), é nas grandes cidades que se percebem seus efeitos mais nocivos.

INTERCONEXÃO

Biologia

CLAUDIUS

- Observe a imagem e, considerando seus conhecimentos de Geografia e Biologia, identifique qual é a ideia nela presente.

CLAUDIUS. Arquivo pessoal.

A poluição do ar e o clima urbano

A interferência humana no ambiente provoca alterações climáticas nos grandes centros urbanos, que resultam na formação de um clima local. Ele difere do tipo climático predominante na região em que esses centros estão localizados e, segundo o geógrafo Carlos Augusto de Figueiredo Monteiro, baseando-se em estudos de geógrafos franceses, tem uma área de abrangência de algumas dezenas de km^2.

Essa alteração climática resulta de diversos fatores, como a poluição atmosférica causada pela grande circulação de veículos e maciça utilização de equipamentos domésticos e industriais. Nas regiões urbanas centrais, as temperaturas tendem a aumentar por diversas razões: redução drástica das áreas verdes; impermeabilização do solo devido à pavimentação de ruas e ao grande número de edificações (a pavimentação absorve de 98% a 99% da radiação solar que atinge a superfície); e verticalização das construções (que dificulta a circulação do ar).

A combinação desses fatores aumenta também a concentração de **material particulado** na atmosfera, provoca a elevação da temperatura e da evaporação e, consequentemente, a incidência de chuvas, que, em muitos casos, se precipitam sob a forma de pancadas (tempestades).

Material particulado
corresponde a partículas sólidas muitíssimo pequenas, como pó, fuligem, amianto, entre outras, sendo algumas com nível de toxicidade prejudicial aos seres humanos.

Essas tempestades trazem complicações para o fluxo de veículos e para a vida de muitas pessoas, uma vez que, em razão de fatores apontados no capítulo anterior (impermeabilização do solo e enchentes), formam-se diversos pontos de alagamento.

A poluição do ar nas grandes cidades é resultante principalmente da emissão de gases tóxicos pelos veículos, acrescida e agravada pelas emissões advindas de atividades industriais e usinas termelétricas.

O desmatamento resultante da expansão urbana e o baixo índice de áreas verdes em muitas cidades afetam a produção de oxigênio. O problema da poluição do ar agrava-se, também, em cidades situadas em terrenos mais baixos que os circundantes, pois essa localização é desfavorável à dispersão de poluentes. É o que acontece, por exemplo, em Cidade do México, Grenoble (França) e Santiago (Chile).

SUPERSTOCK/GLOW IMAGES
Vista de Santiago (Chile) encoberta por camada de poluição, 2010.

Algumas cidades estabeleceram normas para reduzir a quantidade de veículos em circulação, como o sistema de rodízio de veículos. Nele, de acordo com o final da placa, parte da frota não circula em determinado dia. Em outros casos, o acesso às áreas centrais da cidade é permitido mediante o pagamento de taxas (pedágios), como ocorre em Londres, no Reino Unido. A eficácia dessas medidas, contudo, é reduzida, são apenas um **paliativo**, não uma solução.

Paliativo
que atenua, mas não resolve o problema.

Ilhas de calor

Uma das modificações causadas no clima provocadas pela urbanização foi a elevação da temperatura do ar da cidade em relação ao seu entorno. Esse fenômeno forma um efeito estufa local e transforma os centros urbanos de grandes e médias cidades em ilhas de calor. Isso significa que as temperaturas, principalmente nas áreas centrais, são superiores às das áreas que as circundam, onde normalmente há plantações ou vegetação natural. Essa diferença de temperatura que caracteriza as ilhas de calor pode ser verificada entre uma área urbana e uma área rural mais próxima ou dentro da própria cidade, entre as áreas centrais de maior adensamento populacional e as áreas periféricas ou de menor adensamento populacional e de edificações.

A elevada poluição e a capacidade de retenção de calor pelas edificações e pela pavimentação de ruas e avenidas são fatores essenciais para a elevação da temperatura. Combina-se a esses fatores a existência de poucas áreas arborizadas. A vegetação, além de absorver menos calor do que o concreto e o asfalto, absorve CO_2 e fixa parte das partículas em suspensão na atmosfera através das folhas. Acrescenta-se ainda a dificuldade de dispersão do ar por conta das barreiras de grandes edifícios concentrados nas áreas urbanas mais centrais.

- Como você avalia a qualidade do ar no município em que você vive? Quais fatores são determinantes para essa situação?

As temperaturas do ar e da superfície variam conforme o uso da terra. Como podemos observar no gráfico ao lado, as temperaturas da superfície variam mais que as temperaturas do ar durante o dia, mas ambas são bastante semelhantes à noite. A queda e o aumento das temperaturas da superfície sobre a lagoa durante o dia e à noite, respectivamente, demonstram que a água mantém a temperatura relativamente constante, devido ao seu alto poder de retenção do calor.

Variações das temperaturas da superfície e do ar

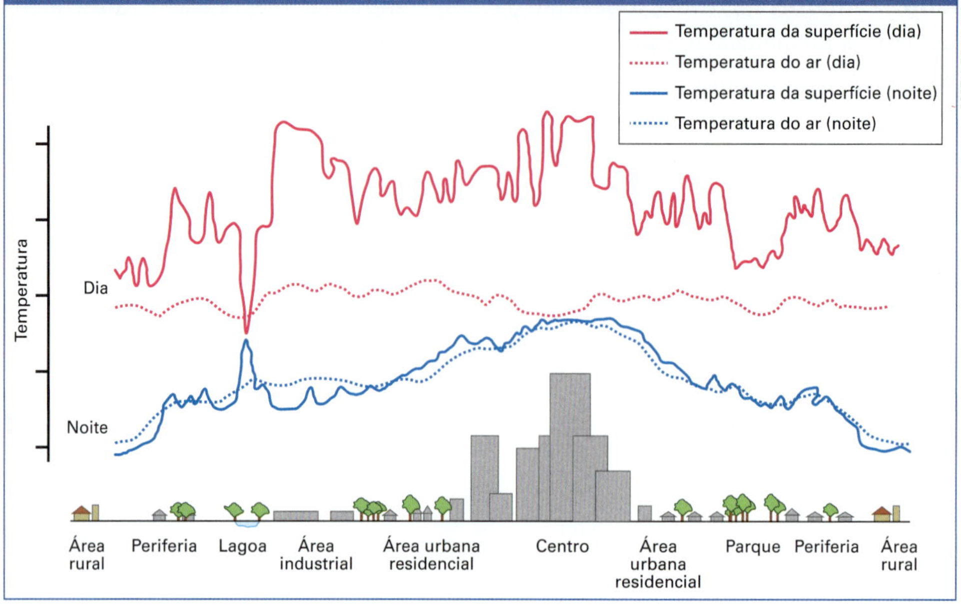

Fonte: EPA (United States Environmental Protection Agency). Reducing Urban Heat Islands:Compendium of Strategies. Urban Heat Island Basics. p. 4. Disponível em: <www.epa.gov/heatisld/resources/compendium.htm>. Acesso em: dez. 2013.

Inversão térmica

Próximo à superfície da Terra, verificam-se normalmente correntes ascendentes de ar quente que, ao subir, se resfriam. O ar frio, ao contrário, mais denso, ocupa novamente as camadas mais baixas da atmosfera. Desse modo, o ar é continuamente renovado e carrega, no movimento de convecção ascendente, parte das partículas e gases poluentes produzidos pelas mais diversas atividades humanas. No entanto, essas correntes de convecção podem ser interrompidas nos dias de inverno. Nessa estação, o ar próximo à superfície torna-se mais frio do que o ar da camada superior, ocasionando o fenômeno da inversão térmica.

Trata-se, portanto, de um fenômeno natural, podendo ocorrer mesmo em áreas rurais e sucessivamente por alguns dias. A inversão se desfaz somente quando a temperatura do ar próximo à superfície aumenta.

Durante a noite e a madrugada, o esfriamento da atmosfera, decorrente da perda de calor da superfície, forma uma camada de ar frio próximo ao solo. No inverno, o solo pode perder a capacidade de irradiar calor, e o ar próximo à superfície permanece com temperaturas inferiores às temperaturas registradas na camada subsequente mais elevada. Essa situação bloqueia os movimentos verticais de convecção, pois o ar frio próximo ao solo, por ser mais denso, não sobe, e o ar quente, por ser menos denso, não desce.

A inversão térmica nas grandes cidades agrava o problema da poluição atmosférica: não havendo movimentação ascendente e descendente, o ar fica estagnado e não ocorre a dissipação dos poluentes. É por isso que, sobretudo no inverno, os casos de doenças respiratórias e de irritação nos olhos aumentam sensivelmente.

Circulação atmosférica em área urbana

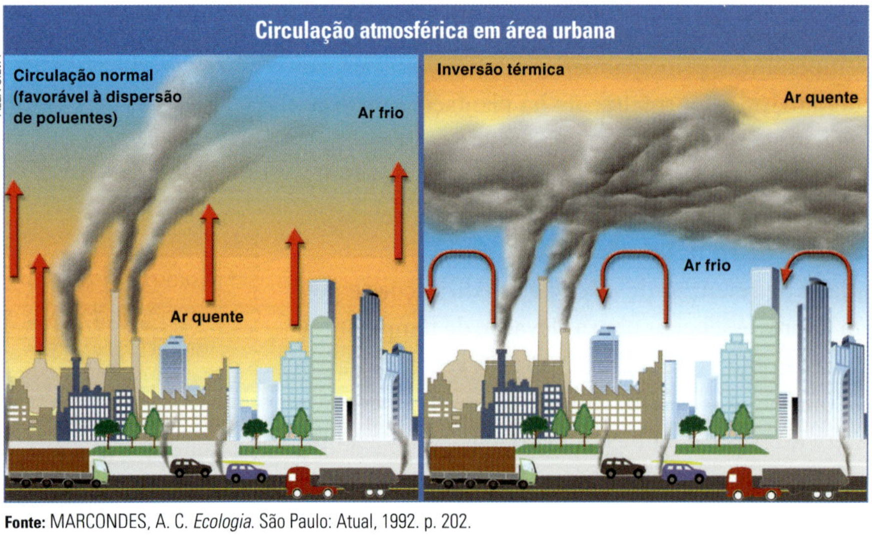

Fonte: MARCONDES, A. C. *Ecologia*. São Paulo: Atual, 1992. p. 202.

PONTO DE VISTA

O oceano invisível

"Vivemos mergulhados num imenso oceano de ar. Devemos a expressão 'grande oceano aéreo' ao naturalista galês Alfred Russel Wallace (1823-1913).

Bem menos conhecido do que Charles Darwin (1809--1882), Wallace teve papel importante na teoria da evolução. E uma ideia genial, ao comparar a atmosfera a um oceano. Ela é mesmo um oceano, tem camadas, correntes, ondas.

Como peixes no mar, estamos conectados ao oceano aéreo ao respirar. O ar nos dá vida ao prover o oxigênio. E é esse oceano que se ergue até cerca de cem quilômetros de altura que nos protege da vastidão hostil e letal do Universo.

Devemos tudo à nossa atmosfera. Sem ela, seríamos asfixiados, ressecados e congelados. Devemos até mesmo o lindo azul da Terra. Nosso planeta é azul quando visto pelos astronautas não porque a água dos oceanos seja azul, e sim porque nosso céu é azul. Quando a luz do Sol chega à Terra, ela é branca, soma de todas as cores do arco-íris. Mas ao colidir com as moléculas dos gases da atmosfera, a parte azul da luz é absorvida e, então, irradiada para todos os lados. Todos os lados mesmo. Isso inclui você, eu e os nossos olhos. É por isso que vemos o céu azul. Outros planetas poderiam ter o céu laranja, roxo, vermelho. Melhor azul.

O clima e o tempo são criaturas da atmosfera. São resultado das interações de nosso oceano invisível com a radiação do Sol e o movimento da Terra. Na maior parte da atmosfera, quase nada que diga diretamente respeito ao clima e ao tempo acontece. Acima de oito quilômetros nos polos ou pouco mais do que o dobro disso na altura do Equador, o oceano aéreo é um lugar bem tedioso.

Os pilotos de avião sabem disso e procuram o refúgio dessa altitude tranquila para voar. A cerca de dez quilômetros de altitude fica o limite da troposfera na maioria das regiões do planeta. E é nessa camada fininha de nome feio em que vivemos que as coisas realmente acontecem. Ventos, nuvens, chuvas, todos ocorrem na troposfera. É fácil perceber isso antes de um avião ganhar altura ou quando desce para pousar. É nesses momentos que ele sacode, chacoalha. E nossos nervos vão para o espaço. Quando, vez por outra, um avião topa com uma zona de turbulência, isso significa que entrou numa área em que os ventos ainda sopram violentos entre a troposfera e a estratosfera, ou que se deparou com os topos das nuvens mais altas – em geral mais perigosas.

A atmosfera é extremamente fina para tanto barulho. Lembre que a Terra tem 12.756 quilômetros de diâmetro na Linha do Equador e pouco menos que isso na linha dos polos. [...] Passamos toda a nossa vida no fundo de um raso oceano de ar."

AZEVEDO, Ana Lucia. *Novos tempos*. Rio de Janeiro: Zahar, 2012. p. 12-14.

1. Explique a expressão que compara a atmosfera a um "grande oceano aéreo".

2. Em qual camada da atmosfera ocorrem os principais fenômenos meteorológicos?

3. Identifique o parágrafo do texto que tem correspondência mais próxima com o fragmento abaixo.

> "[...] se imaginarmos a Terra como uma cebola, sua atmosfera não seria mais espessa do que aquela casca externa seca. Sua porção respirável nem mesmo cobre completamente a superfície do planeta — motivo pelo qual os alpinistas precisam usar máscaras de oxigênio no Monte Everest."

FLANNERY, Tim. *Os senhores do clima*. São Paulo/Rio de Janeiro: Record, 2007. p. 31.

As nuvens são elementos essenciais que compõem a atmosfera, colaborando para a manutenção da vida na Terra.

THINKSTOCK/GETTY IMAGES

COMPREENSÃO E ANÁLISE

1. Leia o texto a seguir e responda às questões.

Clima

"O clima e as variações climáticas exercem grande influência sobre a sociedade. O impacto do clima e das variações climáticas sobre a sociedade pode ser positivo (benéfico ou desejável) ou negativo (maléfico ou indesejável). As sociedades têm muitas vezes visto o clima basicamente como um fator negativo e o têm negligenciado como um recurso."

AYOADE, J. O. *Introdução à climatologia para os trópicos.* Rio de Janeiro: Bertrand Brasil, 2011. p. 288.

a) De que relação o texto está tratando?

b) Identifique as duas principais ideias do texto. Você concorda com elas? Por quê?

c) Cite exemplos dos tipos de impactos mencionados no texto.

d) Atualmente os seres humanos vêm interferindo cada vez mais na natureza. Comente essa interferência em relação ao clima e suas consequências.

2. Leia o texto e responda às questões.

Distribuição da produção agrícola, clima e genética

"Observando a distribuição da produção agrícola numa escala global, nota-se facilmente a correlação entre o tipo de produto e a faixa de latitude. Alguns só aparecem cultivados nas baixas latitudes; são os produtos tropicais, como café, cacau, cana-de-açúcar e banana. Outros somente são obtidos em larga escala em médias e altas latitudes – são os produtos de clima temperado e frio, como trigo, aveia, centeio e batata.

Os vegetais, contudo, têm enorme capacidade de adaptação, e os progressos da genética têm permitido a criação de espécies adaptadas aos mais variados tipos de clima. Um dos melhores exemplos é a soja, que no passado só era cultivada em Zonas Subtropicais e Temperadas e hoje pode ser produzida em larga escala também em regiões tropicais. É o que acontece no Brasil, que nos últimos quinze anos se transformou no segundo maior produtor mundial."

CONTI, José Bueno. *Clima e meio ambiente.* 7. ed. São Paulo: Atual, 2011. p. 55.

a) O texto ao mesmo tempo em que estabelece correlação entre a produção agrícola e as características climáticas, relativiza essa correspondência. Dê exemplos que você conhece da realidade brasileira.

b) É possível observar exemplos como esses no município ou no estado em que você vive?

3. Qual a importância das massas de ar na determinação dos tipos climáticos?

4. Os quadros de previsão do tempo a seguir registram dados das cidades de Manaus (AM) e Porto Alegre (RS) no mesmo dia do ano de 2012.

Cidade A

LUIS MOURA

Cidade B

Fonte: CLIMATEMPO. Disponível em: <www.climatempo.com.br/previsao-do-tempo>. Acesso em: maio 2012.

a) Com base nesses dados, identifique cada uma das cidades justificando sua resposta.

b) Qual a amplitude térmica de cada cidade identificada na questão anterior? Justifique.

c) As tabelas que seguem registraram a variação da pressão atmosférica no mesmo dia (6 de maio de 2012) de Manaus (AM) e Porto Alegre (RS). Relacione-as a essas cidades e justifique sua resposta.

Tabela A

Horário	6h	9h	12h	15h	18h	21h
Pressão (mb)	1.018	1.018	1.019	1.019	1.018	1.018

Tabela B

Horário	6h	9h	12h	15h	18h	21h
Pressão (mb)	1.009	1.010	1.011	1.009	1.007	1.007

Fonte: CLIMATEMPO. Disponível em: <www.climatempo.com.br/previsao-do-tempo>. Acesso em: maio 2012.

CAPÍTULO 8

CLIMAS E FORMAÇÕES VEGETAIS NO MUNDO

CONTEXTO

O clima e a paisagem

"Em nível global, o clima é o fator mais importante para determinar a composição da vegetação. A radiação solar, a temperatura, a precipitação e a evapotranspiração são fatores importantes que influenciam a fotossíntese e a duração da estação de crescimento, controlando a produção primária líquida de um dado **ecossistema**. A temperatura ambiente e a disponibilidade de água [...] controlam as taxas de decomposição da matéria orgânica morta. Tanto o volume como a química da água disponível influenciam as dinâmicas de carbono e dos nutrientes e, portanto, a formação e estrutura do solo e o tipo de floresta. [...] Nas áreas com precipitação abundante e bem distribuída, há maior probabilidade de florestas tropicais ou temperadas úmidas. Se ocorrerem períodos prolongados de condições sem chuva, há mais possibilidade do predomínio de florestas tropicais secas e vegetação decídua. Se as condições forem desfavoráveis para a existência de vegetação arbórea, provavelmente se desenvolverá um gradiente de savanas arbóreas até campos, passando por savanas arbustivas, junto com um gradiente caracterizado por aridez crescente."

MORAN, Emilio F. *Meio ambiente & florestas.* São Paulo: Senac, 2010. p. 20.

"A civilização urbano-industrial originou-se e desenvolveu-se nas médias latitudes, chegando posteriormente aos trópicos. E, ao instalar-se aí, provocou diversos traumas ambientais, como desmatamentos, queimadas e mineração em grande escala.

O desmatamento, por exemplo, foi e continua a ser praticado com escasso controle preservacionista e, além de destruir a flora, desencadeia efeitos indesejáveis para a fauna e o microclima. O mesmo se pode afirmar com relação às queimadas, processo agressivo e extremamente predatório.

Com a eliminação das florestas, o volume de micropartículas de origem vegetal em suspensão na atmosfera, denominadas núcleos biogênicos (como o pólen), é drasticamente reduzido, e o processo de formação de nuvens torna-se mais difícil. Isso porque tais partículas desempenham papel de núcleos de condensação, isto é, quando se encontram em ambiente de atmosfera saturada (100% de umidade relativa), induzem a formação, em seu entorno, de minúsculas esferas de água, estimulando a condensação. Posteriormente, a aderência das gotas levará à precipitação. Nesse sentido, o desmatamento pode contribuir para a redução do volume de chuvas."

CONTI, José Bueno. *Clima e meio ambiente.* 7. ed. São Paulo: Atual, 2011. p. 20-21.

Ecossistema
é o conjunto dos organismos vivos (biótico) de uma área específica e suas interações entre si e com os ambientes físico e químico (como ar, solo e água) onde vivem. Por meio dessa interação, ocorre em um ecossistema intenso fluxo de energia e contínua reciclagem de nutrientes, que o mantém em equilíbrio. Constitui, portanto, um conjunto integrado, no qual cada elemento exerce uma função, e a modificação de um ou mais elementos naturais produz alterações nos demais e em todo o ecossistema.

DISCUTA

1. Qual tema é comum aos dois textos?
2. Qual a abordagem específica dada ao tema em cada um desses textos selecionados?
3. Qual o tipo de vegetação dominante nos climas úmidos, com chuvas bem distribuídas, e qual o impacto imediato do desmatamento, nesse caso?

TIPOS CLIMÁTICOS E FORMAÇÕES VEGETAIS

Com base em estudos dos fenômenos atmosféricos, foram criadas diferentes classificações de clima. Uma das mais adotadas, a do geógrafo e climatologista estadunidense Arthur Strahler (1918-2002), considera a dinâmica das massas de ar, os processos de formação de frentes e as características das precipitações. Com base nesses critérios, Strahler estabeleceu uma classificação climática da Terra a partir de três grandes grupos: das latitudes baixas (controladas pelas massas equatoriais e tropicais); das latitudes médias (controladas pelas massas equatoriais e polares); e das latitudes altas (controladas pelas massas polares). Observe o mapa a seguir.

Planisfério: climas da Terra (classificação de Arthur Strahler)

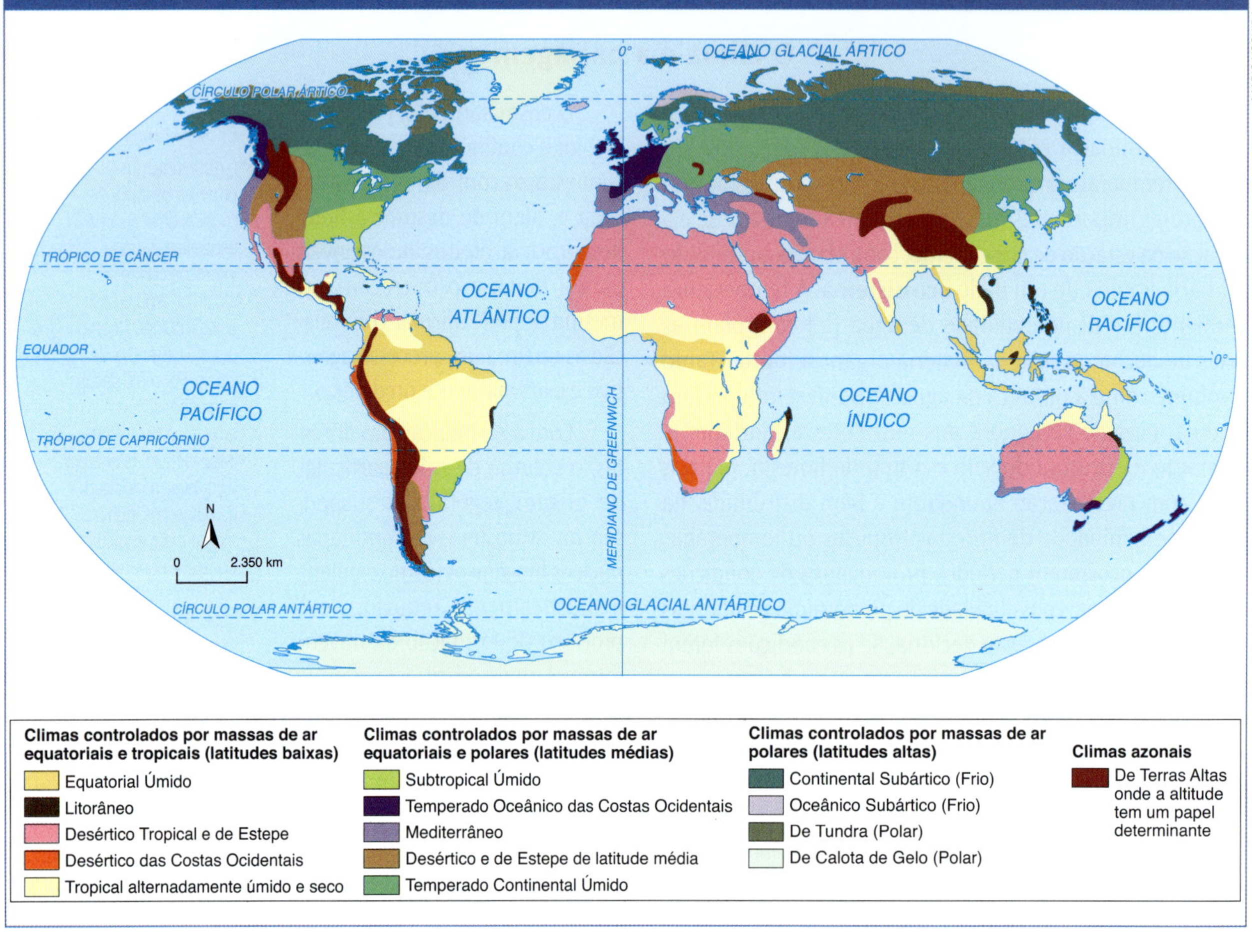

Fonte: MENDONÇA, Francisco; DANNI-OLIVEIRA, Inês Moresco. *Climatologia*: noções básicas e climas do Brasil. São Paulo: Oficina de Textos, 2007. p. 128.

As formações vegetais são associações específicas de vegetais que se desenvolvem de acordo com o tipo de clima, relevo e solo do local em que se situam. A influência do clima é, sem dúvida, a de maior relevância, havendo uma relação entre a formação vegetal e a região climática característica.

De acordo com a estratificação ou o porte (tamanho) predominante na paisagem, as formações vegetais podem ser: arbóreas ou florestais, arbustivas, herbáceas ou campestres e complexas – neste último caso, reúnem espécimes de porte variado, geralmente situadas em áreas alagadas, desertos e junto ao litoral. O mapa da página seguinte apresenta a distribuição original das principais formações vegetais do planeta Terra.

As formações vegetais podem ser classificadas em:

- **primárias**, que não foram afetadas pela ação humana e atualmente suas extensões são muito limitadas;
- **secundárias**, também chamadas de recrescimento, espaços em que as formações vegetais passaram por um processo de recomposição, no qual diversas espécies crescem depois que a formação primária, por algum fator (desmatamento, fogo, causas naturais ou provocadas pela ação humana), foi parcialmente destruída.

As formações vegetais, particularmente as florestas, desempenham papel importante na proteção do solo, minimizando os efeitos do escoamento superficial; no equilíbrio ecológico; no abrigo das faunas silvestres, propiciando a preservação de espécies, sobretudo as que estão ameaçadas de extinção; na manutenção dos ecossistemas e dos recursos hídricos, entre outros.

DICA

FILME

Home – Nosso Planeta, Nossa Casa
França, 2009. Direção: Yann Arthus-Bertrand. Duração: 98 min.

Uma viagem pela Terra vista de cima. Apresenta os biomas terrestres, ambientes rurais e urbanos e ressalta a fragilidade do planeta e as conexões entre os elementos naturais e os impactos da intervenção humana.

Planisfério: vegetação original

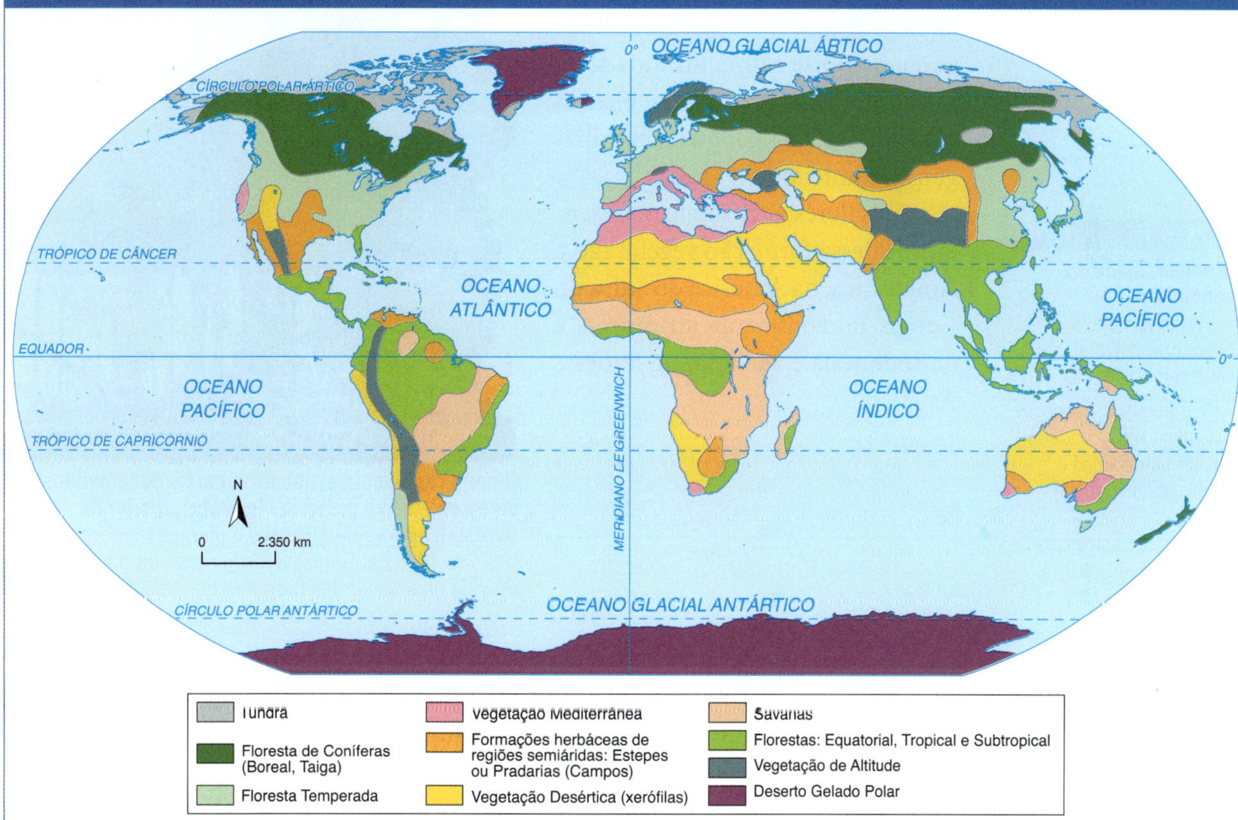

Fonte: CALDINI, Vera; ÍSOLA, Leda. *Atlas geográfico Saraiva*. São Paulo: Saraiva, 2009. p. 172.

Clima Equatorial – Florestas Equatoriais[4]

Essa região climática, situada próximo ao Equador, apresenta elevadas temperaturas e grande umidade durante todo o ano.

Caracteriza-se pela baixa amplitude térmica e pelas chuvas de convecção, uma vez que as elevadas temperaturas das regiões de Clima Equatorial provocam um processo contínuo de evapotranspiração, ascensão do ar úmido, resfriamento nas altitudes mais elevadas, condensação e precipitação.

Clima Equatorial: Borumba (Congo)

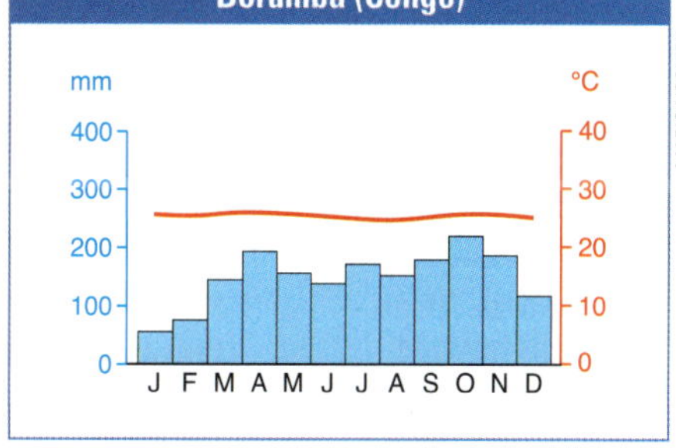

Fonte: BAUER, Jürgen *et al. Physische Geographie*. Berlim: Schroedel, 2010. p. 123.

4 Todas as florestas situadas na Zona Tropical são chamadas de Florestas Tropicais. Nesse sentido, estão incluídas nessa classificação tanto as florestas que se desenvolvem em Clima Equatorial como aquelas situadas em Clima Tropical.

Essas características climáticas, entre outros fatores, favorecem o desenvolvimento de uma vegetação florestal bastante densa, com árvores que chegam a atingir mais de 60 metros de altura. Também são abundantes os espécimes de porte intermediário (com cerca de 20 a 30 metros de altura).

A Mata Equatorial abriga grande biodiversidade, é hidrófila (úmida), estratificada (apresenta vegetais de porte variado), latifoliada (apresenta vegetais de folhas largas e grandes), abriga animais de pequeno porte e uma infinidade de insetos. Nela encontram-se plantas perenifólias, ou seja, que têm folhagens durante todo o ano.

Três florestas bastante representativas dessa formação vegetal são a Amazônica, na América do Sul; a do Congo, no continente africano; e a da Indonésia e Malásia, no Sudeste Asiático.

Perfil vertical da vegetação da Floresta Equatorial

RODVAL MATIAS

O perfil representa espécies vegetais de tamanhos diversos. Abaixo do dossel (estrato superior da floresta), aparecem arbustos e plantas menores no chão da floresta. O dossel abriga a maior diversidade de vida no interior das florestas quentes e úmidas.

DICA

LEITURA

Meio Ambiente & Florestas
Emilio F. Moran. São Paulo: Senac, 2010.

As florestas e os seus aspectos ecológicos e econômicos são abordados em todo o livro, com destaque especial à Floresta Amazônica. Discute a interligação entre a floresta e o seu papel no meio ambiente, na economia global e no Brasil.

DICA

SITE

Biodiversidade, sabendo +
www.meioambiente.pr.gov.br/arquivos/File/coea/educ_amb_glossario.pdf

Este glossário, produzido pelo Projeto Paraná Biodiversidade, reúne termos das áreas agronômica, biológica e de educação ambiental.

Biodiversidade

A biodiversidade ou diversidade biológica é a variedade de organismos vivos de todas as origens presentes nos ecossistemas terrestres, marinhos e outros ecossistemas aquáticos e os complexos ecológicos dos quais fazem parte. Compreende ainda a diversidade dentro das espécies, entre espécies e de ecossistemas. A biodiversidade inclui a totalidade dos recursos vivos ou biológicos e dos recursos genéticos e seus componentes.

O Brasil abriga a maior biodiversidade do planeta[5]. Essa riqueza natural encontra-se distribuída nos vários **biomas** – Amazônia, Cerrado, Caatinga, Mata Atlântica, Campos e Pantanal.

Em 2010, foi aprovado o Protocolo de Nagoya, na 10ª Convenção sobre Diversidade Biológica (CDB), que estabeleceu metas para ampliação da proteção dos ambientes terrestres e marinhos e reconheceu a soberania de cada país sobre sua biodiversidade. De acordo com o Protocolo, o acesso aos recursos naturais depende da autorização dos países que os têm em seu território. Ele também estabelece a repartição dos benefícios

Bioma
é a associação relativamente homogênea de ecossistemas que estão em equilíbrio dinâmico entre si e com o ambiente físico – água, solo, minerais, rochas, atmosfera. Os biomas estão relacionados a tipos climáticos, tipos de solo e determinadas altitudes, entre outros fatores. A formação vegetal lhe confere uma característica importante em termos de fisionomia. Assim, um bioma tem tipos fisionômicos semelhantes de vegetação. Nessa perspectiva, um mesmo bioma pode ter espécies vegetais diferentes.

5 De acordo com o Ministério do Meio Ambiente, 1/5 (cerca de 20%) do número total de espécies do planeta está em território brasileiro.

econômicos provenientes da comercialização dos produtos desenvolvidos por qualquer empresa multinacional. Assegura, ainda, os direitos autorais às comunidades indígenas e aos povos da floresta que tradicionalmente já façam uso dos recursos genéticos de determinada espécie e sejam, portanto, detentores do conhecimento. Nesse sentido, o Protocolo de Nagoya é um forte instrumento de combate à **biopirataria**. No entanto, para entrar em vigor precisa ser ratificado por 50 países[6].

Biopirataria
exploração, comercialização ilegal e envio ao exterior de recursos genéticos, como plantas e animais, em total desacordo com a Convenção sobre a Diversidade Biológica.

Planisfério: nível de biodiversidade (por país) – Início do século XXI

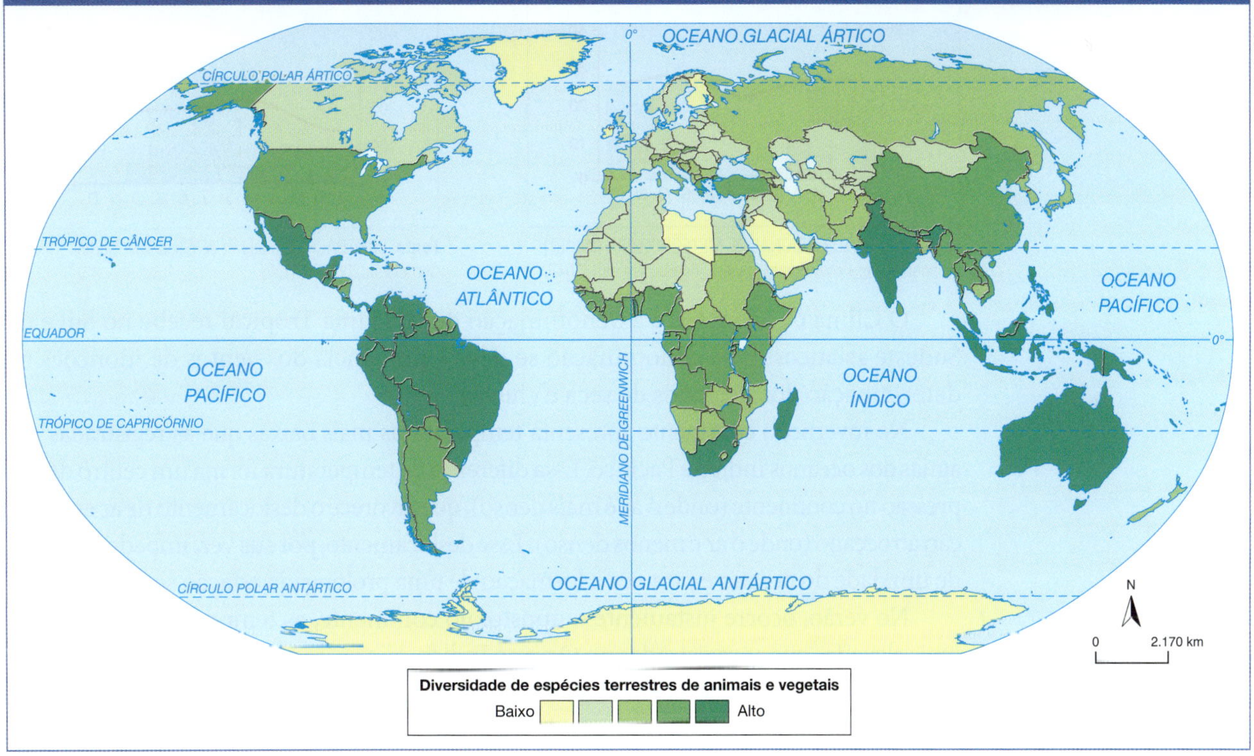

Fonte: *Atlas geográfico escolar*. Rio de Janeiro: IBGE, 2009. p. 62.

LEITURA COMPLEMENTAR

Protocolo de Nagoya

- "Os países são soberanos sobre a sua biodiversidade e recursos genéticos (incluindo plantas, animais e micro-organismos). Nenhuma outra nação pode acessar e explorar isso sem autorização do 'dono' do recurso natural.
- Caso algum país crie, com recursos naturais de outro, novos produtos (como remédios), ambos devem ser 'sócios' e dividir os lucros oriundos de eventual comercialização.
- Esses lucros devem ser divididos, também, com as comunidades que usam o recurso tradicionalmente – caso uma multinacional desenvolva um cosmético a partir de uma planta que uma tribo indígena utilize, pagará *royalties* a ela.
- 10% das áreas marinhas e costeiras vão virar regiões protegidas até 2020. Hoje, 1% está sob preservação.
- Também até 2020, 17% das áreas terrestres devem estar protegidas. Hoje, esse valor é de 12%.
- Resta, porém, um ponto de discórdia sobre os *royalties* de recursos naturais: países em desenvolvimento querem que eles existam inclusive para substâncias já desenvolvidas, mas os países ricos não aceitam *royalties* retroativos."

Principais pontos do Protocolo de Nagoya. *Folha de S.Paulo*, 30 out. 2010. p. A22.

6 Até janeiro de 2014, 21 países haviam ratificado o Protocolo de Nagoya.

Clima Tropical – Savanas e Florestas Tropicais

Nas regiões de Clima Tropical, predominam as temperaturas elevadas, e sua principal característica é a alternância entre estações secas (inverno) e úmidas (verão). Em função de fatores geográficos, apresenta algumas variantes: o Clima Tropical Continental ou Semiúmido, o Clima Tropical de Altitude (veja no Capítulo 9) e o de Monções.

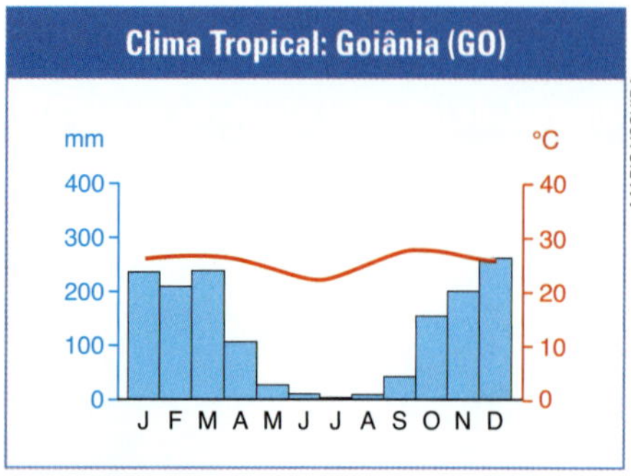

Fonte: INSTITUTO NACIONAL DE METEOROLOGIA (INMET). Disponível em: <www.inmet.gov.br>. Acesso em: out. 2012.

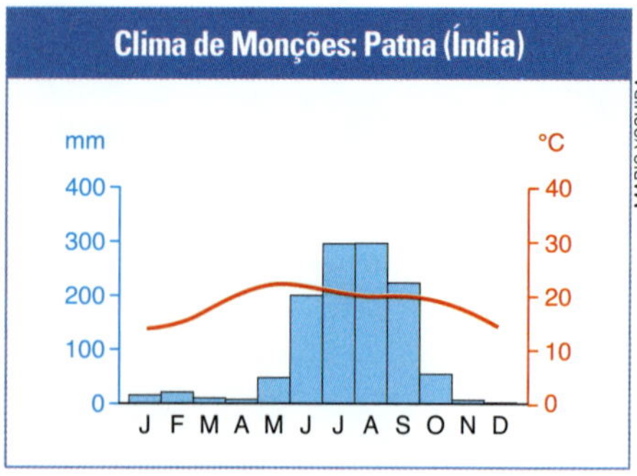

Fonte: BREITBACH, Thomas *et al. Geografie*. Berlim: Cornelsen, 2008. p. 41.

O Clima de Monções é a denominação que o Clima Tropical recebe no Sul e no Sudeste asiáticos. Essa denominação se deve à influência dos ventos de monções na determinação dos períodos de seca e chuvas.

No inverno, o continente apresenta temperaturas mais baixas que as registradas nas águas dos oceanos Índico e Pacífico. Essa diferença de temperatura forma um centro de alta pressão no continente (onde o ar é mais denso), que favorece o deslocamento de ar em direção ao oceano (onde o ar é menos denso). Esse deslocamento, por sua vez, impede a entrada de umidade do oceano e provoca a formação de uma prolongada estação seca na região.

No verão, ocorre justamente o oposto: no continente, as temperaturas tornam-se mais elevadas que as registradas no Oceano Índico, que passa a ser centro de alta pressão.

Essa mudança favorece o deslocamento de ar úmido em direção ao continente, iniciando-se, assim, um período prolongado de chuvas na região. Essas chuvas intensas provocam enchentes em cidades e áreas rurais situadas nas planícies litorâneas do Índico e do Pacífico.

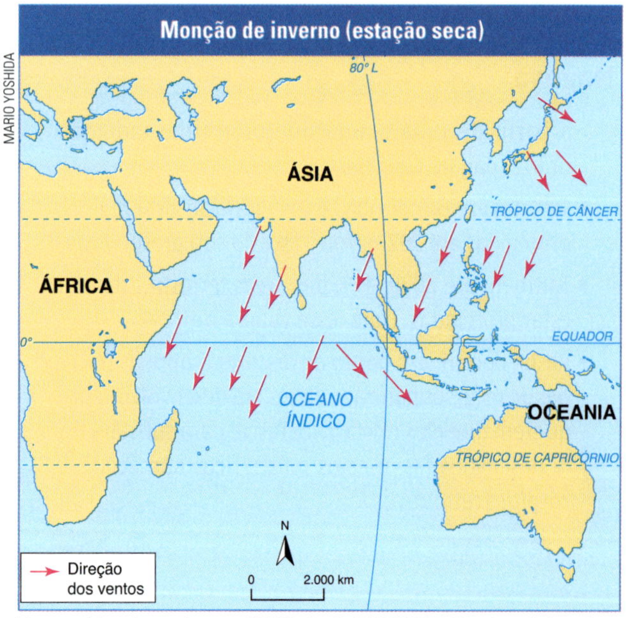

Fontes: elaborado com base em BRAND, Denis; DUROUSSET, Maurice. *Dictionnaire thématique Histoire Géographie*. Paris: Sirey, 1993. p. 56; AYOADE, J. O. *Introdução à climatologia para os trópicos*. Rio de Janeiro: Bertrand Brasil, 2011. p. 93.

O período das chuvas, no entanto, é fundamental para o cultivo irrigado de arroz e de outros gêneros alimentícios na região.

A cobertura vegetal das regiões tropicais caracteriza-se por duas formações principais: as Savanas e as Florestas Tropicais. No entanto, nas áreas alagadas, aparecem Pântanos e, junto ao litoral, Mangues.

As Savanas são formações arbustivas que apresentam raízes profundas, folhas grossas e troncos retorcidos. As raízes profundas permitem a retirada de água do lençol freático durante a seca, que ocorre particularmente nos meses de inverno.

Savana é o nome que essa cobertura vegetal recebe no continente africano. No Brasil, as Savanas correspondem ao Cerrado.

SUPERSTOCK/GLOW IMAGES

Vista de paisagem de Savana no Parque Masai Mara (Quênia), 2012.

As Florestas Tropicais são encontradas próximo ao litoral e possuem algumas características das Florestas de Clima Equatorial: são densas, ombrófilas (com presença de umidade praticamente o ano inteiro), heterogêneas, com espécies latifoliadas, estratificadas, além de apresentarem grande biodiversidade.

A Floresta Tropical original do Brasil, denominada Mata Atlântica – hoje bastante reduzida pela ação humana –, recobria extensos trechos próximos ao litoral das atuais regiões Sul, Sudeste e Nordeste. Esse tipo de cobertura vegetal também é encontrada na África e no Sul e Sudeste Asiáticos.

DICAS

LEITURA

A conservação das florestas tropicais
Sueli Angelo Furlan e João Carlos Nucci. São Paulo: Atual, 2011

Uma abordagem sobre a importância das florestas tropicais e suas possibilidades de recuperação e exploração econômica a partir do manejo sustentável.

FILME

Na natureza selvagem
EUA, 2007. Direção: Sean Penn. Duração: 140 min.

Jovem decide abandonar a cidade natal na costa leste dos Estados Unidos para viver isolado, em contato com a natureza, no Alasca. No decorrer do filme é possível apreciar várias paisagens naturais e formações vegetais diferentes.

INTERCONEXÃO

Sociologia

DODDY ISWAHYUDI

ISWAHYUDI, Doddy. Disponível em: <http://ecocartoon.opstinasokobanja.com/page_4.html>. Acesso em: fev. 2014.

- Interprete a charge com base na observação dos elementos nela representados.

Clima Temperado – Florestas Temperadas e Estepes ou Pradarias

O Clima Temperado abrange amplos trechos de regiões do Hemisfério Norte: América do Norte, Europa e uma faixa alongada central da Ásia, que se estende até parte da China e do Japão. No Hemisfério Sul, sua ocorrência é bastante restrita. Caracteriza-se pelo inverno frio, alta amplitude térmica e por quatro estações bem demarcadas, percebidas até mesmo na alteração da aparência que a formação vegetal tem ao longo do ano.

O Clima Temperado divide-se em dois tipos: Temperado Continental (em que há maior amplitude térmica e invernos rigorosos) e Temperado Oceânico (com amplitude térmica menor).

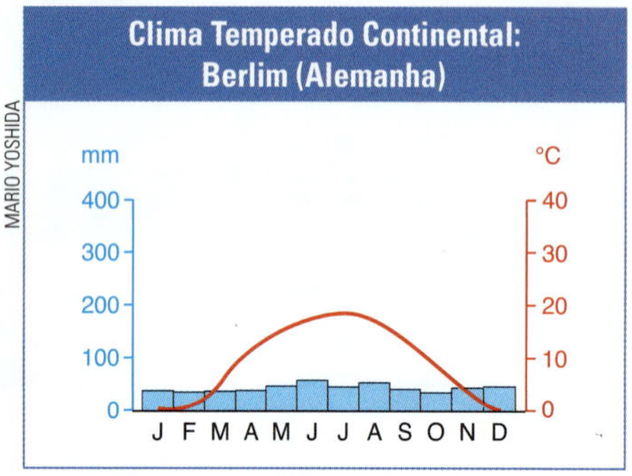

MARIO YOSHIDA

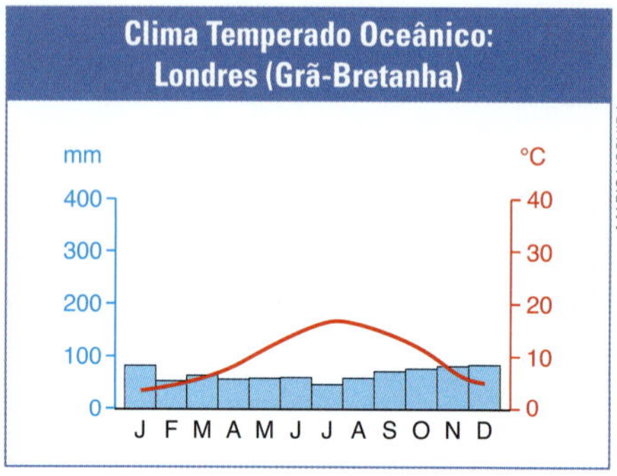

MARIO YOSHIDA

Fonte: *Heimat und Welt*: Weltatlas. Berlim/Bradenburgo: Westermann, 2011. p. 61.

Observe paisagens de um mesmo lugar (New Hampshire, Estados Unidos) no ano de 2007, em diferentes estações do ano.

Inverno.

Primavera.

Verão.

Outono.

FOTOS: LARRY LANDOLFI/PHOTORESEARCHERS/LATINSTOCK

As árvores das Florestas Temperadas perdem todas as folhas ou parte delas no outono/inverno (**decíduas** ou **caducifólias**). Dentre as poucas espécies que constituem esse tipo de floresta, destacam-se a faia, o carvalho e a nogueira.

As Florestas Temperadas encontram-se bastante devastadas devido à intensa ocupação do solo e ao aproveitamento da madeira. O pouco que resta dessas florestas é encontrado na Europa Ocidental e Oriental, na parte meridional da América do Sul, na Nova Zelândia e no Japão.

As formações herbáceas também são típicas dessa região climática e recebem o nome de Estepes ou Pradarias. A Estepe constitui uma excelente pastagem natural, muito utilizada para a criação de gado. Como exemplos dessa formação, podem ser citados a cobertura vegetal predominante nos Pampas argentinos; as Pradarias (*Prairies*), no centro-oeste do Canadá e dos Estados Unidos; a *Puzta*, na planície da Hungria; e o *Scrub*, na Austrália. No Brasil, esse tipo de vegetação é denominado Campos e é encontrado, de forma contínua, sobretudo no sul do Rio Grande do Sul. Os Pampas ou Campos gaúchos apresentam Clima Subtropical, de transição entre o Tropical e o Temperado.

Decídua ou caducifólia
planta que perde a folhagem durante um período do ano – pode ser uma estação com baixas temperaturas ou com um período bastante seco. Existe também a expressão semidecídua para a planta que perde apenas parte da folhagem.

Clima Mediterrâneo – Vegetação Mediterrânea

O Clima Mediterrâneo está restrito a pequenos trechos, normalmente próximos a desertos, como na Califórnia, Estados Unidos; na região central do Chile; nos extremos norte e sul da África; e no sul da Europa. É caracterizado por verões quentes e secos – em função da expansão das massas de ar seco dos desertos vizinhos – e por invernos brandos e úmidos – período em que essas massas de ar recuam e ficam estacionárias nos desertos.

A Vegetação Mediterrânea é bastante variada e se adapta à pequena umidade, como as oliveiras (árvore das azeitonas), as amendoeiras (árvore das amêndoas) e os ciprestes (árvores coníferas). As duas formações vegetais predominantes são os maquis, formados por arbustos e moitas mais altas, e os garrigues, formados por moitas baixas.

Clima Mediterrâneo: Palermo (Itália)

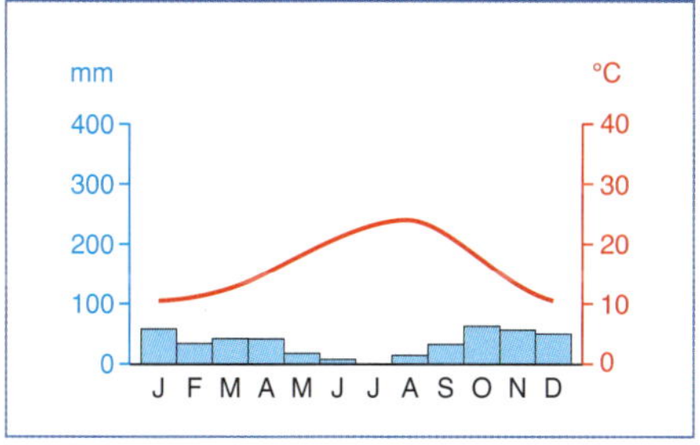

Fonte: BREITBACH, Thomas *et al. Geografie*. Berlim: Cornelsen, 2009. p. 83.

Vegetação de maquis e garrigues em primeiro plano e vista da praia de Mondello, em Palermo (Itália), 2006.

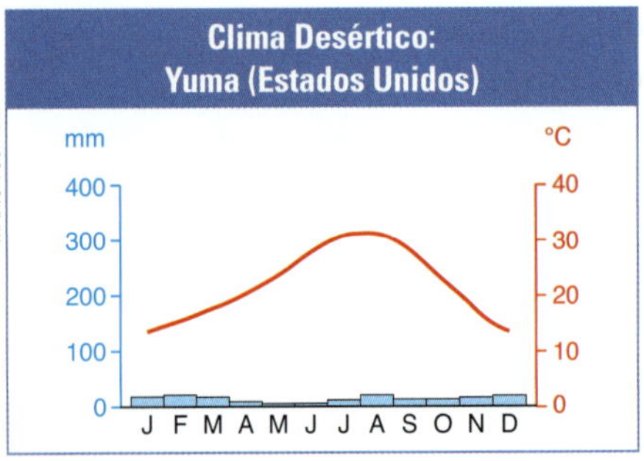

MARIO YOSHIDA

Fonte: MENDONÇA, Francisco; DANNI-OLIVEIRA, Inês Moresco. *Climatologia*: noções básicas e climas do Brasil. São Paulo: Oficina de Textos, 2007. p. 131.

Clima Desértico – Xerófilas

O Clima Desértico caracteriza-se pela aridez (escassez de água), apresentando precipitações geralmente inferiores a 250 mm por ano. Nessas regiões, há pouca ou nenhuma vegetação, assim como reduzidas redes fluviais.

Os Desertos localizados em áreas próximas aos trópicos são quentes, como o do Saara, no norte do continente africano, e o de Kalahari, na África do Sul e em Botsuana; os situados em latitudes mais elevadas são frios, como o da Patagônia, na Argentina, ou o de Gobi, na China e na Mongólia.

CHRIS BOSWELL/ALAMY/GLOW IMAGES

Vegetação típica de Clima Desértico no Parque Nacional Saguara, Arizona (Estados Unidos), 2008.

Geralmente, os Desertos próximos do litoral formam-se devido à ação de correntes frias, que condensam as massas de ar quentes e úmidas oriundas do oceano, e provocam a precipitação e perda de umidade, antes de atingir o continente (veja no Capítulo 7, páginas 103 e 104). É o caso do Deserto de Atacama, no Chile (Corrente de Humboldt ou do Peru), e da Namíbia, no continente africano (Corrente de Benguela).

Apesar da escassez de umidade, em diversas áreas dos desertos desenvolvem-se vários tipos de formações vegetais: plantas rasteiras (estepes secas); arbustos espinhosos, quase sem folhas; e cactos. Essas espécies, em conjunto, recebem o nome de xerófilas.

Os Desertos abrangem extensas áreas do globo. Aparecem no oeste dos Estados Unidos, no sul da América do Sul, no norte e sul da África, no Oriente Médio, em parte da Ásia Central e no oeste da Austrália.

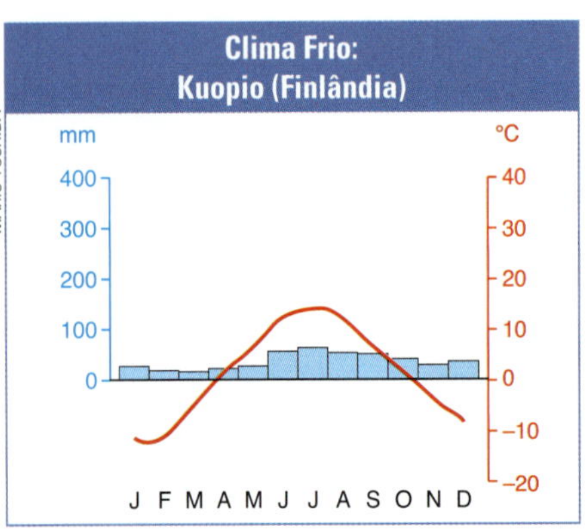

MARIO YOSHIDA

Fonte: BREITBACH, Thomas *et al. Geografie*. Berlim: Cornelsen, 2009. p. 82.

Clima Frio – Floresta Boreal

O Clima Frio manifesta-se em altas latitudes e está presente na maior parte do território canadense, no extremo norte da Europa e na Sibéria, Rússia. As precipitações maiores ocorrem no verão. As temperaturas médias mensais no inverno são sempre inferiores a 0 °C, inclusive em alguns meses da primavera e do outono.

Nesse clima, desenvolve-se a Floresta Boreal, vegetação de grande porte, espaçada e homogênea, em que predominam o pinheiro de porte elevado e o abeto (árvore conífera).

Por conta da boa qualidade de sua madeira, a Floresta Boreal é intensamente explorada para obtenção da celulose – matéria-prima empregada na fabricação do papel. No entanto, países como Canadá, Noruega e Suécia realizam o replantio logo após o desmatamento. Por ser uma mata homogênea é mais fácil a recomposição da vegetação, mas parte da vida animal fica comprometida, pois o castor, o alce, o esquilo e outros animais não sobrevivem até a vegetação ser reconstituída. Essa floresta é representada pela

Taiga siberiana – a maior do mundo –, situada na Rússia; Taiga canadense e Taiga escandinava (norte da Europa). O Canadá, por exemplo, é um dos maiores produtores de celulose e papel do mundo, mas preserva as suas florestas com políticas rigorosas de replantio de mudas da mesma espécie.

ITAR-TASS/VALERY BODRYASHKIN/GLOW IMAGES

Exploração de madeira em floresta de Taiga na região da Sibéria (Rússia), 2010.

Clima Polar – Tundra

Nos extremos norte e sul da Terra, o clima é Polar. Nessas regiões, são registradas as mais baixas temperaturas do planeta, e a maior parte do solo mantém uma cobertura de gelo permanente, sem vegetação.

Em alguns trechos, durante o verão, o degelo deixa o solo exposto e nele brota a tundra, cobertura vegetal de pequeno porte e abundância de musgos e liquens.

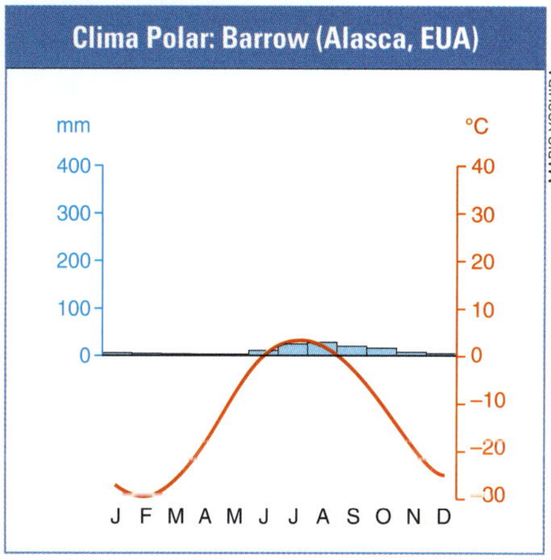

MARIO YOSHIDA

Fonte: *Heimat und Welt*: Weltatlas. Berlim/Bradenburgo: Westermann, 2011. p. 176.

RON NIEBRUGGE/ALAMY/GLOW IMAGES

Paisagem de Tundra com rena à frente, no Parque Nacional Denali, Alasca (Estados Unidos), 2011.

DICA

SITE

Nupac – Antártica, última fronteira
www.ultimafronteira.com.br
Site do Núcleo de Pesquisas Antárticas e Climáticas, com informações da primeira travessia brasileira pela Antártida.

Clima de Montanha – Vegetação de Altitude

O Clima de Montanha caracteriza-se pela sucessão de características climáticas distintas condicionadas pela variação da altitude. A temperatura e a umidade alteram-se à medida que subimos ou descemos uma montanha.

Da mesma forma, as áreas montanhosas apresentam diferentes formações vegetais: no sopé das montanhas, a vegetação é a mesma da região do entorno e, nos locais com maior altitude, a neve recobre o solo durante todo o ano – são as chamadas Neves Eternas. Até mesmo em locais de baixas latitudes, no topo das montanhas o solo permanece coberto de neve.

Nas regiões tropicais, pode variar das Savanas às Neves Eternas. Nas regiões temperadas, pode variar das Estepes ou Florestas Temperadas à Floresta de Coníferas e Geleiras. Observe a ilustração ao lado.

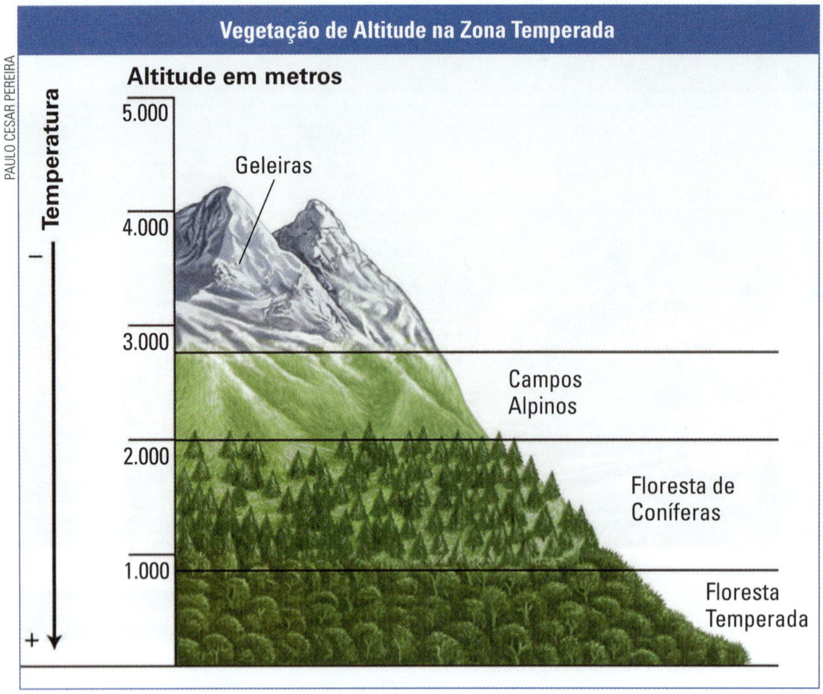

Fonte: FELSCH, Matthias *et al. Geographie.* Berlim: Schroedel, 2011. p. 112.

OLHO NO ESPAÇO

Observe o planisfério abaixo e resolva as questões a seguir.

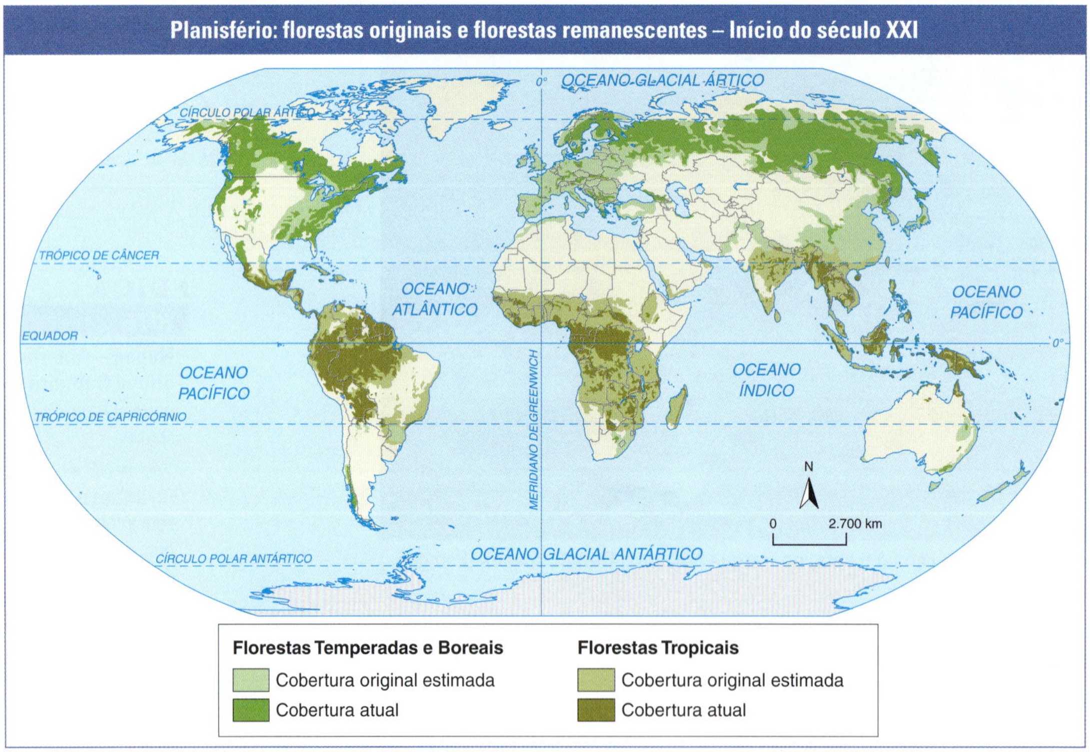

Fonte: *Atlas geográfico escolar.* Rio de Janeiro: IBGE, 2009. p. 63.

1. Observe as áreas situadas em médias e altas latitudes e indique o tipo de floresta com maior superfície de mata remanescente. Justifique as prováveis razões.

2. Entre as florestas situadas na Zona Tropical, qual apresenta a maior extensão de mata remanescente e qual a importância de sua preservação? Em quais regiões do mundo ela está localizada?

PONTO DE VISTA

Corredores Ecológicos

"[...]

Os Corredores Ecológicos visam mitigar os efeitos da fragmentação dos ecossistemas promovendo a ligação entre diferentes áreas, com o objetivo de proporcionar o deslocamento de animais, a dispersão de sementes, aumento da cobertura vegetal. São instituídos com base em informações como estudos sobre os deslocamentos de espécies, sua área de vida (área necessária para o suprimento de suas necessidades vitais e reprodutivas) e a distribuição de suas populações. A partir dessas informações são estabelecidas as regras de utilização destas áreas, com vistas a possibilitar a manutenção do fluxo de espécies entre fragmentos naturais e, com isso, a conservação dos recursos naturais e da biodiversidade. São, portanto, uma estratégia para amenizar os impactos das atividades humanas sobre o meio ambiente e uma busca ao ordenamento da ocupação humana para a manutenção das funções ecológicas no mesmo território.

[...]"

Ministério do Meio Ambiente. *Corredores Ecológicos*. Disponível em: <www.mma.gov.br/>. Acesso em: fev. 2014.

No texto a seguir, o autor descreve um estudo de corredores ecológicos realizado em reservas florestais nos Estados Unidos, entre 2001 e 2005.

Corredor ecológico: quando dois e dois são cinco

"Os pesquisadores abriram clareiras do tamanho de um quarteirão (aproximadamente cem por cem metros) no meio da floresta nativa. Algumas clareiras permaneceram isoladas, outras ficaram ligadas entre si por finos corredores desmatados. Os pesquisadores produziram uma grande combinação de áreas desmatadas, todas do mesmo tamanho, mas algumas delas ligadas entre si. [...]

O que se observou é que ao longo desse período muitas espécies recolonizaram as áreas desmatadas, mas nas áreas conectadas por corredores, o número de espécies diferentes (a biodiversidade) era maior que nas áreas desconectadas."

REINACH, Fernando. *A longa marcha dos grilos canibais e outras crônicas sobre a vida no planeta Terra*. São Paulo: Companhia das Letras. 2010. p. 30.

1. O que é corredor ecológico?

2. Qual o significado de "dois e dois são cinco" no título do segundo texto?

Corredor ecológico na região do Parque Nacional Grande Sertão Veredas, em Minas Gerais, 2011.

ADRIANO GAMBARINI

[COMPREENSÃO E ANÁLISE]

1. Qual é o princípio da classificação climática de Arthur Strahler?

2. Relacione a charge com o assunto do capítulo que você acabou de estudar.

ISSAM HASSAN

HASSAN, Issam. Disponível em: <http://ecocartoon.opstinasokobanja.com/2006.html>. Acesso em: out. 2013.

3. Leia o texto, observe o mapa a seguir e responda às questões.

A floresta e a sociedade

"Sabe-se que na Pré-história mais de 80% do continente europeu era coberto por florestas. O avanço da agricultura e das rápidas mudanças provocadas pela Revolução Industrial deixaram muitos países com a cobertura vegetal natural reduzida a uma pequena parcela da sua superfície territorial. Somente em meados do século XIX, ou ainda um antes, em alguns casos, os povos europeus se conscientizaram da importância e da necessidade de sua preservação, expansão e gestão de forma sustentada.

Entretanto, a devastação continuou em outros continentes. Nos Estados Unidos, por exemplo, onde a cobertura vegetal primitiva se estendia por aproximadamente 30% de suas terras, ficou reduzida a 1% do território, excluindo o Alasca.

Durante o século XX, aceitou-se definitivamente a relação de dependência mútua entre o homem e a floresta. A combinação do avanço tecnológico com a explosão demográfica demonstrou que a antiga filosofia de destruição não tem futuro. Passou-se a reconhecer que a floresta é um importante recurso renovável: uma fonte perpétua de benefícios, se for bem protegida, e extremamente frágil, se for maltratada."

LEÃO, Regina Machado. *A floresta e o homem*. São Paulo: Edusp, 2000. p. 22.

Dez países com a maior perda de superfície florestal – 2005-2010 (mil hectares de florestas por ano)

MARIO YOSHIDA

Fonte: ORGANIZAÇÃO DAS NAÇÕES UNIDAS PARA AGRICULTURA E ALIMENTAÇÃO (FAO). *Global Forest Resources Assessment 2010*. p. 21. Disponível em: <www.fao.org>. Acesso em: out. 2013.

a) Qual abordagem o texto e o mapa têm em comum? O que os diferencia?

b) Que ameaça é apontada pelo fenômeno representado no mapa?

c) Qual país no mapa apresenta o dado mais discrepante e, de acordo com a sua opinião, quais medidas deveriam ser adotadas por esse país?

4. A Assembleia Geral da Organização das Nações Unidas declarou 2011 como o Ano Internacional das Florestas. Observe o logotipo oficial que representou esse evento e discuta o seu significado.

ANO INTERNACIONAL DAS FLORESTAS

5. Observe a ilustração a seguir e identifique as paisagens botânicas (A, B e C) representadas.

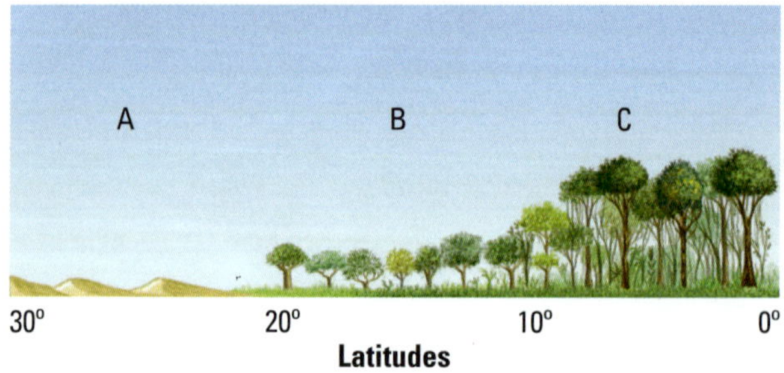

PAULO CESAR PEREIRA

Fonte: KISSNER, Karl-Heinz. *Geographie*. Berlim: Verlag, 1990. p. 23.

CAPÍTULO 9

DINÂMICA CLIMÁTICA E FORMAÇÕES VEGETAIS NO BRASIL

CONTEXTO

Cartaz de campanha da Secretaria Nacional de Defesa Civil (Ministério da Integração), 2012.

"A construção de uma nova realidade para a Defesa Civil no Brasil, principalmente no que se refere à política de redução de riscos, requer conhecer os fenômenos e os desastres que nosso território está sujeito."

CENTRO UNIVERSITÁRIO DE ESTUDOS E PESQUISAS SOBRE DESASTRES (CEPED/UFSC). *Atlas brasileiro de desastres naturais 1991 a 2010 – Volume Brasil*. p. 5. Disponível em: <www.ceped.ufsc.br/biblioteca/projetos>. Acesso em: dez. 2013.

DISCUTA

1. Qual o significado da mensagem expressa no cartaz?

2. O estado e a cidade escolhidos para sediar o IX Fórum Nacional de Defesa Civil foram atingidos por desastre como o representado na imagem. Em qual estação do ano esse fenômeno é mais frequente? Justifique.

3. O problema ambiental representado pela foto do cartaz já foi discutido no Capítulo 6. Vamos retomá-lo.

a) Identifique-o.

b) Ele pode ser caracterizado como um desastre exclusivamente natural?

DINÂMICA CLIMÁTICA NO BRASIL

A posição geográfica do território brasileiro, situado, em sua quase totalidade, na Zona Tropical, caracteriza o país com climas que, em geral, apresentam temperaturas médias elevadas. Contudo, o comportamento das temperaturas e a variação da umidade das diferentes regiões climáticas durante o ano são profundamente relacionados à atuação das massas de ar.

No verão, quatro massas de ar quente exercem influência sobre o país: a Equatorial Continental (mEc), a Equatorial Atlântica (mEa), a Tropical Atlântica (mTa) e a Tropical Continental (mTc), das quais apenas a última é seca. Justamente por isso, o verão é o período das chuvas na maior parte do território brasileiro. Nessa estação do ano, a Massa Polar Atlântica (mPa) avança esporadicamente sobre a Região Sul do país, podendo provocar ligeira queda de temperatura e chuvas frontais.

No inverno, a atuação da Massa Equatorial Continental (mEc) é mais restrita à Região Norte, a Tropical Atlântica (mTa) continua a atuar no Brasil, e a Polar Atlântica (mPa) passa a atingir frequentemente o território brasileiro, provocando baixas temperaturas no Sul, em grande parte do Sudeste e na porção sul do Centro-Oeste, chegando até a Região Norte, onde ocasiona o fenômeno da friagem. Sobretudo na Região Sul, e em alguns trechos do Sudeste (São Paulo, especialmente), é frequente, nessa estação, a ocorrência de geadas. Na altura do estado da Bahia, a Polar Atlântica (mPa) perde a intensidade. É onde as Frentes Frias se dissipam.

Outro fenômeno causado pela penetração da Polar Atlântica no Sul e Sudeste são as chuvas frontais, ao empurrar o ar quente e úmido da Tropical Atlântica, provocar a sua condensação e precipitação (veja "Chuva frontal", na ilustração do Capítulo 7, página 107).

Brasil: atuação das massas de ar – Verão

Brasil: atuação das massas de ar – Inverno

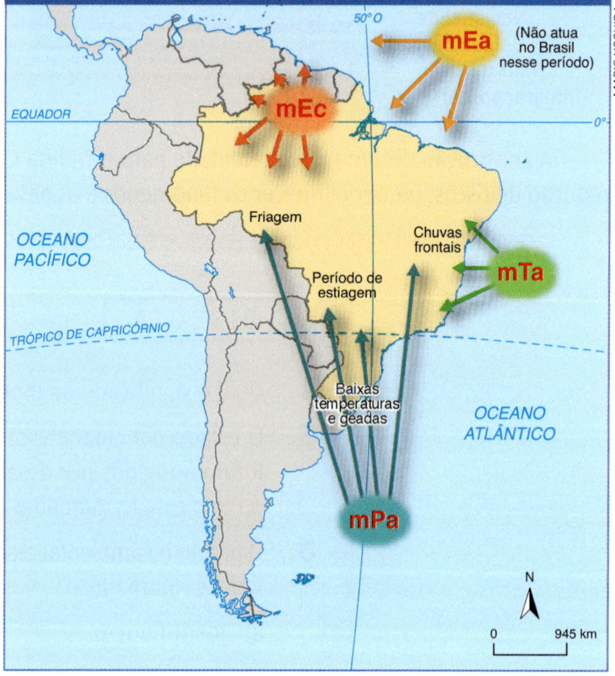

MARIO YOSHIDA

Fontes: ROSS, Jurandyr L. S.; CONTI, José B.; FURLAN, Sueli A. (Org.). *Geografia do Brasil.* São Paulo: Edusp/FDE, 1995. p. 101-110.

LEITURA COMPLEMENTAR

A Zona de Convergência do Atlântico Sul (ZCAS)

A Zona de Convergência do Atlântico Sul (ZCAS) é formada por uma extensa faixa de nebulosidade que se estende desde a posição sudeste a partir do Oceano Atlântico a noroeste (o sul da Região Norte). Ela está associada a movimentos de convecção da Zona Tropical da América do Sul em condições de temperaturas mais elevadas e de intensa umidade. A ZCAS se forma pela convergência, nessa porção do território, de ventos quentes e muito úmidos vindos da Amazônia, com ventos mais frescos vindos do Atlântico, impulsionados pela passagem da Frente Fria, na altura da Região Sudeste do Brasil. A sua instauração ocorre com maior frequência durante o verão. Ao se formar, a ZCAS permanece estacionada durante dias seguidos e descarrega a sua umidade nas superfícies situadas sob essa porção atmosférica carregada de nuvens. As chuvas volumosas podem acarretar grandes desastres, como enchentes, inundações e desabamentos.

GOES/INPE

A imagem registrada pelo satélite Goes 12 mostra a formação da Zona de Convergência do Atlântico Sul, em janeiro de 2013.

CLIMA E FORMAÇÕES VEGETAIS NO BRASIL

A variedade de paisagens vegetais naturais do Brasil acompanha de certo modo a diversidade de climas, que proporcionam a temperatura, a luminosidade e a umidade adequadas para o desenvolvimento de determinados tipos de cobertura vegetal.

O Brasil apresenta extensas formações florestais e arbustivas, apesar do intenso desmatamento que ameaça vários ecossistemas. Também são encontradas formações herbáceas e outras, como o Mangue e o Complexo do Pantanal.

Brasil: clima

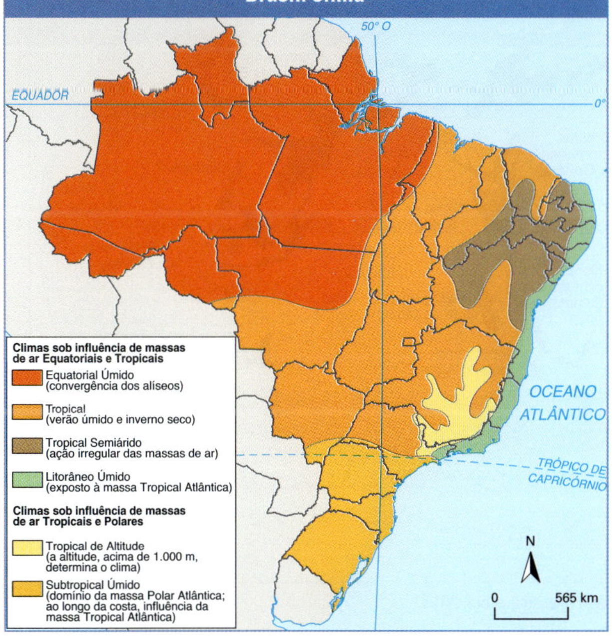

Fonte: FERREIRA, Graça Maria Lemos. *Atlas geográfico*: espaço mundial. São Paulo: Moderna, 2010. p. 123.

Brasil: vegetação original

MARIO YOSHIDA

Fonte: GIRARDI, Gisele; ROSA, Jussara Vaz. *Novo atlas geográfico do estudante*. São Paulo: FTD, 2005. p. 26.

DICA

SITE

Mapa da SOS Mata Atlântica
http://mapas.sosma.org.br
Mapa interativo para navegar sobre o bioma da Mata Atlântica e suas áreas remanescentes.

As regiões tropicais possuem o maior estoque de biodiversidade da Terra. Calcula-se que o Brasil abrigue a quinta parte das espécies, de cerca de 1,5 milhão conhecidas no planeta, de acordo com dados do Ministério do Meio Ambiente. Por isso, o intenso desmatamento é alvo de preocupação e discussão entre governos, organismos internacionais, sociedade civil e ONGs (organizações não governamentais) de todas as partes do planeta. No Brasil, merecem atenção especial o bioma do Cerrado e o da Mata Atlântica, classificados como *Hotspots*.

LEITURA COMPLEMENTAR

Hotspot

"O conceito *hotspot* foi criado em 1988 pelo ecólogo inglês Norman Myers (1934-) para resolver um dos maiores dilemas dos conservacionistas: quais as áreas mais importantes para preservar a biodiversidade na Terra?

Ao observar que a biodiversidade não está igualmente distribuída no planeta, Myers procurou identificar quais as regiões que concentravam os mais altos níveis de biodiversidade e onde as ações de conservação seriam mais urgentes. Ele chamou essas regiões de *hotspots*.

Hotspot é, portanto, toda área prioritária para conservação, isto é, de alta biodiversidade e ameaçada no mais alto grau. É considerada *hotspot* uma área com pelo menos 1.500 espécies endêmicas de plantas e que tenha perdido mais de 3/4 de sua vegetação original. [...]

No Brasil há dois *hotspots*: a Mata Atlântica e o Cerrado. Para estabelecer estratégias de conservação dessas áreas, a Conservation International-Brasil colaborou com o Projeto de Ações Prioritárias para a Conservação da Biodiversidade dos Biomas Brasileiros, do Ministério do Meio Ambiente. Centenas de especialistas e representantes de várias instituições trabalharam juntos para identificar áreas prioritárias para a conservação do Cerrado (em 1998) e da Mata Atlântica (em 1999)."

CONSERVATION INTERNATIONAL – BRASIL. *Hotspots*. Disponível em: <www.conservation.org.br>. Acesso em: out. 2013.

Planisfério: *hotspots* – 2008

Fonte: CONSERVATION INTERNATIONAL – BRASIL. Disponível em: <www.conservation.org.br>. Acesso em: out. 2013.

A Conservation International considera a existência de 34 *hotspots* no mundo.

As formações vegetais existentes no Brasil fazem parte dos seguintes biomas: Amazônia, Cerrado, Caatinga, Mata Atlântica, Campos (Pampas) e Pantanal.

Brasil: biomas

Fonte: IBGE. Disponível em: <www.ibge.gov.br>. Acesso em: out. 2013.

DICAS

LEITURA

O destino das espécies – Como e por que estamos perdendo a biodiversidade
Alba Simon e Maria Teresa de J. Gouveia. Rio de Janeiro: Gramond, 2011.
O livro descreve e analisa os biomas brasileiros, a perda da biodiversidade e aponta possíveis caminhos e soluções.

SITE

Reserva da Biosfera – Mata Atlântica
www.rbma.org.br
Informações e notícias sobre temas relacionados à Mata Atlântica e diversos *links* de *sites* relacionados à questão ambiental.

Clima Equatorial – Floresta Amazônica

No Brasil, o **Clima Equatorial** – quente, úmido e de baixa amplitude térmica – é típico da região amazônica, na qual se desenvolve a **Floresta Amazônica** – a maior da Zona Intertropical do globo e a que apresenta maior biodiversidade.

As formações florestais da Amazônia apresentam árvores de médio e grande porte, com ocorrência de cipós, bromélias e orquídeas.

Clima Equatorial Superúmido: São Gabriel da Cachoeira (AM)

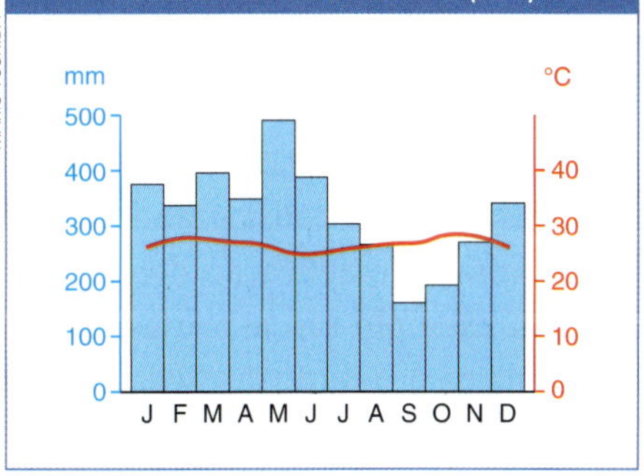

Fonte: CALDINI, Vera; ÍSOLA, Leda. *Atlas geográfico Saraiva*. São Paulo: Saraiva, 2009. p. 34.

Clima Equatorial com Subseca: Belém (PA)

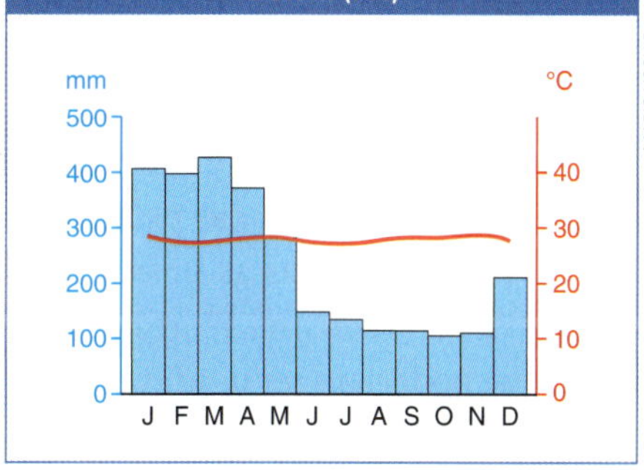

Fonte: MENDONÇA, F.; DANNI-OLIVEIRA, I. M. *Climatologia*: noções básicas e climas do Brasil. São Paulo: Oficina de Textos, 2007. p. 154.

Nota: O climograma de São Gabriel da Cachoeira (AM) representa o Clima Equatorial sem seca, também chamado de Superúmido, que ocorre na porção extremo-oeste do estado do Amazonas. O climograma de Belém (PA) representa o Clima Equatorial com um a dois meses menos chuvosos, comum no norte-nordeste paraense.

DICA

FILME

Xingu

Brasil, 2012. Direção: Cao Hamburguer. Duração: 102 min.

Conta a história dos irmãos Villas-Bôas e a luta pela criação do Parque Nacional do Xingu, atual Parque Indígena do Xingu.

A Floresta Amazônica se divide em três grupos:

- Floresta ou Mata de Igapó – situada nas áreas permanentemente inundadas pelos rios;
- Floresta ou Mata de Várzea – situada nas áreas inundadas apenas durante as cheias;
- Floresta de Terra Firme – situada nas áreas mais elevadas, onde se encontram árvores de grande porte, como a andiroba, o cedro, o castanheiro e o mogno. Esse tipo de floresta abrange entre 70% e 80% da extensão florestal amazônica.

Em uma extensa área da bacia do Rio Negro, ocorre a **Campinarana**, tipo de vegetação que se desenvolve em solos caracterizados pela falta de nutrientes minerais. Ela ocorre sob a fisionomia arbórea – na qual predominam árvores de porte elevado e com poucos cipós –, arbustiva e gramíneo-lenhosa.

A Floresta Amazônica ocupava originalmente uma área de cerca de 5 milhões de km^2 na América do Sul. Atualmente, devido ao desmatamento intensivo, a Floresta Amazônica já perdeu cerca de 17% de sua área original. A construção de rodovias e a expansão das fronteiras agropecuárias na região contribuíram enormemente para acelerar o processo de desmatamento. As rodovias são consideradas vetores da derrubada da vegetação original.

RICARDO AZOURY/PULSAR IMAGENS

Vista aérea de trecho da Floresta Amazônica, em Caracaraí (RR), 2012.

RICARDO AZOURY/PULSAR IMAGENS

Criação de gado em área desmatada na Amazônia, em Rio Branco (AC), 2012.

DICA

FILME

Amazônia em chamas

EUA, 1994. Direção: John Frankenheimer. Duração: 123 min.

A luta pela preservação da Amazônia é mostrada por meio da história do líder seringueiro Chico Mendes (1944-1988), assassinado na cidade de Xapuri (AC), em decorrência da sua ação em favor da justiça social e da preservação da natureza.

A intensa exploração madeireira, a implantação de grandes fazendas agropecuárias e os grandes projetos de mineração não só provocam sérios problemas ambientais aos ecossistemas – o que já é extremamente grave –, mas também destroem espécies vegetais ainda desconhecidas pela comunidade científica. Isso causa grandes danos, uma vez que são amplas as possibilidades de pesquisa e de aplicação dos recursos genéticos encontrados na Floresta Amazônica. Um exemplo são as várias espécies vegetais que poderiam ser usadas como matéria-prima na produção de medicamentos para a cura de doenças.

Apesar de técnicas e equipamentos sofisticados para monitoramento de áreas florestais, detecção de queimadas e derrubada de matas, os quais incluem computadores, radares, sistema de posicionamento global (GPS) e análise de imagens de satélite, os índices de desmatamento em toda a Amazônia cresceram após os anos 1970 e, apesar da redução nos últimos anos, permanecem elevados.

Amazônia Legal: desmatamento – 1992-2012 (por estado, em km²)					
Estado \ Ano	1992	1997	2002	2007	2012
Acre	400	358	883	184	305
Amazonas	799	589	885	610	523
Amapá	36	18	0	39	27
Maranhão	1.135	409	1.085	631	269
Mato Grosso	4.674	5.271	7.892	2.678	757
Pará	3.787	4.139	7.510	5.526	1.741
Rondônia	2.265	1.986	3.099	1.611	773
Roraima	281	184	84	309	124
Tocantins	409	273	212	63	52
TOTAL	13.786	13.227	21.651	11.651	4.571

Fonte: COORDENAÇÃO-GERAL DE OBSERVAÇÃO DA TERRA (OBT/INPE). Disponível em: <www.obt.inpe.br/prodes/prodes_1988_2012.htm>. Acesso em: out. 2013.

Nota: O Instituto Nacional de Pesquisas Espaciais (INPE) seleciona os dados por ano, considerando o período de 12 meses que vai de agosto de um ano a julho do outro ano.

LEITURA COMPLEMENTAR

A era do desflorestamento

"O projeto para integrar e desenvolver a região amazônica brasileira foi realizado em ritmo acelerado, com a Rodovia Transamazônica, que cortou 3.400 km de Floresta Tropical em quatro anos, alcançando a fronteira com o Peru em 1974. Enquanto a rodovia era construída, pessoas eram trazidas por todos os meios disponíveis – aviões, barcos e ônibus – para ocupar terras e começar a exploração econômica da região. [...]

Em Altamira, uma das cidades ribeirinhas alcançadas pela rodovia, a população passou de mil habitantes em 1970, para 10 mil[7], em 1972. Houve escassez de moradia para os engenheiros e funcionários públicos, e, em 1972, por exemplo, um ovo chegou a custar 1 dólar. A terra foi disponibilizada em lotes de 100 hectares, distribuídos para os que chegavam, além de ser concedido crédito subsidiado para incentivar a derrubada da floresta o mais rápido possível. [...]

Nas décadas de 1980 e 1990, grandes áreas da Amazônia foram derrubadas, e a maioria delas se transformou em pastos para a pecuária extensiva, subsidiada por incentivos do governo, atividade que continua até hoje. Na verdade, foi um processo predeterminado, tão favorável quanto inevitável: para atrair investimentos, a Superintendência de Desenvolvimento da Amazônia (**Sudam**) concedia empréstimos em valores iguais aos investimentos das pessoas jurídicas, que podiam deduzir de seu imposto de renda os valores investidos nos projetos de desenvolvimento da Amazônia, e todos os lucros ficavam isentos de impostos por dez anos."

Sudam
órgão de planejamento regional criado em 1966 com o objetivo de promover o desenvolvimento da Amazônia. A sua abrangência territorial engloba toda a Região Norte, além de parte dos estados de Mato Grosso, Tocantins e Maranhão.

MORAN, Emilio F. *Meio ambiente & florestas*. São Paulo: Senac, 2010. p. 81-83.

1. Qual foi o principal agente responsável pela ocupação acelerada da Amazônia?
2. De acordo com o texto, quais foram as principais medidas adotadas a partir da década de 1970 para atrair população e estimular a Amazônia?
3. Quais outros empreendimentos foram ou são responsáveis pela atração de grande volume de população para a Amazônia e de grande impacto ambiental na região?

7 O censo de 2010 registrou mais de 105 mil habitantes na cidade de Altamira.

Etnobiopirataria

muitos pesquisadores, a serviço de empresas ou centros de pesquisa, coletam espécies ilegalmente e utilizam os conhecimentos tradicionais dos povos nativos para a produção de remédios, cosméticos ou produtos altamente lucrativos. Esses conhecimentos, após serem patenteados, possibilitam às empresas o uso exclusivo dos princípios ativos (substâncias com efeito farmacológico ou terapêutico).

Como visto, a biodiversidade encontrada no Brasil é uma das maiores do mundo. Em termos regionais, a Floresta Amazônica apresenta, no conjunto, a maior concentração de espécies animais, vegetais e de microrganismos da Terra. Segundo dados do IBGE e do Ibama, são cerca de 3 mil espécies medicinais catalogadas, muitas delas sujeitas a atividades ligadas à biopirataria e à **etnobiopirataria**, contrabando de produtos da fauna e da flora de um país, com finalidade de exploração comercial.

Clima Tropical Litorâneo e de Altitude – Mata Atlântica e Mangues

O **Clima Tropical Litorâneo** (ou **Tropical Úmido**) acompanha uma estreita faixa de terra localizada junto à costa atlântica, estendendo-se aproximadamente de São Paulo ao Rio Grande do Norte. Caracteriza-se pela ocorrência de temperaturas elevadas durante o ano inteiro, em particular na Região Nordeste. No litoral do Sudeste as chuvas são frequentes e abundantes no verão, e as temperaturas podem cair no inverno com a chegada de Frentes Frias (Massa Polar Atlântica). Na costa oriental nordestina, as chuvas são mais intensas no outono e no inverno.

Duas formações vegetais são representativas da região de Clima Tropical Litorâneo: a Mata Atlântica e os Manguezais.

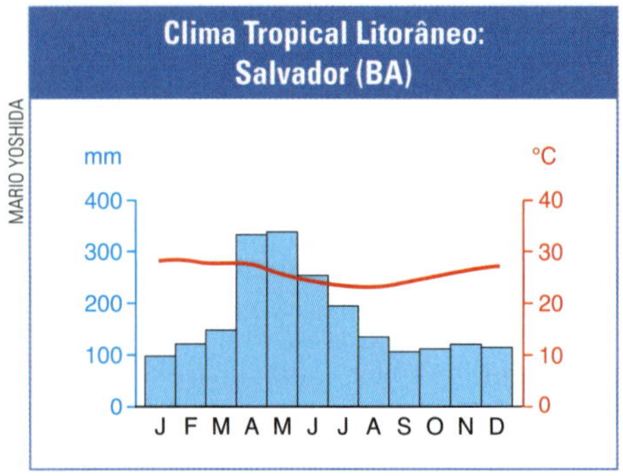

Fonte: MENDONÇA, F.; DANNI-OLIVEIRA, I. M. *Climatologia*: noções básicas e climas do Brasil. São Paulo: Oficina de Textos, 2007. p. 165.

A **Mata Atlântica** é a formação mais devastada de todo o território brasileiro. Calcula-se que restem atualmente cerca de 7% de sua cobertura original; das 200 espécies vegetais brasileiras ameaçadas de extinção, 117 são da Mata Atlântica.

Do período colonial, em que se verificou a expansão da agricultura canavieira, aos dias atuais, a região da Mata Atlântica foi intensamente explorada. A mineração do século XVIII e a agricultura cafeeira também contribuíram para a devastação de grandes extensões da mata, nas quais se estabeleceram os mais importantes núcleos de povoamento e as primeiras cidades. Atualmente, nessa área concentram-se as principais regiões urbanas, instalações industriais e vias de transporte do país, além de atividades agropecuárias.

Os **Mangues** são formados por plantas de raízes aéreas, ou seja, que se projetam acima do nível do solo e das águas. Eles constituem a área de reprodução de muitas espécies, sendo por isso chamados de berçários marinhos. Neles se desenvolvem camarões, caranguejos e pequenos organismos. Esses últimos servem de alimento para os plânctons, microrganismos animais (zooplânctons) e vegetais (fitoplânctons), que, por sua vez, estão na base da cadeia marinha.

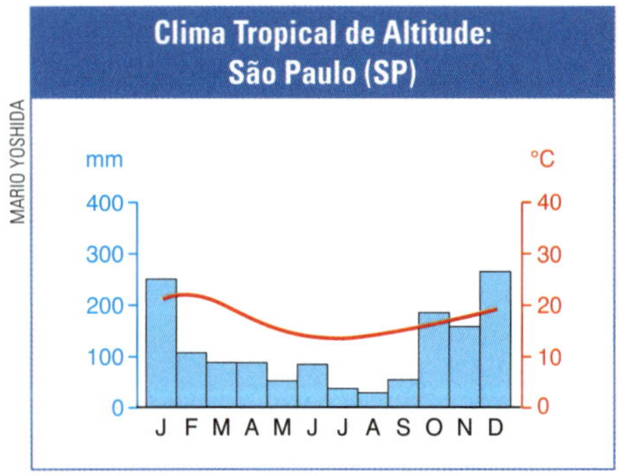

Fonte: MENDONÇA, F.; DANNI-OLIVEIRA, I. M. *Climatologia*: noções básicas e climas do Brasil. São Paulo: Oficina de Textos, 2007. p. 170.

Milhares de brasileiros, sobretudo do litoral do Nordeste e do Sudeste, dependem da coleta de caranguejos no Mangue, que, assim como o próprio ecossistema, está bastante comprometida em razão da poluição (provocada principalmente por esgotos domésticos e industriais não tratados, que são lançados em áreas litorâneas) e da expansão urbana (muitos condomínios e hotéis não dispõem de instalações sanitárias adequadas).

O clima **Tropical de Altitude** caracteriza as regiões mais elevadas do Sudeste. Em função das maiores altitudes, as temperaturas são mais amenas que as que ocorrem em Clima Tropical. As chuvas concentram-se na estação de verão e são menos intensas e regulares no decorrer do ano. A Mata Atlântica é também a vegetação original predominante.

DELFIM MARTINS/PULSAR IMAGENS

Vista de moradias construídas junto à encosta da Serra do Mar, em Cubatão (SP), 2011. A Unesco reconheceu como Reserva da Biosfera (veja a seção *Leitura Complementar*, a seguir) o que resta da Mata Atlântica. São Reservas da Biosfera o Cinturão Verde de São Paulo (que integra a Mata Atlântica), o Cerrado, o Pantanal, a Caatinga e a Amazônia central.

EDSON GRANDISOLI/PULSAR IMAGENS

Manguezal em Itacaré, litoral sul da Bahia, 2012. Outra ameaça aos Mangues é a carcinicultura, a criação de camarões em cativeiro, pois estimula o desmatamento e contribui para o lançamento de restos de ração e substâncias químicas em áreas litorâneas.

LEITURA COMPLEMENTAR

Reservas da biosfera

"As Reservas da Biosfera são áreas de ecossistemas terrestres ou costeiros internacionalmente reconhecidas pelo programa 'O Homem e a Biosfera' ('Man and Biosphere') desenvolvido pela Unesco, desde 1972, juntamente com o Pnuma – Programa das Nações Unidas para o Meio Ambiente – e a UICN – União Internacional para a Conservação da Natureza –, além de agências internacionais de desenvolvimento de relações equilibradas entre as ações humanas e o meio ambiente. Essas reservas possuem três importantes funções: conservação, desenvolvimento e apoio logístico às áreas protegidas. Atualmente, existem 411 Reservas da Biosfera em 94 países, cobrindo uma área superior a 250 milhões de hectares.

Cada Reserva da Biosfera é uma coleção representativa dos ecossistemas característicos da região em que esta se estabelece. Seu conjunto de reservas forma uma rede mundial que fomenta a troca de informações, experiências e pessoal – em particular entre Reservas da Biosfera com tipos de ecossistemas semelhantes, como também [as] que possuam experiência em resolução de problemas similares. Sendo um instrumento de conservação, as reservas favorecem a descoberta de soluções para problemas como desmatamento, desertificação, poluição atmosférica, efeito estufa etc.

As Reservas da Biosfera privilegiam o uso sustentável dos recursos naturais em suas áreas de proteção. Seus objetivos são de promover o conhecimento e a prática de atividades autossustentáveis, além de desenvolver valores humanos para implementar relações de equilíbrio entre as populações humanas e o meio ambiente em todo o planeta. [...]"

CONSELHO NACIONAL DA RESERVA DA BIOSFERA DA CAATINGA. *O que é a Reserva da Biosfera?* Disponível em: <www.biosferadacaatinga.org.br>. Acesso em: out. 2013.

Clima Tropical – Cerrado e Complexo do Pantanal

Clima Tropical Semiúmido: Cuiabá (MT)

Fonte: CALDINI, Vera; ÍSOLA, Leda. *Atlas geográfico Saraiva*. São Paulo: Saraiva, 2009. p. 34.

O **Clima Tropical**[8] é típico da Região Centro-Oeste, mas abrange também trechos do Nordeste e do Sudeste brasileiros. É um clima quente, marcado por duas estações bem distintas: verão úmido e inverno seco.

O **Cerrado**, mais peculiar a essa região climática brasileira, é uma vegetação formada por arbustos (formação arbustiva) e campos. Algumas árvores também compõem a paisagem do Cerrado. Apresenta espécies **caducifólias** e **tropófilas**, raízes profundas, galhos retorcidos e casca grossa. A paisagem à primeira vista não revela sua riqueza. Raramente a defesa do Cerrado é alvo de manifestações ambientalistas. No entanto, trata-se de um conjunto de ecossistemas dos mais ricos do país e o que sofreu a maior devastação nas últimas quatro décadas.

O Cerrado, um dos *hotspots* de biodiversidade, abriga mais de 11 mil espécies de plantas, 200 espécies de mamíferos, 800 espécies de aves e cerca de 1,2 mil espécies de peixes.

Há, na verdade, no caso dessa formação vegetal, diferentes aspectos que caracterizam alguns tipos de Cerrado, que vão das formações de campo à florestal. Veja o esquema a seguir.

Caducifólia
vegetação que perde suas folhas em determinadas estações, no caso do Cerrado, durante a longa estação seca do outono e inverno.

Tropófila
vegetação que se adapta à alternância entre estações prolongadas de chuva e de seca.

As várias faces de um bioma

O Cerrado, de uma forma geral, é classificado como uma savana. O bioma todo, porém, abriga uma enorme variedade de formações florísticas (fitofisionomias), que vão desde campos abertos de capim até florestas com árvores de até 30 metros de altura. As formações são agrupadas em três famílias: campestres, savânicas e florestais. Veja alguns exemplos.

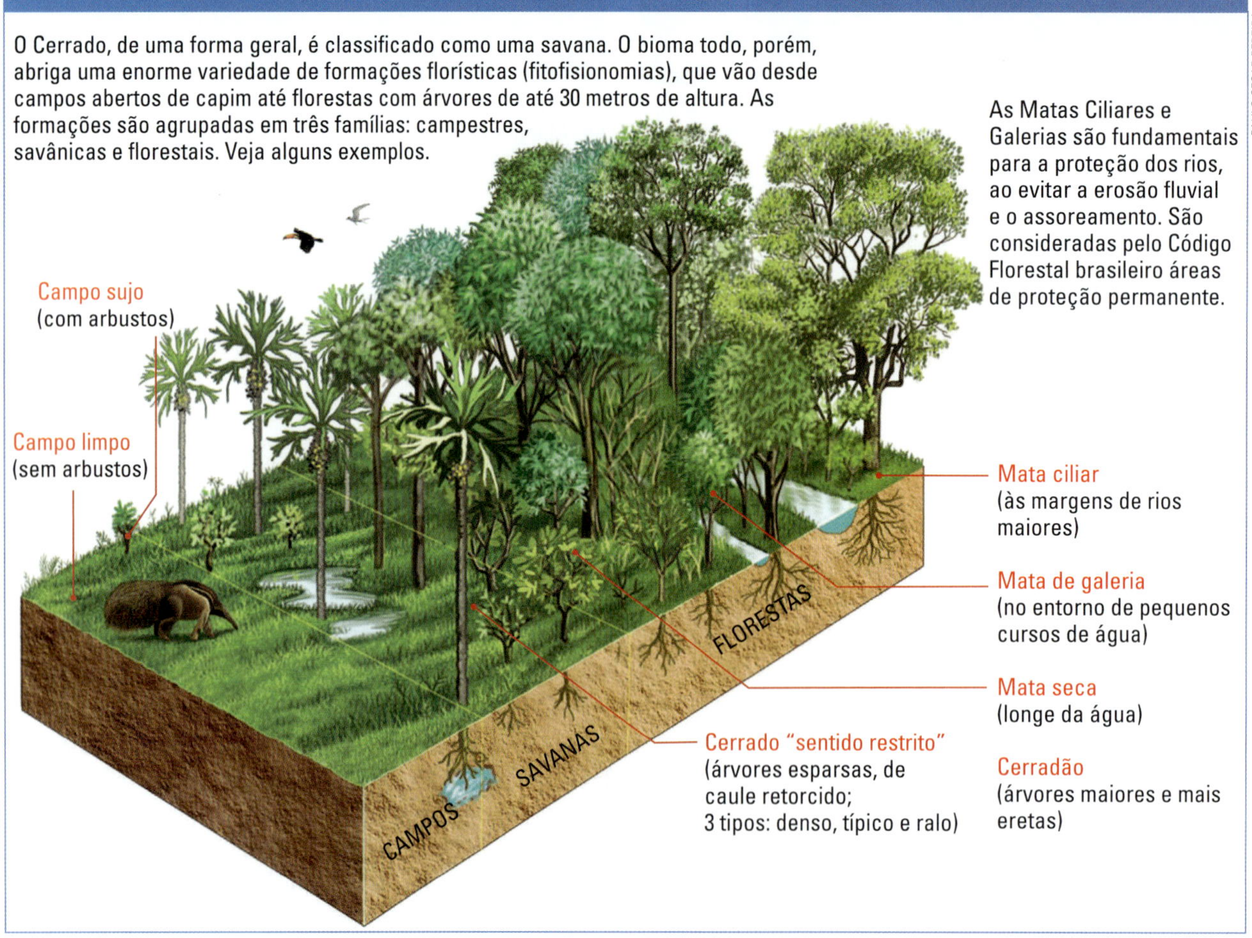

Fonte: Monoculturas soterram a biodiversidade. *O Estado de S. Paulo*, 26 set. 2009. Disponível em: <www.estadao.com.br>. Acesso em: out. 2013.

8 No Brasil, o Clima Tropical também é denominado Tropical Semiúmido ou Continental.

Por muito tempo, a atividade predominante no Cerrado foi a pecuária. Atualmente, essa região constitui área de pastagem da maior parte do rebanho bovino e de expansão agrícola da soja, entre outras culturas. As atividades agrícolas modernas, empreendidas em fazendas de grande extensão territorial, e o uso de agrotóxicos provocam não só a devastação do Cerrado, mas também impactos ambientais profundos em toda a região.

PALÊ ZUPPANI/PULSAR IMAGENS

Bando de tuiuiús e garças em lagoa no Pantanal, Cáceres (MT), 2010. A diversidade da flora e da fauna está diretamente relacionada ao ciclo das cheias do Rio Paraguai e seus afluentes.

O **Complexo do Pantanal**, também situado na região de Clima Tropical, é um ecossistema único no mundo. Reúne espécies encontradas em todas as demais regiões brasileiras, formando um conjunto atípico e adaptado às condições locais. A pecuária é a mais tradicional atividade econômica. A caça predatória e a extração mineral que emprega mercúrio causam grandes danos ao meio ambiente pantaneiro, que vem sendo afetado também pela prática da agricultura no Cerrado, uma vez que os rios, que nascem e percorrem trechos nessa formação e adentram o ecossistema do Pantanal, são poluídos por agrotóxicos e sofrem com o processo de assoreamento.

O Pantanal é uma região plana e de baixa altitude, que apresenta amplos trechos inundados durante a estação chuvosa de verão. Há vegetações que desenvolvem raízes aéreas, que lhes permitem captar oxigênio durante o período das inundações.

Clima Semiárido – Caatinga

O interior do Nordeste e o norte de Minas Gerais apresentam um clima quente e o menos úmido do Brasil – o **Semiárido** –, onde o índice de chuva anual varia entre 300 e 800 mm. Correspondendo ao polígono das secas – sertão nordestino e mineiro –, é a região de Clima Semiárido mais habitada do mundo e, economicamente, a mais pobre do país. A condição de semiaridez obriga o sertanejo a se deslocar por longa distância para obter água nas poucas fontes espalhadas pelo Semiárido brasileiro.

Clima Tropical Semiárido: Mossoró (RN)

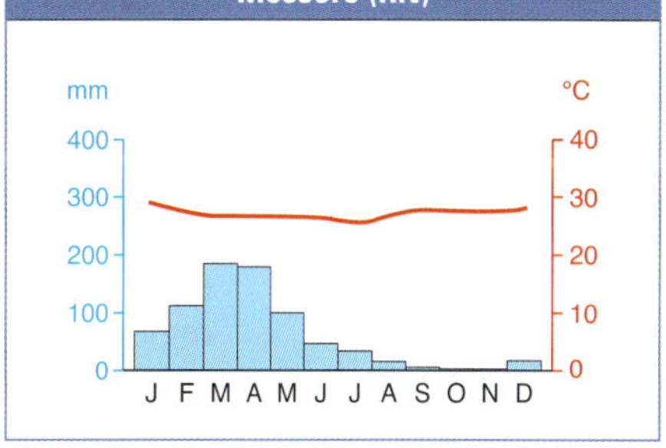

MARIO YOSHIDA

Fonte: MENDONÇA, F.; DANNI-OLIVEIRA, I. M. *Climatologia*: noções básicas e climas do Brasil. São Paulo: Oficina de Textos, 2007. p. 162.

A vegetação formada pela **Caatinga**, bioma rico e diversificado, abriga formações rasteiras, arbustos e cactos, além de grande diversidade de animais. É formada por espécies xerófitas, plantas que se adaptam à baixa umidade, das quais muitas são endêmicas, ou seja, ocorrem apenas nesse bioma. A atividade econômica predominante na região é a pecuária extensiva, além da agricultura irrigada em alguns trechos e familiar em muitas propriedades. No entanto, a maior parte das terras está concentrada nas mãos de poucos proprietários e muitas das propriedades possuem baixos índices de produtividade.

Os solos da Caatinga são em geral férteis, contendo boa quantidade de minerais, porém rasos, pedregosos e com pouca umidade, o que dificulta a atividade agrícola. O aspecto rude da paisagem esconde uma rica biodiversidade, porém, com o intenso processo de desmatamento – que já provocou a derrubada de aproximadamente 50% da cobertura vegetal original –, essa riqueza também vai desaparecendo.

Trata-se de um bioma exclusivamente brasileiro, que concentra mais de 900 espécies de plantas, sendo 318 endêmicas, além de 144 espécies de mamíferos, 154 de répteis e anfíbios, 510 de aves e 240 de peixes[9].

JOÃO PRUDENTE/PULSAR IMAGENS

Vaqueiros cavalgam em meio à vegetação da Caatinga, em Serrita (PE), 2010.

DICAS

SITE

Programa de combate à desertificação e mitigação da seca na América do Sul
www.iicadesertification.org.br
Informações e notícias sobre assuntos relacionados à seca e à desertificação.

LEITURA

Era verde?
Zysman Neiman. São Paulo: Atual, 2005.
O livro trata dos impactos ambientais mais importantes a que estão submetidos os ecossistemas brasileiros.

Processo de desertificação

A desertificação é a perda total ou a redução do potencial biológico da terra. Suas causas estão relacionadas a variações climáticas e à ação do homem, que podem ocorrer separadas ou simultaneamente.

Nos processos de desertificação, há um desequilíbrio entre a quantidade de água perdida por evaporação e escoamento e a proveniente das precipitações. Isso pode levar à drástica redução da formação vegetal preexistente e ao consequente comprometimento da fauna, com reflexos, portanto, em toda a biodiversidade.

Além de perda de biodiversidade, a desertificação acarreta perda do solo, uma vez que permite a intensificação da erosão – com a consequente diminuição de áreas para a agricultura e para pastagens –, o assoreamento dos rios e a redução da quantidade de água disponível, entre outros problemas. Em decorrência, a população afetada é forçada a migrar, por falta de opções de trabalho, o que acarreta, por exemplo, pressão populacional em outros ecossistemas e acentuada redução da produção agrícola nas regiões atingidas, tendo como consequência o aumento da pobreza.

A perda de vegetação e de matéria orgânica no solo nos processos de desertificação desprende carbono, que, por sua vez, contribui para o aquecimento global.

9 Dados do Instituto Socioambiental.

Em todo o mundo, os processos de desertificação afetam aproximadamente 1,5 bilhão de pessoas. No caso brasileiro, as áreas suscetíveis a esses processos atingem a Caatinga e têm substituído a paisagem florística por grandes extensões de terrenos arenosos.

Nas áreas suscetíveis ou já afetadas vivem cerca de 32 milhões de brasileiros. Os casos mais graves estão no Piauí (Gilbués), entre os estados da Paraíba e do Rio Grande do Norte (Seridó) e em Pernambuco (Cabrobó). Nas áreas desertificadas, o cultivo excessivo, a irrigação, o desmatamento e a atividade mineradora estão entre as principais causas do problema. Observe o mapa ao lado.

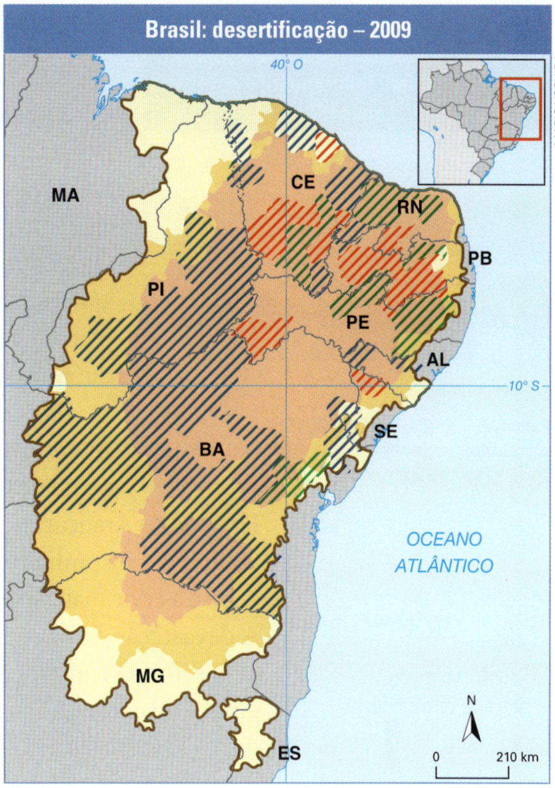

Fonte: CARVALHO, Otamar de. *A desertificação no Brasil e no Nordeste brasileiro.* Ibama, 2009. p. 13. Disponível em: <www.ibama.gov.br>. Acesso em: out. 2013.

Mata dos Cocais

Entre os estados do Piauí e do Maranhão, em uma faixa de transição entre o Sertão nordestino (Caatinga) e a Amazônia (Floresta Amazônica) há uma extensa área conhecida por **Mata dos Cocais**, um tipo de mata de transição, constituída principalmente pelas palmeiras **carnaúba** e **babaçu**.

Os carnaubais e os babaçuais geralmente acompanham os vales dos rios, onde há mais umidade. A extração de produtos da carnaúba e do babaçu constitui uma atividade econômica de relativa importância para a região. Enquanto a carnaúba é a mais importante no Piauí, o babaçu destaca-se no Maranhão. Mas as duas palmeiras espalham-se pelos estados vizinhos.

Da carnaúba é possível aproveitar praticamente tudo: a madeira; as raízes, para a obtenção de compostos medicinais; o fruto, que serve de alimento para o gado; as folhas, com as quais são feitas esteiras e redes; a semente, da qual se produz o óleo de cozinha; e a cera, sua principal riqueza, extraída da camada superficial das folhas.

O babaçu é empregado sobretudo na produção de óleos, obtidos a partir da amêndoa, da qual também é possível fazer sabão, lubrificantes e combustível. O caule é utilizado para a estrutura em construções de casas e fabricação de adubo; das folhas são feitos cestos e esteiras. Do babaçu também é extraído o palmito.

Babaçual na Reserva Extrativista da Chapada Limpa, Chapadinha (MA), 2010.

Clima Subtropical – Mata de Araucária e Campos

MARIO YOSHIDA

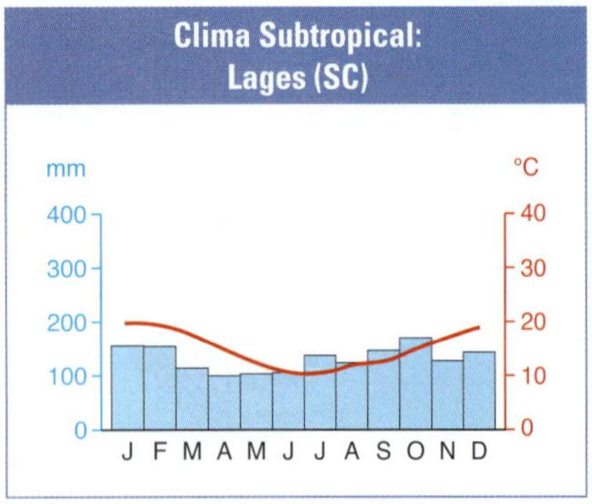

Fonte: MENDONÇA, F.; DANNI-OLIVEIRA, I. M. *Climatologia*: noções básicas e climas do Brasil. São Paulo: Oficina de Textos, 2007. p. 179.

O **Clima Subtropical** é típico da Região Sul do país. A maior latitude e a atuação mais intensa da Massa Polar Atlântica (mPa) na região são fatores que determinam um clima que apresenta temperaturas muito baixas durante o inverno, principalmente nas áreas de maior altitude, como alguns trechos do Rio Grande do Sul e de Santa Catarina. No entanto, as temperaturas são elevadas no verão. Por isso, o Clima Subtropical é o que apresenta as maiores amplitudes térmicas anuais do Brasil. Outro aspecto marcante dessa região climática é a regularidade na distribuição das chuvas durante o ano.

Nas encostas das serras próximas ao litoral da Região Sul, a Mata Atlântica domina a paisagem natural, mas a formação vegetal predominante de Clima Subtropical é a **Mata de Araucária** (Mata dos Pinhais ou Floresta de Araucária). Esse tipo de cobertura é semi-homogêneo, com predomínio da araucária – ou pinheiro-do-paraná –, espaçada e entremeada por outras espécies, como o ipê e a erva-mate, e tem como característica a folhagem pontiaguda (aciculifoliada). A devastação da Mata de Araucária, bastante intensa, foi ocasionada principalmente pelo setor de construção civil e pelas indústrias de papel. Sua área remanescente original é de cerca de 2%, ou de 10% considerando as áreas replantadas.

Aflorar
emergir, vir à tona, aparecer na superfície.

No extremo sul, no estado do Rio Grande do Sul, situam-se os **Campos dos Pampas** – área típica de pecuária extensiva, hoje também ocupada pela soja.

FABIO COLOMBINI

Mata de Araucária no Parque Nacional São Joaquim, Urubici (SC), 2012.

Arenização

No sudoeste do estado do Rio Grande do Sul, nos Pampas ou Campanha Gaúcha, há extensas superfícies sem vegetação, recobertas por areia. Esse processo é denominado de **arenização**. Apesar de ser um processo natural, ele é acelerado pelo uso intensivo do solo pelas atividades agropecuárias combinada às condições naturais da região. O pisoteio e o deslocamento do gado e o uso de máquinas pesadas na atividade agrícola, especialmente na lavoura de soja, associados à ação da chuva, promoveram a degradação da camada superficial do solo, permitindo o **afloramento** da camada de arenito que estava acomodada abaixo da superfície. O vento se encarrega de espalhar a areia por vasta superfície dessa porção do estado gaúcho.

GERSON GERLOFF/PULSAR IMAGENS

Aspecto de solo em processo de arenização nos Pampas, em Manoel Viana (RS), 2012.

INTERCONEXÃO

Língua Portuguesa

Natureza morta

COSTA, Márcio. Disponível em: <http://cartuns.zip.net>. Acesso em: out. 2012.

- Quais outras formações vegetais brasileiras poderiam constar em um quadro de "natureza morta"? Por quê?

OLHO NO ESPAÇO

Os rios voadores

"Há dezenas de anos já se sabia da influência da Floresta Amazônica sobre o clima da Terra e da América do Sul. Para os cientistas, sempre foi claro que a imensa quantidade de vapor de água liberada pelas folhas das incontáveis plantas da região tinha algum efeito sobre o teor da umidade da atmosfera do planeta. O mesmo acontecia com a incorporação de dióxido de carbono (CO_2), pelo processo de fotossíntese (respiração das plantas). Era impossível calcular os efeitos da circulação desses imensos volumes de água, oxigênio e carbono por meio do solo, da água e do ar.

Nos últimos 30 anos a ciência que estuda o clima, a climatologia, acumulou dados resultantes de observações locais, fotos de satélites e desenvolveu diversos programas em supercomputadores, permitindo simular situações climáticas cada vez mais complexas. Eventos antes incompreendidos e outros nem percebidos podiam agora ser previstos e estudados. Um desses fenômenos é o que os cientistas batizaram de 'rios voadores'. Trata-se do deslocamento do vapor de água evaporado pela Floresta Amazônica, que se desloca a grandes alturas em direção a outras partes do continente. O conceito é bastante simples, mas têm muitas consequências, algumas até agora desconhecidas.

O explorador ambiental Gerard Moss (1955-) estuda o fenômeno desde 2007, por meio de viagens realizadas com seu avião, especialmente preparado para esse fim. Moss, em uma entrevista à revista *Saneamento Ambiental*, descreve o fenômeno: 'Existe uma forte recirculação de água entre a superfície e a floresta. Do total de chuva que cai acima de uma floresta densa, 25% da água é retida nas folhas, 50% são transpiradas pelas árvores e apenas 25% escoam pelos igarapés. Isso significa que 75% das águas da chuva voltam para a atmosfera'. Segundo Moss, o processo começa quando ventos trazem nuvens do Oceano Atlântico, que se transformam em chuva. Essa cai sobre a floresta e evapora novamente, incorporando-se aos ventos que avançam sobre a planície amazônica até os contrafortes dos Andes. Como as correntes de ar não conseguem avançar sobre a barreira de montanhas, mudam de direção e se dirigem para o Sul e Sudeste do Brasil. [...]

O volume de água se deslocando por milhares de quilômetros é muito grande. Moss acompanhou uma massa de ar se deslocando durante oito dias, verificando que a vazão chegava a 3.200 m^3 por segundo. Comparativamente a vazão do Rio São Francisco é de 2.800 m^3 por segundo. Ficou assim definitivamente provada a influência da Floresta Amazônica sobre o regime de chuvas – leia-se agricultura, geração de eletricidade, abastecimento de água, entre outros – em todo o Sudeste e Sul do Brasil. Agora, junte-se a essa equação os desmatamentos, reduzindo a área da floresta geradora dos 'rios voadores'."

ROSE, Ricardo Ernesto. *Como está a questão ambiental?* Rio de Janeiro: Editora Ciência Moderna, 2011. p. 148-149.

Os rios voadores

Fonte: elaborado com base em PETROBRAS. *Navegar no ar.* Disponível em: <www.petrobras.com/pt/magazine>. Acesso em: out. 2012.

1. Com base nas informações do texto, identifique as etapas da formação e atuação dos rios voadores numeradas de 1 a 5 no infográfico. Anote a resposta em seu caderno.

2. De toda a água que cai sobre a Amazônia, qual porcentagem retorna à atmosfera para alimentar os "rios voadores"?

3. O título do texto "Os rios voadores" tem similaridade com o título de outro texto em um dos capítulos desta unidade. Qual é o título desse outro texto?

PONTO DE VISTA

O significado do Código Florestal

"O Código Florestal protege áreas ambientalmente frágeis e, ao mesmo tempo, estratégicas para a segurança de toda a sociedade, caso das margens de rios e reservatórios, encostas íngremes e nascentes. Essas áreas são denominadas de Áreas de Preservação Permanente (APPs). Além disso, determina que uma porção da propriedade rural permaneça coberta pela vegetação nativa original, denominada de Reserva Legal (RL). Baseando-se em resultados científicos, o Código Florestal reconhece 14 funções ecológicas das APPs e RLs: preservação dos recursos hídricos, paisagem e biodiversidade; garantia do fluxo gênico de fauna e flora; proteção do solo; garantia do bem-estar das populações humanas e do uso sustentável dos recursos naturais; garantia da conservação e reabilitação dos processos ecológicos; promoção do abrigo e proteção da fauna e flora nativas; proteção sanitária, controle do fogo e da erosão, favorecimento da erradicação de espécies invasoras e proteção de plantios com espécies nativas.

O projeto aprovado pelos deputados e senadores, e alterado pela presidente, propõe diversas modificações no atual Código Florestal. As principais, resumidamente consideradas, incluem, por exemplo, substituição do 'leito maior' por 'calha' e 'leito regular'. Essa medida, aparentemente simples, na realidade equivale a alterar o critério de medida dos limites das áreas protegidas de APP de margem de rios. Atualmente, a Lei do Código Florestal prevê que os limites sejam medidos a partir do 'leito maior sazonal' do rio, o que significa a média das maiores cheias anuais. O novo texto troca 'leito maior' por 'leito regular' ou 'calha do rio', que equivale ao curso seguido pelo rio na maior parte do ano. Essa mudança reduz drasticamente a área ribeirinha protegida por Áreas de Preservação Permanentes, sobretudo nos rios maiores, pois grande parte da área atualmente protegida de um ponto de vista legal ficará localizada dentro do próprio leito maior do rio.

Apenas com essa medida grande parte das florestas ribeirinhas brasileiras perdem sua proteção legal, visto que a planície de inundação (área alagada todo ano durante as enchentes) passa a ser desconsiderada no cálculo da APP. Também para fins de recomposição, a nova proposta reduz a APP de margens de rios (com até 10 metros de largura) dos 30 metros atuais para faixas que dependem do tamanho da propriedade, podendo ser de apenas 5 metros, em alguns casos. As mudanças propõem ainda que, nas várzeas, mangues e matas de encosta, topos de morros e áreas com altitudes acima de 1.800 metros passem a ser permitidas atividades econômicas **agrossilvopastoris**. Ocorre que todos estes ambientes são reconhecidamente frágeis e apresentam dificuldade de recuperação a impactos, além de prestarem diversos serviços ambientais. Todas essas áreas são ecossistemas únicos, com faunas e floras exclusivas. São essas áreas que estão envolvidas nos alagamentos dentro das cidades durante as inundações ou deslizamentos de terra durante as chuvas de verão, provocando transtornos que vão de perdas materiais a mortes.

Adicionalmente, a nova proposta permite que as Áreas de Preservação Permanente sejam incluídas para o cálculo do percentual da Reserva Legal. Essa alteração no código anterior liberará as áreas de vegetação nativa presentes nas propriedades para desmatamento e fragmentação florestal, ambos nocivos em termos ambientais."

SOUZA, Alexandre F.; CESTARO, Luiz Antonio; GUARDA, Adrian. *Scientific American Brasil*, jul. 2012. p. 49-50.

Agrossilvopastoris
atividades econômicas relacionadas à agricultura, pecuária e silvicultura (plantio de florestas para exploração comercial de madeira ou para a preservação ambiental).

1. De acordo com o Código Florestal brasileiro, qual a diferença entre as Áreas de Preservação Permanente (APPs) e a Reserva Legal (RL)?

2. O que significa dizer que o novo Código Florestal admite que as Áreas de Preservação Permanente (APPs) sejam incluídas para o cálculo do percentual da Reserva Legal (RL)? Dê um exemplo para uma propriedade localizada no bioma da Mata Atlântica que tenha no seu interior 10% de APPs.

3. De acordo com o artigo, quais outras modificações no código representam um retrocesso em relação ao código anterior?

[COMPREENSÃO E ANÁLISE]

1. Consulte o mapa político do Brasil, no final do livro, relacione-o com os mapas climático e de vegetação original apresentados neste capítulo (página 129) e responda às questões.

a) Identifique o tipo climático do estado em que você vive. Caracterize-o.

b) Qual formação vegetal original era dominante no estado onde você vive? Qual sua opinião sobre a situação de sua preservação?

2. Observe os dados de temperatura média e de precipitação pluviométrica mensais de uma cidade brasileira apresentados a seguir.

Cidade A

Mês	Temperatura média (°C)	Precipitação pluviométrica (mm)
Janeiro	25	166
Fevereiro	24	107
Março	23	72
Abril	22	35
Maio	17	185
Junho	14	103
Julho	13	198
Agosto	14	37
Setembro	16	72
Outubro	20	148
Novembro	22	175
Dezembro	23	198

a) Com base nos dados da tabela, construa um climograma. Identifique e caracterize esse tipo climático.

b) Calcule a precipitação pluviométrica total e a temperatura média anual.

3. Leia o texto e responda à questão a seguir.

Populações nativas e uso da floresta

"O modo de ser indígena, assimilado pelas principais levas de seringueiros e ribeirinhos, comprovou-se mais bem adaptado à fragilidade dos solos, conhecedor de seus limites e das formas de sobreviver e tirar melhor proveito das condições dadas pela natureza. Para Sioli, há muito tempo, a forma de uso da terra pela população aborígene, e a seguir também pela população de 'caboclos' [...], foi e continua sendo a *shifting cultivation*, quer dizer, a do estabelecimento de pequenas áreas de derrubada e de queimadas, 'roças', bem distantes entre si. Em consequência da rápida exaustão, estas roças são, dois a três anos após, invariavelmente abandonadas, iniciando-se **alhures**, da mesma maneira, e por igual lapso de tempo, novas plantações. Nas áreas abandonadas cresce rapidamente uma mata secundária ('capoeira'), a qual trinta ou quarenta anos depois é reconhecível apenas por um botânico e por este distinguível da floresta primitiva, em vista de algumas espécies peculiares de árvores. As 'alfinetas' na floresta primitiva, coesa, saram inteiramente no decorrer desse período."

> **Alhures**
> em outro lugar ou em outra parte.

LEONEL, Mauro; AB'SABER, Aziz (Org.). *Leituras Indispensáveis.* Cotia: Ateliê Editorial, 2010. p. 57-58.

O que distingue o manejo da floresta pela população aborígene e outros povos nativos das florestas do modelo de ocupação comercial atual da Amazônia brasileira?

4. Observe o mapa abaixo e compare-o com o mapa "Brasil: vegetação original", da página 129.

Brasil: vegetação atual

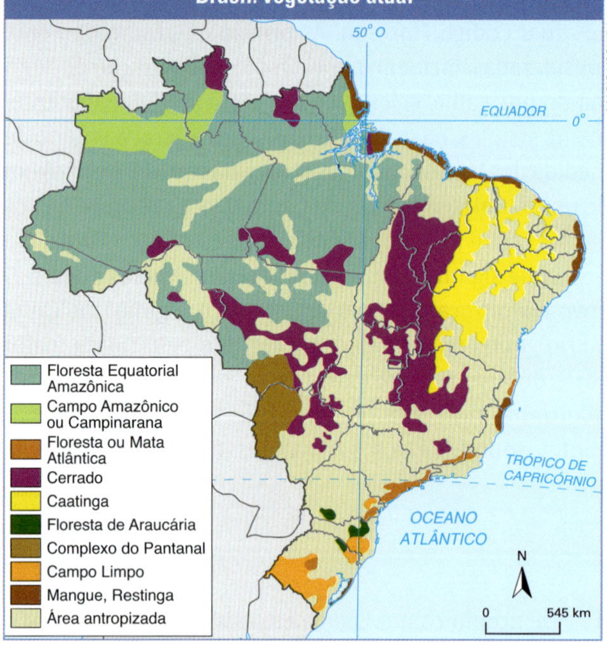

Fonte: CALDINI, Vera; ÍSOLA, Leda. *Atlas geográfico Saraiva.* São Paulo: Saraiva, 2009. p. 37.

a) Escreva um pequeno texto comentando suas observações.

b) Comente os motivos históricos que explicam o fato de a Mata Atlântica ser a formação vegetal mais devastada do Brasil.

AS ÁGUAS DO PLANETA

Encontro das águas dos rios Negro e Solimões, que a partir de então passa a se chamar Rio Amazonas. A Bacia Amazônica concentra cerca de 70% da água doce superficial do Brasil. Imagem de 2010.

LUIS SALVATORE/PULSAR IMAGENS

A água é essencial à manutenção de todas as formas de vida. O ciclo da água impacta diversos processos, fenômenos e acontecimentos que estão presentes no espaço geográfico, como, por exemplo, você pôde verificar nas unidades 2 e 3, ao desenvolver os estudos sobre relevo, solo, clima e formações vegetais. É também indispensável em praticamente todas as atividades humanas: no cotidiano da vida doméstica, no saneamento básico, nas atividades agrícolas e industriais, na produção de energia, nos transportes, nas atividades turísticas e recreativas.

Embora aparentemente abundante no planeta, a água não é um recurso acessível a todos. Em 2010, 10% da população mundial não tinha acesso a água potável suficiente para suprir as necessidades básicas diárias, e cerca de 40% não contava com saneamento básico.

CAPÍTULO 10

ÁGUA: USO E PROBLEMAS

CONTEXTO

A água

"O essencial da água doce que consumimos ou que utilizamos na agricultura e na indústria não provém da superfície, mas de profundos lençóis subterrâneos. Formações geológicas particulares (areia, cascalho, rocha) retêm a água da chuva ou aquela que provém do degelo das geleiras desde tempos remotos. Assim, 97% da água doce líquida do planeta estão estocados nesses lençóis.

Diante da grande quantidade de poluição que atinge os cursos de água e os lagos, estamos recorrendo com mais frequência às reservas de águas subterrâneas. Ora, essas estão sendo cada vez mais poluídas por produtos químicos utilizados na indústria e, principalmente agora, na agricultura. Vários pesticidas agrícolas matam diretamente os animais selvagens ou se acumulam na cadeia alimentar, expondo os consumidores do fim da cadeia, entre os quais os seres humanos, a substâncias tóxicas. [...]

Durante o século XX o consumo de água foi multiplicado por sete e a população por três. A agricultura a utiliza em quantidades cada vez maiores. Atualmente, [a atividade agrícola] consome 70% da água doce contra 20% destinados à indústria e 10% ao uso doméstico. Os níveis dos lençóis freáticos caem rapidamente. No norte da China, eles caem numa proporção de mais de 1,50 metro por ano. Na Índia, a taxa de extração da água é duas vezes maior que a recarga dos lençóis. Resultado: não apenas os lençóis são cada vez mais poluídos como alguns, como na Califórnia, começam a se esgotar.

O Mar de Aral[1], na Ásia Central, era o quarto maior lago do planeta. Ora, ele está secando totalmente, e já perdeu quatro quintos de sua superfície. Os dois rios que o alimentavam, o Amou-Daria e o Syr-Daria, foram desviados para irrigar campos de algodão. O resultado foi um desastre ecológico: a desertificação de sua antiga superfície e uma intensa salinização dos lençóis freáticos da região. Além disso, a exploração agrícola provocou contaminação através dos pesticidas. Assistimos a uma multiplicação de hepatites, doenças respiratórias e anemias.

Não devemos nos enganar: estamos caminhando em direção a um esgotamento da água potável. Alguns chegam a estimar que, em 2025, dois terços da população serão afetados por uma penúria de água."

REEVES, Hubert; LENOIR, Frédéric. *Mal da Terra.* São Paulo: Paz e Terra, 2006. p. 142-144.

DISCUTA

1. Por que a água doce líquida não pode ser considerada de fácil acesso?
2. Quais argumentos utilizados no texto revelam o agravamento dos problemas relacionados ao abastecimento de água no mundo?
3. Sabendo-se que a projeção da população mundial para 2025 é de aproximadamente 7,8 bilhões de habitantes, quantas pessoas serão afetadas pela escassez de água?

1 A maioria dos lagos de água salgada é chamada de mar. São lagos residuais resultantes de antigos mares que se fecharam. No caso do Mar de Aral e outros lagos, próximos a áreas desérticas, a intensa evaporação contribui para a elevação da salinidade. Os mares podem ser também classificados em costeiros, situados nas regiões de contato das águas oceânicas com a faixa costeira dos continentes. O de Aral, o Cáspio, o Morto, entre outros, são chamados de mares fechados ou isolados, pois não mantêm contato com as águas oceânicas.

A HIDROSFERA

Cerca de 70% da superfície terrestre encontra-se coberta por água (a hidrosfera), que compreende os oceanos, os mares e as águas continentais (rios, lagos e geleiras). Porém, de toda a água disponível, 97,5% é salgada e apenas 2,5% é água doce. Isso representa um volume total de apenas 35 milhões de km^3 de água doce em relação a 1,365 bilhão de km^3 da água disponível em todo o planeta.

Considerando-se apenas a água doce, cerca de 70% estão retidos nas geleiras (nos polos e nas neves eternas das montanhas), sendo que 60% cobrem a Antártida. Outra parte está no subsolo e em solos encharcados. As águas superficiais de fácil acesso para o consumo humano, depositadas em rios e lagos, correspondem a 0,3% da água doce disponível no planeta. Observe o infográfico abaixo.

ALEX SILVA

Fonte: elaborado com base em UNEP/GRID-ARENDAL. *Vital Water Graphics 2008*. Disponível em: <www.unep.org>. Acesso em: out. 2013.

ÁGUAS OCEÂNICAS

Mais da metade da população mundial vive numa faixa litorânea de cerca de 100 km. Grandes e pequenas cidades, aldeias de pescadores e pequenas vilas desenvolvem atividades relacionadas ao mar. A biodiversidade dos ecossistemas marinhos, que fornece 90% do pescado mundial, equivale à biodiversidade dos ecossistemas terrestres.

As águas oceânicas também constituem um meio fundamental para transporte, atividades portuárias de importação e exportação (90% do comércio internacional), **navegação de cabotagem**, aquicultura (criação de peixes, ostras, mariscos e crustáceos) e extração de minerais (sal e petróleo), além das possibilidades de turismo e lazer.

Navegação de cabotagem
aquela realizada ao longo da costa do país.

Os diferentes aspectos físicos, químicos e biológicos da água do mar são estudados pela oceanografia. Essa ciência também trata da dinâmica geológica das estruturas da litosfera oceânica, do relevo submarino, da exploração mineral, da ecologia marinha, entre outros.

Relevo submarino

As características do relevo continental e submarino são semelhantes, embora neste, por conta da predominância do trabalho de modelagem da água, exista maior suavidade nos contornos. O relevo submarino divide-se em plataforma continental, talude continental, bacia oceânica, dorsal (montanhas oceânicas) e fossa abissal. Observe o perfil na página seguinte.

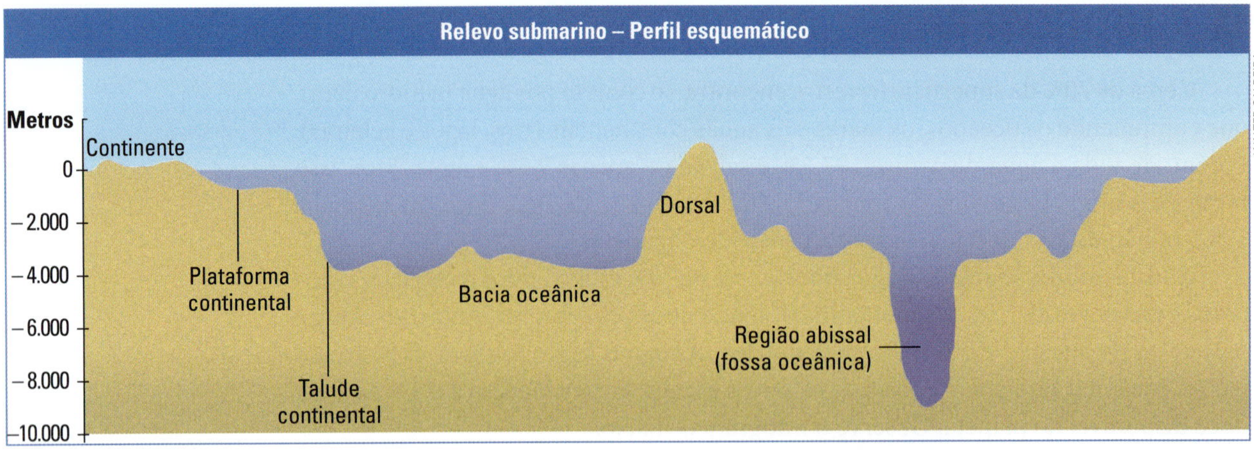

Fontes: elaborado com base em TEIXEIRA, W. *et al.* (Org.). *Decifrando a Terra.* São Paulo: Companhia Editora Nacional, 2009. p. 279; GIMENEZ, K. *Os oceanos.* São Paulo: Atual, 2007. p. 13.

A **plataforma continental** é o prolongamento submerso dos continentes, com algumas modificações promovidas pela erosão marinha ou por depósitos sedimentares. Sua profundidade em geral não ultrapassa 200 metros. Dessa unidade de relevo extrai-se a quase totalidade dos recursos marítimos, como o petróleo e o gás natural. Por estar sujeita à penetração da luz solar, há o desenvolvimento de plânctons vegetais, base da cadeia alimentar da fauna aquática. Dessa forma, nela é realizada a maior parte das atividades pesqueiras.

Dada sua importância econômica, em 1945 os Estados Unidos tomaram a decisão de estender a jurisdição nacional sobre recursos à sua plataforma continental.

O **talude continental** corresponde à inclinação mais aprofundada que a plataforma, chegando a 4 mil metros de profundidade.

A **bacia oceânica** abrange a maior superfície e estende-se a partir do limite do talude continental até aproximadamente 5 mil metros de profundidade. É constituída por extensas bacias, de topografia mais ou menos plana, por vezes interrompida por dorsais ou cordilheiras e por fossas abissais.

As **dorsais** constituem grandes cordilheiras e acompanham, em certos casos, o contorno dos continentes. As dorsais encontradas nos oceanos Atlântico, Índico e Pacífico apresentam altitudes que variam entre 2 e 4 quilômetros, emergindo em diversos pontos sob a forma de ilhas e arquipélagos. O mais marcante exemplo é a Dorsal Mesoatlântica.

A **região abissal** corresponde às profundezas do oceano. É chamada também de **fossa oceânica** ou abissal, cuja profundidade máxima atinge 11.033 metros. É o caso da Fossa das Marianas, situada perto das Ilhas Marianas, no Oceano Pacífico, que, além da escuridão e das baixas temperaturas, apresenta pressão 1.100 vezes superior à encontrada ao nível do mar. Muitas fossas abissais estão situadas próximo aos continentes, como a Fossa do Atacama, no Oceano Pacífico, perto da costa sul-americana.

Os limites da soberania brasileira sobre o território oceânico

Como vimos, a plataforma continental corresponde à unidade do relevo submarino até a profundidade aproximada de 200 metros. No entanto, do ponto de vista jurídico, a plataforma continental é definida como a extensão sobre o litoral em que o país exerce soberania.

Em 1982, a Convenção das Nações Unidas sobre o Direito do Mar (CNUDM), em Montego Bay (Jamaica), estabeleceu os limites da soberania do território oceânico em 200 **milhas marítimas** (cerca de 370 quilômetros). No entanto, essa delimitação não conta com a aprovação dos Estados Unidos, que assinaram a convenção, mas não a ratificaram. No Brasil, os critérios dessa convenção entraram em vigor oficialmente em 1994.

Milha marítima (ou náutica)
unidade de medida que equivale a 1.852 metros (aproximadamente 1,85 quilômetro).

A Convenção de Montego Bay delimita três regiões sobre as quais o país tem direitos: mar territorial, zona contígua e zona econômica exclusiva.

O **mar territorial** brasileiro compreende uma faixa de 12 milhas náuticas (pouco mais de 22 quilômetros) de largura, a partir do litoral continental e insular. O Brasil tem soberania sobre essa faixa oceânica e o espaço aéreo correspondente, que são acrescidos ao território continental.

A **zona contígua** brasileira abrange uma faixa de mais 12 milhas a partir do limite do mar territorial. Nela o país pode fiscalizar navios e reprimir infrações cometidas, de acordo com as leis brasileiras.

A **zona econômica exclusiva** brasileira compreende uma faixa que se estende até 200 milhas náuticas, a partir do litoral, em que o Brasil exerce soberania para fins de exploração e aproveitamento, conservação e gestão dos recursos naturais, das águas do mar e do subsolo, para fins econômicos e de investigação científica.

O Brasil reivindica a extensão de 150 milhas náuticas (277,8 quilômetros) de sua plataforma continental, além das 200 milhas náuticas (cerca de 370 quilômetros), tendo solicitado isso formalmente à CNUDM, em 2004. Para tanto, precisa apresentar estudos criteriosos sobre essa região, inclusive sobre a capacidade de conservação da biodiversidade. Se aprovada a ampliação, seriam adicionados 960 mil km^2 à área de 3,5 milhões de km^2 a que o país tem direito.

A região da plataforma continental brasileira é chamada pela marinha do Brasil de "**Amazônia azul**", numa alusão à Amazônia verde, pelo potencial em termos de recursos naturais e pela grande biodiversidade que abriga, mas também pela necessidade de conservação. Vários países, como China, Japão, Coreia do Sul, França, EUA, Índia, exploram diversos recursos minerais em sua plataforma continental, como terras raras, zinco, matéria-prima para insumos agrícolas (fosforitas), sais de potássio, carbonatos, manganês, cobre, cobalto. O Brasil precisa desenvolver tecnologia para explorar esses recursos, intensificando as pesquisas que vêm sendo feitas. O sucesso na exploração de petróleo em águas profundas, que coloca hoje o Brasil na vanguarda desse tipo de tecnologia, é uma prova de que se pode atingir também uma excelência em termos tecnológicos na mineração submarina.

Plataforma continental brasileira

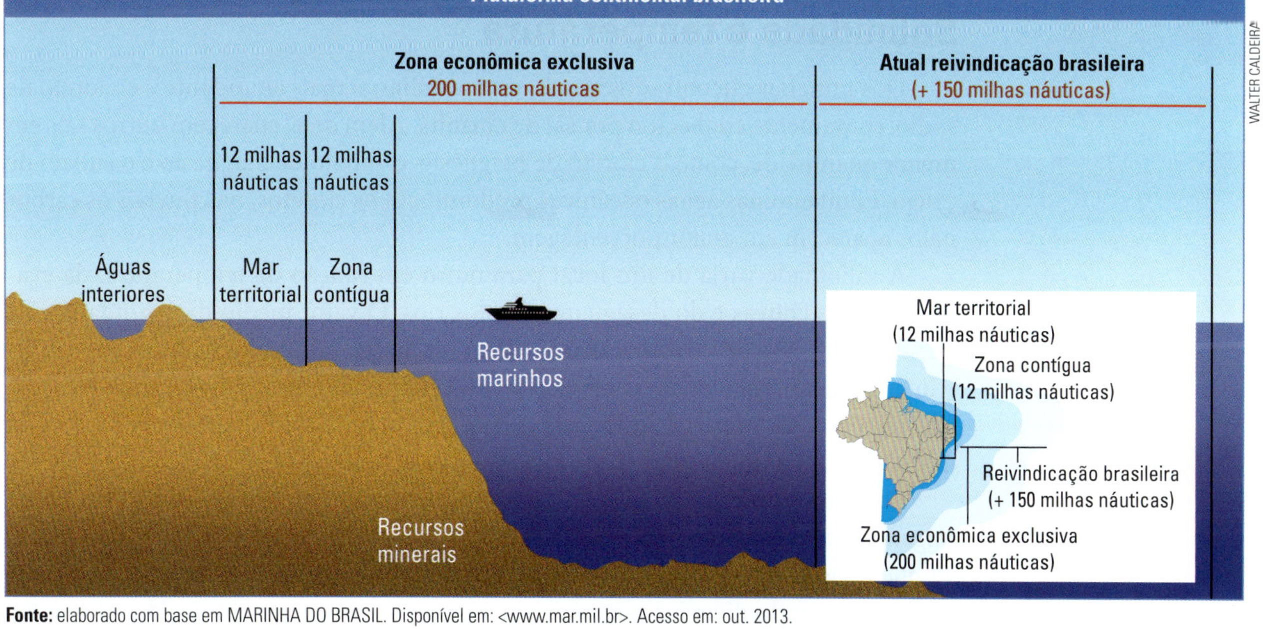

Fonte: elaborado com base em MARINHA DO BRASIL. Disponível em: <www.mar.mil.br>. Acesso em: out. 2013.

Na **Conferência das Nações Unidas sobre Desenvolvimento Sustentável**, a **Rio+20**, realizada em junho de 2012 no Rio de Janeiro (conteúdo que será abordado na Unidade 5), discutiu-se a necessidade de elaborar um tratado internacional que regulamente a conservação e a exploração de recursos em águas internacionais, ou seja, que não está sob o controle e a responsabilidade de nenhum país. Esse aspecto continua sendo uma lacuna grave na Convenção das Nações Unidas sobre o Direito do Mar e pode comprometer a biodiversidade e a qualidade das águas oceânicas. Trata-se de uma questão delicada, pois envolve interesses geopolíticos e econômicos, particularmente de grandes potências, como Estados Unidos, Japão, Rússia, entre outras.

Correntes marinhas

As correntes marinhas podem ser comparadas a "rios" de água salgada com temperatura diferente da massa de água oceânica por onde passam. Além disso, circulam em outra velocidade em razão da diferença de temperatura e salinidade, que modificam sua densidade. Essa diferença de densidade faz com que as correntes tenham velocidade própria e sigam sempre uma direção regular e relativamente precisa.

O movimento e a direção das correntes dependem de ventos regulares (principalmente os alísios), do movimento de rotação da Terra e do contorno dos continentes.

A importância prática do estudo das correntes marinhas reside no fato de que são ricas em microrganismos (plânctons) e servem de base para a alimentação de muitos peixes. Por isso, as correntes constituem lugares favoráveis ao desenvolvimento de grandes cardumes e, consequentemente, à atividade pesqueira. Os plânctons de origem animal (zooplânctons) são abundantes em águas quentes e os de origem vegetal (fitoplâncton) dominam as águas frias. A combinação de águas quentes e frias favorece a concentração de cardumes.

As áreas oceânicas próximas aos litorais da Noruega (Corrente do Atlântico-Norte ou do Golfo), do Peru (Corrente de Humboldt) e do Japão (Corrente do Japão ou Kuroshivo e Corrente Oyashivo) são de grande importância para a atividade pesqueira devido às correntes marinhas que as atingem.

Quando se aproximam do continente, as correntes influenciam também o clima das regiões situadas junto à costa.

Salinidade e temperatura

Dos minerais encontrados nas águas marinhas, o mais abundante é o cloreto de sódio, comumente conhecido por sal de cozinha. Além dele, aparecem outros sais em menor quantidade, como o cloreto de magnésio, o sulfato de magnésio e o sulfato de cálcio. Enquanto nas águas oceânicas predominam os cloretos, nas fluviais os carbonatos aparecem em maior porcentagem.

A salinidade varia de um local para outro em função da temperatura, da evaporação, das chuvas e do desaguamento dos rios. O valor médio da salinidade é de 35‰, ou seja, 35 g de sais por 1.000 g (1 litro) de água. Nas áreas em que a evaporação é intensa e a quantidade de chuva, pequena, a salinidade apresenta-se mais elevada. Nas regiões mais frias, a salinidade é menor, por conta da reduzida evaporação e da diluição da água do mar pelo derretimento das neves.

Os mares tropicais pouco profundos (onde a evaporação é mais intensa) são mais salgados que os situados próximo aos polos, nos quais os gelos glaciares aportam. Também são menos salgados os mares onde deságua um maior número de rios, cujas águas, carregando diversos materiais em suspensão, reduzem o índice de salinidade.

Planisfério: correntes marinhas

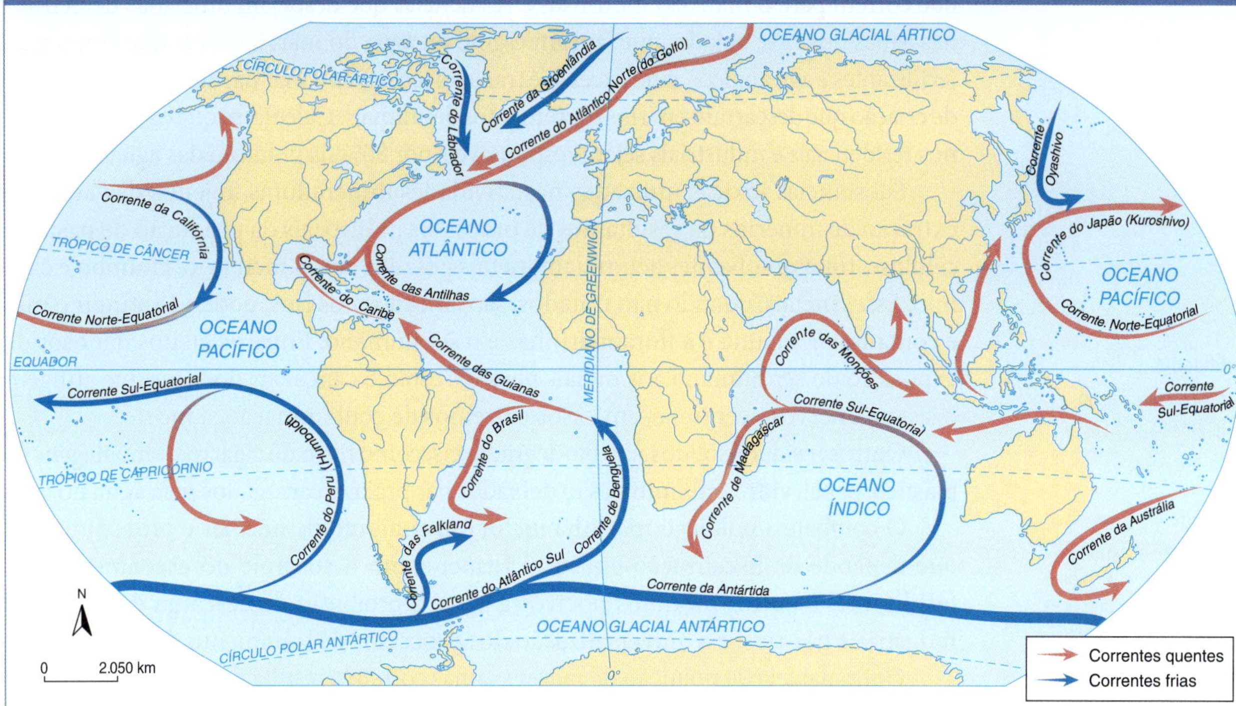

MARIO YOSHIDA

Fonte: CALDINI, Vera; ÍSOLA, Leda. *Atlas geográfico Saraiva*. São Paulo: Saraiva, 2009. p. 170.

Por exemplo: enquanto o Mar Negro tem índice de salinidade de 1,5‰, o Vermelho, localizado em região árida, apresenta salinidade de 40‰, acima da média geral. O maior índice de salinidade, no entanto, é o do Mar Morto: 250‰.

A temperatura das águas depende da quantidade de insolação recebida: será mais elevada na superfície do que em profundidades maiores e na Linha do Equador do que nos polos. Como a água demora mais tempo do que a terra para se aquecer e se resfriar, os oceanos apresentam variações de temperatura menos bruscas que os continentes.

STOCKPHOTO 'GLOW IMAGES

Homens flutuando no Mar Morto, em 2010. A alta concentração de sais dissolvidos faz aumentar a densidade da água, propiciando a flutuação.

Poluição marinha

Já vimos que a maior parte da população mundial vive no litoral, ou próximo a ele, e que as águas de mares e oceanos são utilizadas para diversas atividades humanas. O ambiente marinho, portanto, está sujeito a múltiplas influências e perturbações, cujas causas se encontram principalmente no continente, de onde são lançados dejetos e resíduos resultantes das atividades humanas.

A poluição marinha é, em grande parte, consequência da poluição da água dos rios, que correm para o mar. São indústrias e residências que despejam toneladas de detritos nas águas dos rios; cidades que lançam esgoto na água do mar; lavouras que empregam fertilizantes e agrotóxicos, cujo excesso é transportado para o mar nas águas dos rios; áreas de criação que descartam em rios excrementos de animais. Calcula-se que os dejetos urbanos residenciais e industriais sejam responsáveis por 80% da poluição das águas do mar.

Substâncias tóxicas utilizadas nas atividades mineradoras, rejeitos das áreas de extração de minérios ou resultantes de processos industriais da produção de pasta de celulose, tintas e solventes acumulam metais pesados como mercúrio, chumbo e cádmio. Esses metais, quando não tratados, são lançados nos rios, podendo atingir o mar e contaminar a fauna e a flora marinhas e o ser humano. Entre os efeitos danosos da exposição do ser humano aos metais pesados estão o câncer, as doenças que atingem o sistema nervoso central e, em casos extremos de contaminação, a morte.

Outros resíduos sólidos não biodegradáveis, como filtro de cigarros, embalagens de plástico, papel, vidro e alumínio, são deixados nas praias e carregados pela água no mar.

O combate à poluição marinha inclui um conjunto de normas e procedimentos que depende de fiscalização em terra firme, como o controle do escoamento dos fertilizantes e outros produtos nocivos à água; a proibição da descarga de **efluentes** industriais nos rios; e a universalização dos processos de tratamento de esgoto.

Outra parcela da poluição de mares e zonas costeiras resulta de acidentes no transporte marítimo de mercadorias. A principal causa dessa poluição são os acidentes envolvendo grandes petroleiros, que respondem por 10% da poluição dos oceanos. No Brasil, parte da poluição causada pelo petróleo decorre de acidentes em plataformas de extração localizadas no oceano. Embora proibida por lei internacional, a lavagem dos porões de petroleiros muitas vezes é feita em alto-mar, contribuindo para a contaminação das águas.

A poluição das águas oceânicas vêm trazendo consequências para outros ecossistemas marinhos, como **recifes** e **mangues**.

Os recifes, além de constituírem barreiras de proteção das áreas costeiras quando próximos ao continente – um dique natural que evita o avanço do mar –, abrigam cerca um quarto da fauna marinha. Toda essa riqueza vem sendo ameaçada pela atividade pesqueira, pela captura de peixes ornamentais e sobretudo pela poluição e pelo aumento da temperatura das águas. Os mangues constituem outro ecossistema cuja degradação compromete a fauna marinha. Além de abrigar espécies variadas de vegetais, é nos mangues que muitos organismos marinhos procriam e se desenvolvem. Esse ecossistema faz parte da rota migratória de aves e constitui fonte para a alimentação de peixes.

Efluente
resíduo lançado no ambiente.

Recife
formação constituída por organismos cujos esqueletos e carapaças estruturam camadas de carbonato de cálcio que dão origem a corais de coloração diversa. Pode estar totalmente submerso ou atingir a superfície.

Mangue
ecossistema costeiro, de regiões tropicais e subtropicais, situado nas desembocaduras de rios e lagunas (lagoas costeiras). Os mangues são considerados "berçários" naturais da fauna aquática, onde é feita a desova e ocorre a primeira fase do desenvolvimento de várias espécies antes de se lançarem ao mar.

ÁGUAS CONTINENTAIS

Os rios são de grande importância para a organização do espaço geográfico. As primeiras civilizações organizaram-se em função da disponibilidade e do controle das águas, como a da Mesopotâmia, nas margens dos rios Tigre e Eufrates; a do Egito, no Nilo; a da Índia, ao longo do Rio Indo. Diversas regiões de elevada densidade demográfica e grandes cidades estruturaram-se junto a margens fluviais.

De toda a água doce disponível no planeta, a maior parte encontra-se na forma de geleiras; outra parcela considerável está localizada no subsolo, em lençóis subterrâneos e aquíferos. Rios e lagos, localizados nas diferentes bacias hidrográficas da Terra, apesar de concentrarem a menor parte dessa água, são as fontes de água doce de mais fácil acesso para o consumo humano e de outros seres vivos. Observe o mapa das principais bacias do mundo na página seguinte.

DICA
LEITURA

Poluição das águas
Luiz Roberto Magossi. São Paulo: Moderna, 2003.
Destaca a importância da água como elemento essencial à vida, faz um contraponto com a poluição nas diversas formas em que ela ocorre e propõe alternativas para combater o uso indevido e a contaminação da água.

Planisfério: principais bacias hidrográficas

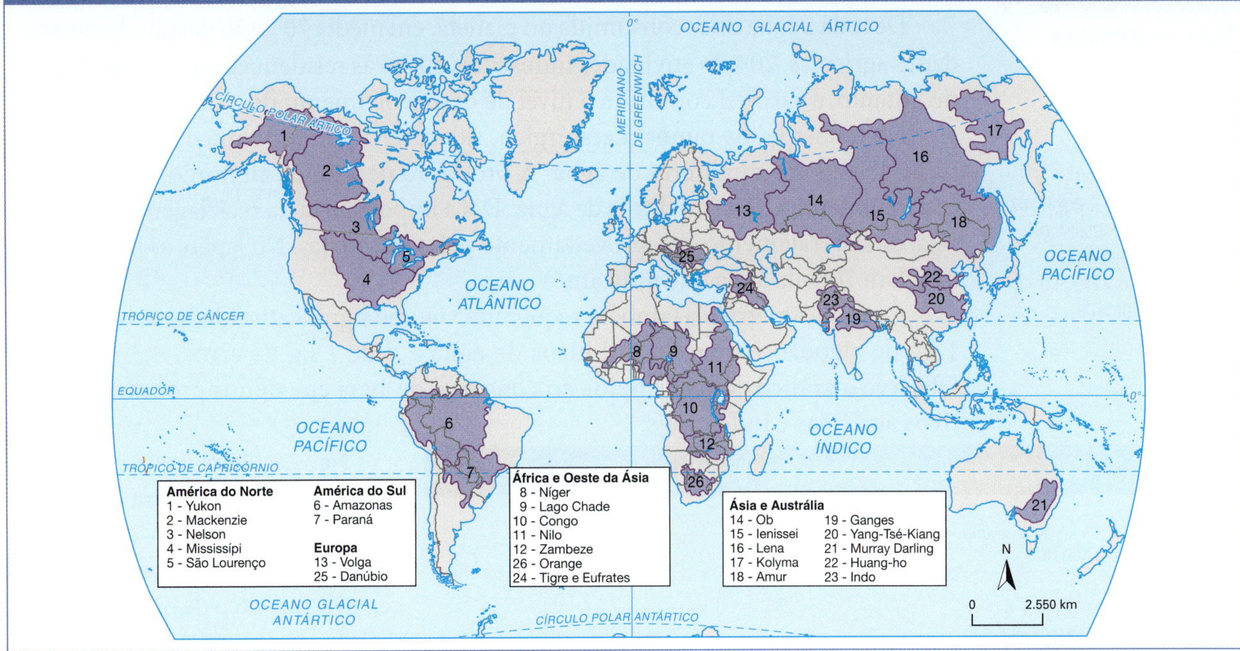

MARIO YOSHIDA

Fonte: UNEP/GRID-ARENDAL. *Major river basins of the world 2005*. Disponível em: <www.grida.no>. Acesso em: out. 2013.

Os rios podem ser usados para irrigação, geração de energia elétrica, como via de transporte, para a higiene e o consumo humanos e para a pesca, que constitui importante fonte de alimentação.

A água é um recurso renovável. Seu ciclo é contínuo: inclui transpiração e evaporação, condensação, precipitação, escoamento e infiltração. O alto nível de poluição da água, no entanto, pode impor limites à sua **disponibilidade futura**, e, por essa razão, é imprescindível realizar o tratamento do esgoto antes de ser lançado nos rios e lagos.

A água que abastece rios e lagos provém da evaporação dos oceanos, da transpiração da vegetação e de nascentes de onde é escoada a água infiltrada no subsolo. O vapor-d'água resultante da evapotranspiração se condensa em altitudes mais elevadas e precipita na forma de chuva, neve ou granizo. A água escoa, então, pelos rios ou para debaixo da terra, preenchendo os lençóis freáticos e os aquíferos. Parte dela retorna ao oceano, reiniciando o ciclo. Outra parte é absorvida pelas plantas. Observe a ilustração a seguir.

Disponibilidade futura

"Se a população do globo foi multiplicada por três no decorrer do século XX, a demanda por água se multiplicou por sete, e a superfície das terras irrigadas, por seis. Além disso, no decorrer dos últimos cinquenta anos, a poluição dos aquíferos reduziu as reservas hídricas em um terço."
BOUGUERRA, Mohamed Larbi. Cadernos Diplô. *Le Monde Diplomatique*, n. 3, 2003. p. 8.

Ciclo da água simplificado

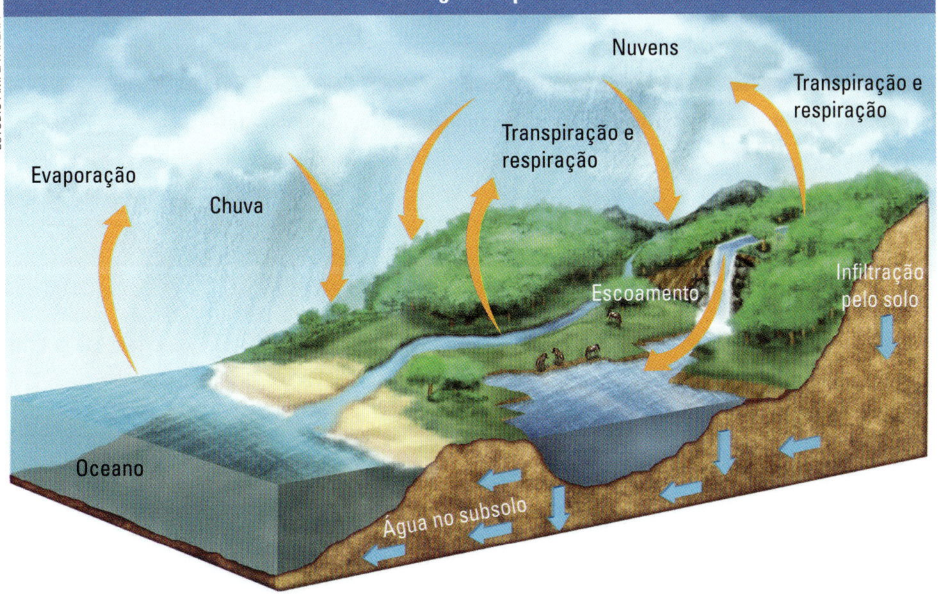

ESTÚDIO AMPLA ARENA

Nos oceanos, a evaporação é maior que nos continentes, mas a água do mar é alimentada por duas fontes: a precipitação e o deságue dos rios. Como a água evaporada dos oceanos é transportada para os continentes, o ciclo da água mantém o sistema em equilíbrio.

Fonte: elaborado com base em TEIXEIRA, W. *et al. Decifrando a Terra*. São Paulo: Nacional, 2009. p.189.

DICA

LEITURA

Água – esperança e futuro

Edmundo Garcia. São Paulo: Loyola, 2004.

O livro discute a problemática de um mundo que vive a escassez de água e a necessidade de tomar medidas para evitar um futuro trágico para a humanidade.

Consumo mundial de água doce

De toda a água doce consumida no planeta, em média 70% são destinados às atividades agrícolas, 20% às atividades industriais e 10% às residenciais. Essa distribuição, no entanto, é variável conforme o nível de desenvolvimento do país.

Na indústria, os ramos metalúrgico, siderúrgico, petroquímico e papeleiro são os principais consumidores de água. A produção de 1 kg de alumínio, por exemplo, consome cerca de 100 mil litros de água. Daí a importância da reciclagem da água, ou seja, de seu tratamento e reaproveitamento pelas indústrias. No Japão, as indústrias já reciclam 70% da água que utilizam.

A produção agrícola também requer um volume significativo de água: o cultivo de 1 kg de algodão requer 10 mil litros de água e o de 1 kg de arroz, 4,5 mil litros. Observe o gráfico com exemplos do consumo de água em alguns processos produtivos agrícolas e industriais.

Consumo de água na produção de alguns bens – 2007

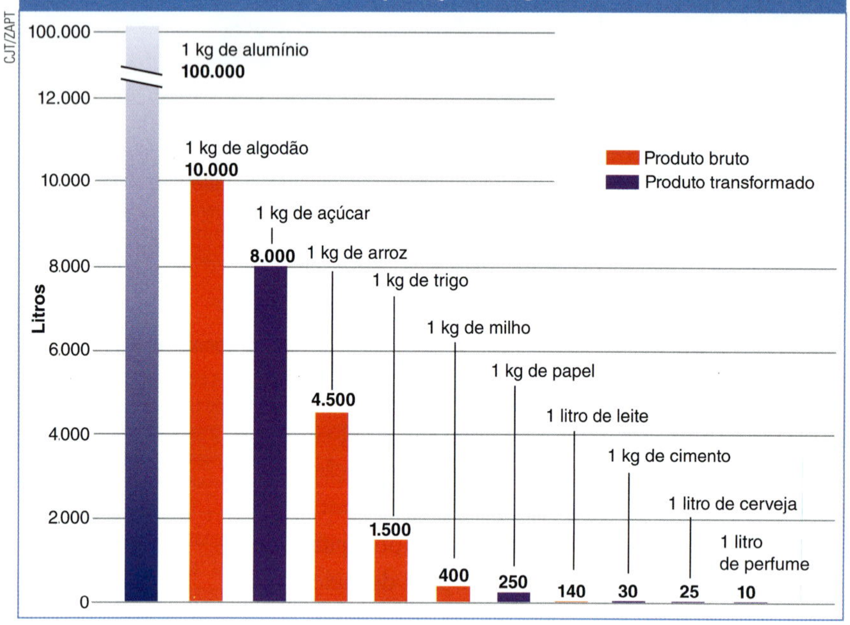

Fonte: *Atlas do meio ambiente – Le Monde Diplomatique Brasil.* São Paulo: Instituto Polis, 2008. p. 52.

Na agricultura, a quase totalidade da água utilizada vai para a irrigação. Apesar de somente 17% das lavouras serem irrigadas, elas respondem por cerca de um terço da produção mundial de alimentos. A irrigação, feita em regiões com determinadas condições naturais, pode causar desastres ambientais irreversíveis. Foi o que ocorreu com o Mar de Aral, na fronteira entre o Cazaquistão e o Uzbequistão, na Ásia. Os rios Amu Daria e Syr Daria desembocam no **Mar de Aral**. O desvio das águas desses rios para irrigação reduziu em um terço o volume do Mar de Aral, elevou sua salinidade, alterou seu ecossistema e o modo de vida da população. A água restante sofreu os efeitos da poluição com agrotóxicos e pesticidas utilizados na lavoura de algodão. A floresta ao seu redor e a fauna que ela abrigava desapareceram. A pesca, importante recurso para a população, cessou completamente.

Mar de Aral (1957 a 2013)

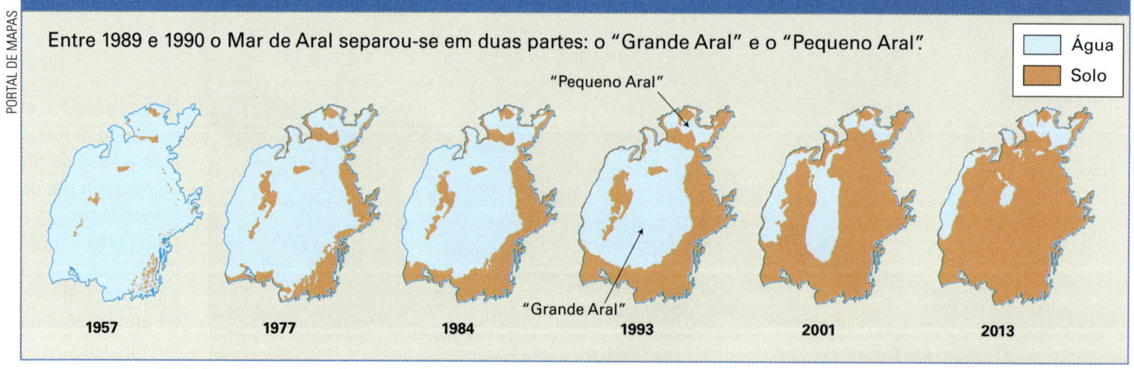

Fonte: UNEP (2008), Vital Water Graphics – An Overview of the State of the World's Fresh and Marine Waters. 2nd Edition. UNEP, Nairobi, Kenya. Disponível em: <http://www.unep.org>. Acesso em: nov. 2013; Shrinking Aral Sea. NASA, Earth Observatory, Features, August 25, 2013. Disponível em: <http://earthobservatory.nasa.gov/Features/WorldOfChange/aral_sea.php>. Acesso em: nov. 2013.

Distribuição e disponibilidade

A distribuição das águas continentais é desigual no planeta e no interior de cada país. Com exceção da Bacia Amazônica, na América do Sul, da Bacia do Congo, no centro da África, da maior parte do território canadense e do norte da Europa e da Ásia, as principais bacias são áreas de aglomerações humanas e, consequentemente, de intensa atividade industrial ou agrícola.

A tendência histórica sempre foi de elevação da demanda por recursos hídricos. Em contrapartida, a tendência atual é a de diminuição progressiva dos mananciais. Apesar de renovável, a água é um recurso finito.

Atualmente diversas regiões do mundo encontram-se na iminência de **escassez** ou de **estresse hídricos**, algumas pelas condições naturais, outras pela intensa exploração e uso inadequado. Na China, na Índia e em regiões como o Sahel, o sul da Europa, o norte da África, o Oriente Médio e o sudoeste americano, os impactos futuros podem ser crônicos, pois em conjunto abrigam 2 bilhões de seres humanos. No Brasil, a área mais crítica é o semiárido nordestino.

Escassez hídrica
ocorre quando o volume de água disponível não é suficiente para atender às necessidades básicas da população. Essa é uma situação de escassez física. Quando o país tem água suficiente em seu território, mas não os recursos econômicos para investir em infraestrutura adequada para transportá-la até os locais de abastecimento, a situação é classificada como escassez econômica.

Estresse hídrico
relação entre o consumo anual, o volume de água disponível e a capacidade de reposição. A reposição é a diferença entre a evaporação e a precipitação.

PALÊ ZUPPANI/PULSAR IMAGENS

Cisterna em moradia na zona rural de Juazeiro (BA), 2010. A irregularidade das chuvas no Semiárido nordestino está ligada às condições climáticas da região. As cisternas são um importante recurso para contornar as dificuldades de obtenção de água nesse contexto.

Outra questão importante a ser considerada quando o assunto é distribuição e disponibilidade de recursos hídricos é a proteção aos lugares onde se encontram nascentes de cursos-d'água e dos mananciais. Nesses trechos do território dos países, é imprescindível a proteção da vegetação nativa. Considerando isso, as alterações previstas no Código Florestal Brasileiro precisam ser avaliadas de modo criterioso, pois é justamente nos topos de morros, nas áreas elevadas do território que se encontram as nascentes de rios e outros cursos-d'água.

DICA
FILME
Erin Brocovich
EUA, 2000. Direção: Steven Soderbergh. Duração: 131 min.
A água de uma cidade no deserto é contaminada e espalha doenças entre os habitantes do local.

Poluição dos rios

Ao longo da história da sociedade humana na Terra, os rios vêm sofrendo agressões que afetam seus ecossistemas e a própria sociedade. Atualmente, a principal ação humana que traz consequências negativas para os rios é o lançamento de dejetos de diversos tipos em suas águas, transformando-os em esgotos a céu aberto. Essa é a situação em que se encontra a maioria dos rios no mundo todo, muitas vezes considerados subprodutos da sociedade urbanoindustrial, que encara a natureza como fonte de matéria-prima ou depósito de resíduos.

A morte dos rios em diversos países está basicamente relacionada ao lançamento de três produtos principais em suas águas: esgotos urbanos sem tratamento; pesticidas e fertilizantes químicos utilizados na agricultura, levados para os rios pela água da chuva; e resíduos industriais.

NELSON ANTOINE/FOTOARENA

Lixo acumulado no leito do Rio Tietê, em São Paulo (SP), 2011.

Os resíduos industriais são, em muitos lugares, os principais agentes poluidores dos rios. Nas grandes metrópoles dos países subdesenvolvidos, porém, os rios são poluídos, principalmente por esgotos urbanos, que contêm fezes humanas, restos de alimento, de detergentes e sabões. Esses dejetos contêm microrganismos que podem causar doenças, se ingeridos ou absorvidos pela pele. Além disso, o esgoto é rico em nutrientes que servem de alimento para bactérias decompositoras; como esse processo utiliza o gás oxigênio dissolvido na água, esse meio se torna inadequado para a sobrevivência da maior parte dos seres vivos, afetando ecossistemas fluviais e lacustres.

Além do lançamento de produtos químicos, entre eles, metais pesados (cobre, mercúrio, chumbo, cádmio), as indústrias são responsáveis pela chamada poluição térmica, causada pelas usinas termelétricas que despejam nos rios água com temperatura muito superior à existente neles. Como os animais aquáticos são muito sensíveis à alternância brusca de temperatura, acabam morrendo. A temperatura elevada também leva à perda do oxigênio da água.

Uma política de conscientização da população também se faz necessária, uma vez que outra importante causa da poluição dos rios é a dispensa de lixo residencial nos cursos-d'água e nas vias públicas – prática que também causa enchentes e alagamentos.

A solução para o problema da poluição dos rios está principalmente no tratamento dos esgotos urbanos e industriais e no maior controle da utilização de pesticidas na agricultura. Apesar de ter aumentado a quantidade de esgotos urbanos e industriais que passa por algum sistema de tratamento, ela é ainda pequena. Como consequência, o número de rios poluídos permanecerá grande por décadas.

A poluição dos rios, lagos e lençóis freáticos, por outro lado, afeta a disponibilidade de água para abastecimento da sociedade, e, em muitos casos, mesmo que não comprometa integralmente a captação desse recurso, exige uma ampliação significativa dos gastos nesse processo, pois, quanto maior o comprometimento dos recursos hídricos, maior o custo de tratamento da água. Isso vem ocorrendo em vários municípios brasileiros.

DICA

SITE

Água online
www.aguaonline.com.br
Revista digital que trata da água, do saneamento e do meio ambiente.

Um dos exemplos mais significativos de recuperação de rios é o da Grã-Bretanha, pioneira na Revolução Industrial e, por consequência, na poluição fluvial. Nesse país, foi feito um controle rigoroso nas indústrias, os esgotos urbanos passaram a ser tratados e os encanamentos foram trocados. Nas áreas agrícolas, inspetores implementaram visitas a fazendas para impedir que pesticidas fossem jogados nos rios.

Esse trabalho resultou na volta da vida aos rios, como o Tâmisa, que passou a ser frequentado por focas, o Mersey, cujos afluentes recebem atualmente muitas lontras, e o Humber, cujo estuário é visitado pela lampreia, peixe que só sobrevive em águas limpas.

MARIO YOSHIDA

Brasil: distribuição de água e coleta de esgoto – 2010 (em % de domicílios)

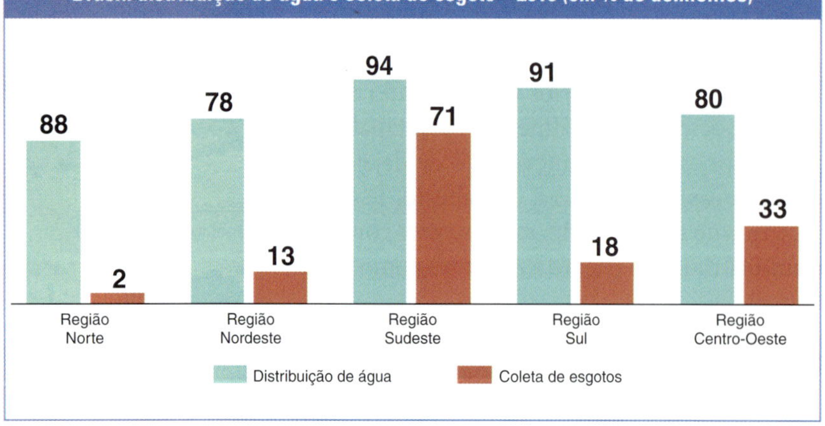

Fonte: *Horizonte Geográfico*, n. 134, ano 24, mar. 2011, p. 39.

A maior parte dos domicílios brasileiros é atendida com rede de distribuição de água. O mesmo não se confirma com relação à rede coletora de esgoto, inexistente na maioria das residências.

GEOPOLÍTICA DA ÁGUA

Cerca de um terço das fronteiras entre os países é delimitada por rios ou lagos, e dois terços dos rios mais extensos do mundo têm suas águas partilhadas por diversos países. Obras hidráulicas ou atividades poluentes na **montante** de um rio podem prejudicar o fluxo de água no país vizinho, que utiliza as águas da **jusante**. No início do século XXI, o problema da seca em numerosas e extensas regiões da Terra tornou-se tão grave que os países começam a reavaliar o verdadeiro valor da água e sua importância estratégica para o desenvolvimento econômico e a sobrevivência da humanidade.

Provavelmente, a água potável será o recurso natural mais disputado do planeta neste século. Sua escassez em um grande número de países, principalmente na África, na Ásia e especialmente no Oriente Médio, será a principal causa de guerras. Essa é a conclusão do Centro de Estudos Estratégicos Internacionais. Também o Banco Mundial, em relatório publicado em agosto de 1995, já alertava: "Muitas das guerras deste século [XX] foram fruto da disputa pelo petróleo. As do próximo século [XXI] serão causadas pela luta por água".

Nas últimas décadas, a África do Norte e o Oriente Médio foram as duas regiões do mundo que registraram o maior crescimento de importação de cereais, devido principalmente à escassez de água. Além da precariedade dos recursos hídricos, os países dessas regiões possuem crescimento populacional acelerado. Os mais ricos – aqueles com grandes exportações de petróleo – utilizam-se de técnicas modernas e caras para obter água: perfuram poços extremamente profundos para atingir as águas subterrâneas ou dessalinizam as águas marinhas. Já nos países mais pobres, as populações percorrem muitos quilômetros para obter água, que nem sempre é de boa qualidade.

No Oriente Médio, a principal rede hidrográfica é formada pelos rios Eufrates e Tigre, que nascem na Turquia e percorrem todo o Iraque e parte da Síria. Na Turquia, a construção da represa de Ataturk e o desvio das águas para irrigação de áreas agrícolas, que fazem parte do Projeto Grande Anatólia, diminuíram o volume dos dois rios, prejudicando os outros países alcançados por suas águas.

Montante
trecho de um rio situado acima de outro, mais próximo de sua nascente.

Jusante
trecho de um rio situado abaixo de outro, mais próximo de sua foz.

DICA
LEITURA
O manifesto da água
Riccardo Petrella. Rio de Janeiro: Vozes, 2002.
Crítica à política da água, tratada como um produto orientado para o mercado.

JANE SWEENEY/JAI/CORBIS/LATINSTOCK

Represa de Ataturk, próximo à cidade de Adiyaman (Turquia), 2008.

DICA

LEITURA

Pelos caminhos da água
Valdir Montanari. São Paulo: Moderna, 2003.

O livro discute as principais questões relativas à água, como o abastecimento e o saneamento básico; faz uma avaliação dos recursos hídricos do planeta e projeções para o futuro; relaciona a questão da água ao âmbito internacional e discute sua preservação como um dever e um direito de cidadania.

Outra bacia importante do Oriente Médio é a do Rio Jordão, que nasce no sul do Líbano e percorre terras da Síria, Israel, Jordânia e os dois territórios autônomos da Palestina, a Cisjordânia e a Faixa de Gaza. Israel, em 1967, na Guerra dos Seis Dias, destruiu uma represa em fase de conclusão, financiada pela Jordânia e pela Síria, que seria utilizada para desviar as águas de importantes afluentes da Bacia do Jordão.

O Rio Jordão e o Mar da Galileia abastecem a Cisjordânia (região atualmente administrada pela Autoridade Nacional Palestina - ANP); contudo, o controle dessas águas é feito por Israel. Esse é apenas um dos inúmeros exemplos do controle político e estratégico dos recursos hídricos. Nessa região, mais da metade dos palestinos não dispõe de água potável. Na Faixa de Gaza, cerca de um milhão de pessoas retiram água dos poucos poços potáveis ou de rios poluídos pelo esgoto.

Estudos divulgados pela ONU apontam que na metade do século XXI a água no Oriente Médio será suficiente apenas para atender o consumo doméstico. As demais atividades econômicas, como agricultura e indústria, dependerão do reaproveitamento da água de esgoto ou da importação de água de outras regiões do mundo.

Na Ásia, Bangladesh sente-se prejudicado pela diminuição do fluxo da água do Rio Ganges em razão da construção de barragens e de outras formas de uso pela Índia. Na região da Caxemira - situada no norte da Índia, nas fronteiras com a China e o Paquistão -, ao longo da segunda metade do século XX até os dias atuais, surgiram movimentos separatistas com o objetivo de anexá-la ao Paquistão. Entre as diversas questões que tornam essa região relevante do ponto de vista estratégico, está o fato de o curso médio do Rio Indo atravessar a Caxemira e, nesse caso, a Índia ter que dispor do controle de suas águas.

No continente africano, a bacia do Rio Nilo também está no foco de disputas geopolíticas. As águas dessa bacia são comuns a Egito, Etiópia, Tanzânia, Uganda e Sudão, países com vasta extensão de áreas desérticas que dependem dessas águas para atividades agrícolas e geração de energia.

Em situações de guerra, a destruição ou a contaminação de represas, aquedutos e estações de tratamento de água fazem parte das estratégias de combate.

MEGAPRESS/ALAMY/GLOW IMAGES

Agricultura às margens do Rio Nilo, Egito, 2012.

CONTRAPONTO

TEXTO 1

Água, um direito existencial

"Não faz muito sentido discutir em termos globais a crise de escassez de água que, na opinião dos especialistas, deverá acontecer ainda no decorrer deste século. É que a questão do acesso cotidiano à água para beber – condição imprescindível da nossa existência – só pode ser enfrentada em nível local, numa miríade de constelações particulares, que não se somam. [...]

Podemos transportar alimentos a grande distância, embora a segurança alimentar requeira um certo grau de autossuficiência local. Mas é muito mais problemático proceder da mesma maneira com a água, com a exceção do comércio mundial próspero (e um tanto aberrante) de águas minerais, que faz com que muitos franceses prefiram a Pellegrino italiana às Badoit, Vittel ou Evian locais, as quais têm grande saída na Itália, e que carregamentos de Perrier atravessem regularmente o Atlântico para a maior felicidade dos norte-americanos. [...]

Para racionalizar o uso da água e eliminar os desperdícios decorrentes da sua quase gratuidade, propõe-se uma gestão baseada nos mecanismos do mercado. A água deixa de ser um bem público para se tornar uma mercadoria produzida por empresas especializadas, tecnicamente competentes. As multinacionais francesas Vivendi e La Lyonnaise des Eaux ocupam um lugar de destaque neste mercado **oligopolizado**, que as bolsas acompanham com interesse crescente.

O consumidor paga um preço que reflete os custos reais de produção, acrescidos da margem (ao que parece polpuda) para os operadores. A água passa a ser racionada pelo mecanismo do mercado. Não está claro o que farão os que não têm o necessário poder aquisitivo."

Oligopólio
refere-se à situação de mercado em que um determinado ramo de atividade econômica está concentrado e controlado por um pequeno grupo de empresas.

SACHS, Ignacy. *O gato de Alice e outras crônicas*. São Paulo: Cortez, 2002. p. 128-129.

TEXTO 2

Formas de limitar o desperdício

"Considerando a importância dos aspectos econômicos e da renda nos assuntos envolvendo água, está claro que políticas de preço razoáveis, que promovam maior conservação por parte dos usuários domésticos e industriais, merecem ser adotadas. No passado, o custo da água potável nos Estados Unidos e em outras potências econômicas era baixo demais para encorajar os usuários a economizar: como frequentemente acontece quando as pessoas exploram um recurso natural, poucas entre elas se preocupam com o desperdício se o bem for barato a ponto de parecer quase gratuito.

Estabelecer preços mais altos para água onde for possível está, portanto, quase no topo da minha lista de prescrições. Ela faz mais sentido em países desenvolvidos, particularmente em grandes cidades e em áreas industriais, e também nos países em desenvolvimento. Preços mais altos podem, por exemplo, promover a adoção de medidas como a utilização sistemática da água de reúso – também chamada água cinza – para aplicações não potáveis."

ROGERS, Peter. Preparando-se para enfrentar a crise da água. *Scientific American Brasil*. São Paulo: Duetto, set. 2008. p. 64.

1. Por que no texto 1 o autor afirma que a questão da água é mais complicada que a questão da fome? Você concorda com os argumentos apresentados? Explique.
2. Em qual aspecto os textos apresentam posições diferentes?

[COMPREENSÃO E ANÁLISE]

1. Escolha um dos seguintes títulos para os mapas abaixo:

A: Águas superficiais em rios e lagos

B: Águas subterrâneas e solos encharcados

C: Calotas polares e geleiras

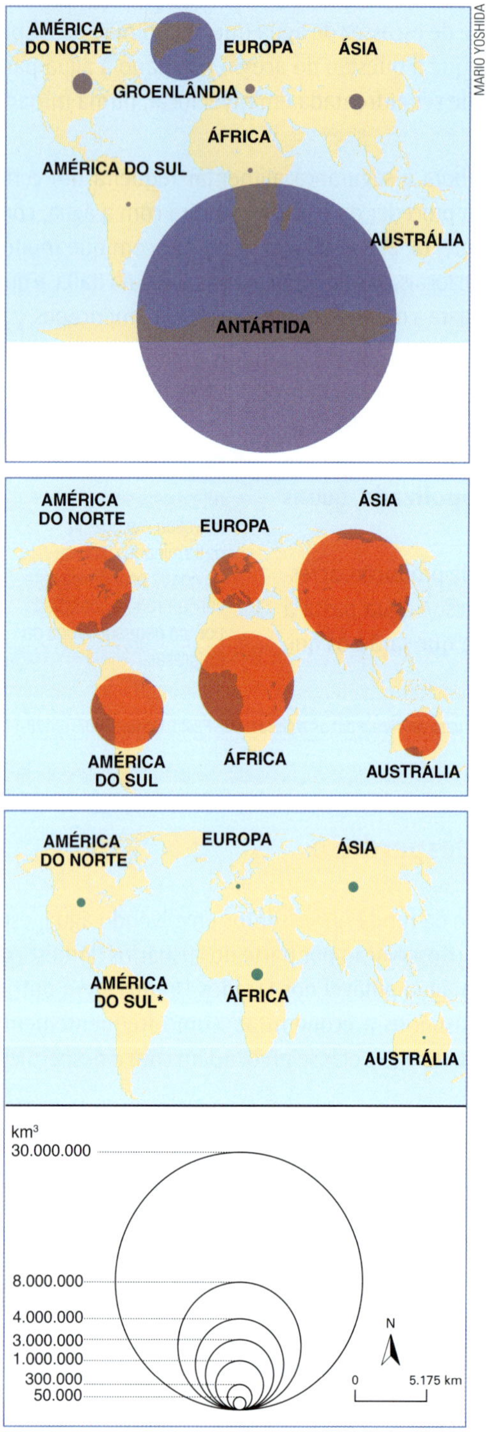

* Dados não disponíveis.

Fonte: elaborado com base em UNEP/GRID-ARENDAL. *Vital Water Graphics 2008.* Disponível em: <www.unep.org>. Acesso em: out. 2013.

2. O que é zona econômica exclusiva? Explique.

3. Sobre as correntes marítimas, responda:

a) O que são?

b) Como são classificadas?

c) Qual é sua importância para a atividade pesqueira?

4. Por que a água destinada ao consumo humano é um recurso menos abundante do que o previsto em análises superficiais do tema? Justifique.

5. No seu cotidiano, é possível observar formas de desperdício de água? Elabore um comentário sobre isso.

6. Observe o gráfico abaixo e responda às questões a seguir.

Mundo: consumo de água anual – 1900-2025* (em km³)

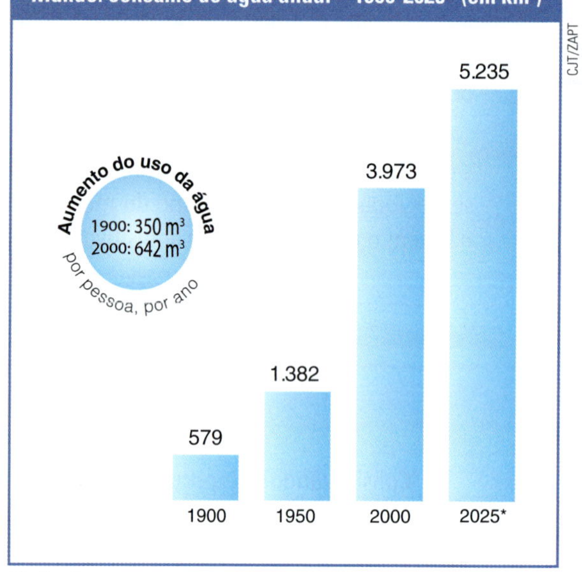

* Estimativa.

Fonte: CLARK, Robin; KING, Jannet. *O atlas da água*. São Paulo: Publifolha, 2006. p. 25.

a) Segundo o que foi visto no capítulo, o que vem causando esse aumento no consumo de água no mundo?

b) Que processo histórico acelerou esse aumento?

7. Cite rios do Oriente Médio que já são focos de conflito e analise um dos casos.

8. Como você avalia a qualidade da água no município em que vive?
Há problemas frequentes de corte no abastecimento?
Escreva um pequeno texto comentando esses aspectos.

CAPÍTULO 11

ÁGUAS CONTINENTAIS DO BRASIL

CONTEXTO

Observe a imagem abaixo.

NASA

Imagem de satélite de trecho da América do Sul, 2007.

DISCUTA

1. Avalie a importância da bacia hidrográfica destacada na imagem, considerando os contextos sul-americano e brasileiro.
2. Quais outras bacias hidrográficas do Brasil podem ser percebidas na imagem de satélite? Há alguma que é compartilhada por vários países? O que você sabe sobre essas bacias?

DICAS

SITES

Ministério do Meio Ambiente
www.mma.gov.br
No menu *Recursos hídricos e ambiente urbano*, o *site* apresenta um panorama dos recursos hídricos do Brasil e os principais projetos em andamento.

Agência Nacional de Água (ANA)
www.ana.gov.br
A ANA é responsável pela coordenação da gestão dos recursos hídricos e regulamentação do acesso à água. O *site* traz muitas informações sobre a água no Brasil e um mapa na página inicial apresenta dados sobre as regiões hidrográficas brasileiras.

FILME

Explorando a Amazônia
Brasil, 2009. Direção: Bruce Parry. Duração: 354 min. (total dos 3 DVDs).
O documentário apresenta uma viagem de 6 mil quilômetros pelo Rio Amazonas, da nascente à foz. Constitui não só uma exploração do rio, mas também da vida dos povos da floresta e dos conflitos que envolvem agricultores, pecuaristas, grileiros, cocaleiros, mineradores, ativistas ecológicos e cientistas.

AS RESERVAS BRASILEIRAS DE ÁGUA DOCE

Com cerca de 12% da água doce do planeta, o Brasil é um país privilegiado em disponibilidade de água. Apesar disso, acumula diversos problemas em relação aos seus recursos hídricos. Entre eles estão as dificuldades de gestão das águas, tanto em relação ao tratamento, saneamento básico e distribuição, como aos problemas gerados por grandes usinas hidrelétricas em locais pouco apropriados, projetos de irrigação, poluição, desperdício e ocupação inadequada do solo nas áreas de mananciais.

O abastecimento das regiões mais desenvolvidas economicamente e mais populosas muitas vezes fica comprometido, pois aumentou não apenas o consumo de água, provocado pelo crescimento populacional e urbano, mas também o de energia elétrica. Quando os níveis dos reservatórios estão baixos, em decorrência da falta de chuvas, as hidrelétricas limitam o fornecimento de água.

Além disso, esses grandes centros urbanos ficam distantes dos rios de maior navegabilidade, nos quais o transporte fluvial poderia constituir uma excelente alternativa. Na Bacia Platina, tem-se ampliado a navegação, com a construção de **eclusas** em diversos trechos, mas o crescimento do transporte de carga por hidrovias ainda é lento.

HIDROGRAFIA DO BRASIL

O regime de um rio está relacionado à variação do nível de suas águas. Nos rios de regime pluvial a variação do nível depende da ocorrência de chuvas, portanto o regime pode ser identificado pela dinâmica do clima. Por exemplo: os rios de regiões de Clima Tropical possuem cheias no verão e **vazante** no inverno; os de Clima Semiárido são em sua maior parte rios temporários; os de Clima Equatorial são caudalosos; os de Clima Subtropical apresentam pequena variação de nível entre os períodos de cheias e vazantes. Quando a variação depende de degelo, o regime é nival ou glacial. Um rio que é abastecido pelo degelo e pelas chuvas possui um regime misto.

Os rios brasileiros possuem regime pluvial, isto é, são alimentados pelas chuvas. Apresentam cheias e vazantes de acordo com as regiões climáticas em que estão situados. Como boa parte do território brasileiro está sujeita ao Clima Tropical, o verão corresponde à época da cheia e o inverno à época de vazante. Apenas o Rio Amazonas (e alguns de seus afluentes e subafluentes) apresenta, além de regime pluvial, regime nival (águas provenientes da neve ou de geleiras), pois sua nascente, situada no Peru, é formada pelo degelo andino.

Em geral os cursos-d'água brasileiros são perenes ou permanentes. Os rios nunca secam totalmente, mesmo em períodos de **estiagem** mais prolongada, exceção feita, como visto, aos rios que têm seu curso limitado ao Sertão, devido ao Clima Semiárido.

A maior parte das águas brasileiras escorre por relevos de planaltos ou depressões, com diversos trechos em declive, favoráveis ao aproveitamento energético. Os poucos rios de planície estão distantes das regiões de maior aglomeração humana e de maior dinamismo econômico, o que explica em parte o subaproveitamento do transporte hidroviário.

Eclusa
comporta que permite a navegação em trechos de rios ou canais em que há desníveis.

Vazante
período em que o rio diminui seu volume de água.

Estiagem
período de ausência ou baixa ocorrência de chuvas.

BACIAS HIDROGRÁFICAS

Rede hidrográfica corresponde a um conjunto de rios e lagos, formado por um rio principal, seus afluentes e **subafluentes**. A área drenada pela rede e todo o sistema que compreende um determinado volume de materiais líquidos e sólidos compõem a **bacia hidrográfica**. Numa bacia as águas das nascentes e da chuva juntam-se e formam rios e riachos. No trecho de altitudes mais baixas, o rio é mais volumoso e reúne a água captada por todos os rios da bacia. Trata-se do rio principal, geralmente o responsável pelo desaguamento da bacia através de sua **foz**.

A área mais elevada de uma bacia hidrográfica recebe o nome de **divisor de águas**, pois estabelece o limite e separa uma bacia de outra.

O declive entre o divisor de água e o rio principal, por onde correm as águas dos afluentes, chama-se **vertente**. Em época de cheias, a água do rio pode transbordar para as margens baixas e planas que o acompanham, as quais constituem a sua **várzea**. Além de depositar sedimentos, nas margens, as águas escavam o **leito** do rio e direcionam o seu **curso**. Em áreas planas o rio pode apresentar vários trechos sinuosos ou em meandros, para dar vazão às suas águas onde as rochas ou o solo oferecem menor resistência.

Subafluente
rio que escoa suas águas para algum afluente do rio principal de uma bacia hidrográfica.

Foz
local de desaguamento do rio. Pode apresentar duas formas: delta (quando o rio acumula sedimentos no leito, formando ilhas fluviais no final do seu curso e as águas correm ramificadas) e estuário (quando não há nenhuma modificação essencial no final do seu curso e a foz é praticamente o prolongamento final do rio).

Esquema de uma bacia hidrográfica

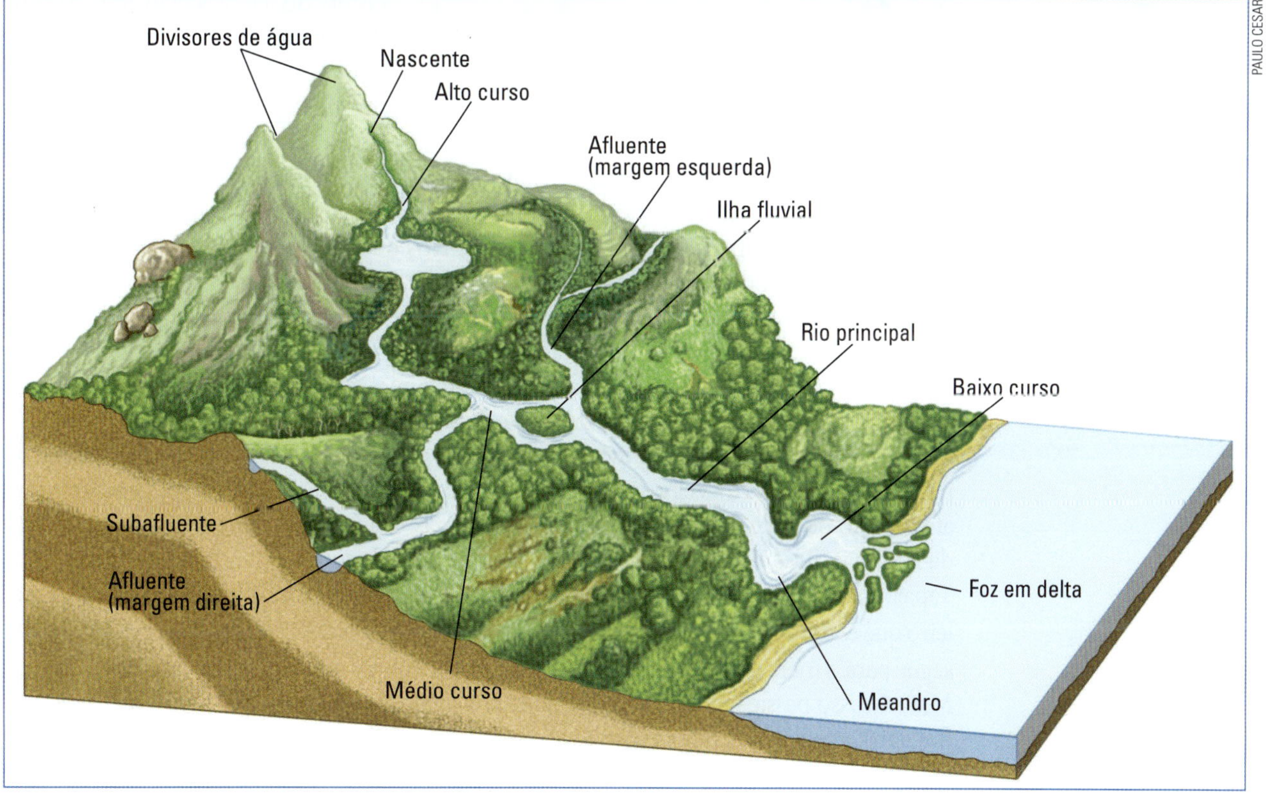

Fonte: elaborado com base em SALVIN, Philip. *Rios e vales*. São Paulo: Scipione, 1998. p. 4.

BACIAS HIDROGRÁFICAS BRASILEIRAS

As bacias brasileiras de grande extensão são: a Amazônica, a do Tocantins, a do São Francisco e a Platina. Essa última compreende as bacias do Paraná, do Paraguai e do Uruguai.

Há, ainda, as bacias menores. Observe o mapa na página seguinte.

Leito
fundo do rio.

Curso
caminho percorrido pelo rio.

Brasil: bacias hidrográficas

Fonte: *Atlas geográfico escolar*. Rio de Janeiro: IBGE, 2007. p. 105.

Bacia Amazônica

Na seção inicial *Contexto* vocês conversaram sobre a Bacia Amazônica e sua importância para a América do Sul e para o Brasil. Ela é a maior do mundo, correspondendo a cerca de 45% da extensão territorial brasileira (3,9 milhões de km^2), além de ocupar mais de 2,2 milhões de km^2 em outros países sul-americanos. A bacia detém 74% dos recursos hídricos superficiais do território nacional e, de toda a água doce do planeta lançada nos oceanos, 20% saem de seu principal rio, o Amazonas, que é o de maior **descarga fluvial** do mundo.

Com regime equatorial, os afluentes do Amazonas são alimentados pelas chuvas provenientes tanto do Hemisfério Norte como do Hemisfério Sul. Alguns dos rios dessa bacia, como o próprio Amazonas, são alimentados também pelas águas provenientes do degelo das neves dos Andes.

> **Descarga fluvial**
> o mesmo que vazão ou débito fluvial; é o volume de água que o rio despeja em sua foz a cada segundo (m^3/s).

O Amazonas é um rio largo e o maior do mundo em extensão e volume de água. Sobretudo em território brasileiro, atravessa uma área plana e de baixa altitude, características também de outros trechos de rios da Bacia Amazônica, o que torna a navegação fluvial o principal meio de transporte da região.

Os rios da Amazônia são meio de vida para a população ribeirinha e para diversos povos indígenas. Possuem a maior e mais variada fauna fluvial do mundo, mais de 1.500 espécies de peixes e o maior peixe de água doce do mundo, o pirarucu, que pode atingir 3 metros de comprimento e 200 quilos.

Uma das possibilidades de escoamento da soja produzida no Mato Grosso é transportá-la por rodovias até Porto Velho, às margens do Rio Madeira, onde é levada por embarcações até o Porto de Itacoatiara (AM), no Rio Amazonas. Há também projetos para construção da Hidrovia Teles Pires-Tapajós, este um afluente do Amazonas. Próximo da confluência do Tapajós com o Rio Amazonas fica o Porto de Santarém (PA), onde há um terminal graneleiro que escoa a produção de soja desse município paraense. Nesses portos a carga coletada segue para o mercado externo pelo Rio Amazonas. Nessas condições, a produção de soja do Mato Grosso passa a ser mais competitiva por conta do baixo custo do frete realizado por transporte fluvial em comparação com o sistema de escoamento exclusivamente rodoviário e ferroviário utilizado a partir do sul do estado do Mato Grosso e em outras áreas produtoras do Centro-Oeste, do Nordeste, do Sudeste e do Sul do país.

A Bacia Amazônica possui o maior potencial para geração de energia hidrelétrica do país. Isso ocorre porque muitos de seus rios, além de possuírem elevado volume de água, correm por uma vasta região de relevo acidentado. Apesar disso, a produção hidrelétrica dessa bacia é pequena, o que se explica em parte pela distância dos grandes centros econômicos e populacionais, situados no Sul e no Sudeste do país.

A instalação de usinas hidrelétricas é uma questão polêmica na região. No final da década de 1980, foi inaugurada a Usina de Balbina, com o objetivo de levar energia a Manaus, situada a 180 km de distância.

Construída em terreno de baixa declividade, em plena planície, a represa de Balbina inundou 2,6 mil km² para gerar pouca energia (250 MW/h). As árvores existentes cederam espaço à água da represa, mas não foram retiradas até a raiz. O resultado disso é que muitas renasceram submersas até apodrecer, tornando-se fonte de emissão de gases de efeito estufa. Além disso, a decomposição da vegetação submersa provocou o processo de **eutrofização**, que consome oxigênio, provoca turbidez da água e mortandade da vida aquática.

Diversos projetos de grandes usinas na Bacia Amazônica estão em andamento (veja o mapa). Os mais avançados são os das usinas de Santo Antônio (primeira turbina em funcionamento em 2012) e Jirau (ambas formam o Complexo do Rio Madeira), no estado de Rondônia. Calcula-se que esse complexo terá capacidade geradora de 6.450 MW/h de energia elétrica: 500 MW/h para abastecer os estados do Acre e Rondônia, outra parte destinada ao Mato Grosso e o restante para o sistema nacional de energia elétrica, que integra as linhas de transmissão do país.

FLÁVIO R. BERGER/FOTOIMAGEM

Porto de Itacoatiara (AM), 2011.

Brasil: hidrelétricas na Bacia Amazônica – 2012

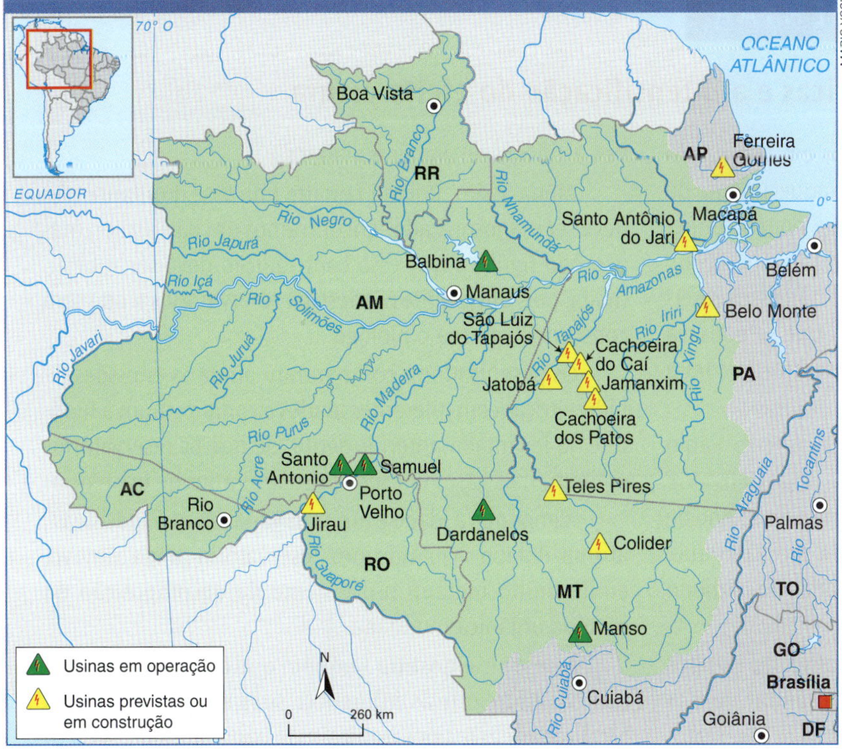

MARIO YOSHIDA

Eutrofização

processo em que o aumento de nutrientes da água favorece o crescimento de algas e matéria orgânica decomposta. A decomposição da matéria orgânica por bactérias provoca a diminuição do oxigênio na água, a falência da cadeia alimentar e a consequente mortandade da fauna aquática.

Apesar de serem foco de divergências e polêmicas, as hidrelétricas em construção e projetadas na Bacia Amazônica são consideradas estratégicas pelo governo e, segundo o Plano Nacional de Energia 2030, de todo o potencial que o Brasil demandará em termos energéticos, cerca de 80% devem vir dessa bacia.

Fontes: elaborado com base em *Horizonte Geográfico*, n. 141, ano 25, maio 2012, p. 39; *Atlas geográfico escolar*. Rio de Janeiro: IBGE, 2009. p. 105,142; Eletrobras/Eletronorte. Disponível em: <www.eln.gov.br>. Acesso em: out. 2013.

Os impactos socioambientais da construção dessas usinas na região serão irreversíveis: a destruição das corredeiras de Santo Antônio e Jirau (pontos turísticos do estado de Rondônia), o deslocamento da população, o estímulo à expansão da agricultura comercial – especialmente da soja –, a devastação da floresta e o consequente desalojamento de sua fauna e comprometimento da vida aquática do Rio Madeira, uma das mais ricas da Bacia Amazônica, além de afetar a atividade pesqueira de comunidades ribeirinhas.

Outro projeto de destaque é o da Usina de Belo Monte, no Rio Xingu, estado do Pará, que mudará trecho do curso do rio, eliminando uma de suas curvas. Com essa alteração, vasta extensão de terra ocupada por diversas comunidades – ribeirinhas, indígenas, de agricultores – não será mais servida pelas águas do Rio Xingu. Belo Monte será a segunda maior usina hidrelétrica do Brasil em geração de energia, ficando atrás apenas de Itaipu. Sobre Belo Monte, há dois textos na seção *Contraponto*, no final deste capítulo.

Essas hidrelétricas em projeto ou em construção não somente na Bacia Amazônica, mas na Amazônia toda, são a **fio d'água**, ou seja, não requerem a formação de grandes reservatórios, como ocorreu com Balbina e Tucuruí (esta na Bacia do Tocantins), que dependiam basicamente da vazão do rio. Desse modo, há uma irregularidade grande na capacidade de geração de energia ao longo do ano – na época da cheia, geram o máximo do potencial hidrelétrico, mas, na vazante, a capacidade de geração é reduzida. Por isso, acabam tendo uma eficiência menor que as hidrelétricas que têm grandes reservatórios.

Fio d'água
usinas hidrelétricas a fio d'água são aquelas que permitem a passagem contínua da água do rio, não dispondo de reservatórios ou com reservatórios de dimensões menores que as convencionais. O movimento das turbinas é resultante da correnteza do rio, ou seja, do próprio fluxo da água.

Apesar da disponibilidade hídrica, boa parte da população da Amazônia não tem acesso a água tratada, e diversas cidades da região apresentam rios e outros cursos-d'água poluídos em virtude do esgotamento sanitário e da coleta de lixo deficientes. É o caso, entre outras, de Belém e Manaus, as maiores cidades da região.

LEITURA COMPLEMENTAR

As hidrelétricas e a intensificação do efeito estufa

"Não é novidade que as hidrelétricas emitem gases-estufa e que, portanto, contribuem para o aquecimento do planeta. Mas o peso real dessas emissões é pouco conhecido. Um estudo de brasileiros publicado [...] [em 31 jul. 2011] na revista *Nature Geoscience* sugere que esses reservatórios de água lançam menos gases do que se pensava e ainda mostra que as emissões variam de acordo com a localização e a idade da usina.

A pesquisa, liderada pelo biólogo brasileiro Fábio Roland, da Universidade Federal de Juiz de Fora (UFJF-MG), reúne dados sobre a emissão de gás carbônico e metano de 85 grandes hidrelétricas de todo o mundo e calcula que, juntas, elas emitem 48 milhões de toneladas de carbono por ano.

Esse valor é muito inferior à estimativa de estudos anteriores, que apontavam uma emissão anual de 321 milhões de toneladas de carbono para todos os reservatórios artificiais de água do planeta.

Ainda assim, Roland ressalta que esse montante não deve ser menosprezado. 'Encontramos um baixo valor, mas isso não significa que essa contribuição deva ser subestimada, pois um grande número de reservatórios ainda será construído', afirma o biólogo.

Os pesquisadores compararam ainda as emissões de hidrelétricas com diferentes idades e comprovaram a hipótese, já levantada anteriormente, de que os reservatórios emitem mais gases em seus primeiros anos de existência.

'Vimos que a idade é uma das variáveis mais decisivas', afirma Roland. 'Quando um reservatório ainda é novo, emite muito metano proveniente da decomposição da matéria orgânica inundada.' [...]

A pesquisa mostrou também que o local de construção das hidrelétricas influencia suas emissões. Aquelas localizadas em regiões tropicais, de baixa latitude, emitem mais do que as de regiões de clima boreal e temperado, de maior latitude.

Os cientistas ainda não sabem dizer por que isso acontece, mas supõem que a maior temperatura da água nos trópicos seja o principal fator para explicar essa diferença. Os locais com rios de água mais quente, como a Amazônia, foram os que apresentaram as maiores emissões. [...]

A informação preocupa, visto que crescem os projetos para a construção de hidrelétricas na região. O Relatório de Acompanhamento de Estudos e Projetos de Usinas Hidrelétricas da Agência Nacional de Energia Elétrica (Aneel) deste ano [2011] registra 144 projetos de usinas na Amazônia, entre grandes e pequenas hidrelétricas, inclusive a polêmica Belo Monte, no Pará. [...]"

MOUTINHO, Sofia. Quando idade e endereço importam. *Ciência Hoje On-line*, 1º ago. 2011. Disponível em: <http://cienciahoje.uol.com.br>. Acesso em: out. 2013.

Lago da hidrelétrica de Balbina, em Presidente Figueiredo (AM), 2011.

NELSON LAGE-AMAZON FISHING

Bacia do Tocantins

A Bacia do Tocantins está ligada ao mesmo ecossistema da Bacia Amazônica e seus rios têm grande importância na ocupação do espaço regional da Amazônia Oriental. Em sua maior extensão, os rios dessa bacia percorrem terrenos elevados, o que garante boas condições para a geração de energia. Nessa bacia está situada a Usina de Tucuruí (no Rio Tocantins, no Pará) – a maior hidrelétrica totalmente brasileira –, que gera 8.370 MW/h. Na bacia também existe uma eclusa, que entrou em funcionamento em 2011.

Essa usina alimenta os projetos minerais implantados no Pará, como o Grande Carajás, e, principalmente, as grandes indústrias de alumínio, como a Alcoa, estadunidense, a Albras (pertencente à norueguesa Hydro, parceira da Vale, e à japonesa Nippon), a Alunorte (pertencente à norueguesa Hydro e à japonesa Nippon), a Alumar (controlada em parte pelas multinacionais Alcoa, BHP Billiton, australiana, e RioTintoAlcan, anglo-australiana), que está no Maranhão, entre outras. A linha de transmissão de Tucuruí tem mais de 1.200 km de extensão e abastece, além dos projetos minerais, várias cidades do Pará e da Região Nordeste.

Brasil: Bacia do Tocantins

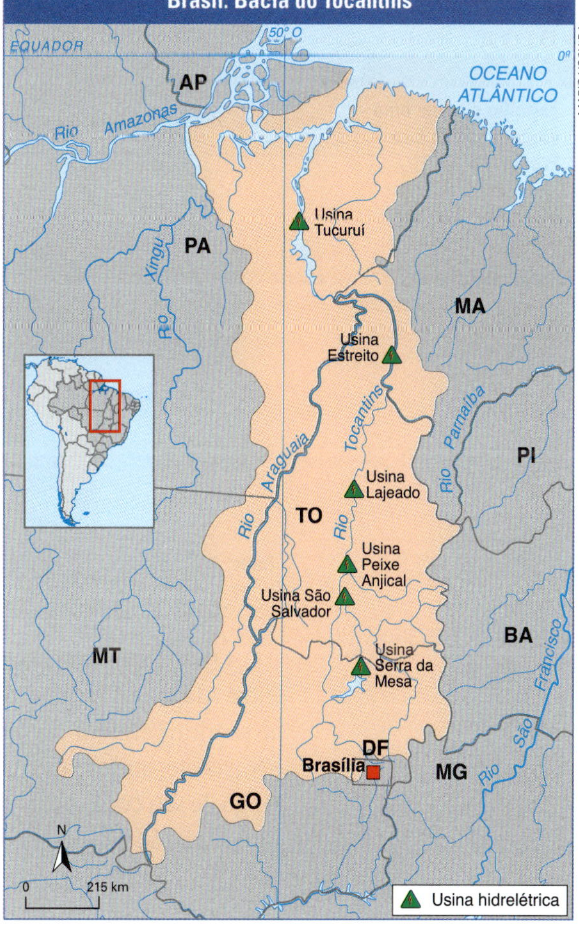

MARIO YOSHIDA

Fontes: elaborado com base em *Atlas geográfico escolar*. Rio de Janeiro: IBGE, 2007. p. 105, 142; *Horizonte Geográfico*, n. 141, ano 25, p. 39.

Essas indústrias, chamadas de **eletrointensivas** em função do grande consumo energético, utilizam mais de 60% da energia gerada por Tucuruí. A construção da hidrelétrica, por sua vez, exigiu vultosos investimentos do governo brasileiro no final dos anos 1970 e início dos anos 1980, que favoreceram grandes grupos empresariais estrangeiros e nacionais, como pode ser percebido pelas informações do parágrafo anterior.

Tucuruí, embora gere 33 vezes mais energia que Balbina, deixou danos relativamente semelhantes ao ambiente: a grande área ocupada pela represa, por conta do elevado volume de água depositado em seu reservatório pouco profundo, e a permanência no lago de florestas produtivas, cuja madeira apodrecida causa a emissão de gases de efeito estufa e a acidificação das águas. Do ponto de vista social, a represa inundou áreas habitadas por populações ribeirinhas e expulsou os índios Parakanã, ao mesmo tempo que atraiu milhares de trabalhadores para a construção da usina.

Bacia do São Francisco

A Bacia do São Francisco é alongada no sentido longitudinal e situa-se em larga extensão na área ocupada pela depressão de mesmo nome, conforme classificação do professor Jurandyr Ross (veja o Capítulo 6). O extenso São Francisco (cerca de 2.700 km) tem afluentes de pequena extensão, sendo boa parte deles temporários, ou seja, secam no período da estiagem. No entanto, diversos afluentes da margem direita têm sua nascente nos planaltos e serras de Goiás-Minas e são rios permanentes.

DICA

FILME

Espelho d'água: uma viagem no Rio São Francisco
Brasil, 2004. Direção: Marcus Vinicius Cesar. Duração: 110 min.

A vida nas cidades ribeirinhas ao longo do Vale do São Francisco é relatada pela viagem de um fotógrafo.

Fonte: *Atlas geográfico escolar*. Rio de Janeiro: IBGE, 2007. p. 105, 142.

O São Francisco nasce na Serra da Canastra (MG) e deságua no Atlântico, na divisa entre Alagoas e Sergipe, depois de percorrer longo trecho do Sertão nordestino. Corre no sentido geral sul-norte e foi por longo tempo meio de ligação entre as regiões Sudeste e Nordeste, onde se estruturaram os núcleos de povoamento mais antigos do Brasil. Ao longo de seu curso ocorreu a ocupação das áreas sertanejas da Bahia e de Minas Gerais, com a criação de gado no século XVII. A pecuária sertaneja, atividade dominante ainda nos dias atuais, fornecia carne e couro para o abastecimento do litoral nordestino, naquela época envolvido quase exclusivamente com a produção de cana-de-açúcar.

O rio possui declives acentuados em trechos próximos à nascente e à foz, o que possibilitou a construção de usinas e lhe conferiu a posição de segunda bacia em produção energética do Brasil. Abastece tanto o Sudeste, com a Usina de Três Marias (MG), como o Nordeste, com as usinas de Sobradinho (PE/BA), o Complexo Paulo Afonso (AL/BA), Xingó (AL/SE), Itaparica (PE/BA) e Apolônio Sales, ex-Moxotó (AL). O São Francisco também apresenta longo trecho navegável em seu curso médio.

Sobradinho é uma das mais importantes fontes geradoras de energia para o Nordeste. Sua barragem, construída em relevo de baixa declividade, formou um imenso lago artificial que obrigou o deslocamento de mais de 12 mil famílias, na década de 1970. Entretanto, a barragem permitiu a regularização do fluxo das águas do São Francisco e o desenvolvimento do mais importante polo de fruticultura do Brasil – localizado nos municípios de Juazeiro (BA) e Petrolina (PE) –, responsável por um terço das exportações de frutas brasileiras.

PALÊ ZUPPANI/PULSAR IMAGENS

Fruticultura irrigada na região da represa de Sobradinho (BA), no rio São Francisco, 2010.

Ao longo das margens do São Francisco, é tradicionalmente praticada a agricultura familiar de vazante. As margens são invadidas pelo rio na época da cheia e nelas é depositado o húmus que mantém os solos férteis. Durante o período de seca, o rio diminui o fluxo de água e deixa descoberta essa ampla faixa de terras, que se transformam em áreas de cultivo.

O garimpo, o uso excessivo de suas águas para irrigação, a poluição por defensivos agrícolas, a carência de esgotos e de coleta de lixo e a destruição da mata ciliar em sua cabeceira são alguns dos problemas ambientais na Bacia do São Francisco. A poluição das águas afeta diretamente a pesca e a vida da população ribeirinha.

Ao longo do tempo, a retirada das matas ciliares provocou o alargamento das margens e o assoreamento do rio, prejudicando a pesca, a navegação e a dispersão dos poluentes. Além disso, os equipamentos das usinas hidrelétricas são danificados pelo material sólido abrasivo presente na água que move as turbinas.

LEITURA COMPLEMENTAR

Transposição do São Francisco

Em 2005 foi retomado o polêmico projeto de transposição das águas do Rio São Francisco para abastecimento hídrico de parte da região do Polígono das Secas. Denominado oficialmente Integração de Bacias Hidrográficas, o projeto visa desviar parte das águas do São Francisco para alimentar rios temporários e açudes, por meio de 720 quilômetros de canais construídos em dois eixos de transposição: o Norte e o Leste. Segundo dados oficiais, o projeto contemplará 30% da população sertaneja (3,5 milhões de habitantes no Eixo Leste e 5 milhões no Eixo Norte).

No Eixo Norte, as águas do São Francisco elevarão a vazão dos rios Jaguaribe (CE), Apodi (RN) e Piranhas (RN) e serão destinadas à irrigação e ao abastecimento de açudes da região para consumo humano e animal. O Eixo Leste atenderá os estados de Pernambuco e Paraíba, e as águas serão utilizadas pela população urbana e para atividades industriais.

As críticas à transposição são numerosas. Primeiro, a revitalização da água do rio, que faz parte do projeto, é um processo complexo, que depende de modificações na rede de esgoto de mais de 400 cidades que têm o rio como destino, da recuperação de mananciais e matas ciliares e do desassoreamento do rio, entre outras providências. Segundo, é praticamente impossível prever o impacto ambiental, tanto nas regiões doadoras como nas regiões receptoras de água, mesmo porque o período em que os rios receptores de água secam ou reduzem muito de nível é o mesmo em que o São Francisco apresenta uma redução de vazão. Além disso, os agricultores chamados de vazanteiros, por utilizarem o leito seco ou parcialmente seco dos rios temporários para cultivar, serão prejudicados, e é a eles que se devia priorizar com o projeto e não os grandes proprietários rurais, como apontou o geógrafo Aziz Ab'Saber, falecido em 2012. Por fim, alega-se que a transposição não garantirá o acesso a água à maior parte da população sertaneja mais carente, justamente a que deveria ser prioritariamente contemplada pelo projeto.

Fonte: *Folha de S.Paulo*, 15 dez. 2007.

1. De acordo com o mapa, qual região hidrográfica será a receptora das águas desviadas do São Francisco?

2. Cite três estados nordestinos que podem ter se oposto ao projeto. Explique por que eles se oporiam.

Bacia Platina

A Bacia Platina ou do Prata reúne as bacias dos rios Paraná, Paraguai e Uruguai, que nascem em território brasileiro e banham também os países platinos (Paraguai, Uruguai e Argentina). Na fronteira da Argentina com o Uruguai, todas as águas se juntam no Estuário do Prata e deságuam no Oceano Atlântico. É a segunda bacia da América do Sul em área.

Bacia do Paraná

A Bacia do Paraná ocupa o primeiro lugar em produção hidrelétrica do país. Isso se explica pela situação favorável dos terrenos (planaltos acidentados) para a geração de energia, a concentração populacional e urbana e o dinamismo econômico existente em seu entorno. Há mais de uma centena de barragens com unidades geradoras de energia hidrelétrica, como Ilha Solteira, Jupiá, Engenheiro Sérgio Motta (Porto Primavera), Itumbiara, São Simão, Marimbondo, Itaipu (usina binacional brasileira e paraguaia) e muitas outras.

Brasil: Bacia do Prata

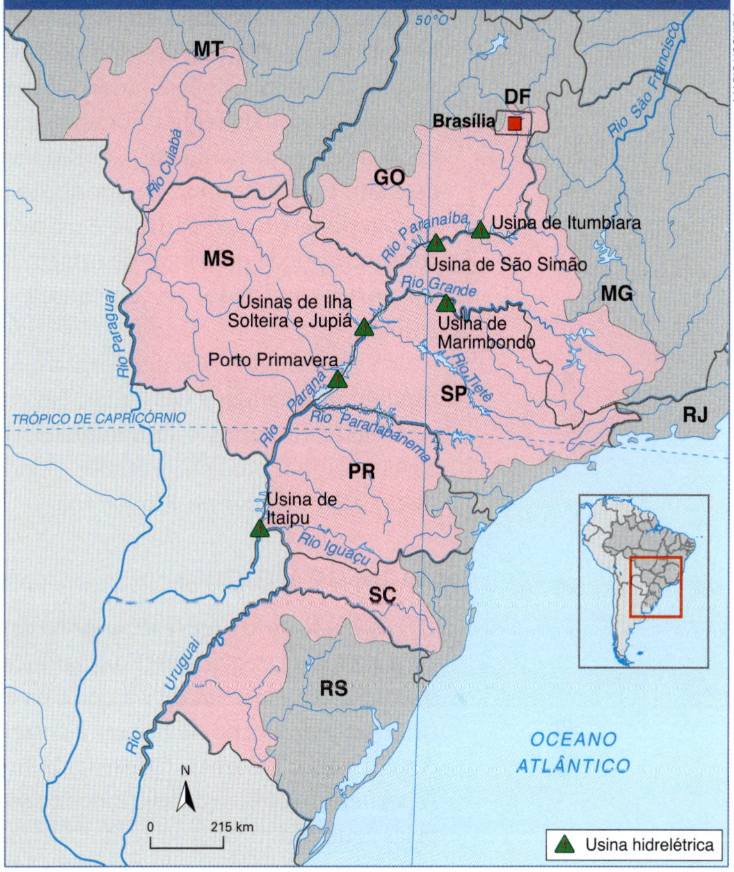

Fonte: *Atlas geográfico escolar*. Rio de Janeiro: IBGE, 2007. p. 105, 142.

Itaipu, no Rio Paraná, é uma usina binacional gerida por Brasil e Paraguai. Possui 20 unidades geradoras e 14.000 MW/h de potência instalada, gerando cerca de 17% da energia consumida no Brasil e cerca de 73% do consumo paraguaio. Durante muito tempo foi a maior usina hidrelétrica do mundo. Essa liderança foi superada com a entrada em operação da usina chinesa de Três Gargantas, no Rio Yang Tsé-Kiang (18.200 MW/h).

A Usina de Itaipu acarretou muitos impactos ambientais e sociais. O lago artificial foi construído num dos patrimônios naturais mais expressivos do Brasil, o Salto de Sete Quedas, que, na verdade, formava duas dezenas de quedas-d'água numa extensão de 5 km do Rio Paraná, cercadas por faixa de Floresta Tropical e áreas de terras férteis onde viviam milhares de agricultores, tanto no lado paraguaio como no brasileiro.

O Brasil arcou com os custos da construção de Itaipu e, sob determinadas condições, o Paraguai tornou-se sócio de metade do empreendimento. A parte paraguaia do custo da construção da usina é paga desde o início da sua operação com a cessão de energia. De acordo com o acordo firmado em 1973, toda a energia não consumida pelo Paraguai deve ser destinada ao Brasil como forma de amortização da dívida. Como o Paraguai consome menos de 5% da hidroeletricidade produzida nessa barragem, suficiente para atender às necessidades do país, o restante é reservado ao Brasil.

Para o Brasil, Itaipu representava, em 2012, cerca de um quinto da produção proveniente do setor hidrelétrico. Recentemente, o Paraguai passou a reivindicar o pagamento, por parte do governo brasileiro, de mais de 90% da dívida[2] restante da

2 A dívida referente à construção de Itaipu, no final da década de 2000, era de aproximadamente US$ 19 bilhões, a ser saldada até o ano de 2023.

construção da usina, a revisão do preço da energia e autonomia para vender livremente sua cota no mercado. O preço da energia pago pelo Brasil foi revisado em 2011, de 120 milhões de dólares para 360 bilhões de dólares, mas os demais pontos reivindicados ficaram pendentes.

A Argentina travou com o Brasil uma batalha diplomática contra a construção de Itaipu, sob a alegação de uso inadequado de águas internacionais. Os argentinos alegavam que a diminuição do fluxo de águas à montante da barragem prejudicaria a navegação e a construção das usinas de Corpus e Yaciretá-Aipé, projetadas em território argentino. Além disso, o governo da Argentina via Itaipu como um instrumento de domínio geopolítico. O controle das águas com a barragem era visto como uma ameaça permanente à segurança das ricas províncias argentinas às margens do Rio Paraná.

A Bacia do Paraná drena áreas de elevadas densidades demográficas, com cerca da metade da população habitando regiões metropolitanas, o que compromete a disponibilidade hídrica da região. Somente na região metropolitana de São Paulo vivem cerca de 20 milhões de habitantes[3]. O Rio Paraná e os diversos afluentes que formam a bacia drenam, também, áreas de produção agropecuária. A diversidade econômica dessa porção do território brasileiro explica o intenso uso da água para irrigação e a elevada concentração de poluentes de origem distinta: esgoto doméstico, efluentes industriais, agrotóxicos utilizados na agricultura e resíduos orgânicos eliminados na criação de animais.

A maioria dos rios que formam a Bacia do Paraná apresenta algum comprometimento na qualidade das águas. No entanto, os maiores símbolos de poluição são os rios Tietê, Pinheiros e Tamanduateí, que atravessam a cidade de São Paulo. O Tietê corta a capital paulista, a maior cidade brasileira, e atravessa todo o estado de São Paulo, até desaguar no Rio Paraná.

Bacia do Uruguai

A Bacia do Uruguai abrange trechos de relevo planáltico e de áreas relativamente planas. O Rio Uruguai nasce da confluência dos rios Canoas e Pelotas e é o limite natural que demarca parte da divisa entre os estados do Rio Grande do Sul e de Santa Catarina, parte do trecho da fronteira entre o Brasil e a Argentina e toda a fronteira entre a Argentina e o Uruguai. Apresenta bom aproveitamento hidrelétrico em seu alto curso. A pecuária, o cultivo de soja e arroz e outras atividades agroindustriais são beneficiados pelas águas dos diversos rios que formam a bacia.

Bacia do Paraguai

A Bacia do Paraguai é típica de planície. Sua maior extensão no Brasil está situada no Complexo do Pantanal, destacando-se pelo seu aproveitamento como hidrovia interligada a outras bacias (especialmente à do Paraná), através dos rios Pardo e Coxim. A navegação nessa bacia é internacional, pois o Rio Paraguai banha terras do Brasil, da Bolívia, do Paraguai e da Argentina. Destaca-se a importância do Porto fluvial de Corumbá (MS).

As hidrovias do Mercosul

A Hidrovia Tietê-Paraná está entre os grandes projetos da Bacia do Paraná. O obstáculo a ser superado é a Usina de Itaipu. Para superar os 130 metros de desnível no trecho do rio em que ela foi construída, será necessário grande investimento na construção de eclusas. Por enquanto, a carga transportada precisa ser baldeada por caminhões e percorrer 80 quilômetros de estrada para retornar à hidrovia.

---

3 Estimativa referente ao ano de 2013.

Hidrovias do Mercosul: principais produtos de exportação – Final da década de 2000

Fonte: elaborado com base em MINISTÉRIO DOS TRANSPORTES. Disponível em: <www.transportes.gov.br>. Acesso em: out. 2013.

Os projetos para o Rio Paraguai preveem a retificação de trechos do rio, o que tornará o percurso mais rápido e permitirá o controle da vazão das suas águas, que diminuem muito na época da seca (outono e inverno), às vezes impossibilitando a navegação. No entanto, obras de grandes dimensões para estabelecer o controle da vazão poderão ocasionar graves danos ao ecossistema do Pantanal, pois a alternância do volume de água do rio é fator responsável pela diversidade e abundância da fauna e da flora da região. Agregam-se, ainda, a esse conjunto de hidrovias mais 500 km de águas da rede do Rio Uruguai.

Do município de Conchas, situado às margens do Rio Tietê a cerca de 170 quilômetros da cidade de São Paulo, o percurso navegável é de 2.400 quilômetros até a barragem de Itaipu, no Paraná, na fronteira com o Paraguai. As hidrovias Tietê-Paraná e Paraguai-Paraná constituem importantes vias de transporte. O custo vantajoso desse sistema e a integração econômica entre os países do Mercosul intensificaram o tráfego de mercadorias nas regiões atravessadas por esses rios.

As bacias de importância regional

As demais bacias hidrográficas têm importância regional expressiva. Estão situadas próximas ao litoral, apresentam rios de média ou pequena extensão e, em sua maioria, estão associadas a grandes aglomerados populacionais e urbanos.

Dentre elas destaca-se, no Nordeste, a Bacia do Rio Parnaíba, que drena o Piauí e boa parte do Maranhão. No entorno da foz do Parnaíba (em delta) estão situados os lençóis maranhenses, uma das mais belas paisagens naturais do Brasil, atraindo muitos turistas. Nesse rio está instalada a Hidrelétrica de Boa Esperança (Castelo

Branco). Ainda no Nordeste, temos as bacias costeiras do Nordeste ocidental (rios Gurupi, Turiaçu, Mearim, Itapecuru e Munim) e as costeiras do Nordeste oriental (rios Acaraú, Jaguaribe, Apodi, Paraíba, Capibaribe, Itapecuru, de Contas, Jequitinhonha, entre outros). Nas bacias do Nordeste oriental e ocidental há diversos rios temporários.

No Sudeste, temos as bacias costeiras do Sudeste (São Mateus, Doce, Paraíba do Sul, entre outras); no Sul, as bacias costeiras do Sul (Itajaí, Capivari, Guaíba e do Sistema Lagunar); e, no Norte, as bacias costeiras do Oiapoque e do Araguari.

ÁGUAS SUBTERRÂNEAS

O subsolo do território brasileiro armazena grande quantidade de água, mesmo sob as áreas semiáridas do Nordeste. No entanto, as águas subterrâneas nem sempre são apropriadas para consumo.

O volume das águas encontradas próximo à superfície, que formam os lençóis freáticos, não só é pequeno como pode estar contaminado. Essas águas, bastante exploradas, podem conter toxinas oriundas tanto da agricultura como de atividades industriais.

Os reservatórios subterrâneos, localizados a centenas de metros de profundidade e que apresentam enorme volume de água (centenas de milhares de km^3), são denominados aquíferos. Em geral, eles apresentam água adequada ao consumo humano.

Brasil: área de recarga dos principais aquíferos

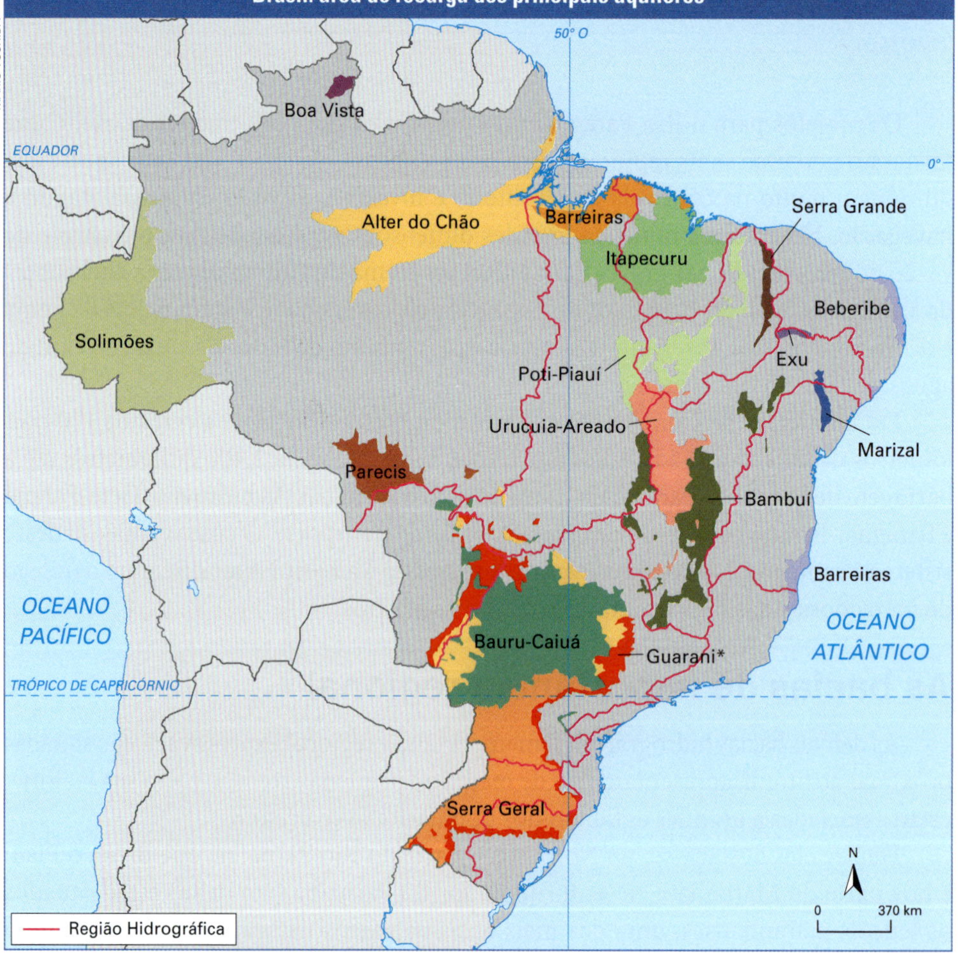

Fonte: AGÊNCIA NACIONAL DAS ÁGUAS (ANA). Disponível em: <www.ana.gov.br>. Acesso em: out. 2013.

* O Aquífero Guarani se estende por baixo de toda a área ocupada pelos aquíferos Bauru-Caiuá e Serra Geral.

O Aquífero Guarani

O Aquífero Guarani, a maior reserva subterrânea de água doce da América do Sul e uma das maiores do mundo, constitui importante reserva estratégica para abastecimento da população e desenvolvimento de atividades econômicas.

O aquífero já é intensamente utilizado para abastecimento público, industrial e irrigação, entre outras finalidades, e está localizado numa região de grande concentração populacional e intensa ocupação do solo. Sua conservação demanda uma política de manejo e gestão ambiental adequados, caso contrário suas águas subterrâneas correm sérios riscos de contaminação por uso indiscriminado de agrotóxicos, dejetos de animais, esgoto e resíduos industriais presentes nos rios da região e pelo lixo despejado em aterros sanitários.

Em 2003, foi lançado o Projeto Aquífero Guarani, com financiamento de instituições internacionais. Executado pela Organização dos Estados Americanos (OEA), o projeto visava a adoção de uma política de gestão conjunta dos países do Mercosul com a finalidade de manter a qualidade do aquífero. Atualmente, esses países são responsáveis por manter a qualidade das águas do aquífero, por meio da exploração sustentável e do controle de possíveis pontos de contaminação.

A cooperação consiste principalmente em administrar a extração de água em limites adequados, de acordo com o reabastecimento natural, e reduzir a poluição. Essa iniciativa é fundamental, já que ações degradantes em apenas um dos países podem contaminar todo o sistema, anulando o esforço de conservação dos demais.

MARIO YOSHIDA

O sistema Aquífero Guarani abrange cerca de 1,2 milhão de km², espalhando-se pelo Paraguai (6%), Uruguai (4%), Argentina (19%) e oito estados brasileiros (71%). Nem todas as regiões, porém, são beneficiadas pelas bordas de afloramento e seus arredores, onde as águas costumam ter mais qualidade. A maior extensão das áreas privilegiadas fica no Paraguai, em São Paulo, no Rio Grande do Sul e em Mato Grosso do Sul. Os limites e as características do aquífero são pouco conhecidos na Argentina.

Fonte: MACHADO, José Luiz Flores. A redescoberta do Aquífero Guarani. *Scientific American Brasil*. Disponível em: <www2.uol.com.br/sciam/>. Acesso em: out. 2013.

CONTRAPONTO

TEXTO 1

Esqueceram do custo socioambiental

[...]

Belo Monte é tida como a terceira maior usina hidrelétrica do mundo. No entanto, a energia firme de Belo Monte é de 4.571 MW [média anual de geração de energia] dos 11.233 MW instalados. Sua eficiência energética é de aproximadamente 39%, enquanto a média brasileira está entre 50% e 60%. Isso ocorre porque é necessário, ao desviar a água do Xingu para um lago artificial, garantir a manutenção de uma vazão mínima para os cerca de cem quilômetros da região da Volta Grande do Xingu, onde vivem indígenas e ribeirinhos que, apesar de não terem suas áreas alagadas, serão afetados.

[...]

O tamanho da área alagada, de acordo com o edital do leilão de Belo Monte, é de 668 km², mas em 2009 registravam-se 440 km² e em 2010, 516 km². A destruição da floresta associada à Belo Monte, entretanto, será muito maior do que a área do lago, podendo chegar, nos próximos 20 anos, a 5.316 km².

Uma hidrelétrica é, geralmente, considerada geradora de "energia limpa". Porém, os impactos socioambientais diretos e indiretos da construção de uma usina da magnitude de Belo Monte na Amazônia geram consequências que vão além da emissão de gases causadores de efeito estufa e das áreas afetadas diretamente com as construções. Deslocamento de milhares de pessoas, desmatamentos, acirramento de conflitos de terra em função da atração de pelo menos 96 mil pessoas para uma região com situação fundiária instável e sem infraestrutura.

[...]

O Brasil deveria investir na diminuição da perda gerada nas linhas de transmissão, estimada atualmente em 20%, quantidade correspondente à geração de Belo Monte por ano e em outras fontes. A geração de eletricidade por Biomassa tem potencial de 28 mil MW e o potencial eólico é de 143 mil MW. Com a média anual de radiação no Brasil entre 1.742 e 2.300 kWh/m², apenas 5% da energia atenderia toda a demanda brasileira atual por eletricidade. O Brasil deve ainda considerar no Planejamento energético a construção de hidrelétricas, porém de forma seletiva e considerando os custos socioambientais associados.

[...]

VILLAS-BÔAS, André; SALAZAR, Marcelo. Esqueceram do custo socioambiental. Opinião. *O Globo*, 29 dez. 2011, p. 7.

Vista aérea do canteiro de obras da usina hidrelétrica de Belo Monte, no rio Xingu, Pará, 2013.

TEXTO 2

Uma boa discussão

[...] em que pese a divergência de opiniões acerca da construção de Belo Monte, é indiscutível que a energia hidrelétrica é a mais segura, confiável, limpa, renovável, além de mais viável economicamente. Principalmente em um país como o nosso, que detém o maior potencial hídrico do mundo, mas que explora apenas 30% dessa capacidade.

Conhecer mais a fundo o projeto de Belo Monte é o primeiro passo para um debate saudável. Não há mais espaço para discursos vazios e informações equivocadas. [...]

Belo Monte terá um reservatório de 503 km^2, sendo que 228 km^2 são a própria calha do rio. E parte do restante já não é a mítica floresta virgem, mas sim área de criação de gado e de agricultura. A ideia de um reservatório gigante que iria atingir terras indígenas já está ultrapassada: a área total alagada é, hoje, pouco mais de um terço do previsto na década de 1990, quando foi estimada em 1.225 km^2.

Os alardeados efeitos sobre as terras indígenas e a ideia de que os índios serão expulsos de suas terras já não têm espaço. Nenhuma terra indígena será alagada por conta de Belo Monte. E mesmo aqueles que moram na região da Volta Grande do Xingu terão garantidas suas atividades habituais de pesca e navegação, uma vez que será mantido um hidrograma de vazões do rio com esse fim.

A maior parte da eletricidade gerada por Belo Monte (70%) já está vendida para 27 distribuidoras de todo o país. Energia que irá suprir a demanda de consumidores residenciais, comerciais e industriais. O preço fechado no leilão, de R$ 77,97 MW/h, é um dos mais baixos praticados, o que contribui para a modicidade tarifária.

[...]

NASCIMENTO, Carlos R. A. Uma boa discussão. Opinião. *O Globo*, 29 dez. 2011, p. 7.

ANDERSON BARBOSA/FOTOARENA

Obras de pavimentação e recapeamento de trecho da rodovia Transamazônica, próximo ao principal canteiro de obras da hidrelétrica de Belo Monte, Pará, 2013.

1. Quais são os argumentos dos autores do texto 1?
2. Quais são os argumentos do autor do texto 2?
3. Com base nas informações dos dois textos e nos seus conhecimentos, elabore um texto que descreva a sua posição em relação à construção da hidrelétrica de Belo Monte.

[COMPREENSÃO E ANÁLISE]

1. Os gráficos que seguem representam o débito fluvial aproximado, ao longo do ano, de dois rios hipotéticos situados em regiões climáticas diferentes do Brasil. Identifique o regime pluvial desses rios e relacione-o ao tipo climático. (Se necessário, reveja no Capítulo 9 as características dos climas brasileiros).

a) **Rio A – Regime pluvial**

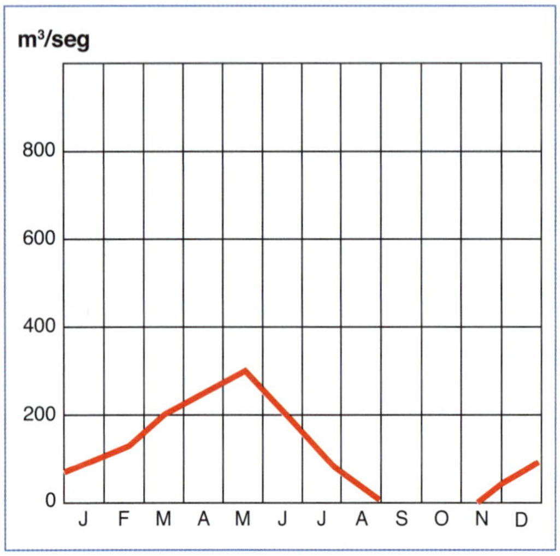

Fonte: elaborado pelos autores.

b) **Rio B – Regime pluvial**

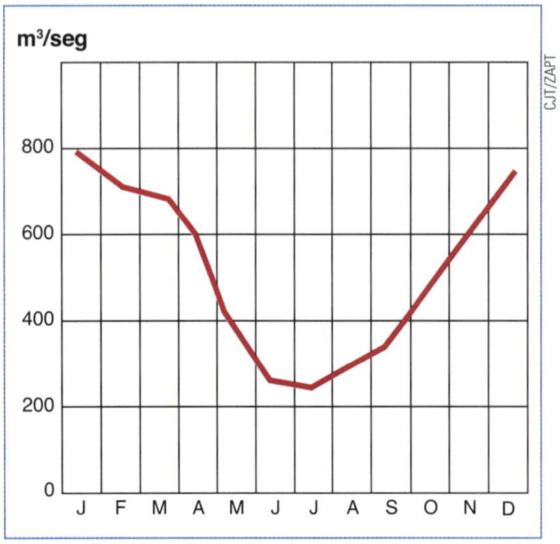

Fonte: elaborado pelos autores.

2. Se você fizesse parte do Comitê da bacia hidrográfica do rio que passa pelo seu município, quais decisões ou projetos proporia para que fossem feitas melhorias na bacia hidrográfica?

3. Leia as informações do quadro a seguir e responda.

Brasil: algumas hidrelétricas – 2012

Usina	Potência (kW/h)	Área aproximada da represa (km²)
Balbina	250.000	2.600
Tucuruí	8.370.000	2.800
Itaipu	14.000.000	1.350
Xingó	3.162.000	60
Sobradinho	1.050.000	4.200

Fonte: ANEEL. Disponível em: <www.aneel.gov.br>. Acesso em: out. 2012.

a) Indique o nome das bacias em que as hidrelétricas estão localizadas.

b) Calcule, para cada hidrelétrica, os dados relativos à potência gerada em kW por km^2 inundado. Em seguida indique as usinas que apresentam o pior e o melhor aproveitamento da área inundada.

4. Observe o mapa e responda às questões.

Brasil: bacias hidrográficas

Fonte: *Atlas geográfico escolar.* Rio de Janeiro: IBGE, 2007. p. 105.

a) Identifique e caracterize a bacia 1 em relação à produção e ao potencial hidrelétrico.

b) Em relação à bacia de maior geração de energia hidrelétrica, cite o seu nome, o número que a identifica no mapa e duas razões que expliquem sua elevada produção de energia.

c) Entre as grandes bacias brasileiras, uma está situada em vasta extensão de região semiárida. Indique o nome dessa bacia, o número com que está assinalada no mapa e discorra sobre sua importância econômica e social.

UNIDADE 5

NATUREZA, SOCIEDADE E AMBIENTE

Uma mãe e seu filho usam máscaras no caminho para a escola por conta do ar poluído de Beijing (China), 2011.

LOU LINWEI/ALAMY/GLOW IMAGES

Na economia capitalista, o crescimento depende do aumento da produção de mercadorias e serviços e do consumo. Essa peculiaridade do crescimento econômico exige a ampliação constante da geração de energia, obtida principalmente da queima de combustíveis fósseis, e a exploração, em escala cada vez maior, de recursos naturais do planeta.

Será possível conciliar a expansão da economia com a conservação do meio ambiente? A equação desse dilema depende de acordos entre países, da exploração e do uso racional dos recursos naturais e do direcionamento de ações políticas para metas que visem à eliminação da pobreza e à construção de sociedades menos desiguais.

Mantidos os atuais padrões de produção e consumo, os sistemas naturais da Terra continuarão sendo dilapidados. O grande desafio é reverter esse processo predatório e encontrar caminhos alternativos que conciliem expansão econômica com conservação ambiental.

CAPÍTULO 12

QUESTÃO AMBIENTAL E DESENVOLVIMENTO SUSTENTÁVEL

CONTEXTO

Observe as imagens abaixo.

TOMOHIRO OHSUMI/BLOOMBERG VIA GETTY IMAGES

Linha de produção em montadora na região de Miyagi (Japão), 2012.

D A BARNES/ALAMY/GLOW IMAGES

Tráfego intenso em Seattle (Estados Unidos), 2011.

JOEFOX/ALAMY/GLOW IMAGES

Carros sucateados e esmagados em Belfast (Irlanda do Norte), 2012.

DISCUTA

1. As imagens mostram três etapas do ciclo de vida dos automóveis. Que nome você daria a cada uma delas?
2. Em cada etapa é possível identificar, direta ou indiretamente, a ocorrência de problemas ambientais. Que problemas podem ocorrer em cada uma?
3. Seria possível adicionar à sequência uma quarta imagem, que representasse a amenização de algumas das questões ambientais que você citou na resposta anterior? Que imagem você sugeriria?
4. O que essas imagens expressam a respeito da sociedade em que vivemos?

A REVOLUÇÃO INDUSTRIAL: UM MARCO DA QUESTÃO AMBIENTAL

Os problemas ambientais são antigos, mas é relativamente recente a formação de uma consciência mundial da gravidade desses problemas e da necessidade de se buscar soluções que envolvam toda a sociedade humana.

As atividades humanas começaram a causar maior impacto na natureza nos últimos 250 anos, a partir da Revolução Industrial, que promoveu a produção em massa e a substituição das fontes de energia renováveis e limpas pelo carvão e, posteriormente, pelo petróleo. A consolidação do processo de produção industrial intensificou o consumo de matérias-primas, retiradas do solo, do subsolo, dos mares, dos rios e das florestas.

Ao mesmo tempo, as conquistas tecnológicas desse período disseminaram uma Revolução Agrícola, capaz de abastecer uma população crescente que se aglomerava, cada vez mais, nas áreas urbanas. Esse processo de transformações agrícolas modificou radicalmente diversos ecossistemas da Terra, adaptados ao cultivo e à criação de animais. Hoje, a agricultura consome a maior parte da água do planeta (veja no Capítulo 10) com a irrigação, utiliza imensas áreas, avança sobre paisagens naturais remanescentes e faz uso de imensa quantidade de agrotóxico, responsável pela poluição do solo, dos lençois freáticos e das águas de superfície.

Atualmente, mais da metade da população mundial habita áreas urbanas. A cidade é a expressão mais acabada da alteração do espaço natural. Nas **megacidades**, os problemas ambientais manifestam-se com mais gravidade e atingem diretamente a população em seu dia a dia. São exemplos a poluição atmosférica, as enchentes (devidas, sobretudo, à impermeabilização dos solos), a insuficiência de recursos hídricos, a ocupação das áreas de mananciais, a falta de saneamento básico (veja o mapa abaixo), o acúmulo de lixo e a exiguidade das chamadas áreas verdes.

As cidades dos países subdesenvolvidos são as mais vulneráveis, pois concentram situações de extrema pobreza e maiores desigualdades sociais. Além disso, os recursos públicos nesses países são insuficientes para a criação de infraestrutura adequada ao atendimento da população.

DICA

FILME

A última hora
EUA, 2007. Direção: Leila Conners Petersen, Nadia Conners. Duração: 95 min.

Cientistas, pensadores e líderes discutem temas relevantes sobre o modo de vida atual e a destruição do planeta.

Megacidade
aglomeração urbana com mais de 10 milhões de habitantes.

Em 2010, 2,5 bilhões de pessoas ainda não tinham acesso a saneamento básico. No Brasil, 40 milhões de pessoas viviam nessa situação.

Planisfério: proporção da população com saneamento básico – 2010

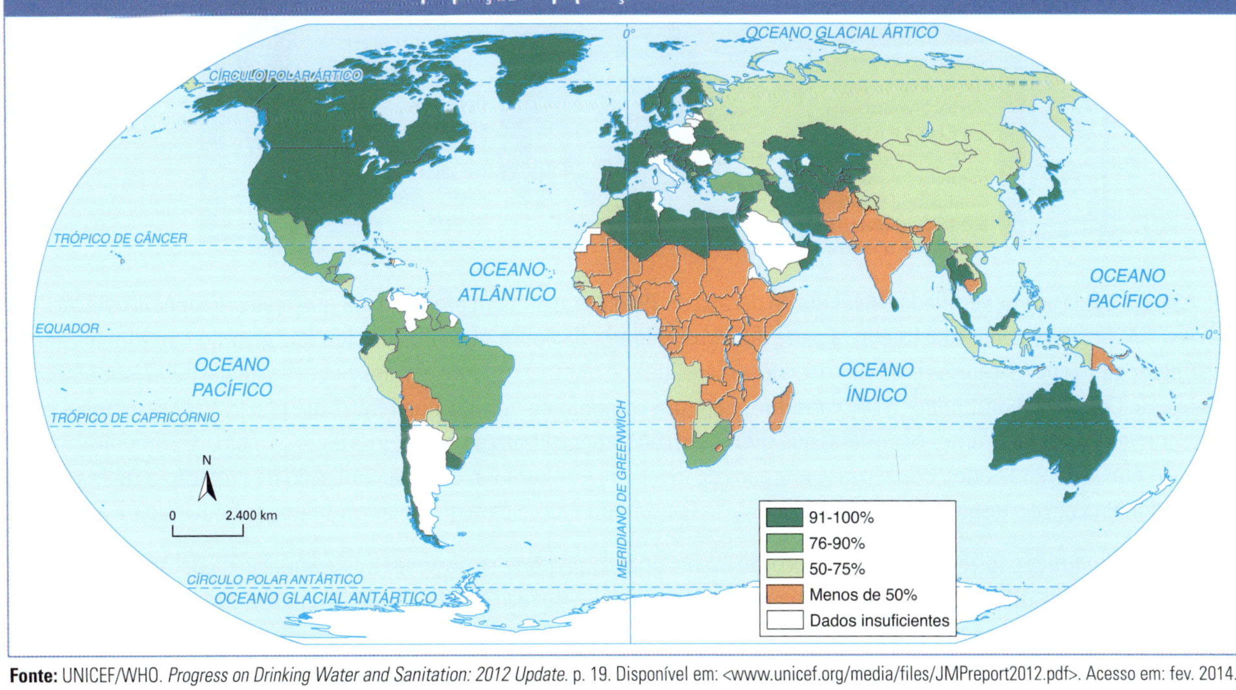

MARIO YOSHIDA

Fonte: UNICEF/WHO. *Progress on Drinking Water and Sanitation: 2012 Update*. p. 19. Disponível em: <www.unicef.org/media/files/JMPreport2012.pdf>. Acesso em: fev. 2014.

Sociedade de consumo

DICA

FILME

Wall-E

EUA, 2008. Direção: Andrew Stanton. Duração: 98 min.

Em um futuro distante, o robô Wall-E é encarregado de limpar todo o planeta Terra, que está inabitável devido à grande quantidade de lixo despejado nele. Até que um dia sua rotina é surpreendida pela chegada de um novo e moderno robô chamado Eva.

No último século o desenvolvimento tecnológico acarretou um crescimento sem precedentes da produção e a formação de uma sociedade fortemente estimulada ao consumo. O consumo passou a exercer papel fundamental nas relações sociais.

Vivemos numa sociedade que valoriza as pessoas pelos objetos que possuem. Ter a posse de determinados bens é uma demonstração de sucesso, numa sociedade caracterizada pela desigualdade. A própria concepção de desenvolvimento econômico de um país está associada à capacidade de produzir e consumir bens materiais e outros serviços.

Para fomentar a produção, o mercado cria hábitos e necessidades de consumo, reduz a vida útil dos produtos e multiplica as opções por mercadorias e embalagens descartáveis. Na fase atual, essa "lógica de mercado" apoia-se no desenvolvimento tecnológico incessante: novos produtos são criados ou a eles são acrescentados novos recursos, tornando a mercadoria obsoleta num período cada vez mais curto. Um telefone celular, por exemplo, criado para o uso de telefonia móvel, transforma-se também em relógio, aparelho de áudio, câmera fotográfica, televisão, GPS, assumindo funções que o aproxima de microcomputador portátil. Mais que isso, transforma-se em acessório de moda.

As pessoas são estimuladas pelos meios de comunicação a consumir cada vez mais. As mensagens publicitárias, além de enaltecerem as qualidades de determinado produto, costumam associá-lo ao sucesso, ao prazer ou à felicidade. Essa associação induz o consumidor a imaginar que a aquisição de determinado bem poderá abrir-lhe a porta da ascensão social e da realização pessoal.

Veja, abaixo, exemplo de anúncio de dois produtos – com suas qualidades enaltecidas –, veiculado em revista do início do século XX.

INTERCONEXÃO

Língua Portuguesa

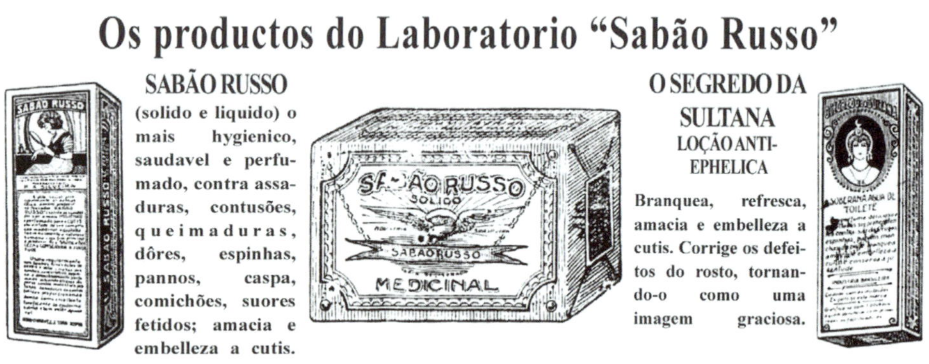

FUNDAÇÃO BIBLIOTECA NACIONAL

A propaganda acima, veiculada em revista da década de 1920, apresenta um produto com qualidades terapêuticas inconcebíveis, mas provavelmente convincente a parte dos consumidores da época. Hoje existem leis que garantem os direitos do consumidor tanto em relação aos produtos e serviços oferecidos no mercado quanto à propaganda veiculada pelas empresas. O Código de Defesa do Consumidor (CDC) constitui-se em um conjunto de normas que tem como objetivo coibir excessos e abusos cometidos por fabricantes e empresas que promovem ou comercializam produtos, incluindo os meios de comunicação. O cidadão que se sentir lesado pode recorrer a órgãos de defesa do consumidor, como a Fundação de Proteção e Defesa do Consumidor (Procon) e o Instituto Brasileiro de Defesa do Consumidor (Idec), para que seja constatado se houve algum abuso.

- A língua é dinâmica e sofre alterações no decorrer da história, como pode-se observar nesse anúncio da década de 1920. Reescreva o anúncio de acordo com as normas ortográficas atuais. Atualize o texto, também, em relação a sua pontuação e emprego de termos mais usuais.

Modelo de desenvolvimento

Nos países desenvolvidos, que compõem o centro da economia capitalista, como Estados Unidos, Japão, Nova Zelândia, Austrália e vários países europeus, o crescimento econômico apoiado na produção industrial e na produtividade agrícola foi acompanhado, em certo período[1], de melhorias nas condições de vida da população. Os governos desses países fizeram grandes investimentos em saúde e educação; implantaram mecanismos de distribuição de renda, com base na arrecadação de impostos e elevação de salários; e reestruturação de gastos e investimentos relacionados à redução das desigualdades sociais. No entanto, os impactos ambientais não fizeram parte da preocupação das políticas econômicas implantadas nesse grupo de países.

A partir de meados do século XX, parte dos países subdesenvolvidos perseguiu o mesmo modelo de crescimento industrial, porém desvinculado dos benefícios sociais que a ele poderiam estar associados. Desconsiderou-se, nesse grupo de países, que o desenvolvimento não deve se limitar ao bom desempenho da economia: conquistas sociais, culturais e ambientais devem ser contempladas nesse processo.

Não foi diferente no mundo socialista. O modelo de crescimento e do produtivismo industrial e agrícola, particularmente na ex-União Soviética e em parte do leste europeu, estava presente nos países que adotaram o sistema socialista no século XX, com o objetivo de se igualar aos padrões econômicos conquistados pelos países capitalistas mais desenvolvidos.

DICAS

LEITURAS

Dicionário de Ciência Ambiental: um guia de A a Z
H. Steven Dashefsky. São Paulo: Gaia, 2001.
Guia prático com expressões e conceitos relacionados à questão ambiental.

O desafio do desenvolvimento sustentável
Roberto Giansanti. São Paulo: Atual, 2001.
O desenvolvimento sustentável é discutido a partir da modernização da sociedade e do impacto ambiental que ela produz.

LEITURA COMPLEMENTAR

Crescimento econômico

"Os resultados do crescimento econômico não podem ser avaliados por uma fria porcentagem que indica se a economia cresceu 2% ou 9% ao ano.

O sistema de contabilidade da economia capitalista não incorpora indicadores de qualidade de vida, de saúde ambiental, de desenvolvimento cultural, de ampliação dos tempos livres e não leva em conta a depreciação ecológica – o quanto 'se gasta' do patrimônio ambiental a cada ano.

A contabilidade capitalista quantifica o que se produz para venda no mercado. Fora isso, é como se as atividades não existissem para as contas nacionais.

[...]

A contabilidade capitalista computa o desgaste das máquinas, dos prédios e dos equipamentos, subtraindo do total anual da produção um valor, designado amortização e calculado em função de tempo de vida útil. Por exemplo, se um equipamento tem vida útil de 20 anos, a cada ano subtrai-se 1/20 do seu valor para sua reposição ao fim do período.

A destruição da natureza, o empobrecimento dos solos, a exterminação dos cardumes, o custo da descontaminação radioativa não aparecem nessas contas. É como se a natureza constituísse uma coleção de bens infinitos e gratuitos."

MINC, Carlos. *Ecologia e cidadania*. São Paulo: Moderna, 2005. p. 92-93.

- Discuta a crítica do texto à relação entre crescimento econômico e meio ambiente, de acordo com a contabilidade capitalista.

1 A partir da década de 1930 – como reflexo da grande crise econômica mundial ocorrida em 1929 – e ao longo dos séculos XX e XXI, várias reformas foram realizadas nas políticas econômicas dos países desenvolvidos. Em muitos países, o estado de bem-estar social tem sido revertido com a adoção de medidas econômicas voltadas para a elevação da competitividade no mercado internacional, por meio da redução de impostos e, consequentemente, menor investimento dos governos nas questões sociais. Trata-se do modelo neoliberal, que será discutido nas unidades 6 a 9.

DICAS

SITE

Programa das Nações Unidas para o Meio Ambiente (PNUMA)
www.brasilpnuma.org.br
Criado na Conferência das Nações Unidas sobre o Meio Ambiente Humano de 1972, em Estocolmo, tem como objetivo conciliar interesses nacionais e globais, visando buscar soluções para problemas ambientais comuns.

LEITURA

Sustentabilidade planetária, onde eu entro nisso?
Fábio Feldmann. São Paulo: Terra Virgem, 2011.
Com argumentos científicos e dados atualizados, é delineado um panorama dos desafios ambientais e sociais que o planeta necessita enfrentar para o seu futuro. O livro também oferece um conjunto amplo de ilustrações, gráficos e fotografias.

Em todos os casos, as políticas econômicas orientadas no sentido de aumentar a produção colocaram em risco o equilíbrio da natureza. O atual padrão de crescimento econômico, quantificado pela produção de mercadorias e geração de serviços, exige dos sistemas naturais muito além de sua capacidade de renovação. Se a maioria da população mundial atingisse a mesma capacidade de consumo da população dos países desenvolvidos, a poluição seria insustentável e muitos dos recursos usados como matéria-prima e fonte de energia desapareceriam em pouquíssimo tempo.

O despertar da consciência ecológica

Os primeiros estudos ecológicos[2] de caráter científico começaram a ser feitos a partir da segunda metade do século XVIII. Entretanto, somente depois da Segunda Guerra Mundial, principalmente a partir da década de 1960, a gravidade dos problemas ambientais passou a ser considerada e debatida com maior intensidade, e as análises assumiram cunho científico com a realização de estudos acadêmicos por pesquisadores e cientistas de diversas disciplinas e em praticamente todos os países do mundo.

Os avanços tecnológicos, como a construção e o lançamento de satélites artificiais de sensoriamento remoto e o desenvolvimento da informática, tiveram papel fundamental na qualidade das pesquisas voltadas aos meio ambiente.

As inúmeras catástrofes ambientais que acompanharam o último século alertaram a humanidade para o fato de que a natureza não suportaria por muito mais tempo as agressões causadas pelas atividades humanas e seu modelo de desenvolvimento. Iniciou-se um processo de mobilização em torno da questão ambiental, que se expandiu e se consolidou por meio da divulgação de estudos científicos e da publicação de livros[3] e conferências internacionais patrocinadas pela Organização das Nações Unidas (ONU) sobre o tema.

A partir da década de 1960, surgiram instituições e movimentos ecológicos com fins variados, mas tendo em comum a defesa da vida. Esses esforços geraram mudanças na postura de empresas e de governos, os quais passaram a elaborar leis de proteção ambiental e a incluir o estudo da ecologia nos meios educacionais.

PETTY OFFICER 3RD CLASS TOM ATKESON/U.S. COAST GUARD/MCT VIA GETTY IMAGES

A explosão da plataforma Deepwater Horizon, operada pela empresa British Petroleum (BP), no Golfo do México (Estado Unidos), em 2010, provocou vazamento de óleo por quase duas semanas, responsável pelo maior desastre ecológico ocorrido nos Estados Unidos.

2 O termo "ecologia" foi citado pela primeira vez em 1860, pelo zoólogo alemão Ernst Haeckel (1834-1919).

3 Em 1962, a escritora e cientista estadunidense Raquel Carson (1907-1964) publicou o livro *Primavera silenciosa*, considerado um marco do movimento ecológico moderno.

A Conferência de Estocolmo

Em 1972, em Estocolmo, na Suécia, representantes de 113 países reuniram-se para debater questões relacionadas ao meio ambiente. Essa primeira grande iniciativa da ONU, conhecida como Conferência de Estocolmo[4] (Conferência das Nações Unidas sobre o Meio Ambiente Humano), estabeleceu em sua declaração final que a população mundial e as futuras gerações devem ter o direito à vida num ambiente sadio e não degradado.

Apesar dos resultados tímidos, a Conferência de Estocolmo constituiu um marco na tomada de consciência de que a conservação do ambiente depende da cooperação de todos os países, pois as soluções só serão efetivas e duradouras se as ações forem realizadas a partir do consenso mundial.

Nesse sentido, foram delineados alguns princípios universais que nortearam o estabelecimento de metas e políticas ambientais futuras. Esses princípios, expressos na Declaração sobre o Ambiente Humano, ampliaram o conceito de qualidade de vida associada à qualidade ambiental e à justiça social. Além disso, apontaram a necessidade e a responsabilidade de toda a humanidade proteger e melhorar as condições ambientais, tanto para a geração presente como para as futuras. Desde então, o conceito de desenvolvimento passou a ser relacionado ao controle da poluição e ao uso racional dos recursos naturais, para evitar seu esgotamento.

O desenvolvimento sustentável

O conceito de desenvolvimento sustentável foi apresentado pela primeira vez em 1987, com a divulgação do relatório Nosso Futuro Comum ou Relatório Brundtland, na Assembleia Geral da ONU. A Comissão Mundial sobre Meio Ambiente e Desenvolvimento, responsável pela elaboração do documento, foi presidida pela primeira-ministra da Noruega à época, Gro Harlem Brundtland, daí o nome pelo qual ficou conhecido o relatório.

Esse relatório é o mais importante resultado dos debates internacionais e dos grupos de trabalho criados a partir da Conferência de Estocolmo e aponta para mudanças necessárias para que o desenvolvimento possa ocorrer de forma sustentável.

O desenvolvimento sustentável parte do princípio de que o atendimento às necessidades das populações no presente não deve comprometer o suprimento das necessidades das gerações futuras. A utilização de recursos deve ocorrer de acordo com a capacidade de reposição da natureza, de modo que o crescimento econômico não agrida violenta e irreparavelmente os ecossistemas e possa, ao mesmo tempo, equacionar problemas sociais.

A viabilização do desenvolvimento sob essa ótica exige o estabelecimento de políticas governamentais e de ações empresariais e da sociedade civil; exige a elevação do nível de vida de parte significativa da população que vive em condições subumanas; exige, por fim, a modificação dos padrões de consumo das sociedades do mundo desenvolvido, as quais devem diminuir a demanda por recursos da natureza e a produção de resíduos sólidos, líquidos e gasosos.

Ao analisar os padrões de crescimento econômico e o modelo de desenvolvimento empreendidos até o momento, a expressão desenvolvimento sustentável parece contraditória. "Desenvolver", como vimos anteriormente, quase sempre significou explorar ao máximo os recursos da natureza, sem a preocupação com os danos causados pela poluição e a geração de milhões de toneladas de lixo.

DICA

LEITURA

40 contribuições pessoais para a sustentabilidade
Genebaldo Freire Dias. São Paulo: Gaia, 2005.

Apresenta sugestões para ações cotidianas alinhadas às políticas de conservação ambiental.

4 O dia de abertura da Conferência de Estocolmo, 5 de junho, foi escolhido pela ONU como o Dia Mundial do Meio Ambiente.

Um modelo de desenvolvimento cuja prioridade seja a diminuição da pobreza e da desigualdade social e a conservação do ambiente exige mudanças nos mecanismos de distribuição da riqueza gerada pelo crescimento econômico. Essas mudanças, por sua vez, exigem alterações nas relações de trabalho, na estrutura fundiária, na arrecadação de impostos e na aplicação dos recursos governamentais. Exigem, também, estímulo ao desenvolvimento e uso de fontes renováveis e limpas de energia, modificações nos atuais padrões de produção, seja na agricultura – que utiliza agrotóxicos em larga escala e invade os diferentes biomas do planeta –, seja na indústria – que lança milhares de toneladas de gases nocivos e dejetos no ambiente. Observe a imagem.

LIANG XU/XINHUA PRESS/CORBIS/LATINSTOCK

Triagem de produtos eletrônicos descartados para posterior reciclagem, em Shantou (China), 2012.

- Justifique a situação representada na imagem considerando o atual estágio do meio técnico-científico-informacional[5].

O consumo sustentável

Para a proposta de desenvolvimento sustentável tornar-se viável, é preciso promover mudanças nos hábitos de consumo e reduzir as diferenças sociais. O conceito de consumo sustentável, lançado em 1995 pela ONU no relatório da Comissão de Desenvolvimento Sustentável, é uma tentativa de viabilizar essas mudanças.

Consumo e desenvolvimento sustentáveis são faces da mesma moeda. Do ponto de vista ambiental, é necessário modificar hábitos e estimular o consumo consciente para evitar o desperdício, considerando, inclusive, o consumo de água e energia.

Além disso, os produtos consumidos deveriam atender a necessidades reais, ter qualidade comprovada e garantir que sua produção não deteriorou o meio ambiente, aspectos que, de modo geral, não estão presentes nas atuais estratégias empresariais. É fundamental, ainda, a mudança nos hábitos do consumidor com vistas a dar preferência aos produtos recicláveis e às embalagens retornáveis, de disponibilidade ainda restrita no mercado.

Em relação ao lixo, a coleta seletiva, mesmo nas localidades onde foi implantada, não garante que as instituições públicas completem o processo. Ou seja, não adianta o lixo ser separado se o município não tem uma usina de **compostagem** dos materiais orgânicos ou não direciona o material coletado para o processo de reaproveitamento ou de reciclagem.

Compostagem
processo de decomposição de matéria orgânica cujo produto final é um adubo natural. Exige menor espaço que o aterro sanitário e permite reaproveitamento da matéria orgânica, reciclando seus nutrientes para fertilização do solo.

5 Sobre meio técnico-científico-informacional veja a Unidade 1, Capítulo 1.

A Rio-92

Em 1992, o Rio de Janeiro abrigou a Conferência das Nações Unidas sobre o Ambiente e o Desenvolvimento[6], ou Rio-92. Desse evento, que teve grande repercussão mundial, participaram representantes de 176 países e 1.400 **ONGs**.

Da Rio-92 resultaram metas e compromissos, como a Agenda 21, a Convenção da Biodiversidade, a Convenção do Clima e a Declaração de Princípios sobre Florestas. O conceito de desenvolvimento sustentável também foi o centro de debate dessa conferência e legitimou-se como princípio básico a ser considerado nas análises e perspectivas ambientais em todo o planeta.

De acordo com a Agenda 21, a conservação ambiental do planeta não pode ser alcançada sem a erradicação da pobreza e a diminuição das desigualdades sociais. Além disso, as gestões social, econômica e ambiental devem estar inter-relacionadas. Não basta, por exemplo, impedir que agricultores realizem queimadas. O trabalho de conscientização deve vir acompanhado de amparo técnico e financeiro que possibilite a implantação de outros processos agrícolas sustentáveis e garanta renda e boas condições de vida a quem trabalha com a terra. Da mesma forma, a implementação de sistemas de coleta seletiva e reciclagem de lixo deve levar em conta a participação dos catadores de papel e outros materiais recicláveis, de modo que esses trabalhadores sejam inseridos nos sistemas de direitos trabalhistas e de seguridade social, garantindo-lhes melhores condições de trabalho e de vida. Leia os resultados do Rio-92 na página seguinte.

ONGs
as ONGs (Organizações Não Governamentais) são organizações formadas pela sociedade civil, sem fins lucrativos, cujas atividades estão voltadas para a resolução de problemas da sociedade, como meio ambiente, combate à pobreza, saúde, educação, desenvolvimento. Algumas ONGs destacam-se na defesa de direitos civis e humanos e fiscalização do poder público.

INTERCONEXÃO

Língua Portuguesa

PAULO EMMAN

Analise a charge ao lado e responda às questões.

1. Qual é o tema do discurso do pescador?
2. A que zona climática ele pode ser contextualizado?

EMMAN, Paulo. Disponível em: <www.ecocartoon.com.br>. Acesso em: out. 2013.

6 Também chamada de Cúpula da Terra ou Eco-92.

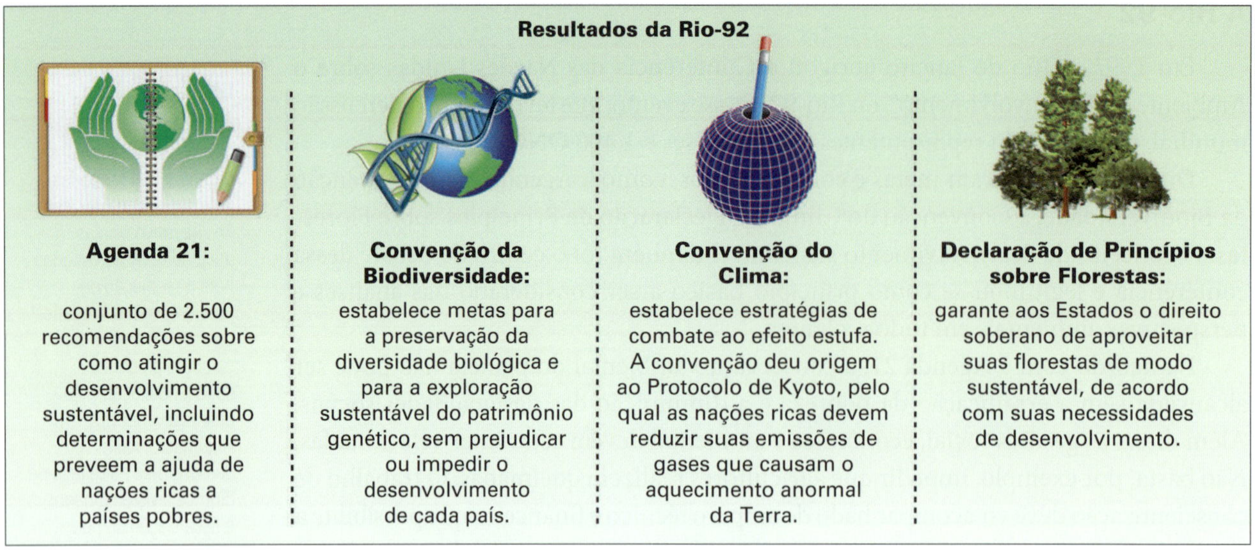

MARIO YOSHIDA

Fonte: *Folha de S.Paulo*, 24 jul. 2002. p. A-10.

A Rio+10

A Cúpula Mundial sobre desenvolvimento sustentável, realizada em 2002, em Johanesburgo, na África do Sul, também denominada Rio+10, contou com a participação de representantes de 189 países. Nessa Cúpula, os objetivos de sustentabilidade ambiental apontavam para o aumento do uso de fontes renováveis de energia; a recuperação dos estoques pesqueiros e sua sustentabilidade; e reforçavam a preservação da biodiversidade.

Foram, ainda, reafirmados os Objetivos de Desenvolvimento do Milênio (ODM), apresentados pela ONU no ano 2000, a serem atingidos até 2015. Ao analisar os principais problemas mundiais – veja no quadro ao lado –, a ONU apontou oito metas principais.

PROGRAMA DAS NAÇÕES UNIDAS PARA O DESENVOLVIMENTO (PNUD)

Os compromissos traçados pela Rio+10, alguns deles estabelecidos pela ONU desde o ano 2000, nos chamados Objetivos do Milênio, reafirmam a determinação dos países participantes em encarar os problemas ambientais, sociais e econômicos da sustentabilidade.

Fonte: ONU. *8 jeitos de mudar o mundo*. Disponível em: <www.objetivosdomilenio.org.br>. Acesso em: out. 2013.

A Rio+20

Em 2012, a cidade do Rio de Janeiro recebeu novamente líderes e representantes de 193 países com a finalidade de estabelecer novos consensos e rumos que assegurem a sustentabilidade do planeta: a Conferência da ONU sobre Desenvolvimento Sustentável, também chamada de Rio+20.

O documento final, intitulado *O futuro que queremos*, reafirmou compromissos e princípios das cúpulas anteriores, introduziu outros, mas não definiu os meios e as metas para a implantação.

As decisões mais concretas ficaram no plano institucional, estabelecendo a criação de uma estrutura de governança para a implementação de políticas de sustentabilidade:

- proposta de criação de um Fórum de Alto Nível para o Desenvolvimento Sustentável, com o objetivo de fiscalizar o cumprimento de compromissos para o desenvolvimento sustentável firmados desde a Rio-92;
- criação de um grupo de trabalho para definir os Objetivos de Desenvolvimento Sustentável (ODS), que irão substituir os Objetivos de Desenvolvimento do Milênio a partir de 2015;
- consenso sobre a necessidade de fortalecer o poder de atuação e decisão do PNUMA (Programa das Nações Unidas para o Meio Ambiente).

Em relação aos compromissos e consensos a serem perseguidos nos próximos anos, destacam-se:

- a busca para a construção de políticas econômicas que visem à transição para uma economia verde (veja a seguir), estruturada no contexto da conservação ambiental e da biodiversidade, isto é, do desenvolvimento sustentável;
- a perspectiva da erradicação da pobreza e das desigualdades;
- o estabelecimento de leis internacionais para conservação e uso sustentável dos oceanos a fim de manter e proteger a biodiversidade dos ecossistemas marinhos, fundamentais para a erradicação da pobreza e a segurança alimentar;
- o incentivo à eficiência energética e ao uso de fontes de energias renováveis;
- a reafirmação de compromissos que visem à eliminação dos subsídios aos combustíveis fósseis, prejudiciais ao desenvolvimento sustentável.

DICA
SITE
Rio+20
www.onu.org.br/rio20/1992-2012/
Apresenta as discussões realizadas na Conferência das Nações Unidas para o Desenvolvimento Sustentável, Rio+20.

Um dos debates da Rio+20, com base em discussões que vêm se desenvolvendo no interior da ONU e de algumas instituições, e há muito tempo questionada pelo movimento ambientalista, foi sobre a necessidade de novas formas de mensurar o progresso e a riqueza. Para complementar a medida usual fornecida pelo PIB (Produto Interno Bruto), sinaliza que um novo indicador deverá considerar não apenas a produção de riqueza, mas também a situação dos recursos naturais e as perdas ambientais provocadas pelo avanço da economia.

O documento final da Rio+20 preserva os princípios acordados desde a Rio-92, de responsabilidade comum dos países para implementação de ações de sustentabilidade, mas diferenciados: aos países ricos cabe o maior desembolso financeiro. Com relação à cartografia, a Rio+20 reconheceu a importância da tecnologia espacial para obtenção de informações geoespaciais precisas e que são essenciais para a fiscalização e formulação de projetos de desenvolvimento sustentável.

LEITURA COMPLEMENTAR

Índice de Riqueza Inclusiva

"Um documento divulgado durante a conferência pela Universidade das Nações Unidas e alguns parceiros anunciou a criação do Índice de Riqueza Inclusiva (Inclusive Wealth Report – IWR), que adiciona mais um caminho para avaliar a evolução de um país [...].

No primeiro estudo feito, que incluiu 20 países, a China, que no período de 1990 a 2008 teve um crescimento econômico de 422%, descontadas as perdas de recursos naturais, caiu para 37%. O Brasil, que teve crescimento econômico próximo de 40%, baixou para 13%, se avaliadas as perdas de recursos naturais ao lado do capital manufaturado e do capital humano. E as avaliações podem incluir, ainda, além de índices de saúde e de relações sociais, até aspirações espirituais, a segurança ambiental, os ecossistemas e o valor de seus serviços (como fertilidade do solo, regime hídrico, equilíbrio do clima, estoques pesqueiros, potencial de recursos minerais e muitos outros) – bem como suas perdas."

NOVAES, Washington. A perplexidade pode explicar a modéstia. *O Estado de S.Paulo*. 22 jun. 2012. Caderno A, p. A2.

A jovem neozelandesa de 17 anos, Brittany Trilford, discursou aos chefes de Estado em nome das crianças e adolescentes durante a abertura da Rio+20. "De forma corajosa e ousada, façam o que é certo. Estou aqui hoje para lutar pelo meu futuro. Quero pedir que considerassem por que estão aqui", disse.

AFP PHOTO/EVARISTO SA/AFP

Principais resoluções da Rio+20

ECONOMIA VERDE

Aponta a necessidade de os países caminharem no sentido de promover a transição da economia atual para uma economia verde. Mas não estabelece regras: o conceito de economia verde é polêmico, apresenta visões divergentes e, portanto, ainda não é consensual entre todos os países.

POLÍTICAS & POBREZA

Reafirma a necessidade de relacionar as políticas de desenvolvimento sustentável às metas de redução de pobreza e desigualdades sociais.

ECOSSISTEMAS MARINHOS

Ressalta a importância da conservação dos mares, oceanos e de seus recursos para que haja desenvolvimento sustentável. Aponta que a proteção dos ecossistemas marinhos e da sua biodiversidade é essencial para a segurança alimentar mundial e para a vida das populações que habitam as zonas costeiras. Reconhece, ainda, a importância dos oceanos como reguladores de oxigênio e gás carbônico na atmosfera.

ENERGIAS RENOVÁVEIS

Reafirma o apoio à implementação de políticas e estratégias que visem maior utilização de fontes de energia renováveis, limpas e outras tecnologias de baixa emissão de poluentes. Pondera, porém, a importância do acesso ao uso de energia para toda a população mundial. Entre as estratégias estão incluídas: a concepção de produtos de baixo consumo energético, os meios de transporte, a diversificação energética e a eliminação dos subsídios aos combustíveis fósseis.

ODS 2015

Define a criação de um grupo de trabalho, formado por 30 integrantes, para a formulação dos Objetivos do Desenvolvimento Sustentável (ODS) a serem implementados a partir de 2015, em substituição aos Objetivos do Milênio.

PNUMA

Reconhece a importância do fortalecimento do PNUMA (Programa das Nações Unidas para o meio ambiente). A proposta inicial era transformá-lo em uma agência da ONU, no entanto as novas atribuições do PNUMA serão definidas na própria Assembleia das Nações Unidas.

Fonte: elaborado com base em ONU/RIO+20. *O futuro que queremos.* Disponível em: <www.uncsd2012.org/thefuturewewant.html>. Acesso em: out. 2013.

Economia verde

A economia verde, conceito desenvolvido pelo PNUMA em 2008, está centrada na melhoria do bem-estar social e deve ser estruturada na redução dos riscos ambientais e da escassez dos recursos ecológicos. De forma simples, é uma economia de baixo carbono, uso eficiente de recursos naturais e socialmente inclusiva.

Ainda segundo o PNUMA, a economia verde deve estimular o crescimento da renda e do emprego – impulsionados por investimentos públicos e privados –, a redução das emissões de carbono e outros poluentes, a melhoria da eficiência energética e do uso dos recursos naturais. Seu objetivo é evitar a perda de biodiversidade e dos **serviços ecossistêmicos**. É um modelo de desenvolvimento que deve manter, melhorar e reconstituir o capital natural e torná-lo fonte de benefícios públicos, especialmente para as pessoas pobres, cujos meios de subsistência e segurança dependem fortemente da natureza.

Serviços ecossistêmicos são os benefícios fornecidos pelos ecossistemas, como os alimentos, a água, a madeira, a purificação do ar, a regulação do clima, a formação do solo e a polinização das plantas.

Apesar dos princípios éticos, sociais e ambientais aparentes dessa nova concepção econômica lançada pelo PNUMA, a efetivação de uma economia verde é bastante complexa e polêmica. Trata-se de atribuir um valor monetário a cada serviço ecossistêmico, avaliar o custo de conservação e gerenciá-lo a partir de mecanismos econômicos próprios do mercado capitalista.

Diversas concepções a respeito da economia verde estão em pauta. Por um lado, ela pode significar a construção de uma sociedade ambientalmente saudável, baseada na reconstituição e no uso adequado de recursos naturais, na ampliação de geração e consumo de energias limpas e renováveis, na reciclagem de resíduos, além de incluir as perdas ambientais na contabilidade da economia. Por outro, ela pode induzir a novas formas de exploração empresarial, como a privatização de serviços – por exemplo, o da água potável –, tornando-os mais caros e coibindo o seu consumo; pode abrir brechas a possíveis restrições comerciais aos produtos oriundos dos países subdesenvolvidos – os que detêm a maior biodiversidade do planeta – sob a desculpa da não observância das práticas de manejo ambiental sustentável. Nessa concepção, a economia verde não passaria de pretexto para a ampliação dos negócios, para a criação de novas oportunidades de exploração econômica da natureza e para a abertura de novos investimentos, sob o disfarce da conservação dos ecossistemas.

AS ONGs E O AMBIENTE

Os movimentos ambientalistas surgiram principalmente a partir da década de 1960, junto com outros movimentos sociais importantes na época, como o movimento *hippie*, movimento estudantil, movimento feminista, movimento pacifista, entre outros. Embora com foco de atuação distintos, apontavam para o questionamento do sistema econômico e seu modelo de produção de mercadorias e da sociedade de consumo.

O movimento ecológico protestava contra a pesca predatória, a poluição química e industrial que infestava rios e intoxicava o ar das cidades. Organizações Não Governamentais (ONGs), como a WWF, criada em 1961, e o Greenpeace, criado uma década depois, tornaram-se referências mundiais na luta organizada pela conservação e recuperação do meio ambiente. Outras importantes organizações são a Conservation International, o Instituto Socioambiental e a Fundação SOS Mata Atlântica, as duas últimas importantes organizações ambientalistas brasileiras.

DICA

SITE

WWF – Brasil

www.wwf.org.br

ONG ambientalista de atuação mundial, desde a década de 1960. O *site* traz notícias, publicações, informações sobre mudanças climáticas, desenvolvimento sustentável, povos indígenas e conservação ambiental, entre outros.

Comunidade quilombola

são grupos formados, em sua maioria, por população negra, que vivem em terras doadas, compradas ou ocupadas no passado. A identidade quilombola é autodefinida a partir das relações com a ancestralidade relacionada à resistência histórica contra a escravidão, o território, o parentesco, as tradições e práticas culturais próprias. Estima-se que existam cerca de 3 mil comunidades quilombolas em todo o Brasil.

Comunidade caiçara

são comunidades formadas a partir da contribuição étnico-cultural dos indígenas, dos colonizadores portugueses e, em menor grau, dos africanos, que vivem principalmente em áreas costeiras dos estados do Rio de Janeiro, São Paulo e Paraná. São caracterizadas por um modo de vida vinculado ao ambiente litorâneo, baseado na pesca, na agricultura de subsistência, na atividade extrativista e na pequena produção de mercadorias.

DICA

SITE

Greenpeace

www.greenpeace.org/brasil

ONG cuja atuação está voltada para a defesa do meio ambiente e a paz. Suas manifestações de grande impacto costumam atrair a atenção da mídia. O *site* apresenta notícias, fotos, vídeos e relatórios sobre temas ligados ao meio ambiente.

Muitas ONGs têm alvos ambientais específicos, como o combate à poluição, ao desmatamento, ao tráfico de animais; outras apresentam uma linha de ação direcionada para a melhoria das condições sociais, inclusive de comunidades tradicionais, como alguns povos indígenas, **comunidades quilombolas** e **caiçaras**. Essas entidades acabaram tendo um papel importante na ampliação das discussões sobre questões ambientais e, em alguns casos, na mudança de postura de empresas, instituições, governos e pessoas.

As relações internacionais

A prática do desenvolvimento sustentável em escala global constitui um grande desafio para a comunidade internacional. Os interesses conflitantes dos países em relação a uma série de aspectos, tais como o prazo para redução da emissão de gases tóxicos, a conservação de Florestas Tropicais e a origem dos recursos financeiros para proteção ambiental, constituem obstáculos à consolidação do desenvolvimento sustentável.

As dificuldades aumentam se considerarmos que o crescimento econômico acelerado de vários países do sudeste e do leste da Ásia – como China, Malásia, Indonésia e Tailândia – apoia-se nos modelos de produção de riquezas e de consumo dos países desenvolvidos, sobretudo dos Estados Unidos. Exemplos disso são a expansão da indústria automobilística e a matriz energética baseada no petróleo e no carvão mineral.

Um dos méritos da Agenda 21 foi promover a participação do poder local – governo e sociedade do município, entidades de moradores de bairro, comunidades rurais, ONGs – no encaminhamento de soluções para os problemas ambientais e para a implementação de práticas de desenvolvimento sustentável.

A Cúpula Mundial sobre Desenvolvimento Sustentável reafirmou esse propósito, recuperando o *slogan* amplamente divulgado após a Rio-92: "Pensar globalmente, agir localmente". É um alerta de que a conquista da qualidade ambiental do planeta depende, em boa medida, da soma de ações localizadas, as quais procuram evitar que a agressão ao ambiente continue com intensidade e ritmo avassaladores.

É preciso considerar, por exemplo, que a chuva ácida[7] produzida em várias cidades da Alemanha afeta as florestas norueguesas; que a destruição de florestas na Índia contribui para a ocorrência de enchentes em Bangladesh; que a emissão de gases com determinados produtos químicos produzidos em vários países provoca alterações na camada de ozônio[8]; que o lançamento de dióxido de carbono pelos automóveis amplia o efeito estufa global[9]; que a inexistência de sistema de tratamento de esgotos, em algumas cidades, polui vários rios de uma bacia hidrográfica; que, no início do século XXI, cerca de 500 milhões de pessoas na África ainda dependem da lenha como fonte energética e que esse uso é um dos fatores que provocam a expansão da desertificação em toda a região do Sahel. Esses são alguns exemplos de problemas ambientais que, apesar de terem origem pontual ou local, alcançam dimensão regional, nacional ou mesmo global.

7 Veja mais no Capítulo 13.
8 Veja mais no Capítulo 13.
9 Veja mais no Capítulo 13.

OLHO NO ESPAÇO

Observe o mapa a seguir.

Planisfério: Objetivos de Desenvolvimento do Milênio (agrupamentos regionais) – 2011

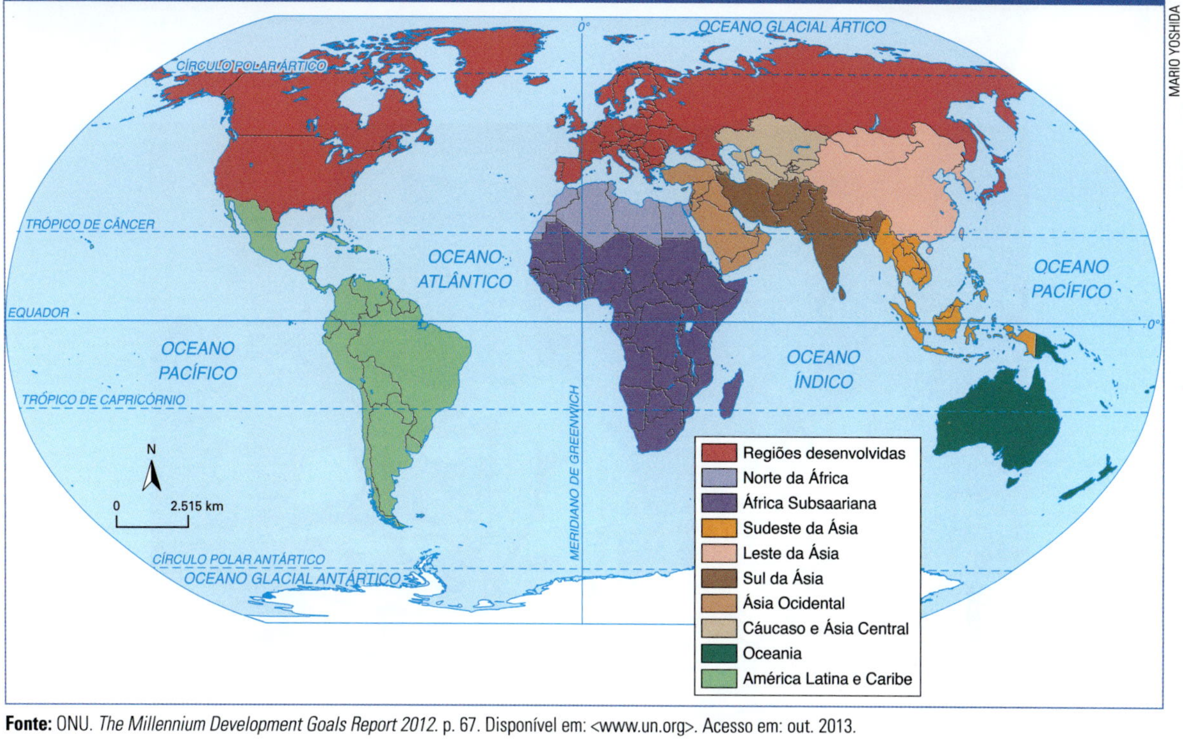

Fonte: ONU. *The Millennium Development Goals Report 2012*. p. 67. Disponível em: <www.un.org>. Acesso em: out. 2013.

O mapa mostra os agrupamentos regionais do mundo utilizados pela ONU em suas análises. Considerando-se que um dos Objetivos de Desenvolvimento do Milênio (ODM) é reduzir em dois terços, no período de 1990 a 2015, a taxa de mortalidade de menores de 5 anos, analise os dados da tabela a seguir e faça o que se pede.

Taxa de mortalidade de menores de 5 anos – 1990 e 2010 (mortes por 1.000 nascidos vivos)

Regiões do mundo	1990	2010	Meta para 2015
África Subsaariana	174	121	
Ásia Meridional	117	66	
Oceania	75	52	
Cáucaso e Ásia Central	77	45	
Sudeste Asiático	71	32	
Ásia Ocidental	67	32	
África do Norte	82	27	
América Latina e Caribe	54	23	
Ásia Oriental	48	18	
Regiões desenvolvidas	15	7	
Regiões em desenvolvimento	97	63	

Fonte: ONU. *The Millennium Development Goals Report 2012*. p. 28. Disponível em: <www.un.org>. Acesso em: out. 2013.

1. Calcule as metas aproximadas dos ODM relativas à taxa de mortalidade de menores de 5 anos para 2015, com base nos dados de 1990, e escreva-as em seu caderno.
2. Elabore um gráfico de barras com os três dados apresentados na tabela, agrupados de acordo com as regiões correspondentes. Utilize uma folha de papel sulfite ou faça em seu caderno. Coloque o título e a fonte dos dados.
3. Agora, com base no gráfico que você fez, analise a situação das regiões quanto ao cumprimento das metas dos ODM.

CONTRAPONTO

IMAGEM 1

Banquete nupcial (1568), óleo sobre madeira de Pieter Brueghel (1525-1569).

IMAGEM 2

Paródia da obra de Brueghel feita pelo cartunista holandês Willem Rasing (1954-).

- O cartunista holandês Willem Rasing faz uma paródia (Imagem 2) de uma das mais famosas obras de seu conterrâneo do século XVI, Pieter Brueghel (Imagem 1). Comente essa paródia relacionando-a com temas abordados no capítulo.

[COMPREENSÃO E ANÁLISE]

1. Por que a Revolução Industrial pode ser considerada um marco para a questão ambiental?

2. Leia o texto e responda às questões.

"A conferência foi marcada por um forte confronto entre esses dois blocos de países. Enquanto os primeiros propunham um programa internacional voltado para a conservação ambiental, os demais pleiteavam solução para os problemas de miséria, saúde pública, habitação, educação, garantindo-se possibilidades de desenvolvimento social e econômico para aqueles que não o tinham. As recomendações propostas pelos países desenvolvidos, argumentavam, os manteriam em estado de subdesenvolvimento, permitindo que os países ricos continuassem a usufruir dos benefícios materiais do uso dos recursos naturais e das riquezas acumuladas a custo destes recursos no passado. Esse debate entre desenvolvidos e em desenvolvimento continua a servir de pano de fundo aos debates atuais sobre meio ambiente."

BENSUSAN, Nurlt (Org.). *Seria melhor mandar ladrilhar?* Biodiversidade: como, para que e por quê. 2. ed. São Paulo/Brasília: Peirópolis/UnB, 2008. p. 44-45.

a) A qual conferência o texto se refere?

b) Qual sua importância histórica?

c) Em qual documento estava apoiada a posição defendida por alguns países desenvolvidos, que nortearam as discussões dessa conferência? Que análise e solução ele indicava para enfrentar a questão ambiental?

3. Analise a importância das relações internacionais para o encaminhamento de soluções dos problemas ambientais.

4. Observe o texto e o cartum e responda às questões.

"Nós, os Chefes de Estado e de Governo e representantes de alto nível, reunidos no Rio de Janeiro (Brasil) de 20 a 22 de junho de 2012, com a plena participação da sociedade civil, renovamos nosso compromisso com o desenvolvimento sustentável e da promoção do futuro econômico, social e ambientalmente sustentável para o nosso planeta e para o presente e o futuro."

Preâmbulo do documento *O futuro que queremos*. Rio de Janeiro, 22 jun. 2012.

BENNETT MACEDO

BENNETT. Disponível em: <http://chargesbennett.files.wordpress.com>. Acesso em: out. 2013.

a) O que eles têm em comum?

b) Aponte o trecho em que o texto contradiz o cartum.

5. Analise as duas declarações abaixo:

"Sou a favor da precificação dos recursos naturais. Enquanto tivermos água barata, por exemplo, vamos consumir mais. Devemos nos preocupar com o produto líquido, quer dizer, o quanto que de capital natural perdemos para gerar uma determinada produção. Era isso que deveríamos estar medindo."

Ronaldo Seroa da Motta, pesquisador do Instituto de Pesquisa Econômica Aplicada (Ipea) e professor de Economia Ambiental do Ibmec-RJ. Disponível em: <http://agencia.fapesp.br/15766>. Acesso em: dez. 2013.

"Continuar com o '***business as usual***' e tentar 'esverdear' setores que utilizam mal os recursos naturais, como o setor automobilístico, de petróleo e a agroindústria, não é uma opção. A economia global terá de se reinventar, pois já não basta gerar empregos, pagar impostos e criar produtos e serviços. A nova economia terá de prover bem-estar às pessoas, para que o futuro não seja espartano por causa dos limites do planeta."

> ***business as usual*** significa, no texto, a manutenção dos negócios atuais, a valorização dos setores econômicos tradicionais.

Ricardo Abramovay, professor titular do Departamento de Economia da FEA/USP. *Folha de S.Paulo*, 8 jun. 2012, p. C9.

As duas declarações fazem referência a uma das importantes discussões da Rio+20.

a) Qual é o tema dessa discussão?

b) Em que as duas posições se diferenciam sobre esse tema?

CAPÍTULO 13

A DIMENSÃO GLOBAL DE ALGUNS PROBLEMAS AMBIENTAIS

CONTEXTO

Observe as imagens abaixo.

EYE UBIQUITOUS/GLOW IMAGES

Usina termelétrica movida a carvão mineral em Lanzhou (China), 2010.

CHAD EHLERS/GLOW IMAGES

Área de vegetação devastada na Amazônia, 2010.

GERRY BISHOP/VISUALS UNLIMITED, INC./GLOW IMAGES

Derretimento de geleira na Patagônia (Chile), 2011.

ASHLEY COOPER/VISUALS UNLIMITED, INC./GLOW IMAGES

Ilha do atol de Funafuti (Tuvalu), 2010, que pode ser submergida pelas águas do mar.

DISCUTA

1. Essas imagens chamam a atenção para um importante tema ambiental. Identifique-o.
2. Que relação é possível fazer entre as imagens?

OS PROBLEMAS AMBIENTAIS DE DIMENSÃO GLOBAL

Muitos problemas ambientais ultrapassam as fronteiras dos países onde são gerados. A poluição das águas de bacias hidrográficas ou de aquíferos é um exemplo dessa situação. A contaminação das águas oceânicas ou o esgotamento de recursos pesqueiros também repercute na vida da população de diferentes países[10].

No entanto, os problemas relacionados à emissão de gases que alteram a composição natural da atmosfera estão entre os que mais têm atraído a atenção da comunidade internacional. A grande quantidade de compostos tóxicos que reage com os gases da atmosfera tornou a poluição do ar uma questão de dimensão mundial, a partir da Revolução Industrial[11]. A chuva ácida, a destruição da camada de ozônio e a intensificação do **efeito estufa** estão entre os problemas ambientais cuja extensão envolve o conjunto da humanidade. Entre esses problemas, a intensificação do efeito estufa, responsável pelo aquecimento global, anuncia um cenário pessimista ao planeta num futuro não muito distante.

Efeito estufa
fenômeno natural essencial para a existência e a manutenção da vida no planeta. O vapor-d'água retém parte da radiação solar incidente, mantendo o planeta em uma temperatura adequada. As atividades humanas, porém, emitem gases de efeito estufa que potencializam esse fenômeno, tornando-o prejudicial à vida. Os principais gases de efeito estufa são o dióxido de carbono (CO_2), o metano e o óxido de nitrogênio, que absorvem parte da radiação infravermelha irradiada pela superfície terrestre, retendo-a na atmosfera.

Como todas essas questões estão relacionadas à interferência humana, a solução ou o abrandamento da deterioração ambiental dependem igualmente da revisão das ações humanas sobre a natureza e de compromissos de alcance mundial, para que as próximas gerações possam viver num planeta habitável.

A chuva ácida

A chuva ácida é a consequência mais imediata do uso de combustíveis fósseis introduzidos pela industrialização.

A água pura possui um pH de 7,0. O pH é uma medida do grau de acidez ou de alcalinidade de uma substância. A escala vai de 1, que é o pH mais ácido, até 14, que é o pH mais alcalino ou básico. Na escala 7 encontra-se o pH neutro, caracterizado pela água pura. Na atmosfera, a água pura, ao reagir com o dióxido de carbono (CO_2) emitido principalmente por automóveis e indústrias, forma o ácido carbônico (H_2CO_3), que faz com que seu pH se estabilize em 5,6. Portanto, toda chuva contém certo grau natural de acidez (menor pH) que não prejudica o ambiente. A chuva torna-se excessivamente ácida e perigosa com pH menor que 5,6. Isso ocorre quando a água reage com o dióxido de enxofre (SO_2) e o dióxido de nitrogênio (NO_2), gases resultantes principalmente da combustão do carvão mineral, do petróleo e de seus derivados.

Embora algumas substâncias ácidas sejam inofensivas, de modo geral os ácidos são corrosivos e tóxicos, como o ácido sulfúrico. Por outro lado, existem substâncias básicas ou alcalinas que também são corrosivas e tóxicas, como o amoníaco, de pH 11.

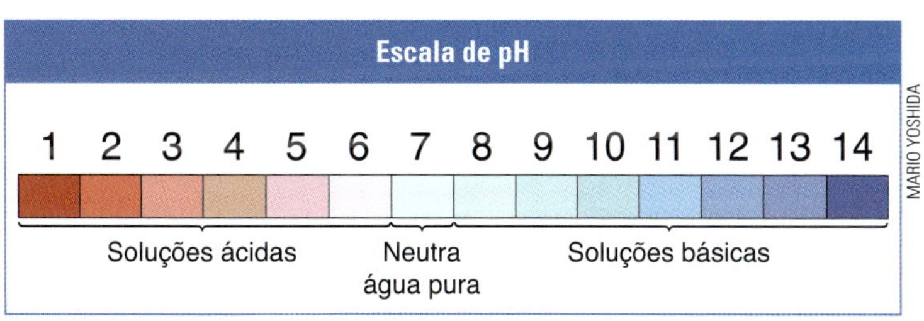

10 Sobre essas questões, veja Capítulo 10.
11 Como vimos no Capítulo 12, a Revolução Industrial promoveu a produção em massa e a substituição das fontes de energia renováveis e limpas pelo carvão e, posteriormente, pelo petróleo.

A reação da água com o dióxido de enxofre pode formar o ácido sulfuroso (H_2SO_3) e com o nitrogênio, o ácido nitroso (HNO_2). Esses gases são absorvidos pelas gotas de chuva, precipitando sob a forma de chuva ácida.

Em virtude das correntes atmosféricas, essa precipitação pode ocorrer a centenas de quilômetros do local onde os poluentes foram emitidos.

A maior acidez ocorre com a combinação da água com trióxido de enxofre (SO_3) ou dióxido de nitrogênio (NO_2), cuja reação forma, respectivamente, o ácido sulfúrico (H_2SO_4) e o ácido nítrico (HNO_3).

Esquema de chuva ácida

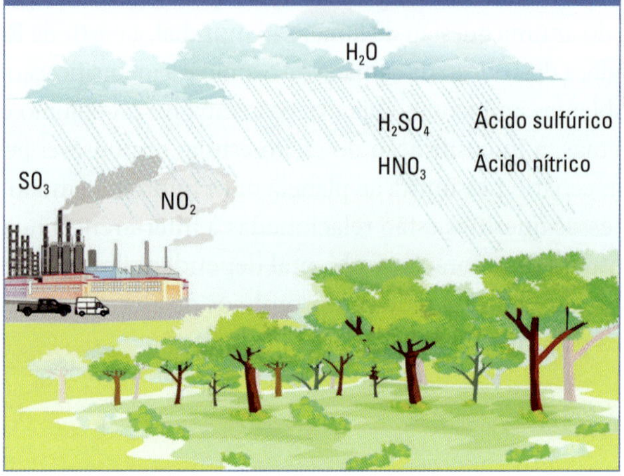

Fonte: elaborado pelos autores.

As principais consequências da chuva ácida são:

- destruição da vida vegetal e animal em lagos e rios;
- prejuízos à vegetação natural e a plantações;
- contaminação de lençóis freáticos;
- corrosão de monumentos, paredes de edifícios, estátuas e veículos;
- efeitos maléficos à saúde, pois a corrosão do solo libera metais pesados, como chumbo, mercúrio, cobre e outros. Esses metais podem contaminar águas subterrâneas ou superficiais e, portanto, espécies aquáticas que fazem parte da cadeia alimentar e que, em última instância, serão consumidas pelo ser humano.

As regiões mais afetadas pela chuva ácida são a Europa, a América do Norte e o Japão, em áreas de grande concentração industrial. Na Europa Oriental a matriz energética é determinada pela abundância de carvão (linhita) e diversas cidades são afetadas pela acidez das chuvas.

Inúmeros lagos nos Estados Unidos, no Canadá e na Suécia tiveram a fauna parcial ou totalmente destruída pela acidez das águas. Na Alemanha, certas áreas da Floresta Alpina e da Floresta Negra também sofreram degradações.

Monumentos históricos, artísticos e arquitetônicos vêm sendo danificados. O Partenon, em Atenas (Grécia), o Coliseu, em Roma (Itália), as ruínas maias, na Península de Yucatã (México), e o Taj Mahal, em Agra (Índia), são alguns exemplos de patrimônios arquitetônicos expostos à ação corrosiva da chuva ácida. Em diversas cidades do mundo, esculturas a céu aberto são substituídas por réplicas para impedir a deterioração das obras originais.

Nas últimas décadas a China e a Índia têm apresentado esse e outros problemas decorrentes da poluição atmosférica, em escala acelerada, em diversas regiões de seus territórios, em razão da rápida e intensa industrialização.

Propelente
substância utilizada para mover (fazer a propulsão de) qualquer material sólido, líquido ou gasoso. O CFC era o principal propelente de produtos com *sprays*.

Aerossol
é a dispersão de partícula em suspensão na atmosfera.

Glossários da página seguinte.

No Brasil, a chuva ácida atinge mais os grandes centros industriais, como o município de Cubatão, em São Paulo, a zona metalúrgica de Minas Gerais e as zonas carboníferas do litoral sul de Santa Catarina.

A destruição da camada de ozônio

O CFC (clorofluorcarboneto) é considerado o grande responsável por outro problema de degradação do ambiente em escala global: a destruição da camada de ozônio. Esse gás era utilizado em geladeiras, aparelhos de ar condicionado, espumas para assentos de automóveis, materiais isolantes de construção e solventes para limpeza de componentes eletrônicos. Até o fim da década de 1980, era também bastante utilizado como **propelente** de **aerossóis** (ver glossários na página anterior). Atualmente, o uso de aerossóis como propelente de *sprays* está praticamente eliminado.

A utilização do CFC não causa problemas à superfície terrestre, pois ele não é tóxico. Entretanto, ao atingir altitudes entre 10 e 40 km – faixa de concentração de 90% do ozônio da atmosfera –, os átomos de cloro fixam-se às moléculas de ozônio, destruindo-as. A diminuição da camada de ozônio está ocorrendo mais intensamente sobre algumas regiões temperadas do Hemisfério Norte, sobre a região do Ártico e, principalmente, sobre a Antártida.

A camada de ozônio tem papel importantíssimo para a vida na Terra, pois retém os raios ultravioleta emitidos pelo Sol. A diminuição da densidade da camada de ozônio leva ao aumento dos casos de câncer de pele e de catarata (doença nos olhos) e ao enfraquecimento das defesas imunológicas, além de alterações na reprodução das plantas e morte dos fitoplânctons (base da cadeia alimentar dos oceanos).

Para solucionar o problema, em 1987 governantes de 46 países assinaram o Protocolo de Montreal sobre substâncias que prejudicam a camada de ozônio. Em 1999, 175 países já haviam confirmado sua adesão a esse protocolo, que estabelece o fim da produção de qualquer artigo nocivo às moléculas de ozônio e tinha como meta sua eliminação total até 2010.

Atualmente os produtos à base de CFC foram praticamente banidos do mercado. Isso foi possível graças a alternativas criadas para substituir as substâncias destruidoras do ozônio. É o caso do hidrofluorcarboneto (HFC), que não tem cloro nem bromo, substâncias que agridem o ozônio presente na atmosfera. No entanto, o HFC é um gás do efeito estufa muito mais potente que o gás carbônico e o metano, representando, portanto, a substituição de um problema ambiental por outro.

Mudanças na camada de ozônio sobre a Antártida – 1979-2013

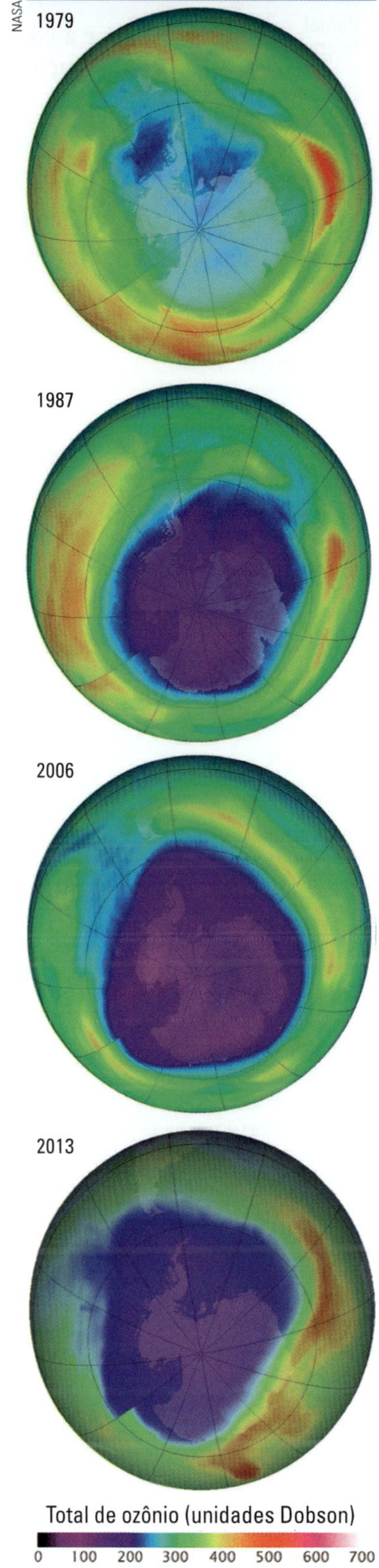

Nessa escala, quanto menos unidades, mais fina é a camada de ozônio.

Fonte: NASA. Disponível em: <http://ozonewatch.gsfc.nasa.gov>. Acesso em: out. 2013.

O buraco na camada de ozônio não está mais se expandindo, mas a recuperação total ainda está longe de ser atingida. A camada de ozônio é dinâmica, como se percebe na comparação das imagens de satélite. Elas mostram a variação do total de ozônio assimilado na atmosfera sobre o Polo Sul, medido em unidades Dobson. De acordo com a Organização Meteorológica Mundial, essas variações deverão ocorrer com relativa frequência, pois, mesmo com a eliminação total do uso de CFC, esse gás permanecerá na atmosfera por longo período – provavelmente mais de cinquenta anos.

O aquecimento global

Painel Intergovernamental sobre Mudanças Climáticas (IPCC)
criado em 1988 para estudar a influência das ações humanas sobre o meio ambiente, é composto por cientistas de diversos países. Está ligado à Organização Meteorológica Mundial (OMM) e ao Programa das Nações Unidas para o Meio Ambiente (PNUMA).

ppm
significa partes por milhão. 1 ppm corresponde a uma parte de 1.000.000 de partes.

DICAS

FILME

Uma verdade inconveniente
EUA, 2006. Direção: Davis Guggenheim. Duração: 100 min.
O ex-vice-presidente dos Estados Unidos, Al Gore, apresenta em filme, através de imagens e dados convincentes, a análise da questão do aquecimento global e a necessidade imediata de impedir uma catástrofe climática ainda no século XXI.

LEITURA

O aquecimento global: causas e efeitos de um mundo mais quente
Fred Pearce. São Paulo: Publifolha, 2002.
O livro faz uma abordagem didática sobre as mudanças climáticas provocadas pela atividade humana e as soluções para mitigar a situação. A obra é rica em ilustrações, tem uma boa seleção temática e um desenvolvimento adequado.

A Terra está mais quente, e esse aquecimento deve-se às atividades humanas. Essa é a conclusão definitiva do **Painel Intergovernamental sobre Mudanças Climáticas (IPCC)**, na sigla em inglês, em seu relatório de 2007. O aquecimento do planeta é o principal responsável pelas mudanças climáticas, amplamente discutidas nos dias atuais.

A constatação definitiva do IPCC demonstrou à comunidade internacional que a liberação do dióxido de carbono e dos outros gases de efeito estufa, através da queima de combustíveis fósseis emitidos por fábricas e veículos e produzidos em queimadas florestais, foi o que contribuiu para o aquecimento do planeta.

A concentração do dióxido de carbono no período pré-industrial era de aproximadamente 280 **ppm** e passou a 389 ppm em 2011.

Veja, a seguir, os *rankings* dos maiores emissores de CO_2 considerando os valores totais e *per capita*.

Maiores emissores totais de CO_2 – 2011

Posição no *ranking*	Países	Emissões totais (em milhões de toneladas)
1	China	9.700
2	Estados Unidos	5.420
3	Índia	1.970
4	Rússia	1.830
5	Japão	1.240
6	Alemanha	810
7	Coreia do Sul	610
8	Canadá	560
9	Indonésia	490
10	Reino Unido	470
13	**Brasil**	**450**

Maiores emissores *per capita* de CO_2 – 2011

Posição no *ranking*	Países	Emissões *per capita* (t/hab.)
1	Austrália	19,0
2	Estados Unidos	17,3
3	Arábia Saudita	16,5
4	Canadá	16,2
5	Rússia	12,8
6	Coreia do Sul	12,4
7	Alemanha	9,9
8	Japão	9,8
9	Polônia	9,1
10	Reino Unido	7,5
18	**Brasil**	**2,3**

Fonte: OLIVIER, Jos G. J.; JANSSENS-MAENHOUT, Greet; PETERS, Jeroen A. H. W.; WILSON, Julian. *Long-term trend in global CO_2 emissions;* 2012 report. p. 29. Disponível em: <www.pbl.nl/en/publications/2012>. Acesso em: out. 2013.

O gás carbônico e outros gases de efeito estufa permitem a entrada da radiação solar, mas impedem a liberação de boa parte do calor, que fica aprisionado na baixa atmosfera, próximo à superfície. Isso faz com que haja uma ampliação do calor retido no planeta e, consequentemente, da temperatura. Esse fenômeno é conhecido por intensificação do efeito estufa.

De acordo com as constatações do IPCC, as alterações climáticas serão irreversíveis mesmo que todas as emissões de gases de efeito estufa sejam interrompidas. Isso significa que todas as ações visam amenizar a intensidade dos impactos e evitar maiores catástrofes. O volume de CO_2 – principal gás responsável pelo aquecimento global – já acumulado ficará alojado por longo tempo na atmosfera.

A capacidade de adaptação às mudanças climáticas está diretamente relacionada às condições econômicas e, portanto, é diferenciada entre países e classes sociais. Recursos financeiros, investimentos em novas tecnologias e infraestrutura serão fundamentais para enfrentar os cenários apontados pelo IPCC. Como os países menos desenvolvidos são os que mais dependem dos recursos naturais – água, solo, clima etc. – eles serão os mais afetados pelas mudanças climáticas.

Apesar de grande parte dos estudiosos e da população em geral concordar que é preciso reduzir as emissões de dióxido de carbono e desenvolver modos de vida sustentáveis, há pesquisadores que divergem acerca das causas do aquecimento global. Esse grupo dissonante afirma que as mudanças climáticas globais não são decorrentes das ações antrópicas, mas sim das dinâmicas naturais do planeta, que no decorrer de sua evolução apresentou períodos de diminuição de temperatura, como as glaciações, e de aumento.

DICA
SITE
Mudanças climáticas
www.mudancasclimaticas.andi.org.br
O *site* apresenta informações sobre as mudanças climáticas com artigos, vídeos, áudios e *links* sobre o tema.

Esquema do aumento do efeito estufa

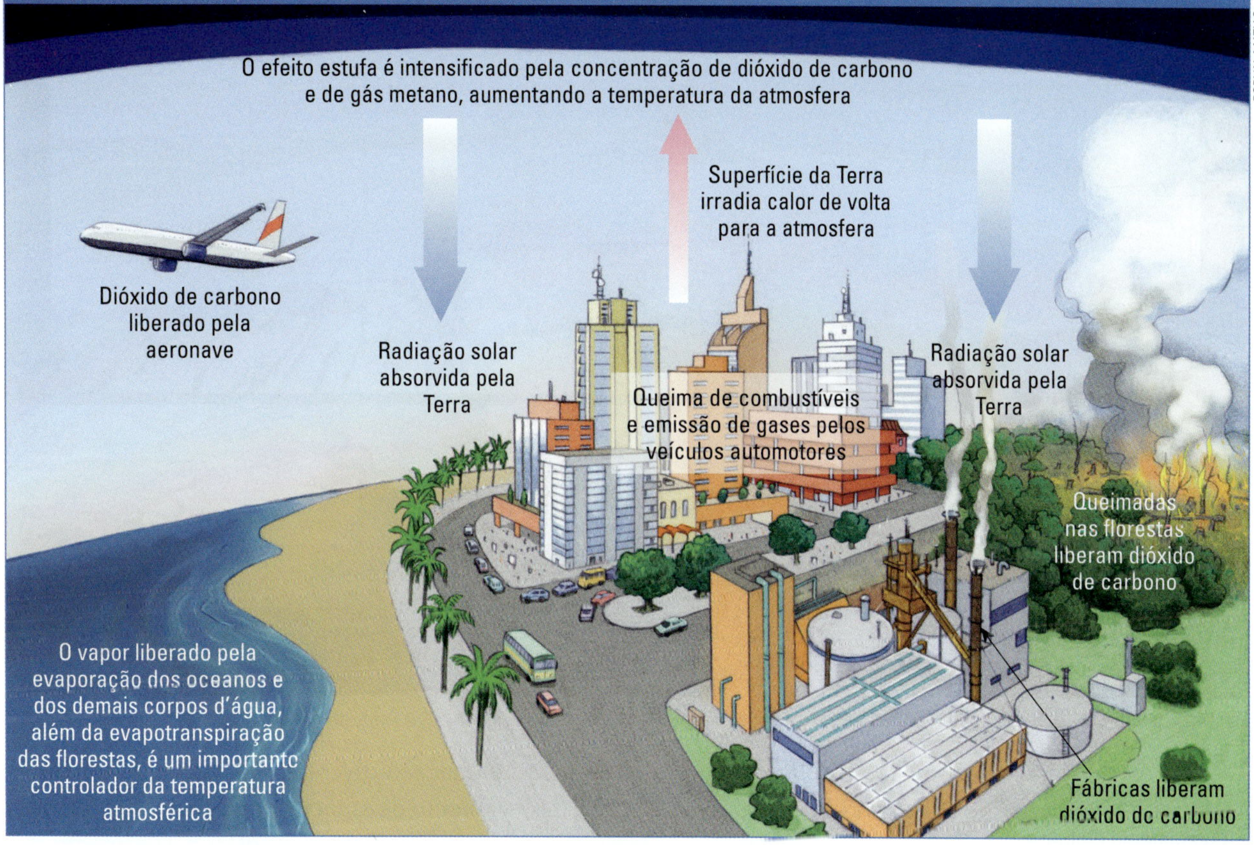

Fonte: elaborado com base em IBGE. *O efeito estufa e a vida na Terra.* Disponível em: <www.ibge.gov.br/ibgeteen>. Acesso em: out. 2012.

Mudanças climáticas ocorreram na história da Terra, mas não tão rapidamente como nos dois últimos séculos. De acordo com o Programa das Nações Unidas para o Meio Ambiente (PNUMA)[12], a temperatura média do planeta provavelmente elevou-se em 0,4 °C, entre os anos de 1992 e 2010. Essa alteração de temperatura é considerada brusca, e as plantas e animais não se adaptam tão rapidamente. Outra evidência do aquecimento global foi a elevação dos oceanos em cerca de 10 cm, no mesmo período. Além disso, as regiões polares estão perdendo a cobertura de gelo. A extensão do Oceano Glacial Ártico recuou 35%, também entre 1992 a 2010.

O derretimento das neves eternas dos picos de montanhas nos Alpes (Europa), no Kilimanjaro (Tanzânia), no pico Snowdon, no "monte de Neve" (Reino Unido) e o recuo da geleira Upsala (Argentina) também são vistos como evidência do aquecimento global.

Pela primeira vez na história, os seres humanos estão modificando o equilíbrio ecológico no mundo inteiro, e não apenas em determinada região.

DICA
FILME
O dia depois de amanhã
EUA, 2004. Direção: Roland Emmerich. Duração: 124 min.
Alterações climáticas modificam drasticamente o planeta Terra. O filme retrata, com efeitos especiais, as consequências da catástrofe, principalmente nas cidades estadunidenses de Los Angeles e Nova York.

12 UNEP. *Keeping Track of Our Changing Environment:* from Rio to Rio+20 (1992-2012). p. 29. Disponível em: <www.unep.org>. Acesso em: fev. 2014.

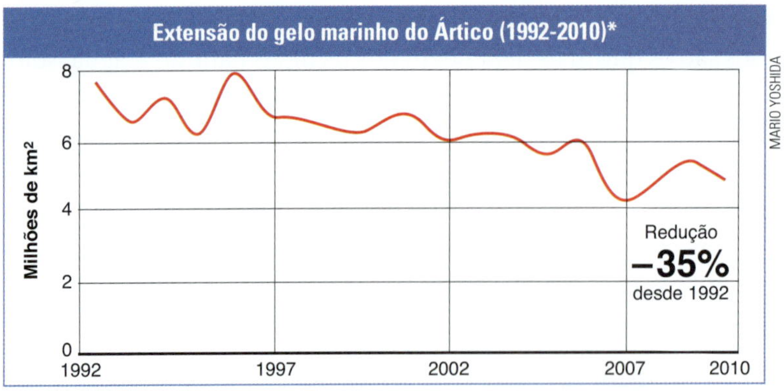

* Dados registrados nos meses de setembro, correspondentes à época do degelo.

Fonte: UNEP. *Keeping Track of Our Changing Environment*: from Rio to Rio+20 (1992-2012). p. 35. Disponível em: <www.unep.org>. Acesso em: fev. 2014.

Geleira Upsala em 1928 e em 2004. Situada na Patagônia (Argentina), era a maior geleira da América do Sul.

DICAS

SITES

Aquecimento global
www.aquecimentoglobal.com.br

Dados, entrevistas e artigos referentes a convenções sobre mudanças climáticas.

Aquecimento global em profundidade
http://veja.abril.com.br/idade/exclusivo/aquecimento_global/multimidia_int.html

Esta página traz infográficos, vídeos, galeria de imagens, mapa interativo e diversos *links* sobre aquecimento global.

As consequências do aquecimento global são diversas: alterações na dinâmica das chuvas e dos ventos; extinção e deslocamento de espécies em alguns ecossistemas; modificações nos padrões de produção e produtividade agrícolas; derretimento das calotas polares e elevação do nível médio dos oceanos, ocasionando, assim, a inundação de áreas costeiras; ampliação da superfície afetada pela seca; maior ocorrência de inundações e de incêndios em áreas florestais.

Um estudo aponta que 1.700 espécies migraram cerca de 40 quilômetros em direção aos polos, entre 1975 e 2005. Nas regiões alpinas, as espécies têm migrado para as altitudes mais elevadas, cerca de 6 metros por década, na segunda metade do século XX.

Outra consequência relaciona-se diretamente à saúde humana. Temperaturas mais elevadas disseminarão malária, doença de Chagas, dengue, entre outras, para regiões até então imunes a doenças tropicais.

O Protocolo de Kyoto

Em 1997 foi assinado, na cidade japonesa de Kyoto, um acordo que estabeleceu metas para a redução de gases poluentes de efeito estufa. Embora ainda não fosse uma posição definitiva do IPCC, a maior parte da comunidade científica acreditava que esses gases estavam ligados ao aquecimento global.

O Protocolo de Kyoto entrou em vigor apenas em 2005 e definiu o período entre 2008 e 2012 para que os objetivos estabelecidos fossem atingidos. Para que entrasse em vigor, era necessário que 55% dos países, responsáveis por 55% das emissões de gases de efeito estufa, ratificassem-no. Isso só foi possível com a adesão da Rússia, no final de 2004.

Nessa primeira fase, apenas os países industrializados[13] que assinaram o protocolo tinham metas de redução de dióxido de carbono a serem cumpridas: as emissões em 2012 deveriam atingir valores 5,2% menores do que os que vigoravam em 1990.

Os Estados Unidos, na época o maior emissor de dióxido de carbono, negaram-se a assumir os compromissos de Kyoto. Alegaram prejuízos à economia estadunidense e justificaram que o país seguiria seu próprio caminho no combate ao aquecimento global, através da pesquisa e introdução de novas tecnologias e mudanças em suas fontes de energia. Outro argumento utilizado foi o de que qualquer participação dos Estados Unidos estaria condicionada à participação dos **países emergentes**, igualmente responsáveis por grandes emissões de gases de efeito estufa.

Países emergentes
são países subdesenvolvidos que possuem importância na economia mundial, elevado grau de industrialização e relativa diversificação econômica. O Brasil, a China, a Índia e o México são destaques entre os emergentes.

O acordo de Kyoto estabeleceu que o problema do aquecimento global é responsabilidade de todos os países, mas que deve ser solucionado de modo diferenciado. Como os países desenvolvidos foram responsáveis pelas emissões por um período maior de tempo, devem efetuar seus cortes antes.

A definição de novas metas para uma segunda fase do protocolo e a extensão da responsabilidade de redução de emissões para outros países travaram as negociações mais recentes.

EVOLUÇÃO DOS ACORDOS SOBRE MUDANÇAS CLIMÁTICAS

No final de 2009, ocorreu a **Conferência de Copenhague** ou 15ª Conferência das Nações Unidas sobre Mudanças do Clima (**COP 15**), na capital dinamarquesa. A convenção tinha como meta estabelecer novas regras para substituir o Protocolo de Kyoto (2008-2012).

O objetivo era evitar um aquecimento global superior a 2% até o final do século XXI. No entanto, o documento elaborado ao final do encontro não mencionou metas para a redução de emissão de gases poluentes, portanto, não definiu como o objetivo principal será atingido. Além disso, foi estabelecida a formação de um fundo de financiamento de cerca de US$ 10 bilhões por três anos, destinado às necessidades de adaptação às mudanças climáticas dos países mais pobres.

Em 2010, 194 países reunidos em **Cancún**, no **México** (**COP 16**), tentaram dar prosseguimento às negociações iniciadas na Dinamarca, no ano anterior, e estabelecer um novo acordo sobre o clima. No entanto, não conseguiram romper o impasse. A maior parte dos países desenvolvidos se opôs em se comprometer com novas metas de corte das emissões de gases de efeito estufa, caso outros grandes emissores como China, Brasil, Índia e outros países com crescimento econômico acelerado ficassem isentos em controlar as suas emissões.

As medidas da COP 16 previram: a criação de um "Fundo Verde", a partir de 2020, para ajudar os países emergentes a implementarem medidas de combate das mudanças climáticas; um mecanismo de proteção das florestas tropicais; compromisso de manter as reduções das emissões de CO_2.

13 Os países que se comprometeram com o cumprimento das metas do Protocolo de Kyoto são denominados países do Anexo 1.

Em 2011, a **Conferência de Durban**, África do Sul (**COP 17**), não conseguiu estabelecer um novo acordo, porém manteve abertas as negociações para o esboço de um novo pacto global sobre o **clima**. Entretanto, **Rússia**, **Japão** e **Canadá** não arcaram com compromissos nessa prorrogação dos termos do Protocolo de Kyoto e reafirmaram que manteriam essa posição até que outros grandes emissores de CO_2, como Estados Unidos, China e Índia, assumissem compromissos semelhantes.

Na **Conferência de Doha** (**COP 18**), em 2012, estendeu-se o Protocolo de Kyoto até 2020, no entanto sem a assinatura de Japão, Rússia, Canadá e Nova Zelândia, pelos mesmos motivos alegados na Conferência de Durban: o não estabelecimento de metas para países emergentes, responsáveis por grandes emissões. Nesse sentido, essa prorrogação tornou a abrangência do acordo de Kyoto menor: os países que ainda permanecem com o compromisso de metas respondem por apenas cerca de 15% do total de emissões de gases estufa no planeta.

O MERCADO DE COMPENSAÇÕES AMBIENTAIS

O Protocolo de Kyoto criou um instrumento que permite aos países comprar créditos de carbono e deduzi-los da sua cota de emissão. O instrumento, denominado **Mecanismo de Desenvolvimento Limpo (MDL)**, possibilita aos países que têm metas a cumprir que realizem projetos relacionados à redução de emissão de gases de efeito estufa, inclusive em outros países. Esse investimento rende-lhes créditos de carbono que serão contabilizados favoravelmente, permitindo-lhes a emissão de gases de efeito estufa, em seu próprio país, maior que a estipulada pelo protocolo.

Posteriormente foram criados outros instrumentos econômicos de compensação ambiental, como a **Redução de Emissões por Desmatamento e Degradação nos Países em Desenvolvimento (REDD[14])**, com o objetivo de conservação das florestas e dos serviços ecossistêmicos. A proposta, que ainda depende de instrumentos para a sua aplicação, parte do princípio de que os países subdesenvolvidos, ao promoverem reduções das suas emissões oriundas do desmatamento de suas florestas tropicais, receberão compensação financeira internacional pelo sequestro de carbono e pelas emissões evitadas.

INTERCONEXÃO

Biologia

Ação verde

"Principal reserva natural de carbono na superfície da Terra, as florestas têm a capacidade de absorver, como uma esponja, as emissões de dióxido de carbono. Por isso, investir nelas se torna fundamental. Florestas na Europa e na América do Norte já estão cumprindo essa função, sugando quantidades significativas do gás. Esse fenômeno acontece por dois motivos: novas matas estão sendo plantadas e as que ficam em locais mais quentes e ricos em dióxido de carbono crescem mais rapidamente. Enquanto se desenvolvem, as árvores absorvem o gás para formar folhas e galhos.

O Painel Intergovernamental sobre Mudança Climática estima que os projetos dos sumidouros poderiam absorver até 100 bilhões de toneladas de carbono na primeira metade deste século ou entre 10% e 20% das emissões esperadas da queima de combustível fóssil do mesmo período. Mas o painel alerta que pode não haver terra suficiente para grandes projetos de sumidouros."

PEARCE, Fred. *O aquecimento global*. São Paulo: Publifolha, 2007. p. 61.

- Explique o termo "sumidouro" na situação apresentada e como ele se processa no exemplo analisado pelo texto.

14 Reducing Emissions from Deforestation and Forest Degradation in Developing Countries.

QUESTÃO AMBIENTAL E INTERESSES ECONÔMICOS

Todo o debate em torno da questão ambiental tem reforçado a necessidade de os países estabelecerem acordos e metas que possibilitem o uso sustentável de recursos e reduzam os níveis de poluição. No entanto, o cumprimento das metas estabelecidas, por exemplo, na Rio-92 e em conferências recentes, tem encontrado como principal obstáculo o argumento do custo econômico.

Para governantes de vários países, sobretudo os Estados Unidos, uma mudança de rumo no modelo de crescimento econômico, que passasse a priorizar a questão ambiental, exigiria alterações nos atuais padrões de extração de recursos naturais, de produção de mercadorias e de geração de energia. Essa mudança demandaria grandes investimentos. Estima-se, por exemplo, que a substituição da matriz energética exigiria investimentos anuais da ordem de 1,3% do PIB.

Segundo o cientista britânico Norman Myers, da Universidade de Oxford (um dos precursores dos trabalhos sobre biodiversidade, no final dos anos 1970), no Reino Unido e nos Estados Unidos são volumosos os subsídios concedidos à indústria automobilística: para cada dólar direcionado ao transporte público, cerca de 10 a 15 dólares são direcionados à indústria automobilística. A postura desses governos explica o desinteresse pela substituição da matriz energética atual.

A ajuda anual fornecida pelos países desenvolvidos aos subdesenvolvidos – compromisso estabelecido desde 1970 pela Assembleia da ONU e ainda em vigor – deveria ser de 0,7% do PIB dos países mais desenvolvidos. Em 2011, foi de 0,31% do PIB.

Quanto às conferências sobre o ambiente e aos acordos nelas estabelecidos, pode-se afirmar que a aplicação de suas recomendações é, de modo geral, restrita. Ainda há muito a ser feito para o avanço e a consolidação das propostas que visam à utilização mais sustentada dos recursos naturais e à redução nos níveis de poluição. A recusa de alguns países – que são grandes poluidores – em aderir a acordos que traçam metas para a redução de poluentes ou para a implementação de outros mecanismos de proteção ambiental poderá inviabilizar as ações ecológicas de abrangência global.

Outra questão que tem preocupado é o espetacular crescimento da economia chinesa e, consequentemente, de seu mercado de consumo. Nas últimas três décadas, 400 milhões de chineses saíram da linha de pobreza e se tornaram consumidores de bens duráveis, um número com tendência de crescimento. A China consome cerca da metade do cimento mundial, um terço do carvão e um quinto do aço e, em 2006, já havia ultrapassado os Estados Unidos na disputa pela liderança mundial de emissão de CO_2. A Índia também ampliou significativamente sua contribuição de CO_2 à atmosfera e já ocupa lugar de destaque no *ranking* mundial.

OLHO NO ESPAÇO

As duas imagens abaixo mostram evidências do processo acelerado do aquecimento da Terra. Observe-as e responda às questões a seguir.

Aumento da temperatura média durante a década 2000-2009*

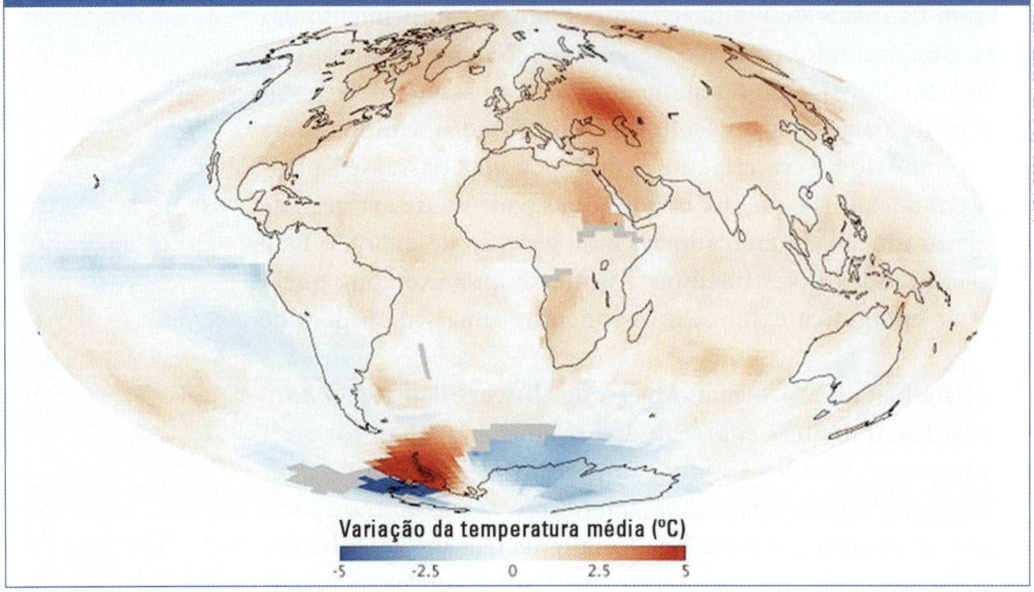

*Em relação às médias registradas no período de 1951 e 1980.
Fonte: UNEP. *Keeping Track of Our Changing Environment*: from Rio to Rio+20 (1992-2012). p. 29. Disponível em: <www.unep.org>. Acesso em: fev. 2014.

Aumento da temperatura média de acordo com a latitude – 2009*

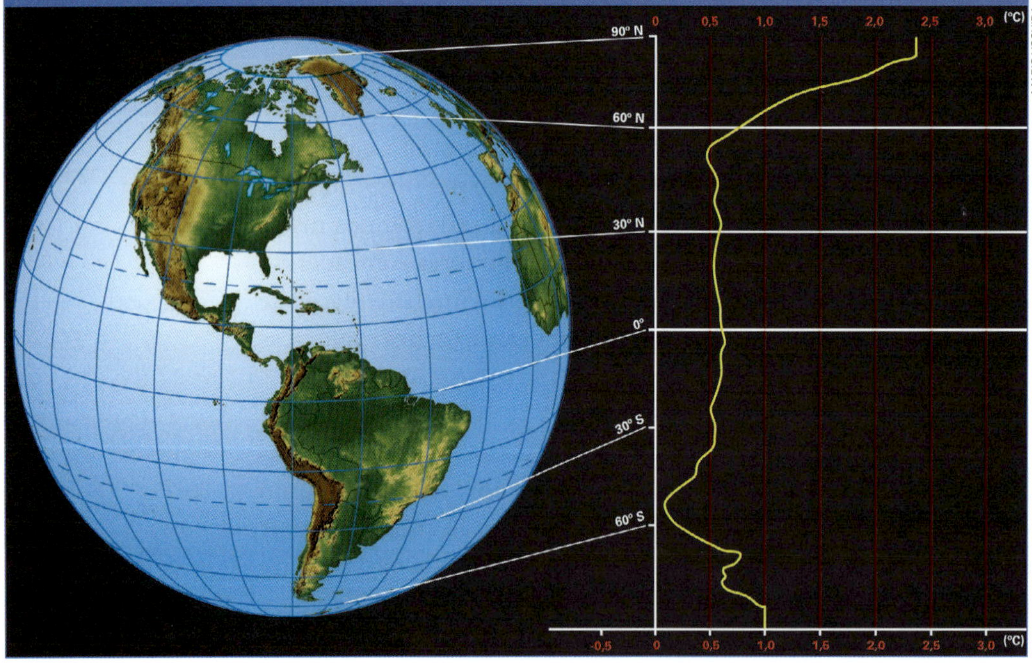

*Em relação às médias registradas no período de 1951 e 1980.
Fonte: UNEP. *Keeping Track of Our Changing Environment*: from Rio to Rio+20 (1992-2012). p. 31. Disponível em: <www.unep.org>. Acesso em: fev. 2014.

1. Em qual hemisfério da Terra o aumento da temperatura foi maior?
2. Em qual zona climática da Terra o aquecimento global foi registrado com maior intensidade? Cite duas consequências imediatas.
3. Considerando-se a posição geográfica do Brasil, indique o aumento da temperatura em 2009 no país, em comparação com a temperatura média registrada no período de 1951 a 1980.

PONTO DE VISTA

Mitigar, adaptar e sofrer

"Entrevistado pelo *The New York Times* em fevereiro de 2007, véspera de divulgação do Quarto Relatório de Avaliação do IPCC, o físico John P. Holdren, então presidente da Associação Americana para o Avanço da Ciência, disse haver três coisas que a humanidade poderia fazer em relação ao aquecimento global: '**Mitigar**, adaptar e sofrer'.

Algum grau de mudança climática, além das que o planeta já vem experimentando, é inevitável. A conta da prosperidade obtida pelos nossos pais, avós e bisavós à custa de combustíveis fósseis e desmatamento será cobrada mais intensamente dos nossos filhos e netos, que herdarão um mundo cada vez menos hospitaleiro e menos parecido com o mundo que nós conhecemos.

Ações e adaptação a essa mudança são e serão necessárias, especialmente para proteger de seus efeitos a maior parte da população mundial – aquela que habita a África Subsaariana, o sul da Ásia e as favelas e zonas rurais da América Latina –, que nem ao menos chegou a desfrutar da prosperidade trazida pela civilização industrial. Diques terão que ser erguidos, favelas terão que ser urbanizadas, barragens e obras contra a seca terão de ser reforçadas. A própria agricultura mundial, especialmente a de subsistência, precisará ser inteiramente reformulada. Em alguns locais, como o Ártico, os lagos africanos e as nações-ilhas do Pacífico, estilos tradicionais de vida estão condenados a desaparecer. É uma parte do patrimônio cultural humano que se perderá para sempre, dissolvida numa nuvem de carbono.

É também uma obrigação ética dos países desenvolvidos prover as populações mais vulneráveis do planeta com recursos para a adaptação. Afinal, os mais pobres estão pagando juros por um empréstimo – de recursos naturais – que não tomaram. Este é um desafio sem precedentes, dado que nem mesmo a promessa dos países-membros da Organização para Cooperação e Desenvolvimento Econômico (OCDE, o clube das nações desenvolvidas) de destinar 2% de seu PIB à ajuda externa, feita em 1992 durante a Cúpula da Terra no Rio, foi cumprida.

EMERSON CARVALHO DE SOUZA (CAMALEÃO)

31º Salão Internacional de Humor de Piracicaba. Piracicaba: CEDHU, 2004. p. 53.1.

Mitigar
amenizar, abrandar.

Mitigar a mudança climática, como demonstrou o IPCC, é uma questão de investimento, mas também de esperteza. O mundo já tem as tecnologias necessárias para reduzir suas emissões de gás carbônico e outros gases de efeito estufa sem precisar recorrer a invenções mirabolantes. Vai custar um bom dinheiro, mas é um seguro de vida que a porção rica da humanidade – capaz de gastar dezenas de bilhões de dólares em guerras travadas sob falso pretexto – pode pagar. [...]

A energia termelétrica a carvão é 'barata', entre outros motivos, porque os economistas tradicionalmente não computam seu custo em vidas humanas e em saúde. Impostos sobre o carbono, como mostra tanto o IPCC quanto a Agência Internacional de Energia, podem tornar competitivos processos e produtos limpos e fontes energéticas renováveis. Tudo isso pode e deve ser feito."

ANGELO, Claudio. *O aquecimento global*. São Paulo: Publifolha, 2008. p. 116-118.

1. De acordo com o texto, quais grupos humanos estão destinados a "sofrer" em decorrência do aquecimento global?
2. Justifique, para cada um dos casos, o prognóstico do provável desaparecimento do Ártico, dos lagos africanos e das nações-ilhas do Pacífico.
3. Por que o imposto sobre o carbono é colocado pelo IPCC como forma de mitigar o aquecimento global?

[COMPREENSÃO E ANÁLISE]

1. Em que parte do mundo a chuva ácida se manifesta com maior intensidade? Justifique sua resposta.

2. Entre os grandes problemas ambientais de dimensão global estudados no capítulo, qual tem sido combatido com relativo sucesso? Explique.

3. Explique a intensificação do efeito estufa e as razões que têm levado boa parte da comunidade científica a anunciar as consequências catastróficas desse problema ambiental.

4. Observe as ilustrações e resolva as questões no caderno.

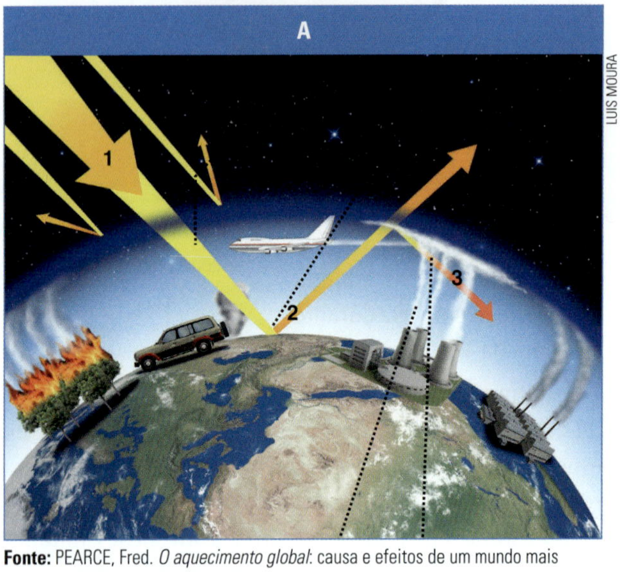

Fonte: PEARCE, Fred. *O aquecimento global*: causa e efeitos de um mundo mais quente. São Paulo: Publifolha, 2002. p. 15.

a) Dê um título à ilustração A.

b) Indique os processos assinalados pelos números 1, 2 e 3.

c) A ilustração apresenta quatro fontes responsáveis pelo fenômeno representado. Indique-as.

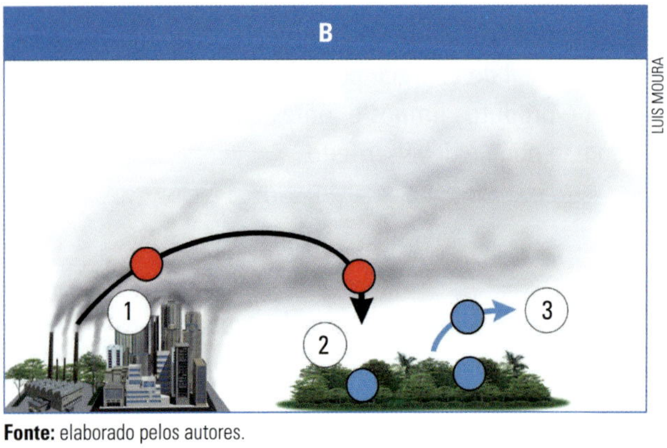

Fonte: elaborado pelos autores.

d) Dê um título à ilustração B.

e) Indique os processos assinalados por 1, 2 e 3.

5. Observe o gráfico e responda às questões.

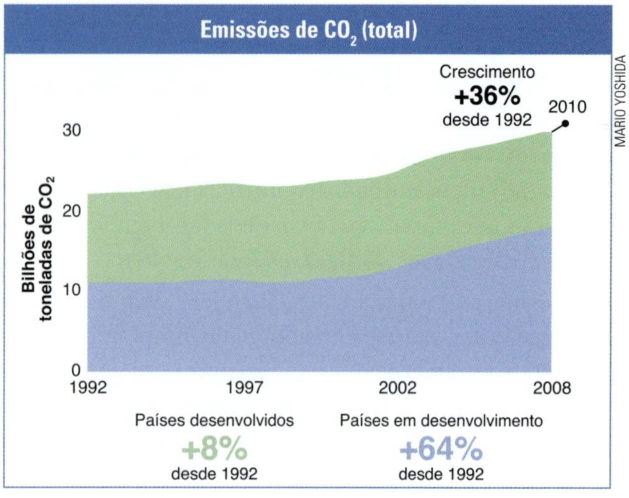

Fonte: UNEP. *Keeping Track of Our Changing Environment*: from Rio to Rio+20 (1992-2012). p. 21. Disponível em: <www.unep.org>. Acesso em: out. 2013.

a) Explique o maior crescimento das emissões pelos países em desenvolvimento.

b) Dê a sua opinião sobre a importância do Protocolo de Kyoto e a eficácia das metas estabelecidas para o combate do aquecimento global.

6. Leia o texto e responda às questões a seguir.

"Não há nada muito favorável sobre o clima atual da Terra: é simplesmente algo com que a civilização humana se acomodou ao longo dos séculos, assim como fizeram animais e plantas (tanto naturais como agrícolas). A razão pela qual o iminente aquecimento global poderia ser ameaçadoramente perturbador é que acontecerá com muito mais rapidez do que as mudanças naturais do passado histórico; rápido demais para que as populações humanas e os padrões do uso da terra e da vegetação se ajustem. O aquecimento global pode ocasionar uma elevação do nível do mar, um aumento severo das intempéries e uma disseminação de doenças transmitidas por mosquitos em latitudes mais altas."

RESS, Martin. *Hora final – Alerta de um cientista*: o desastre ambiental ameaça o futuro da humanidade. São Paulo: Companhia das Letras, 2005. p. 122.

a) Por que as mudanças climáticas atuais são mais ameaçadoras do que as ocorridas ao longo de toda a história da Terra?

b) Cada uma das consequências do aquecimento global citadas no último período do texto é justificada por determinados processos. Explique-os.

CAPÍTULO 14

DOMÍNIOS MORFOCLIMÁTICOS E QUESTÃO AMBIENTAL NO BRASIL

CONTEXTO

Biodiversidade e desenvolvimento no Brasil

"Desde a publicação do Relatório Brundtland o conceito de desenvolvimento sustentável tem sido utilizado para demonstrar a suposta compatibilidade entre o desenvolvimento econômico e a conservação ambiental. No Brasil, entretanto, o modelo de desenvolvimento perseguido por governos, empresas e diversos setores da sociedade está longe de corresponder ao objetivo estabelecido pelo conceito: suprir as necessidades da geração atual, sem comprometer a capacidade de atender as necessidades das futuras gerações.

O avanço de nossa 'civilização' sobre a natureza contribuiu para a diminuição das florestas brasileiras e para a extinção de diversas espécies. Hoje temos menos de 10% da cobertura original da Mata Atlântica, 50% do Cerrado e 85% da Floresta Amazônica. E é importante ter claro que não se trata da simples presença humana, mas sim de um modelo de desenvolvimento predatório, baseado na exploração dos recursos naturais para além das necessidades básicas da população. Não é à toa que boa parte da cobertura florestal ainda existente, em especial na Amazônia brasileira, está em áreas onde vivem populações indígenas e tradicionais, cujos sistemas produtivos têm impactos reduzidos.

As políticas de desenvolvimento no Brasil sempre estimularam a transformação da floresta, seja em áreas agrícolas e para a pecuária, seja para instalação de grandes obras, e ignoraram a importância da biodiversidade em seus planejamentos. Durante muito tempo, para garantir os direitos à terra e ao crédito rural, o proprietário era obrigado a desmatar sua propriedade. E projetos de infraestrutura como hidrelétricas, estradas, pontes e hidrovias têm efeitos diversos e indiretos sobre os ecossistemas. Como essas obras são consideradas fundamentais para o desenvolvimento econômico, sua implementação é um dos maiores desafios para a sustentabilidade."

RAMOS, Adriana. Biodiversidade e desenvolvimento no Brasil. In: BENSUSAN, Nurit (Org.). *Seria melhor mandar ladrilhar?* Biodiversidade: como, para que e por quê. São Paulo/Brasília: Peirópolis/UnB, 2008. p. 383-384.

DISCUTA

1. O que é o Relatório Brundtland a que o texto se refere?
2. De acordo com o texto, a quem cabe a responsabilidade pela dilapidação dos recursos florestais no Brasil? Explique.

A QUESTÃO AMBIENTAL NO BRASIL

Além de contar com uma das maiores reservas naturais do planeta, o Brasil dispõe de grande biodiversidade, como visto na Unidade 3. A quantidade e a variedade de espécies animais e vegetais colocam o país em posição privilegiada, em um mundo onde a biotecnologia tem tido resultados cada vez mais surpreendentes.

Espécie endêmica
que só existe em determinada região.

Entre os países de maior biodiversidade, o Brasil está em primeiro lugar, com cerca de 23% do total das espécies conhecidas no planeta. De acordo com a Conservation International, o Brasil possui cerca de 20 mil **espécies endêmicas** somente na Amazônia. Constituem um imenso patrimônio natural, além de matérias-primas essenciais para as indústrias farmacêuticas, químicas, cosméticas, alimentícias e até para a obtenção de energia, como o biogás.

Apesar de dispor de muitos recursos, os problemas ambientais brasileiros são numerosos.

DICA

SITE

Ministério do Meio Ambiente
www.mma.gov.br
Reúne informações sobre as principais questões ambientais no Brasil e acompanha as iniciativas do Ministério.

A exploração dos recursos naturais intensificou-se principalmente durante o século XX, quando o país alcançou elevadas taxas de crescimento econômico e industrial. Esse crescimento acelerado provocou migrações do campo para os centros urbanos e contribuiu para a deterioração da qualidade de vida nas grandes cidades, que, por insuficiência de investimentos, não estavam dotadas de infraestrutura básica para receber essa população. Dessa forma, agravaram-se diversos problemas, como a poluição do ar e dos rios, as enchentes e a falta de saneamento básico em várias regiões. O país cresceu sem qualidade de vida. Além disso, várias reservas naturais foram (e continuam sendo) dilapidadas para sustentar esse crescimento.

RODRIGO BALEIA/LATINCONTENT/GETTY IMAGES

A cidade de Manaus, situada no coração da maior bacia fluvial do mundo, acumula lixo em seus cursos de água e apresenta sérios problemas relacionados ao esgotamento sanitário e à má qualidade do abastecimento de água. Na imagem, poluição no Rio Negro, Manaus (AM), 2010.

Apesar do quadro adverso, a sociedade vem se conscientizando da importância de conservar a natureza e lutar pela melhoria da qualidade de vida. Cada vez mais, tem se mobilizado e alertado os governantes para a questão ambiental. Exemplo disso são as iniciativas que estimulam a coleta seletiva do lixo e a reciclagem, as quais, para se tornarem eficientes, alcançando um número cada vez maior de municípios, dependem de investimentos governamentais em infraestrutura.

No Brasil, a intensificação do movimento ecológico ocorreu, sobretudo, a partir dos anos 1970, ainda no período dos governos militares, cujos projetos de desenvolvimento tinham pouca ou nenhuma preocupação com a questão ambiental. São exemplos os empreendimentos de incorporação efetiva da Amazônia ao território nacional, com a ampliação da malha rodoviária brasileira que integrava a região ao restante do país; a construção de grandes usinas hidrelétricas; a expansão da agropecuária, baseada, inclusive, na formação de latifúndios; a constituição de grandes projetos de exploração mineral, que desconsideravam as características socioambientais desse complexo bioma e, portanto, os povos da floresta, como as comunidades indígenas e os seringueiros.

MARIO TAMA/GETTY IMAGES

Manifestação em Altamira (PA), contra a construção de Belo Monte, em junho de 2012.

Razões não faltaram para que, a partir dos anos 1980, a questão ambiental da Amazônia despertasse o debate nos âmbitos nacional e internacional. Entidades ecológicas, movimentos sociais e diversos setores da sociedade exigiram outras linhas de ação dos governos que sucederam a ditadura militar. Apesar da pressão desses grupos e da obtenção de alguns progressos, as posturas governamentais e empresariais em relação ao desenvolvimento socioeconômico da Amazônia não têm sido sensíveis às práticas de desenvolvimento sustentável. São evidências desses fatos os projetos minerais e agropecuários e a expansão da instalação de grandes usinas hidrelétricas na região, como Belo Monte e o Complexo do Rio Madeira. A exploração de biodiversidade amazônica está longe de conciliar desenvolvimento social e conservação ambiental.

Zoneamento Ecológico-Econômico e Unidades de Conservação Ambiental

O **Zoneamento Ecológico-Econômico (ZEE)** é responsável pela avaliação e proteção dos recursos existentes no Brasil. Cada ecossistema brasileiro é dividido em zonas, nas quais são identificados o potencial natural, a vulnerabilidade e os conflitos sociais existentes. O objetivo é orientar políticas públicas voltadas para a exploração racional dos recursos, de acordo com o critério de sustentabilidade socioeconômica e ambiental, ou impedir qualquer forma de exploração.

Nesse sentido, o ZEE é a referência para a intervenção do Estado na ocupação do território. Essa intervenção apoia-se em leis, como a que regulamenta o uso de florestas e outros biomas (Cerrado, Caatinga, Complexo do Pantanal), a que regulamenta o uso dos recursos hídricos e a que define as Unidades de Conservação.

As **Unidades de Conservação Ambiental (UCs)** são espaços geralmente formados por áreas contínuas, estabelecidos com a finalidade de preservar ou conservar a flora, a fauna, os recursos hídricos, as características geológicas e geomorfológicas (formas do relevo), as belezas naturais, zonas costeira e marinha, enfim, a integridade do ambiente. As Unidades de Conservação Nacionais são geridas atualmente pelo Instituto Chico Mendes de Conservação da Biodiversidade (ICMBio), criado em 2007 e vinculado ao Ministério do Meio Ambiente. Cabem ao ICMBio a proteção e a fiscalização das UCs instituídas pela União.

Há diversos tipos de Unidades de Conservação no Brasil. A definição de cada um dependerá de algumas características e objetivos aos quais se destina, como exploração sustentável de recursos naturais ou preservação total do ecossistema.

As **Unidades de Conservação de Proteção Integral** não admitem exploração dos recursos naturais. Permitem somente o uso indireto dos seus atributos naturais para pesquisa e turismo ecológico. Estão incluídos nessa categoria: as Estações Ecológicas (Esec), as Reservas Biológicas (Rebio), os Monumentos Naturais (MN), como o Pão de Açúcar, os Parques Nacionais (Parna) e os Refúgios da Vida Silvestre (Revis). Nas Estações Ecológicas e Reservas Biológicas é permitida apenas a pesquisa científica. Nas demais Unidades de Conservação de Proteção Integral admite-se, além das atividades de pesquisa, a visitação pública.

FRANCO HOFF/PHOTO BRAZIL

Pesquisadores caminham pela Estação Ecológica do Raso da Catarina, a 60 km de Paulo Afonso (BA), 2010.

Nas **Unidades de Uso Sustentável** admite-se a compatibilização da conservação da natureza com o uso sustentável, através do manejo adequado dos recursos naturais. Pertencem a esse grupo as Áreas de Proteção Ambiental (APA), Áreas de Relevante Interesse Ecológico (Arie), as Florestas Nacionais (Flona), as Reservas Extrativas (Resex), as Reservas de Desenvolvimento Sustentável (RDS), as Reservas de Fauna (Refau) e as Reservas Particulares do Patrimônio Natural (RPPN).

ENRICO MARONE/PULSAR IMAGENS

Pescador em manguezal na Reserva Extrativista do Cassurubá, em Caravelas (BA), 2012.

As florestas brasileiras abrigam uma infinidade de recursos naturais, alguns dos quais nem chegaram a ser conhecidos devido ao intenso desmatamento. Novos alimentos, matérias-primas e plantas de valor medicinal deixarão de ser estudados e aplicados ao bem-estar da população caso nada se faça para conter a destruição dos grandes ecossistemas naturais que ainda sobrevivem. Além disso, de acordo com o princípio básico do desenvolvimento sustentável (o compromisso de preservar a natureza para as gerações futuras), o Brasil tem responsabilidade multiplicada devido à sua biodiversidade e ao patrimônio genético de seus biomas, como a Floresta Amazônica, a Mata Atlântica, o Cerrado, a Caatinga e o Pantanal, e dos ambientes marinhos.

FABIO COLOMBINI

Os Parques Nacionais e Estaduais são áreas abertas à visitação pública, com fins recreativos, educacionais, de pesquisa científica e turismo ecológico. Os Nacionais são regulamentados por normas estabelecidas pelo Instituto Brasileiro do Meio Ambiente e dos Recursos Naturais Renováveis (Ibama), enquanto os Estaduais seguem as normas definidas pela Secretaria do Meio Ambiente de cada estado. Na imagem, Parque Nacional da Chapada dos Veadeiros (GO), 2010.

A sustentabilidade de muitas Unidades de Conservação depende da construção de **corredores ecológicos** (veja a seção *Ponto de vista*, Capítulo 8). Muitas delas encontram-se isoladas, formando ilhas em cujo entorno persistem atividades predatórias ou poluentes que comprometem a conservação plena dos sistemas naturais. Os corredores ecológicos ou corredores de biodiversidade permitem a conexão de Unidades de Conservação entre si, com Terras Indígenas, ou mesmo com áreas degradadas, garantindo o fluxo de animais, a disseminação de sementes, a ampliação da cobertura vegetal e a recuperação dos ecossistemas. Unidades de Conservação criadas como arquipélagos não garantem a proteção das espécies por longo prazo.

Manejo sustentável
maneira planejada de interferir no ambiente natural, que pressupõe a exploração de recursos de forma sustentada, ou seja, assegurando tanto a manutenção dos elementos naturais como a dinâmica das relações entre eles.

ROGERIO REIS/TYBA

As Florestas Nacionais constituem áreas com cobertura vegetal nativa ou plantada, estabelecidas para promover o **manejo sustentável** dos recursos naturais (principalmente a produção de madeira e outros produtos vegetais), proteger os recursos hídricos e os sítios arqueológicos e desenvolver a pesquisa científica, a educação ambiental e as atividades de recreação. Na imagem, Floresta Nacional de Canela (RS), 2010.

DOMÍNIOS MORFOCLIMÁTICOS DO BRASIL E QUESTÕES AMBIENTAIS

Fitogeográfico
relativo aos fatores ambientais que explicam a distribuição espacial da vegetação.

O conceito de **domínios morfoclimáticos** compreende regiões de grande dimensão territorial, onde os elementos da natureza apresentam características morfológicas, climáticas e **fitogeográficas** diferentes em relação às dominantes em outros domínios naturais.

Os domínios são estabelecidos pela interação de fatores bióticos (cooperação ou competição entre as espécies vegetais e animais), químicos (água e nutrientes necessários à sobrevivência dos seres vivos) e físicos (clima, solo e relevo), já estudados nas unidades anteriores. Portanto, são resultado da interação da vegetação, da hidrografia, do solo e, sobretudo, do clima e do relevo. A sua denominação, normalmente, recebe o nome da vegetação dominante, pois é a síntese das relações entre os diversos elementos da natureza.

O Brasil apresenta seis grandes domínios morfoclimáticos: **Amazônico**, dos **Mares de Morros** (Mata Atlântica), das **Araucárias**, dos **Cerrados**, da **Caatinga** e das **Pradarias**. Entre esses domínios, aparecem amplas faixas de transição, que apresentam elementos difusos de dois ou mais domínios. Ao estudar esses domínios, retomamos e integramos conteúdos já trabalhados nas unidades 2, 3 e 4.

DICAS

LEITURAS

Atlas dos ambientes brasileiros
Maria da Penha B. Youssef e outros. São Paulo: Scipione, 2005.
Obra básica dos ambientes brasileiros. Textos curtos e fotografias ilustram aspectos essenciais de diversos ecossistemas brasileiros.

Almanaque Brasil Socioambiental
Ricardo Beto e Maura Campanili (Org.). São Paulo: Instituto Socioambiental, 2008.
O almanaque apresenta um panorama dos ambientes brasileiros e outras questões ambientais relevantes.

Brasil: domínios morfoclimáticos (Aziz Ab'Saber)

Fonte: AB'SABER, Aziz. *Os domínios da natureza no Brasil*: potencialidades paisagísticas. São Paulo: Ateliê Editorial, 2003. p. 16-17.

O Domínio Amazônico

A Floresta e a Bacia Amazônicas são as principais referências do Domínio Amazônico.

A Floresta Amazônica, típica de Clima Equatorial, é a mais extensa floresta do planeta situada na Zona Intertropical. É o maior domínio natural brasileiro e abriga a mata de maior biodiversidade do planeta. De cada cinco espécies vivas, uma pertence à Floresta Amazônica. No meio da mata, em áreas pontuais, aparecem formações isoladas de Campos e Cerrados. As águas da Amazônia também abrigam uma variedade de espécies de flora aquática, cujo maior símbolo é a vitória-régia.

A vegetação adapta-se à elevada temperatura e umidade do **Clima Equatorial**. No entanto, de toda a água precipitada sobre a floresta, apenas 25% fica na superfície ou infiltra no solo. Todo o restante retorna à atmosfera pela evapotranspiração. A ocupação econômica desse domínio natural e, por consequência, o desmatamento interrompem esse ciclo natural, expõem o solo ao intenso processo erosivo e retiram os componentes orgânicos que lhe garantem fertilidade.

PHOTOSHOT/GRUPO KEYSTONE

Vitórias-régias em rio da Bacia Amazônica, 2010.

A **Floresta Amazônica** no Brasil corresponde a cerca de 83% de sua área original. No entanto, a devastação foi intensificada nos últimos 40 anos e, nesse sentido, aponta perspectivas pessimistas para a região em função da pressão populacional, da ocupação econômica apoiada em empreendimentos agropecuários e minerais e grandes projetos de geração de energia.

A exploração da Amazônia intensificou-se a partir de 1970, quando o governo militar decidiu transformar a região numa nova frente de colonização, ou seja, incentivar as atividades produtivas e estimular a ocupação humana na região.

Nas últimas décadas, a soja, grande responsável pela destruição do Cerrado, tem avançado sobre a Amazônia. O rebanho bovino também ocupou grandes extensões da floresta, confirmando a determinação de colonização desse domínio, desde a década de 1970, pela "pata dos bois". Atualmente, a região concentra parcela significativa do rebanho bovino do país, atividade responsável pela maior extensão de mata derrubada. Na parte meridional e oriental, forma-se o que ficou conhecido como "arco do desmatamento", a faixa situada principalmente na transição entre a região do Cerrado e a Amazônia, que sofreu intensa devastação nas últimas décadas.

A **Bacia Amazônica**, junto com a Bacia do Tocantins, forma o mais complexo sistema de água doce do mundo. O Rio Amazonas, o principal, é responsável por 20% da água doce despejada anualmente nos oceanos. A extensa rede hidrográfica se destaca pela navegabilidade, pela diversidade da fauna aquática e por apresentar o maior potencial hidrelétrico do Brasil. No Rio Tocantins está em operação a usina de Tucuruí (no Pará), a maior totalmente brasileira. Outras usinas estão sendo construídas nesse domínio natural, como Santo Antônio e Jirau, no Rio Madeira (em Rondônia), e Belo Monte, no Rio Xingu (no Pará). A capacidade de geração de energia prevista para Belo Monte superará a de Tucuruí.

Floresta ombrófila densa
formada por vegetações que se adaptam à intensa umidade, bastante fechada, pois as árvores e as outras espécies de menor porte desenvolvem-se próximas umas das outras, formando uma mata fechada.

Floresta ombrófila aberta
adapta-se à intensa umidade, mas apresenta maior espaçamento entre as árvores. É considerada uma mata de transição entre a Amazônia e outras regiões botânicas.

Floresta estacional decidual e semidecidual
são florestas que se adaptam à alternância de duas estações: uma seca, mais prolongada, e outra chuvosa. Elas perdem folhagem durante o período seco. A decidual apresenta maior perda de folha que a semidecidual.

Glossários da página seguinte.

Sistemas de monitoramento da Amazônia

Além das ações de colonização promovidas pelo governo, o Domínio Amazônico sofre inúmeras outras ameaças, como visto anteriormente neste volume. São exemplos de ações predatórias: os focos de queimadas, a exploração madeireira, o garimpo, a agropecuária, a extração mineral, a invasão de Terras Indígenas e o contrabando de plantas e animais silvestres.

MARIO YOSHIDA

Amazônia Legal: cobertura vegetal e ação antrópica – Fim do século XX

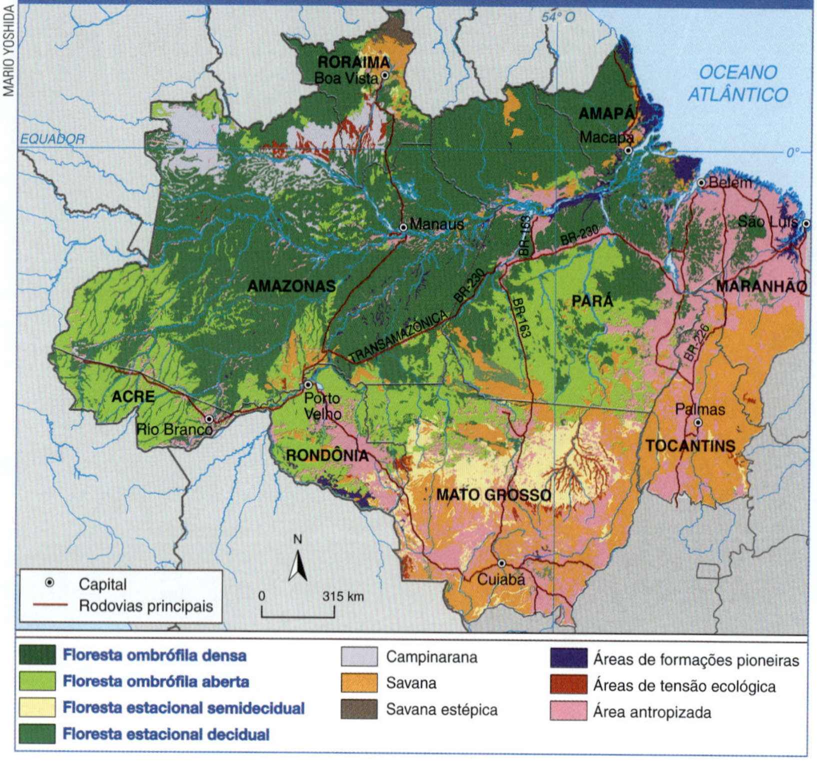

Fonte: *Atlas geográfico escolar*. Rio de Janeiro: IBGE, 2009. p. 103.

MARIO YOSHIDA

Amazônia: Sivam – Início do século XXI

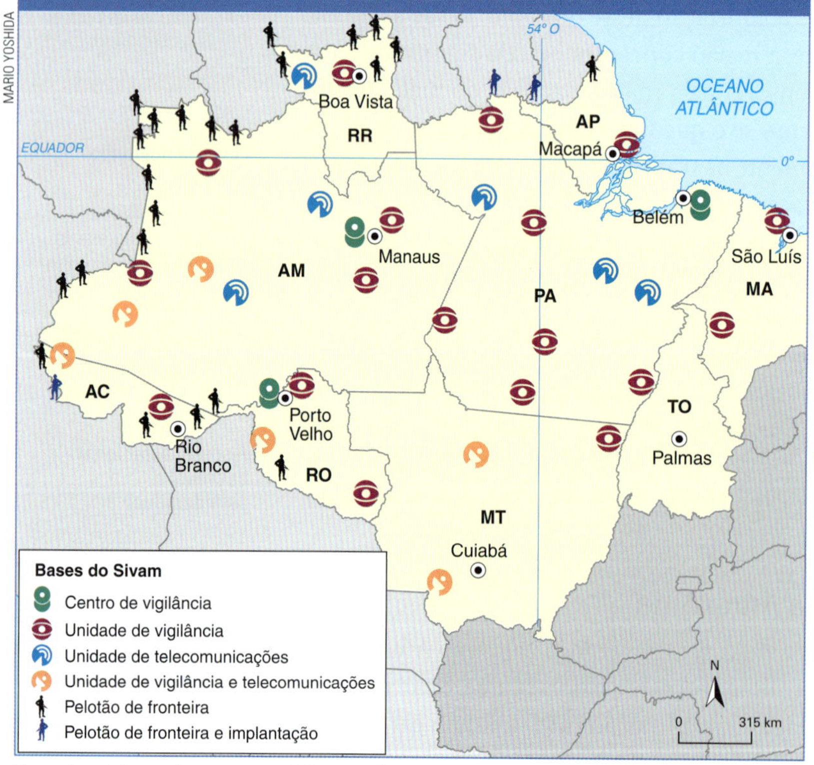

Fonte: Amazônia: grandes reportagens. *O Estado de S. Paulo*, 25 nov. 2007. Disponível em: <www.estadao.com.br>. Acesso em: out. 2013.

Para monitorar esse extenso domínio e poder determinar ações de controle, o governo criou, na década de 1990, o **Sistema de Vigilância da Amazônia (Sivam)**. Esse sistema de monitoramento possibilitou o controle do espaço aéreo amazônico e de seus recursos (hídricos, florestais, minerais, da biodiversidade). Beneficiou, ainda, órgãos como o Instituto Nacional de Pesquisas Espaciais (Inpe) e o Instituto Nacional de Meteorologia (Inmet), aumentando a qualidade das previsões meteorológicas.

Os críticos desse sistema ponderam que a má utilização das informações do Sivam pode ser um instrumento econômico utilizado por grandes empresas, caso tenham acesso a informações sobre recursos minerais ainda não conhecidos. Nesse caso irá aumentar, ainda mais, a ocupação inadequada do território da Amazônia.

O sistema de vigilância interliga, através de satélites, 87 estações meteorológicas, 25 estações fixas e móveis de radares, três esquadrões de aviões, aparelhos de sensoriamento remoto, sistema de telecomunicações e outros recursos tecnológicos de ponta.

Outros sistemas de monitoramento ambiental operados pelo Inpe são específicos para o controle do desflorestamento na Amazônia. São eles: **Programa de Cálculo do Desflorestamento da Amazônia (Projeto Prodes)**; **Detecção de Desmatamento em Tempo Real (Projeto Deter)**; e **Detecção de Áreas de Exploração Seletiva na Amazônia Legal Brasileira (Projeto Detex)**.

As imagens coletadas pelo Detex têm maior definição. São mais apropriadas para identificar atividades de madeireiras ilegais e também acompanhar a extração sustentável concedida em florestas nacionais.

Populações tradicionais e manejo sustentável

Desde muito antes da chegada do colonizador europeu, a exploração da floresta pelos nativos do Domínio Amazônico é realizada de forma sustentável: eles têm consciência de que os recursos da mata e dos rios são essenciais à sua sobrevivência.

Além dos indígenas, seringueiros, castanheiros, quilombolas, ribeirinhos e quebradeiras de coco sabem que folhas, frutos, fibras e seivas podem ser explorados sem destruir a mata. Preservar e respeitar o modo de vida dos povos da floresta é tão importante quanto conservar a mata. Eles conhecem muitos dos recursos genéticos presentes na floresta e possuem conhecimentos associados à sua utilização.

Essas comunidades estão articuladas na Amazônia pela **Aliança dos Povos da Floresta**, que lutam pela garantia do direito à terra das populações indígenas, dos seringueiros e de outros grupos, e pela conservação dos recursos naturais fundamentais ao modo de vida dessas diferentes comunidades.

Em diversas localidades da Amazônia, a resistência desses grupos foi fundamental para combater a expansão da agropecuária e do garimpo, atividades nocivas à conservação da floresta e à qualidade das águas dos rios. Atualmente, parte dessas comunidades tradicionais vive em **Reservas Extrativistas (Resex)** criadas para proteger os meios de vida e a cultura das populações tradicionais e conservar os recursos naturais por meio de sua exploração e manejo sustentáveis.

RICARDO AZOURY/PULSAR IMAGENS

Extração de látex no Projeto de Assentamento Extrativista Chico Mendes, em Xapuri (AC), 2012. Os povos da floresta monitoram a região, visando coibir o comércio ilegal de produtos da Amazônia.

LEITURA COMPLEMENTAR

Conflitos e participação social

"No Brasil, muitos locais eleitos para a criação de Unidades de Conservação, sobretudo parques, já eram habitados por populações ribeirinhas, pequenos agricultores e extrativistas. Não são raros os casos de UCs implantadas sem a participação de populações locais. Isso provocou muitos conflitos entre essas pessoas e os órgãos públicos responsáveis pela administração das UCs.

Essa implantação forçada é hoje considerada polêmica. No passado, porém, obrigou índios, quilombolas e agricultores a saírem de suas áreas inseridas em UCs, em alguns casos com o uso de violência e força policial.

A adesão a políticas participativas, porém, ainda não é uma realidade em todos os órgãos governamentais da administração pública brasileira, pois são poucos os que pensam as relações entre atividade humana e ambiente em Unidades de Conservação. Muitos ainda atuam sob a ótica da gestão autoritária, que privilegia a fiscalização ao invés do diálogo com as comunidades.

Os conflitos entre moradores e parques motivaram inúmeros debates em todo o mundo e inspiraram a criação de outros modelos de conservação mais condizentes com a realidade local.

Foi assim que, em 1990, as primeiras Reservas Extrativas do Brasil (Alto Juruá, Chico Mendes, Rio Cajari e Rio Ouro Preto), também chamadas de Resex, foram instituídas. Com isso, as populações tradicionais foram promovidas: de vilãs do meio ambiente, que impediam a criação das unidades, passaram a ser aliadas em sua conservação."

SIMON, Alba; GOUVEIA, Maria Teresa de J. *O destino das espécies*. Rio de Janeiro: Garamond, 2011. p. 100-101.

- O texto apresenta duas visões distintas sobre as Unidades de Conservação. Explique-as.

A experiência das Resex mostrou que as populações tradicionais são aliadas na luta pela conservação dos sistemas naturais. Além do seu modo de vida causar um impacto mínimo, as populações que vivem nas Unidades de Conservação também são importantes para o seu controle e sua vigilância.

O Domínio dos Mares de Morros

O Domínio dos Mares de Morros corresponde à área original da **Mata Atlântica**. **"Mares de morros"** é referência ao relevo que marca a paisagem, formado por uma sucessão de morros arredondados – relevo mamelonar –, esculpidos sobre rochas cristalinas e revestidos originalmente por extensa cobertura florestal.

ISMAR INGBER/PULSAR IMAGENS

Paisagem da Serra do Mar em Petrópolis (RJ), 2012.

A exploração desse domínio natural iniciou-se com a extração do pau-brasil. A partir da colonização, importantes atividades econômicas avançaram sucessivamente sobre esse domínio, como o cultivo da cana-de-açúcar, a exploração de ouro e pedras preciosas e o cultivo do café. A expansão da agropecuária e, mais tarde, a extração de madeira para a construção civil e como fonte de energia, as atividades industriais e o crescimento urbano contribuíram para a intensificação da derrubada do restante da mata, reduzida atualmente a pequenos trechos fragmentados no território brasileiro.

Hoje ocupa apenas 7% da área original e sua biodiversidade, comparável à da Floresta Amazônica, teve perdas irreversíveis. A maior parte das espécies da fauna e da flora brasileiras ameaçadas de extinção é originária da Mata Atlântica.

A **Bacia do Paraná** forma o maior conjunto de água do núcleo dos Mares de Morros, cujos rios formadores atravessam relevo acidentado e possibilitam elevado aproveitamento energético. A construção de eclusas e barragens, a ocupação das margens dos rios por habitações e atividades agrícolas modernas, o uso de agrotóxicos e adubos químicos, o despejo de efluentes industriais e domésticos explicam a alteração dos cursos de alguns rios e da qualidade das águas. A retirada da cobertura da floresta deixou os solos desprotegidos e acelerou os processos erosivos.

Variedade climática e botânica

O clima varia entre o **Tropical Úmido** do litoral do Nordeste e Sudeste, o **Tropical de Altitude** das serras e áreas elevadas do Sudeste e o **Subtropical** da encosta litorânea do Sul do Brasil. Essa diversidade de climas e as altitudes variadas que formam o Domínio dos Mares de Morros contribuíram para a diversificação de espécies e para o elevado grau de endemismo da Mata Atlântica. Calcula-se que a floresta ainda abrigue cerca de 20 mil espécies de plantas, das quais 8 mil são endêmicas. Calcula-se também que mais de 500 plantas estão ameaçadas de extinção, além de mamíferos, répteis, anfíbios e pássaros. Não é à toa que ela faz parte de um dos 34 *hotspots* mundiais de biodiversidade.

O Domínio das Araucárias

O Domínio das Araucárias[15] está situado principalmente nos estados do Sul do país, nas altitudes superiores a 400 metros que formam os **planaltos** e as **chapadas da Bacia do Paraná**.

O **Clima Subtropical** favoreceu o desenvolvimento da **Floresta da Araucária**, moldando na parte meridional do país uma natureza extratropical, que contrasta com a do restante do território brasileiro. Essa floresta foi devastada com a mesma voracidade que a Mata Atlântica, a ponto de ter sido quase totalmente erradicada. A derrubada da mata atendeu às necessidades da construção civil, da indústria de móveis, da indústria de celulose e das fábricas de resinas (a resina da madeira destilada fornece alcatrão, óleos vegetais e breu) e à expansão da agropecuária.

Atualmente, as necessidades de madeira para a indústria de papel e celulose são supridas por florestas plantadas de pínus e eucalipto. Essas árvores, no entanto, apresentam algumas desvantagens: consomem grande volume de água e nutrientes do solo, possuem folhas ácidas que dificultam o desenvolvimento de outras espécies vegetais típicas da região e não reconstituem a fauna, que parte para outros refúgios mais ricos em alimentos.

As **bacias hidrográficas do Paraná** e **do Uruguai**, utilizadas amplamente para a geração de energia e irrigação, compõem o maior conjunto de águas desse domínio.

ZIG KOCH/OPÇÃO BRASIL IMAGENS

Paisagem da Floresta de Araucária em Turvo (PR), 2010.

15 O domínio morfoclimático das Araucárias faz parte do mesmo bioma da Mata Atlântica, e por essa razão sua área está incluída nos *hotspots* de biodiversidade.

O Domínio dos Cerrados

Os Cerrados, domínio natural do Brasil central, ocupam terras dos estados de Goiás, Mato Grosso, Mato Grosso do Sul, Minas Gerais, São Paulo, Bahia, além de parte de Tocantins, Maranhão, Piauí e Roraima. Esse domínio estendia-se por uma área de dois milhões de quilômetros quadrados, cerca da quarta parte da superfície brasileira.

A **vegetação do Cerrado** é diversificada, com cerca de 10 mil espécies e elevado grau de endemismo. Os arbustos com os troncos grossos e retorcidos se impõem na paisagem formada por extensos campos de espécies rasteiras. Existem ainda áreas de solos mais férteis que apresentam árvores mais elevadas, dando ao Cerrado um aspecto florestal. Essas áreas recebem o nome de cerradão.

As plantas do Cerrado estão adaptadas à alternância de umidade e seca prolongada: durante a época de escassez de chuva, há uma penetração profunda das raízes no solo para captar a água armazenada.

As chapadas e serras moldam a paisagem desse domínio natural, várias delas constituindo divisores de água e nascentes dos rios das mais importantes bacias hidrográficas brasileiras, como a **Amazônica**, **Tocantins-Araguaia**, **Paraná** e **Paraguai**.

Paisagem do Parque Estadual do Jalapão, em Mateiros (TO), 2010, com a vegetação do Cerrado em evidência.

PALÊ ZUPPANI/PULSAR IMAGENS

Degradação em ritmo acelerado

A construção de Brasília e de estradas e a implantação de infraestrutura a partir dos anos 1960 constituíram importantes transformações econômicas que promoveram o desenvolvimento da área nuclear do Cerrado, na porção central do Brasil. Após tentativas frustradas de promover o desenvolvimento da Amazônia na década de 1970, o Cerrado passou a ser a opção preferencial para a expansão da produção agrícola moderna de grãos, principalmente a soja.

Antes, o Cerrado era avaliado como uma área inviável para a agricultura devido à acidez do solo e, por essa razão, as práticas agrícolas eram restritas. A atividade dominante era a pecuária extensiva, praticada nos campos naturais. Hoje, esses solos são corrigidos por meio do processo de **calagem**. Até pouco tempo, a pequena lavoura, o garimpo e a pecuária formavam a economia regional. Atualmente, a produção de soja, cujas sementes foram adaptadas ao solo e ao **Clima Tropical**, domina a ocupação econômica do Centro-Oeste.

Calcula-se que 57% do Domínio dos Cerrados já foram impactados pela ação humana, especialmente pela expansão acelerada das atividades agrícolas. Tal ocupação aniquilou cerca de 50% da vegetação e provocou a migração e a morte de animais. Esse foi o domínio natural que sofreu a maior perda de biodiversidade em menor intervalo de tempo no Brasil. Os Cerrados, a Mata Atlântica (Mares de Morros) e a Araucária são os três domínios naturais brasileiros incorporados à lista dos ***hotspots*** mundiais de biodiversidade.

Calagem
adição de calcário, com o objetivo de elevar os teores de cálcio e magnésio. Esse processo corrige o pH e elimina a acidez do solo.

O Domínio da Caatinga

O Domínio da Caatinga envolve uma superfície de 720 mil km^2, habitada por mais de 23 milhões de pessoas. É individualizada pela presença do **Clima Semiárido** do interior da maior parte dos estados do Nordeste e do norte de Minas Gerais. Caracteriza-se por ser a região de menor índice pluviométrico do território brasileiro e a região semiárida de maior ocupação populacional do planeta.

Qualquer projeto de combate à seca esbarra na dificuldade de atender uma população numerosa distribuída por uma área muito extensa.

A **Caatinga** é a formação vegetal que dá nome ao extenso domínio natural sertanejo, cujas espécies desenvolveram mecanismos que possibilitaram a adaptação à baixa quantidade de umidade do Clima Semiárido: a folhagem escassa das formações arbustivas dificulta a transpiração. O solo, apesar de raso e pedregoso, possui composição química apropriada para o desenvolvimento da vegetação e das atividades agrícolas. Porém, a baixa infiltração de águas pluviais facilita a evaporação devido às temperaturas elevadas.

O consumo de lenha, principal fonte de energia utilizada por parcela da população e pelos empreendimentos, como olarias e padarias, e na produção de gesso e cerâmica, além de degradar a vegetação, causa prejuízos à fauna. É no sertão de Pernambuco que se encontra o maior polo gesseiro do país, onde se destaca a cidade de Araripina.

CESAR DINIZ/PULSAR IMAGENS

Sertanejo toca o gado em busca de pasto no sertão de Anagé (BA), 2012.

O relevo em área de **depressão** – a **Sertaneja** e do **São Francisco** – é atravessado por centenas de rios temporários. O **São Francisco** – principal rio perene que atravessa o Domínio da Caatinga – atraiu a formação de núcleos urbanos e atividades agrícolas ao longo de seu curso pelo sertão. Na extensa depressão, algumas pequenas chapadas se sobressaem, formando nascentes e espaços de maior umidade denominados **"brejos"**.

A pecuária bovina é a principal atividade econômica do sertão, produtora de carne e couro para o mercado regional. A concentração dessa atividade em determinadas áreas provoca compactação e perda da fertilidade do solo e comprometimento da vegetação natural.

A **desertificação** é uma ameaça permanente no Domínio da Caatinga. Esse processo é resultado da intensificação da aridez natural e da ocupação excessiva, desproporcional aos recursos naturais existentes. A vegetação das áreas degradadas da Caatinga não se reconstitui naturalmente, a água se torna ainda mais escassa e o solo perde totalmente a capacidade produtiva (veja Capítulo 9, páginas 138 e 139).

O Domínio das Pradarias

O Domínio das Pradarias ocupa quase a metade do território do Rio Grande do Sul, região conhecida como **Pampas** ou **Campanha Gaúcha**. A paisagem original é marcada por espécies herbáceas que cobrem as áreas planas ou de ondulações suaves – as **coxilhas** – e adaptam-se à regularidade das chuvas do **Clima Subtropical**.

Os solos férteis dos Pampas, o relevo plano e o clima ameno e úmido favoreceram o desenvolvimento da pecuária, o cultivo do arroz, do trigo e, nas últimas décadas, de vastas extensões de soja.

Extensa área dos Pampas tem se transformado num imenso areal com o desaparecimento da vegetação original. A **arenização** ocorre com a exposição do arenito presente na camada inferior do solo, antes coberto por rochas basálticas. O processo é acelerado em decorrência do manejo inadequado da terra (veja no Capítulo 9, página 140).

Atividade pecuária nos Pampas gaúchos em Hulha Negra (RS), 2011.

GERSON GERLOFF/PULSAR IMAGENS

PONTO DE VISTA

A biodiversidade

"O termo 'biodiversidade', cunhado com base na expressão 'diversidade biológica', transcendeu o significado original. No começo da década de 1980, 'diversidade biológica' era sinônimo de riqueza de espécies; em 1982, a expressão adquiriu o sentido de diversidade genética e riqueza de espécies; e, por fim, em 1986, com a contração da expressão, expandiu-se para abrigar, além da diversidade genética e da diversidade de espécies, a diversidade ecológica.

Essa abrangência evidencia os diferentes níveis de diversidade que estão presentes na natureza. O primeiro, a diversidade genética, é a variabilidade presente no conjunto de indivíduos da mesma espécie. Ela possibilita a existência de indivíduos tão diversos como você e o Pelé, a rainha Elizabeth e a Xuxa, o Tom Cruise e o meu avô, ou, ainda, Ramsés II e Gilberto Gil. Cada espécie apresenta uma variabilidade imensa em seu conjunto de genes que se combinam, fazendo com que cada indivíduo seja diverso, ou seja, cada tamanduá é diferente do outro, cada formiga é diferente da outra, cada ipê é diferente do outro, mesmo que aos nossos olhos eles pareçam bem semelhantes. Visto assim, cada ser vivo é um 'produto único e insubstituível da natureza'.

Quando Alice, perdida no País das Maravilhas, encontra a rainha de Copas e deseja fazer-lhe algumas perguntas, percebe que, para se manter ao lado dela, teria que correr continuamente, mas, por mais que corresse, permanecia no mesmo lugar, e essa era a única maneira de conversar com a rainha... A diversidade genética possui papel semelhante: é ela que permite aos seres vivos continuar correndo para permanecer no mesmo lugar e sobreviver. Isto é, como o ambiente em que vivemos é dinâmico, os seres vivos precisam mudar constantemente para permanecerem adaptados às condições do meio e, assim, sobreviverem. [...]

O segundo nível, a diversidade de espécies, é responsável pela manutenção de uma série de serviços que a natureza nos presta: polinização, ciclagem de nutrientes, conservação de solos e controle de pragas e doenças são alguns exemplos. É também um componente fundamental para manutenção dos ecossistemas e dos ambientes naturais. Seu papel pode ser bem ilustrado se imaginarmos a asa de um avião em voo: se retirarmos um dos parafusos que sustentam a asa, nada acontecerá; se forem dois, três ou quatro os parafusos ausentes, nada, tampouco, acontecerá; mas, se forem dez ou doze, provavelmente a asa cairá e, se forem vinte ou mais, a asa despencará com absoluta certeza. Acredita-se, hoje, que, com o desaparecimento de muitas das espécies que compõem um ecossistema ou um ambiente, seu colapso é garantido. Podemos afirmar assim que cada espécie é um 'produto único e insubstituível da natureza'. [...]

O terceiro e último nível, a diversidade ecológica, refere-se aos ecossistemas, ambientes e paisagens diferentes presentes na Terra. Não é difícil imaginar o contraste entre os ambientes do nosso planeta: a Floresta Amazônica e o Deserto do Saara; as florestas de pinheiros e o Alasca; o Cerrado brasileiro e o fundo do mar. Cada um desses ambientes abriga diversidade genética e de espécies; comunidades de animais, plantas e microrganismos, cada uma delas com interações diferentes e características; processos que conectam os seres vivos, tanto uns aos outros como também o meio físico que os circunda. Cada ambiente alberga, ainda, uma enorme diversidade de micropaisagens, derivadas das condições específicas de cada local. [...]

Além desses três níveis de diversidade, cada um com sua importância, a conservação da integridade da biodiversidade deve ter em conta a manutenção de processos, tais como a fotossíntese, a ciclagem das águas, a conservação dos solos, a polinização, o controle de pragas, a competição entre organismos e a predação. Eles são fundamentais para a sobrevivência e a continuidade de nossa espécie."

BENSUSAN, Nurit (Org.). *Seria melhor mandar ladrilhar?* Biodiversidade: como, para que e por quê. São Paulo/Brasília: Peirópolis/Universidade de Brasília, 2008. p. 23-25.

1. Explique a comparação entre a conversa de Alice com a rainha de Copas e a diversidade genética.

2. O conceito de biodiversidade é amplo e pode ser classificado em três níveis. Indique o tipo de diversidade de acordo com as frases:

a) "Cada paisagem é um produto único e insubstituível da natureza."

b) "Cada espécie é um produto único e insubstituível da natureza."

c) "Cada ser vivo é um produto único e insubstituível da natureza."

3. A partir do conceito de biodiversidade apresentado no texto, comente a importância de ações como o estabelecimento de ZEE e de Unidades de Conservação.

[COMPREENSÃO E ANÁLISE]

1. Defina o que são Unidades de Conservação Ambiental.

2. Leia o texto e responda à questão a seguir.

"Atualmente, quase 15% do território brasileiro é reconhecido como Terras Indígenas, mas o homem branco – faça parte do governo ou da iniciativa privada – que não enxerga nesse patrimônio o bem comum, a força cultural e espiritual indígena vê em tudo isso uma oportunidade de inovar seus avanços colonialistas.

Fazem isso, por exemplo, ao querer transformar as Terras Indígenas em áreas de proteção ambiental, como se lá não houvesse famílias que se utilizam dos recursos naturais para a sua medicina, fontes alimentares e sua **cosmovisão**."

> **Cosmovisão**
> concepção sobre o Universo; modo de interpretação da realidade.

TERENA, Marcos. O meio ambiente e as Terras Indígenas. In: TRIGUEIRO, André. *Mundo sustentável 2*: novos rumos para um planeta em crise. São Paulo: Globo, 2012. p. 231.

Qual crítica está presente sobre a criação de Unidades de Conservação?

3. Explique a afirmação:

A ocupação e a devastação da Amazônia transformaram-se em uma questão ecológica nacional a partir dos anos 1970.

4. Observe a imagem e responda às questões.

Vista aérea do Parque Nacional da Tijuca no Rio de Janeiro (RJ), 2012.

a) Que domínio morfoclimático está representado na imagem? Cite duas características desse domínio que dão identidade a essa paisagem.

b) O local identificado na fotografia pode ser considerado uma unidade de conservação ambiental? Por quê?

c) A Floresta da Tijuca não é totalmente primária. Faça uma pesquisa e descubra os motivos para sua degradação e recuperação.

5. Observe o mapa e faça o que se pede.

Fonte: AB'SABER, Aziz. *Os domínios de natureza no Brasil*: potencialidades paisagísticas. São Paulo: Ateliê Editorial, 2003. p. 16-17.

a) Em seu caderno, dê um título ao mapa e elabore uma legenda adequada.

b) Identifique e caracterize o domínio em que seu município está inserido.

c) Qual domínio morfoclimático foi impactado de forma mais acelerada nas últimas décadas pela expansão das atividades econômicas? Justifique.

d) Imagine um percurso aéreo, feito aproximadamente em linha reta, da cidade de Manaus (situada às margens do Rio Negro e próxima à confluência com o Rio Solimões), à cidade do Rio de Janeiro. Quais domínios morfoclimáticos seriam avistados?

6. Qual a ameaça mais recente ao Domínio das Pradarias? Explique, considerando também as informações que estão no Capítulo 9.

7. Qual o nome do domínio morfoclimático florestado de Clima Subtropical do Brasil? Ele faz parte dos *hotspots* brasileiros (veja também as informações do Capítulo 9)?

Sumário da segunda parte

UNIDADE 6 | Contexto histórico e geopolítico do mundo atual

UNIDADE 7 | A economia mundial e a globalização

UNIDADE 8 | Infraestrutura e desenvolvimento

UNIDADE 9 | Espaço e produção

UNIDADE 6

CONTEXTO HISTÓRICO E GEOPOLÍTICO DO MUNDO ATUAL

Mulheres e criança fugindo de Berlim (Alemanha), em maio de 1945.

ALBUM/AKG-IMAGES/RIA NOVOSTI/LATINSTOCK

A geopolítica estuda as relações entre espaço geográfico e poder. O termo foi utilizado pela primeira vez por Rudolf Kjellen (1864-1922) no início do século XX, quando se consolidou como campo de estudo, com base na disputa de poder e da **hegemonia** entre Estados, através das estratégias políticas e militares utilizadas para a segurança nacional, expansão das fronteiras e domínio de outros territórios. A geopolítica global surgiu com o mundo moderno, a formação dos Estados nacionais europeus, a expansão mercantilista e as conquistas territoriais marcadas pelas Grandes Navegações.

Esta unidade analisa as transformações geográficas ocorridas no século XX: as revoluções socialistas e as circunstâncias responsáveis pelas Primeira e Segunda Guerras Mundiais. Discute, ainda, os aspectos que estão edificando uma nova ordem geopolítica no mundo atual.

CAPÍTULO 15

O MUNDO ENTRE GUERRAS

CONTEXTO

Observe a charge abaixo.

-PRIMEIRO, MEU FILHO, DEIXA ELES ACABAREM DE FAZER O MAPA, DEPOIS TE ENSINO GEOGRAFIA.

DISCUTA

1. Que acontecimento está representado nessa charge?
2. Estabeleça uma relação entre a mensagem que a charge transmite e a Geografia.

O SÉCULO XX

O século XX foi marcado por fortes contrastes. As guerras mundiais, a bomba atômica e as armas sofisticadas e modernas causaram mortes e destruições materiais em proporções nunca vistas antes. Ao mesmo tempo, o desenvolvimento médico-científico, com a descoberta do antibiótico e da penicilina e o desenvolvimento de vacinas contra paralisia infantil, caxumba, sarampo, rubéola, febre amarela, tétano, entre outras, contribuiu para maior longevidade do ser humano.

Nesse século o espaço geográfico alterou-se profundamente. A construção de grandes obras (usinas de energia, estradas, redes de comunicação), a formação de cidades gigantescas e a mecanização do espaço rural, entre outras realizações humanas, causaram grande impacto no ambiente.

Historicamente, admite-se que o fato mais marcante do início do século XX tenha sido a deflagração da **Primeira Guerra Mundial**. Ocorrida entre 1914 e 1918, o conflito militar envolveu vários países do globo e atingiu, direta ou indiretamente, pessoas de todos os continentes.

As causas do início da Primeira Guerra estão relacionadas às disputas imperialistas do final do século XIX e início do século XX. Uma de suas consequências foi justamente a ocorrência de outro conflito, de proporções ainda maiores – a **Segunda Guerra Mundial**, entre 1939 e 1945.

Do final da Segunda Guerra até o início do século XXI, ocorreram muitos conflitos regionais resultando em mais de 20 milhões de mortes, segundo dados da Organização das Nações Unidas (ONU). Diante de tantos confrontos, no decorrer do século XX novos países surgiram, alguns tiveram suas fronteiras modificadas e outros desapareceram do mapa.

FPG/STAFF/ARCHIVE PHOTOS/GETTY IMAGES

Soldados russos em batalha próxima à fronteira com a Prússia Oriental, por volta de 1915.

O IMPERIALISMO E A PRIMEIRA GUERRA MUNDIAL

Nas três últimas décadas do século XIX, as potências industriais dominaram o mundo. A Grã-Bretanha e a França alargaram seus domínios na Ásia e conquistaram a maior parte do continente africano. Bélgica, Holanda e Estados Unidos também estenderam domínio e poder em diferentes partes do mundo. A Holanda apossou-se

DICA

LEITURA

A Primeira Guerra Mundial
Maria de Lourdes M. Janotti. São Paulo: Atual, 1993 (Col. História Geral em Documentos).

Aborda os antecedentes da guerra e as disputas imperialistas entre os países europeus. Trata paralelamente de importantes acontecimentos do período, como a Revolução Russa. O livro é ilustrado com artigos de jornal e outros documentos da época.

da Insulíndia, atual Indonésia; a Bélgica ocupou o Congo, atual República Democrática do Congo; e os Estados Unidos consolidaram sua influência na América e tomaram da Espanha as Filipinas, Porto Rico e Cuba. Disputavam mercados, fontes de matérias-primas, ocupando **territórios** para apoiar seu desenvolvimento industrial crescente.

Os países industrializados lançaram-se, então, à conquista de colônias ou reforçaram o controle sobre as já existentes, numa fase do **capitalismo** que ficou conhecida como **imperialismo** ou **neocolonialismo**. Essa fase correspondeu à exploração econômica e à dominação política exercidas pelas potências industrializadas, ao longo do século XIX e início do século XX. Representou uma nova divisão econômica e política do mundo, que resultou na partilha da África e da Ásia pelas potências europeias.

A Itália, a Alemanha e o Japão só iniciaram seu processo de industrialização na segunda metade do século XIX e acabaram participando tardiamente da partilha imperialista. Os dois primeiros países haviam se constituído como **Estados-nação** somente nesse período, e o Japão acelerava seu processo industrial ainda recente. A participação desses países no processo de expansão neocolonial acirrou as disputas entre as potências.

Planisfério: impérios neocoloniais – Final do século XIX e início do século XX

Fonte: ALBUQUERQUE, Manoel M. *et al. Atlas histórico escolar.* Rio de Janeiro: MEC, 1983. p. 138-139.

O cenário dos conflitos

O aprofundamento das rivalidades levou à formação de alianças militares que dividiram os países europeus em dois blocos. Em 1882, Itália, Alemanha e Áustria-Hungria formaram a **Tríplice Aliança** e, em 1907, Grã-Bretanha, França e Rússia estabeleceram a **Tríplice Entente**.

Nesse período, o Império Turco-Otomano se encontrava em processo de desagregação. Na Península dos Bálcãs (sudeste da Europa), a Bósnia-Herzegovina, a Croácia e a Eslovênia, que antes estavam sob domínio turco-otomano, foram incorporadas pelo

Império Austro-Húngaro. A região balcânica passou a ser uma frente de disputa com a Sérvia, que pretendia estender seu domínio por toda a península.

Em junho de 1914, o arquiduque Francisco Ferdinando, herdeiro do trono austro-húngaro, foi assassinado em Sarajevo, capital da Bósnia, por um estudante pertencente à sociedade secreta Mão Negra. Esse grupo era formado por **nacionalistas** sérvios que se opunham à presença austro-húngara nos Bálcãs. O assassinato foi interpretado pelo Império Austro-Húngaro como uma agressão sérvia, tornando-se o estopim da Primeira Guerra Mundial.

Na Primeira Guerra, a Alemanha e a Áustria-Hungria, que formavam, junto com a Itália, a **Tríplice Aliança** (com apoio posterior da Turquia e da Bulgária), opuseram-se aos países que formavam a **Tríplice Entente** (Rússia, França e Grã-Bretanha). A Itália declarou neutralidade num primeiro momento e, mais tarde, entrou na guerra, junto com o Japão, ao lado da Tríplice Entente, lutando contra seus ex-aliados.

A guerra causou profundas transformações no espaço geográfico mundial no início do século XX. Os países europeus tiveram suas plantações arrasadas e houve forte retração da produção industrial, que os levou a depender basicamente dos Estados Unidos para se abastecer e se organizar economicamente.

Os Estados Unidos, que já despontavam como forte potência econômica, eram o principal credor da França, da Rússia e da Grã-Bretanha, para quem tinham fornecido armas, munições, alimentos e outros produtos básicos. Em 1917, os estadunidenses declararam guerra à Alemanha e entraram no conflito. Em julho de 1918, as tropas da França, da Grã-Bretanha e dos Estados Unidos realizaram uma investida decisiva, obrigando à capitulação da Áustria-Hungria, da Bulgária e da Turquia. Para a Alemanha, a guerra só terminaria meses depois, com a abdicação do **kaiser** e a rendição do país.

Nacionalista
que defende ou exalta as características e os valores da nação a que pertence.

DICAS

FILMES

Flyboys
França / EUA, 2006.
Direção: Tony Bill.
Duração: 139 min.
Filme inspirado na história real dos jovens voluntários que foram os primeiros estadunidenses a voar na Grande Guerra.

Cavalo de guerra
EUA, 2011. Direção: Steven Spielberg. Duração: 136 min.
História sobre o vínculo entre um jovem e seu cavalo, que é vendido para a cavalaria e enviado para as trincheiras da Primeira Guerra Mundial. Apesar de ser muito jovem para se inscrever, Albert vai para a França para salvá-lo.

Kaiser
título do imperador da Alemanha, desde a instituição da Monarquia (final do século XIX) até a República (final da Primeira Guerra).

O Tratado de Versalhes e a Liga das Nações

Vários acordos de paz foram assinados, separadamente, pelos países derrotados na guerra. Isso provocou profundas alterações no mapa político da Europa. O presidente dos Estados Unidos, Woodrow Wilson, tentou estabelecer uma proposta de paz que chamou de "**14 pontos**", baseada no princípio de uma paz sem vencedores e sanções. A Grã-Bretanha e a França, no entanto, não concederam a paz sem punição a seus opositores, o que resultou no **Tratado de Versalhes**.

A Alemanha, rendida ao final do conflito, teve que aceitar os termos da Paz de Versalhes, que lhe impôs condições bastante severas: o pagamento das indenizações de guerra (que, por mais de uma década, minguaram a economia alemã); o confisco de todos os investimentos e bens nacionais ou privados alemães existentes no exterior; a renúncia a todas as suas colônias; a perda da sétima parte de seu território para outros países da Europa; e limitação das suas forças armadas.

A Alsácia e Lorena, região rica em carvão mineral e ferro, que a Alemanha havia ocupado após a Guerra Franco-Prussiana (1870-1871), foi retomada pela França. Os franceses conquistaram também o direito de exploração das minas de carvão do Estado do Sarre pelo período de 15 anos.

A Prússia Oriental ficou isolada da Alemanha: entre elas formou-se o "corredor polonês" na região de Dantzig (atual Gdansk). A Polônia ressurgiu no mapa da Europa.

DICA

LEITURA

Primeira Guerra Mundial
Michael Howard. Porto Alegre: L&PM, 2010.
Traz um panorama da situação geopolítica europeia em 1914, passando pelas causas, batalhas, participação dos Estados Unidos, até o colapso da Rússia e a rendição das Potências Centrais da Europa.

Após a Primeira Guerra, foi criada a **Liga das Nações**[1], cujo princípio era assegurar a paz internacional. Apesar de a Liga (ou Sociedade das Nações) ser um dos "14 pontos" do programa de paz lançado pelos Estados Unidos, o congresso estadunidense opôs-se à participação do país nesse organismo internacional, que resultava de um tratado de paz em total desacordo com a proposta inicial estadunidense.

Outros tratados após a Primeira Guerra determinaram expressivas transformações no mapa político da Europa e do Oriente Médio.

Novas fronteiras e novos domínios territoriais

O **Império Austro-Húngaro**[2] foi desmembrado e deu origem a novos países. A Áustria ficou isolada e um mosaico de países surgiu ao lado de sua fronteira oriental: Hungria, Tchecoslováquia e Reino dos Sérvios, Croatas e Eslovenos (que, em 1929, deu origem à Iugoslávia). Surgiram também Estônia, Letônia, Lituânia e Finlândia, até então controladas pelo Império Russo (veja os mapas na página seguinte).

O vasto **Império Turco-Otomano**[3] ficou reduzido à atual Turquia, obrigada a renunciar ao domínio que exercia no Oriente Médio. A Arábia Saudita, o Iraque e a Palestina passaram à tutela dos ingleses, e a Síria e o Líbano foram ocupados pelos franceses.

As novas fronteiras dos países europeus, definidas pelos tratados no período posterior à guerra, eram instáveis. Reuniam, num mesmo território, povos de etnias diferentes, como germânicos e poloneses, germânicos e tchecos, muçulmanos e sérvios. Os conflitos entre esses grupos geraram uma instabilidade permanente, com graves consequências, inclusive para a geopolítica do mundo atual.

O SOCIALISMO E AS TRANSFORMAÇÕES DO ESPAÇO GEOGRÁFICO

Em 1917, ainda durante a Primeira Guerra, ocorreu na Rússia a **Revolução Socialista**. O movimento implantou uma concepção econômica com repercussões radicais na forma de organização do espaço geográfico: houve modificação no regime de propriedade, nas formas de produção e comercialização de mercadorias e novas relações de poder foram definidas.

A instauração do socialismo na Rússia constituiu a primeira grande ruptura com o capital internacional e uma ameaça à sua supremacia. A vitória da Revolução Russa disseminou e fortaleceu os ideais socialistas mundo afora.

No final de 1922, foi formada a URSS (União das Repúblicas Socialistas Soviéticas), sobre a base territorial do tradicional Império Russo. A implantação da economia socialista não foi imediata. Entre 1917 e 1921 os **bolcheviques** enfrentaram uma guerra civil cuja vitória consolidou a revolução. Com o país arrasado, Lenin adotou uma política econômica baseada na coexistência entre a propriedade estatal socialista (indústria, minas, bancos e grande comércio) e a propriedade privada (fazendas e pequenos estabelecimentos industriais e comerciais). Essa fase ficou conhecida como **Nova Política Econômica** (**NEP**) e vigorou entre os anos de 1921 e 1928.

Bolchevique
referente ao Partido Bolchevique, grupo político que liderou a Revolução Socialista na Rússia, comandada por Vladimir Ilyich (Lenin).

A partir de 1928, efetivou-se a **planificação da economia**, com o sistema de produção e a organização do espaço geográfico definidos pelo Estado. A Comissão do Plano Geral do Estado (Gosplan) promoveu a total estatização dos meios de

1 A Liga das Nações foi substituída, após a Segunda Guerra Mundial, pela Organização das Nações Unidas (ONU).
2 O fim do Império Austro-Húngaro foi decidido pelo Tratado de Saint-Germain, em 10 de setembro de 1919, na cidade francesa de mesmo nome.
3 O Tratado de Lausanne (uma reformulação do Tratado de Sèvre, que definiu as fronteiras atuais da Turquia, foi firmado em 24 de junho de 1923, na cidade suíça de mesmo nome.

Europa: divisão política – 1914 e Primeira Guerra Mundial

Fonte: SCALZARETTO, R.; MAGNOLI, D. *Atlas geopolítico*. São Paulo: Scipione, 1996. p. 12.

Europa: divisão política – 1920

Fonte: DUBY, G. *Atlas historique*. Paris: Larousse, 1996.

Indústria de base
setor industrial que alimenta outras indústrias. São exemplos as que operam a produção de matérias-primas, máquinas e equipamentos industriais.

produção, implantando cooperativas agrícolas e fazendas estatais. O Estado determinava as metas a serem alcançadas e o tipo de produção de cada estabelecimento, distribuía e comercializava os produtos e investia em grandes obras de infraestrutura.

A planificação da produção industrial privilegiou a **indústria de base**, favorecida pela vasta extensão territorial e a abundância de recursos minerais da URSS. O objetivo era eliminar, ou diminuir ao máximo, a importação de equipamentos e matérias-primas industriais.

No final da década de 1930, quando a indústria de base soviética atingiu um elevado nível de produção, o governo da URSS privilegiou os investimentos em pesquisa e produção de armamentos. Isso se deu por dois motivos: a deflagração da Segunda Guerra Mundial, em 1939, e a política expansionista soviética, visando ampliar sua influência político-econômica sobre outros países. Essa política de investimentos foi mantida mesmo após o término da Segunda Guerra Mundial, em virtude de outros desdobramentos do conflito (veja o próximo capítulo, "A Guerra Fria").

LEITURA COMPLEMENTAR

Socialismo

Propostas socialistas, discutidas na Europa desde o século XVII, ganharam impulso a partir do século XIX, com as ideias desenvolvidas por Friedrich Engels e Karl Marx, precursores do "socialismo científico", em oposição ao "**socialismo utópico**".

Embora muitas vezes usados como sinônimos, há distinção entre socialismo e comunismo.

O **socialismo** consistiria numa fase de transição entre a sociedade capitalista e a comunista. Nessa etapa, todos os princípios da sociedade capitalista deveriam ser abolidos, o Estado seria controlado pelo proletariado, e a propriedade seria estatal ou coletiva. A existência do Estado seria justificada pela necessidade de destruir as marcas deixadas pelo capitalismo e defender os trabalhadores daqueles que tivessem interesse na volta do sistema capitalista. O **comunismo** seria a fase final e ideal, em que o ser humano realizaria suas potencialidades nos planos individual e social. Na sociedade comunista, o Estado deixaria de existir. Marx afirmava que o Estado e suas instituições eram um instrumento de dominação de uma classe social sobre as outras, que não teria lugar num sistema comunista.

No entanto, no "socialismo real", como ficou conhecido o sistema implantado na extinta União das Repúblicas Socialistas Soviéticas (URSS) e em outros países, o Estado tornou-se extremamente forte, controlado por burocratas, e não pelo proletariado.

A GRANDE CRISE DO CAPITALISMO

Socialismo utópico
de acordo com a visão marxista, correspondia à crença de que a transformação da sociedade capitalista em uma sociedade socialista seria possível sem uma revolução apoiada na luta de classes. De acordo com Marx e Engels, os socialistas utópicos ignoravam o papel essencial do proletariado para a realização de uma verdadeira revolução socialista.

Na segunda metade do século XIX, o sistema capitalista ampliou a produção numa proporção muitas vezes maior que a capacidade de consumo dos países industrializados. A busca de novos mercados e fontes de matéria-prima tornou-se indispensável à sustentação dessa nova etapa produtiva. Ingleses, alemães, franceses, belgas, estadunidenses e japoneses impuseram sua força industrial, submetendo vários países do mundo a um controle nunca antes conhecido.

Os investimentos nessa nova etapa de produção industrial e a extensão do mercado internacional que se pretendia atingir não podiam mais ser realizados por um único empresário. Foram criadas então as **sociedades anônimas** e consolidaram-se os **mercados de capitais**, nos quais todos podiam investir numa empresa por meio da compra de ações. Com a venda de ações, as empresas ampliaram sua capacidade financeira e, consequentemente, tornaram-se mais fortes, competitivas e elevaram a sua capacidade de produção.

A crise de 1929

No início do século XX, a **Bolsa de Valores de Nova York** era o principal centro internacional de investimentos. O volume de negócios ali realizados diariamente sugeria que nada mais poderia deter o ritmo desenfreado do desenvolvimento capitalista. Mas o capital investido na produção não foi acompanhado pelo crescimento do mercado de consumo. E a recuperação da economia dos países da Europa, com aumento na capacidade de produção, fez com que a demanda por produtos dos EUA fosse menor, implicando um volume de exportações mais baixo para os estadunidenses.

O descompasso entre superprodução e consumidores com capacidade para absorvê-la ocasionou a grande crise de 1929. As fábricas, não tendo como vender grande parte de suas mercadorias, reduziram drasticamente suas atividades; a produção agrícola, também excessiva, não encontrava compradores; o comércio inviabilizou-se. Nesse contexto, houve um processo de falência generalizada, e muitos trabalhadores perderam seus empregos, retraindo ainda mais o mercado de consumo. Aqueles que viviam exclusivamente dos investimentos no mercado de capitais, particularmente da compra e venda de ações, viram o valor de seus títulos despencar, transformando-se em papéis sem valor.

Sociedade anônima ou S.A.
sociedade por ações. Categoria de empresa cujo capital é dividido em ações e aberto a investimentos financeiros.

Mercado de capitais
mercado financeiro, baseado em ações ou outros valores mobiliários e operados pelas bolsas de valores, corretoras e outras instituições financeiras autorizadas. Capitais são o patrimônio da empresa: recursos monetários (dinheiro, ações, bens) já investidos ou disponíveis para investimento.

Glossários da página anterior.

TIME & LIFE PICTURES/GETTY IMAGES

População faz fila para receber refeição e roupa durante a Grande Depressão em Nova York (Estados Unidos), 1937. Ao fundo, ironicamente, um *outdoor* exalta a sociedade e o modo de vida americanos.

A crise iniciada em Nova York afetou rapidamente o mundo todo. Os países produtores de matérias-primas e alimentos, que dependiam economicamente das exportações para os países industrializados, não encontravam compradores para seus produtos e entraram em colapso. A URSS, mais isolada do mercado internacional e que havia implantado recentemente a planificação econômica em oposição à economia de mercado capitalista, manteve o seu crescimento econômico. O Brasil, que nesse período ancorava sua economia na produção e exportação quase exclusivamente do café, foi profundamente abalado pelos efeitos mundiais da crise (veja Capítulo 26).

O *New Deal*

O período subsequente à **crise de 1929**, conhecido como a **Grande Depressão**, obrigou os países a se reorganizarem economicamente. Como a superprodução havia sido a principal razão da crise, os países industrializados tomaram duas medidas básicas para resolver o problema:

- participação mais efetiva do Estado no planejamento das atividades econômicas, tendo em vista, entre outros objetivos, a adequação entre a quantidade de mercadorias produzidas e a demanda do mercado;
- aprimoramento da distribuição da renda, dando melhores condições financeiras aos trabalhadores, com o objetivo de ampliar o mercado de consumo.

Partindo dessas iniciativas básicas, os Estados Unidos conseguiram contornar os efeitos da crise com mais eficiência e rapidez. Com a criação de um amplo programa de obras públicas, o governo do presidente Franklin Roosevelt (1933-1945) conseguiu aos poucos amenizar o desemprego e manter a economia relativamente aquecida.

O ***New Deal*** (Novo Acordo), como ficou conhecido o programa de recuperação econômica implantado por Roosevelt, era inspirado nas teorias do economista **John Maynard Keynes** (1883-1946). Para Keynes, o Estado não poderia se limitar a regular as questões de ordem socioeconômica e política, mas deveria ser também um planejador, que daria as diretrizes, fixaria as metas e estimularia determinados setores da economia. Keynes não acreditava na autorregulação do mercado defendida pelo **liberalismo econômico**, pois a crise de 1929 tinha mostrado sua impossibilidade. O *New Deal* respeitava a iniciativa privada e as leis de mercado, mas acreditava que alguns setores da economia deveriam contar com a intervenção do Estado, principalmente os relacionados à infraestrutura.

As ideias de Keynes atravessaram o Atlântico e foram implementadas também em vários países da Europa, que já haviam retomado o desenvolvimento no final da década de 1930. Entretanto, em 1939, eclodiu a Segunda Guerra Mundial, demolindo todas as bases econômicas reconstruídas no continente europeu.

DICA

FILME

Casablanca

EUA, 1942. Direção: Michael Curtiz. Duração: 102 min.

Durante a Segunda Guerra Mundial, Casablanca (Marrocos) era uma das rotas de muitos fugitivos do nazismo. O exilado estadunidense Rick Blaine dirige uma casa noturna da cidade e os ajuda a fugir para os Estados Unidos.

A SEGUNDA GUERRA MUNDIAL

As condições objetivas para a deflagração de um novo conflito já existiam desde o final da Primeira Guerra Mundial. Os acordos pós-guerra e importantes acontecimentos no período entreguerras criaram instabilidade permanente no continente europeu: a consolidação da Revolução Socialista na Rússia e a formação da URSS; a paz "forçada" obtida pelo Tratado de Versalhes, que minou a economia alemã, fragmentou seu território e disseminou forte sentimento nacionalista; e a crise de 1929.

Na Alemanha, o líder do **partido nazista**, Adolf Hitler, conquistou o cargo de **chanceler**, em 1933. Em pouco tempo, suprimiu os partidos de esquerda e os sindicatos, instaurou uma férrea censura aos meios de comunicação e rompeu com as cláusulas impostas pelo Tratado de Versalhes.

Chanceler
corresponde ao cargo de primeiro-ministro na Alemanha; em alguns países, ministro das Relações Exteriores.

Dessa forma, Hitler contestou a ordem mundial definida após a Primeira Guerra e formou, com a Itália e o Japão, uma nova aliança militar: o Eixo. De acordo com a concepção geopolítica de Hitler, a Alemanha necessitava de **espaço vital** para a promoção de seu desenvolvimento econômico. Com isso, justificava a retomada dos territórios perdidos após a Primeira Guerra e a expansão, sem limites, da área de influência alemã. Para alcançar seus objetivos, Hitler formou um exército forte e numeroso e investiu maciçamente na indústria de armamentos.

INTERCONEXÃO

Arte | História

O grande ditador

INTERFOTO/LATINSTOCK

Cena de *O grande ditador*, filme de 1940.

O filme *O grande ditador*, protagonizado por Charles Chaplin (1889-1977), um dos maiores cineastas da história, termina com uma comovente defesa dos direitos humanos e da convivência democrática: "Por que havemos de odiar e desprezar uns aos outros? Neste mundo há espaço para todos. [...] O caminho da vida pode ser o da liberdade e da beleza, porém nos extraviamos. A cobiça envenenou a alma dos homens, levantou no mundo as muralhas do ódio e tem-nos feito marchar a passo de ganso para a miséria e os morticínios. [...]".

- Esta cena é carregada de simbolismo. Interprete-a.

Em 1938, a Alemanha ocupou a Áustria e, em 1939, a Tchecoslováquia. Quando, em setembro de 1939, a Polônia foi invadida pelo exército alemão, a França e a Grã-Bretanha (que formaram uma força militar oposta ao Eixo, a dos **Aliados**) declararam guerra à Alemanha.

A invasão da Polônia pela Alemanha foi precedida de um acordo de não agressão com a Rússia, o **Pacto Germano-Soviético**. Hitler temia iniciar a guerra em duas frentes e, por meio desse acordo, conseguiu neutralizar o potencial inimigo da frente oriental. O tratado contemplou também a ocupação de parte das terras polonesas pelos soviéticos, além da Finlândia e de outros países do Leste Europeu.

As ações empreendidas pela máquina de guerra alemã foram fulminantes. Em menos de um ano, a Alemanha já havia ocupado Holanda, Bélgica, Luxemburgo, Dinamarca, Noruega e a maior parte da França.

As forças do Eixo tiveram significativo avanço nos dois primeiros anos de guerra. A Itália invadiu a Albânia e a Somália, e o Japão invadiu a Malásia, Cingapura, as Filipinas e outras regiões dominadas pelo império colonial dos Aliados. A guerra também se estendeu à China e ao norte da África, ganhando uma dimensão geográfica nunca vista em conflitos anteriores. No final de 1941, os Estados Unidos e a União Soviética entraram na guerra ao lado das tropas aliadas.

A participação desses dois países no conflito mostrou-se decisiva para a derrota dos países do Eixo, que, nos últimos anos de guerra, tiveram de recuar e abandonar boa parte dos territórios invadidos no início do conflito. Em 1943, a Itália assinou um acordo de paz com as tropas aliadas.

DICAS

SITE

Grandes Guerras
www.grandesguerras.com.br
Site sobre os grandes conflitos mundiais do século XX. Há indicação de diversos *links* interessantes.

FILME

Rapsódia em agosto
Japão, 1991. Direção: Akira Kurosawa. Duração: 98 min.
Avó conta aos netos suas memórias sobre a explosão da bomba de Nagasaki.

Em maio de 1945, quando o exército soviético invadiu Berlim, a Alemanha se rendeu incondicionalmente. Apesar de o Japão ainda resistir, sua rendição seria inevitável, pois a marinha japonesa já tinha sido praticamente destruída. Em agosto de 1945, os Estados Unidos lançaram duas **bombas atômicas** sobre as cidades japonesas de Hiroshima e Nagasaki, numa demonstração indiscutível de seu poderio militar. Esse fato assinalou o fim da Segunda Guerra Mundial.

Terminada a guerra, a Europa e vários países de outros continentes estavam economicamente arrasados, com cidades destruídas e a produção industrial e agrícola totalmente desorganizada.

Nova ordem mundial
novo arranjo nas relações de poder geopolítico e econômico no plano internacional.

Países satélites
o termo refere-se ao grupo de países que têm a sua soberania comprometida, pois suas ações são determinadas pelos interesses de outro país hegemônico.

As duas guerras mundiais colocaram fim à hegemonia europeia. No período posterior à Segunda Guerra, uma nova ordem mundial começou a ser estruturada sob a liderança de duas grandes potências militares: os **Estados Unidos** e a **União Soviética**.

A nova divisão política da Europa foi a primeira expressão dessa **nova ordem mundial**. Os países europeus acabaram sob a esfera de influência das duas potências emergentes: na porção oeste, os Estados Unidos, com a permanência do sistema capitalista; na porção leste, a União Soviética impôs o modelo socialista e submeteu quase toda a região ao seu controle direto.

Os soviéticos conquistaram vasta extensão territorial de países situados no leste da Europa, como Estônia, Letônia, Lituânia, leste da Polônia, parte da Finlândia e da Romênia. Além disso, dominaram quase todos os países da região, determinando os seus governantes, implantando o sistema econômico socialista e transformando-os em **países satélites**.

OLHO NO ESPAÇO

Observe o mapa abaixo.

Europa pós-Segunda Guerra Mundial – 1950-1989

Fonte: *Atlas da história do mundo.* São Paulo: Folha de S.Paulo/Times Books, 1985. p. 270.

- Compare a divisão política da Europa após 1950 e nos anos 1920 (página 233) e indique as principais alterações que podem ser visualizadas.

CONTRAPONTO

IMAGEM 1

BETTMANN/CORBIS/LATINSTOCK

Cartaz de propaganda capitalista de cerca de 1895.

IMAGEM 2

BETTMANN/CORBIS/LATINSTOCK

Cartaz de propaganda soviética de cerca de 1920.

1. Descreva os cartazes e a ideia que cada um representa.
2. O que os cartazes têm em comum? Comente as semelhanças em relação à forma como as mensagens dos cartazes são apresentadas.

[COMPREENSÃO E ANÁLISE]

1. Associe as imagens aos acontecimentos citados no texto.

A guerra das guerras

"A Primeira Guerra Mundial, o evento mais significativo do século, não foi apenas traumática enquanto durou, mas também teve efeitos profundos: ajudou a impulsionar a Revolução Russa; configurou-se como uma das causas da depressão financeira dos anos 1930, o maior baque econômico na história até então, estimulou, direta e indiretamente, a ascensão de Hitler e da Alemanha nazista, ajudando a provocar a Segunda Guerra; acabou com o apogeu da Europa Ocidental e o seu domínio mundial; e também acelerou a ascensão dos Estados Unidos e da União Soviética."

BLAINEY, Geoffrey. *Uma breve história do século XX*. São Paulo: Fundamento, 2011. p. 50.

Ⓐ

IMPERIAL WAR MUSEUM, LONDRES

Ⓑ

STEFANO BIANCHETTI/CORBIS/LATINSTOCK

Ⓒ

SERGO GRIGORIAN'S COLLECTION OF SOVIET POLITICAL POSTERS, LONDRES

Ⓓ

IMPERIAL WAR MUSEUM, LONDRES

Ⓔ

IMAGES.COM/CORBIS/LATINSTOCK

2. Quais foram os principais termos da Paz de Versalhes impostos à Alemanha?

3. Identifique algumas diferenças entre a organização social e econômica do capitalismo e do socialismo implantado na União Soviética, após a Revolução de 1917.

4. O que significou a expressão "socialismo real" e em que sentido ela não contribuiu para a implantação do "socialismo científico" elaborado por Marx e Engels?

5. Analise o gráfico e responda às questões.

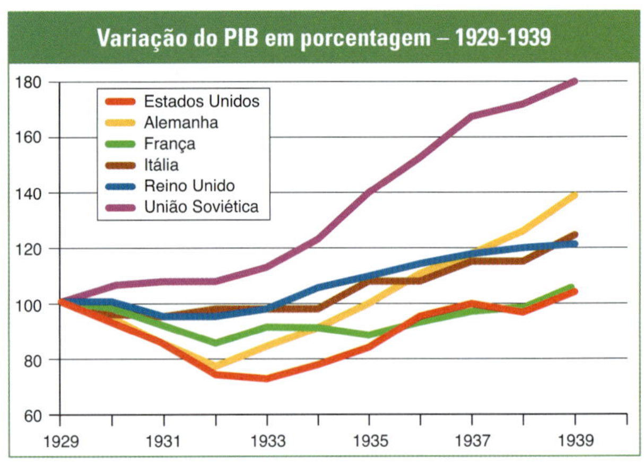

MARIO YOSHIDA

Fonte: *History year by year*. Londres: Dorling Kindersley, 2011. p. 384.

a) Cite dois acontecimentos que podem explicar o comportamento das taxas de crescimento da economia no período compreendido pelo gráfico.

b) Qual país, entre os apontados, teve a maior taxa de crescimento econômico? Justifique.

6. Quais eram os princípios básicos do *New Deal*?

7. O que significava a concepção geopolítica de espaço vital e de que forma ela contribuiu para a geopolítica do Estado alemão na década de 1930?

8. Qual ação do exército alemão determinou o início da Segunda Guerra Mundial e em função de qual objetivo ela foi realizada?

9. Quais países foram, de fato, os grandes vitoriosos da Segunda Guerra? Justifique.

CAPÍTULO 16

A GUERRA FRIA

CONTEXTO

A Guerra Fria ou Terceira Guerra Mundial

"A Segunda Guerra Mundial mal terminara quando a humanidade mergulhou no que se pode encarar, razoavelmente, como uma Terceira Guerra Mundial, embora uma guerra muito peculiar. [...] Gerações inteiras se criaram à sombra de batalhas nucleares globais que, acreditava-se firmemente, podiam estourar a qualquer momento, e devastar a humanidade. [...] À medida que o tempo passava, mais e mais coisas podiam dar errado, política e tecnologicamente, num confronto nuclear permanente baseado na suposição de que só o medo da 'destruição mútua inevitável' (adequadamente expresso na sigla MAD, das iniciais da expressão em inglês – *mutually assured destruction*) impediria um lado ou outro de dar o sempre pronto sinal para o planejado suicídio da civilização. Não aconteceu, mas por cerca de quarenta anos pareceu uma possibilidade diária.

A peculiaridade da Guerra Fria era a de que, em termos objetivos, não existia perigo iminente de guerra mundial. Mais que isso: apesar da retórica apocalíptica de ambos os lados, mas sobretudo do lado americano, os governos das duas superpotências aceitaram a distribuição global de forças no fim da Segunda Guerra Mundial, que equivalia a um equilíbrio de poder desigual mas não contestado em sua essência. A União Soviética controlava uma parte do globo, ou sobre ela exercia predominante influência – a zona ocupada pelo Exército Vermelho e/ou outras Forças Armadas comunistas no término da guerra – e não tentava ampliá-la com o uso de força militar. Os Estado Unidos exerciam controle e predominância sobre o resto do mundo capitalista, além do Hemisfério Norte e oceanos, assumindo o que restava da velha hegemonia imperial das antigas potências coloniais. Em troca, não intervinha na zona aceita de hegemonia soviética. [...]"

HOBSBAWN, Eric. *Era dos extremos*: o breve século XX. São Paulo: Companhia das Letras, 1995. p. 224.

THE GRANGER COLLECTION, NOVA YORK/THE GRANGER COLLECTION/OTHER IMAGES

Cena do filme *Dr. Fantástico*, de 1964, comédia que satirizava a Guerra Fria e o medo de uma disputa nuclear entre Estados Unidos e União Soviética.

DISCUTA

1. O que o autor identifica como uma "Terceira Guerra Mundial"? Como ele justifica essa denominação?
2. Qual foi a principal ameaça no período da Guerra Fria?
3. O que definiu o equilíbrio de poder durante a Guerra Fria?

A GUERRA FRIA E A ORDEM MUNDIAL BIPOLAR

A destruição da Europa durante a Segunda Guerra Mundial marcou o fim do poder que o continente acumulara nos séculos anteriores. A economia europeia estava desorganizada e mergulhada no esforço de sua reconstrução.

Incapazes de assegurar seu próprio destino, de articular um sistema de defesa e de restaurar sua economia sem ajuda externa, os governantes dos países europeus foram obrigados a enquadrar-se em uma nova ordem mundial, cuja liderança seria disputada pelas potências de fato vitoriosas na guerra: os **Estados Unidos** e a **União Soviética**.

No início da década de 1940, a União Soviética já se destacava das demais economias do mundo em alguns setores produtivos – siderurgia e petroquímica – e em infraestrutura energética e de transporte, sendo superada apenas pelos Estados Unidos. Após 1945, com a **expansão do socialismo**, a União Soviética passou a exercer influência direta em quase todos os continentes.

DICA
LEITURA
Da Guerra Fria a nova ordem mundial
Ricardo de Moura Faria. São Paulo: Contexto, 2012.
Análise sobre como a guerra foi travada no cotidiano dos cidadãos comuns, submetidos à maciça propaganda ideológica veiculada pelos dois lados em disputa.

O mundo bipolar – 1980

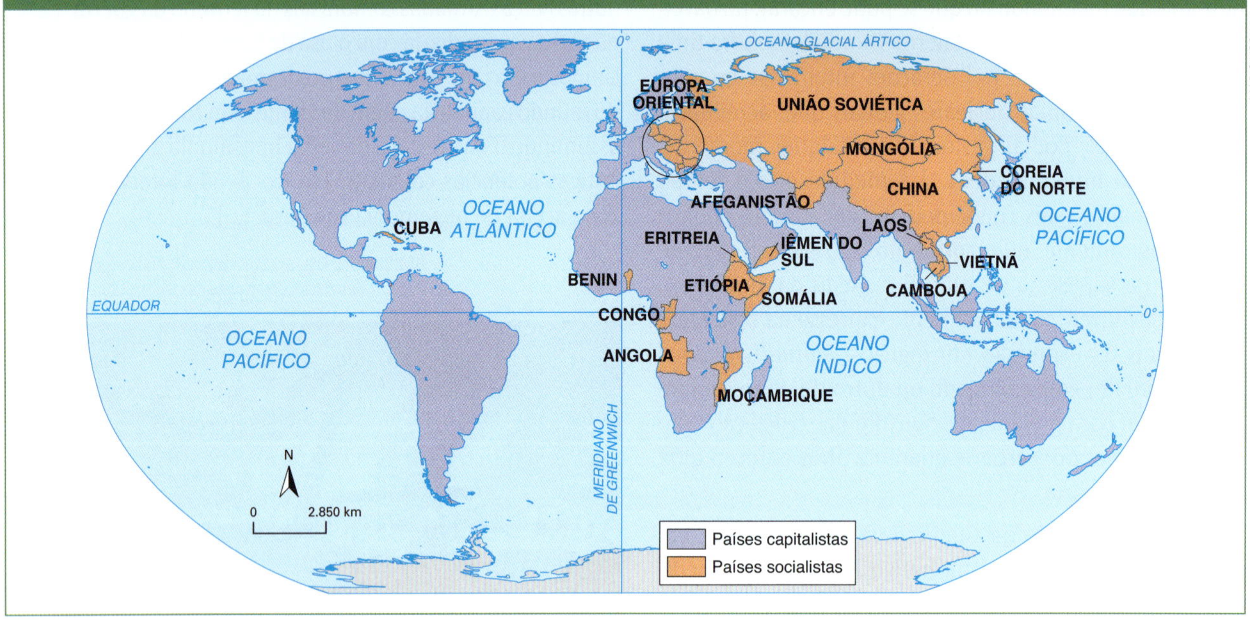

Fonte: *History year by year*. Londres: Dorling Kindersley, 2011. p. 442.

Após o triunfo soviético na Segunda Guerra Mundial, o socialismo se expandiu e chegou a ser adotado por um conjunto de países cujas populações representavam cerca de um terço da população mundial.

Os Estados Unidos, por sua vez, tornaram-se a principal liderança do mundo ocidental (capitalista). A guerra havia se convertido num bom negócio para os americanos, pois suas taxas médias de crescimento econômico, do final da década de 1930 ao início da de 1960, foram superiores às de qualquer outro país.

Após a Segunda Guerra Mundial, o ***American way of life*** voltou à tona, estimulado pelo grande *boom* de consumo de produtos, como automóvel, rádio, televisor, enceradeira, máquina de lavar, aspirador de pó, batedeira elétrica e liquidificador. A compra a crédito era estimulada para satisfazer o consumismo instigado pelas novas "maravilhas" do mundo das mercadorias. Criadas pelas indústrias e financiadas pelas instituições financeiras, essas mercadorias eram agora acessíveis à classe média estadunidense. A sociedade de consumo passou a ser uma meta em si mesma e a simbolizar e a se confundir com valores como bem-estar, prosperidade, liberdade e qualidade de vida.

Após 1945, o mundo foi reordenado a partir desses dois blocos antagônicos. Na Europa a divisão entre os dois sistemas econômicos e políticos opostos era nitidamente

DICA
LEITURA
A Guerra Fria: terror de Estado, política e cultura
José Arbex Jr. São Paulo: Moderna, 2002.
O autor expõe o seu ponto de vista sobre a Guerra Fria, traçando um panorama histórico sobre o período.

delimitada por uma linha de fronteiras que cortava a Alemanha e se estendia entre o Mar Báltico e o Mar Adriático, cunhada de "**cortina de ferro**"[4] pelo primeiro ministro britânico Winston Churchill.

A **geopolítica bipolar**, marcada pela supremacia dos Estados Unidos (capitalismo) e da União Soviética (socialismo), definiu as relações internacionais e os principais conflitos mundiais.

Em 1947, o presidente dos Estados Unidos, Harry Truman, declarou no Congresso: "A política dos Estados Unidos será a de prestar apoio aos povos livres que resistem às tentativas de subjugamento por obra de minorias armadas ou de pressões do exterior". Estava lançada a **Doutrina Truman**, cujos princípios norteariam a rivalidade entre Estados Unidos e União Soviética. Denominada também **Doutrina de Contenção**, foi criada com o firme propósito de barrar a expansão socialista e inaugurou quatro décadas de disputa entre as duas superpotências. Era o início da **Guerra Fria**, da corrida armamentista e tecnológica e da disputa para a ampliação das suas esferas de influência em todo o mundo.

ROMAN CIESLEWICZ. SUPERMAN. 1968

Neste cartaz de 1968, o artista Roman Cieslewicz (1930-1996) ironiza os Estados Unidos (USA, abreviação em inglês) e a União das Repúblicas Socialistas Soviéticas (CCCP, abreviação em russo), as superpotências da Guerra Fria, por meio da imagem do "super-homem".

De modo geral, os acontecimentos político-militares, entre 1947 e 1989, em todos os países do globo, ocorreram no contexto da hegemonia das duas potências. A interferência dos Estados Unidos e da União Soviética ocorreu nos principais conflitos desse período, cada país apoiando um dos lados envolvidos.

A Organização das Nações Unidas (ONU)

A ONU foi criada em 1945 pela Conferência de São Francisco, com o objetivo de assegurar a paz mundial e promover a cooperação entre os países.

Apesar disso, desde sua criação, não se pôde impedir que ocorressem, no mundo, centenas de conflitos que levaram à morte mais de 20 milhões de pessoas.

Quase todos os países do planeta participam da ONU, que é formada por vários órgãos e por uma série de agências especializadas, como: Organização das Nações Unidas para a Educação, a Ciência e a Cultura (Unesco), Organização das Nações Unidas para Agricultura e Alimentação (FAO), Organização Mundial da Saúde (OMS), Organização Internacional do Trabalho (OIT) e Agência Internacional de Energia Atômica (AIEA). Conta também com programas e organizações como o Programa das Nações Unidas para o Desenvolvimento (PNUD)[5] e o Fundo das Nações Unidas para a Infância (Unicef).

Entre os princípios da Carta das Nações Unidas está registrado que todos os Estados-membros são soberanos e iguais entre si. As resoluções tomadas pela **Assembleia Geral**, onde cada país tem direito a um voto, têm que ser aprovadas por pelo menos nove dos quinze países que formam o **Conselho de Segurança** (cinco membros permanentes e dez temporários). No entanto, apenas os cinco membros permanentes (Estados Unidos, Rússia, França, Reino Unido e China) têm poder de veto.

American way of life
significa, literalmente, modo de vida americano. A expressão era utilizada nos Estados Unidos desde a década de 1920, no sentido de enaltecer as conquistas econômicas e tecnológicas e o padrão de vida da sociedade estadunidense, tendo sido profundamente abalada com a crise de 1929.

Glossário da página anterior.

Doutrina
no texto, conjunto de princípios relacionados a um sistema político e econômico.

4 Em 5 de março de 1946, Winston Churchill proferiu seu famoso discurso, oficialmente intitulado "Nervos de Paz", no Westminster College, em Fulton, Missouri, onde utilizou a expressão "cortina de ferro". Churchill advertia sobre a ameaça representada pela União Soviética, que havia assegurado a sua influência no leste da Europa e buscava expansão indefinida de seu poder sobre o continente europeu.

5 O PNUD publica anualmente o Relatório de Desenvolvimento, documento responsável pela divulgação do Índice de Desenvolvimento Humano (IDH), que mede a qualidade de vida nos países-membros.

Entenda o funcionamento do Conselho de Segurança da ONU

Principal responsabilidade
Manter a paz e a segurança internacionais

Membros
O Conselho de Segurança da ONU tem 15 membros. Cinco são membros permanentes, e dez são eleitos pela Assembleia Geral da ONU para mandatos de dois anos

Como funciona

Queixas relacionadas a ameaças à paz são apresentadas ao CS → O CS recomenda às partes que cheguem a um acordo por meios pacíficos. O CS pode investigar as queixas e mediar conversações nomeando representantes especiais → Se um conflito irrompe, o CS tenta interrompê-lo. O CS pode ordenar um cessar-fogo, enviar forças de manutenção da paz ou decidir implementar sanções econômicas ou ações militares conjuntas

Votação
- Cada membro tem um voto
- Resoluções sobre questões de procedimento exigem ao menos nove votos afirmativos
- Poder de veto: Resoluções sobre questões fundamentais exigem nove votos afirmativos, cinco deles de membros permanentes. Essa é a regra da "unanimidade das grandes potências" ou "poder de veto"

Execução
- O CS é o único órgão da ONU cujas decisões todos os Estados-membros da ONU são obrigados a cumprir. Os demais órgãos fazem recomendações
- A Assembleia Geral pode expulsar um Estado-membro, com a recomendação do CS

FOLHAPRESS

ONU. In: *Folha de S.Paulo*. 13 set. 2002. p. A-6.

DICA
SITE
Organização das Nações Unidas
www.onu-brasil.org.br
Página da ONU no Brasil com informações da organização e de suas agências.

A estrutura da ONU é bastante questionada no mundo atual. Um dos motivos é a composição do Conselho de Segurança. Importantes potências mundiais, como Japão e Alemanha e, também, países emergentes, como Índia e Brasil, populosos e com relativa influência entre os países subdesenvolvidos, reivindicam representação permanente nessa instância de decisão. Esse grupo é conhecido como **G4**.

Outra crítica é que ela ainda representa a ordem mundial definida pelos vencedores da Segunda Guerra Mundial. Além disso, os Estados Unidos têm sido acusados de conquistar votos para as questões de seu interesse, oferecendo ajuda financeira aos países mais pobres, além do fato de os demais membros permanentes vetarem resoluções que afetam suas estratégias econômicas e suas políticas internacionais.

A aparente representatividade dos países na Assembleia Geral é também questionável quando se observa que o peso do voto de Tuvalu, com apenas 10 mil habitantes, é equivalente ao da Índia, que tem mais de um bilhão de habitantes. Além disso, em diversos momentos, as resoluções da ONU não têm sido respeitadas, o que coloca em xeque sua capacidade de mediar e de impedir os conflitos mundiais, objetivos para os quais foi criada.

ALAN SCHEIN/IMAGE SOURCE/AFP

Ilha de Manhatan, em Nova York (Estados Unidos), 2010. Em Primeiro Plano, a sede da ONU.

Os Estados Unidos e a articulação da economia mundial

Em 1944, na **Conferência de Bretton Woods**, nos Estados Unidos, os governos dos países capitalistas definiram uma nova ordem econômica, que estimulava a retomada do desenvolvimento capitalista e a maior integração da economia mundial. Essa conferência estabeleceu o padrão dólar-ouro. A partir desse padrão, os países converteram o valor de suas moedas em relação a esse novo padrão e o dólar passou a ser a moeda de referência no comércio mundial e aceito em todas as transações. Nesse contexto, o tesouro dos Estados Unidos garantiria a possibilidade de resgate em ouro, de acordo com a quantidade equivalente em dólares apresentada para esse resgate. Dessa forma, a moeda estadunidense valorizou-se frente às demais.

Para tanto, foram criados o **Banco Mundial**, o **Fundo Monetário Internacional** (**FMI**) e o **Acordo Geral sobre Tarifas Aduaneiras e Comércio** (**Gatt**).

Inicialmente, o Banco Mundial tinha o objetivo de captar fundos para a reconstrução europeia após o término da guerra. Posteriormente, transformou-se numa instituição que fornecia recursos necessários à criação de infraestrutura nos países subdesenvolvidos.

O FMI foi criado para estimular o comércio internacional, promover ajuda econômica e fornecer assessoria técnica aos países-membros que apresentassem problemas financeiros. A partir de sua atuação, foram estabelecidas as regras básicas das relações financeiras internacionais.

O Gatt foi a terceira instituição criada com o objetivo de intensificar e regulamentar o comércio mundial. Em 1º de janeiro de 1995, foi substituído pela **Organização Mundial do Comércio (OMC)**.

Essas três instituições são interdependentes: os países que não respeitam as regras estabelecidas pela OMC, por exemplo, não têm acesso aos recursos financeiros do FMI e do Banco Mundial. Da mesma forma, o Banco Mundial só libera recursos para países que orientam sua economia de acordo com as metas estabelecidas ou aprovadas pelo FMI.

Leste Europeu
expressão com significado mais político-ideológico que geográfico, pois se refere aos países da Europa Central e da Europa Oriental que implantaram o regime socialista ao final da Segunda Guerra Mundial: Polônia, Tchecoslováquia, Hungria, Romênia, Bulgária, Alemanha Oriental, Albânia e Iugoslávia. Constituiu uma importante área de influência da União Soviética. A Iugoslávia, apesar de ter adotado o socialismo, manteve-se independente do poder soviético. A Albânia, em 1961, rompeu com a União Soviética e alinhou-se à China.

O Plano Marshall

Em 1947, os Estados Unidos lançaram o Plano Marshall[6], que visava consolidar o capitalismo na Europa Ocidental e reconquistar o espaço perdido para os soviéticos na Europa Oriental. O plano consistia numa ajuda econômica de grandes proporções a todos os países europeus atingidos diretamente pela guerra.

A ajuda se destinava, inclusive, aos países que já haviam adotado a orientação socialista e estavam sob influência soviética. Entretanto, devido a pressões da União Soviética, os países do **Leste Europeu**, exceto a Iugoslávia, recusaram qualquer auxílio dos Estados Unidos.

O Plano Marshall foi estendido também aos países derrotados, como Alemanha (Ocidental) e Itália. O Japão foi beneficiado por um plano similar (**Plano Colombo**). A recuperação econômica e a regularização do comércio mundial eram essenciais à continuidade do próprio sistema e à contenção do socialismo. Além disso, asseguravam para os Estados Unidos um mercado internacional capaz de absorver sua elevada produção e sua disponibilidade de capital, sem os quais o país poderia mergulhar numa depressão semelhante à de 1929, devido à superprodução de bens e ao excedente de capitais.

HULTON-DEUTSC-I COLLECTION/CORBIS/LATINSTOCK

Primeira remessa de açúcar caribenho chegando ao Porto de Victoria, Londres (Inglaterra), 1949. Os Estados Unidos enviaram dezenas de produtos à Europa através do Plano Marshall.

O final da Segunda Guerra Mundial significou a vitória da democracia sobre o nazifascismo. A reestruturação dos países foi acompanhada pelo fortalecimento dos ideais democráticos e pelo revigoramento do sindicalismo, que acarretou maiores ganhos salariais e melhor distribuição de renda nos países desenvolvidos.

A indústria de bens de consumo duráveis diversificou-se e expandiu o seu mercado. Os lares europeus, e até mesmo os de alguns países subdesenvolvidos, foram invadidos por uma avalanche de produtos que passaram a ser consumidos em grande quantidade, sobretudo aparelhos domésticos e automóveis.

As alianças militares

O final da Segunda Guerra Mundial sinalizava o prenúncio de um novo conflito, cujas proporções seriam imprevisíveis. Já em 1945, os Estados Unidos mostraram ao mundo o

6 O nome oficial do plano era *European Recovery Program*: Programa de Recuperação Europeu.

seu poder de dissuasão militar ao forçar a rendição do Japão por meio das bombas atômicas lançadas sobre Hiroshima e Nagasaki. Em 1949, a União Soviética fez o seu primeiro teste nuclear, demonstrando que estava em igualdade de condições no caso de um conflito militar.

Ainda em 1949, sob a liderança dos Estados Unidos, foi criada a **Organização do Tratado do Atlântico Norte (Otan)**, um sistema de defesa[7] multinacional que reuniu as forças militares dos Estados Unidos, do Canadá e de vários países da Europa.

Em 1955, os países socialistas, sob a liderança soviética, formaram o **Pacto de Varsóvia**, com a mesma finalidade: a defesa militar comum de seus associados. Em 1991, após o fim da União Soviética, o Pacto de Varsóvia foi extinto.

Organização do Tratado do Atlântico Norte – 2013

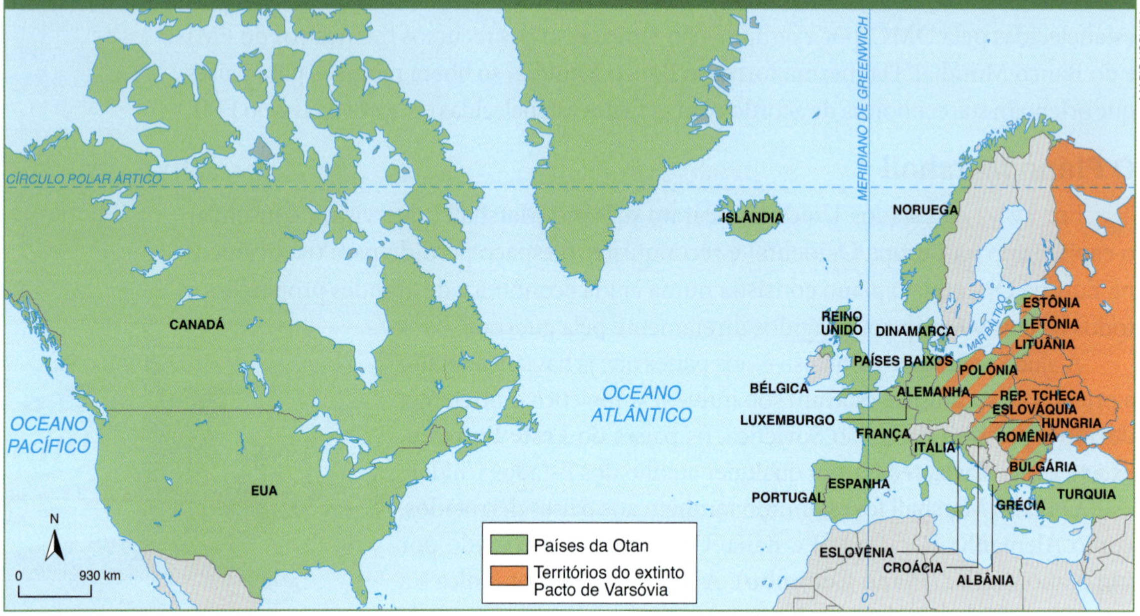

Fonte: elaborado com base em OTAN. Disponível em: <www.nato.int>. Acesso em: nov. 2013.

Atualmente, a Otan é constituída por 28 países. A aproximação da Otan da fronteira da Rússia limita as possibilidades de ações geopolíticas futuras desse país no continente europeu. Desde 2002, a Rússia participa do **Conselho da Otan**, que passou a ser denominado Conselho Otan-Rússia, mas não é considerada membro e não tem direito a voto.

Para muitos analistas, a Otan é hoje um organismo ultrapassado. Criada no contexto da Guerra Fria, nasceu para fazer face à União Soviética e ao bloco comunista, mas perdeu sua razão de existência. No entanto, o organismo militar tem orientado suas ações em importantes conflitos que surgiram a partir da década de 1990, com o fim da União Soviética: na Guerra do Golfo (1991), na Guerra da Bósnia (1995), na Guerra de Kosovo (1999), no comando das operações do Iraque sob ocupação (2004), na responsabilidade pela segurança no Afeganistão (2006) e na intervenção na guerra civil da Líbia (2011).

DICA

LEITURA

O século XX explicado aos meus filhos
Marc Ferro. Rio de Janeiro: Agir, 2008.

O autor discute acontecimentos, personagens e ações do século XX de maneira clara e analítica.

A GEOPOLÍTICA DA GUERRA FRIA

A geopolítica bipolar, marcada pela supremacia dos Estados Unidos e da União Soviética, definiu o destino de quase todos os países nas décadas seguintes ao final da Segunda Guerra Mundial. Aproveitando-se de conflitos regionais, as duas superpotências procuravam demarcar ou ampliar suas áreas de influência, que adquiriram dimensão mundial. A Guerra Fria esteve, assim, por trás de quase todos os conflitos ocorridos entre 1947 e 1989.

7 O princípio básico da Otan e do Pacto de Varsóvia era a defesa mútua em resposta ao ataque a um dos seus membros por qualquer inimigo externo.

Cinco anos após o término da Segunda Guerra Mundial, em 1950, Estados Unidos e União Soviética já se defrontavam indiretamente na **Guerra da Coreia**, que terminou com a divisão do país em Coreia do Norte (socialista) e Coreia do Sul (capitalista).

Na **América Latina**, a política dos Estados Unidos foi a de sustentar governos favoráveis aos investimentos estadunidenses no continente e alinhados com a sua política externa e apoiar a deposição dos que se opunham aos seus interesses político-econômicos. Em 1964, o governo de João Goulart (Jango), que mantinha uma política externa independente das superpotências da Guerra Fria, nacionalista e sensível às questões trabalhistas e sociais, foi deposto por um **golpe militar** com apoio da elite nacional e da **CIA**, a **Agência de Inteligência dos Estados Unidos**.

Durante seu governo (1964-1985), os militares promoveram o alinhamento do Brasil à política externa estadunidense, demarcando a posição brasileira na ordem mundial bipolar. O governo militar foi marcado pela repressão, censura e violência. Os abusos da ditadura militar e os cometidos pelo Estado, entre 1946 e 1964, contra os direitos humanos, têm sido apurados desde 2012 pela **Comissão Nacional da Verdade**.

DICA

SITE

Comissão Nacional da Verdade

www.cnv.gov.br

O *site* da Comissão Nacional da Verdade (CNV), instalada no Brasil desde maio de 2012, permite acompanhar a agenda de trabalho da Comissão e apresenta uma lista de *links* sobre memória nacional, cidadania e direitos humanos.

ARQUIVO/AE

Durante o governo militar, houve severa repressão aos opositores e às manifestações populares, foi implantada a censura à imprensa e aos movimentos culturais e institucionalizada a tortura como método nas ações policiais. Na imagem, polícia repreende manisfestação estudantil no Rio de Janeiro (RJ) em protesto contra a ditadura militar, em 1968.

LEITURA COMPLEMENTAR

O que são as Comissões da Verdade?

"As Comissões da Verdade são mecanismos oficiais de apuração de abusos e violações dos Direitos Humanos e vêm sendo amplamente utilizadas no mundo como uma forma de esclarecer o passado histórico. Seu funcionamento prioriza escutar as vítimas de arbitrariedades cometidas, ao mesmo tempo em que dá lugar a que se conheça também o padrão dos abusos havidos, através da versão dos perpetradores dessas violências ou da revelação de arquivos ainda desconhecidos. São órgãos temporários de assessoramento a governos e são oficialmente investidas de poderes para identificar e reconhecer todos os fatos ocorridos e as pessoas que desse processo participaram, tanto as que sofreram com as violências como as que participaram de forma ativa na promoção dessas violências.

As Comissões da Verdade têm como missão final a produção de um relatório que permita à sociedade o conhecimento dos detalhes do regime que oprimiu e violou, assim como apresentam recomendações que visam aprimorar as instituições do Estado, notadamente aquelas que lidam com a segurança pública, e contribuir para uma política definitiva de não repetição."

POLITI, Maurice. *A comissão da Verdade no Brasil* (Cartilha). São Paulo: Núcleo de Preservação da Memória Política. s.d. p. 8.

Em 1959, a **Revolução Cubana** enfrentou a oposição dos vizinhos estadunidenses, o que levou Cuba, nos anos seguintes, ao alinhamento com a União Soviética e à integração ao bloco socialista.

Vietcongue
combatente comunista da Frente Nacional de Libertação do antigo Vietnã do Sul, que operava em cooperação com o Exército do Vietnã do Norte.

A União Soviética também viveu sérios conflitos em seus domínios, como as tentativas de insurreição na Hungria, em 1956, e na Tchecoslováquia, em 1968, ambas sufocadas pelo exército soviético.

O ano de 1964 marcou a intervenção direta dos Estados Unidos no Vietnã, num conflito contra o colonialismo francês que se arrastava desde o final da Segunda Guerra Mundial. Os Estados Unidos, com sua política de contenção do comunismo, sempre apoiaram as tropas francesas. No entanto, a participação direta dos estadunidenses no conflito revelou-se desastrosa. Além das perdas humanas (cerca de 50 mil mortos e 800 mil feridos e mutilados), que mobilizaram negativamente a opinião pública estadunidense, a guerra teve um custo financeiro astronômico. Em 1973, os Estados Unidos retiraram-se da guerra, derrotados e desmoralizados. Seus modernos recursos militares não conseguiram vencer as dificuldades impostas pela densa floresta tropical e pelas táticas de guerrilha dos **vietcongues**.

Os Estados Unidos e a União Soviética já haviam iniciado, em 1955, após a morte do ditador russo Josef Stalin, uma política de **coexistência pacífica**, a *détente*. No entanto, não cessaram a pesquisa e a produção de armas e mantiveram sua política externa de apoio e estímulo a conflitos em diversas regiões do mundo.

A questão alemã

Na **Conferência de Potsdam**, em 1945, após a derrota da Alemanha na Segunda Guerra, estabeleceram-se a divisão do território alemão, seu desarmamento e as novas divisões de fronteiras com a Áustria, Tchecoslováquia, Polônia e União Soviética.

A divisão da Alemanha – Após a Segunda Guerra

Fonte: DUBY, G. *Atlas historique*. Paris: Larousse, 1996.

O país foi dividido em quatro zonas de ocupação. A parte ocidental foi ocupada por tropas inglesas, francesas e americanas. A parte oriental, formada por cinco estados, transformou-se em zona de ocupação soviética. A Alemanha foi obrigada ainda a ceder à Polônia mais de 100 mil km^2 de seu território a leste dos rios Oder e Neisse, e à União Soviética, a região de Königsberg, atual Kaliningrado.

Berlim, situada no interior da zona de ocupação soviética, também foi dividida em quatro zonas. Berlim Oriental foi ocupada pela União Soviética, e Berlim Ocidental, por França, Inglaterra e Estados Unidos.

Em 1948, a União Soviética bloqueou o acesso terrestre a Berlim Ocidental, isolando-a e dificultando o seu abastecimento. Todo o suprimento da cidade teve que ser realizado por via aérea. Os aviões transportavam tanto carvão mineral essencial para a calefação dos lares dos berlinenses que viviam nas zonas de ocupação do lado ocidental como alimentos. A União Soviética mantinha a esperança de que toda a cidade caísse sob o seu controle.

Em 1949, os estados do lado ocidental promoveram uma reforma monetária que criou uma nova moeda, o marco alemão, desvinculada da moeda dos demais estados orientais. Formaram, ainda, uma Assembleia Constituinte, que instituiu uma nova Constituição, e um Estado alemão independente: a **República Federal da Alemanha** (**RFA**).

Cinco meses depois, em oposição à criação da RFA, a União Soviética autorizou a formação de um estado socialista alemão, que originou a **República Democrática Alemã** (**RDA**).

As relações entre os dois novos Estados alemães foram de franca oposição. O primeiro-ministro eleito da RFA, Konrad Adenauer, promulgou a **Hallstein-Doktrin**, que estabelecia o rompimento das relações diplomáticas com os países que reconhecessem a RDA como país soberano.

A instalação de um governo autoritário na RDA criou um clima permanente de insatisfação. Em 1953, uma greve foi violentamente reprimida com o apoio de soldados e tanques soviéticos. Esse episódio intensificou as fugas dos alemães orientais para a RFA.

DPA/CORBIS/LATINSTOCK

Berlim (Alemanha), 31 de agosto de 1961. Uma mulher idosa pula da janela de seu apartamento em Berlim Oriental, na linha em que foi construído o muro. Alguns homens tentam puxá-la de volta, enquanto outro a puxa para baixo para ajudar na sua fuga. Uma brigada de bombeiros de Berlim Ocidental aguarda a sua queda. Antes disso, a mulher já havia jogado sua bolsa e seu cachorro para a rede de resgate. No final, a fuga foi bem-sucedida.

Berlim era a questão mais delicada. Desde a existência das duas Alemanhas, mais de 3 milhões de pessoas evadiram-se do lado oriental para o ocidental, principalmente jovens e profissionais qualificados.

Em agosto de 1961, a União Soviética autorizou o governo de Walter Ulbricht a construir um muro, isolando totalmente a parte ocidental da cidade do resto do território da Alemanha Oriental. O **Muro de Berlim** transformou-se no principal símbolo da Guerra Fria.

A crise dos mísseis

Em 1962, a tensão entre Estados Unidos e União Soviética chegou a um ponto crítico, quando o país socialista decidiu instalar em Cuba uma base de mísseis nucleares apontados para o território estadunidense. O objetivo era conter qualquer possibilidade de invasão a Cuba, como a ocorrida em 1961, quando refugiados cubanos, apoiados pelos Estados Unidos, tentaram invadir a Baía dos Porcos.

O presidente Kennedy ordenou, então, o imediato bloqueio naval da ilha, pela marinha e pela aviação estadunidense, e deu início a uma dura etapa de negociação com o então secretário-geral do Partido Comunista da União Soviética, Nikita Krushev.

O momento foi de grande tensão, com a possibilidade real de um conflito armado entre as potências. A retirada dos mísseis soviéticos de Cuba envolveu pressões com manobras militares das duas grandes potências e esforços diplomáticos. Krushev acabou recuando diante do compromisso assumido pelos Estados Unidos de não invadir o território cubano e de retirar os mísseis instalados na Turquia dirigidos para o território soviético.

INTERCONEXÃO

Língua Portuguesa | História

Guerra Fria

A obra do poeta Cassiano Ricardo (1895-1974), em uma de suas fases, revela engajamento com os acontecimentos de seu tempo, como a Segunda Guerra Mundial e o surgimento da Guerra Fria. Leia o poema a seguir, intitulado "Guerra Fria", retirado de um de seus livros mais importantes, *Jeremias sem-chorar*.

"Mesmo as flores
não nascem mais naturalmente.
Nascem do susto.
Todas as coisas parecem
nascer, mas do susto.
Acordadas, não nascidas
propriamente.
Acordadas pra ver o acontecimento.
Porque hoje
o encanto não compensa o susto.

A toda hora,
abre-se o jornal, ouve-se rádio
e os monstros da fábula ressuscitam
de susto.
Só um consolo:
Felizes os que, à hora bíblica,
morrerem, não da morte,
mas do susto."

RICARDO, Cassiano. *Jeremias sem-chorar*. Rio de Janeiro: José Olympio Editora, 1968. p. 124.

- O poema representa o contexto da Guerra Fria através das sensações coletivas que marcaram a sociedade nesse período. Descreva como o poeta expressa essas sensações.

A descolonização e o movimento dos não alinhados

O final da Segunda Guerra Mundial desencadeou a luta pela descolonização dos países africanos e asiáticos. A resistência dos povos colonizados contra a opressão dos colonizadores era antiga, mas ganhou força nesse período.

Além disso, Estados Unidos e União Soviética apoiaram os movimentos de libertação em relação às potências europeias, com o objetivo de ampliar suas esferas de influência.

Com a independência política, surgiram disputas internas pelo controle do poder em diversos países africanos e asiáticos. Essas disputas se transformaram em sangrentas guerras civis, fazendo reaparecer antigos conflitos étnicos. Contribuíram, ainda, para agravar a situação econômica e social, ao mesmo tempo em que criaram novas relações de dependência com os Estados Unidos e a União Soviética.

Houve tentativas de não alinhamento. Uma delas foi o **movimento dos não alinhados** formado em 1955 na **Conferência de Bandung**[8], Indonésia. Reunindo líderes de cerca de 30 países africanos e asiáticos, a conferência exigiu participação mais ativa nas decisões internacionais, uma política de neutralidade em relação à bipolaridade estabelecida pela Guerra Fria e a luta pela libertação nacional contra o colonialismo.

A partir da Conferência de Bandung, popularizou-se o termo **Terceiro Mundo**, para referir-se aos países independentes das orientações das duas superpotências. Mais tarde, o termo foi aplicado indiscriminadamente ao conjunto dos países subdesenvolvidos. Apesar da proeminência de vários líderes, o bloco dos países "não alinhados" não conseguiu romper a divisão estabelecida por Estados Unidos e União Soviética.

Terceiro Mundo
expressão utilizada pela primeira vez pelo demógrafo francês Alfred Sauvy, em 1952, num artigo publicado pela revista francesa *L'Observateur*, para se referir aos países pobres e explorados – os subdesenvolvidos. Primeiro Mundo passou, então, a designar os países desenvolvidos; e Segundo Mundo, os países socialistas.

Planisfério: descolonização após 1945

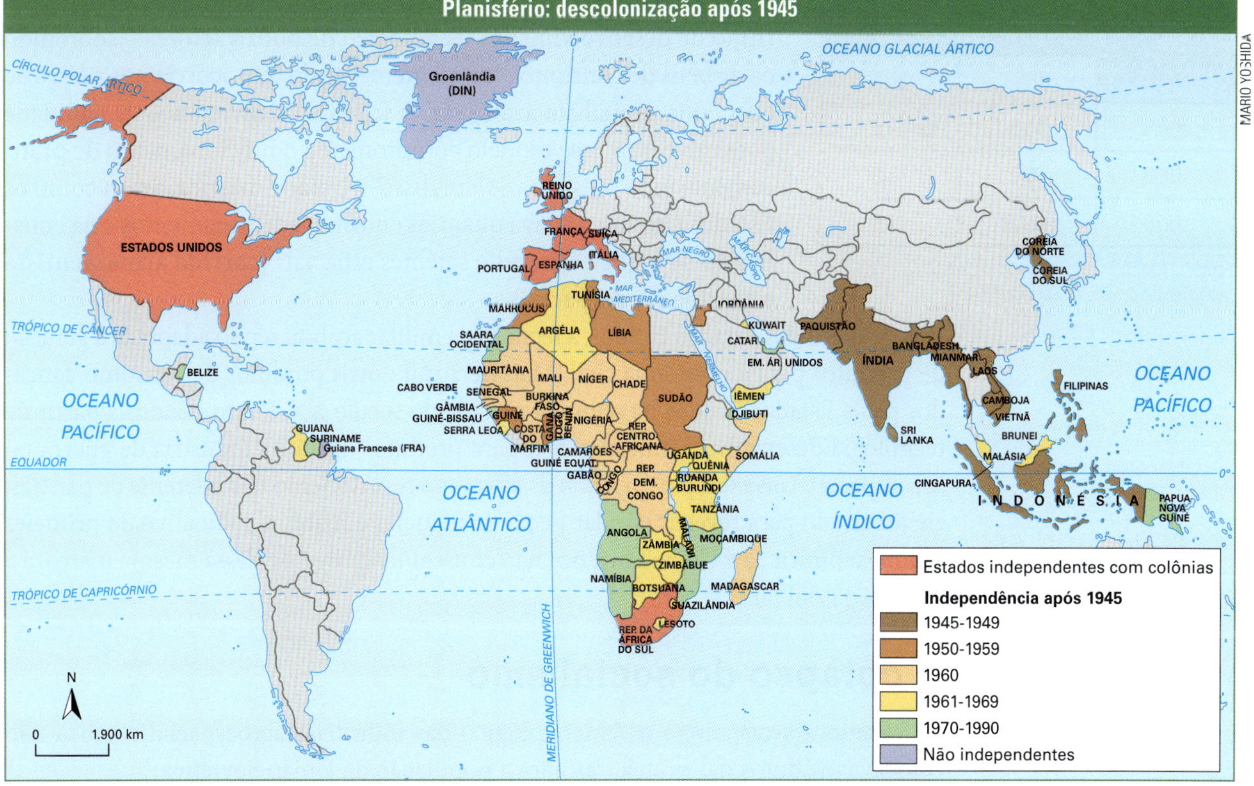

Fonte: *Forum Geschichte*. Berlim: Cornelsen, 2003. p. 175.

8 As principais lideranças presentes na Conferência de Bandung foram: Jawaharlal Nehru, primeiro-ministro da Índia (que lutou ao lado de Gandhi contra a dominação inglesa), Gamal Abdel Nasser, presidente do Egito, e Chou En Lai, primeiro-ministro da China.

FIM DA ORDEM BIPOLAR

Déficit público

situação em que os gastos do governo superam o valor arrecadado.

Balança comercial

relação entre as exportações e as importações de mercadorias realizadas por um país, medida em dólares. O déficit na balança comercial ocorre quando o valor das importações supera o valor das exportações; quando ocorre o contrário, a balança comercial registra superávit.

De 1945 a 1970, o mundo viveu um ciclo de prosperidade. Tanto a economia capitalista como a socialista tiveram um crescimento econômico surpreendente, ressalvados os diferentes níveis de desenvolvimento entre os países de cada grupo. A partir da década de 1970, os dois modelos econômicos começaram a apresentar sintomas de crise.

No mundo capitalista, a crise teve origem nos crescentes **déficits públicos** e da **balança comercial** dos Estados Unidos. Esses déficits levaram o governo estadunidense, em 1971, a abandonar o padrão dólar-ouro e a decretar a livre conversibilidade da moeda. O dólar passou a ser tratado como qualquer outra mercadoria, cujo valor em relação às demais moedas é determinado pelo mercado[9]. Foi o fim da paridade dólar/ouro estabelecida na Conferência de Bretton Woods.

Com a situação deficitária dos Estados Unidos, o dólar se desvalorizou em relação a outras moedas fortes – marco alemão, libra esterlina (Grã-Bretanha) e iene (Japão) –, aumentando a competitividade dos produtos estadunidenses no comércio externo e diminuindo a competitividade dos produtos tradicionalmente importados pelo país.

Nessa conjuntura, a crise se alastrou por todos os países capitalistas, em razão da força da economia estadunidense no mundo. A recessão espalhou-se e abalou principalmente as economias menos desenvolvidas, que dependiam, por um lado, dos investimentos estrangeiros e, por outro, das exportações de produtos agrícolas e matérias-primas para os países desenvolvidos. O quadro foi agravado pelo forte aumento do preço do petróleo, em 1973, fato que ficou conhecido como Primeiro Choque do Petróleo[10].

EUA e URSS: gastos com defesa, em bilhões de dólares – 1950-1970

Anos	Países	
	URSS	EUA
1950	15,5	14,5
1960	36,9	45,3
1970	72,00	77,8

Fonte: KENNEDY, Paul E. *Ascensão e queda das grandes potências*. Rio de Janeiro: Campus, 1994.

No mundo socialista, a crise era resultante do esgotamento do próprio modelo econômico. O industrialismo soviético, apoiado nas indústrias de base, de armas e aeroespacial, não acompanhou o mesmo ritmo de desenvolvimento tecnológico de outros setores – sobretudo os de bens de consumo – diferentemente do que ocorria nos países de economia capitalista avançada. A falta de criatividade e de agilidade para modificar esse modelo comprometeu o funcionamento de praticamente todo o sistema. Além disso, a União Soviética, assim como os Estados Unidos, gastava quantias enormes em armamentos e na construção de foguetes, naves e satélites espaciais (**corrida armamentista** e **corrida aeroespacial**).

No caso dos Estados Unidos, a tecnologia militar acabou sendo adaptada à geração de produtos para a economia civil. Mais de 3 mil novos produtos de consumo, lançados pelos Estados Unidos na segunda metade do século XX, foram criados a partir de tecnologia desenvolvida, inicialmente, para produtos ligados à indústria de guerra ou aeroespacial. Um exemplo é o *teflon* usado como revestimento não aderente de panelas; ele foi criado para revestir e vedar peças de foguetes e material radioativo da primeira bomba atômica. Já a União Soviética não conseguiu aproveitar dessa mesma maneira a tecnologia militar.

O colapso do socialismo

Embora avançado, o nível tecnológico das indústrias aeroespacial e bélica não colocava produtos nas prateleiras para a população da União Soviética.

9 Nessa situação o câmbio passou a ser flutuante. Quanto maior é a entrada de dólar em um país, maior é a sua oferta e, portanto, menor é o seu valor em relação à moeda desse país, que passa a ficar valorizada em relação ao dólar.

10 Sobre o assunto, consulte o Capítulo 23.

O país vivia um paradoxo: lançou o primeiro satélite artificial (Sputnik, em 1957), fabricou satélites espiões e mísseis de alta precisão, mas não conseguiu desenvolver uma indústria automobilística com tecnologia própria, não fabricou um bom televisor e nem mesmo uma simples enceradeira que funcionasse perfeitamente.

O modelo de economia estatal e planificada apresentava limitações em sua própria concepção. O socialismo, ao transferir todos os meios de produção para a gerência do Estado, não estimulou o desenvolvimento técnico dos setores que considerava secundários, como os bens de consumo. O Estado definia o que seria produzido pelas empresas, determinava as quantidades e estabelecia os preços. Obrigadas a cumprir as metas de produção e de produtividade traçadas pelos planejadores estatais, as empresas compravam de um único fornecedor as mercadorias ou matérias-primas, independentemente de sua qualidade. Na agricultura, por exemplo, tratores e máquinas agrícolas comumente saíam das fábricas com problemas, tendo de ser consertados pelos próprios agricultores.

No final da década de 1970, a crise econômica atingiu praticamente todos os países socialistas. As indústrias estavam com grande capacidade ociosa, faltavam matérias-primas e alimentos e havia dificuldade para importar produtos básicos para o abastecimento da população e o funcionamento da economia. O custo da Guerra Fria se tornara insustentável para a economia soviética e constituía um entrave ao crescimento da produção de bens de consumo, insuficiente para atender ao ritmo de crescimento da população.

Embora a crise econômica tenha se manifestado já na década de 1970, o Leste Europeu e a União Soviética mantiveram uma situação artificial de preços baixos dentro de suas fronteiras, sem promover qualquer alteração no modelo econômico, ineficiente e improdutivo. Na década de 1980, sua população vivia uma situação inusitada: dispunha de dinheiro, mas não tinha como gastá-lo.

A partir de 1985, o governo de Mikhail Gorbatchev promoveu uma grande alteração na estrutura política e socioeconômica da União Soviética. Implantou a ***Perestroika***, uma reformulação da economia que tinha como objetivo a transformação de todo o sistema de produção e da propriedade, além da introdução de mecanismos de mercado.

> ***Perestroika***
> reconstrução ou reestruturação.

Para vencer a resistência da cúpula do Partido Comunista, as reformas dependiam de um amplo apoio popular que as legitimasse. Para tanto, foi implantada a ***Glasnost***, conjunto de reformas políticas que concederam liberdade de expressão e de informação, contida até então pelo regime socialista e pela ditadura czarista que o antecedeu.

> ***Glasnost***
> transparência.

A política de austeridade e de redução dos gastos públicos levou Gorbatchev a promover, junto ao governo dos Estados Unidos, uma série de acordos de desarmamento, para diminuir os gastos com a corrida armamentista. Os efeitos das transformações na União Soviética, no final da década de 1980, atingiram os países do **Leste Europeu**, provocando a **queda dos governos socialistas**, a democratização das instituições e o estabelecimento de eleições livres e diretas.

O desmoronamento da economia socialista teve efeitos profundos no espaço geográfico da Europa. Em 1989, a Hungria retirou a cerca de arame farpado que havia em sua fronteira com a Áustria. Os húngaros deram os passos iniciais, no Leste Europeu, em direção à privatização e à economia de mercado.

Na Alemanha Oriental, a evasão de cidadãos para a Alemanha Ocidental, via Tchecoslováquia e Hungria, levou o governo provisório a liberar as viagens para o exterior e a permitir, em 9 de novembro de 1989, o livre trânsito através do Muro de Berlim. A população encarregou-se de fazer o resto. Em poucos dias, quase nada restava do Muro, principal símbolo da Guerra Fria. **A queda do Muro** abriu caminho para a reunificação da Alemanha em 3 de outubro de 1990.

Construído durante a Guerra Fria, o Muro de Berlim simbolizava o mundo dividido entre Estados Unidos e União Soviética. Mais do que isso, constituía uma barreira física dividindo Berlim e separando familiares e amigos que, vivendo em lados diferentes da cidade, eram impedidos de se visitar. Na imagem, pessoas transpõem o Muro, em 1989.

DICAS

FILMES

A vida dos outros
Alemanha, 2006. Direção: Florian Henckel Von Donnersmarck. Duração: 134 min.

O sistema de controle e vigilância sobre os cidadãos na Alemanha Oriental é discutido pelo diretor através da história de um dramaturgo Georg Dreyman e sua namorada, cujas privacidades são invadidas pelo agente Gerd Wiesler.

Adeus, Lênin!
Alemanha, 2002. Direção: Wolfganger Becker. Duração: 118 min.

Pouco antes da queda do Muro de Berlim, uma mulher entra em coma e desperta dias depois, após o fim do comunismo. Temendo que as mudanças políticas no país agravem seu estado de saúde, seu filho elabora um plano para que ela acredite que tudo continua exatamente como antes.

Problemas de transição nos países socialistas

Não é fácil mudar de um sistema econômico em que a propriedade pertence ao Estado, e a produção não depende do mercado, para um sistema em que o mercado determina o que é produzido, e a produção é realizada pela iniciativa particular.

Quem seriam os proprietários das empresas estatais privatizadas, se teoricamente não existiam pessoas com capital suficiente para comprá-las? Durante a transição, nos países socialistas muitas empresas foram vendidas para empresas estrangeiras; outras foram fechadas, pois não tinham condições de competir no mercado capitalista, ou simplesmente transferidas para grupos privilegiados que tinham influência no processo de privatização. Profissionais de grande competência migraram para outros países ou se sujeitaram a fazer qualquer tipo de trabalho disponível.

Na época do socialismo, existia pleno emprego e amparo social e todos tinham acesso ao sistema público de saúde. A transição para o capitalismo foi marcada por grandes dificuldades, com o enfrentamento de problemas econômicos e sociais graves. Na Rússia, muitos ex-burocratas da antiga União Soviética passaram a atuar em atividades criminosas, constituindo a máfia russa. Estima-se que parte das grandes corporações privadas do país mantém algum tipo de conexão com esta organização criminosa. Segundo a ONU, no início do século XXI cerca de um terço da população do Leste Europeu vivia abaixo da **linha de pobreza**.

Apesar das dificuldades, na maioria dos países houve a conquista de liberdades fundamentais, eleições livres e maior autonomia da imprensa. Alguns países do Leste Europeu, até a crise econômica de 2007/2008[11], conquistaram relativa estabilidade econômica e avanços democráticos com a integração à União Europeia. Muitas empresas deslocaram sua produção para essa região da Europa, em função dos custos mais baixos e da mão de obra qualificada excedente.

O fim da Guerra Fria e as novas fronteiras europeias

Com o fim da Guerra Fria, a população da União Soviética passou a apoiar os políticos que prometiam um caminho mais rápido para a transição. Em 1990, o ultrarre-

11 Sobre essa crise, veja o Capítulo 19.

formista Boris Yeltsin foi eleito presidente da Rússia. Após um ano de governo, declarou total autonomia da Rússia em relação à União Soviética, sendo seguido pelas demais repúblicas soviéticas.

O ano de 1991 marcou o **fim da União Soviética**. As 15 repúblicas socialistas que a constituíam conquistaram a independência. Doze delas associaram-se a uma entidade supranacional mais ampla, a **Comunidade dos Estados Independentes (CEI)**, cujo limite de atuação e de integração entre os países nunca ficou bem definido. Letônia, Estônia e Lituânia reconquistaram sua independência e não aderiram à CEI. Atualmente a entidade é formada apenas por dez países. O Turcomenistão deixou de ser membro permanente em 2005 e a Geórgia retirou-se definitivamente da CEI em decorrência do conflito aberto com a Rússia sobre a questão da Ossétia do Sul e da Abcásia[12].

A Tchecoslováquia foi desmembrada em dois países: a República Tcheca e a Eslováquia. Em relação às duas Alemanhas, menos de um ano depois da queda do Muro de Berlim, elas foram unificadas, causando profundas alterações na geopolítica europeia. A Alemanha, já fortalecida economicamente, passou a ser o país europeu com maior influência na porção oriental do continente.

A Iugoslávia foi esfacelada. Formada por várias nacionalidades e culturas distintas, os conflitos separatistas na década de 1990 dividiram-na, à época, em seis países independentes: Croácia, Eslovênia, Bósnia-Herzegovina, Macedônia, Sérvia e Montenegro.

A derrocada do socialismo significou o colapso de todo o sistema de relações internacionais surgido após a Segunda Guerra Mundial. O fim do socialismo na União Soviética e nos países do Leste Europeu abriu as portas para uma reordenação geopolítica no mundo.

Europa: divisão política – 2013

MARIO YOSHIDA

Fonte: CALDINI, Vera; ÍSOLA, Leda. *Atlas geográfico Saraiva*. São Paulo: Saraiva, 2013. p. 112.

12 Esse conflito será tratado no Capítulo 30.

CONTRAPONTO

IMAGEM 1

CORBIS/LATINSTOCK

No cartaz holandês, de 1947, vê-se o mapa do continente europeu e lê-se: "Prosperidade: o fruto da cooperação".

IMAGEM 2

THE BRIDGEMAN ART LIBRARY/GRUPO KEYSTONE

Neste cartaz francês, feito em 1950, observa-se um polvo com seus tentáculos sobre o mapa da França e lê-se: "Não! A França não será um país colonizado!", "Os americanos na América!". Editado pelo partido comunista francês.

1. Qual é o tema abordado pelos cartazes e qual a situação econômica da Europa naquela época?
2. Quais visões são veiculadas em cada cartaz?

[COMPREENSÃO E ANÁLISE]

1. Qual foi o objetivo da Conferência de Bretton Woods?

2. Ao final da Segunda Guerra Mundial, com o desfacelamento da economia europeia, o mundo viu ascender uma nova ordem mundial bipolar, liderada por Estados Unidos e União Soviética. Esses países representavam dois modos de produção distintos e rivais: o capitalista e o socialista, respectivamente. Nesse contexto geopolítico, explique:

a) Quais eram os objetivos da Doutrina Truman e do Plano Marshall?

b) O que foi a Hallstein-Doktrin?

3. Leia o texto e resolva as questões.

Interferência norte-americana na América Latina

"[...] Os militares eram vistos por Washington como uma 'ilha de sanidade' no país [Brasil], e o golpe foi saudado pelo embaixador de Kennedy, Lincoln Gordon, como uma 'rebelião democrática', na verdade 'a mais decisiva vitória isolada da liberdade neste meio de século'. Gordon, ex-economista da Universidade de Harvard, acrescentou que essa 'vitória da liberdade' – isto é, a derrubada violenta da democracia parlamentar – iria 'criar um clima muito mais propício ao investimento privado', lançando desse modo algumas luzes sobre o significado prático de termos como liberdade e democracia.

Dois anos mais tarde, o Secretário de Defesa Robert McNamara informou a seus pares que 'em seu conjunto, as políticas dos Estados Unidos em relação aos militares latino-americanos atingiram eficazmente os seus objetivos'. Elas haviam aumentado 'a capacidade de segurança interna' e estabelecido 'o predomínio da influência militar norte-americana'. Os militares latino-americanos compreendem as suas tarefas e estão preparados para cumpri-las, graças aos programas de ajuda e treinamento militar do governo Kennedy. Essas tarefas incluem a derrubada de governos civis 'sempre que os militares considerarem a ação dos governantes nociva à prosperidade da nação'. [...]"

CHOMSKY, Noam. *O lucro ou as pessoas*: neoliberalismo e ordem global. Rio de Janeiro: Bertrand Brasil, 2002. p. 55-56.

a) A que golpe o texto faz referência?

b) A estratégia estadunidense de intervenção na América Latina visava a "segurança interna" desses países. Contra quem os Estados Unidos pretendiam "protegê-los"?

c) No texto, são citados argumentos como democracia e liberdade para a intervenção dos Estados Unidos. Qual o real significado de democracia e liberdade para os estrategistas estadunidenses nesse período?

4. Por que os Estados Unidos e a União Soviética apoiaram indiretamente os processos de descolonização africano e asiático?

5. Cite quatro mudanças no mapa da Europa na década de 1990.

6. Observe a charge que segue e escreva um texto contextualizando-a.

SANTIAGO. *Tinta fresca*. Porto Alegre: L&PM, 2004. p. 46

CAPÍTULO 17

GEOPOLÍTICA ATUAL: UM MUNDO EM CONSTRUÇÃO

CONTEXTO

O século XX e o Novo Século

"[...] Minha impressão é que o século americano baseou-se sobretudo na esmagadora predominância, no dinamismo e na dimensão da economia americana. Ela é de uma ordem de grandeza incomparável com a das outras nações capitalistas. Não podemos esquecer que, já na década de 1920, os Estados Unidos respondiam por 40% de toda a capacidade industrial do mundo. Eles perderam parte dessa vantagem com a Grande Depressão, mas recuperaram sua posição após a Segunda Guerra Mundial, a tal ponto que, em certa época, a economia americana era equivalente a metade do poderio econômico de todos os outros países somados.

Esta é uma situação que, na minha opinião, tende a acabar. Em termos demográficos, os Estados Unidos serão relativamente menores, e mesmo hoje respondem por uma parcela menor da capacidade produtiva mundial. Evidentemente, eles ainda controlam grande parte da economia global, tanto em termos políticos como pela hegemonia do modelo americano de negócios e organização empresarial. A despeito disso, duvido muito que os Estados Unidos possam continuar a ser a locomotiva produtiva do mundo, pelo menos da maneira como o foram em grande parte do século XX. O mesmo se deu com a Grã-Bretanha que, em determinado momento de sua história, deixou de ser a principal potência capitalista, pois não era grande o suficiente para manter essa posição. Com a industrialização generalizada de vastas áreas do mundo, a força relativa da economia americana, enquanto sistema produtivo, tenderá a declinar.

O outro fator que explica o século americano foi a hegemonia cultural dos Estados Unidos, em especial na cultura popular. Esta última tem mais possibilidade de se perpetuar, pois foi reforçada pelo papel cada vez mais importante da língua inglesa e pela difusão da informática, cuja língua franca é o inglês e que está bastante concentrada nos Estados Unidos. Portanto, essa hegemonia certamente irá prosseguir.

No entanto, a hegemonia cultural tem seus limites. Basta pensar no domínio exercido pela Itália no campo da música durante os séculos XVII e XVIII. Ele era total, mesmo não estando fundamentado no poderio político, militar ou econômico. Mas também acabou por desaparecer. Outro exemplo foi a hegemonia cultural britânica no século XIX. Praticamente todos os esportes hoje conhecidos no mundo foram inventados e praticados primeiro na Grã-Bretanha. A moda masculina originou-se na Inglaterra. Hoje as pessoas ainda jogam futebol em todas as partes do mundo, e os homens se vestem à maneira inglesa, ainda que a Grã-Bretanha não esteja mais na liderança tanto no futebol como na moda."

HOBSBAWM, Eric. *O novo século*. São Paulo: Companhia das Letras, 2000. p. 54-56.

DISCUTA

1. Quando o autor faz referência ao século americano, está se referindo a qual século? Cite alguns elementos que reforçam essa observação.
2. De acordo com o texto e com os seus conhecimentos, quais razões justificam o declínio dessa hegemonia?
3. Qual é o motivo que faz o autor acreditar que a hegemonia cultural deverá permanecer por um longo período?

O CONTEXTO DA NOVA ORDEM MUNDIAL

A partir dos anos 1990, com o fim da Guerra Fria, diversas circunstâncias políticas e econômicas determinaram novas orientações às questões internacionais e às relações entre os países: a queda do socialismo; o fim da União Soviética; o processo de democratização dos países da Europa Oriental; a reunificação da Alemanha; os conflitos étnicos responsáveis por guerras civis e reconfigurações territoriais; e o vigoroso crescimento da China[13].

Nesse contexto, apesar da supremacia estadunidense, circunstâncias econômicas ocasionadas pela grande crise mundial iniciada em 2007 e ações e intervenções políticas desastrosas de combate ao terrorismo não legitimaram a almejada liderança absoluta pretendida pelos Estados Unidos. Atualmente, outros atores (China, União Europeia – liderada pela Alemanha –, Japão e Rússia) também conquistaram maior poder de decisão nas questões políticas e econômicas internacionais, configurando um mundo **multipolar**.

Multipolaridade
no contexto geopolítico mundial, caracteriza a situação em que o poder das decisões internacionais é dividido por um número mais amplo de países.

A ASCENSÃO JAPONESA E ALEMÃ

Durante a Guerra Fria, liderada pelos Estados Unidos e pela União Soviética, outros países direcionaram seus investimentos e seu desenvolvimento tecnológico principalmente às atividades econômicas. Conquistaram, assim, fatias expressivas no mercado internacional e obtiveram ganhos de produtividade superiores aos dos Estados Unidos. Os que tiveram maior crescimento, na segunda metade do século XX, foram justamente os dois grandes derrotados na Segunda Guerra Mundial: o Japão e a ex-Alemanha[14].

No início da década de 1950, o **Produto Nacional Bruto (PNB)** dos Estados Unidos era superior ao do conjunto de países da Europa Ocidental e do Japão. Durante a Guerra Fria, a Alemanha e o Japão atingiram taxas de crescimento superiores às taxas da economia estadunidense.

Produto Nacional Bruto (PNB)
corresponde ao valor total da produção de mercadorias e serviços gerados num país durante um ano, incluindo as rendas geradas dentro e fora do país.

O Japão foi beneficiado pela ajuda econômica para a reconstrução do pós-guerra, denominado **Plano Colombo**, e pela Guerra da Coreia, que criou um mercado de abastecimento de produtos e serviços às bases estadunidenses: fornecimento de uniformes, alimentos, reparos de equipamentos e outros. A partir da década de 1970, adotou uma estratégia agressiva no cenário econômico mundial que consolidou sua hegemonia na região do Pacífico, especialmente no Sudeste Asiático, e abriu caminho para ampliar sua agenda comercial com os Estados Unidos. Acreditava-se que o Japão, em pouco tempo, seria capaz de superar o poder econômico estadunidense, no entanto, a partir do início da década de 1990, diminuiu substancialmente suas taxas de crescimento e foi superado pela economia chinesa em 2010: passou da segunda à terceira posição na economia mundial. Com o fim da Guerra Fria, o país adotou uma nova postura internacional e engajou-se em operações de paz promovidas pelas Nações Unidas, enviando tropas ao Iraque em 2004. Atualmente, postula assento permanente no Conselho de Segurança da ONU, apesar da oposição chinesa. Nesse novo contexto, ampliou seu orçamento para fins militares. Em 2011, possuía o sexto orçamento militar do mundo.

13 Nos últimos 30 anos, a China vem registrando maiores ganhos de produtividade e crescimento. Veja a seguir o item "China: novo protagonista no cenário mundial".

14 Trata-se aqui da Alemanha Ocidental ou República Federal da Alemanha.

A Alemanha foi beneficiada pelo Plano Marshall[15] e pelo sucesso do Mercado Comum Europeu, atual União Europeia[16]. Em 1990, com a reunificação, o país reafirmou-se como a maior potência da Europa, restabeleceu e fortaleceu suas relações com os países que formavam o bloco socialista do Leste Europeu, por meio da expansão das empresas alemãs e da ampliação dos intercâmbios comerciais e financeiros. Apesar dos elevados custos da reunificação – cerca de um trilhão de dólares –, a economia alemã acabou beneficiada pela ampliação do mercado consumidor e pela ampliação das suas relações econômicas internacionais.

YANNIS KONTOS/SYGMA/CORBIS/LATINSTOCK

Tropas alemãs da Otan entram na cidade de Prizren (Kosovo), em junho de 1999, saudadas por kosovares.

No final da década de 1990, a Alemanha se envolveu no conflito dos Bálcãs[17]. Antecipou-se no reconhecimento da independência da Eslovênia e da Croácia e se envolveu pela primeira vez em um conflito armado desde a Segunda Guerra Mundial, ao colocar suas tropas, sob o comando da Otan, em combate contra a Sérvia. Em outra iniciativa militar externa, participou das tropas internacionais que atuaram no Afeganistão. Essas ações militares no cenário internacional, embora tímidas, estão associadas à intenção do país em tornar-se membro permanente do Conselho de Segurança da ONU. Em 2012, a Alemanha possuía o nono orçamento militar e era o terceiro exportador de armas do planeta.

Apesar da retomada das ações militares da Alemanha e do Japão, e do peso desses países no conjunto da economia mundial, suas forças militares são reduzidas se comparadas às das potências militares, como Estados Unidos e Rússia, e também em relação a França, Inglaterra e China. Por não possuírem ou desenvolverem armas de destruição em massa, têm fraco poder de dissuasão.

Observe a tabela com os países que detêm os maiores arsenais nucleares.

De acordo com o Stockholm International Peace Research Institute (SIPRI), no início de 2013, existiam aproximadamente 4.400 armas nucleares disponíveis para operação e cerca de 2.000 em estado de alerta, isto é, prontas para serem acionadas a qualquer momento. Quando contabilizadas todas as ogivas nucleares dos Estados Unidos, da Rússia, do Reino Unido, da França, da China, da Índia, do Paquistão e de Israel, totalizavam aproximadamente 17.270 armas nucleares.

Forças nucleares no mundo – 2013*

País	Ogivas disponíveis para operação	Outras ogivas	Total inventariado
Estados Unidos	2.150	5.500	~7.700
Rússia	1.800	6.700	8.500
Reino Unido	160	65	225
França	~290	~10	~300
China	...	~250	~250
Índia	...	90-110	90-110
Paquistão	...	100-120	100-120
Israel	...	~80	~80
Coreia do Norte	...	...	6-8 ?
Total	~4.400	~12.865	~17.270

* Todos os dados são aproximados (~) e correspondem a janeiro de 2013.

Fonte: SIPRI. *Sipri yearbook 2013*. Disponível em: <www.sipri.org/yearbook/2013>. Acesso em: set. 2013.

15 Sobre o assunto, consulte o Capítulo 16.
16 Sobre o assunto, consulte o Capítulo 20.
17 O conflito nos Bálcãs refere-se às lutas ocorridas na ex-Iugoslávia. O tema é trabalhado no Capítulo 30.

CHINA: NOVO PROTAGONISTA NO CENÁRIO MUNDIAL

Um dos acontecimentos mais importantes das últimas décadas foi o surgimento de mais uma potência na Ásia: a China. Esse país é a segunda economia do mundo, faz parte do Conselho de Segurança da ONU, dispõe do segundo orçamento militar do planeta e faz parte do seleto clube nuclear com mais de 200 armas disponíveis. Tem uma importante rede de satélites e o maior número de usuários da internet. Abriga, ainda, a maior população do globo – mais de 1,3 bilhão de habitantes[18] –, o que lhe garante grande potencial de mercado e abriga o maior efetivo de força armada do mundo – cerca de 2,3 milhões de pessoas[19]. Com esses superlativos e a presença hegemônica no comércio internacional – como maior exportadora mundial de mercadorias[20] –, a China é vista como o país capaz de romper a supremacia estadunidense no século XXI.

No entanto, a China tem pendências em diversas questões internas para assegurar a manutenção de sua unidade territorial: movimentos pela independência nas regiões autônomas do Tibet, da Mongólia Interior e de Xinjiang-Uigur. Acumula, também, questões geopolíticas ao redor do seu território, cujas pendências externas mais imediatas relacionam-se à disputa do controle do Mar da China Meridional com os países vizinhos e à luta pela reincorporação de Taiwan.

As Ilhas Spratly, um conjunto de mais de cem formações de corais no Mar da China Meridional, são reivindicadas por seis países que ali mantêm bases militares: China, Vietnã, Filipinas, Brunei, Taiwan e Malásia. As Ilhas Paracel, um pouco mais ao norte, são reivindicadas por Taiwan e Vietnã. Esses arquipélagos estão no meio da rota de grande circulação de navios mercantes – por onde passa metade do comércio mundial realizado por via marítima – e abrigam reservas de gás e petróleo.

A pretensão da China de reincorporar Taiwan ao restante do país é ponto de grande tensão. Importante polo econômico asiático, Taiwan separou-se da China em 1949 e pretende seguir independente, no que conta com o apoio dos Estados Unidos.

Outra questão tem agravado recentemente as tensas relações entre China e Japão no Mar da China Oriental: as Ilhas Senkaku (ou Diaoyu, nome dado pelos japoneses).

A aspiração chinesa para controlar as ilhas situadas nos mares ao seu redor, em locais tão longe das suas terras no continente, é motivo de conflito permanente entre os países da região e pode repercutir em outros países do mundo, dada a importância dessa rota comercial.

China: disputas territoriais – 2012

Fonte: elaborado com base em *Financial Times*, 10 nov. 2010. Disponível em: <www.ft.com>. Acesso em: mar. 2013; *Putzger Historischer Weltatlas*. Berlim: Cornelsen Verlag, 2011. p. 230, 232.

18 De acordo com projeções do Population Reference Bureau: 2012, World Population Data Sheet.
19 Dados de 2012 do International Institute for Strategic Studies.
20 Organização Mundial do Comércio. International Trade Statistics, 2012. Disponível em: <www.wto.org>. Acesso em: set. 2013.

China e relações internacionais

Em 1996, a China patrocinou a formação da Organização de Cooperação de Shangai (ou Pacto de Shangai) com o objetivo de reforçar a cooperação econômica entre os países-membros e combater o tráfico de drogas, o terrorismo e o separatismo. O Pacto de Shangai delineia a possibilidade de formação de uma organização militar ampla de defesa e de segurança multinacional, capaz de contrabalançar a influência da Otan e dos Estados Unidos na Ásia Central e manter os Estados Unidos e os países europeus longe do controle de recursos como o petróleo e outros minérios da Ásia Central e do Irã. A organização conta ainda com países observadores (sem direito a voto ou interferência nas decisões políticas) e parceiros de diálogo (países que compartilham valores semelhantes aos dos países-membros).

Organização de Cooperação de Shangai – Final da década de 2000

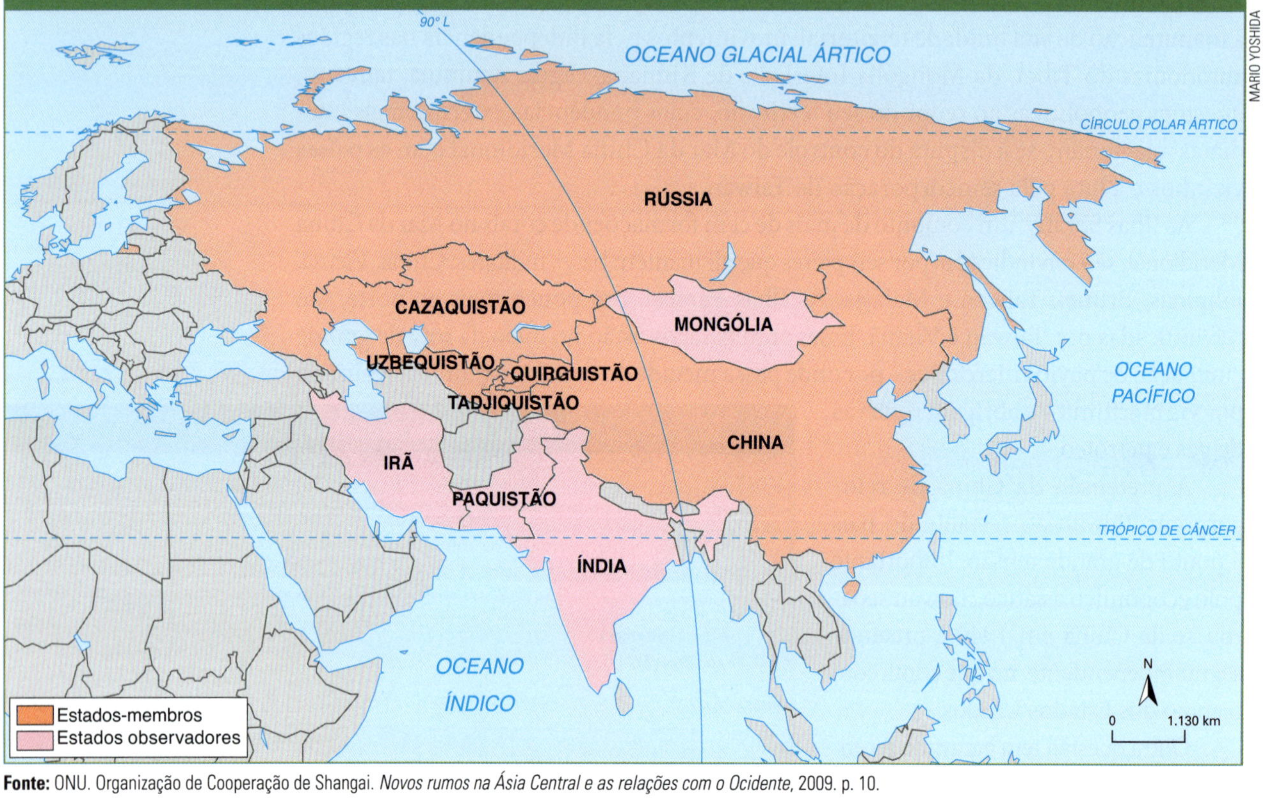

Fonte: ONU. Organização de Cooperação de Shangai. *Novos rumos na Ásia Central e as relações com o Ocidente*, 2009. p. 10.

Nas últimas décadas, as relações da China com o resto do mundo ampliaram-se. Os chineses estreitaram os laços econômicos e políticos com diversos países, tanto com os que absorvem suas exportações como com aqueles de quem importam energia e matérias-primas.

O país estreitou laços com o Irã, mantendo investimentos na área de exploração de gás natural. Faz, assim, percurso inverso ao dos Estados Unidos, que romperam relações diplomáticas com o Irã desde 1980, e ao da União Europeia, que defende na ONU a manutenção de sanções econômicas ao país e impôs o embargo unilateral à compra de petróleo iraniano, devido ao seu programa nuclear.

A China é, também, a principal aliada da Coreia do Norte, embora faça parte do grupo de nações que negociam a desnuclearização desse país.

Ao lado da Rússia, tem feito oposição aos demais países do Conselho de Segurança da ONU em relação às questões que envolvem o Oriente Médio e os países árabes e, mais recentemente, ao conjunto de transformações que ficou conhecido como **Primavera Árabe** (veja a *Leitura Complementar*: "Primavera inacabada", na página seguinte); à guerra civil na Síria, iniciada no ano de 2012; e também às operações militares dos Estados Unidos, França e Reino Unido, em apoio ao exército rebelde, que levaram à deposição do governo da Líbia em 2011. Esses episódios registraram a coesão entre os dois principais países da Organização de Cooperação de Shangai e a contestação a qualquer tentativa de supremacia absoluta dos Estados Unidos.

A China é o maior importador de petróleo do Sudão e apoia abertamente o governo desse país, responsável pelo massacre de mais de 300 mil pessoas na região de **Darfur** e cujo presidente teve mandado de prisão expedido em 2009 pelo **Tribunal Penal Internacional (TPI)**.

Outros países da África recebem atenção especial na agenda internacional chinesa, particularmente Angola[21]. A presença da China na África inclui a compra de imensas áreas de solos férteis em diversos países por empresas chinesas do setor de alimentos. O objetivo é assegurar o abastecimento de milhões de chineses que migraram nas últimas décadas para as áreas urbanas. A FAO (Organização das Nações Unidas para Agricultura e Alimentação) tem alertado os governos africanos sobre o risco de um novo tipo de colonialismo no continente, devido à perda de soberania dos países sobre grande extensão de suas melhores terras.

Os países da África exportam petróleo, ferro, cobre e algodão e atraíram investimentos de várias empresas chinesas, principalmente a PetroChina[22], hoje uma das maiores empresas do mundo. A China, além de ampliar suas exportações para o continente, tem realizado investimentos em meios de transporte, usinas de energia e sistemas de telecomunicações, exercendo forte influência sobre as decisões dos governos nos países em que atua.

Darfur
é a região mais a oeste do Sudão, um dos maiores países da África. O conflito opõe os janjawid, milicianos muçulmanos, aos povos não árabes. O governo sudanês de Omar al-Bashir é acusado de apoiar militarmente os janjawid, de realizar ataques conjuntos e de promover genocídio e limpeza étnica.

Tribunal Penal Internacional (TPI)
foi criado em 2002 pela Assembleia Geral da ONU. Tem o objetivo de conter os crimes contra a humanidade, como genocídios e crimes de guerra, e julgar os responsáveis. Estados Unidos, China e Rússia não assinaram o tratado responsável pela sua criação.

OLIVER LABAN-MATTEI/AFP

Acampamento de refugiados de Darfur em Chade, 2007. Interesses econômicos fazem com que grandes potências, como a China, tolerem o massacre no Sudão.

21 São importantes fornecedores de matérias-primas para a China: Angola, Zimbábue, República Democrática do Congo, Gabão, Nigéria, Sudão, Líbia e África do Sul.

22 China National Petroleum.

LEITURA COMPLEMENTAR

Primavera inacabada

A Primavera Árabe caracterizou-se por uma série de movimentos contra o autoritarismo dos Estados árabes. Tais movimentos reivindicavam inicialmente democracia e melhores oportunidades sociais e econômicas. Embora grupos nacionalistas e islâmicos organizados acabassem por assumir posição de liderança nessas manifestações, o processo foi desencadeado por mobilizações populares, encabeçadas, muitas vezes, por jovens descontentes com a falta de perspectiva. Estes últimos foram responsáveis por levar milhares de pessoas às ruas, usando redes sociais e SMS para organizar os protestos e as manifestações. Essas manifestações revelavam o profundo descontentamento da população com os Estados ditatoriais, a corrupção, o desemprego, a falta de eleições livres e de liberdade de expressão.

Em dezembro de 2010, Mohammed Bouazizi, um vendedor ambulante tunisiano, pôs-se em chamas em protesto contra o confisco de suas mercadorias por agentes do governo. Esse ato de autoimolação provocou manifestações populares e forçou o presidente Zein al-Abedin Ben Ali a abandonar o país. Essa vigorosa chama de descontentamento propagou-se como incêndio para outros países árabes. Em janeiro de 2011, os protestos atingiram a Jordânia e o Egito, neste último, derrubando o presidente Hosni Mubarak. Há 30 anos no poder, Hosni Mubarak acabou preso, julgado e condenado à prisão perpétua. Em 15 de fevereiro de 2011, milhares de líbios protestaram contra a prisão, em Benghazi, do advogado de direitos humanos Fathi Terbii. A repressão do governo líbio ocasionou uma rebelião armada, com apoio de tropas internacionais, contra o governo de Muammar al-Gaddafi, que acabou derrubado, capturado e morto.

Ainda em fevereiro de 2011, manifestações antigoverno foram organizadas no Bahrein e no Iêmen. No Iêmen levaram à saída negociada do presidente Ali Abdullah Saleh.

Em março de 2011, forças de segurança sírias abriram fogo contra as pessoas que discutiam a prisão de alunos que escreveram *slogans* contra o regime nas paredes de suas escolas, em uma mesquita no sul do país. A revolta contra esse massacre desencadeou uma série de manifestações antigoverno e transformou-se numa guerra civil, em que os grupos rebeldes de oposição lutavam para depor o presidente Bashar al-Assad. Até meados de 2013, o conflito na Síria desalojou cerca de 7 milhões de sírios, sendo cerca de 5 milhões dentro do próprio país e 2 milhões em outros países (a população total do país é de 23 milhões de habitantes). O número de mortos até agosto de 2013 era de 110 mil.

Esse conjunto de movimentos acenou possibilidades de mudanças nos países árabes e colocou, em diversos momentos, as grandes potências mundiais em rota de colisão, demonstrando seus conflitos de interesses no norte da África e no Oriente Médio. No entanto, poucos acreditam que ocorra uma alteração imediata de rumo no mundo árabe. Conflitos religiosos, políticos e sociais deverão ainda permanecer por muito tempo; um longo caminho ainda deverá ser percorrido para que novos governos na região sejam mais democráticos, liberais ou humanitários.

- Transcreva um trecho do texto que justifique o seu título.

ANDREY STENIN/RIA NOVOSTI/AFP

Manifestantes comemoram a renúncia do presidente egípcio Hosni Mubarak, na Praça Tahrir, no Cairo (Egito), 2011.

A RÚSSIA NA NOVA ORDEM GEOPOLÍTICA

Com o colapso da União Soviética, as transformações na ordem mundial e, a partir da década de 1990, o fim da Guerra Fria, a Rússia passou a participar de uma nova agenda internacional tanto no campo político como no militar. Atualmente, o país busca maior participação no contexto internacional e afirmar-se como potência.

Apesar de enfrentar uma etapa difícil de transição da economia centralmente planejada para uma economia de mercado – capitalista –, às voltas com crises econômico-financeiras, aumento da pobreza e da corrupção, concentração de renda e guerras separatistas, em finais da década de 1990, a Rússia passou a integrar o **G8**. A Rússia é a segunda potência nuclear do planeta, e seu imenso território dispõe de grandes reservas minerais, entre elas petróleo e gás natural. É responsável pelo fornecimento de cerca de 40% do gás natural que abastece a Europa. Como os europeus dependem da Rússia para obter gás natural, fonte energética fundamental tanto para o seu desenvolvimento como para boa parte do sistema de calefação de diversos países, essa condição os torna vulneráveis nas suas relações com os russos.

G8
grupo formado por sete países que estão entre os mais ricos do planeta (Estados Unidos, Japão, Alemanha, França, Reino Unido, Itália e Canadá) e a Rússia, que tem PIB bem menor que os demais, mas, do ponto de vista político-militar, divide com os Estados Unidos a condição de maior potência nuclear da Terra.

A Rússia mantém relações de cooperação com o Irã – país importante no contexto geopolítico do Oriente Médio – para a construção de reatores nucleares, acordos militares com a Índia e, desde julho de 2001, quando assinou um acordo de amizade, tem estreitado suas relações políticas com a China.

Em maio de 2002, com a criação do **Conselho Otan-Rússia**, o país passou a participar das discussões da Otan ao lado dos países-membros em assuntos de interesse mútuo, como a definição de estratégias político-militares a serem aplicadas no controle da proliferação de armas nucleares e no combate ao terrorismo.

DICA
FILME
O senhor das armas
EUA, 2005. Direção: Andrew Niccol. Duração: 122 min.
Um traficante de armas precisa driblar a lei e seus concorrentes (alguns chefes de Estado, inclusive) para dar continuidade a seus negócios.

A Rússia também acertou com os Estados Unidos acordos para a redução de armas nucleares estratégicas. No entanto, mesmo com os cortes, ambos os países ainda dispõem de armamento nuclear capaz de destruir o planeta.

A criação do Conselho Otan-Rússia ocorreu após o aval russo à intervenção armada estadunidense no Afeganistão, em 2001. Essa intervenção foi considerada o primeiro embate dos Estados Unidos com base nos princípios que seriam consolidados posteriormente na Doutrina Bush (da qual trataremos à frente) e foi justificada pela necessidade de combater o terrorismo internacional. Em contrapartida, a Rússia não foi reprovada pela violenta repressão empreendida ao movimento separatista na Chechênia[23], uma república islâmica que faz parte da Federação Russa.

A Rússia, no entanto, é contra qualquer ação no Irã e na Coreia do Norte. Esses países, em especial o Irã, são tradicionais aliados dos russos, com os quais mantêm acordos de cooperação econômica e científica. Em 2003, na guerra anglo-americana contra o Iraque, a Rússia também se posicionou contra a intervenção militar no país, não sendo conivente com os avanços da política intervencionista dos Estados Unidos. Posição semelhante foi adotada na Líbia e na Síria.

Em 2008, tropas russas entraram em conflito com a Geórgia ao apoiar a luta pela independência da Ossétia do Sul e da Abcásia, repúblicas autônomas controladas pelo Estado georgiano[24]. A Geórgia é, entre as ex-repúblicas socialistas, a que mais se aproximou dos Estados Unidos e é candidata a integrar a Otan (veja imagem na página seguinte).

23 Esse tema será tratado no Capítulo 30.
24 Os conflitos étnico-nacionalistas no Cáucaso e a separação da Ossétia do Sul e da Abcásia serão estudados no Capítulo 30.

NATALIA KOLESNIKOVA/AFP

Durante o conflito com a Geórgia, o governo de Moscou sinalizou ao mundo a intenção de usar sua capacidade militar para defender suas áreas de interesse. A expansão da Otan próximo à fronteira russa determinou a adoção de políticas de rearmamento do país. Na imagem, demonstração do exército russo em Moscou, 2009.

No mesmo ano, outra questão confrontou a Rússia e os Estados Unidos: a intenção do governo estadunidense de construir um sistema de defesa antimísseis na Polônia apoiado por um sistema de radares na República Tcheca. Apesar de os Estados Unidos sustentarem que o sistema estaria voltado ao bloqueio de uma suposta ameaça de ataque dos mísseis do Irã ao continente europeu, a Rússia via o projeto como uma ameaça à sua segurança e como uma forma de neutralizar seu poder de fogo. Depois de advertências russas e negociações com o governo de Barack Obama, os Estados Unidos proclamaram, em 2009, a desistência do escudo antimísseis e a reformulação dos planos de defesa para o país.

Em 2012, a Rússia formalizou a sua entrada na OMC na tentativa de aumentar o intercâmbio comercial e atrair investimentos produtivos e financeiros ao país.

A SUPREMACIA ESTADUNIDENSE

Os Estados Unidos são responsáveis por cerca de 22% de toda a produção de bens e geração de serviços no mundo, ou seja, um quinto do PIB mundial (15,68 trilhões de dólares em 2011), número um pouco inferior à soma do PIB dos outros três países mais ricos do mundo (Japão, China e Alemanha).

Produto Interno Bruto – 2012 e 2011 (em trilhões de dólares)

País	2012	2011
Estados Unidos	15,68	15,09
China	8,23	7,29
Japão	5,96	5,86
Alemanha	3,39	3,57
França	2,61	2,77
Reino Unido	2,43	2,43
Brasil	2,25	2,47
Itália	2,01	2,19
Rússia	2,01	1,85
Índia	1,84	1,84
Canadá	1,82	1,73
Austrália	1,52	1,37
Espanha	1,35	1,49
Mundo	71,66	69,97

Fonte: BANCO MUNDIAL. Disponível em: <datos.bancomundial.org>. Acesso em: set. 2013.

Em maio de 2013, quatro das dez maiores empresas do mundo eram estadunidenses. Com cerca de 4,5% da população do planeta, os estadunidenses consomem 18,5%[25] da **energia primária** produzida no mundo, considerando todas as fontes energéticas. Eles respondem também por cerca de 12%[26] das importações mundiais de mercadorias.

Vários países, inclusive alguns desenvolvidos, têm forte dependência dos Estados Unidos, em termos de comércio exterior. O Japão, por exemplo, a terceira maior economia do mundo, realiza 15% das suas exportações de mercadorias para o mercado estadunidense. É também para os Estados Unidos que são encaminhados 17% das exportações chinesas, a segunda economia do mundo.

Os Estados Unidos ainda exercem a supremacia econômica, apesar de hoje contrabalançada por centros econômicos como a União Europeia, o Japão e os países do **BRICS**[27], e possivelmente superada pela economia chinesa na próxima década. A preponderância estadunidense é muito maior quando se considera também o aspecto político-militar.

25 Dados da BP Statistical Review of World Energy, set. 2012.
26 OMC. International Trade Statistics, 2012. Disponível em: <www.wto.org>. Acesso em: set. 2013.
27 Sobre o BRICS, veja os Capítulos 19 e 21.

O país atingiu posição privilegiada em termos de capacidade bélica e tecnologia militar. O orçamento militar anual dos Estados Unidos é superior ao dos dez países que mantêm os maiores gastos militares do mundo.

Os Estados Unidos destacam-se, ainda, pelo uso de satélites artificiais e radares, poderosa frota de porta-aviões (cada qual com poder de ataque superior ao da maior parte dos exércitos do planeta), submarinos nucleares e bem equipada força aérea, que inclui aviões não detectáveis por radar e aviões não tripulados controlados por computadores (*drones*)[28]. Os *drones* permitem que seus "pilotos" trabalhem em total segurança, no caso de guerras, longe do palco de batalhas e sem contato com os massacres.

A supremacia estadunidense é manifestada também nas decisões tomadas pela ONU, que raramente se opõe a posições estadunidenses, e nos organismos internacionais, como o FMI e o Banco Mundial, em que o voto dos Estados Unidos tem peso decisivo em suas resoluções.

Energia primária
corresponde a todas as fontes disponíveis na natureza que ainda não sofreram transformação (petróleo, carvão, gás, recursos hídricos etc.)

BRICS
termo criado pelo economista Jim O'Neill, para se referir aos quatro principais países emergentes do mundo: Brasil, Rússia, Índia e China. Em 2011, a África do Sul passou a fazer parte do grupo. De acordo com alguns analistas, os quatro primeiros países do grupo serão a locomotiva da economia mundial no decorrer do século XXI.

Glossários da página anterior.

Drones militares

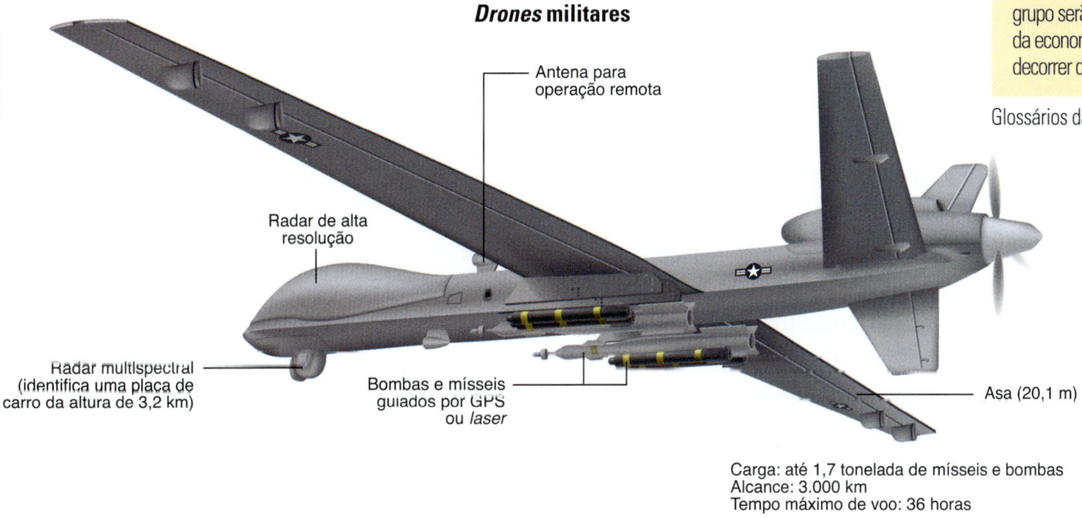

Fonte: Are drones creating a new global arms race? *Tea Party Tribune*, 9 jan. 2012. Disponível em: <www.teapartytribune.com>. Acesso em: jan. 2014.

Apesar da supremacia dos Estados Unidos, não se pode considerar o desenvolvimento estadunidense – ou seja, o modo de vida de sua população e a maneira como atingiram tão amplo poder político internacional – um modelo a ser seguido. O país gasta sozinho aproximadamente 20% de tudo o que o mundo consome, gerando grande quantidade de lixo e poluentes.

A história da política externa estadunidense tampouco é uma referência positiva. É marcada por invasões, guerras e deposição de governos em diversos países. Essa liderança geopolítica, que em diversos momentos dispensou a diplomacia, implica vultosos gastos em pesquisa, produção de armamentos e manutenção de forças militares.

A política externa estadunidense e a geopolítica mundial

Do ponto de vista geopolítico, a ordem mundial inaugurada após a Guerra Fria apontava para uma possível unilateralidade das ações dos Estados Unidos, respaldados por sua incontestável supremacia militar. O país iniciou o século XXI como

28 Os *drones* têm sido desenvolvidos e usados também por outros países do mundo.

superpotência absoluta cuja hegemonia indicava a construção de uma nova ordem mundial apoiada na unipolaridade. Um mundo dominado pela ***pax americana***, estruturada em um poder unilateral que permitiria liberdade de ações, sem consenso na construção de posições.

Desde então, a política externa estadunidense foi marcada pelo unilateralismo. Os Estados Unidos tomaram medidas que, independentemente das posições e necessidades de outros países, visavam atender a seus interesses e manter sua supremacia.

Podemos citar como exemplo:

- recusaram-se a ratificar o Protocolo de Kyoto, por considerar que ele restringiria seu desenvolvimento econômico;
- não assinaram os termos para a criação do Tribunal Penal Internacional;
- aumentaram o protecionismo comercial de alguns produtos agrícolas e industriais, prejudicando as exportações de vários países, inclusive do Brasil;
- lançaram uma ofensiva militar contra o Iraque, junto com o Reino Unido, sem a aprovação da ONU, para derrubar o governo de Saddam Hussein.

Ocupações e intervenções no século XXI

Os Estados Unidos reagiram ao atentado terrorista de **11 de setembro de 2001** invadindo o Afeganistão. Em outubro daquele ano, atacaram o país com o pretexto de eliminar terroristas lá instalados, principalmente Osama Bin Laden, líder do grupo **fundamentalista** islâmico Al Qaeda, acusado de ter planejado o ataque. Depois de derrubar o governo afegão, liderado por religiosos islâmicos radicais ligados ao **Talibã**, ocuparam o país.

11 de setembro de 2001
Nesta data, dois aviões derrubaram as torres gêmeas do World Trade Center (Nova York), símbolos marcantes do poder econômico estadunidense, e outro avião atingiu o Pentágono (Washington), centro de decisões políticas e de defesa dos Estados Unidos. A Al Qaeda, liderada pelo saudita Osama Bin Laden, foi responsabilizada pelos atentados.

Talibã
grupo islâmico radical cuja origem está no contexto da invasão soviética, em 1979, ao Afeganistão, contra a qual lutavam guerrilhas patrocinadas pelos Estados Unidos. Com a retirada soviética, grupos rivais lutaram pelo controle do Afeganistão, tendo o Talibã chegado ao poder em 1998.
Antes da invasão estadunidense, em 2001, esse grupo chegou a controlar a maior parte do país, opondo-se fortemente às influências do Ocidente.

No entanto, no caso da guerra contra o Iraque, em 2003, não havia nenhuma evidência de que o país constituísse uma ameaça aos Estados Unidos ou a qualquer outro país do Oriente Médio. As alegações de que o governo iraquiano estava ligado à Al Qaeda, financiava grupos terroristas e tinha em seu arsenal militar armas de destruição em massa foram reconhecidas, posteriormente, como falsas pelo próprio governo estadunidense.

As intervenções militares no Afeganistão e no Iraque foram alicerçadas por uma nova política, que justifica a ação dos Estados Unidos, independentemente da aprovação da ONU: a doutrina da "**guerra preventiva**" (Doutrina Bush, veja página a seguir). Para muitos analistas, o ataque de 11 de Setembro criou condições favoráveis e serviu de pretexto para que os Estados Unidos atuassem no mundo de acordo com seus próprios interesses econômicos, impondo sua presença e domínio a regiões estratégicas do planeta.

Além das ofensivas militares no Afeganistão e no Iraque, outras reações do governo dos Estados Unidos aos atentados terroristas provocaram mudanças internas e externas com o estabelecimento da Doutrina Bush (veja página a seguir).

No plano interno, o Congresso dos Estados Unidos aprovou a **Lei Patriota** (Patriot Act)[29], formada por um conjunto de medidas que restringiram a privacidade e liberdades individuais garantidas pela constituição estadunidense. Essa lei autoriza uma série de medidas que atentam contra os direitos civis, como a permissão para grampear ligações telefônicas, controlar ostensivamente a entrada de pessoas no país e prender estrangeiros suspeitos de ligações com grupos terroristas, por tempo indeterminado.

29 Essa lei foi aprovada em outubro de 2001, um mês após os atentados de 11 de setembro.

Na tentativa de evitar ataques também ocorridos em Madri e Londres, alguns países da Europa Ocidental passaram a controlar com maior rigor o fluxo de imigrantes. Além disso, tornaram-se mais comuns ações que violam os direitos civis individuais, como o uso de câmeras, o rastreamento de mensagens eletrônicas, a escuta de ligações telefônicas etc.

Em 2013, foi desmascarado um amplo esquema de espionagem praticado pela NSA (Agência Nacional de Segurança dos Estados Unidos, na sigla em inglês). Após a revelação do esquema por um colaborador da NSA e ex-funcionário da CIA (Agência Central de Inteligência), em que o governo estadunidense espionou empresas, governos – entre eles o brasileiro – e dados pessoais de milhões de pessoas em todo o mundo, o presidente Barack Obama justificou a espionagem como uma prática necessária para o combate ao terrorismo.

AMARILDO

A Doutrina Bush

Em 2002, com o pretexto de acabar com os ataques terroristas, o governo estadunidense divulgou um documento intitulado "A estratégia de segurança nacional dos Estados Unidos", com determinações para as áreas político-militar e econômica. Em razão do então presidente George W. Bush, o documento ficou conhecido como Doutrina Bush.

Com essa doutrina, os Estados Unidos alteraram os padrões de política externa típicos da Guerra Fria e do final do século XX, baseados na contenção ou na tentativa de dissuadir os adversários. A estratégia militar estabelecida previa a chamada guerra preventiva: ações militares frente às ameaças de grupos terroristas internacionais. Essas ações deveriam atingir os países que possivelmente abrigavam ou apoiavam esses grupos ou desenvolviam armas de destruição em massa.

Além do combate ao terrorismo, a Doutrina Bush procurava consolidar os interesses econômicos dos Estados Unidos. Muitos deles estão associados à garantia do fornecimento de petróleo, matéria-prima e fonte energética fundamental para a economia mundial em geral e, em particular, para a estadunidense. Assim, procuravam intensificar sua influência no Oriente Médio e na Ásia Central, regiões ricas em

DICAS

FILME

Jogo de poder
Emirados Árabes Unidos / EUA, 2010. Direção: Doug Liman, Mat Whitecross. Duração: 108 min.

Agente da CIA do departamento de não proliferação de armas investiga secretamente a eventual existência de armas de destruição em massa no Iraque.

LEITURA

11 de Setembro
Noam Chomsky. Rio de Janeiro: Bertrand Brasil, 2003.

Obra elaborada a partir de uma série de entrevistas concedidas por Noam Chomsky, um dos maiores críticos da política estadunidense, a jornalistas estrangeiros.

DICAS

FILME

A caminho para Guantánamo
Reino Unido, 2006. Direção: Michael Winterbottom, Mat Whitecross. Duração: 95 min

Parte ficção dramatizada, parte documentário, o filme gira em torno do Tipton Three, um trio de muçulmanos britânicos que ficaram presos na Baía de Guantánamo (Cuba) por dois anos até serem libertados sem nenhuma acusação.

SITE

Estado.com
http://topicos.estadao.com.br/geopolítica

Site com reportagens e artigos sobre a geopolítica mundial.

petróleo e gás natural e que concentram muitas reservas inexploradas desses recursos. O Oriente Médio também se sobressai na geopolítica internacional pela sua posição estratégica, ligando a Ásia à África e à Europa.

O fim da Doutrina Bush

O governo de **Barack Obama**, que assumiu o poder em 2009, anunciou o fim da Doutrina Bush e a adoção de medidas baseadas no princípio universal dos direitos humanos e legitimadas pelo direito internacional. Após duas décadas de unilateralismo – desde o final da Guerra Fria – os Estados Unidos terminaram a primeira década do século XXI com dois grandes desafios: solucionar uma crise econômica[30] cuja dimensão só não era maior que a ocorrida em 1929 e resgatar parte do prestígio no cenário internacional, profundamente abalado, principalmente pela adoção de uma política avessa a soluções diplomáticas.

Em 2010, na cidade de Praga, os Estados Unidos formalizaram um acordo com a Rússia para a redução em um terço das ogivas nucleares dos dois países – **Tratado de Redução de Armas Estratégicas** (Start[31]) –, numa tentativa de aproximação diplomática entre os países, abalada durante o governo de George W. Bush.

Apesar de sinalizar mudanças em relação ao governo anterior, Barack Obama manteve algumas políticas na agenda internacional. Mesmo retirando as tropas estadunidenses no Iraque no final de 2011, como havia prometido, manteve o foco da guerra contra o terrorismo e ampliou a presença militar no Afeganistão.

RON HAVIV/VII/CORBIS/LATINSTOCK

Durante os eventos do 10º aniversário dos ataques de 11 de Setembro, um homem carrega uma placa agradecendo o presidente Obama pela morte de Osama Bin Laden. Nova York (Estados Unidos), 11 de setembro de 2011.

O combate ao terrorismo não é uma estratégia exclusiva dos Estados Unidos. Aprovada pelo Conselho de Segurança e pela Assembleia Geral da ONU, foi acatada pela maioria dos Estados e validada pelo governo Obama. O que se questiona são os instrumentos utilizados para a implementação dessa estratégia, justificados pela Doutrina Bush, que servem como pretexto para atender a interesses econômicos e ações de ocupação territorial dos Estados Unidos.

Em maio de 2011, uma operação realizada por uma unidade de elite do Exército Americano matou o líder da rede terrorista Al Qaeda, numa cidade do Paquistão, situada a 100 quilômetros da capital, Islamabad.

Além disso, a prioridade na luta contra o terrorismo, internacionalmente validada, merece uma reflexão. Nesse tipo de combate não ocorre o enfrentamento direto, pois o terrorismo não é visível, não tem endereço e possui ramificações internacionais. Esse combate não mantém compromisso com as leis internacionais nem com qualquer convenção de guerra. Portanto, privilegiar esse tipo de combate e perseguir prováveis inimigos significa colocar o mundo em estado de guerra permanente.

No primeiro ano de mandato, o governo Obama prometeu o fechamento de prisões que os Estados Unidos mantêm em suas bases militares no exterior – entre elas a de Guantánamo, em Cuba – e proibiu o uso de tortura em interrogatórios, prática comprovada durante o governo Bush. No entanto, a prisão na base de Guantánamo permanece em operação. Acenou também para a disponibilidade de conversações

30 O assunto será discutido no Capítulo 19.
31 Em inglês, *Strategic Arms Reduction Treaty.*

com os países considerados, pela Doutrina Bush[32], como financiadores do terrorismo internacional e outros hostis à influência estadunidense. No entanto, essas hostilidades permanecem inalteradas. Além disso, em 2011, validou o prolongamento da Lei Patriota (Patriotic Act), por um período de quatro anos.

A política externa estadunidense atual tenta assegurar a sua supremacia. No entanto, tem sido obrigada a se adaptar à nova realidade geopolítica em que Rússia, China, União Europeia e outras potências mundiais passaram a defender seus interesses no cenário mundial, levando os Estados Unidos a optar por ações que visam um maior multilateralismo. O governo definiu em 2011 que a Ásia seria prioridade de suas ações militares, já que a ascensão chinesa coloca sob pressão a sua hegemonia, e as tensões no Mar da China Meridional são estratégicas para seus interesses comerciais. Mantém a Quarta Frota da Marinha, reativada em 2008, com presença ostensiva no Caribe, na América Central e na América do Sul. Analistas associam a reativação da Quarta Frota à ascensão de governos antiamericanos na América do Sul (Venezuela, Equador e Bolívia) e às descobertas das jazidas de pré-sal[33] em território brasileiro.

O país tem mantido seu poder combinando soluções diplomáticas com ações militares e pressões através de medidas de **sanção e embargo econômicos**. Continuará mantendo a sua hegemonia, embora não absoluta, que só será legítima com o apoio de outras potências.

Sanção e embargo econômico
medida de restrição econômica e comercial (parcial ou total) tomada por um Estado para obrigar um país a adotar providências que interessem ao embargante.

Estados Unidos: um exército além das fronteiras – 2011

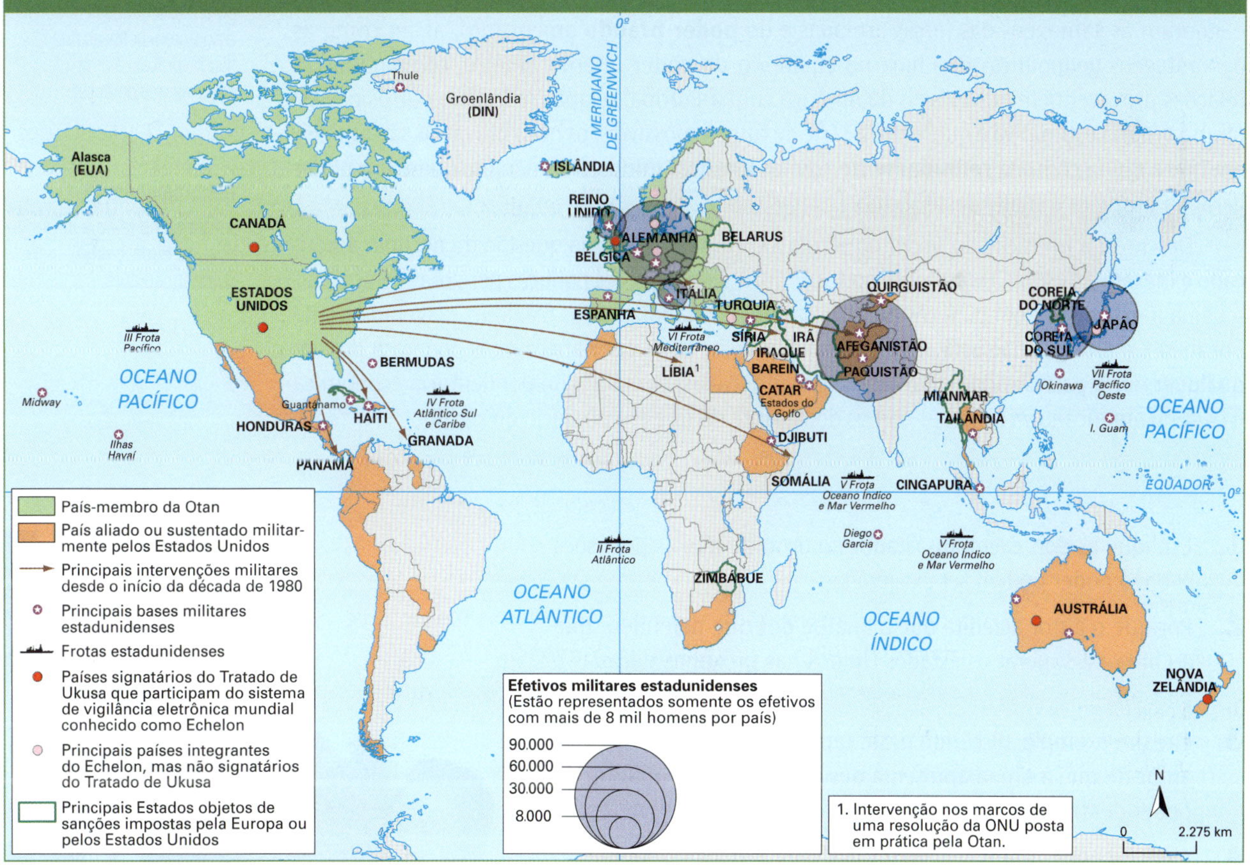

Fonte: *Dossiê Le Monde Diplomatique.* São Paulo: Le Monde Diplomatique Brasil, jul./ago. 2012. p. 46-47.

A extensão das bases militares estadunidenses permite aos Estados Unidos intervirem em qualquer lugar do planeta.

32 No lançamento da Doutrina Bush, três países foram denominados especificamente como "eixo do mal": Irã, Iraque e Coreia do Norte. Eram considerados uma ameaça à segurança internacional.

33 O pré-sal é uma camada situada a alguns quilômetros abaixo do leito do mar. O Brasil anunciou, em 2007, a descoberta de grandes jazidas de petróleo nessa camada de seu litoral (veja Capítulo 24).

PONTO DE VISTA

O futuro do poder

"Qualquer avaliação do poder americano nas próximas décadas encontra várias dificuldades. Como já vimos, muitos esforços anteriores ficaram distante da realidade. É um castigo lembrar como foram terrivelmente exageradas as estimativas americanas sobre o poder soviético na década de 1970 e do poder japonês na década seguinte. Hoje, alguns preveem com segurança que o século XXI verá a China substituir os Estados Unidos como Estado líder do mundo, enquanto outros, com igual segurança, argumentam que 'os Estados Unidos estão apenas no início do seu poder. O século XXI será o século americano'. Mas eventos imprevistos com frequência derrubam projeções. Há uma série de possíveis futuros, não apenas um.

Sobre o poder americano em relação à China, muito vai depender das incertezas da mudança política futura nesse país. Salvo essas incertezas políticas, o tamanho da China e o alto índice de crescimento econômico quase certamente aumentarão sua força relativa diante dos Estados Unidos. Isso vai aproximá-la dos Estados Unidos no que se refere a recursos de poder, mas não necessariamente significa que irá superar os Estados Unidos como o país mais poderoso. Mesmo que a China não sofra nenhum revés político interno importante, muitas projeções atuais, baseadas apenas no crescimento do PIB, são demasiado unidimensionais e ignoram as vantagens das forças armadas e do **poder brando** americanos, assim como as desvantagens geopolíticas da China no equilíbrio de poder interno asiático, comparadas às relações provavelmente favoráveis da América com a Europa, o Japão, a Índia e outros países. Minha própria estimativa é que, entre a série de futuros possíveis, os mais prováveis são aqueles em que a China compita **renhidamente** com os Estados Unidos, mas não os supere em poder geral na primeira metade deste século. [...]

Descrever a transição do poder no século XXI como sendo uma questão do declínio americano é inexato e ilusório. Essa análise pode conduzir a implicações políticas perigosas e encorajar a China a se envolver em políticas aventurosas ou os Estados Unidos reagirem exageradamente por medo. A América não está em declínio e é provável que permaneça mais poderosa do que qualquer outro país isoladamente nas próximas décadas, embora a preponderância econômica e cultural americana vá se tornar menos dominante do que era no início do século."

NYE JR., Joseph S. *O futuro do poder*. São Paulo: Benvirá, 2012. p. 255-257.

Poder brando
ou *soft power* é um conceito desenvolvido pelo autor para descrever a capacidade de atrair, cooptar e fazer alianças em vez de coagir pela força ou usar o poder econômico como meio de persuasão. No texto, refere-se à habilidade de influenciar outras nações a identificar nos interesses dos Estados Unidos os seus próprios interesses. O *hard power* (poder duro), em contraste, é baseado no uso do poderio militar e econômico para forçar outras nações a adotarem políticas que são favoráveis a uma determinada potência.

Renhidamente
refere-se no texto a uma disputa feroz, a uma competição dura.

1. Explique os dois exemplos citados no texto de que as previsões sobre o poder podem ser exageradas.
2. Por que o autor acredita que a análise dos que defendem que a China irá superar os Estados Unidos nas próximas décadas é parcial?
3. Cite um exemplo, discutido neste capítulo, que apoia a ideia do autor de que a China apresenta desvantagens no equilíbrio de poder dentro da própria Ásia.
4. Além do poder brando, o autor menciona, em algum momento do texto, o poder duro (*hard power*) dos Estados Unidos?

PAUL J. RICHARDS/AFP

Hu Jintao (à esquerda) e Barack Obama, presidentes da China e dos Estados Unidos, respectivamente, em Washington D.C. (Estados Unidos), 2011.

[COMPREENSÃO E ANÁLISE]

1. Na atual ordem geopolítica mundial, dois países, entre as grandes forças econômicas mundiais, retomaram investimentos em armamentos e, após o fim da Segunda Guerra, participaram pela primeira vez de ações militares sob o comando da Otan. Dê o nome desses países e descreva sua relevância no contexto mundial.

2. Leia o texto e resolva as questões.

China: uma superpotência?

"[...] se o modelo chinês foi bem-sucedido em conduzir o país da quase insignificância para o patamar de grande potência, agora o desafio é qualitativamente diferente: de grande potência para superpotência. Isso significa ir além de crescer, reproduzir tecnologias existentes e ter um grande peso econômico e político. É preciso ser capaz de criar e difundir tecnologia de ponta, ser aceito como modelo e liderança e projetar seu poder político e militar em qualquer parte do mundo de acordo com suas necessidades."

COSTA, Antonio Luiz M. C. *Carta na escola*, p. 41. Edição nº 42, dez. 2008 a jan. 2010.

a) Apresente dados e informações que demonstrem a importância da China no cenário internacional.

b) Discuta as relações da China com o continente africano.

c) Comente a importância da Organização de Cooperação de Shangai no contexto geopolítico atual.

3. Apesar da criação do Conselho Otan-Rússia em 2002, a Rússia mantém uma relação conflitante com a Otan. Relacione os motivos dessa situação com base na observação do mapa da página 246, "Organização do Tratado do Atlântico Norte – 2013", Capítulo 16.

4. Compare a situação da Rússia no contexto geopolítico do final da década de 1990 e da atualidade.

5. Contextualize a charge e comente a sua mensagem.

THE CHRISTIAN SCIENCE PUBLISHING SOCIETY

Na charge de Clay Bennett, lê-se: *In case of emergency* (em caso de emergência), *Bill of rights* (carta de direitos) *Patriot Act* (Lei Patriota).

6. Leia a manchete abaixo.

FOLHA DE S.PAULO

Doutrina americana diz que país deve ser forte o suficiente para dissuadir adversários de tentar igualar poderio bélico

Bush quer EUA sem rival militar

FOLHAPRESS

a) A que doutrina estadunidense a manchete faz referência?

b) A palavra "doutrina" refere-se a um conjunto de princípios que servem de base a um sistema, seja ele científico, filosófico, religioso ou político. Pensando nesse significado, explique o uso dessa palavra no conjunto de medidas adotadas em 2001 pelo então presidente estadunidense George Bush. Depois, defina os princípios fundamentais dessa doutrina.

7. Discuta a atuação internacional dos Estados Unidos no cenário atual.

8. O mapa representa uma importante aliança militar atual. Analise-o e responda às questões.

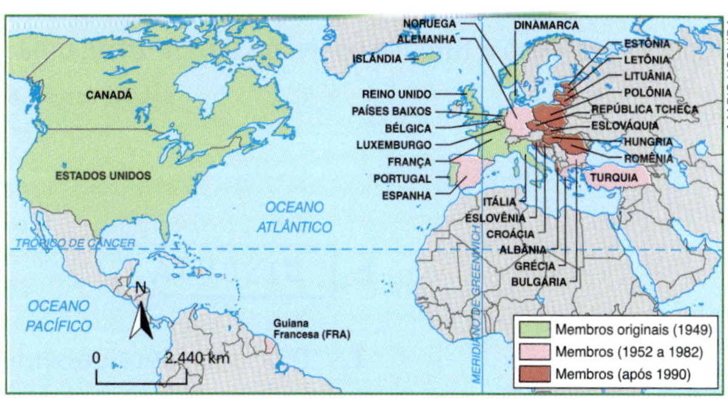

MARIO YOSHIDA

Fonte: *History year by year.* Londres: Dorling Kindersley, 2011. p. 443.

a) Qual o melhor título do mapa?

b) Em que contexto e objetivo essa organização foi criada?

c) Quais foram os 12 últimos países a ingressar nessa organização e quais circunstâncias permitiram a integração desses novos membros?

CAPÍTULO 18

O BRASIL NO SÉCULO XXI E A REGIONALIZAÇÃO DO TERRITÓRIO

CONTEXTO

As potências "emergentes" estão mudando a ordem mundial?

"[...] Quanto ao Brasil, três aspectos são de destacar: a importância cada vez maior do comércio com a China, que em 2008 se tornou seu primeiro parceiro, à frente dos Estados Unidos (em plena crise econômica e financeira); o crescimento do comércio com a Argentina e a Índia entre 2002 e 2009, como também com os agrupamentos regionais IBAS (Índia, Brasil e África do Sul) e BRIC (Brasil, Rússia, Índia, China) [a África do Sul ingressou no agrupamento BRIC, agora BRICS]; a manutenção da estratégia de diversificação dos parceiros comerciais, ao lado da importância regional do Mercosul. Entre 1998 e 2008, as exportações brasileiras para países do Norte passaram de 57,4% a 46,9%, enquanto as exportações aos países em vias de desenvolvimento (África, Ásia, América Latina) aumentaram de 42,6% para 53,1%.

As projeções para o futuro parecem confirmar o que se apresenta como uma mudança radical na economia mundial. Segundo J. Hawksworth e G. Cookson[34], os sete países emergentes do grupo E-7 (China, Índia, Brasil, Rússia, Indonésia, México e Turquia) poderiam ter, em 2050, uma economia global 50% mais importante que aquela dos países do atual G-7, se medida em dólares constantes ou em paridade de poder aquisitivo.

A constatação parece clara: do ponto de vista econômico, África do Sul, Brasil, China, Índia e Rússia, entre os principais países frequentemente considerados como economias emergentes, constituem pilares fundamentais do sistema internacional. Do ponto de vista político, contudo, como conceber seu papel na reconstrução da ordem mundial? Quando em 2001 o principal economista do Goldman Sachs[35], Jim O'Neill, lançara o termo 'BRIC', ele previu que esse grupo de países teria uma grande capacidade de transformação da geopolítica e da geoeconomia do mundo. Além da atração que pode representar uma terminologia destinada a chamar a atenção dos investidores institucionais (bancos e empresas do setor financeiro), a noção de BRIC pode constituir uma base política que permite a esses países implementar esforços diplomáticos comuns com a intenção, ao menos implícita, de oferecer um contrapeso às potências do G-8? [...]"

MILANI, Carlos R. S. As potências "emergentes" estão mudando a ordem mundial?. In: *L'État du monde 2011*. Paris: La Découverte, 2010. p. 35 e 36 (traduzido pelos autores).

DISCUTA

1. Qual a temática presente no texto?
2. O Brasil é apresentado como uma força entre os emergentes. De acordo com o que você já estudou, quais são as potencialidades e os desafios de nosso país, após o final dessa primeira década do século XXI?

34 HAWKSWORTH, John; COOKSON, Gordon. *The world in 2050, beyond the BRICS:* a broader look at emerging market growth prospects. Londres: PwC, 2008.

35 Um dos maiores bancos de investimento do mundo.

BRASIL: UMA POTÊNCIA EMERGENTE

Na primeira década do século XXI, o Brasil passou a ter uma influência mais expressiva no contexto geopolítico e econômico internacional. Embora não seja protagonista, vem desempenhando a função de ator importante no cenário internacional, uma **potência emergente**, como você leu na seção *Contexto*. O país é integrante do G20, fórum que reúne as vinte maiores economias do mundo e discute propostas e encaminhamentos para questões relativas ao sistema financeiro internacional e à economia global.

No entanto, se considerarmos que o domínio de tecnologias avançadas, sobretudo nos setores de informática, telecomunicações, microeletrônica e químico-farmacêutico, é imprescindível para atuar como protagonista no contexto econômico global, o Brasil encontra-se atrás de países que nos anos 1960 tinham um nível de desenvolvimento socioeconômico inferior ao brasileiro, como a Coreia do Sul, e atrás de outros países emergentes, como a China e a Índia.

Apesar do baixo investimento em pesquisa no Brasil, o país se destaca em termos de domínio tecnológico nos setores de exploração de petróleo e gás natural, particularmente em águas profundas; de extração de minérios; de produção e pesquisa agropecuária – com destaque para a Empresa Brasileira de Pesquisa Agropecuária (Embrapa) –; de energia nuclear, pois o país tem o domínio da tecnologia no processo de enriquecimento de urânio (apesar de ainda não ser autossuficiente na produção de urânio enriquecido); de produção de biocombustíveis; e mesmo de produção de *softwares*.

Potência emergente
país que apresente atributos (como PIB expressivo, crescimento econômico relativamente acelerado, economia diversificada com parque industrial dinâmico, capacidade para influenciar decisões geopolíticas e econômicas em nível regional e estabilidade política e financeira) que lhe conferem protagonismo em ascensão nas relações internacionais.

SAMUEL VIEIRA/FUTURA PRESS

Porto de Tubarão, em Vitória (ES), 2010, importante terminal de exportação de minério de ferro.

O Brasil e os principais emergentes

A Coreia do Sul investiu maciçamente na educação e no desenvolvimento de ciência e tecnologia (C&T), com apoio e estímulos do Estado às empresas locais. Sua inserção na Divisão Internacional do Trabalho conheceu, nas últimas décadas, alterações significativas, quando o país passou a ser exportador de diversos produtos de alta tecnologia e assistiu à formação de grandes corporações, como Hyundai (indústria automobilística e outros setores), LG, Samsung (ambas produtoras de eletrônicos), entre outras.

DICA

LEITURA

Geopolítica do Brasil: a construção da soberania nacional

Edu Silvestre de Albuquerque. São Paulo: Atual, 2006 (Coleção Geografia sem fronteiras).

Aborda questões relativas ao território brasileiro (recursos naturais e agrícolas) e às relações internacionais – políticas e econômicas.

Se considerarmos os países do **BRICS**[36] (Brasil, Rússia, Índia, China e África do Sul), a Rússia apresenta um bom nível educacional – superior, na média, em relação aos demais países desse conjunto. Ela detém tecnologia avançada no setor aeroespacial, de energia nuclear e de armamentos, mas em termos de indústrias de bens de consumo fica atrás dos outros países.

Já a China e a Índia vêm apresentando acelerado crescimento em termos de produtividade, resultado dos investimentos em inovação e desenvolvimento tecnológico. Esses países estimulam o processo de **internacionalização de empresas**, fomentando e auxiliando a aquisição de empresas de setores estratégicos. Além disso, estimulam fortemente as exportações, com incentivos fiscais e empréstimos. Sobretudo no caso da China, o nível de internacionalização de empresas é muito maior que o brasileiro.

Entre as vantagens do Brasil em relação a um ou mais países do BRICS estão: a grande extensão de terras agricultáveis, a disponibilidade de água, os diversos rios caudalosos, a energia solar, a não existência de conflitos étnicos e religiosos e movimentos separatistas, e a estabilidade política.

No contexto geopolítico internacional, no entanto, China, Rússia e Índia são potências nucleares e, diferentemente do que ocorre com o Brasil, a projeção desses países em termos político-militares vai além do âmbito regional. A África do Sul, por sua vez, tem uma relevância maior em termos geopolíticos e econômicos no continente africano. Com exceção da China, o principal parceiro comercial do Brasil atualmente, o comércio brasileiro com os demais países do BRICS não é expressivo, embora venha apresentando crescimento significativo nos últimos anos.

A ampliação das relações internacionais

No âmbito das relações internacionais brasileiras no mundo contemporâneo, é importante ainda salientar que o Brasil vem buscando estreitar vínculos diplomáticos com os **países africanos** e do **Oriente Médio**. Prova disso é a ampliação do número de embaixadas, consulados e escritórios de representação em países dessas regiões.

HECTOR RETAMAL/AFP

Militar brasileiro participante da missão de paz da ONU na maior favela de Porto Príncipe, capital do Haiti, 2010.

No caso dos países latino-americanos, as investidas diplomáticas têm sido amplas, assegurando a posição do Brasil como **principal potência regional**. Essas investidas vão desde os acordos para criação da União de Nações Sul-Americanas (Unasul) e do Banco do Sul, oficializado em 2009, até o financiamento de obras de infraestrutura pelo BNDES em diversos países da América do Sul e Central, inclusive com a construção de usinas hidrelétricas e outras obras de infraestrutura.

Outro fato que reafirma seus estreitamentos maiores com a América Latina é o comando, pelo Brasil, da missão de paz no Haiti desde 2004. Essa missão de paz faz parte de um conjunto de atitudes tomadas pelo Brasil em âmbito internacional, na tentativa de conquistar assento permanente no **Conselho de Segurança da ONU** e reafirmar sua liderança regional na América Latina.

36 Os países do BRICS somam cerca de 17% do comércio mundial, 40% da população e aproximadamente 16% do PIB do globo, além de abrangerem aproximadamente 25% do território habitado do planeta.

Potencialidades e desafios internos

Na seção *Contexto*, você discutiu a respeito das potencialidades e os desafios do Brasil neste início de século XXI, após o final de sua primeira década. A partir disso, deve ter constatado que são múltiplos e enormes tanto uns quanto outros.

Após duas décadas de regime ditatorial (entre 1964 e 1985), o Brasil passou a contar com eleições regulares nas diversas esferas (federal, estadual e municipal) e a conviver com a pluralidade de correntes ideológicas e diversos partidos políticos.

Não obstante, o país não superou o problema da corrupção, que limita a possibilidade de ampliação dos investimentos na área social e na infraestrutura no território brasileiro. Veja a seção *Leitura complementar* a seguir.

LEITURA COMPLEMENTAR

Corrupção

"Podemos entender a palavra 'corrupção' como o uso em benefício próprio de um dinheiro ou bem público – que deveria ser destinado ao bem comum. O tal 'benefício próprio' pode ser individual ou de um grupo, para enriquecimento pessoal ou a favor de algum esquema político-eleitoral, como financiar campanhas. Corrupção é crime. Os culpados podem ir para a cadeia.

Infelizmente, corrupção não é novidade no Brasil. Para o professor Edgar de Decca, da Unicamp, já no Império (século XIX) o grupo político no poder se beneficiava de favorecimentos e privilégios, e até hoje essa característica está presente. Nos anos recentes, [houve graves denúncias contra o governo federal], além de centenas de casos em prefeituras e governos estaduais. Em suma, os cargos eletivos e a função pública são usados com frequência para a promoção pessoal ou para negócios, o que é, no mínimo, **antiético**. [...]

Clientelismo e loteamento

Uma antiga e lamentável prática política disseminada no Brasil é o chamado 'clientelismo', que ocorre quando um político usa meios de Estado para favorecer particularmente uma camada de seus eleitores – seja através de obras, necessárias ou supérfluas, ou de nomeações de apadrinhados para cargos públicos (muitas vezes, a pessoa nem sequer trabalha).

Uma medida vigente para combater esse mal é a admissão por concurso público de funcionários que ganham estabilidade, impedindo a troca de levas de servidores a cada mudança de governo. Ainda assim, sobram milhares de 'cargos de confiança' preenchidos por indicação (justamente os de comando, com mais poder e salário melhor), e é aí que se opera o 'loteamento' de cargos – cada político ou partido aliado ao presidente [da República] ganha o direito de fazer indicações. [...]"

ZOCCHI, Paulo. In: Atualidades. *Vestibular Abril 2006*. São Paulo: Abril, 2006. p. 105.

Antiético
contrário à ética e à moral; desonesto. Por ética, entende-se o conjunto de regras de bons costumes de um indivíduo, de um grupo ou de uma sociedade.

1. É possível afirmar que tanto na corrupção quanto no clientelismo e no loteamento de cargos existe um modo de atuar, uma prática contrária aos valores éticos. Qual é essa prática?
2. Você conhece casos atuais de corrupção, clientelismo e loteamento de cargos envolvendo políticos ou funcionários das esferas públicas? Comente com seus colegas e com o professor.
3. Em sua opinião, o que poderia ser feito para reduzir significativamente esses casos?

OLHO NO ESPAÇO

Extensão territorial e fronteiras

Com um território de 8.515.767,049 km², de acordo com o IBGE (2012), o Brasil está entre os cinco maiores países do mundo em superfície[37], abaixo apenas da Rússia, do Canadá, da República Popular da China e dos Estados Unidos. Sua área é equivalente à da Oceania, a 47% de toda a extensão da América do Sul e não é muito menor que a da Europa, e por isso é chamado de "país continente". Do extenso território também fazem parte as ilhas oceânicas no arquipélago de Fernando de Noronha, Abrolhos, Penedos de São Pedro e São Paulo.

A extensão da fronteira[38] terrestre de 15.719 km permite a vizinhança direta com dez países da América do Sul, excetuando-se apenas o Chile e o Equador. Além disso, o litoral Atlântico possui extensão considerável de 7.367 km. A proximidade com muitos países, apesar de favorecer maior integração econômica com a América do Sul, agrega a inconveniência e a incapacidade brasileira de fiscalizar e controlar o intenso fluxo de pessoas, armas, drogas e outras mercadorias que entram ilegalmente no país.

A **faixa de fronteira** corresponde a uma extensão territorial com 150 km de largura que acompanha o limite territorial brasileiro terrestre. Trata-se de uma porção do território, estratégica ao Estado como área de segurança nacional, onde estão cerca de 10 milhões de brasileiros, correspondendo a aproximadamente 27% do território nacional. Nessa faixa de fronteira, o governo federal estabeleceu três grandes arcos como áreas de planejamento: **Arco Norte** (do estado do Amapá até o estado do Acre), **Arco Central** (Rondônia, Mato Grosso e Mato Grosso do Sul) e **Arco Sul** (do Paraná até o Rio Grande do Sul).

Na faixa de fronteira estão as **cidades gêmeas** (uma de cada lado da linha de limite entre os territórios), que possibilitam uma maior integração econômica, comercial e cultural entre os países fronteiriços. São vários, também, os problemas verificados na faixa de fronteira: contrabando, tráfico de drogas, tráfico de animais, ingresso ilegal de imigrantes, entre outros.

Observe algumas dessas informações sistematizadas e cartografadas no mapa ao lado.

Brasil: território, faixa de fronteira, arcos e cidades gêmeas – 2010

Fonte: MINISTÉRIO DA INTEGRAÇÃO NACIONAL. *Bases para uma proposta de desenvolvimento e integração da faixa de fronteira 2010.* Disponível em: <www.integracao.gov.br>. Acesso em: jan. 2013.

37 Embora as fronteiras terrestres estejam consolidadas, o mesmo não ocorre com a fronteira marítima do Brasil. Sobre o tema, consulte o Capítulo 10.

38 O Brasil tem a terceira maior linha de fronteira terrestre, abaixo apenas da Rússia e da China.

1. Observando o mapa e considerando também as informações do texto, analise a presença de diversas cidades gêmeas com articulações terrestre e fluvial com ponte, na perspectiva da participação do Brasil em blocos econômicos regionais.

2. Levando-se em conta o que foi abordado na questão anterior e também a distribuição das atividades econômicas no território brasileiro, considerando as regiões e os estados brasileiros com paisagens mais transformadas e com maior presença de indústrias e áreas mais amplas de agropecuária modernizada, a que conclusão se pode chegar?

3. Por que no Arco Norte a densidade de cidades gêmeas com articulações terrestre e fluvial com ponte é menor?

REGIONALIZAÇÃO NO TERRITÓRIO BRASILEIRO

Regionalizar significa estabelecer regiões com base em determinados critérios, que podem ser naturais, históricos, culturais ou socioeconômicos. Uma regionalização pode ainda inter-relacionar mais de um desses aspectos, desde que garanta um caráter de individualidade à região, distinguindo-a das demais.

As regiões não são estáticas. Elas podem ser alteradas em virtude do dinamismo na transformação das paisagens, em razão dos processos históricos que modificam as formas de uso do solo e incorporam novos padrões de desenvolvimento tecnológico. Podem, também, ser alteradas com a criação de estados e, portanto, de novas divisões políticas e administrativas, com novos interesses econômicos e, até mesmo, para atender à finalidade de pesquisa e coleta de dados para levantamentos estatísticos.

A geógrafa Bertha Becker assinala que "as regiões não são entidades autônomas. Pelo contrário, configuram-se a partir das diferenças que apresentam em relação às outras [regiões] e do papel diferenciado que exercem no conjunto da sociedade e do espaço nacionais"[39].

Desse modo, há uma interdependência entre as regiões que compõem o país, pois estão integradas a uma política e uma economia únicas. Os diversos lugares de uma região relacionam-se com os lugares das demais. Há, por exemplo, fluxos de pessoas, mercadorias e informações de diversos tipos, além de circulação de recursos financeiros.

A regionalização agrupa estados (ou parte deles) com características semelhantes, distinguindo-os dos demais. O levantamento de dados permite a comparação e a percepção das disparidades regionais existentes e a possibilidade de maior intervenção governamental para amenizar essas diferenças.

As macrorregiões do IBGE

A divisão regional do Brasil sofreu diversas modificações. No início do século XX, surgiram as primeiras iniciativas de regionalização. Mas, somente com a criação do Instituto Brasileiro de Geografia e Estatística (IBGE), na década de 1930, os levantamentos estatísticos tornaram-se regulares, e os dados colhidos em cada estado passaram a ser agrupados em macrorregiões ou regiões administrativas. Essas regionalizações sofreram, ao longo do tempo, várias modificações.

Atualmente, o Brasil é dividido pelo IBGE em 5 macrorregiões (regiões administrativas) e 27 unidades político-administrativas, sendo 26 estados e 1 distrito federal, onde está a capital do país, Brasília. Veja o mapa na página seguinte.

39 BECKER, Bertha K. *Amazônia*. São Paulo: Ática, 1990. p. 8.

Brasil: divisão regional do IBGE – 1990

Fonte: *Atlas geográfico escolar.* Rio de Janeiro: IBGE, 2004. p. 101.

Os complexos regionais

A regionalização do Brasil em complexos regionais, ou regiões geoeconômicas, foi proposta em 1967 pelo geógrafo Pedro Pinchas Geiger. Os complexos regionais são: Amazônia, Nordeste e Centro-Sul.

Essa regionalização do território brasileiro considera a formação histórico-econômica do Brasil e a modernização econômica em curso desde a década de 1960, que se manifestou nos espaços urbano e rural, estabelecendo novas formas de relacionamento entre os lugares do território brasileiro e criando uma nova dinâmica no relacionamento entre a sociedade e a natureza.

Diferentemente das outras divisões regionais, ela não acompanha os limites entre os estados, havendo aqueles com parte do território em uma região e parte em outra. O norte de Minas Gerais, por exemplo, que apresenta características naturais e socioeconômicas iguais às do sertão nordestino, aparece integrado ao complexo regional do Nordeste; e o oeste do Maranhão e o norte do Mato Grosso fazem parte da Amazônia.

O **Centro-Sul** corresponde a cerca de 27% do território brasileiro, mas concentra mais de 60% de sua população e é responsável por cerca de 80% do Produto Interno Bruto (PIB) do país. As atividades econômicas são bastante diversificadas, com a liderança na produção industrial e agropecuária e no setor de serviços (comércio, bancos, turismo e outros). Boa parte dos investimentos realizados fora da região é realizada por empresas sediadas nos estados do Centro-Sul, principalmente São Paulo, Rio de Janeiro e Minas Gerais.

O crescimento econômico expressivo é contrastado pelas acentuadas desigualdades sociais e econômicas, evidentes tanto no espaço rural como no urbano. Grandes centros financeiros e empresariais convivem, lado a lado, com a economia informal. Regiões pobres, de economia agrícola precária e pouco competitiva, contrapõem-se a uma agricultura empresarial, mecanizada e plenamente integrada ao conjunto da economia mundial.

Brasil: complexos regionais – 1967

Fonte: MAGNANO, Angélica A. *Revista Brasileira de Geografia.* Rio de Janeiro, v. 57, out./dez. 1995. p. 77.

O **Nordeste** é formado por oito estados mais o leste do Maranhão e o norte de Minas Gerais. Corresponde a cerca de 18% do território nacional e abriga 30% da população do país. Região economicamente mais rica do Brasil Colônia, hoje apresenta os piores indicadores sociais e a maior concentração de pobres do país.

A **Amazônia** ocupa cerca de 55% do território nacional, onde vivem pouco menos de 10% da população do país. Apesar de a área florestada ser dominante em vastas extensões, a ocupação e o povoamento relativamente recentes da região foram muito intensos. A ocupação mais intensa iniciou-se na década de 1970 com projetos de colonização do governo federal e implantação de grandes projetos de mineração e, nos últimos anos, sofre o impacto da expansão das atividades agropecuárias.

INTERCONEXÃO

Língua Portuguesa

GLAUCO. *Folha de S.Paulo*, 30 maio 2008.

- Discuta a mensagem do cartum.

Durante os governos militares (1964-1985), a ocupação da Amazônia atendia também a interesses estratégicos. Entendia-se que a ocupação e a colonização da região eram uma forma de impedir a exploração das riquezas naturais por estrangeiros e a expansão de grupos guerrilheiros contrários ao governo, permitindo maior controle da extensa linha de fronteira nacional.

Os "quatro Brasis"

Considerando o processo histórico de ocupação e transformação do território pela sociedade, que nos levou ao atual estágio do meio técnico-científico-informacional[40], o geógrafo Milton Santos e sua equipe propuseram outra regionalização para o território brasileiro. Para essa regionalização, foram considerados os seguintes aspectos:

- a quantidade de recursos tecnológicos avançados (redes de telecomunicações e de energia, equipamentos de informática);
- o volume de atividades econômicas modernas na área financeira (bancos, bolsas de valores, corretoras de títulos), comercial (*shopping centers*, empresas de *e-commerce*), de serviços (provedores de acesso à internet, agências de publicidade, consultorias, centros de pesquisas, empresas ligadas à mídia, universidades), industrial (empresas que utilizam robôs e sistemas automatizados);
- a situação da agropecuária em relação à mecanização e à integração com a indústria.

Dessa forma, Milton Santos e sua equipe de pesquisa estabeleceram uma divisão regional em "quatro Brasis":

- **Região concentrada** – composta de denso sistema de fluxos, em razão dos elevados índices de urbanização, da atividade comercial intensa e do alto padrão de consumo doméstico e de muitas empresas. É centro de tomada de decisões do território brasileiro, abrigando atividades modernas e globalizadas, como alguns setores financeiros e de serviços;
- **Centro-Oeste** – nele estão presentes características da modernização, em razão do emprego de alta tecnologia na produção agropecuária, marcadamente exportadora e com ampla utilização de insumos agrícolas, comercializados por grandes empresas multinacionais. O Centro-Oeste está plenamente integrado à economia globalizada. Nessa região, o desenvolvimento do agronegócio e a instalação da capital federal (Brasília) contribuíram para o estabelecimento de uma rede urbana integrada por sistemas de transportes e de telecomunicações;
- **Nordeste** – excetuando-se o período de grande desenvolvimento da economia canavieira (séculos XVI e XVII), de modo geral a circulação de pessoas, produtos, informações e dinheiro sempre foi precária, em razão da agricultura pouco intensiva e da urbanização irregular, restrita a alguns pontos do território. Nessa região, as atividades econômicas modernas e o uso de recursos tecnológicos avançados ainda são relativamente pontuais, restritos às grandes metrópoles, às cidades médias – Campina Grande (PB); Feira de Santana, Vitória da Conquista, Itabuna, Ilhéus (BA); Caruaru e Petrolina (PE), por exemplo – e às áreas de agricultura mais modernas, como o oeste baiano, o sul do Piauí e do Maranhão, e as regiões de fruticultura irrigada do Vale do São Francisco, entre Bahia e Pernambuco, e do Vale do Açu, no Rio Grande do Norte, entre outros;

DICAS

LEITURA

A federação brasileira: uma análise geopolítica e geossocial
Manuel Correia de Andrade; Sandra Maria Correia de Andrade. São Paulo: Contexto, 2003.
Aborda a construção histórica de uma grande unidade federativa no país, a expansão territorial brasileira ao longo do tempo e as diferenças regionais que foram sendo formadas ao longo do processo de desenvolvimento econômico.

SITE

Ministério do Desenvolvimento, Indústria e Comércio Exterior
www.mdic.gov.br/sitio/
Fundamental para assuntos referentes à economia do país.

40 O meio técnico-científico-informacional surgiu no contexto da Terceira Revolução Industrial, ou Revolução Técnico-Científica. Sobre o assunto, consulte o Capítulo 1 e também a Unidade 7.

- **Amazônia** – trata-se de uma região de baixa densidade demográfica e poucos recursos tecnológicos. São raras as áreas destinadas à agricultura mecanizada e a outras atividades modernas, presentes mais na porção leste do estado do Pará. A Zona Franca de Manaus – que concentra parte da indústria eletrônica instalada no país –, a indústria extrativa mineral e a metalurgia de alumínio são os polos de maior expressão econômica. O uso de satélites e radares que norteiam e fiscalizam a sua ocupação contrasta com a baixa densidade técnica instalada no território.

Brasil: divisão regional segundo Milton Santos – 1999

Fonte: SANTOS, Milton; SILVEIRA, Maria Laura. *O Brasil*: território e sociedade no início do século XXI. São Paulo/Rio de Janeiro: Record, 2001. p. 268-273.

Planejamento regional

Ao longo de toda a história do Brasil, as **desigualdades regionais** têm sido um traço marcante do seu espaço geográfico. Os estudos sobre essas desigualdades, iniciados a partir dos anos 1930-1940, vêm fornecendo dados que servem de instrumento para que o Estado implante políticas de desenvolvimento regional, visando diminuir essas diferenças.

O tema desigualdade regional começou a ser discutido principalmente a partir da década de 1950, em razão do desenvolvimento do processo de industrialização, que se concentrou no Sudeste. Contribuiu também para isso a publicação, em 1951, das primeiras estatísticas sobre renda e produção de bens e serviços de forma regionalizada.

O desenvolvimento mais acelerado do Sudeste ampliou o distanciamento social e econômico (que já era considerável) dessa região em relação ao Nordeste, e também em relação às demais regiões do território brasileiro.

Diante disso, o governo brasileiro empreendeu um plano de ação para promover o desenvolvimento das regiões mais estagnadas econômica e socialmente, por meio de uma política de incentivos fiscais e criação de infraestrutura, para atração de investimentos empresariais.

DICAS

SITES

Instituto Brasileiro de Geografia e Estatística (IBGE)
www.ibge.gov.br
Apresenta relatórios, mapas, gráficos e documentos estatísticos relativos à Geografia do Brasil.

Banco Nacional de Desenvolvimento Econômico e Social (BNDES)
www.bndes.gov.br
Apresenta dados sobre investimentos em diferentes segmentos econômicos.

Sudene e Sudam – órgãos de planejamento regional
www.sudene.gov.br
www.sudam.gov.br
Os *sites* divulgam informações sobre a estrutura organizacional dos órgãos de planejamento regional, suas atuações, agendas de eventos etc.

Em 1959, foi criada a **Superintendência do Desenvolvimento do Nordeste (Sudene)**, com a finalidade de executar o planejamento e coordenar a ação do governo na Região Nordeste (de acordo com a divisão do IBGE). Porém, sua área de atuação estendeu-se também ao norte de Minas Gerais, que apresenta nível socioeconômico baixo. Dentro dessa política de desenvolvimento regional, criou-se a **Superintendência do Desenvolvimento da Amazônia (Sudam)**, em 1966, cuja área de atuação compreendia todos os estados da Região Norte, o oeste do Maranhão e o estado de Mato Grosso.

A criação da Sudene ocorreu num contexto de acelerado desenvolvimento econômico, promovido no governo do presidente Juscelino Kubitschek. O conjunto de ações denominado Plano de Metas abarcava também o estímulo ao ingresso do capital estrangeiro, com financiamento externo e entrada de multinacionais, ampliação da rede de rodovias, construção de hidrelétricas e mudança da capital do Rio de Janeiro para Brasília.

LEITURA COMPLEMENTAR

A capacidade geográfica do Estado

"Na década de 1950, consolida-se uma estrutura de planejamento estatal, que tem na intervenção no território a linha mestra de atuação. O papel desempenhado pela construção de Brasília, no plano simbólico e material, já foi bastante destacado por vários comentaristas. A capacidade geográfica do Estado, como produtor de espaço, mostrou-se em sua plena potência nessa obra e no adensamento da malha rodoviária realizado no governo Juscelino Kubitschek. Teorias de ponta da 'melhor geografia internacional' estavam na base do planejamento regional da época, prática bem ilustrada na criação da Superintendência de Desenvolvimento do Nordeste. Mais do que em outros períodos da história do país, 'governar é construir estradas'".

MORAES, Antonio Carlos Robert. *Território e História no Brasil*. São Paulo: Annablume, 2008. p. 141.

1. Por que o autor faz referência, no caso da construção de Brasília, a um plano "simbólico e material"?

2. O que você entende por "capacidade geográfica do Estado"?

Outras instituições criadas foram a **Superintendência do Desenvolvimento da Região Sul (Sudesul)**, em 1967, e a **Superintendência do Desenvolvimento da Região Centro-Oeste (Sudeco)**, em 1967. Essas instituições, no entanto, tinham algumas diferenças em relação à Sudam e à Sudene; por exemplo, o volume de investimentos públicos era menor. Acabaram extintas em 1990.

De modo geral, os objetivos da criação dessas superintendências não foram atingidos: após décadas de atuação, as desigualdades regionais no território brasileiro continuam acentuadas. Em 2001, o governo federal extinguiu a Sudene e a Sudam, inclusive, em meio a irregularidades e denúncias de corrupção. Em seus lugares foram criadas agências de desenvolvimento: a Agência de Desenvolvimento da Amazônia (ADA) e a Agência de Desenvolvimento do Nordeste (Adene).

A partir de 2003, no entanto, passou a ser discutida pelo governo a recriação das superintendências, que teriam estruturas de atuação mais amplas no desenvolvimento das respectivas regiões do que as agências de desenvolvimento. No mesmo ano, o governo federal encaminhou ao Congresso Nacional proposta para a recriação da Sudeco, para atuar nos estados de Mato Grosso, Mato Grosso do Sul e Goiás e no distrito federal.

Oficialmente, a Sudene e a Sudam foram recriadas no início de 2007. No começo de 2009, também foi oficializada a recriação da Sudeco.

PONTO DE VISTA

Cooperação entre Brasil e África

"[...] O historiador e professor da Universidade de Brasília (UnB) José Flávio Sombra Saraiva, em seu artigo Fórum Brasil-África: mudança e continuidade, escreve: 'necessitamos que a nova política africana do Brasil não seja um ato de retórica. Ela deverá servir ao conjunto das sociedades de todos os países envolvidos, na articulação em favor do acesso dos nossos produtos nos mercados fechados do Norte'.

Um dos primeiros passos para se efetivar essa aproximação foi fortalecer os laços diplomáticos entre os dois lados. O [...] governo brasileiro não apenas tornou prioridade a reabertura de postos diplomáticos no continente africano [...] como os ampliou [...]. 'Esse movimento proporcionou maior intensidade nas relações Brasil-África, uma vez que também se pôde observar o interesse de vários Estados africanos (a exemplo do Benin, Guiné-Conacri, Guiné Equatorial, Namíbia, Quênia, Sudão, Tanzânia, Zâmbia e Zimbábue) na abertura de postos diplomáticos no Brasil. [...]', aponta Cláudio Ribeiro, coordenador do grupo de estudos sobre África, da Pontifícia Universidade Católica de São Paulo (PUC-SP). [...]

No plano econômico, esse investimento na diplomacia tem favorecido significativamente o setor empresarial brasileiro no continente africano. Isso pode ser constatado pelo crescente número de empresas brasileiras, sobretudo as exportadoras de serviços, que lá estão realizando projetos e investindo. Também merece destaque o fato de a Companhia Vale do Rio Doce ter vencido a concorrência para a exploração do complexo carbonífero de Moatize, localizado ao norte de Moçambique, e os investimentos crescentes da Petrobras no continente, com ampliação de suas operações na Tanzânia – fatos que têm consolidado a presença do Brasil na África. [...]

Mas não é apenas econômica/comercialmente que o Brasil e o continente africano estão estreitando suas relações. Em aspectos científicos, sociais e culturais também está se estabelecendo uma linha de cooperação e troca de experiências. O potencial de cooperação entre os dois lados é grande, mas praticamente inexplorado. Até agora, muito pouco se fez de concreto para efetivar um intercâmbio mais forte e atuante entre Brasil e África. [...].

Para tentar reverter esse quadro, o Brasil tem disponibilizado experiências consideradas socialmente bem-sucedidas – como os telecentros, o programa Bolsa-Escola, a agricultura familiar e a produção de medicamentos para combate à Aids – promovendo ações voltadas à cooperação no desenvolvimento de áreas básicas como saúde, agricultura e educação. Além disso, o governo está incentivando o interesse brasileiro pela África através da promoção de fóruns e debates, da realização de exposições e estudos, e até mesmo da edição de atos normativos, como o da obrigatoriedade do ensino da história da África nas escolas. [...]

Com isso, o tema África aos poucos está voltando às universidades: aumentam as pesquisas sobre o continente africano e os centros de estudo sobre o mesmo. 'Algumas universidades, como a Candido Mendes, a USP e a Federal da Bahia, sempre tiveram um núcleo de estudos africanos. Outras seguiram, mas os intercâmbios ainda não são muitos. O CNPq estuda uma forma de os aumentar', explica Lopes. Centros culturais, como a Fundação Cultural Palmares e as comunidades quilombolas do estado de São Paulo, também estão procurando firmar um intercâmbio entre Brasil e África para fortalecer suas raízes históricas e seu conhecimento mútuo.

Na ciência, um bom exemplo de atuação brasileira na África é a recente entrada da Empresa Brasileira de Pesquisa Agropecuária (Embrapa) no continente. A empresa atuará na África com desenvolvimento de projetos de uso sustentável de recursos naturais, sistemas produtivos e proteção sanitária de plantas e animais, fruticultura e horticultura tropical, zoneamento agrícola, biotecnologia e troca de material genético. [...]. O caminho inverso também está sendo percorrido: a África tem muito a ensinar ao Brasil em tecnologia de mineração, por exemplo, e poderia haver uma troca de pesquisa e tecnologias significativas entre os dois lados."

BUENO, Chris. Cooperação entre Brasil e África. *Com Ciência*, 9 abr. 2008. Disponível em: <www.comciencia.br>. Acesso em: dez. 2013.

1. Explique a frase do professor José Sombra Saraiva: "necessitamos que a nova política africana do Brasil não seja um ato de retórica".
2. Em relação ao item anterior, quais trechos do próprio texto apontam para o fato de que a política africana do Brasil não é apenas retórica?
3. Qual a importância de o Brasil estreitar relações com os países da África, pensando nas relações com os países desenvolvidos?

[COMPREENSÃO E ANÁLISE]

1. Leia o trecho da entrevista abaixo, publicada no jornal *Folha de S.Paulo.*

Folha – O Brasil quer um assento permanente no Conselho de Segurança [CS]. Muitos dizem que é um pleito justo ou mesmo apoiam a entrada, como a França. Minha pergunta é: o que está faltando?

Ban Ki-Moon – Todos os países-membros da ONU concordam com o fato de que o Conselho de Segurança precisa passar por uma reforma que aumente seus assentos permanentes. [...] O que está faltando são os países-membros conseguirem concordar sobre uma mesma fórmula para a mudança. Na América Latina, há muitos países que desejam se tornar membros permanentes. Também na África e na Ásia. Temos de lidar com essas questões de maneira harmoniosa, por meio de diálogo e consultas.

DÁVILA, Sérgio. Entrevista: Ban Ki-Moon. Disponível em: <www.folha.uol.com.br>. Acesso em: mar. 2013.

a) Quais são os atuais membros permanentes do Conselho de Segurança da ONU?

b) Com base no capítulo, quais atributos você considera que o Brasil apresenta para reivindicar a posição de membro permanente no Conselho de Segurança da ONU, numa possível reforma na estrutura dessa instituição?

2. Qual foi o objetivo da implantação dos órgãos de planejamento regional no Brasil, na segunda metade do século XX? Cite exemplos.

3. Os mapas apresentam dois critérios de regionalização brasileira. Analise-os e responda.

Fonte: MANGNANO, Angélica A. *Revista brasileira de geografia.* Rio de Janeiro, v. 57, out./dez. 1995. p. 77.

Fonte: SANTOS, Milton; SILVEIRA, Maria Laura. *O Brasil*: território e sociedade no início do século XXI. São Paulo/Rio de Janeiro: Record, 2001. p. 268-273.

a) Dê um nome para cada mapa de acordo com a regionalização utilizada.

b) Diferencie os critérios adotados para cada uma das regionalizações representadas.

4. Observe a tabela e responda às questões.

Brasil: dados gerais – 2010

Regiões	PIB (milhões de reais)	População (hab.)	Superfície (km²)
A	622	27.384.815	576.774
B	507	53.078.137	1.554.292
C	350	14.050.340	1.606.403
D	2.088	80.353.724	924.621
E	201	15.865.678	3.853.677

Fonte: IBGE. Disponível em: <www.ibge.gov.br>. Acesso em: dez. 2013; *Diário Oficial da União*, 23 jan. 2013, p. 48.

a) Identifique as cinco regiões brasileiras de acordo com os dados apresentados na tabela.

b) Quais regiões brasileiras apresentavam o maior e o menor PIB *per capita*, em 2010?

5. Como você avalia a questão da infraestrutura no seu município? Quais setores necessitam de mais investimento? Que tipo de problemas a atual condição de infraestrutura traz para o seu município? Elabore um breve texto dissertativo-argumentativo sobre o assunto, apontando os principais problemas existentes e as possíveis soluções e seus respectivos benefícios.

UNIDADE 7

A ECONOMIA MUNDIAL E A GLOBALIZAÇÃO

Piccadilly Circus, um dos locais mais movimentados de Londres (Inglaterra), 2012. São famosos seus *outdoors* instalados num prédio há anos.

A globalização adquiriu importância na economia capitalista mundial a partir dos anos 1970, com impactos em todas as regiões do mundo, definindo uma nova organização do espaço geográfico e uma nova política econômica, o neoliberalismo. Algumas de suas consequências são a concentração de riqueza nas mãos de poucas pessoas e em poucos países; a expansão econômica de países como China e Índia; e a intensificação das trocas comerciais e financeiras. Para o Brasil, as transformações foram profundas: a integração econômica ao Mercosul; o processo de privatização de empresas estatais; a desnacionalização da economia; e o aumento da dependência de investimentos estrangeiros são alguns exemplos.

Os efeitos da crise econômica de 2007/2008 abalaram alguns pilares da globalização e evidenciaram a sua fragilidade. Atualmente, países europeus são os que mais têm sentido os efeitos dessa crise, iniciada na principal potência econômico-financeira do globo – os Estados Unidos.

CAPÍTULO 19

GLOBALIZAÇÃO E REDES DA ECONOMIA MUNDIAL

CONTEXTO

Observe e analise as informações das imagens a seguir, relacionando-as com o contexto atual, de mundo globalizado.

MIKE CLARKE/AFP

Bolsa de Valores de Hong Kong (China), 2010.

THE ASAHI SHIMBUN VIA GETTY IMAGES

Trabalhadores instalam **cabo de fibra óptica** submarino no Oceano Pacífico, em Minamiboso (Japão), 2012.

DBIMAGES/ALAMY/GLOW IMAGES

Meninos acessam redes sociais em San Salvador (El Salvador), 2011.

Cabo de fibra óptica
filamento de silício ou de material plástico capaz de transmitir a longas distâncias, sem distorção, feixes de luz contendo enorme quantidade de dados e informações. Com espessura menor que a de um fio de cabelo, transporta milhares de ligações telefônicas e imagens digitalizadas simultaneamente.

DISCUTA

1. Qual a importância das bolsas de valores para a economia globalizada?
2. Qual a importância dos cabos de fibra óptica?
3. Você considera as redes sociais importantes? Por quê?

GLOBALIZAÇÃO

Desde sua origem, o capitalismo integrou diferentes partes do globo. Ao longo da história, as relações entre os diversos pontos do planeta ampliaram-se cada vez mais, graças ao desenvolvimento dos meios de transporte e dos sistemas de comunicação.

O período posterior à Segunda Guerra Mundial caracterizou-se pela expansão das **multinacionais** e dos investimentos de alguns países, hoje chamados de desenvolvidos, em diversas regiões do planeta. O capitalismo encontrava novas formas de expansão e de acumulação de capital. As grandes indústrias não se preocupavam apenas em exportar seus produtos, mas também em se instalar em diversos países, driblando tarifas alfandegárias, eliminando taxas de fretes e contando com isenção de impostos, com custos mais baixos de mão de obra e matérias-primas.

Multinacional ou transnacional
empresa que possui sede em determinado país e distribui suas atividades em filiais por todo o planeta. A coordenação das atividades é feita por meio de ampla rede de comunicações e informações. As multinacionais são responsáveis por boa parte da exportação de produtos e serviços. Alguns geógrafos, economistas e sociólogos entendem que o termo "transnacional" seria mais adequado, pois com ele fica subentendido que a empresa tem uma sede, mas as suas atividades transpõem as fronteiras nacionais.

Além disso, o avanço dos meios de transporte e de comunicações permitiu a organização do comércio, da produção e dos investimentos em escala mundial. Hoje, um produto pode chegar a qualquer destino em curto intervalo de tempo, assim como uma mercadoria pode ser produzida com componentes fabricados em diversos países. Da mesma forma – e com maior agilidade e rapidez –, os investimentos nas bolsas de valores são realizados *on-line*, por computadores conectados aos sistemas de telecomunicações, 24 horas por dia. Esses são traços gerais dos aspectos econômicos da globalização, que têm influência direta nos diversos campos da vida social, cultural e política.

A **globalização econômica** é um fenômeno típico da intensificação das transformações tecnológicas e de sua expansão por diversas regiões do globo, a partir da década de 1970. Essas transformações são caracterizadas pela automação e pela disseminação do uso da informática e dos diversos meios de comunicação associados tanto à atividade produtiva (industrial e agropecuária) como a outras atividades econômicas (bancárias, financeiras, comerciais, de lazer e entretenimento).

Revolução técnico-científica

Essa nova fase de desenvolvimento tecnológico passou a ser classificada como **Terceira Revolução Industrial** ou **Revolução técnico-científica**[1], em razão do aumento da capacidade de produção das empresas, das redes de infraestrutura (energia e telecomunicações, em particular) e da presença de sistemas informatizados nas mais variadas atividades econômicas e na vida cotidiana das pessoas. Podemos também constatá-la, por exemplo, na proliferação de caixas eletrônicos, inclusive com tecnologia biométrica, telefones celulares, computadores, cabos de fibra óptica (veja a seção *Contexto*), câmeras de vídeo, códigos de barra e sensores antifurto, câmeras de vigilância, centros de pesquisa universitários e empresariais, sistemas de produção robotizados etc. Daí o geógrafo Milton Santos ter afirmado que a sociedade atual vive num **meio técnico-científico-informacional**, pois os espaços estão fortemente carregados de ciência, técnica e informação.

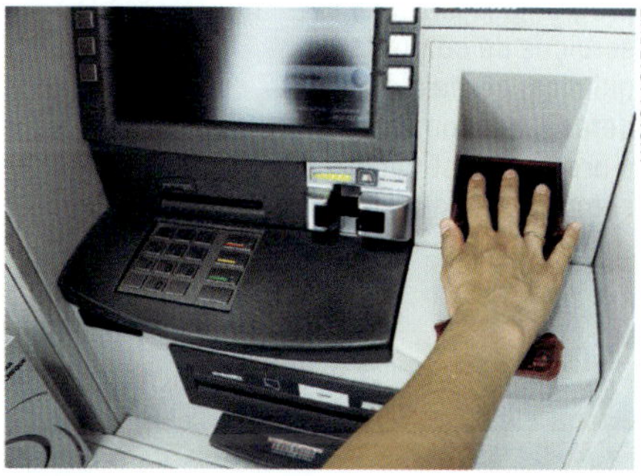
LUCAS LACAZ RUIZ

A identificação biométrica pode ser feita por meio da leitura da face, do olho, da impressão digital, do reconhecimento de voz etc. Na imagem, correntista faz leitura biométrica em caixa eletrônico em São José dos Campos (SP), 2012.

O desenvolvimento da técnica, da ciência e da informação, no entanto, está desigualmente distribuído pelo espaço geográfico mundial. Há lugares em que sua presença é grande, notadamente nos países desenvolvidos; em outros é irregular, como nos países subdesenvolvidos industrializados; em outros, ainda, é muito escasso, como nos países subdesenvolvidos. Na tabela da página seguinte, são apresentados dados relacionados aos gastos em pesquisa e desenvolvimento (P&D) em diversos países.

1 O tema Revolução técnico-científica será analisado na Unidade 9.

Gastos em pesquisa e desenvolvimento (P&D), em bilhões de dólares e porcentagem do PIB – 2012			
Posição	País	Gastos em P&D em relação ao PIB (%)	Gastos em P&D em bilhões de dólares
1	Estados Unidos	2,85	436,0
2	China	1,60	198,9
3	Japão	3,48	157,6
4	Alemanha	2,87	90,6
5	Coreia do Sul	3,45	56,4
6	França	2,24	51,1
7	Reino Unido	1,84	42,4
8	Índia	0,85	41,3
9	Brasil	1,25	30,0
10	Canadá	2,00	28,6
11	Rússia	1,08	26,9
12	Itália	1,32	24,4
13	Taiwan	2,38	22,3

Fonte: BATTELLE. *2012 Global R&D Funding Forecast*. p. 5. Disponível em: <http://battelle.org>. Acesso em: fev. 2013.

Os investimentos em Pesquisa e Desenvolvimento (P&D) podem ser realizados pelos governos e pelas empresas privadas, mas é o setor privado a maior fonte desses recursos: cerca de 60% do total em todo o mundo. O maior volume é destinado às áreas de equipamentos de informática (*hardware*), indústria automobilística, eletrônica e elétrica, programas (*software*) e serviços de computador, química, aeroespacial e defesa, telecomunicações, e produtos e serviços no setor de saúde/medicina.

Os meios de comunicação informatizados criaram também novos sistemas administrativos nas empresas, que interligam diferentes departamentos e setores, agora estruturados em redes, refletindo-se numa nova forma de organização espacial, na qual é contínua a circulação de informações e instantâneo o acesso a dados. As grandes multinacionais passaram a fabricar componentes de seus produtos em diferentes locais do planeta, formando uma rede global de produção.

O capital passou a circular com menos restrições de um país para outro, o comércio de mercadorias intensificou-se, as possibilidades de instalação de empresas em vários países foram ampliadas e as aplicações e investimentos financeiros e movimentações bancárias passaram a ser realizados instantaneamente, a partir de qualquer computador ou mesmo de celulares, desde que conectados à internet.

Nesse processo de maior interligação entre pessoas, empresas e países, ocorreu maior difusão de hábitos de consumo e do modo de vida dos países desenvolvidos por meio de suas marcas mundialmente conhecidas, como redes de *fast-food*, supermercados etc.

Com isso, significativas transformações nas relações espaciais e entre pessoas ocorreram e estão em curso, exigindo novas habilidades de profissionais e dos indivíduos, em geral.

AS REDES GEOGRÁFICAS

As modificações nas estruturas produtivas e de serviços, a intensificação da circulação dos fluxos de capital, informação, pessoas e mercadorias e as transformações nas relações espaciais e interpessoais, ao mesmo tempo, resultaram e exigem a estruturação de um espaço geográfico em redes. Dependem fundamentalmente de complexas redes de comunicação, de transportes, de energia, de produção.

As redes são sistemas que interligam e estruturam relações entre diversos pontos dos territórios dos países, em níveis local, regional e nacional, e entre os países, em nível global. Elas contribuem para a circulação e o estabelecimento de diversos fluxos, ou seja, as redes permitem que capitais, informações, pessoas e mercadorias possam ir de um local para outro.

Atualmente, nos fluxos de informações ao redor do globo, as redes sociais têm um papel importante. A influência dessas redes tem sido significativa na comunicação entre as pessoas, que trocam informações, postam imagens e comentários. Como visto na Unidade 6, as redes sociais tiveram uma contribuição na estruturação dos movimentos sociais que culminaram na Primavera Árabe.

Durante as etapas do desenvolvimento industrial e do sistema capitalista, e mesmo antes, estruturaram-se diferentes redes, que foram sendo incorporadas ao espaço geográfico e que provocaram diversos tipos de alterações nas paisagens dos territórios dos países e nas relações entre a sociedade e a natureza.

Como resultado dessas transformações nas paisagens, temos no mundo atual diversas **redes geográficas**: de **transportes** (aéreas; rodoviárias; ferroviárias; metrôs e trens urbanos; navegação marítima, fluvial e lacustre); **elétricas**, de **comunicação** por satélite artificial; de **cabos de fibra óptica**; de **antenas para celulares**; de **produ-**

Criada pelo antropólogo canadense Felix Pharand, esta imagem da Terra mostra áreas urbanas (em amarelo), rotas de navegação (em azul), redes rodoviárias (em verde) e redes aéreas (em branco). Os pontos que concentram a maior parte dos fluxos são os mais importantes de uma rede e são chamados de nós. Imagem de 2005.

ção de empresas multinacionais; de **circulação de capitais** entre bolsas de valores; de telefonia móvel; de telefonia fixa. Umas dependem do suporte material (antenas, satélites, cabos) que outras proporcionam.

As **bolsas de valores**, os **bancos** e as **grandes corretoras** de todo o mundo estão hoje interligados por uma vasta **rede de computadores**, por meio da qual os grandes negócios do mundo são realizados. Dessa forma, os meios eletrônicos tornaram mais rápida a velocidade das transações, possibilitando aos investidores manipular instantaneamente suas aplicações financeiras.

A facilidade de transferir investimentos de um país para outro acarreta sérios riscos para o sistema capitalista mundial, aumentado a instabilidade, principalmente dos chamados países emergentes, que, dentre os em desenvolvimento, são os que atraem maior volume de investimentos internacionais de capital especulativo devido, por exemplo, à elevada taxa de juros oferecida aos investidores.

As movimentações financeiras oriundas do exterior podem levar à valorização excessiva da moeda nacional dos países receptores de capital especulativo, a ponto de provocar a elevação do preço de seus produtos de exportação no mercado mundial, tornar as mercadorias importadas mais baratas e, nesse sentido, acarretar perda de competitividade.

A situação inversa, ou seja, a retirada de grande quantidade de capital de um país, por motivos de ordem política e econômica ou pela manipulação de especuladores que lidam com volumosos investimentos internacionais, também pode alterar a **taxa de câmbio** e afetar toda a economia. A debandada em massa de **divisas** em dólares – ou outra moeda utilizada em transações comerciais internacionais, como o euro e o iene – compromete as reservas cambiais e pode inviabilizar a importação de mercadorias, muitas delas essenciais às atividades produtivas, como petróleo, máquinas e equipamentos, uma vez que a moeda nacional não é aceita fora do país.

Taxa de câmbio
estabelece a relação de valores entre moedas. Pode ser determinada por decisão das autoridades econômicas, com fixação das taxas (taxas fixas), ou por meio dos mecanismos de mercado, em que as taxas se modificam ao longo do dia, em função das pressões de oferta e demanda por divisas estrangeiras (taxas flutuantes).

Divisas
quantidade de moeda estrangeira que o país dispõe para transações econômicas internacionais, em forma de moeda ou cheques e ordens de pagamento, por exemplo.

Países que mais receberam investimentos estrangeiros diretos (IEDs) – 2012		
Ranking	Países	Total (bilhões de dólares)
1	Estados Unidos	168
2	China	121
3	Hong Kong*	75
4	Brasil	65
5	Ilhas Virgens Britânicas	65
6	Reino Unido	62
7	Austrália	57
8	Singapura	57
9	Rússia	51
10	Canadá	45

*Região Administrativa Especial da China.

Fonte: UNITED NATIONS CONFERENCE ON TRADE AND DEVELOPMENT (UNCTAD). *World investment report 2013.* Disponível em: <http://unctad.org/en/PublicationsLibrary/wir2013_en.pdf>. Acesso em: dez. 2013.

Apesar de terem crescido os investimentos estrangeiros diretos (produtivos-IEDs), que se destinam à atividade produtiva – expansão da produção, compra de empresas ou entrada de novas empresas – nos países subdesenvolvidos (em especial os emergentes), o principal destino desses investimentos continua sendo os países desenvolvidos, embora tenha sido registrada queda nos últimos anos. Observe a tabela ao lado.

ESPAÇO GEOGRÁFICO E REDES DE PRODUÇÃO E DISTRIBUIÇÃO

A organização do espaço geográfico por meio de redes eliminou a necessidade de fixar as atividades econômicas em determinado lugar.

O centro financeiro e administrativo das empresas e os departamentos de desenvolvimento de novas tecnologias (aplicadas ao desenvolvimento de novos produtos e ao aperfeiçoamento dos já existentes) estão sediados nos países de origem. De lá, elas transferem a produção, ou parte dela, para outros países. Dividida em várias etapas, as empresas localizadas nos diferentes países fabricam uma ou mais partes do produto, fazem a montagem e a distribuição no mercado mundial, e outras, sob a coordenação da sede, realizam a publicidade e a difusão da marca.

Nesse contexto em que a produção e a distribuição de mercadorias se estruturam em redes e parte da atividade produtiva é terceirizada, é possível, por exemplo, comprar um *tablet* com a marca de uma empresa estadunidense, produzida por uma empresa subcontratada na Indonésia (onde a mão de obra é muito barata) e exportada para o Brasil por uma empresa de comércio exterior com sede na China, sendo o transporte realizado por uma multinacional holandesa.

Ao implantar sistemas de produção que interligam países, as empresas multinacionais buscam aumentar seus lucros. No mesmo exemplo, se ocorrerem melhorias nas condições de vida dos trabalhadores da Indonésia e a mão de obra tornar-se cara, a empresa estadunidense irá contratar uma nova fábrica para a produção de seus *tablets*, em um país com mão de obra mais barata. O mesmo acontece em relação a determinadas atividades do setor de serviços.

Com as possibilidades criadas por essa divisão territorial do trabalho, as empresas multinacionais começam a ter uma nova visão de mercado.

Outra modalidade de funcionamento das redes no âmbito das corporações multinacionais é a **aliança**, formada por um grupo de empresas cujas atividades produtivas se complementam. Nessa modalidade de rede, as empresas podem ter origem e localização diferentes e fornecem, umas às outras, matérias-primas, peças, equipamentos e serviços. Normalmente, o preço cobrado dentro de uma rede de alianças é menor que o praticado nas transações com empresas que não pertencem a ela.

AS MULTINACIONAIS

No contexto da economia mundial globalizada, a disputa econômica entre as empresas tem como palco o mercado mundial. Vivemos rodeados por produtos das mais diversas origens, fabricados por empresas multinacionais bastante conhecidas.

Estas ampliam seus mercados, vendem produtos em praticamente todos os países, aumentam o número de filiais em todo o globo e compram muitas empresas em vários países, principalmente nos subdesenvolvidos.

DICAS

FILMES

O Jardineiro Fiel
EUA, 2005. Direção: Fernando Meirelles. Duração: 87 min.

Numa área remota do Quênia, uma ativista é encontrada morta. O marido da vítima, um diplomata, resolve investigar o assassinato e descobre uma conspiração que usa pessoas como cobaias para testes de medicamentos.

The corporation
Canadá, 2004. Direção: Jennifer Abbott e Mark Achbar. Duração: 145 min.

Filme que trata da exploração de mão de obra, empresas jurídicas e grandes corporações mundiais, com comentários e entrevistas com pessoas questionadoras dessa realidade, como o linguista, filósofo e ativista político estadunidense Noam Chomsky e o cineasta estadunidense Michael Moore.

Planisfério: distribuição das 100 maiores empresas multinacionais – 2011

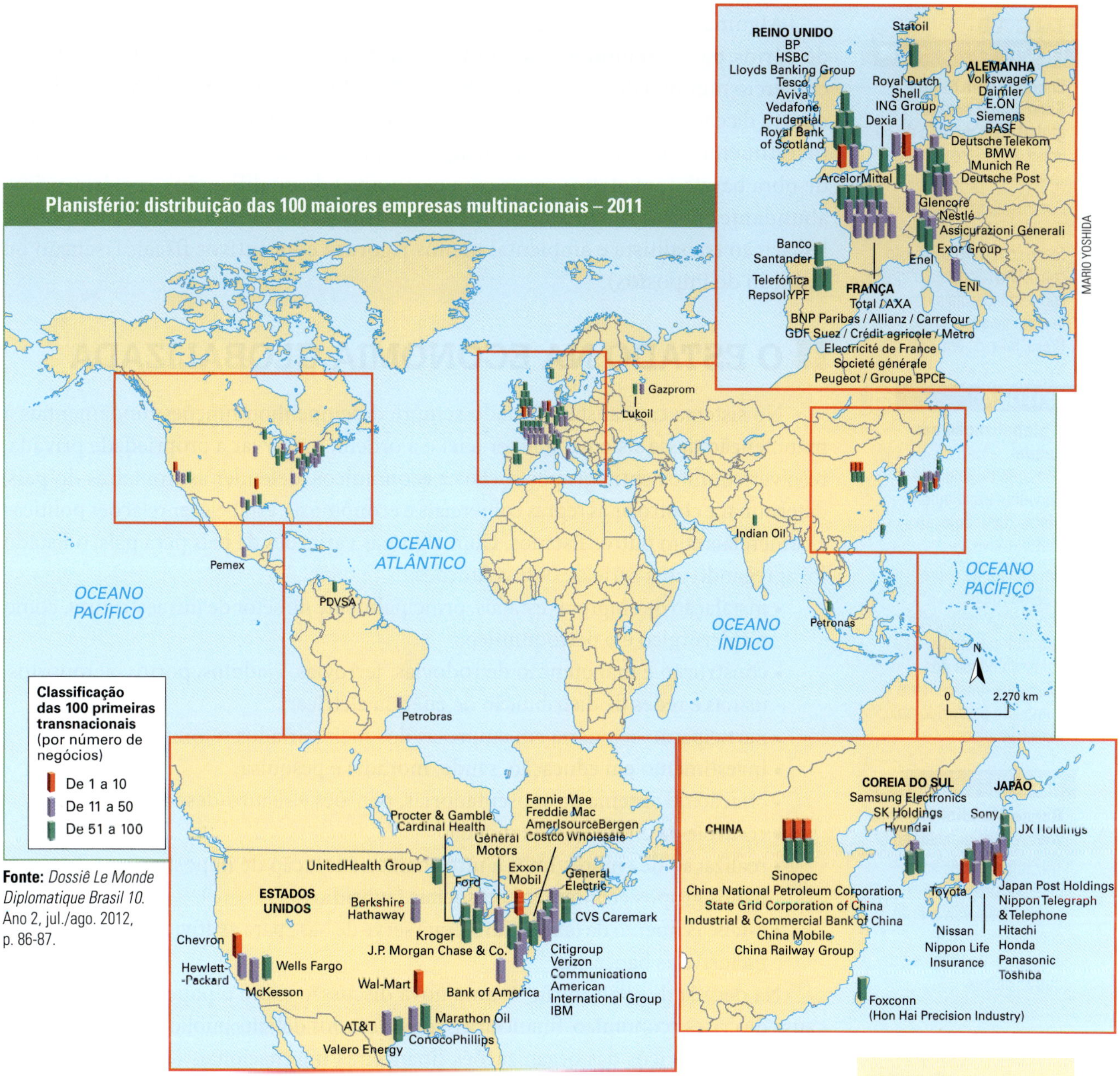

Fonte: *Dossiê Le Monde Diplomatique Brasil 10.* Ano 2, jul./ago. 2012, p. 86-87.

Multinacionais de vários setores – comércio, indústria, telecomunicações, bancos, entretenimento etc. – ampliaram sua presença no mundo inteiro. Mas o destino dos lucros transferidos pelas filiais, as grandes decisões sobre investimentos, *marketing* e localização dos centros de pesquisas para desenvolvimento de tecnologia, por exemplo, permanecem concentrados nas sedes dessas empresas, situadas principalmente nos países desenvolvidos. Muitas delas controlam recursos naturais, terras e jazidas minerais de vários países do mundo.

Assim, sobretudo nas décadas de 1980 e 1990, e no início do século XXI, o processo de **concentração do capital**, por meio de **fusões** e **aquisições** de empresas, intensificou-se, levando à formação de **oligopólios** mundiais. Atualmente, um pequeno número de grandes corporações multinacionais ou transnacionais domina mercados importantes, como os de comercialização de produtos de alta tecnologia (computadores, equipamentos de telecomunicações, aviões, *softwares*), de automóveis, de produtos farmacêuticos e os setores ligados aos serviços (bancos, telefonia, entretenimento).

Oligopólio
ocorre quando um pequeno grupo de empresas domina o mercado de um produto e pode estabelecer acordos nos quais as disputas econômicas não afetam as margens de lucro. Essas empresas gigantescas foram formadas inicialmente no final do século XIX. Essa situação diferencia-se do monopólio, pois nesse caso uma única empresa detém a oferta de determinada mercadoria ou serviço, situação que lhe permite a imposição do preço devido à ausência de concorrência.

DICAS

FILME

Encontro com Milton Santos ou O mundo global visto do lado de cá
Brasil, 2006. Direção: Sílvio Tendler. Duração: 89 min.

Documentário que discute os efeitos da globalização, tendo como eixo entrevista com Milton Santos, considerado o mais importante geógrafo do Brasil, falecido em 2001.

LEITURA

A globalização em xeque
Bernardo de Andrade Carvalho. São Paulo: Atual, 2000. Coleção História Viva.

Um panorama sobre a globalização econômica, a atuação das multinacionais, a vulnerabilidade dos mercados financeiros e o impacto produzido pelo livre-comércio.

SITE

Banco Mundial
www.bancomundial.org.br

Traz informações sobre diversos programas para o desenvolvimento socioeconômico e ambiental no Brasil e em outros países.

Algumas empresas movimentam anualmente um capital superior à economia de vários países reunidos. Em conjunto, são responsáveis por cerca de 70% do comércio mundial de mercadorias. Somente as 300 maiores controlam mais de um quarto da capacidade de produção em nosso planeta. Os países escolhidos para os investimentos dessas empresas são aqueles que oferecem maiores vantagens: mão de obra barata (em alguns casos com certo nível de qualificação), matéria-prima abundante, mercado consumidor, baixo custo para a instalação das empresas, legislação trabalhista e ambiental menos rigorosa e incentivos fiscais (isenção ou redução de impostos).

O ESTADO NA ECONOMIA GLOBALIZADA

No sistema capitalista, o Estado sempre desempenhou funções fundamentais à manutenção desse sistema: manter a lei e a ordem, preservar a propriedade privada, resolver conflitos entre grupos sociais e econômicos, defender as fronteiras do país, determinar e controlar as regras comerciais e econômicas, estabelecer relações políticas e comerciais com outros Estados. Com algumas variações de país para país, o Estado foi agregando uma série de outras funções:

- instalação de empresas estatais, principalmente no setor de infraestrutura, como o siderúrgico e o petroquímico;
- construção e manutenção de rodovias, ferrovias, viadutos, portos, aeroportos, usinas e redes de distribuição de energia elétrica;
- participação acionária em empresas dos mais variados setores;
- investimento em educação, saúde, moradia e pesquisa;
- criação do sistema de aposentadorias, pensões e seguro-desemprego;
- controle da circulação da moeda;
- realização de empréstimos a juros baixos e isenção de impostos para determinados grupos econômicos ou sociais (subsídios);
- estabelecimento da taxa de juros, que serve de base para as atividades financeiras, inclusive as bancárias.

Na década de 1980, abriu-se uma nova discussão sobre o **papel do Estado**, por causa de crises econômico-financeiras e dos elevados déficits públicos de muitos países. Para os teóricos das organizações financeiras internacionais (Banco Mundial e FMI) e o governo dos Estados Unidos, a crise e a nova economia globalizada exigiam um Estado que não interferisse no livre-comércio, facilitasse a atuação das grandes empresas, cobrasse menos impostos e reduzisse seus gastos, inclusive nos setores sociais (saúde, educação, moradia, previdência). Essas ideias e propostas foram chamadas de **neoliberais**.

Na concepção neoliberal:

- o Estado deve intervir pouco na economia, procurando eliminar barreiras ao comércio internacional, atrair investimentos estrangeiros, privatizar as empresas públicas, manter o **equilíbrio fiscal** (diferença entre arrecadação de impostos e as despesas públicas) e controlar a inflação;
- não é papel do Estado extrair petróleo ou minérios, administrar refinarias e siderúrgicas nem participar de qualquer outro tipo de atividade econômica. A produção de mercadorias é papel das empresas particulares;
- cabe ao Estado estimular a pesquisa tecnológica para apoiar a iniciativa privada, assegurar a estabilidade econômica e facilitar o livre funcionamento do mercado;

Equilíbrio fiscal
maior equivalência entre a arrecadação de impostos (receitas) e as despesas públicas.

- os direitos trabalhistas devem ser revistos (e restringidos), pois acabam inibindo a contratação por parte das empresas. Gastos elevados com mão de obra acabam sendo repassados para o preço dos produtos, que perdem competitividade no mercado internacional;
- o sistema de proteção social (seguro-desemprego, aposentadorias e outros) deve ser reestruturado de modo a contribuir para a redução do déficit público (situação em que o Estado gasta mais do que arrecada);
- as despesas do Estado nos setores sociais (saúde e educação, por exemplo) não devem ser muito altas, para que os impostos cobrados das empresas e da sociedade como um todo também não sejam elevados.

A adoção das práticas neoliberais levou vários Estados a enfraquecer os mecanismos de controle da economia e das fronteiras comerciais, tornando os países subdesenvolvidos vulneráveis à atuação das grandes corporações multinacionais, originárias, em sua maioria, de países desenvolvidos. Com isso, ampliaram-se as desigualdades sociais e econômicas entre os países, visto que o neoliberalismo e a livre-concorrência atendem melhor aos países desenvolvidos, que têm grande capacidade de investimento, tecnologia mais avançada e maior capacidade competitiva no mercado mundial.

Países como a Índia e, sobretudo, a China, que vêm apresentando crescimento econômico expressivo desde os anos 1980, não promoveram uma liberalização profunda, como fizeram, por exemplo, Argentina e Brasil. Chineses e indianos optaram por uma abertura mais controlada e um processo de privatização mais gradual, procurando manter, por meio de cotas e elevadas taxas de importação, proteção a alguns setores econômicos nos quais são menos competitivos. Ao mesmo tempo, investem nesses setores para ampliar o seu nível de competitividade.

Isso demonstra que existem diferentes possibilidades de se integrar à economia mundial, sem, necessariamente, abrir totalmente a economia e aproveitando-se de vantagens que um país pode ter em relação aos demais, sobretudo no caso dos emergentes.

DICA

FILME

O cerco: a democracia nas malhas do neoliberalismo
Canadá, 2008. Direção: Richard Brouilette. Duração: 160 min.
Crítica à agenda neoliberal, por meio de entrevistas de intelectuais e militantes críticos à globalização.

INTERCONEXÃO

Língua Portuguesa

RONALDO CUNHA DIAS

O cartum no I Fórum Social Mundial. Porto Alegre: Coraq, 2001. p. 62.

Quando um artista representa simbolicamente uma ideia por meio de imagens, dizemos que ele está usando uma **alegoria**. A alegoria pode também aparecer na literatura. Os textos alegóricos mais conhecidos são as fábulas, nas quais geralmente há uma moral da história em que se explica seu sentido figurado.

- O cartunista usa uma alegoria. Relacione os personagens com a crítica ao neoliberalismo.

A CRISE FINANCEIRA E ECONÔMICA INICIADA EM 2007/2008

DICA

FILME

Wall Street: o dinheiro nunca dorme
Estados Unidos, 2010.
Direção: Oliver Stone.
Duração: 133 min.

Depois de passar anos preso, condenado por fraudes financeiras, Gordon Gekko sai da cadeia. Ele se alia, então, ao namorado da filha, um especialista financeiro, Jacob Moore, e juntos buscam vingança contra Bretton James, um influente investidor de Wall Street e responsável pela longa pena de Gekko e pela ruína do patrão de Moore.

Em 2008, o mundo capitalista conheceu uma séria crise financeira e econômica. Iniciada nos Estados Unidos, em 2007, a crise foi classificada por analistas econômicos como a de maior gravidade desde a crise de 1929.

As **causas da crise** estavam relacionadas à expressiva expansão dos financiamentos para a compra de imóveis nos Estados Unidos, em razão dos juros baixos que o governo vinha mantendo desde o início dos anos 2000. A forte valorização no preço dos imóveis estimulou os que tomavam financiamentos (mutuários) a refinanciar suas dívidas, recebendo uma diferença em dinheiro, em geral utilizada para consumir bens, enquanto o nível de poupança caía acentuadamente. Diversos bancos criaram títulos que tinham como garantia os financiamentos para compra de imóveis (títulos garantidos com hipotecas). Investidores que adquiriram esses títulos emitiam, por sua vez, outros títulos que tinham como garantia os primeiros. Isso se espalhou por todo o sistema financeiro, formando uma "bolha especulativa".

Com o consumo em alta, a inflação aumentou. Para frear esse aumento, o governo estadunidense aumentou os juros, elevando o valor das prestações dos imóveis. Assim, centenas de milhares de proprietários deixaram de pagar os financiamentos, os preços dos imóveis despencaram e os títulos se desvalorizaram acentuadamente.

Em decorrência, houve quebra de bancos, cortes de empregos, desvalorização de empresas e redução da oferta de crédito, afetando toda a cadeia de consumo – com menos financiamentos para a compra de bens, muitos consumidores ficaram sem recursos para a compra de mercadorias. Com a redução das vendas, muitas empresas ficaram com capacidade de produção ociosa e passaram a demitir; outras demitiam sob o pretexto de se preparar para a crise. Com as demissões, houve perda de renda dos assalariados e diminuição do consumo. Nessa situação, os que estavam empregados preferiam poupar e, com isso, a crise se intensificou.

Em razão da forte integração entre as economias nacionais no contexto da globalização e pelo fato de a crise ter surgido e afetado os Estados Unidos, país que gera cerca de um quinto do PIB mundial, seus efeitos rapidamente foram sentidos em todo o mundo, em maior ou menor grau.

Diversas estratégias de socorro a bancos e empresas foram elaboradas. Os governos estadunidense e de outros países desenvolvidos disponibilizaram vultosos recursos financeiros para salvar bancos e grandes empresas, visando conter a crise – trilhões de dólares foram utilizados para esse fim.

DARIO CANTATORE/GETTY IMAGES

Vista de Wall Street, em Nova York (Estados Unidos), 2011, um dos principais centros financeiros do mundo. Wall Street exerce grande poder de influência na condução da política econômico-financeira do país, haja vista a grande quantidade de recursos financeiros utilizados pelo governo estadunidense para salvar instituições financeiras da falência a despeito dos problemas que isso causaria na economia por conta de falências generalizadas.

Nesse contexto, dirigentes dos países do **G20**, grupo que responde por mais de 85% do PIB mundial, salientaram a necessidade de o Estado fiscalizar mais intensamente o sistema financeiro, ampliar os recursos do **FMI** para atender os países com mais dificuldades e possibilitar participação mais ativa das chamadas economias emergentes, especialmente da China, nas reuniões e decisões tomadas no âmbito das grandes potências mundiais.

Na reunião do G20 no México, em junho de 2012, foi decidida uma ampliação dos recursos do FMI para gerir a crise. Reafirmou-se o compromisso para uma reforma no FMI, na qual os países emergentes – particularmente China, Brasil, Rússia e Índia – teriam maior participação nas decisões do Fundo, como contrapartida ao aumento no aporte de recursos. Mesmo com essa ampliação, os Estados Unidos, que detêm cerca de 17% das cotas da organização, continuariam tendo "direito a veto", pois, para aprovação de algumas determinações do Fundo, são necessários 85% de votos a favor. Essas questões apontam para um novo arranjo no sistema financeiro internacional, no qual os países emergentes possam ter, de fato, um maior protagonismo.

G20
grupo criado em 1999 como um fórum de cooperação e consulta entre as 20 maiores economias do mundo, para encaminhamento de soluções e propostas relativas ao sistema financeiro internacional e à economia global. Há também um grupo de países subdesenvolvidos (ou em desenvolvimento), do qual fazem parte os emergentes, que reúne 23 países e também é denominado G20 (o FMI o denomina de G23). Esse grupo foi formado em 2003 durante uma reunião ministerial da OMC (Organização Mundial do Comércio), a fim de defender os interesses desses países, sobretudo nas negociações que tratam do comércio global de mercadorias agrícolas, dos quais são grandes produtores e exportadores. Desde então, diversas reuniões foram organizadas pelo grupo.

A crise e o estado neoliberal

A partir da crise, a desregulamentação do sistema financeiro internacional, um dos pilares do neoliberalismo, passou a ser questionada. A necessidade de fiscalização e de controle mais rigoroso por parte dos governos, inclusive com cobrança de impostos mais elevados, mostrou-se necessária não só internamente, mas entre os países. A cobrança de impostos mais elevados dos investidores faria com que os governos tivessem mais recursos para direcionar a setores como saúde, educação, infraestrutura e saneamento básico.

Desemprego na Zona do Euro (em %) – maio de 2013

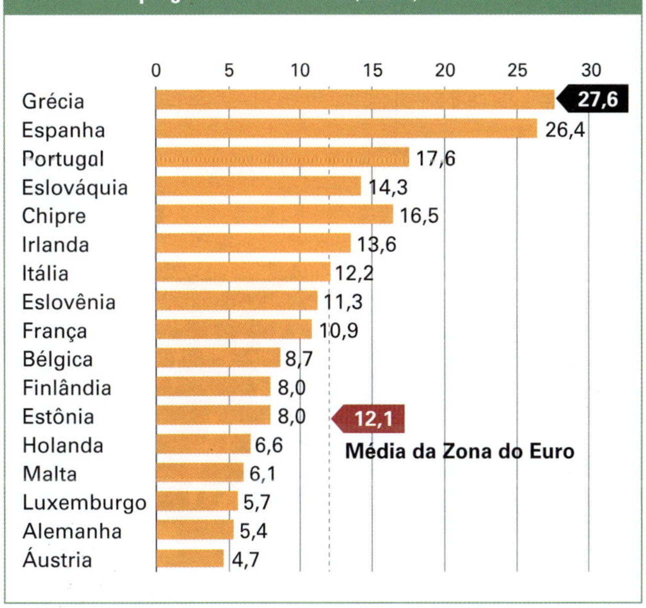

Fonte: EUROSTAT. Disponível em: <http://ec.europa.eu/eurostat>. Acesso em: ago. 2013.

Dívida dos países da Zona do Euro em relação ao PIB (em %) – maio de 2013

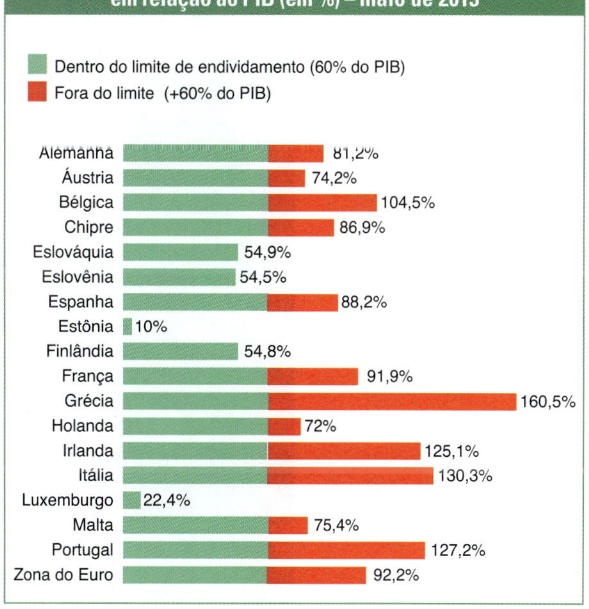

MARIO YOSHIDA

Fonte: EUROSTAT. Disponível em: <http://ec.europa.eu/eurostat>. Acesso em: ago. 2013.

DICA

FILME

Catastroika
Grécia, 2012. Direção: Aris Chatzistefanou, Katerina Kitidi. Duração: 87 min.

Documentário sobre o impacto da privatização massiva de bens públicos e sobre toda a ideologia neoliberal. As consequências mais devastadoras registram-se nos países obrigados a realizar privatizações massivas, em contrapartida aos planos de resgate.

Déficit público
valor que o governo gasta acima do que arrecada. O déficit pode ser expresso em valores absolutos ou em porcentagem sobre o PIB do país.

Entre 2010 e 2012, houve uma intensificação da crise e dos seus desdobramentos, com a ampliação significativa das dívidas públicas dos países desenvolvidos, particularmente da Grécia, da Irlanda, da Espanha, de Portugal e da Itália, sendo o caso mais grave o da Grécia, país que em 2012 enfrentava crescimento econômico negativo e dívida do Estado correspondendo a 165% do valor do PIB. Os Estados Unidos também tiveram aumento de sua dívida pública e foi necessário que o legislativo do país aumentasse o teto de endividamento, em 2011. Nessa ocasião, sua nota de qualidade de crédito foi rebaixada por uma agência pela primeira vez na história.

Até o final de 2012, Grécia, Irlanda e Portugal já haviam recorrido a pacotes de resgate estruturado pela Troika (comitê formado por três membros: FMI, União Europeia e Banco Central Europeu). Esses pacotes exigiram cortes profundos nos gastos do Estado, com reflexos diretos nas condições de vida de milhões de cidadãos europeus desses países, pois os cortes atingiram os setores de saúde e educação, remuneração das aposentadorias, salários dos funcionários públicos, seguro-desemprego e valor do salário mínimo. Isso desencadeou protestos generalizados.

Com a intensificação dos problemas relacionados à crise, como redução do consumo e consequentemente da produção, e aumento do desemprego, os investimentos privados foram reduzidos e os bancos passaram a segurar os empréstimos. Num círculo vicioso, os governos, por sua vez, tiveram uma diminuição na arrecadação de impostos e elevação do **déficit público**.

XINHUA/EYEVINE/GLOW IMAGE

Gregos realizam manifestação contra as medidas de austeridade tomadas pelo governo, em frente ao prédio do Parlamento, em Atenas (Grécia), 2011.

POR UMA OUTRA GLOBALIZAÇÃO

Diversos movimentos surgiram em todo o mundo para se opor às consequências negativas da globalização, as quais atingiram todos os países, inclusive os desenvolvidos, como se viu na crise iniciada em 2007 nos Estados Unidos. Esses movimentos questionam o poder conquistado pelas multinacionais, que estão moldando o mundo segundo seus interesses econômicos. Quando defendem seus interesses, os países desenvolvidos estão garantindo, sobretudo, espaço para a expansão das corporações multinacionais. Já os países subdesenvolvidos disputam seus investimentos, abrindo seus mercados para atrair a instalação de filiais desses conglomerados.

Os movimentos contra os rumos da globalização se tornaram mais conhecidos no final do século XX, quando a Organização Mundial do Comércio (OMC) organizou em Seattle (Estados Unidos) a Rodada do Milênio, um evento realizado a fim de discutir com representantes do governo de 130 países as perspectivas do comércio internacional para o século XXI. Em relação ao evento, diversas organizações da sociedade civil, como ONGs, sindicatos, ambientalistas e estudantes, promoveram uma grande manifestação. O protesto foi reprimido pela polícia. A partir de então, sempre que os encontros da OMC ou dos países ricos se realizam, integrantes dos movimentos contrários aos rumos da globalização também se reúnem.

Os grupos de oposição têm propostas e preocupações muito diferentes e até divergentes. Agrupam ambientalistas voltados para os grandes problemas ecológicos mundiais; reformistas que lutam por uma globalização mais humana; manifestações contra as elites financeiras (Occupy Wall Street), sindicalistas preocupados com os direitos dos trabalhadores; nacionalistas que querem maior defesa do mercado nacional; minorias negras, indígenas e de outros grupos que combatem a discriminação; entidades como o MST (Movimento dos Trabalhadores Rurais Sem Terra), que defendem a reforma agrária; enfim, grupos que se posicionam a favor de uma globalização solidária e não excludente.

DICAS

FILMES

A batalha de Seattle
Canadá / Alemanha / EUA, 2007. Direção: Stuart Townsend. Duração: 109 min.

Em 1999, dezenas de milhares de pessoas vão às ruas de Seattle, em protesto contra a Organização Mundial de Comércio. De início o protesto era pacífico, pedindo o fim das conferências da OMC, mas logo se tornou um motim.

Globalização, violência ou diálogo?
França, 2002. Direção: Patrice Barrat. Duração: 52 min.

A globalização é um processo irreversível. Resta saber se causa impacto nas sociedades de forma positiva ou negativa.

LEITURA

Globalização, democracia e terrorismo
Eric J. Hobsbawm. Tradução: Jose Viegas São Paulo: Companhia das Letras, 2007.

Apresenta uma coletânea de dez palestras e conferências em que Hobsbawm faz um balanço dos principais temas da política internacional dos nossos dias. Faz uma análise da situação mundial no início do novo milênio.

ANDREW BURTON/STRINGER/GETTY IMAGES

O movimento Occupy Wall Street tem como lema "We are the 99%", ou seja, "Nós somos os 99%", em contraposição aos que concentram a maior parte das riquezas – o 1% –, do qual fazem parte grandes executivos, empresários e banqueiros. O movimento ganhou força e se estendeu para a Europa. Na imagem, pessoas se reúnem na Union Square, em Nova York (Estados Unidos), ao final de uma marcha pela cidade, em março de 2012.

O primeiro Fórum Social Mundial realizado em Porto Alegre, em 2001, marcou a presença do Brasil na luta por uma globalização mais justa. "Um outro mundo é possível" foi seu principal *slogan* e caracterizou a primeira tentativa de discussão de propostas voltadas para a melhoria da qualidade de vida da sociedade globalizada e a elaboração de estratégias comuns dos diversos movimentos contrários à globalização do capital, que privilegia os interesses das grandes corporações multinacionais.

PONTO DE VISTA

Redes mundiais e funções centrais de comando

"A globalização das operações de uma empresa traz com ela a enorme tarefa de coordenação e gestão. Isso não é novo, mas o trabalho aumentou nas últimas duas décadas e se tornou mais complexo. Além disso, a dispersão das operações de uma empresa não ocorre por meio de uma única forma organizacional; pelo contrário, por trás dos números, há muitas formas organizacionais, hierarquias de controle e graus de autonomia diferentes. A rede global integrada de centros financeiros é mais uma forma dessa combinação de dispersão e complexidade crescente das funções centrais de gestão e coordenação.

Tem importância para esta análise a dinâmica que conecta a dispersão de atividades econômicas com o peso e o crescimento de funções centrais. Em termos de soberania e globalização, isso significa que uma interpretação do impacto da globalização como algo que cria uma economia espacial que se estende além da capacidade regulatória de um único Estado é apenas a metade da história; a outra metade é que as funções centrais se concentram desproporcionalmente nos territórios nacionais dos países muito desenvolvidos.

Com a expressão funções centrais, não quero dizer apenas as matrizes de alto nível; estou me referindo a todas as funções superiores financeiras, legais, contábeis, gerenciais, executivas e de planejamento que são necessárias para administrar uma organização corporativa que opera em mais de um país e, cada vez mais, em vários países. [...] essas funções centrais estão parcialmente enraizadas nas matrizes, mas também estão em boa parte enraizadas naquilo que tem sido chamado de complexo de serviços corporativos – ou seja, a rede de empresas financeiras, legais, contábeis e de publicidade que lidam com as complexidades de operar em mais de um sistema legal nacional, em mais de um sistema contábil nacional, em mais de uma cultura de publicidade e assim por diante, e o fazem frente a rápidas inovações em todos esses campos. Esses serviços se tornam tão especializados e complexos que as matrizes cada vez mais os compram de empresas especializadas, em vez de produzi-los na sede. Essas aglomerações de empresas que realizam funções centrais para a gestão e coordenação de sistemas econômicos globais se concentram de maneira desproporcional nos países altamente desenvolvidos – particularmente, mas não exclusivamente, em cidades globais. Essas concentrações de funções representam um fator estratégico na organização da economia global."

SASSEN, Saskia. *Sociologia da globalização.* Porto Alegre: Artmed, 2010. p. 55-56.

1. Relacione as questões abordadas no texto com os temas desenvolvidos no capítulo.

2. O que você entende pela expressão "economia espacial que se estende além da capacidade regulatória de um único Estado"?

3. Explique o significado de "complexo de serviços corporativos".

Zona de negócios da cidade de Londres, Inglaterra (Reino Unido), 2011.

STEVE VIDLER/ALAMY/GLOW IMAGES

[COMPREENSÃO E ANÁLISE]

1. Analise o papel das inovações tecnológicas na modificação das relações interpessoais, dando exemplos do seu dia a dia.

2. Explique a importância das redes sociais e apresente uma lista com alguns cuidados que as pessoas devem ter em relação ao uso dessas redes.

3. Diferencie investimentos produtivos de investimentos especulativos e explique a razão pela qual os últimos constituem um risco à economia mundial atual.

4. Quais foram as transformações ocorridas no papel do Estado nos países que adotaram políticas econômicas neoliberais?

5. Leia o texto e resolva as questões.

As redes, o produto e a marca

"O crescimento astronômico da riqueza e da influência cultural das corporações multinacionais nos últimos 15 anos pode, sem sombra de dúvida, ter sua origem situada em uma única e aparentemente inócua ideia desenvolvida por teóricos da administração em meados da década de 1980: as corporações de sucesso devem produzir principalmente marcas, e não produtos.

[...] Todo mundo pode fabricar um produto, raciocinam eles [...]. Essa tarefa ignóbil, portanto, pode e deve ser delegada a terceiros cuja única preocupação é atender às encomendas a tempo e dentro do orçamento [...]. As matrizes, enquanto isso, estão livres para se concentrar em seu verdadeiro negócio – criar uma mitologia corporativa poderosa o bastante para infundir significado a esses toscos objetos apenas assinalando-os com seu nome."

KLEIN, N. *Sem logo*: a tirania das marcas em um planeta vendido. Rio de Janeiro: Record, 2002. p. 27, 46.

a) De acordo com a lógica do atual capitalismo, a "simples" tarefa de fabricar um produto "pode e deve ser delegada a terceiros". Quais seriam os países onde são fabricados os produtos que levam a marca das multinacionais?

b) Quais os motivos da escolha desses países para a fabricação dos produtos?

c) De acordo com o texto, quais são as atividades profissionais mais importantes para algumas corporações multinacionais?

d) Dê pelo menos um exemplo de um produto que você utiliza no dia a dia que tem a marca de uma multinacional e cuja produção segue o sistema mencionado no texto.

6. Leia o texto a seguir e resolva as questões.

Capitalismo global

"O capitalismo global caracteriza-se por ter na inovação tecnológica um instrumento de acumulação em nível e qualidade infinitamente superiores aos experimentados em suas fases anteriores; e por utilizar-se intensamente da fragmentação das cadeias produtivas propiciada pelos avanços das tecnologias da informação."

DUPAS, Gilberto. *Atores e poderes na nova ordem global*. São Paulo: Edunesp, 2005. p. 75.

a) O texto aponta a organização econômica do espaço mundial em redes. Descreva, resumidamente, esse tipo de organização econômica.

b) Dê um exemplo de produção e comercialização de uma mercadoria que ilustre a ideia presente no texto.

7. Observe a foto a seguir.

JÉSSICA RINALDI /REUTERS/LATINSTOCK

Casa em Dallas (Estados Unidos), 2009, exibe placa de venda de imóvel a preço reduzido.

a) A foto remete ao contexto de uma crise iniciada nos EUA, em 2007/2008. Indique as suas causas, relacionando-as, também, à foto.

b) Comente as consequências dessa crise para o entendimento sobre o neoliberalismo.

c) Pesquise em jornais, revistas e na internet os desdobramentos dessa crise nos dias atuais. Analise mudanças ocorridas nas decisões político-econômicas de países como Estados Unidos e Brasil.

CAPÍTULO 20

GLOBALIZAÇÃO, COMÉRCIO MUNDIAL E BLOCOS ECONÔMICOS

CONTEXTO

Observe o mapa e leia a tabela.

Brasil: negócios com os parceiros do Mercosul – 2012

MARIO YOSHIDA

Indicadores			
Países	PIB (em US$)	Desemprego (em %)	População (em milhões)
Brasil	2,2 tri	5,5%	194 milhões
Paraguai	25 bilhões	8,1%	6,7 milhões
Uruguai	49 bilhões	6,2%	3,4 milhões
Argentina	474 bilhões	7,2%	40,8 milhões
Venezuela	382 bilhões	8,1%	29,7 milhões

Fontes: CEPAL/OIT. *Informe Coyuntura Laboral en América Latina y el Caribe*. p. 24. Disponível em: <www.ilo.org>; WORLD BANK. *World Development Indicators Database, 2013*. Disponível em: <http://databank.worldbank.org>; PRB. *World Population Data Sheet, 2012*. Disponível em: <www.prb.org>. Acessos em: ago. 2013.

DISCUTA

1. Em sua opinião, qual é a importância dos blocos econômicos, atualmente, no comércio internacional?

2. O que os dados do mapa e da tabela revelam em relação ao Mercosul?

O COMÉRCIO DE MERCADORIAS E SERVIÇOS NO MUNDO ATUAL

Em 2012, as transações comerciais movimentavam cerca de 17,8 trilhões de dólares, no caso das exportações, e 18,1 trilhões de dólares, aproximadamente, no caso das importações. Quase a metade desse volume de comércio está concentrada entre os países do G8 e a China. Os chineses têm ampliado cada vez mais sua participação no comércio internacional.

Mundo: participação dos principais países nas exportações de mercadorias – 2012

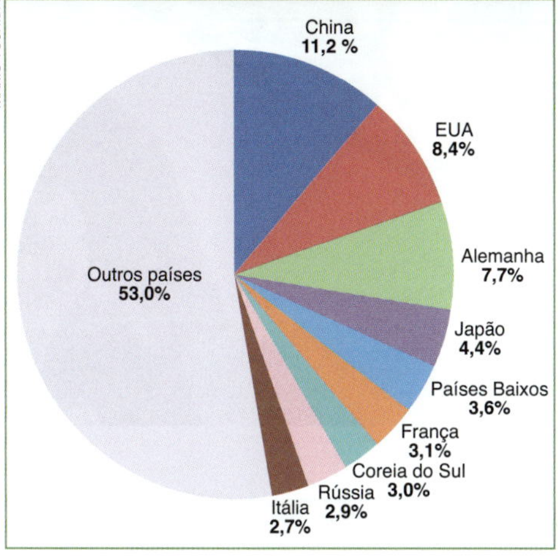

Mundo: participação dos principais países nas importações de mercadorias – 2012

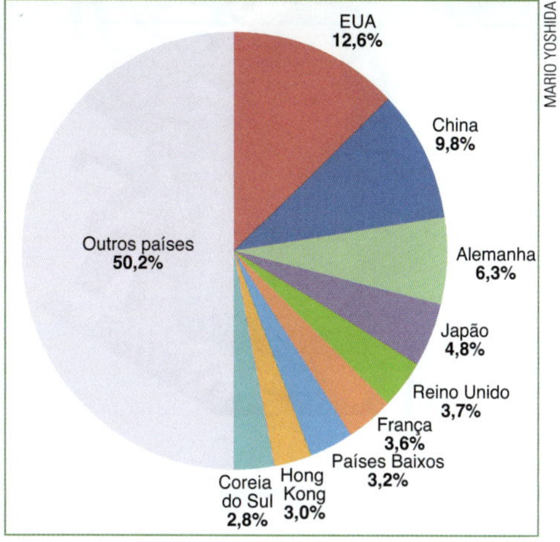

MARIO YOSHIDA

Fonte: OMC. *World Trade Report 2013*. Disponível em: <www.wto.org>. Acesso em: ago. 2013.

Os Estados Unidos, a principal potência comercial do globo, exportaram 2,049 trilhões de dólares e importaram 2,335 trilhões[2]. Esse saldo negativo na balança comercial representava o maior déficit comercial do planeta e era superior ao PIB do Chile.

O comércio internacional de serviços perfaz atualmente uma parcela considerável do comércio entre países. Em 2012, correspondia a aproximadamente 8,5 trilhões de dólares, somadas as exportações e importações. Esse comércio é representado por fretes de transportes, turismo global, serviços de informática, atividades culturais e desportivas, prestação de serviços a empresas (*telemarketing*, *call center*, contabilidade, consultoria), atividades auxiliares de intermediação financeira, edição e reprodução de gravações, entre outros.

Como ocorre com o comércio de mercadorias, o de serviços está concentrado em países desenvolvidos, que abarcam cerca de 75% do total mundial. Os Estados Unidos são os maiores exportadores e importadores mundiais e mantêm superávit nesse setor: em 2012, o saldo positivo foi de aproximadamente 208 bilhões de dólares, concentrando cerca de 14% das exportações mundiais e 10% das importações.

Internamente, os serviços têm participação importante na composição do PIB dos países desenvolvidos (cerca de 80% do total das riquezas geradas em um ano nesses países). No caso brasileiro, os serviços correspondem a mais de 60% do PIB.

As facilidades proporcionadas pela telemática, com os avanços nas tecnologias de comunicação e informação, têm propiciado o deslocamento e a terceirização

DICAS

SITE

Globalização: em direção a *um mundo só*?
www.scielo.br/pdf/ea/v9n25/v9n25a05.pdf
Site traz artigo de Henrique Rattner denominado "Globalização: em direção a *um mundo só*?".

LEITURA

Comércio Internacional: do GATT a OMC
Augusto Zanetti. São Paulo: Claridade, 2002.
Aborda a passagem do Acordo Geral de Tarifas e Comércio (GATT) à Organização Mundial de Comércio (OMC) e examina as relações internacionais e a influência sociocultural e histórica na criação de organizações internacionais.

2 OMC. *World Trade Report 2013*, p. 33.

de diversas tarefas não relacionadas diretamente à produção, como atendimento e suporte ao cliente, serviços contábeis e fiscais e venda por telefone ou internet. Essas tarefas passam a ser realizadas em outros países, onde a mão de obra é mais barata, como a Índia.

DAVID PEARSON/ALAMY/GLOW IMAGES

Call center em Mumbai (Índia), 2012. A Índia, por ter o inglês como uma de suas línguas oficiais, tem os Estados Unidos como cliente em seus serviços de *telemarketing*.

Mundo: participação dos principais países nas exportações de serviços – 2012

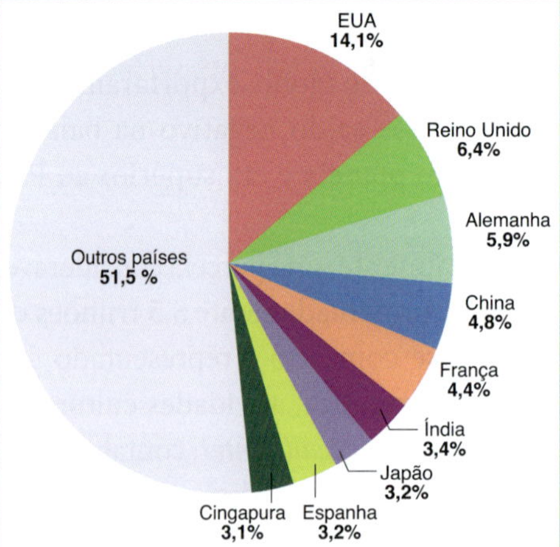

MARIO YOSHIDA

Fonte: OMC. *World Trade Report 2013*. Disponível em: <www.wto.org>. Acesso em: ago. 2013.

Mundo: participação dos principais países nas importações de serviços – 2012

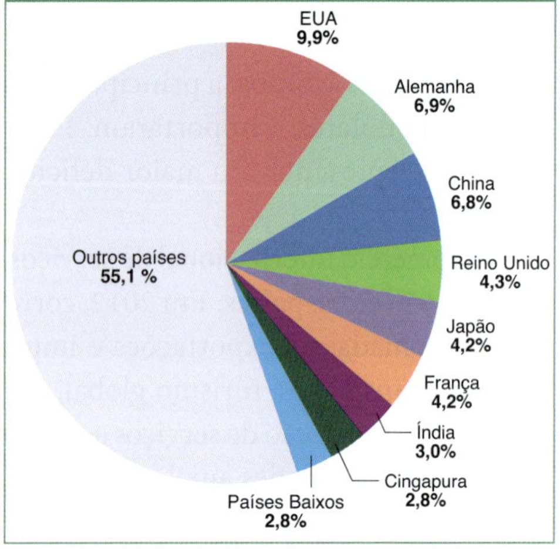

MARIO YOSHIDA

Fonte: OMC. *World Trade Report 2013*. Disponível em: <www.wto.org>. Acesso em: ago. 2013.

O comércio internacional e a OMC

Na segunda metade do século XX, o comércio internacional apresentou um crescimento expressivo. Após a Segunda Guerra Mundial, instituições de âmbito global, como Banco Mundial, FMI e Gatt[3] (Acordo Geral sobre as Tarifas e Comércio), reestruturaram as relações financeiras e estabeleceram regras para maior abertura

3 O Gatt foi criado em 1947 com o objetivo de reorganizar o comércio mundial por meio da redução do protecionismo e do estímulo ao livre-comércio. Em 1995, foi substituído pela OMC.

do comércio mundial. No entanto, com a consolidação das propostas neoliberais, nos anos 1980/1990, e a criação da **OMC (Organização Mundial do Comércio)**, em 1995, as relações comerciais e financeiras entre os diversos países do mundo tiveram um crescimento sem precedentes. A OMC foi criada após uma série de negociações iniciadas em 1986 com a **Rodada** Uruguai, mas foi concluída apenas em 1994, na Conferência de Marrakesh, em Marrocos. Essas negociações ocorreram no âmbito do Gatt e desenvolveram-se no auge da expansão do neoliberalismo. Como sabemos, as ideias neoliberais defendem uma abrangente liberalização do comércio e do sistema financeiro internacional.

As negociações da Rodada Uruguai reformularam um conjunto de regulamentos para o comércio de mercadorias, um inédito sistema de regras para o comércio de serviços e estabeleceram normas para questões ligadas à **propriedade intelectual** e **patentes** e colocaram como prioridade a criação da OMC, em substituição ao Gatt.

Com a conclusão da Rodada Uruguai e a criação da OMC, ficou definido também que essa organização seria responsável pela resolução de conflitos ou disputas comerciais entre os países-membros. Cabe a ela, portanto, julgar as violações das regras relacionadas às transações de mercadorias e serviços, entre seus 159 associados[4], e estabelecer punições aos países responsáveis.

Rodada
ciclo de negociações comerciais multilaterais entre vários países.

Propriedade intelectual
refere-se aos direitos que uma pessoa ou empresa tem sobre uma criação intelectual, como um livro, uma poesia, uma música, um filme etc.

Patente
documento que atesta o direito de uma pessoa ou de uma empresa a um invento (a fórmula de um medicamento, por exemplo). Ao registrar a patente, seu detentor tem assegurados os direitos exclusivos para fabricar o produto ou gerar o serviço durante determinado tempo.

FABRICE COFFRINI/AFP

Em 2013, o embaixador brasileiro Roberto Carvalho de Azevêdo passou a presidir a OMC. Na imagem, o novo diretor-geral da entidade participa de reunião em Genebra, na Suíça, no mesmo ano.

A Rodada de Doha

Em novembro de 2001, teve início em Doha, capital do Qatar, a Rodada de Doha, uma série de negociações visando reduzir as barreiras do comércio internacional. Prevista inicialmente para terminar em 2005, as negociações iniciadas em Doha ainda não foram concluídas. Existem amplas divergências de opiniões em relação a uma série de temas, como serviços, patentes e a questão agrícola. Essas divergências, de modo geral, colocam em lados opostos os países desenvolvidos (Estados Unidos, União Europeia e Japão) e os subdesenvolvidos, representados pelo G20[5], sobretudo

4 A OMC contava com 159 associados até 2013. Em 2012, a Rússia se integrou à organização e era a única grande potência fora da OMC.
5 Sobre esse grupo, ver também o capítulo anterior, página 297.

o Brasil, a Argentina, a África do Sul, a Índia e a China. Esse grupo é bastante heterogêneo, com diferentes interesses. Os pontos coincidentes restringem-se à pressão que recebem dos países desenvolvidos para abrir a economia.

O ponto mais polêmico refere-se à questão agrícola. Os países subdesenvolvidos reivindicam que os desenvolvidos facilitem a entrada de produtos agropecuários estrangeiros, através da remoção de barreiras protecionistas e da diminuição dos fartos subsídios que concedem aos seus agricultores[6]. Em contrapartida, os países desenvolvidos exigem que qualquer abertura de seus mercados aos produtos agrícolas esteja condicionada à maior liberação dos países subdesenvolvidos à entrada de produtos industriais e relacionados ao setor de serviços.

Protecionismo disfarçado

Para dificultar, ou até mesmo impedir, a entrada de mercadorias de outros países em seu território, os países desenvolvidos criam barreiras não tarifárias. As mais comuns são:

- **defesa comercial**, relativa a práticas comerciais que desrespeitam os princípios e as regras estabelecidas, como o *dumping*, prática internacional em que são comercializadas mercadorias com preços muito baixos, às vezes até mesmo inferiores ao custo de produção, com o objetivo de eliminar concorrentes e conquistar novos mercados. Há, ainda, o chamado *dumping* social, em que os países subdesenvolvidos são acusados de aplicar normas e condições trabalhistas muito precárias, barateando seus produtos e ganhando em competitividade;
- **defesa técnica**, nos casos em que o produto não apresenta tecnologia adequada, como um veículo cujo sistema de freios é pouco eficiente, um brinquedo que pode afetar a saúde das crianças etc.;
- **defesa sanitária**, que envolve principalmente os produtos agropecuários. A importação de uma mercadoria pode ser impedida quando são detectadas doenças em um rebanho, como febre aftosa ou doença da vaca louca, ou produtos agrícolas que foram cultivados com uso excessivo de agrotóxicos ou de fertilizantes e adubos;
- **garantia de preços mínimos na compra de safras agrícolas** dos produtores nacionais e prioridade para a compra da produção interna.

As barreiras não tarifárias são utilizadas, sobretudo, pelos países desenvolvidos. Apesar do discurso pela liberalização comercial, estes protegem amplamente os setores produtivos que podem ser afetados pela concorrência de mercadorias importadas. É o que se chama **protecionismo**.

Protecionismo
sistema de proteção que o governo oferece aos produtores nacionais, por meio de subsídios, elevação das taxas ou impostos de importação ou de outras barreiras, como a imposição de cotas (limites) para a entrada de mercadorias e serviços de outros países.

Em contrapartida, esses países (Estados Unidos, Japão e membros da UE) exigem dos subdesenvolvidos maior abertura econômica, com facilidades para investimentos financeiros de curto prazo, importações e ingresso de empresas comerciais (como redes de hipermercados) e de serviços (sobretudo telecomunicações e energia elétrica).

Por trás do discurso de abertura econômica dos países desenvolvidos e de organismos internacionais (FMI e Banco Mundial) está, entre outros aspectos, o interesse das multinacionais por mais liberdade de atuação, a fim de ampliar suas margens de lucro, aproveitando-se das chamadas vantagens competitivas.

Assim, a globalização mostra-se um processo assimétrico, no qual os países subdesenvolvidos obtêm pouca vantagem, e os países desenvolvidos, amplos benefícios.

6 Esse tema será aprofundado nos capítulos 27 e 28.

BLOCOS ECONÔMICOS

Paralelamente às negociações multilaterais para a liberalização comercial no âmbito da OMC, são conduzidas diversas negociações de caráter regional, entre dois países (bilaterais) ou num grupo mais amplo, para a formação de blocos econômicos ou para ampliar os acordos nos blocos já constituídos. A maior parte dos países que participam da OMC está também envolvida em negociações e acordos comerciais regionais ou faz parte de algum bloco econômico.

Os acordos de livre-comércio trazem uma série de consequências para as empresas e a população dos países integrantes dos blocos. Para a atividade produtiva de um país que compõe um bloco, haverá ganhadores e perdedores. Geralmente, os ganhadores serão as empresas ou produtores mais competitivos, ou seja, aqueles que têm melhores condições de venda, pois podem conquistar mercados nos outros países do bloco. Perdedores serão os pequenos produtores. Por serem menos competitivos, com o aumento da concorrência, poderão até mesmo falir. A população também pode se beneficiar, podendo consumir produtos mais baratos que entram no país, ou ser atingida pelo aumento do desemprego, em virtude da falência ou redução da produção das empresas nacionais.

LEITURA COMPLEMENTAR

Modalidades de blocos econômicos

Na seção *Contexto*, foram discutidas as modalidades de blocos econômicos. Em todas elas, o objetivo é a redução ou eliminação das tarifas ou impostos de importação entre os países-membros. Por isso, os países que integram esses blocos adotam, logo de início, a redução das tarifas de importação de várias mercadorias.

As modalidades de blocos econômicos são:

• **Zona de livre-comércio**: pressupõe acordos comerciais que visam exclusivamente à redução ou à eliminação de tarifas aduaneiras entre os países-membros do bloco. O principal exemplo é o Acordo de Livre-Comércio da América do Norte (Nafta), formado por Estados Unidos, Canadá e México.

• **União aduaneira**: além de reduzir ou eliminar as tarifas aduaneiras entre os países do bloco, estabelece as mesmas tarifas de exportação e importação para o comércio internacional fora do bloco, com a implantação da Tarifa Externa Comum (TEC). A união aduaneira exige que os países mantenham pelo menos 85% das trocas comerciais totalmente livres de taxas de exportação e importação entre os países-membros. É uma abertura de fronteiras para mercadorias, capitais e serviços, mas não permite a livre circulação de trabalhadores. Um exemplo desse tipo de bloco é o Mercado Comum do Sul (Mercosul), composto de Brasil, Argentina, Uruguai, Paraguai e Venezuela (este último teve sua adesão aprovada definitivamente em 2012). Na verdade, os países do Mercosul formam uma união aduaneira incompleta, pois muitos produtos não são comercializados pela TEC. Chile, Bolívia, Peru, Colômbia e Equador são países associados ao Mercosul, ou seja, participam do livre-comércio, mas não da união aduaneira.

• **Mercado comum**: visa à livre circulação de pessoas, mercadorias, capitais e serviços. O único exemplo é a União Europeia, que, além de eliminar as tarifas aduaneiras internas e adotar tarifas comuns para o mercado fora do bloco, permite a livre circulação de pessoas, mão de obra, investimentos e todo tipo de serviços entre os países-membros.

• **União econômica e monetária**: é o caso, novamente, dos países da União Europeia, que, na fase atual, adotaram o **euro** como moeda única, administrada pelo Banco Central Europeu. Nessa forma de integração, como veremos mais detalhadamente a seguir, é necessário que os países estipulem limites comuns máximos de inflação e de déficit público.

Atualmente, existem vários blocos econômicos em vigência no mundo todo. Muitos outros encontram-se em processo de formação. Entre eles, podemos destacar: a União Europeia (UE), o Nafta, o Mercosul e a Unasul. Observe o mapa da seção *Olho no espaço* a seguir.

OLHO NO ESPAÇO

Leia as informações do mapa e resolva as questões a seguir.

Planisfério: blocos econômicos – 2013

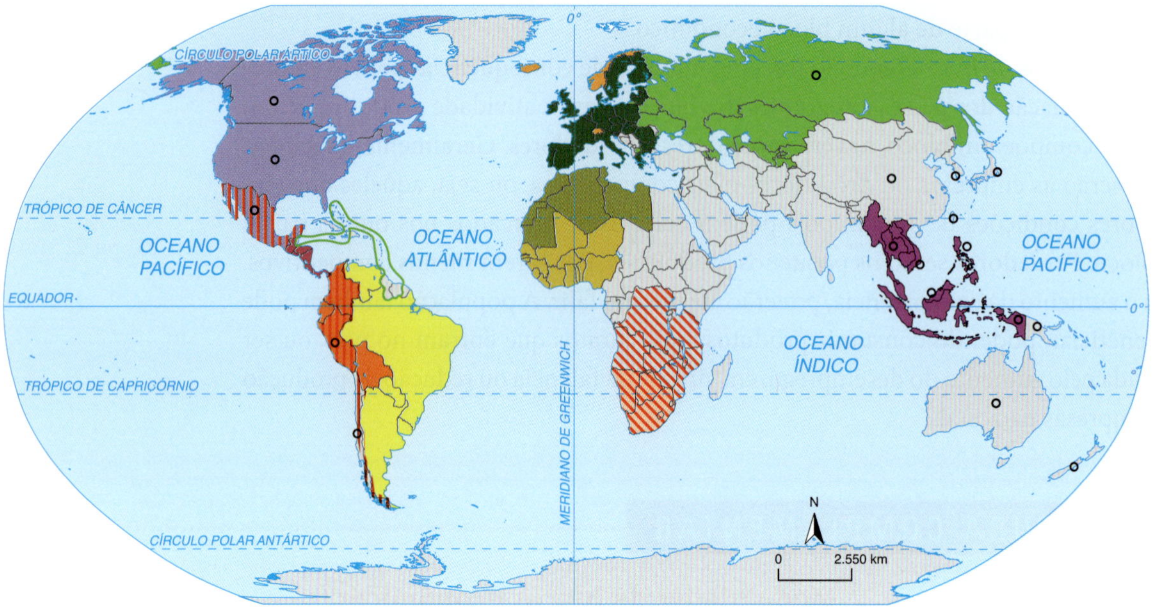

MARIO YOSHIDA

Principais Organizações/ano de criação

- Nafta – Associação de Livre-Comércio da América do Norte – 1989
- Mercosul – Mercado Comum do Cone Sul – 1991
- MCCA – Mercado Comum Centro-Americano – 1961
- CAN – Comunidade Andina
- UE – União Europeia –1993
- EFTA – Associação Europeia de Livre-Comércio – 1960
- CEI – Comunidade dos Estados Independentes – 1991*
- Asean – Associação dos Países do Sudeste Asiático – 1967
- UMA – União dos Países do Maghreb – 1989
- Ecowas – Comunidade Econômica do Oeste Africano – 1975
- SADC – Comunidade para o Desenvolvimento da África Austral – 1980
- Sacu – União Aduaneira da África Austral – 1969
- Aliança do Pacífico
- Apec – Cooperação Econômica Ásia-Pacífico – 1989
- Caricom – Comunidade do Caribe – 1972

* O Turcomenistão é membro associado da CEI desde 2005.

Fonte: CALDINI, Vera; ÍSOLA, Leda. *Atlas geográfico Saraiva*. São Paulo: Saraiva, 2009. p. 183 (atualizado).

1. Com base em seus conhecimentos, identifique as organizações que provavelmente têm maior destaque econômico-comercial.
2. Observando a quantidade de países que fazem parte de organizações em comparação com a totalidade de países, a que conclusão pode-se chegar?
3. Em que sentido as informações do mapa podem ser relacionadas com o processo de globalização?
4. Levando-se em conta a soberania dos países, que análise pode ser feita com base na leitura do conteúdo do mapa?

LEITURA COMPLEMENTAR

Os primeiros blocos econômicos

Os acordos para intensificar o comércio entre países remontam aos anos 1940, com a criação do Benelux, área de livre comércio formada por Bélgica, Holanda e Luxemburgo. Após a Segunda Guerra Mundial, a ideia de integração econômica assentada em uma economia supranacional começou a ganhar força na Europa Ocidental.

Diante da perspectiva de concorrer isoladamente com os Estados Unidos, a superpotência mundial que emergia, os países europeus firmaram uma série de acordos com o objetivo de reestruturar, fortalecer e garantir a competitividade de suas economias. Os governantes e a elite econômica dos países da Europa Ocidental perceberam também que era necessário fazer frente ao crescimento da União Soviética e reduzir o risco de os nacionalismos provocarem novos conflitos no território europeu.

Criado em 1944, o **Benelux** integrou a economia da Bélgica, da Holanda e de Luxemburgo num único mercado. Em 1952, a **Comunidade Europeia do Carvão e do Aço** (**Ceca**), formada por seis países – Bélgica, Holanda, Luxemburgo, França, Alemanha e Itália –, estabeleceu um mercado siderúrgico comum, promovendo a livre circulação de matérias-primas e mercadorias da indústria siderúrgica, com o objetivo de acelerar o desenvolvimento da indústria de base. Os países-membros da Ceca ampliaram os objetivos dessa organização e criaram o mais eficiente bloco econômico entre países: a **Comunidade Econômica Europeia** (**CEE**), em 1957.

A CEE, desde a sua criação, tinha um grande objetivo de médio prazo, pautado em quatro princípios fundamentais: a livre circulação de mercadorias, de serviços, de capitais e de pessoas, entre todos os países-membros da organização. Entretanto, eles só vieram a acontecer em 1º de janeiro de 1993, com a criação **União Europeia (UE)**.

O aprofundamento da competitividade no mercado internacional nas últimas décadas do século XX, o desenvolvimento de novas tecnologias de produção e a entrada de novos competidores (países do sudeste e leste da Ásia – Cingapura, Taiwan, Coreia do Sul e China), que disputavam fatias cada vez mais expressivas do comércio mundial, sinalizaram à CEE a necessidade da concretização de seus objetivos originais, formando a UE.

União Europeia

A União Europeia (UE) foi criada pelo Tratado de Maastricht, em 1993. Atualmente conta com 28 países, com a adesão da Croácia em 2013. Desde sua implementação, foi criado um mercado único em que mercadorias, capitais, serviços e pessoas circulam livremente no interior das suas fronteiras. Além disso, os países integrantes aumentaram a cooperação em questões como defesa do território, combate ao crime organizado e ao narcotráfico, meio ambiente, imigração, educação, proteção do consumidor, saúde pública, entre outras.

Em 1º de janeiro de 2002, entrou em circulação a moeda única, o euro. Até 2013, 18 países integravam a União Monetária, conhecida como Zona do Euro: Áustria, Bélgica, Finlândia, França, Alemanha, Irlanda, Itália, Luxemburgo, Holanda (Países Baixos), Portugal, Grécia, Espanha, Eslovênia, Malta, Chipre, Eslováquia, Estônia e Letônia. Outros países como Reino Unido, Dinamarca e Suécia optaram por não adotar a moeda única. Neles, o euro, apesar de não circular, serve de referência em negócios privados, como transações entre empresas, e pode ser utilizado na abertura de contas. Essa opção é consequência de um receio por parte desses países em perder a soberania sobre suas políticas monetárias. Outro motivo, no caso do Reino Unido, é o fato de a libra esterlina ser uma moeda mais valorizada que o próprio euro.

A implantação do euro representou a criação de uma moeda forte no sistema financeiro internacional e um elemento facilitador do comércio e dos investimentos dentro do próprio continente europeu. Os negócios internacionais, antes feitos em dólar, passaram a ser realizados também em euro, reduzindo a supremacia da moeda estadunidense.

No entanto, como demonstrou a crise que se agravou a partir de 2010, analisada no capítulo anterior, a falta de uma centralização das políticas orçamentárias, tributárias e bancárias entre os adotantes do euro – controlado pelo Banco Central Europeu –,

DICA

SITE

União Europeia
http://europa.eu/index_pt.htm
Portal oficial da União Europeia.

configurando uma união fiscal, foi um dos fatores geradores da crise. Tal união vinha sendo defendida por alguns dirigentes da UE para encaminhar melhor os problemas que o bloco enfrentava e impedir crises futuras.

Alguns países do bloco passaram a enfrentar, ainda, dificuldades em relação às exportações a partir do momento em que adotaram uma moeda mais valorizada, o euro.

Pelo **Pacto de Estabilidade da União Europeia**, os integrantes da **Zona do Euro** devem ter déficit público menor que 3% do PIB e dívida pública de no máximo 60% do PIB. Como visto no capítulo anterior, vários países haviam "estourado" esses limites.

Em 2007, o **Tratado de Lisboa** dispôs sobre dois pontos importantes para o funcionamento da União Europeia, que entram em vigor a partir de 2014: deu maior autonomia de decisão ao Parlamento Europeu e modificou o critério adotado para o sistema de votação. A aprovação dos projetos no interior da União Europeia a partir dessa data será decidida por maioria dupla, isto é, com a aprovação de 55% dos países-membros, desde que estes também representem ao menos 35% do total dos habitantes do bloco. No entanto, outras questões relativas à segurança e proteção social, à adesão de novos membros, à política externa e de defesa comum ainda dependem do consenso entre todos os países do bloco.

O Tratado de Lisboa também prevê que os parlamentos nacionais terão papel mais importante na elaboração da legislação europeia e que os países-membros têm de lutar contra as mudanças climáticas da Terra. Estabeleceu, ainda, a criação dos cargos de presidente da UE e de alto representante para Relações Exteriores e Segurança (chanceler do bloco).

ABLO BLAZQUEZ DOMINGUEZ/GETTY IMAGES

Manchetes de jornais sobre a crise que atingiu a União Europeia, em banca de Madri (Espanha), 2012. Em razão da gravidade da crise, chegou-se a cogitar o fim da união monetária e surgiram dúvidas com relação à continuidade da Grécia no bloco. Analistas passaram a divergir sobre as vantagens da adoção da moeda única pelos gregos.

Outros países europeus querem aderir à UE, como Macedônia, Croácia e Turquia. A **Turquia** tem grande interesse em integrar os quadros da UE, pois receberia investimentos importantes, dinamizando sua economia. O país, apesar do esforço de ocidentalização, não atende a requisitos elementares exigidos pelo bloco: não é um Estado democrático pleno, apresenta influência da religião islâmica em sua política, além de ter problemas com minorias não assimiladas em sua totalidade, como os curdos.

União Europeia: países-membros – 2013

Fonte: UNIÃO EUROPEIA. Disponível em: <http://europa.eu>. Acesso em: set. 2013.

Nafta

Estados Unidos, Canadá e México deram os primeiros passos rumo à formação de uma economia supranacional com a criação do Acordo de Livre-Comércio da América do Norte (Nafta), em 1994. Juntos formam um mercado de aproximadamente 440 milhões de habitantes e respondem por um PIB de aproximadamente 18 trilhões de dólares (dados de 2012, do Banco Mundial). O acordo prevê a criação de uma zona de livre-comércio, na qual a abolição total das tarifas aduaneiras (de importação) seja colocada em prática em 2015. Entretanto, uma grande quantidade de produtos já circula livremente entre os três países, sem taxação.

Como não existe a perspectiva de formação de um mercado único nos moldes da UE, a grande diferença socioeconômica entre o México e os outros dois países do Nafta trouxe vários problemas para a sociedade e a economia mexicanas, e também para trabalhadores estadunidenses e canadenses.

Desde a criação do Nafta, muitas empresas estadunidenses instalaram-se no México, atraídas pela mão de obra muito mais barata e pela legislação trabalhista mais flexível. Em razão disso, no setor industrial dos Estados Unidos, milhares de postos de trabalho foram fechados.

Apesar de ter ocorrido uma ampliação das exportações mexicanas, a dependência da economia desse país em relação à dos Estados Unidos é muito grande – a maior parte das exportações do México é destinada aos Estados Unidos e a maior parte das importações é proveniente desse país. Além disso, houve um significativo processo de desnacionalização da economia mexicana: por exemplo, três quartos das empresas têxteis que atuam no México são dos Estados Unidos.

Na agricultura mexicana, os impactos sociais foram sensivelmente negativos. Os cultivadores de trigo, batata e arroz passaram a sofrer a forte concorrência dos

MARIO YOSHIDA

Fonte: elaborado com base em NAFTA. Disponível em: <www.nafta-sec-alena.org>; BANCO MUNDIAL. Disponível em: <web.worldbank.org>. Acesso em: nov. 2013.

estadunidenses, tecnologicamente mais bem preparados e fortemente amparados pelos subsídios do governo. Como consequência, especialmente pequenos e médios agricultores mexicanos enfrentam sérias dificuldades para levar adiante suas atividades.

É inegável, porém, que a economia mexicana cresceu desde a implantação do livre-comércio. A integração do México ao Nafta impulsionou a economia, aumentou o valor da produção anual (PIB), ampliou o número de postos de trabalhos industriais e o país foi o que mais recebeu investimentos dos Estados Unidos na América. No entanto, a economia mexicana tornou-se ainda mais sujeita às decisões das grandes empresas e do governo dos Estados Unidos. Na crise econômica mundial de 2007/2008, por exemplo, a economia mexicana sentiu um forte abalo, sobretudo em decorrência de sua dependência dos negócios com os Estados Unidos. Com a implantação do Nafta, os ganhos sociais no México não foram proporcionais aos econômicos.

INTERCONEXÃO

Língua Estrangeira

STEVE SACK/COM PERMISSÃO, MINEAPOLIS STAR TRIBUNE/FOLHAPRESS

Folha de S.Paulo. São Paulo, 26 set. 1993.

Leia a charge ao lado, identificando que ideia quer transmitir, e responda às questões.

1. De qual grupo da sociedade estadunidense estariam partindo as críticas ao Nafta?
2. Quais interesses motivariam empresários dos Estados Unidos a instalar empresas no México?

Mercosul

Na seção *Contexto* foram discutidas algumas características do Mercosul.

O **Mercosul** foi criado em 1991, quando Brasil, Argentina, Paraguai e Uruguai assinaram o Tratado de Assunção, um acordo de livre-comércio. No entanto, somente em 1995 foi formada oficialmente a união aduaneira entre esses países. Bolívia, Chile, Peru, Colômbia e Equador participam do Mercosul como membros associados, ou seja, suas relações com os demais países do bloco restringem-se ao âmbito da zona de livre-comércio, não participando da união aduaneira nem das negociações que envolvem aspectos relacionados à criação do mercado comum.

Em 2005, a Venezuela foi admitida como membro pleno do Mercosul, mas a efetivação da adesão somente ocorreu em 2012, quando o Paraguai, cujo Senado não aceitava a entrada da Venezuela, foi suspenso do bloco. A suspensão do Paraguai deu-se em função da deposição do presidente Fernando Lugo, retirado do poder num processo de *impeachment* que durou 30 horas. Os demais governantes do Mercosul entenderam que ficou caracterizado um golpe. Alguns analistas políticos entenderam como um "golpe branco" (golpe realizado por meios parcialmente ou integralmente legais) e outros como um processo plenamente democrático.

A Venezuela representa um mercado importante para os produtos dos demais membros, particularmente para o Brasil. Parcerias entre os dois países no setor petrolífero são consideradas estratégicas para ampliar a capacidade de produção, refino e transporte, tanto de petróleo como de gás. O bloco torna-se uma potência em termos petrolíferos, considerando que a Venezuela tem as maiores reservas do globo e o Brasil tem todo o potencial do pré-sal (ver próxima unidade). Nessa perspectiva, a ampliação do Mercosul pode não ser bem vista pelas potências ocidentais, particularmente para os Estados Unidos.

Os países-membros do Mercosul representam cerca de 40% da população latino-americana e mais da metade de todo o valor produzido pela economia dessa parte do continente. Ao longo da década passada, as relações comerciais entre os países-membros tiveram avanços, e alguns projetos de infraestrutura, como estradas, hidrovias e hidrelétricas, foram desenvolvidos, levando em conta o crescimento desse mercado.

Alguns setores econômicos dos países que integram o bloco ficaram prejudicados com a concorrência externa, mas no início as trocas comerciais se intensificaram. Várias empresas brasileiras instalaram-se no Uruguai e, principalmente, na Argentina. Diversos produtos agropecuários e alimentícios uruguaios e, sobretudo, argentinos passaram a ser vendidos em maior quantidade no mercado brasileiro. No entanto, é significativo o superávit do Brasil com os parceiros do Mercosul, uma vez que a capacidade de produção industrial brasileira é bem superior à dos demais países do bloco. Veja a seção *Contexto* no início do capítulo.

O turismo foi outro setor que registrou forte crescimento entre os países do Mercosul, em parte por conta da facilidade de trânsito, com a eliminação de visto de entrada para os cidadãos dos países-membros.

O Mercosul, até o momento, não constituiu uma união aduaneira plena, pois ainda não vigora a TEC (Tarifa Externa Comum) para uma enorme quantidade de produtos, situação essencial que define essa modalidade de bloco econômico. Além disso, desde 2011, a Argentina tem imposto fortes restrições aos produtos importados, inclusive aos brasileiros. O país em crise tem adotado essas medidas para equilibrar a sua balança comercial e evitar a saída de dólares do país. A Argentina vive um período de escassez de reservas cambiais, pequena quantidade de dólares, para a manutenção de suas relações em situação de normalidade no comércio internacional e para saldar seus compromissos externos.

DICAS

SITE

Mercosul
www.mercosur.int
Portal oficial do Mercosul.

LEITURA

Duas décadas de Mercosul
Renato Luiz Rodrigues Marques. São Paulo: Aduaneiras, 2011.
Discorre sobre os 20 anos do Mercosul e tem como objetivo destacar os aspectos do processo negociador de formação do bloco, bem como seus mecanismos econômicos e comerciais no contexto da estrutura produtiva nacional, além dos desafios para sua inserção competitiva e adequada no mercado internacional.

A Aliança do Pacífico

A **Aliança do Pacífico** é o mais novo bloco econômico regional criado na América, em 2012. Esse bloco, formado por Chile, Peru, Colômbia e México, estabeleceu uma zona de livre-comércio que passou a funcionar intensamente meses após sua criação. Esses países apresentam posição geográfica estratégica no continente americano, que lhes assegura condições para estreitar as relações comerciais, que, individualmente, já mantêm com países da Ásia, como China, Japão, Coreia do Sul e outros que formam o núcleo mais dinâmico na economia mundial, nas últimas décadas. Essa posição estratégica é também um fator de atração de investimentos estrangeiros aos países do bloco. Esse conjunto de fatores coloca a Aliança do Pacífico em situação de vantagem em relação aos demais blocos regionais latino-americanos e, em particular, ao seu principal rival, o Mercosul.

Fonte: elaborado com base em CALDINI, Vera; ÍSOLA, Leda. *Atlas geográfico Saraiva.* São Paulo: Saraiva, 2013. p. 188.

Unasul

Em 2004, no Peru, foi criada a Comunidade Sul-Americana de Nações (CSN), que, em 2007, passou a ser denominada União das Nações Sul-Americanas (Unasul), para facilitar a integração política, comercial e física na região. O objetivo é formar uma zona de livre-comércio continental. Com exceção da Guiana Francesa (departamento ultramarino da França), fazem parte da Unasul todos os países sul-americanos: Argentina, Bolívia, Brasil, Chile, Colômbia, Equador, Guiana, Paraguai, Peru, Suriname, Uruguai e Venezuela.

O **Banco do Sul** faz parte da estrutura da Unasul e terá como objetivo o financiamento de projetos de desenvolvimento em diversos países. Desse modo, coloca-se como um contraponto ao Banco Mundial e ao próprio Banco Interamericano de Desenvolvimento (BID).

PONTO DE VISTA

Integração regional e soberania

"É possível afirmar que, 'em toda instituição internacional, parte da soberania de seus membros é por eles cedida a órgãos internacionais', e que a 'medida da intensidade daquela cessão determina o grau de integração atingido na instituição internacional'[7]. O grau em que os Estados abdicarão de parte de suas competências ou limitarão seus poderes em favor de órgãos coletivos dependerá dos objetivos e das peculiaridades de cada processo de integração.

Como se sabe, a organização de integração regional que até hoje estabeleceu objetivos mais ambiciosos é a União Europeia. A vontade de alcançar essas metas faz daquela organização o paradigma da **supranacionalidade**, a 'expressão máxima' dos processos de transferência de competências dos Estados para órgãos de decisão conjunta ou majoritária, cujas decisões são autônomas dos próprios governos dos países-membros.

A União Europeia é o grande exemplo da situação em que, mesmo procurando manter sua soberania formal, os Estados limitam sua soberania de fato. Essa realidade acentuou-se ainda mais a partir do momento em que o processo de integração europeu evoluiu para uma união monetária, o que acarretou a unificação das políticas monetárias e fiscais dos países-membros, e o estabelecimento de autoridades econômicas centrais. Com a adoção de uma moeda comum, o euro, os países da União Europeia deixaram de controlar individualmente a moeda que circula em seus territórios e, com isso, abriram mão de um dos principais métodos utilizados na redução do desemprego e na absorção dos choques econômicos: a emissão de dinheiro e a regulamentação da economia por meio de ajustes nas taxas de câmbio e de juros. Ao restringir suas possibilidades de resolver seus problemas econômicos de forma autônoma, os Estados abdicam de sua capacidade de usar a política monetária para responder a distúrbios macroeconômicos que lhes são específicos. Nesse caso, no que se refere à administração de suas economias, 'desaparece, portanto, a soberania de cada nação, que é totalmente transferida para a autoridade central'.

Supranacionalidade
que está acima do que é nacional; que é superior ao nacional. Os blocos econômicos são organizações supranacionais.

FOTO MOEDAS: HEMERA/THINKSTOCK/GETTY IMAGES
FOTO CÉDULAS: ARCO IMAGES / DIEZ, O./ALAMY/GLOW IMAGES

O que o exemplo da União Europeia nos ensina é que dois fatores são os principais responsáveis pela limitação da soberania estatal em um processo de integração. O primeiro é a existência de um ordenamento jurídico próprio da organização de integração, com primazia sobre os ordenamentos jurídicos dos países que dela participam. O segundo é a existência de algum órgão – normalmente uma corte ou tribunal – que assegure a execução do ordenamento jurídico regional, mesmo que contra a vontade dos Estados-membros."

MATIAS, Eduardo Felipe P. *A humanidade e suas fronteiras*: do Estado soberano à sociedade global. São Paulo: Paz e Terra, 2005. p. 378-379.

1. Por que os Estados cedem parte da soberania nacional ao participarem de organizações de integração regional?
2. Explique por que a União Europeia é o paradigma da supranacionalidade.
3. Cite e explique os principais fatores responsáveis pela limitação da soberania estatal num processo de integração.

7 O autor cita diversos teóricos estrangeiros (Kleffes, Grigera, Vignali, Obstfeld, Rogoff) que se ocupam da questão da integração econômica relacionada à soberania dos Estados. Há referências também a Luiz Carlos Prado, Reinaldo Gonçalves, Luiz Olavo Baptista e Luis Carlos Sáchica. Suprimimos as notas para facilitar a leitura e atermo-nos à questão que nos interessa no estudo do capítulo.

[COMPREENSÃO E ANÁLISE]

1. Indique os fatores que explicam o crescimento do comércio internacional a partir das últimas décadas do século XX.

2. A OMC foi criada em 1995 em substituição ao Gatt, após a Rodada do Uruguai, que se estendeu entre 1986 e 1994. Explique o papel da OMC no comércio global.

3. Leia o texto e responda às questões.

"Os protestos globais contra a globalização começaram nas reuniões da OMC em Seattle, porque ela era o símbolo mais óbvio das desigualdades globais e da hipocrisia dos países industrializados avançados."

STIGLITZ, Joseph E. *A globalização e seus malefícios.* São Paulo: Futura, 2002. p. 295.

a) Você concorda com a afirmação feita no texto sobre a OMC? Explique.

b) Por que o autor utiliza a palavra "hipocrisia" para se referir à atitude dos países desenvolvidos?

c) Você participaria de protestos contra uma reunião da OMC? Justifique sua resposta.

4. Caracterize resumidamente as modalidades de blocos econômicos existentes no mundo atual. Cite exemplos de blocos que se enquadram em cada modalidade.

5. A tabela abaixo apresenta dados relativos a três países integrantes de um bloco econômico supranacional.

Países	População em milhões de habitantes – 2012	PIB (milhões de dólares) – 2012
A	35	1.177.271
B	116	1.821.424
C	313	15.684.800
Mundo	7.058	71.666.350

Fonte: BANCO MUNDIAL. Disponível em: <www.worldbank.org>. POPULATION REFERENCE BUREAU. Disponível em: <www.prb.org>. Acessos em: set. 2013.

a) Indique o nome e o tipo de integração econômica existente entre esses países.

b) Substitua as letras *A*, *B* e *C* da tabela pelo nome dos países que elas representam e escreva no seu caderno.

c) Aponte duas consequências positivas e duas negativas para o país menos desenvolvido do bloco.

6. Leia o texto e responda às questões a seguir.

O espaço nacional na globalização

"Com a globalização, confunde-se a lógica do chamado mercado global com a lógica das empresas candidatas a permanecer ou a se instalar num dado país, o que exige a adoção de um conjunto de medidas que acabam assumindo um papel de condução geral da política econômica e social. O argumento, fundado no chamado 'pensamento único' (as ideias neoliberais), inclui um receituário de soluções, sem as quais – diz-se – um determinado país se torna incapaz de participar do processo de globalização. Em nome da inserção desse país na nova modernidade e no mercado global são estabelecidas regras que acabam por constituir um conjunto irrecusável de prescrições. Isso equivale, para cada país, a uma abdicação da possibilidade de efetuar uma verdadeira política nacional, tanto econômica quanto social.

O discurso do mercado global faz pensar que essa entidade dita universal atua quase automaticamente sobre o mundo, isto é, sobre todos os países. Na prática, a ação efetiva dá-se por intermédio de empresas, diferentes segundo os países, cada qual trabalhando exclusivamente em função dos seus próprios interesses individuais e buscando adaptar a esses interesses as práticas correntes em cada nação. [...]

Os atores desse enredo atribuído ao 'mundo' são, na realidade, as empresas que dispõem de força suficiente para induzir os Estados a adotar comportamentos que respondam aos seus interesses privativistas, ainda que isso se dê a partir da ideia mais geral de globalização, tal como hoje ela é oficialmente entendida e aceita."

SANTOS, Milton; SILVEIRA, Maria Laura. *O Brasil*: território e sociedade no início do século XXI. Rio de Janeiro: Record, 2001. p. 255-256.

a) Por que os países têm de abdicar de uma política nacional para se inserir na "nova modernidade"?

b) Com base no texto e em seus conhecimentos, escreva um pequeno texto no caderno sobre a distribuição espacial das empresas globais.

CAPÍTULO 21

O BRASIL NO MUNDO GLOBALIZADO

CONTEXTO

Observe os gráficos a seguir.

Brasil: participação no capital das empresas – Início da década de 1990 e 2002

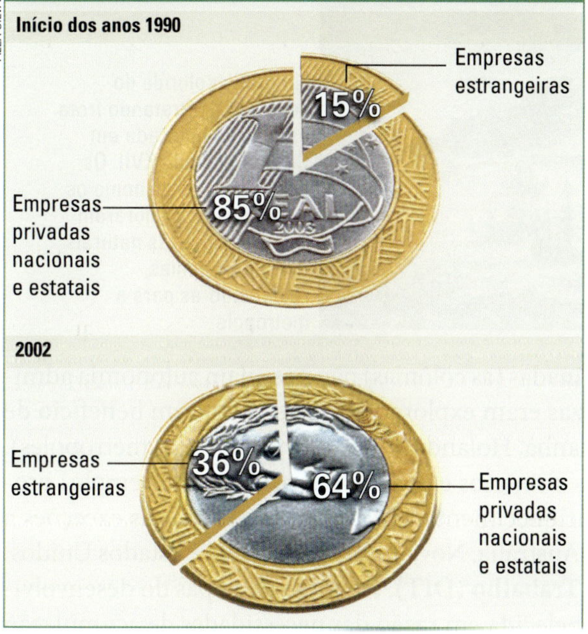

Fonte: *Veja*. São Paulo: Abril, ano 35, n. 19, 2002. Especial Brasil.

Brasil: nova divisão das exportações – 2002 e 2011

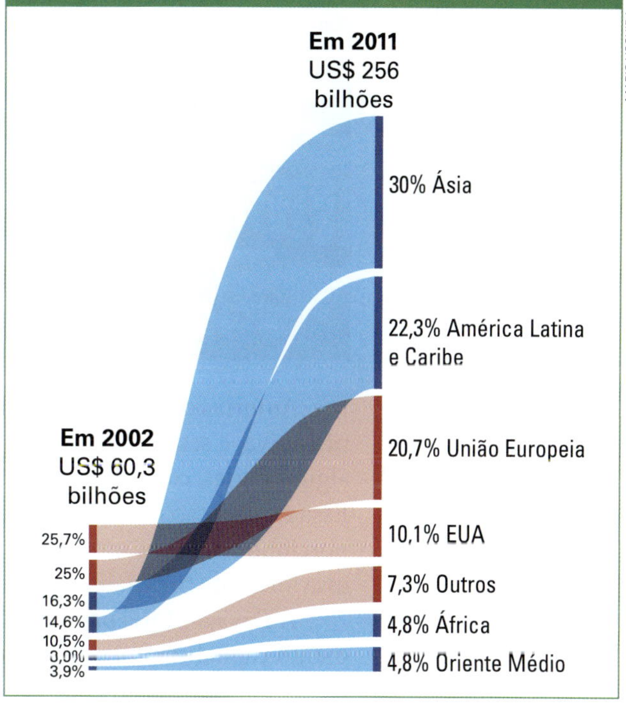

Fonte: *Folha de S.Paulo*, 18 mar. 2012. Opinião A3.

DISCUTA

1. Os dados do primeiro gráfico mostram uma profunda mudança na economia brasileira ao longo da década de 1990. Aponte as prováveis razões dessas transformações.

2. Leia as informações do gráfico "Brasil: nova divisão das exportações – 2002 e 2011". O que houve com a participação dos parceiros comerciais brasileiros em relação às nossas exportações?
O que você sabe sobre o perfil das mercadorias exportadas pelo Brasil?

BRASIL, GLOBALIZAÇÃO E SUBDESENVOLVIMENTO

DICAS

LEITURAS

Geopolítica do Brasil
Manuel Correia de Andrade. São Paulo: Papirus, 2001.

Apresenta uma visão da formação geopolítica do Brasil, abordando a formação territorial do país no período colonial e a consolidação da configuração do Brasil durante a Colônia e o Império.

Neoliberal, não. Liberal. Para entender o Brasil de hoje e de amanhã
Carlos Alberto Sardenberg. Rio de Janeiro: Globo, 2008.

Escrito em um momento de crise internacional, em que os principais conceitos da economia internacional estavam sendo revistos e o mundo percebia com mais clareza os efeitos da globalização, o livro aborda uma série de temas, que vão das privatizações à reforma previdenciária, passando pela crise do sistema de bem-estar social europeu.

Não existe uma teoria única sobre as origens do subdesenvolvimento ou sobre suas razões. Entretanto, diversos estudiosos concordam que os dois processos devem ser entendidos em sua dimensão histórica, na qual a convergência de fatores externos e internos explica as diferenças econômicas e sociais entre os países do mundo.

A origem do processo de formação dos atuais países desenvolvidos e subdesenvolvidos remonta às Grandes Navegações empreendidas pelos Estados-nação europeus, a partir do século XV. Nessa época, esses Estados expandiram o comércio, explorando produtos e recursos da América, da África e da Ásia, e passaram a exercer forte domínio sobre os povos desses continentes, controlando a extração e a produção neles realizadas.

PETER NEWARK AMERICAN PICTURES/THE BRIDGEMAN ART LIBRARY/GRUPO KEYSTONE

Litografia colorida do século XIX retratando frota espanhola aportada em Cuba, no século XVII. Os espanhóis, assim como os portugueses, exploraram diversas riquezas naturais em suas colônias, remetendo-as para a metrópole.

As terras conquistadas e dominadas (as colônias) não possuíam autonomia administrativa, e seus recursos e riquezas eram explorados intensamente em benefício de alguns países, como Portugal, Espanha, Holanda, França e Inglaterra (as metrópoles). Essa exploração (metais preciosos, minérios e produtos agrícolas, por exemplo) proporcionou, de fato, um grande enriquecimento às metrópoles. As poucas exceções a essa forma de colonialismo foram Austrália, Nova Zelândia, Canadá e Estados Unidos.

A **Divisão Internacional do Trabalho (DIT)**, em todas as etapas do desenvolvimento capitalista, foi sempre estabelecida em razão das necessidades de acumulação de capital dos países centrais e mediante a submissão dos que se encontravam no outro polo do sistema (colônias, numa primeira fase, e posteriormente países, após a conquista da independência).

Os países periféricos voltaram-se à produção de bens que atendessem à demanda dos países economicamente dominantes. Nessa primeira fase da Divisão Internacional do Trabalho capitalista, a periferia se dedicava à produção mineral ou agrária destinada à exportação. O tipo de produto era determinado exclusivamente pela necessidade de consumo dos países mais ricos.

No caso do Brasil, a cana-de-açúcar, o ouro, o café e outros poucos produtos de exportação marcaram as fases da economia, que se sucederam ao longo de quatro séculos, limitando o desenvolvimento de um mercado consumidor interno e de uma economia mais dinâmica.

As elites brasileiras, que deviam sua posição social e política ao fato de a economia do país estar voltada para o mercado externo, nunca se mobilizaram para melhorar a capacidade de consumo e a qualidade de vida da população, pois esta não constituía o seu alvo, ou seja, o seu mercado.

Nível de desenvolvimento dos países – classificações

O termo **subdesenvolvimento** surgiu após a Segunda Guerra Mundial, quando a ONU publicou uma série de dados estatísticos sobre a situação socioeconômica dos países. A partir de então, as diferenças econômicas e de qualidade de vida existentes entre os países passaram a ser quantificadas.

É comum referir-se aos Estados-nação desenvolvidos como **países do Norte** e aos subdesenvolvidos como **países do Sul**. A divisão Norte-Sul simboliza a separação entre o mundo desenvolvido e o subdesenvolvido. Os países desenvolvidos considerados **centrais** na economia mundial estão situados quase todos no Hemisfério Norte (com exceção da Austrália e da Nova Zelândia, que por esse critério também são classificadas como países do Norte). Os países do Sul pertencem ao mundo subdesenvolvido e constituem a **periferia** e a **semiperiferia** da economia mundial.

Considerando as fortes relações atuais de dependência que se estruturam entre os dois grupos de países, os subdesenvolvidos estão subordinados aos interesses econômicos, financeiros e políticos dos desenvolvidos.

A expressão **países emergentes** também é utilizada pelas organizações internacionais para se referirem aos países subdesenvolvidos industrializados ou em fase de industrialização avançada.

Nesse grupo, bastante heterogêneo, encontram-se China, Rússia, Brasil, Índia, México e África do Sul, que têm economias mais dinâmicas, além de Indonésia, Egito, Turquia, Filipinas, Malásia e Irã, entre outros. São países que, embora não tenham um papel de liderança nas decisões tomadas no sistema capitalista (exceto, de certa forma, a China e a Rússia), estão entre os de maior PIB do mundo e apresentam grandes mercados consumidores, exportações em crescimento, aplicação de recursos em infraestrutura, relativo aumento no ingresso de investimentos estrangeiros.

O Brasil, a Rússia, a Índia, a China e a África do Sul formam um grupo com mais expressão entre os emergentes, denominado **BRICS**.

Retrato dos BRICS – 2012

	Brasil	Rússia	Índia	China	África do Sul
População	194 milhões	143,3 milhões	1,25 bilhão	1,35 bilhão	51,1 milhões
PIB*	US$ 2,2 trilhões	US$ 2 trilhões	US$ 1,8 trilhões	US$ 8,2 trilhões	US$ 384,3 milhões
PIB *per capita**	US$ 11.340	US$ 13.956	US$ 1.500	US$ 6.384	US$ 7.520
IDH**	85º	55º	136º	101º	121º

* PIB cambial.
** Posição no *ranking* de Índice de Desenvolvimento Humano (IDH), da ONU, que mede o desempenho de 187 países em expectativa de vida, escolaridade e renda.

Fonte: WORLD BANK. *World Development Indicators Database*, 2013. Disponível em: <http://databank.worldbank.org/data/download/GDP.pdf>. Acesso em: ago. 2013; PRB. *World Population Data Sheet*, 2012. Disponível em: <www.prb.org/pdf12/2012-population-data-sheet_eng.pdf>. Acesso em: ago. 2013; PNUD. *Relatório do Desenvolvimento Humano 2013*. Disponível em: <www.pnud.org.br/arquivos/rdh-2013.pdf>. Acesso em: dez. 2013.

DICA

FILME

Tanga: deu no New York Times
Brasil, 1987. Direção: Henfil. Duração: 90 min.
Ditador de uma república latina, cuja economia era sustentada por atividades como a exportação de fios de cabelos e a importação de perucas, só toma decisões após consultar as manchetes do jornal *New York Times*.

Principais características do subdesenvolvimento

O subdesenvolvimento caracteriza-se principalmente por graves problemas sociais, grande desigualdade entre os grupos sociais, capacidade limitada de desenvolvimento tecnológico e dependência financeira em relação ao mundo desenvolvido e às organizações financeiras internacionais.

É preciso considerar, entretanto, que os países subdesenvolvidos são diferentes entre si. Alguns possuem elevada capacidade de produção e atraem volumes expressivos de investimentos estrangeiros – como Brasil, México, China, África do Sul e muitos outros.

No outro extremo, aparece uma grande quantidade de países excluídos da ordem econômica mundial, que dependem de ajuda humanitária para a sobrevivência da população faminta, que não tem oportunidades de trabalho nem condições de obter renda. Situados na Ásia, na América Latina e, principalmente, na África, são países em que, no geral:

- a ineficiência dos meios de transportes eleva os custos dos produtos, o que prejudica a concorrência no mercado internacional;
- o sistema de comunicações é precário, as tarifas de ligações internacionais são muito elevadas e não há estrutura adequada de acesso à internet;
- as falhas na transmissão de energia são frequentes, provocando perdas nas diversas atividades econômicas;
- a integração regional é escassa, devido à pequena diversidade de produção e às dificuldades financeiras;
- a produção predominante de bens primários para exportação dificulta a competitividade no mercado internacional, devido, entre outros fatores, às políticas de proteção à produção agrícola existentes nos países mais desenvolvidos.

O subdesenvolvimento não é fruto da globalização, mas a integração global acentuou a distância entre países ricos e pobres. Além disso, ainda é elevada a quantidade de pessoas vivendo em condições de pobreza, até mesmo nos países desenvolvidos.

Segundo o economista Ignacy Sachs, neste início de século, cerca de dois terços da população do planeta encontram-se à margem dos benefícios propiciados pelo aumento da capacidade de produção de mercadorias e de geração de serviços e de outras facilidades proporcionadas pelo processo de globalização, como a ampliação dos fluxos de informações, capitais e mercadorias. Considerando a situação atual dos países do mundo, as diferenças são gritantes. Os países do G8 (grupo que inclui sete países entre os mais ricos e a Rússia), no início do século XXI, eram responsáveis pela produção de cerca de 50% de toda a riqueza do mundo. Todos os demais países reunidos (cerca de 185), onde vivem 85% da população mundial, produzem os 50% restantes.

Consenso de Washington e transformações socioeconômicas no Brasil

Em 1989, o economista John Williamson reuniu o pensamento das grandes instituições financeiras (FMI, Banco Mundial, Bird) e também do governo estadunidense, que pretendiam resolver a crise dos países subdesenvolvidos, particularmente os da América Latina, e propor caminhos para o desenvolvimento. Surgia o **Consenso de Washington**, segundo o qual os países latino-americanos deveriam:

- **realizar uma reforma fiscal**, isto é, alterações no sistema de atribuição e de arrecadação de impostos, para que as empresas pudessem pagar menos e adquirir maior competitividade;
- **executar a abertura econômica**, com liberalização das exportações e das importações, ampliação das facilidades para entrada e saída de capitais e privatização de empresas estatais;

- promover o corte de salários e a demissão dos funcionários públicos em excesso e realizar mudanças na previdência social, nas leis trabalhistas e no sistema de aposentadoria, para **diminuir a dívida do governo** (a chamada dívida pública).

Para serem considerados confiáveis, diminuindo o **risco-país**, os países deviam cumprir as normas e as sugestões do Consenso de Washington. Nada era obrigatório, mas seguir suas determinações básicas era condição para receber ajuda financeira externa e atrair capitais estrangeiros.

Os países que se orientaram pelo Consenso de Washington, seguindo o receituário **neoliberal**, obtiveram alguns êxitos, como maior controle da inflação. Contudo, não foram obtidas conquistas sociais, aumentando a desigualdade. Críticas à rigidez das regras determinadas pelo Consenso levaram ao surgimento de ideias denominadas **Pós-Consenso de Washington**, em que se busca aliar o controle da inflação ao desenvolvimento econômico acelerado dos países subdesenvolvidos.

LEITURA COMPLEMENTAR

Risco-país

"O risco-país é um índice que mede o grau de risco que cada país representa para o investidor estrangeiro. Ele mostra os preços e retornos dos títulos brasileiros [e de outros países] que são negociados no mercado financeiro internacional.

Ele é calculado pelo J. P. Morgan, denominado Embi+ (Emerging Markets Bond Index Plus). O J. P. Morgan analisa o rendimento dos instrumentos da dívida de um determinado país, principalmente o valor (taxa de juros) com o qual o país pretende remunerar os aplicadores em bônus, representativos da dívida pública.

Em termos técnicos, o risco-país é a sobretaxa que se paga em relação à rentabilidade garantida pelos bônus do Tesouro dos Estados Unidos, país considerado o mais solvente do mundo, ou seja, o de menor risco para um aplicador não receber o dinheiro investido acrescido dos juros prometidos."

LIRA, Aline. Blog Primeiros passos. Disponível em: <www.investbolsa.com.br/PrimeirosPassos/>. Acesso em: nov. 2013.

A abertura econômica no Brasil

Foi no início da década de 1990, com a redução dos impostos de importação promovida pelo governo Collor, que os produtos importados passaram a ingressar de forma maciça no mercado brasileiro. A oferta de produtos cresceu, e os preços de algumas mercadorias caíram ou se estabilizaram, indicando que as medidas de combate à inflação eram corretas.

No entanto, muitas indústrias nacionais não conseguiram competir com os produtos importados e foram obrigadas a fechar (ou foram vendidas ao capital estrangeiro), e a balança comercial acumulou déficits por vários anos no decorrer da década de 1990. O governo, ao mesmo tempo, passou a estimular os investimentos externos no Brasil mediante incentivos fiscais e **privatização** das empresas estatais.

No Brasil, houve, ainda: a concessão do sistema de transportes, sobretudo rodovias, para exploração por empresas privadas; o fim da proibição da participação estrangeira no setor de comunicação; e o fim do monopólio da Petrobras sobre a exploração de petróleo.

O processo de abertura da economia brasileira foi rápido e mal estruturado. Muitas empresas não conseguiram se adaptar à nova realidade de mercado: seus controladores preferiram vendê-las a correr o risco de falir. As multinacionais, então, apressaram-se em comprar essas empresas ou associaram-se a elas. Em apenas uma década, as multinacionais mais que dobraram sua participação nas empresas brasileiras.

DICAS

LEITURAS

Brasil privatizado
Aloysio Biondi. São Paulo: Fundação Perseu Abramo, 2003.

Coletânea de artigos do autor criticando o processo de privatização do Brasil.

Que Brasil é este?
Emir Sader. São Paulo: Atual, 2003.

Análise da modernização do Brasil, da industrialização à inserção de sua economia na ordem mundial neoliberal.

Dívida pública interna

total das dívidas tomadas pelo governo (nas esferas federal, estadual e municipal) e pelas empresas estatais, junto aos cidadãos e às instituições financeiras nacionais.

As multinacionais investiram maciçamente em tecnologia, e isso, em geral, reduziu significativamente os postos de trabalho, sobretudo aqueles ocupados pelas pessoas sem qualificação e com escolarização baixa. Valeram-se também da **terceirização** de atividades, ou seja, repassaram serviços para outras empresas (terceiros), criando redes de subcontratação.

A privatização sofreu muitas críticas, pois vários setores privatizados eram considerados estratégicos, por estarem na base do processo de produção, como a siderurgia e a mineração. Criticou-se também o fato de parte do dinheiro para as privatizações ter sido emprestada pelos cofres públicos, por meio do Banco Nacional de Desenvolvimento Econômico e Social (BNDES). Além disso, para atrair compradores, o governo saneou as empresas a serem privatizadas, elevou os preços das tarifas e responsabilizou-se pelo pagamento de parte da dívida.

Como você pôde perceber com as discussões da seção *Contexto*, no que se refere às análises do gráfico "Brasil: participação no capital das empresas – Início da década de 1990 e 2002", o Brasil globalizado caracterizou-se por um processo de **desnacionalização da economia**, já que a fatia mais expressiva dos negócios de privatização coube ao capital estrangeiro. No início do século XXI, entre as 500 maiores empresas do mundo, cerca de 400 possuíam filiais em território brasileiro.

O dinheiro da privatização, quase todo empregado para diminuir a **dívida pública interna**, teve um efeito apenas relativo nesse sentido, uma vez que a permanência dos juros em níveis elevados, para conter a inflação e atrair investimentos externos, fez a dívida interna aumentar sensivelmente.

A partir de 2003, a privatização pautada na venda de estatais perdeu fôlego. Para realizar investimentos na construção de grandes obras de infraestrutura, o governo passou a utilizar o sistema das Parcerias Público-Privadas (PPPs), nas quais o Estado conta com a participação do capital privado. A parceria é utilizada também com concessionárias que exploram bens públicos, como rodovias, ferrovias e aeroportos.

O BRASIL E A ECONOMIA GLOBAL

Brasil: os produtos mais importantes na balança – 2011

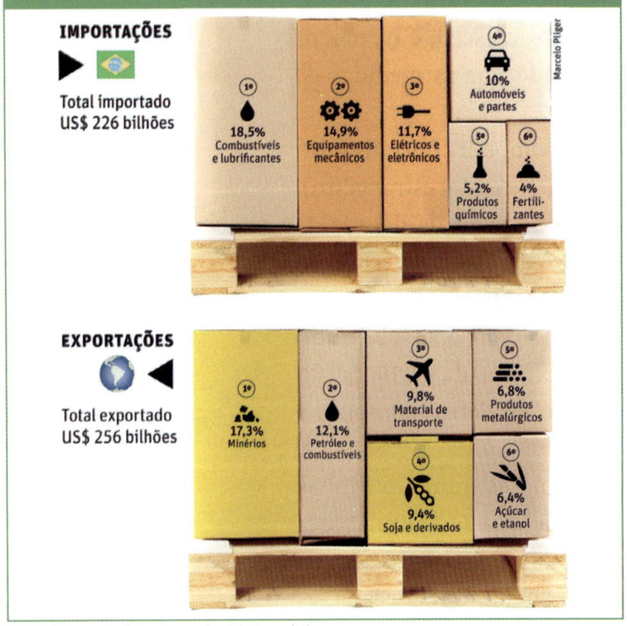

EDITORIA DE ARTE/FOLHAPRESS

Fonte: *Folha de S.Paulo*, 1º abr. 2012. p. A-3.

Na seção *Contexto*, você analisou algumas características da balança comercial brasileira, considerando os seus parceiros e a sua evolução entre 2002 e 2011, além de levantar hipóteses sobre os produtos exportados. Apesar de todas as transformações socioeconômicas e espaciais decorrentes da inserção do Brasil no mundo globalizado, a participação do país no comércio mundial continua muito reduzida. Ela representava em 2012 cerca de 1,3% do total de todas as transações realizadas no planeta.

Balança comercial

As exportações brasileiras ainda estão muito baseadas nas *commodities*, mercadorias que são matéria-prima – intensivos em recursos naturais, com reduzido ou praticamente nenhum processo de elaboração em diversas etapas – ou que apresentam baixo índice de industrialização. Os principais produtos de exportação do Brasil são: suco de laranja, café, açúcar, soja, minério de ferro, celulose, etanol, carne bovina e outros produtos de baixo **valor agregado**. Já os principais produtos importados pelo Brasil têm custo elevado, são bens de consumo de alta tecnologia, máquinas e equipamentos industriais, computadores e produtos eletrônicos, entre outros.

Também fazem parte da pauta de exportações do Brasil alguns produtos de nível tecnológico elevado ou de alta tecnologia, como telefones celulares, automóveis, caminhões, máquinas agrícolas e aviões. No entanto, esses produtos não têm uma participação expressiva no conjunto dos bens exportados pelo país. Veja as informações no infográfico da página anterior e observe novamente os parceiros comerciais do Brasil no gráfico que está na seção *Contexto*.

MARIO YOSHIDA

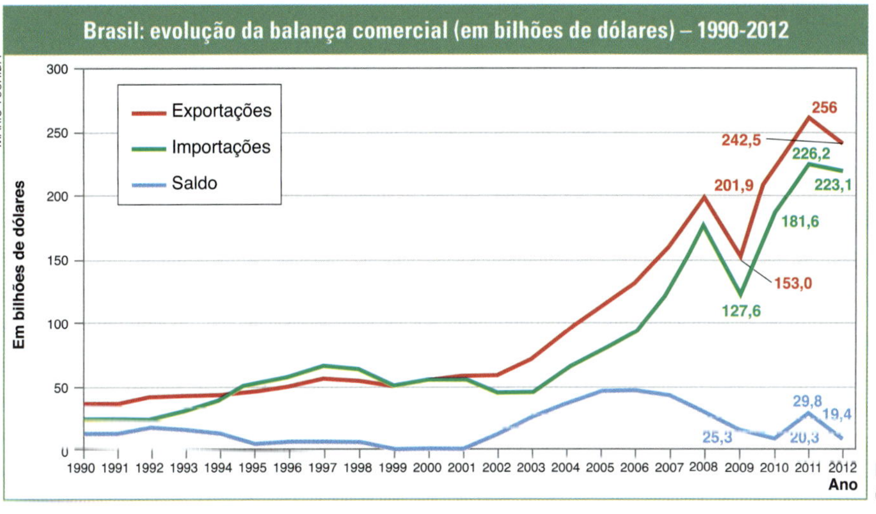

Fonte: MDIC. Disponível em: <www.desenvolvimento.gov.br>. Acesso em: nov. 2013.

- Analise os dados do gráfico e relacione-os com a abertura comercial brasileira ocorrida no período.

LEITURA COMPLEMENTAR

As multinacionais brasileiras

Os produtos originários de países em desenvolvimento enfrentam o protecionismo das nações desenvolvidas. A agropecuária, por exemplo, setor em que o Brasil se tornou altamente competitivo mesmo sem praticamente contar com subsídios, tem restrições para entrar no mercado dos Estados Unidos, da UE e do Japão. O aço é outro exemplo. Utilizando um tipo de defesa econômica conhecido como *antidumping*, o governo estadunidense taxa o aço brasileiro sob a acusação de que o Brasil vende esse produto no mercado externo abaixo do custo da produção, devido a um pretenso apoio do governo brasileiro às grandes empresas siderúrgicas que atuam no território nacional. Nesse contexto, muitas empresas brasileiras abriram filiais em outros países e se internacionalizaram, com o intuito de ampliar as vendas no mercado externo. São as **multinacionais brasileiras**.

O mapa a seguir apresenta algumas informações sobre atuação das multinacionais brasileiras. Há empresas em diversos setores, mas não sobressaem, em quantidade, empresas de tecnologia de ponta. Algumas delas são: Embraer (fabricante de aviões); Itáu/Unibanco, Bradesco, Banco do Brasil (bancos); Marfrig, Brasil Foods e JBS Friboi (alimentos); Suzano e Fíbria (papel e celulose); Alpargatas (calçados e lonas para caminhões); Petrobras (petróleo e derivados); Vale (mineração); Odebrecht, Mendes Junior e Camargo Correa (construção civil); Ambev – que se uniu à Interbrew, da Bélgica (bebidas), dando origem à InBev; Gerdau, CSN e Usiminas (aço); Sabó (autopeças); Ci&T Software e Stefanini IT Solutions (tecnologia da informação); Marcopolo (veículos automotores e carrocerias); Metalfrio (refrigeradores); Natura (cosméticos e higiene pessoal); Tigre (material de construção); Agrale (veículos automotores e implementos); Azaleia (calçados).

Em alguns países latino-americanos, as empresas multinacionais brasileiras têm uma participação expressiva, dominando alguns setores de calçados e de produtos alimentícios.

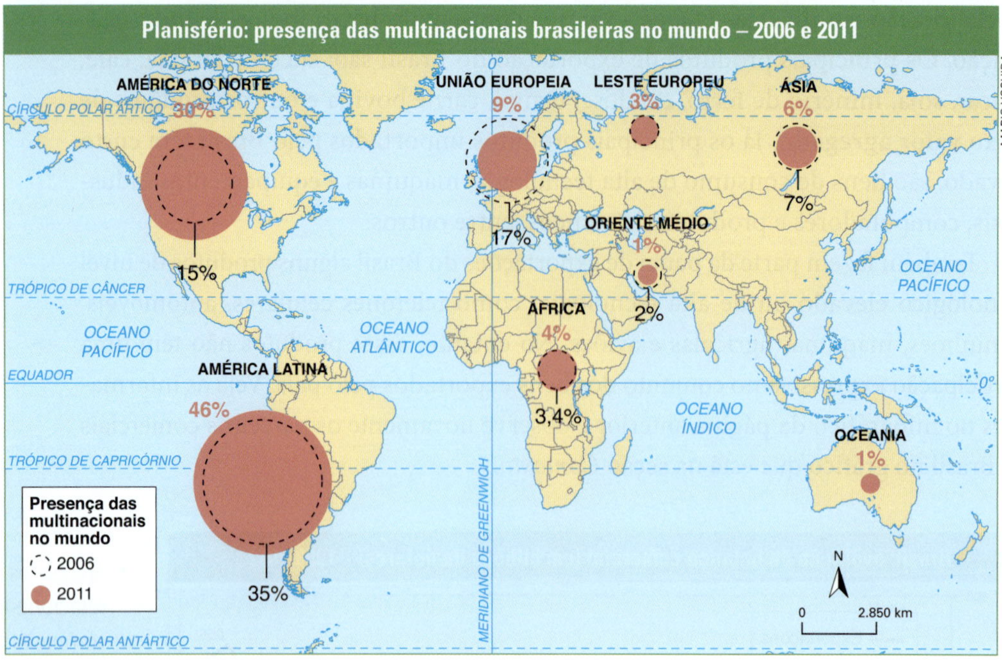

Fonte: *O Estado de S. Paulo*, 27 ago. 2012. p. N4, N5.

Balanço de pagamentos

> ***Royalty***
> valor cobrado sobre o uso de marcas (*franchising*), de patentes, exploração de recursos naturais, direitos autorais etc.

> **Dívida externa**
> soma dos débitos contraídos pelo governo e por empresas de um país no exterior.

O balanço de pagamentos é a soma de todas as transações econômicas realizadas por um país com o resto do mundo. Essas transações envolvem o comércio de bens (balança comercial), o comércio de serviços (fretes, turismo, comércio eletrônico, serviços de telecomunicações, aluguel de satélite e outros equipamentos, venda de informações, ***royalties***) e empréstimos internacionais com o FMI, o Banco Mundial ou outra instituição financeira. Há também um grupo de transações correntes na balança de pagamentos que é o movimento de capitais, formado pelos empréstimos, financiamentos e investimentos, inclusive os IEDs (Investimentos Estrangeiros Diretos).

No balanço de pagamentos estão incluídas também as rendas remetidas por pessoas que trabalham em outro país (transações unilaterais), além dos juros pagos sobre a **dívida externa**. O maior responsável por essa dívida, nos países em geral, é o governo. É justamente no pagamento de juros da dívida externa que o balanço de pagamentos do Brasil é estrangulado.

Na série de acordos que o Brasil realizou com o FMI, entre o final do século XX e o início do século XXI, o país se comprometeu a reduzir gastos, para economizar recursos necessários para o pagamento dos juros (**superávit primário**). O FMI, normalmente, formaliza esses acordos mediante uma meta, pela qual o governo é obrigado a obter um superávit primário equivalente a uma porcentagem do PIB total do país, que gira entre 3% e 5%.

A dívida pública no Brasil atingiu valores elevados nas últimas décadas, e todo esforço realizado para atingir as metas de superávit primário estabelecidas pelo FMI, que envolve até corte de gastos sociais em saúde, educação e infraestrutura, foi insuficiente para pagar os juros, acarretando déficit nominal.

Em fevereiro de 2008, a imprensa deu grande destaque ao fato de o Brasil, pela primeira vez ao longo de sua história, ter se tornado um país credor do sistema financeiro internacional. As reservas internacionais e os depósitos em bancos no exterior, entre outros, superavam em cerca de US$ 4 bilhões a dívida externa total (ou dívida externa bruta), que no mesmo mês era de aproximadamente US$ 180 bilhões.

Em junho de 2013, a dívida externa bruta brasileira era de US$ 310 bilhões, enquanto as reservas internacionais atingiram US$ 376 bilhões, no mesmo mês.

PONTO DE VISTA

Pobres pagam mais imposto que os ricos no Brasil

"Os 10% mais ricos concentram 75% da riqueza do país. Para agravar ainda mais o quadro da desigualdade brasileira, os pobres pagam mais impostos que os ricos.

Segundo levantamento feito pelo Ipea (Instituto de Pesquisa Econômica Aplicada), apresentado hoje [15 maio 2009] ao CDES (Conselho de Desenvolvimento Econômico e Social) reunido em Brasília, os 10% mais pobres do país comprometem 33% de seus rendimentos em impostos, enquanto os 10% mais ricos pagam 23% em impostos.

'O país precisa de um sistema tributário mais justo que seja progressivo e não regressivo como é hoje. Ou seja, quem ganha mais deve pagar mais; quem ganha menos, pagar menos', disse o presidente do Ipea, Marcio Pochmann, durante a apresentação do levantamento, que foi feito por pesquisadores das diretorias de Estudos Sociais, Macroeconomia e Estudos Regionais e Urbanos, para contribuir na discussão da reforma tributária.

Os números do Ipea mostram que os impostos indiretos (aqueles embutidos nos preços de produtos e serviços) são os principais indutores dessa desigualdade. Os pobres pagam, proporcionalmente, três vezes mais ICMS (Imposto sobre Circulação de Mercadorias e Serviços) que os ricos. Enquanto os ricos desembolsam em média 5,7% em ICMS, os pobres pagam 16% do mesmo imposto.

Nos impostos diretos (sobre renda e propriedade) a situação é menos grave, mas também desfavorável aos mais pobres. O IPVA (Imposto sobre Propriedade de Veículos Automotores) tem praticamente a mesma incidência para todos, com alíquotas variando de 0,5% para os mais pobres a 0,6% e 0,7% para os mais ricos. Já o IPTU (Imposto sobre Propriedade Territorial e Urbana) privilegia os ricos. Entre os 10% mais pobres, a alíquota média é de 1,8%; já para os 10% mais ricos, a alíquota é de 1,4%. [...]"

IPEA. *Pobres pagam mais imposto que os ricos no Brasil.* Disponível em: <www.ipea.gov.br>. Acesso em: dez. 2013.

1. Retire do texto dados que comprovem a enorme desigualdade social no Brasil.
2. Com base no texto, explique por que o sistema tributário brasileiro contribui para acentuar a desigualdade social.
3. Comente soluções para esse problema.

DELFIM MARTINS/PULSAR IMAGENS

Vista aérea da favela Paraisópolis e de edifícios de luxo na Av. Giovanni Gronchi, em São Paulo, 2013.

[COMPREENSÃO E ANÁLISE]

1. Observe a imagem e resolva as questões a seguir.

ZIG KOCH/NATUREZA BRASILEIRA

Lan house em Vitória do Mearim (MA), 2010.

a) Relacione a imagem ao processo de globalização presente no território brasileiro.

b) Em seu município, há esse tipo de serviço? Você faz uso dele? Com qual finalidade?

2. Leia o texto e resolva a questão a seguir.

"O Brasil figura entre as principais economias do mundo e seu PIB é um dos dez maiores do globo. No entanto, ao compararmos sua classificação no IDH, percebemos que a ideia de desenvolvimento perseguida nas últimas décadas ficou associada muito mais ao crescimento da economia."

SANDRONI, Paulo. *Novíssimo dicionário de economia*. São Paulo: BestSeller, 1999. p. 580.

Diferencie crescimento econômico de desenvolvimento.

3. Leia o texto e responda às questões.

"Atualmente, a problemática do desenvolvimento tende a ser situada além de seus aspectos econômicos, numa abordagem mais geral do sistema de relações internacionais e segundo critérios econômicos, sociais e políticos. Nesse sentido, o ______ está ligado ao problema da dependência, que atinge desde países extremamente pobres, como Bangladesh, até países de considerável nível de industrialização e diversificação do aparelho produtivo, como o Brasil [...]."

a) Substitua o ______ pelo termo que completa corretamente o trecho do texto.

b) Considerando os diferentes níveis de desenvolvimento socioeconômico estudados no capítulo, como podem ser diferenciados os dois países citados no texto?

c) Apresente duas características gerais do subdesenvolvimento.

4. Quais foram as consequências da abertura econômica brasileira a partir da década de 1990?

5. Observe a charge.

BATSOW

O cartum no I Fórum Social Mundial. Porto Alegre: Coraq, 2001.

Relacione-a com a aplicação das propostas do Consenso de Washington na América Latina.

6. Por que se afirma que a globalização acentuou as diferenças entre os países?

7. Quais justificativas foram dadas para o processo de privatização no Brasil?

8. Diferencie **balança comercial** de **balanço de pagamentos**.

9. Por que o superávit primário comprometeu o desenvolvimento social do Brasil em determinados períodos nas últimas décadas?

10. Faça um comentário sobre a qualidade dos serviços e o valor das tarifas cobradas pelas empresas privadas que prestam serviços de telefonia e de fornecimento de energia elétrica em seu município, antes exclusivamente sob responsabilidade de empresas estatais.

UNIDADE 8

INFRAESTRUTURA E DESENVOLVIMENTO

Caminhões em fila no Porto de Santos (SP), 2013.

LUIZ FERNANDO MENEZES/FOTOARENA/FOLHAPRESS

Num mundo em que informações, mercadorias, capitais e pessoas circulam de forma intensa e rápida, a compreensão da estrutura material que dá suporte a todos esses fluxos é fundamental para o entendimento da dinâmica do espaço geográfico.

Esta unidade discute a arquitetura das redes de transportes e de telecomunicações e a questão energética no mundo e no Brasil. Analisa a importância desses setores da infraestrutura, relacionando-os com o desenvolvimento econômico. Discute os impactos ambientais resultantes da matriz energética mundial e do Brasil, os problemas econômicos decorrentes do sistema de transporte brasileiro, o papel do Estado, o processo de privatização e participação das grandes empresas no atual processo de implantação e ampliação da infraestrutura brasileira.

CAPÍTULO 22

TRANSPORTES NO MUNDO E NO BRASIL

CONTEXTO

O desenvolvimento dos transportes no processo de globalização

"Não acho que seja possível identificar a globalização apenas com a criação de uma economia global, embora este seja seu ponto focal e sua característica mais óbvia. Precisamos olhar para além da economia. Antes de tudo, a globalização depende da eliminação de obstáculos técnicos, não de obstáculos econômicos. Ela resulta da abolição da distância e do tempo. Por exemplo, teria sido impossível considerar o mundo como uma unidade antes de ele ter sido circum-navegado no início do século XVI. Do mesmo modo, creio que os revolucionários avanços tecnológicos nos transportes e nas comunicações desde o final da Segunda Guerra Mundial foram responsáveis pelas condições para que a economia alcançasse os níveis atuais de globalização.

O ponto de partida foi a enorme aceleração e difusão dos sistemas de transporte de mercadorias. No passado, a produção estava limitada à área em que ocorria. Até mesmo o comércio era, em certos aspectos, condicionado pela incapacidade de transportar bens perecíveis através de grandes distâncias, sem que perdessem suas características naturais. Era possível comerciar cereais, mas não flores frescas. A grande mudança foi o surgimento do transporte de carga por aviões. O exemplo mais óbvio, que nos afetou a todos, é o fim da sazonalidade dos produtos agrícolas. Hoje, podemos importar frutas tropicais, amoras ou morangos, independentemente da estação do ano. O transporte aéreo tem a velocidade necessária para colocá-las ainda frescas em nossas mesas.

Pela primeira vez na história da humanidade, isto tornou possível organizar a produção, e não apenas o comércio, em escala transnacional. Até a década de 1970, uma companhia que quisesse produzir automóveis em outro país teria de construir uma fábrica inteira e implantar todo o processo de produção no local, por exemplo nas Filipinas. Agora é possível descentralizar a produção de motores e outros componentes e, em seguida, transferi-los para o local mais conveniente para a empresa. Para todas as finalidades práticas, a produção não é mais organizada no interior dos limites políticos do Estado onde se encontra a sede da empresa.

Mesmo esse avanço não teria chegado muito longe sem os aperfeiçoamentos ainda mais espetaculares nos sistemas de informações, os quais permitiram o controle do processo a partir de um ponto central e praticamente em tempo real.

Portanto, enquanto a divisão global de trabalho estava antes confinada à troca de produtos entre regiões específicas, hoje é possível produzir independentemente das fronteiras nacionais e continentais. [...]"

HOBSBAWM, Eric. *O novo século*. São Paulo: Companhia das Letras, 2000. p. 71-72.

DISCUTA

1. O autor afirma que as distâncias e o tempo foram relativizados no mundo atual e que essa alteração foi decisiva para o processo de globalização.

a) Como se deu a relativização do tempo e do espaço no mundo globalizado?

b) Que mudanças ocorreram no processo produtivo com a evolução tecnológica dos transportes e das comunicações?

2. Em sua opinião, o Brasil está preparado, em termos de infraestrutura de telecomunicações e transportes, para os desafios da economia globalizada? Explique.

GLOBALIZAÇÃO E TRANSPORTES

A evolução dos meios de transporte foi um dos eventos que possibilitaram ao ser humano ocupar todo o planeta, explorar os recursos da natureza nos mais diferentes lugares, ampliar o comércio e impulsionar outras atividades econômicas.

O desenvolvimento da navegação marítima está diretamente relacionado com a consolidação do capitalismo comercial e a ampliação do horizonte geográfico europeu, a partir do final do século XV. Sem as caravelas e o desenvolvimento da cartografia, os portugueses e espanhóis no máximo contornariam a costa da Europa e da África, mas jamais teriam atravessado o Oceano Atlântico.

A **Segunda Revolução Industrial**, no final do século XIX, ocorreu ajustada a uma efetiva modernização dos meios de transporte, com o desenvolvimento da navegação e da ferrovia a vapor. O transporte rodoviário traçaria novas rotas no decorrer do século XX, possibilitando maior alcance da carga transportada. Aquele também seria o século do avião, que se transformou no principal meio de transporte transcontinental de passageiros e de cargas leves.

DICA
FILME
Jesse James
EUA, 1939. Direção: Henry King. Duração: 106 min.
A história de Jesse James e de seu irmão tem como pano de fundo a conquista do Oeste estadunidense com a construção de ferrovias transcontinentais e as comunidades vitimadas pelo avanço das locomotivas.

BORIS ROESSLER/AFP

Vista parcial do aeroporto de Frankfurt, o maior da Alemanha, 2011.

De fato, o desenvolvimento dos transportes a longa distância está vinculado à evolução do capitalismo, sendo a base técnica para a expansão desse sistema econômico em todo o mundo.

Na **fase atual de globalização** não foi diferente. O avanço dos transportes e das telecomunicações intensificou a circulação de mercadorias, serviços e capitais no território dos países e entre eles, atendeu à demanda das grandes empresas por mais agilidade nos processos que envolvem comunicação e negócios a longa distância e atingiu a sociedade mundial em todas as suas dimensões (econômica, social, cultural e política).

Redes de transportes

A infraestrutura de comunicação e de transporte num território organiza-se na forma de **redes**. As redes de transporte baseiam-se nos sistemas de deslocamento de mercadorias e passageiros, sendo formadas pelas vias de navegação marítima e fluvial, ferrovias, rodovias e aerovias, além da rede de **dutos**.

Duto
tubulação utilizada para o transporte de petróleo e derivados, gás, álcool e outros produtos químicos entre regiões ou países. Os dutos interligam campos de produção de petróleo e gás, refinarias e terminais marítimos e fluviais.

A importância dos transportes na economia moderna

> **Contêiner**
> recipiente para o transporte de carga. Adaptável à carroceria dos caminhões, dos quais é transferido por guindastes para os navios, trens ou aviões sem que seja necessário o contato com a mercadoria.

O desenvolvimento dos meios de transporte visa a três fatores essenciais: a segurança, a velocidade e a capacidade de deslocamento de carga ou de passageiros.

A **economia globalizada** ampliou o volume dos deslocamentos, tanto em escala nacional como internacional. O desenvolvimento da tecnologia de transportes mudou a natureza do intercâmbio comercial nos últimos 60 anos e abriu possibilidades à comercialização de todos os tipos de mercadoria. Produtos perecíveis são transportados rapidamente de um continente a outro, por via aérea ou marítima, em **contêineres** com refrigeração. A distância geográfica deixou de ser impedimento para as trocas comerciais em todo o planeta. Ao mesmo tempo, o fluxo de passageiros acentuou-se nos últimos anos, tanto nas viagens de negócios como no turismo internacional.

Brasil: portos dos corredores de exportação e outros – 2013

Fonte: *Atlas geográfico do Brasil*. São Paulo: Melhoramentos, 2004; MINISTÉRIO DOS TRANSPORTES. Disponível em: <www.transportes.gov.br>. Acesso em: set. 2013.

A globalização econômica estimula os **fluxos internacionais de mercadorias**, em razão da maior abertura comercial verificada em muitos países. No entanto, também nesse setor observam-se diferenças entre os países. As principais rotas comerciais mundiais concentram-se no Hemisfério Norte, onde estão os países de maior dinamismo econômico e os principais portos e aeroportos, por onde entram e saem os grandes fluxos de mercadorias e de passageiros.

No **Brasil**, a logística do circuito que liga as áreas de produção ao mercado interno e à exportação foi moldada a partir dos chamados **corredores de exportação**: eixos do território que articulam os meios de transporte e o sistema de armazenamento.

Em geral, a infraestrutura de armazenamento é destinada a produtos cuja estocagem é feita em grandes volumes, como os agrominerais. O ponto de chegada desse sistema de escoamento são principalmente os terminais portuários espalhados pelo litoral brasileiro, de onde os fluxos de mercadorias são direcionados aos mercados interno ou externo.

Estrada do Pacífico

Fonte: CARVALHO, Pedro. Na nova estrada Brasil-Pacífico, o progresso é via de mão dupla. Portal *IG*, 12 jul. 2011. Disponível em: <http://economia.ig.com.br>. Acesso em: out. 2013.

O sistema logístico dos corredores de exportação está orientado principalmente para os portos das regiões Sul e Sudeste e ainda pouco articulado a outras áreas de importância econômica mais recentes, sobretudo em termos de produção agropecuária, e afastadas do Atlântico, como aquelas situadas nas regiões Centro-Oeste e Norte do Brasil.

Com o objetivo de ampliar a capacidade de escoamento da produção agrícola e de outros recursos econômicos, aproximando essa produção do mercado asiático (China, Coreia do Sul e Japão), o Brasil construiu junto com o Peru a **Estrada do Pacífico**, um extenso eixo viário que se estende do estado de Rondônia, passando pelo Acre, aos portos peruanos de Ilo, Maratani e San Juan.

Outra obra importante é a **Corredor Interoceânico**, envolvendo a participação de Brasil, Bolíva e Chile, que ligará o porto de Santos aos portos de Arica e Iquique, no Chile, por rodovias.

Corredor Interoceânico

Fonte: PORTOGENTE. Disponível em: <www.portogente.com.br>. Acesso em: set. 2013.

DICA

SITE

Ministério dos Transportes

www.transportes.gov.br

O *site* oficial do Ministério, além de dados, leis e normas do setor, traz mapas e outras informações sobre a infraestrutura das diferentes modalidades de transporte no Brasil.

As obras envolvendo a articulação de infraestrutura entre os países sul-americanos fazem parte da Iniciativa para a **Integração da Infraestrutura Regional Sul-Americana** (**IIRSA**), um amplo e audacioso plano de infraestrutura viária e energética voltado à integração física dos países da América do Sul.

O SISTEMA DE TRANSPORTES NO BRASIL

O setor de transportes no Brasil apresenta diversos problemas. Isso pode ser explicado pela grande extensão do território e pelas políticas governamentais adotadas no decorrer do século XX, que não levaram em consideração a necessidade de diversificar as modalidades de transportes no país.

O **sistema de transportes** é vital para o **comércio interno e externo**, pois o custo do frete é um dos elementos – muitas vezes o principal – que compõem o preço das mercadorias. De modo geral, o meio de transporte mais barato é o hidroviário, seguido pelo ferroviário e o rodoviário. Apesar disso, no Brasil, o planejamento e os investimentos das verbas públicas ficaram centrados no transporte rodoviário, enquanto as ferrovias e hidrovias (incluída a **navegação de cabotagem**) foram relegadas a segundo plano.

O alto custo para transportar mercadorias, por rodovia, das regiões produtoras até os portos nacionais, é um dos fatores que diminuem a competitividade da produção nacional no mercado externo e, em muitos casos, encarece o preço das mercadorias no mercado interno.

Países de grande extensão territorial, como Rússia, Canadá, China e Estados Unidos, utilizam de forma prioritária os transportes ferroviário e aquaviário, diferentemente do que ocorre no Brasil, onde as rodovias, apesar da precária manutenção, ainda lideram o transporte de cargas. Veja o gráfico ao lado.

Navegação de cabotagem
transporte marítimo realizado entre dois portos costeiros de um mesmo país ou entre um porto costeiro e um porto fluvial, para atender ao mercado interno.

Fonte: CNT. *Boletim Estatístico 2013*. Disponível em: <www.cnt.org.br>. Acesso em: set. 2013.

Brasil: composição do transporte de carga – 2013

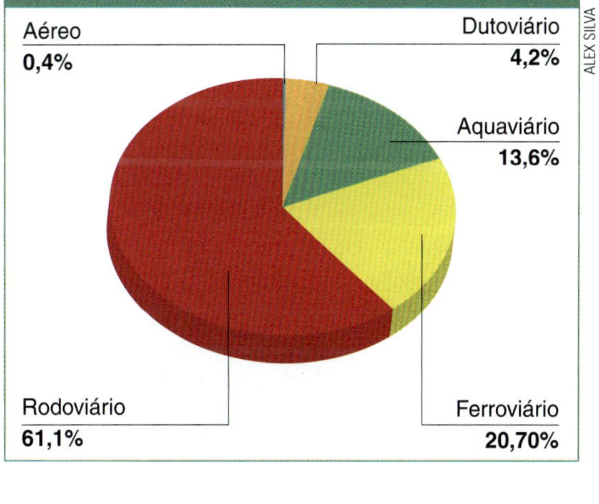

Transporte rodoviário

Para distâncias menores, as rodovias são o meio de transporte mais adequado. Apesar do custo mais elevado e de comportar menor capacidade de carga, o transporte rodoviário apresenta a vantagem de realizar o deslocamento ponta a ponta: a mercadoria é retirada no local onde é produzida e pode ser levada até o ponto de venda. Dessa forma, o produto chega ao seu destino final sem a necessidade de várias operações de carga e descarga, inevitáveis nas outras modalidades de transporte.

Para distâncias maiores, porém, o transporte rodoviário não é o meio mais adequado, mas pode auxiliar os demais. Assim, uma mercadoria percorre longas distâncias de trem, por exemplo, e depois é levada de caminhão até o local exato de destino.

As rodovias no Brasil são a base do transporte de passageiros e por elas circulam cerca de 60% das cargas transportadas no país. A malha rodoviária brasileira é uma das maiores do mundo: mais de 1 milhão e 584 mil quilômetros de estradas de rodagem, mas com apenas 220 mil quilômetros pavimentados. Além disso, 70% delas estão em más condições de tráfego[1].

Segurança nacional
atribuição do Estado que consiste em assegurar a integridade do território, a proteção da população e a preservação dos interesses nacionais diante de qualquer ameaça e agressão externa.

A **integração regional**, apoiada pelo transporte rodoviário, foi incorporada à política econômica no governo Vargas, ainda na década de 1930, com a chamada da marcha para o Oeste. Seria consagrada no governo Juscelino Kubitschek (1956-1961), com a expansão sem precedentes da malha rodoviária. Em seguida, nos governos militares pós-1964, a **integração nacional** passaria a ser também uma questão de **segurança nacional**.

As grandes rodovias, que interligam as várias regiões do país, foram construídas a partir da década de 1950 e tiveram papel fundamental no modelo econômico nacional e na integração das economias regionais nesse período.

À época, o petróleo, matéria-prima utilizada na fabricação do asfalto e na produção de combustíveis, era barato. Esse foi um grande estímulo para que a indústria automobilística se desenvolvesse e se tornasse a grande responsável pela modernização do parque industrial brasileiro.

A elevação do preço do petróleo no mercado internacional, a partir da década de 1970, representou um duro golpe no sistema de transporte brasileiro.

Durante os governos militares (1964-1986), as rodovias passaram a ser a base da ocupação espacial do país, tanto do ponto de vista econômico como do ponto de vista geopolítico. A ocupação do Centro-Oeste, da Amazônia e das extensas fronteiras nacionais foi formulada pelo Programa de Integração Nacional (PIN). Baseava-se na construção de grandes estradas e na concessão de terras em suas margens para a colonização e o preenchimento do vazio populacional dessas regiões com um duplo objetivo: aliviar os conflitos fundiários no país e expandir a fronteira agrícola. Desse programa originaram-se projetos como os das rodovias Transamazônica, Cuiabá-Santarém e Cuiabá-Porto Velho.

"Sem caminhão, o Brasil para." Esse *slogan* representa a realidade do sistema de transportes brasileiro, que privilegia o modelo rodoviário. Na imagem de 2011, tráfego de caminhão em rodovia de Belo Horizonte (MG), em trecho em péssimas condições de conservação.

LEO FONTES/O TEMPO/AE

1 Dados do Boletim CNT – Boletim Estatístico, junho de 2013. Disponível em: <www.cnt.org.br>. Acesso em: set. 2013.

Concessão de rodovias

O processo de concessão das rodovias federais teve início com o Programa de Concessão de Rodovias Federais (Procofe), em 1995. A partir dele, a exploração comercial das rodovias estendeu-se às vias estaduais. As empresas concessionárias, em troca de serviços de manutenção e de melhorias, adquiriram o direito de exploração por meio da cobrança de pedágio, cessão de espaço para publicidade e para instalação de **infovias** que acompanham o traçado das vias.

A partir de 2012, a concessão das rodovias federais entrou numa nova etapa com o "Programa de Investimentos em Logística: Rodovias e Ferrovias"[2]. As novas concessões às empresas privadas serão feitas por um período de 30 anos, visam à melhoria da qualidade das rodovias federais já existentes e preveem a construção de mais 7,5 mil quilômetros. Foram selecionados nove trechos em áreas estratégicas de grande circulação de mercadorias, com o objetivo de promover maior articulação com outras grandes rodovias do país e com outros meios de transporte. Observe o infográfico.

DICA

SITE

Agência Nacional de Transportes Terrestres (ANTT)

www.antt.gov.br

Página mantida pela agência governamental cujo objetivo é regular e fiscalizar a prestação dos serviços de transportes terrestres no Brasil.

Infovia

espécie de estrada eletrônica, formada por redes de cabos de fibra óptica pelas quais circulam informações na forma de texto, som ou imagem.

Brasil: Programa de Investimentos em Logística (concessão de rodovias) – 2013

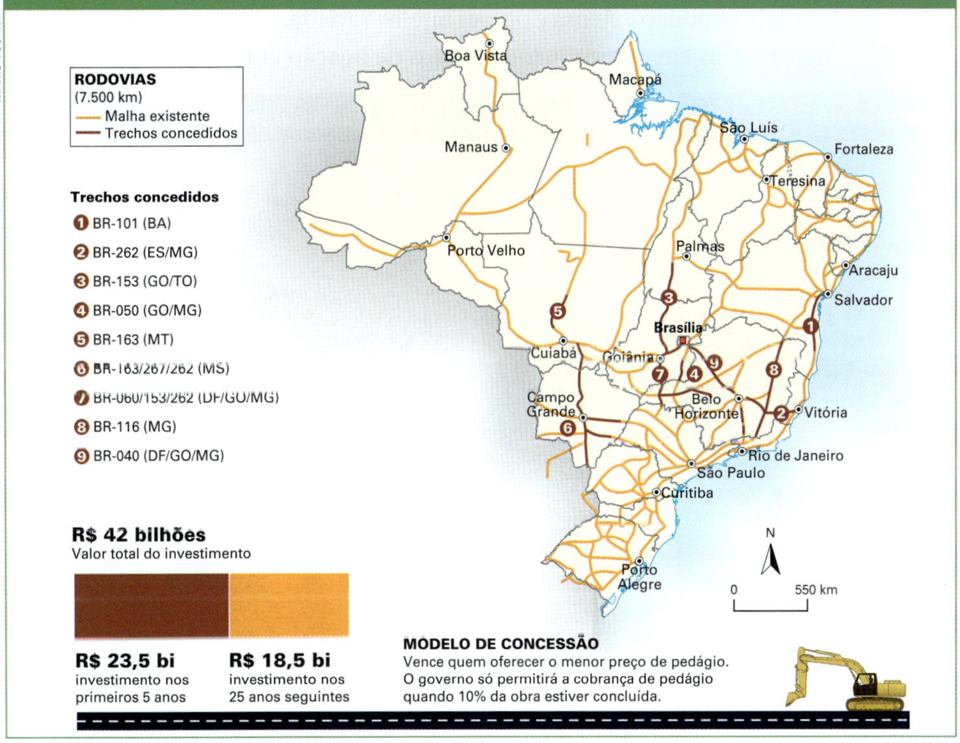

MARIO YOSHIDA

Fonte: *Folha de S.Paulo*, 16 ago. 2012. Caderno B5; Ministério da Casa Civil. Disponível em: <www.casacivil.gov.br>. Acesso em: set. 2013.

Transporte ferroviário

Comparando-se à rodovia, a ferrovia é o melhor meio de transporte para países de grande extensão territorial como o Brasil. Tem maior capacidade para transportar cargas e passageiros, consome menos energia que o caminhão em relação ao volume de carga transportado e pode ser eletrificada, não dependendo exclusivamente do petróleo como fonte de energia.

Apesar dessas vantagens, a extensão da linha ferroviária brasileira, comparada à extensão da malha ferroviária de outros países, é muito pequena. Observe a tabela na página seguinte.

2 O programa criou também a APL (Empresa de Planejamento em Logística), empresa estatal responsável pelo gerenciamento dos projetos, pela manutenção da qualidade do sistema e a integração racional dos sistemas de transporte do Brasil.

Mundo: maiores malhas ferroviárias		
País	Malha ferroviária (km)	Data da informação
Estados Unidos	224.792	2007
Rússia	87.157	2006
China	86.000	2008
Índia	63.974	2009
Canadá	46.552	2008
Alemanha	41.981	2008
Austrália	38.445	2008
Argentina	36.996	2008
Brasil	30.129	2013

Fonte: Mundo: THE WORLD FACTBOOK. Disponível em: <www.cia.gov>. Acesso em: set. 2013; Brasil: CNT. *Boletim Estatístico 2013*. Disponível em: <www.cnt.org.br>. Acesso em: set. 2013.

Evolução das ferrovias no Brasil

A ferrovia foi o principal meio de transporte de carga terrestre no Brasil até meados do século XX.

No início da década de 1950, as estradas de ferro atingiram 38 mil quilômetros de extensão. O **Plano de Metas** de Juscelino Kubitschek (1956-1960) havia apontado a necessidade de modernização da malha ferroviária do país. Entretanto, a modernização dependia da desativação de linhas tecnicamente ultrapassadas, de bitolas (distâncias entre os trilhos) muito estreitas, apoiadas sobre dormentes podres. A maioria das estações ferroviárias não tinha estrutura de comunicação entre si nem com os trens. Eram muitos os riscos de acidentes. As ferrovias em péssimo estado foram desativadas, sem a construção de novas.

As ferrovias que surgiram décadas mais tarde eram controladas pelas próprias empresas mineradoras e destinadas ao transporte de minérios. É o caso da Estrada de Ferro Carajás, inaugurada em 1985 e pertencente à ex-Companhia Vale do Rio Doce, hoje Vale S.A. Atualmente, a rede ferroviária brasileira é pouco extensa e possui bitolas variadas, exigindo **baldeação** das mercadorias em determinados pontos de ligação entre ferrovias.

Brasil: malha ferroviária – 1910

Fonte: *Atlas geográfico escolar*. Rio de Janeiro: IBGE, 2002. p. 149.

Brasil: malha ferroviária – 2013

MARIO YOSHIDA

Fonte: MINISTÉRIO DOS TRANSPORTES. Disponível em: <www2.transportes.gov.br>. Acesso em: set. 2013.

Plano de Metas
programa de governo que promoveu um avanço em vários setores de infraestrutura, principalmente a construção de usinas hidrelétricas e a expansão das rodovias e do setor siderúrgico.

1. Explique a distribuição e o traçado das ferrovias brasileiras, considerando as diferentes finalidades que tiveram nos dois períodos históricos retratados.

2. Comparando os dois mapas, a que conclusão podemos chegar sobre a densidade da malha ferroviária atual?

O Brasil inicia a segunda década do século XXI com 30.129 quilômetros de vias férreas, sendo 28.692 quilômetros operados por empresas privadas. Somente a Vale S.A. detém a terça parte de toda a malha ferroviária brasileira. É um caso raro, talvez único no mundo, de diminuição da rede ferroviária a partir dos anos 1950 até o início deste século.

Atualmente, as ferrovias absorvem pouco mais de 20% da carga transportada no Brasil. Transportam, por ano, quase cem vezes menos passageiros de longa distância do que as rodovias.

Trem-bala no Brasil

O principal projeto de transporte de passageiros dos últimos anos está previsto para entrar em funcionamento ainda nesta década. Trata-se do trem-bala brasileiro, ligação ferroviária entre os municípios de Campinas, São Paulo e Rio de Janeiro por trens de alta velocidade. A região escolhida para ser estruturada a primeira malha do trem-bala brasileiro é uma das mais populosas do país, concentrando quase 40 milhões de habitantes. Além disso, a região detém praticamente a metade do Produto Interno Bruto (PIB) do Brasil.

A viagem entre Rio e São Paulo poderá ser realizada em cerca de 1 hora e 40 minutos. O trem poderá atingir a velocidade média de 285 quilômetros por hora e fará também a ligação entre diversas estações intermediárias. De São Paulo ao Rio de Janeiro o trem percorrerá a distância de 511 quilômetros. O empreendimento está entre os mais caros projetos de infraestrutura programados e não resolverá o grande problema pendente da economia brasileira: melhorar a qualidade e eficiência do transporte de carga no Brasil.

Baldeação
no texto, significa retirar a mercadoria dos vagões de um trem e colocá-la em vagões de outro trem, para que possa seguir viagem até a estação mais próxima do destino.

Glossário da página anterior.

O projeto do trem-bala – 2013

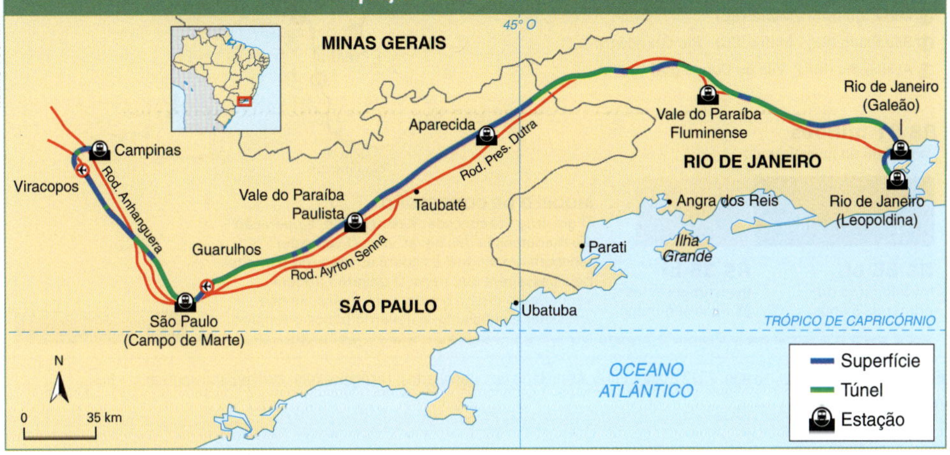

Fonte: *Folha de S.Paulo*, 28 jun. 2013. Disponível em: <www.folha.uol.com.br>. Acesso em: set. 2013.

Privatização das ferrovias

As ferrovias brasileiras eram quase totalmente administradas por três segmentos estatais. O governo de São Paulo operava as ferrovias do estado, a maior malha ferroviária do país, por meio da estatal Ferrovias Paulistas S.A. (Fepasa); a Companhia Vale do Rio Doce controlava as principais ferrovias de transporte de minérios; e a Rede Ferroviária Federal S.A. (RFFSA) administrava praticamente todas as outras ferrovias do país.

A privatização do setor ferroviário teve início em 1996. A RFFSA foi arrendada para grupos formados por empresas nacionais, muitas das quais já utilizavam as ferrovias para o transporte de seus produtos.

A transferência para o setor privado representou uma pequena melhoria nas ferrovias, limitada à recuperação de alguns trechos e à instalação de alguns equipamentos mais modernos, sem, no entanto, promover a ampliação da malha. Ocorreu, também, aumento do volume transportado e diversificação das cargas, com a utilização de novos tipos de vagões. A partir de então, alimentos, bebidas, papel e automóveis passaram a ser transportados por trem no Brasil.

O novo plano de concessão[3] à exploração das ferrovias por empresas privadas, estabelecido em 2012, prevê expansão das linhas ferroviárias em 10 mil quilômetros, na primeira etapa de implantação. Cumprida essa meta, o Brasil poderá atingir pouco mais de 40 mil quilômetros por volta do ano 2020 e obter preços mais competitivos no mercado internacional.

DICA

LEITURA

A riqueza nos trilhos: a história das ferrovias no Brasil
Vera Vilhena de Toledo, Maria Odette Brancatelli e Helena Lopes. São Paulo: Moderna, 1994.
Uma análise histórica do transporte ferroviário no Brasil, do surgimento de cidades e das atividades econômicas que o trem fomentou no país.

3 Programa de Investimentos em Logística: Rodovias e Ferrovias.

- Compare os dados do infográfico com o mapa “Brasil: malha ferroviária – 2013”, da página 334, e aponte a grande mudança no traçado das ferrovias prevista para as novas concessões.

Brasil: Programa de Investimentos em Logística (concessão de ferrovias) – 2013

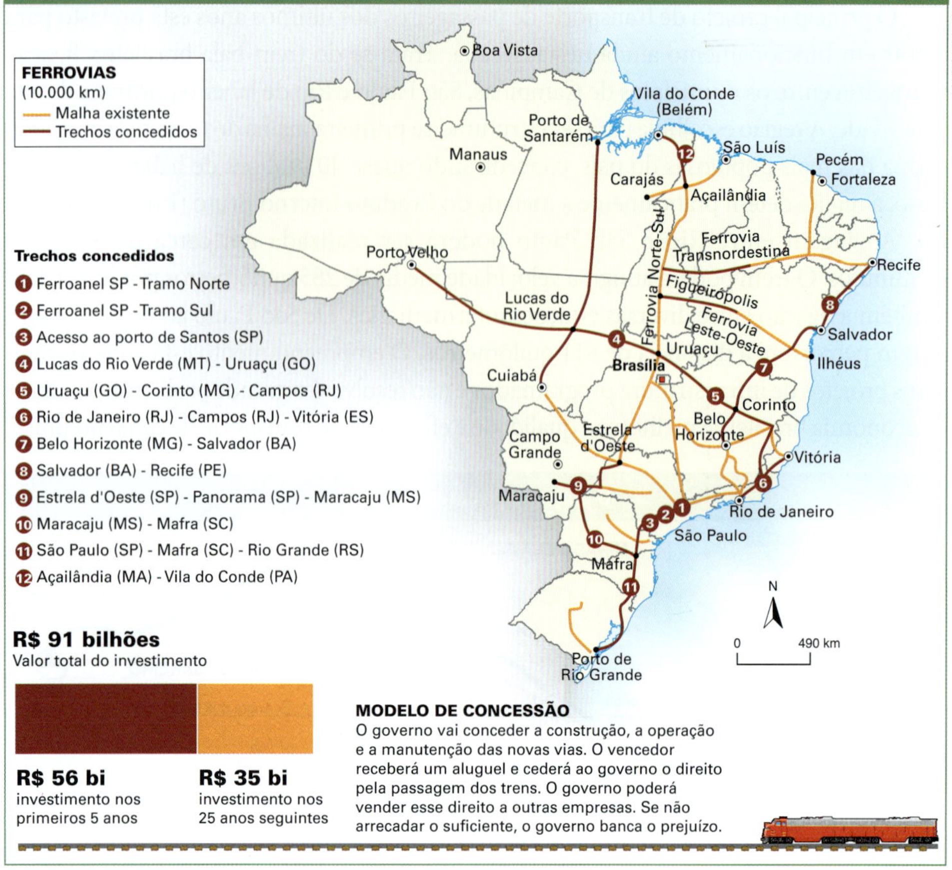

Fonte: *Folha de S.Paulo*, 16 ago. 2012. Caderno B5; Ministério dos Transportes. Disponível em: <www2.transportes.gov.br>. Acesso em: set. 2013.

Transporte marítimo e hidroviário

O território brasileiro conta com mais de 7 mil quilômetros de litoral e extensa rede hidrográfica. Apesar das condições naturais favoráveis e do baixo custo do transporte hidroviário e da navegação de cabotagem, no início do século XXI eles representavam apenas 13% da carga transportada no país.

A ampliação do sistema hidroviário exige elevados investimentos. Os canais fluviais do Brasil apresentam muitas cachoeiras e corredeiras, sendo vários trechos impróprios à navegação. Apenas o rio Amazonas e seus afluentes, a rede fluvial e lacustre do Rio Grande do Sul e os rios da bacia do Paraguai apresentam condições naturais favoráveis em grande extensão.

As duas principais hidrovias do Brasil em volume de carga transportada estão integradas à rede de transporte dos países do Mercosul: as **hidrovias Paraná-Paraguai** e **Tietê-Paraná**.

A hidrovia Araguaia-Tocantins, em fase de conclusão após trinta anos de obras interrompidas, escoará parte da produção agrícola do Centro-Oeste, enquanto a do Rio Madeira já representa uma importante via de exportação da soja dessa região.

A **hidrovia do São Francisco** transporta um volume pequeno de mercadorias, embora esse rio seja importante meio de integração entre as comunidades ribeirinhas.

No Sudeste, onde o volume de cargas transportadas é maior, foi necessária a instalação de **eclusas** (elevadores hidráulicos) para vencer os frequentes desníveis dos canais, a instalação de portos e o alargamento de trechos dos rios. A implantação de hidrovias na região nas últimas décadas, apesar dos altos investimentos, atendeu a uma demanda elevada de produtos agropecuários e industriais e reduziu o custo do frete.

MARIO YOSHIDA

Fonte: CALDINI, Vera; ÍSOLA, Leda. *Atlas geográfico Saraiva.* 3. ed. São Paulo: Saraiva, 2009. p. 51; MINISTÉRIO DOS TRANSPORTES. Disponível em: <www2.transportes.gov.br>. Acesso em: set. 2013.

A implantação das hidrovias depende, também, da avaliação dos problemas ambientais causados pela construção de portos, pelo alargamento, aprofundamento e retificação do curso de rios e pela construção de canais de ligação entre as redes hidrográficas.

Para a navegação marítima de cabotagem e para a exportação, há vários portos instalados no imenso litoral brasileiro. Eles, no entanto, apresentam diversos problemas, como baixa utilização de contêineres; pequena profundidade das águas, que dificultam a atracagem de navios de grande porte; excesso de burocracia e demora na liberação das embarcações; limitações para o armazenamento de cargas; e taxas portuárias elevadas.

Observe no infográfico a seguir os portos nacionais mais importantes em valor movimentado.

MARIO YOSHIDA

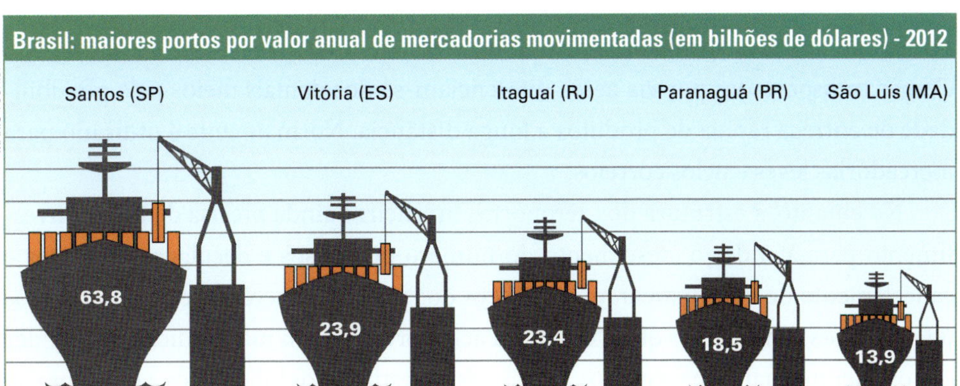

Fonte: Ministério do Desenvolvimento, Indústria e Comércio, 2013.

DICA

SITE

World Shipping Council – Transporte de contêineres

www.worldshipping.org/about-the-industry/how-liner-shipping-works/representative-examples-presentation

Este *link* em inglês mostra animação do processo de transporte por contêineres e contém algumas perguntas.

O **processo de privatização** iniciado no país nos anos 1990 também atingiu os portos brasileiros. O modelo de privatização portuária foi baseado no sistema de arrendamento de terminais para empresas privadas, ou seja, a estrutura do porto existente até a implantação do sistema continua pertencendo ao Estado. Os terminais privatizados utilizam parte da estrutura portuária pública existente; a modernização dos equipamentos reduziu o tempo de movimentação de mercadorias, mas ainda é ineficiente se comparado com outros portos do mundo.

LEITURA COMPLEMENTAR

Contêineres e terminal multimodal

Até chegar ao local de destino, as mercadorias podem passar por sucessivas etapas de carga e descarga. Exemplo: um produto chega de outro país por navio, segue em terra por trem e, finalmente, por caminhão, até chegar ao comprador. Essa variedade de tipos de transportes utilizados ao mesmo tempo e entre países levou à criação de sistemas para que os processos de carga e descarga sejam realizados no menor tempo possível.

Entre os sistemas utilizados, o contêiner é o mais eficiente. São grandes caixas metálicas, de tamanho padronizado para todos os países do mundo, que se adaptam ao navio, ao trem e ao caminhão. Alguns contêineres têm o mesmo tamanho de um vagão de trem e da carroceria de um caminhão.

Apesar do grande volume de contêineres exportados, os portos brasileiros trabalham com baixa produtividade em relação à média internacional; há atrasos no embarque e desembarque de navios, no descarregamento de navios e imensas filas de caminhões para o embarque e o desembarque de contêineres.

O armazenamento das cargas em contêineres possibilita a interligação entre vários tipos de transporte: o ferroviário, o rodoviário, o hidroviário, o marítimo e o aeroviário. Os terminais que fazem essa interligação são chamados de **multimodais**.

Alguns terminais multimodais de carga podem estar interligados a oleodutos e gasodutos, que transportam petróleo e gás natural. Nos grandes centros urbanos, também existem terminais multimodais de passageiros, os quais interligam meios de transporte como ônibus e trens urbanos, ônibus interurbanos e interestaduais e metrô. Isso possibilita aos usuários passar de um tipo de condução a outro num mesmo lugar e, muitas vezes, com um único bilhete de passagem.

Transporte aéreo

O transporte aéreo teve um crescimento expressivo nas últimas décadas, tanto nos voos domésticos como nos internacionais. A perspectiva é de que o número de voos continue aumentando em ritmo acelerado. No entanto, o transporte de carga por aviões não tem acompanhado o padrão de crescimento do transporte de passageiro. Cargas transportadas por via aérea diferenciam-se dos demais meios pela possibilidade de entrega rápida de produtos a longa distância. Normalmente é utilizado para mercadorias leves e pelos correios.

No entanto, a estrutura dos aeroportos brasileiros ainda precisa de muito investimento para atender o crescimento do número de pousos e decolagens. Atrasos e cancelamento de voos marcaram a imagem dos principais aeroportos nacionais nos últimos anos, sinalizando que a estrutura aeroportuária, em má condição de atender o movimento atual de passageiros, precisa de investimentos bilionários a curto prazo, para atender o que o setor projeta para um futuro próximo.

Aeroporto de Cumbica em Guarulhos (SP), 2011.

O modelo de concessões para a exploração privada tem sido o caminho adotado pelo governo para a ampliação dos aeroportos. O objetivo é atender ao aumento contínuo do fluxo de passageiros e às expectativas de intensificação dos voos internacionais. Nesta década, dois grandes eventos em território nacional agilizaram as ações do governo nessa direção: a Copa de 2014 e as Olimpíadas de 2016.

Transporte urbano

Os meios de transporte de passageiros nas cidades podem ser coletivos, como ônibus, trens e metrô, ou individuais, como automóveis, motocicletas e bicicletas. Com a maior parte da população brasileira vivendo nos centros urbanos, o transporte, sobretudo nas grandes cidades (com mais de 500 mil habitantes), é serviço essencial, devendo ser tratado pelos governos municipal, estadual e federal como prioridade.

O **transporte coletivo** urbano insuficiente para toda a população – fruto de estratégias de planejamento urbano de governos que não visavam ao interesse coletivo – acaba por estimular a utilização do transporte individual, elevando substancialmente o número de veículos que transitam diariamente nas grandes cidades. Isso causa enormes congestionamentos, que levam as pessoas a desperdiçar muito tempo para se deslocar da residência ao trabalho e vice-versa. Os que não têm condução própria sujeitam-se à demora e à superlotação dos coletivos urbanos.

Além de apresentarem elevado custo (com combustível, manutenção e aquisição de veículos em quantidade), os ônibus, juntamente com os automóveis e os caminhões, provocam problemas de congestionamento nas grandes cidades brasileiras e agravam a poluição atmosférica nos centros urbanos. Cada veículo emite, em média, 4 toneladas de partículas e gases poluentes por ano.

O metrô só foi inaugurado no Brasil em 1974, na cidade de São Paulo. Já havia mais de um século que o primeiro metrô fora instalado no mundo: a linha de Londres, inaugurada em 1863, como solução para o transtorno causado pelo trânsito de carroças, carruagens e ônibus puxados por cavalos. O sistema metropolitano brasileiro ainda está restrito a algumas capitais do país: São Paulo, Rio de Janeiro, Porto Alegre, Recife, Belo Horizonte, Brasília, Fortaleza e Salvador.

Apesar do elevado custo de construção, o metrô apresenta inúmeras vantagens em relação aos demais meios de transporte coletivo urbano: é eletrificado e, portanto, não poluente; transporta elevado número de passageiros, contribuindo para a redução de automóveis nas ruas; trafega em alta velocidade com elevado padrão de segurança; e contribui para a diminuição do tempo de deslocamento nas grandes cidades.

CONTRAPONTO

IMAGEM 1

RICK BUETTNER/ALAMY/GLOW IMAGES

Ciclista em avenida perto do Capitólio, em Washington D. C. (Estados Unidos), 2011.

IMAGEM 2

FOTO CEDIDA PELOS AUTORES

Ciclovia em Buenos Aires (Argentina), 2013.

1. Quais as vantagens e as desvantagens do uso de bicicletas nas grandes cidades?
2. Compare as duas imagens.
3. Analise a utilização da bicicleta em seu município. Considere em sua análise a intensidade com que esse meio é utilizado, a finalidade (transporte, lazer, entretenimento), a existência de ciclovias, a topografia, o uso de equipamentos de segurança pelo ciclista etc.

[COMPREENSÃO E ANÁLISE]

Observe os dados da tabela e resolva as questões de 1 a 4.

Brasil e Estados Unidos: produção e transporte de soja – 2007 (dólares/ton)			
País	Custo de produção	Custo de transporte	Despesas portuárias
Brasil	187	97	7
Estados Unidos	238	26	3

Fonte: *Veja*. São Paulo: Abril, ano 40, ed. 2020, n. 31, 8 ago. 2007. p. 82.

1. Calcule a diferença do custo por tonelada da produção de soja no Brasil e nos Estados Unidos.

2. Calcule o custo final da tonelada de soja no Brasil e nos Estados Unidos.

3. Monte dois gráficos de colunas com as informações da tabela: um com base nos dados do Brasil e outro com base nos dados dos Estados Unidos. Inclua também o custo final da tonelada de soja de cada país que você calculou na questão anterior.

4. Qual a principal conclusão que se pode tirar a partir da análise dos dados?

5. Dê o título mais adequado para o infográfico que segue.

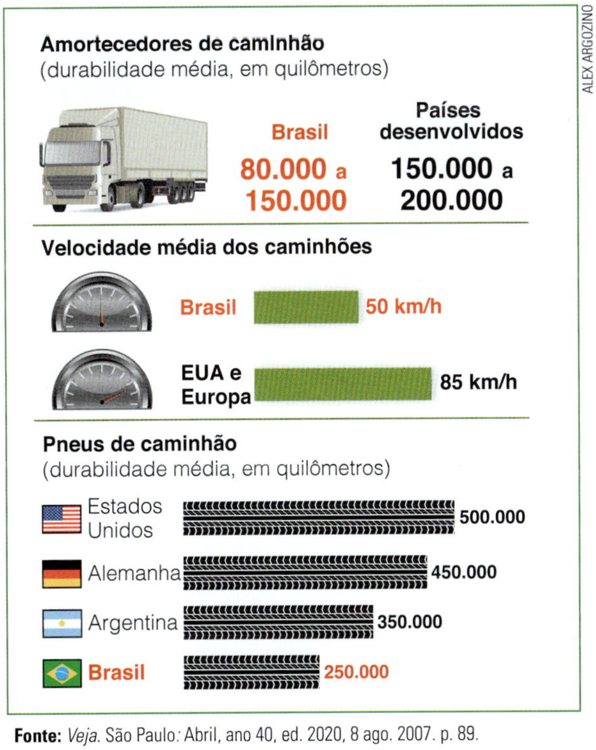

ALEX ARGOZINO

Fonte: *Veja*. São Paulo: Abril, ano 40, ed. 2020, 8 ago. 2007. p. 89.

6. De que forma as concessionárias obtêm lucros na exploração de rodovias?

7. Discuta a situação do transporte ferroviário no Brasil.

8. Quais são as hidrovias que compõem o complexo hidroviário do Mercosul? Quais vantagens e problemas elas apresentam?

9. Quais os principais problemas existentes no sistema de transporte urbano das grandes cidades brasileiras?

10. Observe o gráfico e resolva as questões a seguir.

Brasil: frota rodoviária – 2012

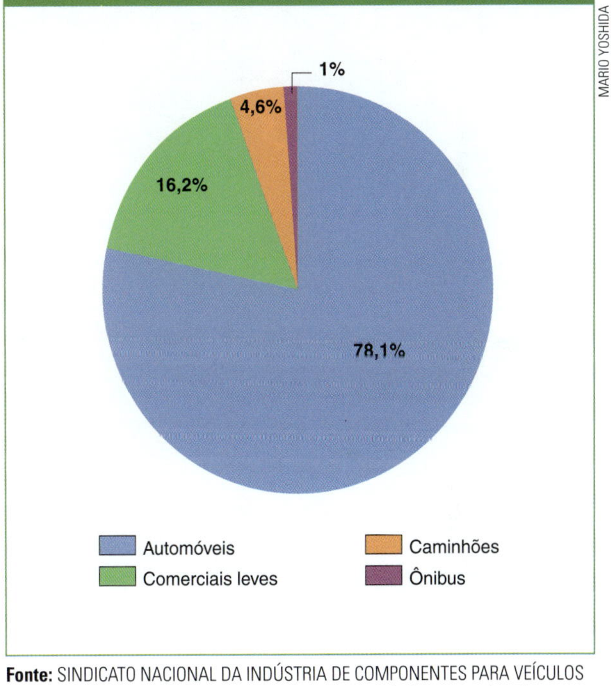

MARIO YOSHIDA

Fonte: SINDICATO NACIONAL DA INDÚSTRIA DE COMPONENTES PARA VEÍCULOS AUTOMOTORES (SINDIPEÇAS). Disponível em: <www.sindipecas.org.br>. Acesso em: set. 2013.

a) Qual é a relação do transporte de carga com o transporte de pessoas no Brasil, por rodovias?

b) Com base em seus conhecimentos e na análise do gráfico, escreva um pequeno texto em seu caderno sobre o sistema de transporte de passageiros no país.

CAPÍTULO 23

ENERGIA NO MUNDO ATUAL

CONTEXTO

Observe a imagem a seguir.

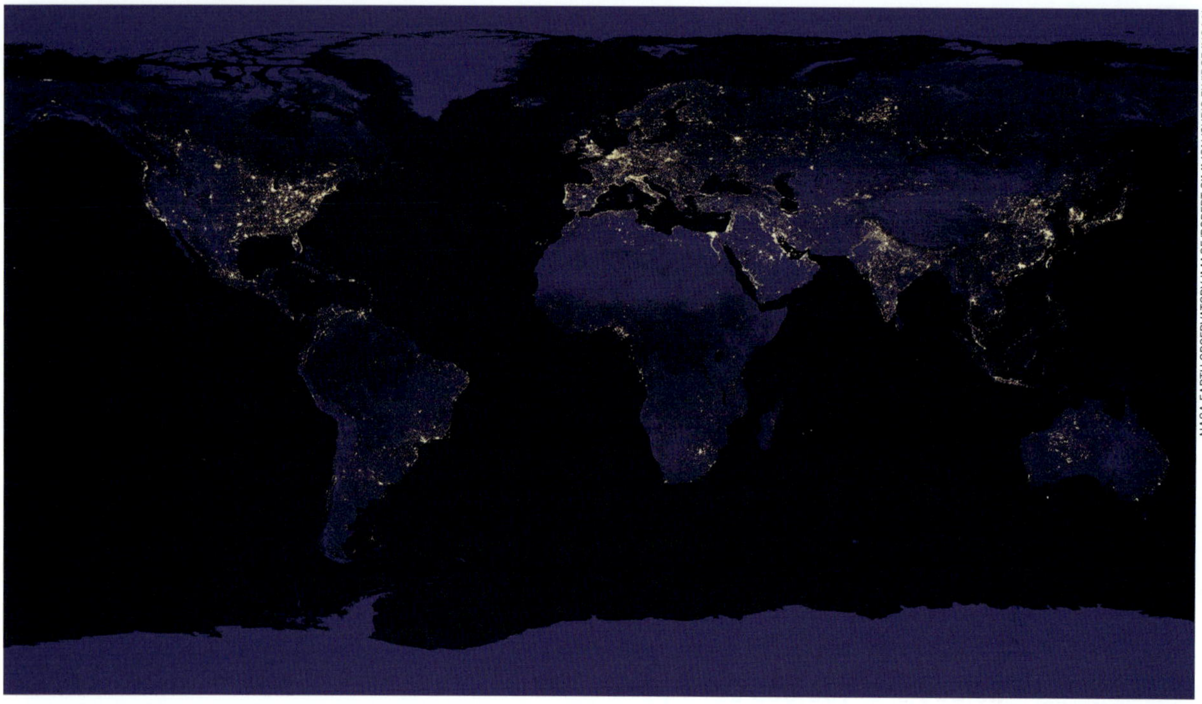

NASA EARTH OBSERVATORY IMAGE/ROBERT SIMMON/CHRIS ELVIDGE (NOAA)

Esta imagem da Terra à noite é uma montagem feita com base nos dados obtidos pelo Suomi National Polar-orbiting Partnership (Suomi NPP) por meio de satélite ao longo de nove dias em abril de 2012 e 13 dias em outubro de 2012. Os pontos destacados representam incêndios florestais, as auroras, luzes de cidades, barcos de pesca, raios, perfuração de petróleo ou operações de mineração, entre outros.

DISCUTA

1. Quais regiões ou países são mais intensamente iluminados? Qual continente se destaca pela pequena ocorrência de áreas iluminadas?
2. Quais fatores determinam a iluminação mais intensa nas áreas mostradas na imagem?
3. Quais fontes energéticas são utilizadas para gerar eletricidade?

CONSUMO DE ENERGIA E SEUS DESAFIOS

O grau de desenvolvimento econômico de um país tem relação direta com o consumo de energia. Os países desenvolvidos são grandes consumidores de energia devido ao dinamismo da sua economia e ao elevado padrão de consumo de sua população.

Até a primeira metade do século XX, existia muita energia disponível, o petróleo era uma fonte barata e não havia a consciência coletiva sobre os impactos ambientais decorrentes da sua utilização em grande escala.

A difusão dos meios eletrônicos e as transformações verificadas no decorrer da **Revolução técnico-científica-informacional**[4] exigiram uma **demanda crescente de energia**. Acrescente-se a isso o crescimento econômico em algumas regiões do globo, sobretudo na Ásia[5], nas duas últimas décadas. O aumento populacional verificado nesse continente, assim como na América do Sul, ampliou o consumo de energia e, consequentemente, a necessidade de fontes energéticas.

Combustível fóssil
originado da decomposição de restos de seres vivos após milhões de anos. Exemplos: petróleo, carvão mineral, gás natural e xisto pirobetuminoso.

A elevação do número de automóveis em circulação, aspecto marcante das sociedades que se industrializam, também levou à queima de maior volume de **combustíveis fósseis**. Assim, nas últimas décadas, a disponibilidade de energia no planeta alterou-se consideravelmente, e a **questão ambiental** passou a ser um tema relevante.

A ampliação dos recursos energéticos é um dos principais desafios das sociedades contemporâneas. Essa expansão deveria levar em conta a conservação do ambiente, utilizando-se fontes renováveis e menos poluidoras. Trata-se de uma tarefa difícil, considerando que a principal fonte energética para os transportes no mundo inteiro ainda é o petróleo. Essa é também a principal fonte utilizada em diversas atividades industriais e para o aquecimento de ambientes (residências, escritórios, lojas) durante o inverno, nos países localizados em latitudes superiores a 40° (regiões temperadas e frias).

IMAGINECHINA/CORBIS/LATINSTOCK

Mulher com máscara desloca-se em sua bicicleta elétrica em meio à neblina em dia de intensa poluição, na cidade chinesa de Jinan, em 2011. O desenvolvimento industrial da China nas últimas décadas aumentou o uso de combustíveis fósseis e, consequentemente, a poluição nas grandes cidades chinesas.

Os combustíveis fósseis representam mais de 80% da matriz energética mundial. A substituição de fontes de energia não renováveis, como os combustíveis fósseis, por outras renováveis e que não emitam gases do efeito estufa (dióxido de carbono, metano e óxido nitroso, entre outros) é essencial ao combate das consequências **deletérias** do aquecimento global.

Deletério
destrutivo, degradante ou nocivo.

4 Sobre Revolução técnico-científica-informacional veja Capítulo 19.
5 A China é o maior consumidor de energia primária desde 2009, superando os Estados Unidos.

MARIO YOSHIDA

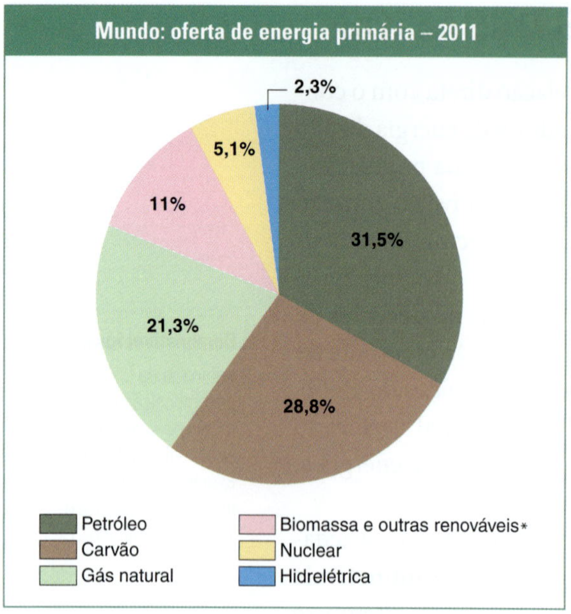

Contudo, é impossível traçar uma estratégia energética voltada para as futuras gerações que não considere a reestruturação da sociedade, desde sua maneira de produzir até seu modo de consumir, atualmente baseado no desperdício. Assim, é fundamental que a sociedade seja conscientizada da necessidade de rever seus hábitos de consumo e estilo de vida.

* A biomassa participa com 10% do total e as outras fontes renováveis, como a geotérmica, a solar e a eólica, contribuem com apenas 1% da oferta mundial.

Fonte: INTERNATIONAL ENERGY AGENCY (IEA). *Key World Energy. Statistics 2012*, p. 6. Disponível em: <www.iea.org/stats/index.asp>. Acesso em: nov. 2013.

LEITURA COMPLEMENTAR

Como classificar as fontes de energia?

As fontes de energia podem ser classificadas em **renováveis** e **não renováveis**. Os combustíveis fósseis, resultantes da decomposição de material orgânico, são fontes não renováveis, pois levam milhões de anos para serem formados.

A **biomassa** é um exemplo de fonte renovável, pois é capaz de regenerar-se num espaço de tempo relativamente curto, podendo, portanto, ser virtualmente inesgotável. Provém do processamento de matéria orgânica viva, como a cana-de-açúcar, matéria-prima da produção do etanol, e as plantas oleaginosas, das quais se obtém o biodiesel.

As fontes de energia também podem ser classificadas em **primárias**, quando utilizadas sem transformação, como a lenha queimada em um fogão, e **secundárias**, quando o calor gerado é destinado, por exemplo, a uma termelétrica, para obtenção de outro tipo de energia (a eletricidade).

Podem ainda ser classificadas em **convencionais** – a base energética da sociedade na qual vivemos, como o carvão, o petróleo, o gás natural e a hidreletricidade – ou **alternativas**, que constituem uma possibilidade ao modelo energético tradicional, tanto por sua disponibilidade como por seu menor impacto ambiental. A necessidade de diversificar a matriz energética tem estimulado pesquisas para obtenção de novas fontes de energia alternativas. Utilizadas em menor escala, tais fontes são ainda pouco difundidas e dependem de aperfeiçoamento para tornarem-se economicamente viáveis.

Biomassa
quantidade total de matéria viva (vegetal, animal e microrganismos) existente num ecossistema. Exemplos: lenha, produtos e detritos agrícolas e florestais, excrementos de animais.

PETRÓLEO

A formação do petróleo deve-se à alteração de matéria orgânica vegetal ou animal de origem oceânica retida no subsolo. Assim, encontra-se petróleo nos subsolos oceânicos ou em locais que estiveram cobertos por mares (terrenos sedimentares do **Período Cretáceo da Era Mesozoica** e do **Período Terciário da Era Cenozoica**).

Há pouco mais de um século, o petróleo tornou-se um produto indispensável. Possibilitou o desenvolvimento de um dos setores mais dinâmicos da economia capitalista – a indústria automobilística, que surgiu no final do século XIX e atingiu notável crescimento no século XX, quando o petróleo se efetivou como principal fonte energética.

As transformações técnicas verificadas no decorrer da Terceira Revolução Industrial alteraram os processos de produção e de circulação de informações, permitindo o surgimento de novas atividades[6]. No entanto, apesar dos avanços tecnológicos, o aperfeiçoamento da geração de energia nuclear e os investimentos em energias alternativas, até o momento, não provocaram alterações significativas no consumo do petróleo como fonte de energia.

A maior parte da produção mundial é destinada à produção de combustível para o setor de transporte, para as atividades industriais, para a calefação doméstica e para a geração de energia termelétrica.

Geração de energia em usina termelétrica – Esquema simplificado

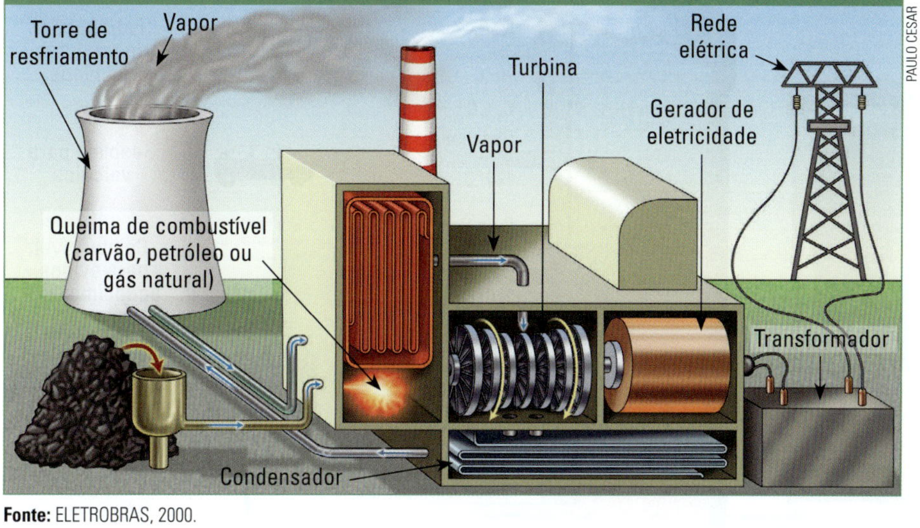

Fonte: ELETROBRAS, 2000.

O petróleo, como os demais combustíveis fósseis, é também utilizado na geração de energia, produzida nas usinas termelétricas. Nelas, o calor resultante da queima do óleo combustível ou do carvão mineral aquece a água da caldeira, que se transforma em vapor, movimentando a turbina (energia mecânica). A turbina aciona o gerador, que transforma a energia mecânica em eletricidade.

Mesmo a atividade agrícola é dependente do petróleo, utilizado como combustível nas máquinas agrícolas e no bombeamento de água para irrigação e como matéria-prima para a produção de fertilizantes e agrotóxicos. Ainda é difícil imaginar um mundo sem o petróleo, mas o grande desafio da humanidade é substituí-lo por fontes alternativas e eficientes.

Muito se especula sobre o tempo que resta para esse recurso se esgotar. É preciso considerar, porém, que todas as previsões são relativas, pois se baseiam no consumo e na produção atuais e nas reservas hoje conhecidas, situação em contínua oscilação.

Refino do petróleo

Vivemos numa "**civilização do petróleo**". A importância desse recurso natural vai além da geração de energia. É utilizado também na indústria química, como matéria-prima para a produção de plásticos, borrachas, solventes, cosméticos, medicamentos, detergentes, tintas, fibras sintéticas e fertilizantes. Em outros setores industriais, é matéria-prima de componentes para automóveis, de aparelhos eletroeletrônicos, calçados, tecidos sintéticos, entre muitos outros produtos.

O primeiro passo para a utilização do petróleo como matéria-prima consiste em aquecê-lo, a fim de isolar os elementos que o compõem. Esse procedimento é realizado nas refinarias e chama-se destilação fracionada. O aquecimento ocorre em

6 Sobre o assunto, consulte os Capítulos 19 e 25.

altas torres de aço, denominadas colunas de fracionamento, cujo interior é dividido horizontalmente. Na parte inferior da coluna, a temperatura é bastante elevada, diminuindo gradativamente até a parte superior. Aquecido, o petróleo evapora e seus diversos componentes são separados em frações depositadas em bandejas numa torre de fracionamento, dando origem a seus derivados. Em cada nível, obtém-se um subproduto ou derivado. Esse processo é denominado **refino** e é realizado nas refinarias.

Petróleo – destilação fracionada

PAULO CESAR

FOTOS: JUPITER UNLIMITED/IMAGE PLUS

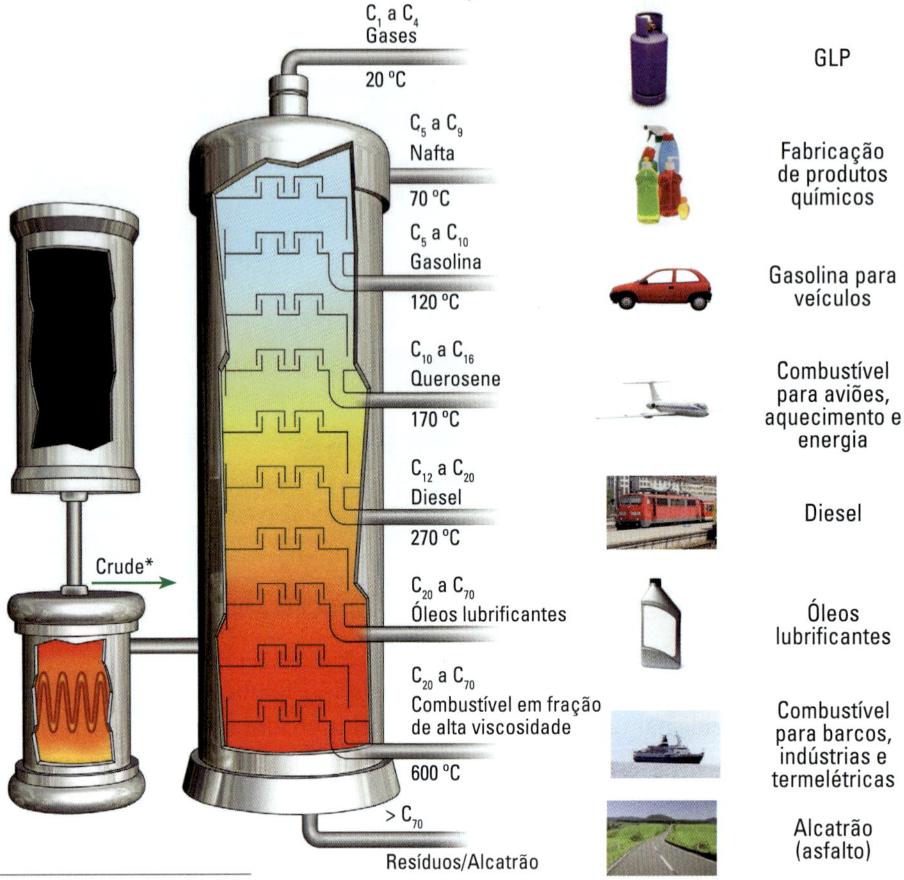

* Petróleo bruto.

Fonte: PORTAL LABORATÓRIOS VIRTUAIS. Disponível em: <http://labvirtual.eq.uc.pt>. Acesso em: fev. 2013.

Principais reservas e países produtores

As mais importantes reservas mundiais de petróleo estão concentradas em algumas poucas regiões: Oriente Médio (cerca de 60%), golfo do México, sul dos Estados Unidos, lago de Maracaibo e Bacia do Rio Orinoco (Venezuela), Sibéria (Rússia) e golfo de Bohai (China).

Arábia Saudita, Rússia, Estados Unidos, Irã, China, México e Canadá são os maiores produtores, responsáveis por cerca de 90% do petróleo produzido no mundo. Observe o mapa da página seguinte.

O grande volume de petróleo deslocado das áreas produtoras para as principais regiões industriais do globo é responsável por boa parte do comércio marítimo, mas o petróleo também é transportado por meio de oleodutos.

O intenso transporte de petróleo por navios e oleodutos transformou esse recurso em agente poluidor não apenas quando é queimado na forma de combustível. O ano de 1967 marcou o início de outra forma de poluição provocada pelo petróleo: as **marés negras**. Nesse ano, o navio petroleiro *Torrey Canyon* bateu contra um recife, lançando ao mar cerca de 136 milhões de litros de petróleo na costa britânica e causando a morte de animais e plantas. De lá para cá, ocorreram vários incidentes com petroleiros de grande impacto ambiental.

Nos Estados Unidos, em 2010, ocorreu a explosão de uma sonda de perfuração da plataforma da *Deepwater Horizon*, no Golfo do México, operada pela British Petroleum (BP). A explosão provocou o maior acidente relacionado ao petróleo já registrado: o derramamento de 5 milhões de barris de petróleo, em uma área de aproximadamente 75 mil km², que se estendeu até a costa do estado da Louisiana, nos Estados Unidos, contaminando a fauna marinha, aves, praias e pântanos.

Planisfério: principais produtores e maiores reservas de petróleo – 2012

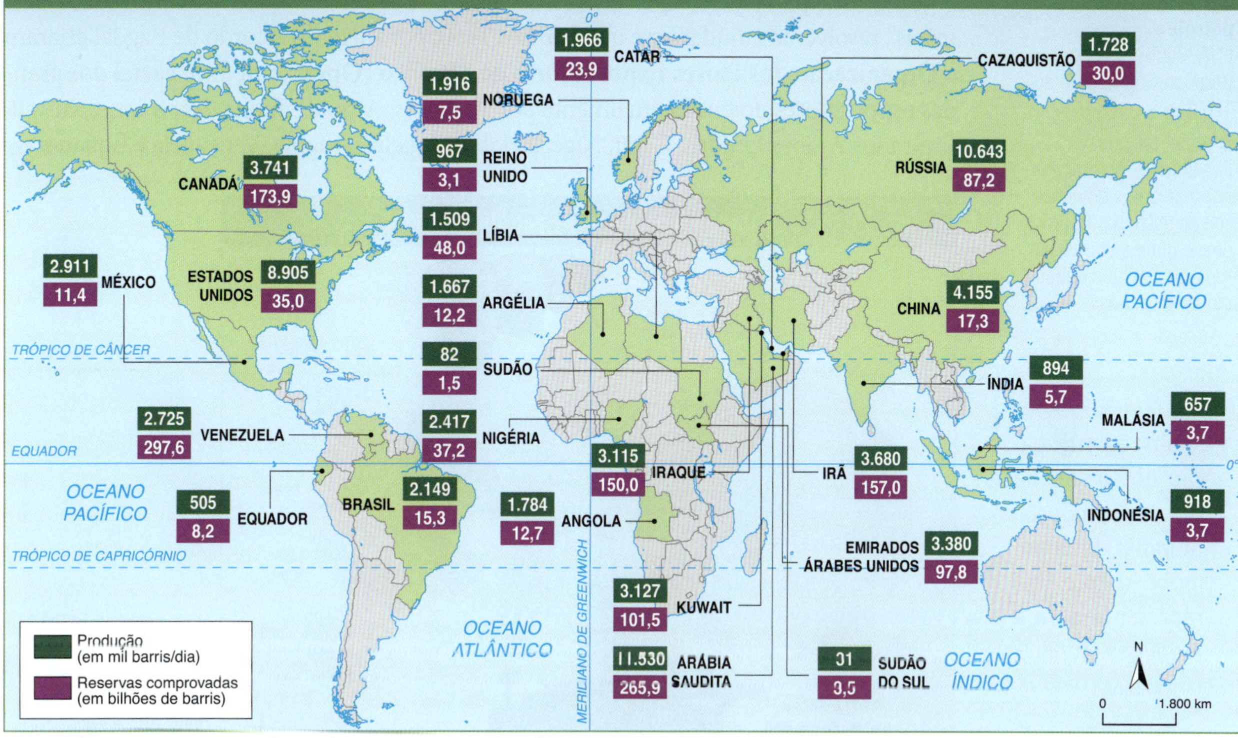

Fonte: AGÊNCIA NACIONAL DO PETRÓLEO, GÁS NATURAL E BIOCOMBUSTÍVEIS (ANP). *Anuário estatístico 2013*. Disponível em: <www.anp.gov.br>. Acesso em: set. 2013.

No ano seguinte, um acidente no Brasil provocou o derramamento de mais 2.400 litros de petróleo, devido a uma fissura nas rochas no fundo do oceano, provocada por falhas na operação da empresa estadunidense Chevron. Esse vazamento, a 120 km da costa do Rio de Janeiro (Campo do Frade), gerou questionamentos sobre os riscos de exploração de petróleo do pré-sal[7], pois a retirada do óleo ocorre em grande profundidade e qualquer acidente, que provoque vazamento, acarretará em dificuldade para a contenção.

Acidentes com petróleo no mar formam, na superfície marítima, uma capa negra impermeável à luz e ao oxigênio – daí o nome maré negra –, ocasionando a morte de mamíferos marinhos, peixes, aves e outros seres vivos que dependem do mar.

Vazamento de petróleo do Campo do Frade (RJ), 2011.

7 O pré-sal será discutido no Capítulo 24.

Geopolítica do petróleo

Até 1960, sete grandes empresas petrolíferas (cinco estadunidenses: Exxon, Texaco, Mobil, Amoco e Chevron; uma anglo-holandesa: Royal Dutch/Shell; e uma britânica: British Petroleum) controlavam grande parte da exploração e comercialização do petróleo, determinando aumento ou redução de preços. Eram chamadas de "**as sete irmãs**", em virtude dos acordos que faziam para a divisão do mercado mundial e das estratégias conjuntas que adotavam.

DICA

FILME

Syriana: a indústria do petróleo
EUA, 2005. Direção: Stephen Gaghan. Duração: 126 min.

Energia, terrorismo, ilegalidade, instituições internacionais e política são os assuntos tratados nesse filme e podem ser tema de um bom debate em sala de aula.

Os principais países exportadores, que pouco se beneficiavam com o controle das "sete irmãs", resolveram mudar esse quadro. Em 1960, por meio do Acordo de Bagdá, criaram a **Organização dos Países Exportadores de Petróleo** (**Opep**), um forte **cartel** dos grandes exportadores, formada atualmente por 12 países: Arábia Saudita, Irã, Iraque, Kuwait, Emirados Árabes Unidos, Catar, Nigéria, Líbia, Argélia, Angola, Venezuela e Equador.

- Analise a participação dos países da Opep na produção mundial de petróleo e o que isso representa para a economia mundial.

A Opep e a produção de petróleo – 2012

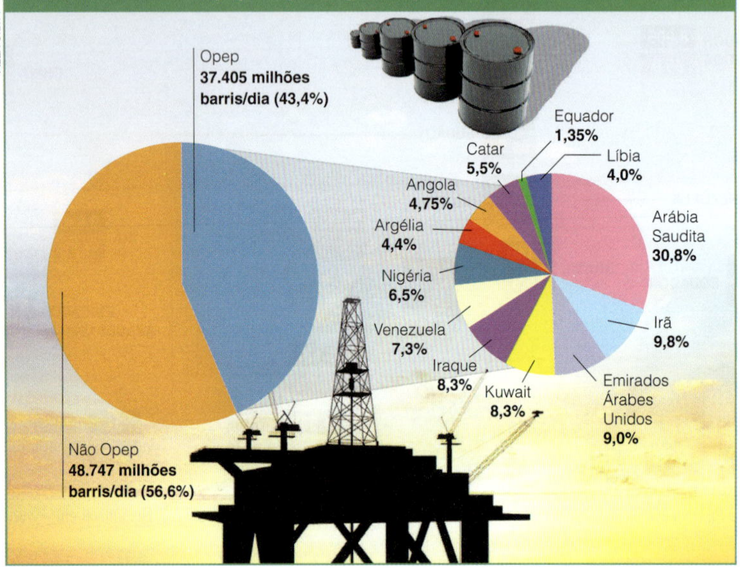

Fonte: ANP. *Anuário estatístico 2013*. Disponível em: <www.anp.gov.br>. Acesso em: set. 2013.

Os objetivos iniciais da Opep eram uma política de preços comum e o estabelecimento de cotas de produção, a fim de evitar a superprodução, que desvalorizaria o petróleo no mercado mundial. No decorrer dos anos 1960, a Opep fortaleceu-se politicamente, em decorrência da enorme importância do petróleo para a sociedade contemporânea e da diminuição das reservas mundiais.

Instabilidade política e preço do petróleo

Em 1973, Egito e Síria, países árabes, realizaram um ataque simultâneo contra Israel no Dia do Perdão (Yom Kippur), importante data religiosa para os judeus. Os dois países que lançaram a ofensiva, chamada Guerra do Yom Kippur, pretendiam retomar terras perdidas em 1967, durante a Guerra dos Seis Dias[8]. No entanto, as tropas israelenses barraram o avanço árabe.

A condenação ao ataque à Israel pelos Estados Unidos e pelas potências capitalistas foi o pretexto para a Opep entrar em ação: reduziu o fornecimento de petróleo e elevou o preço do barril de 3 para 12 dólares. Era o **primeiro choque do petróleo**.

As "sete irmãs" foram favorecidas por esse choque, pois o aumento do preço do petróleo estimulava a exploração de jazidas de alto custo (as marítimas e as do

8 Esses conflitos e outras questões envolvendo Israel e os países árabes serão tratados no Capítulo 30.

Alasca, por exemplo). Além disso, antevendo o grande aumento de preço, essas empresas vinham investindo desde os anos 1960 em outras fontes de energia, sobre as quais passaram a deter domínio tecnológico, especialmente no campo da energia nuclear. Em 1970, nos Estados Unidos, 17 empresas petrolíferas realizavam 55% das operações de prospecção de urânio e controlavam 48% das reservas conhecidas do minério.

Os Estados Unidos, apesar de serem dependentes de grande quantidade de petróleo importado, foram beneficiados com o choque, pois os países da Opep aplicaram no país, por meio da compra de títulos e de outras modalidades de investimento, os bilhões de dólares que lucravam com a comercialização do petróleo (os petrodólares).

Os prejudicados com o choque do petróleo de 1973 foram os países importadores, em especial os subdesenvolvidos industrializados. O Brasil, naquela época quase totalmente dependente do petróleo importado, foi um dos que mais sentiram os efeitos da crise.

Em 1979, quando eclodiu a revolução islâmica no Irã, e em 1980, com o início de uma guerra entre Irã e Iraque, ocorreu um novo choque do petróleo. O barril passou de 17 para 34 dólares.

Em 1990, quando tropas iraquianas invadiram o Kuwait (Guerra do Golfo), o preço do barril ultrapassou os 40 dólares. No início de 1991, com a retirada dos iraquianos, o preço voltou a se estabilizar em torno dos 20 dólares, permanecendo assim durante boa parte da década de 1990.

ROBERT VAN DER HILST/CORBIS/LATINSTOCK

Ao fim da Guerra do Golfo, as tropas iraquianas atearam fogo aos poços de petróleo do país vizinho, como forma de dar prejuízo à concorrência. Na ocasião, bombeiros de diferentes países uniram-se para conter os focos de incêndio. Kuwait, 1991.

As oscilações no preço do petróleo são decorrentes, em boa parte, do fato de a maioria das reservas localizar-se no Oriente Médio. A instabilidade política da região é agravada pelo interesse econômico que as jazidas representam. A forte influência externa que o Oriente Médio passou a sofrer após a constatação da existência de grandes reservas de petróleo em seu subsolo, as disputas internas pelo poder – que contribuíram para a queda de governantes e alterações em regimes de governo –, os conflitos entre palestinos e israelenses e o nacionalismo árabe – que se mistura, em muitos casos, ao fundamentalismo islâmico – constituem os principais motivos da insegurança na região.

A instabilidade política tem repercussão sobre o preço do petróleo e, consequentemente, sobre a economia mundial. Por causa disso, os países desenvolvidos vêm buscando diversificar sua lista de fornecedores, ampliando o leque de países dos quais importam para depender menos da produção saudita e dos outros países do Oriente Médio.

O petróleo, pela importância que tem para a economia capitalista mundial, é causa constante de intervenções militares lideradas pelas potências do Ocidente, que frequentemente defendem o interesse das multinacionais petrolíferas nas regiões produtoras da Ásia, África e América Latina.

DICA

LEITURA

Energia para o século XXI

Francisco Capuano Scarlato e Joel Arnaldo Pontin. São Paulo: Ática, 2003 (Col. Geografia Hoje).

Discute a dependência do mundo atual em relação ao petróleo e às possíveis alternativas energéticas futuras.

Mundo: maiores produtores de gás natural – 2012		
País	Bilhões de m^3	% do total mundial
1. Estados Unidos	681,4	20,2
2. Rússia	592,3	17,6
3. Irã	160,5	4,8
4. Catar	157,0	4,7
5. Canadá	156,5	4,6
6. Noruega	114,9	3,4
7. China	107,2	3,2
Outros países	1.969,8	58,5
Total mundial	3.363,9	100,0

Fonte: ANP. *Anuário Estatístico 2013.* Disponível em: <www.anp.gov.br>. Acesso em: set. 2013.

GÁS NATURAL

O gás natural pode ser encontrado junto com o petróleo, por se formar do mesmo modo e se acumular no mesmo tipo de terreno. O consumo desse produto teve um aumento substancial nas últimas décadas, tanto para a geração de energia elétrica quanto para a utilização como combustível nos veículos, especialmente em ônibus e automóveis.

Em relação ao petróleo, o gás natural oferece algumas vantagens: é menos poluente, as reservas conhecidas têm prognóstico mais favorável de duração e encontram-se mais bem distribuídas pelos continentes, apesar de Rússia e Estados Unidos responderem, sozinhos, por praticamente 40% da produção mundial.

Além disso, o custo de geração de energia elétrica à base de gás natural é menor do que o de carvão mineral, petróleo e urânio enriquecido. Isso incentiva sua utilização e explica a expansão nas últimas décadas.

Gás de xisto

A grande novidade desta década, no setor energético mundial, é a exploração de gás de xisto. Trata-se de gás natural, denominado não convencional, extraído de formações rochosas pouco permeáveis encontradas em bacias sedimentares. O gás está impregnado em blocos rochosos. Dessa forma, a sua exploração está condicionada ao fraturamento da rocha, com a injeção de água e substâncias químicas explosivas, para a liberação do gás. Depois dessa etapa, ele é captado por tubulações que o levam para a superfície.

Embora o potencial energético do gás de xisto seja conhecido há tempo, sua exploração tornou-se economicamente viável somente neste início de século, com o desenvolvimento de novas tecnologias. A produção dessa fonte de energia irá provocar, num breve espaço de tempo, grandes alterações na matriz energética mundial e na geopolítica global, uma vez que as reservas mundiais são abundantes, especialmente na China e nos Estados Unidos, e estão espalhadas em diversos países. Os Estados Unidos são o maior produtor, além de possuir atualmente a infraestrutura (extensa rede de gasodutos) e a tecnologia mais avançada para a extração.

Nessa perspectiva, ocorrerá um aumento significativo em termos de disponibilidade de energia, entretanto, na mesma proporção dos impactos ambientais. Ambientalistas têm alertado para as consequências negativas dessa fonte energética e também para sua utilização. No primeiro caso, os riscos de contaminação de reservas subterrâneas são bastante prováveis e, no segundo, haverá elevação do consumo de combustíveis fósseis, com prejuízo aos esforços realizados nas últimas décadas para a ampliação de fontes energéticas renováveis e limpas.

Reservas de gás de xisto no mundo (em trilhões de m^3) – 2012	
China	36,1
EUA	24,4
Argentina	21,9
México	19,3
África do Sul	13,7
Austrália	11,2
Canadá	11,0
Líbia	8,2
Argélia	6,5
Brasil	6,4
Polônia	5,3

Fonte: *O Estado de S. Paulo.* Disponível em: <http://economia.estadao.com.br>. Acesso em: set. 2013.

Rússia: reservas de gás natural e petróleo

O território russo abriga a maior reserva[9] de gás natural do mundo e grandes reservas de petróleo. Esse potencial energético sustenta mais da metade das exportações e representa a terça parte do PIB do país. Essa situação torna a economia da Rússia bastante vulnerável.

Boa parte da Europa depende das jazidas do subsolo russo, cujos recursos escoam pela rede de dutos da principal empresa russa: a Gazprom.

Para atingir os países europeus, esses dutos têm de passar pela Ucrânia, país com o qual a Rússia mantém relações pouco amigáveis. A questão conflitante entre russos e ucranianos relaciona-se, entre outras questões, à intenção de o governo ucraniano aderir à UE e à Otan.

A Rússia, por sua vez, está atenta às investidas comerciais e militares nas proximidades de sua fronteira no Cáucaso — região estratégica situada entre o Mar Negro e o Mar Cáspio que dispõe de grandes reservas de petróleo e gás da Ásia Central e próxima do Oriente Médio. A maior parte da população dessa região é muçulmana e manifesta interesse em separar-se da Federação Russa. Após o fim da URSS, os conflitos[10] mais violentos vêm ocorrendo na Chechênia e no Daguestão.

Para a Rússia, a separação da Chechênia pode estimular outros movimentos separatistas, pois é grande o mosaico de etnias que compõe o país. Além disso, a separação significa a perda de uma posição geográfica privilegiada, numa região próxima dos grandes campos de petróleo, gás natural e redes de dutos.

A rede de dutos russos é bastante extensa. Essa vantagem na comercialização de gás é vista por muitos países europeus e pela China como um risco que deve ser evitado ao longo do tempo através de investimentos de rotas alternativas e outros fornecedores.

Contornando o forte controle do escoamento de gás e petróleo da Ásia Central pela Rússia, outras iniciativas foram implementadas na região. Entre o Azerbaijão, a Geórgia e a Turquia, foi construído o oleoduto Baku-Tbilisi-Ceyhan. Estratégico para o escoamento de petróleo da região e construído com investimentos de grandes empresas petrolíferas europeias, está localizado além da fronteira russa. A China inaugurou também um extenso gasoduto que liga seu território ao Turcomenistão, também diminuindo a dependência do gás russo. Existe ainda o projeto em discussão, o do gasoduto Nabucco, que, se efetivado, formará uma extensa rede de dutos da Turquia à Áustria.

CARVÃO MINERAL

O carvão mineral foi a fonte de energia básica da Primeira Revolução Industrial ocorrida na Grã-Bretanha no século XVIII. As concentrações industriais, nos países que se industrializaram entre os séculos XVIII e XIX (Grã-Bretanha, Alemanha, Estados Unidos), ocorreram próximo às áreas de extração carbonífera.

O termo carvão corresponde a uma grande variedade de produtos. Do ponto de vista geológico, designa qualquer rocha que possua alto conteúdo de carbono não cristalizado. Essas rochas são formadas pela sedimentação e decomposição, em condições de baixa quantidade de oxigênio, de organismos vegetais (grandes florestas) soterrados há mais de 300 milhões de anos.

DICA

SITE

Greenpeace – Energia
www.greenpeace.org/brasil/energia/
Página da ONG ambientalista sobre o uso de fontes alternativas limpas e renováveis.

9 Em 2011, representava 21,4% das reservas mundiais, de acordo com o BP Statistical Review of World Energy 2012.
10 Esse tema será discutido no Capítulo 30.

O carvão pode ser classificado de acordo com o seu potencial de gerar calor. Esse potencial aumenta de acordo com a quantidade de carbono acumulada durante a sua evolução: quanto mais antiga a sua formação, maior é o teor de carbono. Depende também da sua pureza, isto é, da quantidade de outros minerais na sua composição. De acordo com o poder calorífico, o carvão se divide em quatro diferentes tipos:

- **antracito**: formado na Era Paleozoica, é o mais raro, possuindo de 90% a 96% de carbono (o maior poder calorífico);
- **hulha**: também da Era Paleozoica, é o mais abundante e consumido, com um teor de carbono de 75% a 90%;
- **linhita**: formado na Era Mesozoica, apresenta teor de carbono de 65% a 75%;
- **turfa**: originado na Era Cenozoica, possui cerca de 55% de carbono (o menor poder calorífico).

Fissão nuclear

reação nuclear que ocorre quando um átomo de metal pesado é bombardeado por nêutrons. O núcleo do átomo bombardeado se divide em duas partes e libera novos nêutrons, que bombardeiam outros núcleos e provocam uma reação em cadeia, liberando grande quantidade de energia.

Devido à utilização cada vez maior do petróleo no decorrer do século XX, chegou-se a afirmar, especialmente na década de 1960, que o carvão era uma fonte de energia ultrapassada. Entretanto, com o encarecimento do petróleo a partir da década de 1970, a produção e o consumo do carvão aumentaram sensivelmente.

Dos combustíveis fósseis, o carvão é o mais poluente e o mais abundante – estima-se que as reservas existentes durem cerca de dois séculos. Entre os maiores produtores, a China sozinha produz mais de 45%. Observe a tabela abaixo.

Mundo: maiores produtores de carvão mineral – 2012

	País	Milhões de toneladas	% do total mundial		País	Milhões de toneladas	% do total mundial
1.	China	3.549	45,3	6.	Rússia	354	4,5
2.	Estados Unidos	935	11,9	7.	África do Sul	259	3,3
3.	Índia	595	7,6	8.	Alemanha	197	2,5
4.	Indonésia	443	5,7	9.	Polônia	144	1,8
5.	Austrália	421	5,4	10.	Cazaquistão	126	1,6

Fonte: IEA. *Key World Energy Statistics 2013*, p. 15. Disponível em: <www.iea.org>. Acesso em: jan. 2014.

1. Calcule a participação mundial dos dez maiores produtores de carvão mineral.

2. Volte ao mapa "Planisfério: principais produtores e maiores reservas de petróleo – 2012", da página 347, à tabela "Mundo: maiores produtores de gás natural – 2012", da página 350, e compare com a tabela acima, que mostra os maiores produtores de carvão no mesmo ano.
Em que região ou países se concentram as produções de cada um desses combustíveis fósseis?

ENERGIA NUCLEAR

A **fissão nuclear**, ou seja, a divisão do átomo de metais pesados, como o urânio e o tório, foi realizada pela primeira vez em 1938. Inicialmente, a energia liberada pela fissão nuclear foi utilizada para fins militares, durante a Segunda Guerra Mundial. Mais tarde, as pesquisas evoluíram para a utilização da energia nuclear com objetivos pacíficos.

O urânio U-235, um dos metais radioativos usados na fissão, produz 80 mil vezes mais energia do que o carvão mineral. Acreditava-se que a energia nuclear seria a energia do futuro, e em meados da década de 1960 várias usinas termonucleares já estavam funcionando, ou em construção, especialmente na Europa e nos Estados Unidos. Os investimentos nesse tipo de energia aumentaram após o primeiro choque do petróleo, em 1973. Em 2010, as centrais nucleares eram responsáveis por cerca de 13% da eletricidade.

Geração de energia em usina nuclear – esquema simplificado

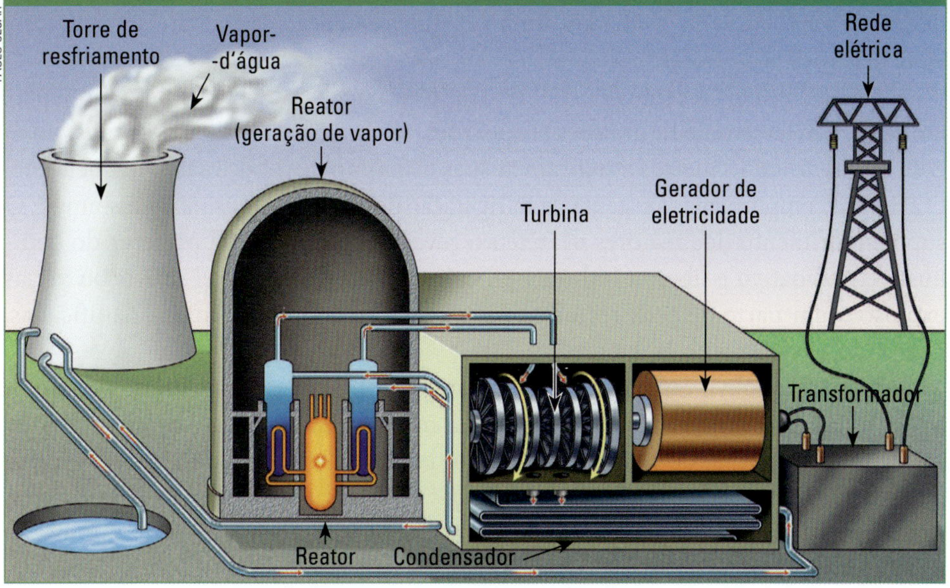

Fonte: elaborado com base em COMISSÃO NACIONAL DE ENERGIA NUCLEAR (CNEN), 2008.

Em uma usina termonuclear, a fissão do núcleo do átomo libera a energia que aquece a água e produz o vapor que movimenta as turbinas. O restante do processo é praticamente o mesmo da usina termelétrica.

Atualmente, muitos países desenvolvidos e subdesenvolvidos industrializados investem na pesquisa e no aprimoramento da tecnologia nuclear. Os Estados Unidos lideram a produção, mas os países mais dependentes da eletricidade produzida por usinas termonucleares são os europeus. Na França, as usinas suprem 77% da eletricidade e, na Ucrânia, quase a metade[11].

O crescimento da participação da energia nuclear na oferta total de energia, porém, revelou uma série de problemas de ordem econômica, geopolítica e ambiental. Os obstáculos econômicos estão ligados aos elevados custos para a construção de usinas e para o desenvolvimento de tecnologia nuclear. As questões de ordem geopolítica estão relacionadas ao risco de contribuir para a maior disponibilidade de armas nucleares, que podem colocar em risco toda a humanidade.

Questões ambientais e de segurança

Os principais problemas ambientais na produção e utilização da energia nuclear são: o aquecimento da água do mar utilizada na refrigeração das usinas, que é devolvida ao ecossistema marinho em temperatura superior àquela em que foi encontrada, afetando a fauna e a flora marinhas; a destinação dada ao lixo atômico, já que os resíduos dos reatores contêm radiação que permanece ativa por milhares de anos e precisam ser armazenados em recipientes revestidos de concreto, antes de serem descartados no mar, em poços ou em cavernas; e os acidentes e vazamentos que ocorrem nas usinas.

Possíveis acidentes que resultam em liberação de material radioativo contaminam o meio ambiente e afetam todos os seres vivos. Isso ocorre não só nas áreas próximas à usina, pois os ventos carregam a radiação por centenas de quilômetros.

11 Dados de 2012. World Nuclear Association. Disponível em: <www.world-nuclear.org>. Acesso em: fev. 2013.

Entre os **graves acidentes** ocorridos em **usinas nucleares** podemos citar o de Three Mile Island, na Pensilvânia, Estados Unidos, em março de 1979; o de Chernobyl, na Ucrânia, em abril de 1986, quando esta era uma república da URSS; e o de Fukushima, no Japão, em março de 2011.

O acidente de Chernobyl aumentou os casos de câncer tanto na Ucrânia como na Rússia e em outras ex-repúblicas soviéticas. Ainda hoje suas consequências não puderam ser totalmente avaliadas, uma vez que a radiação causa danos genéticos e afeta gerações posteriores.

O desastre mais recente ocorreu no complexo nuclear de Fukushima, no Japão, em 2011. Um terremoto de grandes proporções – 8.9 na escala Richter – e um *tsunami* com ondas de até 15 metros atingiram as suas usinas no dia 11 de março daquele ano. O acidente comprometeu o sistema de refrigeração dos reatores da usina Fukushima 1. O superaquecimento dos reatores derreteu o revestimento de metal protetor do combustível radioativo e liberou hidrogênio, cujo potencial inflamável provocou várias explosões em parte de seus reatores. As paredes de contenção foram danificadas, liberando a radiação no ambiente.

Após Chernobyl, Fukushima foi o pior acidente nuclear dos últimos 25 anos. Provocou o deslocamento de mais de 80 mil moradores da região, paralisando toda a economia num raio de cerca de 20 km ao redor da usina, devido à contaminação nuclear. O acidente provocou ainda mudanças no programa energético japonês, com a paralisação imediata da construção de novas usinas nucleares e a possível eliminação desse tipo de geração de energia até o ano 2030.

DIGITALGLOBE VIA GETTY IMAGES

Nesta imagem de satélite, vê-se explosão de reatores da usina nuclear de Fukushima, no nordeste do Japão, após um forte terremoto e subsequente *tsunami*, em foto de 14 de março de 2011.

As **grandes questões geopolíticas** do mundo atual relacionadas ao domínio da tecnologia nuclear referem-se à Coreia do Norte e ao Irã. A Coreia do Norte possui a bomba nuclear e apresenta atitudes provocadoras em relação aos seus inimigos mais próximos, como a Coreia do Sul e o Japão. O Irã, que atualmente domina o processo de enriquecimento de urânio e apresenta capacidade de utilizá-lo para fins bélicos, representa outra questão bastante inquietante na geopolítica internacional e no Oriente Médio, em particular. O país alega que seu programa nuclear é para fins, exclusivamente, pacíficos. No entanto, os Estados Unidos, a Europa e Israel afirmam que o projeto iraniano criou um potencial nuclear capaz de produzir ogivas, uma ameaça ao equilíbrio de forças no Oriente Médio. Israel alega que o Irã, possuindo armas nucleares, é uma ameaça à sua própria existência e defende a necessidade de atacar o país, para impedir que seu programa se consolide.

A ameaça do aquecimento global reacendeu a polêmica em torno da utilização da energia nuclear, que contou com o apoio inclusive de alguns ambientalistas. Como seu processo de produção não emite gases, é considerada uma energia limpa. Aqueles que não aprovam seu uso, porém, alegam que a construção de usinas e o processo de enriquecimento do urânio demandam grande quantidade de energia, cuja produção emite gases na atmosfera, entre eles o CO_2. Além disso, o processo de produção de energia nuclear gera resíduos que precisam ser isolados do meio ambiente e armazenados por séculos para perder a radioatividade.

ENERGIA HIDRELÉTRICA

A utilização da água como fonte de energia é muito antiga: remonta aos tempos dos moinhos movidos pelas rodas-d'água. Atualmente, a água é utilizada sobretudo para a produção de energia elétrica, obtida em usinas hidrelétricas. Essas usinas utilizam basicamente o mesmo princípio empregado nas antigas rodas-d'água.

Geração de energia em usina hidrelétrica – Esquema simplificado

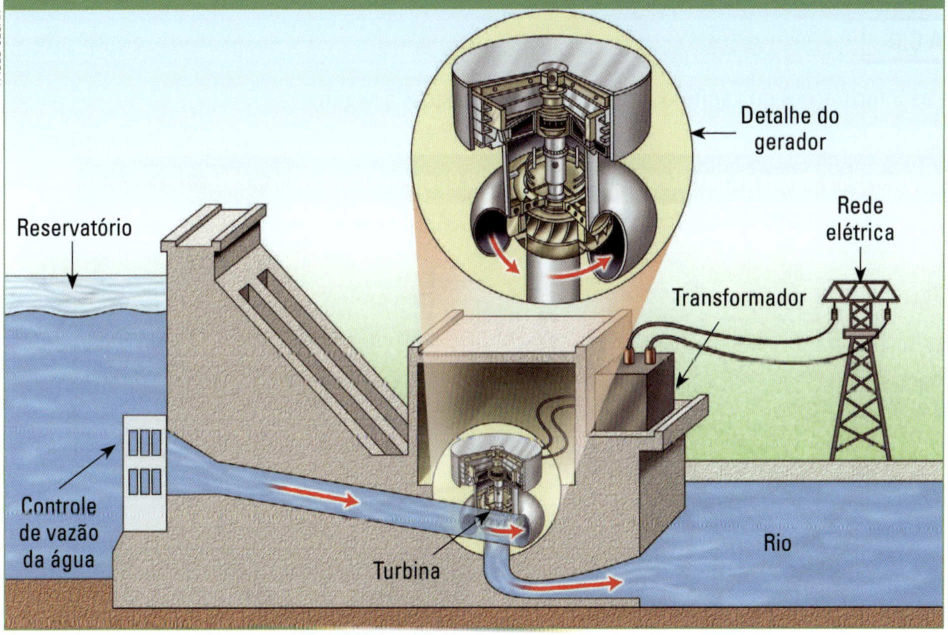

PAULO CESAR

Nas usinas hidrelétricas, as turbinas são acionadas pela força da água. Elas suprem 16% das necessidades de energia elétrica do mundo, e apenas em poucos países elas constituem taxas expressivas, como na Noruega (94,7%[12]) e no Brasil (mais de 81,7%[13]). Quatro países geram mais da metade de energia hidrelétrica do mundo: China, Brasil, Canadá e Estados Unidos.

Fonte: ANEEL. *Atlas de energia elétrica do Brasil*. 3. ed. Brasília: Agência Nacional de Energia Elétrica, 2008. p. 50.

A energia hidrelétrica é renovável, o tempo de vida das usinas é longo e o custo de manutenção é relativamente baixo, se comparado a outras fontes. Embora tradicionalmente seja classificada como energia limpa, não são raros os casos em que os reservatórios são fontes de emissão de gás de efeito estufa. Ao serem formados, esses reservatórios podem inundar áreas onde há muita matéria orgânica, cuja decomposição forma o metano, um gás de efeito estufa mais potente que o dióxido de carbono.

Com efeito, a construção de usinas hidrelétricas provoca grande impacto socioambiental. Com o represamento da água do rio, as barragens formam grandes lagos artificiais. A inundação destrói extensas áreas de vegetação natural, comprometendo a vida animal do entorno. Até mesmo pequenas barragens provocam danos ambientais, como a destruição das matas ciliares, o desmoronamento das margens e o assoreamento do leito dos rios. A modificação do ciclo natural da água compromete também a vida aquática, alterando, por exemplo, o ciclo de reprodução dos peixes.

DICA

SITE

Howstuffworks – Usina hidrelétrica
http://ciencia.hsw.uol.com.br/usinas-hidreletricas6.htm

O *site* mostra de forma simplificada como funciona uma usina hidrelétrica.

---

12 Dados de 2010. BANCO MUNDIAL. Disponível em: <http://data.worldbank.org/indicator/EG.ELC.HYRO.ZS>. Acesso em: set. 2012.
13 Dados de 2011. EMPRESA DE PESQUISA ENERGÉTICA (EPE). *Balanço Energético Nacional 2012*. p. 31.

Os dez maiores países em geração de hidreletricidade – 2011 (em bilhões de kWh)

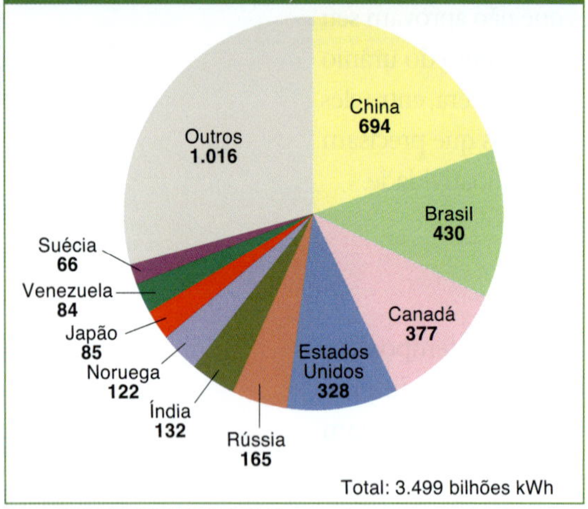

Fonte: EARTH POLICY INSTITUTE. Disponível em: <www.earth-policy.org>. Acesso em: nov. 2013.

Muitas vezes o represamento da água afeta a vida das pessoas que moram na região em que a usina é construída, desabrigando populações, de ribeirinhos a povos indígenas e produtores rurais, e até inundando completamente vilas, povoados e pequenas cidades.

- Apresente duas características comuns entre os seis maiores produtores de energia hidrelétrica do mundo.

A China é a maior geradora de energia hidrelétrica e possui a maior usina do mundo, a de Três Gargantas, no rio Yang-Tsé-Kiang, com capacidade para gerar 22,4 milhões de kWh.

OLHO NO ESPAÇO

Consulte o mapa abaixo e as informações do capítulo para resolver as questões a seguir.

Planisfério: principais fluxos de petróleo bruto e refinado da Opep (mil barris/dia) – 2012

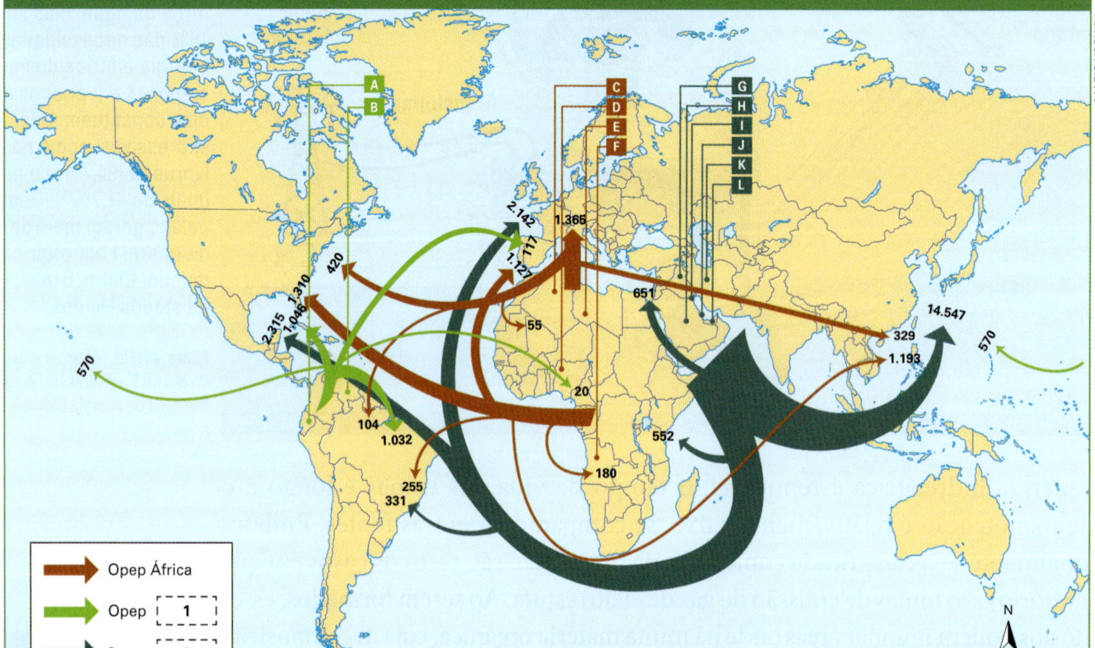

Fonte: OPEC. *Annual Statistical Bulletin 2013*. p. 105. Disponível em: <www.opec.org>. Acesso em: set. 2013.

1. Escreva em seu caderno as legendas correspondentes aos números 1 e 2, sobre a origem dos fluxos de petróleo, que as setas representam.

2. Consulte o planisfério no final do livro e escreva em seu caderno o nome dos países da Opep correspondentes às letras de A a L.

3. Cite os três principais destinos do petróleo da Opep e, entre eles, destaque a região que absorve a maior parcela de suas exportações. Justifique.

CONTRAPONTO

TEXTO 1

O vilão que virou herói

"O cientista britânico James Lovelock, professor da Universidade de Oxford, é considerado o pai do movimento ambientalista por ter criado a Hipótese Gaia, teoria que inspirou milhares de ecologistas e cientistas na década de 1970 com a ideia de que a Terra é um organismo vivo. Em seu último livro, *A vingança de Gaia*, esse senhor de 87 anos defende abertamente a expansão da energia nuclear para evitar que o impacto do aquecimento global seja ainda mais devastador. Lovelock diz que, enquanto muitas pessoas continuavam amedrontadas diante das centrais atômicas, o aumento da emissão de dióxido de carbono na atmosfera teve um efeito muito pior, colocando o planeta agora à beira de uma catástrofe climática. [...]

[...] passamos os últimos dois séculos queimando combustíveis fósseis (carvão, gás, petróleo e seus derivados) para gerar energia. [...]

Acontece que há pelo menos 3 décadas os cientistas sabem que os gases liberados por essa queima, como o dióxido de carbono, estão mudando o clima do planeta. Para muitos ambientalistas e climatologistas, já passou da hora de quebrar esse ciclo de queima de combustíveis fósseis."

CAVALCANTE, Rodrigo. *Superinteressante*. São Paulo: Abril, n. 241, jul. 2007. p. 62-63.

TEXTO 2

Energia nuclear × clima

"De uns tempos para cá, a indústria nuclear vem usando uma estratégia de *marketing*, ou maquiagem verde, para convencer a sociedade e os tomadores de decisão de que a energia nuclear é limpa porque não emite gases de efeito estufa e, assim, não contribui para o problema do aquecimento global. Em primeiro lugar, não é verdade que a energia nuclear não gera gases. Para construir a usina, para extrair e enriquecer o urânio utilizado como combustível nuclear, para armazenar os rejeitos nucleares e desativar a usina ao final de sua vida útil, é necessária uma grande quantidade de energia. Este processo todo significa a emissão de muitos gases, inclusive CO_2. Assim, ao se considerar todo o ciclo produtivo da indústria nuclear, temos uma energia que emite muito mais gases de efeito estufa do que outras energias renováveis.

Além disso, um estudo do Massachusetts Institute of Technology mostrou que, para resolver o problema das mudanças climáticas, seria necessário construir pelo menos mil novos reatores no curto prazo, o que é impossível – tanto econômica quanto fisicamente.

Por fim, o argumento de energia limpa não se sustenta porque a energia nuclear utiliza um combustível de disponibilidade finita e gera toneladas de lixo radioativo – uma poluição perigosa que, assim como o aquecimento global, será herdada pelas próximas gerações e permanecerá perigosa por centenas de milhares de anos.

Assim, a verdadeira solução para o aquecimento global e para a segurança energética do Brasil e do planeta são as energias renováveis e o uso inteligente da energia – desperdiçando menos e aproveitando mais!"

GREENPEACE BRASIL. *Verdades e perigos da energia nuclear.* Disponível em: <www.greenpeace.org>. Acesso em: nov. 2013.

1. Apresente e comente a principal divergência entre os textos.

2. Qual sua opinião sobre a utilização da energia nuclear?

[COMPREENSÃO E ANÁLISE]

1. Por que o consumo de energia é um indicador do nível de desenvolvimento socioeconômico de um país?

2. Observe a figura para resolver as questões.

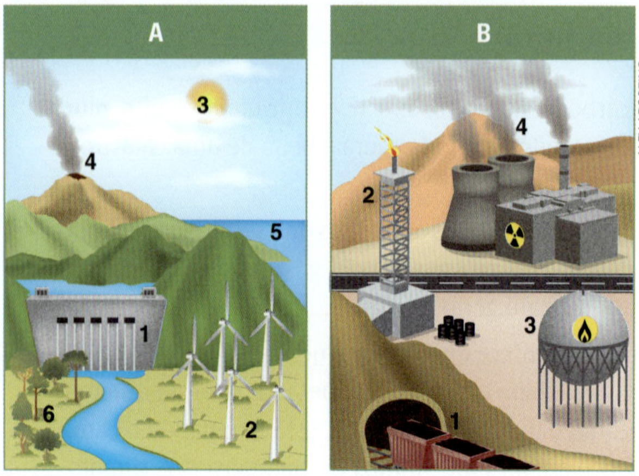

Fonte: ENERGIAS DE PORTUGAL S.A. *Guia prático da eficiência energética*: o que saber & fazer para sustentar o futuro. Lisboa: Sair da Casca, jun. 2006.

a) Identifique as fontes energéticas representadas em cada uma das ilustrações de acordo com a numeração.

b) Qual a melhor classificação para o conjunto de fontes energéticas de cada uma das ilustrações?

3. Identifique os fatos históricos assinalados no gráfico que determinaram elevações do preço do petróleo.

Mundo: evolução do preço do petróleo – 1861-2008

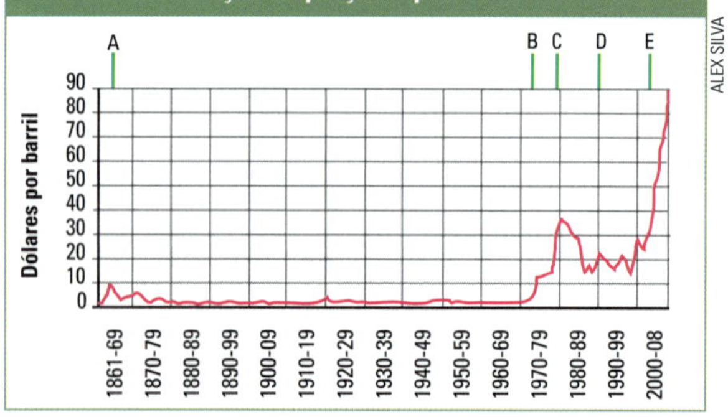

Fonte: *BP Statistical Review of World Energy*, jun. 2009.

4. Leia o texto e resolva as questões.

A dependência do petróleo

"[...] O petróleo constitui a base do grande movimento de suburbanização do pós-guerra, que transformou a paisagem contemporânea e o modo de vida moderno. Hoje somos tão dependentes desse mineral e ele está tão embutido nas nossas atividades diárias que dificilmente paramos para nos dar conta de seu penetrante significado. É ele que torna possível nosso local de moradia, nosso modo de vida, o meio de transporte que adotamos nos deslocamentos diários de casa para o trabalho, a maneira como viajamos – e até mesmo para onde levamos quem estamos cortejando. Ele é o sangue vital das comunidades suburbanas. É (junto com o gás natural) o componente fundamental da fertilização, da qual depende a agricultura; possibilita o transporte de alimentos para as megacidades do mundo [...]. Também fornece os plásticos e os elementos químicos, que são os tijolos e a argamassa da civilização contemporânea, uma civilização que desmoronaria caso os poços de petróleo secassem subitamente. [...]"

YERGIN, Daniel. *O petróleo*: uma história de ganância, dinheiro e poder. São Paulo: Scritta, 1994. p. XIV-XV.

a) Relacione o conteúdo do texto à expressão "civilização do petróleo".

b) A civilização contemporânea "desmoronaria caso os poços de petróleo secassem subitamente". Indique os principais problemas de uma sociedade baseada no petróleo e aponte soluções para eles.

5. Quais são os argumentos favoráveis e desfavoráveis ao uso da energia hidrelétrica?

6. Observe a tabela e resolva as questões.

Mundo: maiores produtores de energia nuclear – 2010

Produtores	TWh*	% do total mundial
Estados Unidos	839	A
França	429	15,6
Japão	288	10,4
Total dos 3 maiores produtores	B	C
Rússia	170	6,2
Coreia do Sul	149	5,4
Alemanha	141	5,1
Canadá	91	3,3
Ucrânia	89	3,2
China	74	2,7
Reino Unido	62	2,3
Resto do Mundo	D	15,4
Total mundial	2.756	100,0

*Um terawatt-hora equivale a um milhão de megawatts-hora.

Fonte: IEA. *Key World Energy Statistics 2012*. p. 17. Disponível em: <www.iea.org>. Acesso em: set. 2013.

a) No caderno, escreva os dados que faltam na tabela.

b) Justifique a participação expressiva dos três maiores produtores na produção de energia nuclear.

CAPÍTULO 24

FONTES ALTERNATIVAS E ENERGIA NO BRASIL

CONTEXTO

Observe as imagens a seguir.

©BETT MANN/CORBIS

Acendedor de lampião (gravura). Londres (Inglaterra), 1875.

GERT SCHÜTZ/AKG-IMAGES/LATINSTOCK

Avenida Champs-Elysées. Paris (França), 1950.

CALLE MONTES T/PHOTONONSTOP/AFP

Times Square. Nova York (Estados Unidos), 2010.

DISCUTA

1. Quais evoluções tecnológicas podem ser percebidas a partir da observação das imagens?

2. Observando a imagem mais recente, aponte os diferentes tipos de energia utilizados e as possíveis fontes naturais em que eles podem ser obtidos.

AS FONTES ALTERNATIVAS

DICA

SITE

Ambiente Brasil (energia)
http://ambientes.ambientebrasil.com.br/energia.html

Esta página do *site* Ambiente Brasil traça um panorama de todas as fontes de energia utilizadas atualmente no mundo.

Como vimos, os atuais modelos de desenvolvimento socioeconômico estão fortemente baseados no consumo de petróleo e de outros combustíveis fósseis. Essas fontes de energia, no entanto, além de serem as mais poluentes e as principais responsáveis pelas mudanças climáticas, não são renováveis. Isso traz um desafio para a sociedade atual: rever seus padrões de produção e consumo e desenvolver fontes alternativas de energia.

Para isso, são necessários uma nova postura da sociedade em geral e investimentos, públicos e privados, em tecnologias para a geração de energia limpa e a adoção de políticas de eficiência energética: veículos mais econômicos e menos poluentes; construções adequadas às condições climáticas; uso de equipamentos de iluminação e eletroeletrônicos de baixo consumo energético; entre outros.

Uma política energética inclui, ainda, a necessidade de os governos ampliarem o acesso das populações à energia elétrica. Atualmente, um terço da população mundial está privada do uso da eletricidade, condição básica para a melhoria da qualidade de vida das pessoas. Isso é ainda mais urgente no atual contexto da Terceira Revolução Industrial, em que a informática traz novas exigências para a inserção social e no mercado de trabalho.

As fontes alternativas atualmente disponíveis exigem desenvolvimento tecnológico para se tornarem cada vez mais viáveis economicamente e, dessa forma, utilizadas em grande escala. Entre elas, destacam-se a luz solar, a biomassa, o vento e o calor da Terra. Somada ao desenvolvimento de energias alternativas – menos poluentes e renováveis – e à ampliação do acesso a elas, há a necessidade de se investir no aprimoramento das redes de transmissão, com o uso de equipamentos com melhor qualidade condutora, para reduzir as perdas de energia elétrica. No entanto, apesar da pequena participação das fontes alternativas e renováveis na matriz energética mundial, os investimentos têm sido ampliados na última década.

Cabe também conscientizar a população para evitar desperdício na rotina doméstica, como deixar lâmpadas acesas durante o dia, abrir e fechar geladeiras e *freezers* com muita frequência e usar benjamins. Recomenda-se o uso de equipamentos adequados, como lâmpadas mais econômicas e eletrodomésticos de baixo consumo energético.

Mundo: capacidade da energia solar para geração de eletricidade – 2001-2012

MARIO YOSHIDA

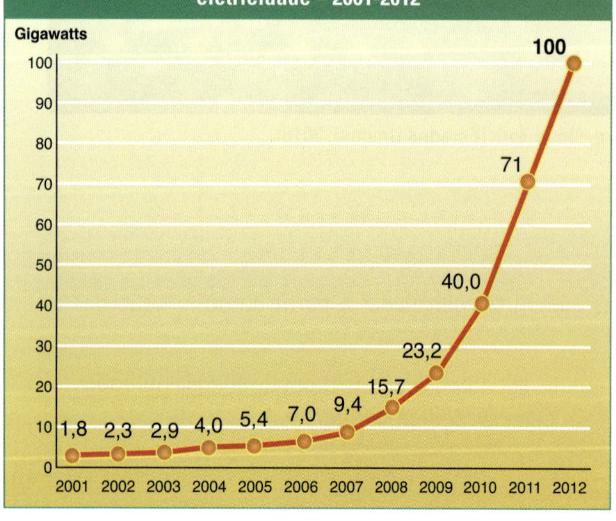

Fonte: REN21 SECRETARIAT. *Renewables 2013. Global Status Report.* p. 41. Disponível em: <www.ren21.net>. Acesso em: set. 2013.

Energia solar

O aproveitamento da energia solar oferece inúmeras vantagens: não polui, é renovável e existe em abundância em grande parte do planeta.

Entretanto, sua utilização para a geração de energia elétrica em larga escala (grandes usinas) ainda depende de avanço tecnológico para consolidar a sua viabilidade econômica.

De qualquer forma, os preços têm caído a cada ano e a sua evolução para a geração de eletricidade foi surpreendente na última década. Observe o gráfico ao lado.

MARIO YOSHIDA

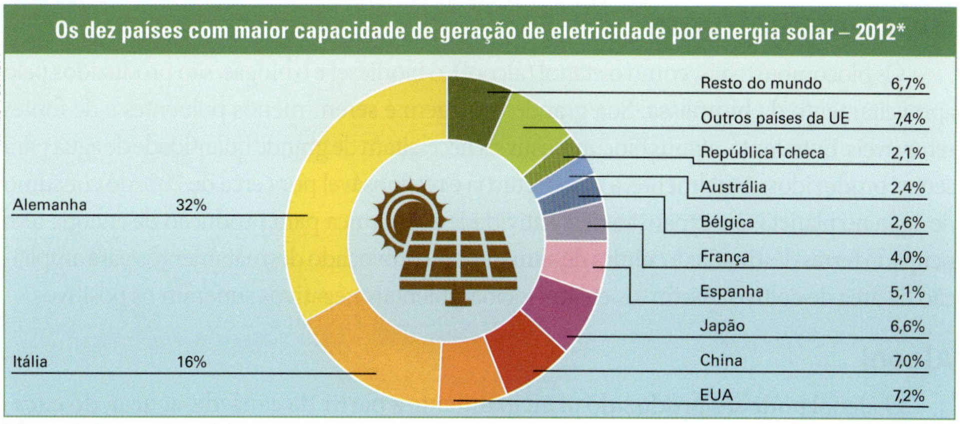

* % em relação ao total mundial.

Fonte: REN21 SECRETARIAT. *Renewables 2013. Global Status Report*. p. 41. Disponível em: <www.ren21.net>. Acesso em: set. 2013.

A **geração de energia elétrica** proveniente da **luz solar** pode ser obtida de **forma direta** ou **indireta**. No primeiro caso, ocorre por meio de painéis de células fotovoltaicas, geralmente feitos de silício, um dos elementos mais abundantes na crosta terrestre. A luz solar, ao atingir as células, é diretamente convertida em eletricidade. O preço dos painéis fotovoltaicos caiu nos últimos anos, tornando-os mais acessíveis à boa parte da população. Outra forma de uso é o aquecimento da água por via solar direta. Nesse caso, coletores são instalados no telhado de uma residência, e a água é aquecida ao passar por uma série de serpentinas instaladas neles. A água aquecida é então armazenada em reservatórios térmicos, contribuindo para uma redução da demanda de energia elétrica.

A **obtenção indireta de energia elétrica** a partir do Sol ocorre em usinas construídas em áreas de grande insolação (áreas desérticas, por exemplo), onde são instaladas centenas de espelhos côncavos (coletores solares) direcionados para uma tubulação de aço inoxidável, como ocorre no deserto de Mojave, na Califórnia (EUA), ou para um compartimento contendo simplesmente ar, como ocorre em Israel.

No caso das usinas californianas, pela tubulação de aço inoxidável circula um tipo de óleo que é aquecido pelo calor concentrado do Sol. O óleo aquece a água, que circula em uma tubulação paralela; a água vira vapor, que irá mover as turbinas e acionar os geradores elétricos. Na usina de Israel, o calor aquece o ar existente no compartimento até 1.300 °C, quando este aciona uma turbina e gera eletricidade.

© DAVID NUNUK/ALL CANADA PHOTOS/CORBIS

A usina Nevada Solar, instalada no Deserto de Mojave, na Califórnia (Estados Unidos), emite quase zero de carbono. Ocupa uma área de 400 hectares e tem capacidade para gerar até 64 megawatts, o suficiente para suprir a energia de mais de 14 mil casas por ano. Imagem de 2011.

MAURICIO SIMONETTI/PULSAR IMAGENS

Casa de pau a pique com painel de captação de energia solar para geração de energia elétrica, instalado pelo Programa Luz para Todos, do governo federal. A imagem é da comunidade indígena Pankararé, situada na Estação Ecológica do Raso da Catarina, e mostra o potencial da energia solar em levar energia para comunidades localizadas em locais mais isolados. Município da Glória (BA), 2012.

Biocombustíveis

Os biocombustíveis, como o etanol (álcool), o biodiesel e o biogás, são produzidos pelo aproveitamento da **biomassa**. Sua grande vantagem é serem menos poluentes e de fontes renováveis. Entretanto, alguns biocombustíveis necessitam de grande quantidade de água para serem produzidos. Atualmente, a agricultura já é responsável por cerca de 70% do consumo de água no planeta, e a expansão dessa atividade econômica para produção de energia tem ocupado terras destinadas à cultura de alimentos ou provocado desmatamentos para ampliação da área de cultivo. Assim, os efeitos socioambientais negativos superam os positivos.

Álcool

O álcool pode ser produzido principalmente a partir da cana-de-açúcar, do eucalipto, da beterraba e do milho. Como fonte de energia, pode ser utilizado em motores de veículos (**etanol**, da cana-de-açúcar, do milho e da beterraba; e **metanol**, do eucalipto).

Como combustível para automóveis, o álcool tem a vantagem de ser uma fonte renovável e menos poluidora que a gasolina (considerando toda a cadeia de produção e consumo), além de ter possibilitado, no caso brasileiro, o desenvolvimento de uma tecnologia nacional de produção de motores. O álcool, no entanto, nunca suprirá a necessidade total de combustível dos veículos automotores. Os Estados Unidos, por exemplo, possuem uma frota de aproximadamente 200 milhões de veículos; se quisessem utilizar apenas o álcool para abastecê-la, necessitariam aproximadamente de uma área de 1 milhão de km^2 para o plantio de cana-de-açúcar (que representaria cerca de 10% do território estadunidense) ou de mais de 2 milhões de km^2 para o milho.

O etanol é considerado a melhor alternativa à gasolina, e o Brasil ocupa uma posição privilegiada nesse mercado. O álcool brasileiro, proveniente da cana, apresenta vantagens em relação ao estadunidense, que é produzido a partir do milho. Para cada **hectare** cultivado de cana no Brasil, obtêm-se, em média, 6.800 litros de álcool, enquanto a mesma área cultivada de milho gera 3.200 litros: a rentabilidade da cana é mais que o dobro da do milho. O mesmo ocorre com o preço médio do álcool nas usinas brasileiras, que chega a ser menos da metade que o preço obtido nas usinas dos Estados Unidos. Ainda assim, os Estados Unidos responderam, em 2012, por 61% da produção de etanol mundial. O Brasil ocupou o segundo lugar, com 26% do total.

Hectare
um hectare equivale a 10 mil m^2.

Apesar das vantagens, a produção do álcool brasileiro apresenta uma série de problemas:

- os produtores de cana têm sido responsáveis pela superexploração do trabalhador rural, cuja maioria está na condição de temporário (conhecido como boia-fria na região Centro-Sul);
- a necessidade de grandes áreas para cultivo estimula a concentração fundiária e a monocultura;
- a expansão da cana tem ocupado áreas do Cerrado e contribuído, assim como a soja, para o deslocamento da pecuária para as áreas de Floresta da Amazônia;
- a descarga de resíduos, como o vinhoto, nos rios provoca desequilíbrio ecológico, contamina as águas superficiais e o lençol freático.

Biodiesel

O biodiesel pode ser produzido a partir de gorduras vegetais ou de qualquer planta oleaginosa, como girassol, pinhão-manso, babaçu, algodão, mamona e soja, dentre outras espécies vegetais abundantes no Brasil. Apresenta a vantagem de poder ser utilizado total ou parcialmente nos motores a diesel, combustível utilizado em caminhões, tratores e máquinas agrícolas.

Consagrado como combustível ecológico, o biodiesel emite cerca de 60% menos gás carbônico (CO_2) e 90% menos enxofre que os combustíveis tradicionais. Acrescenta-se ao seu perfil ecologicamente favorável o fato de ser um combustível biodegradável e pouco tóxico.

O Programa Nacional de Biodiesel, lançado no Brasil em 2004, apresentava vantagens econômicas e ambientais e tinha um alvo social definido: utilizar o potencial produtor de áreas semiáridas e do Agreste nordestino para a expansão do cultivo do dendê, da mamona e do pinhão-manso. Acreditava-se que a nova atividade promoveria o progresso social dos pequenos agricultores, geraria trabalho, renda e impacto favorável na economia regional. No entanto, a maior fatia da produção de biodiesel é abastecida pela soja, cultivada por grandes produtores. Ela é responsável atualmente por cerca de 80% da matéria-prima destinada à produção desse combustível. A proposta social do plano, em boa parte, não se sustentou diante da realidade do mercado.

Os cinco maiores produtores mundiais de etanol e de biodiesel – 2012 (bilhões de litros)

País	Etanol	País	Biodiesel
Estados Unidos	50,4	Estados Unidos	3,6
Brasil	21,6	Argentina	2,8
China	2,1	Brasil	2,7
Canadá	1,8	Alemanha	2,7
França	1,0	França	1,9
Total mundial	**83,1**	**Total mundial**	**22,5**

Fonte: REN21 SECRETARIAT. *Renewables 2013. Global Status Report.* p. 96. Disponível em: <www.ren21.net>. Acesso em: set. 2013.

Biogás

O biogás é um biocombustível constituído basicamente de **gás metano**. É obtido a partir de reações anaeróbicas (sem oxigênio) da matéria orgânica existente no lixo que é recolhido nas cidades e depositado nos aterros sanitários e dos dejetos de animais. Tem sido utilizado para gerar gás de uso doméstico e combustível de veículos. Uma das principais vantagens dessa fonte energética consiste em contribuir para a solução de um sério problema, especialmente nas grandes cidades: a destinação do lixo.

O biogás também pode ser obtido por meio de biodigestores, nos quais se processa a fermentação de esterco, folhas de árvores e outros compostos orgânicos, constituindo uma excelente alternativa para os espaços rurais.

LEITURA COMPLEMENTAR

Sustentabilidade ameaçada

"Até pouco tempo os biocombustíveis eram defendidos como uma alternativa limpa, comparada aos combustíveis fósseis, com perspectivas de contribuir para a **mitigação** de mudanças climáticas e fortalecer o desenvolvimento do meio rural, além de acenar para a perspectiva de independência da instabilidade política de regiões produtoras de petróleo, caso do Oriente Médio.

Mais recentemente, no entanto, os biocombustíveis passaram a sofrer críticas. Inicialmente, pelos impactos do cultivo da matéria-prima sobre o desmatamento acelerado observado em muitas florestas tropicais e por outros danos ambientais devidos ao aumento de produção. Uma nova vertente de críticas é o uso de culturas comestíveis para produção de biocombustíveis. Plantas como a cana-de-açúcar ou o milho – a base principal do bioetanol americano – são também usadas para alimentação humana, diretamente ou processadas, sem falar da mandioca e da soja, esta última utilizada principalmente para ração animal, ingrediente para produção de carne e leite. A maioria dos críticos aos biocombustíveis diz que a produção do bioetanol e do biodiesel compete com o cultivo de alimentos, gerando aumento nos preços dos produtos básicos, afetando particularmente as populações mais pobres. [...]"

Mitigação
ato de aliviar, remediar. No contexto, refere-se a toda intervenção que objetive reduzir o impacto ambiental; envolve as intervenções humanas dirigidas para a redução de emissões dos gases de efeito estufa.

LÈVRE, Emílio; OBERMAIER, Martin. *Scientific American Brasil.* São Paulo: Duetto, n. 32, maio de 2009. p. 68-69. Edição especial.

Energia eólica: principais países produtores e Brasil – 2012		
Energia eólica	GW	%
China	75,4	26,6
Estados Unidos	60,0	21,2
Alemanha	31,5	11,1
Espanha	22,8	8,0
Índia	18,4	6,5
Outros países	74,9	26,5
Total mundial	283	100,0
Brasil	2,1	0,7

Fonte: elaborado com base em REN21 SECRETARIAT. *Renewables 2013. Global Status Report*, p. 50. Disponível em: <www.ren21.net>; ANEEL. *Banco de informações de geração*. Disponível em: <www.aneel.gov.br>. Acessos em: set. 2013.

Energia eólica

Como a luz do sol e a água, o vento também é um recurso energético abundante na natureza. Quando intenso e regular, pode ser utilizado para produzir energia a preços relativamente baixos. Esse custo poderá ser reduzido e tornar-se mais competitivo quando o uso da energia dos ventos estiver mais difundido.

Os Estados Unidos são o líder mundial no aproveitamento dos ventos. A China vem em seguida e a Alemanha é líder mundial no mercado de equipamentos para geração de energia eólica, situação que ajudou a sociedade alemã a reduzir parte da dependência em relação ao petróleo e gás natural.

Apesar da pequena participação na geração mundial de energia eólica, o Brasil tem evoluído nos últimos anos, com destaque aos estados do Ceará, Rio Grande do Norte, Santa Catarina e Rio Grande do Sul.

O grande potencial eólico dos estados da Região Nordeste está relacionado também ao fato de estarem situados numa zona de baixa pressão, com a presença constante dos ventos alísios que se dirigem das zonas de alta pressão subtropicais para o Equador.

EDUARDO QUADROS/FOTOARENA

Parque gerador de energia eólica em Osório (RS), 2012, um dos maiores do Brasil.

Energia geotérmica

Outra fonte alternativa de energia é o calor do interior da Terra, transformado em energia elétrica nas usinas geotérmicas. O princípio de produção de energia elétrica nessas usinas é semelhante ao das termelétricas ou termonucleares.

A construção das centrais geotérmicas em zonas de vulcanismo favorece a produção, pois a água quente e o vapor se encontram a profundidades menores, aflorando à superfície através de **gêiseres**, **fumarolas** e fontes hidrotermais.

O calor dessas fontes naturais é aproveitado para a produção de vapor, que, ao ser introduzido na usina, movimenta suas turbinas (energia cinética). O gerador é responsável pela última etapa de produção, a transformação de energia cinética em elétrica.

Uma das principais vantagens da energia geotérmica é a escala de exploração, que pode ser adequada às necessidades, sendo realizada em pequena ou grande escala. Uma vez concluída a instalação da usina, os custos de operação são baixos.

Gêiser
fonte de água quente com temperaturas que podem ultrapassar 100 °C. Expele água e vapor de água verticalmente, em intervalos variáveis.

Fumarola
emissão de gases formados por vapor de água superaquecida ou outros gases por meio de fissuras em zonas próximas a vulcões ativos.

TOMASZ PARYS/ALAMY/GLOW IMAGES

Gêiser na Islândia, 2010. A obtenção de energia elétrica em locais onde há gêiseres é possível com a construção de uma usina geotérmica. Na Islândia, além de gerar eletricidade, a energia é utilizada diretamente para o aquecimento doméstico, de calçadas e em estufas agrícolas.

ESTRUTURA ENERGÉTICA NO BRASIL

A atual **matriz energética brasileira** é resultante de políticas nacionais de desenvolvimento adotadas no decorrer do processo de industrialização do Brasil, especialmente a partir de 1960. Tais políticas foram baseadas na indústria automobilística e nas obras de infraestrutura. A abertura de rodovias e a construção de grandes usinas hidrelétricas eram destaques dos projetos governamentais de desenvolvimento.

No que se refere às possibilidades de geração de energia, o Brasil apresenta grande vantagem em relação à maioria dos países, pois as condições naturais – clima, relevo, hidrografia, solo, estrutura geológica – e a extensão territorial brasileiras permitem que o país disponha de várias opções energéticas, muitas delas renováveis e menos poluentes que os combustíveis fósseis. Observe o gráfico a seguir.

DICA

LEITURA

Energia para o Brasil: um modelo de sobrevivência
Rogério César de Cerqueira Leite. São Paulo: Expressão e Cultura, 2002.
Trata dos principais temas referentes à questão energética e das alternativas brasileiras para o setor.

No Brasil, o uso de energia renovável é de quase 43%, bem acima da média mundial, que está por volta de 13%, e há grande variedade de opções energéticas. Contudo, sua condição não anula a grande dependência de fontes de energia não renováveis e altamente poluidoras, especialmente no setor de transportes. Para a geração de eletricidade, há, no país, grande aproveitamento da força das águas dos rios, o que é bastante positivo, pois se trata de fonte de energia não poluente – com emissão de gases na atmosfera muita baixa – e renovável, apesar de provocar impactos socioambientais.

Brasil: oferta de energia primária – 2012

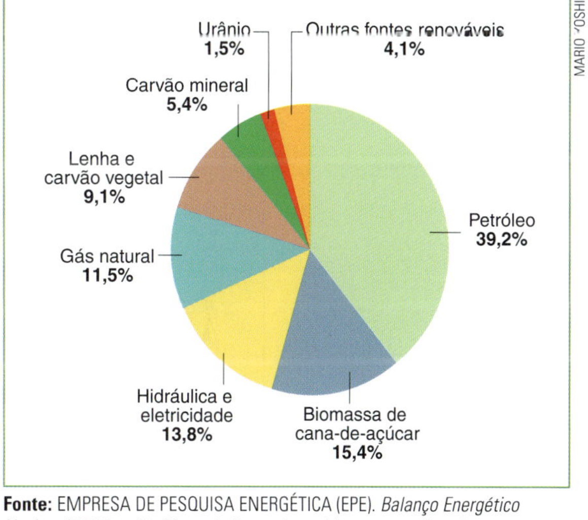

MARIO YOSHIDA

Fonte: EMPRESA DE PESQUISA ENERGÉTICA (EPE). *Balanço Energético Nacional 2013*. p. 18. Disponível em: <https://ben.epe.gov.br>. Acesso em: set. 2013.

O Brasil tem ainda muito potencial para desenvolver fontes energéticas alternativas, sobretudo as provenientes de biomassa, além da energia solar e eólica. No entanto, o desenvolvimento de fontes alternativas para a produção de combustível e a geração de eletricidade ou de calor depende de investimentos, programas de apoio governamentais para o uso dessas fontes e mais divulgação das vantagens que elas apresentam.

Mundo: maiores hidrelétricas – 2012	
Usina (país)	Potencial, em MW
Três Gargantas (China)	22.400
Itaipu (Brasil/Paraguai)	14.000
Guri (Venezuela)	10.000
Tucuruí (Brasil)	8.370
Grand Coulee (EUA)	6.809
Sayano Shushenskaya (Rússia)	6.400
Krasnoyarsk (Rússia)	6.000
Robert-Bourassa (Canadá)	5.616

Fonte: ITAIPU BINACIONAL. Disponível em: <www.itaipu.gov.br>. Acesso em: set. 2013.

Energia hidrelétrica

A energia hidrelétrica é a principal fonte de eletricidade do Brasil, responsável por mais de 80% do total da energia elétrica gerada no país. No território brasileiro, estão algumas das maiores hidrelétricas do mundo, como Itaipu e Tucuruí, e estão sendo construídas outras, como as de Santo Antônio e Jirau (RO), no Rio Madeira, e Belo Monte (PA), no Rio Xingu.

Apesar de a fonte hídrica ser renovável, poupar o país da necessidade de importar energia e ainda possuir grande potencial para ser explorada no Brasil – cerca de 65% do total –, diversas críticas podem ser feitas a esses investimentos, entre elas a concentração de grandes projetos na região da Amazônia e os impactos ambientais e sociais que produzem. Além disso, algumas usinas emitem para a atmosfera metano – gás de efeito estufa mais potente que o CO_2 – devido à presença de material orgânico no interior da represa, não retirado totalmente durante sua construção. Nesses casos, ela não pode ser considerada uma fonte limpa de energia.

De modo geral, as principais bacias dos estados do Nordeste (São Francisco) e do Sudeste e Sul (Paraná) têm seu potencial hidrelétrico bastante aproveitado. Já a Amazônica, com grande potencial excedente, tem sido o alvo dos grandes investimentos em usinas hidrelétricas. Observe o mapa.

DICA

SITE

Agência Nacional de Energia Elétrica (Aneel)
www.aneel.gov.br
Site da agência responsável pela regulamentação e fiscalização das atividades relacionadas à energia elétrica no Brasil.

Brasil: potencial hidrelétrico por bacia hidrográfica – 2012

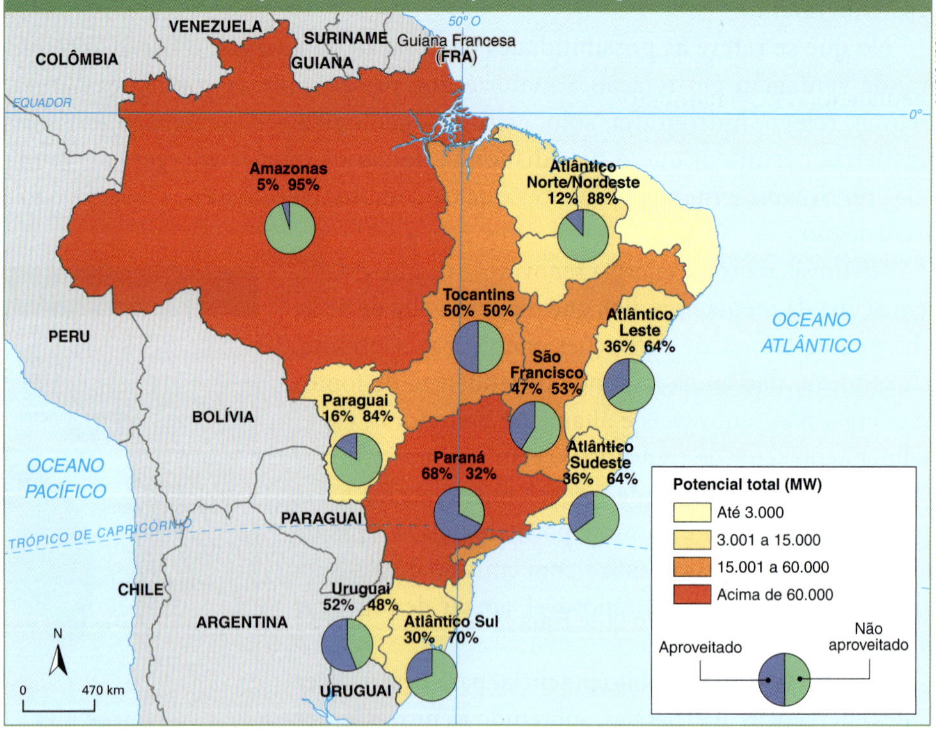

Fonte: ELETROBRAS. Disponível em: <www.eletrobras.com>. Acesso em: set. 2013.

Na Amazônia, tanto as hidrelétricas em operação quanto as planejadas têm provocado polêmicas. Apesar do argumento de que elas podem beneficiar todo o Brasil, a transmissão dessa energia para o Centro-Sul tem um custo muito alto, em razão das enormes distâncias.

Na realidade, tais usinas foram construídas na região em parte para fornecer energia aos projetos mineradores de grandes empresas, principalmente as produtoras de alumínio, que consomem muita eletricidade. Cerca de um terço da energia elétrica gerada por Tucuruí, no Rio Tocantins (PA), é consumido pelas indústrias de alumínio que atuam na região amazônica, e será também o principal destino da energia das novas usinas em fase de implantação.

Brasil: matriz elétrica brasileira – 2013

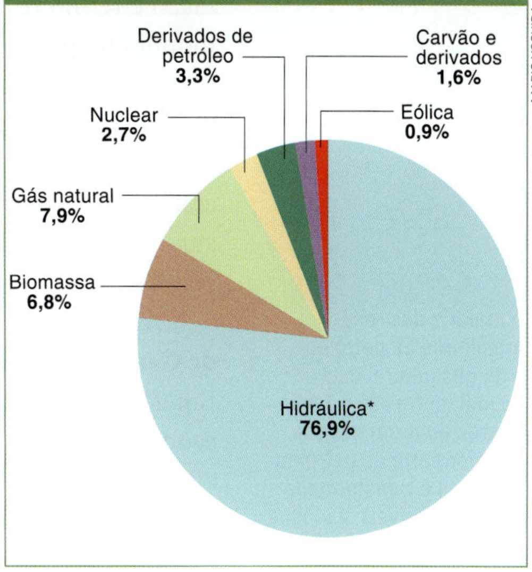

* Inclui importação.

Fonte: EPE. *Balanço Energético Nacional 2013*. p. 31. Disponível em: <https://ben.epe.gov.br>. Acesso em: set. 2013.

O programa do governo federal Luz para Todos ampliou significativamente o acesso à energia elétrica, mas ainda milhões de brasileiros encontram-se excluídos, especialmente em áreas rurais da Amazônia e do Nordeste. A energia de comunidades isoladas, situadas distantes das redes de energia, é retirada de plantas oleaginosas, da gordura animal ou da lenha, nesse último caso, contribuindo para o desmatamento.

Concessões

As usinas pertencem, em sua maioria, a empresas estatais. A partir de 1995, o setor de geração de energia, antes restrito à esfera governamental, foi aberto às empresas privadas, que passaram a poder adquirir as empresas estatais em leilão. No entanto, apenas algumas estatais do setor elétrico foram vendidas, a maior parte delas pelo preço mínimo.

Se, por um lado, as empresas privadas mostravam-se desinteressadas em investir no setor de geração de energia, por outro, havia grande interesse em outro setor – o de distribuição, que apresentava perspectivas de retorno mais rápido dos investimentos. Desde o final do século XX e início do século XXI, a distribuição da maior parte da energia elétrica produzida no Brasil está sob a responsabilidade das grandes empresas do setor privado.

Em 2001, quando o Brasil retomava a capacidade de investimentos e a economia dava sinais de crescimento, o país foi afetado pela escassez de energia. A forte estiagem naquele ano reduziu o nível de água dos reservatórios e comprometeu a produção de energia. A solução imediata foi o racionamento e a construção de usinas termelétricas emergenciais.

No entanto, essa contingência da natureza não foi o fator principal. A crise energética poderia ter ocorrido ainda nos anos 1990, se a economia do Brasil tivesse crescido, no período, num ritmo mais acelerado. Isso porque no Brasil, por um longo tempo, não houve investimentos necessários para ampliar a oferta de energia nem para interligar as linhas de transmissão que poderiam redistribuir a energia no país conforme a demanda. Os "apagões" vivenciados pela sociedade brasileira revelaram a ausência de planejamento estratégico no setor energético.

O processo de privatização do setor de distribuição de energia também teve sua cota de contribuição para agravar o caos energético de 2001, pois as novas empresas não cumpriram as metas de investimento estabelecidas para o aprimoramento do sistema de distribuição e evitar situações de interrupções de fornecimento de energia. O Brasil ainda tem convivido com situações de "apagões" temporários nos últimos anos.

Atualmente dois órgãos governamentais controlam o setor de produção de eletricidade no Brasil: a **Agência Nacional de Energia Elétrica** (**Aneel**) e o **Operador Nacional do Sistema** (**ONS**). A Aneel foi criada em 1996 e é responsável pela regulamentação e fiscalização de todos os setores elétricos ligados à produção e à distribuição de energia; o ONS foi criado em agosto de 1998 e coordena e controla a operação da geração e transmissão de energia elétrica entre as diversas usinas e sistemas de distribuição espalhados pelo país.

DICA

FILME

Coronel Delmiro Gouveia

Brasil, 1977. Direção: Geraldo Sarno. Duração: 90 min.

História do industrial nordestino que viveu no começo do século XX. Entre seus feitos, construiu, na cachoeira de Paulo Afonso, a primeira usina hidrelétrica para o aproveitamento das águas do Rio São Francisco, pioneira no Nordeste brasileiro.

O petróleo no Brasil

A exploração do petróleo no Brasil foi inaugurada com a criação da **Petróleo Brasileiro S.A.** (**Petrobras**), em 1953, durante o governo Getúlio Vargas. A empresa, criada em regime de monopólio, controlava todas as atividades de pesquisa, exploração e refino realizadas no subsolo brasileiro. Em 1963, foi também estabelecido o monopólio para as atividades de importação e exportação de petróleo e derivados.

Em **1973**, a **economia brasileira** foi profundamente abalada pela crise do **petróleo**. O preço do barril passou de 3 para 12 dólares. Naquela época, o país importava 85% do petróleo que consumia. Para não paralisar as importações que travariam a economia do país, ampliaram-se os empréstimos internacionais e, consequentemente, a dívida externa brasileira aumentou. O país, ao mesmo tempo em que passou a racionar os produtos derivados de petróleo, investiu em busca de novas jazidas e na diversificação da sua matriz energética.

A maioria das reservas brasileiras de petróleo e de gás natural está no mar, entre 400 e 7 mil metros de profundidade. A maior parte do petróleo no Brasil é transformada em combustíveis: gasolina, querosene, óleo diesel e o GLP (gás de cozinha). Entre 15% e 20% são utilizados na fabricação de plásticos, tintas, vernizes e resinas. Essas matérias-primas são produzidas a partir do nafta (outro derivado do petróleo).

Ainda na década de 1970, o Brasil descobriu a sua maior jazida petrolífera, a **Bacia de Campos**, no Rio de Janeiro. De lá para cá, aumentou sucessivamente sua produção. Em 2006, o país conquistou a autossuficiência na produção, com efeitos positivos na economia, uma vez que reduziu os gastos com importações e minimizou os efeitos de eventuais crises no mercado petroleiro.

A maior parte do petróleo brasileiro é obtida no mar (mais de 90%), principalmente na **plataforma continental**, área do relevo submarino próxima do continente. Da plataforma continental do estado do Rio de Janeiro, na região da Bacia de Campos, são extraídos cerca de 74% do petróleo nacional. Os outros importantes produtores, bem abaixo do Rio de Janeiro, são, em ordem de importância, Espírito Santo, Rio Grande do Norte, Bahia, Sergipe e São Paulo. A maior parte do petróleo extraído em terra é obtida nos estados do Rio Grande do Norte, Sergipe e Bahia. Observe o mapa.

Brasil: reservas provadas e produção de petróleo (em milhões de barris) – 2012

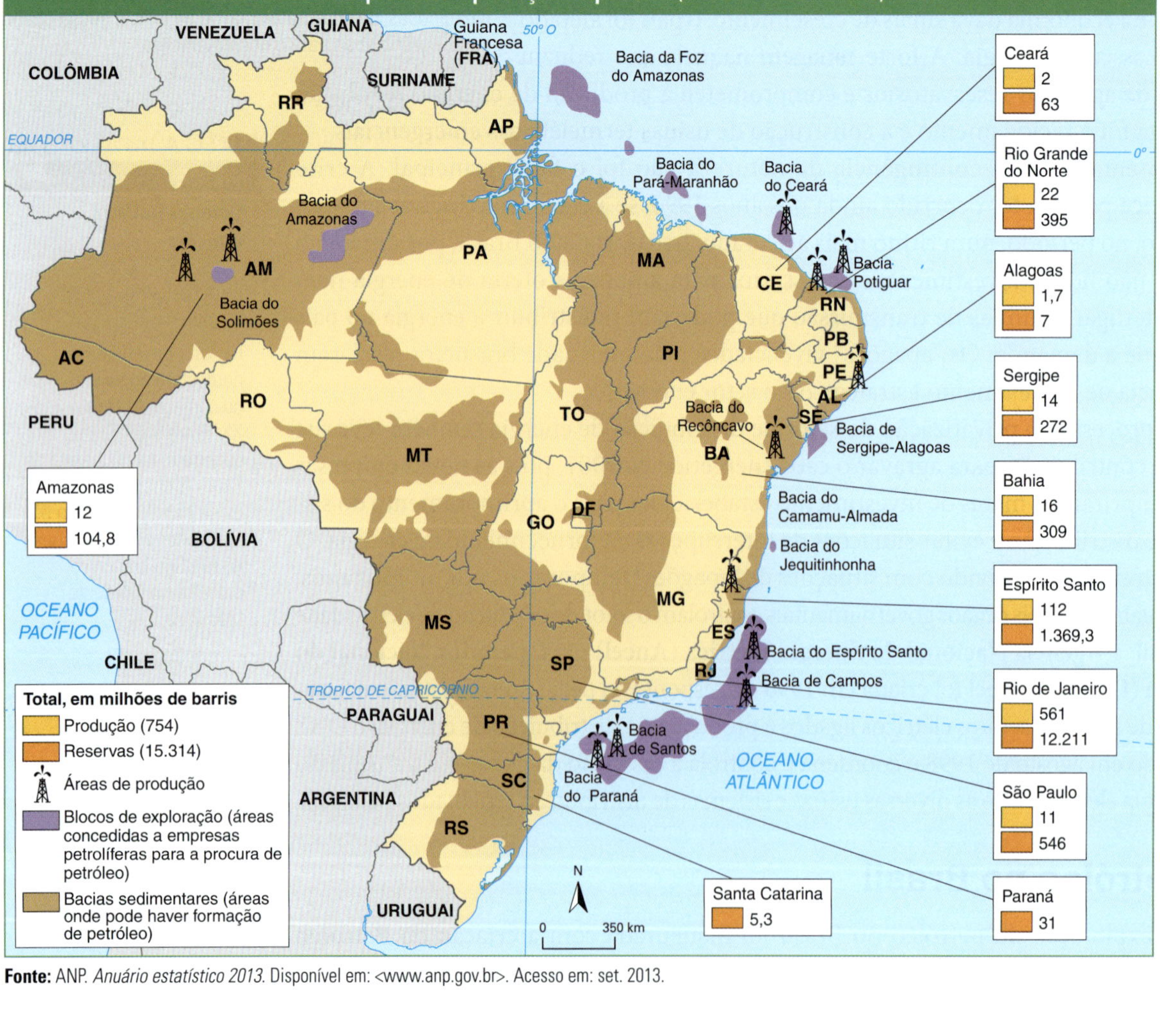

Fonte: ANP. *Anuário estatístico 2013*. Disponível em: <www.anp.gov.br>. Acesso em: set. 2013.

Desde 1997, quando o governo pôs fim ao monopólio que dava exclusividade à Petrobras para a exploração de petróleo no Brasil, a **Agência Nacional de Petróleo** (**ANP**), órgão responsável pela regulamentação do setor, concedeu autorização a várias empresas para exploração do petróleo em território nacional, feita parcialmente em parceria com a Petrobras.

As refinarias nacionais, no entanto, não têm capacidade para processar todo o óleo extraído e são necessários investimentos no setor em médio prazo. Há quatro projetos importantes em andamento: o Complexo Petroquímico do Rio de Janeiro (Comperj), no município de Itaboraí; a refinaria Abreu e Lima, em Suape, Pernambuco; a refinaria Premium 1, em Bacabeira, Maranhão; e Premium 2, em São Gonçalo do Amarante (Complexo Industrial e Portuário do Pecém), Ceará. O projeto pernambucano é um investimento da Petrobras em associação com a venezuelana Petróleos de Venezuela S.A. (PDVSA).

A maioria das refinarias fica no Sudeste, onde é maior o consumo de derivados de petróleo, e na faixa litorânea, perto das áreas de produção e dos terminais petrolíferos.

A Petrobras também tem participação em refinarias fora do Brasil. Em 2002, comprou a empresa estatal argentina Pérez Companc e passou a operar três refinarias argentinas. Em 2006, incorporou 50% das ações de uma refinaria no Texas, nos Estados Unidos. Ainda em 2008, comprou a refinaria Nansei, situada na ilha de Okinawa, sul do Japão. No mesmo ano, na Bolívia, as refinarias adquiridas em Santa Cruz de la Sierra e Cochabamba foram reestatizadas pelo governo Evo Morales.

Em 2007, foram descobertas jazidas na camada do subsolo oceânico brasileiro, a uma profundidade entre 5 e 7 mil metros, conhecidas como **pré-sal**. Elas estão concentradas na **Bacia de Santos**, que se estende do litoral do Espírito Santo ao de Santa Catarina. Em 2012, foram encontradas também reservas do pré-sal da **Bacia de Campos**. Essas reservas, ainda não totalmente avaliadas, apontam um futuro promissor para a produção de petróleo e gás natural no Brasil na próxima década, podendo colocá-lo entre os grandes exportadores mundiais[14]. A Petrobras estima que até 2020 deverá mais que dobrar a produção de gás e óleo.

DICA

LEITURA

Pescadores do petróleo
Deborah Bronz. Rio de Janeiro: E-Papers, 2009.
Esta obra busca mostrar as interações entre as atividades de pesca e extração de petróleo, que disputam a apropriação dos territórios marítimos na Bacia de Campos, litoral norte do estado do Rio de Janeiro.

Bacia de Campos e pré-sal: Campo Lula

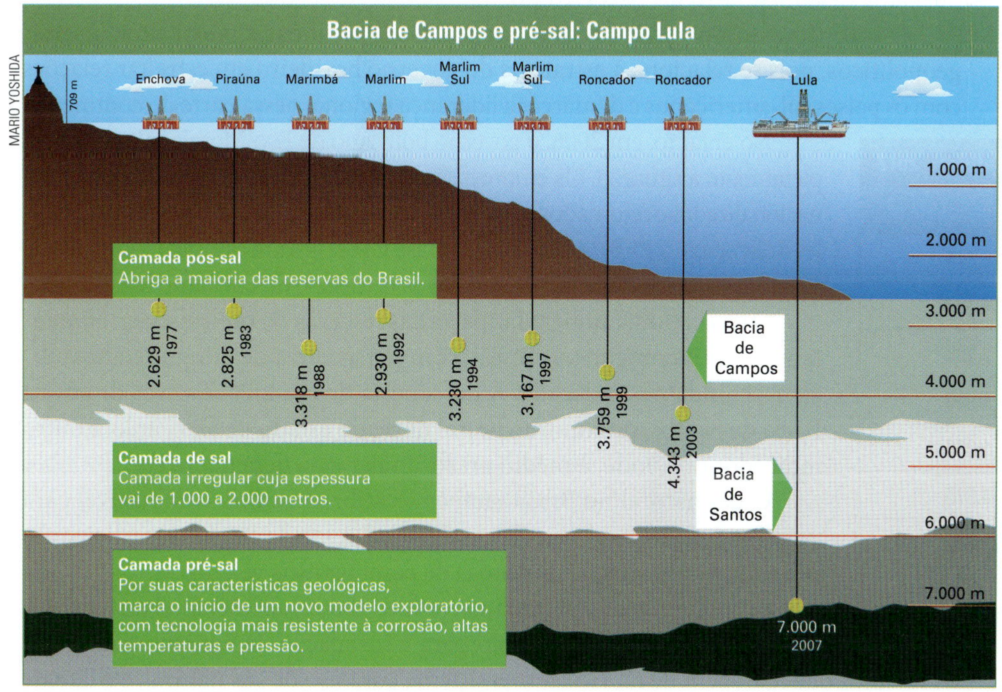

Para a exploração das jazidas de pré-sal foi estabelecido o sistema de partilha de produção, o que inclui a participação da Petrobras em todos os novos campos. Essa participação pode ser total (100%) ou em associação com outras empresas. Nesse último caso, caberá à Petrobras um percentual mínimo de 30% em todos os consórcios. A Petrobras projeta investimentos de cerca de 270 bilhões de dólares até o ano 2020.

Fonte: elaborado com base em PETROBRAS. Disponível em: <www.petrobras.com.br>. Acesso em: fev. 2013.

14 No segundo semestre de 2013, o Brasil já extraía 300 mil barris/dia do pré-sal.

Esse tipo de exploração, porém, depende de tecnologia sofisticada e custo elevado. No entanto, o alto preço do petróleo no mercado internacional garante o retorno dos investimentos. O primeiro campo explorado e refinado do pré-sal foi o de Tupi (atual Lula), em 2009.

LEITURA COMPLEMENTAR

Royalties do petróleo

No segundo semestre de 2013, haviam sido definidas no legislativo federal duas questões sobre a distribuição dos *royalties* do petróleo e sobre a participação no Fundo Social, que também recebe recursos oriundos da exploração do petróleo (poupança decorrente da exploração do pré-sal).

No âmbito da distribuição dos *royalties* entre União, estados e municípios produtores e estados e municípios não produtores, houve alteração na lei, determinando uma parcela mais igualitária entre União, unidades federativas e municípios – produtores e não produtores. A totalidade dos *royalties* da União será destinada à educação (75%) e à saúde (25%). Os recursos do Fundo Social também serão destinados à educação e à saúde na mesma proporção.

Gás natural

Para solucionar, em curto prazo, o problema do déficit energético e evitar novo racionamento, o governo estimulou investimentos em termelétricas movidas a gás natural, acelerando o Programa Prioritário de Termeletricidade (PPT), iniciado em fevereiro de 2000. Embora o tempo de construção de uma termelétrica seja mais curto (2 a 3 anos) que o de uma hidrelétrica (4 a 5 anos) ou de uma usina nuclear (7 a 11 anos), critica-se essa opção energética por se tratar de um combustível fóssil não renovável, ainda que menos poluente que o petróleo e o carvão.

No entanto, o Brasil é dependente do gás natural e importa cerca da metade do que consome. Nesse contexto, o governo brasileiro apoiou a construção de um gasoduto, concluído em março de 2000, que liga Santa Cruz de la Sierra, na Bolívia, a estados do Sul e Sudeste brasileiros. O projeto previa o controle da Petrobras sobre boa parte das minas de gás bolivianas, desde a década de 1990. A Petrobras chegou a responder pela fatia de 80% do PIB do país vizinho, no início deste século.

O investimento no gasoduto deve ser analisado também a partir de interesses geopolíticos, pois se relaciona à estratégia do governo brasileiro em estreitar relações com os países sul-americanos e demarcar a liderança regional nessa parte do continente.

No entanto, em 2006, o governo boliviano de Evo Morales alterou completamente a situação. Os empreendimentos realizados pela Petrobras foram nacionalizados e retomados pela empresa estatal Yacimientos Petrolíferos Fiscales Bolivianos (YPFB). Além disso, o Brasil foi obrigado a assimilar forte reajuste de preço do gás boliviano, responsável pela metade do consumo brasileiro.

Brasil: produção de gás natural – 2012

Maiores produtores	Milhões de m³
Rio de Janeiro	10.344
Amazonas	4.188
Espírito Santo	3.908
São Paulo	1.998
Sergipe	1.030
Outros estados	4.370
Total do Brasil	**25.832**

Fonte: ANP. *Anuário estatístico 2013*. Disponível em: <www.anp.gov.br>. Acesso em: set. 2013.

O gás natural também faz parte das reservas do pré-sal e vem aumentando continuamente no Brasil, com perspectiva de atingir a autossuficiência ainda nessa década. A descoberta de grandes reservas de gás na Bacia de Santos, próximo ao litoral norte do estado de São Paulo, é outro indicador que pode, a médio prazo, anular essa dependência.

O gás natural no Brasil também é utilizado como combustível para veículos (gás natural veicular – GNV), apesar de ter uma participação pequena no conjunto das vendas de combustíveis veiculares. Embora menos poluente que a gasolina e o óleo diesel, apresenta alguns inconvenientes aos consumidores, como o custo para a instalação de equipamentos para os veículos que não saem de fábrica com o sistema para uso de gás natural, e o fato de não haver uma ampla rede de distribuidores do combustível. Muitas frotas de ônibus urbanos, no entanto, utilizam o gás natural.

Do Proálcool ao bicombustível

A utilização do álcool (etanol) como combustível automotivo no Brasil começou em 1975, quando o mundo sentia os efeitos da crise do petróleo. O governo brasileiro implantou o **Programa Nacional do Álcool** (**Proálcool**), pelo qual concedia isenção fiscal e subsídios, como empréstimos a juros baixos, aos produtores de álcool (usineiros) e às indústrias automobilísticas, para que desenvolvessem tecnologia para a produção de motores a álcool.

A primeira etapa do projeto limitou-se à adição de etanol à gasolina. O primeiro carro totalmente movido a álcool seria lançado somente em 1979. O Proálcool possibilitou a oferta de veículos e combustível mais baratos aos consumidores brasileiros. Na segunda metade da década de 1980, as vendas de carros a álcool chegaram a ser responsáveis por 96% do mercado de veículos.

A euforia do Proálcool contribuiu para o agravamento de alguns problemas. Um deles foi a elevação da dívida pública e a diminuição na arrecadação, devido aos fartos subsídios governamentais. Também a questão fundiária se agravou, em decorrência da compra de muitas pequenas propriedades agrícolas produtoras de alimentos por latifundiários do setor de produção da cana-de-açúcar.

No final da década de 1980, com a alta no preço do açúcar no mercado internacional, os usineiros passaram a priorizar a produção dessa mercadoria para exportação. A partir daí, as crises de abastecimento de álcool ocasionaram o descrédito dos consumidores e dos fabricantes de veículos em relação ao combustível e eles retomaram a opção pelos carros movidos a gasolina.

No início deste século, o Proálcool foi reativado. Instabilidade e elevações do preço do barril do petróleo e a consciência sobre a necessidade de maior diversificação das fontes energéticas têm contribuído para a preferência pelo combustível feito da cana. Novas tecnologias incorporadas pelo setor automobilístico, como o motor bicombustível (*flex*), que funciona a álcool e a gasolina, também estimularam o uso do etanol.

Após a entrada em vigor do Protocolo de Kyoto e medidas ambientais de alguns países, o álcool foi considerado uma alternativa para os países que têm metas de redução de emissão de gases estufa a serem cumpridas. Isso favoreceu o potencial exportador de etanol pelo Brasil, mas depende de uma ampliação de capacidade de produção do país.

Brasil: do álcool ao bicombustível

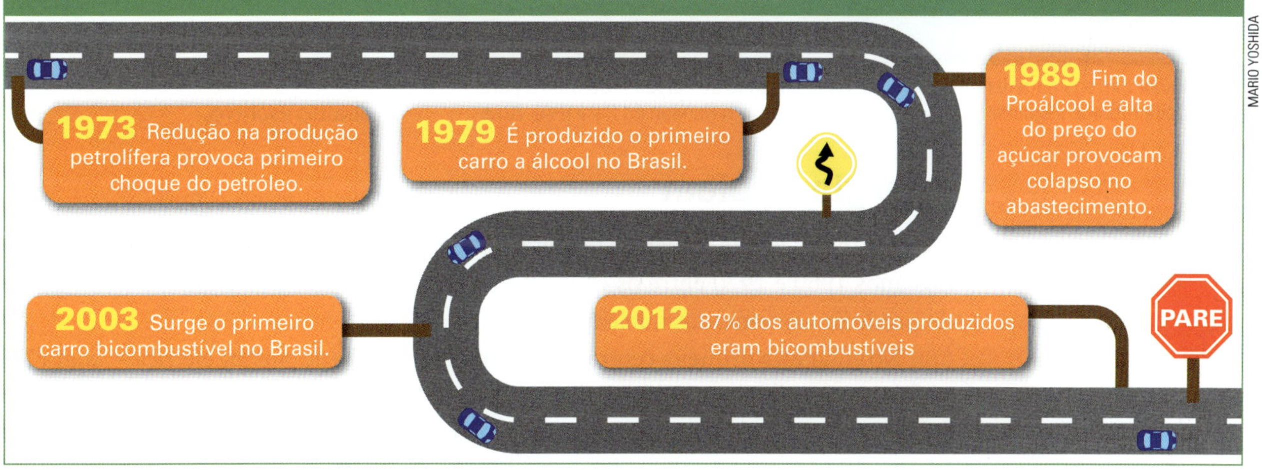

Fonte: ANFAVEA. Disponível em: <www.anfavea.com.br>. Acesso em: set. 2013; *Exame*. São Paulo: Abril, ano 40, n. 12, 21 jul. 2006. p. 30; *Veja*. São Paulo: Abril, ano 39, n. 1674, 1º fev. 2006. p. 100.

Carvão mineral

Praticamente todo o carvão mineral brasileiro procede da Região Sul, onde estão concentradas as reservas. O estado do Rio Grande do Sul atualmente é o maior produtor do país, seguido de Santa Catarina. O carvão catarinense tem maior teor de carbono, o que lhe garante mais lucro na comercialização.

Em Santa Catarina, o carvão é extraído no vale do Rio Tubarão e arredores (municípios de Urussanga, Lauro Müller, Siderópolis e Criciúma). Diferentemente do que ocorre no Rio Grande do Sul, as reservas catarinenses aparecem em camadas pouco profundas, facilitando a extração e tornando-a menos onerosa.

O carvão nacional, do tipo hulha, tem, em tese, grande capacidade energética, como vimos no capítulo anterior. No entanto, não é de boa qualidade, pois possui elevados teores de cinza e enxofre. Para uso na siderurgia, é necessário passar por processo de lavagem, que diminui seu poder calorífico. O Brasil importa cerca de 50% do carvão que consome.

Elemento redutor
na natureza, o minério de ferro encontra-se ligado ao oxigênio. Num alto-forno siderúrgico, sob altas temperaturas, o carvão tem a propriedade de se ligar a esse oxigênio, removendo-o do ferro e produzindo o mineral puro. A esse processo dá-se o nome de redução.

Carvão vegetal e lenha

O carvão vegetal é obtido pela queima de madeira a uma temperatura superior a 400 °C. Pode ser utilizado como combustível em residências, usinas siderúrgicas e termelétricas ou como **elemento redutor** em siderúrgicas.

MARIO TAMA/GETTY IMAGES

Trabalhador carrega para dentro de um caminhão um saco de carvão produzido a partir de madeira retirada ilegalmente da Floresta Amazônica, em Rondon do Pará (PA), 2012.

O carvão vegetal e a lenha são as principais fontes de energia da população sem acesso a eletricidade e a outras fontes de energia, como o gás de cozinha. No Brasil, 70% da lenha provêm de vegetação nativa do Cerrado, o que provoca grande desmatamento. Apenas 30% são obtidos de árvores cultivadas para esse fim.

Além dos problemas ambientais relacionados à extração de madeira de vegetação nativa, a produção de carvão vegetal no Brasil se faz, em parte, em condições precárias de trabalho, ocorrendo exploração de mão de obra infantil e situações de trabalho escravo.

Energia nuclear

A construção de usinas nucleares no Brasil fez parte de um projeto desenvolvido nos anos 1960 e 1970 entre os governos militares, que consideravam a possibilidade de produzir armamentos nucleares.

No entanto, a primeira central nuclear para a geração de energia elétrica – Angra 1 – só foi inaugurada em 1982, no município de Angra dos Reis, litoral do estado do Rio de Janeiro, com tecnologia e equipamentos adquiridos da empresa estadunidense Westinghouse. Devido a problemas de funcionamento, que era intermitente, chegou a receber o apelido de usina "vaga-lume".

Vista panorâmica da usina nuclear de Angra dos Reis (RJ), 2012.

DICA

FILME

Césio 137: o pesadelo de Goiânia
Brasil, 1990. Direção: Roberto Pires. Duração: 115 min.

Relata o acidente com material radioativo em Goiânia e trata das consequências de não descartar de forma adequada o lixo e o resíduo tóxico.

Em 1975, durante o governo do general Ernesto Geisel, o Brasil havia firmado um acordo com a Alemanha para a compra de oito usinas nucleares. Apenas duas foram adquiridas: Angra 2 (inaugurada apenas em 2000) e Angra 3, que permaneceu paralisada por mais de duas décadas e resumia-se a uma imensa cratera e gastos com manutenção de equipamentos que giravam em torno de US$ 20 milhões ao ano. As duas usinas em funcionamento suprem apenas cerca de 3% do consumo energético do país, equivalente a 2.007.000 kW.

Em 2009, por meio de **licenciamento ambiental**, o governo reiniciou as obras de Angra 3. O atual **projeto nuclear brasileiro** (**Plano Nacional de Energia**) prevê a construção de quatro a oito usinas até o ano 2030, além de Angra 3. A retomada do projeto nuclear passou a contar com o apoio técnico da França, através da empresa de energia Areva. O custo milionário dessa cooperação pode ser medido pela dimensão dos acordos franco-brasileiros firmados, que, além da construção de usinas e transferência de tecnologia, incluem a montagem de um submarino nuclear brasileiro.

Para o Brasil, a energia nuclear não representa uma boa alternativa. O país possui diversas opções energéticas mais baratas e de menor risco: hidreletricidade, ventos e biomassa, entre outras.

Em 2009, porém, inaugurou-se uma usina de **enriquecimento de urânio**, controlada pelas **Indústrias Nucleares do Brasil** (**INB**), no município de Resende (RJ). Nela, o urânio enriquecido numa ultracentrífuga alimenta parte das necessidades das centrais nucleares de Angra 1 e 3. Essa etapa do programa é considerada importante para a autossuficiência nuclear do país.

A previsão é de que até 2015 o urânio enriquecido em Resende atenda 100% das necessidades brasileiras. O domínio dessa tecnologia colocou o Brasil num seleto grupo de países: Estados Unidos, China, Rússia, França, Reino Unido (membros do Conselho de Segurança da ONU), além de Alemanha, Holanda, Israel, Índia, Paquistão, Japão e Irã.

Outra parte do investimento nuclear destina-se à construção de um submarino à propulsão nuclear, para ser utilizado no sistema de vigilância do litoral brasileiro. A embarcação terá autonomia para ficar submersa por um período de cinco anos.

O governo brasileiro declara que o programa nuclear se destina apenas a finalidades pacíficas e está sujeito a inspeções internacionais da Agência Internacional de Energia Atômica (AIEA), organismo das Nações Unidas que controla as instalações nucleares[15].

Licenciamento ambiental
procedimento estabelecido pela Política Nacional do Meio Ambiente. Por meio do licenciamento, o órgão ambiental competente estabelece as condições para a instalação, ampliação e operação de empreendimentos e de atividades que têm potencial de causar impactos ambientais.

Enriquecimento de urânio
quase todo o urânio encontrado na natureza é o U-238. O U-235 é o único com capacidade radiativa e de se dividir, mas é raro na natureza. Chama-se enriquecimento o processo de transformação do U-238 em U-235. A operação é realizada em diferentes proporções, conforme a finalidade do urânio. De acordo com a INB, a fábrica de Resende enriquece o urânio em até 5%. Para a produção da bomba atômica, o enriquecimento necessário é de mais de 90%.

15 O Brasil é signatário do Tratado de Não Proliferação de Armas Nucleares (TNP), que estabelece normas extremamente rigorosas e detalhadas para as inspeções nucleares.

CONTRAPONTO

Analise os gráficos a seguir e realize as atividades da página seguinte.

Brasil: consumo de energia no transporte – 2012*

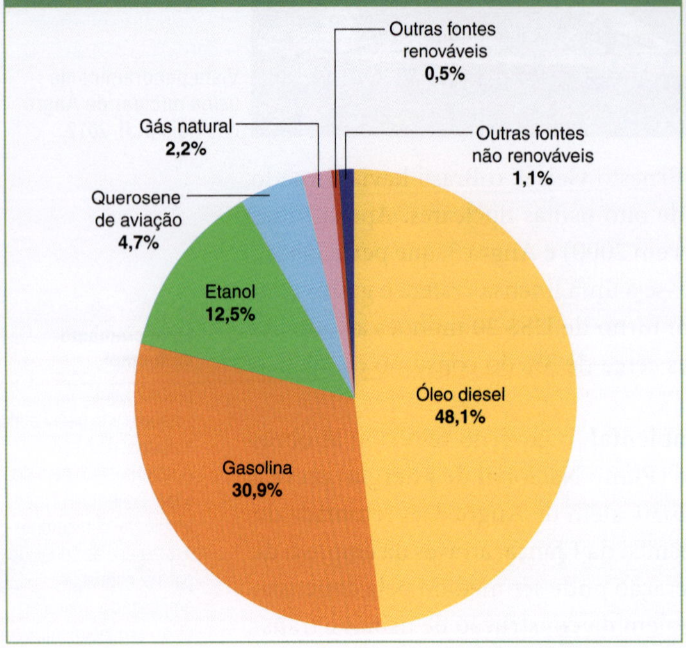

* Nesse ano, o setor de transporte foi responsável por 31,3% do total da energia consumida no Brasil.

Fonte: EPE. *Balanço Energético Nacional 2013*. p. 27. Disponível em: <https://ben.epe.gov.br>. Acesso em: nov. 2013.

Brasil: consumo de energia na indústria – 2012**

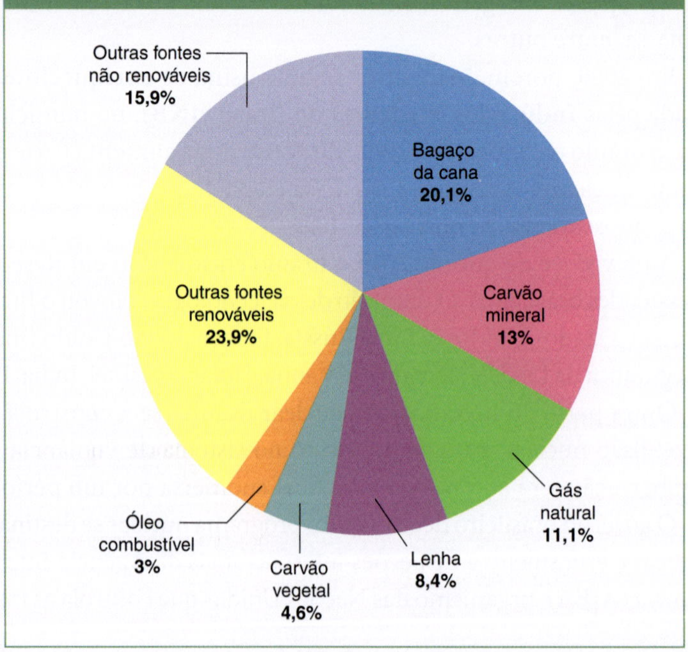

** Nesse ano, o setor industrial foi responsável por 35,1% da energia consumida no Brasil.

Fonte: EPE. *Balanço Energético Nacional 2013*. p. 26. Disponível em: <https://ben.epe.gov.br>. Acesso em: nov. 2013.

1. Em seu caderno, escreva a legenda correspondente às letras *A* e *B* dos gráficos abaixo e justifique as diferenças.

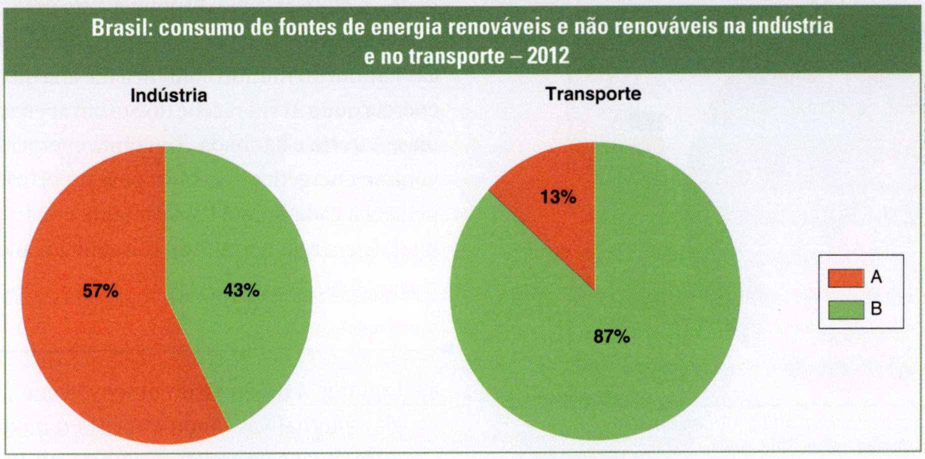

Fonte: EPE. *Balanço Energético Nacional 2013*. p. 26, 27. Disponível em: <https://ben.epe.gov.br>. Acesso em: nov. 2013.

2. Em 2012, o total de emissões de CO_2 associadas à matriz energética brasileira atingiu 395,8 $MtCO_2eq$[16]. Observe o gráfico.

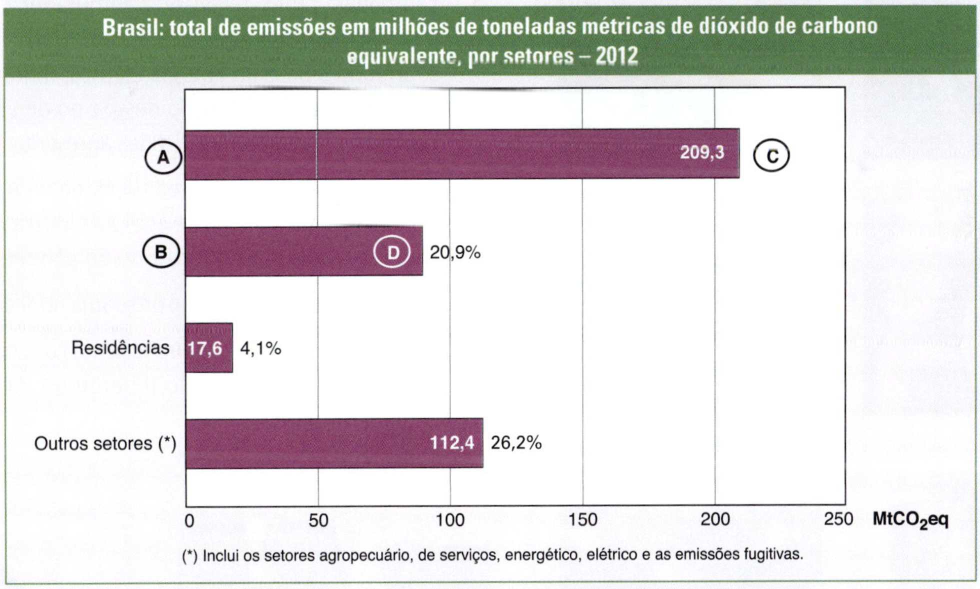

Fonte: EPE. *Balanço Energético Nacional 2013*. p. 38. Disponível em: <https://ben.epe.gov.br>. Acesso em: nov. 2013.

a) Com base nas informações contidas no gráfico e na sua resposta da questão anterior, identifique, na representação acima, os setores responsáveis pelas maiores emissões no Brasil, indicados pelas letras *A* e *B* no gráfico.

b) Calcule a participação percentual das emissões que preenche corretamente a letra *C* no gráfico.

c) Calcule o valor absoluto das emissões em milhões de toneladas métricas de dióxido de carbono equivalente que preenche corretamente a letra *D* no gráfico.

16 $MtCO_2eq$ significa milhões de toneladas métricas de dióxido de carbono equivalente. É a unidade padrão para medir a quantidade de emissões de CO_2 no meio ambiente.

[COMPREENSÃO E ANÁLISE]

1. Associe as letras do gráfico aos números indicados nas imagens.

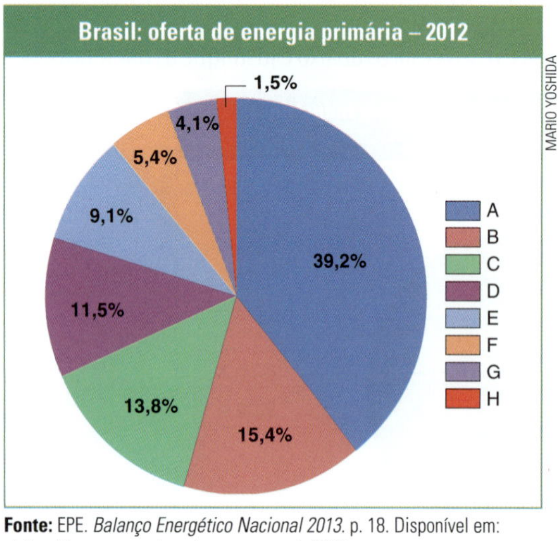

Fonte: EPE. *Balanço Energético Nacional 2013*. p. 18. Disponível em: <https://ben.epe.gov.br>. Acesso em: set. 2013.

RENATO SOARES/PULSAR IMAGENS

JOÃO PRUDENTE/PULSAR IMAGENS

THINKSTOCK/GETTY IMAGES

THINKSTOCK/GETTY IMAGES

THINKSTOCK/GETTY IMAGES

THINKSTOCK/GETTY IMAGES

ALE RUARO/PULSAR IMAGENS

THINKSTOCK/GETTY IMAGES

2. Leia o texto a seguir.

"A boa notícia sobre as fontes renováveis de energia de baixo CO_2 – em especial para a produção de eletricidade – é que elas estão disponíveis em uma quantidade quase ilimitada. Na verdade, todo o petróleo, carvão e gás natural do mundo contêm a mesma quantidade de energia que a Terra recebe do Sol em apenas cinquenta dias. A Terra é banhada com tanta energia solar que o volume energético recebido pela superfície do nosso planeta a cada hora é teoricamente igual ao consumo total de energia no mundo durante um ano inteiro."

GORE, Al. *Nossa escolha:* um plano para solucionar a crise climática. Barueri: Amarilys, 2009. p. 57.

a) Explique a urgência do desenvolvimento de energias alternativas tendo em vista o modelo econômico atual e as questões ambientais.

b) Discuta quais fontes alternativas poderiam ser utilizadas no município em que você mora.

3. Lâmpadas, rádio, televisor, computador e inúmeros outros aparelhos elétricos e máquinas funcionam sobretudo à base da energia elétrica. Indique as principais formas de obtenção desse tipo de energia e os problemas que cada uma delas apresenta.

4. Relacione o fato de a hidreletricidade ter participação significativa na geração de energia elétrica no Brasil às condições naturais do território do país.

5. Quais as principais críticas ao programa nuclear brasileiro?

6. Observe a imagem a seguir e discuta com seus colegas os impactos deste modelo de arquitetura em países como o Brasil.

RUBENS CHAVES/PULSAR IMAGENS

Edifícios comerciais conhecidos como Torres Gêmeas na Avenida República do Chile, no centro da cidade do Rio de Janeiro (RJ), 2012.

UNIDADE 9

ESPAÇO E PRODUÇÃO

Trabalhadoras montam componentes eletrônicos em gigante de tecnologia, na província de Guangzhou (China), 2010.

CHINA OUT/AFP

Ao longo da história, ocorreram diversos processos marcantes que transformaram a relação dos seres humanos com a natureza, que provocaram alterações significativas no espaço geográfico: a Revolução Agrícola e a domesticação de animais, há aproximadamente 10 mil anos; a Revolução Industrial, com as fábricas, a urbanização e as vias para o escoamento da produção; e a terceira revolução tecnológica, em curso, envolvendo novos produtos, formas de produzir e comercializar mercadorias, industriais e agrícolas, e de gerar serviços. No entanto, parcela expressiva de homens e mulheres do planeta está excluída dos benefícios gerados por essas transformações.

CAPÍTULO 25

A INDÚSTRIA NO MUNDO ATUAL

CONTEXTO

Observe as imagens a seguir.

SEONGJOON CHO/BLOOMBERG VIA GETTY IMAGES

Linha de produção de celulares em Gimpo (Coreia do Sul), 2011.

PATRICK LIN/AFP

Outdoors de propaganda de *smartphones* em Taipei (Taiwan), 2012.

DAVID PEARSON/ALAMY/GLOW IMAGES

Pessoas usando celular na Índia, 2011.

BERNHARD KREUTZER/IMAGEBROKER/GLOW IMAGES

Telefones celulares descartados.

DISCUTA

1. O que a sequência de imagens mostra?
2. Comente a importância dos celulares e *smarthphones* nos dias atuais.
3. Os celulares e *smarthphones* também são um produto global, pois geralmente seus componentes são produzidos em países diferentes. Levante hipóteses sobre os fatores que determinam esse processo de produção.
4. Faça uma pesquisa e procure saber os países de origem das empresas multinacionais que fabricam celulares e *smarthphones* e os países onde estão as fábricas desses aparelhos.
5. Comente os impactos da atividade industrial retratada no espaço geográfico.

A IMPORTÂNCIA DA ATIVIDADE INDUSTRIAL

O espaço geográfico contemporâneo é resultante, em boa medida, das transformações promovidas pela Revolução Industrial. As atividades industriais que ocorrem no interior das fábricas desdobram-se posteriormente em outras atividades, como o transporte, a comercialização e a propaganda dos produtos.

A industrialização proporcionou:

- grandes transformações urbanas, com a multiplicidade de serviços que caracterizam a cidade atualmente e o desenvolvimento dos meios de transporte e comunicação que interligam todo o espaço mundial;
- o aumento da produção agrícola, graças à mecanização das atividades de criação, plantio e colheita e ao uso de **insumos** de origem industrial;
- a estrutura de novos modos de vida, hábitos de consumo e profissões e uma outra organização da sociedade.

Insumo
elemento que faz parte do processo de produção de mercadorias ou serviços, como, por exemplo, máquinas, equipamentos e matérias-primas.

Classificação da atividade industrial

A **indústria** moderna surgiu com a produção fabril inaugurada pela Revolução Industrial, com o uso de máquinas e a divisão do trabalho. Nos dias atuais, a atividade industrial utiliza tecnologias cada vez mais sofisticadas, como robôs e equipamentos de alta precisão.

Indústria
atividade produtiva de transformação de matérias-primas nos mais variados produtos. Dessa forma, considera-se desde o processo de produção artesanal até o processo de produção fabril.

As indústrias podem ser classificadas em **indústria extrativa** (extração de recursos naturais de origens diversas, principalmente de minerais) e **de transformação** (produção de bens a partir da transformação de matérias-primas). De acordo com a finalidade dos bens produzidos, as indústrias de transformação podem ser divididas em:

- **indústrias de bens de produção** – produzem matérias-primas, como alumínio (metalúrgica), aço (siderúrgica), cimento e derivados de petróleo (petroquímica), que serão utilizadas por outras indústrias na fabricação de produtos;
- **indústrias de bens de capital**[1] – produzem máquinas, peças e equipamentos para outras indústrias;
- **indústrias de bens de consumo** – produzem mercadorias para consumo direto. Podem ser duráveis (móveis, aparelhos eletrônicos, eletrodomésticos, automóveis, computadores) e não duráveis (alimentos, bebidas, medicamentos, cosméticos, vestuário, calçados).

As atividades industriais podem ainda ser classificadas de acordo com o setor de atuação. Exemplos:

- indústria da construção civil – construção de edifícios, usinas para produção de energia, pontes etc.;
- indústria da construção naval – produção de navios;
- indústria aeronáutica – construção de aviões;
- indústria bélica – produção de armamentos, tanques, navios e aviões de guerra.

ERIC CABANIS/AFP

Técnicos trabalham em um satélite de comunicações em Toulouse (França), 2012.

1 As indústrias de bens de produção e de bens de capital são denominadas, em conjunto, indústrias de base.

A PRIMEIRA REVOLUÇÃO INDUSTRIAL

DICA

FILME

Daens: um grito de justiça
Bélgica/França/Holanda, 1992. Direção: Stijn Coninx. Duração: 138 min.

Durante a Revolução Industrial, um padre organiza um grupo de trabalhadores na luta por melhores condições de trabalho nas indústrias têxteis.

Uma das mais profundas transformações espaciais já ocorridas deu-se com a introdução da indústria moderna na Inglaterra, que marcou o início do capitalismo industrial. A industrialização não provocou mudanças apenas na forma de produção, mas também reorganizou o espaço geográfico, modificou as relações territoriais, sociais e políticas. As regiões industriais atraíram mão de obra, as cidades ampliaram-se física e demograficamente e tornaram-se centros econômicos muito importantes.

Com a invenção da **máquina a vapor**, em 1769, e sua incorporação às fiações e tecelagens, a produção industrial ganhou impulso. Os trabalhadores foram concentrados num mesmo local de produção – a fábrica –, e consolidou-se a relação de trabalho assalariado. O navio e a locomotiva a vapor revolucionaram os meios de transporte e contribuíram para a expansão das atividades industriais e dos mercados para seus produtos.

A industrialização ampliou a divisão do trabalho dentro da unidade de produção (a fábrica) e no interior da sociedade de cada país. Ao mesmo tempo, estabeleceu a **Divisão Internacional do Trabalho** entre os países industriais e as regiões fornecedoras de produtos agrícolas e minerais.

INTERCONEXÃO — Sociologia

Divisão do trabalho

Leia o texto e responda à questão a seguir.

"O conceito [de divisão de trabalho] é usado sobretudo no estudo da produção econômica. Na sociedade de caçadores-coletores, por exemplo, as divisões do trabalho são relativamente simples, uma vez que não é muito grande o número de tarefas a serem feitas. Em comparação, sociedades industriais as têm extremamente complexas, principalmente porque a capacidade de produzir um vasto excedente de alimentos permite que a maioria das pessoas se entregue a uma grande variedade de tarefas que pouco têm a ver com as necessidades da sobrevivência. Da forma exposta pela primeira vez por Émile Durkheim, as diferenças na divisão do trabalho afetam de forma profunda aquilo que mantém coesas as sociedades. Com divisões de trabalho simples, a **coesão** social baseia-se principalmente nas semelhanças das pessoas entre si e no fato de terem um estilo de vida comum. Com as divisões de trabalho complexas, porém, ela tem por fundamento a interdependência que resulta da especialização. Num sentido irônico, as diferenças são o que nos mantém unidos.

A divisão do trabalho figura também com destaque no estudo da desigualdade social. Do ponto de vista marxista, o capitalismo utiliza uma divisão do trabalho complexa para controlar melhor os trabalhadores. O trabalho é dividido em grande número de tarefas minuciosamente especializadas que requerem apenas o mínimo de treinamento e qualificação. Esse fato permite aos empregadores monitorar e controlar o processo de produção e substituir sem dificuldade os trabalhadores, o que os priva de poder em suas relações com os patrões."

JOHNSON, Allan G. *Dicionário de Sociologia*. Rio de Janeiro: Jorge Zahar, 1997. p. 77.

- Comente as visões de Durkheim e Marx em relação à especialização do trabalho decorrente do capitalismo industrial.

Com a Revolução Industrial o capitalismo avançou de modo expressivo. As alterações introduzidas no processo produtivo refletiram-se na organização da sociedade, nas relações entre regiões distantes, entre o campo e a cidade e na acelerada urbanização. Com o capitalismo industrial, o papel econômico e político das cidades tornou-se mais evidente.

Ao mesmo tempo, a Revolução Industrial promoveu uma **Revolução Agrícola**, com a produção de novos instrumentos para a atividade agrícola, a modificação do sistema de propriedade e a organização do trabalho no campo[2]. As mudanças na agricultura estenderam-se por toda a Europa. Porém, do mesmo modo que ampliaram a produtividade da terra, expulsaram grande quantidade de pessoas das áreas rurais. Essa população dirigiu-se para as áreas urbanas, tornando-se mão de obra abundante e barata para os novos estabelecimentos industriais.

Os que permaneceram no campo passaram a produzir bens para o abastecimento das cidades ou matérias-primas para as indústrias. O trabalho agrário, cada vez mais especializado e menos direcionado à subsistência, obrigava o agricultor a adquirir no mercado os produtos necessários ao consumo. Outra situação criada pela Revolução Industrial foi a intensificação do intercâmbio comercial. Estradas foram construídas e ampliadas para facilitar o transporte de mercadorias e de passageiros, os cursos de rios navegáveis foram ligados por canais e, a partir do século XIX, um novo meio revolucionou o sistema de transportes: a ferrovia. A invenção da locomotiva a vapor, na Grã-Bretanha, estava associada à necessidade de transportar grandes quantidades de matéria-prima, como o carvão mineral.

O capitalismo é um sistema econômico internacional desde a sua origem. Com a Revolução Industrial, ficou demarcada uma clara divisão internacional do trabalho, vigente até os dias de hoje, com as especificidades de cada época. Os países industrializados exportavam produtos industrializados para regiões que não tinham manufaturas, as quais forneciam matérias-primas para os primeiros.

O crescimento da produção industrial na Inglaterra e a necessidade de ampliar o mercado para além das próprias fronteiras deram origem ao liberalismo econômico. Essa teoria considerava nociva a intervenção do Estado na economia e defendia a livre concorrência entre as empresas e os países. Naquele momento, as ideias liberais interessavam principalmente à Inglaterra, que não encontrava concorrente diante de seu nível de desenvolvimento técnico e a sua grande capacidade de transporte, propiciada por sua imensa frota naval.

A SEGUNDA REVOLUÇÃO INDUSTRIAL

Durante a Primeira Revolução Industrial, as fábricas foram instaladas próximo às minas de carvão. No final do século XIX, o uso da eletricidade e do petróleo como fontes de energia, a maior extensão das vias de circulação, a velocidade das ferrovias e a evolução e ampliação dos sistemas de transporte possibilitaram a instalação de indústrias em locais mais distantes das fontes de energia e de matéria-prima.

A Segunda Revolução Industrial caracterizou-se por transformações quantitativas e qualitativas. A eletricidade e o petróleo ampliaram a capacidade de produção de energia e acrescentaram novas possibilidades à tecnologia de produção, criando condições para o desenvolvimento de produtos e invenções, como o motor a combustão. Surgiram as grandes siderúrgicas e metalúrgicas e a indústria química e automobilística. A marinha mercante multiplicou sua frota em diversos países europeus, nos Estados Unidos e no Japão. As ferrovias se expandiram por todo o mundo, como meio de transporte e atividade empresarial.

DICA

FILME

As consequências da Revolução Industrial
Reino Unido, 2003.
Direção: Simon Baker, Jonathan Hassid, Billie Pink. Duração: 174 min.

Documentário em seis episódios que mostra as mudanças ocorridas nas relações sociais em função da invenção da máquina a vapor e do surgimento dos conceitos de linha de produção e de divisão do trabalho no século XVIII.

2 Na Inglaterra, as terras eram comunais e ocupadas por uma produção camponesa dispersa, dedicada principalmente à subsistência. Essas terras foram alvo do cercamento (*enclosure*) e transformadas em grandes propriedades destinadas à produção de gêneros para abastecimento do mercado urbano crescente e às pastagens de carneiros e ovelhas, que forneciam lã para a indústria têxtil, setor que liderou a Primeira Revolução Industrial.

DICA

FILME

Tempos modernos
EUA, 1936. Direção: Charles Chaplin. Duração: 87 min.

Crítica à sociedade industrial, ao sistema capitalista, à exploração do trabalho social e à perseguição dos poderosos contra os que lutam por seus direitos.

A indústria inglesa mantinha, em grande parte, os equipamentos e maquinários tradicionais. Já os novos países que se industrializavam na Europa (como a Alemanha) e em outras regiões do mundo (como os Estados Unidos e o Japão) incorporavam as tecnologias que surgiam e instalavam suas indústrias em consonância com as novas infraestruturas de transporte e energia, tornando-se, nesse sentido, mais competitivos.

O capitalismo monopolista

Na segunda etapa da Revolução Industrial, a expansão da industrialização para diversos países e a aplicação de novas tecnologias à produção e ao transporte modificaram profundamente a orientação liberal, característica da primeira fase da Revolução.

Os novos setores industriais que dominaram o cenário econômico da Segunda Revolução Industrial dependiam de investimentos maiores do que os realizados até então, o que tornou necessária a união de vários empreendedores. À época, boa parte das indústrias passou a contar com a participação do capital bancário e financeiro.

No final do século XIX, a fusão entre o capital industrial e o financeiro e a união de indústrias levou ao aparecimento de gigantescas empresas de alta tecnologia para a época, originando os oligopólios e os monopólios. As pequenas empresas, que não acompanharam a nova tendência do desenvolvimento econômico capitalista, faliram ou foram absorvidas pelas grandes.

Divisão Internacional do Trabalho – Capitalismo monopolista e financeiro

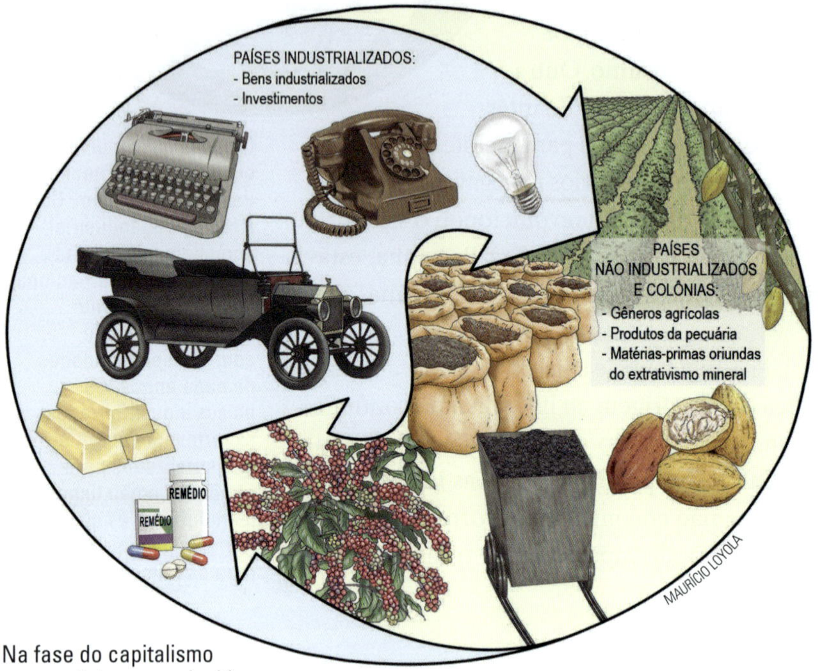

Na fase do capitalismo monopolista, que coincide com o imperialismo, a Divisão Internacional do Trabalho contribuiu para ampliar a atuação dos países industrializados no resto do mundo. Para manter o ritmo de produção, esses países aumentaram as fontes de matérias-primas. Além de exportar as mercadorias industrializadas, as empresas desses países investiram seus capitais nos países não industrializados e nas colônias, em casas comerciais e bancárias, na produção agrícola, na mineração, nas estradas de ferro e em outros negócios.

A TERCEIRA REVOLUÇÃO INDUSTRIAL

A Terceira Revolução Industrial – ou revolução técnico-científica – começou a tomar forma no final da Segunda Guerra Mundial, mas seus efeitos têm se manifestado em todo o mundo, de forma mais intensa, nas últimas três décadas. Repercutem no conjunto das atividades econômicas, nas relações sociais e nas relações da sociedade com a natureza, como visto na Unidade 7.

Seus efeitos particulares na atividade industrial estão relacionados ao:

- avanço nos sistemas de telecomunicações e transportes;
- desenvolvimento e utilização da informática (equipamentos e programas) e forte integração desta com as telecomunicações – telemática;
- desenvolvimento da microeletrônica e da robótica.

O **desenvolvimento científico e tecnológico** é convertido em novos produtos e em redução de custos de produção, tornando as empresas mais competitivas. As grandes corporações multinacionais possuem seus próprios centros de pesquisa, e os investimentos em pesquisa científica aplicada à produção, ou seja, em **ciência e tecnologia (C&T)**, têm crescido a cada ano, com o objetivo também de aprimorar a atividade produtiva.

O **Estado**, por meio de **universidades e de instituições de pesquisa**, também estimula o desenvolvimento tecnológico, preparando novos profissionais e capacitando-os para a pesquisa, assim como para o desenvolvimento de tecnologias.

Com a revolução técnico-científica, é cada vez mais curto o tempo entre determinada inovação tecnológica e sua difusão na forma de mercadorias ou serviços. Alguns produtos industriais, classificados em princípio como bens de consumo duráveis (especialmente os ligados aos setores de ponta, como a microeletrônica e a informática), são cada vez mais descartáveis, tornando-se obsoletos pela rapidez com que são desenvolvidas novas tecnologias.

DICA

FILME

Tucker: um homem e seu sonho
EUA, 1989. Direção: Francis Ford Coppola. Duração: 110 min.

Retrata a luta de Preston Tucker contra as grandes empresas automobilísticas estadunidenses na década de 1950.

JOHN NORDELL/GETTY IMAGES

Vista aérea do MIT (Massachusetts Institute of Tecnology), nos Estados Unidos, 2010. Considerado um dos principais centros de pesquisa do mundo, é mantido pelo governo estadunidense e por grandes empresas privadas.

HANS VON MANTEUFFEL/OPÇÃO BRASIL IMAGENS

No Brasil, diversos teleportos foram construídos em áreas centrais de grandes cidades, muitas vezes em espaços antes degradados, como esse do Porto Digital ou teleporto de Recife, criado em 2000. Apesar das vantagens, especialistas apontam que, com o desenvolvimento das tecnologias *wireless* (sem fio), as estruturas dos teleportos podem ficar ultrapassadas. Imagem de 2010.

No contexto de rápido desenvolvimento da **telemática**, baseado nos avanços das telecomunicações e da informática e na forte integração entre esses setores, surgiram os **teleportos**, também conhecidos por *cibercidades*. Um teleporto é basicamente constituído por um conjunto de edificações equipadas com modernos sistemas de telecomunicação e de informática – conexões à rede mundial de computadores servidas em banda larga, sinais de satélites de comunicação, redes de cabos de fibra óptica e outros recursos – que possibilitam grande tráfego de informações a um custo reduzido para as empresas.

Desse modo, empresas de diferentes setores – de telefonia e telecomunicação, bancos, seguradoras, produtoras de *software*, editoras, entre outras –, que necessitam de conexões amplas, rápidas e eficazes, instalam-se em teleportos. Empresas transnacionais estadunidenses e europeias utilizam os teleportos para conectar-se com seus escritórios espalhados pelo mundo.

Há teleportos em todos os países desenvolvidos e em diversos periféricos e semiperiféricos, como Argentina, Brasil, Venezuela, Paquistão e Filipinas.

Terceira Revolução Industrial e trabalho

A Terceira Revolução Industrial, ao transformar a economia, transformou também o mundo do trabalho. Em comparação com a produção industrial e agrícola, as atividades de serviço e comércio têm aumentado de modo significativo desde a década de 1950. Nos países desenvolvidos, esses setores chegam a empregar mais de 60% da mão de obra.

A quantidade de fábricas existentes numa região não é mais um indicador de desenvolvimento econômico, pois os países desenvolvidos têm se dedicado prioritariamente às atividades de administração e ao desenvolvimento de novos produtos. Nesses países, apenas as indústrias que envolvem tecnologia avançada (caso dos *softwares*, da biotecnologia e da tecnologia médica), e que, portanto, dependem das pesquisas e da qualificação dos trabalhadores, expandiram suas atividades. Uma boa parte dos outros setores industriais foi deslocada para países subdesenvolvidos.

A revolução técnico-científica, ao mesmo tempo em que gera riquezas e amplia as taxas de lucros, contribui num primeiro momento pelo desemprego de milhões de pessoas em todo o mundo, pois elevou a produção de mercadorias e serviços com o emprego de menor número de trabalhadores.

TECNOLOGIAS DE PROCESSO DE PRODUÇÃO

Tecnologia de processo
sistema de organização do trabalho e da produção dentro de uma empresa.

A Primeira Revolução Industrial marcou o surgimento da fábrica, que reuniu todos os trabalhadores, antes dispersos, dentro de uma única unidade de produção controlada pelo empresário industrial. As máquinas tornaram-se elemento fundamental do sistema produtivo, e os trabalhadores contratados por um salário previamente estipulado.

A elevação da produtividade, porém, não depende apenas das máquinas, mas também das **tecnologias de processo**. Foi o que demonstraram os Estados Unidos, no início do século XX, em plena Segunda Revolução Industrial, com a introdução de novas formas de organização do trabalho e técnicas de produção industrial, que possibilitaram a racionalização extrema do processo de trabalho no interior da fábrica: o **taylorismo** e o **fordismo**.

Linha de montagem em uma fábrica da Ford nos Estados Unidos, 1930.

GAMMA-KEYSTONE VIA GETTY IMAGES

Taylorismo e fordismo

O taylorismo, idealizado pelo engenheiro estadunidense Frederick Winslow Taylor (1856-1915), partia da concepção de que o trabalho fabril era um conjunto de tarefas totalmente independentes umas das outras e que não exigia conhecimentos técnicos do trabalhador. Para Taylor, o conhecimento de todo o processo produtivo era uma atribuição exclusiva do gerente, que deveria determinar e fiscalizar cada etapa da tarefa a ser feita no menor intervalo de tempo e sem perda de qualidade. O objetivo principal era o aumento da produtividade. Para isso, era necessário controlar todo o processo produtivo, dos movimentos dos operários e das máquinas e a correta utilização das ferramentas até o fluxo das matérias-primas, peças e produtos acabados.

O fordismo foi implantado pelo empresário estadunidense Henry Ford (1863--1947) no processo de produção de automóveis, no início do século XX. O modelo de produção fordista associava a linha de montagem às técnicas de organização do taylorismo. No processo de produção fordista, a mercadoria (no caso, o automóvel), em processo de montagem, deslocava-se no interior da fábrica para a realização de cada etapa de produção. O trabalhador, especializado em sua tarefa, cumpria-a num tempo predeterminado; o automóvel continuava a se deslocar até a instalação da última peça e do acabamento final.

Toyotismo: a produção *just-in-time*

No Japão, país com território pequeno, dependente da importação de matérias-primas e com pouco espaço para estocar seus produtos, foi estruturado um novo sistema de organização da produção.

Esse sistema organizacional ficou conhecido pelo nome de ***just-in-time*** (literalmente, "tempo exato") e foi implementado pela primeira vez em meados do século XX, na fábrica de motores da Toyota. Depois, seria incorporado pelas principais indústrias do mundo.

No interior da fábrica, as diferentes etapas de produção, desde a entrada das matérias-primas até a saída do produto, são realizadas de forma combinada entre fornecedores, produtores e compradores. A matéria-prima que entra na fábrica corresponde exatamente à quantidade de mercadorias que será produzida, o que é feito dentro de um prazo estipulado e de acordo com o pedido dos compradores. Além da eficiência, com controle de qualidade total dos produtos, o sistema *just-in-time* permite diminuir o custo de estocagem e garantir os lucros dos empresários.

O trabalho especializado e rotineiro da linha de montagem do sistema fordista foi substituído por um **sistema flexível**, em que o trabalhador pode ser deslocado para realizar diferentes funções, de acordo com as necessidades da produção de cada momento.

No novo sistema, a modificação e a atualização dos modelos de mercadorias podem ser feitas a partir de pequenas mudanças nos equipamentos da fábrica, utilizando-se os mesmos maquinários. Os recursos da microeletrônica, da robótica e da informática, intensivamente utilizados nesse sistema, viabilizam as frequentes mudanças. A flexibilidade industrial ganhou importância, num mundo em que a evolução tecnológica possibilita a constante criação de produtos e sucessivas modificações.

É preciso ressaltar que a difusão do toyotismo articulou de modo sincronizado o fluxo de mercadorias entre os fornecedores de peças e componentes e os fabricantes do produto final, inclusive em escala global.

Com o toyotismo, o processo de formação de **rede de empresas** intensificou-se. O agrupamento de fornecedores que subcontratam outras empresas agiliza a

ACERVO GENERAL MOTORS

Fábrica montadora de veículos em Gravataí (RS), 2008, em cujo entorno instalaram-se diversas empresas fornecedoras de peças e componentes, formando um condomínio industrial.

produção, reduz custos e aumenta a produtividade. Contudo, pode levar à precarização do trabalho nas empresas subcontratadas. De acordo com o sociólogo Ricardo Antunes, especialista em sociologia do trabalho, enquanto os trabalhadores da Toyota realizam jornadas de 2 300 horas por ano, os operários das subcontratadas trabalham cerca de 2 800 horas por ano.

Na própria empresa principal, o toyotismo, além de ter contribuído para a redução do número de trabalhadores, fez com que aumentasse o número de horas extras, a contratação de trabalhadores temporários e a terceirização de diversas etapas do processo produtivo, dentro e fora dessa empresa.

LOCALIZAÇÃO E ORGANIZAÇÃO DA ATIVIDADE INDUSTRIAL

DICAS

LEITURAS

Indústria: um só mundo
Pierre Beckouche. São Paulo: Ática, 2004.
Aborda a fase atual de industrialização mundial e as estratégias de localização industrial nas diversas regiões do planeta.

Espaço e indústria
Ana Fani A. Carlos. São Paulo: Contexto, 2000.
Analisa questões como a expansão e a ocupação do espaço geográfico pelas indústrias.

A partir do término da Segunda Guerra Mundial, ocorreu uma **desconcentração da produção industrial**, internamente nos países e entre eles. As indústrias multinacionais se espalharam pelo mundo, sendo as principais responsáveis pela globalização econômica e pela revolução técnico-científica.

Durante muito tempo, a localização das indústrias esteve relacionada à proximidade das jazidas de matérias-primas, do mercado consumidor ou do litoral – no caso das indústrias voltadas para o mercado externo ou dependentes de matérias-primas importadas. Esse padrão de localização caracterizou a Primeira e a Segunda Revolução Industrial.

Com a evolução da capacidade de transporte e dos meios de comunicação, isso mudou. Setores que tradicionalmente se instalavam ao lado das jazidas de matérias-primas e fontes de energia, como o siderúrgico, o metalúrgico e o petroquímico, ganharam relativa mobilidade espacial.

Mesmo as indústrias de bens de consumo que se desenvolveram nas proximidades dos grandes mercados urbanos tendem a se desconcentrar e se deslocar para regiões menos saturadas e que apresentem custos de infraestrutura e mão de obra mais baixos. É importante ressaltar, porém, que na maior parte dos casos o deslocamento é restrito às unidades de produção, pois diversos outros setores das empresas industriais, como *marketing*, parte do administrativo e de pesquisa e desenvolvimento, em geral, continuam nos grandes centros ou muito próximos a eles.

SILICONVALLEYSTOCK/ALAMY/GLOW IMAGES

Vista de San Jose, Califórnia (Estados Unidos), 2010. A cidade é considerada a capital do Vale do Silício, que se desenvolveu pela parceria entre empresas industriais de *software*, empresas pioneiras no comércio pela internet e institutos de pesquisa.

A desconcentração industrial favoreceu a formação de ***clusters*** ou **arranjos produtivos locais (APLs)**, muitas vezes fora dos grandes aglomerados urbanos. São áreas que agrupam empresas do mesmo ramo de atividade – não somente industriais – e utilizam, por exemplo, mão de obra específica, o mesmo tipo de matéria-prima e infraestrutura. Os *clusters* garantem às empresas elevada capacidade de inovação, redução de custos e, consequentemente, poder competitivo.

Nas décadas de 1960 e 1970 foram criados nos países desenvolvidos polos tecnológicos – os **tecnopolos** –, regiões em que se concentra o desenvolvimento de produtos que incorporam alta tecnologia, situadas próximas de universidades e institutos de pesquisas, com apoio de empresas e verbas governamentais.

Essa nova concepção industrial surgiu nos Estados Unidos, no Parque de Pesquisas de Stanford (Stanford Research Park, no Vale do **Silício**, Califórnia). Depois, outros foram criados no Reino Unido, na França, no Japão, na Coreia e em vários países. O conceito disseminou-se mundo afora, inclusive nos países subdesenvolvidos emergentes, como Brasil, Índia, Malásia, Filipinas, Vietnã etc.

Silício
elemento químico usado como matéria-prima básica para a fabricação de microchips, daí o nome dado ao vale onde se formou o polo tecnológico.

PRINCIPAIS CENTROS INDUSTRIAIS

Até a Segunda Guerra Mundial, as indústrias concentravam-se nos Estados Unidos, na Europa e no Japão – conjunto de países cujo processo de desenvolvimento está associado à primeira ou à segunda Revoluções Industriais. Atualmente, constituem os principais centros tecnológicos e sedes dos principais conglomerados industriais.

Estados Unidos

Nos Estados Unidos estão as sedes de vários dos maiores grupos empresariais do setor industrial do planeta. Destaca-se o **Manufacturing Belt** (**Cinturão Fabril**), na região dos **Grandes Lagos** e no **nordeste** do país, onde estão localizados: o principal centro siderúrgico e metalúrgico, na cidade de Pittsburg, junto às jazidas de minério de ferro do Lago Superior; alguns setores de tecnologia de ponta na Route 128, em Massachusetts; e o centro tradicional da indústria automobilística, em Detroit, sede das montadoras de automóveis General Motors (GM), Ford e Chrysler.

No conjunto da produção industrial, a participação dessas regiões diminuiu no decorrer dos anos 1970/1980, mas elas ainda detêm a maior concentração de indústrias do país.

Estados Unidos: atividade industrial – Início do século XXI

Fontes: BOUVET, Christian. *Géographie terminales*. Paris: Hachette Éducation, 1998. p. 115; MATHIEU, Jean-Louis (Dir.). *Géographic Term.* S. Paris: Nathan, 2004. p. 113.

Diversos polos tecnológicos de ponta desenvolveram-se no país, sobretudo no **Sun Belt** (**Cinturão do Sol**), faixa que se estende do litoral do Atlântico ao litoral do Pacífico, passando pelo sul do território. No Sun Belt, destacam-se: na região oeste, o **Silicon Valley** (**Vale do Silício**); na região sudeste, a **Silicon Beach** (**Praia do Silício**), na Flórida; no sul, a **Silicon Prairie** (**Campina do Silício**), no Texas; no nordeste, o **Research Triangle Park**, entre outros.

A indústria petrolífera destaca-se na economia estadunidense e influencia a geopolítica mundial no Oriente Médio, na Ásia Central e em outras regiões petrolíferas do mundo. Nos Estados Unidos, está concentrada nos estados do Texas e da Califórnia.

União Europeia

Os países da União Europeia (UE) apresentam diferenças significativas do ponto de vista industrial. Alemanha, França, Itália e Reino Unido, por exemplo, têm maior participação industrial entre os países desse bloco, enquanto Estônia, Letônia, Lituânia, Bulgária, Romênia e Eslováquia apresentam desenvolvimento industrial abaixo da média.

A ampliação da União Europeia provocou o deslocamento de instalações para os países europeus de menor desenvolvimento, expandindo espacialmente a base produtiva.

A UE tem várias regiões industriais tradicionais, muitas delas surgidas ainda nos séculos XVIII e XIX. É o caso de Manchester, Birmingham, Cardiff e várias cidades ao longo do Rio Tâmisa, no **Reino Unido**; dos vales do Reno e do Ruhr, onde estão as

Europa: regiões industriais tradicionais e tecnopolos – Início do século XXI

MARIO YOSHIDA

Fonte: *World Atlas*. Londres: Dorling Kindersley, 1999; *La Géographie de l'Europe des 15*. Paris: Nathan, 1998. p. 23; *Heimat und Welt*. Weltatlas. Berlim/Brandenburgo: Westermann, 2011. p. 66.

cidades de Duisburgo, Düsseldorf, Essen e Colônia, na **Alemanha**; da região de Paris, Lyon e da Alsácia-Lorena (Metz e Estrasburgo), na **França**; das cidades de Milão, Turim e Gênova, no norte da **Itália**; da região de Roterdã e Amsterdã, nos **Países Baixos**, da região de Madri, Barcelona e dos Países Bascos, na **Espanha**; da região sul da **Suécia**, e da região de Helsinki, na **Finlândia**. Entre os novos integrantes da UE, existem regiões industrializadas importantes na Polônia, na República Tcheca, na Hungria e na Eslovênia.

Nas últimas décadas, foram instaladas centenas de **polos tecnológicos na UE**. No Reino Unido, são exemplos: Parque Científico de Cambridge (Cambridge Science Park), ligado à Universidade de Cambridge; Silicon Glen, entre as cidades de Glasgow e Edimburgo. Na França, destacam-se: Meylan-Zirst, em Grenoble; o Sophia-Antipolis, em Nice; e o Paris Axe Sud, em Paris. Na Alemanha, há vários tecnopolos nos estados da Baviera (em Munique) e de Baden-Württemberg, no Vale do Reno (em Stuttgart). Na Itália, são importantes os polos de Turim e Milão, tradicionais centros industriais, e de Bari, no sul do país. Nos mais novos integrantes da UE, destacam-se como importantes tecnopolos a região de Varsóvia (Polônia) e Praga (República Tcheca).

Japão

No Japão, os principais parques industriais situam-se junto ao litoral do Pacífico, na costa leste. O intenso comércio externo japonês, que inclui volumosas exportações industriais (automóveis, eletroeletrônicos, equipamentos de telecomunicações) e importação de matérias-primas (minério de ferro, petróleo, carvão mineral), determinou a concentração litorânea de sua indústria. O maior centro industrial fica na **megalópole**, extensa área urbana que se estende de **Tóquio** à cidade de **Nagasaki**, passando por Yokohama, Nagoya, Osaka e Kobe, entre outras.

A industrialização japonesa

A industrialização do Japão ocorreu a partir de 1868, início da Era Meiji, que corresponde ao reinado do Imperador Mutsuhito (1868-1912). O período marcou o fim do **xogunato** e o surgimento das empresas familiares denominadas ***zaibatsus***. As *zaibatsus* foram proibidas durante a ocupação estadunidense, após a Segunda Guerra, mas ressurgiram durante o processo de recuperação econômica japonesa. É o caso, por exemplo, das empresas Mitsubishi, Mitsui e Sumitomo.

Após a Segunda Guerra Mundial, o Japão elaborou uma estratégia de desenvolvimento industrial apoiada na fabricação de automóveis e de produtos eletrônicos e

Xogunato
sistema de organização social e econômica do Japão que antecedeu a Era Meiji e dominou a história medieval japonesa. O xogum era um chefe militar que governava de fato o Japão. As terras pertenciam aos *daimyos*, poderosos senhores das terras, que se beneficiavam com a cobrança de impostos dos camponeses.

KAZUHIRO NOGI/AFP

Indústria de microprocessadores em Hitachinaka (Japão), 2011.

fotográficos copiados dos Estados Unidos. De início, esses bens eram convertidos para uma tecnologia de custo mais baixo; posteriormente, passaram a ser fabricados com tecnologia própria. A estratégia apoiou-se também na conquista de mercados externos.

Nos últimos cinquenta anos, o Japão não só acompanhou o ritmo de desenvolvimento tecnológico mundial como chegou a liderá-lo em alguns setores. Criou seus próprios tecnopolos e é o país que mais investiu no processo de robotização industrial no mundo. O primeiro e o mais famoso tecnopolo japonês é o de Tsukuba, próximo a Tóquio, a nordeste da capital do Japão, onde inúmeras instituições de pesquisas dividem o mesmo espaço com empresas de alta tecnologia.

Japão: principal região industrial e tecnopolos – Início do século XXI

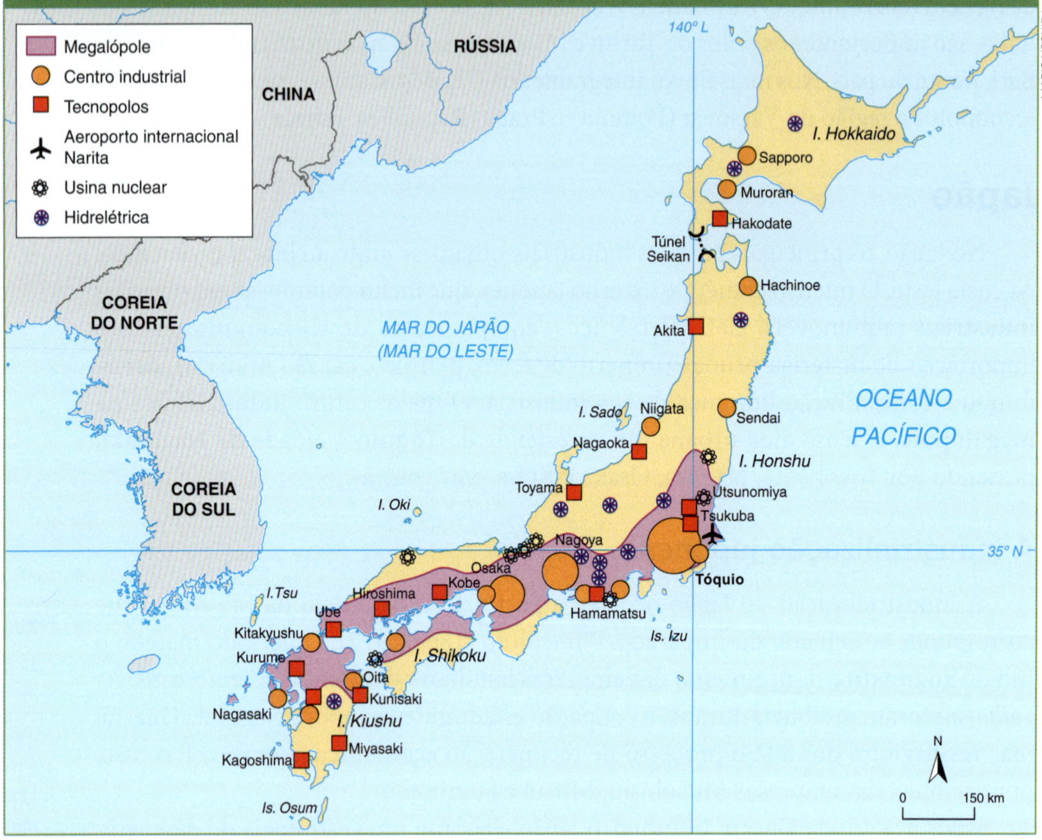

Fonte: FERREIRA, Graça Maria Lemos. *Atlas geográfico espaço mundial*. São Paulo: Moderna, 2010. p. 106.

O apoio do Estado ao desenvolvimento tecnológico foi uma das bases do acelerado desenvolvimento industrial japonês após a derrota na Segunda Guerra Mundial, além dos investimentos em educação e qualificação da mão de obra e dos incentivos dados aos setores exportadores. Através do Ministério da Indústria e Comércio Exterior (Miti), foram desenvolvidas tecnologias aplicadas à produção de novos produtos, que beneficiaram o conjunto das indústrias japonesas.

Na década de 1970, o país consolidou uma base industrial apoiada na microeletrônica e na informática, com a automatização das linhas de montagem industriais. O primeiro país a utilizar robôs na produção industrial em grande escala foi também responsável pela reorganização industrial moderna, no interior das indústrias – com o sistema *just-in-time* – e entre as empresas, com a formação das redes industriais (*keiretsus*).

As ***keiretsus*** constituem uma rede de produção dedicada a uma empresa-líder. Até recentemente, as empresas da rede não podiam negociar com outras que não fizessem parte da mesma *keiretsu*. Hoje tem sido permitido a algumas empresas negociar fora do grupo, desde que tenham capacidade produtiva e atendam prioritariamente às empresas da *keiretsu*.

As **multinacionais japonesas** espalharam-se em todo o mundo, e o Japão realizou elevados investimentos nos países próximos (Extremo Oriente), como China, Coreia do Sul, Taiwan e outros.

Atualmente, o país enfrenta a competitividade industrial de seus vizinhos mais próximos, como Coreia do Sul, Taiwan, China e outros.

AS NOVAS REGIÕES INDUSTRIAIS PÓS-1950

A partir dos anos 1950, a produção industrial disseminou-se por vários países subdesenvolvidos, que ficaram conhecidos sob a sigla **NICs** (**Newly Industrialized Countries**, países recém-industrializados, também chamados de **Novos Países Industrializados**). Esses países concentram diversas unidades produtivas, sendo responsáveis atualmente por parcela expressiva da produção de eletroeletrônicos, componentes utilizados na indústria de informática e automóveis no mundo, por exemplo.

Planisfério: industrialização a partir de 1950

Fonte: elaborado com base em MATHIEU, Louis (Dir.). *Géographie Term S*. Paris: Nathan, 2004. p. 234.

Num primeiro momento, esse desenvolvimento industrial ocorreu na América Latina, sobretudo no **Brasil**, na **Argentina** e no **México**, países de grandes mercados consumidores, com capacidade de processar algumas matérias-primas e política econômica voltada à criação de infraestrutura pelo Estado, para atrair grandes empresas multinacionais.

Em meados da década de 1960, esse processo voltou-se para o Extremo Oriente e o Sudeste Asiático: **Coreia do Sul**, **Taiwan**, **Hong Kong** (que seria reincorporado à China em 1997) e **Cingapura**. A partir dos anos 1980, outros países do Sudeste Asiático passaram a integrar o grupo: **Malásia**, **Tailândia**, **Indonésia** e **China**.

A trajetória da industrialização de cada país do NIC não foi idêntica, embora em todos a participação do Estado tenha sido decisiva.

América Latina

No caso de Brasil, México e Argentina, a industrialização baseou-se na substituição de importações. Os bens de consumo, antes importados, passaram a ser produzidos internamente. Daí o nome dado ao processo de industrialização desses países: **indústria substitutiva de importação** (**ISI**).

Após a crise de 1929, esses países tiveram dificuldade para importar as mercadorias fabricadas no mundo industrializado. Além disso, diante da instabilidade própria do mercado de exportação de produtos agrícolas, parte dos investimentos passaram a ser destinados à produção nacional de produtos industrializados.

Após a década de 1950, a substituição de importações apoiou-se na internacionalização do mercado interno. Brasil, Argentina e México atraíram investimentos internacionais como forma de acelerar o desenvolvimento da indústria, oferecendo mão de obra barata, investimentos estatais em infraestrutura de transporte, energia e processamento de matérias-primas essenciais à instalação industrial e mercado interno. Os **incentivos fiscais**, a participação em mercados internos sem a necessidade de transpor barreiras alfandegárias e a facilidade de remessa de lucros eram atrativos para as empresas estrangeiras.

Incentivo fiscal
subsídio conferido pelo governo, que renuncia a parte dos impostos que receberia em troca de investimentos em atividades ou operações por ele estimuladas.

O **modelo baseado na substituição de importações** teve suas particularidades em cada país e entrou em **crise nos anos 1980**, em razão de fatores como:

- a abertura da economia dos países subdesenvolvidos ao comércio internacional, em boa parte motivada pela pressão dos países desenvolvidos;
- as novas estratégias das multinacionais, como a produção em redes mundializadas, cujas etapas se distribuem em países em que a redução de custos é maior;
- aumento do endividamento do Estado, particularmente das dívidas externas;
- o processo de privatização apoiado no modelo neoliberal, que retirou da competência do Estado o controle de alguns setores industriais estratégicos.

Na década de 1990, os países industrializados da América Latina seguiram em boa medida o receituário do Consenso de Washington (reveja na Unidade 7, Capítulo 21). Realizaram a privatização da economia e abriram-se indiscriminadamente ao mercado externo, incentivando a entrada de empresas estrangeiras, que passaram a controlar setores como os de energia, telecomunicações, transportes e indústria de base.

DICA
SITE
Ministério do Desenvolvimento, Indústria e Comércio Exterior
www.mdic.gov.br
Informações, projetos e ações do Ministério.

LEITURA COMPLEMENTAR

Maquiladoras mexicanas

A partir dos anos 1980, durante o processo de globalização, o modelo mexicano passou a ter certa especificidade. Boa parte das instalações industriais baseou-se no modelo das ***maquiladoras***, indústrias estadunidenses instaladas sobretudo no norte do México que não elaboram componentes e peças industriais, apenas montam os produtos com equipamentos e peças produzidos em outras partes do mundo. A economia mexicana também abastece as *maquiladoras*, mas apenas com matérias-primas e uma quantidade mínima de componentes industriais.

Em 1994, a criação do Nafta elevou substancialmente o número desse tipo de indústria junto à fronteira dos Estados Unidos, aumentando o patamar da produção industrial mexicana, ao mesmo tempo que ampliou sua dependência econômica em relação ao capital estadunidense (veja o mapa "Estados Unidos: atividade industrial – Início do século XXI", página 387). A receita das maquiladoras no conjunto do PIB mexicano só é inferior à do setor petrolífero.

Primeiros Tigres Asiáticos

A partir da década de 1960, quatro países da Ásia (Cingapura, Hong Kong, Coreia do Sul e Taiwan) surpreenderam o mundo com um processo de industrialização espetacular. Com agilidade administrativa, competitividade, participação crescente no mercado internacional e uma política agressiva de exportações, passaram a ser chamados de **Tigres Asiáticos**. Diferentemente dos outros países subdesenvolvidos que também se industrializaram durante esse período – Brasil, Argentina e México entre eles –, os Tigres, excetuando-se a Coreia do Sul, tinham um mercado interno reduzido e não possuíam recursos minerais.

Também de modo diferente dos países latino-americanos, os Tigres Asiáticos apoiaram-se na chamada **industrialização orientada para a exportação** (IOE). As multinacionais que se estabeleceram nesses países, e mesmo as empresas nacionais, tinham como objetivo principal o comércio externo. Se no modelo de substituição de importações (ISI) preponderou a participação do capital estadunidense e do europeu, no de industrialização para a exportação (IOE) a principal fonte de investimentos foi o capital japonês.

O crescimento econômico dos Tigres alicerçou-se na associação entre as empresas privadas e o governo, que garantiu proteção às empresas nacionais por meio de barreiras alfandegárias e criou mecanismos legais de incentivo a exportações e investimentos estrangeiros.

SEONGJOON CHO/ELCOMBERG VIA GETTY IMAGES

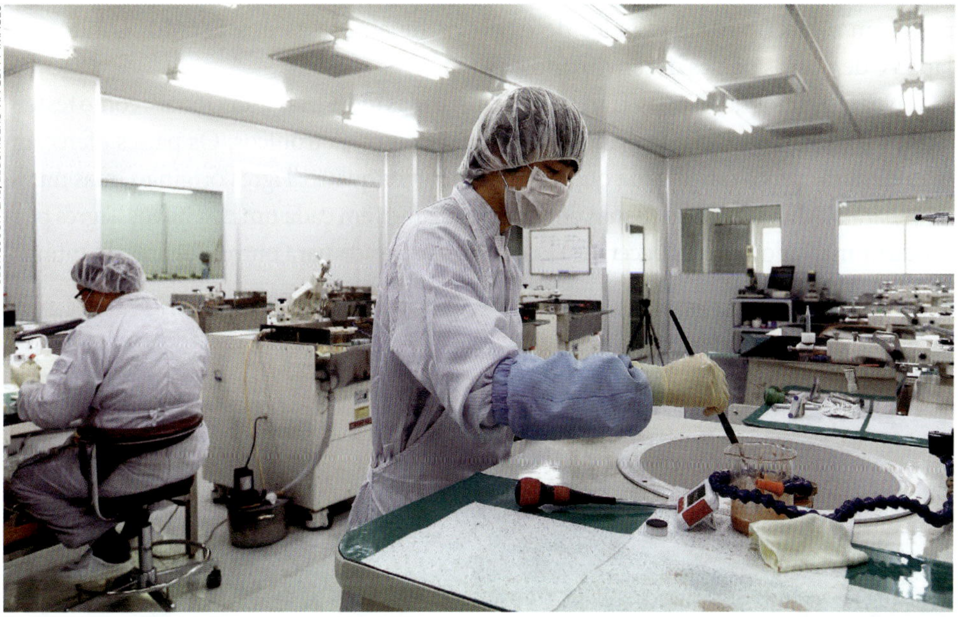

Funcionários na linha de produção de fabricação de lentes industriais, em Cheongwon (Coreia do Sul), 2012.

Embora cada Tigre tenha traçado seu modelo de desenvolvimento industrial, os Tigres tiveram conjuntamente forte apoio de seus respectivos governos, que criaram a infraestrutura necessária (transporte, comunicações e energia), financiaram as instalações industriais e investiram maciçamente em educação e treinamento de mão de obra. Também foram criadas **Zonas de Processamento de Exportação** (ZPEs), com isenção de impostos e terrenos cedidos pelo Estado.

Cingapura, Hong Kong e Taiwan adotaram uma política de incentivos para atrair as indústrias multinacionais, responsáveis, num primeiro momento, pelos investimentos diretos na produção. Depois, o crescimento das ZPEs foi apoiado pelas próprias empresas.

A Coreia do Sul – o Tigre mais poderoso – aproximou-se mais do modelo japonês. O nacionalismo coreano impôs restrições à entrada de multinacionais. A maior parte do capital estrangeiro, na primeira fase da industrialização, entrou no país por meio de empréstimos ao governo, que o repassou às empresas coreanas de acordo com um planejamento estratégico.

Joint venture
associação de empresas com características complementares, partilhando investimentos e riscos. Um *joint venture* pode envolver empresas nacionais e estrangeiras, privadas e também estatais.

O desenvolvimento industrial da **Coreia do Sul** baseou-se nos ***chaebols***, um esquema semelhante às *zaibatsus* japonesas: redes de empresas com fortes laços familiares, controladas por uma grande empresa, a *holding*. Quatro grandes *chaebols* controlam a economia coreana e têm forte penetração no mercado internacional: Hyundai, Daewoo, Samsung e Lucky Gold Star (LG). Apenas a partir da década de 1970 as multinacionais começaram a se instalar na Coreia do Sul e, mesmo assim, associadas a empresas coreanas, formando ***joint ventures***.

A partir dos anos 1990, os Tigres de "primeira geração" priorizaram a instalação de empresas de produtos de alta tecnologia, como componentes para computadores e microeletrônicos, elevando os salários para se livrar das indústrias estrangeiras que fabricavam produtos de tecnologia pouco avançada e se instalavam em seu território em razão apenas da mão de obra barata.

Novos Tigres

Os Tigres expandiram sua economia para os países vizinhos no Sudeste Asiático e criaram os Tigres de segunda geração: Indonésia, Vietnã, Malásia, Tailândia e Filipinas. Além dos investimentos dos quatro Tigres originais, os Novos Tigres Asiáticos passaram a fazer parte das redes de negócios de empresas dos Estados Unidos, do Japão e de outros países desenvolvidos.

Nos territórios dos Novos Tigres, foram instaladas indústrias tradicionais, como têxteis, alimentícias, de calçados, de brinquedos e de produtos eletrônicos. Os países ofereciam mão de obra menos qualificada que a encontrada nos quatro Tigres originais, mas muito mais barata. Milhares de pequenas empresas surgiram em cada um dos novos Tigres para produzir mercadorias e fornecer serviços sob encomenda para outros lugares do mundo.

TARKO SUDIARNO/AFP

Centenas de trabalhadores costuram uniformes militares em fábrica de Solo (Indonésia), 2012. Esta é uma das maiores empresas têxteis fabricantes do Sudeste Asiático e emprega mais de 15 mil pessoas na fabricação de uniformes militares para cerca de 27 países, incluindo Omã, Qatar, Kuwait, Líbano, Austrália, Cingapura, Brunei e países da Otan.

A Tailândia, por exemplo, exporta hoje mais produtos têxteis e eletroeletrônicos do que arroz e borracha, seus tradicionais itens de exportação. Um aspecto importante do crescimento econômico desses países é o fato de receberem investimentos dos primeiros Tigres Asiáticos, o que reforça o dinamismo econômico dessa região do Pacífico.

China

Em 1937, o Partido Nacionalista – liderado por Chiang Kai-shek (1887-1975) –, então no poder, e o Partido Comunista – liderado por Mao Tsé-tung (1893-1976) – uniram-se para combater a ocupação japonesa de territórios chineses. Em 1945, com o fim da Segunda Guerra Mundial e a derrota do Japão, os dois partidos passaram a se enfrentar, numa disputa que se estenderia até 1949. Nesse ano, o exército camponês do Partido Comunista venceu os nacionalistas, e foi criada a República Popular da China.

Com a vitória dos comunistas, as forças lideradas por Chiang Kai-shek procuraram refúgio na Ilha de Formosa (Taiwan), onde fundaram a China Nacionalista, seguindo uma orientação política e socioeconômica baseada no sistema capitalista.

A China Popular aliou-se num primeiro momento à então União Soviética, da qual conseguiu apoio para transformar suas estruturas econômicas, que passaram a ser propriedade do Estado, controladas pelo Partido Comunista Chinês. Nos anos que se seguiram, foram realizadas grandes obras de infraestrutura (usinas de energia, canais de navegação e estradas) e maciços investimentos foram destinados às indústrias siderúrgica e metalúrgica.

A aliança China-União Soviética encerrou-se em 1958, e os chineses procuraram um caminho próprio para o desenvolvimento econômico, investindo na produção agrícola (fundamental para o país mais populoso do mundo) e na indústria bélica (para garantir soberania e segurança diante das duas grandes potências da Guerra Fria). Porém, algumas das políticas econômicas implantadas foram desastrosas. O Partido Comunista manteve-se no poder por conta da forte repressão política e da doutrinação que exaltava o futuro promissor do socialismo.

A partir da década de 1960, uma profunda crise abalou praticamente todos os países socialistas, inclusive a China. A produtividade agrícola e os bens de consumo eram insuficientes para atender a população, mas nenhuma medida eficaz foi tomada para resolver os problemas econômicos. Em 1976, logo após a morte de Mao Tsé-Tung, a China foi o primeiro país socialista a realizar transformações econômicas e a dinamizar a economia.

Em 1978, sob a liderança de Deng Xiaoping (1904-1997), o Partido Comunista Chinês reintroduziu a economia de mercado através de Zonas Econômicas Especiais (ZEEs).

DICA

LEITURA

China: o dragão do século XXI
Wladimir Pomar. São Paulo: Ática, 2010.
Visão da China desde a Revolução de 1949 até as transformações econômicas capitalistas, destacando a importância do país no cenário econômico mundial.

ZEEs

As ZEEs foram idealizadas por Deng Xiaoping e implantadas a partir do início dos anos 1980. Nelas foi permitido o funcionamento de uma economia nos moldes do capitalismo. Passaram a ser parte do modelo chinês para suplantar a estagnação econômica que, naquele momento, atingia o conjunto dos países socialistas e os afastava cada vez mais do nível de desenvolvimento do mundo capitalista.

As cidades escolhidas para a criação dessas zonas de economia de mercado abriram-se para os investimentos estrangeiros e nelas se estabeleceram medidas de atração do capital externo: baixos impostos, isenção para importação de máquinas e equipamentos industriais e facilidades para a remessa de lucros ao exterior.

Além disso, as empresas que se instalaram nessas regiões contam com mão de obra industrial barata, o que torna o preço dos produtos de baixo aporte tecnológico (têxteis, calçados e brinquedos) imbatível no mercado internacional. Num segundo momento, instalaram-se as montadoras de automóveis, como Volkswagen e General Motors, e as de equipamentos eletroeletrônicos.

YUAN SHULLING/IMAGINECHINA/AFP

Multidão em busca de emprego em frente a empresa taiwanesa, uma das maiores fabricantes de componentes eletrônicos do mundo, que emprega cerca de 1 milhão de pessoas na China. As condições de trabalho ruins, como longas jornadas sem pausas, nas unidades de produção na China são alvos de críticas em todo o mundo. Na imagem, fábrica em Shenzhen (China), 2012.

Às multinacionais que se estabeleceram na China interessava, antes de tudo, entrar num país que abriga a um quinto da população mundial e que pode se transformar em pouco tempo num dos maiores mercados consumidores do mundo.

Panorama atual

As reformas econômicas transformaram a China no país de maior crescimento econômico nas últimas décadas, com taxas anuais entre 7% e 10% de ampliação do PIB – sempre superiores ao crescimento da economia mundial. O país dispõe de um parque industrial diversificado, com indústrias tradicionais, que fabricam bens de baixo índice tecnológico (têxteis, brinquedos, por exemplo), e bens de alto índice tecnológico (como as de computadores e de aviões) de grande competitividade internacional.

Mesmo com alterações nessas cifras, a China já se posiciona, neste início de século, como um grande exportador de bens de elevado aporte tecnológico, consequência da ampliação dos investimentos em pesquisa e desenvolvimento (P&D), que saltaram de 0,64% do PIB em 1997 para 1,6% em 2012 (ver tabela da página 292 do Capítulo 19).

A partir de 2009, a China tornou-se o maior parceiro comercial do Brasil, superando os Estados Unidos (veja a Unidade 7).

O mercado de consumo interno na China tem aumentado nos últimos anos. Uma nova classe de empresários capitalistas, surgida nos últimos anos, foi admitida como integrante do Partido Comunista Chinês desde 2002 e tem participação ativa nas decisões políticas e econômicas do governo. Ainda em novembro de 2002, a China, juntamente com Taiwan, passou a integrar a OMC, ampliando ainda mais as possibilidades de relações comerciais com o resto do mundo.

Índia

Com mais de 1,2 bilhão de habitantes, a Índia é, ao lado da China, o país com maior potencial de crescimento do mercado de consumo no mundo. Depois de se tornar independente do Reino Unido, após a Segunda Guerra Mundial, os governos aderiram a um forte nacionalismo. Há cerca de duas décadas, realizou amplas reformas públicas, que dinamizaram a indústria nacional e garantiram a entrada, em grande escala, de investimentos diretos estrangeiros (IDE). Ao contrário dos países latino-americanos, a Índia não trilhou os caminhos propostos pelo Consenso de Washington: realizou uma abertura de mercado progressiva e uma privatização controlada, como visto na Unidade 7.

Um dos grandes entraves ao desenvolvimento industrial indiano está relacionado à infraestrutura. Há carências na geração de energia e na rede de distribuição; as ferrovias cobrem todo o país – herança do colonialismo britânico –, mas estão obsoletas; o sistema portuário precisa ser modernizado; a produção da indústria de base é insuficiente para acompanhar o dinamismo industrial. No entanto, o governo indiano não abriu mão do controle desses setores em razão de sua importância estratégica. Algumas grandes indústrias estatais, de refino de petróleo, petroquímico e de alumínio foram abertas à participação privada, mas o governo ainda tem participação acionária expressiva. A indústria bélica e a exploração de petróleo também permanecem exclusivas de monopólios estatais.

A capital do país é Nova Délhi, mas é Mumbai que se destaca como principal centro financeiro e industrial. Ali se localizam empresas da indústria cinematográfica que mais produzem películas no mundo. O estúdio da Bollywood – a Hollywood indiana – chega a finalizar mais de 200 longas-metragens por ano, de um total de quase mil produzidos em todo o país.

No sul do território, destaca-se a cidade de Bangalore, tecnopolo indiano que centraliza pesquisas de alta tecnologia associadas às indústrias aeroespacial e de satélites, de aviões, *softwares*, supercomputadores e de biotecnologia, dentre outras. Na cidade moram mais engenheiros especializados em novas tecnologias que no Vale do Silício (Estados Unidos). Recebem salários menores que os engenheiros de outros países, fator que leva as multinacionais a deslocarem seus centros de pesquisa e tecnologia para o tecnopolo indiano. Esses fatores, aliados ao uso da língua inglesa por grande parte da população e ao crescimento do mercado interno, garantem a entrada dos investimentos externos, sobretudo no setor de serviços tecnológicos.

Outro grande destaque está relacionado ao setor de serviços. Empresas de outros países subcontratam empresas indianas para serviços de telemarketing e *call center*, que incluem atendimento ao cliente e informações telefônicas, graças à mão de obra barata e à fluência em língua inglesa.

ATR/AFP

Cientistas indianos acompanham a implantação do satélite de comunicação GSAT-12 em órbita, no Centro de Controle de Satélites (CCS) da Organização de Pesquisa Espacial da Índia (ISRO), próximo à Bangalore (Índia), 2011.

África

Em seu conjunto, o continente africano é o que apresenta os menores níveis de industrialização (excetuando-se, evidentemente, a Antártida). A maior parte dos países africanos depende das exportações de gêneros agrícolas e produtos do extrativismo mineral. O país de maior destaque em termos de produção industrial é a África do Sul.

As riquezas minerais dos países africanos, desde as primeiras descobertas, foram exploradas por companhias estrangeiras, principalmente grandes multinacionais. Entretanto, no fim da década de 1960, alguns países resolveram nacionalizar suas minas, apoiando-se para isso em organismos internacionais que reúnem vários países produtores de minérios.

Entre os produtos minerais que ocorrem nos países africanos, o petróleo é um dos mais significativos, pois é importante fonte de divisas. É explorado nos territórios da Líbia, Marrocos, Argélia, Egito (na Península do Sinai), Nigéria (próximo ao delta do Rio Níger), Angola, Sudão, Chade e Gabão, entre outros. Líbia, Argélia, Nigéria e Gabão são grandes produtores mundiais. O crescimento da atividade petrolífera, aliado à estabilização política em alguns países, pode possibilitar a entrada de investimentos com vistas ao desenvolvimento de setores da indústria petroquímica.

A República Democrática do Congo, primeiro produtor mundial de diamantes, possui importantes reservas de manganês, mas as mais expressivas são as de cobre, que representa cerca de 50% do valor total das exportações congolenses. Também na Zâmbia o cobre tem grande importância econômica: o produto responde por 80% das exportações do país.

ALEXANDER JOE/AFP

Fábrica de papel em Durban (África do Sul), 2011.

No período colonial, a industrialização foi dificultada pelo controle do comércio por parte dos colonizadores europeus, pelo não acúmulo de capitais e pelo fato de não ter havido o desenvolvimento de um mercado interno. Após o processo de descolonização, manteve-se a dependência em relação às antigas metrópoles. No contexto da Guerra Fria, as superpotências interferiram na condução política de diversos países africanos, militarizando governos e contribuindo no acirramento de rivalidades internas. A instabilidade política surgida daí dificultou o crescimento econômico e o desenvolvimento social do continente.

Contribuíram ainda para a estagnação da economia dos países africanos: o aumento da dívida externa e as medidas liberalizantes impostas pelos organismos internacionais, como o FMI.

O país mais industrializado do continente africano é a **África do Sul**, com atividade industrial expressiva, responsável por cerca de 30% do PIB nacional. O país apresenta um parque fabril diversificado, englobando várias cidades, nas quais são representativas a indústria naval, automobilística, petroquímica, alimentar, têxtil e de base, entre outros setores.

Além da África do Sul, outras importantes áreas industriais do continente estão situadas ao redor de algumas cidades, como Argel, na Argélia; Alexandria e Assuã, no Egito; Trípoli, na Líbia; Tânger, no Marrocos; Túnis, na Tunísia; e Dacar, no Senegal. A produção industrial africana corresponde, em média, a 1% do total do PIB do continente. Veja o mapa abaixo.

O Brasil, neste início de século, ampliou suas relações diplomáticas com diversos países da África, com os quais tem fortes laços étnico-culturais[3]. No entanto, muito ainda pode ser feito no âmbito da cooperação e no estreitamento das relações comerciais e econômico-financeiras.

África: áreas industriais, recursos minerais e energéticos – 2010

MARIO YOSHIDA

Fonte: CALDINI, Vera; ÍSOLA, Leda. *Atlas geográfico Saraiva*. São Paulo: Saraiva, 2009. p. 149; *Heimat und Welt*: Weltatlas. Berlim/Brandemburgo: Westermann, 2011. p. 130.

3 Sobre perspectivas de ampliação da relação entre Brasil e África, consulte o Capítulo 18.

PONTO DE VISTA

Marcado mundo novo

"O crescimento astronômico da riqueza e da influência cultural das corporações multinacionais nos últimos [...] anos pode, sem sombra de dúvida, ter sua origem situada em uma única e aparente inócua ideia desenvolvida por teóricos da administração em meados da década de 1980: as corporações de sucesso devem produzir principalmente marcas, e não produtos.

Até aquela época, embora o mundo corporativo compreendesse que favorecer a marca era importante, a principal preocupação de todo fabricante sólido era a produção de bens. Esta ideia era o evangelho da era da máquina. Um editorial que apareceu na revista *Fortune* em 1938, por exemplo, afirmava que o motivo pelo qual a economia americana ainda tinha de se recuperar da Depressão era que a América havia perdido de vista a importância de produzir coisas:

> *A ideia que a função básica e irreversível de uma economia industrial é* a produção de coisas; *que, quanto mais se produz, maior será a renda, seja em dólar ou em bens de raiz; e assim a chave para aquele poder de recuperação perdido está [...] na fábrica, onde estão os tornos e perfuradoras, a forja e o martelo. É na fábrica, na terra e no subsolo que o poder de compra tem* origem [grifos deles].*

E por um tempo mais longo, a produção de bens permaneceu, pelo menos em princípio, no cerne de todas as economias industrializadas. Nos anos [19]80, afetados pela recessão da década, alguns dos mais poderosos fabricantes do mundo começaram a vacilar. Surgiu o consenso de que as corporações estavam inchadas, superdimensionadas; elas possuíam demais, empregavam gente demais e se curvavam sob o peso de *coisas demais*. O próprio processo de produção – administrado pelas fábricas, responsáveis por dezenas de milhares de empregados efetivos de tempo integral – começou a parecer menos um caminho para o sucesso do que uma pesada responsabilidade.

Mais ou menos na mesma época, um novo tipo de corporação começou a disputar mercado com os fabricantes americanos tradicionais; eram as Nikes e Microsofts, e mais recentemente, as Tommy Hilfigers e as Intels. Esses pioneiros declararam audaciosamente que produzir bens era apenas um aspecto incidental de suas operações e que, graças às recentes vitórias na liberalização do comércio e na reforma das leis trabalhistas, seus produtos podiam ser feitos para eles por terceiros, muitos no exterior. O que essas empresas produziam principalmente não eram coisas, diziam eles, mas *imagens* de suas marcas. Seu verdadeiro trabalho não estava na fabricação, mas no marketing. Essa fórmula, desnecessário dizer, mostrou-se imensamente lucrativa, e seu sucesso levou as empresas a uma corrida pela ausência de peso: quem possuísse menos, tivesse o menor número de empregados na folha de pagamentos e produzisse as mais poderosas imagens, em vez de produtos, ganharia a corrida. [...]

Uma vez que muitos dos mais conhecidos fabricantes de hoje não mais fazem os produtos e os distribuem, mas em vez disso compram produtos e lhes dão sua marca [...]."

* "Government spending is no substitute for the exercise of capitalism imagination", *Fortune*, set. 1938. p. 63-64.

KLEIN, Naomi. *Sem Logo:* a tirania das marcas em um planeta vendido. Rio de Janeiro: Record, 2002. p. 27 e 28.

1. Compare o novo modelo de produção industrial empregado pelas grandes corporações a partir da década de 1980 com o modelo de produção industrial que dominou no período anterior.

2. Cite os aspectos do neoliberalismo comentados no texto.

ALLISON JOYCE/GETTY IMAGES

Compradores durante as vendas de *Black Friday*, em Boston, Massachusetts (Estados Unidos), 2012. *Black Friday* é uma expressão criada para designar o início da temporada de compras natalinas, que começa depois do Dia de Ação de Graças, no mês de novembro. Tem sido o dia de compras mais movimentado nos Estados Unidos.

[COMPREENSÃO E ANÁLISE]

1. Em quais grupos ou setores da atividade industrial se enquadram os elementos da figura a seguir, considerando as classificações apresentadas no capítulo?

MAURICIO LOYOLA

2. Apresente algumas transformações ocorridas no espaço geográfico, a partir da Revolução Industrial.

3. Diferencie o fordismo do toyotismo.

4. Cite exemplos do seu dia a dia que comprovem que o ritmo intenso de modernização leva muitos produtos eletrônicos e de informática a se tornarem obsoletos rapidamente. Descreva vantagens e desvantagens desse processo.

5. Explique por que as novas tecnologias da revolução técnico-científica possibilitaram a descentralização da produção industrial e de outras atividades econômicas.

6. Apresente a localização e as características das seguintes regiões industriais dos Estados Unidos:

a) Sun Belt;

b) Manufacturing Belt.

7. O que são e como funcionam os *keiretsus*?

8. Como eram chamados os países que tiveram um processo de industrialização mais acelerada, a partir das décadas de 1950/1960? Quais países foram incluídos nessa categoria?

9. Diferencie os modelos de industrialização adotados pelos países latino-americanos (Brasil, México e Argentina) e pelos Tigres Asiáticos.

10. Leia o texto e responda às questões.

"Construir prédios sustentáveis implica planejar a obra antes mesmo da fundação. Já existe no mercado, por exemplo, o cimento 'ecológico', que utiliza resíduos gerados por escórias [resíduos] de siderúrgicas como substituto do clinquer, principal componente do cimento, cujo processo de produção libera na atmosfera grande quantidade de dióxido de carbono (CO_2). Outros materiais são tubos para construção hidráulica feitos com PET reciclado, telhas recicladas aluminizadas, tijolos fabricados sem queima e sem corte de árvores, solvente ecológico, tintas não petroquímicas, pavimento feito de mistura de asfalto com entulho de construção civil etc."

Horizonte Geográfico. São Paulo: Horizonte, ano 21, n. 117, jun. 2008. p. 58.

a) A que setor industrial o texto se refere? Que título você daria ao texto?

b) Qual é o tema principal do texto?

c) Quais processos garantem a sustentabilidade da obra?

11. Observe a tabela e resolva as questões.

Principais exportadores de computadores e de serviços de informação – 2012

Posição	Maiores exportadores	Valor (em milhões de US$)
1	União Europeia	56.442
2	Índia	47.323
3	Estados Unidos*	15.501
4	China	14.454
5	Israel	11.329
6	Canadá*	6.993
7	Rússia	2.088
8	Filipinas	2.036
9	Malásia	1.990
10	Argentina	1.826

Fonte: WTO. *International Trade Statistics 2013.* Disponível em: <www.wto.org/statistics>. Acesso em: nov. 2013.

*Dados de 2011.

a) Com exceção dos países desenvolvidos, que outros grupos figuram entre os 10 principais exportadores de computadores e de serviços de informação?

b) Quais atividades colocam a Índia nessa posição da tabela? Explique.

CAPÍTULO 26

A INDÚSTRIA NO BRASIL

CONTEXTO

A modernização do Brasil

"Num período relativamente curto de cinquenta anos, de 1930 até o início dos anos [19]80, e, mais aceleradamente, nos trinta anos que vão de 1950 ao final da década de [19]70, tínhamos sido capazes de construir uma economia moderna, incorporando os padrões de produção e de consumo próprios aos países desenvolvidos. Fabricávamos quase tudo. O aço, até aços especiais, na Companhia Siderúrgica Nacional, na Usiminas, na Acesita, em Tubarão etc. Saíam da Petrobras, e de suas subsidiárias da indústria petroquímica, o petróleo e seus derivados, a gasolina, o óleo diesel, o óleo combustível, o asfalto, o plástico, o detergente, vários outros materiais de limpeza, os produtos que permitem a fibra sintética etc. A engenharia brasileira erguera hidrelétricas gigantescas, equipadas com geradores e turbinas nacionais, de Furnas, Três Marias e Urubupungá até Itaipu. [...]

Dispúnhamos, também, de todas as maravilhas eletrodomésticas: o ferro elétrico, que substituiu o ferro a carvão; o fogão a gás de botijão, que veio tomar o lugar do fogão elétrico, na casa dos ricos, ou do fogão a carvão, do fogão a lenha, do fogareiro e da espiriteira, na dos **remediados** ou pobres; o chuveiro elétrico; o liquidificador e a batedeira de bolo; a geladeira; o secador de cabelos; a máquina de barbear, concorrendo com a gilete; o aspirador de pó, substituindo as vassouras e o espanador; a enceradeira, no lugar do escovão; depois veio a moda do carpete e do sinteco; a torradeira de pão; a máquina de lavar roupa; [...] a TV preto e branco, depois a TV em cores, com controle remoto, o videocassete; o ar-condicionado. Fomos capazes de construir centrais telefônicas, amparando a relativa difusão desse meio de comunicação."

CARDOSO, João M.; NOVAIS, Fernando A. Capitalismo tardio e sociabilidade moderna. *História da vida privada no Brasil*. São Paulo: Companhia das Letras, 2000. p. 562-564.

ARQUIVO A TARDE

Polo petroquímico de Camaçari (BA), na década de 1980.

Remediado
que tem situação financeira modesta.

DISCUTA

1. Conforme a classificação das atividades industriais estudada no capítulo anterior, quais setores industriais agrupam as indústrias citadas no texto?
2. Caracterize o parque industrial brasileiro.
3. Quais mudanças no modo de vida e no espaço geográfico acompanharam as transformações tecnológicas descritas no texto?

O PROCESSO DE INDUSTRIALIZAÇÃO BRASILEIRA

No Brasil, a indústria deu seus primeiros passos ainda no século XIX. A economia cafeeira, dominante nesse período, dinamizou as atividades urbanas, estimulou a imigração europeia e gerou um empresariado nacional com capacidade de investir em alguns setores industriais. Os imigrantes trouxeram novos hábitos de consumo de produtos industrializados e alguma experiência em relação ao processo de produção industrial e ao trabalho como operários. Aos poucos, formou-se um mercado interno, que se ampliou, no final do século XIX, com a abolição da escravidão e a intensificação do processo de imigração.

Indústrias de alimentos, calçados, tecidos, confecções, velas, móveis, fundições e bebidas se espalharam rapidamente, sobretudo no estado de São Paulo, centro da atividade cafeeira e principal porta de entrada dos imigrantes. Apesar de todos os avanços da industrialização, a economia ainda era comandada pela produção agrícola, especialmente de café.

No início do século XX, a indústria continuou a crescer e a aumentar sua participação na economia brasileira. Algumas indústrias eram estrangeiras, mas predominavam as nacionais, na maioria desenvolvidas por imigrantes, muitas delas inicialmente a partir de pequenas oficinas artesanais.

DICA

FILME

Mauá, o imperador e o rei

Brasil, 1999. Direção: Sérgio Rezende. Duração: 134 min.

Biografia de Irineu Evangelista de Sousa, o visconde de Mauá, um dos principais símbolos do empresariado brasileiro.

INTERCONEXÃO

Língua Portuguesa — Sociologia

Mulher proletária

O escritor Jorge de Lima (1895-1953) participou ativamente da segunda fase do Modernismo brasileiro, fase em que a consciência crítica em relação aos problemas sociais esteve presente.

O poema "Mulher proletária" revela a habilidade do poeta com o jogo de palavras. Suas metáforas relacionam o ser humano e a máquina, num período do Brasil em que a atividade industrial provocou grandes mudanças no modo de vida em sociedade.

Leio esse poema e converse com seus colegas sobre as questões a seguir.

"Mulher proletária – única fábrica
que o operário tem, (fabrica filhos)
tu
na tua superprodução de máquina humana
forneces anjos para o Senhor Jesus,
forneces braços para o senhor burguês.

Mulher proletária,
o operário, teu proprietário
há de ver, há de ver:
a tua produção,
a tua superprodução,
ao contrário das máquinas burguesas
salvar teu proprietário."

LIMA, Jorge de. In: *Antologia da poesia brasileira*: do padre Anchieta a João Cabral de Melo Neto. Porto: Chardron, 1984. p. 511. v. 3.

1. Discuta o papel social e econômico da mulher no contexto do início da industrialização brasileira. Justifique com versos do poema.
2. Faça um contraponto entre o que você discutiu na questão anterior e a situação da mulher nos dias atuais.

A crise de 1929 e o desenvolvimento industrial no Brasil

Intervenção do Estado
concepção baseada nas ideias do economista britânico John Maynard Keynes (1883-1946), um dos mais importantes economistas do século XX. O keynesianismo defendia a ideia de que o Estado deveria elevar os gastos públicos, promovendo grandes obras para gerar empregos. Essas medidas eram consideradas fundamentais principalmente nos períodos de crise, para atenuar dificuldades sociais e econômicas, produzindo renda e impulsionando a economia privada.

Oligarquia
regime político em que o governo é exercido por um pequeno grupo de pessoas, pertencentes ao mesmo partido, classe ou família.

A crise mundial de 1929 abalou profundamente o mundo capitalista. Entre 1929 e 1932, a produção industrial dos Estados Unidos diminuiu cerca de 50%. Muitos trabalhadores perderam o emprego, e o mercado consumidor retraiu-se ainda mais. A produção agrícola também não encontrava compradores. Muitas empresas e bancos faliram, e os investidores do mercado de capitais (compra e venda de ações) viram seus títulos se transformarem em papéis de pouquíssimo ou nenhum valor.

Com a crise da Bolsa de Valores de Nova York, os países capitalistas tiveram que reestruturar seu modelo econômico. Promoveram, então, maior **intervenção do Estado** na economia e na distribuição de renda, por entender que só a ampliação do mercado de consumo poderia garantir a retomada do crescimento econômico.

Num primeiro momento, a depressão econômica teve efeito devastador também no Brasil. O país tinha estruturado sua economia com base no mercado externo e dependia basicamente da exportação do café, que no final da década de 1920 representava cerca de 70% das exportações brasileiras. A crise econômica agravou, em parte, a insatisfação política, e o político gaúcho **Getúlio Vargas** (1882-1954) tomou o poder por meio de um golpe de Estado contra o domínio da **oligarquia** agrária, que comandara o país na primeira fase da República (1889-1930).

Além de diminuir em mais de 80% a exportação do café, a crise econômica ocasionou redução no preço do produto no mercado internacional. Como o café ainda era a principal fonte brasileira de divisas, o governo Vargas manteve, no início, uma política de proteção à lavoura: desvalorizou a moeda para que o produto chegasse com valor mais competitivo ao mercado externo e comprou a produção excedente, destruindo-a em seguida. O objetivo foi o de diminuir a oferta e garantir a estabilidade do preço do produto.

Substituição de importações

Até os anos 1920, o contexto econômico do país não estimulava significativamente o desenvolvimento industrial, mas a crise de 1929 introduziu mudanças nesse quadro. O violento corte nas importações de bens de consumo criou uma conjuntura favorável ao investimento na indústria nacional. Os produtos industrializados no Brasil passaram a ocupar então boa parte do mercado interno, antes praticamente abastecido só por produtos importados. Por essa razão, afirma-se que o primeiro momento da industrialização brasileira baseou-se na substituição de importações[4]. Nessa conjuntura, a indústria transformou-se num setor importante da economia, alcançando taxas de crescimento superiores às do setor agropecuário.

O Estado passou a estimular os empresários industriais, que, em 1931, já haviam se organizado em São Paulo, com a criação da Federação das Indústrias do Estado de São Paulo (Fiesp). Ao mesmo tempo que facilitava a importação de máquinas e equipamentos industriais, o governo dificultava a importação de produtos que pudessem concorrer com aqueles produzidos pela indústria nacional.

Logo nos primeiros anos do governo Vargas, a indústria nacional cresceu com investimentos nos setores de bens de consumo não duráveis: indústrias têxtil, alimentícia e de confecção etc.

4 Sobre o modelo de industrialização baseado na substituição de importações, consulte também o Capítulo 25.

INTERCONEXÃO

Arte — História

Operários

PALÁCIO BOA VISTA, CAMPOS DO JORDÃO (SP)

Operários (1933), óleo sobre tela de Tarsila do Amaral.

Tarsila do Amaral (1886-1973) nasceu em Capivari (SP) e estudou com importantes pintores brasileiros da época. Completou sua formação em Paris e retornou a São Paulo durante a efervescência do movimento modernista, logo após a Semana de Arte Moderna de 1922. Conviveu com Oswald de Andrade, Mário de Andrade e Anita Malfatti, entre outros. Seus trabalhos perseguiram a formação de uma arte brasileira e representaram uma ruptura em relação à postura acadêmica. A obra *Operários*, de 1933, realizada após o retorno de uma exposição ocorrida em Moscou, focaliza a atmosfera industrial de São Paulo, retratando a mulher e o homem trabalhadores e simples. As obras da artista nesse período são marcadas pelo conteúdo social.

- Relacione os elementos da obra *Operários* com as prováveis transformações no espaço geográfico da cidade de São Paulo, nesse período.

A primeira metade da década de 1940, ainda no governo Vargas, foi decisiva para a criação da **infraestrutura industrial**, com a fundação da Companhia Siderúrgica Nacional (CSN), da Companhia Vale do Rio Doce (atualmente Vale), da Companhia Nacional de Álcalis (CNA), da Fábrica Nacional de Motores (FNM) e outras. No segundo governo de Getúlio Vargas (1950-1954) seria criada a Petrobras (1953). Todas essas empresas tinham participação majoritária do capital estatal.

Anos JK

O ano de 1956 inaugurou uma nova etapa do desenvolvimento industrial. Iniciava-se o mandato de Juscelino Kubitschek, responsável por implantar um modelo que buscava diminuir a distância entre o desenvolvimento tecnológico do Brasil e o dos países mais industrializados. O governo acreditava que só seria possível transformar o Brasil numa economia industrial somando a ajuda do Estado aos recursos financeiros e tecnológicos externos, mediante a entrada das multinacionais.

O modelo de substituição de importações permaneceu, mas apoiado nas multinacionais que impulsionavam o novo processo de industrialização, especialmente com a produção de bens de consumo duráveis. As mudanças foram apoiadas pela maior parte da sociedade e por alguns intelectuais que defendiam um desenvolvimento industrial nos moldes dos países mais ricos. O projeto do governo ficou conhecido como "**desenvolvimentismo**", foi apoiado em um plano econômico denominado Plano de Metas e tinha um *slogan* de forte apelo popular: "50 anos em 5".

ACERVO UH/FOLHAPRESS

Inauguração da fábrica da Volkswagen em meados dos anos 1950, em São Bernardo do Campo (SP).

Para atrair o **capital estrangeiro**, o **Estado brasileiro** ofereceu **incentivos fiscais** (isenção e redução de impostos) e **outros benefícios** às **empresas multinacionais**. Também investiu em infraestrutura de transportes, principalmente rodoviário e portuário, e ampliou o investimento na **indústria de base** (metalurgia e siderurgia) e a capacidade de geração de **energia elétrica**. As indústrias nacionais competiam nos setores mais tradicionais, de bens de consumo não duráveis e de autopeças.

O setor de construção civil teve um desenvolvimento surpreendente, graças ao crescimento das cidades, à ampliação das rodovias, à construção de usinas hidrelétricas, à instalação das novas fábricas e à construção de Brasília. As multinacionais investiram, sobretudo, no setor de bens de consumo duráveis, como automóveis, eletrodomésticos, artigos eletrônicos e também na exploração mineral. As montadoras de automóveis marcaram a imagem dessa fase de desenvolvimento.

Posteriormente, os governos militares (1964-1985) retomaram o modelo do desenvolvimentismo, mas foram protecionistas em relação a setores considerados estratégicos. Dificultaram a importação de diversos produtos - estabelecendo uma "reserva de mercado" para as empresas nacionais -, investiram na indústria bélica (Engesa), na aeronáutica (Embraer) e no desenvolvimento da tecnologia nuclear.

Os anos do "milagre"

DICA

FILME

Eles não usam *black-tie*
Brasil, 1981. Direção: Leon Hirszman. Duração: 134 min.

A retomada do movimento sindical no final dos anos 1970, durante a ditadura militar, e os problemas vividos por uma família de metalúrgicos.

O período entre 1969 e 1973, que corresponde ao governo de Emílio Garrastazu Médici, ficou conhecido como a época do "**milagre brasileiro**", quando o PIB atingiu médias de crescimento superiores a 10% ao ano. O "milagre" foi possível devido à conjuntura externa favorável, com muitos recursos financeiros disponíveis. Os países desenvolvidos podiam, assim, realizar grandes empréstimos externos para a promoção do desenvolvimento econômico. Durante esse período foram realizados grandes investimentos em obras de infraestrutura, como as construções da Ponte Rio-Niterói, da Rodovia Transamazônica (com apenas parte do traçado concluído) e da Usina de Itaipu.

Por um lado, a economia expandiu-se internamente e os salários da classe média elevaram-se, embora numa proporção inferior às taxas de crescimento. Houve também ampliação do sistema de crédito ao consumidor. Por outro lado, o operariado industrial e as classes mais pobres conviveram, durante esse período, com uma política de arrocho salarial, que visava conter os gastos com mão de obra para elevar as taxas de lucro e atrair investimentos de empresas multinacionais. Ao mesmo tempo que o mercado interno se fortaleceu, as exportações cresceram em valor e variedade de produtos.

O aumento nos juros internacionais, a má gestão do dinheiro captado no exterior e a incapacidade do governo brasileiro de saldar seus compromissos externos com recursos internos levaram a uma ampliação significativa da **dívida externa**. Entre 1970 e 1984, a dívida saltou de 5 para 90 bilhões de dólares.

CPDOC JB

Construção da Ponte Rio-Niterói, 1974.

O período entre a segunda metade dos anos 1970 e a década de 1980 foi marcado não só pelo crescimento da dívida externa, mas também pela diminuição dos investimentos estrangeiros, pela elevação nos gastos com a importação de petróleo e pela queda nos preços de diversas matérias-primas agrícolas e minerais exportadas pelo Brasil. Além disso, nessa época, eram altos os índices de inflação e de desemprego e baixos os níveis de crescimento do PIB. Esse quadro levou ao **esgotamento do modelo desenvolvimentista**.

INDUSTRIALIZAÇÃO NO BRASIL ATUAL

A partir da década de 1990, com o governo Collor, houve uma inserção mais profunda do Brasil no mundo globalizado, com a adoção de políticas neoliberais, intensificadas nos governos de Fernando Henrique Cardoso (1995-2002), quando o país se abriu às importações e aos investimentos estrangeiros em detrimento de uma política industrial voltada para o fortalecimento da indústria nacional. Produtos importados, como automóveis, alimentos, roupas, eletrodomésticos, computadores, *softwares*, telefones celulares, brinquedos e outros bens de consumo inundaram o mercado brasileiro.

A abertura levou à falência várias indústrias nacionais, acostumadas a políticas de proteção ao mercado, baseadas na manutenção de elevados impostos de importação (tarifas aduaneiras). Outras indústrias, para não fechar as portas, foram vendidas para empresas estrangeiras ou então incorporadas a elas e diversas fusões ocorreram entre empresas nacionais e estrangeiras.

O processo de privatização das indústrias de base, dos setores extrativista mineral, de distribuição de energia e de telefonia, dentre outros, foi um fato econômico marcante na década de 1990, com expressiva participação de grupos estrangeiros (veja a Unidade 2). Essa situação resultou num processo de desnacionalização da indústria brasileira.

O Plano Real

Em junho de 1994, a **moeda brasileira** passou a ser o **real**. A mudança da moeda era parte de um plano econômico mais amplo, cujo objetivo era combater a inflação e estabilizar a economia brasileira. Por um lado, o plano real valorizou a moeda brasileira em relação ao dólar, facilitando as importações, aumentando a oferta de

DICAS

LEITURA

A industrialização brasileira
Sonia Mendonça. São Paulo: Moderna, 2002.
A obra relembra o início do processo de industrialização brasileira até os dias atuais.

Indústria e trabalho no Brasil
William J. Gerab e Waldemar Rossi. São Paulo: Atual, 1998.
O livro trata do setor industrial da economia brasileira e suas relações com o mundo do trabalho.

SITE

Confederação Nacional da Indústria
www.cni.org.br
Site da entidade que reúne as federações estaduais dos empresários da indústria brasileira.

produtos no mercado e provocando a queda da inflação. Os juros altos também contribuíam para isso, na medida em que deixavam o crédito caro. Por outro lado, essa política econômica adotada até os primeiros anos do século XXI ocasionou a elevação da dívida externa e interna, dificultou as exportações e provocou déficit crescente na balança comercial e no balanço de pagamentos. Diante disso, a indústria brasileira ficou mais dependente da importação de bens (insumos) para produção de mercadorias, de máquinas e equipamentos utilizados na produção industrial e de outros produtos industrializados.

A **abertura econômica** e as **privatizações**, além da própria modernização tecnológica, causaram impacto no nível de emprego industrial, que, no decorrer dos anos 1990 e na virada de século, apresentou um ritmo de crescimento muito baixo.

A polêmica da desindustrialização

A participação da indústria de transformação no PIB recuou de, aproximadamente, 25% em 1979 para cerca de 13% em 2012. Mas há visões diferentes para explicar e justificar esses números. Alguns industriais sustentam que o Brasil perdeu competitividade em diversos setores industriais, em razão da abertura econômica e do chamado **Custo Brasil** (carga tributária elevada, infraestrutura deficitária, energia cara, excessiva burocracia exigida nos negócios, moeda valorizada, além de juros mais altos que os praticados em outros países), exportando menos mercadorias industrializadas e importando mais máquinas e equipamentos para a indústria; afirmam, ainda, que houve uma **reprimarização das exportações**, nas quais as *commodities* perfazem cerca de 50% das mercadorias vendidas. Esse processo é chamado de **desindustrialização**.

Outros entendem que esse processo ocorre em escala mundial, particularmente naqueles países de industrialização mais antiga e que o Brasil apresentou crescimento expressivo na produção agropecuária (que é moderna) e na produção mineral, dinamizando nossas exportações, e isso beneficia a economia nacional em seu conjunto. Esse grupo de estudiosos argumenta ainda que o setor industrial no Brasil cresceu exageradamente devido a estímulos do Estado (lembre-se do modelo desenvolvimentista analisado anteriormente). Ambos, porém, destacam os problemas de falta de competitividade, provocado pelo Custo Brasil, além da forte concorrência da indústria chinesa.

De qualquer modo, o Brasil exporta pequena quantidade de bens de alta tecnologia e tem importado grandes quantidades desses bens.

Algumas medidas têm sido tomadas recentemente para melhorar a competitividade da indústria, inclusive, com a criação do **Plano Brasil Maior**, em 2011, que estabeleceu menos impostos para diversos setores industriais. Além disso, corte nos juros bancários, redução das tarifas energéticas e aumento de alguns impostos de importação fizeram parte das estratégias.

Desconcentração industrial

A economia brasileira na década de 1990 foi marcada por outro fenômeno: a **guerra fiscal**. Trata-se da competição entre estados e entre municípios brasileiros para a instalação de indústrias e empresas, oferecendo **vantagens fiscais** (isenção de impostos), terreno, infraestrutura e mão de obra acessível.

A "batalha" levou empresas situadas em determinados locais a se transferirem para outros, provocando um processo de relativa desconcentração industrial, com reflexos na **divisão territorial do trabalho** no Brasil.

Um exemplo marcante foi o ocorrido com a indústria automobilística. Novas unidades industriais foram instaladas fora do estado de São Paulo, o local mais procurado pelo setor até então. A Renault e a Volkswagen-Audi preferiram o Paraná; a Ford instalou uma nova linha de montagem na Bahia; a GM estabeleceu uma unidade produtiva em Gravataí (RS); a Mitsubishi e a Hyundai optaram pelo estado de Goiás; a Fiat, já na década de 1970, escolheu Minas Gerais; a Volkswagen optou por Resende (RJ) para instalar uma fábrica de caminhões; a Peugeot e a Citroën instalaram-se em Porto Real (RJ); e a Mercedes-Benz escolheu Juiz de Fora (MG). As que se instalaram no estado de São Paulo – Toyota e Honda – não o fizeram na região metropolitana de São Paulo, mas na região de Campinas: a Toyota instalou-se em Indaiatuba, e a Honda, em Sumaré.

No início dos anos 2010, a multinacional automobilística chinesa JAC Motors havia anunciado a instalação de uma montadora de veículos em Camaçari (BA); a Fiat, em Goiana (PE); a Suzuki, japonesa, em Itumbiara (GO); e a Nissan em Resende (RJ). A Chery, também chinesa, iria se instalar em Jacareí, no Vale do Paraíba, em São Paulo e a Toyota, japonesa, tinha estruturado uma nova unidade de produção em Sorocaba (SP), enquanto a Hyundai, sul-coreana, fez isso em Piracicaba, também no estado de São Paulo.

O processo de desconcentração industrial envolveu outros setores e ocorreu em todas as regiões brasileiras. No entanto, na maioria dos casos, o fenômeno foi mais marcante nos estados das regiões Sul e Sudeste do Brasil, o que leva esse processo a ser definido como uma "**desconcentração concentrada**". Além disso, é preciso destacar que, apesar de ter havido uma ampliação das unidades de produção no interior da Região Sudeste e em outras regiões do país, as empresas industriais e seus escritórios centrais, onde são tomadas as decisões estratégicas sobre produção, inovação e novos investimentos, continuaram sobretudo na região metropolitana de São Paulo e nas principais regiões metropolitanas do Sudeste.

Esse processo de desconcentração das instalações industriais foi possível, também, graças ao desenvolvimento e à ampliação das redes de transporte, que facilitaram o fluxo de matérias-primas, máquinas e equipamentos industriais e o escoamento da produção das indústrias para mercados mais distantes, e as novas tecnologias de comunicação possibilitaram que o local de produção industrial pudesse ficar desvinculado dos centros de gestão. Acrescenta-se, ainda, a maior oferta de energia e a mão de obra mais barata nas pequenas e médias cidades do Sudeste e em outras regiões do país.

PRINCIPAIS CENTROS INDUSTRIAIS

A participação da **Região Sul** no conjunto da produção industrial brasileira nas últimas décadas foi a que mais aumentou. Mas a desconcentração industrial não modificou a liderança do **Sudeste** no setor, responsável por dois terços da produção industrial do país. A **Região Nordeste** também mostra uma significativa elevação. O **Norte** e o **Centro-Oeste** têm a menor participação na produção industrial, mas outras atividades têm dinamizado a economia dessas regiões. Observe o mapa da página seguinte.

Brasil: distribuição espacial das empresas industriais – Início do século XXI

Fonte: *Atlas geográfico escolar*. Rio de Janeiro: IBGE, 2009. p. 136.

Região Sudeste

A indústria, no Brasil, concentrou-se no Sudeste em razão da acumulação de capital proveniente da lavoura cafeeira, do desenvolvimento das cidades e da infraestrutura criada durante o desenvolvimento da economia do café (portos, ferrovias, rodovias, energia elétrica etc.). Nessa região, as maiores concentrações industriais estão situadas no estado de São Paulo, que abriga 40% da produção da indústria brasileira. A organização industrial da cidade de São Paulo espalhou-se pela área metropolitana e ao redor das grandes rodovias que cortam o estado.

Ao longo da **Rodovia Presidente Dutra**, na região do **Vale do Paraíba**, que se estende de São Paulo ao Rio de Janeiro, formou-se a maior concentração industrial do país. Nesse trecho, destaca-se a cidade de São José dos Campos, um dos principais polos tecnológicos do Brasil.

As **rodovias Anchieta** e dos **Imigrantes**, além de cruzar a região conhecida como **ABCD** (Santo André, São Bernardo, São Caetano e Diadema), na área metropolitana de São Paulo, atingem o **polo petroquímico** e **siderúrgico** situado no município de **Cubatão**, no litoral.

Próximo à **Rodovia Castelo Branco**, a 80 km da capital do estado, merece destaque a cidade de **Sorocaba**, que possui um parque industrial diversificado: produção de componentes para o setor aeronáutico e eletrônico e indústrias mecânica, metalúrgica, de cimento, têxtil, alimentícia e outras.

Também no interior, ligada à capital pelas **vias Anhanguera** e dos **Bandeirantes**, fica a cidade de **Campinas**, outro importante tecnopolo do país, formado em torno da Universidade de Campinas (Unicamp). A partir de Campinas, estrutura-se um importante eixo de industrialização do estado, que se subdivide em dois: um, pela **Rodovia Washington Luís**, até a cidade de São José do Rio Preto, e outro, pela via **Anhanguera**, até Ribeirão Preto. No eixo da Washington Luís, destaca-se o **polo tecnológico de São Carlos**.

MARCELO JUSTO/FOLHAPRESS

Operários trabalham em reforma de vagões de trem na fábrica de uma multinacional canadense em Hortolândia (SP), região metropolitana de Campinas, 2012.

No **Rio de Janeiro**, além da região metropolitana e do Vale do Paraíba, onde se destaca **Volta Redonda**, a indústria se estende para as cidades serranas de Petrópolis, Teresópolis e Nova Friburgo.

No litoral norte do Rio de Janeiro, extrai-se a maior parte do petróleo brasileiro, em área da plataforma continental próxima da cidade de **Campos dos Goytacazes**. No Vale do Paraíba fluminense, a cidade de **Resende** abriga instalações da Volkswagen. Em **Porto Real** estão estabelecidas a Citroën e a Peugeot.

Em **Minas Gerais**, a indústria concentra-se na Grande **Belo Horizonte**, com destaque para os distritos industriais de Betim (onde está instalada a Fiat) e Contagem. Ao sul de Belo Horizonte, situa-se o **Quadrilátero Ferrífero**, área de extração de minerais metálicos e produção metalúrgica e siderúrgica. Destacam-se ainda: em **Ipatinga**, na região do **Vale do Aço**, a siderurgia, com a Usiminas; no sul do estado, na região conhecida como Zona da Mata Mineira, a produção de laticínios; em **Juiz de Fora**, a fábrica da Mercedes-Benz; e em **Uberaba** e **Uberlândia**, na região do Triângulo Mineiro, atividades industriais diversificadas, em que predominam os frigoríficos. Ainda no sul de Minas, apesar de não constituir um polo industrial diversificado, destaca-se o tecnopolo da cidade de **Santa Rita do Sapucaí**, com indústrias de microeletrônica.

Sudeste: principais tecnopolos – 2008

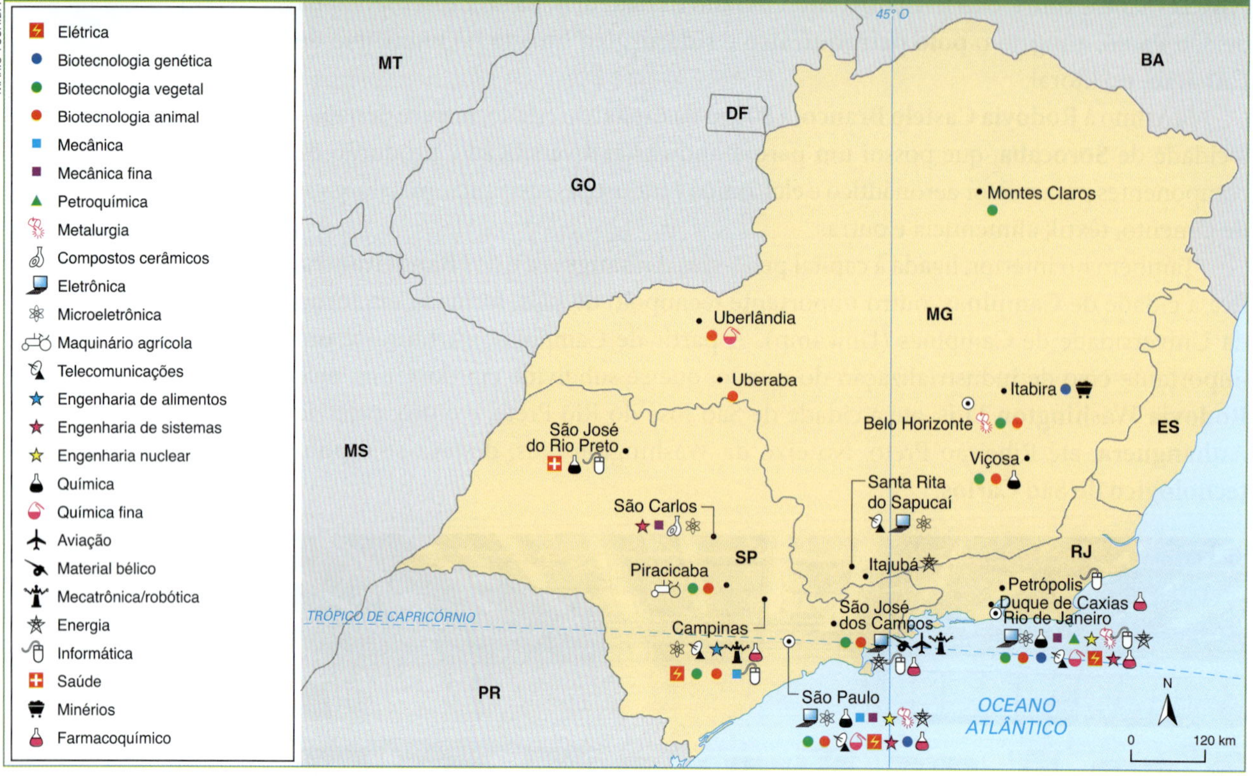

Fonte: ANPROTEC. *Portfólio de parques tecnológicos no Brasil*. Disponível em: <www.anprotec.org.br>. Acesso em: dez. 2012.

Região Sul

As duas principais áreas industriais do Sul são o trecho entre a **Grande Porto Alegre** e **Caxias do Sul** (RS), e a região metropolitana de **Curitiba** (PR). As atividades têm se diversificado nas últimas décadas: no Paraná, instalaram-se montadoras de automóveis (Renault e Volkswagen-Audi, em **São José dos Pinhais**, na região metropolitana de Curitiba); **Canoas** (RS) e **Araucária** (PR) formam os dois polos petroquímicos do Sul do país. No Paraná destacam-se, ainda, as regiões metropolitanas de **Londrina** e **Maringá**.

Área industrial na região metropolitana de Curitiba (PR), 2009.

Em **Santa Catarina**, destaca-se o **Vale do Itajaí** (Blumenau, Joinville, Itajaí e Brusque), onde predomina a produção têxtil, além de ser um dos principais polos produtores de *softwares* de gerenciamento de empresas do Brasil. Na região do litoral sul do estado, nas cidades de **Criciúma**, Uruçanga e Araranguá, desenvolvem-se tradicionalmente a indústria de cerâmica e a extração de carvão mineral. No interior de Santa Catarina, sobressai a produção frigorífica.

Região Nordeste

A indústria nordestina representa cerca da décima parte do valor da produção industrial do país e concentra-se em torno de três regiões metropolitanas principais: **Salvador** (BA), **Recife** (PE) e **Fortaleza** (CE). Os setores dominantes são tradicionais, como as indústrias têxtil e alimentícia.

Cerca de metade da produção industrial do Nordeste concentra-se na Bahia, na Grande Salvador, no **Centro Industrial de Aratu** (criado em 1967), que ocupa áreas dos municípios de Salvador, Simões Filho e Candeias, em torno da baía de Aratu, e reúne várias indústrias (eletrodomésticos, químicas, cerâmica, óleos vegetais, calçados etc.). Há também nessa área uma indústria de base de grande porte, a Usina Siderúrgica da Bahia (Usiba). Em **Camaçari**, também na Grande Salvador, situa-se o principal polo petroquímico da Região Nordeste, além de uma montadora de veículos (Ford), e, como visto anteriormente, a chinesa JAC Motors havia anunciado no início da década de 2010 a construção de uma fábrica no município.

FLAVIO R BERGER/FOTOIMAGEM

Vista do porto do Centro Industrial de Aratu (BA), 2012.

Na **Grande Recife**, destacam-se, entre outros distritos industriais, os de Cabo de Santo Agostinho, Abreu e Lima, Ipojuca, Paulista e o de Jaboatão dos Guararapes.

O **Ceará** abriga a fábrica da Jeep Troller do Brasil, no município de Horizonte. Em 2013, no **complexo portuário-industrial de Pecém**, foi inaugurada a primeira **Zona de Processamento de Exportação** (ZPE). Trata-se de um distrito industrial formado apenas por empresas exportadoras, com produção destinada prioritariamente ao mercado externo. Essas empresas contam com isenção fiscal e regime cambial diferenciado (não são obrigadas a converter em real os valores obtidos em dólares com as exportações).

Além disso, o Ceará conseguiu atrair várias indústrias de outras regiões do país, sobretudo têxteis e de calçados, usando uma política agressiva de "guerra fiscal" e oferecendo mão de obra barata.

Em relação à **indústria de calçados**, o mesmo aconteceu com a **Bahia**, onde algumas fábricas se instalaram no **sudeste do estado**. Na **Bahia** há também um polo industrial de informática e de indústrias eletroeletrônicas, em **Ilhéus**. **Campina Grande**, na Paraíba, abriga várias empresas de informática **produtoras de *software***.

Regiões Norte e Centro-Oeste

Nas mais extensas regiões do país predominam, em geral, indústrias tradicionais, especialmente de alimentos e bebidas, incluindo as agroindústrias. Na região Norte, porém, destaca-se a produção industrial concentrada na **Zona Franca de Manaus**. Criada em 1967, atraiu principalmente montadoras da indústria eletrônica, mas também reúne montadoras de motocicletas e fábricas de concentrados para refrigerantes. É expressivo, nessa região, o setor de mineração de ferro e outros minerais, localizado na Serra dos Carajás (PA); de alumínio, do Projeto Trombetas, em **Oriximiná** (PA) e **Paragominas** (PA), e de **cassiterita**, no estado de **Rondônia**, além da produção de gás natural e petróleo no vale do Rio Urucu, município de Coari (AM).

ALBERTO CÉSAR ARAÚJO/AE

Operários trabalham na linha de montagem de TV digital no polo industrial da Zona Franca de Manaus (AM), 2010.

Na Região Centro-Oeste, o estado com maior número de indústrias é **Goiás**, destacando-se a região metropolitana de **Goiânia** e o município de **Anápolis**, onde se encontram, entre outras, indústrias farmacêuticas e a montadora de automóveis Hyundai. Outra montadora que se instalou no estado foi a Mitsubishi, no município de **Catalão**.

Destaca-se ainda no estado o município de Rio Verde, que concentra indústrias alimentícias, sobressaindo a indústria frigorífica.

Nos estados de **Mato Grosso** e **Mato Grosso do Sul**, a produção industrial está concentrada nas capitais – Cuiabá e Campo Grande, respectivamente. Em Mato Grosso do Sul, recentemente o município de Três Lagoas vem recebendo investimento industrial, com a instalação de indústria siderúrgica e de celulose, entre outras.

CONTRAPONTO

IMAGEM 1

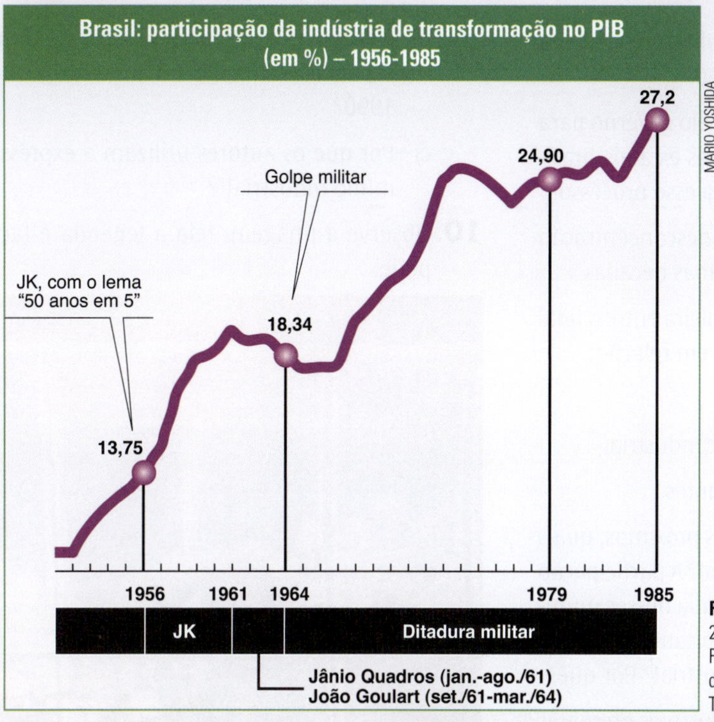

Fonte: *Folha de S.Paulo*, 27 jul. 2012. p. B6; Fiesp. Departamento de Competitividade e Tecnologia. Ago. 2013.

IMAGEM 2

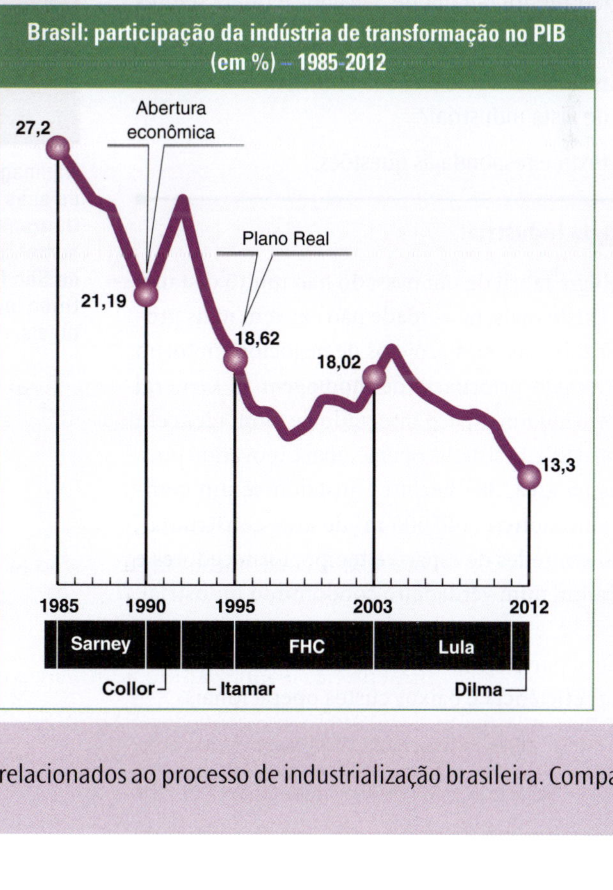

Fonte: *Folha de S.Paulo*, 27 jul. 2012. p. B6. FIESP. Departamento de Competitividade e Tecnologia. Ago. 2013.

- Os gráficos apresentam dois períodos distintos relacionados ao processo de industrialização brasileira. Compare-os e justifique as transformações ocorridas.

[COMPREENSÃO E ANÁLISE]

1. Mencione pelo menos três condições propiciadas pela cafeicultura que contribuíram para a industrialização em São Paulo.

2. Diferencie a primeira fase da industrialização brasileira (a partir de 1930) da iniciada em 1950.

3. Quais argumentos foram utilizados pelo governo para promover a privatização das empresas estatais brasileiras? Que críticas podem ser feitas a esse processo?

4. Explique as razões do processo de desconcentração industrial ocorrido no Brasil nas últimas décadas.

5. Caracterize a evolução industrial brasileira entre o final do século XIX e o início do século XX em relação:

a) à origem do capital majoritário;

b) à localização do principal parque industrial;

c) aos tipos de indústria predominantes.

6. Em seu município ou nos municípios próximos, quais setores de atividade industrial existem? A participação das indústrias no conjunto da economia desses municípios é expressiva? Se não, seria importante estimular o desenvolvimento da atividade industrial? Por quê?

7. Quais são as duas principais áreas industriais presentes na região metropolitana de Salvador e quais setores industriais destacam-se nessa área?

8. Quais as características da Zona Franca de Manaus, do ponto de vista industrial?

9. Leia o texto e responda às questões.

Tipologia industrial

A tipologia fabril de um passado não muito distante já não existe mais; na verdade não existem mais projetos de fábricas, mas projetos de negócios em torno de um objeto prioritário de montagem. A General Motors criou um espaço integrado de montagem em Gravataí (RS). O sistema operacional é inovador, pois, na mesma área, 386 hectares, instalou-se um complexo automotivo (140.000 m² de área construída), unindo em redes de espaço e tempo, fornecedores e comprador, num verdadeiro condomínio industrial. Formou-se, assim, uma rede sistemista, cuja proximidade, a partir de um modelo matemático, garante rapidez, eficiência e baixos custos operacionais.

VIEIRA, Euripedes Falcão; VIEIRA, Marcelo Milano Falcão. *Espaços econômicos*; geoestratégia, poder e gestão do território. Porto Alegre: Sagra Luzzato, 2003. p. 60.

a) Em que tecnologia de processo a GM se baseou para estruturar o espaço integrado de montagem em Gravataí? Explique.

b) É possível relacionar o texto a qual processo espacial verificado no Brasil a partir dos anos 1990?

c) Por que os autores utilizam a expressão "condomínio industrial"?

10. Observe a imagem, leia a legenda e faça o que se pede.

ALEXANDRE ÓRION

Na imagem, vê-se o artista Alexandre Órion realizando uma de suas obras no túnel Max Feffer, na capital paulista, 2006. Utilizando um pano limpo, o artista transformou em crânios humanos a fuligem preta que impregnava um túnel da cidade de São Paulo (SP). Na época, a intervenção artística de Órion levou a prefeitura a promover a limpeza de diversos túneis.

a) Que relação há entre o trabalho de Alexandre Órion e o grande estímulo que o transporte rodoviário, particularmente o individual feito por automóveis, recebeu no Brasil, no contexto do processo de industrialização do país?

b) Baseando-se na intervenção artística de Órion e na resposta ao item anterior, como você avalia as condições do espaço urbano brasileiro?

c) Você conhece outras obras artísticas que retratem a industrialização no Brasil e suas consequências? Faça uma pesquisa para conseguir ao menos um exemplar desse tipo de obra e comente com os colegas e o professor.

CAPÍTULO 27

A AGRICULTURA NO MUNDO ATUAL E AS POLÍTICAS AGRÍCOLAS NOS PAÍSES DESENVOLVIDOS

CONTEXTO

Contra a corrente

"Do outro lado do Atlântico, a um mundo de distância, Dale Lasater está parado num curral cheio de touros imensos, dando-lhes de comer na palma da mão. Atrás dele, nesse dia quente de primavera, as Rochosas continuam cobertas de neve. Lasater é um cinquentão de bigodes fartos, óculos de armação de metal, calça *jeans* surrada, botas bem gastas e uma camisa impecável; meio que um misto de caubói e acadêmico da **Ivy League**. Os touros amontoados à sua volta parecem quase meigos, comportam-se mais como um punhado de **Ferdinandos** do que como símbolos de um machismo feroz. Foram criados para ser dóceis, seus chifres não foram cortados e nunca foram laçados. A fazenda de Lasater ocupa cerca de 12 mil hectares de pastagens perto da cidade de Matheson, Colorado. É uma fazenda lucrativa que há meio século não usa pesticidas, herbicidas, venenos nem fertilizantes comerciais, que não mata nenhum dos predadores locais, como coiotes, e que não aplica hormônios, esteroides ou antibióticos no gado. Os Lasaters não são em hipótese alguma criadores típicos, mas vêm trabalhando para mudar a forma como a carne americana é produzida. Em questões de pecuária, a filosofia deles baseia-se num princípio simples: 'A natureza é esperta feito o diabo'.

A **iconoclastia** de Dale Lasater parece estar no sangue. Um de seus avós chefiou a associação de pecuaristas do Texas no começo do século 20 e liderou a luta contra o Beef Trust, testemunhando perante o Congresso e pedindo a implementação das leis antitruste. Em troca, o Beef Trust recusou-se durante anos e anos a comprar o gado de Lasater. O pai de Dale, Tom Lasater, largou os estudos em Princeton depois da quebradeira de [19]29 para se tornar pecuarista em tempo integral. Os tempos difíceis forçaram-no a buscar outras maneiras de criar o gado sem gastar muito. Decidiu então deixar que a natureza fizesse boa parte do trabalho. Passou a criar animais de tal forma que fossem bons, férteis e fortes, sem dar muita bola para sua aparência. Misturou Herefords, Shorthorns e Brahmans para criar uma raça totalmente nova [...]. E deu a ela um nome adequadamente americano: Beefmaster. Em 1948, Tom Lasater mudou-se com a família do Texas para o leste do Colorado. Apesar da indignação e descrença dos vizinhos, recusou-se a matar os predadores ou a permitir a caça em suas terras, deixando os animais que os outros fazendeiros exterminavam – cascavéis, coiotes, texugos, esquilos de vários tipos e cachorros-do-mato – se multiplicarem. Achava que o gado se beneficiaria bem mais com os desafios do ecossistema natural do que com os esforços humanos para controlar o meio ambiente."

SCHLOSSER, Eric. *País do fast-food.* São Paulo: Ática, 2001. p. 319-320.

Ferdinandos
alusão ao touro Ferdinando, personagem criada pela Disney. Popularizou-se por ser pacífico e doce.

Ivy League
grupo de universidades frequentadas pela elite masculina estadunidense.

Iconoclastia
procedimento do iconoclasta, aquele que ataca crenças estabelecidas, tradições ou instituições veneradas.

DISCUTA

1. Explique o título do texto.
2. Qual o nome do cultivo de vegetais correspondente ao tipo de criação descrito no texto?
3. Existe mercado para carnes e outros produtos alimentícios produzidos como o texto descreve?

A ATIVIDADE AGRÍCOLA

A agricultura é uma das atividades básicas da humanidade e foi responsável pelas primeiras grandes transformações no espaço geográfico. Surgiu há cerca de 12 mil anos, no Período Neolítico, quando as comunidades primitivas passaram de um modo de vida nômade, baseado na caça e na coleta de alimentos, para um modo de vida sedentário, viabilizado pelo cultivo de plantas e pela domesticação de animais.

Inicialmente, foi praticada às margens de grandes rios, como Tigre e Eufrates (na antiga Mesopotâmia, atual Iraque), Nilo (no Egito), Yang-Tsé-Kiang (na China), Ganges e Indo (na Índia). Foi justamente nessas áreas que se desenvolveram as primeiras grandes civilizações. Com a evolução da agricultura, começou a haver excedente de produção, o que possibilitou o desenvolvimento do comércio, inicialmente baseado na troca de produtos. Nos locais onde ocorriam as trocas, desenvolveram-se várias cidades.

DA REVOLUÇÃO AGRÍCOLA À REVOLUÇÃO VERDE

Graças à **Revolução Industrial**, evoluíram também as técnicas agrícolas, o que possibilitou o aumento da produtividade, sem ser necessário ampliar a área de cultivo. Esse desenvolvimento tecnológico aplicado à agricultura ficou conhecido como Revolução Agrícola.

Esse aumento de produtividade foi necessário em decorrência do aumento da população em geral, da elevação da população urbana e da consequente diminuição da população rural, responsável pela produção agrícola. As bases técnicas da Revolução Agrícola foram propiciadas sobretudo pelas indústrias fornecedoras de insumos para a agricultura (máquinas e fertilizantes, por exemplo).

Os períodos de expansão colonial constituíram fases importantes da expansão agrícola e da migração de sementes pelo mundo. Tanto nas terras colonizadas pelos europeus na América, desde o século XVI, quanto naquelas tomadas durante a expansão imperialista na África e na Ásia, no século XIX, os colonizadores implantaram um sistema agrícola para a produção de gêneros alimentícios e de matérias-primas voltado ao abastecimento do mercado europeu. Esse sistema ficou conhecido como *plantation* e era baseado na produção monocultora de gêneros tropicais para fins de exportação, praticada em grandes propriedades (latifúndios), com mão de obra barata ou escrava.

Após a Segunda Guerra Mundial, com o processo de descolonização afro-asiática em marcha, os países desenvolvidos criaram uma estratégia de elevação da produção agrícola mundial: era o início da **Revolução Verde**. Concebida nos Estados Unidos, apresentava-se como estratégia para combater a fome e a miséria nos países subdesenvolvidos, por meio da introdução de um "**pacote tecnológico**" contendo novas técnicas de cultivo, equipamentos para mecanização, fertilizantes, defensivos agrícolas e sementes selecionadas.

No entanto, em muitos casos, as sementes, originárias dos países desenvolvidos e cultivadas em laboratório, não eram geneticamente capazes de enfrentar as condições climáticas típicas dos trópicos (clima quente), algumas pragas e certas espécies de insetos. A solução consistia na utilização de adubos, defensivos e fertilizantes, também importados desses países.

AGSTOCK IMAGES, INC./ALAMY/GLOW IMAGES

Agricultura mecanizada no estado estadunidense de Arkansas, 2010. Paisagens de características semelhantes a esta também apareceram em diversos países subdesenvolvidos, em decorrência da Revolução Verde.

DICA

FILME

O veneno está na mesa
Brasil, 2011. Direção: Silvio Tendler. Duração: 49 min.

Documentário que faz um alerta sobre o uso indiscriminado de agrotóxicos e fertilizantes químicos aqui no Brasil.

Nos países subdesenvolvidos, a importação de sementes e insumos aumentava a dependência em relação aos desenvolvidos. Naqueles países, a Revolução Verde também aumentou a distância entre os grandes agricultores, que tiveram acesso ao "pacote tecnológico", e os pequenos lavradores, que não tiveram condições de competir nos novos parâmetros de produtividade. O aumento da produção baixou o preço dos produtos agrícolas, tornando o cultivo inviável para boa parte dos pequenos agricultores.

As novas condições do mercado contribuíram para o abandono e/ou a venda de pequenas propriedades, que foram sendo incorporadas por latifundiários (grandes proprietários). Nesse sentido, apesar de a Revolução Verde ter contribuído para um aumento significativo na produção de alimentos no planeta e ter criado, portanto, condições para alimentar um número maior de pessoas, acentuaram-se os problemas de concentração da propriedade rural em vários países do mundo, como Índia, Paquistão, Indonésia e Brasil, prejudicando a agricultura familiar de subsistência.

A BIOTECNOLOGIA: UMA NOVA REVOLUÇÃO AGRÍCOLA

A **biotecnologia** é o conjunto de técnicas aplicadas à biologia, utilizadas para manipular geneticamente plantas, animais e microrganismos por meio de seleção, cruzamentos e transformações no código genético. Teve grande desenvolvimento nas décadas de 1970 e 1980, mas vem sendo estudada e aplicada desde os anos 1950, em vários países do mundo.

A própria Revolução Verde, que criou **sementes híbridas**, foi um dos agentes que impulsionaram o desenvolvimento da biotecnologia. Embora, em boa parte, ela se associe à agropecuária, tem aplicabilidade também em outros setores. Suas atividades estão ligadas a clonagem e manipulação genética, indústria farmacêutica (novos medicamentos, por exemplo), fabricação de plásticos e outros produtos biodegradáveis, novos conservantes de alimentos e essências e a outras aplicações ainda em fase de desenvolvimento.

A **manipulação genética** é uma das aplicações mais recentes da biotecnologia e consiste na alteração da composição genética dos seres vivos. Por meio dela, inserem-se genes de outros organismos vivos no DNA (sigla em inglês de ácido desoxirribonucleico) de animais e vegetais. Pode-se alterar o tamanho das espécies e torná-las mais resistentes a pragas e doenças. É possível também adaptar os vegetais aos diferentes

Semente híbrida
resulta do cruzamento de sementes de uma mesma espécie vegetal, com o objetivo de melhorar a qualidade, a produtividade ou a aparência de um produto agrícola. Normalmente, possibilita a obtenção de safras maiores, mas a produção não pode ser reservada para replantio: algumas dessas sementes se tornam estéreis, e outras produzem descendentes que perdem suas características originais. Com isso, os produtores são sempre obrigados a comprar novas sementes da empresa que detém a patente.

STUDIOSOURCE/ALAMY/GLOW IMAGES

Mecanismos genéticos estão envolvidos na ausência de sementes na melancia.

tipos de solos e climas e retardar a deterioração dos produtos agrícolas após a colheita. Os vegetais derivados da alteração genética são chamados de **transgênicos**.

Por meio da engenharia genética, traços genéticos naturais indesejáveis podem ser eliminados e outros implantados artificialmente para aprimorar a qualidade dos produtos agrícolas manipulados. Dentre os produtos que estão disponíveis no mercado ou estarão nos próximos anos, é possível destacar:

- tomates de amadurecimento lento;
- batatas maiores e com polpa mais densa;
- bananas graúdas e adaptadas a climas frios;
- milho e algodão quase totalmente imunes a pragas;
- soja com mais proteína;
- uvas e melancias sem sementes;
- cebolas e couves produzidas o ano inteiro;
- frutas cítricas resistentes a geadas;
- girassol com alto teor de ácido oleico, mais nutritivo.

A biotecnologia utilizada para estimular o aumento da produtividade na agropecuária tem sido aplicada já há algum tempo. Na pecuária, são utilizadas injeções de hormônios para aumentar a capacidade reprodutiva, o crescimento e o peso dos animais. O uso de **anabolizantes** é outra técnica bastante empregada na atividade criatória, inclusive no Brasil. Permitem maior absorção dos nutrientes pelo organismo do animal, promovendo uma elevação de até 20% de sua massa em relação ao processo de criação natural. A avaliação dos resultados dessas técnicas é controversa, e ainda hoje são realizados estudos sobre os efeitos na saúde humana de produtos alimentícios fabricados com a utilização da biotecnologia.

Anabolizante

substância, em geral produzida em laboratório (sintética), que estimula o metabolismo, especialmente o crescimento da massa muscular. Os países da União Europeia proíbem a importação de carne de gado criado com a utilização de hormônios ou que tenha sofrido alterações genéticas para estimular o crescimento e a engorda; também é proibida a importação de leite e derivados desse tipo de gado.

Na agricultura, também há muita polêmica e visões opostas sobre os possíveis danos causados pelos vegetais transgênicos à saúde das pessoas, aos ecossistemas e a outras plantações. De modo geral, os críticos do uso dos **organismos geneticamente modificados** (**OGMs**) alertam para a necessidade de testes mais amplos e específicos para cada produto transgênico e para os impactos ambientais em áreas próximas às do cultivo de transgênicos.

Questões polêmicas

As variedades geneticamente modificadas são produzidas por grandes corporações multinacionais, como a estadunidense Monsanto, cujas mudas e sementes têm sido patenteadas. Essas variedades só podem ser utilizadas mediante o pagamento pelo uso das patentes

A biotecnologia no tempo

PHOTODISC/GETTY IMAGES

1800 a. C – O levedo é usado para fazer cerveja, vinho e pão.

THINKSTOCK/GETTY IMAGES

100 d. C – Chineses usam crisântemo em pó como inseticida.

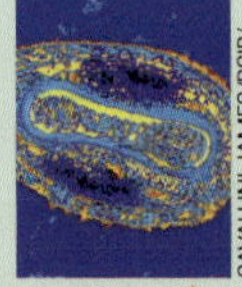

CAVALLINI JAMES/BSIP/ GRUPO KEYSTONE

1797 – A vacina viral contra a varíola começa a ser usada.

THINKSTOCK/GETTY IMAGES

1861 – Pasteur define a função dos microrganismos

PHOTORESEARCHERS/ LATINSTOCK

1865 – Mendel descobre a hereditariedade.

THINKSTOCK/GETTY IMAGES

1883 – A primeira vacina antirrábica é descoberta.

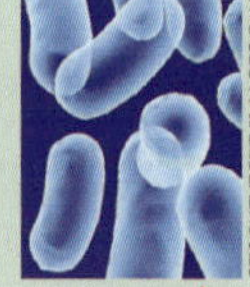

STOCKEXPERT/IMAGES PLUS

1914 – Uma bactéria é usada para tratar esgotos na Inglaterra.

THINKSTOCK/GETTY IMAGES

1922 – Sementes híbridas de milho começam a ser comercializadas.

BETTMANN/CORBIS/ LATINSTOCK

1944 – Avery mostra que o DNA é responsável pela hereditariedade.

Fonte: CONSELHO DE INFORMAÇÃO SOBRE BIOTECNOLOGIA (CIB). Disponível em: <http://cib.org.br>. Acesso em: mar. 2013.

e do pacote tecnológico desenvolvido para o cultivo. Com isso, fica reduzida a quantidade de beneficiados por essas técnicas, além de se acentuar a dependência tecnológica dos países subdesenvolvidos em relação aos desenvolvidos.

A Monsanto atua no Brasil desde a década de 1950, com fábricas de implementos agrícolas, adubos e fertilizantes, e detém a patente de variedades de soja transgênica, um dos produtos agrícolas de maior volume de produção e exportação internacional.

Outro problema para o qual os críticos dos OGMs chamam a atenção é que a biotecnologia pode ocasionar danos à produção de alimentos. Com a homogeneidade cada vez maior das espécies cultivadas, os agricultores optarão pela plantação das mais produtivas e mais resistentes. Se uma nova praga surgir, poderá afetar amplas áreas de cultivo, em várias regiões do planeta.

Há também a possibilidade de haver cruzamentos entre a cultura convencional e a transgênica, sobretudo numa mesma propriedade ou em propriedades próximas, acarretando o fim da espécie pura (convencional). O risco de mistura de OGMs com variedades convencionais existe no cultivo, na colheita, no transporte e no armazenamento, e já ocorreu no Brasil com a soja. Esses riscos remetem à necessidade da rotulagem correta dos alimentos transgênicos, com selo informando dos riscos durante a produção, o armazenamento e a distribuição dos grãos.

A rotulação do produto é um direito do consumidor. As exigências variam de país para país. No Brasil, é exigida se o produto alimentício tiver concentração de transgênicos superior a 1%. Na União Europeia, o limite é de 0,9%, e na Rússia, 5%.

Nos Estados Unidos, cerca de 70% dos alimentos comercializados nas redes de supermercados contêm um ingrediente derivado de transgênico. Na verdade, desde 1985, antes de serem produzidas sementes geneticamente modificadas e autorizadas para cultivo, muitos microrganismos com essas características já eram produzidos em laboratórios e utilizados pela indústria alimentícia, como na produção de enzimas, vitaminas, ácidos orgânicos, corantes, proteínas e realçadores de sabor.

Os especialistas que defendem a utilização dos OGMs argumentam que não há casos comprovados de danos à saúde humana por consumo de transgênicos. A soja geneticamente modificada, por exemplo, é cultivada desde 1996 e está presente numa grande quantidade de alimentos que a utilizam como matéria-prima. Os defensores dos transgênicos destacam que os OGMs têm contribuído para o aumento substancial da produtividade e para a redução da utilização de diversos tipos de agrotóxicos nas plantações, resultando em ganho para o ambiente. Afirmam também que o desenvolvimento dos transgênicos possibilitou que produtos mais saudáveis fossem comercializados, com menos ingredientes prejudiciais à saúde humana, como as gorduras saturadas.

DICA

LEITURA

Riscos dos transgênicos
Rubens Onofre Nodaz e outros. Petrópolis: Vozes, 2000.

Informações sobre o significado e os possíveis riscos dos produtos transgênicos para a saúde e o ambiente.

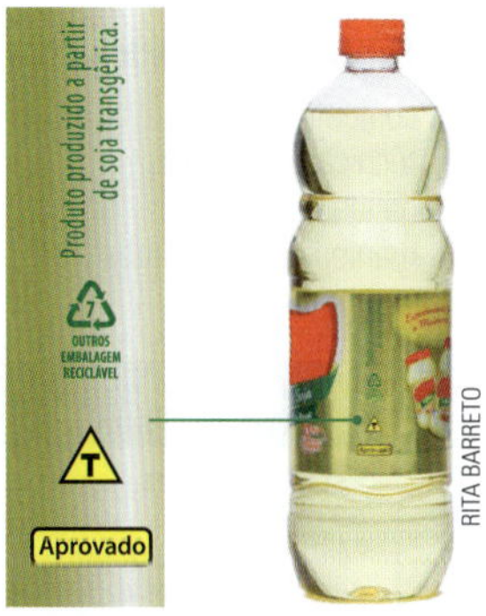

RITA BARRETO

No Brasil, um triângulo equilátero amarelo com a letra T na cor preta é o símbolo usado para indicar a presença de transgênicos na composição dos produtos.

PHOTODISC/GETTY IMAGES

1953

Wilson e Crick revelam a estrutura do DNA.

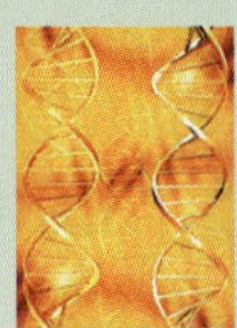
STOCKXPERT/IMAGE PLUS

1973

Cohen e Boyer transferem um gene de um organismo para outro.

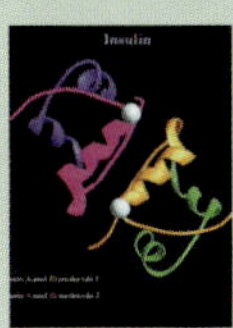
CORBIS/LATINSTOCK

1982

A insulina humana é produzida por engenharia genética.

THINKSTOCK/GETTY IMAGES

1983

As primeiras plantas são desenvolvidas por meio da biotecnologia.

THINKSTOCK/GETTY IMAGES

1986

São realizados os primeiros testes de campo de plantas transgênicas.

PIXTAL/GRUPO KEYSTONE

1994

O primeiro alimento GM, o tomate Flavr Savr chega aos supermercados dos EUA.

PHOTODISC/GETTY IMAGES

1995

A primeira soja modificada pela biotecnologia chega ao mercado.

PIXTAL/GRUPO KEYSTONE

2000

O arroz geneticamente modificado é criado.

PHOTODISC/GETTY IMAGES

2003

O Projeto Genoma, que identifica o mapa genético humano é concluído.

Brasil: área de cultivo de transgênicos em relação à área total cultivada dos produtos selecionados – 2009-2012

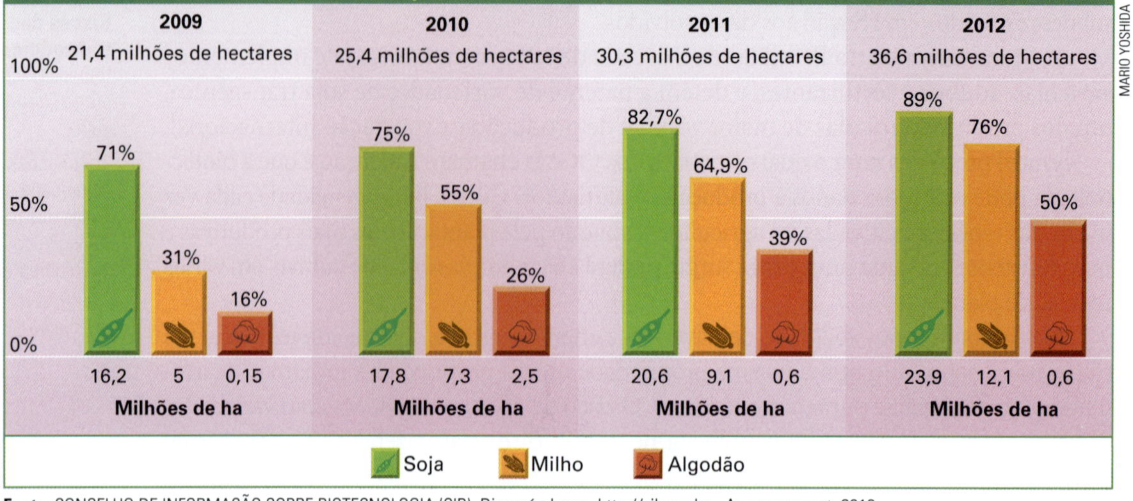

Fonte: CONSELHO DE INFORMAÇÃO SOBRE BIOTECNOLOGIA (CIB). Disponível em: <http://cib.org.br>. Acesso em: set. 2013.

Engenharia genética
conjunto das técnicas envolvidas na identificação e manipulação de genes.

Nos últimos tempos, o desafio da **engenharia genética** tem sido a criação de produtos sintéticos em laboratórios, como moléculas de características semelhantes às naturais e organismos que possam representar novas fontes de combustíveis. O impacto desses produtos na sociedade, na economia e, portanto, no espaço geográfico poderá ser significativo, assim como ocorreu com a introdução de novas tecnologias nos setores industriais e de serviços. O quadro a seguir apresenta as áreas com cultivo de transgênicos no mundo, por países.

Adoção de transgênicos no mundo – 2011

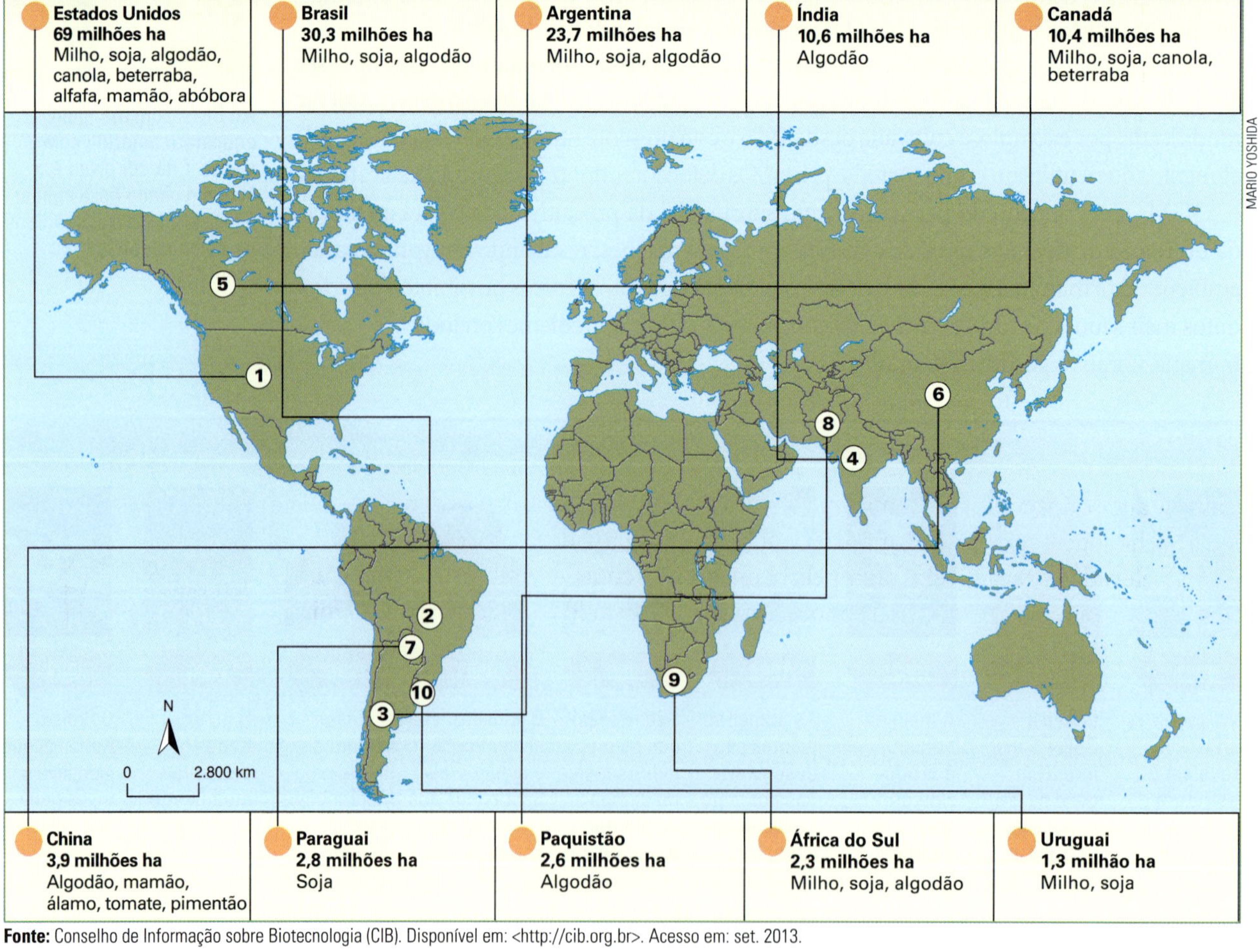

Fonte: Conselho de Informação sobre Biotecnologia (CIB). Disponível em: <http://cib.org.br>. Acesso em: set. 2013.

Agricultura orgânica

CESAR DINIZ/PULSAR IMAGENS

Uma maneira eficaz de evitar a ingestão de agrotóxicos residuais é optar pelo consumo de produtos orgânicos. Na imagem, cultivo de abobrinha orgânica, em Ibiúna (SP), 2011.

Ao mesmo tempo que a engenharia genética enfrenta desafios e a biotecnologia avança a passos largos, a prática da agricultura orgânica ganha muitos adeptos não só nos países desenvolvidos, sobretudo europeus, mas também em vários países subdesenvolvidos, com a utilização de métodos naturais para correção do solo e controle de pragas.

Problemas como a carne bovina contaminada pela doença da vaca louca, na Europa, verduras com excesso de agrotóxicos, águas poluídas por pesticidas e esgotamento do solo por causa do uso intensivo de irrigação têm forçado as pessoas envolvidas no processo de produção agropecuária a repensar os métodos utilizados.

A agricultura orgânica é, desse modo, uma prática que pode contribuir para a redução dos danos causados aos ecossistemas, muitos deles já bastante afetados pelo uso intensivo de técnicas utilizadas na agricultura moderna, que contribuem para a degradação dos solos, a poluição de lençóis freáticos, córregos e rios e a extinção de espécies vegetais e animais.

Muitos consumidores deste início do século XXI estão convencidos da qualidade superior dos produtos orgânicos e dos problemas ecológicos que podem ser evitados por esse tipo de cultivo.

POLÍTICA AGRÍCOLA, PRODUÇÃO E MERCADO NO MUNDO DESENVOLVIDO

Entre os temas mais polêmicos das reuniões da OMC estão as reivindicações dos países subdesenvolvidos para a redução dos subsídios para a produção agrícola e o fim da proteção de mercados pelos países desenvolvidos. Os países protecionistas impõem tarifas elevadas à importação de alimentos e matérias-primas de origem agropecuária[5]. A política agrícola dos países desenvolvidos é um dos pontos mais importantes nas negociações no interior da OMC para o Brasil e outros países exportadores de produtos agropecuários (ver tabela da página seguinte), já que os produtos desses países perdem competitividade naqueles mercados. A questão dos subsídios agrícolas mantidos pelos países desenvolvidos é um dos fatores que emperram as negociações no âmbito da Rodada de Doha[6].

Outras medidas não tarifárias, regulamentadas pela OMC, são também aplicadas para justificar o bloqueio à importação de determinados produtos agropecuários: **barreiras zoossanitárias** e **fitossanitárias**; barreiras ambientais, quando a produção agropecuária causa grande impacto ao meio ambiente; e barreiras relativas às práticas de *dumping* social, quando há superexploração da mão de obra utilizada na atividade agrícola.

A elevada taxação, reforçada pela redução nas cotas de importação por parte dos três principais centros da economia mundial (Estados Unidos, Japão e União Europeia), agrava ainda mais os problemas econômicos e sociais dos países dependentes da exportação agrícola e dificulta as importações de produtos fundamentais ao desenvolvimento, como máquinas, equipamentos industriais e implementos agrícolas.

Do ponto de vista do consumidor que vive nos países desenvolvidos, as políticas agrícolas têm sido duplamente prejudiciais. Primeiro, porque os subsídios destinados

DICA

SITE

FAO

www.fao.org.br

Site da Organização das Nações Unidas para a Agricultura e Alimentação (FAO), ligada à ONU.

barreiras zoossanitárias e fitossanitárias
correspondem a normas aplicadas com o objetivo de impedir a comercialização de mercadorias, de origem animal ou vegetal, passíveis de provocar contaminação biológica por fungos, bactérias etc., ou colocar em risco a saúde pública.

5 Em 2003, durante o encontro da OMC em Cancún (México), o Brasil e mais 19 países subdesenvolvidos protagonizaram um movimento contra a política de subsídios agrícolas desenvolvida pelos países europeus e pelos Estados Unidos. Esse grupo foi denominado G20 (veja os Capítulos 19 e 20.)

6 Sobre a Rodada de Doha e outros aspectos do comércio mundial, consulte o Capítulo 20.

Mundo: principais exportadores de produtos agrícolas, em bilhões de dólares e em percentual em relação ao total mundial – 2011		
Exportadores	US$	(%)
Estados Unidos	168	10,1
União Europeia	158	9,5
Brasil	86	5,2
China	65	3,9
Canadá	60	3,6
Indonésia	48	2,9
Tailândia	48	2,9
Argentina	45	2,7
Malásia	39	2,3
Índia	34	2,1

Nota: em 2011, as exportações totais de produtos agrícolas atingiram 1 trilhão e 660 milhões de dólares.

Fonte: ORGANIZAÇÃO MUNDIAL DO COMÉRCIO. *Estadísticas del Comercio Internacional*. 2011, p. 52. Disponível em: <www.wto.org>. Acesso em: nov. 2013.

aos agricultores são pagos indiretamente por todos os contribuintes. Segundo, porque as tarifas elevadas para as importações elevam também o preço pago pelos consumidores no mercado interno. Essa situação não pode ser generalizada, mas atinge a maioria da população que vive nos países desenvolvidos.

Política e produção agrícola no Japão

A política econômica japonesa tradicionalmente defende seu mercado doméstico dos produtos importados. A renda derivada dos impostos de importação agrícola é convertida em subsídio para os agricultores japoneses.

Apesar dos elevados subsídios destinados à agropecuária e às barreiras alfandegárias aos produtos importados provenientes desse setor, o Japão é dependente da importação de gêneros agrícolas. O pequeno território montanhoso apresenta escassez de áreas cultiváveis, o que determina uma produção insuficiente e pouca diversificada. A distribuição da produção pode ser resumida nos seguintes itens: arroz, frutas, legumes, carne, laticínios e trigo. O arroz é o produto que mais recebe incentivo governamental – considerado fundamental à segurança alimentar do país – e é um dos raros produtos em que o Japão é autossuficiente.

Política e espaço de produção agrícola na União Europeia

Na União Europeia a proteção agrícola por meio de taxação dos produtos importados, subvenção à produção e subsídios à exportação para garantir a venda de excedentes são regulamentados pela **Política Agrícola Comum** (PAC).

LEITURA COMPLEMENTAR

A guerra das galinhas

“Em 1929, Franklin Delano Roosevelt prometeu ‘dois carros em cada garagem e uma galinha em cada panela’ nos Estados Unidos. Na época, as fazendas de criação produziam 34 milhões de frangos, com peso médio de 1,5 quilo cada. Cada ave consumia cerca de 5,5 quilos de ração durante os quatro meses em que passava do ovo à panela. Como a criação de aves dificilmente estimula a imaginação, o mundo não tomou conhecimento do surgimento da genética no século XX. Em 1955, um criador podia conseguir um frango de 1,8 quilo com 3,6 quilos de ração. Felizes como uma raposa no galinheiro, os criadores levaram ao mercado 2,2 bilhões de galinhas. [...] No final da década de [19]50, a América estava até o pescoço de galinhas; a oferta havia finalmente ultrapassado a demanda. Os criadores de galinha entraram em pânico. [...]

Em 1959, a América vendeu à Europa 19 milhões de dólares em frangos. Em 1960, as vendas ultrapassaram 30 milhões de dólares; em 1961, 50 milhões de dólares. Em 1962, ano em que a Alemanha sozinha comprou 150 milhões de dólares, foi a vez de a Europa entrar em pânico. Na época, a Europa tinha recém-começado com o conceito de unificação, mas a paranoia com relação às galinhas forçou os ministros da CE [Comunidade Europeia] a uma maratona de mais de 200 horas de reuniões. Em 14 de janeiro de 1962, depois de 47 reuniões, 137 horas de discussão em plenário, 214 horas de reuniões de subcomissões, 3 enfartes e 585.000 páginas de documentos, os ministros transformaram em lei a primeira legislação sobre galinhas, oficialmente denominada Política Agrícola Comum (PAC).

SILVA, Michael; SJÖGREN, Bertil. *Europa 1992*: um novo jogo do poder mundial. São Paulo: Makron Books, 1992. p. 184-185.

1. O texto faz uma brincadeira baseada em fatos verdadeiros. Que relação os autores estabelecem entre a venda de galinhas à Europa e a criação da PAC?
2. Relacione seus conhecimentos sobre Revolução Verde e os fatos apresentados no texto.

O apoio irrestrito à agricultura levou a UE praticamente à autossuficiência em muitos gêneros básicos e à geração de excedentes em diversos produtos, elevando a capacidade de exportação agrícola desse bloco econômico (veja tabela da página anterior).

Em 2003, a UE liberou o comércio de alimentos transgênicos, inclusive os industrializados que utilizam esse tipo de matéria-prima, desde que eles sejam identificados no rótulo do produto. A decisão sobre o consumo de mercadorias com ingredientes geneticamente modificados foi transferida para o próprio consumidor. No entanto, esses produtos encontram ampla rejeição tanto dos consumidores como dos agricultores, em todos os países da comunidade.

A UE apresenta uma importante e diversificada produção agrícola, com grande aproveitamento de seus solos, em geral férteis. O uso do solo é feito com técnicas adequadas e modernas, que propiciam elevada produtividade.

O cultivo de cereais predomina, com destaque para o trigo, seu produto mais importante. Outros cereais importantes são o centeio, a aveia e a cevada, produtos típicos das áreas de clima temperado. O centeio substitui o trigo em áreas de clima mais frio e é importante na fabricação do pão. A aveia é produzida principalmente para alimentação do gado (forragem). A cevada é matéria-prima básica da cerveja, produto importante em vários países europeus. Os maiores produtores desses cereais são Alemanha, França, Espanha, Polônia e Reino Unido.

Nas regiões de clima mediterrâneo, destaca-se o cultivo de oliveira para produzir azeitonas e azeite, sendo Portugal, Espanha, Grécia, França e Itália os maiores e melhores produtores mundiais. Outro cultivo especial é o da videira, para produção de vinhos.

Europa: agropecuária – Início século XXI

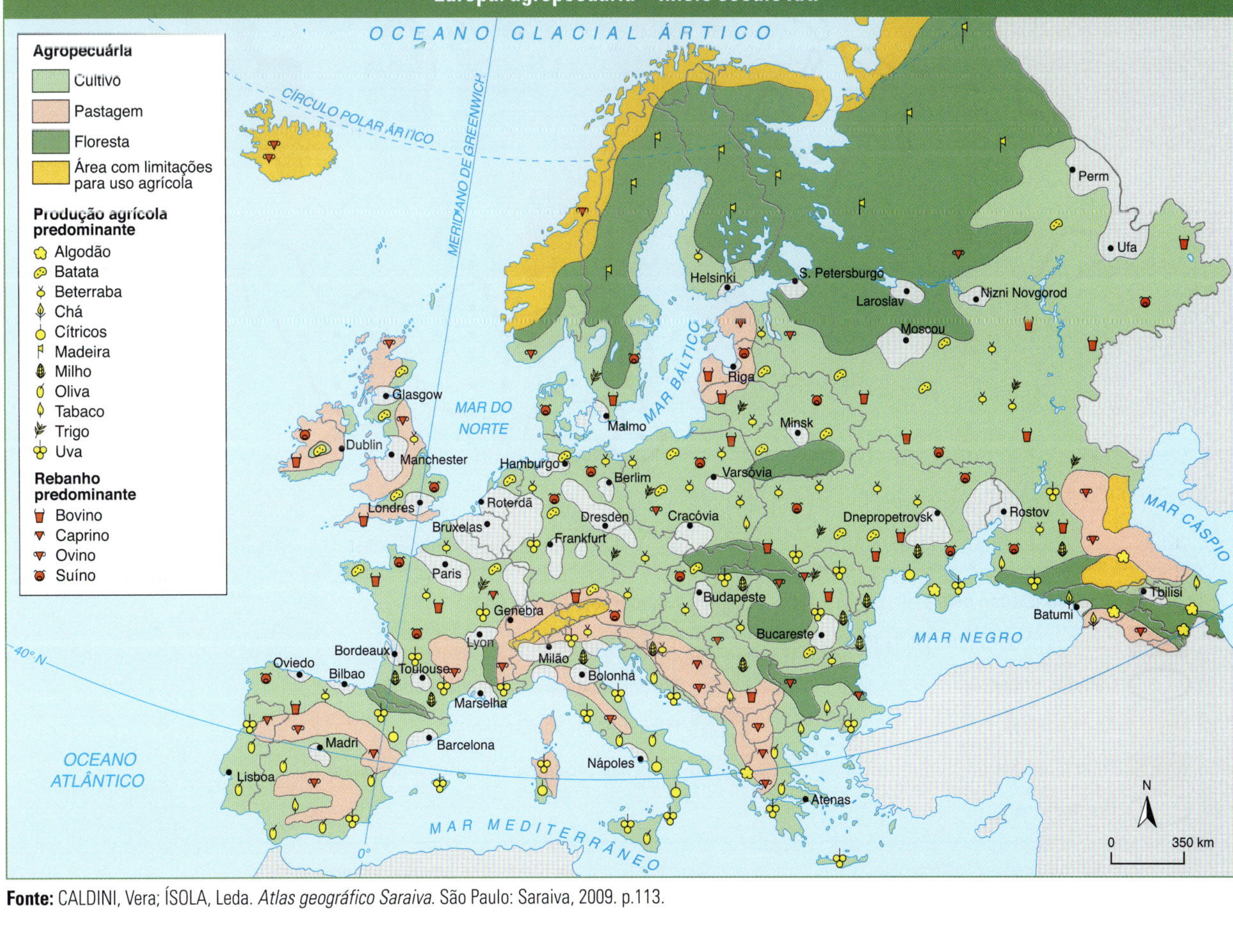

Fonte: CALDINI, Vera; ÍSOLA, Leda. *Atlas geográfico Saraiva.* São Paulo: Saraiva, 2009. p.113.

Política e espaço de produção agrícola nos Estados Unidos

Os Estados Unidos detêm o maior índice de produtividade agropecuária do planeta. Apesar de empregarem por volta de 3% de sua população economicamente ativa na agricultura, são os maiores produtores e exportadores do mundo. A elevada produção e a alta produtividade devem-se, em boa parte, à estreita relação entre agropecuária e indústria e à consequente intensificação do processo de mecanização agrícola.

Existem cinco características marcantes na agricultura estadunidense:

- política agrícola com forte apoio do Estado aos produtores rurais, por meio de subsídios e práticas protecionistas;
- atuação em vários países do mundo, por meio de empresas que produzem, distribuem e comercializam alimentos, sementes e outros insumos agrícolas. São exemplos a Chiquita Brands International (ex-United Fruit), que atua sobretudo na América Central, e a Monsanto, a Cargill e a Bunge, que mantêm operações em vários países, incluindo o Brasil;
- forte investimento em biotecnologia, por meio de instituições de pesquisa e empresas;
- organização do espaço agrário em *green belts* (cinturões agrícolas), onde predomina determinado produto, adaptado às condições de clima, solo e mercado;
- elevado grau de mecanização em todas as etapas do processo, do cultivo ao beneficiamento do produto, o que garante altíssima produtividade.

Estados Unidos: espaço agropecuário – Início do século XXI

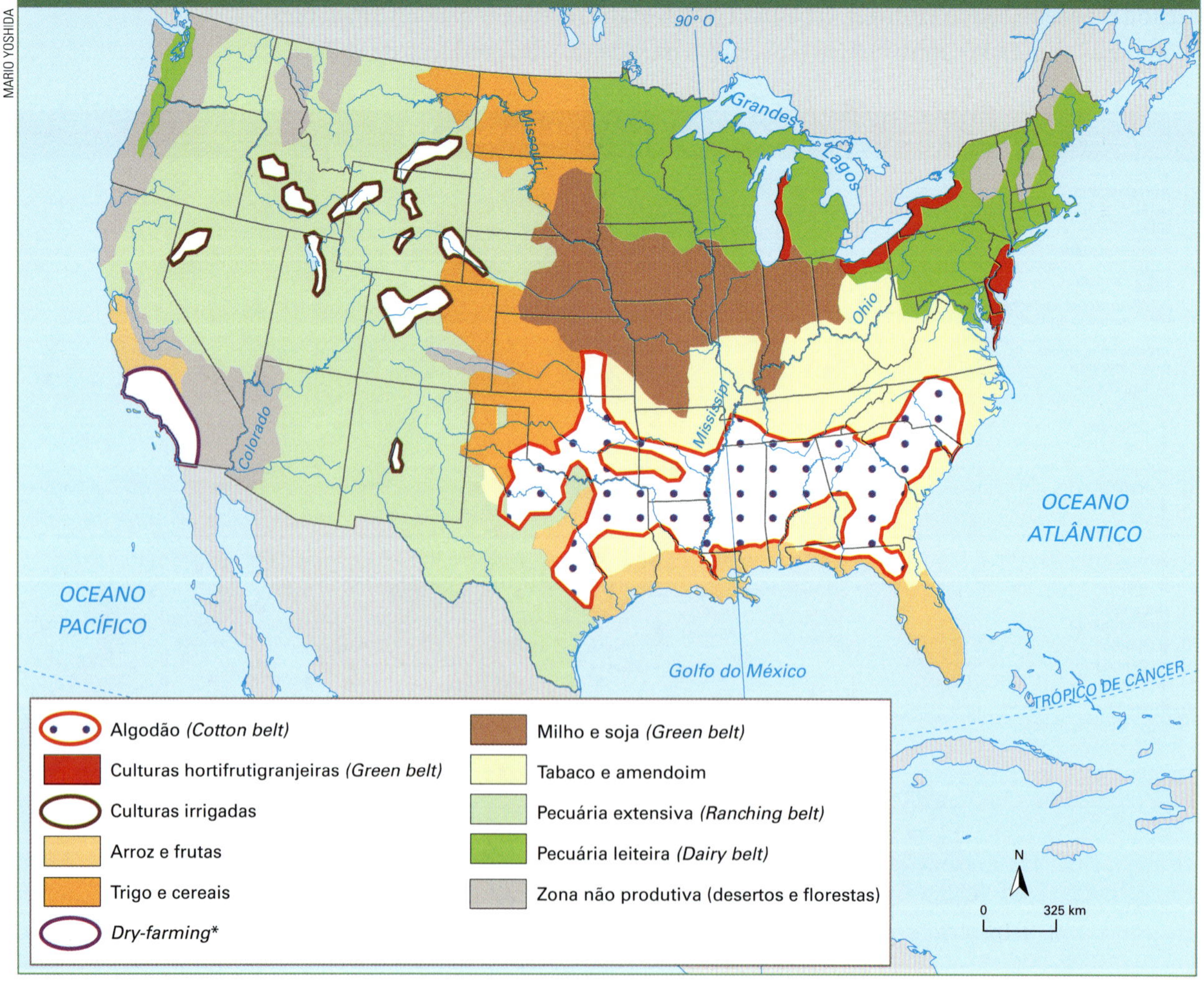

* *Dry-farming*: técnica utilizada na Califórnia que consiste em revolver o solo em regiões áridas para trazer à superfície solo mais úmido.

Fonte: LANGROGNET, Michel (Dir.). *Le Grand Atlas Geo-Gallimard pour le XXIe. Siècle*. Paris: Gallimard, 2008. p. 19.

PONTO DE VISTA

A fome que dá lucro

"A especulação financeira chegou ao mercado de alimentos. E não há indícios de que vai parar. Para os produtores, essa movimentação pode significar preços maiores. Para os investidores, a possibilidade de aumentarem os lucros. Para as bolsas, uma liquidez mais atraente. Para os pobres, simplesmente a fome. [...]

Autoridades governamentais e de organismos financeiros internacionais, agentes financeiros, representantes de agronegócio, acadêmicos, jornalistas e militantes de movimentos sociais e de organizações não governamentais têm atribuído o aumento dos preços dos alimentos a diversas causas.

Assim apontam-se fatores relativos à demanda, como:

- O aumento do consumo por populações saídas da situação de pobreza em países emergentes como China e Índia. Esse crescimento vem acompanhado da mudança do padrão de consumo. As pessoas não só comem mais, como procuram mais carne, ovos, laticínios. Já que um quilo de alimento animal implica em dez quilos de alimento vegetal em forma de rações, a demanda de grãos cresce.
- O incremento do processo de urbanização tem feito com que antigos camponeses, agora habitantes de favelas ou subúrbios, deixem de produzir seu próprio alimento, tendo que garantir seu sustento no mercado.

Ou fatores relacionados à oferta, como: [...]

- O aumento dos preços dos fertilizantes e fretes em decorrência da forte elevação dos preços do petróleo.
- A utilização de bens alimentares para produção de agrocombustíveis, como a beterraba e a canola na Europa, a soja no Brasil e, particularmente, o milho nos Estados Unidos, onde se gasta 10% da produção mundial desse grão para obter etanol. [...]

Ou elementos estruturais como:

- Três décadas de acordos de livre-comércio e políticas neoliberais que, nas palavras de Peter Rosset, do Centro de Estudos para a Mudança no Campo Mexicano (Ceccam), desmantelaram a capacidade da maioria dos países de produzirem o seu próprio alimento enquanto promoviam a agricultura de exportação e o crescimento das empresas transnacionais. [...]
- A insuficiência de investimentos na agricultura pelos Estados, particularmente em função do impacto das políticas neoliberais nos países em desenvolvimento. [...]
- O jogo duplo dos governos das nações desenvolvidas. Por um lado, dão subsídios e colocam barreiras para garantir sua própria produção agrícola com preços que configuram como *dumping* sobre outros países [...]. Por outro, exigem a liberalização dos mercados dos países em desenvolvimento, desestruturando, em muitos casos, a soberania alimentar dos mesmos. Até 1960, a grande maioria dos países era autossuficiente na produção de alimentos. Hoje, 70% das nações do Hemisfério Sul, onde vivem 4,8 bilhões de pessoas, se transformaram em importadores desses produtos. [...]
- A especulação nas bolsas de futuro, que transforma a fome do mundo na nova fonte de lucro do capital financeiro. [E o Estado poderia e deveria regular mais esse mercado financeiro] [...]

Vários acadêmicos e militantes de movimentos sociais e organizações não governamentais reconhecem o conjunto de causas, mas apontam que para explicar o aumento exponencial dos preços dos alimentos é preciso dar mais atenção à especulação. Segundo Boaventura de Sousa Santos, estes aumentos especulativos – como também os do petróleo – seriam resultado do capital financeiro (bancos, fundos de pensões, fundos de alto risco e rendimento) ter começado a investir fortemente nos mercados internacionais de produtos agrícolas depois da crise no setor imobiliário.

ROMANO, Jorge. *Le Monde Diplomatique Brasil*. São Paulo, jul. 2008. p. 10.

1. Aponte dois fatores relacionados à demanda e dois relacionados à oferta que expliquem o aumento dos preços dos gêneros alimentícios. Justifique sua resposta.

2. Entre os elementos estruturais para o aumento dos preços dos alimentos, explique resumidamente aqueles que se relacionam diretamente à atuação dos Estados.

3. De que maneira a especulação está relacionada à alta de preços dos alimentos?

[COMPREENSÃO E ANÁLISE]

1. Sobre a Revolução Verde, faça o que se pede:

a) Aponte seus pontos negativos e seus pontos positivos.

b) Converse com os colegas sobre o que poderia ser feito para que os pontos negativos por vocês apontados fossem minimizados.

2. Compare os problemas oriundos da Revolução Verde com a introdução dos transgênicos nos dias atuais.

3. De que forma as políticas agrícolas dos países desenvolvidos afetam a economia dos subdesenvolvidos?

4. Leia o texto e resolva as questões.

Greenpeace protesta contra arroz transgênico

"Atualmente, o Brasil planta três culturas transgênicas em seu território – soja, algodão e milho – e caminha para a liberação do cultivo de um quarto produto geneticamente modificado: o arroz. Para impedir, ativistas do Greenpeace protestaram hoje [15 de outubro de 2009], em Brasília, durante uma reunião da CTNBio – Comissão Técnica Nacional de Biossegurança, o órgão brasileiro responsável pela liberação de transgênicos no país [...]."

SPITZCOVSKY, Débora. Planeta Sustentável. Disponível em: <http://planetasustentavel.abril.com.br>. Acesso em: dez. 2012.

a) Que riscos se supõe que os produtos geneticamente modificados acarretam?

b) Quais são os argumentos utilizados pelos que defendem esses produtos?

c) O que você pensa sobre o uso de transgênicos e o consumo de alimentos que contenham organismos geneticamente modificados (OGMs)?

d) Ao adquirir produtos alimentícios, você está atento à presença ou não de OGMs em sua composição? Justifique.

5. Sobre agricultura orgânica, faça o que se pede:

a) Caracterize-a e indique suas vantagens e desvantagens em relação às outras formas de cultivo.

b) Você ou seus familiares procuram adquirir produtos derivados desse tipo de agricultura? Por quê?

6. O que é a Política Agrícola Comum da União Europeia e quais são os seus principais objetivos?

7. Caracterize a organização da produção agrícola dos Estados Unidos em termos espaciais e aponte aspectos importantes de sua política agrícola.

8. Observe os gráficos abaixo.

Fonte: DEPARTAMENTO DE AGRICULTURA DOS ESTADOS UNIDOS (USDA), 2012. In: *Globo Rural*. São Paulo: Abril, maio 2012. p. 56.

Calcule os percentuais de produção, consumo e exportações dos Estados Unidos em relação ao total mundial.

9. Considerando o clima, solo e mercado, observe o mapa da página 426 e responda: dessas condições, qual deve ter sido a mais importante para definir a localização do *dairy belt* (cinturão dos laticínios)? Explique.

10. Comente a contradição existente entre a política neoliberal defendida por muitos países desenvolvidos e as políticas agrícolas que eles adotam.

CAPÍTULO 28

ESPAÇO AGRÁRIO NO MUNDO SUBDESENVOLVIDO E NO BRASIL

CONTEXTO

Leia as informações do mapa a seguir.

Planisfério: terra agricultável por países – 2009

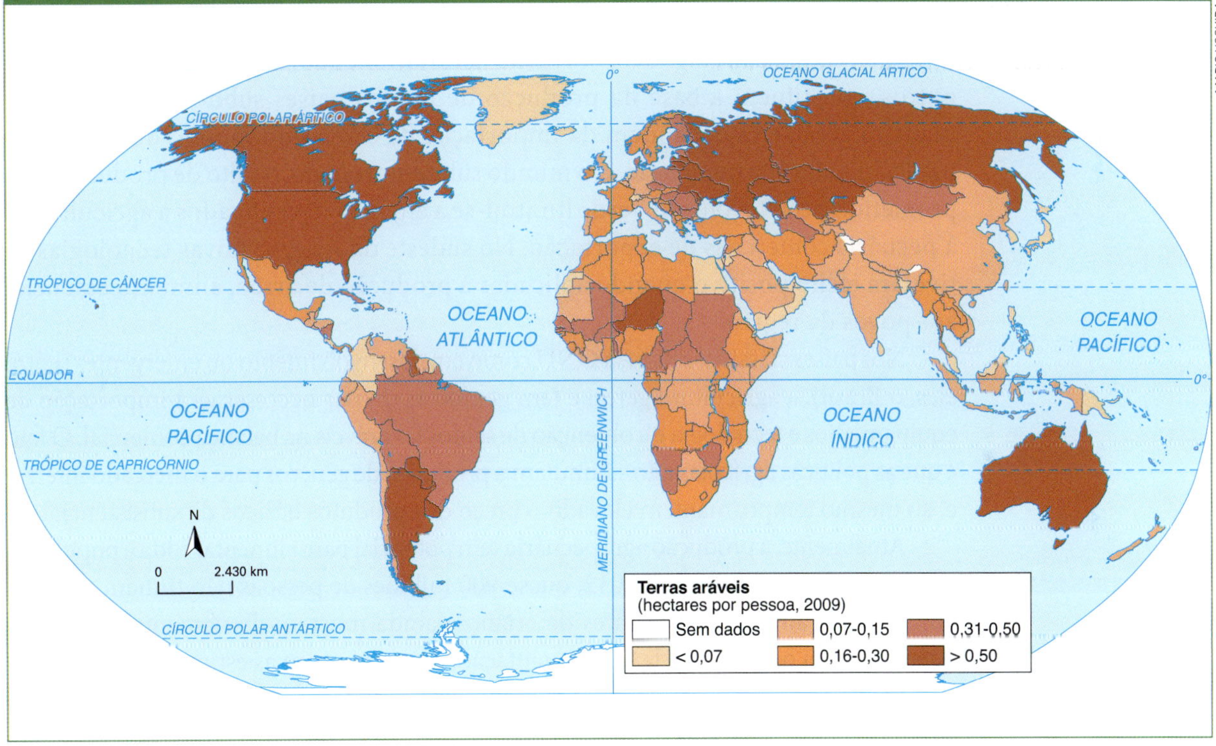

Fonte: FAO. *Statistical Yearbook 2012*. p. 14-15. Disponível em: <www.fao.org>. Acesso em: dez. 2012.

DISCUTA

1. Para que serve o tipo de relação estabelecida nesse mapa?
2. Quais países apresentam maiores índices de terras agricultáveis?
3. Com base no que você estudou no Capítulo 20, discuta as dificuldades que os países subdesenvolvidos têm em relação às exportações agrícolas.

ATIVIDADES AGRÁRIAS NO MUNDO SUBDESENVOLVIDO

DICA

FILME

Quem alimenta o mundo
Áustria, 2005. Direção: Erwin Wagenhofer. Duração: 93 min.

É um filme sobre alimentação e globalização, sobre a escassez no meio da abundância. O filme ajuda a compreender como são produzidos os nossos alimentos e explica o que tem a ver conosco a fome no mundo.

Os países subdesenvolvidos já foram caracterizados como exportadores de produtos agrícolas e matérias-primas. Apesar de essa característica continuar válida para a maioria das nações desse grupo, atualmente os países desenvolvidos é que respondem pelo maior volume de exportação de produtos agrícolas. Isso porque a modernização da produção e os enormes incentivos destinados à atividade agrícola têm gerado cada vez mais excedentes nesses países. Além disso, suas políticas protecionistas dificultam a entrada da produção agrícola dos países subdesenvolvidos, conforme discutido na seção *Contexto*.

A maioria dos **países africanos**, **latino-americanos** e **asiáticos** não prioriza uma agricultura destinada ao abastecimento do mercado interno. Em grande parte, o maior obstáculo à solução desse problema, que prejudica boa parcela da população desses países, é o fato de eles não terem se libertado de seu passado colonial, considerando a estrutura e o destino da produção agropecuária. O **modelo agrícola de exportação** ainda é prioritário, em detrimento das necessidades locais. É justamente nos países mais dependentes da exportação de produtos agrícolas que os problemas alimentares são crônicos.

Chá, cacau, café, algodão, borracha natural, amendoim, frutas tropicais, entre outros, constituem a base da produção de muitos países subdesenvolvidos. De maneira geral, eles dependem da importação de cereais do mundo desenvolvido para alimentar sua população. No mundo subdesenvolvido, o salto de produtividade prometido pela Revolução Verde limitou-se a alguns setores ligados à agricultura e à pecuária comerciais de exportação. No sudeste da Ásia, as novas tecnologias só tiveram efeito positivo quando aplicadas à produção de arroz, alimento essencial aos povos da região.

Nos países classificados pela ONU como em desenvolvimento ou emergentes (entre eles, o Brasil), a agricultura gerou e tem gerado as divisas necessárias à importação de equipamentos e tecnologia e à obtenção de saldos favoráveis na balança comercial. O fato é que as políticas agrícolas não estimulam a produção de gêneros para o mercado interno e, ao mesmo tempo, mantêm elevado o preço dos produtos básicos de subsistência.

Atualmente, a produção agropecuária tem potencial para alimentar toda a população do planeta. Ainda assim, em 2012, quase 900 milhões de pessoas não tinham acesso a **alimentação adequada**. Milhares de crianças ainda morrem diariamente em consequência direta ou indireta da má alimentação, de acordo com as estimativas da FAO.

Esses são indicadores de que o aumento da produção da agricultura mundial não atingiu igualmente todas as regiões do planeta. Nos países africanos, por exemplo, desde a década de 1970, o crescimento médio da produção agrícola girou em torno de 1% ao ano, enquanto o crescimento populacional ultrapassou a média de 2,5% ao ano.

A questão agrícola na África

Os países situados na **África Subsaariana** apresentam, em geral, índices de crescimento econômico baixos, conflitos étnicos, guerras civis e economia dependente dos setores primários da agricultura e da mineração dirigidos para a exportação, apesar de terem ocorrido alguns avanços em termos de ampliação da capacidade de produção e da economia. Nesses países, a fome é um grave problema social, e os resultados das políticas de combate a ela são pouco animadores. De modo geral, esses problemas resultam do processo histórico do continente, marcado, entre o século XVI e o XX, pelo colonialismo.

A ocupação da África no século XIX, durante a expansão imperialista europeia, provocou a substituição das culturas de subsistência, nas regiões com solos mais férteis, pelas monoculturas de exportação, que permanecem até os dias atuais. Esse modelo de ocupação imperialista gerou concentração **fundiária** e impediu muitas comunidades de praticar a lavoura para o consumo, ampliando os problemas sociais e levando a fome a grande parte da população africana.

Fundiária
relativa a terrenos; agrária.

A **agricultura de subsistência**, ou para consumo próprio, caracteriza-se pelo uso de instrumentos e técnicas rudimentares e tem baixo rendimento. É praticada principalmente no interior do continente, nas áreas de savanas. O lavrador faz a queimada para limpar o terreno e, posteriormente, com a enxada, tira os torrões de terra e faz a semeadura, utilizando as próprias cinzas, ricas em potássio, como fertilizante. O uso constante de queimadas prejudica o solo, obrigando o agricultor a se deslocar para outras áreas, onde reproduz o mesmo sistema de cultivo. O fogo ateado às matas destrói os microrganismos do solo e transforma troncos e folhas em cinzas, impedindo a formação da matéria orgânica fundamental à manutenção da fertilidade do solo.

África: Magreb, Saara e Sahel

Fonte: elaborado com base em GIRARDI, Gisele; ROSA, Jussara Vaz. *Novo atlas geográfico do estudante*. São Paulo: FTD, 2010.

O Saara, situado no norte da África, é o maior deserto do mundo. Chama-se Sahel a faixa semiárida que contorna o sul do Saara e corresponde à sua área de expansão. Na região Subsaariana e no nordeste, ou Chifre da África – Etiópia, Eritreia e Somália –, concentra-se o maior número de pessoas sujeitas à fome ou à subalimentação de todo o planeta.

Magreb
em árabe, "extremo do ocidente" ou "ilha do poente"; designa os últimos países de influência árabe muçulmana situados na parte mais ocidental do planeta.

As comunidades que habitam o Sahel, região que se estende ao sul do deserto do Saara, na África, são as mais atingidas pela tragédia da fome.

Na região do **Magreb** (Marrocos, Argélia e Tunísia – veja o mapa da página anterior) e no extremo sul da **África do Sul**, o cultivo de cereais (centeio, trigo e cevada), oliveira e videira é feito na faixa de clima mediterrâneo.

No Magreb, as fazendas foram implantadas pelos franceses durante o processo de colonização (do século XIX até a segunda metade do século XX, quando foram expulsos). A atividade agropecuária nessa região tem rendimento superior à média africana.

Nas áreas mediterrâneas e nas regiões do Saara próximas ao relevo montanhoso da Cadeia do Atlas, prevalece o pastoreio nômade (de ovelhas, cabras e camelos), com deslocamento do gado para as montanhas durante a primavera e o verão, devido à abundância de água formada pelo derretimento da neve dos cumes mais elevados.

Agricultura de jardinagem na Ásia Oriental e no Sudeste Asiático

A agricultura de jardinagem envolve técnicas mais aprimoradas que o sistema da roça e queimadas e é praticada no sudeste e no leste da Ásia, empregando grande número de trabalhadores.

Os cuidados, nesse sistema agrícola, lembram o trabalho minucioso exigido no cultivo de jardins (daí o termo "agricultura de jardinagem"). Além disso, usa-se adubação intensa, e o espaço agrícola é dividido em pequenas propriedades, com exceção da Malásia e da Indonésia, onde a monocultura de exportação ainda predomina.

LIANG ZHEN/IMAGINE CHINA/AFP

A agricultura de jardinagem tem elevada produtividade e emprega grande quantidade de trabalhadores, fator importante, do ponto de vista social e econômico, em regiões populosas do Extremo Oriente e do Sudeste Asiático. Esse tipo de agricultura é praticado também em encostas, sob a forma de terraços. Na imagem, cultivo de chá na cidade Hangzhou (China), 2012.

Nesse tipo de plantio, para aproveitar a água que se acumula durante os meses de chuva, o terreno é dividido em várias partes. Entre elas existem canais para distribuição da água e uma espécie de estreito (dique), que serve de passagem para os agricultores. O principal produto cultivado, base da alimentação dos habitantes, é o arroz. Obtêm-se duas e até três colheitas do vegetal por ano.

A China é um dos maiores exportadores e importadores de produtos agrícolas do mundo. Nas duas últimas décadas, o governo chinês decidiu que a ciência e a tecnologia são pilares do desenvolvimento econômico e elegeu a biotecnologia como área prioritária. Ela está sendo aplicada à produção de vegetais transgênicos ou geneticamente modificados (OGMs) consumidos no país, como o arroz (resistente a infecções bacterianas, a insetos e a herbicidas), o milho (com maior teor de **lisina**, para alimentação do gado), o algodão (resistente a pragas) e o tomate (mais durável). Apesar da elevada produção, a necessidade de alimentar mais de 1,3 bilhão de pessoas torna a atividade agrícola item de extrema importância para a China.

Lisina
aminoácido fundamental para a formação de uma proteína completa.

As reformas realizadas na China concederam o uso do solo a milhões de famílias camponesas e total liberdade de gerenciar e organizar o trabalho agrícola, mas estabeleceram cotas mínimas que devem ser vendidas ao Estado. A produção que exceder a cota de cada família pode ser totalmente comercializada no mercado. Além disso, os camponeses conquistaram o direito à exploração (mas não à posse) das terras e tornaram-se proprietários dos instrumentos agrícolas e de todas as benfeitorias realizadas em suas unidades produtivas. A maioria das terras continua a ser propriedade do Estado, e os mais altos índices de pobreza e subalimentação estão nas localidades rurais.

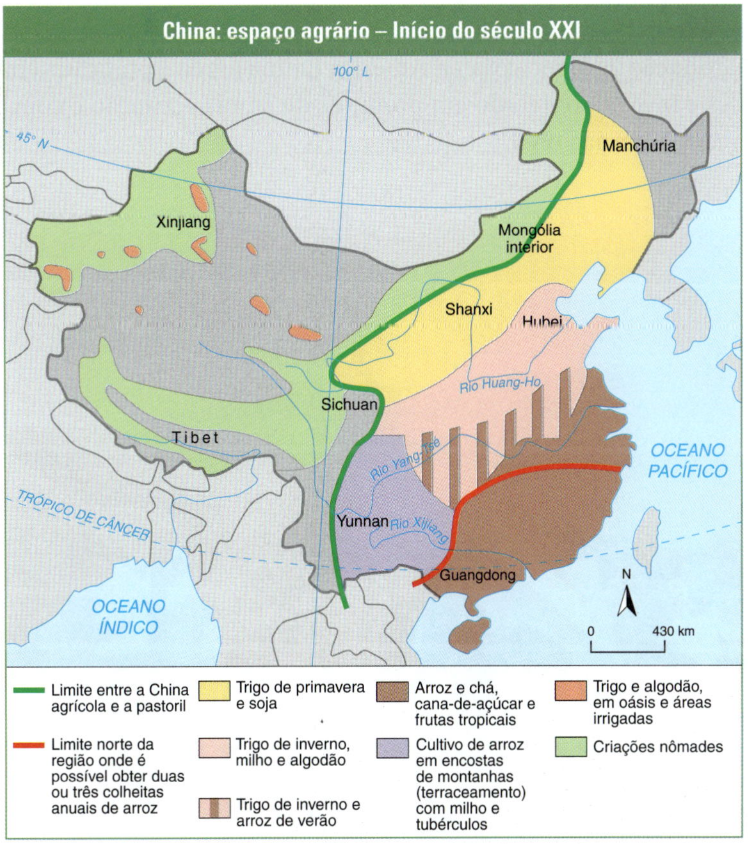

Fonte: BOUVET, Christian. *Géographie terminales*. Paris: Hachette Éducation, 1998. p. 137; COLUMBIA UNIVERSITY. Asia for Educators. Disponível em: <http://afe.easia.columbia.edu>. Acesso em: mar. 2013.

A agricultura é expressiva na parte leste da China, de planícies férteis, irrigadas pelas bacias de dois grandes rios, o Yang-Tsé (Azul) e o Huang-Ho (Amarelo). Nessas regiões (China Oriental e Manchúria), vive mais de 1 bilhão de pessoas, onde a produção de milho, suínos (maior rebanho do mundo), chá, frutas, legumes e outros cultivos está espalhada pelo espaço agrícola. A produção de trigo é mais importante nas regiões de clima temperado, e o arroz é cultivado nas áreas mais quentes do sudeste.

A questão agrária na América Latina

A questão agrária é um problema que afeta historicamente a população da maioria dos países latino-americanos, cuja colonização se baseou na exploração mineral e no sistema de *plantation*.

Após o processo de independência latino-americana, no século XIX, a classe política oriunda da oligarquia rural escravocrata manteve o modelo colonizador, com forte influência estrangeira. As relações comerciais externas, porém, antes controladas por espanhóis e portugueses, passaram a ser dominadas por ingleses, franceses e, principalmente, estadunidenses. As elites nativas mantiveram os seus privilégios e conquistaram o poder político, mas eram tipicamente agrárias e não modificaram a natureza do sistema de *plantation* vigente. Ditaduras prolongadas marcaram a maior parte da história da América Latina independente, com forte poder regional. Esse poder era controlado por "caudilhos", que no Brasil eram representados pelos coronéis nordestinos, pelos gaúchos proprietários de grandes fazendas de gado e, em menor escala, pelos barões do café.

Na América Central, a presença estadunidense em alguns países foi decisiva na estruturação das atividades agrárias pós-independência. A produção agrícola dos países da América Central foi dominada economicamente pela United Fruit (atual Chiquita Brands International), uma das maiores exportadoras de frutas do mundo. Essa empresa estadunidense detinha terras e controlava portos, casas comerciais, empresas de exportação e importação e ferrovias de vários países situados no istmo centro-americano. A sua influência estendia-se à esfera política, por meio do apoio a governos favoráveis aos seus negócios e do financiamento de golpes de Estado para depor governantes que colocassem obstáculos ao desenvolvimento de suas atividades.

Atualmente, a produção agropecuária na América Latina ainda é praticada em grandes propriedades e investe sobretudo em produtos de ampla aceitação e competitividade no mercado internacional.

NORBERTO DUARTE/AE

Acampamento de agricultores sem terra, em Ñacunday (Paraguai), 2012, reivindicando a desapropriação de quatro grandes fazendas.

Em vários países da América Latina, mais da metade dos pobres e miseráveis habita áreas rurais. São milhões de trabalhadores sem terra e sem trabalho, que obtêm alguma forma de renda apenas nas épocas de plantio e colheita, como mão de obra contratada. É o caso do México, dos países da América Central (como Honduras, Guatemala e Nicarágua), dos países andinos (Peru e Colômbia, entre outros) e do Paraguai. Também é o caso do Brasil, embora aqui exista a particularidade de os pobres das cidades superarem numericamente os das áreas rurais. Em contraste com essa situação, na maioria desses países há abundância de terras, que são, porém, dominadas por grandes fazendas comerciais, responsáveis pelo maior volume de produção agrícola.

Os países andinos formam um grupo de seis países, situados ao longo da Cordilheira dos Andes: Bolívia, Peru, Equador, Chile, Colômbia e Venezuela. Nesses países, principalmente nos três primeiros, é representativa a população de origem indígena e, desde as últimas décadas do século XX, ela tem se organizado e obtido algumas conquistas em sua luta contra a exclusão social e a favor da **reforma agrária**.

Reforma agrária
consiste na adoção de medidas para melhorar a distribuição da terra, promovendo a justiça social, criando condições de melhoria de vida do trabalhador rural e elevando a produção e a produtividade agropastoris. O processo de reforma agrária deve incluir apoio técnico, infraestrutura adequada à produção, sistema de armazenamento e transporte, garantia de preços mínimos, crédito ao pequeno agricultor e orientação para a criação de cooperativas e de pequenas agroindústrias, entre outros aspectos.

A AGROPECUÁRIA E A QUESTÃO AGRÁRIA NO BRASIL

A agropecuária no Brasil apresenta duas faces: o **agronegócio** (***agribusiness***), com elevada produtividade (aproximadamente 40% das exportações brasileiras e cerca de 25% do PIB Nacional[7]), que coloca a produção brasileira entre as mais competitivas do mundo, apesar das barreiras que os produtos brasileiros encontram nos principais mercados internacionais e a **questão agrária**, que mantém milhares de trabalhadores rurais sem emprego e terra, o que os deixa sem condições de prover a própria subsistência.

DICAS

SITES

Portal do Agronegócio
www.portaldoagronegocio.com.br
Explica o que é o agronegócio e traz dicas e informações sobre essa atividade.

Ministério da Agricultura, Pecuária e Abastecimento
www.agricultura.gov.br
Traz informações e dados sobre a agropecuária no Brasil.

LEITURA

Questão agrária no Brasil
João Pedro Stédile. São Paulo: Atual, 2005.
A questão agrária é comentada sob a óptica de um dos maiores defensores da reforma agrária no Brasil.

***Agribusiness* – O que é isso?**

Fornecedores de insumos e bens de produção	Produção agropecuária	Processamento e transformação	Distribuição e consumo
Sementes Calcário Fertilizantes Rações Defensivos vegetais Produtos veterinários Tratores Colheitadeiras Implementos Equipamentos Máquinas Motores	Produção animal Lavouras permanentes Lavouras temporárias Horticultura Silvicultura Extração vegetal Indústria rural	Alimentos Têxteis Vestuário Madeira Bebidas Álcool Papel Fumo Óleos, essências	Restaurantes Hotéis Bares Padarias *Fast-food* *Self-service* Supermercados Comércio atacadista Exportação
Serviços de apoio: veterinários, agronômicos, P&D, bancários, *marketing*, vendas, transporte, armazenagem, portuários, assistência técnica, informação de mercados, bolsas, seguros e outros.			

Fonte: *Rumos*. Rio de Janeiro: ABDE, ano 23, n. 163, ago. 1999. p. 26-27.

A ideia central do *agribusiness* é a construção de cadeias produtivas, formadas por agentes econômicos integrados por mecanismos como: cooperativismo, associativismo, parcerias, contratos, integração vertical e alianças estratégicas.

7 Dados de 2012 do Ministério da Agricultura.

Pecuária

A pecuária do Brasil ocupa lugar de destaque no mercado mundial, particularmente na criação de aves e bovinos. A avicultura conquistou amplo mercado externo nas últimas décadas com exportações para todos os continentes. É o rebanho mais numeroso, com rápido ciclo de reposição e cujos produtos, além de serem importantes fontes de alimentos, servem de matéria-prima para muitas mercadorias. O Sul e o Sudeste são as principais regiões criadoras do país.

Brasil: efetivo dos principais tipos de criação – 2012

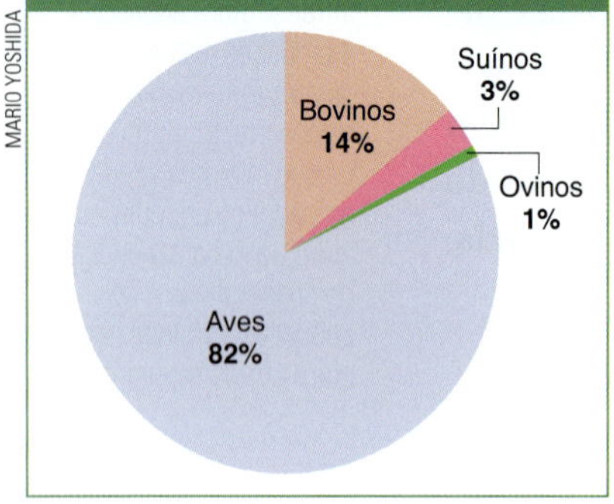

Fonte: IBGE. *Produção da Pecuária Municipal*, v. 40, 2012. Disponível em: <www.ibge.gov.br>. Acesso em: jan. 2014.

O Brasil tem um dos maiores rebanhos bovinos do mundo, e várias medidas foram tomadas para melhorar a qualidade do gado e erradicar doenças que impediam a colocação do produto no mercado internacional, devido às barreiras sanitárias. O combate à febre aftosa, por exemplo, que demandou a destruição dos rebanhos contaminados, foi bem-sucedido.

O avanço da pecuária – e também da agricultura – na Amazônia vem se constituindo o foco de um dos principais problemas ambientais para a região. Tida como área de fronteira agropecuária, vem se verificando na região a derrubada da floresta, com perda de biodiversidade, desequilíbrio dos fatores bióticos e abióticos, desestruturação das atividades das comunidades tradicionais e do modo de vida dos povos indígenas. Essa expansão da agropecuária para a região amazônica ocasiona, ainda, conflitos fundiários graves, entre pequenos e grandes proprietários.

Brasil: distribuição regional de gado bovino, por número de cabeças – 2012

Fonte: IBGE. *Produção da Pecuária Municipal*, v. 40, 2012. Disponível em: <www.ibge.gov.br>. Acesso em: jan. 2014.

Agricultura e agroindústria

Cerca de 65% dos alimentos produzidos e das matérias-primas destinadas à indústria nacional no Brasil são fornecidos pela **agricultura familiar**. No entanto, os principais produtos de exportação da agropecuária são produzidos em grandes propriedades, pelo agronegócio. O principal produto, destinado sobretudo ao mercado externo, é a soja, que expandiu a sua área de cultivo da Região Sul para o cerrado, principalmente no Mato Grosso e também para a região conhecida como Mapitoba (Maranhão, Piauí, Tocantins e Bahia), considerada como a nova fronteira agrícola do Brasil. Nessa região também se destaca as produções de milho e de algodão, além do café, no oeste baiano.

Entre os produtos agrícolas do Brasil, destacam-se a soja, o café, a laranja, o milho, a cana-de-açúcar e o feijão. Em 2013, a produção de grãos atingiu mais de 180 milhões de toneladas.

Principais produtos do agronegócio e os principais estados produtores – 2012/2013	
Soja	Mato Grosso, Paraná e Goiás.
Laranja	São Paulo (75% do total da produção brasileira), Bahia e Minas Gerais.
Açúcar	São Paulo (60% do total da produção brasileira), Minas Gerais e Paraná.
Etanol	São Paulo (51% do total da produção brasileira), Goiás e Minas Gerais.
Milho	Mato Grosso, Paraná e Minas Gerais.
Café	Minas Gerais (53% do total da produção brasileira), Espírito Santo e São Paulo.
Algodão	Mato Grosso, Bahia e Goiás.
Arroz	Rio Grande do Sul (66% do total da produção brasileira), Santa Catarina e Maranhão.
Carne bovina	Mato Grosso, Mato Grosso do Sul e São Paulo.

Fonte: CONAB. *Indicadores da Agropecuária 2013.* Disponível em: <www.conab.gov.br>; IBGE. *Indicadores IBGE*: estatística da produção pecuária 2013. Disponível em: <www.ibge.gov.br>. Acessos em: set. 2013.

Já a produção de trigo apresenta problemas. Apesar de ser estratégico, por sua importância para a alimentação humana, é um dos principais produtos de importação. O governo vem dando apoio restrito a sua produção, e as áreas de cultivo acabam sendo substituídas por culturas mais rentáveis comercialmente, como a soja. As principais áreas produtoras de trigo no Brasil estão na Região Sul.

Com a crise mundial dos alimentos, aumentou a polêmica sobre o fato de a expansão dos cultivos destinados à produção de biocombustíveis, como cana-de-açúcar, soja e milho, afetar a produção de alimentos. Especialistas em produção agrícola apontam que isso depende das especificidades de cada país, como a disponibilidade de terras e o tipo de gênero agrícola utilizado para a produção de biocombustíveis. No caso do Brasil, a cana-de-açúcar é uma boa opção, de acordo com esses estudiosos, e suas principais áreas produtoras estão em São Paulo.

Brasil: participação dos 20 principais produtos no valor da produção – 2012

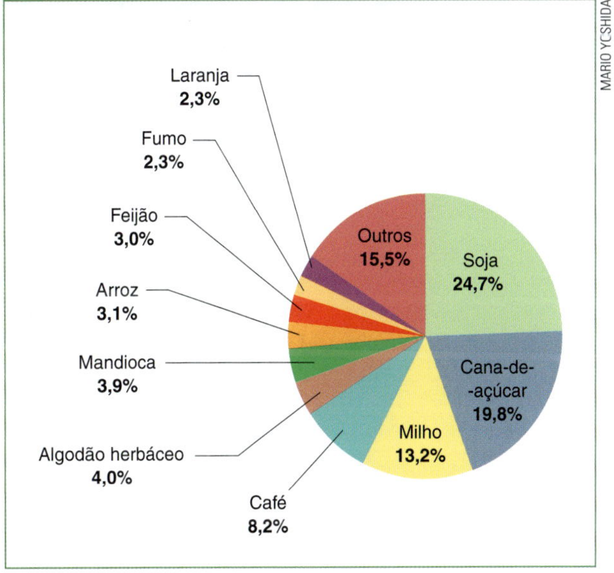

MARIO YCSHIDA

Fonte: IBGE. *Produção agrícola municipal*, v. 39, 2012. Disponível em: <www.ibge.gov.br>. Acesso em: nov. 2013.

Agropecuária no Centro-Sul e no Cerrado em particular

Na década de 1970, intensificou-se o processo de modernização da agricultura brasileira, que promoveu uma série de transformações econômicas, ambientais, sociais e, portanto, espaciais para o país. A introdução e o uso intensivo de fertilizantes, adubos químicos, agrotóxicos, máquinas (tratores, colheitadeiras, semeadeiras) e outros equipamentos fizeram a produtividade no campo crescer, aumentando ano a ano a produção agrícola nacional, mais particularmente aquelas culturas cujas safras são, em boa parte, destinadas ao mercado externo.

GERSON GERLOFF/PULSAR IMAGENS

Colheita mecanizada de trigo em São Luiz Gonzaga (RS), 2012.

Essa modernização ocorreu de forma mais significativa no Centro-Sul, trazendo, portanto, maiores impactos nas transformações socioeconômicas e ambientais para a região.

Com o processo de modernização da agricultura, aumentaram as exportações brasileiras de vários produtos, como a soja, a laranja, o fumo e o açúcar. No entanto, essa modernização não alterou a estrutura da distribuição de terras no campo. Pelo contrário, agravou o sério problema social brasileiro da concentração da propriedade rural.

Muitos agricultores tiveram de vender suas terras, principalmente os pequenos e médios proprietários, cuja renda é obtida graças ao trabalho dos membros da família (agricultura familiar). Geralmente essas famílias de agricultores não possuem recursos para manter sua atividade, pois dificilmente conseguem empréstimos nos bancos para modernizar sua produção e aumentar a produtividade o suficiente para competir com as grandes empresas, algumas delas corporações multinacionais.

Os principais produtos da agricultura comercial do Centro-Sul são: soja, cana-de-açúcar, laranja, arroz e milho. No **Rio Grande do Sul**, **Santa Catarina** e **Paraná**, considerados os grandes celeiros do Brasil em razão da elevada produtividade (graças às estações do ano mais bem definidas e à regularidade das chuvas), merecem destaque os cultivos de arroz, uva, cebola, feijão, trigo, maçã, fumo, centeio e cevada, além da soja e do milho.

A modernização, no entanto, não traz apenas aspectos positivos para a região. Há o desemprego provocado pela substituição da mão de obra por maquinário e a concentração de terras nas mãos de empresas multinacionais. Há, também, o desmatamento provocado pelo avanço da fronteira agrícola e a poluição causada pelo uso intenso de agrotóxicos e fertilizantes químicos.

O Centro-Sul também apresenta disparidades socioeconômicas no espaço rural. No estado com maior PIB do Brasil, por exemplo, a região do Vale do Ribeira, no sul do estado, ainda apresenta indicadores sociais ruins.

Cerrado: desmatamento e conservação

O Cerrado distribui-se por extensa área do país, sobretudo no Centro-Sul. A partir da década de 1970, passou a ser intensamente desmatado para o desenvolvimento da agropecuária. A correção da elevada acidez do solo, por meio da aplicação de nutrientes e de calcário, e o relevo relativamente plano estimularam o desenvolvimento da agricultura em áreas do Cerrado. Agricultores de vários estados brasileiros, sobretudo do sul do país, dirigiram-se para a região. Inicialmente, os estados mais procurados foram **Goiás**, **Mato Grosso do Sul** e **Mato Grosso**. Desde o final do século XX, trechos de Cerrado dos complexos regionais Amazônia e Nordeste (Mapitoba) também passaram a ser desmatados e explorados pela agropecuária, baseada nas monoculturas do arroz e, sobretudo, da soja, além do milho e do algodão. Atualmente, cerca de 60% desse bioma já foram derrubados.

Em decorrência das pesquisas da Empresa Brasileira de Pesquisa Agropecuária (Embrapa), os índices de produtividade no Cerrado atingiram crescimento expressivo. Isso se deu, em parte, por conta da modificação genética de várias espécies, como a soja, que até os anos 1970 era cultivada apenas nos estados com clima subtropical.

Atualmente, a atividade agropecuária em áreas originalmente do Cerrado é responsável por quase 50% da produção nacional de grãos (como soja, milho, arroz, feijão), aproximadamente 40% de carne bovina e 35% de leite de vaca.

Apesar de o Cerrado apresentar grande biodiversidade (estima-se que abrigue cerca de 12 mil espécies de plantas), seus ecossistemas foram pouco estudados. Além do grande potencial farmacológico das plantas medicinais, a conservação do que ainda resta do bioma oferece inúmeros serviços ambientais, como **estocagem de carbono**, manutenção das características do clima regional, controle de erosão e preservação das condições das nascentes de boa parte das bacias hidrográficas do Brasil. É, portanto, urgente ampliar o percentual de áreas protegidas, que atualmente estão na casa dos 4%, sem considerar as Terras Indígenas.

Estocagem de carbono
é a propriedade da vegetação de sequestrar o carbono da atmosfera.

SONIA VAZ

Fonte: GARCIA, Carlos. *O que é Nordeste Brasileiro*. São Paulo: Brasiliense, 1999. p. 6.

Agropecuária nas sub-regiões nordestinas

O Nordeste pode ser subdividido em quatro sub-regiões, de acordo com critérios naturais, interligados com a organização do espaço: **Zona da Mata**, **Agreste**, **Sertão** e **Meio-Norte**. Observe o mapa a seguir.

O cultivo da cana-de-açúcar é, desde o período colonial, uma importante atividade econômica da região. O produto é cultivado praticamente em todos os estados do litoral oriental, com destaque para os estados de Pernambuco e de Alagoas, na **Zona da Mata**.

Pernambuco ocupa o segundo lugar na produção brasileira de açúcar e álcool, superado apenas pelo estado de São Paulo. No entanto, como visto, a estrutura agrária da região, que se mantém até hoje, é controlada pelo poder político regional, ocasionando grandes desigualdades na distribuição de terras.

No **Agreste**, área de transição entre a Zona da Mata e o Sertão, estruturaram-se diversas cidades importantes, como Campina Grande, na Paraíba, Caruaru, em Pernambuco, Arapiraca, em Alagoas, e **Feira de Santana** e **Vitória da Conquista**, na Bahia. É também um centro abastecedor de diversos produtos agropecuários para os grandes centros da Zona da Mata, em razão da existência de pequenas e médias propriedades, onde se praticam a policultura e a pecuária leiteira.

No **Sertão**, praticam-se a pecuária extensiva e, em vários trechos, a agricultura, inclusive irrigada, sobretudo no Vale do Rio São Francisco e no Vale do Rio Açu, região de Mossoró, interior do Rio Grande do Norte.

No oeste da Bahia, na transição para o Cerrado, a agropecuária modernizada se expandiu, estruturando um importante polo de produção de soja, algodão, milho e café. O oeste baiano faz parte da mais nova fronteira agrícola brasileira, a região de Mapitoba, que compreende também trechos dos estados de Tocantins, Piauí e Maranhão.

A sub-região **Meio-Norte** configura-se como uma zona de transição entre o Sertão e a Amazônia. Nela predomina o cultivo do arroz e vem crescendo a produção de soja. O agroextrativismo também é presente, com a exploração das palmeiras **babaçu** e carnaúba, espécies principais da Mata dos Cocais, sendo a primeira predominante no Maranhão e a outra no Piauí. Também nesses estados, particularmente na porção sul, como visto, tem se expandido a agropecuária moderna da soja, do milho e do algodão.

PALÊ ZUPPANI/PULSAR IMAGENS

As quebradeiras de coco babaçu lutam pela aprovação da Lei Federal de livre acesso aos babaçuais dos estados de Piauí, Maranhão, Tocantins e Pará, principais produtores desse fruto.

SILVESTRE SILVA/OPÇÃO BRASIL IMAGENS

Cultura irrigada de melão na região do Vale do Açu (RN), 2012.

Agropecuária e Código Florestal

Outra questão polêmica que envolve diretamente o agronegócio no Brasil é o novo **Código Florestal Brasileiro**, conjunto de leis que normatiza a ocupação do espaço no território, com o objetivo de preservar trechos de vegetação original nacional em áreas de preservação permanentes (APPs) - margens de rios, topos de morros e encostas - e reservas legais (RLs) - trecho que deve ser preservado em cada propriedade rural de acordo com o bioma: no da Amazônia é de 80% em floresta e de 35% em trechos de cerrado existentes nesse bioma. Nos demais biomas é de 20%.

O novo Código Florestal Brasileiro estabelece critérios diferentes de recomposição das áreas desmatadas. Para os desmatamentos ocorridos antes de 2008, quando foi regulamentada a Lei de Crimes Ambientais, as áreas a serem recompostas são menores do que as dos desmatamentos realizados posteriormente à vigência da lei.

Nos trechos a serem recompostos, a recomposição ficou condicionada ao tamanho da propriedade, de acordo com o **módulo fiscal**. Para os imóveis de até quatro módulos fiscais (24% da área de agropecuária do Brasil), não é necessário recompor o trecho de reserva legal desmatado antes de 2008. No entanto, para as margens dos rios, foram estabelecidos critérios de acordo com o tamanho da propriedade e a largura do rio, mas com concessões maiores do que existia no código anterior.

LEITURA COMPLEMENTAR

Módulo fiscal

"O módulo fiscal é uma unidade de medida fixada diferentemente para cada município de acordo com a Lei nº 6.746/79, que leva em conta o tipo de exploração predominante no município; a renda obtida com a exploração predominante; outras explorações existentes no município que, embora não predominantes, sejam expressivas em função da renda ou da área utilizada; conceito de propriedade familiar.

Atualmente, o módulo fiscal serve de parâmetro para a classificação fundiária do imóvel rural quanto a sua dimensão, de conformidade com art. 4º da Lei nº 8.629/93, sendo o **minifúndio** imóvel rural de área inferior a 1 (um) módulo fiscal; **pequena propriedade**: imóvel rural de área compreendida entre 1 (um) e 4 (quatro) módulos fiscais; **média propriedade**: imóvel rural de área compreendida entre 4 (quatro) e 15 (quinze) módulos fiscais; **grande propriedade**: imóvel rural de área superior a 15 (quinze) módulos fiscais."

INCRA. In: Instituto de Pesquisa Ambiental da Amazônia (IPAM). Disponível em: <www.ipam.org.br>. Acesso em: dez. 2012.

IMAGE © 2012 GEOEYE/GOOGLE EARTH

Propriedades rurais no território brasileiro que respeitavam a preservação da mata galeria, entre os estados de São Paulo e Minas Gerais, em 2011.

Para os ambientalistas e boa parte da comunidade científica, o novo Código representou um passo atrás à defesa do meio ambiente, como redução da biodiversidade, alteração na vazão de rios, intensificação do efeito estufa, e com consequências socioeconômicas negativas, como aumento do risco de deslizamento em encostas e morros, ampliação do assoreamento de rios, intensificação da erosão e da perda do solo agrícola, degradação de cursos d'água e até mesmo alterações nos ciclos de chuva, se o desmatamento for intensificado.

Para os representantes do agronegócio, o novo Código limita a expansão da agropecuária, que provocará impactos negativos em toda a economia do país. No entanto, as áreas destinadas à agropecuária podem ser ampliadas com a recuperação de terras degradadas bastante amplas no território brasileiro. Além disso, pesquisas da Escola Superior de Agricultura Luiz de Queiroz, de Piracicaba (SP), com base em estudos, por sensoriamento remoto, afirmam que a área de cultivos em nosso território poderia ser dobrada caso os trechos hoje ocupados com pecuária de baixa produtividade fossem aproveitados para a agricultura.

A questão da terra

O Brasil está entre os países com a maior **concentração da propriedade rural** da América e é um dos mais desiguais do mundo nesse quesito, apesar de seu imenso território e das extensas superfícies de terras não cultivadas. A situação fundiária é uma questão ainda não resolvida, apesar das pressões sociais, da maior organização dos trabalhadores em luta pela terra e da repercussão internacional negativa dessa realidade social.

De acordo com dados oficiais, a distribuição de terras vem se mantendo, desde o Censo Agropecuário de 1985, praticamente inalterada. De acordo com o índice de Gini, que varia de 0 a 1 (quanto mais próximo de 1, maior é a concentração), em 1985 o índice do Brasil era de 0,857; já em 1995/1996, o índice passou a 0,856; e, em 2006, caiu para 0,854. Observe, na página seguinte, a tabela da distribuição de terras no Brasil, de acordo com o último censo realizado, em 2006.

Brasil: estrutura fundiária – 2012		
Tamanho dos estabelecimentos (em ha)	% dos estabelecimentos	% da área ocupada por estabelecimentos
Menos de 10	31,01	1,32
De 10 a menos de 100	53,58	14,66
De 100 a menos de 500	11,97	21,35
De 500 a menos de 1.000	1,82	10,33
De 1.000 a menos de 5.000	1,45	24,77
Mais de 5.000	0,17	27,57

Fonte: MINISTÉRIO do Desenvolvimento Agrário (MDA) e INSTITUTO Nacional de Colonização e Reforma Agrária (Incra). *Relação total de imóveis rurais Brasil – abril 2012*. Disponível em: <www.incra.gov.br>. Acesso em: set. 2013.

DICA

SITE

Instituto Nacional de Colonização e Reforma Agrária
www.incra.gov.br/portal
Site do órgão responsável pela implementação da reforma agrária no Brasil.

- Interprete os dados expressos na tabela, relacionando o tamanho dos estabelecimentos rurais ao percentual da área por eles ocupada.

A grilagem, praticada no Brasil desde o século XIX, foi uma das principais responsáveis pela concentração de terras no meio rural. Essa prática consiste na criação de documentos falsos, em nome de determinadas famílias, para concessão ilegal de terras públicas a particulares, em conluio com órgãos oficiais, como cartórios de registro de imóveis. Dados do Incra, do início da década de 2000, mostravam que 11% da área dos imóveis rurais no Brasil eram terras griladas. Como isso foi pouco alterado, esse percentual corresponderia, de acordo com as informações do Censo Agropecuário de 2006, a mais de 33 milhões de hectares.

Lei e concentração de terra

A organização do espaço agrário brasileiro teve início com a colonização. Extensas áreas de terra foram doadas pelo rei de Portugal para o cultivo da cana-de-açúcar em troca do pagamento da sexta parte da produção obtida. Era a Lei de Sesmarias, implantada também em outras colônias portuguesas. A distribuição de terras no Brasil teve início, portanto, com o latifúndio monocultor, voltado para o mercado externo.

Com o fim da era colonial, marcado pela independência do Brasil (1822), as sesmarias deixaram de existir, e as terras passaram a ser registradas em cartório, como propriedades particulares. Começou, nessa época, um intenso processo de ocupação por **posseiros** e grileiros.

Em 1850, o tráfico de escravos foi proibido no Brasil (Lei Eusébio de Queirós), no momento em que a expansão da lavoura cafeeira mais exigia mão de obra, sendo necessário recorrer à imigração. Para assegurar que os imigrantes recém-chegados trabalhassem nas lavouras dos barões do café, criou-se uma nova lei, que proibia a ocupação de **terras devolutas**.

Posseiro
pessoa que ocupa terras devolutas ou particulares. Depois de certo período, pode requerer o título de propriedade pela lei do usucapião, válida para a ocupação de propriedades particulares após dez anos, ou usucapião especial, para a ocupação de terras devolutas por cinco anos.

Terra devoluta
terra pública, que não faz parte de nenhum patrimônio privado.

DICAS

FILME

O Pontal do Paranapanema
Brasil, 2005. Direção: Chico Guariba. Duração: 52 min.

O filme conta a história da região situada no oeste do estado de São Paulo, na qual os conflitos pela posse da terra já duram mais de um século.

SITES

Movimento dos Trabalhadores Rurais Sem Terra
www.mst.org.br

Site oficial do movimento, apresenta sua visão política e lutas, com notícias atualizadas sobre os sem-terra.

União Democrática Ruralista
www.udr.org.br

A entidade visa promover a preservação do direito de propriedade e defender os interesses dos ruralistas do país.

A chamada **Lei de Terras (1850)** consolidou o domínio do latifúndio no Brasil. De acordo com essa lei, as terras só poderiam ser vendidas pelo governo, que estabelecia preços elevados (muito acima do mercado), comercializava apenas grandes áreas e exigia dos compradores pagamento à vista. Assim, só tinham condições de comprar terras os grandes fazendeiros, que ampliaram ainda mais seus domínios.

Na década de 1930, foi fundado o **Instituto Nacional de Colonização e Reforma Agrária (Incra)**, cuja principal realização foi levantar informações sobre a situação das propriedades rurais e das terras devolutas. Em 1964, no governo de Castelo Branco, foi criado o **Estatuto da Terra**, reconhecendo-se a necessidade da reforma agrária no Brasil. À época, foram feitos novo cadastramento e uma radiografia da situação fundiária do país, mas a reforma agrária, objetivo principal do Estatuto, não saiu do papel.

Na década de 1970, foram distribuídos lotes de terras na Amazônia, para atrair agricultores de outras regiões do país, sobretudo do Sul e Nordeste, como parte de um plano do governo militar para garantir a colonização e a ocupação do território. Mas as terras ficavam em áreas inadequadas para o cultivo ou a criação pastoril, e não havia infraestrutura para garantir o escoamento da produção. Assim, muitos agricultores logo abandonaram seus lotes. Outros planos de reforma agrária seguiram o mesmo caminho: o Plano Nacional de Reforma Agrária (1986), no governo Sarney, teve custos burocráticos, como os da criação de um Ministério específico, mais elevados que o valor gasto com o pequeno número de assentamentos realizados.

Nas décadas de 1990 e de 2000, multiplicaram-se as pressões pela reforma agrária, e foi nesse período que ocorreu também o maior volume de assentamentos (veja a tabela a seguir). Mesmo assim, continua grande o número de trabalhadores que reivindicam terras para trabalhar, e mesmo muitos assentados ainda carecem de infraestrutura básica, além de amparo tecnológico e financeiro.

Brasil: número de famílias assentadas no campo – 1995-2012

Período	Número de famílias assentadas
1995-2002	540.704
2003-2010	614.088
2011-2012	45.096

Fonte: INCRA. *Famílias assentadas 2013*. Disponível em: <www.incra.gov.br>. Acesso em: set. 2013.

A luta pela terra

A luta pela terra ganhou impulso no século XIX, por causa das ideias liberais europeias e dos ideais socialistas, que influenciaram vários movimentos populares ao redor do mundo. No Brasil, essa luta envolveu indígenas, posseiros, grileiros, pequenos proprietários, grandes fazendeiros e até empresas dos mais variados ramos de negócio.

No século XX, dois movimentos de trabalhadores rurais ganharam destaque no país: as **Ligas Camponesas**, nas décadas de 1950 e 1960, e o **Movimento dos Trabalhadores Rurais Sem Terra** (**MST**), fundado oficialmente em 1984, após o fim da ditadura militar.

As Ligas Camponesas surgiram em Pernambuco, espalharam-se em pouco tempo por vários estados da Região Nordeste e transformaram-se num movimento contra a exploração do trabalhador e pela reforma agrária. Foram extintas em 1964, e vários de seus líderes e participantes foram presos e mortos pelo aparato repressivo da ditadura.

GERSON GERLOFF/PULSAR IMAGENS

Acampamento Novo Progresso, do MST, na margem da Rodovia BR-163, em Naviraí (MS), 2012.

O MST é, atualmente, o principal movimento social no Brasil. Seus integrantes são desempregados do campo e da cidade, antigos boias-frias, operários, trabalhadores da construção civil, empregados de fazendas. A estratégia do MST baseia-se em fazer pressão permanente sobre os órgãos do governo responsáveis pela questão da terra, valendo-se de ocupação de latifúndios improdutivos, manifestações públicas e passeatas.

A conquista da terra é um dos objetivos do MST, mas as ações do movimento continuam após os assentamentos, na forma de reivindicações por créditos agrícolas, assistência técnica e criação de infraestrutura para os novos assentamentos. O MST fornece apoio às famílias, com criação de escolas, formação de cooperativas de produção, serviços e comercialização.

INTERCONEXÃO

Língua Portuguesa

Eu sou roceiro

"Eu sou roceiro, vivo de cavar o chão.
Tenho as mãos calejadas, meu senhor.
Me falta terra, falta casa e falta pão
Não sei onde é o Brasil do lavrador.
Só tenho a enxada e o título de eleitor
Para votar em seus fulanos educados
Que não fazem nada pelo pobre agricultor
Que não tem terra para fazer o seu roçado.
Este país é do tamanho de um continente,
mas não tem terra para o homem da mão grossa.
De norte a sul, de nascente a poente,
vivo à procura dum lugar pra fazer roça.
Escuto o rádio, fico cheio de alegria,
Quando se fala que a reforma vai chegar:
Espero um ano, espero e só se cria
falsos projetos pra poder me tapear.
Sou um soldado retirante sem medalha,
sou estrangeiro quando pego a reclamar.
Sou camponês que usa tanga e sandália,
sou brasileiro só na hora de votar. [...]"

LIMA, Jorge Pereira. In: CARIRY, Rosemberg; BARROSO, Oswald. *Cultura insubmissa*. Fortaleza: Nação Cariri, 1982. p. 110-111.

1. Que motivos podem justificar a descrença manifestada na letra dessa canção?

2. Em que trecho o autor afirma ser injustificável ter de lutar pela reforma agrária num país como o Brasil? Você concorda com ele?

3. Cite o trecho em que é mencionada a questão da cidadania e responda: O que é cidadania para você?

Reforma agrária e relações de trabalho

Além dos conflitos e das convulsões sociais, a dificuldade de acesso à terra é responsável pela peculiaridade das relações de trabalho existentes no meio rural.

Uma delas é a **parceria** em que o agricultor divide o resultado de seu trabalho com o proprietário da terra. Quando é destinada ao parceiro metade da produção, ele é chamado de **meeiro**. Quando é destinado apenas um terço, ele é chamado de **terceiro**.

Outra modalidade é a dos **boias-frias**, trabalhadores itinerantes que se ocupam de tarefas temporárias, em épocas de plantio e colheita, recebendo por dia trabalhado ou tarefa realizada. Atualmente, não é raro, ainda, encontrar fazendas nas quais se encontram trabalhadores em situação análoga à escravidão. Essas relações de trabalho, além de causarem conflitos sociais, emperram investimentos tecnológicos no espaço rural.

Trabalhadores rurais temporários trabalham no corte de cana-de-açúcar, em Cordeirópolis (SP), 2010. A lavoura de cana-de-açúcar é uma das que mais utilizam esse tipo de mão de obra.

A reforma agrária é vista como um caminho para melhorar as relações de trabalho, minimizar os conflitos no meio rural e a desigualdade social. Pode também contribuir para aumentar a produção da agricultura familiar, que produz a maior parte dos gêneros alimentícios que abastece o mercado interno.

Melhorar a renda dos trabalhadores e incorporá-los ao mercado de consumo produz reflexos positivos no restante da economia. Além disso, contribui para reduzir o êxodo rural e a consequente pressão no mercado de trabalho urbano.

Agricultora aduba plantação de hortaliças no povoado de Cajueiro, em Jequié (BA), 2013. A agricultura familiar produz a maior parte dos alimentos consumidos no país.

PONTO DE VISTA

Existe ainda, no Brasil, uma questão agrária?

O texto a seguir é parte de uma entrevista com o geógrafo Ariovaldo Umbelino de Oliveira, professor do Departamento de Geografia da Universidade de São Paulo.

"**Ariovaldo Umbelino:** Ainda está em jogo o processo produtivo, de um lado, e a questão da propriedade privada da terra, de outro. Se analisarmos exclusivamente da óptica do processo produtivo, poderíamos dizer que não há uma questão agrária no Brasil porque não é um país que depende de importação de alimento. A única exceção é o trigo e, vez ou outra, são importados arroz e feijão. De qualquer forma, o Brasil tem condições e vem produzindo excedentes exportáveis do ponto de vista agrícola. Então, se eu analiso dessa perspectiva do processo produtivo, não haveria uma questão agrária.

Mas quando analiso a questão agrária na perspectiva da formação da propriedade privada da terra no Brasil, penso que ela existe sim, ou seja, cerca de um quinto das terras no Brasil foram cercadas por pessoas que não têm documentos hábeis legais para deter o controle dessa propriedade da terra. Isto quer dizer que uma parte dos que se dizem proprietários não são de fato proprietários. Além disso, há um grande número, que podemos classificar como posseiros, que, pela legislação brasileira, têm direito à legitimação dessa área que ocuparam e que, por direito, deveriam ter essa correção do ponto de vista da propriedade privada da terra no Brasil. Mas as médias e grandes propriedades não têm esse direito. Isso quer dizer que a questão fundiária não está resolvida.

Por outro lado, o Brasil possui os maiores latifúndios que a humanidade já registrou, ou seja, não há limite para o tamanho das propriedades no país. É uma excrescência, do ponto de vista internacional, um país ter propriedades privadas que são maiores do que unidades federativas que possui, sem falar que algumas são ainda maiores do que muitos países existentes no mundo. Então, é evidente, como eu disse, que existe uma questão fundiária ainda não resolvida.

Além disso, há a presença no país de movimentos sociais de luta por acesso à terra. Simultaneamente à luta desses movimentos sociais, há uma parte do campesinato sem terra no Brasil que abre luta através da abertura de novas posses. Portanto, existe uma questão agrária, a questão fundiária não está resolvida, assim como um processo de luta. A questão da reforma agrária é atualíssima e faz parte do processo de diminuição da violência que existe no campo exatamente porque não está resolvida. [...]

A Constituição Brasileira é clara, límpida. A propriedade privada da terra está subordinada a sua função social. Isto quer dizer o seguinte: a propriedade privada da terra não é uma propriedade como outra qualquer. Quando uma pessoa tem um automóvel, pode deixá-lo na garagem da sua casa apodrecendo e ninguém poderá falar nada. É um direito dele, que tem o direito absoluto sobre aquela propriedade. Evidentemente, desde que não esteja atrapalhando terceiros. Com relação à propriedade privada da terra não, pois não é uma propriedade absoluta. Ou seja, está submetida ao seu uso produtivo e ao fato de que essa produção seja feita respeitando as leis trabalhistas e as leis ambientais, e não se produza produtos tóxicos que estão definidos na Constituição como situação em que a propriedade não cumpriria a sua função social. Nós temos no Brasil hoje, do ponto de vista das grandes propriedades, 120 milhões de hectares de grandes propriedades, as quais, no cadastro do Incra, já estão identificadas como improdutivas, ou seja, que não cumprem a sua função social. Qual é a obrigação constitucional do Incra? [...]"

Entrevista com o geógrafo Ariovaldo Umbelino de Oliveira realizada pela Revista *IHU On-Line*, em abril de 2009. Disponível em: <www.adital.com.br>. Acesso em: dez. 2012.

1. Quais são os dois lados da questão agrária no Brasil analisada pelo geógrafo?
2. Como provavelmente o geógrafo responderia à questão que ele formulou no final desse trecho selecionado da entrevista? Considere os argumentos apresentados antes da formulação da questão.

MARIO ÂNGELO/AE

Marcha do Movimento dos Trabalhadores Rurais Sem Terra (MST), entre Campinas e São Paulo (SP), reivindicando reforma agrária. Imagem de 2009.

[COMPREENSÃO E ANÁLISE]

1. Observe a imagem e responda à questão.

CHERYL RAVELO/REUTERS/LATINSTOCK

Plantação de arroz nas Filipinas, 2011.

A imagem mostra uma prática agrícola muito comum no Leste e no Sudeste Asiático. Indique o nome genérico dado a esse tipo de agricultura e as vantagens que esse sistema proporciona.

2. No município em que você vive, ou próximo a ele, há conflitos pela posse da terra? Comente os motivos para isso.

3. Como você analisa a produção agropecuária no seu município? Em grupo, escrevam um breve texto apresentando as características mais marcantes, informando sobre os principais produtos, volume de produção, se essa atividade é importante para a economia local.

4. Observe o mapa a seguir.

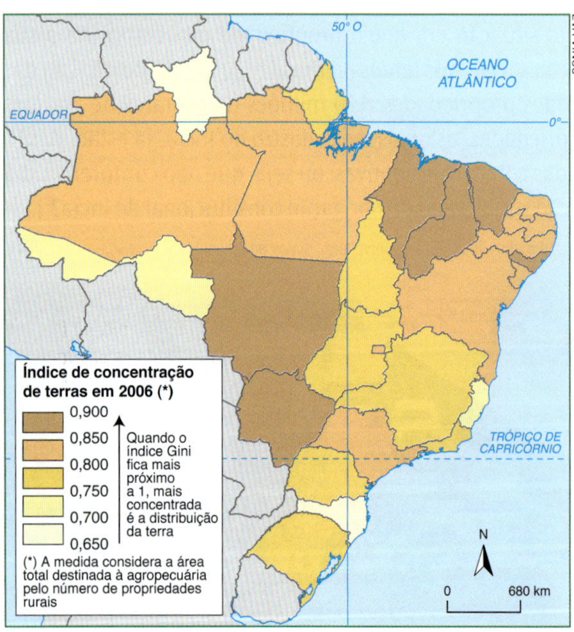

SONIA VAZ

Fonte: *Folha S.Paulo*, 1º out. 2009. p. B-7.

a) Que título você daria ao mapa?

b) Cite três estados onde a questão fundiária é mais grave.

c) Em quais estados ela é menos grave?

d) Justifique a situação em Mato Grosso e Alagoas, a partir de uma perspectiva histórica.

e) Qual é a situação em seu estado?

5. O que é agronegócio?

6. Aponte alguns problemas urbanos do Brasil decorrentes da persistência dos problemas fundiários no campo.

7. Observe as duas informações do gráfico e explique o motivo das diferenças ocorridas na evolução de cada uma delas.

Brasil: produção de grãos e área da lavoura – 1992-2011

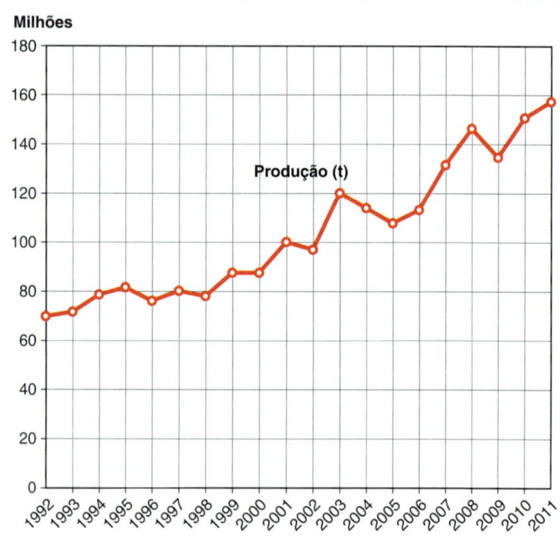

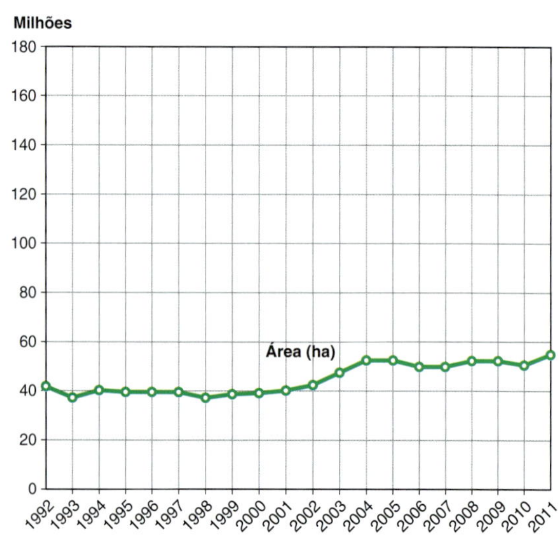

MAARIO YOSHIDA

Fonte: IBGE. *Levantamento Sistemático da Produção Agrícola*, 2011. Disponível em: <www.ibge.gov.br>. Acesso em: abr. 2013.

Sumário da terceira parte

UNIDADE 10 | Etnia, diversidade cultural e conflitos

UNIDADE 11 | Espaço geográfico e urbanização

UNIDADE 12 | Espaço, sociedade e economia

UNIDADE 10

ETNIA, DIVERSIDADE CULTURAL E CONFLITOS

PIERRE VERDY/AFP

Pessoas protestam contra a exclusão, o racismo e a xenofobia nos festejos do Dia do Trabalho, 1º de maio, em Paris (França), 2012.

A diversidade étnica e a coexistência entre povos marcaram a história da humanidade em diferentes espaços geográficos. No entanto, conflitos étnicos, preconceitos e intolerância também acompanham a trajetória do ser humano. Muitas vezes, conflitos são justificados por pressupostos como superioridade cultural, diferenças religiosas e direitos de uma nação sobre determinado território. Mas, por trás de muitos conflitos, estão em jogo interesses econômicos, políticos e disputas territoriais.

CAPÍTULO 29

ETNIA E MODERNIDADE

CONTEXTO

Leia a história em quadrinhos e o texto a seguir.

Racista, eu? Luxemburgo: Serviço de Publicações das Comunidades Europeias, 1998. p. 10.

Discurso de Martin Luther King[1]

"Voltem para o Mississípi, voltem para o Alabama, voltem para a Geórgia, voltem para a Louisiana, voltem para as favelas e guetos de nossas cidades do norte sabendo que, de alguma forma, esta situação pode e vai ser mudada. Não nos arrastemos pelo vale do desespero. Digo hoje a vocês, meus amigos, que apesar das dificuldades e frustrações do momento, ainda tenho um sonho. É um sonho profundamente enraizado no sonho americano. Eu tenho um sonho de que um dia esta nação vai se levantar e viver o verdadeiro significado de sua crença: 'Consideramos essas verdades autoevidentes: que todos os homens são criados iguais'. Eu tenho um sonho de que um dia, nas montanhas da Geórgia, os filhos de antigos escravos e os filhos de antigos donos de escravos serão capazes de sentarem-se juntos à mesa da fraternidade. Eu tenho um sonho de que meus quatro filhos um dia viverão numa nação onde não serão julgados pela cor de sua pele, mas sim pelo conteúdo de seu caráter [...]. Quando permitirmos que a liberdade ecoe, quando permitirmos que ela ecoe em cada vila e cada aldeia, em cada estado e cada cidade, seremos capazes de avançar rumo ao dia em que todos os filhos de Deus, negros e brancos, judeus e gentios, protestantes e católicos, poderão dar as mãos e cantar as palavras da velha cantiga negra, 'Enfim livres! Enfim livres! Graças a Deus Todo-Poderoso, enfim estamos livres!'."

Discurso de Martin Luther King no Lincoln Memorial (trecho). Washington, 28 ago. 1963. *Veja na História*. Disponível em: <http://veja.abril.com.br>. Acesso em: fev. 2014.

DISCUTA

1. Identifique os tipos de preconceitos manifestados nos quadrinhos.
2. Esses quadrinhos fazem parte de uma publicação difundida em escolas dos países que integravam a União Europeia no final da década de 1990.
   a) Qual o provável objetivo dessa iniciativa?
   b) De acordo com os seus conhecimentos e a sua opinião, essa iniciativa seria válida nos dias atuais?
3. Relacione o discurso de Martin Luther King com o contexto dos quadrinhos.
4. Em sua opinião, existe preconceito no Brasil? Você já viveu ou presenciou uma situação de preconceito? Converse com um colega sobre esse assunto.

DIVERSIDADE CULTURAL

Nos primórdios da história da sociedade humana, o indivíduo se identificava basicamente com o clã e a aldeia em que vivia. As chances de conhecer valores e características diferentes eram reduzidas, dada a pouca frequência de contato entre os grupos.

Esse relativo isolamento levou cada grupo a criar mecanismos próprios de sobrevivência, formas específicas de relacionamento, de transformação da natureza e de vivência em comunidade. Isso fez com que os diversos grupos desenvolvessem crenças, costumes, formas de comunicação, idiomas, manifestações artísticas, culinária e métodos e equipamentos de produção diferentes, originando, assim, distintas culturas.

Os contatos esporádicos entre os grupos ocasionaram tanto choques como assimilações culturais, que se intensificaram em virtude das migrações, das guerras, do desenvolvimento e do crescimento da atividade comercial. Esses contatos possibilitaram, ainda, o surgimento de novas culturas.

DICA

FILME

Mississípi em chamas
EUA, 1988. Direção: Alan Parker. Duração: 122 min.

Em 1964, dois agentes do FBI investigam o assassinato de três ativistas dos direitos civis no Mississípi, onde o preconceito é gerador de extrema violência.

1 Martin Luther King (1929-1968) foi um pastor protestante e ativista político estadunidense que lutou pelos direitos civis dos negros nos Estados Unidos. No mundo, apoiou movimentos de não violência e de amor ao próximo.

Etnocentrismo

Do encontro de uma cultura com outra decorre, de modo geral, a avaliação recíproca, ou seja, o julgamento do valor da cultura do "outro". Normalmente, esse julgamento é feito a partir da cultura do "eu". Assim, a análise da outra cultura tende a considerar a sua como referência, como a ideal e a mais avançada. Passa-se, então, a desprezar os valores, o conhecimento, a arte, a crença, as formas de comunicação, as técnicas, enfim, a cultura do "outro".

Essa atitude leva à visão etnocêntrica, ou seja, o julgamento do "outro" com base em valores e modelo de vida próprios, do "eu". A partir daí, não se consegue entender as diferenças culturais existentes em relação a outros grupos étnicos, o que pode provocar sentimentos de medo e de hostilidade.

A etnia é um elemento básico do processo de identificação de um grupo sociocultural. A **identidade étnica** resulta de fatores construídos historicamente, como a ancestralidade comum, as formas de organização da sociedade, a língua e a religiosidade. É uma forma de legitimação de determinada realidade, de determinado modo de vida socialmente construído.

No entanto, a visão etnocêntrica avalia o mundo e os diferentes grupos étnicos a partir de valores e padrões de comportamento aceitos pelo seu próprio grupo, consolidando práticas preconceituosas, racistas e excludentes. Nesse sentido, serviu, e continua servindo, para justificar a opressão de comunidades étnicas distintas e a conquista de povos e territórios por grupos que se consideram superiores aos demais e o controle do poder do Estado por apenas uma etnia.

INTERCONEXÃO

Arte | História

Progresso americano

COLEÇÃO PARTICULAR

Progresso americano (1872), óleo sobre tela de John Gast.

A obra *Progresso americano*, pintura da década de 1870 do artista berlinense John Gast (1842-?), glorifica a conquista do oeste novo. No centro, destaca-se a figura de Columbia, a personificação feminina dos Estados Unidos, que comanda o processo civilizatório. Na escuridão do canto esquerdo da tela, indígenas e animais selvagens são afugentados.

O quadro é uma apologia à doutrina do Destino Manifesto, inspirada no darwinismo social. Segundo o Destino Manifesto, o povo dos Estados Unidos tinha a missão de conquistar as terras situadas a oeste do seu território, habitadas por povos selvagens, torná-las produtivas e civilizadas, para justificar sua expansão territorial.

- Quais elementos da tela representam a implementação do processo civilizatório?

O etnocentrismo incorporado à política de Estado: o *apartheid*

Ao longo da história, diversos governos implantaram políticas segregacionistas sob os mais diferentes argumentos e formas. A África do Sul foi um dos casos exemplares. Entre 1948 e 1990, a Constituição sul-africana incluiu a discriminação racial – o ***apartheid*** – como prática de Estado, suprimindo dos negros todos os direitos elementares, retirando-lhes o direito de cidadania.

Apartheid
significa "separação". Na África do Sul, o *apartheid* foi um conjunto de leis criadas para segregar oficialmente negros (além de outros grupos de não brancos). Os negros não podiam frequentar ambientes nem morar em lugares ocupados pelos brancos. Não podiam também compartilhar dos mesmos serviços públicos que o restante da população. Esse sistema, que vigorou na África do Sul por 42 anos (de 1948 a 1994), proibia, inclusive, o casamento inter-racial.

É importante lembrar que, na **África Subsaariana**, praticamente nenhum país esteve imune às violações dos direitos humanos e ao terror praticado pelo Estado. Mas, sem dúvida, a **África do Sul** marcou o século passado devido à institucionalização da violência e da **segregação racial** contra os negros.

Os conflitos entre o Estado segregacionista comandado pelos brancos e os movimentos negros tiveram início ainda na primeira década do século XX. Criada em 1910, a República da África do Sul promulgou a Lei de Terras, que destinava 87% das terras sul-africanas para os 18% que formavam a população branca. Os negros, impedidos de participar das decisões políticas, eram considerados apenas mão de obra para a agricultura, a exploração das minas, os serviços domésticos etc. Alguns chegaram a fazer parte da própria polícia sul-africana, colaborando, ironicamente, para o cumprimento das leis racistas.

Em 1912, foi criado o **Congresso Nacional Africano (CNA)**, em defesa dos direitos da população negra, que liderou a luta contra a discriminação na África do Sul por todo o século XX. A partir de 1948, o *apartheid* (**separação**), que já existia de fato, passou a fazer parte da própria Constituição do país, obrigando os negros a viver em zonas residenciais separadas – nas ***townships*** – e impedindo-os de frequentar os mesmos lugares que os brancos.

Os negros utilizavam serviços públicos (transporte, assistência médica e escola) separados dos brancos. Proibiram-se, também, casamentos e relações sexuais inter-raciais. Em defesa dessa política, afirmava-se que brancos, negros e mestiços eram iguais, mas deveriam viver separados.

Em 1960, o CNA foi proibido. **Nelson Mandela** (1918-2013), presidente do partido, e um grupo de militantes passaram a agir clandestinamente, apesar da oposição de vários líderes do CNA, e a utilizar métodos terroristas, como bombas e sabotagem, para atacar as minas de ouro e diamante, as fábricas, a polícia e a população civil branca.

A reação do Estado sul-africano contra o terrorismo do CNA foi violenta. Prisões ilegais, julgamentos sumários, torturas, mortes e ataques à população civil negra indefesa eram realizados com frequência pelo governo branco opressor, num país de ampla maioria negra. Em 1962, Mandela foi levado à prisão, onde permaneceu por 27 anos.

JONATHAN C. KATZENELLENBOGEN/GETTY IMAGES

Township de Soweto, na África do Sul, 1975. As *townships* eram áreas residenciais urbanas destinadas à população não branca, situadas às margens das cidades. Essas áreas eram praticamente abandonadas pelos órgãos públicos e muitas delas não possuíam infraestrutura básica, como luz, água e esgoto.

AFP

O massacre em Soweto, bairro de população negra (*township*) em Johanesburgo (África do Sul), ocorreu em 1976 durante um protesto pacífico contra uma determinação do governo racista da África do Sul, que tornou obrigatório o ensino da língua africâner e da língua inglesa, desconsiderando as línguas nativas africanas. A polícia sul-africana reprimiu a manifestação com violência, sensibilizando toda a comunidade internacional sobre o drama da população negra na África do Sul.

A política segregacionista tornou-se cada vez mais dura, principalmente no governo de Balthazar Johannes Vorster (1915-1983). Em 1971, foram criados os **bantustões**, territórios negros independentes, separados da África do Sul, situados nas piores terras e desprovidos de qualquer obra de infraestrutura. Com isso, os negros teriam seu próprio território e governo, mas teriam que enfrentar sozinhos os inúmeros problemas encontrados nos bantustões. Para entrar e circular na África do Sul, dependiam de autorização e precisavam ter passaporte como qualquer estrangeiro que entra em outro país. Dos 10 bantustões previstos, apenas quatro tornaram-se independentes: Bophuthatswana, Venda, Ciskei e Transkei.

Os habitantes (negros) dos bantustões tinham como única alternativa de sobrevivência trabalhar fora de seu território, como estrangeiros que trabalham em outro país, continuando a prover a mão de obra necessária à economia sul-africana. A estratégia do governo da África do Sul provocou indignação de toda a comunidade internacional, resultando na exclusão do país da ONU, em 1974, e na adoção de sanções econômicas com o objetivo de pressionar o governo a acabar com o *apartheid*.

A reação internacional e a luta dos negros contra o regime segregacionista obrigaram os governantes da África do Sul a revogar as leis raciais, a libertar Nelson Mandela e a promover uma transição do sistema político junto com o CNA, realizando eleições democráticas multirraciais em 1994. Desde então, o país passou a ser governado por presidentes e ministros negros.

Apesar do fim do *apartheid*, a emancipação da população negra na África do Sul ainda não é uma realidade. O acesso à terra ainda é restrito para a maioria da população negra, pela ausência de uma política voltada a essa finalidade. Nas cidades, os negros circulam livremente, mas muitos vivem em busca de trabalho, realizando uma vez ou outra alguma atividade temporária ou vendendo mercadorias como ambulantes.

O Censo de 2011 realizado na África do Sul, duas décadas após o fim do *apartheid*, revelou que os brancos ganham seis vezes mais que os negros.

África do Sul: bantustões – Décadas de 1970 a 1980

MARIO YOSHIDA

Fonte: *South Africa: overcoming apartheid, building democracy.* Disponível em: <http://overcomingapartheid.msu.ed>. Acesso em: mar. 2013.

DICA

FILME

Mandela: luta pela liberdade
África do Sul/Alemanha/Bélgica/Luxemburgo/Reino Unido, 2007.
Direção: Bille August.
Duração: 140 min.

Conta a história real de Nelson Mandela, no período de sua prisão.

Relativismo cultural

No século XIX a concepção **antropológica** dominante apoiava-se no **evolucionismo cultural**. A Antropologia Evolucionista transpôs para a sociedade as ideias do cientista britânico Charles Darwin (1809-1882) sobre a evolução das espécies e a seleção natural. Daí surgiu o **darwinismo social**, teoria segundo a qual as diferentes sociedades passariam por diversos estágios de evolução, indo do "primitivo" ao "civilizado". Assim, as sociedades ocidentais europeia e norte-americana teriam atingido o estágio "civilizado", enquanto os diversos povos da África, os demais povos da América, da Ásia e da Oceania estariam no estágio "primitivo". Essa teoria serviu para justificar o colonialismo ou as conquistas territoriais como um processo civilizatório; serviu também para levar as conquistas da civilização aos povos incapazes de desenvolvê-las por si mesmos.

No início do século XX, concepções antropológicas contrapuseram-se ao evolucionismo. O antropólogo alemão Frans Boaz (1858-1942) foi o primeiro a ressaltar a importância do estudo das diversas culturas em seu próprio contexto, a partir das suas peculiaridades. Rompendo com a teoria evolucionista, Boaz defendia não haver cultura superior ou inferior. Para ele, deveriam ser considerados os fatores históricos, naturais e linguísticos que influenciavam o desenvolvimento de cada cultura. Essa concepção abriu caminho para várias vertentes de análise, pelas quais o estudo das diferentes comunidades étnicas passou a ser feito a partir das características de cada comunidade. Essa abordagem mais imparcial, evitando análises preconceituosas, ficou conhecida como **relativismo cultural** e partia do princípio de que não existem valores culturais universais. Os valores de uma cultura não podem, portanto, ser avaliados tendo como referência os valores de quem a julga.

Antropológico
relativo à Antropologia, ciência que tem por finalidade o estudo e a reflexão acerca do ser humano, com base nas características biológicas (Antropologia Biológica) e socioculturais (Antropologia Cultural) dos diversos grupos humanos, dando ênfase às diferenças e às variações entre esses grupos.

CIVILIZAÇÃO OCIDENTAL E MODERNIDADE

Ainda na Antiguidade, o desenvolvimento técnico permitiu a determinados povos se deslocar para regiões cada vez mais distantes. Algumas delas eram geograficamente favoráveis às trocas culturais, como o Oriente Médio – rota de passagem entre a Ásia e a Europa – e o Mar Mediterrâneo[2] – situado entre Europa, África e Ásia.

No entanto, nenhuma expansão se iguala, em amplitude e diversidade de contatos, à iniciada pelos europeus no século XV. Eles dominaram os ameríndios e muitos outros povos ao redor do mundo, integrando-os (pela força militar ou pelo domínio cultural) a um mesmo sistema econômico, o **capitalismo comercial**. A partir desse domínio, a cultura europeia – com seus valores, normas, leis, crenças e estrutura de organização social e política, baseada no **Estado Nacional** – foi sendo imposta ao longo dos séculos aos povos da América, da África, da Ásia e da Oceania. Ao mesmo tempo em que impuseram valores, os europeus também assimilaram elementos culturais dos povos dominados.

No seio da civilização europeia, num período caracterizado por grandes conquistas tecnológicas e pelos Estados nacionais, está a origem da **civilização ocidental**, que se consolidou com a Revolução Industrial e a Revolução Francesa, ambas no século XVIII.

A **Revolução Industrial** (segunda metade do século XVIII) deu grande impulso ao desenvolvimento e à expansão capitalista, à acumulação de capital e à difusão das relações de trabalho assalariado. Além disso, introduziu a produção em massa e a padronização das mercadorias e expandiu o comércio internacional.

2 Além de possibilitar um intenso intercâmbio cultural, o Mediterrâneo foi, ao longo dos séculos, região de grandes disputas pelo controle das rotas comerciais. Egípcios, gregos, fenícios, romanos e turco-otomanos formaram importantes civilizações nessa região.

DAN KITWOOD/GETTY IMAGES

O *shopping center*, como um verdadeiro "templo do consumo", reúne num só local marcas, modas e opções de entretenimento e lazer, como cinemas, bares, restaurantes, livrarias, centros de diversões e eventos. Na imagem, *shopping center* em Londres, Inglaterra (Reino Unido), 2012.

A **Revolução Francesa** (1789), com a difusão do lema "liberdade, igualdade e fraternidade", contribuiu para a generalização dos ideais do **Iluminismo** e dos valores democráticos de igualdade dos indivíduos perante a lei.

Um dos aspectos marcantes da civilização ocidental, e do próprio capitalismo, é o **individualismo**, conceito segundo o qual a liberdade do indivíduo se afirma sobre a sociedade. ***Self-made man*** é a expressão mais representativa do individualismo, na qual se exalta a figura da pessoa que venceu na vida graças aos próprios esforços.

Outra importante característica da civilização ocidental é o consumismo, que está, de certa forma, alicerçado em dois princípios fundamentais da sociedade capitalista: busca constante por inovação e acumulação de bens. Os Estados Unidos levaram a noção do consumismo ao extremo. Em nenhum outro país o desejo por bens e serviços é tão voraz.

Self-made man
expressão em inglês que significa "homem que se fez por si", ou seja, pessoa cujo sucesso se deve a si própria.

Modernidade e cultura

Apesar da amplitude alcançada pela cultura europeia – com a disseminação de instituições, visões de mundo, modos de vida e valores construídos no interior da civilização ocidental –, algumas sociedades coesas, de cultura milenar, não foram totalmente permeáveis à mudança de valores. No entanto, assimilaram técnicas e sistemas de produção e gerenciamento, inserindo suas economias nos padrões do mercado mundial, como é o caso do Japão, da China, da Coreia do Sul, da Índia e de outros países.

O que essas sociedades assimilaram foi a **modernidade**, entendida aqui como a estrutura político-administrativa própria dos Estados-nações, a sociedade urbano-industrial, a produção de bens e a geração de serviços em larga escala, os avanços tecnológicos, a comunicação instantânea, a agilidade dos meios de transporte e a dependência de algumas fontes energéticas (carvão mineral, petróleo e urânio).

O fato de várias sociedades terem incorporado esses aspectos da modernidade, sem abrir mão dos traços culturais que formam a essência de sua cultura, permite distinguir os conceitos de civilização ocidental e de modernidade, reforçando o caráter global deste último.

A difusão e a reprodução de aspectos da modernidade e dos valores culturais em vários lugares do globo devem-se, entre outros fatores, à atuação das empresas multinacionais e da indústria cultural: televisão, cinema, jornais, revistas, rádio, publicidade. As empresas multinacionais estruturaram-se em redes mundiais de produção, distribuição e comercialização de bens e serviços. A indústria cultural e a publicidade são os principais difusores do consumo de massa.

No final do século XIX, as grandes empresas surgidas com a Segunda Revolução Industrial criaram um mercado de massa, estimulado por campanhas publicitárias de longo prazo, moldando o fenômeno da sociedade de consumo.

LEITURA COMPLEMENTAR

Manipulando as mentes

"Já em 1892, por exemplo, a Coca-Cola apresenta um dos maiores orçamentos publicitários do mundo. E em 1912, [...] o Advertising Club of America declara que a Coca-Cola detém a melhor publicidade [...]. Desde essa época, os dirigentes da empresa têm uma concepção da publicidade em função do maior número possível de compradores potenciais. 'A repetição', diz um deles, 'pode ser o fator principal. Uma gota-d'água acaba penetrando numa rocha. A mastigação contínua é o bastante para digerir os alimentos. Se você bate no lugar certo, e sem parar, o prego acaba entrando na cabeça.'

Com a multiplicação dos meios de comunicação elétricos (cinema, rádio), eletrônicos (televisão) e digitais (internet), o século XX não somente assistiu à explosão da publicidade, mas à sua sofisticação. A ambição de manipular as mentes, dentro dos próprios lares, alcançou quase níveis de uma ciência. As técnicas de persuasão não cessaram de se aperfeiçoar, vencendo a barreira do barulho, transpondo os milhares de pedidos publicitários que nos atormentam diariamente, confundindo a nossa desconfiança e se incrustando em nossas mentes com uma mensagem precisa."

RAMONET, Ignacio. *Le monde diplomatique*. Edição brasileira, ano 2, nº 16, maio 2001.

- Discuta com seus colegas as mensagens publicitárias e notícias atuais veiculadas através dos meios de comunicação. De que forma elas exercem influência na sua vida?

A QUESTÃO ÉTNICA NO BRASIL: POVOS INDÍGENAS E AFRODESCENDENTES

Antes da chegada dos portugueses às terras que viriam formar o território brasileiro já existia um mosaico étnico com a presença de diferentes povos indígenas. Com o início do processo de colonização no século XVI, portugueses foram ocupando o território e dominando os povos indígenas. A esses, somaram-se os milhões de africanos, de diferentes regiões do continente, trazidos à força para trabalhar como escravos, entre os séculos XVI e XIX.

A partir de meados do século XIX, chegaram ao Brasil, para trabalhar na lavoura do café e, posteriormente, nas indústrias, grupos de imigrantes europeus (italianos, espanhóis, alemães, poloneses, além dos próprios portugueses) e asiáticos (árabes, japoneses, chineses). Assim, o Brasil é formado por grupos étnicos distintos, entre os quais ocorreu um intenso processo de miscigenação. Apesar de terem em comum a língua – um vínculo marcante –, alguns grupos mantêm as suas tradições.

Brasil: distribuição da população de acordo com a cor da pele – 2012

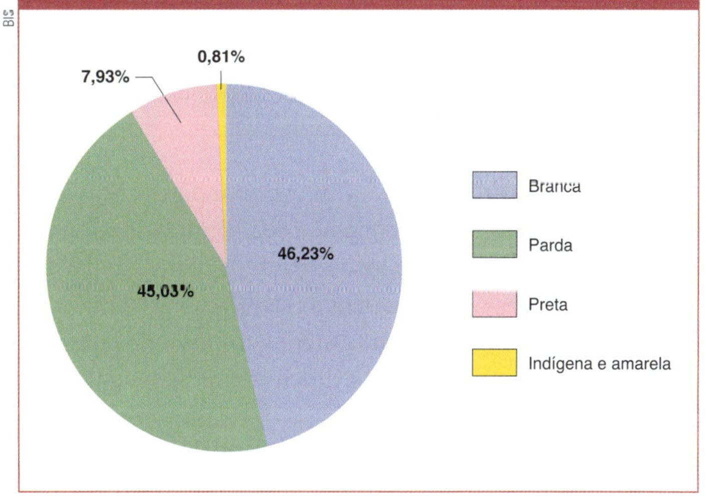

Fonte: IBGE. *PNAD 2012*. Disponível em: <www.ibge.gov.br>. Acesso em: out. 2013.

A situação dos povos indígenas

Dos indígenas que escaparam da escravidão – milhares resistiram ao trabalho imposto pelos portugueses –, muitos foram exterminados durante o processo de colonização e, posteriormente, em conflitos com fazendeiros, garimpeiros e outros grupos econômicos que invadiam suas terras. Além das mortes em conflitos, grupos inteiros de indígenas foram aniquilados ao contraírem as doenças trazidas pelo colonizador, como gripe, catapora e sarampo. Outros grupos tiveram sua cultura descaracterizada pelos processos de **aculturação**.

Aculturação
assimilação cultural resultante do contato entre indivíduos de povos diferentes, que pode ser ocasionada pela imigração, por intercâmbios comerciais ou pela dominação.

Cálculos aproximados indicam que, quando da chegada dos portugueses, mais de 4 milhões de ameríndios viviam no que constituiu o atual território brasileiro. Eles formavam diferentes **nações** com costumes, crenças e forma de organização social e de sobrevivência próprias. Atualmente, 896 mil[3] indígenas vivem no país, formam 227 povos conhecidos e se comunicam em 180 línguas e dialetos. Apesar dessa drástica redução, o último censo registrou um aumento da população indígena, o que muitos atribuem a uma maior atenção à causa indígena e à demarcação de algumas terras indígenas.

INTERCONEXÃO

Língua Portuguesa

Erro de português

Oswald de Andrade (1890-1954) foi um dos organizadores da Semana de Arte Moderna de 22, ao lado da pintora Anita Malfatti, do também escritor Mário de Andrade e de outros intelectuais da época. A Semana de Arte Moderna de 22, realizada em São Paulo, inaugurou o modernismo brasileiro. Teve como objetivo discutir a identidade nacional, compreender a cultura brasileira e os rumos das suas artes. Em 1928, Oswald escreveu o "Manifesto Antropofágico", no qual propôs que o Brasil devorasse a cultura estrangeira e criasse uma cultura revolucionária própria. É dele a famosa frase "*Tupy or not tupy, that is the question*".

No poema a seguir, chamado " Erro de português", Oswald de Andrade faz uma crítica à imposição de uma cultura sobre a outra.

"Quando o português chegou
Debaixo de uma bruta chuva
Vestiu o índio
Que pena!
Fosse uma manhã de sol
O índio tinha despido
O português."

ANDRADE, Oswald de. *Poesias reunidas*. Rio de Janeiro: Civilização Brasileira, 1974. p. 177.

- Discuta o significado de **vestir** e **despir** no poema.

DICA

LEITURA

A questão do índio
Betty Mindlin e Fernando Portela. São Paulo: Ática, 1999.
Discute a situação atual dos povos indígenas no Brasil. Apresenta também um texto ficcional que narra a aventura de dois jovens na Amazônia.

O universo indígena brasileiro é bastante diferenciado. Algumas nações indígenas mantêm a sua identidade e as suas tradições, apesar de terem algum grau de contato com o restante da sociedade. Há também nações que só falam o português e adquiriram hábitos da civilização ocidental, como o consumo de produtos industrializados. Existem, ainda, alguns grupos indígenas que se mantêm isolados em áreas próximas às fronteiras ou de difícil acesso, sem nenhum contato com outras comunidades.

Terras indígenas

A Fundação Nacional do Índio (Funai) reconhece 683 terras indígenas no Brasil, das quais cerca de 70% estão localizadas na Amazônia. Boa parte dessas terras, no entanto, ainda não foi demarcada. De acordo com a lei, as **terras demarcadas** são de uso exclusivo e posse das populações indígenas, que asseguram para si o direito sobre a exploração dos recursos naturais nelas existentes.

A Constituição brasileira de 1988 reconheceu os direitos dos povos indígenas como primeiros habitantes de suas terras e estabeleceu que elas fossem demarcadas até 1995. Decorrida a primeira década do século XXI, esse processo encontra-se ainda em andamento, muitas vezes envolvendo grandes conflitos.

Terras demarcadas
trata-se do processo de demarcação oficial das terras indígenas, realizado após o reconhecimento, pela União, dos seus limites territoriais. Essa etapa ocorre entre a declaração e a homologação. Veja o mapa da página 462.

3 Dados do Censo do IBGE de 2010. Disponível em: <www.ibge.gov.br>. Acesso em: fev. 2014.

Foi o caso da demarcação da Terra Indígena Raposa Serra do Sol, situada no estado de Roraima, em 2009. A área era alvo de disputa entre cinco etnias indígenas (Macuxi, Wapixana, Ingarikó, Taurepang e Patamona) e ocupantes não indígenas. Estes últimos dedicavam-se a atividades agrícolas, principalmente a produção de arroz. Essa ocupação ocorreu desde 1970 e intensificou-se em 1990, mesmo com o processo de identificação e demarcação em curso.

Em 2005, a área foi definitivamente **homologada** e, portanto, a retirada da população não indígena era obrigatória. Um grupo de rizicultores recusou-se a sair e em sua defesa foi proposta a formação de uma área descontínua que integrasse os arrozais. O caso foi a julgamento pelo Supremo Tribunal Federal (STF), que, em 2009, decidiu pela demarcação contínua da área e determinou a saída dos arrozeiros. Como está situada em área de fronteira, a Terra Indígena Raposa Serra do Sol está vulnerável à entrada das forças armadas para a defesa das fronteiras, entre outras condições.

As terras indígenas são frequentemente invadidas pelas grandes empresas madeireiras, por garimpeiros e agropecuaristas, entre outros grupos. Essas atividades, mesmo quando praticadas próximo às terras indígenas, comprometem o meio ambiente e constituem uma ameaça à subsistência desses povos.

A maioria da população indígena vive na Amazônia. Nessa região, os indígenas ainda ocupam grandes extensões de terra e conseguem preservar seu modo de vida tradicional. Em outras regiões, especialmente no Centro-Sul do Brasil, as terras são menores e algumas vezes abrigam aldeias muito povoadas. Em áreas insuficientes para prover o sustento e a sobrevivência da comunidade, os indígenas são obrigados a recorrer às cidades mais próximas em busca de recursos e de trabalho. Essa integração forçada os coloca em situação de marginalidade no novo meio.

Homologado
confirmado oficialmente e autorizada a implantação de uma medida pública.

DICA

FILME

Xingu
Brasil, 2012. Direção: Cao Hamburger. Duração: 102 min.

Os irmãos Orlando, Cláudio e Leonardo Villas Bôas partem numa missão desbravadora pelo Brasil ao se alistar no programa de expansão na região do Brasil Central, incentivado pelo governo. Essa expedição resultou na fundação, em 1961, do Parque Nacional do Xingu (atual Parque Indígena do Xingu), a primeira terra indígena do Brasil.

RENATO SOARES/PULSAR IMAGENS

O Parque Indígena do Xingu, criado em 1961 (inicialmente como Parque Nacional do Xingu), foi a primeira terra indígena homologada no Brasil. Atualmente, abriga 16 etnias e mais de 5 mil habitantes. Fotografia de 2012.

▸DICAS

SITES

Instituto Socioambiental (ISA)
www.socioambiental.org

O ISA é uma ONG cujas ações visam à defesa dos bens e direitos sociais, o meio ambiente, o patrimônio cultural e os direitos dos povos indígenas do Brasil.

***Blog* de Marcos Terena**
www.marcosterena.blogspot.com

Documentos, artigos e vários *links* de vídeos sobre a população indígena. O indígena Marcos Terena criou o primeiro movimento indígena no Brasil e foi responsável pela organização da Conferência Mundial dos Povos Indígenas sobre território, meio ambiente e desenvolvimento, ocorrida na Conferência Rio-92.

Brasil: terras indígenas – 2012

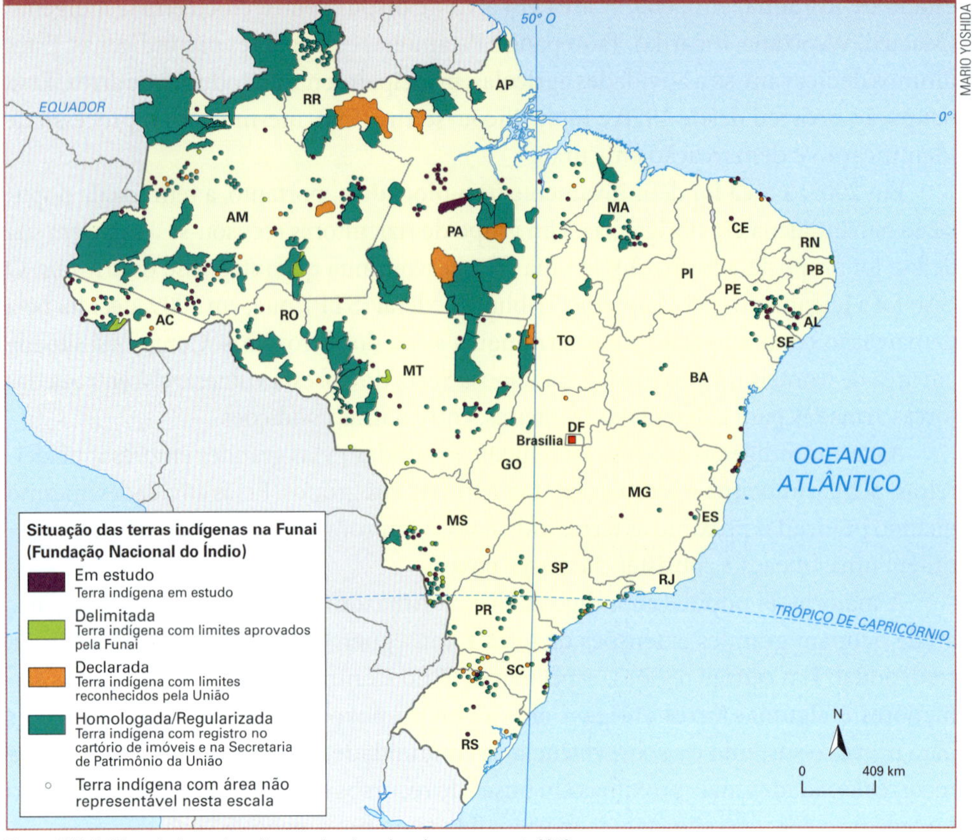

Fonte: FUNAI. Disponível em: <http://mapas.funai.gov.br>. Acesso em: out. 2013.

LEITURA COMPLEMENTAR

Índio quer terra

"O Brasil está preparado para integrar os índios à sociedade?

Devemos lidar com essa ideia com bastante cuidado. Até 1988, o Brasil via os índios como seres humanos menos desenvolvidos, que precisavam ser protegidos enquanto recebiam educação. A Constituição de 1988 reconheceu que os índios não são seres primitivos, mas povos culturalmente diferentes entre si e da sociedade brasileira. Essa diversidade é uma riqueza que deve ser preservada pelo Estado brasileiro por ser um patrimônio nacional. A Constituição deu a eles o direito de serem índios eternamente, mesmo que exerçam outras atividades ou usem calça *jeans* e relógio. O Brasil pode dizer hoje que é um dos poucos países que falam mais de 180 línguas diferentes. Vamos exterminar todas essas culturas se tirarmos o índio de sua *tradição* para que *aprenda* a nossa. O ideal é que, em vez de integrá-los, nós conseguíssemos interagir com eles.

Na prática, o que esse reconhecimento à cultura indígena trouxe aos povos?

O *direito* a um território *próprio*, *independentemente* do grau de assimilação ou interação com a sociedade nacional, o que permite a reprodução dos povos. Há quem pense que exista muita terra para pouco índio, mas para preservar povos e culturas temos de dar, no mínimo, terras. Se confinarmos um *povo* a uma aldeia ou a uma roça, *ele não* terá *como* crescer economicamente e manter suas tradições e línguas. No Alto Rio Negro, no norte do estado do Amazonas, há cerca de 10 mil índios falando seis ou sete línguas diferentes, além de um idioma comum, o nhengatu, trazido pelos colonos jesuítas. Recentemente, um vereador conseguiu aprovar uma lei que dita que naquela região existem outras línguas oficiais além do português. É um ótimo exemplo de reconhecimento e incentivo à perpetuação dessas culturas."

MENAI, Tânia. Índio quer terra. Entrevista concedida por Ana Valério Araújo, em 2003. Disponível em: <www.taniamenai.com>. Acesso em: fev. 2013.

A situação dos afrodescendentes

Os africanos escravizados trazidos para o Brasil vieram principalmente da África Ocidental, habitada por diversos grupos étnicos sudaneses (Iorubás, Jejes, Malês, Ibos, entre outros), e de Angola e Moçambique, habitados principalmente por grupos étnicos bantos (como Cabindas, Bengalas, Banquistas, Tongas).

Calcula-se que, durante o período de escravidão, foram capturados e trazidos para o Brasil cerca de 5 milhões de africanos, que entravam no país principalmente pelos portos de Salvador, Recife e Rio de Janeiro. Aqui, trabalharam nas lavouras de cana-de-açúcar, algodão e café e na mineração, além de realizar outras atividades, como trabalhos domésticos e de ofício (carpinteiros, pintores, pedreiros, ourives etc.).

O Brasil foi o último país ocidental a abolir a escravidão, o que ocorreu há pouco mais de um século, em 1888. Apesar de libertos, os ex-escravizados, deixados à própria sorte, continuaram em situação desfavorável. Nessa época, estimulava-se a imigração no país, e os postos de trabalho eram ocupados principalmente por europeus, que em geral já desenvolviam em seus países de origem atividades na lavoura, no comércio e na indústria.

O maior número de negros fora da África encontra-se no Brasil: na última década, a população negra superou a população branca no país[4]. No entanto, os descendentes dos negros africanos enfrentam inúmeras dificuldades, consequência das desigualdades sociais e do preconceito.

DICAS

LEITURAS

Ser negro no Brasil hoje
Ana Lúcia Valente. São Paulo: Moderna, 1996. (Coleção Polêmica)

Um panorama da situação do negro e do preconceito na sociedade brasileira.

A cor do preconceito
Carmen Lucia Campos, Sueli Carneiro e Vera Vilhena. São Paulo: Ática, 2007. (Coleção Jovem Cidadão)

A ficção relata a história da adolescente Mira, cuja trajetória está envolvida em situações de preconceito, racismo e intolerância.

Racismo no Brasil?

No Brasil, os indicadores sociais demonstram que afrodescendentes ganham salários menores que os brancos e têm menor grau de escolaridade (veja a tabela na próxima página).

Além disso, a origem étnica dificulta a inserção do indivíduo no mercado de trabalho. Os afrodescendentes são os mais atingidos pelo desemprego, e a maioria dos que conseguem trabalho exerce atividades de baixa qualificação. Em consequência, no geral moram em lugares mais distantes do local de trabalho, onde não dispõem de serviços básicos (saúde, educação, saneamento etc.) nem de opções de lazer.

Além da raiz histórica – marcada por quase quatro séculos de escravidão –, a situação de desigualdade social entre brancos e afrodescendentes se mantém em função da educação pública deficiente, do difícil acesso às informações que estão associadas às novas tecnologias (computador, serviços de banda larga, internet etc.), da necessidade de a criança ter que ajudar na complementação da renda familiar e do preconceito. Dessa forma, é negado aos afrodescendentes – e também aos indígenas – o princípio básico das sociedades democráticas, que é a igualdade de oportunidades.

Segundo a atual Constituição brasileira, o racismo é considerado crime. Para a punição às atitudes racistas, é necessário o testemunho de uma terceira pessoa e de registro de ocorrência policial. Muitas vezes, no entanto, o racismo não é manifestado abertamente. É difícil, por exemplo, comprovar que um emprego foi negado a determinada pessoa em função da cor de sua pele.

A pressão dos movimentos sociais, especialmente do movimento negro, e o reconhecimento inegável que as diferenças sociais e econômicas são visíveis pela cor da pele, impulsionou a implementação de ações afirmativas no Brasil.

4 A Região Nordeste registra o maior número de pessoas que se declaram preta ou parda. Na Região Sul, a maioria da população se declara branca. Esse critério de classificação de acordo com a cor da pele, passível de críticas, é adotado pelo IBGE em seus levantamentos estatísticos.

Brasil: desigualdade segundo a cor da pele – 2010			
	Brancos	Negros*	Brasil
População total	91. 051.646	96.795.294	190.755.799**
População não alfabetizada de 5 anos ou mais idade	7,2%	14,3%	10,9%
Rendimento mensal de pessoas de 10 anos ou mais idade, entre 0 e 2 salários mínimos	43,0% do total da população branca	49,5% do total da população negra	46,3% do total da população brasileira
Rendimento mensal de pessoas de 10 anos ou mais idade entre 5 e 10 salários mínimos	5,5% do total da população branca	1,7% do total da população negra	3,6% do total da população brasileira
População com nível universitário	15,0%	4,7%	7,9%

* A categoria *negro*, utilizada pelo IBGE, resulta da soma das categorias **preto** e **pardo**.
** Inclui os outros grupos.

Fonte: IBGE. Censo 2010. Disponível em: <www.ibge.gov.br>. Acesso em: out. 2013.

Ações afirmativas

As desigualdades entre os diferentes grupos étnicos — criadas historicamente pela sociedade e pelo próprio Estado — existem em todo o mundo. Visando corrigi-las, vêm sendo adotadas diferentes ações, ao longo dos anos. Um exemplo é a política de **ações afirmativas**.

Empregadas em diferentes países, como África do Sul, após o fim do *apartheid*, e Estados Unidos, no combate à discriminação racial e na melhoria das condições de vida da população negra, as ações afirmativas também estão sendo implementadas no Brasil. Algumas começaram a ser aplicadas, como, por exemplo, o estabelecimento de cotas para afrodescendentes e indígenas nas universidades e nos serviços públicos.

O sistema de cotas nas universidades públicas é a mais polêmica das ações afirmativas postas em prática. Aqueles que a combatem argumentam que o sistema fere o princípio constitucional de igualdade entre os cidadãos e estimula a cisão racial[5] no país, opondo os afrodescendentes aos brancos. Os opositores defendem que o governo deveria investir no ensino público fundamental e médio de qualidade, criando as condições necessárias para que a população pobre (independentemente da cor da pele) possa competir por vagas nas universidades em igualdade de condições.

A esse raciocínio, alguns acrescentam que as cotas se tornaram uma solução mais fácil e menos onerosa e servem para mascarar a real situação do ensino no país. Argumenta-se, ainda, que uma das funções do ensino superior é a formação de profissionais capacitados ao desenvolvimento de pesquisa científica e tecnológica. Portanto, a universidade pública deve ser uma instituição de excelência, cuja seleção deve ter como critério o mérito e o potencial dos ingressantes, para que possa atender a essas finalidades.

Os argumentos favoráveis às cotas alegam que o sistema é a única solução para resolver a exclusão racial em curto prazo e que já existem na sociedade brasileira "cotas invisíveis" contempladas pela população branca. Acrescentam que a política de cotas nas universidades destinada à população afrodescendente é vista como uma forma de saldar uma dívida histórica da sociedade, considerando o seu passado escravista.

5 O termo "racial" é usado aqui em seu contexto social: geneticamente não há raças, mas socialmente está associado à discriminação pela cor da pele.

INTERCONEXÃO

Língua Portuguesa

JANUÁRIO GARCIA

Cartaz de Januário Garcia, renomado fotógrafo, em alerta para os efeitos da desigualdade racial.

Fotógrafo experiente, Januário Garcia imprime em suas obras a preocupação com a desigualdade racial e a busca pela igualdade. O cartaz foi produzido para marcar a passagem do Dia da Consciência Negra, comemorado em 20 de novembro. A data é uma homenagem ao dia da morte de Zumbi dos Palmares, grande líder da resistência negra durante o período de escravidão no Brasil.

- Discuta a mensagem do cartaz.

Concordam que a reserva de vagas aos afrodescendentes é uma medida emergencial e necessária, pois a melhoria do ensino público básico depende de investimento e manutenção de políticas adequadas por sucessivos governos.

Nesse sentido, todas as opções dadas pelos que são contrários às cotas transferem para o futuro a solução dos problemas causados pela desigualdade étnica e social. Não apontam qualquer solução para aqueles que almejam (e necessitam) ter agora o acesso à universidade pública. Muitos defensores das cotas consideram que as outras medidas propostas pelos opositores também devem ser incorporadas. Mas defendem que as duas formas de combater a exclusão não são antagônicas. As cotas têm efeito imediato, e precisam de certo tempo para serem avaliadas, as outras propostas demandam tempo e vontade política para a sua aplicação.

Em 2012, foi aprovada a lei que assegura, para os próximos dez anos, metade das vagas por curso nas universidades e escolas técnicas federais a estudantes de escolas da rede pública. Garante, também, que a distribuição das vagas entre os cotistas deve observar critérios como renda familiar e uma repartição entre afrodescendentes e indígenas, proporcional à composição numérica desses grupos em cada estado.

Comunidades quilombolas

São chamadas quilombolas as comunidades de **quilombos**, formadas por escravizados fugitivos e também ex-escravizados que receberam doações ou conseguiram comprar terras. As comunidades quilombolas foram formadas em fazendas abandonadas; terras doadas pelo Estado – por serviços prestados principalmente em guerras –; terras antes ocupadas por ordens religiosas e deixadas às comunidades negras locais. Estima-se que existam mais de 2.800 dessas comunidades espalhadas por praticamente todo o território brasileiro. Em geral estão situadas em áreas rurais e relativamente isoladas, mas há também comunidades em áreas urbanas.

Quilombo
esse tipo de povoação e organização social representou a mais importante forma de resistência à escravidão, onde os negros procuravam também reproduzir seus modos de vida, com uma organização política e uma estrutura social próprias. O quilombo mais famoso foi o dos Palmares, situado no atual estado de Alagoas.

DICA

SITE

Comunidades quilombolas do Brasil
www.cpisp.org.br/comunidades/html/i_brasil.html

Conheça um pouco da história e da vida dessas comunidades e outras informações sobre elas.

A Constituição brasileira de 1988, após 100 anos da abolição da escravidão, garantiu o direito legítimo das terras quilombolas aos membros da comunidade. No entanto, nem todas receberam titulação definitiva que lhes garantam a propriedade das terras.

Em 2008, ocorreu uma mudança no procedimento de certificação das terras comunitárias, com intenção de restringir o título de propriedade às áreas onde estão instaladas as habitações. Tal medida impede que essas comunidades tenham acesso aos recursos naturais necessários à sua existência material e cultural. Além disso, cria uma série de obstáculos burocráticos para a formalização do processo de titulação.

Além de lutarem para manter e legalizar suas terras, as comunidades quilombolas têm outros desafios, relacionados, por exemplo, à estruturação de práticas de exploração de recursos naturais e agrícolas pautadas no desenvolvimento sustentável, à preservação de seus valores culturais, à valorização da sua produção artesanal e à formação de associações que garantam maior capacidade de mobilização para as comunidades.

INTERCONEXÃO

História | Língua Portuguesa

Maurício Pestana, autor do cartum abaixo, é membro do Conselho Administrativo do Museu Afro Brasil e preside o Conselho Editorial de uma revista voltada ao público afrodescendente. Sua obra destaca-se na defesa dos direitos humanos e da cidadania.

MAURÍCIO PESTANA

PESTANA, Maurício. *Racista, eu? De jeito nenhum...*. São Paulo: Escala, 2001. p. 95.

- Comente a crítica expressa no cartum. Utilize acontecimentos históricos na sua argumentação.

CONTRAPONTO

TEXTO 1

A era das leis raciais

Imiscível
que não se mistura.

Recidiva
recaída, retorno.

"Os Estados Unidos aboliram a escravidão em 1865, mas só cem anos depois deram cabo das leis de discriminação racial. O Brasil extinguiu a escravidão, e com ela qualquer distinção legal em razão da cor da pele, em 1888. Mais de um século depois, reintroduzem-se aqui instituições segregacionistas, agora a título de promover os negros.

Dissemina-se a pressão pelas cotas, amparada no Estatuto da Igualdade Racial, de 2010, e na decisão do Supremo Tribunal Federal que em abril passado [2012] referendou a reserva de vagas no ensino superior. Até o final do ano, o governo federal pretende estender as cotas por critério de cor aos concursos do funcionalismo.

Trata-se de uma onda avassaladora, a induzir silêncio e autocensura nos que se opõem a sua implantação.

Pelo estatuto racial do século XXI, é considerado negro todo brasileiro que declare ser parda ou preta a cor de sua pele. Estranho estratagema. Por que não determinar ao IBGE que restrinja as suas categorias a 'negro' e 'branco' – suprimindo-se o 'pardo' e o 'preto' –, a fim de saber ao certo o grau de negritude no Brasil?

Já que imitamos os Estados Unidos no diagnóstico e no tratamento da questão, por que não importar também a nomenclatura dualista das raças **imiscíveis**? Obriguem-se 82 milhões de brasileiros (43% da população) autodeclarados pardos a tomar partido. Que os próprios cidadãos se pronunciem nos termos do jogo proposto.

A sociedade dividida à força entre brancos e negros consumaria o retrocesso histórico da **recidiva** das leis raciais no Brasil. Chame-as de 'racistas' ou 'racialistas', na língua da moda, elas exumam e validam termos de velhos adversários da modernidade quando instituem privilégios baseados em atributos corporais. O sangue, a cor, a linhagem.

Desta vez é para fazer o bem e reparar o mal, argumenta-se. Tenho dúvidas – e saudades do tempo em que ser moderno era não discriminar nem aceitar discriminação."

MOTA, Vinicius. A era das leis raciais. *Folha de S.Paulo*, 15 out. 2012. p. A2.

TEXTO 2

Brasil pode reparar de forma definitiva a sua imagem de democracia racial

"Ao que parece, o Brasil está em vias de adotar um programa de políticas afirmativas abrangente, sistemático e articulado para a promoção da igualdade racial, com destaque para políticas de regulação do mercado de trabalho em seus variados nichos e da produção cultural.

Será estabelecido um novo marco em nossas relações raciais, dando consequência ao reconhecimento pelo Supremo Tribunal Federal da legitimidade e legalidade jurídicas de reivindicações igualitárias que se fazem ouvir desde a luta pela redemocratização do Brasil, nos anos 1970.

Um ponto de inflexão diante do qual o que foi feito até aqui terá sido apenas a demarcação do terreno para a inclusão definitiva dos negros na vida social brasileira.

De fato, a ampliação do sistema federal de ensino universitário (Reuni) e o financiamento público de vagas no ensino superior privado (Prouni) são insuficientes para garantir a democratização.

É também parcial para os negros o benefício da reserva de vagas nas universidades federais para alunos da escola pública, pois beneficia apenas as famílias que não podem pagar pelos melhores cursos do ensino médio.

Ademais, a Lei de Cotas, sancionada [...], é necessária para restabelecer a coerência entre os investimentos estaduais e federais em educação pública, mas precisa ser complementada por medidas que incentivem a permanência escolar e garantam qualidade do ensino.

A aprovação do **Estatuto da Igualdade Racial** teria sido tão somente uma carta de intenções se não encontrasse políticas sociais adequadas que o implementassem. [...]

A Secretaria de Políticas de Promoção da Igualdade Racial foi consequência do compromisso internacional assumido pelo Brasil em Durban, na **Conferência Mundial de 2001**, de lutar contra a desigualdade racial por meio de ações afirmativas, não apenas punitivas do racismo.

Estatuto da Igualdade Racial
lei federal criada em 2010, visa em seu artigo 1º "combater a discriminação racial e as desigualdades raciais que atingem os afro-brasileiros, incluindo a dimensão racial nas políticas públicas desenvolvidas pelo Estado".

Conferência Mundial de 2001
trata-se da Conferência de Durban, contra o racismo, o preconceito, a xenofobia (preconceito a grupos minoritários estrangeiros) e a intolerância. Essa conferência foi patrocinada pela ONU e ocorreu em Durban (África do Sul).

Democracia racial

Com um programa dessa envergadura, a secretaria cumpre a sua atribuição de articular políticas.

Mas há uma razão que escapa ao olhar doméstico: ao levar a sério esse compromisso internacional, o Brasil procura reparar definitivamente a antiga imagem de democracia racial, que foi construída nos anos 1940 e 1950.

Nas últimas décadas, o país passou a ser julgado no exterior pela pobreza, pela violência e pela desigualdade social a que está sujeita a sua população negra e mestiça.

Outros países do mundo antes de nós, como a Índia, nos anos 1940, os Estados Unidos, na década de 1960, e a África do Sul, nos anos 1990, também utilizaram programas de ação afirmativa para restabelecer-se moralmente no concerto das nações democráticas."

GUIMARÃES, Antonio Sérgio Alfredo[6]. Medida pode fixar um novo marco nas relações raciais. *Folha de S.Paulo*, 14 out. 2012. p. C3.

1. Qual a principal argumentação que o primeiro artigo faz sobre a aprovação do sistema de cotas nas universidades e nos empregos no funcionalismo federal?
2. Comente a contra-argumentação apresentada no segundo artigo.
3. Qual é a sua opinião a respeito dessa questão?
4. Você conhece algum jovem que fez ou faz uso do sistema de cotas? Se conhecer, converse com ele sobre o assunto. Compartilhe o que descobriu com os colegas.

6 Antonio Sérgio Alfredo Guimarães é professor titular do Departamento de Sociologia da Universidade de São Paulo.

COMPREENSÃO E ANÁLISE

1. Leia o texto e responda às questões a seguir.

"[...]

Não é natural, nem justo, que os países civilizados ocidentais se amontoem indefinidamente e se asfixiem nos espaços restritos que foram suas primeiras moradas, que neles acumulem as maravilhas das ciências, das artes, da civilização, que eles vejam, por falta de aplicações remuneradoras, a taxa de juro dos capitais cair em seus países cada dia mais e que deixem talvez a metade do mundo a pequenos grupos de homens ignorantes, impotentes, verdadeiras crianças débeis, dispersos em superfícies incomensuráveis, ou então a populações decrépitas, sem energia, sem direção, verdadeiros velhinhos incapazes de qualquer esforço, de qualquer ação ordenada e previdente.

[...]"

MILL, Stuart *apud* LEROY-BEAULIEU, P. In: BEAUD, Michel. *História do capitalismo*. São Paulo: Brasiliense, 1987. p. 232.

a) Qual visão antropológica apoia o trecho do texto do economista Stuart Mill? Comente as consequências dessa visão de mundo.

b) Contextualize o texto e associe ao imperialismo (neocolonialismo) do século XIX.

2. Interprete a charge abaixo. Para isso, considere a história do Brasil, o contato entre portugueses e indígenas e suas consequências nos dias de hoje.

MARCOS MULLER

Revista *Bundas*. n. 44, 24. 2000.

3. Identifique os principais problemas enfrentados atualmente pela população indígena no Brasil.

4. Leia o texto a seguir e resolva as questões.

Comunidades quilombolas

"[...] Esses estudos mostraram que as comunidades de quilombo se constituíram a partir de uma grande diversidade de processos, que incluem as fugas com ocupação de terras livres e geralmente isoladas, mas também as heranças, doações, recebimentos de terras como pagamento de serviços prestados ao Estado, simples permanência nas terras que ocupavam e cultivavam no interior de grandes propriedades, bem como a compra de terras, tanto durante a vigência do sistema escravocrata quanto após sua abolição.

O que caracterizava o quilombo, portanto, não era o isolamento e a fuga e sim a resistência e a autonomia. O que define o quilombo é o movimento de transição da condição de escravo para a de camponês livre. Tudo isso demonstra que a classificação de comunidade como quilombola não se baseia em provas de um passado de rebelião e isolamento, mas depende antes de tudo de como aquele grupo se compreende, se define. Atualmente, a legislação brasileira já adota este conceito de comunidade quilombola e reconhece que a determinação da condição quilombola advém da autoidentificação."

Projeto Manejo dos Territórios Quilombolas. Disponível em: <www.cpisp.org.br>. Acesso em: out. 2013.

a) Por que se afirma que as comunidades de quilombo se constituíram a partir de uma grande diversidade de processos?

b) É comum associar a ideia de quilombo ao isolamento e à fuga. Isso é correto? Explique.

c) Qual o critério para se definir a condição de quilombola?

d) Existem comunidades quilombolas em seu estado? E em seu município? Você tem informações sobre essas comunidades? Se não, como seria possível obtê-las?

5. A tabela a seguir apresenta a evolução da população ameríndia no Brasil, entre 1500 e 2010. Observe os dados e explique as alterações no início da colonização e nas últimas décadas.

Brasil: evolução da população ameríndia – 1500-2010

Ano	Ameríndios
1500	4.500.000*
1890	440.000*
1990	280.000
2000	734.100
2010	817.900

* Estimativa.

Fonte: IBGE. Disponível em: <www.ibge.gov.br>. Acesso em: dez. 2013.

CAPÍTULO 30

CONFLITOS ÉTNICO-NACIONALISTAS E SEPARATISMO

CONTEXTO

Nações e nacionalismo no novo século

"Atualmente existe uma ampla literatura acadêmica a respeito da natureza e da história das nações e do nacionalismo, produzida sobretudo desde a publicação de diversos textos **seminais**, na década de 1980. A partir daí, o debate sobre o tema tem sido contínuo. Contudo, como estamos na entrada do século XXI, uma breve pausa pode ser útil para considerarmos as notáveis mudanças históricas que ocorreram nas últimas décadas e que provavelmente o afetarão. A principal delas é o surgimento de uma era de instabilidade internacional iniciada em 1989, cujo fim ainda não se pode prever. Esse é o propósito da presente nota.

[...] Desde 1989, e pela primeira vez na história europeia desde o século XVIII, deixou de existir um sistema de poder internacional. As tentativas unilaterais em prol do estabelecimento de uma ordem global até aqui não tiveram êxito. Enquanto isso, a década de 1990 viu uma notável **balcanização** de grandes regiões do Velho Mundo, sobretudo por meio da desintegração da União Soviética e dos regimes comunistas nos Bálcãs, o que provocou a maior ampliação no número de Estados soberanos internacionalmente reconhecidos desde a descolonização dos impérios europeus entre o fim da Segunda Guerra Mundial e a década de 1970. A composição das Nações Unidas aumentou em 33 países (mais de 20%) desde 1988. Esse período viu também o aumento dos chamados 'Estados falidos', onde ocorre o virtual colapso da efetividade dos governos centrais, ou uma situação endêmica de conflito armado interno, em diversos Estados nominalmente independentes em certas regiões, notadamente a África e a região dos Estados ex-comunistas, mas também em pelo menos uma área da América Latina. [...].

Essa instabilidade é dramaticamente acentuada pelo declínio do monopólio da força armada, que já não está nas mãos dos governos. A Guerra Fria deixou em todo o mundo um enorme suprimento de armas pequenas, mas muito potentes, e outros instrumentos de destruição para usos não governamentais, que podem ser facilmente adquiridos com os recursos financeiros disponíveis no gigantesco e incontrolável setor paralegal da economia capitalista global, em fantástica expansão. A chamada 'guerra assimétrica' que aparece nos debates estratégicos atuais dos Estados Unidos consiste precisamente na capacidade desses grupos armados não estatais de sustentar-se quase que indefinidamente em luta contra o poder do Estado, nacional ou estrangeiro."

HOBSBAWM, Eric. *Globalização, democracia e terrorismo*. São Paulo: Companhia das Letras, 2007. p. 86-87.

Seminal
inovador.

Balcanização
o termo faz referência aos diversos conflitos étnico-nacionalistas que ocorreram e ocorrem na Península Balcânica; sua origem está relacionada ao desmembramento da ex-Iugoslávia e a palavra é utilizada para se referir aos movimentos separatistas que se alastraram em diversas partes do mundo.

DISCUTA

1. Que acontecimento ocorrido em 1989 inaugurou, de acordo com o texto, uma nova era de instabilidade?
2. Qual a provável razão do aumento do número de países integrantes da Organização das Nações Unidas?
3. Explique a expressão "guerra assimétrica".

GLOBALIZAÇÃO E FRAGMENTAÇÃO

Nas últimas décadas do século XX, ao mesmo tempo em que se intensificava o processo de globalização, ampliavam-se os **conflitos étnico-nacionalistas**, muitos deles relacionados a **movimentos separatistas**. A ampliação desses conflitos revela uma situação aparentemente contraditória. Ao mesmo tempo em que a reprodução da modernidade, em nível global, tende a homogeneizar hábitos – por meio do consumo e da indústria cultural – e a integrar mercados – por meio das organizações supranacionais –, diversos povos reforçaram sua identidade étnica, lutando e conquistando a autonomia nacional, fragmentando o mundo num número cada vez maior de países.

Os conflitos étnico-nacionalistas estão relacionados, de modo geral, à formação de países que abrigam diversas nações (multinacionais ou multiétnicos). São conflitos históricos, de origens diversas, que, em alguns casos, se aguçaram com o final da Guerra Fria e o enfraquecimento do bloco socialista, como foi o caso dos países do Leste europeu, após a desintegração da ex-União Soviética e a perda de sua área de influência.

Os principais fatores que motivam as lutas separatistas de cunho **nacionalista** são a não aceitação das diferenças étnicas e culturais, a existência de privilégios impostos pela supremacia de um grupo sobre outro, os interesses econômicos de determinados grupos sociais e o desejo das nações de constituírem seus próprios Estados.

Visões nacionalistas extremistas pregam o uso da força para defender seus interesses e consideram o outro, em função das diferenças étnicas, como inimigo e adversário. Nessa concepção, o nacionalismo confunde-se com o racismo e a **xenofobia**. Foi essa concepção de nacionalismo que Hitler colocou em prática na Alemanha nazista de 1933 a 1945.

Xenofobia
refere-se, aqui, às formas de preconceito étnico, cultural e a grupos minoritários estrangeiros.

HULTON-DEUTSCH COLLECTION/CORBIS/LATINSTOCK

Multidão saúda o discurso proferido pelo líder nazista Adolf Hitler em um comício no estádio Nuremberg, Alemanha, em 1937.

CONFLITOS ÉTNICO-NACIONALISTAS NA EUROPA

Os conflitos étnico-nacionalistas na Europa, que se multiplicaram no final do século XX, só podem ser compreendidos dentro dos diferentes contextos histórico-geográficos em que se desenvolveram. Alguns existem há séculos e se relacionam aos processos de incorporação dos territórios de outros grupos, como é o caso da dominação inglesa sobre os irlandeses e da espanhola sobre os bascos.

Os conflitos mais violentos nas duas últimas décadas estiveram relacionados ao fim dos governos socialistas de cunho centralizador, implantados em diversos países europeus após a Segunda Guerra Mundial. No entanto, a origem das hostilidades étnicas nesses países remonta à época da expansão dos impérios Russo, Otomano e Austro-Húngaro e da decomposição desses dois últimos, entre o final do século XIX e o início do século XX. Esses impérios controlavam diversas nações – praticamente as mesmas que foram submetidas aos regimes comunistas do pós-guerra – e foram os responsáveis pela instabilidade nas fronteiras dessa região da Europa.

Conflitos nos Bálcãs: o esfacelamento da Iugoslávia

Já no século XV, quando foi ocupada pelo Império Turco-Otomano, a região da **Península Balcânica** era alvo de disputas. No final do século XIX, foi a vez de o Império Austro-Húngaro conquistar boa parte das terras que posteriormente formariam a Iugoslávia.

Após a **Primeira Guerra Mundial**, praticamente toda a região ficou sob o controle da Sérvia, com o nome de Reino dos Sérvios, Croatas e Eslovenos. Somente em 1929 o país passou a se chamar Iugoslávia, que significa "eslavos do sul".

Os conflitos entre as diferentes nações que formavam a Iugoslávia eram frequentes. Durante a Segunda Guerra Mundial, as diferenças foram amenizadas devido à ocupação nazista da região. Para combater a invasão, formou-se um movimento de resistência que uniu as nações da Iugoslávia.

Ao final da guerra, em 1945, foi instaurada a **República Popular da Iugoslávia**, sob a liderança do chefe do Partido Comunista e da resistência, **Josif Bros Tito** (1892-1980), conhecido como Tito. Em 1963, passou a se chamar República Socialista Federativa da Iugoslávia.

Graças a sua liderança incontestável e habilidade política, Tito conseguiu controlar os conflitos e manter a unidade do país até sua morte, em 1980. Mas não foi tarefa fácil.

KEYSTONE/GETTY IMAGES

Guerrilheiras antinazistas na Iugoslávia, 1944. Em toda a Europa ocupada pelos exércitos nazifascistas, a população civil constituiu grupos de combatentes clandestinos para resistir à ocupação por meio da guerrilha, tendo papel fundamental na guerra.

A população iugoslava compunha-se de várias nações e algumas delas encontravam-se espalhadas por praticamente todas as seis repúblicas que formavam o país: Eslovênia, Croácia, Macedônia, Bósnia-Herzegovina, Sérvia e Montenegro. Além disso, no país predominavam três religiões (a muçulmana, a cristã ortodoxa e a católica romana) e falavam-se cinco idiomas (o sérvio-croata, o esloveno, o albanês, o húngaro e o macedônio).

Com a morte de Tito e as transformações ocorridas no Leste europeu após o fim da União Soviética, as várias regiões que haviam sido integradas à República Iugoslava passaram a reivindicar autonomia. O governo central da República, composto majoritariamente por sérvios, se opôs à separação e usou o poderio militar da federação iugoslava para tentar impedir a independência dessas repúblicas.

Apesar disso, em junho de 1991, a Eslovênia e a Croácia declararam a independência, que foi reconhecida pelo governo central após breve período de violentos conflitos. A Macedônia seguiu o mesmo caminho alguns meses depois. Nesse caso, não houve guerra. Em abril de 1992, a Bósnia-Herzegovina também declarou independência, dando origem ao mais violento e intenso conflito da região balcânica, que se estendeu até 1995, quando a independência foi conquistada.

Em fevereiro de 2003, num claro sinal de que a solução para os problemas étnicos era bastante complexa, o Parlamento da Iugoslávia, com o acompanhamento da União Europeia, aprovou a constituição do novo Estado da Sérvia e Montenegro. Esse novo Estado foi desmembrado novamente em 2006, com a constituição de duas repúblicas. Montenegro foi reconhecido internacionalmente, inclusive pela Sérvia, e tornou-se o 192º membro da ONU.

Estados formados da antiga Iugoslávia – 2011

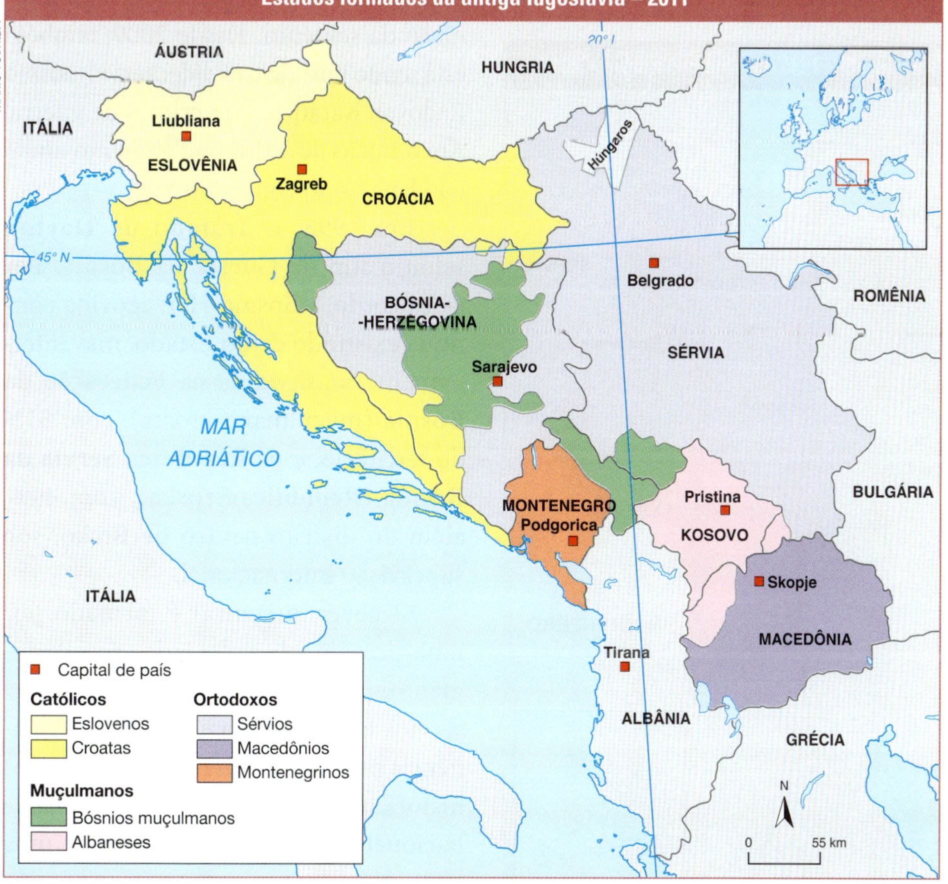

Fonte: LACOSTE, Yves. *Géopolitique*: la longue histoire d'aujord'hui. França: Larousse, 2009. p. 253; *Unsere Welt-Mensch und Raum*. Berlim: Cornelsen, 2011. p. 83.

Observe que, neste mapa, **Kosovo** aparece como país. Até o início de 2013, porém, não tinha o reconhecimento da maioria dos países do mundo, entre eles a Rússia, a Sérvia e o Brasil. Kosovo aparece nos mapas franceses, mas não nos brasileiros. Conquistou autonomia, mas de fato ficou sob a tutela da ONU.

ISABEL ELLSEN/CORBIS/LATINSTOCK

Durante a Guerra da Bósnia, ressurgiram na Europa os campos de concentração. A imagem mostra bósnios muçulmanos presos por soldados sérvios, em Manjaca (Bósnia), 1992.

Guerra da Bósnia

A Bósnia-Herzegovina era a república iugoslava etnicamente mais heterogênea, composta de 39,5% de muçulmanos, 32% de sérvios e 18,4% de croatas. Após ter sua independência reconhecida por diversos países europeus, pelos Estados Unidos e pela ONU, croatas, muçulmanos e sérvios passaram a disputar fatias do território bósnio. Essas disputas deram origem a uma guerra civil entre os anos de 1992 a 1995, cujo saldo foi de 200 mil mortos e 2 milhões de refugiados muçulmanos.

O conflito na Bósnia foi marcado pela **limpeza étnica** dos não sérvios, prática incentivada pelo governo da ex-Iugoslávia, comandado, naquela época, pelo presidente Slobodan Milosevic (1941-2006). Após sua deposição, Milosevic foi preso pelas autoridades da antiga Iugoslávia e entregue, em 2002, para ser julgado pelo **Tribunal Penal Internacional (TPI)** por genocídio e crimes de guerra na Croácia (1991-1995), na Bósnia-Herzegovina (1992-1995) e em Kosovo (1998-1999). Devido a problemas de saúde, em 2006, Slobodan Milosevic morreu na prisão antes da definição da sentença. Desde 2009, também está sendo julgado o ex-líder sérvio-bósnio Radovan Karadzic, por crimes de guerra. Até o início de 2014, o julgamento ainda não havia sido concluído.

Bósnia: partilha pelo Tratado de Dayton – 1995 e fronteiras atuais – 2012

MARIO YOSHIDA

Fonte: OFFICE OF THE HIGH REPRESENTATIVE (OHR). Disponível em: <www.ohr.int>. Acesso em: out. 2012.

Em 1995, o **Tratado de Dayton** selou o fim da Guerra da Bósnia. Por esse acordo, a Bósnia-Herzegovina continua existindo como Estado, mas internamente foi dividida na **Federação da Bósnia** (muçulmano-croata), com 51% do território, e na **República Sérvia da Bósnia** (**República Srpska**), com 49%, além do distrito neutro de Brcko, sob supervisão internacional.

O governo central é formado por uma presidência colegiada, e o Parlamento, por representantes de bósnios, sérvios e croatas. No entanto, a permanência no mesmo país de povos inimigos históricos, com ambições territoriais e nacionalistas, e as dificuldades de uma administração conjunta tornam a região bastante instável.

Sarajevo destruída durante a Guerra da Bósnia, 1992.

DICA

FILME

Terra de ninguém
Eslovênia/Bélgica/França/Itália/Reino Unido, 2001.
Direção: Danis Tanovic.
Duração: 98 min.

O filme mostra a circunstância inusitada em que, na Guerra da Bósnia, dois soldados inimigos, um bósnio e outro sérvio, encontram-se na mesma trincheira. Além de tratar da rivalidade étnica e da violência da guerra, ironiza o papel da ONU no conflito.

Guerra de Kosovo

A partir de 1998, os conflitos passaram a se desenrolar na região de Kosovo, habitada predominantemente – cerca de 90% – por população de origem albanesa. Insatisfeitos com a perda, desde 1989, de parte da autonomia em relação ao poder central iugoslavo – como o direito ao ensino em língua albanesa e a uma polícia própria –, os albaneses passaram a pleitear sua independência.

Para fazer frente ao crescente movimento separatista armado, liderado pelo **Exército de Libertação de Kosovo (ELK)**, o então presidente da Iugoslávia, Slobodan Milosevic, contra-atacou com violência. Alegando combater os separatistas e defender a integridade do país, promoveu um massacre da população civil de Kosovo. Em 1999, a Organização do Tratado do Atlântico Norte (Otan) negociou com a Iugoslávia (constituída basicamente pela Sérvia e por Montenegro) o fim do conflito e a volta da autonomia de Kosovo. Diante da recusa, as tropas da Otan lançaram intenso ataque ao país, sem consultar a ONU ou outro organismo internacional.

A Guerra de Kosovo terminou após 78 dias de bombardeios liderados pelos Estados Unidos. Essa ação, classificada pelo governo estadunidense como "defesa humanitária", não foi decidida no âmbito do Conselho de Segurança da ONU, constituindo, portanto, um desrespeito às normas internacionais. Diante da ofensiva e da destruição provocada, Milosevic retirou, ainda em 1999, as suas tropas de Kosovo.

A região reconquistou a autonomia[7], mas não a independência. Uma força de paz da ONU foi enviada para controlar a animosidade ainda existente entre kosovares e sérvios. Em 2008, o parlamento de Kosovo declarou independência. No entanto, em 2013, o reconhecimento de Kosovo como Estado soberano contava com o apoio de 103 países dos 193 que fazem parte da ONU. A formalização da independência de Kosovo pela ONU[8] era barrada pelos vetos tanto da Rússia como da China no Conselho de Segurança.

Limpeza étnica
situação em que um Estado ou governante promove a expulsão e/ou o extermínio de um grupo étnico, geralmente minoritário. Os métodos utilizados também envolvem perversidades e atrocidades, como a morte indiscriminada de civis, estupro, incêndio de residências etc. O objetivo é amedrontar a população e promover a fuga em massa, buscando um equilíbrio étnico favorável ao grupo que detém o poder.

Tribunal Penal Internacional (TPI)
criado pela ONU, em 2002, na cidade de Haia (Países Baixos), é uma corte permanente com competência para julgar crimes de guerra contra a humanidade e genocídios.

Glossários da página anterior.

7 Kosovo conquistou autonomia, o que formalmente o colocaria sob o controle da República da Sérvia e Montenegro, mas de fato ficou sob a tutela da ONU.

8 O não consenso entre os membros do Conselho de Segurança da ONU – integrado por Estados Unidos, Rússia, China, Reino Unido e França – impede que o país seja admitido como membro de pleno direito da ONU.

INTERCONEXÃO — História · Língua Portuguesa

Crimes de guerra

BIRA

1. Elabore um breve texto descritivo sobre a charge.
2. Comente a ironia presente nela.

Conflitos no Cáucaso

A região montanhosa do Cáucaso, situada entre o Mar Negro e o Mar Cáspio (entre Europa e Ásia), é, historicamente, um polo de conflitos. Ali convivem cerca de 50 etnias, com histórias e culturas próprias.

A parte russa do Cáucaso é formada por várias repúblicas que em muitos casos não possuem identidade entre si nem com o restante da Federação Russa. Apesar disso, a Rússia luta para mantê-las unidas à Federação, pois essa região, próxima ao Oriente Médio, possui grandes reservas e plataformas de exploração de petróleo e ocupa posição estratégica no contexto geopolítico. Além disso, é através do Daguestão, no norte do Cáucaso, que a Rússia tem sua principal ligação com o Mar Cáspio. A importância da região caucasiana também está relacionada ao controle dos vales férteis, de oleodutos e gasodutos.

MARIO YOSHIDA

Cáucaso: diversidade e conflitos – Início dos anos 2000

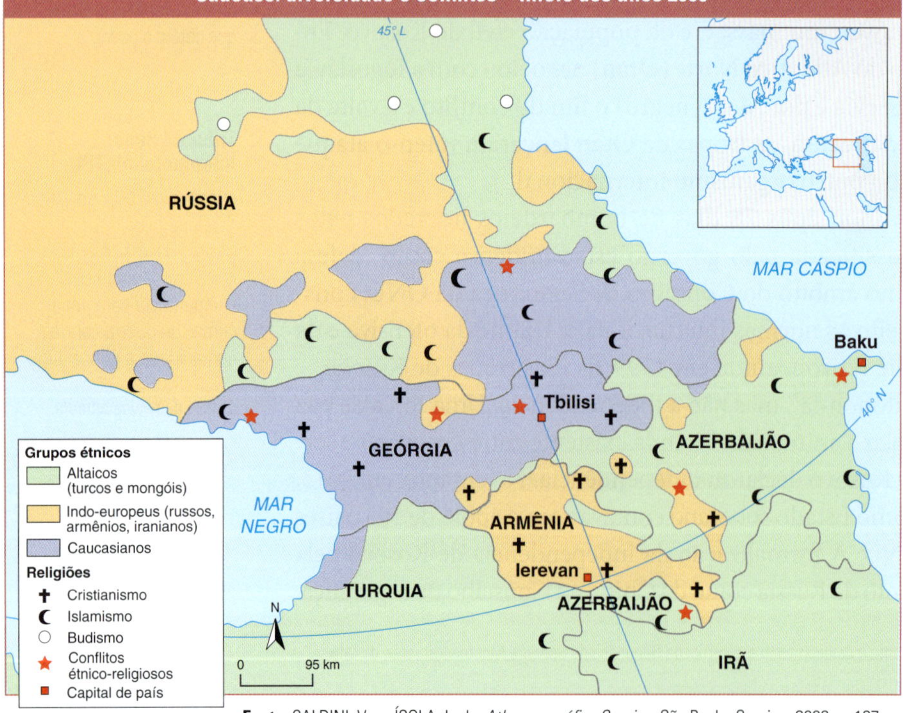

Fonte: CALDINI, Vera; ÍSOLA, Leda. *Atlas geográfico Saraiva*. São Paulo: Saraiva, 2009. p. 127.

Guerras da Chechênia

A Chechênia foi incorporada ao Império Russo no início do século XIX. Durante o regime soviético, a população, majoritariamente muçulmana, foi alvo de perseguições. Com o fim da União Soviética, em 1991, os chechenos constituíram uma República, separando-se da Inguchétia, declarando sua independência e se recusando a participar da Federação Russa. Os inguches também formaram sua própria república, mas aderiram à Rússia.

Em 1994, a Rússia tentou retomar o controle sobre o Cáucaso e reagiu com violência aos movimentos separatistas, dando origem à primeira guerra da Chechênia. Conquistou a capital, Grózny, e intensificou suas ações militares na região. A persistência das ações dos rebeldes forçou a assinatura de um tratado de paz entre chechenos e russos e adiou para o início deste milênio a definição do futuro político da Chechênia.

No entanto, em 1999, os rebeldes chechenos retomaram os combates, realizando ataques terroristas a Moscou e a outras cidades russas. Invadiram o Daguestão, com o objetivo declarado de criar um Estado Islâmico independente na região do Cáucaso. Essas ações armadas deflagraram a segunda guerra da Chechênia, cuja ofensiva militar reduziu a cidade de Grózny a escombros e dizimou parte expressiva da população civil do país. Os russos assumiram o controle da situação no início do ano 2000, mas os combates continuaram.

Em 2003, o governo de Moscou fez alianças com alguns líderes chechenos. Utilizou a tática de dividir o movimento rebelde **cooptando** parte dos seus integrantes e de sua liderança, constituindo um governo pró-russo e investindo na recuperação da infraestrutura do país.

Os conflitos na região vitimaram mais de 50 mil pessoas. Segundo informações de diversas organizações internacionais, ocorreram diversos registros de violação dos direitos humanos na Chechênia. Em 2009, a Chechênia foi declarada zona livre de terrorismo pelo Comitê Nacional Antiterrorista da Rússia (NKA), e foi determinado o fim da campanha militar, mas a instabilidade ainda permanece.

Cooptar
atrair e convencer alguém a tomar determinadas atitudes.

Mulher lamenta em meio a escombros decorrentes de conflitos entre o exército russo e guerrilheiros chechenos em Grózny (Chechênia), 1994.

HECTOR MATA/AP

A separação da Ossétia do Sul e da Abkházia

Outro movimento separatista, ocorrido no compasso da instabilidade econômica e política que levou ao colapso da União Soviética, deu-se na Ossétia do Sul.

Apesar de situada no território da Geórgia, a Ossétia do Sul mantinha relações de identidade com a Ossétia do Norte, com a qual compartilha raízes étnicas e culturais comuns; já os georgianos da Ossétia do Sul representavam menos de um terço da população. A guerra separatista foi desencadeada no início de 1990 e se estendeu por mais de um ano.

A Geórgia abrigava ainda outra república autônoma, a Abkházia. Várias tentativas separatistas provocaram uma guerra civil em 1992. O governo georgiano tentou negociar maior autonomia com as lideranças separatistas ossetianas e abriu diversas possibilidades de diálogo que não questionassem o limite da existência do Estado único da Geórgia.

A tensão entre as repúblicas separatistas e a Geórgia aguçou-se com a eleição de Mikhail Saakashvili, em 2004. A política externa do presidente Saakashvili esteve direcionada a integrar a Geórgia à União Europeia e à Otan. Essa política pró-Ocidente aproximou ainda mais o governo russo dos separatistas, tanto da Ossétia do Sul como da Abkházia.

O conflito chegou ao ápice em 2008, quando o governo georgiano lançou um cerco à Ossétia do Sul, para debelar com violência o movimento separatista. A Geórgia esperava contar com o apoio do Ocidente, mas acabou isolada diante do confronto direto com a Rússia. O exército russo deslocou seus tanques e aviões, bombardeou e expulsou as tropas georgianas da Ossétia do Sul, atacou portos e bases aéreas e avançou em direção a Tbilisi, capital georgiana. Em tais circunstâncias, a Ossétia do Sul e a Abkházia conquistaram a independência da Geórgia.

VIKTOR DRACHEV/AFP

Crianças brincam em frente a tanques russos em Tskhinvali (Ossétia do Sul), 2008.

Além disso, a Rússia cortou as relações comerciais com a Geórgia, prejudicando diversos setores da economia georgiana, e enfraqueceu o governo de Saakashvili, derrotado nas eleições de 2012.

A Rússia sinalizou claramente diante desse confronto separatista que estará disposta a deslocar suas tropas e a fazer uso da força militar sempre que seus interesses forem ameaçados na região.

Apesar das disputas econômicas com as outras potências pelos recursos econômicos e naturais das regiões do Cáucaso e do Mar Cáspio, os interesses e a presença ostensiva da Rússia deverão prevalecer por longo tempo.

Outros conflitos étnico-nacionalistas na Europa

Outros conflitos atingem o continente europeu. Dentre eles, destacam-se as questões basca e irlandesa. Esses conflitos, que vêm ocorrendo há décadas, foram responsáveis pela morte de milhares de pessoas.

A questão basca

Os bascos habitam a região norte da Espanha e o sul da França há mais de 5 mil anos. São cerca de 2,5 milhões de pessoas que possuem identidade, idioma e cultura próprios, constituindo-se numa verdadeira nação no interior desses países.

Na França, a convivência é relativamente pacífica. Porém, na Espanha, durante a ditadura de Francisco Franco (1892-1975), os bascos foram impedidos de se expressar em seu próprio idioma, comemorar suas festas nacionais e manifestar sua cultura. A repressão de Franco forjou um forte movimento nacionalista e a formação de grupos de resistência política. Alguns desses grupos fazem o uso de armas e de ações terroristas. Terminado o período da ditadura franquista (1939-1975), os bascos reconquistaram relativa autonomia, consolidada pela criação da **Região Autônoma do País Basco**, com sistema de impostos e Parlamento próprios.

Províncias bascas – 2012

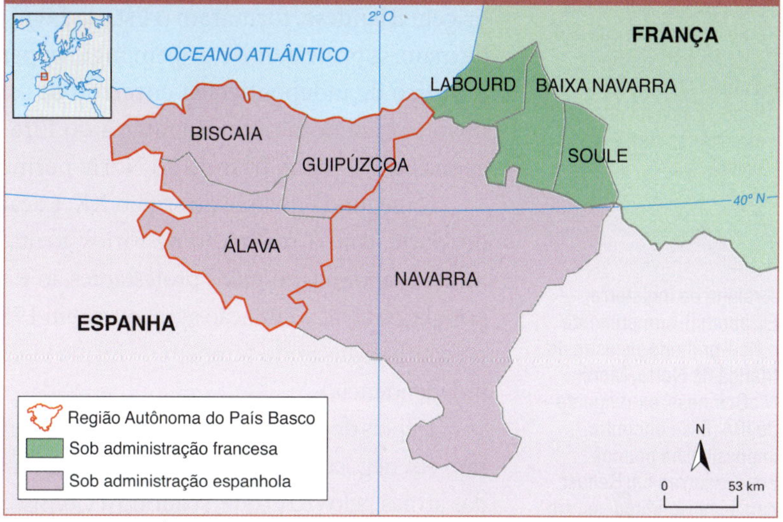

Fonte: CALDINI, Vera; ÍSOLA, Leda. *Atlas geográfico Saraiva*. São Paulo: Saraiva, 2009. p. 127.

No entanto, a organização terrorista **Euskadi Ta Azkatasuna** (**ETA**), que significa "Pátria Basca e Liberdade", criada durante a ditadura de Franco, realiza atentados desde o final dos anos 1960, com o objetivo de pressionar o governo espanhol a reconhecer a independência total do País Basco.

Hoje, a maioria basca, apesar de almejar a independência e a constituição de um Estado soberano, não apoia o terrorismo, não só pela aversão a esse método de luta, mas também pela autonomia conquistada e pelo elevado desenvolvimento econômico que garante boa qualidade de vida à população dessa região do país. Em 2010, o ETA renunciou à luta armada e no ano seguinte um partido separatista basco, o *Sortu* ("nascer" no idioma basco), foi legalizado e pretende lutar pelo separatismo pela via parlamentar.

Bombeiros se reúnem após uma explosão em um estacionamento do aeroporto de Madri (Espanha), 2006. A autoria do ataque foi reivindicada pelo grupo separatista basco ETA.

A questão irlandesa

A ilha da Irlanda foi dominada pela Inglaterra no século XII e, desde então, começou a receber grande quantidade de imigrantes ingleses e escoceses. Em 1800, por decreto da Coroa inglesa, a Irlanda passou a pertencer ao **Reino Unido**, provocando a ira dos nacionalistas, que reagiram organizando a luta pela independência.

Reino Unido
formado pela Grã-Bretanha (Inglaterra, Escócia e País de Gales) e Irlanda do Norte.

DICA

FILME

Michael Collins: o preço da liberdade
EUA, 1996. Direção: Neil Jordan. Duração: 133 min.
A partir da vida do líder irlandês Michael Collins, o filme discute a questão irlandesa, a criação do IRA, a fundação da República da Irlanda e os conflitos com o Reino Unido.

Foi no início do século XX, entretanto, que os conflitos entre a Irlanda e o Reino Unido ganharam maiores proporções, com a criação do **Sinn Féin** (**"Nós Próprios"**), partido político representante dos separatistas irlandeses, e do **Exército Republicano Irlandês** (**IRA**), que organizou a luta armada contra o domínio britânico.

Os conflitos obrigaram o Reino Unido a assinar, em 1921, o Tratado Anglo-Irlandês. Por ele, os condados do Sul, com população majoritariamente católica e de origem irlandesa, formaram o Estado Livre da Irlanda; os condados do Norte (Ulster), de maioria protestante e origem inglesa, permaneceram ligados ao Reino Unido. Esse processo de independência encerrou-se somente em 1937, quando foi constituído o novo país, denominado República do Eire (Irlanda), reconhecido pelo Reino Unido apenas em 1949. A Irlanda do Norte permaneceu ligada ao Reino Unido.

Na segunda metade do século XX, a ação violenta do IRA intensificou-se na Irlanda do Norte, com a realização de vários atentados contra autoridades e instituições britânicas. O apoio dado pelos protestantes ao Reino Unido fez o IRA também agir contra a população civil. A situação agravou-se em 1969, quando o exército inglês passou a intervir no conflito, atacando também de forma violenta os irlandeses católicos (que apoiavam a independência).

Depois de anos de luta armada e cerca de 3.600 mortos, os dois lados do conflito entraram em negociação. Em 1998, assinaram um acordo de paz que determinou a deposição das armas pelo IRA (que, segundo a Comissão Internacional de Desarmamento, foi concluída em 2005) e pelos grupos paramilitares protestantes e a libertação de presos políticos.

A rainha da Inglaterra, Elizabeth II, cumprimenta o vice-primeiro-ministro da Irlanda do Norte, Martin McGuinness, ex-dirigente do IRA. Esse encontro, impossível há poucos anos, ocorreu em Belfast, capital norte-irlandesa, em julho de 2012, e expressa a consolidação do processo de paz.

PAUL FAITH/POOL/AFP

Em 2007, formou-se um governo de coalizão, reunindo o **Partido Unionista Democrático** (**DUP**) e o Sinn Féin, garantindo à Irlanda do Norte o retorno à autonomia regional. Nesse mesmo ano, o exército britânico encerrou uma intervenção militar de quase quatro décadas na Irlanda do Norte e instalou um governo compartilhado entre católicos e protestantes.

A Irlanda do Norte permanece ligada ao Reino Unido, mas o acordo admite a separação futura, caso seja a vontade da maioria da população. Isso reflete uma mudança estratégica na luta pela libertação do domínio britânico, que passou a se realizar pela via política. No entanto, persistem ainda atos terroristas do IRA-Verdadeiro (Real Exército Republicano Irlandês), surgido em outubro de 1997 de uma cisão do IRA, que não considera o caminho parlamentar e se opõe ao processo de paz na Irlanda do Norte.

Em outubro de 2009, o Exército Irlandês de Libertação Nacional (Inla), facção radical e dissidente do IRA que não havia aceitado o acordo de paz, declarou a renúncia à luta armada e à violência, acrescentando mais um componente no fortalecimento do processo de solução pacífica na disputa entre católicos e protestantes. Entretanto, a via pacífica não abandonou o objetivo de unir os **condados** que formam toda a ilha da Irlanda.

Condado
divisão política adotada pela Irlanda; o termo e os limites aproximados dos condados são remanescentes da Idade Média, quando determinada superfície do território era controlada por um conde.

CONFLITOS ÉTNICOS NA ÁFRICA

A origem dos conflitos étnicos na África está ligada à partilha do continente feita no final do século XIX pelos colonizadores europeus, que criaram **fronteiras artificiais**. Grande parte dessas fronteiras foi mantida após os processos de independência dos países africanos. São chamadas artificiais pelo fato de diversos grupos étnicos, muitas vezes rivais, terem sido aglutinados num mesmo território colonial, enquanto outros, de uma mesma etnia ou de convivência pacífica, foram separados. Isso gerou inúmeros conflitos étnicos pela disputa de poder no interior dos novos Estados africanos após sua independência.

Contribuem para a multiplicação dos conflitos na África o baixíssimo nível socioeconômico da maioria dos países, a inexistência de governos democráticos em muitos deles, as disputas por territórios e pelo controle de recursos minerais – em particular diamantes e outras pedras preciosas. Além disso, a disputa política pelo continente na época da Guerra Fria levou os Estados Unidos e a União Soviética a darem armas e apoio financeiro a grupos étnicos rivais dentro de um mesmo país, estimulando os conflitos e sustentando durante décadas governos ditatoriais.

DICAS

LEITURA

África: terra, sociedades e conflitos
Nelson Basic Olic e Betariz Canepa. São Paulo: Moderna, 2012. (Coleção Polêmica)

Analisa a multiplicidade cultural africana e os principais conflitos étnicos, religiosos e econômicos.

FILME

Hotel Ruanda
Itália/África do Sul/EUA, 2004. Direção: Terry George. Duração: 121 min.

Aborda o acirramento do conflito entre tútsis e hutus em 1994, com base na história real de Paul Rusesabagina, gerente do Hotel Milles Collines, que, no auge do massacre, abrigou e evitou a morte de mais de 1.200 tútsis.

Ruanda

Ruanda, no sudeste do continente africano, foi colônia belga desde o final da Primeira Guerra Mundial até o início da década de 1960, quando se tornou independente. Durante esse período, os belgas fomentaram a rivalidade entre os dois grupos étnicos que ocupavam essa região africana – **tútsis** e **hutus** – como estratégia para manter o domínio sobre Ruanda. Os tútsis tinham privilégios na administração belga, tornaram-se funcionários públicos, membros do exército colonial e conquistaram inclusive cargos importantes.

Em 1962, após a conquista da independência, sob a liderança dos hutus, os tútsis passaram a ser perseguidos. Exilados nos países vizinhos, formaram a **Frente Patriótica Ruandesa** (**FPR**), retornando a Ruanda em 1990 e dando início a uma guerra civil que arrasou o país e produziu mais de 800 mil mortes e cerca de 2 milhões de refugiados.

Em abril de 1994, o presidente Juvenal Habyarimana (1937-1994), de etnia hutu, morreu num acidente aéreo. Habyarimana retornava da Tanzânia, onde realizou uma negociação de paz com os rebeldes tútsis da FPR, que controlavam uma parte do norte de Ruanda. A explosão do avião sobre a capital Kigali desencadeou a fase mais violenta e dramática da guerra civil ruandesa. As principais vítimas foram os tútsis, incluindo mulheres e crianças, mortas a pauladas ou golpes de facões ou foices.

DARIO MITIDIERI/EDIT BY GETTY IMAGES

Crianças órfãs ou deslocadas durante o genocídio de Ruanda, à espera de alimentos no campo de refugiados em Goma, no Zaire (hoje República Democrática do Congo), 1994. O genocídio perpetrado pelo governo ruandês hutu sobre a população tútsi deixou quase um milhão de crianças abandonadas ou órfãs.

Em 1995, nova investida da FPR (tútsi) tomou Kigali e apoiou a presidência de um hutu (Pasteur Bizimungu), que se opunha ao massacre no país e realizou uma política de reconciliação entre as duas etnias. Mas os conflitos entre tútsis e hutus ultrapassaram as fronteiras de Ruanda, chegando aos campos de refugiados na República Democrática do Congo (antigo Zaire), no Burundi e na Tanzânia.

Em 2000, Paul Kagame[9] tornou-se o primeiro tútsi a assumir a presidência do país. No entanto, os problemas entre os dois grupos étnicos, amenizados nesse início de século, estão longe da solução definitiva, dada a violência da guerra.

Sudão

Animismo
religiões que atribuem alma (espírito) aos fenômenos naturais.

Janjaweed
milícia formada por antigos grupos tribais árabes de Darfur, tolerada e apoiada pelo governo sudanês.

Como no restante da África, as fronteiras estabelecidas no Sudão reuniram realidades étnicas e religiosas distintas: o centro-norte abriga população majoritariamente muçulmana e que se expressa em língua árabe; o noroeste – **região de Darfur** – reúne, além de muçulmanos, grupos de origem centro-africana; o sul tem maioria cristã, mas há também grupos **animistas** de diversas etnias. O controle do Estado sudanês pela população muçulmana e o descaso aos demais grupos gerou conflitos permanentes entre o governo, sediado no centro-norte, e as regiões de Darfur e do sul. Na região de Darfur, o conflito é travado entre grupos étnicos diferentes e grupos muçulmanos que têm como braço armado a milícia **Janjaweed**.

No sul do Sudão a situação era similar à de Darfur. A região é habitada por uma população composta de grupos étnicos diferentes, mas com maioria cristã ou animista. Essa maioria sempre resistiu à imposição de leis islâmicas e sofreu forte discriminação e abandono pelo governo sudanês, razão dos conflitos históricos na região.

Em 2011, o Sudão foi dividido em **Sudão** e **Sudão do Sul** (o mais novo país da ONU), com o objetivo de colocar fim a quase três décadas de guerra. No entanto, os dois países são dependentes da sua produção de petróleo, e o acordo de independência estabelece que as vendas de petróleo sejam divididas entre ambos os países. As maiores reservas estão no Sudão do Sul, mas os únicos oleodutos existentes correm em direção ao norte (Sudão), passam por refinarias e atingem o Porto do Sudão, no Mar Vermelho, o único caminho existente para a exportação do petróleo do Sudão do Sul. Tal fato coloca o mais novo país do mundo numa situação de total dependência do Sudão para realizar a exportação do produto que representa mais de 90% da sua economia. Observe o mapa.

Sudão e Sudão do Sul: áreas de conflito e infraestrutura do petróleo – 2012

Fonte: DRILLING INFO INTERNATIONAL. Disponível em: <http://southsudaninfo.net>. Acesso em: out. 2013.

A região de Abyei, rica em petróleo, é ainda uma região de disputa entre o Sudão e o Sudão do Sul, cuja tensão pode provocar um confronto direto entre os dois países. Como alternativa para a exportação do petróleo do Sudão do Sul existe um projeto de construção de um oleoduto para ligar a cidade de Juba (capital do Sudão do Sul) ao porto de Lamu, no Quênia.

9 Em 2010, Paul Kagame foi reeleito para cumprir mandato de mais sete anos.

O conflito de Darfur

Em Darfur, a população muçulmana e de língua árabe perfaz um terço dos habitantes e se dedica principalmente ao pastoreio nômade. Os não muçulmanos, como os grupos Massalit, os Zaghawa e os Fur, são sobretudo agricultores. O fato de os dois conjuntos terem a terra como base de suas economias provocou vários conflitos sobre o direito ao uso da terra.

No entanto, os problemas são mais amplos. Há décadas, a região de Darfur tem sido abandonada à própria sorte pelo governo sudanês, que negligenciou os investimentos sociais e econômicos essenciais nessa região semiárida. As poucas intervenções positivas do Estado em Darfur privilegiaram os muçulmanos em detrimento dos outros grupos, contribuindo para agravar a hostilidade étnica já existente. A população não muçulmana de Darfur tem um forte sentimento de oposição ao governo, o que estimula a luta pela autonomia e pelo fim da discriminação.

Em 2002, rebeldes do grupo Fur, em aliança com os Zaghawa, formaram o Exército Popular de Libertação do Sudão (SPLA). Armados e supostamente apoiados pelo vizinho Chade, eles atacaram instalações do governo em 2003. A retaliação foi imediata e brutal. O governo, apoiado pela milícia Janjaweed, promoveu um massacre cujo saldo atingiu cerca de 300 mil mortes e mais de 2 milhões de refugiados, somente nos primeiros cinco anos de conflito.

Desde 2004, governo, rebeldes e organizações internacionais, como a **União Africana (UA)**, tentam estabelecer um cessar-fogo. No entanto, apesar dos esforços da Missão da União Africana no Sudão (Amis), criada pela União Africana, das organizações humanitárias e das ONGs para estabelecer a paz, todos os acordos assinados entre as partes foram violados por ambos os lados do conflito. Em 2011, entrou em vigor um novo acordo de paz, mas apenas com uma das milícias rebeldes existentes em Darfur, não caracterizando de fato pacificação para a região.

União Africana (UA)
foi criada em 2002 com o objetivo de promover o processo de integração no continente, salvaguardar a soberania dos Estados africanos e impulsionar a cooperação internacional no âmbito das Nações Unidas.

O presidente Omar al Bashir, no poder desde 1989, após golpe militar, é considerado o grande responsável pelos massacres e por omissão à situação dramática de Darfur. Em 2009, teve a prisão decretada pelo Tribunal Penal Internacional (TPI) por crimes de guerra em Darfur. Bashir tornou-se o primeiro presidente, no cargo, a ser indiciado por um tribunal internacional.

CONFLITOS ÉTNICO-NACIONALISTAS NA ÁSIA

O continente asiático abriga cerca de 60% da população mundial e milhares de etnias. Nas duas últimas décadas do século XX, alguns conflitos étnico-nacionalistas destacaram-se pelo grande número de pessoas envolvidas e a violência empregada.

Índia: conflitos separatistas na região da Caxemira e do Punjab

A tensão entre **hindus** (82% da população da Índia) e **muçulmanos** (12%) iniciou-se no século VII, com a chegada dos árabes à região. Por meio dos árabes, difundiu-se na região o islamismo, religião que conquistou muitos adeptos nas camadas mais pobres da sociedade na Índia, que viam nela um caminho para se desvencilhar do **sistema de castas** da religião hindu (hinduísmo), que estrutura a sociedade indiana.

A região da **Caxemira**, situada entre o norte da Índia, o nordeste do Paquistão e o sudoeste da China, ocupa um extenso vale fértil, habitado principalmente pela população muçulmana. Além da localização estratégica, junto à fronteira da China, o controle da Caxemira significa dispor das águas do curso médio do Rio Indo.

A maior parte da região está sob domínio da Índia, mas os paquistaneses e a guerrilha muçulmana separatista querem anexá-la integralmente ao Paquistão. Desde 1947, quando esses dois países conquistaram a independência da Inglaterra, já ocorreram algumas guerras envolvendo a disputa pela Caxemira. Essa disputa territorial preocupa o mundo, pois tanto o Paquistão quanto a Índia possuem armas nucleares. O limite entre a Caxemira indiana e a paquistanesa não é uma fronteira reconhecida internacionalmente, é apenas uma linha de cessar-fogo da primeira guerra entre os dois países após a independência, denominada "linha de controle". Veja o mapa abaixo.

Parentes de vítimas do massacre contra os *sikhs* em 1984 protestam em Nova Délhi (Índia), 2012.

MANPREET ROMANA/AFP

Na região do **Punjab**, norte da Índia, conflitos étnico-religiosos violentos têm marcado a história do país nas últimas décadas. O conflito opõe os ***sikhs***, minoria étnica, seguidora de uma seita própria, que difunde elementos do islamismo e do hinduísmo, aos **hindus**. Os *sikhs* lutam pela independência e pela formação do **Estado do Kalistan**, idealizado pelos separatistas. A perseguição aos *sikhs* intensificou-se em 1984, após a morte da primeira-ministra indiana Indira Gandhi (1917-1984), assassinada por dois membros de sua guarda pessoal e adeptos da seita *sikh*. Essa perseguição resultou no massacre de cerca de 3 mil *sikhs*. Um mês antes do assassinato, Indira Gandhi havia ordenado a invasão do Templo Dourado de Amritsar – local sagrado para os *sikhs* –, onde se reunia a cúpula do movimento separatista.

Além da repressão aos *sikhs*, grupos nacionalistas ligados ao Partido Bharatiya Janata (BJP), que defendem a supremacia hindu, têm promovido massacres de muçulmanos e cristãos em outras regiões do país. Vários missionários cristãos foram alvos de atentados, principalmente em Goa (cidade colonizada pelos portugueses).

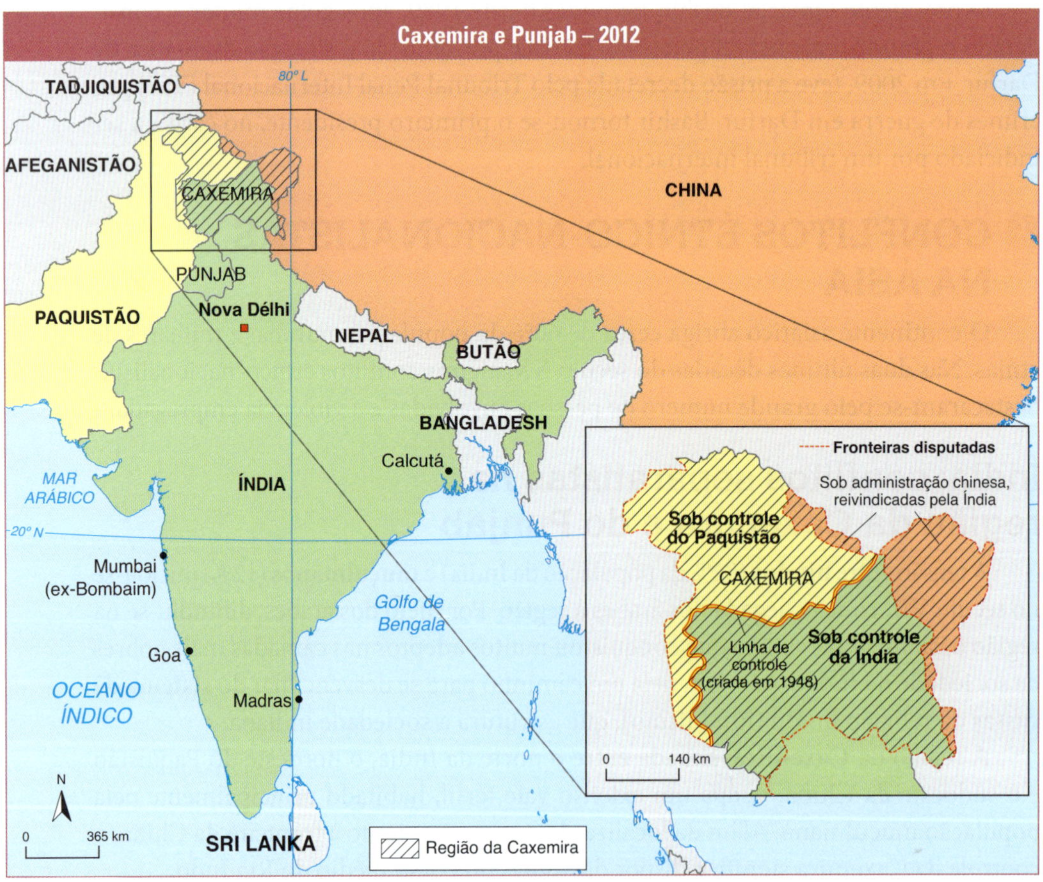

MARIO YOSHIDA

Fonte: EMBAIXADA DA ÍNDIA. Disponível em: <www.indianembassy.hr>. Acesso em: out. 2012.

Oriente Médio

O domínio que o Império Turco-Otomano exercia sobre boa parte do Oriente Médio, o qual prevaleceu até a Primeira Guerra Mundial, foi praticamente substituído pela ocupação inglesa e francesa, que se prolongou até a década de 1940. Durante esse último período, ocorreu um processo de grande fragmentação territorial dessa região. Após essa década, os ingleses e os franceses foram afastados do Oriente Médio, consolidando o processo de independência de vários países e favorecendo a criação do Estado de Israel, em 1948.

A independência desses países não significou o fim dos conflitos na região. Ao contrário, após a Segunda Guerra Mundial, o Oriente Médio transformou-se no principal foco de tensão mundial em função da criação do Estado de Israel; dos interesses econômicos e estratégicos das grandes potências pelo controle das jazidas de petróleo; das disputas internas pelo poder numa região marcada por regimes autoritários; dos conflitos religiosos; e das más condições de vida da maioria da população.

A herança da Guerra Fria é outro importante fator de instabilidade e de intensificação dos conflitos. Durante esse período, os Estados Unidos e a União Soviética armaram exércitos e grupos de oposição, fortalecendo ditaduras e grupos terroristas. Atualmente, parcela significativa das vendas de armamentos dos Estados Unidos destina-se a países do Oriente Médio.

Guerras entre Israel e os Países Árabes

A região da Palestina é o território histórico de dois povos: **judeus** e **palestinos**. Os judeus ocuparam a região há mais de 4 mil anos, mas se espalharam pelo mundo devido à repressão sofrida pelo Império Romano. Os palestinos são formados por uma mistura de povos, como filisteus (que ocupavam a Faixa de Gaza), cananeus (que habitavam a Cisjordânia) e árabes, os quais impuseram sua cultura, sua tradição e a religião islâmica. Os palestinos habitaram a região por um período contínuo de cerca de 2 mil anos.

A partir do final do século XIX, com a criação da Organização Sionista Mundial (1897), cuja sede fica na Suíça, o **movimento sionista** começou a organizar a migração de judeus à Palestina, visando à formação de uma pátria judaica. Na primeira metade do século XX, o aumento da população judaica na região, estimulado pela compra de terras e pelo estabelecimento de diversas colônias, foi contínuo e relativamente pacífico.

Movimento sionista
movimento nacionalista que objetivava a fundação de um Estado judaico – Israel – num território considerado sagrado para esse povo: a "Terra Prometida".

No entanto, depois da Primeira Guerra Mundial, quando os britânicos, que passaram a controlar a região, cogitaram a criação de um Estado judaico (Declaração Balfour), essa migração tornou-se bastante conflituosa. O secretário de relações exteriores britânico, Arthur Balfour (1848-1930), encorajava a colonização da Palestina por judeus e apoiava o estabelecimento de um "lar nacional judaico na Palestina", o qual teria proteção britânica.

A perseguição e o massacre impostos aos judeus pelos nazistas, na Segunda Guerra Mundial, foi fundamental para o apoio internacional à formação do **Estado de Israel**, em 1948. A divisão do território da Palestina entre judeus e palestinos já fazia parte de acordos firmados entre Estados Unidos, Reino Unido e União Soviética. Em 1947, a ONU aprovou o **plano de partilha** da região da Palestina e a criação do Estado de Israel, que ocupava 57% daquele território (veja mapa na página seguinte).

A partilha da Palestina – 1947

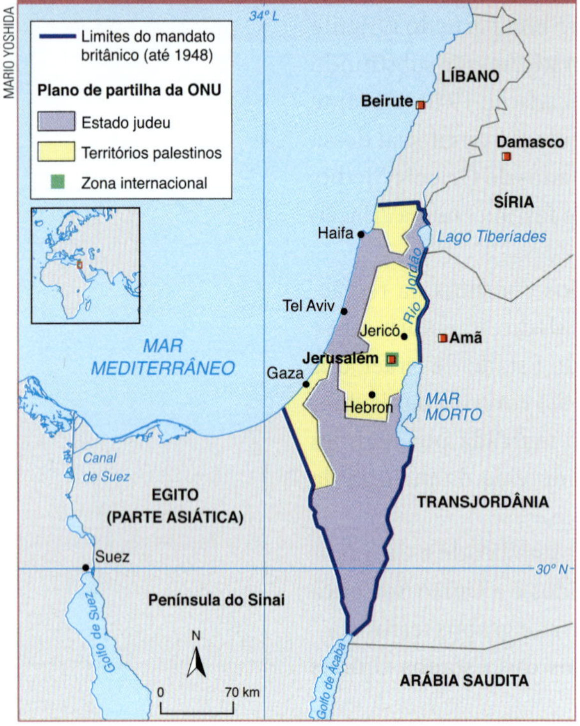

Fonte: KINDER, H.; HILGUEMANN, W. *Atlas histórico mundial*. Madri: Istmo, 2006. p. 278.

A formação de um Estado judaico no Oriente Médio provocou a reação contrária dos países árabes. Ainda em 1948, Egito, Jordânia, Líbano e Síria invadiram Israel, dando início à **Primeira Guerra Árabe-Israelense (1948-1949)**.

Em 1949, foi estabelecido um **armistício**, que retirou totalmente dos palestinos as decisões sobre os seus tradicionais territórios, inclusive dos que tinham sido delimitados pela ONU, em 1947. O acordo de paz estabeleceu que o Estado Árabe da Palestina seria dividido entre Israel (que conquistara a Galileia e outras partes do território palestino); **Transjordânia**, que incorporaria a Cisjordânia (a oeste do Rio Jordão); e Egito, que ocuparia a **Faixa de Gaza**. Após o armistício, os conflitos não cessaram. Diversas questões opuseram árabes e israelenses.

Em **1956**, ocorreu a **Segunda Guerra Árabe-Israelense**, quando o Egito nacionalizou o Canal de Suez e proibiu a passagem de navios israelenses. Israel, apoiado pela França e pelo Reino Unido, ocupou todo o Sinai. A pressão dos Estados Unidos e da União Soviética fez com que os judeus abandonassem o Sinai e os egípcios recuassem em sua posição de impedir a navegação israelense.

Em 1967, a Síria tentou desviar o fluxo de água do Rio Jordão mediante a construção de uma grande represa nas **Colinas de Golã**. Com o apoio da Jordânia e do Egito, a Síria bloqueou o Golfo de Ácaba – utilizado pelos navios israelenses para chegar ao Mar Vermelho. O crescimento das tensões colocou em alerta as tropas de todos os países envolvidos.

Israel e Palestina após a Primeira Guerra Árabe-Israelense – 1949

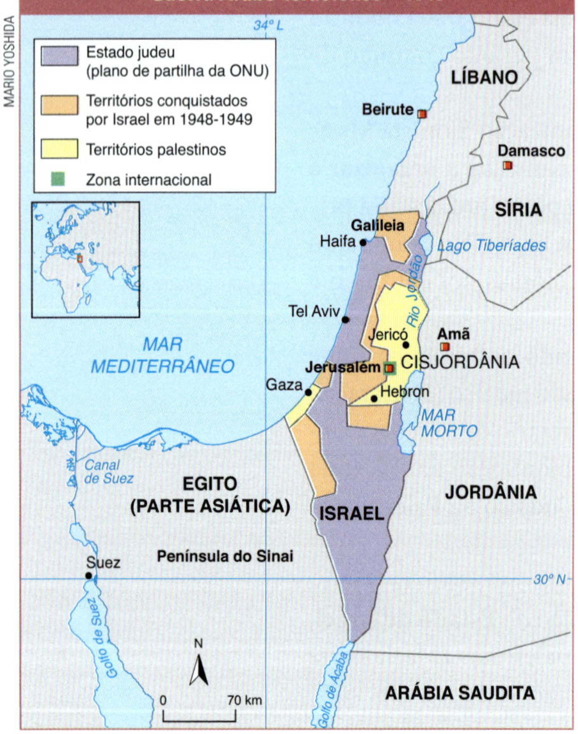

Fonte: KINDER, H.; HILGUEMANN, W. *Atlas histórico mundial*. Madri: Istmo, 2006. p. 278.

Entre 5 e 10 de junho daquele ano, os israelenses iniciaram um fulminante ataque ao Egito, à Jordânia e à Síria, que imobilizou totalmente as tropas árabes numa das guerras mais curtas da história, denominada **Guerra dos Seis Dias** ou **Terceira Guerra Árabe-Israelense**. Nesse terceiro conflito, os israelenses anexaram a Península do Sinai e a Faixa de Gaza, pertencentes aos egípcios; as Colinas de Golã, que pertenciam à Síria; e a Cisjordânia, que fazia parte da Jordânia (veja mapa na página seguinte).

Em 1973, na tentativa de reaver os territórios ocupados, Egito e Síria atacaram Israel de surpresa, dando início à **Quarta Guerra Árabe-Israelense** – **Guerra do Yom Kippur** (**Dia do Perdão**). A princípio, conquistaram algumas posições, mas foram obrigados a recuar com a forte reação do exército israelense, que conseguiu mobilizar e organizar as suas tropas rapidamente. A guerra durou três semanas, e Israel manteve sob seu domínio as conquistas da Guerra dos Seis Dias. Em 1979, Israel concordou em devolver ao Egito a Península do Sinai, mediante o **Acordo de Camp David**, intermediado pelos Estados Unidos.

A questão palestina

Nos conflitos ocorridos após a criação do Estado de Israel, os palestinos foram bastante prejudicados. Na partilha estabelecida pela ONU, eles ficaram com 43% das terras da região. Após a Primeira Guerra Árabe-Israelense, transformaram-se em uma nação sem território.

As guerras envolvendo árabes e israelenses expulsaram milhares de palestinos de suas terras; eles se refugiaram em acampamentos no Líbano, na Síria, no Egito e na Jordânia. Desorganizados, espalhados por diversos países e enfraquecidos militarmente, os palestinos criaram várias organizações terroristas para lutar contra o Estado de Israel, entre elas a **Al Fatah**, em 1959, e a **Organização para a Libertação da Palestina** (**OLP**), em 1964.

Na década de 1970, a OLP foi reconhecida pela ONU como única e legítima organização representante dos interesses do povo palestino. Em 1969, Yasser Arafat (1929-2004), palestino nascido no Egito, assumiu a presidência da organização. Até 1987, Arafat utilizava métodos extremistas – atos de terrorismo – para alcançar seus objetivos. Em 14 de dezembro de 1988, o líder da OLP apresentou um plano de paz na Assembleia Geral da ONU, no qual reconhecia o Estado de Israel.

Israel após a Guerra dos Seis Dias – 1967

Fonte: KINDER, H.; HILGUEMANN, W. *Atlas histórico mundial*. Madri: Istmo, 2006. p. 278.

Esse acontecimento marcou o início de uma nova fase para a OLP, que conquistou mais espaço no campo diplomático, passando a negociar com os Estados Unidos e, posteriormente, com Israel. No dia 13 de setembro de 1993, após dois meses de negociações secretas mediadas pelo governo da Noruega, Arafat e o primeiro-ministro israelense, Yitzhak Rabin (1922-1995), assinaram um acordo de paz na Casa Branca, Estados Unidos, que ficou conhecido como Acordo de Oslo.

Presidente dos Estados Unidos, Bill Clinton (centro) dirige acordo de paz entre palestinos e israelenses, com o primeiro-ministro israelense, Yitzhak Rabin (à esquerda), e o presidente da OLP, Yasser Arafat (à direita), em setembro de 1993.

DICA

LEITURA

Palestina: uma nação ocupada
Joe Sacco. São Paulo: Conrad, 2000.

Reportagem em quadrinhos sobre as causas e a situação palestina.

Armistício
convenção pela qual os que estão em conflito suspendem as hostilidades sem pôr fim ao estado de guerra.

Transjordânia
o Reino Hashimita de Transjordânia foi criado em 1946, quando os britânicos, que ocupavam essa região desde o final da Primeira Guerra Mundial, retiraram definitivamente suas tropas. Após 1949, passou a chamar-se Jordânia.

Glossários da página anterior.

Fonte: ONU. Escritório das Nações Unidas para Coordenação de Assuntos Humanitários para Território palestino ocupado. *Humanitarian Atlas*, 2011. p. S1. Disponível em: <www.ochaopt.org>. Acesso em: out. 2012.

Por esse acordo, a Faixa de Gaza e parte da Cisjordânia – incorporadas por Israel, em 1967, na Guerra dos Seis Dias – foram devolvidas aos palestinos e se tornaram regiões autônomas. Foi criada também a **Autoridade Nacional Palestina** (**ANP**), entidade liderada por Arafat, com sede em Ramallah, na Cisjordânia. A ANP passou a ser a representação legal dos palestinos e responsável pela administração dos seus territórios. Em setembro de 1995, um novo acordo estendeu a autonomia a outras 456 cidades da Cisjordânia.

Quarteto de Madri e Mapa do Caminho

Em 2003, contando com o apoio da ONU, da União Europeia, dos Estados Unidos e da Rússia (**Quarteto de Madri**), líderes palestinos e judeus reuniram-se na capital espanhola para estabelecer os primeiros passos na consolidação de um acordo de paz proposto pelos Estados Unidos. Chamado de **Mapa do Caminho**, objetivava amenizar o sentimento antiamericano e demonstrar o interesse do governo estadunidense em buscar uma solução negociada para a crise no Oriente Médio.

O acordo previa, entre outras medidas, a constituição de um Estado palestino em 2005, cujas fronteiras seriam aquelas existentes até a Guerra dos Seis Dias.

Com a morte de Arafat em 2004, a ANP passou a ser presidida por Mahmoud Abbas, conhecido por Abbu Mazen, eleito, num processo livre e democrático, no início de 2005.

O Acordo de Oslo dividiu a Cisjordânia em três áreas (zonas): a A, sob a administração da ANP; a B sob a administração da ANP e controle da segurança de Israel; e a C totalmente sob controle e administração de Israel.

Manifestante palestino usa estilingue para atirar pedras em jipes do exército israelense nos arredores de Ramallah (Cisjordânia), durante a Segunda **Intifada**, 2001.

Intifada (Revolta das Pedras)
manifestação por meio da qual a população sai às ruas armada com pedras que são lançadas contra os tanques e os soldados israelenses. A primeira Intifada ocorreu em 1988, na Cisjordânia.

O muro da Cisjordânia

As ações de Abbas foram pautadas pelas negociações com o governo de Israel e com os grupos radicais palestinos com o objetivo de retomar e avançar as questões traçadas pelo Mapa do Caminho. Essas negociações levaram à retirada dos assentamentos judaicos da Faixa de Gaza e de uma pequena parte da Cisjordânia.

Apesar disso, o governo de Israel insistiu em dar continuidade à **construção de um muro** que separa **Israel** da **parte da Cisjordânia controlada pelos palestinos**. Iniciada em 2002, a imensa muralha tem postos de vigilância de entrada e saída. Uma extensa região (dentro e fora do muro) controlada pelo exército israelense, chamada zona tampão, isola a comunidade palestina em seu próprio território. Além disso, o muro incorpora terras palestinas (negociadas pelo Acordo de Oslo) ao território israelense.

O muro inviabiliza a demarcação das fronteiras acertadas pelo Mapa do Caminho: confisca cerca de 50% das terras situadas na Cisjordânia e anexa a Israel os assentamentos judaicos construídos nos territórios ocupados. Além disso, Israel incorporou todo o vale do Rio Jordão, a única fonte de abastecimento de água da região (situado na zona tampão, junto à fronteira com a Jordânia e controlada por Israel).

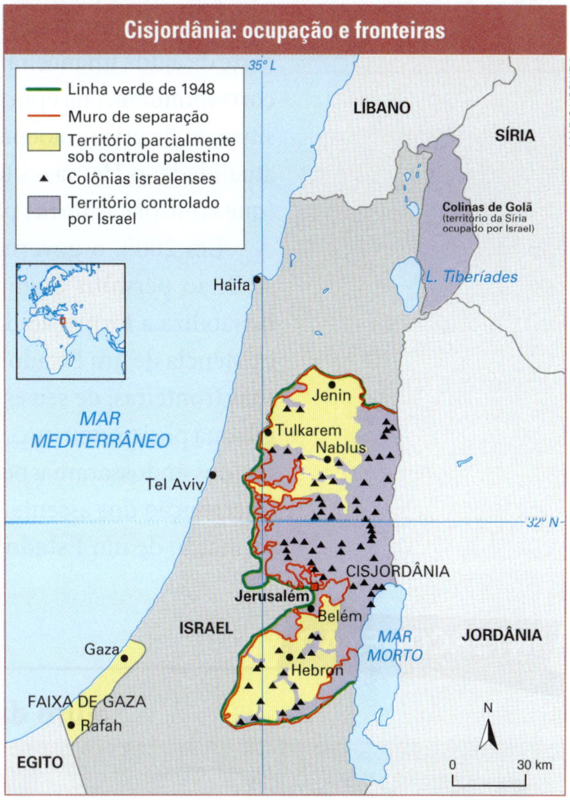

Fonte: LACOSTE, Yves. *Géopolitique*: la longue histoire d'aujourd'hui. Paris: Larousse, 2009.

Muro construído por israelenses, que separa parte da Cisjordânia do restante do território ocupado por Israel. Em primeiro plano, garoto palestino mostra a bandeira de sua nação, 2012.

Limites às negociações de paz

Existem ainda outros impasses para se atingir um acordo de paz definitivo entre israelenses e palestinos. Um deles é a cidade de Jerusalém. Israel a declara capital indivisível do país; já os palestinos não abrem mão de incorporá-la a um futuro Estado da Palestina. O extremismo de grupos judeus e palestinos, contrários a qualquer processo de negociação, constituem outro obstáculo à paz na região.

DICA

FILME

Paradise Now

Alemanha/França/Holanda/Israel/Palestina, 2005. Direção: Hany Abu-Assad. Duração: 90 min.

O filme mostra a trajetória de dois amigos palestinos que são selecionados por um grupo terrorista para praticarem um atentado suicida em Tel Aviv, capital de Israel.

Em 2006, o **Hamas** conquistou legitimamente o poder na Faixa de Gaza e manteve a posição de não reconhecimento do Estado de Israel e a oposição a qualquer negociação de paz. Essas circunstâncias isolaram internacionalmente a ANP e determinaram o corte da ajuda financeira proveniente da União Europeia e dos Estados Unidos, quantia correspondente, na época, a cerca da metade de toda a receita da ANP. Além disso, essa situação de crise colocou em confronto direto os dois principais grupos palestinos da atualidade: o Hamas (que controla a Faixa de Gaza) e o **Fatah**, de Mahmoud Abbas (que controla as terras palestinas da Cisjordânia).

Em 2009, o governo de Binyamin Netanyahu entravou as negociações com a ANP ao permitir a ampliação dos assentamentos judaicos na Cisjordânia, o que inviabiliza a formação de um território palestino contínuo. Israel passou a admitir a existência de um Estado Palestino desmilitarizado, sem a possibilidade de controle de suas fronteiras, de seu espaço aéreo e sem capacidade de defesa. O governo de Barack Obama posicionou-se contrário às ações de Netanyahu e, pela primeira vez, os Estados Unidos endossaram a posição palestina nas negociações de paz, no que diz respeito à interrupção dos assentamentos judaicos. No entanto, vetaram o pedido da ANP para formação de um **Estado palestino** na ONU, em 2011.

INTERCONEXÃO

Arte

Muro da Cisjordânia

STEFANO BALDINI/ALAMY/GLOW IMAGES

Trecho do muro da Cisjordânia, 2008.

A construção do muro por Israel vem sendo criticada por diversos setores da sociedade palestina e mundial. Grafiteiros palestinos e israelenses, e de diferentes partes do mundo, também fazem seu protesto, por meio da arte. Trechos do muro da segregação foram transformados num imenso painel, onde os artistas e pessoas em geral se manifestam.

Neste trecho do muro foi colada, sobre pichações de protestos, um grande painel inspirado no quadro *Guernica*, de Pablo Picasso. *Guernica*, assim como a obra colada no muro, traz elementos da sintaxe cubista (a forma como os elementos são dispostos na obra e as relações que estabelecem entre si): imagens fragmentadas, decompostas e distribuídas em planos sobrepostos na tela, quebrando totalmente a noção de perspectiva.

1. Faça uma pesquisa sobre o contexto histórico ao qual a obra de Picasso faz referência. Discuta a analogia desse contexto com o do painel colocado no muro israelense.
2. A linguagem cubista, descrita acima, dá um sentido às situações reais apresentadas nessas obras. Explique.

A questão curda

Outro conflito étnico-nacionalista no continente asiático é bastante peculiar, pois envolve uma nação cuja população se encontra distribuída por seis países: Iraque, Armênia, Azerbaijão, Turquia, Síria e Irã. Trata-se dos **curdos**, que constituem a maior nação do mundo **sem Estado**, somando mais de 26 milhões de pessoas, das quais 14 milhões vivem na **Turquia**.

Os curdos têm raízes muito remotas no Oriente Médio, na antiga Mesopotâmia. Apesar de serem um povo islâmico, mantêm suas próprias tradições e costumes e habitam a região conhecida como **Curdistão** há mais de 2.600 anos. O movimento separatista curdo sofreu e sofre repressão no Iraque e na Turquia.

O ex-ditador iraquiano Saddam Hussein (1937-2006) ordenou a matança de milhares de curdos e autorizou, nesse massacre, o uso de armas químicas, após a Guerra do Golfo de 1991. Na guerra dos Estados Unidos contra o Iraque, os curdos colaboraram com a coalizão na luta contra as tropas iraquianas e conquistaram relativa autonomia nas terras que ocupam, situadas ao norte do Iraque.

Na Turquia, o ensino da língua curda nas escolas é proibido, assim como a comemoração de suas datas nacionais. A luta pela formação de um Curdistão independente sempre foi duramente reprimida pelos sucessivos governos turcos. Por outro lado, grupos guerrilheiros ligados ao **Partido dos Trabalhadores Curdos** (**PKK**) promoveram uma série de atentados com o objetivo de desestabilizar o governo e conquistar a independência.

OLHO NO ESPAÇO

Observe o mapa e responda à questão a seguir.

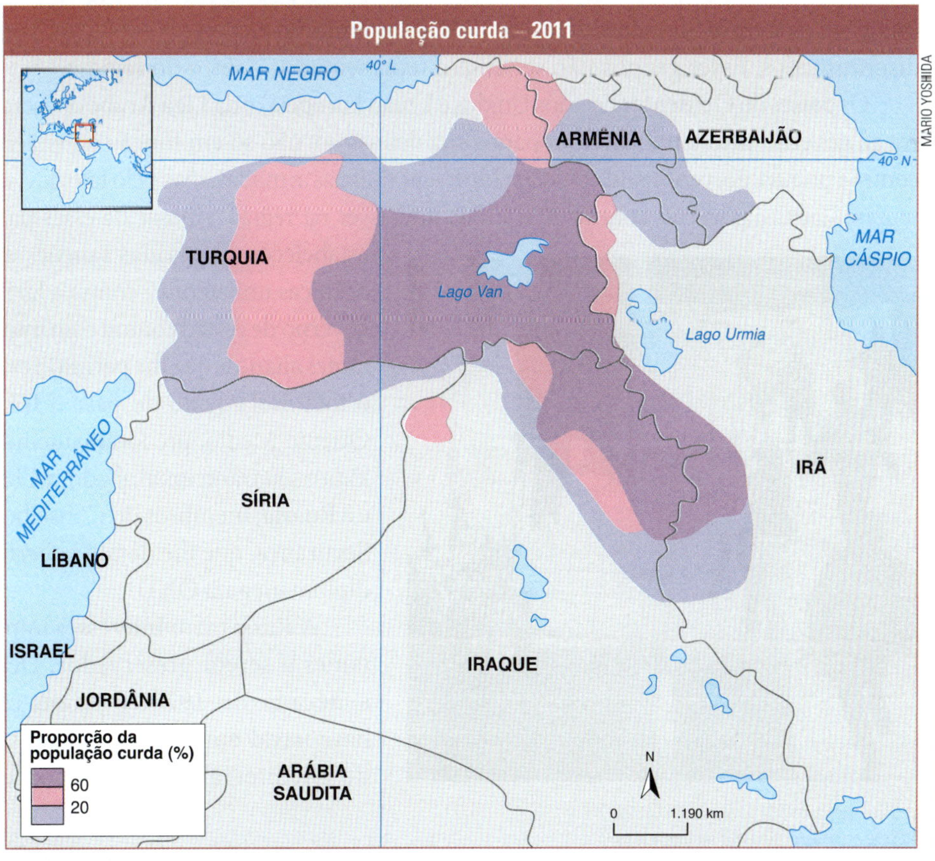

Fonte: SMITH, Dan. *Atlas dos conflitos mundiais*. São Paulo: Nacional, 2007. p. 62. Institute Kurde de Paris. Disponível em: <www.institutkurde.org>. Acesso em: out. 2012.

- Quais peculiaridades geográficas dificultam a constituição de um país curdo?

A guerra civil da Síria

Em 2011, a Síria foi um dos países envolvidos na onda de movimentos pró-democracia desencadeados em vários países árabes contra os seus regimes ditatoriais, conhecida como **Primavera Árabe**[10]. As reivindicações comuns a todos esses movimentos apontavam para maior participação popular na política, para eleições livres, por liberdade de expressão, para o combate à corrupção e ao desemprego.

Poucos esperavam que a Síria se envolvesse nesses movimentos. No entanto, em março de 2011, o próprio governo sírio deu o primeiro passo. As forças de segurança abriram fogo contra as pessoas que se reuniram em uma mesquita em Deraa, cidade do sul da Síria, onde discutiam a respeito da prisão de jovens que haviam feito pichações de protesto contra o regime sírio de Bashar al-Assad. O massacre em Deraa desencadeou uma série de manifestações antigoverno por todo o país e, em pouco tempo, transformou-se numa guerra civil, em que os grupos rebeldes de oposição organizaram-se para depor o presidente Bashar al-Assad. A oposição ao regime se fortaleceu no final de 2011, com a atuação do **Exército Livre da Síria**, formado por soldados que desertaram das forças armadas e pela população civil.

A guerra civil da Síria adquiriu contornos de conflito étnico-religioso, ao se opor aos principais grupos que habitam o país. Bashar al-Assad pertence ao grupo **alauita** (uma das vertentes do grupo **islâmico xiita**) e é apoiado por seus integrantes, que representam apenas 10% da população. Outros grupos também minoritários apoiam o regime: os **cristãos ortodoxos** (10%) e os **drusos** (3%). Essas minorias foram privilegiadas durante a ditadura da dinastia Assad[11]; formaram o grupo social mais rico e preencheram os principais postos de comando do Estado sírio e do Partido Baath (partido único do regime). Em contraste, a maioria da população, de origem sunita, inclusive os curdos, formam mais de 70% da população do país e são socialmente discriminados. Esses grupos não se sentem representados dentro do regime.

Os **países do Ocidente** (Estados Unidos e União Europeia) e da **Liga Árabe** opuseram-se ao governo sírio e trabalharam para a sua deposição, não só em função da violência contra a população, promovida pelo Estado e suas milícias armadas, mas pelo fato de Assad representar um governo contrário aos seus interesses na região. Apesar de esses países estabelecerem pesadas sanções econômicas unilaterais[12] contra a Síria, o governo de Assad contou com importantes alianças que lhe permitiu evitar o total isolamento do país: o **Irã** no Oriente Médio, predominantemente xiita e seu tradicional aliado; a **China** e a **Rússia**, membros do Conselho de Segurança, que lhe deram cobertura diplomática na ONU.

Rebeldes sírios armados enfrentam as forças leais ao presidente da Síria, Bashar al-Assad, nas ruas de Aleppo, 2012.

MUZAFFAR SALMAN/REUTERS/LATINSTOCK

A Rússia tem interesses importantes a serem preservados. Desde a década de 1970, instalou uma base naval em **Tartus**, cidade síria do Mediterrâneo. Os russos têm

10 Esse assunto foi discutido na Unidade 6.

11 Em 1970, o ministro da defesa, Hafez al-Assad, promoveu um golpe de Estado na Síria e elegeu-se presidente do país no ano seguinte. Permaneceu no poder por 30 anos e foi sucedido, após a sua morte em 2000, pelo seu filho Bashar al-Assad.

12 As sanções na ONU foram barradas pelo Conselho de Segurança pelo veto da China e da Rússia.

empresas de exploração e distribuição de gás natural no país. Mantêm fortes relações comerciais com o governo sírio e grande exportação de armamentos, que possibilitou a formação de um exército muito bem equipado.

Até o início de 2014, a Síria vivia em impasse: o regime e forças de oposição permaneciam em combate. Essa situação revelava, até aquele momento, um futuro incerto para o país. Acenava para uma guerra de longa duração, a mais violenta desse início de século, agravada pelo uso de gás sarim – arma química de efeito devastador – num ataque a um subúrbio de Damasco, capital da Síria. O uso de artefatos químicos é considerado crime de guerra. Para evitar uma intervenção internacional, a Síria assinou a Convenção de Armas Químicas, que proíbe o uso do armamento, e se dispôs a destruir seu arsenal e instalações para produção dessas armas até meados de 2014.

Conflitos separatistas na China

Dos cerca de 1,35 bilhão[13] de habitantes da China, mais de 90% pertencem à etnia **han**. No entanto, outras 55 etnias, que representam menos de 10% da população total do país, ocupam mais da metade do território, especialmente a região que atinge grandes dimensões nas áreas desérticas e montanhosas do oeste e do norte do país. Em algumas províncias dessa região, a população original e majoritária considera o povo chinês um ocupante ilegítimo e luta por sua independência e autonomia.

China: grandes regiões geográficas – 2007

Fonte: OLIC, Nelson B.: CANEPA, Beatriz. *Geopolíticas asiáticas.* São Paulo: Moderna, 2007. p. 13.

Tibet

O Tibet é uma vasta região situada no sudoeste do território da **China**. Apesar de o Tibet ter se constituído um **Estado independente** entre **1911 e 1950**, a China alega que essa região faz parte do seu território desde o século XIII. Os tibetanos afirmam que o domínio chinês na região não foi constante nem contínuo.

No ano posterior à Revolução Socialista de 1949, o Tibet foi novamente anexado pela China. Antes institucionalizado como Estado **teocrático**, o Tibet, sob o domínio chinês, passou por grandes transformações, como a supressão do poder da aristocracia religiosa e civil, a abolição da servidão rural e da escravidão doméstica e a redistribuição de terras. Além disso, o planalto tibetano e a cidade de Lhasa, capital dessa província autônoma, receberam um grande contingente de migrantes chineses de origem han.

A reação diante da anexação, durante a década de 1950, colocou em confronto as forças de ocupação e parte da população tibetana separatista, organizada no Exército de Defesa da Religião, que atacou a todos que apoiavam a incorporação do Tibet à China. No entanto, essa reação foi combatida pelo exército vermelho de Mao Tsé-Tung (1893-1976). O líder espiritual do Tibet, o Dalai Lama, exilou-se, em 1959, na cidade indiana de Dharamsala, onde vive até hoje.

Teocracia

"Com o termo teocracia designa-se um ordenamento político pelo qual o poder é exercido em nome de uma autoridade divina por homens que se declaram seus representantes na Terra, quando não uma sua encarnação."
BOBBIO, Norberto *et al. Dicionário de Política.* Brasília: Universidade de Brasília, 1998. p. 1.237.

13 Dados de POPULATION REFERENCE BUREAU. *World Population Data Sheet 2012.* Disponível em: <www.prb.org>. Acesso em: dez. 2013.

Lei marcial
situação especial em que o Estado passa a ser gerido momentaneamente por uma autoridade militar. A lei marcial cria um Estado de exceção – restrição das liberdades civis, imposição do toque de recolher, poder de deter os cidadãos sem acusação formal etc. – que assegura poderes ao governo de tomar decisões e ações necessárias para garantir a ordem e a segurança.

Em 1989, uma onda de movimentos pela democratização do regime chinês foi acompanhada por uma nova revolta separatista de monges budistas e de civis. O governo chinês, além de impor a **lei marcial**, restringiu a relativa autonomia religiosa e cultural ainda presente no Tibet.

Em 2008, novas manifestações levaram monges e jovens separatistas às ruas em Lhasa, Drepung, Sera, Gansu e Gamden, locais onde se situam importantes monastérios. Apesar da recomendação do Dalai Lama para que empregassem uma estratégia de luta apoiada na não violência e centrassem suas reivindicações na autonomia, os rebeldes tibetanos insistiram em sinalizar sua luta pela independência com ataques a cidadãos civis de origem chinesa e a autoridades alinhadas com o governo de Beijing. Mais uma vez, o Estado chinês reprimiu os manifestantes com violência. Na ocasião, a atenção mundial estava focada na China, em função da Olimpíada ali realizada no mesmo ano, fato que ampliou negativamente a repercussão dos acontecimentos e da repressão ocorridos no Tibet.

Xinjiang

A província autônoma de Xinjiang está situada ao norte do Tibet e no noroeste do território chinês. Ocupada originalmente por muçulmanos da **etnia uigure**, foi anexada pela China no século XIX, e hoje corresponde a 15% do seu território. A terra dos uigures passou a ter importância econômica estratégica com a descoberta de grandes reservas de petróleo, correspondendo à terça parte das reservas existentes em toda a China.

O partido comunista utilizou em Xinjiang a mesma política de ocupação empregada no Tibet: estimulou a migração de colonos chineses para que estes suplantassem numericamente os uigures. Em 1949, a etnia han representava apenas 6% do total da população de Xinjiang. Em 2010, os chineses dessa etnia representavam 41% da população, pouco menos que os 45% formados pela população uigure. Em Urumqi, capital da província, a população majoritária é han.

O objetivo dessa política migratória foi assegurar o controle do território e inibir qualquer iniciativa separatista, pois os uigures são mais ligados cultural e etnicamente à Ásia Central do que à China. No entanto, o movimento separatista ganhou força após 1990, com a independência das ex-repúblicas soviéticas em situadas em sua fronteira: o Cazaquistão, o Tadjiquistão e o Quirguistão. Na última década, o movimento separatista promoveu uma série de ataques às tropas de ocupação chinesas, aos serviços públicos e à população civil han.

As ações do governo chinês em relação à população uigure são responsáveis pelo recrudescimento dos conflitos étnicos locais e pelo crescimento dos adeptos do separatismo. Dentre as mais desaprovadas estão a discriminação contra os habitantes originais, os privilégios dos han nos empregos públicos e o boicote às práticas culturais e religiosas da população uigure.

OH CHAI HIN/AFP

Forças chinesas impedem o funcionamento de mercado muçulmano da etnia uigure em Xinjiang (China), 2009.

PONTO DE VISTA

A Síria: alinhamentos internacionais

"As posições da comunidade internacional sobre como lidar com o conflito[14] foram variadas durante o ano de 2012. Alguns Estados exigiram a saída imediata do presidente Al-Assad, enquanto outros insistiram evitar qualquer forma de intervenção externa. Outros Estados decidiram fornecer para os grupos armados equipamentos de comunicação e outros recursos financeiros que permitiram uma maior aquisição de armas, além de assegurar a presença no terreno de assessores estrangeiros, assim como impuseram sanções econômicas.

Em contrapartida, setores da oposição, como o **ELS** e os grupos armados antigoverno, durante este ano continuaram depositando suas esperanças numa intervenção militar internacional, o que de certo modo não contribui para aumentar sua disposição para respeitar o cessar-fogo. Essa expectativa foi progressivamente intensificada com o apoio financeiro que vários Estados da região publicamente anunciaram, seja para o pagamento de remuneração de grupos rebeldes como para a aquisição de armas. Por outro lado, a Rússia continuou a legalmente prover armamentos para o governo sírio, ainda que haja indícios de que esses fornecimentos tenham sido suspensos em relação a alguns armamentos. Evidentemente que um embargo de armas para todos os lados seria essencial para se caminhar para a suspensão das hostilidades, mas como as decisões no Conselho de Segurança estão bloqueadas, não houve condições para que uma resolução impusesse esse embargo. [...]

No outro extremo, estaria o apoio da Rússia ao governo do presidente Al-Assad, que seria motivado apenas por interesses comerciais e estratégicos, entre os quais preservar uma base naval. Não deixa de ser estranho que se negue à Rússia (e por tabela à China) a existência de princípios na sua política externa que seriam **apanágio** dos outros três membros permanentes do Conselho de Segurança.

Portanto, o conflito está profundamente internacionalizado, não apenas em consequência da situação geopolítica da Síria, com fronteiras com o Iraque, Turquia, Líbano e Israel, mas também pelos apoios de países ao governo ou aos grupos armados. Estamos em face de uma guerra civil cada dia mais com os contornos *war by proxy*, guerra 'por procuração' com a tentação de se e promover uma eventual mudança de regime, com a vantagem de cortar os elos do Irã com a Síria e o Hezbollah no Líbano: visando-se a Síria se quer atingir o Irã."

PINHEIRO, Paulo Sérgio[15]. O imperativo do consenso internacional e a crise na Síria. *Política Externa*. v. 21, n. 2. São Paulo: Paz e Terra, set./out./nov. 2012. p. 86-87.

ELS
Exército de Libertação da Síria.

Apanágio
atributo, característica.

1. Explique a razão da afirmação contida neste trecho do texto:

"Evidentemente que um embargo de armas para todos os lados seria essencial para se caminhar para a suspensão das hostilidades, mas como as decisões no Conselho de Segurança estão bloqueadas, não houve condições para que uma resolução impusesse esse embargo."

2. Explique a abrangência da afirmação de que "visando-se a Síria se quer atingir o Irã".

3. Consulte o texto do livro e indique a base naval que a Rússia tem interesse em preservar.

14 O conflito mencionado é a guerra civil na Síria.
15 O diplomata brasileiro Paulo Sérgio Pinheiro é o chefe da comissão da Organização das Nações Unidas (ONU) responsável pela investigação de violações dos direitos humanos na Síria.

[COMPREENSÃO E ANÁLISE]

1. Explique as principais razões dos conflitos étnico-nacionalistas.
2. Identifique dois conflitos históricos, que marcaram o século XX, em países da União Europeia e aponte as razões para cada um deles.
3. Explique as razões que acarretaram a dissolução da Iugoslávia.
4. Identifique o principal motivo dos conflitos étnico-nacionalistas na África.
5. Leia o texto e resolva as questões.

Corrida armamentista

"Quando a Índia obteve a sua independência, Gandhi, que era um pacifista, estabeleceu que todas as disputas fossem resolvidas mediante negociações, por isso a China, que era um país mobilizado militarmente desde a guerra civil, venceu facilmente a guerra travada com a Índia em 1962. Isso apavorou a então União Soviética, que já vinha tendo um contencioso com a China desde 1960. Como consequência lógica, a União Soviética passou a reequipar as forças armadas da Índia inclusive facilitando a ela acesso à tecnologia nuclear. Logo adiante, a Índia tornou-se uma potência atômica. Também após a independência do subcontinente indiano, foram criados dois países: a Índia, com maioria hindu, e o Paquistão, com maioria muçulmana. Só que ficou uma pendência: a Caxemira, que, embora tivesse a grande maioria da população de muçulmanos, ficou com a Índia, por opção do marajá governante, que era hindu. O Paquistão protestou e o problema foi levado à ONU, que determinou um plebiscito para resolver a questão. A Índia, certa da derrota, jamais o realizou. Resultado: nova guerra, na região, agora com a vitória da Índia. Quem não gostou disso foram os Estados Unidos. O sul da Ásia tinha duas potências atômicas: a China comunista e a Índia satélite soviético. Providenciou-se, então, tecnologia nuclear para o Paquistão, e assim o sul da Ásia se tornou uma das regiões mais instáveis e perigosas do planeta. [...]"

CARNEIRO, Raimundo Sérgio. *Diário do Nordeste*, 25 set. 2009. Disponível em: <http://diariodonordeste.globo.com>. Acesso em: out. 2012.

a) Aponte uma diferença básica entre a população que habita a Caxemira e a maioria da população da Índia e as razões dos conflitos nessa região.

b) Com base no texto, comente os motivos de a região da Caxemira ser motivo de tensão internacional. Aponte as potências mundiais financiadoras dessa tensão.

6. Apesar de os curdos constituírem a maior nação sem Estado do mundo, as dificuldades para a formação de um país curdo são imensas. Justifique a afirmação e indique a localização da nação curda.
7. Identifique as regiões assinaladas com as letras *A* e *B* e aponte três características comuns.

China: grandes regiões geográficas – 2007

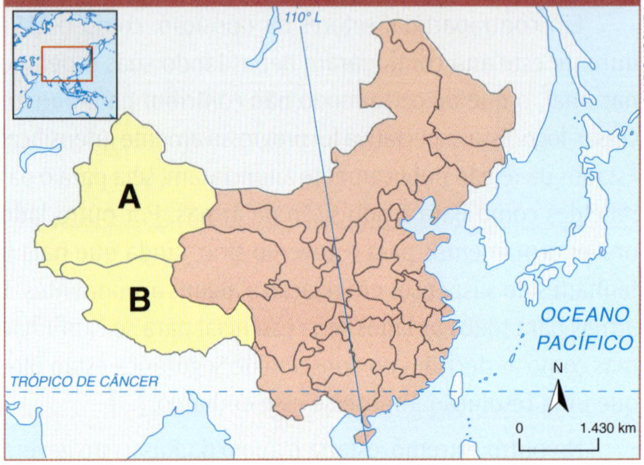

Fonte: LACOSTE, Yves. *Géopolitique*: la longue histoire d'aujourd'hui. Paris: Larousse, 2008. p. 176.

8. Leia o trecho do artigo publicado em julho de 2011 no jornal *Folha de S.Paulo*.

"Sob o olhar preocupado da comunidade internacional, nasce hoje o 193º país do mundo.

Devastado por décadas de guerras civis, [...] partilhará com Somália e Afeganistão os piores indicadores sociais do planeta.

'É um momento histórico, mas os desafios são gigantescos', afirma Erwin van der Borght, diretor da Anistia Internacional para África.

O país é o lugar no mundo onde mais morrem grávidas e recém-nascidos, e 90% das mulheres são analfabetas."

MONTENEGRO, Carolina. *Folha de S.Paulo*. 9 de jul. 2011. p. A20.

a) A qual país o texto faz referência?

b) Qual a sua principal fonte de renda?

9. Das guerras ocorridas entre Israel e os países árabes estudadas no capítulo, qual resultou em maior conquista de territórios pelos israelenses? Cite os territórios anexados.

UNIDADE 11

ESPAÇO GEOGRÁFICO E URBANIZAÇÃO

Vista da cidade de Shangai (China), 2010.

PRISMA BILDAGENTUR AG/ALAMY/GLOW IMAGES

A cidade é a mais espetacular forma de transformação do espaço geográfico realizada pelos seres humanos. É o principal centro produtivo, de criação artística e difusão cultural, tecnológico e irradiador de modernidade.

O espaço urbano é desigual, marcado pela marginalização dos habitantes mais pobres, em razão da distância entre a moradia e o trabalho e do acesso aos diversos serviços públicos básicos, como saúde, educação, lazer e cultura.

Esses e outros problemas fazem com que o exercício da cidadania seja cerceado pela própria configuração espacial da cidade e pela dificuldade de atendimento das necessidades básicas de parte da população.

CAPÍTULO 31

A URBANIZAÇÃO MUNDIAL

CONTEXTO

Ainda há um jeito de viver

"Antigamente até que se achava bonita a palavra megalópole e todas as suas implicações. Hoje é o grande vilão do mundo moderno. O que foi a Londres imperial, a gigantesca Nova York, poderosa expressão de uma grandeza emergente, tornou-se agora sinônimo de conflito e retrocesso. As megalópoles – como as cidades do México, São Paulo, Pequim [Beijing], Calcutá – são sintomas, não de força e riqueza de um país, mas de miséria e injustiça social. Pois que todas essas grandes **metrópoles**, passando algumas dos doze milhões de habitantes ou chegando perigosamente aos vinte milhões, representam uma maioria que é vítima da miséria **torçal**, do desemprego, do subemprego e mais gradações da extrema **pobreza**.

No Rio de Janeiro de antigamente, a favela era uma referência lírica, inspiradora dos sambas como o imortal *Chão de Estrelas*: 'A lua, penetrando o nosso zinco / semeava de estrelas o nosso chão... / Tu pisavas nos astros distraída / sem saber que a ventura nesta vida / é a cabrocha, o luar, o violão...'. Mas disso já se foi no tempo. Hoje, favela não é mais símbolo de pobreza descuidosa e lírica; cada favela é miniatura da Chicago dos anos [19]20, enclave fora da lei, dominada pelas quadrilhas da droga, do assalto e do sequestro, onde a população submissa, vítima do medo, é forçada a cumprir a lei da Omertà – o silêncio imposto pela **camorra** dos chefões. [...]

E o que são as favelas brasileiras são os sombrios e imundos ***slums*** de Nova York, os bairros 'de cor' de Londres. Tempos atrás vi uma *bidonville* em Paris: barracas de lata, sem nem ao menos a luz e os ares que os morros garantem às nossas favelas. [...]

Tenho a impressão de que no futuro as grandes cidades de muitos milhões de habitantes, onde já não vale a pena nem ser rico, serão banidas dos mapas ou reduzidas ao seu núcleo mínimo, o resto derrubado, substituído por pomares e jardins. Esses ecologistas podem às vezes ser impertinentes, mas nos alertam para a impossibilidade de se viver aos montões, se entredevorando uns aos outros. Lembrou-me um deles o exemplo das abelhas: quando uma colmeia chega a um grau perigoso de superpopulação, as fontes de alimento escasseando, elas começam a emigrar, os enxames espessos criando colônias novas em outras áreas, aliviando a colmeia-mãe.

Os homens têm que começar a imitar as abelhas."

QUEIROZ, Rachel de. *Correio Braziliense*, Brasília, 24 jun. 2002. © by herdeira de Rachel de Queiroz.

Metrópole
termo originado do grego cujo significado é "cidade-mãe".

Torçal
feixe de fios torcidos; aqui, a autora faz referência à condição das pessoas que se veem espremidas, em situação de penúria.

Camorra
associação secreta criminosa de origem napolitana. Impôs a Omertà, ou Lei do Silêncio.

Slum
habitação precária, muitas vezes comparada com as favelas brasileiras.

DISCUTA

1. A autora utiliza a expressão megalópole para se referir às grandes cidades. O que você acha dessa conceituação?

2. As megalópoles, antes gloriosas, tornaram-se expressão de conflitos e retrocessos. Quais os motivos para essas mudanças? Dê exemplos do seu dia a dia que levaram a isso.

LUGAR, CIDADE E CIDADANIA

O conceito de **cidade** varia de país para país. Em alguns países, utiliza-se o critério demográfico para definir o que é ou não considerado cidade. Neles, o número de habitantes necessários para a constituição de uma cidade pode variar de uma centena até mais de 20 mil pessoas. Em outros países, como o Brasil, o critério usado é o político-administrativo. Dessa forma, somente as sedes de município são consideradas cidades. Em outros, ainda, as cidades são definidas com base na infraestrutura urbana de que dispõem e nas atividades econômicas de seus habitantes, principalmente as correspondentes aos setores secundário e terciário da economia.

As formas de vivência da população urbana e da população rural dependem de uma série de fatores, como as condições socioeconômicas, as localidades onde as pessoas habitam e trabalham, as relações sociais que mantêm, entre outros. O espaço em que moramos, nos relacionamos com outras pessoas, trocamos experiências, estudamos, trabalhamos e nos divertimos, ou seja, em que desenvolvemos a nossa vida cotidiana e estabelecemos relações afetivas, acaba tendo um significado particular e individual. Esse espaço, vivido concretamente, é denominado **lugar**.

A relação das pessoas com os lugares está associada à questão da **cidadania**[1]: por direito, podemos usar os espaços públicos, cada vez mais escassos nos grandes centros urbanos, e temos o dever de lutar pela ampliação, conservação e uso democrático desses espaços.

DICAS

FILME

O homem sem passado
Finlândia/França/Alemanha, 2001. Direção: Aki Kaurismaki. Duração: 97 min.
A exclusão na cidade e a solidariedade humana são dois temas centrais mencionados nesta obra.

LEITURA

Marcovaldo ou as estações na cidade
Ítalo Calvino. São Paulo: Companhia das Letras, 1994.
Os diversos contos do livro têm como pano de fundo a cidade, que pode ser analisada de diferentes pontos de vista.

INTERCONEXÃO — Sociologia

Espaços públicos e democracia

"[...] gostaria de trazer para reflexão a relação que existe entre a qualidade dos espaços públicos e a democracia. Para se alcançar essa qualidade é necessário que o governo municipal mantenha satisfatoriamente a infraestrutura existente, crie novas e promova políticas de sua (re)construção para o desenvolvimento da cidadania. Espaços degradados ou logo abandonados são um sinal de que não existe uma cultura de envolvimento cidadão. [...] Parece-me um sintoma da apatia e desprezo pelos espaços públicos e, portanto, da falta de uma cultura política de engajamento cidadão. Uma cidade democrática é aquela que valoriza seus espaços de encontro, que permite a construção de uma identidade territorial positiva e permite aos seus moradores sentirem-se implicados na manutenção desses espaços.

Nessa perspectiva, o gerenciamento do espaço público é mais do que a execução de obras. Administrar a cidade significa vê-la de modo integral, promovendo as articulações necessárias para que a infraestrutura esteja a serviço de quem mora nela. O sentido de pertença é essencial para que haja engajamento cívico. Assim, cada gestão [...] traz as marcas tangíveis e intangíveis de sua passagem. As tangíveis se refletem na qualidade das praças públicas, dos parques, dos espaços de uso coletivo, da limpeza da cidade. As intangíveis estão nos tipos de relações entre pessoas que esses espaços possibilitaram [...].

Creio [ser necessário] iniciar um novo período, em que, com criatividade, se busquem novas abordagens para não só recuperar, manter e criar espaços públicos, como também (re)criar a cidadania. Afinal, democracia não se realiza apenas nas eleições."

GIMENEZ, Telma. *Jornal de Londrina*, 14 maio 2009. Disponível em: <http://portal.rpc.com.br>. Acesso em: dez. 2012.

1. Explique a relação entre espaço público e democracia, discutida no texto.

2. Como estão as condições das marcas tangíveis e das intangíveis na cidade onde você vive ou no centro urbano mais próximo?

---

1 "Cidade, cidadão e cidadania têm o mesmo radical latino: *civitas*, o lugar em que os homens vivem em conglomerados urbanos, tendo certos direitos e deveres, mutuamente respeitados. [...] Em seu sentido integral, que é o vigente hoje, a cidadania inclui os dois focos, o democrático e o liberal, a autodeterminação exercida na pólis pelo povo soberano e as disposições que garantem a segurança e a integridade dos indivíduos. A cidadania é, por um lado, a capacidade de intervir no Estado e, por outro, o poder de exigir do Estado o respeito e a plena concretização dos direitos individuais." (FREITAG, Bárbara. *Correio Braziliense*. Brasília, 16 jun. 2002. Caderno Opinião.)

Transporte público com acesso para deficientes físicos, no Rio de Janeiro (RJ), 2010.

Num sentido abrangente, o **pleno exercício da cidadania** diz respeito ao conjunto de direitos e deveres políticos, sociais e econômicos de cada população. Assim, votar, eleger-se, expressar livremente suas ideias, adquirir conhecimento, trabalhar, fixar residência, dispor de assistência médica, locomover-se livremente e ter acesso aos serviços públicos fazem parte desse conjunto.

LEITURA COMPLEMENTAR

Lugar e valor do indivíduo

"Cada homem vale pelo lugar onde está: o seu valor como produtor, consumidor, cidadão depende de sua localização no território. Seu valor vai mudando, incessantemente, para melhor ou para pior, em função das diferenças de acessibilidade (tempo, frequência, preço), independentes de sua própria condição. Pessoas com as mesmas virtualidades, a mesma formação, até mesmo o mesmo salário têm valor diferente segundo o lugar em que vivem: as oportunidades não são as mesmas. Por isso, a possibilidade de ser mais ou menos cidadão depende, em larga proporção, do ponto do território onde se está. Enquanto um lugar vem a ser condição de sua pobreza, um outro lugar poderia, no mesmo momento histórico, facilitar o acesso àqueles bens e serviços que lhes são teoricamente devidos, mas que, de fato, lhe faltam. [...]

Há, em todas as cidades, uma parcela da população que não dispõe de condições para se transferir da casa em que mora, isto é, para mudar de bairro, e que pode ver explicada a sua pobreza pelo fato de o bairro de sua residência não contar com serviços públicos, vender serviços privados a alto preço, obrigar os residentes a importantes despesas de transporte. Nesse caso, pelo fato de não dispor de mais recursos, o indivíduo é condenado a permanecer num bairro desprovido de serviços e onde, pelo fato de ser um bairro pobre, os produtos e bens são comprados a preços mais altos, tudo isso contribuindo para que a sua pobreza seja ainda maior e sua capacidade de mobilidade dentro da cidade seja igualmente menor."

SANTOS, Milton. *O espaço do cidadão.* São Paulo: Nobel, 1987. p. 81-85.

- Que relação o geógrafo Milton Santos estabelece entre território e cidadania?

A CIDADE E O DESENVOLVIMENTO URBANO

Atualmente, há mais pessoas morando em áreas urbanas do que em rurais. A cidade é um fenômeno antigo e passou por um longo período de transformações, porém seu crescimento acelerado e o processo de urbanização são relativamente recentes na história da humanidade.

Revolução Industrial, cidade e urbanização

A partir do século XVIII, com a Revolução Industrial, teve início um desenvolvimento urbano nunca visto antes. A cidade consolidou o papel de comando da economia e da sociedade do mundo europeu e a base do desenvolvimento capitalista, centralizando a atividade produtiva, comercial e de serviços. As novas oportunidades de trabalho do espaço urbano atraíram a população do campo, que havia perdido terras e emprego[2].

A população urbana passou a crescer mais do que a rural, e as cidades cresceram em termos populacionais e em grau de importância como centros econômicos, culturais e de gestão político-administrativa. Nelas, viabilizaram-se com maior facilidade as articulações políticas e a organização da produção, do comércio e do consumo. Nesse contexto, a Revolução Industrial associou-se, no mesmo compasso, ao processo de **urbanização**.

MARY EVANS PICTURE LIBRARY/OTHER IMAGES

Gravura inglesa do século XIX mostrando a cidade de Sheffield (Inglaterra), importante concentração industrial da época.

URBANISMO E PLANEJAMENTO URBANO

Quando a **industrialização** e a **urbanização** se tornaram um fenômeno mundial, na segunda metade do século XIX, os problemas urbanos ficaram evidentes nos países industrializados. Pairava sobre esses países uma contradição: o crescimento econômico conquistado pela industrialização não havia melhorado a vida de grande parte da população urbana. Ao mesmo tempo em que a Revolução Industrial se desenvolvia em diversos países da Europa, revoltas populares desencadeavam-se por todo o continente, diante das precárias condições de vida em que viviam as camadas mais pobres da população urbana.

O **proletariado urbano**, cada vez mais numeroso, amontoava-se em habitações deterioradas às margens de ruas estreitas, sem saneamento básico nem serviço de coleta de lixo – situações que constituíam ameaças permanentes de convulsão social. Os movimentos socialistas acreditavam que a insatisfação latente das camadas populares, causada pela situação precária em que viviam, levaria à Revolução Socialista, o único caminho capaz de reverter a situação desumana criada pelo capitalismo industrial.

2 Com a política dos cercamentos, ocorrida na Inglaterra, um grande contingente de população rural viu-se forçado a migrar para as cidades.

Urbanismo
refere-se ao planejamento e à remodelação urbanos, por meio de um conjunto de medidas técnicas, administrativas, econômicas e sociais que visam ao desenvolvimento racional e humano das cidades.

O desenvolvimento econômico, baseado nas forças do mercado, por si só não modificaria as condições em que vivia a maior parte da população das cidades industriais europeias no século XIX. Além disso, havia a possibilidade da Revolução Socialista. Por isso, o Estado procurou, por meio do planejamento urbano, soluções para remediar os problemas sociais, controlando, assim, as revoltas populares. A remodelação de cidades como Viena, Londres, Florença e Paris atendeu a problemas comuns: promover a melhoria sanitária, preservar e criar espaços públicos, alargar ruas e avenidas. No entanto, nem todas as intervenções urbanas ocorridas na Europa ao longo do século XIX, que marcaram a origem do **urbanismo**, partiram de objetivos e concepções idênticos.

Um exemplo de intervenção urbana foi o projeto de remodelação de Paris, implementado pelo prefeito George Eugène Haussmann (1809-1891)[3].

A abertura de largas avenidas com calçadas generosas (bulevares), ao mesmo tempo em que criava uma nova estética para a cidade, tinha função estratégica: conter as convulsões sociais. O sistema viário dos bulevares facilitava o rápido deslocamento das tropas de cavalaria e de artilharia e impossibilitava a formação de barricadas, utilizadas pelo movimento operário em confronto com a polícia.

O austríaco Camilo Sitte (1843-1903), um dos precursores do urbanismo **culturalista**, ressaltou a importância do espaço público (praças, monumentos e edificações históricas) para a vida na cidade e apontou a influência positiva que o meio externo poderia trazer para o espírito humano.

ND/ROGER VIOLLET/GETTY IMAGES

Bulevar em Paris (França), por volta de 1880, com suas avenidas largas e arborizadas.

3 O Barão de Haussmann foi nomeado prefeito de Paris por Napoleão III, em 1853, com a incumbência de realizar uma transformação urbana sem precedentes, para resolver as dificuldades de uma cidade superpovoada, insalubre, repleta de problemas sociais e com criminalidade crescente.

ROBIN WEAVER/ALAMY/GLOW IMAGES

Cidade-jardim em Milton Keynes (Inglaterra), 2010. Sua concepção urbanística, um meio caminho entre o isolamento da vida do campo e a massa de concreto das grandes cidades, também é produto do urbanismo culturalista. As cidades-jardim foram planejadas para abrigar um número limitado de habitantes com áreas verdes, serviços públicos, boas vias de circulação e atividades sociais.

Suas ideias humanistas privilegiavam a estética e a harmonia das cidades em detrimento da criação de grandes vias de circulação. Essas concepções foram incorporadas ao espaço público de Viena e influenciaram intervenções urbanísticas em diversas cidades do mundo, inclusive no Rio de Janeiro, em Santos e em São Paulo, no início do século XX. As transformações urbanas ocorridas ao longo do século XX nessas cidades, no entanto, descaracterizaram grande parte do projeto inicial inspirado nas ideias de Sitte.

No Reino Unido, a concepção urbanística das cidades-jardins (*garden cities*), de Ebennezer Howard (1850-1928), marca até hoje a paisagem de várias cidades. As habitações foram erguidas com um generoso espaço verde entre elas para servir de separação entre as edificações. O modelo britânico, adotado também nos Estados Unidos, ressaltava a interação do urbano com a natureza.

Urbanismo no século XX

No século XX, com as tecnologias promovidas pela Revolução Industrial, o concreto armado, o ferro, o aço, o alumínio e o vidro, entre outros materiais, criaram diversas possibilidades de instalação urbana e assentamento da população. O arranha-céu possibilitou o crescimento verticalizado e ampliou o adensamento populacional, principalmente nas grandes cidades.

O urbanismo da primeira metade do século XX foi marcado pelo **funcionalismo** ou **racionalismo**. Cada espaço da cidade seria, assim, destinado a uma forma específica de uso do solo, com o zoneamento urbano respondendo a necessidades utilitárias. Isso resultou na criação de bairros residenciais, comerciais e de serviços interligados por extensas vias de circulação. Apesar de o planejamento urbano do século XX não ter se restringido às ideias formuladas pelo urbanismo racionalista, nenhuma outra corrente teve a mesma difusão e influência mundial.

A sintonia do movimento racionalista com a vida moderna e com a era da máquina pode ser avaliada na frase do mais famoso urbanista do século XX, o arquiteto suíço Le Corbusier (1887-1965): "A casa é uma máquina de morar". Nesse sentido, deveria ser produzida em série, como os automóveis e outros objetos industriais.

Le Corbusier também destacava que "a finalidade do urbanismo não é senão satisfazer às quatro necessidades humanas primordiais: habitar, trabalhar, recrear o corpo e o espírito e circular". A partir desses quatro princípios elementares, o urbanista defendia "a necessidade de assegurar aos habitantes da cidade alojamentos minimamente ensolarados e rodeados de espaços verdes. Tais alojamentos deveriam estar convenientemente equipados, tendo ao seu redor os serviços indispensáveis à satisfação das necessidades cotidianas da população urbana"[4].

No Brasil, a **cidade de Brasília**, projetada no final da década de 1950 por Lúcio Costa (1902-1998) - responsável pela concepção urbanística - e Oscar Niemeyer (1907-2012) - responsável pelo projeto arquitetônico -, é o exemplo mais importante da influência do urbanismo racionalista. Esse projeto incorporou os princípios do urbanismo moderno e os ingredientes próprios da conjuntura econômica do país à época, marcada pelo desenvolvimento da indústria automobilística. Brasília foi construída no governo de Juscelino Kubitschek (de 1956 a 1961).

Apesar das críticas que pesam sobre Brasília e dos objetivos que nortearam a sua construção, ela se transformou num símbolo mundial do urbanismo racionalista e da arquitetura moderna. A cidade já foi chamada de capital estratégica, por afastar o centro decisório do poder político das grandes áreas de aglomeração humana; de cidade do automóvel; de cidade fria, que não acumula tradições; e de cidade monumento, pelo arrojo de suas obras arquitetônicas - o que a levou a ser reconhecida pela Unesco como Patrimônio Cultural da Humanidade.

Atualmente, a realidade dessa cidade planejada é outra, sobretudo no seu entorno e particularmente nas cidades-satélites. O crescimento populacional das últimas décadas foi acompanhado pelo aumento de favelas. Residências destinadas à população de maior poder aquisitivo se expandem sobre as áreas de mananciais e remanescentes de áreas verdes. O trânsito toma conta das principais vias de circulação da cidade nos horários de pico e os índices de homicídios aumentam a cada ano.

MARCIO CABRAL/OPÇÃO BRASIL IMAGENS

Edificações do Congresso Nacional, sede do Poder Legislativo Federal, em Brasília (DF), 2009, obras do arquiteto brasileiro Oscar Niemeyer (1907-2012), responsável pelos projetos dos prédios públicos da capital federal. Nelas, sobressaem o espelho d'água, à frente, as duas cúpulas e as duas torres, com cerca de 100 metros de altura.
Nas cúpulas, estão os plenários do Senado Federal (convexa, à esquerda na imagem) e da Câmara dos Deputados (côncava). Já nas torres são realizados os trabalhos administrativos e técnicos que possibilitam o funcionamento do Poder Legislativo.

4 LE CORBUSIER. *Princípios de urbanismo.* Barcelona: Planeta-Agostin, 1986. p. VI. Obras Maestras Del Pensamiento Contemporáneo. v. 66.

A QUESTÃO URBANA HOJE

Hoje, as cidades se diferenciam daquelas existentes no século XIX, entre outros fatores, pelas funções ligadas principalmente ao setor terciário. Essa característica dá nova dimensão à forma de conceber a cidade. Com a globalização e o aumento da oferta e demanda de serviços, as cidades, particularmente as grandes, reforçaram seu papel de comando na economia nacional e mundial.

Outra questão é a intensidade da urbanização nas últimas décadas nos países subdesenvolvidos. Atualmente, a população urbana desses países ultrapassa a rural e poderá chegar a 60% em 2025.

Algumas cidades atingiram dimensões gigantescas, abrigando uma população que chega a ser superior à de alguns países e criando um novo fenômeno urbano: as **megacidades**. Trata-se de aglomerações com mais de 10 milhões de habitantes, a maior parte situada nos países subdesenvolvidos.

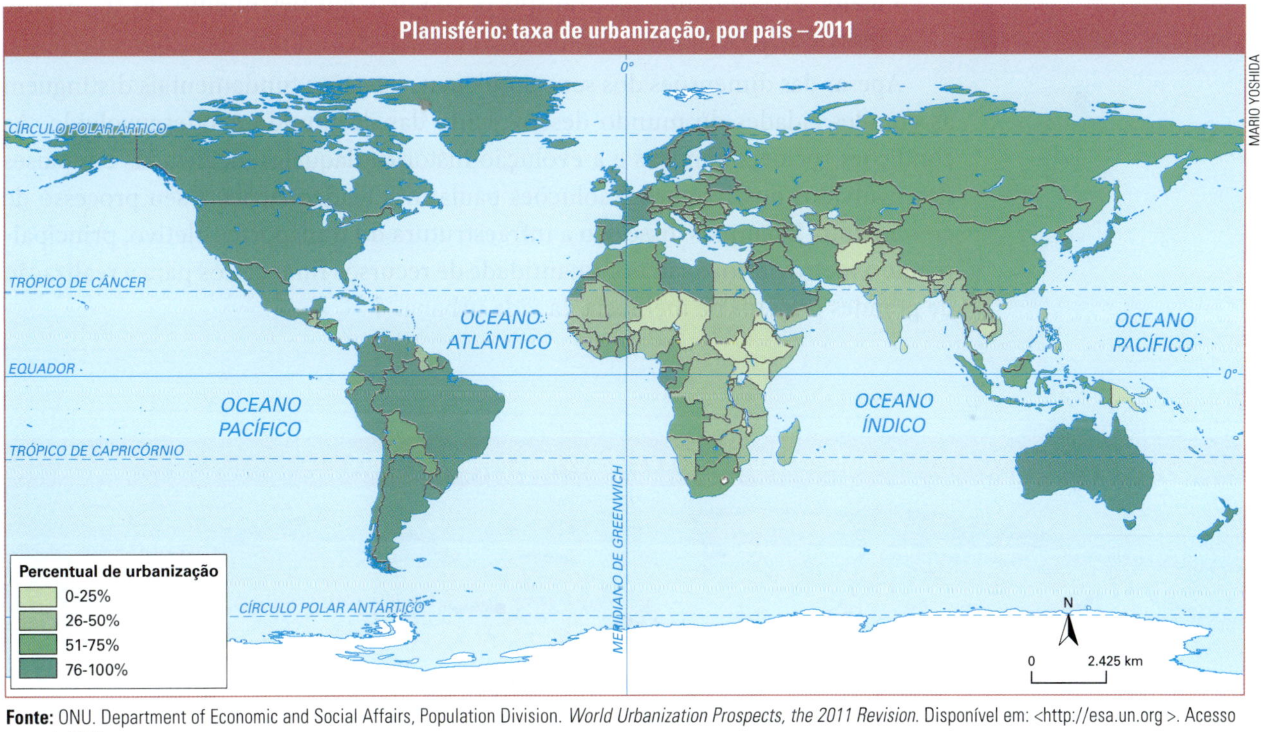

Fonte: ONU. Department of Economic and Social Affairs, Population Division. *World Urbanization Prospects, the 2011 Revision.* Disponível em: <http://esa.un.org >. Acesso em: out. 2013.

O ritmo de crescimento das megacidades ocorre principalmente nos países subdesenvolvidos e emergentes. Estima-se que, em 2025, a indiana Mumbai será a segunda maior megacidade da Terra, com 26,3 milhões de habitantes, atrás apenas de Tóquio. Cidades como Karachi, no Paquistão, Istambul, na Turquia, Guangzhou (Guangdong), na China, e Lagos, na Nigéria, estarão entre as 20 maiores aglomerações urbanas do mundo.

A intensidade dos fluxos migratórios para essas cidades promove seu crescimento acelerado, sem um planejamento que atenda às necessidades sociais e econômicas de parte considerável de sua população. Dessa forma, o crescimento de bairros residenciais sem saneamento, com habitações precárias (muitas vezes em áreas de risco), violência, trânsito, poluição, ineficiência dos meios de transporte público e falta de serviços sociais, como saúde, educação e habitação, caracteriza as megacidades do mundo subdesenvolvido e dos países emergentes.

Do ponto de vista operacional e funcional, acredita-se que as megacidades guardem mais semelhanças entre si do que com outras cidades menores do seu próprio país. Em geral, a solução para seus maiores problemas deve incluir, entre outras providências:

- investimento em saneamento básico;
- investimento em habitação popular;
- política de reurbanização das favelas;
- criação de espaços públicos adequados e espaços destinados à cultura e ao lazer da população mais carente;
- políticas públicas de controle da poluição do ar, de rios e represas;
- controle da ocupação do solo e dos mananciais de água;
- investimento em educação pública, que valorize a qualidade do ensino;
- maior investimento em transporte coletivo, em detrimento do transporte individual.

Apesar das dimensões dos seus problemas, questões fundamentais distinguem as grandes cidades do mundo desenvolvido das do mundo subdesenvolvido. As condições socioeconômicas e a evolução histórica daquelas localizadas em países desenvolvidos possibilitaram soluções paulatinas e adequações a seu processo de crescimento. Exemplos disso são a infraestrutura do transporte coletivo, principalmente o metroviário, e a maior quantidade de recursos financeiros para a realização de grandes projetos de melhoria da vida urbana.

Planisfério: megacidades e cidades mais populosas – 2011

Fonte: CITY MAYOR STATISTICS. Disponível em: <www.citymayors.com>. Acesso em: out. 2013.

A influência urbana no campo

Ao longo do processo de urbanização, a influência da cidade estendeu-se ao campo. A energia elétrica e as telecomunicações (como TV, rádio, telefone e, em alguns casos, até internet) integram atualmente os habitantes do campo e da cidade numa mesma rede de informação. Assim, aspectos que eram típicos do modo de vida urbano, como alguns hábitos, costumes e certas atividades econômicas, ultrapassam os limites territoriais das cidades e transformam as áreas rurais e o modo de vida da população.

Em muitas regiões onde se desenvolve a agropecuária moderna, os agricultores acompanham a cotação de mercadorias (insumos e produtos) pela internet, assistem aos mesmos programas de TV vistos pelos moradores das cidades e usam roupas semelhantes às dos habitantes das áreas urbanas que possuem o mesmo poder aquisitivo. Muitas dessas regiões têm como atrativos hotéis fazenda, *spas* rurais, pesqueiros e outras atividades ligadas ao lazer rural e ao ecoturismo.

VANDERLEI ALMEIDA/AFP

Família de área rural assistindo a TV, em Serra Azul (MG), 2006.

HAROLDO PALO JR

Hotel fazenda no Pantanal, município de Miranda (MS), 2012.

REDE E HIERARQUIA URBANAS

As cidades estão ligadas entre si por uma estrutura de transportes e meios de comunicação, formando uma rede articulada, integrada, em que se estabelecem fluxos de mercadorias, pessoas, capital e informações, havendo dessa forma uma polarização entre as aglomerações urbanas que se relacionam continuamente. A **rede urbana** é constituída por cidades de pequeno, médio e grande porte, as quais cumprem a função de nós nessa rede de fluxos. Porém, as relações entre elas são hierárquicas, pois algumas exercem papel de comando, estando no topo da hierarquia urbana[5], como as metrópoles e as cidades globais, as quais irradiam e recebem grande parte desses fluxos.

A **hierarquia urbana** refere-se aos papéis ocupados pelas cidades na organização socioeconômica e espacial, considerando, por exemplo, a capacidade de concentração dos fluxos e a extensão da área de influência de cada cidade, numa rede urbana. Assim, temos, além das metrópoles, que podem ser nacionais e regionais, os centros regionais, os centros sub-regionais, as cidades locais e as vilas. Com o processo de modernização do território brasileiro, o geógrafo Milton Santos apontava que, a partir do final do século XX, as relações entre as cidades com diferentes papéis ocupados numa rede urbana não se dava a partir de uma hierarquia rígida, ou seja, da vila para a cidade local, desta para o centro regional, deste para a metrópole regional e desta para a metrópole nacional. Há desse modo, relações diretas, por exemplo, da cidade local para a metrópole nacional ou do centro regional para ela.

5 Sobre a hierarquia urbana das cidades brasileiras, veja o Capítulo 32.

Metrópoles e cidades globais

▶ DICAS

FILMES

Um pouco mais, um pouco menos
São Paulo, 2002. Direção: Marcelo Masagão. Duração: 18 min.

Vistas aéreas de uma das maiores metrópoles da América Latina: São Paulo. Intercaladas às imagens aéreas, o diretor coloca cenas do cotidiano da população urbana, aliadas a dados estatísticos impressionantes.

LEITURA

Metrópoles: cidadania e qualidade de vida
Júlia Falivene Alves. São Paulo: Moderna, 1992.

O livro trabalha a questão da qualidade de vida da população das grandes cidades.

Na seção *Contexto*, você e seus colegas conversaram sobre as **metrópoles**. As metrópoles são cidades populosas, adaptadas à economia globalizada. Em geral, preservam suas tradições, sua arquitetura e seu patrimônio histórico, caso principalmente das cidades europeias. Costumam ter as melhores instalações urbanas, concentram as principais universidades e bancos do país, além de sediar as principais empresas nacionais e transnacionais. Constituem o mais importante centro de consumo, poder político, inovação e difusão cultural. Nelas também se concentra uma vasta gama de serviços especializados e de estabelecimentos comerciais diversificados.

As metrópoles são polos cuja influência se estende sobre cidades de uma vasta região geográfica. Constituem grandes centros de atração de investimentos e estão articuladas com as cidades globais, podendo, em alguns casos, ser classificadas como tais. No entanto, sua importância e capacidade de comando geralmente estão restritas ao território nacional.

Para alguns especialistas, também deveriam estar associadas ao conceito de metrópole características como direitos humanos e cidadania (direito a moradia, educação, saúde, emprego, segurança etc.), o que limitaria esse conceito a algumas cidades do mundo desenvolvido.

Várias metrópoles tornaram-se **cidades globais** a partir da década de 1990, fruto do processo de globalização ocorrido até mesmo nos países subdesenvolvidos classificados como emergentes.

A participação do país na economia global depende muito da ampliação das funções das grandes cidades, de modo que estas se tornam centros de negócios e passam a articular-se com os principais polos econômicos mundiais e, ao mesmo tempo,

LEITURA COMPLEMENTAR

Cidades globais

"Na atual fase da economia mundial, é precisamente a combinação da dispersão global das atividades econômicas e da integração global, mediante uma concentração contínua do controle econômico e da propriedade, que tem contribuído para o papel estratégico desempenhado por certas grandes cidades, que denomino cidades globais [...]. Algumas têm sido centros do comércio mundial e da atividade bancária durante séculos, mas, além dessas funções de longa duração, as cidades globais da atualidade são: (1) pontos de comando na organização da economia mundial; (2) lugares e mercados fundamentais para as indústrias de destaque do atual período, isto é, as finanças e os serviços especializados destinados às empresas; (3) lugares de produção fundamentais para essas indústrias, incluindo a produção de inovações. Várias cidades também preenchem funções, equivalentes em escalas geográficas menores, no que se refere a regiões transnacionais e subnacionais.

Ao lado dessas novas hierarquias globais e regionais das cidades há um vasto território que se tornou cada vez mais periférico e cada vez mais excluído dos grandes processos econômicos que alimentam o crescimento econômico na nova economia global. Uma multiplicidade de centros manufatureiros e cidades portuárias, outrora importantes, perderam suas funções e encontram-se em declínio, não só nos países menos desenvolvidos como também nas economias mais adiantadas. Este é mais um significado da globalização econômica."

SASSEN, Saskia. *As cidades na economia mundial.* São Paulo: Studio Nobel, 1998. p. 16-17.

1. Por que a dispersão mundial das atividades econômicas reforça a importância das cidades globais?
2. Que relação o texto estabelece entre a globalização econômica e a hierarquia das cidades?

com o mercado nacional. Portanto, elas são o principal elo do país com o exterior, em razão de seu dinamismo econômico (sobretudo o setor dos serviços) e de sua infraestrutura diversificada e moderna, com eficientes equipamentos de telecomunicações (telemática), portos e aeroportos, redes de hotéis, importantes centros de compras etc.

Nos territórios dos países mais integrados à economia globalizada, as conexões com a economia global são feitas a partir das cidades globais. Elas possuem uma dimensão econômica e política, pois promovem a regulação das operações financeiras de mercados e empresas, além de serem consideradas centros de poder político nacional e internacional.

Para se ter ideia de sua relevância econômica, cabe ressaltar que as 30 maiores cidades globais abrigam 4% da população mundial e são responsáveis por 16% da riqueza produzida no mundo inteiro.

SONGQUAN DENG/ALAMY/GLOW IMAGES

Vista aérea de Nova York (Estados Unidos), uma cidade global, 2011.

DICA

SITE

Centro de Estudos da Metrópole (CEM)
www.centrodametropole.org.br
Centro de estudos internacional que divulga pesquisas, dados e artigos acadêmicos sobre as metrópoles.

CIDADES E URBANIZAÇÃO NO MUNDO DESENVOLVIDO

No mundo desenvolvido, a população urbana ultrapassa, em média, os 75%, e em muitos países já se verifica uma estabilidade na porcentagem da população urbana em relação ao total da população.

O crescimento acelerado da população urbana dos países desenvolvidos, ao longo dos séculos XIX e XX, levou à ampliação dos problemas urbanos, principalmente nas áreas centrais e em suas proximidades, consideradas, geralmente, como as de maior **densidade demográfica**.

Densidade demográfica
média de habitantes por quilômetro quadrado.

DICA

LEITURA

A vida nas cidades
Eliseu S. Spósito. São Paulo: Contexto, 2000.

O autor apresenta de forma didática métodos de observação e comparação da realidade urbana.

As dificuldades de resolução desses problemas ocasionaram nos países desenvolvidos, a partir do final do século XIX, a suburbanização da população de maior poder aquisitivo, que procurou distanciar-se das concentrações populacionais e industriais e dos problemas sociais e ambientais dos centros urbanos. Esse processo acentuou-se na segunda metade do século XX, graças ao incremento dos meios de transporte e de comunicação, que ampliaram a possibilidade de desconcentração das atividades econômicas. Estas passaram a ser desenvolvidas em bairros e regiões mais distantes das áreas centrais.

População total e taxa de urbanização em alguns países desenvolvidos – 2013

País	Total de habitantes (em milhões)	População urbana (em %)
Reino Unido	64	80
Estados Unidos	316	81
Espanha	47	77
Alemanha	81	73
Japão	127	91

Fonte: POPULATION Reference Bureau, 2013. *World Population Data Sheet.* Disponível em: <www.prb.org>. Acesso em: dez. 2013.

Em alguns países, como os Estados Unidos, o processo de suburbanização e de expansão das grandes cidades levou à ampliação da mancha urbana, caracterizada pela presença de metrópoles e de diversas cidades. Houve crescimento das metrópoles e aumento da população e da importância econômica das cidades vizinhas aos grandes centros urbanos. Esse processo resultou na formação das **megalópoles** – sobre as quais vocês conversaram na seção *Contexto* –, imensos aglomerados urbanos entre duas ou mais metrópoles, praticamente contínuos, resultado de várias **conurbações**. Observe o mapa a seguir.

Estados Unidos: megalópoles – Início do século XXI

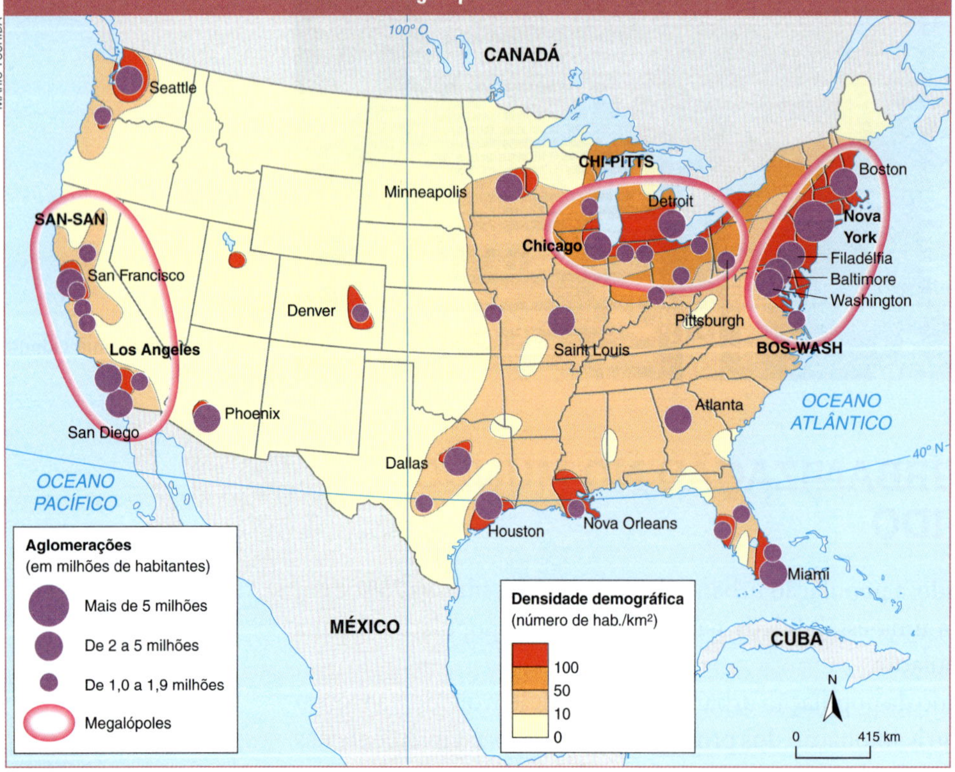

Fonte: *Histoire Géographie*: Le monde d'aujourd'hui. Paris: Hachette Éducation, 2003. p. 228; CITY MAYOR STATISTICS. Disponível em: <www.citimayors.com>. Acesso em: out. 2013.

Entre as megalópoles do mundo, três importantes estão situadas nos Estados Unidos. A megalópole de Bos-Wash compreende a área entre Boston e Washington, no nordeste dos Estados Unidos, e inclui importantes cidades, como Nova York, Filadélfia, Baltimore e outras. Ao redor dos Grandes Lagos, formou-se a megalópole de Chi-Pitts, que se estende de Chicago a Pittsburgh. No extremo oeste do país, a megalópole de San-San está situada ao longo da costa da Califórnia, de San Diego a San Francisco, englobando a cidade de Los Angeles.

Nas cidades da Europa, o crescimento ocorreu sem que a mancha urbana preexistente se estendesse de modo significativo. Com exceção de cidades como Paris, Londres, Milão e Moscou, as cidades europeias são pouco populosas, apesar de a grande maioria da população residir em áreas urbanas.

Já o Japão apresenta a mancha urbana contínua mais populosa, formada em razão das suas condições territoriais adversas – pequena extensão territorial e relevo predominantemente montanhoso. Essas características dificultam a dispersão populacional. O intenso processo de urbanização do país se concentra ao longo da costa do Pacífico estando associado a um crescimento industrial vigoroso ocorrido nas cidades da região, as quais possuem vínculos estreitos com a economia internacional. Nessa faixa do território japonês, estende-se a megalópole de Tokkaido, a mais povoada do mundo. Observe o mapa a seguir.

Japão: megalópole – Início do século XXI

MARIO YOSHIDA

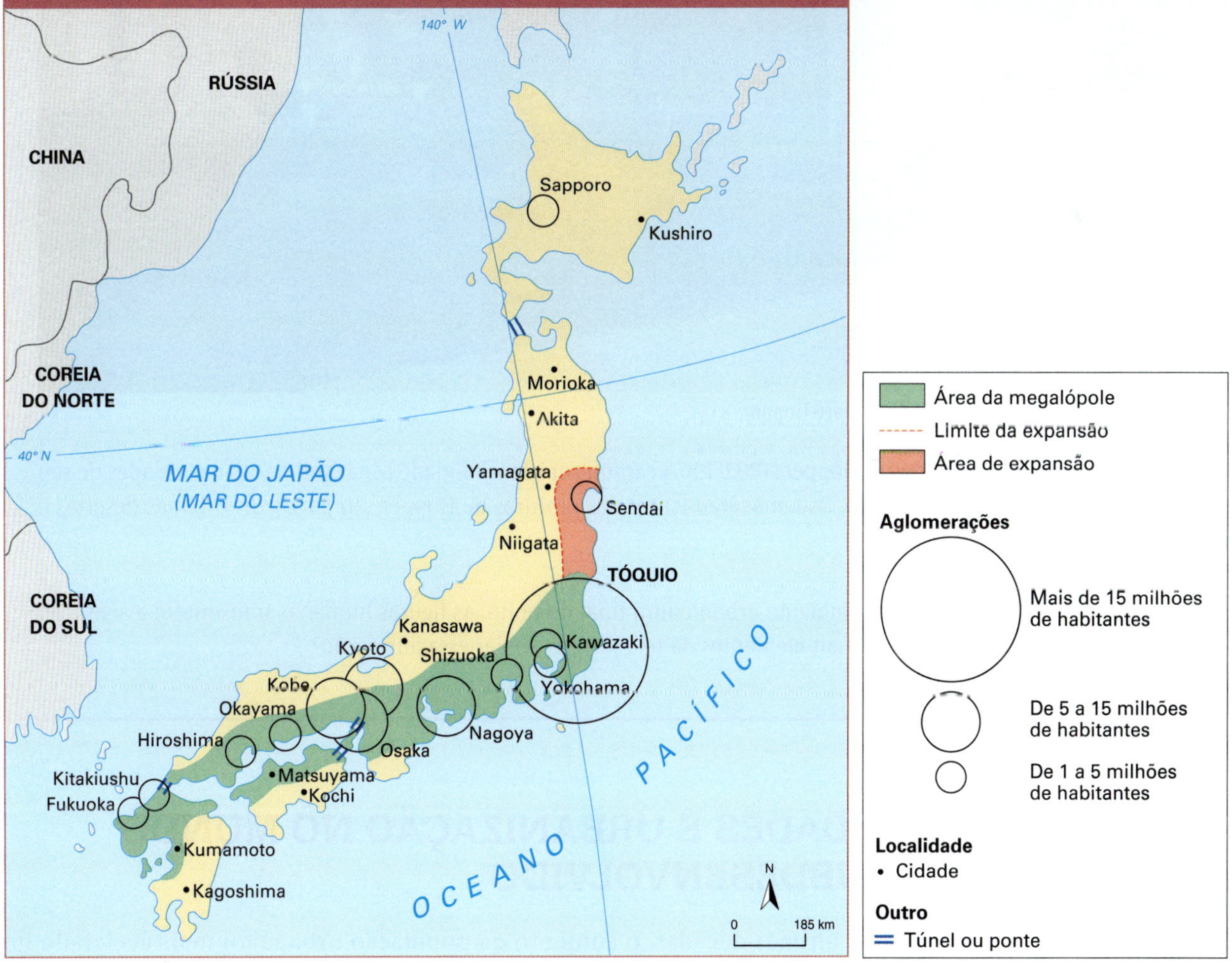

Fonte: CALDINI, Vera; ÍSOLA, Leda. *Atlas geográfico Saraiva*. São Paulo: Saraiva, 2009. p. 143.

Nas grandes cidades do mundo desenvolvido, a preservação do espaço público e do **patrimônio histórico** e as especificações na localização e no padrão de construção das novas edificações (como altura e recuo) são criteriosamente regulamentadas e fiscalizadas pelo governo. Muitas intervenções realizadas nas cidades marcam decisivamente determinados períodos e aspectos da paisagem urbana.

Patrimônio histórico
todas as referências culturais, como monumentos, conjuntos arquitetônicos e edificações de valor histórico e cultural.

INTERCONEXÃO

Arte

Cena cotidiana

INSTITUTO DE ARTE DE CHICAGO, CHICAGO (EUA)

Nighthawks (1942), óleo sobre tela de Edward Hopper.

O artista estadunidense Edward Hopper (1882-1967) captou com sensibilidade cenas cotidianas das cidades de seu país na primeira metade do século XX. Os temas frequentes das pinturas de Hopper são paisagens urbanas desertas e melancólicas.

- A tela *Nighthawks* representa um ambiente urbano num final de noite. As figuras humanas transmitem a sensação de tédio, desagregação e solidão. Quais elementos da tela podem apoiar essa afirmação?

CIDADES E URBANIZAÇÃO NO MUNDO SUBDESENVOLVIDO

Nas últimas décadas, o aumento da população urbana foi mais acelerado no mundo subdesenvolvido que no desenvolvido. Esse fator é decorrente da migração, em grande quantidade e num curto intervalo de tempo, da população do campo para a cidade, processo conhecido como **êxodo rural**.

A mecanização das atividades agrícolas nos países subdesenvolvidos e o aumento das atividades econômicas dos setores secundário e terciário nas cidades contribuíram para esse processo. Mas, de modo geral, a estrutura fundiária concentradora constituiu um fator relevante dessa migração acelerada, pois reduziu as possibilidades de o trabalhador permanecer no campo e cultivar a terra para o seu sustento.

No mundo subdesenvolvido, grupos de países apresentam diferenças no que se refere à urbanização. Os maiores índices de população urbana nesse conjunto verificam-se na América Latina, onde em média entre 75% e 80% dos habitantes vivem em cidades, sendo que a Argentina e o Chile apresentavam índices de urbanização próximos de 90%. Os mais baixos ocorrem na África e na Ásia: entre 35% e 40%. Em virtude da intensidade do processo de urbanização nos países subdesenvolvidos, esses índices devem aumentar rapidamente: no ano de 2015, estima-se que 80% da população urbana mundial estarão na América Latina, na Ásia e na África.

Nesses países, as possibilidades de emprego e de melhores condições de vida concentram-se nas metrópoles. Elas foram o principal ponto de chegada de milhões de migrantes que deixaram o campo em busca de novas oportunidades de sobrevivência. Ocorreu, dessa forma, uma **urbanização metropolitana** ou um processo de **metropolização**.

Em alguns países, especialmente da América Latina, a população, a renda, os investimentos econômicos e a participação na pauta de exportações de uma única cidade chegam a atingir cifras correspondentes à metade do total do país. Esse fenômeno é conhecido como **macrocefalia**.

Em 2011, das 36 aglomerações com mais de 5 milhões de habitantes, 32 localizavam-se em países subdesenvolvidos, e várias superavam os 10 milhões de habitantes, formando megacidades[6].

▶DICA

FILME

Quem quer ser um milionário?
EUA, 2008. Direção: Danny Boyle. Duração: 120 min.

O filme conta a história de Jamal Malik, um adolescente que trabalha servindo chá em uma empresa de telemarketing em Mumbai (Índia), uma das maiores cidades do mundo. Ele se inscreve no programa de TV "Quem quer ser um milionário?" e encontra em fatos da sua vida as respostas para as perguntas feitas no programa, tendo como cenário as transformações e os problemas da sua cidade.

BAFRY ILEFSON/ALAMY/GLOW IMAGES

Vista de Cairo, capital do Egito, às margens do Rio Nilo, 2011.

Urbanização e planejamento nos países subdesenvolvidos

A partir da década de 1950, houve considerável ampliação da superfície ocupada pelas cidades nos países subdesenvolvidos. Essa expansão deu-se praticamente sem orientação ou planejamento, agravando o quadro de exclusão social no espaço urbano.

O rápido crescimento populacional nas grandes cidades levou à expansão da superfície construída em áreas cada vez mais afastadas, ampliando a concentração populacional em bairros e zonas periféricas. Tal processo criou e vem criando grandes dificuldades para a introdução de infraestrutura adequada, como transporte, coleta de lixo, saneamento básico e serviços sociais (postos de saúde, creches e escolas) nesses lugares.

6 ONU. Divisão de População. *World Urbanization Prospects: the 2011 Revision.* Disponível em: <http://esa.un.org>. Acesso em: out. 2013.

O crescimento exponencial da população nas cidades dos países subdesenvolvidos, como Cidade do México, Calcutá, São Paulo, Cairo, Jacarta, Nova Délhi, Mumbai, Lagos e Bangcoc, não teve correspondente histórico quando comparado com cidades como Nova York, Tóquio, Londres e Paris. A Cidade do México, por exemplo, estende-se por uma mancha urbana de mais de 1.500 km², o que gera grandes dificuldades para a construção de linhas de transporte e redes de água e esgoto.

A gama de possibilidades oferecida pela metrópole, sobretudo no mundo subdesenvolvido, não é estendida a todos os seus habitantes. Muitos são excluídos dos serviços essenciais e das oportunidades de emprego, o que implica a deterioração da vida urbana.

OMAR TORRES/AFP

Moradias precárias à beira de córrego poluído na Cidade do México (México), 2012.

INTERCONEXÃO

Língua Portuguesa

Observe as imagens a seguir.

© E. CATTONI

CATTONI, Ernesto. *Umoristi a Marostica*: moda e mode, 1997.

- O cartunista contrapõe duas imagens de um mesmo lugar em momentos históricos diferentes. Escreva um texto descrevendo o cartum e comentando-o.

PONTO DE VISTA

Cidades: localização e crescimento

"Historicamente tivemos várias cidades no Brasil e no mundo cujas condições de situação ou posição interferiram no crescimento urbano e na conquista de uma condição privilegiada na hierarquia das cidades. São Paulo, Belém e Recife, no Brasil, são bons exemplos. A primeira, desde o período colonial, contou com amplas possibilidades de ligação com o interior do Sudeste brasileiro, atuando como centro de articulação de várias vias fluviais. Quando surgiu a ferrovia, sua situação na borda do planalto centralizou todos os eixos ferroviários provenientes do oeste e do norte do Estado em direção ao porto de Santos, pois a escarpa do planalto dificultava uma ligação direta com o porto. O jeito era passar por São Paulo, que, assim, concentrou as atividades econômicas resultantes do café.

Foi também em plena fase colonial que se definiu o binômio São Paulo-Santos, quando se teve que escolher as condições naturais favoráveis não só a um bom porto, mas também a uma passagem pela escarpa abrupta da Serra do Mar, através do trecho onde estão implantadas hoje tanto a ferrovia como a velha Estrada do Mar e a via Anchieta. A definição desse binômio permitiu um grande crescimento de São Paulo, também chamado Porto Seco.

Belém e Recife, devido à situação de porto e estuário de duas bacias fluviais, a primeira no Rio Amazonas e a segunda no Rio Capibaribe, fazem a ligação com os respectivos e vastos *hinterlands* (área de influência de uma cidade) e cresceram por causa disso. No caso de Recife, as condições de seu sítio portuário garantiram a preponderância sobre Olinda, cidade vizinha que, por decreto português, era o centro político e administrativo da região. Em função da prosperidade do comércio, Recife deixou de ser um simples porto de Olinda para se transformar no centro do poder político e econômico do Nordeste.

No exterior são conhecidas as situações privilegiadas de várias cidades. São exemplos o Porto de Quebec, situado ao Rio São Lourenço, na América do Norte; Londres, no estuário do Rio Tâmisa; Hamburgo, no estuário do Rio Elba; Paris, situada no centro de uma grande planura, ponto de convergência de uma vasta rede fluvial e ligada pelo Rio Sena ao porto de Havre, no Mar do Norte. Todas essas cidades cresceram em decorrência das condições de que desfrutavam no comércio com vastas regiões.

É importante destacar que o conceito de situação, na análise geográfica, somente tem sentido quando inserida no conjunto do processo socioeconômico dentro do qual se coloca a cidade. Isso porque, antes de tudo, esta é um complexo de fatores produtivos e um centro de formação e distribuição de valores; no seu interior ocorrem intensos fluxos de rendimentos, criados por muitas atividades de produção e de consumo.

As condições de situação de uma cidade têm dimensão relativa. Elas podem ser mais ou menos valorizadas em razão do maior ou menor dinamismo da função econômica da cidade, isto é, da função representada por uma ou mais atividades que a cidade exerce para fora, excluídas as funções destinadas a suprir suas necessidades internas, como o comércio a varejo, os serviços públicos eminentemente locais (água, gás, eletricidade, segurança, transporte urbano, ensino de 1º e 2º graus[7])."

ROSS, Jurandyr L. Sanches (Org.). *Geografia do Brasil*. São Paulo: Edusp, 2008. p. 401-402.

7 Atualmente, Ensino Fundamental e Médio, respectivamente.

1. Que relação o autor faz entre a conquista de uma condição privilegiada na hierarquia urbana e a posição geográfica da cidade? Explique, com ao menos dois exemplos.

2. A noção ou o conceito de posição ou situação da cidade são exclusivos para determinar a conquista de uma condição privilegiada na hierarquia urbana? Explique.

FABIAN BIMMER/ALAMY/GLOW IMAGES

Vista de Hamburgo, no norte da Alemanha, no estuário do Rio Elba, 2012.

[COMPREENSÃO E ANÁLISE]

1. Leia o texto e faça o que se pede.

Significados da cidade

"[...] A cidade é o lugar do trabalho (da máquina sendo operada, da caixa registradora funcionando, da rua sendo varrida), mas também do lazer (a praça do interior, o clube, o espaço dos esportes [...]). A cidade é o lugar da produção (a fábrica, a chaminé e mais poluição), e do consumo (o *shopping*, o calçadão, e imagens de *outdoors* que nos informam, nos estimulam, nos invadem). A cidade é o lugar do ir e vir (ruas, avenidas, viadutos, ônibus cheio, trânsito parado), e do estar (prédios, casas, barracões, e até parece que não há lugar para todo mundo...). É o lugar da ordem (horários para sair e para chegar, filas, normas, policiamento) e da contraordem (o supermercado saqueado, o trem depredado ou o piquete para a greve). [...]"

SPOSITO, Maria Encarnação B. *A urbanização no Brasil.* CENP, Secretaria de Educação de São Paulo, Série Argumento, s.d. p. 63.

a) Além dos elementos apontados no texto, quais outros você acrescentaria para caracterizar uma cidade? Justifique.

b) Tomando por base o texto, caracterize a cidade onde você vive. Comente também as possibilidades que ela oferece para o exercício da cidadania.

c) Com base em seus conhecimentos, reescreva o texto "Significados da cidade", alterando o seu título para "Significados do campo" e fazendo as adaptações necessárias.

2. Leia o texto a seguir e, depois, resolva as questões.

"A Revolução Industrial, iniciada no século XVIII, originou profundas alterações na forma e na função da cidade. A indústria se multiplicava nos países europeus e nos Estados Unidos, onde vivia grande parte dos trabalhadores urbanos. As lojas se instalavam nas ruas mais movimentadas, a fim de atrair um número cada vez maior de consumidores. As residências passaram a ser construídas de modo caótico, nos poucos espaços que sobravam entre as fábricas e rodovias; não havia espaços para o lazer e o ar era muito poluído devido ao carvão utilizado nas indústrias. O nascimento da indústria originou cidades insalubres, isto é, pouco saudáveis, marcadas pela aglomeração dos pobres em pequenos quartos de cortiços, e a população não tinha acesso à água tratada nem à rede de esgotos."

SANTANA, Juvenal. *A população e o espaço urbano.* Disponível em: <www.grupoescolar.com>. Acesso em: dez. 2012.

a) Relate as condições de vida dos moradores das primeiras cidades industriais indicadas no texto.

b) Elabore um título para o texto.

3. Relacione o processo de urbanização com a Revolução Industrial.

4. Defina urbanismo. Aponte as razões de o urbanismo ter surgido nas cidades europeias no século XIX.

5. Leia o trecho a seguir.

Metrópoles

"[...] a metrópole constitui um tipo especial de cidade, que se distingue das menores não apenas por sua dimensão, mas por uma série de fatos, quer de natureza quantitativa, quer de natureza qualitativa."

LANGENBUCH, Juergen. In: SANTOS, Milton. *A urbanização brasileira.* São Paulo: Hucitec, 1993. p. 75.

A quais fatores de natureza quantitativa e qualitativa se refere o autor? Explique.

6. Cite algumas características das cidades globais e justifique a existência de níveis diferenciados desse tipo de cidade, considerando as relações socioeconômicas e políticas que se estabelecem entre os países no espaço mundial globalizado.

7. Diferencie, em linhas gerais, a urbanização ocorrida nos países desenvolvidos e nos países subdesenvolvidos.

8. Em alguns municípios existem movimentos organizados que procuram despertar a atenção da sociedade civil e do Estado para problemas como a falta de moradia e de segurança, entre outros.

a) Há algum tipo de movimento organizado em seu município?

b) Comente a importância desses movimentos organizados para a elaboração de propostas e para a solução de problemas existentes nos municípios, inclusive no lugar onde você vive.

CAPÍTULO 32

A URBANIZAÇÃO NO BRASIL

CONTEXTO

Observe as imagens a seguir, que têm aproximadamente o mesmo ponto de visão – cerca de 1.800 metros de altitude. Elas foram feitas no final da década de 2000, e a distância que separa os locais das imagens não chega a 3 km.

Imagem do Google Earth, do bairro Alto de Pinheiros em São Paulo (SP), 2008.

Imagem do Google Earth, da favela Nova Jaguaré, em São Paulo (SP), 2010.

DISCUTA

1. Que semelhanças e diferenças são possíveis perceber entre as imagens?
2. Em que sentido a situação apresentada na imagem 2 se relaciona ao processo de urbanização brasileira?
3. Por que para a análise das imagens é necessário que a altitude do ponto de visão de ambas seja a mesma?

O PROCESSO DE URBANIZAÇÃO NO BRASIL

MAURICIO SIMONETTI/PULSAR IMAGENS

Represa Billings, em São Paulo (SP), 2011. A ocupação das margens da represa coloca em conflito dois problemas urbanos, um social (moradia) e outro ambiental (ocupação das áreas de mananciais).

De modo geral, o processo de urbanização no Brasil apresenta características próprias do padrão de urbanização dos países subdesenvolvidos. Veja algumas delas:

- foi marcado pela formação de algumas grandes cidades, que concentram parcela expressiva das riquezas e também da população brasileira, responsável por um processo de metropolização;
- ocorreu com expressivo crescimento de atividades terciárias, incluindo as do setor formal e do setor informal da economia;
- ocorreu em ritmo acelerado, principalmente entre as décadas de 1950 a 1990 e, sem planejamento urbano adequado;
- apresenta padrão periférico de crescimento, com a formação de amplas manchas urbanas e a população de baixa renda sendo empurrada para áreas distantes do centro.

A **urbanização brasileira** intensificou-se a partir dos anos 1940/1950 (observe o gráfico a seguir). Decorreu do êxodo rural e do desenvolvimento industrial que impulsionou a atração populacional para as cidades e dinamizou as atividades comerciais e de serviços nesses espaços. No entanto, a industrialização por si só não explica a urbanização. Ela não gerou os empregos necessários para receber o grande número de migrantes que deixaram o espaço rural rumo às cidades.

No caso do **êxodo rural**, é preciso considerar que, além dos fatores de atração nas cidades (perspectiva de maior acesso a serviços e mercadorias, por exemplo), existem os fatores de repulsão no campo – associados à concentração da propriedade rural, aos baixos salários, à falta de políticas que beneficiem o pequeno proprietário e à mecanização das atividades rurais. Entre o final dos anos 1960 e o final da década de 2000, mais de 40 milhões de brasileiros deixaram o campo e se dirigiram para as cidades.

ALEX ARGOZINO

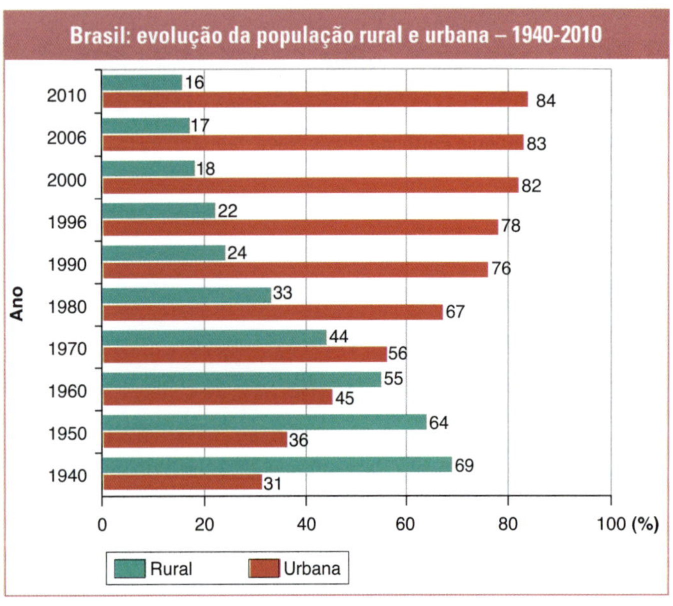

Fonte: IBGE. Disponível em: <www.ibge.gov.br>. Acesso em: dez. 2013.

O setor terciário da economia foi responsável por grande parte dos empregos gerados nas cidades e pela elevação do trabalho informal, responsável pela absorção de parcela significativa dos trabalhadores com baixa qualificação.

A urbanização brasileira teve um **caráter concentrador** e **excluiu** boa parte da sociedade de seus benefícios. A velocidade com que se processou a urbanização no país criou dificuldades para o poder público suprir o espaço das cidades, especialmente das grandes, com a infraestrutura urbana e os serviços sociais necessários ao bem-estar da população. Isso, evidentemente, é agravado em razão de as políticas de planejamento urbano estarem voltadas, prioritariamente, para as classes média e alta.

Pela observação do mapa a seguir, percebe-se, também, que o padrão de urbanização do território brasileiro foi desigual. Certos estados, como Rio de Janeiro, São Paulo, Goiás e Amapá[8], apresentam nível de urbanização em torno de 90%, enquanto em outros, como Piauí, Pará, Bahia, Maranhão e Acre, os índices ficam por volta de 60%.

Brasil: urbanização e cidades com mais de 300 mil habitantes – 2010

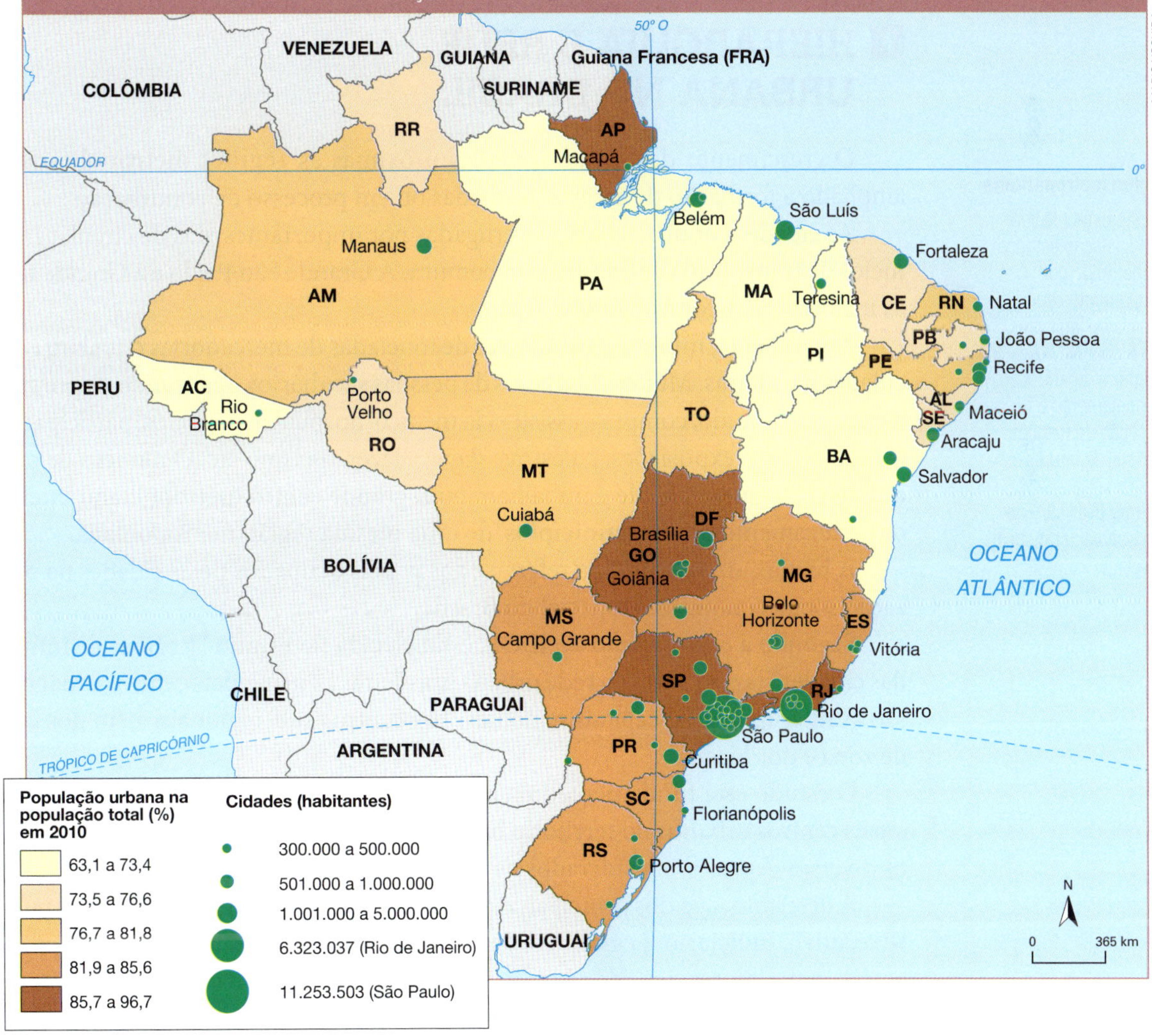

Fonte: IBGE. *Censo demográfico 2010*. Disponível em: <www.ibge.gov>. Acesso em: dez. 2013.

8 Nos últimos 15 anos do século XX, o estado do Amapá conheceu um intenso processo de urbanização em razão do êxodo rural, provocado pela falta de uma política agrícola que permitisse a fixação de parcela expressiva da população rural e pela instalação da Zona de Livre-Comércio de Macapá e Santana. Essas cidades, distantes 20 km uma da outra, concentram praticamente 75% da população do estado.

Tendências recentes

Principalmente a partir dos anos 1990, vêm se delineando novas tendências no processo de urbanização brasileiro:

- diminuição do ritmo das migrações inter-regionais;
- expansão das áreas de ocupação irregular e de condomínios fechados nas zonas próximas aos grandes centros urbanos;
- ritmo de crescimento menos acelerado das grandes cidades, entre elas as metrópoles;
- intensificação no ritmo de crescimento das cidades médias;
- custo de vida mais alto nas metrópoles (incluindo aluguel de imóveis).

As **cidades médias** passaram a oferecer certas vantagens em relação às grandes, como aumento da oferta de empregos, em virtude da transferência de muitas indústrias para essas localidades, menor custo de vida, menor índice de criminalidade e ampliação da oferta de estabelecimentos comerciais e de serviços destinados a atender às necessidades da população.

HIERARQUIA E REDE URBANA NO BRASIL

Região metropolitana

"região estabelecida por legislação estadual e constituída por agrupamentos de municípios limítrofes, com o objetivo de integrar a organização, o planejamento e a execução de funções públicas de interesse comum."
Instituto Brasileiro de Geografia e Estatística (IBGE).

O crescimento das cidades médias próximas às **regiões metropolitanas** tem ampliado a formação de áreas conurbadas ou em processo de conurbação.

As cidades conurbadas são interligadas por importantes vias de circulação e por meios de transporte e infraestrutura comum. A Grande São Paulo e a Grande Rio são as maiores áreas conurbadas do país.

Anualmente, milhões de pessoas e de toneladas de mercadorias circulam entre as cidades brasileiras. Muitos dos fluxos de pessoas são diários, realizando-se por motivo de trabalho, estudo, compras, assistência médico-hospitalar, negócios, participação em eventos (feiras, exposições, palestras, *shows*), lazer, turismo etc. O número de pessoas que residem numa cidade e trabalham num grande centro metropolitano intensifica os deslocamentos entre **municípios**[9] de uma mesma região metropolitana.

A hierarquização urbana refere-se aos papéis ocupados pelas cidades na organização socioeconômica e espacial do Brasil.

Segundo a classificação do IBGE, estabelecida no estudo "Regiões de influência das cidades", fazem parte da rede urbana brasileira: 12 principais centros urbanos, que são as metrópoles; 70 capitais regionais; 169 centros sub-regionais; além dos centros de zona e dos locais.

O estudo está fundamentado na estruturação das zonas de influência dos principais centros urbanos no território brasileiro, mostrando as redes que eles formam e os diversos aspectos considerados na estruturação dessas redes.

A determinação dos principais centros baseou-se na existência de órgãos públicos (Executivo, Judiciário, Legislativo, entre outros), de grandes empresas e na oferta de ensino superior, serviços de saúde e domínios de internet.

9 O município é a unidade territorial e política que faz parte da unidade da federação (UF) ou estado. Tem a sua própria estrutura político-administrativa (prefeitura e câmara municipal) e engloba tanto o espaço rural como o urbano. O IBGE considera população urbana os habitantes que vivem na cidade (a sede do município) e nas vilas (as sedes dos distritos). Os distritos são unidades administrativas em que se dividem os municípios. No Brasil, portanto, o critério que define cidade é o fato de ser sede de município. Em decorrência disso, há cidades com menos de 1.000 habitantes.

Brasil: regiões metropolitanas e regiões integradas de desenvolvimento (RIDE) – 2010

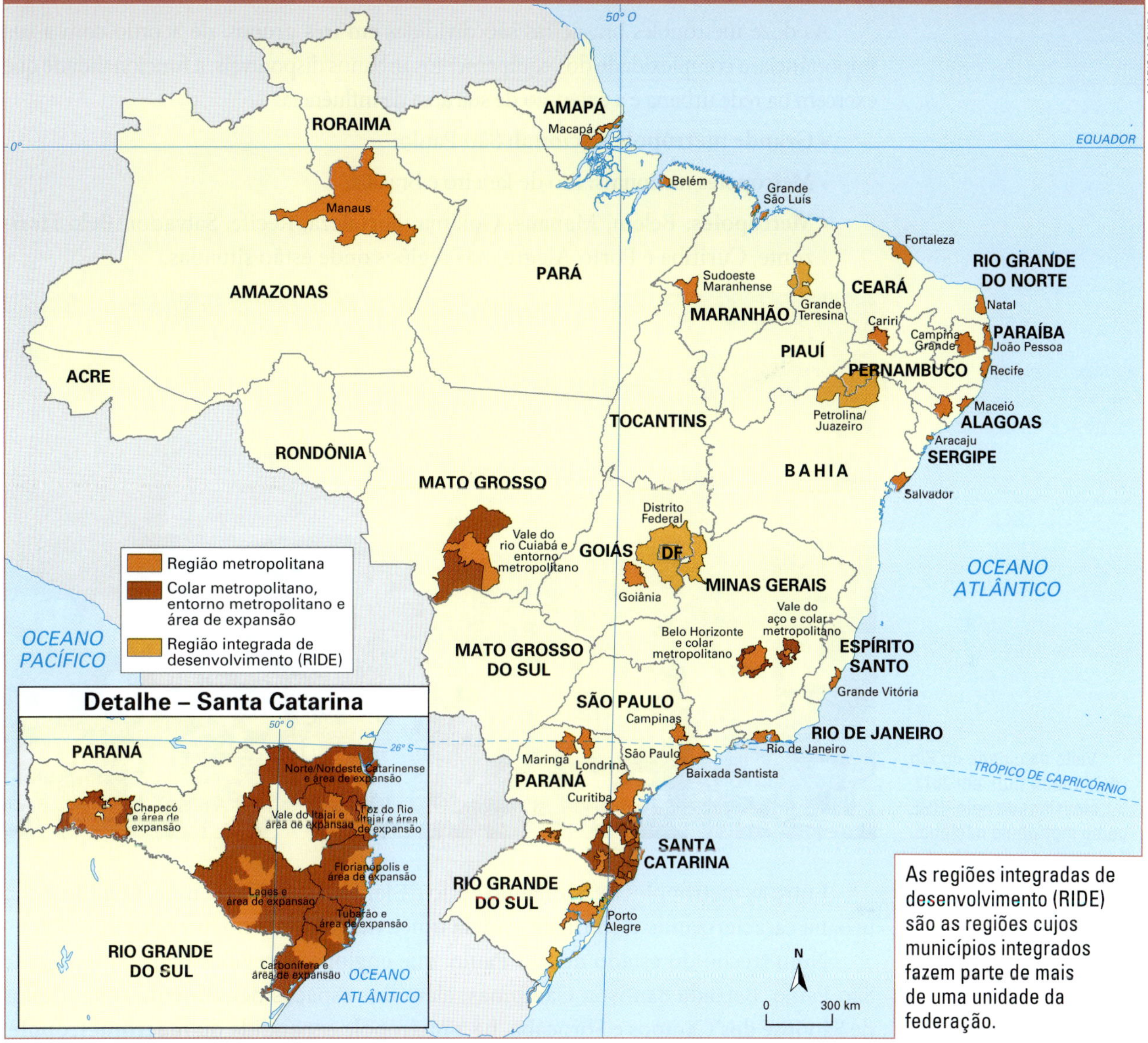

As regiões integradas de desenvolvimento (RIDE) são as regiões cujos municípios integrados fazem parte de mais de uma unidade da federação.

Fonte: *Atlas Nacional do Brasil Milton Santos.* Rio de Janeiro: IBGE, 2010. p.127-131.

Dimensão das redes de influência – 2007

Redes de influência	Capitais regionais	Centros sub-regionais	Municípios	População (2007)	Área (km²)
São Paulo	20	33	1.028	51.020.582	2.279.108
Rio de Janeiro	5	15	264	20.750.595	137.812
Brasília	4	10	298	9.680.621	1.760.734
Manaus	1	2	72	3.480.028	1.617.428
Belém	3	11	161	7.686.082	1.389.659
Fortaleza	7	21	786	20.573.035	79.411
Recife	8	18	666	18.875.595	306.881
Salvador	6	16	486	16.335.288	589.230
Belo Horizonte	8	15	698	16.745.821	483.730
Curitiba	9	28	666	16.178.968	295.024
Porto Alegre	10	24	733	15.302.496	349.317
Goiânia	2	6	363	6.408.542	835.783

Fonte: IBGE. *Regiões de influência das cidades 2008.* Disponível em: <www.ibge.gov.br>. Acesso em: dez. 2013.

As metrópoles brasileiras

As doze metrópoles brasileiras são divididas em três grupos, de acordo com a sua importância, a complexidade dos equipamentos urbanos disponíveis, a funcionalidade que exercem na rede urbana e a extensão de sua área de influência:

- **Grande metrópole nacional:** São Paulo;
- **Metrópoles nacionais:** Rio de Janeiro e Brasília;
- **Metrópoles:** Belém, Manaus, Goiânia, Fortaleza, Recife, Salvador, Belo Horizonte, Curitiba e Porto Alegre, nas regiões onde estão situadas.

SPECTRAL/ALAMY/GLOW IMAGES

Vista da cidade do Rio de Janeiro (RJ), em 2012, classificada pelo IBGE como metrópole nacional.

Entre as metrópoles de São Paulo e Rio de Janeiro estende-se uma longa mancha urbana caracterizando a configuração da única **megalópole** no território brasileiro.

Num trecho do estado de São Paulo, que engloba as regiões metropolitanas de São Paulo, Baixada Santista, Campinas, além dos espaços densamente urbanizados de São José dos Campos e Sorocaba, há a metrópole expandida ou **macrometrópole**, que tem como centro São Paulo (observe o mapa a seguir).

Eixo Rio-São Paulo e arredores: megalópole em formação – 2009

MARIO YOSHIDA

Fonte: elaborado com base em FERREIRA, Graça Maria Lemos. *Atlas geográfico*: espaço mundial. São Paulo: Moderna, 2010. p. 151.

São Paulo e Rio de Janeiro

São Paulo é a principal porta de entrada dos investimentos estrangeiros no país. Para essa cidade, e também para o **Rio de Janeiro**, convergem grandes fluxos de turistas internacionais e nelas realizam-se feiras internacionais dos mais variados tipos (livros, eletrodomésticos, automóveis, informática, têxtil), além de eventos esportivos e culturais de projeção internacional e *shows* de cantores e bandas de outros países.

São Paulo é ainda responsável pelo atendimento de aproximadamente 20% dos serviços de educação e dos serviços de saúde que os outros municípios do território brasileiro demandam das metrópoles do Brasil.

VINÍCIUS BRANCA/FOTOARENA

Festival Lollapalooza de música em São Paulo (SP), 2012. O evento atrai pessoas de diferentes estados do Brasil.

São Paulo e Rio de Janeiro são cidades que de fato participam, de forma mais intensa, da economia informacional e global, comparativamente com outros lugares do território brasileiro.

No entanto, o papel desempenhado por essas cidades na economia globalizada, sobretudo o Rio de Janeiro, é bem inferior ao de várias metrópoles de países desenvolvidos, como Nova York, Londres, Paris, Tóquio, e até mesmo ao de alguns grandes centros de países emergentes, como Cingapura e Hong Kong.

O Rio de Janeiro não aparece como cidade global em várias classificações estabelecidas por universidades em todo o mundo; já São Paulo consta de todas elas, o que demonstra a importância da metrópole paulistana na economia informacional global.

Apesar de as grandes metrópoles terem importância econômica e cultural, as cidades médias já possuem, atualmente, centros de consumo, lazer, cultura e entretenimento que atendem às necessidades da população residente e dos municípios vizinhos. *Shopping centers*, parques, salas de cinema, teatros, centros culturais, bares e restaurantes passam a mudar o cotidiano de parte dos moradores dessas cidades, principalmente nos fins de semana.

DICA

LEITURA

Cidades brasileiras: do passado ao presente
Rosicler Martins Rodrigues. São Paulo: Moderna, 1995.

O livro realiza um histórico de cidades brasileiras, de seu surgimento aos dias atuais.

A QUESTÃO DA MORADIA URBANA

DICAS

FILMES

Dia de festa
Brasil, 2006. Direção: Toni Venturi. Duração: 77 min.

Quatro mulheres com histórias comuns e recorrentes, num país marcado pelo abismo social, encontraram em um movimento de massa sua razão de vida. São líderes do Movimento dos Sem-Teto do Centro de São Paulo (MSTC), que organiza a luta pela moradia para as famílias carentes da cidade.

À margem do concreto
Brasil, 2006. Direção: Evaldo Mocarzel. Duração: 85 min.

Filme sobre o Movimento dos Sem-Teto na região metropolitana de São Paulo e as ocupações de prédios.

Como visto na seção *Contexto*, um traço marcante do rápido processo de urbanização no mundo subdesenvolvido, e em particular no Brasil, é a precariedade das condições de moradia de parcela considerável da população, sobretudo nas grandes cidades. Isso reflete a própria dinâmica do processo de modernização de alguns países subdesenvolvidos, marcado pela concentração de renda e de propriedades e pela exclusão de parte da população dos benefícios produzidos por essa modernização.

Alguns dados que influenciam diretamente a situação da moradia têm indicado uma evolução positiva nos últimos anos. No entanto, o Brasil ainda apresenta situação de grande precariedade em relação às condições das moradias urbanas, que abrigam parcela expressiva da população brasileira.

De acordo com o IBGE, em 2010, mais de 11 milhões de brasileiros – cerca de 6% da população do país – viviam em favelas ou em moradias em situação inadequada. Conforme estudos do Instituto de Pesquisa Econômica Aplicada (IPEA) publicados em 2013, em 2011 o **déficit habitacional** no Brasil era estimado em 5,4 milhões de residências, representando 8,8% do total de moradores do país.

Em 2011, cerca de 30% das moradias brasileiras não tinham acesso simultâneo ao sistema de iluminação elétrica, abastecimento de água por rede encanada, esgotamento sanitário e coleta de lixo. A situação mais grave refere-se ao esgotamento sanitário, que excluía a maior parte dos domicílios brasileiros.

Déficit habitacional
falta de moradia; inclui as famílias que vivem em casas de parentes e amigos, em habitações precárias e que gastam grande parcela de sua renda com aluguel, comprometendo a satisfação de necessidades básicas.

INTERCONEXÃO

Língua Portuguesa

- Discuta a mensagem do cartum do ponto de vista espacial.

ANGELI

ANGELI. *Folha de S.Paulo*, 6 jun. 1999. p. 1-2.

GIUSEPPE BIZZARRI/FOLHAPRESS

A favela da Rocinha, no Rio de Janeiro (RJ), uma das maiores do Brasil, é uma das comunidades urbanas contempladas pela intervenção do Estado, através da criação de infraestrutura, remodelação e melhoria das condições das habitações. A Rocinha faz parte do projeto Favela-Cidade, elaborado por arquitetos e especialistas em planejamento urbano. A imagem mostra um trecho da Rocinha, em 2011, onde são visíveis as intervenções resultantes desse projeto.

Favelização

O processo de **favelização** é a face mais crítica do problema habitacional no Brasil. Incapazes de adquirir um terreno ou moradia, ou de pagar aluguel, milhares de pessoas invadem terrenos públicos ou privados e neles constroem moradias em áreas com pouco ou nenhum serviço público.

DICA

SITE

MTST
www.mtst.org
Site do Movimento dos Trabalhadores Sem-Teto.

GABRIELA BILÓ/FUTURA PRESS

Muitos movimentos sociais lutam por moradias dignas para os sem-teto. Existem milhares de imóveis vazios, particularmente em áreas centrais da cidade de São Paulo. Foto de 2013.

Muitos dos terrenos ocupados estão em áreas de risco, como encostas de morros, e em áreas de proteção ambiental, inclusive mananciais. Isso traz prejuízos para todo o município, que tem áreas degradadas, como matas e reservas hídricas, e também para as pessoas que ali residem, que podem perder o terreno e a moradia.

No estado de São Paulo, o mais populoso e com maior PIB do Brasil, dos mais de 42 milhões de habitantes, em 2010, aproximadamente 9 milhões moravam em áreas em situação irregular, exigindo atenção especial do governo do estado.

LEITURA COMPLEMENTAR

Plano Diretor e Lei de Zoneamento

"No Brasil, o Estatuto da Cidade, aprovado pelo Congresso Nacional em junho de 2001, obriga o Plano Diretor a estabelecer planos não apenas para o espaço urbano, mas para todo o território do município, incluindo, portanto, o espaço rural. O Estatuto, dessa maneira, considera algo que é consequência do processo de urbanização e já vem se manifestando de forma mais intensa desde os anos 1960 – a forte integração entre o espaço urbano e o rural.

Assim, o Plano Diretor é uma lei municipal, obrigatória para municípios com mais de 20 mil habitantes, e que cria um sistema de planejamento e gestão do município, determinando as políticas públicas a serem desenvolvidas em um prazo de dez anos em todas as áreas da administração. Os projetos dos outros prefeitos, nesse prazo, terão de estar de acordo com o plano.

Há, também, no âmbito municipal e direcionada para o espaço urbano, a Lei de Zoneamento (uso e ocupação do solo), que define o tipo de uso (residencial, comercial, misto) e o tamanho da construção permitidos em um terreno. No caso das grandes cidades, o Plano Diretor normalmente é implementado com base em planos regionais."

Folha de S.Paulo, 24 ago. 2002. p. C-3.

- Discuta a importância de o Plano Diretor estabelecer normas para o espaço rural e o urbano.

A especulação imobiliária

DICA
LEITURA
Moradia nas cidades brasileiras
Arlete M. Rodrigues. São Paulo: Contexto, 1988.
Retrata a questão da moradia, a luta da população nesse processo, os movimentos reivindicatórios, a repressão e a especulação urbana.

Historicamente, a ocupação do solo urbano levou grande parte da população mais pobre para a periferia, resultado da ação dos responsáveis pelo planejamento urbano, que, via de regra, não priorizaram a questão da habitação para a população de baixo poder aquisitivo. As empresas imobiliárias também participaram ativamente desse processo, loteando a cidade de acordo com os interesses de valorização de seus imóveis no mercado. Esse modelo de ocupação urbana tornou-se, assim, amplamente favorável à especulação imobiliária.

A ocupação da periferia da cidade é a justificativa para que o poder público construa as benfeitorias necessárias ao atendimento dos novos núcleos de povoamento, como transporte, pavimentação, rede de água e esgoto e eletrificação. As novas infraestruturas instaladas acabam atingindo também os terrenos vazios situados no espaço intermediário da cidade. Tais terrenos (muitos deles propriedades de grandes empresas imobiliárias) passaram a ter um valor econômico maior, fazendo com que sejam utilizados para fins especulativos.

As áreas periféricas, antes habitadas apenas pela população de baixa renda, passaram a sofrer um novo processo de especulação imobiliária. Os espaços ainda não ocupados ao redor das grandes cidades, com a presença de paisagens naturais ainda preservadas, passaram a abrigar condomínios fechados, nas últimas décadas do século XX. Essa nova modalidade de moradia urbana atendia a demanda de uma população com maior poder aquisitivo, que buscava um modo de vida longe dos problemas dos grandes centros, como poluição, falta de segurança, carência de espaços verdes e de áreas de lazer. Tais empreendimentos proliferaram também nas cidades médias brasileiras.

LEITURA COMPLEMENTAR

Tempos de clausura

"Os condomínios se expandem em vários países do mundo, mas com muito mais musculatura no Brasil, onde a violência, a presença da pobreza e o destrato com a paisagem são fatores adversos aos segmentos médios e ricos.

É oportuno sistematizar os condomínios fechados: a) situam-se nas periferias urbanas ou metropolitanas, devido à maior necessidade de espaços livres, sendo muitas vezes vizinhos a bairros pobres ou favelas; b) muros altos ou cercas reforçam a proteção dos condôminos, onde o acesso é controlado 24 horas do dia, muitas vezes completada por rondas que fiscalizam a unidade de vizinhança em igual período de tempo; c) como os segmentos sociais pertencem às classes mais altas, isso lhes confere maior poder de reivindicação e pressão junto aos órgãos públicos; d) os padrões dominantes são norte-americanos ou, em certos casos, com adereços arquitetônicos evocativos da Europa, notadamente França, Inglaterra e região Alpina, conforme o gosto da clientela e dos modismos; e) neles ocorrem identidade social e regras de condomínio de alta sofisticação contra sinais de barbárie urbana; f) seus espaços 'públicos' são restritos, mesmo quando repassados ao domínio público; g) sua legislação, a primeira do mundo, tem servido de modelo para outros países; h) possuem centros de animação, desportivos, comerciais e outros, para uso dos residentes e eventualmente de visitantes; i) podem ser de habitações verticais ou horizontais. [...]

Mas o Brasil tem outra instituição adicional que vem tomando vulto: o bolsão residencial, com ruas fechadas ao trânsito comum. Os intramuros, enfim, representam o sonho da paz aldeã, mas com um *shopping* bem próximo."

YÁZIGI, Eduardo. *Civilização urbana*. São Paulo: Contexto, 2003. p. 140-141.

1. Os condomínios fechados representam e expressam a segregação urbana? Justifique sua resposta.
2. O que leva a população de média e alta renda a residir em condomínios fechados?

A QUESTÃO DA MOBILIDADE URBANA

O trânsito caótico, as muitas horas perdidas nos deslocamentos e os transportes coletivos lotados, principalmente nos horários de pico, fazem parte da rotina dos moradores das grandes cidades brasileiras. O movimento diário de pessoas que se deslocam de casa para o trabalho e vice-versa, ou da residência para o local de estudo e vice-versa, dentro de uma região metropolitana é chamado de **migração diária** ou **pendular**.

MAURICIO SIMONETTI/PULSAR IMAGENS

Trânsito intenso na cidade de Salvador (BA), 2011.

Essa situação traz sérios prejuízos ambientais, sociais e econômicos à cidade e a seus habitantes, pois provoca intensa poluição do ar e sonora, elevam o gasto com combustíveis e o custo do frete do transporte de carga, resultando no aumento do preço das mercadorias comercializadas. Além disso, provocam uma retração de investimentos na cadeia produtiva, em virtude do alto custo arcado pelas empresas com o transporte de mercadorias.

O tempo perdido nos deslocamentos e nos congestionamentos aumenta o cansaço dos habitantes das áreas urbanas e pode ocasionar uma redução do tempo destinado à convivência familiar e social, ao estudo e ao lazer. Por isso, muitas pessoas procuram morar em bairros próximos a estações de trem ou metrô, ônibus e terminais de grandes vias de circulação para reduzir o tempo de deslocamento. Isso faz com que os terrenos e as construções existentes nessas áreas tenham uma valorização econômica expressiva.

Diferentes medidas vêm sendo adotadas para solucionar o problema do trânsito nas grandes cidades. Entre elas está o sistema de rodízio de veículos, introduzido, por exemplo, na cidade de São Paulo. Nesse sistema, os carros são proibidos, sob pena de multa, de circular no centro expandido da cidade uma vez por semana nos horários de pico. Outra medida é a ampliação das vias de circulação. Essas ações, no entanto, surtem pouco efeito no trânsito das cidades, em virtude do crescimento constante da frota de veículos particulares.

Para solucionar esse grave problema da falta de **mobilidade urbana** de modo efetivo, é necessária a ampliação de investimentos no transporte coletivo. Aumentar a oferta desse tipo de transporte, sobretudo a malha metroviária nas grandes cidades, faz com que parte da população opte por esses meios de locomoção, em detrimento dos automóveis particulares.

Em meados de 2013, ocorreu uma série de manifestações por todo o Brasil. O estopim dos protestos foi a questão da mobilidade urbana e a elevação do preço das passagens, cujo custo já era bastante elevado. Além disso, questionava-se a qualidade dos serviços de transporte oferecidos nos mais diversos municípios do país. O Movimento Passe Livre, que luta pela isenção total de tarifas dos transportes urbanos desde 2005, foi o responsável pela mobilização que impediu o aumento das passagens em todo o território nacional.

Manifestantes protestam contra o aumento das tarifas dos ônibus municipais, do metrô e dos trens e interrompem o trânsito em diversas ruas do centro de São Paulo (SP), em junho de 2013.

DANIEL TEIXEIRA/ESTADÃO CONTEÚDO

A QUESTÃO DO MEIO AMBIENTE

O rápido crescimento urbano brasileiro – somado à falta de ações governamentais – trouxe consequências socioambientais de grande amplitude, que repercutem na qualidade de vida dos moradores das grandes cidades.

O saneamento básico e a escassez de água potável

O aumento da população e a expansão urbana levaram à ampliação de áreas desprovidas de saneamento básico (sistema de coleta regular de lixo e de tratamento de água e esgoto).

Os depósitos de resíduos sólidos em locais inapropriados e a falta de coleta de lixo aumentam os riscos de transmissão de doenças infectocontagiosas, que atingem principalmente a população de baixa renda. A ingestão de água não tratada, muitas vezes retirada de rios e córregos onde o esgoto doméstico é despejado, também traz sérios riscos de contaminação.

As dificuldades de abastecimento de água à população das regiões metropolitanas são cada vez maiores por causa da poluição das bacias hidrográficas, onde o esgoto – muitas vezes sem tratamento – é despejado, e da ocupação das áreas de mananciais. Esse problema, associado ao desperdício, aumenta os riscos de racionamento e escassez de água potável nas grandes cidades brasileiras. Observe no gráfico a seguir a situação em termos de saneamento básico no Brasil e nas grandes regiões, em 2001 e 2011.

GERSON GERLOFF/PULSAR IMAGENS

Estação de tratamento de esgoto em Santa Maria (RS), 2011.

Brasil: domicílios urbanos atendidos por saneamento básico, em % (2001 e 2011)

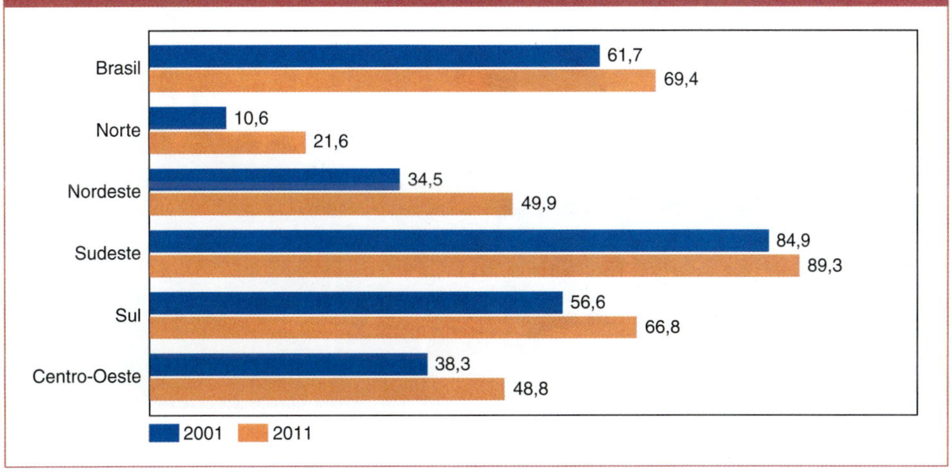

MARIO YOSHIDA

Fonte: IBGE. *Síntese de indicadores sociais:* uma análise das condições de vida da população brasileira, 2012. p. 92. Disponível em: <www.ibge.gov.br>. Acesso em: out. 2013.

A poluição do ar

A má qualidade do ar, decorrente da elevada emissão de poluentes, sobretudo por veículos, e a falta de áreas verdes são fatores que prejudicam a qualidade de vida da população nas grandes cidades brasileiras. Atualmente, estima-se que "o simples fato de respirar em São Paulo reduz em um ano e meio a expectativa de vida. Mesmo sem fumar, há 20% mais risco de o paulistano ter câncer de pulmão e 30% de sofrer de doenças cardiovasculares do que alguém que vive numa cidade de ar limpo"[10].

CESAR DINIZ/PULSAR IMAGENS

Caminhão soltando fumaça sobre ponte, em São Paulo (SP), 2011.

A expansão populacional em ritmo acelerado sobre as áreas limítrofes à mancha urbana reduz a quantidade de áreas com remanescentes de vegetação. Além disso, as áreas verdes e as árvores das cidades são, muitas vezes, destruídas para dar lugar a vias pavimentadas e a construções.

As poucas áreas verdes que restam em muitas grandes cidades brasileiras se transformam em parques urbanos destinados às atividades de lazer e entretenimento. Tal fato acaba sendo explorado pela especulação imobiliária nos bairros do entorno, já que a população pode desfrutar de uma melhor qualidade do ar, de um **microclima** mais ameno e de uma paisagem esteticamente atraente.

LUIS SALVATORE/PULSAR IMAGENS

Parque na cidade de Goiânia (GO), 2010.

10 ESCOBAR, Herton. Sem ar. *O Estado de S. Paulo*, 3 ago. 2008. p. 81.

A destinação do lixo

O destino do lixo produzido nas áreas urbanas também é um sério problema ambiental. Ao ser depositado em terrenos impróprios, o mau cheiro, a proliferação de roedores e a contaminação do solo e da água (com o chorume) causam graves danos sociais e ambientais.

O aumento da quantidade de lixo produzido e a falta de espaço destinado à construção de aterros sanitários dificultam a resolução do problema. Eles acabam sendo construídos em áreas cada vez mais distantes das cidades, já que as pessoas não devem morar em lugares próximos a eles. As operações de despejo dos resíduos sólidos passam a ficar cada vez mais custosas, onerando os cofres públicos.

ALE RUARO/PULSAR IMAGENS

Aterro sanitário da cidade de Caxias do Sul (RS), 2010.

LEITURA COMPLEMENTAR

Política Nacional de Resíduos Sólidos

"[Em 2010] o Brasil aprovou, após duas décadas de discussões, a Política Nacional de Resíduos Sólidos (PNRS). Essa política procura organizar a forma como o país trata o lixo, incentivando a reciclagem e a sustentabilidade. Com a aprovação da política, foi elaborado o Plano Nacional de Resíduos Sólidos, cujo texto passou por um processo de consulta pública. [...]

São três os principais pontos da política:

- **fechamento de lixões até 2014:** até 2014 não devem mais existir lixões a céu aberto no Brasil. No lugar deles, devem ser criados aterros controlados ou aterros sanitários. Os aterros têm preparo no solo para evitar a contaminação de lençol freático, captam o chorume que resulta da degradação do lixo e contam com a queima do metano para gerar energia;
- **só rejeitos poderão ser encaminhados aos aterros sanitários:** os rejeitos são aquela parte do lixo que não tem como ser reciclado. Apenas 10% dos resíduos sólidos são rejeitos. A maioria é orgânica, que em compostagens pode ser reaproveitada e transformada em adubo, e reciclável, que deve ser devidamente separada para a coleta seletiva;
- **elaboração de planos de resíduos sólidos nos municípios:** os planos municipais serão elaborados para ajudar prefeitos e cidadãos a descartar de forma correta o lixo.

Outro importante avanço da política é a chamada 'logística reversa'. Na prática, a logística reversa diz que, uma vez descartadas, as embalagens são de responsabilidade dos fabricantes, que devem criar um sistema para reciclar o produto. Por exemplo, uma empresa de refrigerante terá que criar um sistema para recolher as garrafas e latas de alumínio e destiná-las para a reciclagem."

LOPES, Laura; CALIXTO, Bruno. O que é o Plano Nacional de Resíduos Sólidos. *Época*. Disponível em: <http://revistaepoca.globo.com>. Acesso em: out. 2013.

A QUESTÃO DA VIOLÊNCIA URBANA

DICA

FILME

Cidade de Deus
Brasil, 2002. Direção: Fernando Meirelles. Duração: 135 min.

O filme retrata alguns dos maiores problemas urbanos no mundo: exclusão, miséria, violência e favelização.

A violência urbana é mais um dos sérios problemas das grandes cidades. Entre as principais causas sociais e econômicas que aumentam os índices de violência nas cidades brasileiras estão os altos índices de pobreza, a falta de direitos a uma vida digna e a falta de oportunidades de empregos com remuneração adequada à satisfação das necessidades básicas da população.

O tráfico de drogas e a fraca presença do poder público na efetivação de políticas sociais e de segurança agravam ainda mais o problema e aumentam os índices de criminalidade, que atinge a todas as camadas da população.

O clima de insegurança em que vive a população urbana e a falta de credibilidade no poder público influenciam os hábitos cotidianos: não andar sozinho durante a noite e não andar com objetos de valor, por exemplo, são práticas já incorporadas pela maior parte dos habitantes das grandes cidades.

As áreas urbanas carecem cada vez mais de espaços públicos seguros e de ambientes de sociabilidade, o que acaba limitando o direito à liberdade.

OLHO NO ESPAÇO

Leia as informações do mapa.

Brasil: déficit habitacional total e percentual nas unidades da federação – 2010

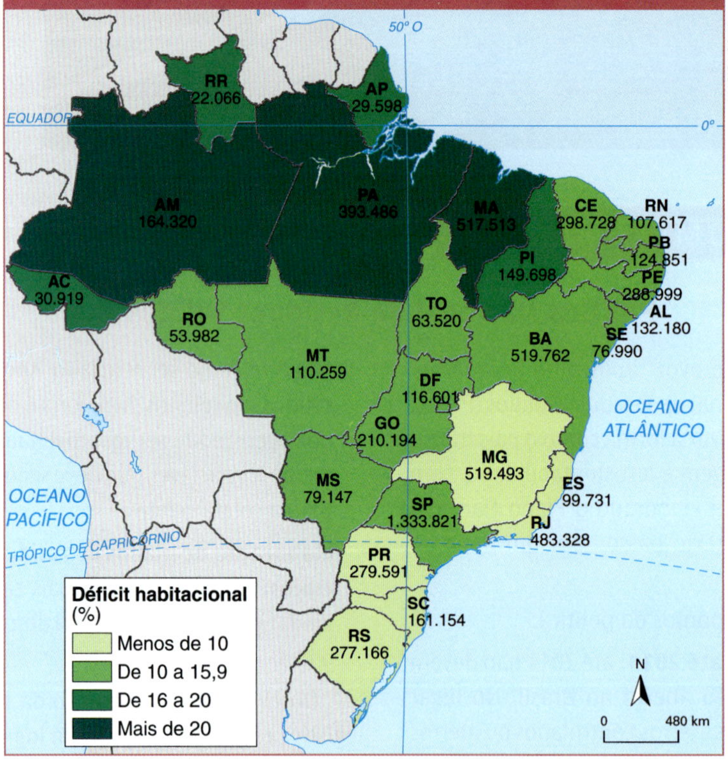

MARIO YOSHIDA

Obs.: Em razão da diferença de critérios estabelecidos, os dados de déficit habitacional do Censo de 2010, do IBGE, por estado, diferem dos dados do Ipea em cerca de 1 milhão de unidades.

Fonte: IBGE. Censo 2010. In: FURTADO, Bernardo Alves et al. *Estimativas do déficit habitacional brasileiro (2007-2010) por municípios (2010)*. Brasília: Ipea, 2013. p.12.

1. Em números absolutos, cite três unidades da federação que tenham:

a) menor déficit habitacional; b) maior déficit habitacional.

2. Em números relativos, cite três unidades da federação que tenham:

a) menor déficit habitacional; b) maior déficit habitacional.

3. Qual é a situação do seu estado em termos relativos e absolutos?

PONTO DE VISTA

A lógica do caos

"Em menos de 40 anos, entre as décadas de 1940 e 1980, a população brasileira passou de predominantemente rural para majoritariamente urbana. Impulsionado pela migração de um grande contingente de pobres, esse movimento migratório, um dos mais rápidos e intensos de que se tem notícias no mundo, ocorreu sob a forma de um modelo de desenvolvimento urbano que não proporcionou a estes moradores, majoritariamente de baixa renda, condições básicas de urbanidade e de inserção efetiva à cidade. Além de excludente, o modelo foi também altamente concentrador: mais da metade da população brasileira vive em uma das 250 cidades com mais de 100 mil habitantes (80% destas fazem parte de um dos 37 grandes aglomerados urbanos do país), de tal forma que se reproduz permanentemente um movimento que, ao concentrar movimento econômico/demográfico em alguns pontos do território, esvazia os demais.

Além de concentrar oportunidades em poucos pontos do território, a urbanização brasileira tem sido também concentradora no interior de cada uma das cidades: em cada município que conheceu grande crescimento e dinâmica urbana, as qualidades urbanísticas se acumulam em bairros restritos, locais de moradia, negócios e consumo de uma minoria da população moradora. [...]

Para as maiorias, sobraram as terras que a legislação urbanística ou ambiental vetou para a construção ou não disponibilizou para o mercado formal, ou os espaços precários das periferias e as viagens cotidianas 'à cidade'. Embora não exista uma apreciação segura do número total de famílias e domicílios instalados em favelas, loteamentos irregulares, clandestinos e outras formas de assentamentos marcados por alguma forma de precariedade urbanística e irregularidade administrativa e patrimonial, é possível afirmar que o fenômeno está presente na maior parte da rede urbana brasileira. No vasto e diverso universo dos 5.564 municípios que existem hoje no Brasil, são raras as cidades que não têm uma parte significativa de sua população assentada precariamente. [...]

Os assentamentos precários foram autoproduzidos por seus próprios moradores com os meios que se encontravam à sua disposição: salários baixos, insuficientes para cobrir o custo da moradia; falta de acesso aos recursos técnicos e profissionais; e terras rejeitadas ou proibidas para ocupação pela legislação ambiental e urbanística para o mercado imobiliário formal. Assim, em terrenos frágeis ou áreas não passíveis de urbanização, como as encostas íngremes e as várzeas inundáveis, além das vastas franjas de expansão periférica sobre as zonas rurais, vai sendo produzida a 'cidade fora da cidade', desprovida das infraestruturas, equipamentos e serviços que caracterizam a urbanidade. [...]

Em uma cidade dividida entre a porção rica, legal e infraestruturada e a porção pobre, ilegal e precária, a população em situação desfavorável acaba tendo muito pouco acesso às oportunidades econômicas e culturais que o ambiente urbano oferece. O acesso aos territórios que concentram as melhores condições de urbanidade é exclusivo para quem já é parte dele."

ROLNIK, Raquel. A lógica do caos. *Revista Carta na Escola*, ed. 30, out. 2008, p. 24-25.

1. Por que o modelo de urbanização ocorrido no Brasil foi altamente concentrador e excludente?

2. O que a autora quis dizer com a produção da "cidade fora da cidade"?

Em primeiro plano, assentamentos precários no Morro Dona Marta, no bairro de Botafogo, na cidade do Rio de Janeiro (RJ), 2010.

RODOLPHO MACHADO/OPÇÃO BRASIL IMAGENS

[COMPREENSÃO E ANÁLISE]

1. Leia o texto e responda à questão seguinte.

Espaço dual

"A significativa concentração da pobreza nas metrópoles brasileiras tem como expressão um espaço dual: de um lado, a cidade formal [...] e, de outro, o seu contraponto absoluto, a cidade informal. A precariedade e a ilegalidade são seus componentes genéticos e contribuem para a formação de espaços urbanos sem atributos de urbanidade."

GROSTEIN, Marta Dora. Metrópole e expansão urbana. In: *São Paulo em perspectiva*. São Paulo, Fundação Seade, jan./mar. de 2001, v. 15, n. 1. p. 14.

Em sua opinião, o que seriam espaços urbanos sem atributos de **urbanidade**, levando em consideração o sentido dessa expressão no texto? Justifique.

2. Caracterize o processo de urbanização brasileiro.

3. Observe a imagem e responda à questão.

MAURICIO SIMONETTI/PULSAR IMAGENS

Vista do bairro de Pernambués, Salvador (BA), 2011.

É possível relacionar a imagem com alguns aspectos do processo de urbanização ocorrido no Brasil?

4. Observe a imagem de satélite de um trecho situado entre os municípios de Recife e Jaboatão dos Guararapes (PE).

© 2013 TERRAMETRICS/IMAGE © 2013 DIGITALGLOBE/GOOGLE EARTH DATA SIO, NOAA, U.S. NAVY, NGA, GEBCO/IMAGE

Identifique e explique o fenômeno urbano mostrado na imagem.

5. O que são regiões metropolitanas e com quais objetivos elas são criadas?

6. O que é especulação imobiliária? Escreva sobre a sua influência no processo de organização do espaço urbano. Ela ocorre em seu município? Exemplifique.

7. Observe as imagens a seguir. Comente os tipos de habitações retratadas e apresente situações comuns e as diferenças relacionadas ao modo de vida e à mobilidade das pessoas que habitam essas modalidades de moradias.

ERNESTO REGHRAN/PULSAR IMAGENS

ROGÉRIO REIS/TYBA

Condomínio de luxo localizado em Londrina (PR), 2011, e conjunto habitacional em São Paulo (SP), 2010.

UNIDADE 12

ESPAÇO, SOCIEDADE E ECONOMIA

Devotos acomodam-se perigosamente em um trem depois de participar de uma festa religiosa hindu em Mathura (Índia), 2010.

STRINGER/XINHUA PRESS/CORBIS/LATINSTOCK

A questão populacional é polêmica. Alguns defendem a ideia de que o crescimento populacional é o grande responsável pela deterioração do ambiente e da qualidade de vida, ou até que é uma barreira ao desenvolvimento.

Outros defendem que os grandes problemas da humanidade, como a degradação ambiental, a pobreza, a desnutrição e a fome, ocorrem devido à desigualdade gerada pelo sistema capitalista. Argumentam que esse sistema exige uma produção crescente de mercadorias que, por sua vez, depende da constante ampliação dos padrões de consumo e gera desperdício.

Outras questões relacionadas à dinâmica populacional latentes no mundo atual referem-se às migrações, aos refugiados, à distribuição de recursos etc. Essas questões guardam estreita relação com o processo de globalização econômica, o grau de desenvolvimento dos países e os conflitos internacionais.

CAPÍTULO 33

CRESCIMENTO POPULACIONAL: TENDÊNCIAS E DILEMAS

CONTEXTO

Mundo terá 1 bilhão de idosos em dez anos e falta estratégia, adverte ONU

"O mundo terá 1 bilhão de idosos dentro de dez anos e os países devem adotar estratégias próprias, em especial na área de saúde, para assegurar o bem-estar presente e futuro desse segmento da população. O alerta é de um relatório [*Envelhecimento no século XXI*: celebração e desafio] divulgado ontem [1º out. 2012], em Genebra, pelo Fundo de População das Nações Unidas (UNFPA, na sigla em inglês).

De acordo com a ONU, 1 em cada 9 pessoas no mundo tem 60 anos ou mais (o equivalente a 11,5% da população mundial) e o envelhecimento, embora seja um fenômeno comum a nações ricas e pobres, está aumentando mais rapidamente nos países em desenvolvimento – onde vivem 2 de cada 3 pessoas idosas.

Na última década, o número de idosos no mundo aumentou em 178 milhões de pessoas. A cada segundo, 2 pessoas celebram o 60º aniversário. O relatório atribui o crescimento dessa faixa a melhoras na nutrição, nos avanços da medicina, nos cuidados com a saúde, no ensino e no bem-estar econômico.

Esse conjunto de fatores fez crescer substancialmente a expectativa de vida no mundo – hoje, de 78 anos nos países desenvolvidos e de 68 anos nas regiões em desenvolvimento. Em 2050, a população idosa mundial deverá atingir 2 bilhões de pessoas.

A questão é como enfrentar esse crescimento. 'As implicações sociais e econômicas deste fenômeno são profundas, estendendo-se para muito além do idoso e sua família, alcançando a sociedade inteira', afirma o secretário-geral da ONU, Ban Ki-moon.

Por essa razão, o relatório sugere a adoção de novas políticas, estratégias, planos e leis específicos para os mais velhos. Hoje, 47% dos idosos e 23,8% das idosas participam da força de trabalho. O drama é quando eles deixarem de trabalhar. Apenas um terço dos países do mundo, que somam 28% da população mundial, conta com planos de proteção social abrangente para os idosos. Nos países em desenvolvimento, os custos com pagamento de pensão para a população idosa variam de 0,7% a 2,6% do Produto Interno Bruto (PIB)."

LENHARO, Mariana. Mundo terá 1 bilhão de idosos em dez anos e falta estratégia, adverte ONU. *O Estado de S. Paulo*, 2 out. 2012, p. A. 16.

DISCUTA

- O título do relatório do Fundo de População das Nações Unidas (UNFPA) de que fala esse artigo é *Envelhecimento no século XXI*: celebração e desafio. Justifique-o.

CRESCIMENTO DA POPULAÇÃO MUNDIAL

O mundo ultrapassou 7 bilhões de pessoas no início da primeira década do século XXI. De acordo com a Organização das Nações Unidas (ONU), apesar de as taxas de crescimento estarem caindo em todo o mundo, o aumento populacional ainda é expressivo: a cada ano, 84 milhões[1] de pessoas são acrescentadas ao planeta. A maior parte desse novo

1 POPULATION REFERENCE BUREAU. *2012 World Population Data Sheet.* Disponível em: <www.prb.org>. Acesso em: dez. 2012.

contingente humano (mais de 82 milhões de pessoas) irá habitar os países menos desenvolvidos, com os maiores índices de crescimento **demográfico** do mundo e as situações socioeconômicas mais precárias, na África, na Ásia e na América Latina. Nos países de maior desenvolvimento, o baixo crescimento poderá produzir escassez de mão de obra e problemas no sistema de previdência social, em função do envelhecimento da população.

Demográfico
refere-se à demografia, área do conhecimento que estuda a dinâmica populacional nos seus mais variados aspectos: crescimento, distribuição por faixas etárias e pelos setores da economia, preconceito racial, migrações, distribuição territorial.

Conceitos básicos para o estudo do crescimento da população

O estudo do crescimento da população humana depende da análise de diversas variáveis, como o tamanho da população, e dos elementos que influenciam seu aumento, como os nascimentos, as mortes e as migrações. Por essa razão, é importante conhecer alguns conceitos básicos utilizados no estudo da população.

- **Taxa de natalidade**: número de nascidos vivos (excluídos os **natimortos**) em um ano, calculado a cada mil habitantes. É a relação entre os nascimentos anuais e a população total, expressa por mil habitantes. No exemplo abaixo, em um ano, para cada grupo de 1.000 habitantes, nasceram 14 crianças.

  Acompanhe o exemplo:

  população total do país: 55.173.000 habitantes

  nascimentos anuais: 775.000

  taxa de natalidade: $\frac{775.000 \times 1.000}{55.173.000} = 14‰$ = (14 nascimentos a cada mil habitantes)

Natimorto
criança que nasceu morta ou teve óbito no instante seguinte ao nascimento.

- **Taxa de mortalidade**: número de óbitos em um ano a cada mil habitantes. É calculada a partir da relação entre óbitos anuais e a população total, expressa por mil habitantes.

  Acompanhe o exemplo:

  população total do país: 55.173.000 habitantes

  óbitos anuais: 335.000

  taxa de mortalidade: $\frac{335.000 \times 1.000}{55.173.000} = 6‰$ = (6 óbitos a cada mil habitantes)

É importante observar que as taxas de natalidade e de mortalidade também são expressas em porcentagem. Assim, baseando-se nos dados dos exemplos anteriores: taxa de natalidade = 1,4%; taxa de mortalidade = 0,6%.

- **Crescimento vegetativo**: também denominado **taxa de crescimento natural**, corresponde à diferença entre a taxa de natalidade e a taxa de mortalidade.

  Conforme os exemplos anteriores, temos:

  taxa de natalidade: 14‰

  taxa de mortalidade: 6‰

  crescimento vegetativo: 0,8‰ ou 8%

- **Crescimento demográfico**: também chamado **crescimento populacional**, considera o crescimento natural ou vegetativo mais a migração, calculada pela diferença entre o número de pessoas que entram em um território e o de pessoas que saem dele.
- **Taxa de fecundidade**: número médio de filhos por mulher, em idade de procriação, entre os 15 e os 49 anos.

- **Taxa de mortalidade infantil**: número de óbitos de crianças com menos de um ano de vida, a cada mil nascidas vivas (excluindo os natimortos), considerando-se o período de um ano.

Alguns países com baixas taxas de mortalidade infantil, a cada mil nascimentos – 2013

País	Mortalidade infantil
Hong Kong*	1,4
Liechtenstein	1,6
Eslovênia	1,6
Cingapura	1,8
Islândia	1,8
Japão	2,2
Finlândia	2,4
Noruega	2,4
Suécia	2,6
República Tcheca	2,6

* Região Administrativa Especial da China.

Fonte: POPULATION REFERENCE BUREAU. *2013 World Population Data Sheet.* Disponível em: <www.prb.org>. Acesso em: dez. 2013.

Alguns países com elevadas taxas de mortalidade infantil, a cada mil nascimentos – 2013

País	Mortalidade infantil
Sudão do Sul	81
Somália	83
Burundi	89
Guiné-Bissau	96
Nigéria	97
Chade	106
República Democrática do Congo	111
República Centro Africana	116
Serra Leoa	128
Afeganistão	129

Fonte: POPULATION REFERENCE BUREAU. *2013 World Population Data Sheet.* Disponível em: <www.prb.org>. Acesso em: dez. 2013.

HORIZONS WWP/ALAMY/GLOW IMAGES

Hong Kong é uma das áreas mais densamente povoadas do mundo. Apesar de possuir baixíssimas taxas de fecundidade, a população está em constante crescimento devido à imigração de pessoas vindas da China continental. Centro de Hong Kong (China), 2012.

- **População absoluta**: total de habitantes de um lugar (cidade, estado, país ou mesmo o globo). Um país **populoso** apresenta população absoluta elevada.
- **População relativa**: também chamada **densidade populacional** e **densidade demográfica**, é a relação entre o total de habitantes (população absoluta) e a área territorial que ocupam. É expressa em habitantes por quilômetro quadrado. Veja a fórmula:

$$\text{Densidade demográfica} = \frac{\text{população absoluta (habitantes)}}{\text{área (km}^2\text{)}}$$

Um país ou região com elevada densidade demográfica é considerado bastante **povoado**[2]. Quando ocorre o contrário, ou seja, se a densidade demográfica for baixa, é considerado pouco povoado (veja o mapa abaixo).

Os 10 países mais populosos – 2013

País	População (em milhões)
1. China	1.357
2. Índia	1.276
3. Estados Unidos	316
4. Indonésia	248
5. Brasil*	201
6. Paquistão	190
7. Nigéria	174
8. Bangladesh	156
9. Rússia	143
10. Japão	127
Total da população mundial	**7.137**

Fonte: POPULATION REFERENCE BUREAU. *2013 World Population Data Sheet.* Disponível em: <www.prb.org>. Acesso em: dez. 2013.

* Dados do IBGE.

Planisfério: densidade demográfica por países – 2011

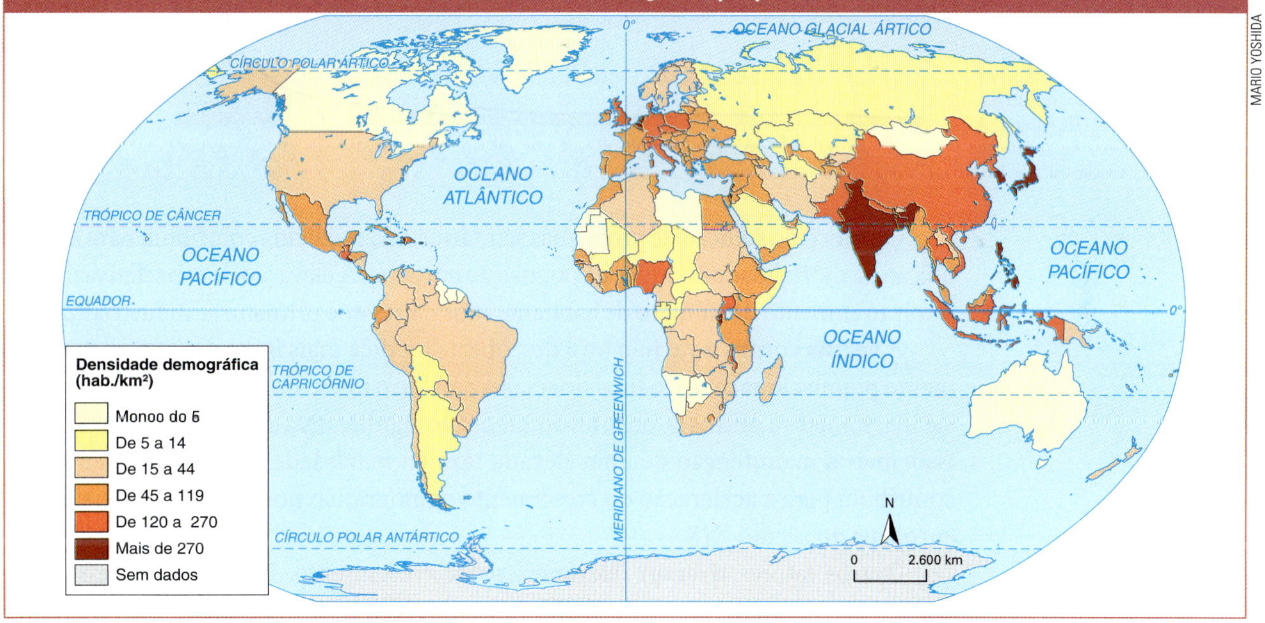

Fonte: World Bank. Disponível em: <http://data.worldbank.org>. Acesso em: dez. 2013.

Revolução Industrial e crescimento demográfico

O acelerado crescimento demográfico mundial é relativamente recente. No decorrer da história da humanidade, de modo geral, o ritmo de crescimento populacional foi lento. A natalidade elevada era acompanhada pela mortalidade quase na mesma proporção. A fome, as epidemias e as catástrofes naturais chegavam a dizimar povos inteiros.

2 Considerando apenas a densidade demográfica, o Brasil é pouco povoado, enquanto a Holanda é superpovoada. No entanto, esse conceito é relativo, pois deve ser analisado de acordo com o nível de desenvolvimento de cada sociedade. O aproveitamento do território holandês é mais adequado ao atendimento das necessidades de sua população do que a situação verificada no Brasil.

Foi apenas a partir dos séculos XVIII e XIX que o crescimento da população acelerou-se. Inicialmente, o fenômeno restringiu-se à Europa, em decorrência da Revolução Industrial, que causou transformações no modo de vida e na organização socioespacial. Houve intenso processo de migração do campo para a cidade, além de mudanças nos hábitos sociais e alimentares e novas relações de trabalho.

As condições de vida nas áreas industriais eram inicialmente precárias, mas aos poucos ocorreram melhorias sanitárias significativas, e a população urbana passou a ter maior acesso a serviços de saúde. A Revolução Industrial representou, portanto, mais do que uma transformação no modo de produção, uma transformação tecnológica e científica que atingiu todas as áreas do conhecimento, entre elas a medicina.

Mundo: crescimento da população – ano 1 a 2100

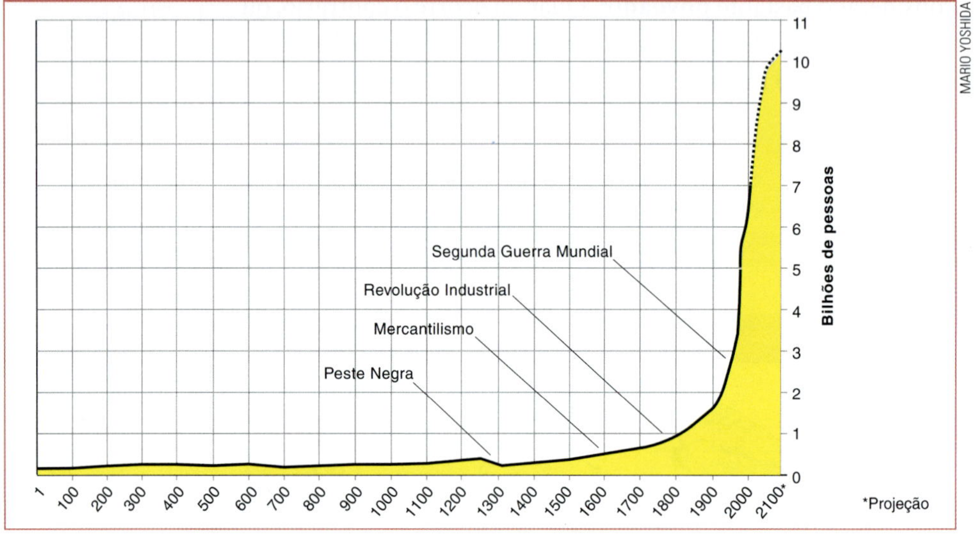

Fonte: INSTITUTE OF HEALTH SYSTEMS. *Population Dynamics & Public Policy 2009*. Disponível em: <www.ihs.org.in>. Acesso em: dez. 2013; RICKLEFS, Robert E. *A economia da natureza*. Rio de Janeiro: Guanabara Koogan, 2012. p. 198.

O avanço na solução de problemas sanitários e na medicina contribuiu para a diminuição da mortalidade infantil e da população em geral. A elevação da expectativa de vida levou ao aumento do número de habitantes nos países que primeiro se industrializaram.

A **vacina contra a varíola** foi a descoberta médica mais importante para o crescimento populacional entre o final do século XVIII e o início do século XIX. O uso dessa vacina, somado a outros fatores, levou à redução significativa das taxas de mortalidade. Isso, mais a manutenção de uma elevada taxa de natalidade por cerca de cem anos, contribuiu para a aceleração do crescimento demográfico nos países industrializados europeus do século XIX.

Outros fatores tiveram relevância nesse crescimento. Entre eles pode-se citar a utilização generalizada do trabalho infantil, o que teria estimulado o aumento do número de filhos para elevar a renda familiar.

Teoria malthusiana

Por volta de 1750, a Grã-Bretanha, pioneira na Revolução Industrial, tinha pouco mais de 5 milhões de habitantes. A partir daí, o processo de crescimento populacional foi rápido. Em 1840, atingira mais de 10 milhões de habitantes. Meio século depois, passava a marca dos 20 milhões. Essa tendência generalizou-se nos demais países europeus que acompanharam a primeira fase da Revolução Industrial. A partir da observação da etapa inicial desse processo surgiu a mais polêmica teoria sobre o crescimento populacional.

Em 1798, **Thomas Robert Malthus** (1766-1834) escreveu *Ensaio sobre o princípio da população*, em que expôs aquela que ficou conhecida como **teoria malthusiana**. Ele acreditava que a população tinha potencial de crescimento ilimitado, e a natureza, inversamente, recursos limitados para alimentá-la. Associava o crescimento da população humana a um processo multiplicador de uma progressão geométrica (2, 4, 8, 16, 32...), enquanto a produção de alimentos crescia por adição, ou em progressão aritmética (2, 4, 6, 8, 10...). De acordo com ele, tal fato resultaria, ao longo do tempo, na falta de alimentos suficientes para suprir as necessidades da população mundial.

Colocava-se, assim, a fatalidade de um futuro com subnutrição, fome, doenças, epidemias, infanticídio, guerras por disputas de territórios para ampliar a produção de alimentos e, consequentemente, desestruturação de toda a vida social.

Para evitar a tragédia por ele prevista, Malthus defendia o que chamou de "controle moral", cujo fim último era limitar o crescimento populacional. Em razão de sua formação religiosa, ele descartava a utilização de métodos contraceptivos. No entanto, defendia uma série de normas, que incluíam a abstinência sexual e o adiamento dos casamentos, que só deveriam ser permitidos mediante capacidade comprovada para sustentar a provável prole. Porém, essas normas atingiam apenas a população mais carente. Para Malthus, era preciso forçar a população mais pobre a diminuir o número de filhos.

Karl Marx (1818-1883) foi o principal pensador que discordou das ideias malthusianas. Para ele, o grande responsável pela fome e a carência da população era o sistema capitalista, que gerava as injustiças sociais e a má distribuição de riquezas entre as classes sociais. Marx argumentava que os empresários capitalistas mantinham estrategicamente certo número de desempregados (um exército industrial de reserva[3]), para manter baixos os salários.

Malthus subestimou a capacidade da tecnologia em elevar a produção de alimentos. A fome e a subnutrição, que atualmente afetam quase a sexta parte dos seres humanos de todo o planeta, não se devem à incapacidade de produzir alimentos, e sim à sua má distribuição, devido às desigualdades sociais e econômicas existentes em cada país e entre os países.

CRESCIMENTO DA POPULAÇÃO NO SÉCULO XX

A partir da década de 1950, os países subdesenvolvidos passaram a registrar elevadas taxas de crescimento populacional, fenômeno que ficou conhecido como **explosão demográfica**[4]. Alguns desses países chegaram a dobrar a sua população em menos de três décadas e foram os que mais contribuíram para o crescimento da população mundial no século XX. Atualmente, eles concentram mais de 80% da população do planeta, e esse índice tende a aumentar.

---

3 A existência de uma reserva de força de trabalho desempregada, que Marx chamou de exército de reserva do trabalho ou **exército industrial de reserva**, é estratégica para a sociedade capitalista. Quando a oferta de emprego é inferior à quantidade de trabalhadores disponíveis no mercado, o valor do salário tende a diminuir, contribuindo para a elevação das taxas de lucro.

4 É importante ressaltar que a expressão **explosão demográfica** é criticada por alguns demógrafos, pois sugere que um crescimento descontrolado da população tornaria caótica a vida humana na Terra. A explosão demográfica como sinal de catástrofe foi utilizada como argumento pelos neomalthusianos para controlar o crescimento demográfico nos países subdesenvolvidos.

Muitas doenças infecciosas que assolavam principalmente os países subdesenvolvidos passaram a ser controladas com campanhas de vacinação em grande escala e o uso de antibióticos. Essas práticas se estenderam a várias regiões do mundo, provocando declínio significativo nas taxas de mortalidade, com consequente aumento no ritmo de crescimento da população. A taxa de fecundidade nesse grupo de países é praticamente o dobro da registrada nos países desenvolvidos.

No entanto, com o processo de urbanização em diversos países subdesenvolvidos, entre eles o Brasil (veja página 547), as taxas de natalidade passaram a declinar, provocando sensível queda nas taxas de crescimento populacional. Se na África, onde a taxa de urbanização ainda é relativamente baixa, o número médio de filhos por mulher está próximo de cinco, na América Latina, onde a urbanização foi intensa, essa taxa média é praticamente a metade da africana. Observe o gráfico a seguir.

Fonte: POPULATION REFERENCE BUREAU. *2013 World Population Data Sheet.* Disponível em: <www.prb.org>. Acesso em: dez. 2013.

Teorias neomalthusiana e reformista

A reflexão sobre o fenômeno do crescimento acelerado da população nos países subdesenvolvidos deu origem a novas teorias demográficas. As teorias que associavam o crescimento demográfico ao desenvolvimento econômico e social e propunham soluções antinatalistas para os problemas econômicos enfrentados pelos países subdesenvolvidos ficaram conhecidas como **teorias neomalthusianas**.

Ao contrário de Malthus, porém, os neomalthusianos eram favoráveis ao uso de métodos anticoncepcionais e propunham a sua difusão em massa nos países subdesenvolvidos. Argumentavam que os países com elevadas taxas de crescimento eram obrigados a investir boa parte de seus recursos em educação e saúde, devido à grande porcentagem de jovens em sua população. Ao mesmo tempo, julgavam que essas somas elevadas poderiam ser aplicadas em atividades produtivas, ligadas à agricultura, à indústria e a outros setores da economia.

Os neomalthusianos ressaltavam ainda que o crescimento acelerado da população de um país acarretava a diminuição da sua renda *per capita*, com impacto direto no desenvolvimento econômico, no desemprego e na pobreza. Desse modo, para aumentar a renda média dos habitantes, era necessário controlar o crescimento populacional.

Os principais críticos da teoria neomalthusiana foram os **reformistas**. Segundo estes, o grande crescimento demográfico coincidiu exatamente com a grande expansão econômica ocorrida em parte do mundo subdesenvolvido entre 1950 e 1980, que provocou o declínio da mortalidade. Nesse sentido, o crescimento foi resultante do progresso e não da pobreza. Além disso, os países que experimentaram essa fase de crescimento econômico apresentaram posteriormente taxas de fecundidade em declínio, como foi o caso do Brasil, analisado ainda neste capítulo. Os reformistas afirmam, portanto, que a elevada taxa de natalidade não é causa, mas consequência do subdesenvolvimento. Famílias que vivem em condições miseráveis e que possuem baixa escolarização não teriam condições de realizar o planejamento familiar, pela falta de acesso à informação sobre o uso dos métodos contraceptivos e por não possuírem condições econômicas de mantê-los. Desse modo, defendem a realização de amplas reformas socioeconômicas voltadas para a elevação do padrão de vida da população mais pobre.

Os argumentos dos neomalthusianos foram desfeitos pela dinâmica demográfica real, que demonstrou historicamente que as alterações nos padrões de crescimento populacional são resultantes da distribuição de renda mais equitativa e do maior acesso à cultura e à educação.

CRESCIMENTO DA POPULAÇÃO E RECURSOS NATURAIS – A TEORIA ECOMALTHUSIANA

O aumento da população mundial tem sido frequentemente apontado como principal responsável pela dilapidação dos **recursos naturais**. Essa nova visão sobre o crescimento populacional faz parte da **teoria ecomalthusiana**. Surgiu com alguns eco logistas já no final da década de 1960, com a publicação do livro *A bomba populacional*, de Paul Ehrlich (1854-1915). Ela relaciona a pressão do crescimento da população sobre os recursos naturais e aponta que o controle populacional é necessário para que a vida no planeta seja viável. Como os países subdesenvolvidos são os maiores responsáveis pelo aumento da população mundial, o controle da natalidade nesses países passou a ser, para muitos setores da sociedade no mundo todo, prioritário na edificação de um mundo mais comprometido com as questões ambientais.

De fato, os problemas de saneamento e de moradia, nas grandes áreas urbanas do mundo subdesenvolvido, constituem uma importante questão ecológica e social que afeta a qualidade de vida de milhões de pessoas. Apesar dessa constatação inquestionável, é necessário acrescentar outras, mais relevantes.

O sistema capitalista moldou a sociedade para o consumo. Novos produtos são lançados todos os dias, em substituição aos anteriores. A propaganda estimula o desejo de compra, criando falsas necessidades nas pessoas. Ao mesmo tempo em que ativam a economia, possibilitando a geração de postos de trabalho e de melhoria de renda, a produção e o consumo aumentam a necessidade de exploração de recursos naturais. A tecnologia, ao mesmo tempo em que possibilita a popularização do consumo, torna os produtos obsoletos num espaço de tempo cada vez menor. Portanto, a teoria ecomalthusiana não se limita à questão demográfica para discutir as ameaças ao planeta Terra em razão dos problemas ambientais; ressalta também o papel negativo do consumismo.

As verdadeiras sociedades de consumo estão nos países desenvolvidos. Embora eles apresentem as menores taxas de crescimento populacional e representem menos de 20% da população mundial, possuem as maiores rendas por habitante. Assim, a

DICAS

LEITURA

População e meio ambiente
Heloisa Costa e Haroldo Torres (Orgs.). São Paulo: Senac SP, 2006.
Coletânea de estudos sobre a associação dos temas meio ambiente e crescimento da população.

FILME

Detritos da vida moderna
EUA, 2008. PBS e National Geographic. Duração: 47 min.
Documentário sobre os impactos que a população causa nos ambientes marinhos.

apropriação dos recursos da natureza e das fontes de energia ocorre justamente na parte menos populosa do mundo.

Diante dessa pressão sobre os recursos naturais e da grande desigualdade social, pode-se concluir que é necessário repensar o atual modelo de desenvolvimento para que não se coloque em risco a sobrevivência no planeta.

Insumos agrícolas
constituem o conjunto de produtos e equipamentos necessários à produção agrícola: sementes, adubos, defensivos para o controle de pragas, vacinas, tratores, sistemas de irrigação e outros.

A fome

Uma das questões mais importantes da humanidade é a fome. A ONU afirma que 842 milhões[5] de pessoas passam fome no mundo (12% da população mundial), sendo que 826 milhões vivem em países subdesenvolvidos.

Esses dados confirmam que a principal causa da fome está relacionada à distribuição de riquezas, em decorrência de um modelo econômico fundamentado na desigualdade entre os países e, dentro desses países, entre as classes sociais que os compõem. Entretanto, outras causas são responsáveis pelo agravamento da dificuldade do acesso aos alimentos, como as causas naturais (secas, chuvas intensas, furacões etc.); práticas agrícolas inadequadas que esgotam a fertilidade do solo; o elevado preço das sementes e outros **insumos agrícolas** que dificultam a agricultura familiar e de subsistência; a concentração de terras; a expansão da **agroenergia** nas terras antes destinadas ao cultivo de alimentos; e a péssima infraestrutura agrícola nos países subdesenvolvidos, que contribui para encarecer o preço dos alimentos.

A distribuição da fome no mundo por região (milhões de desnutridos)

Região	Período	
	1990-1992	2011-2013
Regiões desenvolvidas	20	16
Ásia Meridional	327	385
África Subsaariana	170	223
Ásia Oriental	261	167
Sudeste Asiático	134	65
América Latina e Caribe	65	47
Oriente Médio e Norte de África	13	24
Cáucaso e Ásia Central	9	6
Oceania	1	1
Total	**1.015**	**842**

Fonte: FAO. *The state of food insecurity in the world 2013.* Disponível em: <www.fao.org>. Acesso em: dez. 2013.

Somam-se ainda as situações de guerras e conflitos persistentes em algumas regiões do mundo. Nessas situações, há dificuldades para a produção agrícola, o inimigo é privado de fontes de alimentação, plantações são destruídas e a chegada de ajuda humanitária de outros países muitas vezes é impedida. A África Subsaariana, além de apresentar deficiências socioeconômicas, tem sido palco de conflitos permanentes. Foi justamente nessa região do mundo que ocorreu a maior elevação numérica de pessoas famintas, em contraste com outras regiões em que se registraram alguns avanços no combate à fome nas últimas décadas. No Oriente Médio e no Norte da África também se observou aumento do número de desnutridos. Veja a tabela ao lado.

Agroenergia
agricultura voltada aos produtos derivados da biomassa, produzidos pela atividade humana, transformados em fontes de energia, como o biodiesel e o etanol.

A dinâmica demográfica no mundo desenvolvido

No início do século XXI, outro fenômeno começa a se apresentar no mundo desenvolvido. Trata-se da estabilização demográfica, em que as taxas de crescimento demográfico tendem a ficar em torno de 0% ao ano. Essa situação está presente no continente europeu e, provavelmente, será identificada brevemente em outros países desenvolvidos. Como alguns países também registram crescimento negativo, alguns demógrafos denominaram este novo fenômeno de **implosão demográfica**.

5 Dados do relatório *Estado da Insegurança Alimentar no Mundo 2013*, referente ao biênio de 2011-2013, publicado pela Organização das Nações Unidas para a Alimentação e a Agricultura (FAO). Disponível em: <www.fao.org>. Acesso em: nov. 2013.

LEITURA COMPLEMENTAR

Uma pessoa em cada oito no mundo passa fome, diz ONU

"Uma em cada oito pessoas no mundo está cronicamente desnutrida, disseram as agências alimentares da ONU nesta terça-feira [9 out. 2012], alertando que o progresso na redução da fome desacelerou desde 2007/2008, quando uma alta nos preços gerou protestos em vários países pobres.

Em seu novo relatório sobre segurança alimentar, as agências da ONU estimaram que 868 milhões de pessoas passaram fome entre 2010 e 2012, ou cerca de 12,5 por cento da população. Isso é bem menos do que a estimativa anterior, de 1 bilhão de pessoas (18,6 por cento) no período 1990-1992.

'Essa é uma notícia melhor do que tivemos no passado, mas ainda significa que uma pessoa a cada oito passa fome. Isso é inaceitável, especialmente quando vivemos em um mundo de abundância', disse o brasileiro José Graziano da Silva, diretor-geral da Organização de Alimentação e Agricultura da ONU (FAO).

'A maior parte do progresso na redução da fome foi feita até 2006, já que os preços alimentícios continuavam caindo. Com a alta nos preços alimentícios e a crise econômica que se seguiu, houve muito menos avanços', alertou.

Os preços dos alimentos têm tido alta nos últimos meses, em consequência da seca nos EUA, Rússia e outros grandes exportadores. A FAO prevê que os preços permaneçam próximos do que foi registrado durante a crise de 2008.

Mas Graziano disse que o mundo ainda pode alcançar a Meta de Desenvolvimento do Milênio, estabelecida em 2000, que prevê reduzir à metade a desnutrição nos países em desenvolvimento até 2015. Para isso, no entanto, serão necessários esforços para reverter a desaceleração no progresso.

Uma ampla recuperação econômica, especialmente no setor agrícola, será crucial para uma continuada redução da fome, segundo o relatório da FAO, do Programa Mundial de Alimentos e do Fundo Internacional para o Desenvolvimento Agrícola.

'O crescimento agrícola envolvendo pequenos proprietários rurais, especialmente mulheres, será mais eficaz na redução da pobreza extrema e da fome quando gerar emprego para os pobres', disseram as organizações.

O relatório criticou o aumento da demanda por biocombustíveis (que tomam espaço de cultivos alimentícios), a especulação financeira nos mercados de alimentos e os gargalos na oferta e distribuição de alimentos, levando ao desperdício de quase um terço da produção.

Nas últimas duas décadas, a fome caiu quase 30 por cento na Ásia e no Pacífico, graças a avanços socioeconômicos. A África foi a única região onde o número de famintos cresceu no período, de 175 milhões em 1990-1992 para 239 milhões em 2010-2012."

HORNBY, Catherine. Uma pessoa em cada oito no mundo passa fome, diz ONU. *O Estado de S. Paulo*, 9 out. 2012. Disponível em: <www.estadao.com.br>. Acesso em: nov. 2012.

1. Cite duas sugestões da FAO para a diminuição do problema da fome nos países mais pobres.

2. De que maneira a crise econômica de 2007/2008 contribuiu para barrar os avanços do combate à fome? Cite exemplos citados no texto e não citados no texto.

Segundo algumas previsões e projeções, a população mundial, atualmente com mais de 7 bilhões de habitantes[6], depois de atingir um contingente de aproximadamente 9 bilhões, por volta de 2050, iniciará um estágio de declínio. Caso essa tendência se confirme, ocorrerá um processo de retração populacional mundial. Será a primeira redução significativa na população mundial desde a peste negra, que assolou populações da Europa na Idade Média[7].

As consequências do declínio da fecundidade e do envelhecimento da população[8] já afetam a economia e diversos setores da vida social. Os sistemas de saúde e previdenciário são os primeiros a sofrer os efeitos: cada vez mais um número maior de idosos é sustentado por menos adultos em idade produtiva. Atualmente, cerca de 11,5% da população mundial tem 60 anos ou mais (retome o texto da seção *Contexto*, no início do capítulo).

6 Dados de 2013.

7 Estima-se que a peste negra tenha matado, em quatro anos, cerca de 25 milhões de pessoas – o equivalente a um terço da população europeia na época.

8 Esse assunto será analisado no item "Envelhecimento da população", página 551.

TEORIA DA TRANSIÇÃO DEMOGRÁFICA

DICA

SITE

UNFPA – Fundo de População das Nações Unidas

www.unfpa.org.br/populationcounter.htm

Link mostra as constantes mudanças no crescimento da população mundial.

Em oposição à ideia de que o mundo estaria em processo de explosão demográfica, os demógrafos retomaram a **teoria da transição demográfica**, elaborada ainda na primeira metade do século XX. Formulada em 1929, afirmava que todos os países, em um determinado momento da história, tendem a estabilizar o seu crescimento populacional.

Nesse sentido, a experiência demográfica dos países europeus - da Revolução Industrial aos dias atuais - comprovaria essa teoria e apontaria um padrão de evolução da população mundial que seria seguido pelos demais países do mundo.

A transição demográfica surgiu com as mudanças na relação entre a taxa de natalidade e a de mortalidade verificadas a partir da segunda metade do século XVIII. Tem como referência inicial, nesse sentido, a Revolução Industrial e a formação das sociedades modernas[9], que marcaram a ruptura de um longo período histórico - conhecido como pré-transição ou primeira fase –, em que as sociedades humanas conviviam com elevadas taxas de natalidade e de mortalidade.

A segunda fase da transição demográfica caracteriza-se pela queda acentuada das taxas de mortalidade, devido às conquistas da medicina e à implantação de infraestrutura de saneamento e de higiene, advindas da Revolução Industrial. Nessa fase, as taxas de natalidade continuam altas, elevando o crescimento populacional. Outros países de industrialização tardia iniciaram a transição demográfica para a segunda fase apenas na segunda metade do século XX, como o Brasil.

Na terceira fase, a queda da mortalidade é menos acentuada, enquanto a natalidade apresenta declínio mais intenso, acarretando recuo progressivo no crescimento populacional.

Na quarta e última fase, o crescimento populacional tende a estabilizar-se. A taxa de natalidade e a de mortalidade, em patamares baixos e semelhantes, praticamente se anulam. Essa fase, conquistada pela maioria dos países europeus no fim do século XX, é conhecida como **estabilização demográfica**.

Esquema da transição demográfica

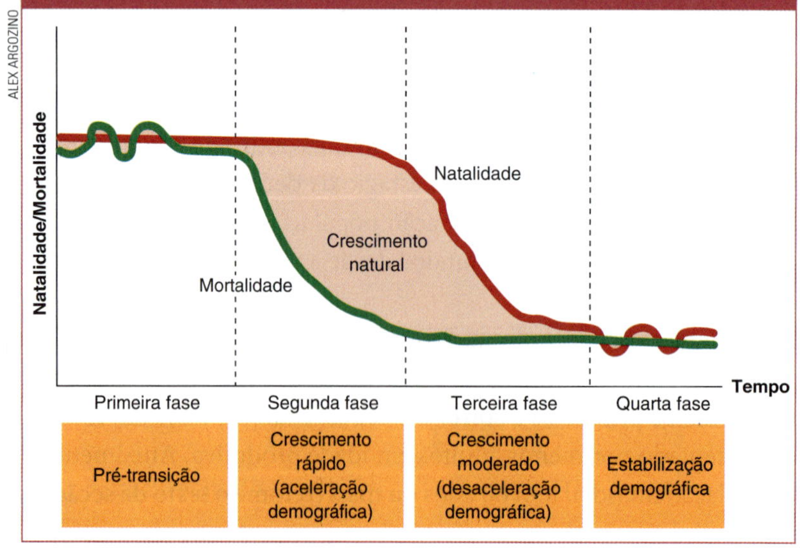

Fonte: POPULATION REFERENCE BUREAU. *The Classic Stages of the Demographic Transition.* Disponível em: <www.prb.org>. Acesso em: dez. 2013.

9 O conceito de modernidade foi desenvolvido no Capítulo 29.

CRESCIMENTO DA POPULAÇÃO BRASILEIRA

Há pouco mais de um século, o Brasil tinha cerca de 17 milhões de habitantes, o equivalente hoje a menos da metade da população do estado de São Paulo. Em 2013, de acordo com estimativas do IBGE, a população do país era de aproximadamente 201 milhões de habitantes, o que coloca o Brasil como o quinto país mais populoso do mundo.

A **dinâmica demográfica brasileira** ilustra o acelerado crescimento ocorrido a partir de 1940, com a queda das taxas de mortalidade nos países subdesenvolvidos em razão das conquistas na medicina e do relativo avanço na área do saneamento básico. Esse processo foi contínuo até 1960, quando o crescimento populacional brasileiro atingiu o ápice, com taxas médias de crescimento de quase 2,9% (entre 1950 e 1960) ao ano. No entanto, com o intenso processo de urbanização a partir da década de 1960, as taxas de crescimento começaram a declinar até atingir 1,17%[10] no último censo: a natalidade tem declinado num ritmo superior ao da mortalidade.

A **urbanização** provocou mudanças no modo de vida das mulheres e a consequente queda da natalidade. Nas cidades as mulheres conquistaram maior espaço no mercado de trabalho, optando por ter filhos mais tarde e em menor número para viabilizar a sua vida e desenvolvimento profissional. Além disso, há questões como o maior custo para a criação dos filhos nas cidades, maior acesso a informações sobre métodos contraceptivos, às pílulas anticoncepcionais e aos preservativos, oferecidos gratuitamente pelo sistema público de saúde, e às noções de planejamento familiar. No caso das mulheres de famílias mais pobres, o trabalho extradomiciliar tornou-se imprescindível para a complementação da renda familiar. A **taxa de fecundidade** da mulher brasileira caiu de 6,2 filhos, em 1960, para 1,9 filho, em 2010[11].

Evolução da população brasileira através dos recenseamentos – 1872-2010

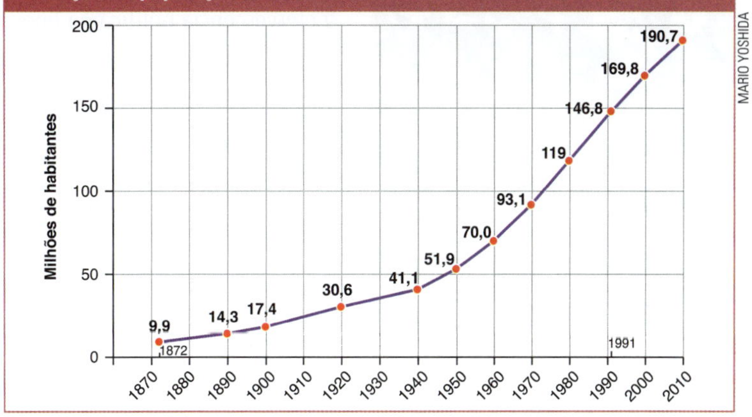

Fonte: IBGE. *Sinopse do Censo 2010; Resultados Preliminares do Universo; Séries estatísticas e séries históricas*. Disponível em: <www.ibge.gov.br>. Acesso em: dez. 2013.

Brasil: taxa de crescimento populacional, em % – 1872-2010

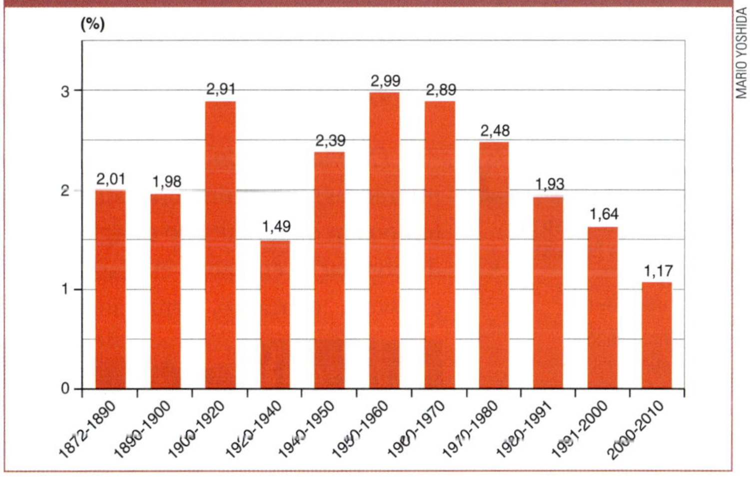

Fonte: IBGE. *Sinopse do Censo 2010; Resultados Preliminares do Universo; Séries estatísticas e séries históricas*. Disponível em: <www.ibge.gov.br>. Acesso em: dez. 2013.

Brasil: evolução das taxas de fecundidade – 1960-2010

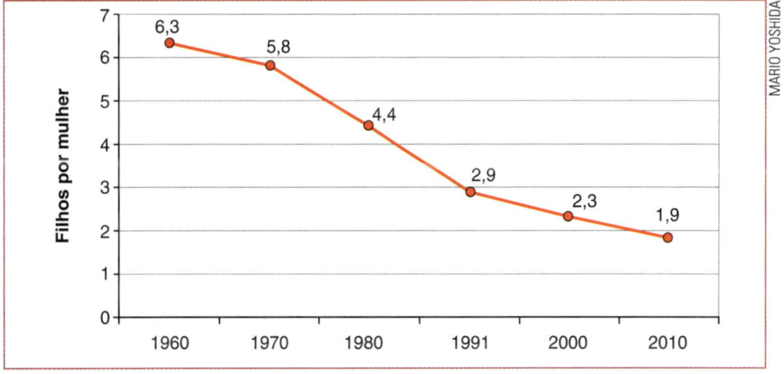

Fonte: IBGE. *Fecundidade, natalidade e mortalidade*. Disponível em: <www.ibge.gov.br>. Acesso em: dez. 2013.

---

10 Entre 2011 e 2012 o IBGE registrou um crescimento de 0,9%.

11 Entre 2011 e 2012 o IBGE registrou a taxa de fecundidade de 1,7%.

INTERCONEXÃO

História | Arte

Multidão

MUSEU DE ARTE MODERNA DE SÃO PAULO, SP

Nascido em 1944, em São Paulo, e formado em arquitetura, Cláudio Tozzi passou a atuar como artista plástico a partir da década de 1960. Tozzi utilizou-se dos conceitos da *pop art* como forma de expressão artística, em alguns de seus trabalhos. Sua obra, no período da elaboração da série *Multidão*, estava vinculada à efervescência política da época.

1. A quais processos demográficos e espaciais, em curso no país na época, a obra pode ser associada?
2. É possível afirmar que a série *Multidão* expressa o contexto político da época? Explique.

Quadro da série *Multidão* (1968), de Cláudio Tozzi.

COMPOSIÇÃO ETÁRIA E QUESTÕES SOCIOECONÔMICAS

DICAS

SITES

Instituto Brasileiro de Geografia e Estatística (IBGE)
www.ibge.gov.br
Apresenta dados estatísticos sobre demografia e outros sobre a realidade brasileira.

UNFPA Brasil – Fundo de População das Nações Unidas
www.unfpa.org.br/novo/index.php
Informações, dados e relatórios sobre as populações mundial e brasileira.

Os padrões demográficos gerais de um país ou região (natalidade, mortalidade, migrações) determinam a estruturação da população em faixas etárias. Ao mesmo tempo em que resulta do estágio de desenvolvimento socioeconômico, a distribuição da população em faixas etárias causa impacto na economia e na divisão dos recursos em saúde, educação, formação profissional e outros.

CARLOS VIEIRA/CB/D.A. PRESS

Pessoas de diversas faixas etárias fazendo atividades no Eixão do Lazer, em Brasília (DF), 2011.

Não existe um critério único para a distribuição da população por faixa etária. O mais adotado (inclusive pelo IBGE, atualmente) divide a população em jovens (0-14 anos), adultos (15-65 anos) e idosos (acima de 65 anos). Essa distribuição tem como referência a população ligada ao mercado de trabalho (pessoas de 15 a 65 anos, aproximadamente), empregada ou não, e as pessoas potencialmente consideradas fora desse mercado (com menos de 15 anos ou mais de 65 anos, aproximadamente).

É evidente que esse critério não corresponde plenamente à realidade de diversos países – inclusive o Brasil – em que, entre as camadas sociais pobres, o trabalho infantil ainda persiste e muitos idosos são obrigados a trabalhar até morrer ou serem incapacitados por motivo de doença.

LEITURA COMPLEMENTAR

Fundamentos para análise de histogramas populacionais e fases do crescimento demográfico

A pirâmide etária é uma representação da população por sexo e idade em um gráfico conhecido como **histograma**. Ela deve ser analisada a partir do número de homens e mulheres em cada faixa etária com relação à população total.

No eixo horizontal do gráfico registra-se o percentual da população por sexo (os valores podem ser expressos também em milhões ou milhares de habitantes). No eixo vertical são indicadas as diferentes faixas etárias da população. O tamanho de cada barra corresponde à proporção de cada grupo de idade conforme o sexo: masculino, cujas barras estão no lado esquerdo da pirâmide, ou feminino, cujas barras estão no lado direito.

Por meio da análise das pirâmides etárias, é possível conhecer as alterações demográficas dos países e suas tendências. Observe as pirâmides etárias a seguir.

Quênia – 2010

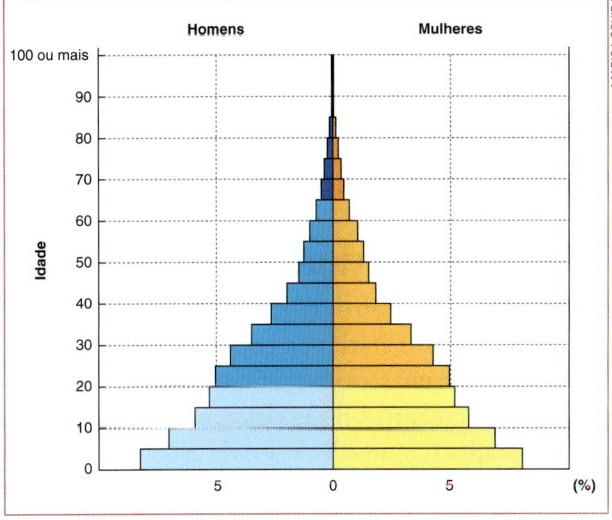

MARIO YOSHIDA

A pirâmide do Quênia é típica de países subdesenvolvidos, de economia com base agrícola e que permanecem em fase de crescimento acelerado (**segunda fase** da transição demográfica). A curva acentuada do topo à base representa um pequeno número de idosos e um grande número de crianças. O Quênia apresenta taxas de mortalidade infantil e de crescimento vegetativo altas e de expectativa de vida baixa.

Uruguai – 2010

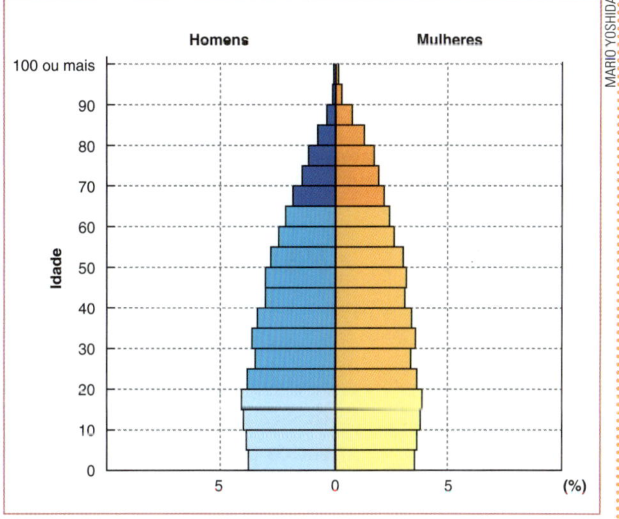

MARIO YOSHIDA

As pirâmides que apresentam um pequeno estreitamento na base, mas o restante triangular, como as de alguns países subdesenvolvidos industrializados (Brasil, México, Argentina) ou de nível sociocultural mais elevado (Chile, Uruguai, Costa Rica), estão na **terceira fase** da transição demográfica.

Alemanha – 2010

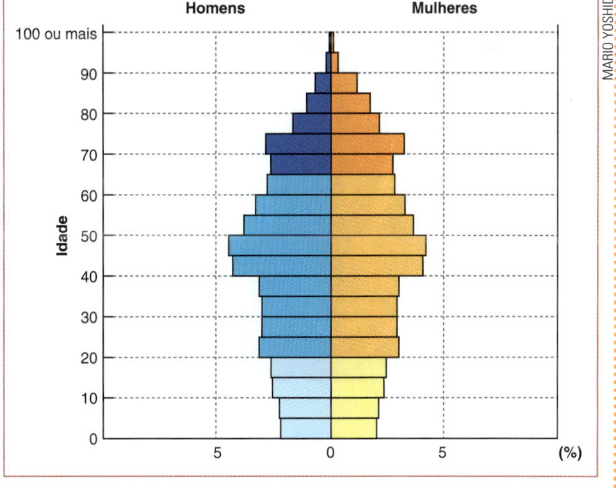

MARIO YOSHIDA

As pirâmides com formas irregulares, trechos intermediários e topos um pouco mais largos, que chegam a idades mais avançadas, correspondem aos países com predomínio de população adulta e grande quantidade de idosos, caso dos países desenvolvidos que atingiram a fase de estabilização demográfica (**quarta fase**), como o exemplo da Alemanha.

Fonte: ONU. Department of Economic and Social Affairs. *World Population Prospects:* The 2010 Revision. Disponível em: <http://esa.un.org>. Acesso em: nov. 2012.

Rússia: um caso especial

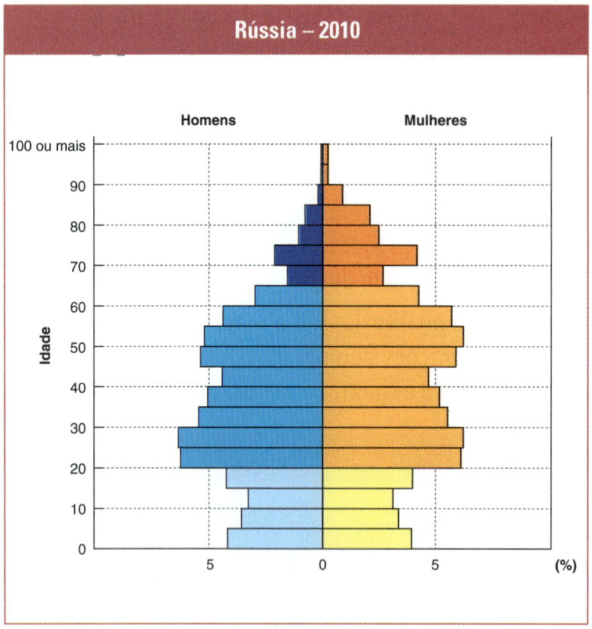

Fonte: ONU. Departamento de assuntos econômicos e sociais. *World Population Prospects:* The 2010 Revision. Disponível em: <http://esa.un.org>. Acesso em: nov. 2013.

A população da Rússia está diminuindo. Esse fato esteve relacionado ao colapso do socialismo e às incertezas econômicas produzidas durante o período de transição para o capitalismo.

No início de 1990, a Rússia tinha cerca de 148 milhões de habitantes; em 2012, recuou para 143 milhões. Mantido o ritmo de queda de crescimento demográfico registrado nas duas últimas décadas, estima-se que a população perderá mais de 30 milhões de pessoas até a metade deste século. Além da queda da natalidade[12], proveniente da insegurança das famílias em terem filhos durante o período de transição econômica, ocorreu uma diminuição da imigração e grande elevação da mortalidade masculina.

Enquanto a esperança de vida entre os homens era de apenas 63 anos, no início da década de 2010, entre as mulheres chegava aos 75 anos de idade. O alcoolismo, o tabagismo, acidentes de trânsito e doenças cardiovasculares foram as principais razões do aumento da mortalidade masculina.

Países de elevado crescimento demográfico

Nos países subdesenvolvidos com elevado padrão de crescimento populacional, o número de jovens é superior ao das demais faixas etárias da população. Os custos de manutenção e de formação dessa população são um sério problema para os governantes desses países, pois, além de desprovidos dos recursos necessários, estão mal estruturados para atender às principais necessidades (como educação) de crianças e jovens.

Segundo essa perspectiva, o grande número de jovens coloca as populações dos países mais pobres numa situação desfavorável. Famílias numerosas e com poucos recursos destinam praticamente todos os seus rendimentos para a alimentação, limitando investimentos em educação e forçando os jovens a ingressarem muito cedo no mercado de trabalho.

Numa perspectiva mais ampla, os países subdesenvolvidos não promovem a formação e a qualificação do seu recurso humano. Já vimos que, no estágio atual de globalização econômica e transformações tecnológicas, os trabalhadores menos qualificados são os mais atingidos pelo desemprego, e a tendência é que as inovações no processo de produção os afastem ainda mais do mercado de trabalho.

YUSUF AHMAD/REUTERS/LATIN STOCK

Jovens trabalham como costureiros em indústria têxtil de Jacarta (Indonésia), 2012.

12 De acordo com a Organização Mundial da Saúde, em diversos anos, entre 1991 (ano do fim da URSS) e 2012, ocorreu um número maior de abortos do que de nascimentos. Essa situação atingiu também países do Leste europeu e outros que compunham a URSS. Dados disponíveis em: <www.euro.who.int>. Acesso em: dez. 2012.

INTERCONEXÃO

Língua Portuguesa

- Elabore três títulos pertinentes ao contexto do cartum.

Sátira de Waldez (1972-), cartunista, chargista e ilustrador do jornal *Amazônia*.

Envelhecimento da população

Outra questão enfrentada por vários países, entre eles o Brasil, é o envelhecimento da população.

Observe o mapa que mostra a expectativa de vida no mundo.

Planisfério: expectativa de vida (anos) – 2013

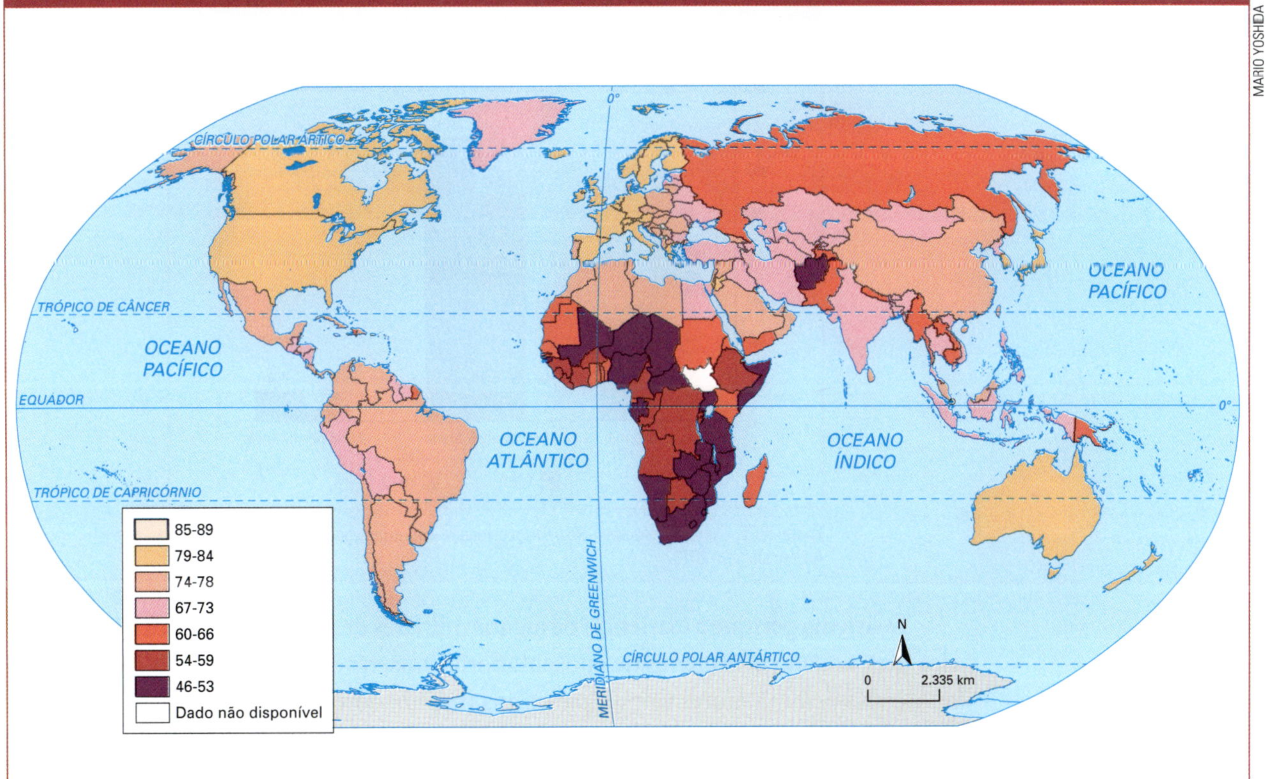

Nota: O Principado de Mônaco é o único Estado que possuía expectativa de vida entre 85-89 anos em 2012.

Fonte: CIA. *The world factbook*. Disponível em: <www.cia.gov>. Acesso em: dez. 2013; IBGE. Disponível em: <www.ibge.gov.br>. Acesso em: dez. 2013.

O processo de aumento do número de idosos no conjunto total da população, denominado **envelhecimento populacional**, obriga os países desenvolvidos (cujo número de pessoas com mais de 65 anos, a maioria fora do mercado de trabalho, é superior a 15% da população total) a destinar um volume crescente de recursos ao sistema de previdência.

Alguns economistas afirmam que a questão da previdência social pode acarretar consequências negativas para o orçamento dos países e ter repercussões também ruins no mercado mundial. Eles argumentam que a manutenção de uma população idosa numerosa pode ser desproporcional à capacidade da contribuição previdenciária daqueles que estão no mercado de trabalho.

É um problema que ameaça tanto os países desenvolvidos quanto os subdesenvolvidos, sendo que nesses últimos, afirmam alguns economistas, o problema é ainda mais grave. Isso porque o processo de envelhecimento ocorreu de forma diferenciada: os países desenvolvidos cresceram economicamente e conquistaram elevados padrões sociais, responsáveis pela elevação da expectativa de vida e do envelhecimento; os países subdesenvolvidos têm elevado suas expectativas de vida antes que conquistas econômicas e sociais estejam plenamente consolidadas, produzindo um impacto muito maior.

O caso brasileiro

A diminuição da porcentagem de jovens e a maior quantidade de idosos no conjunto da sociedade brasileira foram muito expressivas nas últimas décadas (veja o gráfico abaixo). No entanto, também houve uma ampliação da população adulta, potencialmente apta ao mercado de trabalho. Portanto, a mudança na dinâmica demográfica, por si só, não explica os problemas da previdência social existentes no Brasil.

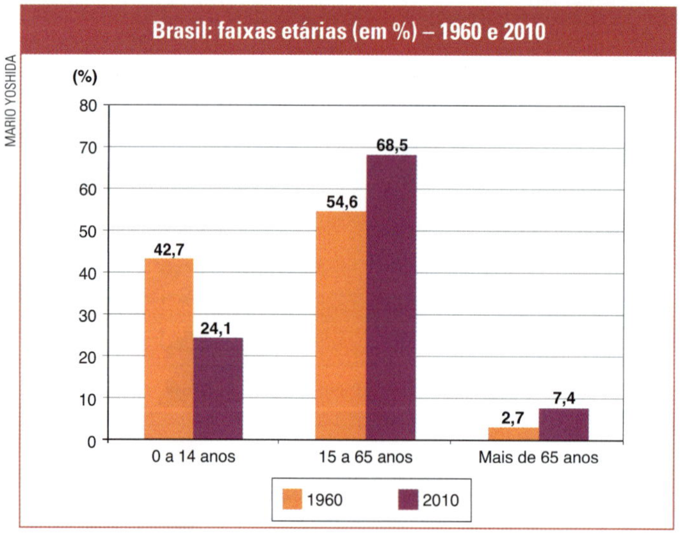

Fonte: IBGE. *Censo Demográfico 2010*. Disponível em: <www.ibge.gov.br>. Acesso em: nov. 2013.

O sistema permite a existência de alguns milhares de aposentadorias extremamente elevadas, ao lado de milhões de aposentadorias miseráveis. Essas desigualdades foram reforçadas pelos menores valores pagos aos trabalhadores do setor privado em relação aos servidores públicos[13]. Boa parte dos problemas previdenciários brasileiros se explica

13 Em 2012 foram aprovadas novas regras de aposentadoria para os servidores públicos em equilíbrio com as regras existentes no setor privado. No entanto, elas serão aplicadas apenas para os novos servidores. Os que já estavam no setor público mantiveram os seus privilégios, justificados como direitos adquiridos. Portanto, essas despesas só irão diminuir a partir de pouco mais de duas décadas.

pela má administração do sistema. Na segunda metade do século XX, por exemplo, sucessivos governos usaram os recursos destinados à provisão futura da sociedade para outras finalidades de investimentos mais imediatas. Além disso, a previdência foi fraudada durante décadas e não são raros os casos de denúncias de quadrilhas especializadas nessas práticas ainda nos dias atuais.

A maior parte da população idosa tem muita dificuldade para sobreviver com aposentadorias tão baixas. Esses valores mal dão para suprir os gastos com a saúde, que, em geral, aumentam nessa etapa da vida. O subemprego, em muitos casos, acaba sendo uma forma precária de complementação da renda para esses idosos, que não conseguem reingressar no mercado de trabalho formal.

Brasil: expectativa de vida – 1960-2010

Anos	Expectativa de vida (em anos)
1960	52,3
1970	63,1
1980	64,7
1991	69,8
2000	72,6
2010	73,4

Fontes: IBGE. *Séries Estatísticas & Séries Históricas.* Disponível em: <http://seriesestatisticas.ibge.gov.br>. Acesso em: nov. 2013.

O envelhecimento da população foi progressivo e acelerado. Nos últimos 100 anos, a população brasileira mais que dobrou a sua expectativa de vida. Em 1910, a média de vida do brasileiro era de apenas 34,6 anos.

LUCIANA WHITAKER/PULSAR IMAGENS

Idoso trabalhando como sorveteiro na praia de Copacabana, no Rio de Janeiro (RJ), 2012.

DESIGUALDADE ENTRE GÊNEROS

As **conquistas femininas** foram significativas nas últimas décadas. Registrou-se elevação dos índices de escolaridade e da presença feminina no mercado de trabalho. No entanto, a desigualdade entre gêneros ainda persiste. As oportunidades econômicas e a capacitação das mulheres permanecem profundamente limitadas, e o acesso a cuidados de saúde reprodutiva em questões relativas à gravidez na adolescência e à assistência pré-natal permanecem precários em boa parte do mundo. As mulheres ainda desfrutam de menores oportunidades econômicas, recebem rendimentos inferiores aos dos homens e ainda é inexpressiva a participação feminina na política e em cargos de gestão pública e privada.

A **violência contra as mulheres**, que persiste em diversos países do mundo, é a mais grave constatação da desigualdade entre os sexos e da situação de submissão feminina. Os maiores casos de violência ocorrem em âmbito doméstico, mas no contexto social a mulher está sujeita às mais variadas formas de agressões, como o abuso sexual e o assédio no trabalho.

China e Índia

Em alguns países – como a China e a Índia – a violência começa antes do nascimento. Nesses países a preferência cultural pelo filho homem impele muitas famílias a interromperem o nascimento de meninas, por meio do aborto seletivo. Nesses países, a população masculina atualmente supera em grande volume a população feminina, em contraste com o que acontece na maior parte do mundo.

Na Índia, essa situação tem raízes culturais. Apesar de ilegal desde 1960, muitos matrimônios mantêm a exigência de dote (quantia em dinheiro ou bens) transferido ao noivo pela família da noiva. Muitos abortos seletivos foram e são praticados para evitar esse prejuízo financeiro futuro.

Na China, além da questão cultural, a explicação está na **política do filho único**, adotada no final da década de 1970. Essa medida impôs a obrigatoriedade de os casais terem apenas um filho, com o objetivo de reduzir a natalidade e controlar o excesso de população no país. A restrição ao filho único é aplicada com maior rigor nas cidades. Há exceções para grupos étnicos minoritários e para algumas famílias rurais, que podem ter um segundo filho – caso o primeiro seja uma menina –, mas essas exceções não atingem a maioria da população. A possibilidade de ter apenas um filho fez com que muitas famílias optassem pelo filho homem. O abandono, o aborto ou o **infanticídio** seletivo de meninas ou de crianças com alguma deficiência física ou mental foi o caminho que alguns pais adotaram para se adaptarem à política de controle de natalidade chinesa. No entanto, não são raros os casos em que a mulher, na segunda gravidez, é forçada a realizar o aborto pelas próprias autoridades públicas.

Infanticídio
assassinato de criança ou de recém-nascido.

Brasil

A população feminina apresenta níveis educacionais superiores aos da população masculina. No entanto, as mulheres, com grande potencial humano para promover o desenvolvimento do país, ainda têm um caminho a ser percorrido para a conquista da igualdade.

Apesar da implantação de políticas públicas nas últimas duas décadas voltadas para a promoção da mulher, a desigualdade ainda persiste na sociedade brasileira e atinge especialmente as mulheres mais pobres, principais vítimas da violência e da exclusão social e econômica.

Os papéis tradicionais desempenhados pelas mulheres e pelos homens ainda estão enraizados na sociedade brasileira. Dessa forma, apesar da implantação de leis e de instituições voltadas à proteção da mulher, a violência doméstica e as diferentes oportunidades econômicas ainda são toleradas por grande parte da sociedade brasileira.

Brasil: desigualdade de gênero – 2012

	Brasil	Homens	Mulheres
Escolaridade (média de anos de estudo)	7,5	7,3	7,7
Rendimento médio mensal	R$ 1.507,00	R$ 1.238,00	R$ 1.698,00
Cargos ministeriais*	39	30	9

* Dados de 2012. Disponível em: <www2.planalto.gov.br>. Acesso em: nov. 2013.
Fonte: IBGE. *Pesquisa Nacional por Amostra de Domicílios (PNAD) 2012.* Disponível em: <www.ibge.gov.br>. Acesso em: dez. 2013.

Em 2006, o governo brasileiro promulgou a Lei Maria da Penha[14] para coibir a violência doméstica e familiar contra a mulher, estabelecendo condenações mais severas aos agressores.

14 Maria da Penha Fernandes, vítima persistente de violência doméstica, ficou paraplégica ao ser baleada por seu marido, em 1983. O marido de Maria permaneceu livre por quase duas décadas, enquanto aguardava a decisão da justiça brasileira. Quando finalmente foi julgado (2002), foi condenado a apenas dois anos de prisão. Com base nesse episódio, a Corte Interamericana de Direitos Humanos considerou o Brasil responsável por não tomar providências efetivas contra os autores de violência doméstica, forçando-o a tomar medidas preventivas e estabelecer punições mais severas.

LEITURA COMPLEMENTAR

Política do filho único em xeque na China

Governo tenta conter bomba demográfica do envelhecimento

Os milhões de tragédias familiares em torno de infanticídios, abortos, esterilizações forçadas e multas pesadas não foram o principal motivo da flexibilização do rígido controle de natalidade na China. Trata-se, na lógica do governo, de desarmar uma bomba do tempo demográfica armada pela 'política do filho único' rumo ao envelhecimento precoce.

A mudança anunciada é tímida. A partir de agora, casais podem ter dois filhos se pelo menos um dos cônjuges for filho único. Já existiam outras exceções: um casal de filhos únicos pode ter dois filhos, assim como famílias em áreas rurais de certas regiões do país, sobretudo se o primeiro filho for uma menina. Minorias, como uigures e tibetanos, não têm nenhuma restrição. [...]

As propostas se baseiam em projeções de que a China, diferentemente da Europa, envelhecerá antes de se tornar rica, com impactos negativos sobre a ainda incipiente previdência social e o tamanho da força de trabalho.

No ano passado, o número de chineses em idade para trabalhar (15 a 59 anos) diminuiu pela primeira vez em meio século. Até 2030, a proporção entre trabalhadores e aposentados deve despencar dos atuais 5 por 1 para apenas 2 por 1.

Para defensores do fim do sistema, um argumento forte é o de que o alto e crescente custo da educação de um filho inibiria qualquer descontrole de natalidade.

Em Xangai, por exemplo, maior centro financeiro do país, uma campanha da prefeitura incentivou casais de filhos únicos a ter um segundo filho, e não alcançou grandes resultados.

Economistas afirmam ainda que a 'política do filho único' impede o reequilíbrio da economia por meio do aumento do consumo, já que muitas famílias tendem a poupar muito para cuidar dos pais: sem irmãos para dividir a conta, um casal de filhos únicos pode ser levado a sustentar até quatro idosos.

Há, ainda, a crescente desproporção entre homens e mulheres por causa da preferência por um filho do sexo masculino. Muitos homens ficaram solteiros ou 'importaram' cônjuges de países vizinhos, como o Vietnã.

Dada a avalanche de críticas internas e externas, é possível que o regime tenha iniciado o desmanche do controle de natalidade. Para além dos motivos econômicos, seria o fim de uma imensa fonte de sofrimento.

MAISONNAVEDE, Fabiano. Governo tenta conter bomba demográfica do envelhecimento. *Folha de S.Paulo*. 16 nov. 2013, p. A 16.

EYE UBIQUITOUS/QUINGHAI/GLOW IMAGES

Cartaz exposto em Xining, capital da província de Qinghai (China), 2010.

1. Calcula-se que a China evitou o nascimento de 400 milhões de crianças com a implantação da política do filho único. Porém, criou outros graves problemas. Identifique-os.
2. Reescreva um trecho do texto que indica que a contenção da natalidade possa ocorrer através do planejamento familiar.

EXPECTATIVA DE VIDA DA POPULAÇÃO POR SEXO

Há pouco mais de um século, havia equilíbrio entre o número de homens e o de mulheres na composição da população mundial. Porém, desde o final do século XIX, os recenseamentos vêm acusando um aumento progressivo no número de mulheres.

Até o século XIX as principais causas de mortalidade eram as doenças infectocontagiosas, que atingiam proporcionalmente homens e mulheres. A partir do século XX, houve o aumento gradual do número de mortes resultantes de doenças cardiovasculares, que afetam especialmente os homens. Em razão disso, há um número um pouco maior de mulheres na faixa etária dos idosos.

Esperança de vida no Brasil

No Brasil, assim como em outros países, outro fator contribui significativamente para uma menor expectativa de vida dos homens: a violência. Os homens são os principais autores e vítimas de violência. Os homicídios e os acidentes de trânsito atingem principalmente homens com idade entre 15 e 35 anos, contribuindo para reduzir a expectativa de vida masculina. Essas diferenças de expectativa de vida entre os sexos masculino e feminino ampliaram-se nos últimos 50 anos: em 1960 existiam 99,8 homens para cada cem mulheres; em 2010, o último censo registrou a razão de 96 homens para cada 100 mulheres.

A alteração do papel da mulher na sociedade representa uma conquista, mas também traz desafios, como a dupla jornada de trabalho – dentro e fora de casa. São comuns, também, os casos em que as mulheres solteiras ou separadas assumem sozinhas a responsabilidade de cuidar dos filhos e de garantir sua subsistência e formação.

Nos países ou regiões que atraem imigrantes, há predomínio da população masculina; já nos países ou regiões de emigração, predominam as mulheres. No caso brasileiro, esse fator manifesta-se no maior número de mulheres e mesmo de mulheres "chefes de família" na Região Nordeste, devido à emigração da população masculina para outras regiões em busca de melhores condições de trabalho.

Observe, no mapa ao lado, a esperança de vida no Brasil, por estado, que revela os diferentes níveis de desenvolvimento socioeconômico entre as unidades da Federação.

Brasil: expectativa de vida para homens e mulheres, em anos – 2000 e 2013

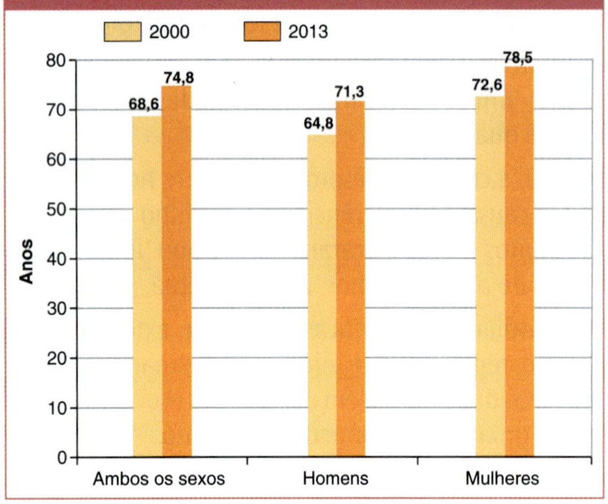

Fonte: IBGE. Disponível em: <www.ibge.gov.br>. Acesso em: nov. 2013.

Brasil: esperança de vida ao nascer por unidades da Federação – 2010

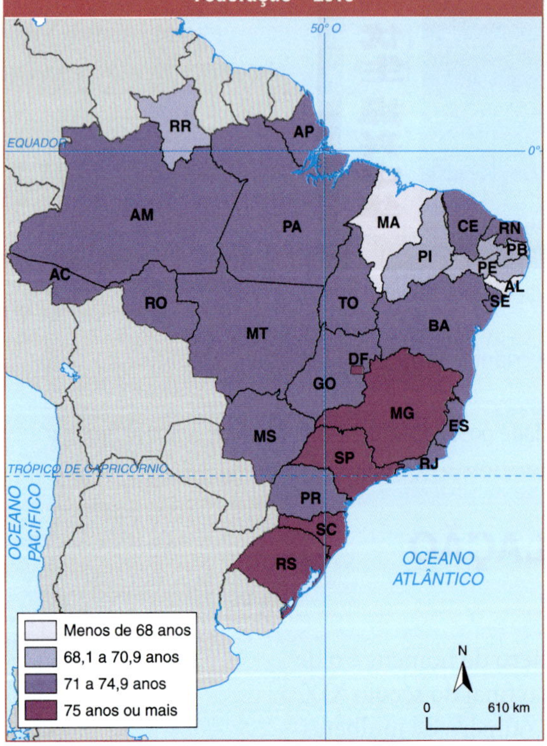

Fonte: MINISTÉRIO DA SAÚDE. *Indicadores demográficos*. Disponível em: <http://tabnet.datasus.gov.br>. Acesso em: dez. 2013.

OLHO NO ESPAÇO

Consulte o planisfério do final deste livro para responder às questões.

População mundial – 2011

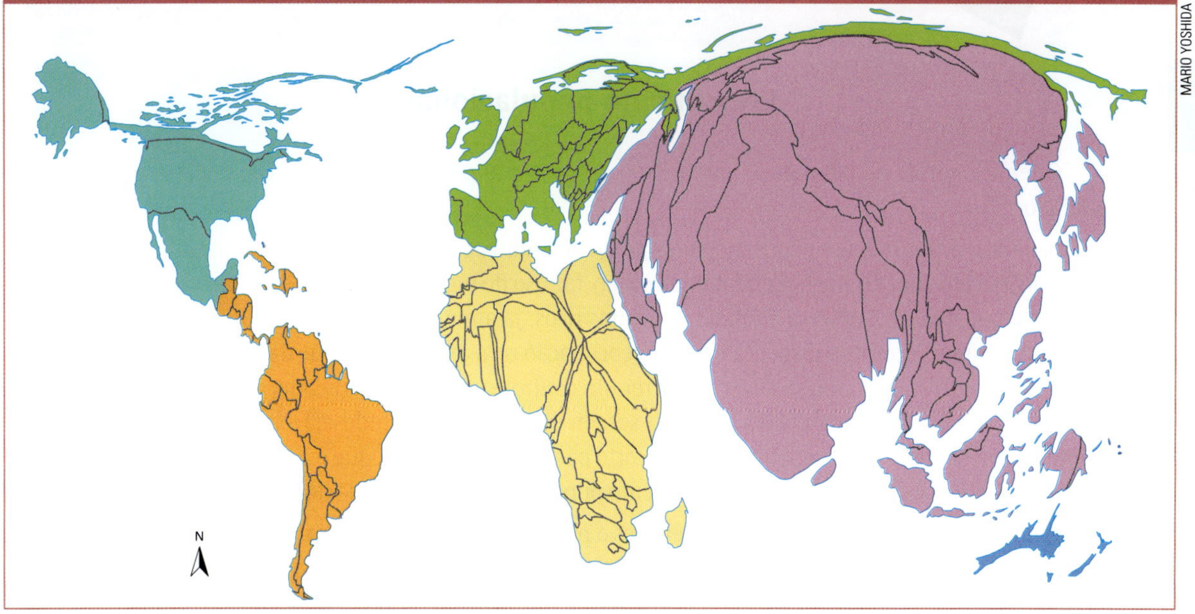

Fonte: *Folha de S.Paulo*, 30 out. 2011. Caderno A, p. 26.

População mundial – 2100*

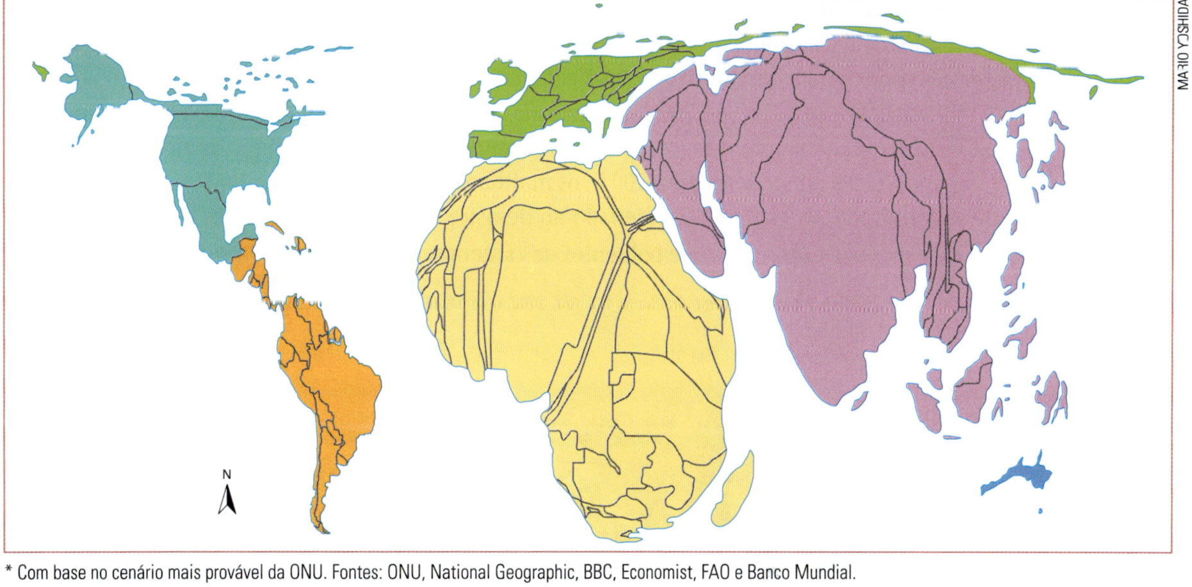

* Com base no cenário mais provável da ONU. Fontes: ONU, National Geographic, BBC, Economist, FAO e Banco Mundial.

Fonte: *Folha de S.Paulo*, 30 out. 2011. Caderno A, p. 27.

1. Como se chama a forma de representação cartográfica utilizada nos dois mapas? Explique-a.

2. De acordo com a projeção para 2100, indique os continentes em que ocorrerão o maior e o menor crescimento populacional. Aponte as razões para isso.

3. Qual será o país mais populoso em 2100 e qual o país em que está projetado o maior aumento populacional em termos absolutos?

CONTRAPONTO

TEXTO 1

Crescimento populacional

"O tema controle da natalidade ainda é um assunto que causa muita polêmica, por isso é tão pouco abordado.

Há muitos aspectos a serem questionados, tanto do ponto de vista ideológico, quanto cultural e religioso. A classe média alta, por ter mais acesso a informação, faz uso de métodos anticoncepcionais, tendo em média dois filhos, semelhante à política adotada em países ricos. Já a maior parte da sociedade brasileira não tem acesso aos mesmos recursos e dispensa menor preocupação com as condições que darão a seus descendentes. Essa classe sem privilégios é onde deveria ocorrer um controle maior da natalidade, minimizando os problemas sociais para o país. A partir dessa iniciativa seriam evitados abortos indesejáveis, crianças abandonadas, exploradas, prostituídas e com um futuro quase certo para a criminalidade, que é a atual realidade das grandes cidades do Brasil e dos países pobres. O crescimento populacional é uma forma de proliferação da pobreza. [...]

O controle da natalidade é indispensável, pois o planeta está acima de sua capacidade máxima de ocupação e há evidências de falta de alimentos e água para as próximas décadas. Como alternativa, a limitação de dois filhos por casal beneficiaria as condições socioeconômicas do país, principalmente nos grandes centros, onde a maior porcentagem da população carente tem muitos filhos. Com número estável de habitantes, os planos assistenciais seriam mais facilmente desenvolvidos e o meio ambiente poderia ser mantido.

A ideia de um controle de natalidade não é nova. Thomas Malthus (1766-1834) [...] abordou o problema do crescimento populacional e da produção de alimentos em seus livros. De acordo com o pensamento malthusiano, a felicidade do ser humano está diretamente relacionada com os recursos naturais, ou seja, o esgotamento destes condenará a humanidade à infelicidade. Malthus assegurava que o crescimento populacional traria a miséria, então, se faz necessário conter a explosão demográfica. Para ele, o ótimo da população garantiria mais recursos por habitante, atingindo o equilíbrio entre população e produção de alimentos (Rodrigues, 2001)[15]. Segundo Sachs (*apud* Rodrigues, 2001), os malthusianos 'acreditavam e ainda acreditam que o mundo já está superpovoado e, portanto, condenado ao desastre, seja pela exaustão dos recursos naturais esgotáveis, seja pela excessiva sobrecarga de poluentes nos sistemas de sustentação da vida'."

GIODA, Adriana. *Saúde e Ambiente*, v. 3, n. 2, 2002. Disponível em: <http://periodicos.univille.br>. Acesso em: nov. 2012.

15 RODRIGUES, F. X. F. População e meio ambiente. *CSOnline*, 2001.

Movimento de pessoas em área central da cidade de São Paulo (SP), a mais populosa do Brasil, em 2007.

TEXTO 2

População e recursos

"Os ecologistas não fundamentam suas ações e propostas nas teses de Malthus (inglês, ministro da Igreja anglicana, que viveu entre 1766 e 1834). Malthus viu o rápido crescimento da população e da pobreza no início da Revolução Industrial e constatou a ineficiência da conhecida 'Lei dos pobres', que determinava um auxílio aos indigentes. Propôs a limitação da natalidade dos indigentes, apresentando um hipotético esquema segundo o qual a população aumentava em progressão geométrica (1, 2, 4, 8, 16, 32...) e a produção alimentar, no mesmo período, aumentava em progressão aritmética (1, 2, 4, 6, 8, 10...).

A ecologia social, ao contrário do que se supõe, não trabalha com o conceito de que os recursos naturais são estáticos e fisicamente delimitados. O conceito de recurso é histórico e depende de tecnologias disponíveis e do seu emprego em formações sociais concretas.

A contradição entre populações e recursos deve ser analisada em profundidade, incorporando-se as dimensões histórica, social e tecnológica. A população não é um somatório de pessoas, como se fossem objetos homogêneos com o mesmo poder econômico e comportamento idêntico. As pessoas têm comportamentos distintos segundo o acesso das classes sociais aos recursos naturais e segundo o nível cultural e tecnológico de cada contingente populacional que determina suas taxas de natalidade, seus padrões de consumo e de desperdício.

Recursos naturais, atualmente estratégicos, há algum tempo nem sequer eram considerados importantes. A pesquisa científica e o desenvolvimento tecnológico possibilitaram criar milhões de toneladas de alimentos a partir da biotecnologia e gerar milhares de megawatts de energia a partir dos raios de sol. Por outro lado, recursos valiosos no passado vão perdendo significado econômico, tornando-se obsoletos em relação a outros materiais ou fontes de energia.

Os defensores da esterilização em massa das mulheres [por exemplo] em nome do crescimento da renda *per capita* e da preservação dos recursos naturais cometem um erro primário. [...] a questão população *versus* recursos não é matemática, e sim qualitativa. Ela é determinada mais por questões sociais e culturais do que por variáveis geográficas ou demográficas.

Regiões que perdem população por meio de migrações, como o Nordeste, não estão condenadas a esse destino, que não é uma fatalidade imposta pelas condições climáticas. A questão é saber se os recursos, as terras e a água estão democraticamente repartidos e se as populações pobres que empreendem o êxodo têm acesso à educação e à tecnologia. A seca não é um castigo dos céus, mas foi agravada pelo desmatamento e pela monocultura.

Com irrigação e tecnologia, Israel transformou desertos inóspitos em áreas produtivas, povoadas, plantadas com pomares e que atraem populações em vez de expulsá-las. No Brasil, inclusive no Nordeste, há experiências localizadas com essas características, mas por razões políticas elas mantêm-se restritas. [...]"

MINC, Carlos. *Ecologia e cidadania*. São Paulo: Moderna, 2012. p. 87-88.

1. Comente a opinião de cada um dos autores sobre a questão crescimento populacional *versus* disponibilidade de recursos naturais no planeta.
2. Qual é a sua opinião sobre esse assunto? Justifique sua resposta.

[COMPREENSÃO E ANÁLISE]

1. Leia com atenção o artigo a seguir e discuta a posição da ONU sobre as relações entre crescimento econômico e demografia.

Controle de natalidade promove crescimento, diz ONU

"Controle de natalidade e educação sexual são fundamentais para combater a pobreza nos países em desenvolvimento, segundo um relatório da ONU (Organização das Nações Unidas) [...].

O trabalho, conduzido pelo Fundo das Nações Unidas para Populações, sugere que há uma ligação direta entre demografia e crescimento econômico.

De acordo com o estudo, os países que apresentaram taxas decrescentes de natalidade nas últimas décadas ampliaram seu crescimento econômico.

A ONU usa o caso brasileiro como exemplo, dizendo que a queda nas taxas de natalidade do país tem relação com seu crescimento econômico."

Controle de natalidade promove crescimento, diz ONU. *BBC Brasil*, 3 dez. 2002. Disponível em: <www.bbc.co.uk>. Acesso em: nov. 2012.

a) Essa posição está mais próxima de qual das teorias demográficas estudadas? Justifique.

b) Você concorda com essa posição? Discuta o caso brasileiro, citado no relatório da ONU.

2. Apresente as diferenças e as semelhanças entre o malthusianismo e o neomalthusianismo. Contextualize o momento em que cada uma dessas teorias surgiu.

3. Quais as causas do fenômeno que ficou conhecido como explosão demográfica? Você concorda com a utilização dessa expressão? Por quê?

4. O que seria uma implosão demográfica? Em sua opinião, esse fenômeno poderá ser benéfico ou constituirá um problema no futuro? Justifique sua resposta.

5. Explique a dinâmica demográfica brasileira em dois períodos: 1940 a 1960 e pós-1960.

6. Os gráficos ao lado ilustram a distribuição etária em 2010 de 3 países: Áustria, Nigéria e Brasil.

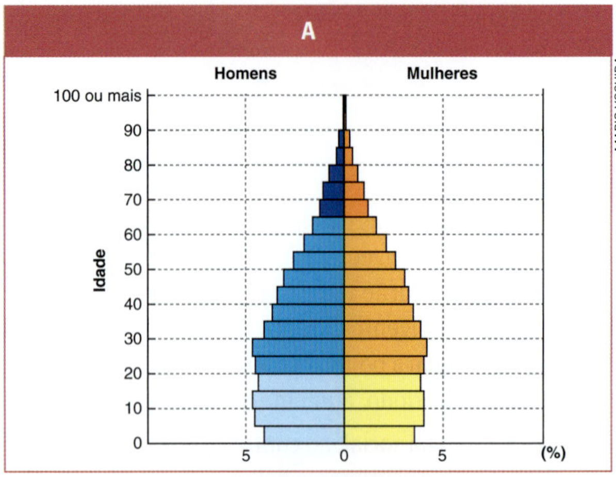

MARIO YOSHIDA

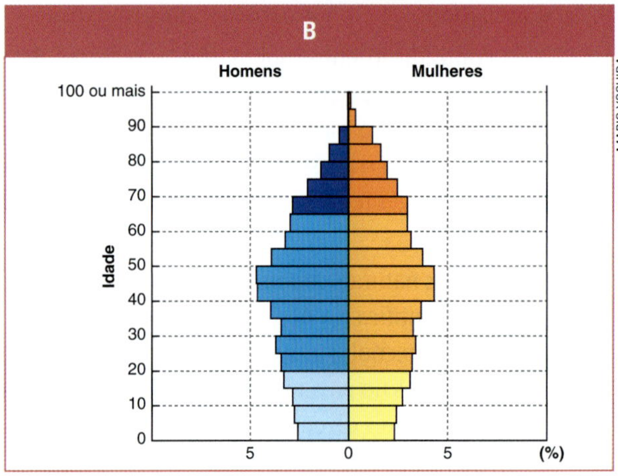

MARIO YOSHIDA

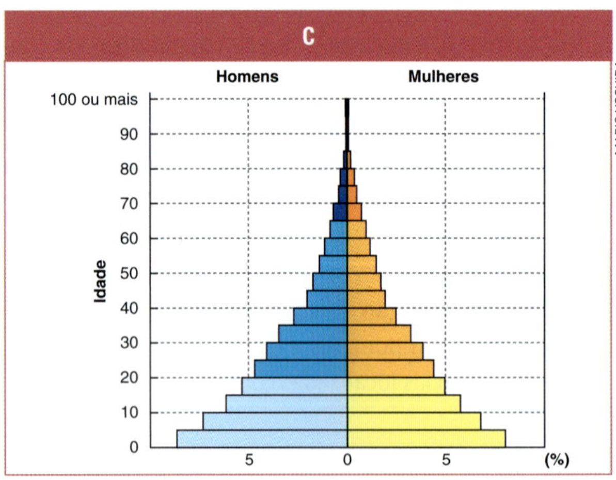

MARIO YOSHIDA

Fonte: ONU. Departamento de assuntos econômicos e sociais. *World Population Prospects:* The 2010 Revision. Disponível em: <http://esa.un.org>. Acesso em: nov. 2012.

a) Identifique os países *A*, *B* e *C*.

b) Identifique a fase de transição demográfica e o provável nível de desenvolvimento econômico em que cada um deles se encontra.

CAPÍTULO 34

SOCIEDADE E ECONOMIA

CONTEXTO

Agricultores em Ibirá (SP), 2012.

Professora leciona em universidade em Natal (RN), 2012.

Trabalhadores em indústria automobilística em Wolfsburg (Alemanha), 2011.

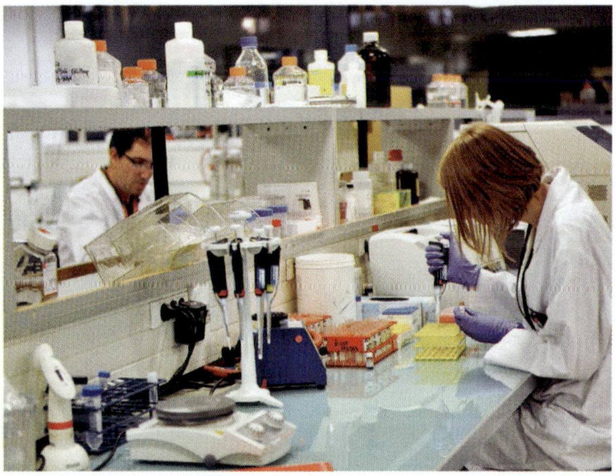

Pesquisadores em laboratório de indústria farmacêutica em Loos (França), 2012.

DISCUTA

1. Observe as imagens. O que elas têm em comum?

2. Que qualificações profissionais você considera importantes para o desempenho de cada atividade apresentada?

3. Quais imagens representam atividades que tendem a se expandir na economia atual? Por quê?

SETORES DA ATIVIDADE ECONÔMICA

As transformações recentes na economia, apoiadas no desenvolvimento tecnológico, tiveram impacto no modo de vida das pessoas, nas atividades econômicas e, consequentemente, no mercado de trabalho, cada vez mais seletivo. Se, de um lado, a adoção de novas tecnologias favoreceu um aumento da produtividade e da competitividade em todos os setores, de outro, afetou os trabalhadores com a diminuição de empregos e ocasionou transferência de muitos postos de trabalho do setor de produção de mercadorias para o setor de serviços.

As diferentes atividades econômicas são tradicionalmente agrupadas em três setores:

- **Primário:** agrupa as atividades agropecuárias, o extrativismo vegetal e a pesca.
- **Secundário:** reúne os diversos ramos industriais.
- **Terciário:** reúne as atividades comerciais e de serviços (educação, comunicações, saúde, bancos, transportes, turismo, administração pública etc.).

Embora instituições de pesquisa de todo o mundo ainda utilizem essa classificação para organizar os dados estatísticos e estabelecer comparações entre os países, ela tem suas nuances. Isso se deve ao fato de que a mecanização do setor primário transformou algumas atividades agropecuárias em verdadeiras atividades industriais ou semi-industriais, assim como a burocratização do setor secundário passou a englobar uma variada gama de departamentos, como *marketing*, atendimento ao consumidor, aplicações financeiras, auditoria, pesquisa para novas tecnologias etc. Esses departamentos, na classificação tradicional, estariam mais bem encaixados no setor terciário.

Diversos países em desenvolvimento, além dos desenvolvidos, vêm fazendo aplicação crescente da mecanização e também da biotecnologia (para a produção de sementes e criação de gado), trazendo ao setor agropecuário o ritmo da produção industrial. Nesta imagem, veem-se colheitadeiras de soja em fazenda na área rural de Tangará da Serra (MT), 2012.

PAULO FRIDMAN/PULSAR IMAGENS

Informalidade
refere-se às atividades desempenhadas por trabalhadores que não possuem registro em carteira de trabalho, sem proteção social e de leis trabalhistas.

Nos países subdesenvolvidos de economia primária, parcela significativa dos trabalhadores encontra-se empregada nos setores primário e terciário, com alto grau de **informalidade**. Nos países emergentes (como Brasil, México, Argentina e outros), a participação dos setores secundário e terciário é dominante.

Nos países desenvolvidos, o setor terciário também absorve a maior parte da **População Economicamente Ativa (PEA)** – entre 60% e 70%. Em seguida, vem o setor secundário e, muito depois, o setor primário. A importância dos serviços nos países desenvolvidos pode ser exemplificada pelos Estados Unidos, pelo Reino Unido e pelo Japão, onde o setor terciário é responsável por mais de 70% do volume de riquezas geradas em suas economias – participação no PIB. Esse processo significativo de crescimento do setor terciário é denominado **terciarização da economia**.

Em muitos países subdesenvolvidos, o deslocamento de empregos dos setores primário e secundário para o terciário ocorre, em parte, pela ampliação da economia informal. São pessoas que trabalham como vendedores ambulantes, catadores de materiais recicláveis, entre outros, e também em atividades ilegais, como o comércio de drogas, a prostituição e o jogo **ilícito**. Essas atividades da economia informal, no entanto, não são exclusivas desse conjunto de países, uma vez que estão presentes também – embora em número bem mais reduzido – em países desenvolvidos.

Ilícito
condenado pela lei; ilegal.

Países selecionados: composição do PIB por setores de atividades econômicas – 2010 (em %)

Países	Setores		
Desenvolvidos	Primário	Secundário	Terciário
Estados Unidos	1,1	19,2	79,7
Reino Unido	0,7	21	78,3
Japão	1,1	26,3	76,7
Emergentes			
Brasil	5,2	26,3	68,5
México	4,1	34,2	61,7
Argentina	9,1	30,5	60,4
Menos desenvolvidos			
Paraguai	15,9	17,3	66,8
Moçambique	29,5	23,9	46,6
Bangladesh	17,6	28,5	53,9

Fonte: CIA. *The World Factbook*. Disponível em: <www.cia.gov>. Acesso em: dez. 2013.

LEITURA COMPLEMENTAR

Terceiro setor

Terceiro setor é um termo traduzido do inglês – *third sector* –, que designa um segmento comumente confundido com "setor terciário" da economia. Esse segmento envolve as organizações sem fins lucrativos, entre elas as organizações não governamentais (ONGs), que contam com empregados, com a participação voluntária e a filantropia, sem a ação do governo ou do setor privado na maioria de suas atividades.

Elas ocupariam o espaço deixado pelo primeiro setor, ou seja, o Estado, agindo nos mais diversos campos, como preservação ambiental, educação, cultura e assistência social (atendimento a mães solteiras, mendigos, catadores de lixo, usuários de drogas, entre outros). Em determinadas ações, o segundo setor (setor privado) e o primeiro setor (Estado) podem se associar ao terceiro, em especial nos casos das ONGs que atuam na área de preservação ambiental.

1. Comente a importância do terceiro setor no contexto social contemporâneo.

2. Você conhece o trabalho desenvolvido por alguma organização do terceiro setor? Que causa ela defende e quais são suas atividades?

GLOBALIZAÇÃO, TECNOLOGIA DA INFORMAÇÃO E SERVIÇOS

O processo de globalização em particular e as mudanças provocadas pela introdução das tecnologias da informação criaram novos ambientes e relações de trabalho e novos hábitos de consumo. Além disso, promoveram uma revolução na maneira de fazer negócios e no modo de vida da sociedade atual.

BEN CAWTHRA/SIPA USA/NEWSCOM/IMAGEPLUS/GLOW IMAGES

Depósito de uma das maiores empresas do ramo de *e-commerce*, em Swansea, País de Gales (Reino Unido), 2012.

Nesse contexto, em que se configura uma sociedade da informação, estrutura-se o que alguns economistas chamam de **nova economia**, que explora a área de tecnologia de telecomunicações, informática e internet. É o caso das empresas produtoras de *softwares* (programas de computadores) e de *hardwares* (equipamentos de informática); dos provedores de internet; do ***e-commerce***; das prestadoras de serviços que utilizam as tecnologias da informação.

Dada a particularidade dessas atividades e o nível de avanço tecnológico que agregam, foi criado no mercado de ações dos Estados Unidos o **Índice Nasdaq**, que mede o desempenho dos negócios das empresas de alta tecnologia (inclui também as de biotecnologia).

As situações decorrentes da nova economia tiveram forte implicação no espaço geográfico. As relações econômicas, os contratos e uma série de atividades humanas passaram a ser realizadas também virtualmente, sem que as pessoas precisassem se deslocar de um lugar para o outro. É possível atuar em diversos lugares, em diversos setores, sem estar presente fisicamente, ou seja, o espaço, em certo sentido, e em determinadas situações, também se tornou virtual.

E-commerce
comércio eletrônico, em que as transações comerciais de mercadorias ou de serviços são realizadas através de sistemas eletrônicos, como a internet.

O desenvolvimento tecnológico, em razão da **automação**, reduziu o número de postos de trabalho na agropecuária, na indústria e nos setores de serviço. No entanto, gerou uma gama de profissões ligadas ao processamento de informações, caso dos setores de telecomunicações e informática, que exigem mão de obra qualificada. Nesse sentido, um problema decorrente das transformações tecnológicas é o fato de elas marginalizarem parte importante da mão de obra. A maioria das profissões surgidas com o desenvolvimento tecnológico exige formação e especialização, dificultando aos trabalhadores menos qualificados o acesso ao emprego. Mesmo os que estão empregados têm necessidade de atualização e requalificação constantes, em razão da velocidade das transformações tecnológicas.

TRABALHO: TRANSFORMAÇÕES E DESEMPREGO

A partir da Revolução Industrial, ocorreu uma maior diferenciação entre as categorias profissionais: operários, comerciantes, pequenos artesãos, camponeses, maquinistas, bancários e muitos outros que compunham o diversificado perfil dos trabalhadores que inicialmente movimentaram a sociedade industrial. Isso se deveu às mudanças nos modos de produção, com a introdução de fábricas e do maquinário no meio urbano, o que alterou também as relações desses profissionais com suas atividades originais. Naquele período (séculos XVIII e XIX), as profissões ligadas aos serviços tiveram um grande crescimento, embora inferior àquelas ligadas diretamente à indústria.

Atualmente, existem milhares de categorias profissionais com os mais diversos graus de especialização e qualificação. As novas tecnologias substituíram por máquinas, computadores e robôs não só trabalhadores, mas também várias categorias profissionais, contribuindo para aumentar o desemprego.

DICA

FILME

O corte

França/Bélgica/Espanha, 2005.

Direção: Costa-Gravas.

Duração: 122 min.

Executivo perde o emprego e, anos depois, sem ter tido uma nova chance de voltar ao mercado de trabalho, decide agir de forma perigosa e ilegal para ter de volta o seu antigo cargo.

ANDREAS RENTZ/GETTY IMAGES/AFP

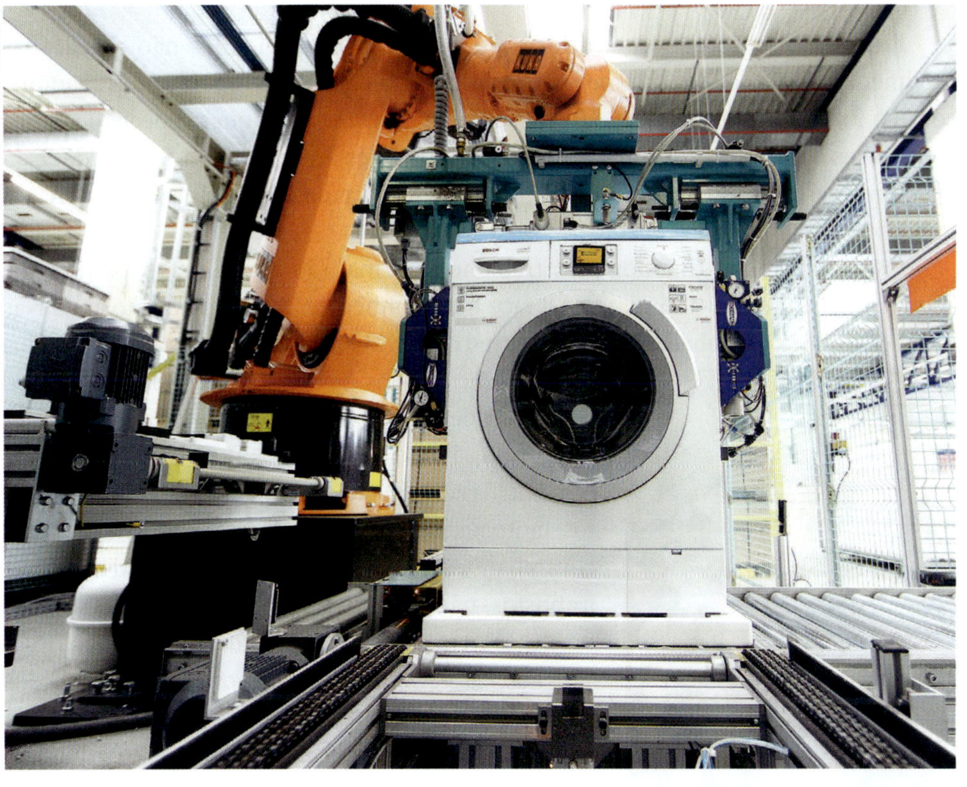

O uso de robôs na indústria vem causando diminuição progressiva do número de postos de trabalho. Na imagem, robô monta máquina de lavar roupa em Nauen (Alemanha).

No entanto, é importante lembrar que o desemprego em larga escala, associado a determinados processos de mudança na atividade produtiva ou a crises econômicas, não é um fenômeno exclusivo do mundo globalizado. Já ocorreu em outros momentos da história, como, por exemplo, na Europa do século XIX, com a Segunda Revolução Industrial, e no mundo todo, com a crise de 1929.

O **desemprego estrutural**, também denominado tecnológico, ocorre quando as inovações tecnológicas aplicadas aos processos de produção de mercadorias, às diversas modalidades econômicas do setor de serviços e à venda de mercadorias, ao mesmo tempo em que provocam a elevação da produtividade, reduzem a necessidade de ampliação do número de trabalhadores.

BIS

Fonte: INTERNATIONAL LABOUR OFFICE. *Global Employment Trends 2013*; Preventing a deeper jobs crisis. p. 32. Disponível em: <www.ilo.org>. Acesso em: dez. 2013.

Os valores correspondentes a 2012 são estimativas preliminares, e os valores de 2013 a 2015 são projeções da Organização Internacional do Trabalho (OIT).

Há circunstâncias em que ocorre o **desemprego conjuntural**. Ele é provocado por crises econômicas, motivadas por fatores internos ou externos, nos países. Algumas crises podem ter efeito prolongado e causar efeitos negativos na economia e na sociedade. Foi o caso da crise que teve início em 2007/2008[16], responsável pela ampliação do número de desempregados em todo o mundo, atingindo tanto os países desenvolvidos como os subdesenvolvidos. Desde que a **Organização Internacional do Trabalho (OIT)** passou a ser uma agência da ONU, o desemprego no mundo nunca chegou a índices tão elevados, atingindo indiscriminadamente os países subdesenvolvidos e desenvolvidos.

TRABALHO E ECONOMIA INFORMAL

Organização Internacional do Trabalho (OIT)
criada pelo Tratado de Paz assinado em Versalhes, em junho de 1919, após a Segunda Guerra Mundial passou a ser uma agência especial da ONU.

Entende-se por economia informal o conjunto de atividades não registradas legalmente – ignoradas nos números oficiais que indicam o desempenho da economia, como o Produto Interno Bruto (PIB) – e que não sofrem qualquer espécie de tributação. Mais da metade dos trabalhadores do mundo estão ligados à informalidade da economia e é expressivo o volume de dinheiro que circula nesse setor, especialmente nas economias menos avançadas.

Os grupos mais atingidos pelo trabalho informal são as mulheres, os jovens e os idosos. O comércio ambulante é a face mais conhecida do trabalho informal. Nas grandes cidades, os trabalhadores desse tipo de atividade – conhecidos como camelôs – amontoam-se nas calçadas, disputando o espaço com os pedestres e os clientes com os comerciantes legalizados. Em suas barracas, ou até mesmo no chão, os camelôs comercializam uma infinidade de produtos, tanto nacionais como importados, falsificados ou contrabandeados. Além de o setor informal não gerar impostos, não há fiscalização sobre a qualidade dos produtos nem controle das condições de trabalho.

Parcela significativa dos rendimentos adquiridos com a atividade informal é gasta com o consumo de produtos fabricados legalmente, isto é, que participam da economia formal. O setor informal também constitui uma válvula de escape para a fragilidade econômica de vários países, incapazes de gerar renda ou empregos suficientes para o conjunto da população. Sem a economia informal, o número de pessoas sem renda seria maior e agravaria os problemas sociais em boa parte do mundo.

YVAN TRAVERT/PHOTONONSTOP/GLOW IMAGES

Mercado informal em Madagascar, 2012.

16 Sobre a crise financeira e econômica iniciada em 2007/2008, veja o Capítulo 19.

Convém salientar também as diferenças entre **trabalho informal** e **subemprego**. O trabalho informal pode compreender atividades como, por exemplo, a exercida por um representante de vendas, que tem curso superior, altos rendimentos mensais, mas não recolhe impostos. Já o subemprego é caracterizado por uma situação em que a atividade profissional é incerta, não regular, normalmente de baixa qualificação, e a renda não é garantida.

A questão da informalidade vem se tornando cada vez mais complexa, em razão da flexibilização das relações trabalhistas, já implementada há duas décadas em vários países do globo, e entre o final do século XX e o início deste século, com algumas variações, no Brasil.

A **flexibilização das leis trabalhistas** vem fazendo surgir, por exemplo, contratos temporários de trabalho, de tempo parcial, ou, ainda, alguns específicos para pequenas empresas. Essa flexibilização ou desregulamentação vem sendo acompanhada por um intenso processo de **terceirização** – transferência de atividades de uma empresa para outras, com vistas à redução de custos. Antes a terceirização estava mais restrita às atividades-meio de uma empresa, como serviços de alimentação, limpeza, segurança, contabilidade e consultoria. Hoje, porém, ela atinge suas atividades-fim, como a própria atividade produtiva numa empresa industrial, como as fabricantes de celulares, televisores, produtos de higiene e limpeza, alimentos, entre outros. Nesses casos, como os salários nas empresas terceirizadas são menores, os custos para a empresa que terceiriza diminuem, maximizando seus lucros.

O TRABALHO NO BRASIL

Apesar de ainda apresentar elevado grau de informalidade em sua economia, o Brasil, na última década, mostrou uma melhoria expressiva nos índices de formalização do mercado de trabalho. Observe os gráficos abaixo.

Brasil: trabalho informal e formal, em porcentagem da população ocupada – 2002

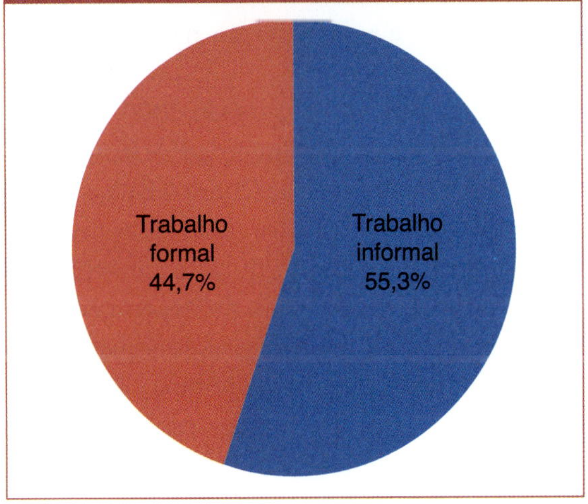

Brasil: trabalho informal e formal, em porcentagem da população ocupada – 2012

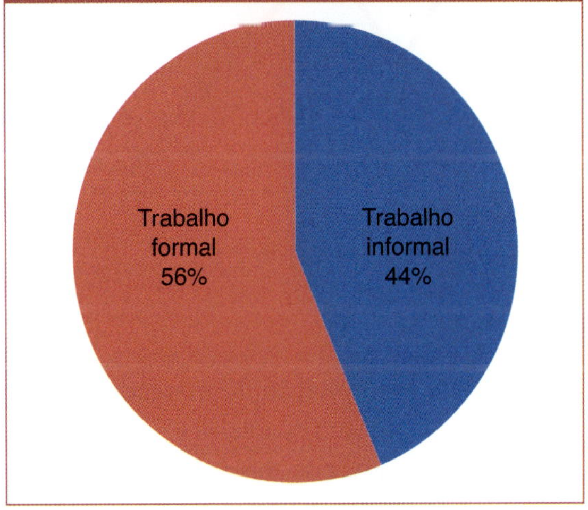

MARIO YOSHIDA

Fonte: IBGE. *Pesquisa Nacional por Amostra de Domicílios (PNAD) 2002/ Síntese dos Indicadores Sociais 2012.* Disponível em: <www.ibge.gov.br>. Acesso em: dez. 2013.

Em 2007, pela primeira vez o trabalho formal superou o trabalho informal no Brasil. O grau de informalidade no país, porém, está em declínio desde 2002. A crise financeira e econômica iniciada em 2007/2008 desacelerou essa tendência, mas não a ponto de revertê-la em curto prazo.

▶DICA

LEITURA

Adeus ao trabalho?
Ricardo Antunes. São Paulo: Cortez, 2011.
Neste livro, o autor procura apreender a forma de ser da classe trabalhadora na sociedade contemporânea.

O desemprego estrutural e outros problemas relacionados ao trabalho, como baixa remuneração, trabalho escravo e infantil, constituem nos dias atuais grandes desafios aos governantes brasileiros. Essas questões tornam-se ainda mais complexas se considerarmos as dimensões do país – suas realidades e as desigualdades entre as diferentes regiões – e o contexto internacional, cada vez mais relevante em tempos de globalização.

Situação do desemprego

A **taxa de desemprego** (ou taxa de desocupação) é calculada pela razão entre a população à procura de emprego e a PEA. Uma taxa de desemprego de 10%, por exemplo, indica que, do total da PEA do país, 90% estão efetivamente empregados (população ocupada) e 10% estão em busca de trabalho.

Para que haja aumento na oferta de vagas é necessário principalmente que a economia cresça num ritmo que acompanhe o ingresso de novas pessoas no mercado de trabalho. No entanto, o uso de tecnologia nos processos de produção, como vimos, pode desenvolver a economia sem gerar oferta de trabalho. Sobretudo nos países que apresentam elevado número de desempregados, é imprescindível que os governos criem políticas para a abertura de empresas, invistam em obras públicas e ampliem os serviços públicos oferecidos à população. Para a população desempregada é necessário que se ofereçam auxílios, como cesta básica, seguro-desemprego, auxílio transporte e cursos de requalificação profissional, de modo que essa parcela da população possa se recolocar no mercado de trabalho.

Brasil: taxa de desocupação da PEA (em %) – 2004-2012

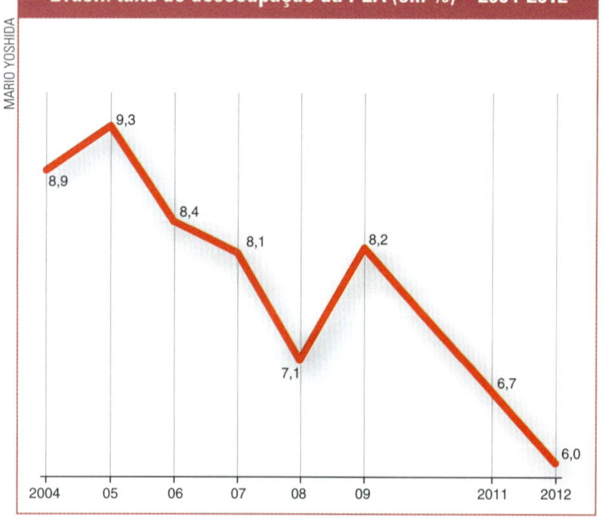

Fonte: IBGE. *Pnad 2012* e *Pnad 2011*. In: *O Estado de S. Paulo*, 22 set. 2012. p. H2.

Em meados dos anos 1990, as taxas de desemprego aumentaram significativamente no Brasil, em decorrência do baixo crescimento do PIB. Contribuíram para tal situação a abertura econômica e a consequente concorrência com os produtos importados, provocando a falência ou a queda da produção de muitas empresas brasileiras; a política de juros altos responsável pelas dificuldades de novos investimentos; os baixos investimentos do Estado em infraestrutura e em outros setores da economia e na esfera social. Contribuíram, ainda, a automação e a robotização na produção de mercadorias e serviços.

A partir da primeira década de 2000, o Brasil retomou o crescimento econômico, priorizou investimentos em **programas sociais** (como o **Bolsa Família**) e melhorou a distribuição de renda. Essas medidas foram fundamentais para estimular o crescimento econômico e diminuir as taxas de desemprego. A ascensão social de milhões de brasileiros permitiu a ampliação do mercado interno e do nível de crescimento econômico. Embora a crise financeira e econômica de 2007/2008 tenha enfraquecido essa tendência, a queda das taxas de desemprego no Brasil tem se mantido (observe o gráfico desta página).

No Brasil, assim como na maioria dos países do globo – sobretudo nos emergentes e nos subdesenvolvidos –, o **grupo etário mais atingido** pelo **desemprego** é o de **jovens** entre 15 e 24 anos.

JOÃO PRUDENTE/PULSAR IMAGENS

Jovens procuram estágio e emprego em feira de recrutamento em Campinas (SP), 2012.

Segundo a OIT, os jovens compreendiam cerca de 40% do total de desempregados do planeta, em 2012. Esse fato indica a necessidade de formulação de políticas eficientes de inclusão dos jovens no mercado de trabalho, que irão suportar o encargo futuro do envelhecimento da população. A falta de oportunidade de empregos aos jovens tem sido, entre outros fatores, responsável pela tensão social em alguns países do mundo, como foi o caso dos países do Oriente Médio, durante a Primavera Árabe[17].

Esses jovens enfrentam vários desafios, como a falta de experiência e a dificuldade de encontrar o primeiro emprego, a necessidade de conciliar estudo e trabalho, a dificuldade de conseguir estágio e de investir em outros cursos que aprimorem a sua formação profissional.

Investimentos em educação e qualificação profissional são algumas das ações necessárias à promoção do ingresso dos jovens no mercado de trabalho.

A redução da jornada de trabalho, o aumento do valor real das aposentadorias, entre outros, também são fatores que contribuiriam para uma ampliação na oferta de vagas. No Brasil, cerca de 1/3 dos aposentados e pensionistas precisa continuar trabalhando para complementar a renda.

DICA

SITE

Programa Nacional de Inclusão de Jovens (ProJovem)
www.projovem.gov.br
Apresenta o programa e dá dicas e informações para a inclusão de jovens no mercado de trabalho.

Trabalho escravo

O trabalho escravo ou forçado ainda é uma realidade em pleno século XXI. Ele pode se manifestar de diversas formas, e no Brasil está mais relacionado à escravização por dívidas, nas áreas urbanas e principalmente nas áreas rurais.

No campo, a escravização por dívidas ocorre quando o agricultor é contratado para trabalhar em local muito distante do seu município e dele são cobradas dívidas referentes à viagem e à alimentação feita diariamente na própria fazenda, à compra de ferramentas para a realização do trabalho e ao alojamento. A dívida cresce em valores superiores ao

17 A Primavera Árabe foi discutida no Capítulo 17.

DICA

SITE

Repórter Brasil

www.reporterbrasil.com.br/conteudo.php?id=37

O *site* acompanha a situação do trabalho escravo no Brasil.

salário contratado, e o trabalhador é impedido de deixar a fazenda até saldar a dívida mediante trabalho. Seus documentos são confiscados e, muitas vezes, eles são vigiados por capangas armados para impedir qualquer tentativa de fuga. Vários casos de torturas foram relatados em algumas fazendas, indiciadas pela prática de trabalho escravo.

WILTON JUNIOR/AE

Trabalhadores que colhiam a safra da cana em São Francisco de Itabapoana (RJ) e em municípios do Espírito Santo são libertados de situação análoga à de trabalho escravo. Imagem de 2009.

Desde 1985, o governo federal vem fiscalizando e punindo os fazendeiros que tenham trabalhadores em situação de escravidão. Desde aquele ano até hoje já foram realizadas várias operações e libertados milhares de trabalhadores. Observe o gráfico.

Brasil: número de trabalhadores escravos resgatados – 2002-2012

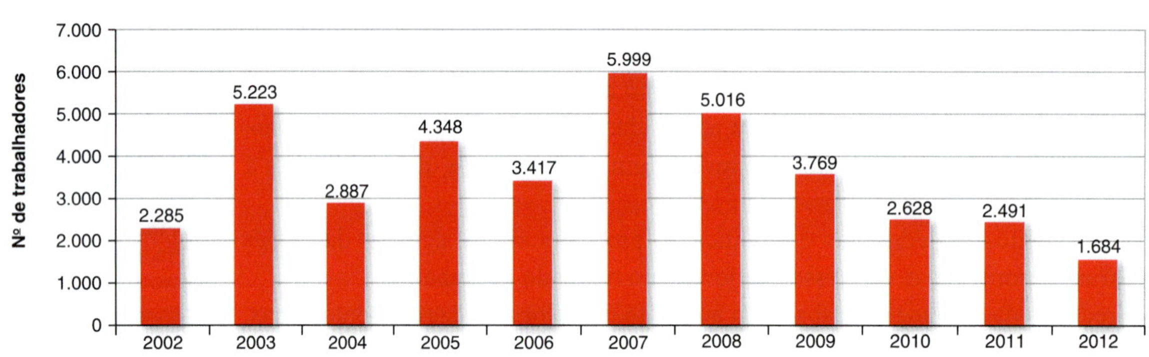

ALEX ARGOZINO

Fonte: MINISTÉRIO DO TRABALHO E EMPREGO (MTE). *Resultados da fiscalização para a erradicação do trabalho escravo 2012*. Disponível em: <http://portal.mte.gov.br>. Acesso em: dez. 2013.

Nas áreas urbanas, muitos jovens são seduzidos pela oferta de trabalho em cidades distantes, com o compromisso de pagar as despesas de viagem e de hospedagem com o futuro trabalho. Quando chegam ao local combinado, são obrigados a trabalhar em empresas que funcionam clandestinamente, sem receber remuneração e em jornadas longas e extenuantes ou, ainda, na prostituição, em casas noturnas e bordéis. Uma vez envolvidas em situações como essas, poucas pessoas conseguem voltar para casa.

É difícil levantar os números sobre essa situação de escravidão no Brasil do século XXI. A OIT, envolvida no combate a esse tipo de trabalho no mundo, estima que o número total de vítimas no país gire em torno de 40 mil pessoas.

- Discuta as implicações históricas para esse tipo de trabalho, o desrespeito aos direitos humanos e as ações para coibir e acabar com essa prática.

Trabalho infantil

A legislação brasileira proíbe qualquer tipo de trabalho para menores de 14 anos. A partir dessa idade, até o 16 anos, o trabalho é permitido, desde que na condição de aprendiz, com autorização dos pais e em atividades que não sejam degradantes, perigosas ou insalubres. No entanto, 554 mil pessoas entre 5 e 13 anos trabalhavam no Brasil, em 2012, de acordo o IBGE. Apesar desses dados, a cada ano vem diminuindo o número de crianças e jovens com até 16 anos que trabalham em nosso país.

A pobreza é a principal causa do ingresso das crianças no mundo do trabalho. As famílias pobres são impelidas a utilizar os próprios filhos para complementar a renda familiar e garantir a sobrevivência. As crianças são impedidas de desenvolver uma infância saudável e de estudar, bloqueando por gerações a ascensão social de milhões de famílias pobres. Além da aprendizagem, a convivência com outras crianças na escola promove a socialização e o estabelecimento de relações sociais de convivência saudáveis. Normalmente, o trabalho infantil no Brasil está relacionado à pobreza rural, mas existem casos, como na Região Sul, em que, por tradição, pequenos proprietários, que exercem agricultura familiar, contam com a ajuda dos filhos nas atividades da lavoura. Mas, de forma geral, a situação do trabalho infantil constitui um grave problema social.

Nas grandes cidades, são comuns casos de crianças que perambulam pelos lixões, vendem balas e doces nos cruzamentos de avenidas movimentadas, realizam malabarismo pelas ruas em troca de qualquer quantia e exercem atividades domésticas, em especial no caso das meninas. Essa prática, além de limitar a infância, acaba comprometendo sua vida futura. A deficiência escolar, além das limitações do sistema educacional, está associada também ao trabalho infantil. A taxa de escolarização de crianças e adolescentes que tiveram uma história de trabalho em idade precoce é mais baixa que as taxas dos que não foram obrigados a trabalhar.

DICAS

FILME

Quanto vale ou é por quilo?
Brasil, 2005. Direção: Sérgio Bianchi. Duração: 104 min.

O filme faz uma analogia entre a questão dos escravizados africanos trazidos para o Brasil e a exploração da miséria pelo *marketing* social.

LEITURAS

Meninos de rua: a infância excluída no Brasil
Ligia Costa Leite. São Paulo: Atual, 2001.

Abordagem abrangente sobre a criança excluída na sociedade brasileira. Discute o Estatuto da Criança e do Adolescente (ECA) e ações do poder público.

Trabalho infantil: o difícil sonho de ser criança
Cristina Porto e outros. São Paulo: Ática, 2011.

Mostra um dos mais graves problemas sociais brasileiros: o trabalho infantil. O livro aponta, ao lado de denúncias, caminhos para modificar essa realidade que priva milhões de crianças do direito à infância.

ALEXANDRE TOKITAKA/PULSAR IMAGENS

Menino faz malabarismo em semáforo de rua de São Paulo (SP), 2011, em troca de algum dinheiro.

Embora o número de crianças trabalhadoras seja muito elevado, a adoção de políticas visando à erradicação do trabalho infantil vem mostrando resultados. Um exemplo são os programas sociais voltados para a educação, que asseguram uma renda mensal às famílias pobres e miseráveis para manter os filhos na escola e ajudam a evitar o ingresso precoce no mercado de trabalho, como o **Programa de Erradicação do Trabalho Infantil** (**Peti**) e o Bolsa Família.

Brasil: crianças ocupadas entre 5 e 13 anos de idade (em %) – 2011 e 2012

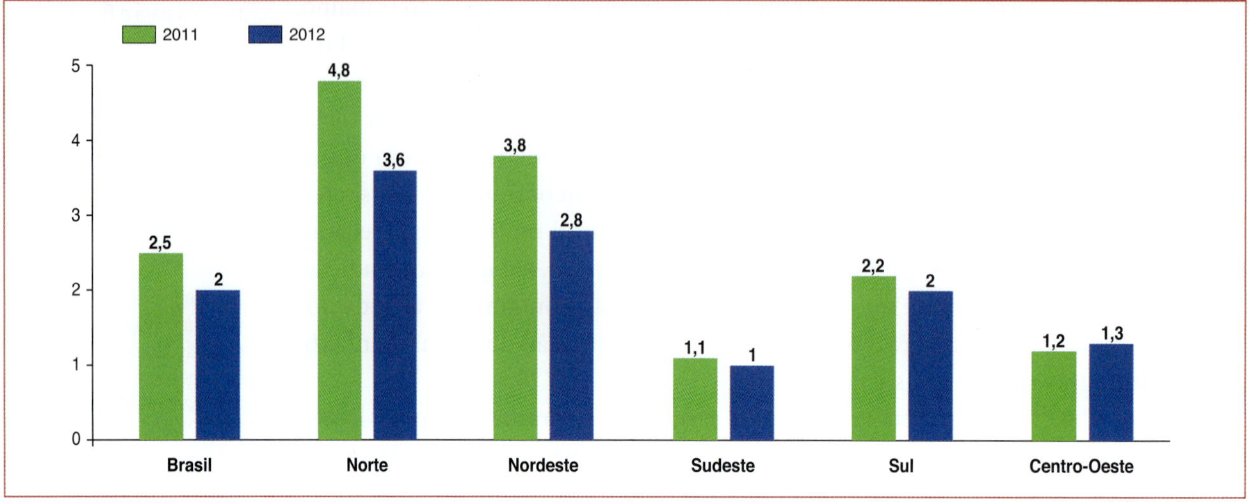

Fonte: IBGE. *PNAD 2011 – 2012.* Disponível em: <www.ibge.gov.br>. Acesso em: nov. 2013.

A MULHER E O MERCADO DE TRABALHO

Durante séculos, o homem foi o responsável pela renda familiar e a mulher pelos cuidados da casa e dos filhos. Essa situação mudou em muitos países do mundo ocidental, em razão das novas necessidades da sociedade capitalista e, principalmente, da longa **luta da mulher** por seus **direitos de cidadã** e **contra a discriminação feminina**. As mulheres paulatinamente ampliaram a sua participação na cultura, na política[18], na economia e no mercado de trabalho. No entanto, essas conquistas não aconteceram da mesma forma em todos os países.

Nos países desenvolvidos o crescimento econômico e industrial, nos séculos XIX e XX, gerou a necessidade de maior inserção da mulher no mercado de trabalho. Além disso, durante as guerras mundiais a mão de obra feminina assumiu postos de trabalho dos homens convocados para a guerra. Essa presença acabou por consolidar um novo papel social da mulher e a consciência da necessidade da luta pela valorização feminina em todas as instâncias da sociedade.

De fato, as conquistas profissionais das mulheres podem ser atribuídas, principalmente, a um amplo **movimento de emancipação** e à quebra do preconceito, por parte significativa das sociedades ocidentais com maior nível de desenvolvimento.

Nos países subdesenvolvidos, o ingresso feminino no mercado de trabalho também foi fruto da necessidade de a economia capitalista ampliar a oferta da força de trabalho. No entanto, o impacto imediato foi a redução das médias salariais, em função da maior oferta de mão de obra. Vários outros fatores podem ser atribuídos à maior presença da mulher no mercado de trabalho e nem todos foram frutos da emancipação. Entre eles, a mudança da instituição familiar composta pelo casal fez com que muitas mulheres se tornassem chefes de família.

18 O Brasil elegeu no final da primeira década do século XXI uma mulher para a presidência da República, mas somente em 1932 as mulheres conquistaram o direito ao voto.

No caso das mulheres casadas, o aumento do custo de vida – sobretudo nas cidades –, a falta de serviços públicos de qualidade e os baixos salários recebidos pelos homens forçaram-nas a ajudar no complemento do orçamento familiar. Isso, no entanto, trouxe a dupla jornada de trabalho para as mulheres, visto que a maioria delas continuou e continua responsável pelas atividades domésticas, inclusive pela educação dos filhos.

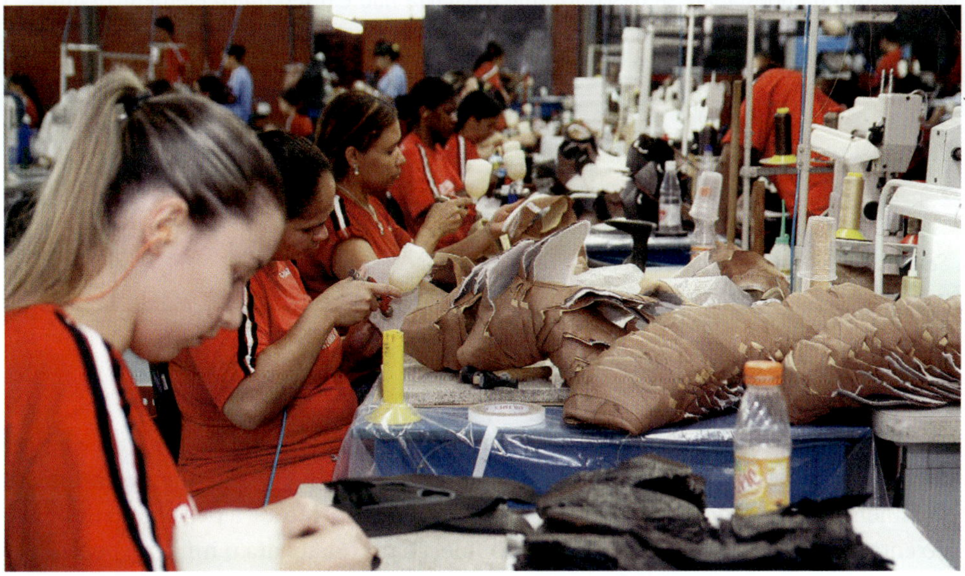

CÉLIO MESSIAS/AE

Mulheres trabalham em linha de produção de fábrica de calçados, em Franca (SP), 2011.

Trabalhadoras brasileiras

No Brasil, a participação da mulher no mercado de trabalho foi uma das características mais importantes das últimas décadas. Foi a partir de 1960 que as conquistas femininas se tornaram mais evidentes. No contexto da industrialização e urbanização ocorridas no Brasil a partir desse momento, elas começaram a ter participação mais ativa no mundo do trabalho.

Atualmente, essa participação é crescente. Diversas atividades industriais passaram a dar preferência às mulheres no desempenho de determinadas funções. Uma das explicações para aumentar o espaço das mulheres no mercado de trabalho pode estar nos salários, outra explicação é a escolaridade, na medida em que a média de anos de estudo das mulheres atualmente é superior à dos homens.

No entanto, à semelhança do que ocorre em outros países, os rendimentos da mulher são significativamente menores que os da população masculina. Apesar de pequena melhora, a remuneração média das mulheres ocupadas, na primeira década do século XXI, representava aproximadamente 70% em relação à dos homens. Observe o gráfico ao lado.

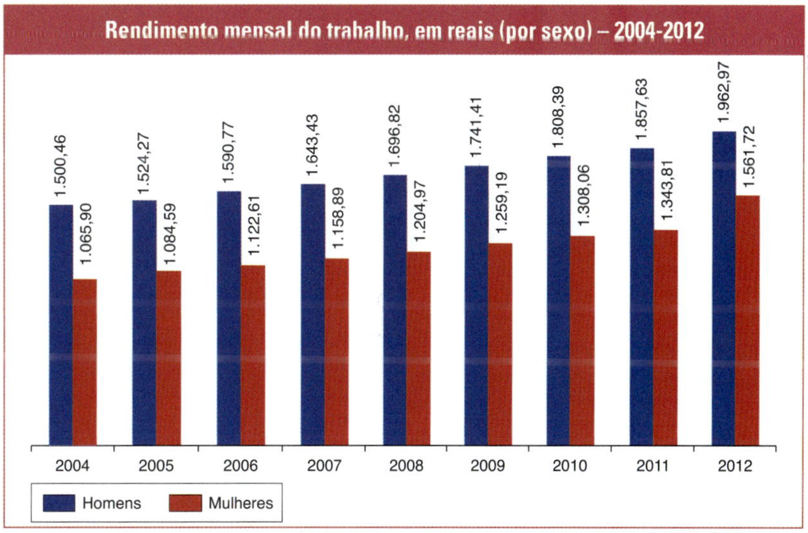

Fonte: IBGE. *Pesquisa Mensal de Emprego*, 2003-2012. Disponível em: <www.ibge.gov.br>. Acesso em: dez. 2013.

- Com base no que você estudou até agora, interprete o gráfico acima.

INTERCONEXÃO

Língua Portuguesa | Arte

ALMANDRADE

O baiano Almandrade (Antonio Luiz M. Andrade) é importante representante da poesia visual. Segundo ele: "A chamada poesia visual nada mais é do que a experimentação da forma visual da poesia, até se descobrir que a palavra não é o seu único elemento. Como artista plástico e poeta, a poesia visual ficou sendo para mim uma prática intermediária entre a poesia e a arte visual".

1. Que leitura você faz dessa poesia visual?

2. Relacione a poesia ao contexto da sociedade brasileira atualmente.

Sexos (1975), do artista Almandrade.

POPULAÇÃO E RENDA

Ao longo da história, os recursos econômicos, a capacidade tecnológica e a produção de alimentos nunca foram tão abundantes quanto o são atualmente. Se fossem igualmente distribuídos, não faltariam recursos para suprir toda a população da Terra. No entanto, para parcela expressiva da população mundial falta o mínimo necessário para sobreviver com dignidade.

Em 2011, havia no mundo cerca de 1,3 bilhão de pessoas abaixo da linha de pobreza. De acordo com o Banco Mundial, pessoas com renda individual inferior a US$ 1,25 ao dia encontram-se nessa situação. Parte expressiva dessa população habita o sul da Ásia e a África Subsaariana. Observe o mapa e faça as atividades.

Planisfério: proporção de população com renda de até US$ 1,25 por dia (em %) – 2012

MARIO YOSHIDA

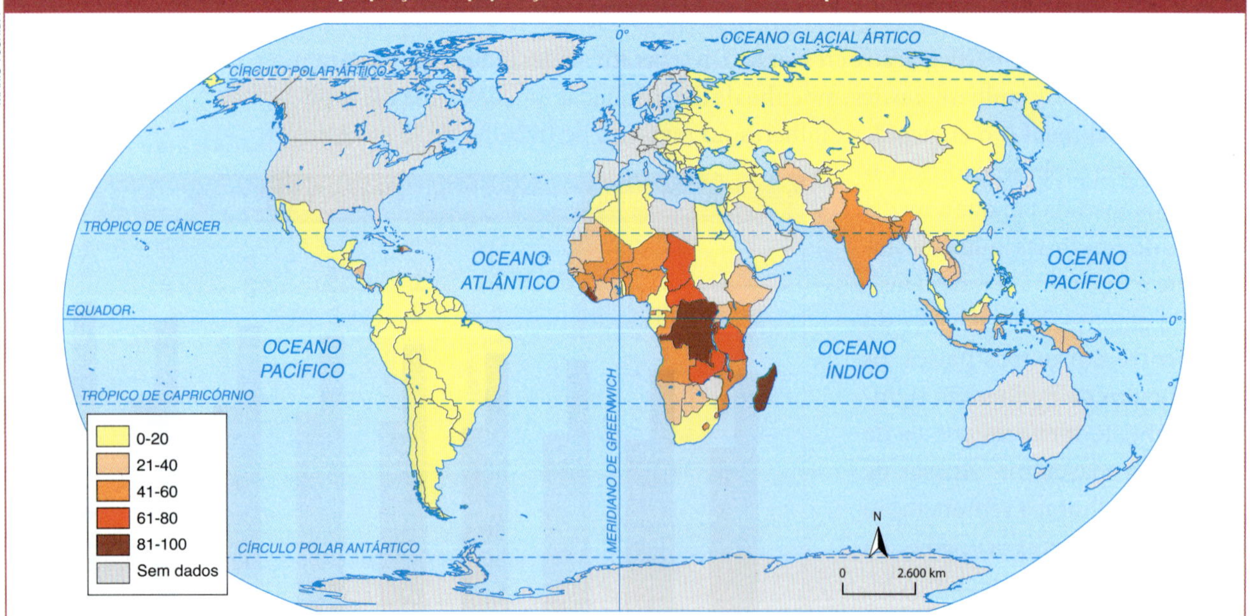

Fonte: BANCO MUNDIAL. *Poverty & Equity Data*. Disponível em: <http://povertydata.worldbank.org>. Acesso em: dez. 2013.

1. Cite as regiões do mundo com maior incidência de pobreza.

2. Consulte o planisfério do final do livro e cite os três países em que mais de 80% da população está em situação de pobreza absoluta.

O contraste econômico e social entre os países que se colocam nos polos extremos de desenvolvimento socioeconômico deverá se acentuar ainda mais – e rapidamente. Isso porque os países desenvolvidos viveram um período de progresso e intensas transformações, enquanto os países bem mais pobres permaneceram estagnados em uma economia de subsistência, sem condições de competir no comércio internacional.

É importante salientar, porém, que os países desenvolvidos começaram a passar por dificuldades econômicas quando a crise de 2007/2008 abalou a estrutura econômica e financeira mundial. O rápido progresso de décadas passadas sofreu uma desaceleração nesses países, com reflexos no nível de emprego. Isso afetou o poder de compra dos cidadãos, levando ao aumento da pobreza também no mundo desenvolvido.

Distribuição da renda

Quando o crescimento da população é maior que a produção de riqueza, a renda média da população (renda *per capita*) tende a diminuir. No entanto, a questão da renda deve ser analisada considerando-se a forma como a riqueza produzida é distribuída entre os diversos grupos sociais.

É a análise da distribuição de renda que permite avaliar as **diferenças sociais**, quantificar a pobreza e o grau de justiça social de uma sociedade. Nesse sentido, a concepção de **pobreza** é relativa. É preciso avaliar os padrões de cada sociedade e as diferenças entre os indivíduos que dela participam. Quanto mais acentuada é a distância entre as classes sociais, maior a pobreza geral da sociedade.

Na primeira década do século XXI, ocorreu uma melhoria na renda de uma parcela importante da população brasileira. Entre 2003 e 2011, milhões de brasileiros migraram das classes pobres e extremamente pobres, classificadas como D e E, para a classe C (com capacidade de consumo além dos produtos básicos de subsistência)[19]. Esses dados refletem um período de crescimento econômico e de adoção de políticas sociais que provocaram transformações na sociedade brasileira. Essa melhoria das condições de vida de parcela significativa da população promoveu a ampliação da capacidade do consumo e, consequentemente, a expansão do mercado interno e das atividades produtivas.

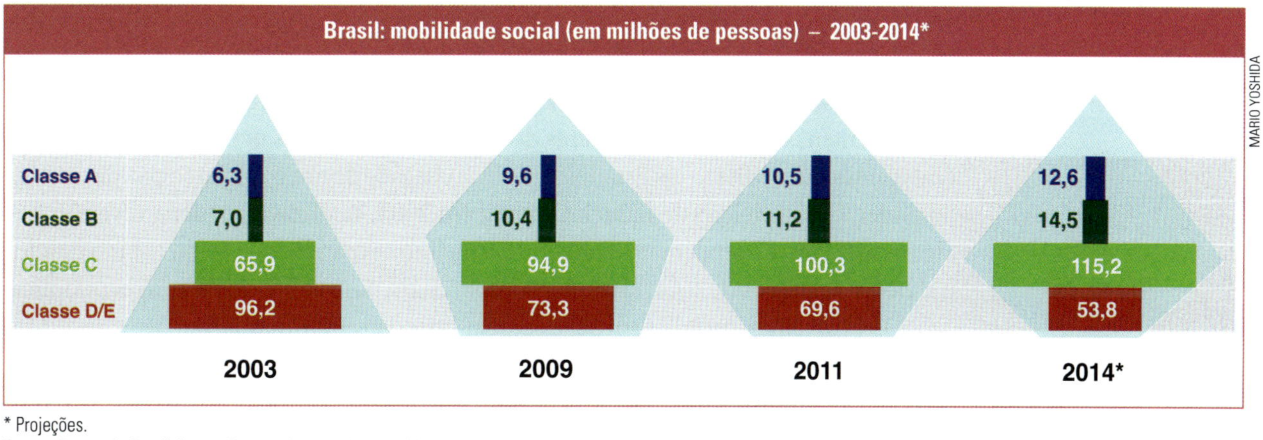

* Projeções.
Fonte: *Economia Brasileira em Perspectiva.* 17 ed. p. 48. Disponível em: <www.fazenda.gov.br>. Acesso em: out. 2013.

19 O critério de classificação por classes, no texto, segue o conceito atribuído ao mercado, cujos critérios principais estão apoiados na renda e no acesso aos bens de consumo. Essa classificação é estipulada pela ABEP (Associação Brasileira de Empresas de Pesquisa) e, portanto, não deve ser confundida com o conceito de classes sociais que possui outra conotação do ponto de vista sociológico.

O papel do Estado

A distribuição da renda não pode ser analisada apenas a partir do valor monetário dos salários e lucros. Em alguns países desenvolvidos, após a Segunda Guerra, foi estabelecido um modelo de Estado que, entre outras atribuições, passou a ter a função de garantir saúde, educação, emprego e moradia (atualmente, considerados direitos essenciais) aos cidadãos.

Trata-se do **Estado do Bem-estar Social** (ou ***Welfare State***, em inglês), que ocorre com maior eficácia na Noruega, na Suécia e na Dinamarca. Esses países aparecem anualmente na lista da ONU como os que oferecem melhor qualidade de vida para a população. Assim, a assistência médico-odontológica e a educação gratuita e de bom nível podem ser consideradas formas de salário indireto e também uma maneira de distribuir renda.

A partir da década de 1980, no entanto, a conjuntura econômica provocou mudanças em vários países desenvolvidos. A elevação do déficit público e a consequente diminuição da capacidade de investimento de seus governos, a par do desemprego estrutural, levaram a uma profunda reestruturação no papel do Estado, no que se refere às suas atribuições em termos de benefícios sociais. É o caso dos Estados Unidos e do Reino Unido, que optaram, na década de 1980, pelo **Estado neoliberal**. Houve uma redução nas atribuições do Estado, com privatização de atividades produtivas, acompanhada de cortes de gastos públicos em setores como saúde, educação, seguridade social (seguro-desemprego, por exemplo).

Na década de 1990, quase todos os países da União Europeia tinham realizado reformas em seu sistema de seguridade social, em razão da busca de maior competitividade e da redução do déficit público elevado. Essa situação ficou conhecida como crise do Estado do Bem-estar Social.

Os que defendem as ideias neoliberais pregam que as questões econômicas – e muitas das questões sociais – sejam resolvidas no âmbito do mercado e apoiam a ideia de um Estado Mínimo. Segundo a visão neoliberal, o custo de sustentação do Estado do Bem-estar Social apoia-se em impostos elevados, o que impede a ampliação dos investimentos privados em atividades econômicas geradoras de emprego. E o aumento do número de postos de trabalho é o principal caminho para a resolução das questões sociais.

Entretanto, como visto no caso da **crise financeira e econômica iniciada em 2007/2008** e seus desdobramentos, o Estado tem papel fundamental na regulação dos mercados, no sistema capitalista, e na intervenção em caso de crise. Naquele contexto, o socorro às instituições privadas (bancos, seguradoras, corporações industriais) consumiu centenas de bilhões de dólares dos governos dos países mais ricos e de diversos emergentes. Além disso, nos Estados Unidos, a chegada de um governo social-democrata ao poder, com a eleição de Barack Obama, em 2008, sinalizava pequena reversão, em alguns aspectos, da tendência neoliberal e o melhor reaparelhamento do Estado estadunidense, em termos de seguridade social, sobretudo num contexto de crise econômica.

Os problemas sociais provocados pela crise geraram manifestações em todo o mundo contra a desigualdade de renda, a influência do mercado financeiro nos rumos da política e a oposição ao modelo econômico neoliberal. Os movimentos **Occupy Wall Street** (**Ocupe Wall Street**), que se espalhou por diversas cidades dos Estados Unidos, e **Indignados**, na Espanha, são alguns exemplos da insatisfação popular em relação ao papel do Estado frente aos grandes problemas sociais. Movimentos semelhantes ocuparam espaços públicos de outros países europeus.

É importante lembrar que protestos contra o neoliberalismo ocorrem desde a década de 1990, principalmente nas reuniões da Organização Mundial do Comércio (OMC) e do **Fórum Econômico Mundial**, onde estão presentes as principais lideranças empresariais e políticas de todo o mundo. Em oposição ao Fórum Econômico Mundial, foi criado em 2001 o primeiro **Fórum Social Mundial** composto de movimentos socioambientais, políticos e intelectuais que defendem uma alternativa ao neoliberalismo.

FABIAN

Manifestação dos Indignados, em Madri (Espanha), 2012.

A outra face da distribuição de renda refere-se às **distorções tributárias**, ou seja, ao recolhimento de impostos. Em boa parte dos países, em especial nos subdesenvolvidos (entre eles, o Brasil), os impostos indiretos (que incidem sobre a produção e comercialização de mercadorias) são, muitas vezes, excessivos, tanto em valores quanto em número de tributos. No conjunto, são maiores do que os impostos diretos (que incidem sobre as propriedades, as rendas obtidas com as propriedades – aluguéis –, os rendimentos salariais e as aplicações financeiras).

Isso eleva o preço dos produtos e obriga todos os consumidores a pagar esses tributos de forma equitativa, independentemente de sua classe social. Dessa forma, por exemplo, quando uma pessoa com rendimento mensal de um salário mínimo compra um quilo de arroz, o valor dos impostos indiretos que ela paga sobre o produto é proporcionalmente maior do que o valor pago por outra pessoa que ganha vinte salários mínimos.

A **redistribuição de renda** é muito mais do que uma **política de justiça social**. A concentração de renda leva o setor produtivo da sociedade a voltar-se para um pequeno segmento de consumidores com maior poder aquisitivo. A desconcentração da renda gera novos consumidores, dinamiza a economia, criando, consequentemente, empregos.

INTERCONEXÃO

Língua Portuguesa

JEAN GALVÃO

Folha de S.Paulo, 11 dez. 2012. p. A2.

Em 2012, foi aprovada a lei que obriga a discriminação do valor dos impostos de cada mercadoria na nota fiscal. Com base nessa informação, no texto do capítulo e na ironia do cartum, escreva um texto humorístico abordando a questão do ponto de vista ambiental.

EXCLUSÃO SOCIAL

Índice de Gini

criado pelo matemático italiano Conrado Gini, é um instrumento para medir o grau de desigualdade. Ele varia de zero a um (ou de zero a cem). O valor zero representa a situação de igualdade absoluta: no caso da avaliação sobre a renda, todos os indivíduos da sociedade teriam o mesmo rendimento. O valor um (ou cem) está no extremo oposto, o de desigualdade absoluta.

A globalização e a revolução tecnológica, geradas primordialmente nos países desenvolvidos, não proporcionaram o que é mais importante para os países subdesenvolvidos: condições e mecanismos para eliminar a pobreza. Os avanços da medicina não propiciaram redução acentuada das doenças, e a revolução dos meios de comunicação não levou informação e conhecimento para os povos que mais necessitam ampliar seu nível educacional e cultural.

As conquistas econômicas das maiores empresas e dos países desenvolvidos foram extraordinárias, mas as conquistas sociais dos subdesenvolvidos, em geral, foram pouco expressivas, atingindo parcela mínima da população.

Não existe uma categoria única de **excluídos da sociedade**. Os excluídos são os desempregados, os inválidos, as pessoas com deficiência, as vítimas de preconceito racial, as mulheres e as crianças na maior parte dos países do mundo, os imigrantes, as minorias étnicas e religiosas e todos os pobres, que não têm assegurado o direito a uma alimentação saudável, à educação, à informação e ao trabalho.

O Brasil possui um dos maiores PIBs do mundo[20]. No entanto, apresenta também uma das piores distribuições de renda. Observe o mapa do **índice de Gini** na seção *Olho no espaço*.

OLHO NO ESPAÇO

Consulte o planisfério que está no final do livro e observe as informações do mapa abaixo.

Planisfério: distribuição de renda, segundo o índice de Gini – 2011

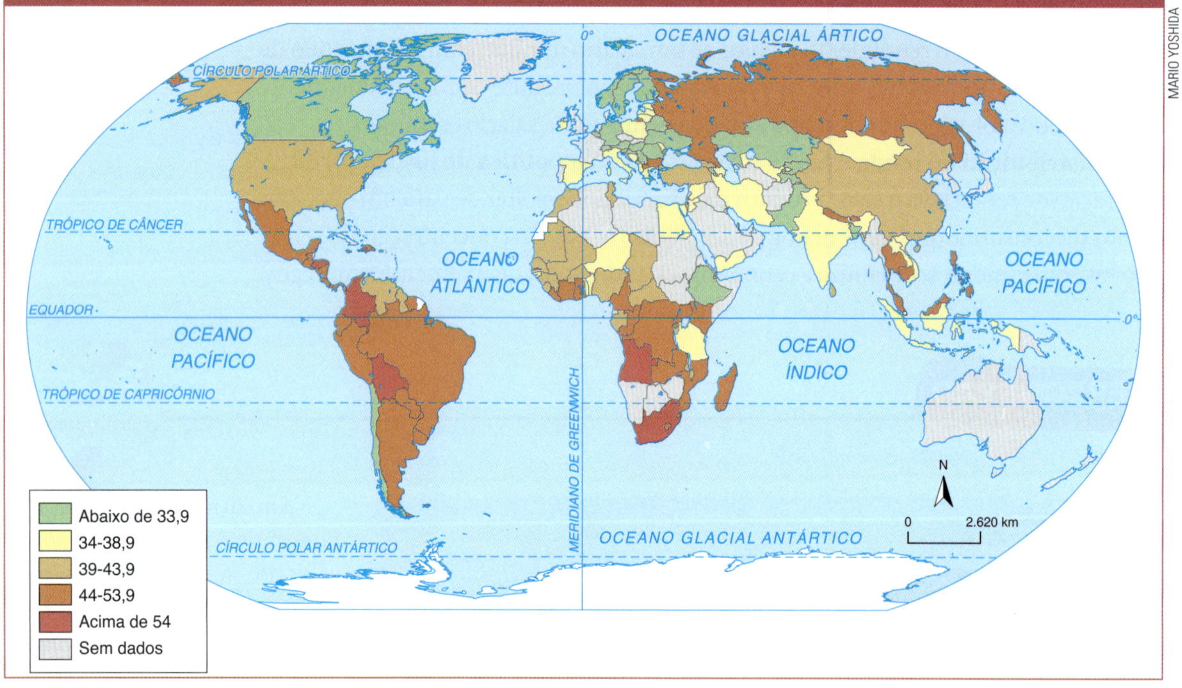

Fonte: PNUD. Relatório do Desenvolvimento Humano 2011. *Sustentabilidade e Equidade*: um futuro melhor para todos. Disponível em: <http://hdr.undp.org>. Acesso em: dez. 2012.

O índice de Gini do Brasil em 2011 era igual a 53,9.

1. Caracterize a posição da distribuição de renda do Brasil em relação aos demais países do mundo. Cite três países que apresentam maior desigualdade que o Brasil.

2. Qual é o país que, entre os desenvolvidos, tem a pior distribuição de renda?

---

20 Em 2012, o Brasil ocupou a 7ª posição no *ranking* mundial.

ÍNDICE DE DESENVOLVIMENTO HUMANO (IDH)

O Índice de Desenvolvimento Humano (IDH), criado pela ONU no início da década de 1990, atualmente resulta do cruzamento de três indicadores básicos:

- o **Rendimento Nacional Bruto (RNB)** *per capita* (por indivíduo), que é a renda nacional bruta dividida pelo número de habitantes do país, expresso em dólares e **ajustado ao poder de compra** da população de cada país;
- o grau de conhecimento, baseado na escolaridade;
- a expectativa de vida, denominada longevidade.

O IDH permite diferenciar países que, apesar de possuírem economias semelhantes, possuem diferenças nas condições de vida da população. Esse índice é, hoje, o principal indicador para analisar a situação social e econômica dos países, pois ressalta como o crescimento econômico foi revertido em benefícios sociais para a população.

Desde 1993, esse índice vem sendo usado pelo Programa das Nações Unidas para o Desenvolvimento (PNUD), que anualmente divulga as condições socioeconômicas dos países-membros da ONU. Os países são classificados em quatro grupos: IDH muito alto, IDH alto, IDH médio e IDH baixo. Essa classificação está baseada no índice de Gini: quanto mais próximo de 1, melhor é o Índice de Desenvolvimento Humano.

Planisfério: distribuição do desenvolvimento humano – 2012

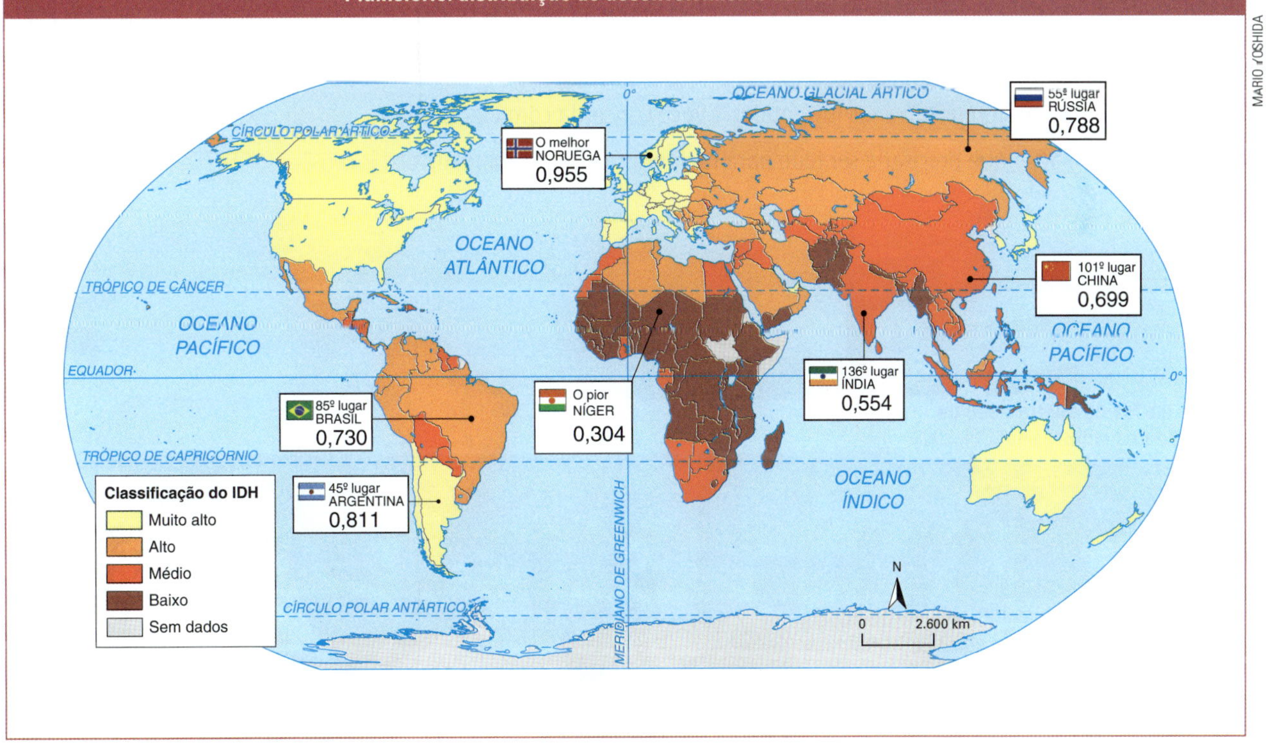

Fonte: PNUD. In: *Folha de S.Paulo*, 15 mar. 2013.

As classificações do IDH são relativas, baseadas em quatro grupos de distribuição do IDH pelos países: IDH muito alto, alto, médio e baixo. Dessa forma, entre os 187 países avaliados, dois grupos têm de ter países a mais. Os grupos de IDH muito alto e baixo têm 46 países cada um, o grupo de IDH alto tem 47 países e o grupo de IDH médio tem 48 países.

PONTO DE VISTA

População juvenil no Brasil e seu perfil educacional

"Uma parte significativa da juventude brasileira apresenta grandes dificuldades em conseguir uma inserção de boa qualidade no mercado de trabalho. Frequentemente, essa inserção é marcada pela precariedade, o que torna difícil a construção de trajetórias de trabalho decente. Elevadas taxas de desemprego e de informalidade, e baixos níveis de rendimentos e de proteção social evidenciam essa dificuldade. Em termos relativos, os jovens apresentam taxas de desocupação e informalidade superiores, e níveis de rendimento inferiores à média da população trabalhadora.

A juventude brasileira foi afetada pelas transformações econômicas e sociais das décadas de 1980 e 1990, pelo baixo ritmo de crescimento econômico, e pelo processo de desestruturação do mercado de trabalho que caracterizou o período. Por outro lado, o cenário de recuperação do emprego formal e de redução da informalidade, característico dos anos 2004 a 2008, não beneficiou os jovens da mesma forma que os adultos. [...]

Os jovens, enquanto segmento social, possuem uma singularidade e uma identidade geracional que dão origem a questões próprias e diferentes do contexto de outros grupos etários. Apesar dessa singularidade geracional, a juventude apresenta uma heterogeneidade elevada, o que nos leva a considerar que existem *várias juventudes*. Os jovens são de diversas raças e classes sociais, alguns têm acesso a uma educação de boa qualidade e a outros ativos produtivos que lhes garantem uma adequada inserção no mercado de trabalho, enquanto os outros sofrem com a falta de acesso a direitos básicos, o que compromete sua inclusão social e no mercado de trabalho. Uma análise adequada da juventude no Brasil implica, necessariamente, a consideração dessas diversidades. [...]

A situação educacional dos jovens brasileiros é um misto de avanços, problemas, desigualdades e desafios. Os avanços se referem ao fato de que os jovens atualmente passam mais tempo na escola e têm maior escolaridade que os adultos. Contudo, há desigualdades expressivas no acesso à educação (por faixa de renda, raça/cor, rural e urbano, e por região do país), e problemas com a qualidade do sistema educacional. [...]"

Trabalho decente e juventude no Brasil. Brasília: Organização Internacional do Trabalho, 2009. p. 19, 26 e 27.

1. O que significa a expressão "várias juventudes"? Você concorda com ela? Explique.

2. Em sua opinião, o que precisaria ser feito para melhorar a empregabilidade dos jovens?

Jovens em fila de contratação de trabalhadores em Brasília (DF), 2009.

BRENO FORTES/CB/D.A PRESS

[COMPREENSÃO E ANÁLISE]

1. Observe o infográfico e responda às questões.

Peso de cada categoria social na composição da população, dos salários e do consumo – 2011

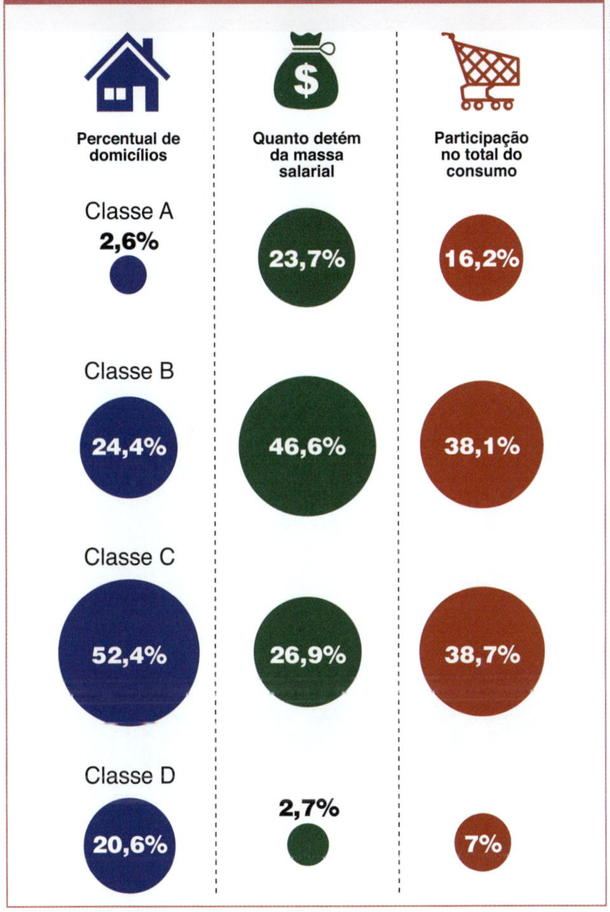

MARIO YOSHIDA

Fonte: IBOPE INTELIGÊNCIA, 2011. In: *IstoÉ*, Ed. 2210, 16 mar. 2012. Disponível em: <www.istoe.com.br>. Acesso em: dez. 2013.

a) Os dados do infográfico registram uma mudança na composição dos grupos sociais de acordo com rendimentos familiares, na última década. Explique essas mudanças.

b) Discuta, a partir dos dados, a importância da distribuição de renda para o crescimento econômico.

2. Quais fatores contribuíram para a maior diversificação no grau de especialização das atividades profissionais após a Revolução Industrial?

3. Caracterize o Estado do Bem-estar Social (*Welfare State*) e analise as razões de seu desmantelamento nas últimas décadas.

4. Que diferença existe entre as causas que motivaram a entrada da mulher no mercado de trabalho nos países desenvolvidos e nos subdesenvolvidos?

5. Relacione o gráfico com a atual fase do desenvolvimento do capitalismo no Brasil e no mundo.

Brasil: população ocupada por nível de estudo (em %) – 2003 e 2011

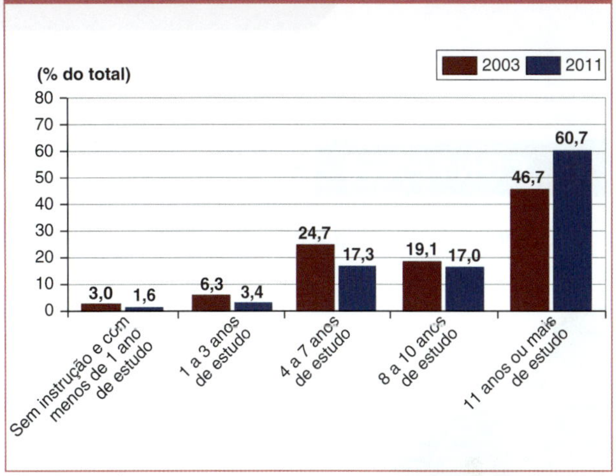

MARIO YOSHIDA

Fonte: MINISTÉRIO DA FAZENDA. *Economia brasileira em perspectiva.* 15. ed. Abr. 2012. p. 51. Disponível em: <www.fazenda.gov.br>. Acesso em: dez. 2013.

6. Observe a imagem a seguir.

FRIEDRICH STARK/ALAMY/GLOW IMAGES

Vendedores ambulantes em Lusaka (Zâmbia), 2012.

O Brasil registrou uma queda expressiva no número de trabalhadores inseridos no tipo de economia representado pela foto.

a) Qual a classificação genérica para esse tipo de atividade econômica?

b) Que grupo de países apresenta grande quantidade de população envolvida em atividades semelhantes à mostrada na foto?

c) Comente as razões e as consequências da forte presença desse tipo de economia nesse grupo de países.

CAPÍTULO 35

POVOS EM MOVIMENTO

CONTEXTO

Observe as imagens a seguir.

ZUMA WIRE SERVICE/ALAMY/GLOW IMAGES

Muro separa trecho da fronteira do México com os Estados Unidos. À esquerda do muro, San Diego (Estados Unidos); à direita, Tijuana (México), 2011.

© BETTMANN/CORBIS/LATIN STOCK

Crianças brincam sobre blocos de concreto do lado ocidental do muro que dividiu Berlim (Alemanha) até novembro de 1989. Fotografia de 1963.

DISCUTA

1. Quais foram os objetivos da construção de cada um dos muros retratados?
2. A construção desses muros atingiu seus objetivos? Justifique sua resposta.
3. Você é favorável à política de construção de muros entre fronteiras? Por quê?
4. No caso das migrações internacionais, você sabe quais países são mais procurados? De quais continentes ou regiões partem mais migrantes? O que motiva esses movimentos?

GLOBALIZAÇÃO E MIGRAÇÕES

A partir do século XVI, até pelo menos as primeiras décadas do século XX, os principais movimentos migratórios em escala transcontinental ocorriam da Europa para outras regiões do globo, sobretudo para a América, mas também para a África e Ásia. Observe o mapa.

A grande migração transatlântica – Fim do século XIX a início do século XX

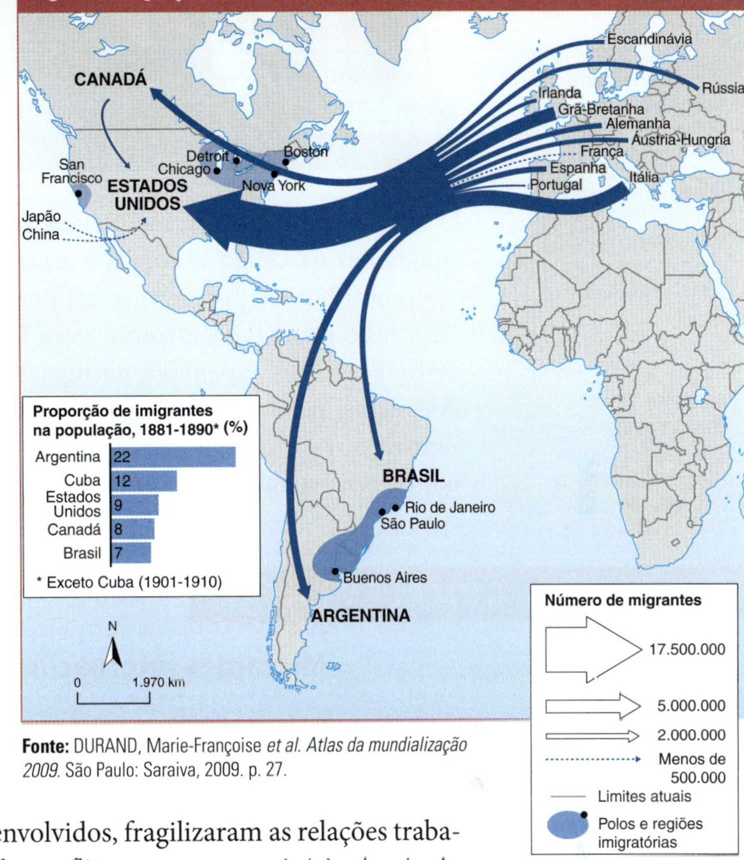

Fonte: DURAND, Marie-Françoise *et al. Atlas da mundialização 2009*. São Paulo: Saraiva, 2009. p. 27.

Hoje, os **fluxos migratórios internacionais** mais importantes ocorrem, de certo modo, na direção inversa. Estados Unidos e Canadá, no entanto, sobretudo os Estados Unidos, continuam recebendo expressivo número de imigrantes, conforme você discutiu na seção *Contexto*.

O sentido desses fluxos é, em muitos casos, resultado do distanciamento (cada vez maior) entre a riqueza acumulada nos países desenvolvidos e a situação de pobreza enfrentada por parcela significativa da população dos demais países.

Com efeito, os principais fatores que **propulsionam a dinâmica migratória** são a desigualdade socioeconômica entre os países e o desemprego estrutural e conjuntural. Entre os acontecimentos que estimularam as migrações internacionais nas últimas décadas destacam-se: o ciclo recessivo da economia mundial, na década de 1980; a crise dos países socialistas, nas décadas de 1980 e 1990; as políticas neoliberais, que, ao serem incorporadas pelos países subdesenvolvidos, fragilizaram as relações trabalhistas e retiraram a proteção social; além de conflitos e guerras no início do século XXI, como Iraque e Afeganistão, entre outros.

O desenvolvimento dos meios de transporte e de comunicação nas últimas décadas também facilitou o deslocamento dos imigrantes para regiões mais distantes de sua terra de origem.

A evolução tecnológica, no contexto de um mundo globalizado, intensificou as disputas entre as empresas e a competição entre os profissionais no mercado internacional. Com as novas formas de produção de mercadorias e a crescente informatização do sistema financeiro e dos serviços bancários e comerciais, as atividades econômicas estão absorvendo cada vez menos trabalhadores, especialmente os de baixa qualificação.

Se nos países desenvolvidos o índice de população desocupada é preocupante, nos países subdesenvolvidos, que ainda mantêm um índice de crescimento populacional elevado ou relativo (caso dos subdesenvolvidos industrializados), as perspectivas em longo prazo preocupam ainda mais.

Os países subdesenvolvidos atraem investimentos de empresas multinacionais, visando dinamizar sua economia, elevar a entrada de divisas e aumentar sua capacidade de produção e exportação de mercadorias e serviços, e ampliar a oferta de empregos. No entanto, em muitos casos, a entrada de empresas estrangeiras competitivas provoca a falência de empresas nacionais que utilizavam muita mão de obra e pouca tecnologia.

Pessoas fazem fila em frente a uma agência de empregos do governo em Madri (Espanha), 2012. O movimento de pessoas dentro do país de origem e entre fronteiras ocorre, sobretudo, visando enfrentar os desafios econômicos trazidos pela globalização.

PABLO BLASQUEZ DOMINGUEZ/AFP

Organização para Cooperação e Desenvolvimento Econômico (OCDE)

Órgão internacional e intergovernamental, com sede em Paris, que reúne os países mais desenvolvidos e alguns emergentes, como México, Chile e Turquia. A OCDE elabora pesquisas, discute políticas econômicas e formas de promover o desenvolvimento da economia mundial.

Se por um lado a crise iniciada em 2007/2008 fez intensificar as barreiras aos imigrantes na União Europeia e acabou reduzindo o fluxo imigratório, por outro vem contribuindo para a emigração nos países mais afetados por ela. Nesse sentido, de acordo com a **Organização para Cooperação e Desenvolvimento Econômico (OCDE)**, gregos, espanhóis, portugueses e italianos passaram a buscar empregos na Alemanha, por exemplo. Alguns espanhóis e portugueses também migraram para outros países, inclusive o Brasil. No entanto, a OCDE apontava que, a partir de 2011, a imigração voltava a crescer na maioria dos países da União Europeia.

LEITURA COMPLEMENTAR

Migrantes internacionais

"A Organização Internacional para as Migrações (OIM), órgão intergovernamental composto por 132 nações e 17 países observadores, define a imigração como 'uma das questões globais determinantes do início do século XXI'. O impulso para mudar de país, fortalecido pelo transporte intercontinental e pelo maior conhecimento sobre o mundo, que nos chega através dos meios de comunicação de massa e das redes sociais, leva muitos à busca de uma vida melhor.

As Nações Unidas definem **migrante**[21] como a pessoa que residiu em país estrangeiro por mais de um ano, independentemente dos motivos – quer voluntária ou involuntariamente – ou dos meios utilizados – lícitos ou não. Os que vivem em outro país sem autorização ou documentação são considerados 'migrantes irregulares', enquanto os clandestinos ou levados pelo tráfico de um país para outro são considerados 'migrantes ilegais.'"

Entretanto, é comum referir-se a ambos como **migrantes ilegais**.

FUNDO DE POPULAÇÃO DAS NAÇÕES UNIDAS (UNFPA). *Relatório sobre a situação da população mundial 2011*. p. 66. Disponível em: <www.un.cv>. Acesso em: jan. 2013.

Migrações internacionais

DICA

SITE

International Organization for Migration

www.iom.int/cms/en/sites/iom/home/about-migration/world-migration.html

Mapa interativo que mostra o fluxo de imigrantes, país por país (em inglês).

Os deslocamentos populacionais fazem parte da história da humanidade, tendo sido responsáveis pela formação dos diversos povos e dos próprios elementos culturais que os caracterizam. Os grupos étnicos existentes só podem ser entendidos a partir da análise desses deslocamentos, considerando-se os choques e as assimilações culturais dos povos ao longo da história.

Com os deslocamentos populacionais, extensas regiões da Terra foram sendo ocupadas e colonizadas. O continente americano é um bom exemplo desse processo. Atualmente, as migrações internacionais alcançaram um volume bastante expressivo. Milhões de pessoas cruzam as fronteiras entre os países todos os anos em busca de

21 Neste caso, o conceito refere-se à situação de migração internacional.

oportunidades de estudo, ascensão profissional e pessoal, ou fugindo da violência, de guerras e perseguições políticas e religiosas.

Quase todas as **grandes cidades do mundo** possuem **comunidades de imigrantes**, algumas das quais numericamente significativas. São exemplos a grande concentração de turcos em Frankfurt e Berlim, na Alemanha; de chineses em Vancouver, no Canadá; de argelinos em Paris, na França; de indianos e paquistaneses em Londres, na Inglaterra; e de **hispânicos** e povos de quase toda parte do mundo em diversas cidades dos Estados Unidos.

MICHAEL KEMP/ALAMY/GLOW IMAGES

Imigrantes indianos em Londres (Inglaterra), 2010.

Apesar de buscarem conquistas sociais, a maioria desses imigrantes recebe baixa remuneração, e os que vivem em condição ilegal sofrem com a falta de assistência social, de acesso aos sistemas públicos de seguridade social, como saúde e previdência, de educação, de habitação, de transporte, entre outros. Isso leva à precarização de suas condições de vida e de trabalho, principalmente nas grandes cidades. Ainda assim, de maneira geral, têm melhores perspectivas em outros países do que em seus países de origem.

Hispânico
refere-se a imigrante oriundo de país da América de língua espanhola.

Uma importante mudança verificada nas últimas décadas nos movimentos populacionais internacionais é a presença cada vez maior de **mulheres migrantes**. Essa **feminização** das **migrações internacionais** pode ser atribuída às conquistas femininas que provocaram alterações no papel da mulher em muitas sociedades e, consequentemente, à sua maior participação no mercado de trabalho. No início do século XXI, as mulheres representavam aproximadamente 50% dos migrantes internacionais.

De acordo com dados do Departamento de Assuntos Econômicos e Sociais da ONU, em meados de 2013, havia 232 milhões de imigrantes no mundo, equivalendo a 3,2% da população mundial. Em 1990, o número de imigrantes era de 154 milhões e, em 2000, 175 milhões.

Uma parte desse contingente, cerca de 15%, migrou em decorrência de perseguições políticas (fugindo de guerras ou de regimes ditatoriais para buscar proteção em outros países), secas ou outros desastres ambientais. A maioria, porém, é formada por pessoas que migraram por motivos econômicos, ou seja, que decidiram trocar uma situação de vida sem perspectivas em sua terra de origem pela esperança de consegui-las em outros países.

Embora o principal fluxo das migrações internacionais se dê dos países subdesenvolvidos para os desenvolvidos, é importante salientar que eles ocorrem em todas as direções, inclusive entre países de nível de desenvolvimento semelhante. A Arábia Saudita, onde o petróleo ajuda a dinamizar a economia, recebe principalmente imigrantes de outros países mais pobres do Oriente Médio; já a Rússia recebe muitos imigrantes de países que eram ex-repúblicas da antiga URSS. Observe a tabela ao lado.

Países com maior número de migrantes internacionais – 2013

País	Número de imigrantes (em milhões)	População total do país (em milhões)
Estados Unidos	45,8	316,2
Federação Russa	11,0	143,5
Alemanha	9,8	80,6
Arábia Saudita	9,1	30,1
Emirados Árabes Unidos	7,8	9,3
Reino Unido	7,8	64,1
França	7,4	63,9
Canadá	7,3	35,3
Austrália	6,5	23,1
Espanha	6,5	46,6

Fontes: ONU. Department of Economic and Social Affairs. Population Division. *Global migration statistics reveal.* Disponível em: <http://esa.un.org>; PRB. *2013 World Population Data Sheet.* Disponível em: <www.prb.org>. Acessos em: out. 2013.

DICAS

FILMES

La traversée (A travessia)
França, 2006. Direção: Elizabeth Leuvrey. Duração: 55 min.

Passageiros que viajam entre Argélia e Marselha mostram sua visão da imigração.

Biutiful
Espanha/México, 2010. Direção: Alejandro González Iñárritu. Duração: 147 min.

Pai com câncer cuida sozinho de dois filhos e ganha a vida com negócios ilícitos, entre eles, a intermediação da exploração do trabalho ilegal de imigrantes chineses.

Migração por razões econômicas

Como vimos, aqueles que migram por razões econômicas dirigem-se principalmente para países ricos ou mais desenvolvidos que o de origem. Após as guerras mundiais, os países europeus – principalmente Alemanha, França e Reino Unido – estimularam a imigração de mão de obra barata, oriunda de países subdesenvolvidos. Essa migração foi importante para a reconstrução do continente, além de equilibrar o déficit populacional decorrente da morte de milhões de pessoas na Segunda Guerra Mundial.

Atualmente, esses mesmos países fazem inúmeras restrições à entrada de imigrantes, sem, contudo, conseguir evitar totalmente o movimento migratório. Os imigrantes continuam atravessando fronteiras, sobretudo de forma ilegal e sob o risco de deportação quando descobertos pelas autoridades locais.

Em quase todos os países desenvolvidos, são encontrados grupos políticos de extrema-direita contrários à entrada de imigrantes. Esses grupos, dependendo do país, contam com o apoio de parcela significativa da população e, em muitos casos, chegam a propor o **repatriamento** de imigrantes, inclusive daqueles que tiveram sua situação regularizada.

Nem sempre são as pessoas pobres que migram. A migração para os países desenvolvidos atinge, em sua maior parte, a população de renda média dos países subdesenvolvidos ou emergentes. No início do século XXI, os mais de dois milhões de brasileiros que viviam no exterior pertenciam sobretudo às classes média e média baixa.

PETROS GIANNAKOURIS/AP PHOTO/GLOW IMAGES

Imigrantes ilegais são presos em Atenas (Grécia), na operação Zeus Xenios, 2012. A Grécia é uma das importantes portas de entrada de imigrantes ilegais nos países da União Europeia.

Repatriamento
ação de fazer retornar à pátria ou ao país de origem.

A migração rumo aos países desenvolvidos é acessível a uma pequena parte da população. Quem migra por razões de miséria absoluta mal consegue ultrapassar as fronteiras do próprio país ou do próprio continente. Na África e em algumas regiões da Ásia (sul e sudeste), a situação de miséria dificulta a saída das pessoas do continente; elas se deslocam, então, de regiões fragilizadas economicamente para outras, que tampouco podem oferecer-lhes melhores perspectivas.

É na África Subsaariana que ocorre a maior movimentação de migrantes: milhões de pessoas mudam de país, muitas vezes também em razão de conflitos (guerras civis e perseguições políticas e étnicas, que agravam a situação de pobreza), mas não conseguem sair do continente. Parte considerável dos fluxos migratórios oriundos da África Subsaariana se dirige à África do Sul, país com maior PIB do continente.

Barreiras e incentivos aos imigrantes

A intensificação das migrações internacionais das últimas décadas coincidiu com transformações que tornaram o mercado de trabalho mais restritivo e seletivo no mundo desenvolvido. Na Europa, principalmente, o índice de desemprego atingiu patamares altos nas últimas décadas do século XX e no início do século XXI, e não se observa uma reversão significativa das taxas de população desocupada, a médio prazo.

No mundo desenvolvido, muitos dos que ficam desempregados não conseguem regressar ao mercado de trabalho exercendo atividades cuja qualificação profissional corresponda à exigida no emprego anterior. Assim, boa parte dos trabalhos de baixa qualificação, tradicionalmente realizados pelos imigrantes, passou a ser disputada pela população local, restringindo as opções que sempre estiveram abertas aos estrangeiros. Tal situação tem contribuído muito para a ampliação dos conflitos sociais entre os imigrantes e as populações nativas.

Há, no entanto, o outro lado da moeda. Muitos países desenvolvidos desejam – e até estimulam – o ingresso de determinados imigrantes. No geral, são aqueles com alta qualificação: cientistas, pesquisadores e outros profissionais ligados à área de informática. Dessa forma, esses profissionais, no lugar de contribuir para o desenvolvimento técnico-científico de seu país de origem, o fazem para os mais desenvolvidos. Esse fenômeno é conhecido como "migração de cérebros".

DICA

SITE

Alto Comissariado das Nações Unidas para Refugiados (ACNUR)
www.acnur.org.br
Este *site* da agência da ONU para os refugiados visa à promoção dos direitos dos refugiados nas Américas e países lusófonos.

Os refugiados

A perseguição aos judeus e a outros grupos étnicos e religiosos, durante a Segunda Guerra Mundial, alertou o mundo para a necessidade de ampliar a proteção internacional às vítimas de perseguição e para a estruturação de um programa de asilo que envolvesse o maior número possível de países.

A Assembleia Geral da ONU criou, em 1950, o Alto Comissariado das Nações Unidas para Refugiados (ACNUR). No ano seguinte, 1951, a Convenção de Genebra estabeleceu um acordo internacional sobre os refugiados, sob controle e supervisão do ACNUR: **Convenção Relativa ao Estatuto dos Refugiados**. Ficou estabelecido que

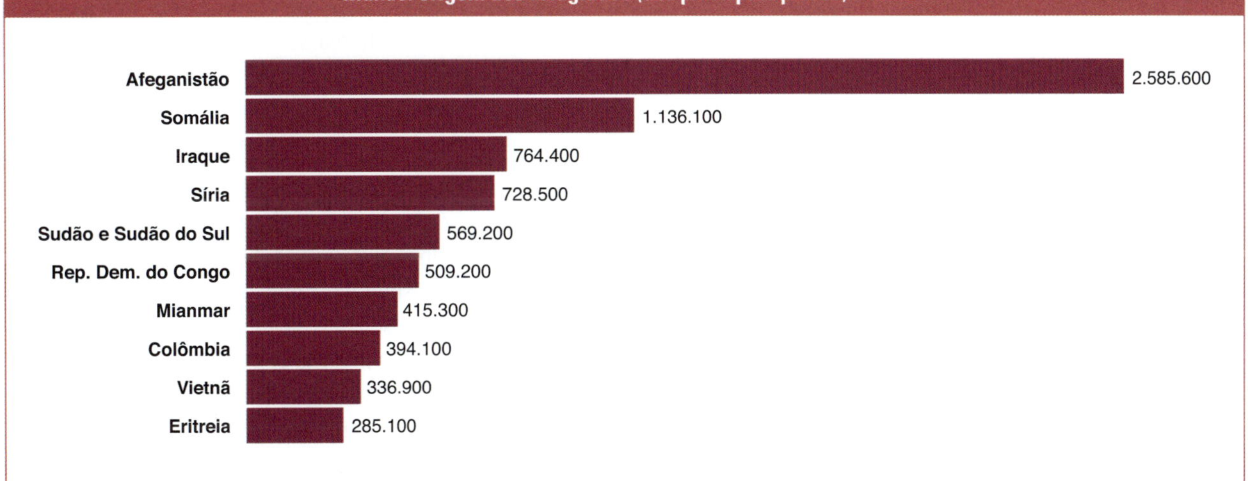

Mundo: origem dos refugiados (dez principais países) – 2012

Fonte: ACNUR. *Global Trends 2012*. p. 11. Disponível em: <http://unhcr.org>. Acesso em: nov. 2013.

DICA

LEITURA

Refugiados: em busca de um mundo sem fronteiras
Ricardo Bown. São Paulo: Escala Educacional, 2005.

O autor aborda o drama dos que são obrigados a fugir de seu país e buscar refúgio em outro lugar, onde, muitas vezes, sofrem discriminação e preconceito.

"são refugiados as pessoas que se encontram fora de seu país por causa de fundado temor de perseguição por motivos de raça, religião, nacionalidade, opinião política ou participação em grupos sociais, e que não possam (ou não queiram) voltar para casa". Esse estatuto foi ampliado posteriormente e atualmente inclui, também, pessoas que fogem do seu país de origem devido a conflitos armados, violência e violação massiva dos direitos humanos.

Em 2012, havia cerca de 10 milhões de refugiados no mundo, sendo que apenas dois terços estavam sob a proteção do ACNUR, a maioria em países asiáticos e africanos, cujos deslocamentos ocorrem dentro desses mesmos continentes. Na Europa, eles são oriundos de outros continentes, especialmente da África e da Ásia. O Brasil abrigava, nesse mesmo ano, mais de 4.700 pessoas de cerca de 79 nacionalidades, sob a proteção do Comitê Nacional para os Refugiados (Conare).

LEITURA COMPLEMENTAR

Mais atenção aos migrantes climáticos

"Estimativas da ONU apontam que até 2050 o mundo terá 250 milhões de migrantes climáticos, pessoas que abandonam suas terras por causa dos efeitos das mudanças climáticas.

As mudanças climáticas provocam o crescente deslocamento de populações fugidas da seca, da cheia de rios e do aumento do nível do mar. Segundo estimativas da Agência da Organização das Nações Unidas para Refugiados, existem hoje 50 milhões de migrantes climáticos. E a previsão da organização é de que esse número chegue a 250 milhões até 2050.

Nesse contexto, um grupo internacional de 12 pesquisadores, incluindo brasileiros, propõe, na seção 'Fórum Político' da *Science* [...], medidas para um melhor planejamento desses deslocamentos populacionais. [...]

A principal recomendação é a criação de um aparato legal internacional que dê suporte ao reassentamento das populações afetadas pelas mudanças climáticas. De acordo com os autores, algumas diretrizes já redigidas – como os Princípios Orientadores Relativos aos Deslocados Internos, adotados pela Comissão de Direitos Humanos da ONU em 1998, e as deliberações sobre mudanças climáticas e deslocamento populacional da Agência de Refugiados da ONU – devem servir de guia para tratar da questão. Entretanto, eles salientam que esses documentos não contêm recomendações concretas sobre o reassentamento das populações afetadas.

'É preciso haver uma guia de planejamento e acompanhamento depois do deslocamento', diz o principal autor do artigo, o geógrafo Alexander de Sherbinin, da Universidade de Columbia, nos Estados Unidos.

'O reassentamento implica muito mais do que uma simples realocação espacial, é um processo complexo que envolve desafios e riscos como a falta de emprego e de moradia apropriada e possíveis impactos negativos culturais e psicológicos.'

As Ilhas Carteret estão sendo evacuadas desde 2005, pois se estima que fiquem debaixo d'água até 2015. Embora a maior parte das migrações climáticas se dê sem que as pessoas cruzem fronteiras nacionais, já existem populações inteiras sendo removidas de seus países, como é o caso dos moradores das Ilhas Carteret, região autônoma de Papua Nova Guiné.

Estima-se que, em 2015, toda a ilha ficará debaixo d'água por causa do aumento do nível do mar. Por isso os 2.700 ilhéus começaram, em 2005, a ser levados para a ilha de Bougainville, também na Papua.

Outra recomendação de Sherbinin e seus colegas é que, durante processos de reassentamento como esse, as autoridades responsáveis incentivem o envolvimento das comunidades deslocadas nas tomadas de decisão relacionadas ao processo e haja respeito às diferenças culturais. [...]

Além de uma política internacional para os reassentamentos, os pesquisadores ressaltam a importância do reconhecimento oficial da categoria de refugiado climático. Atualmente, só é considerado refugiado pela ONU aquele que é obrigado a deixar seu país devido a perseguições políticas, conflitos armados, violência generalizada ou violação massiva dos direitos humanos. Os afetados pelas mudanças climáticas não se enquadram como tal. [...]"

MOUTINHO, Sofia. Mais atenção aos migrantes climáticos. *Ciência Hoje On-line*, 27 out. 2011. Disponível em: <http://cienciahoje.uol.com.br>. Acesso em: nov. 2013.

INTERCONEXÃO

Arte

Odilla Mestriner (1928-2009) nasceu em Ribeirão Preto (SP) e é autora de vários trabalhos em que utiliza formas geométricas.

INSTITUTO ODILLA MESTRINER

Marchantes (1997), obra da artista Odilla Mestriner, parte da série *Andantes*.

- Como a figura humana está representada nesta obra e de que modo ela se associa ao conteúdo do capítulo?

Migração forçada ou tráfico humano

O século XXI ainda registra casos de migração forçada e escravidão: são grupos de pessoas deslocadas de seus países e submetidas a trabalhos forçados em fábricas, fazendas e residências (serviços domésticos).

Mulheres e meninas são mais vulneráveis a esse tipo de migração, sendo atraídas por quadrilhas especializadas em tráfico humano. Aliciadas com perspectivas de melhores oportunidades de vida, são vendidas e obrigadas a trabalhar sem remuneração assim que chegam ao novo país ou são vítimas de exploração sexual. Tornam-se escravas, seja por meio de mecanismos de endividamento com os traficantes – aos quais nunca conseguirão pagar –, seja por meio de torturas, ameaças e confisco de passaportes. Esses mecanismos de endividamento também são utilizados com grupos de homens imigrantes.

De acordo com o Serviço de Investigação do Congresso dos Estados Unidos, o **tráfico de pessoas** ocupa hoje a terceira fonte de renda do crime organizado, perdendo apenas para o tráfico de drogas e de armas. Dados estimados da ONU indicam que essa atividade criminosa movimentava cerca de 32 bilhões de dólares em 2011.

A FRONTEIRA ESTADUNIDENSE

Os Estados Unidos são formados por grande diversidade de povos de origem europeia (preponderante), asiática, africana e diversos grupos indígenas (nativos). Os latino-americanos, porém, constituem atualmente o maior volume de imigrantes no país.

Os Estados Unidos reforçaram nas últimas décadas a restrição à entrada de imigrantes com maior rigor no controle da imigração ilegal.

Entre os imigrantes clandestinos, destacam-se os mexicanos, que ingressam ilegalmente em território estadunidense e ocupam postos de trabalho pouco qualificados.

Para conter esse fluxo, o policiamento da fronteira entre o México e os Estados Unidos foi reforçado a partir da década de 1980. Muitos imigrantes de outros países latino-americanos costumam utilizá-la para entrar clandestinamente em solo estadunidense. Atualmente, nessa fronteira há longos trechos com muros e grades, além de torres de vigilância para conter esse fluxo de imigrantes, conforme você pôde constatar na seção *Contexto*.

DAMIAN DOVARGANES/AP PHOTO/GLOW IMAGES

Filas de imigrantes para se legalizar em Los Angeles (Estados Unidos), 2012. As autoridades estadunidenses estabeleceram novas regras para legalização de imigrantes que tenham chegado ao país com menos de 16 anos e morem lá desde 15 de junho de 2007, com a condição de que tenham ficha criminal limpa e menos de 30 anos de idade.

HO OLD/REUTERS/LATIN STOCK

Homem que se disfarçou de poltrona para ludibriar a fiscalização na fronteira em San Isidro (Estados Unidos), 2001.

Os cubanos

A partir da década de 1990, os Estados Unidos começaram a receber grande número de imigrantes cubanos. Isso se deu em razão da crise que envolveu a extinta União Soviética e os países do Leste Europeu, no final dos anos 1980, com reflexos imediatos na economia cubana.

Cuba perdeu o mercado preferencial - para os países socialistas - de seus produtos de exportação, como açúcar e fumo, além da ajuda financeira anual que recebia da União Soviética. Além disso, devido ao **embargo** econômico estadunidense imposto a Cuba desde o início dos anos 1960, e que se mantém até hoje (apesar de, em 2009, o governo de Barack Obama ter suavizado algumas medidas, como a permissão de viagens e de transferências de dinheiro dos americanos de origem cubana com destino à ilha), a economia cubana sofre muitas restrições.

Embargo
suspensão de comércio ou crédito entre dois países como forma de pressão econômica e política.

Nos primeiros anos que se seguiram à Revolução Cubana de 1959, um grande número de refugiados políticos deixou o país rumo aos Estados Unidos.

A partir da década de 1990, aqueles que não suportavam a escassez gerada pela crise econômica cubana procuraram deixar o país, e muitos se dirigiram para o território estadunidense. Milhares de pessoas saíram da ilha, em pequenos barcos, em direção à península da Flórida. Devido à precariedade das embarcações usadas na fuga, muitos não sobreviveram. Esses migrantes ficaram mundialmente conhecidos por ***balseros***.

Em 2012, o presidente cubano Raúl Castro, que vem realizando pequenas reformas na economia e na sociedade cubanas, implementou uma reforma migratória. Determinou que a partir do início do ano de 2013 não seria mais necessária a permissão de saída dada pelo governo, que vigorava desde os anos 1960, e a carta-convite, feita por alguma pessoa residente no país para onde o cubano pretendesse viajar. No entanto, continuaria havendo restrições a opositores ao regime cubano, a pesquisadores, a médicos e a atletas.

Cuba e Venezuela têm um acordo para que médicos cubanos possam trabalhar em território venezuelano. Na imagem, uma médica cubana atende um paciente na casa dele em Caracas (Venezuela), 2010.

MIGUEL GUTIERREZ/AFP

A FRONTEIRA DA UNIÃO EUROPEIA

As **migrações políticas** durante a Guerra Fria foram causadas pela insatisfação com os regimes ditatoriais no Leste Europeu, na Espanha e em Portugal, sendo um fenômeno comum na Europa na segunda metade do século XX.

No entanto, no fim dos anos 1980, a desestruturação do sistema socialista e a crise econômica gerada nos países do Leste Europeu e na então União Soviética favoreceram as **migrações econômicas**, levando milhares de pessoas a se mudar para os países da Europa Ocidental, em busca de melhores oportunidades de emprego e condições de vida. Da mesma forma, a crise gerada pelo esfacelamento da Iugoslávia e as perseguições étnicas que dela resultaram ampliaram o fluxo de imigrantes para os países da União Europeia, sobretudo para a Alemanha.

Estimativas da participação de imigrantes no total da população de países europeus – 2061*

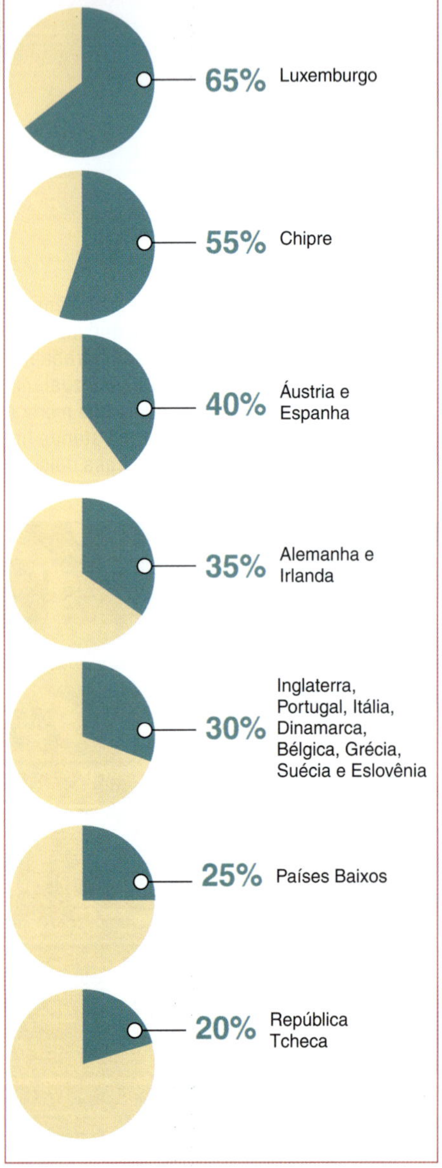

* Desde que sejam mantidas as atuais taxas de natalidade e imigração.

Fonte: EUROSTAT. In: *Veja*. São Paulo: Abril, 22 ago. 2012, p. 121.

Os países situados no **norte da África**, especialmente na região do **Magreb** (Marrocos, Argélia, Tunísia), constituem outro importante foco de movimentos migratórios em direção aos países da Europa Ocidental. Marroquinos, argelinos e tunisianos, que tradicionalmente provocaram um aumento expressivo na população europeia, continuam atravessando o Mar Mediterrâneo, apesar das restrições feitas hoje aos imigrantes, sobretudo africanos e árabes. Atualmente, a França abriga a maior parte daqueles que saíram do Magreb. O Reino Unido, por sua vez, passou a receber, na segunda metade do século XX, habitantes de países que formavam o seu antigo império colonial. Assim, indianos e paquistaneses são atualmente os grupos mais representativos no conjunto de seus imigrantes.

A combinação de taxa de natalidade reduzida nos países da Europa e intensificação do movimento imigratório desde a segunda metade do século XX, levará a alterações no perfil demográfico do continente, sendo que, em alguns países, os imigrantes e seus descendentes formarão um contingente expressivo da população e, em outros, a maior parte. Veja os gráficos ao lado.

Desde a segunda metade da década de 1990, a União Europeia vem tomando medidas drásticas para o fechamento de suas fronteiras aos imigrantes. Entre os seus integrantes, a França e a Alemanha, que historicamente eram abertas à imigração, passaram a adotar políticas rígidas em relação aos estrangeiros.

THOMAS PETER/REUTERS/LATINSTOCK

Família de sírios aguarda resposta do governo alemão a pedido de asilo em centro de acolhimento de refugiados, Bad Bazig (Alemanha), 2012.

A **livre circulação de pessoas** dentro da **Europa unificada** levou os **países-membros** a adotar medidas comuns de restrição à imigração oriunda de países que não pertencem a esse bloco. No entanto, alguns países têm leis específicas para restringir ainda mais o fluxo migratório. Na Dinamarca, uma lei proíbe o casamento de menores de 24 anos com pessoas que não tenham cidadania europeia.

O Tratado de Schengen

Em 1985, foi estabelecido o **Tratado de Schengen**, que criou o espaço Schengen. De acordo com esse tratado, que reúne todos os países da União Europeia (exceto Irlanda, Reino Unido, Liechenstein, Romênia, Bulgária e Chipre – os quatro últimos estão em fase de implementação do tratado), mais Islândia, Noruega e Suíça, os países signatários permitem a livre circulação de pessoas entre eles, desde que os indivíduos estejam portando um documento de identificação, que eventualmente pode ser solicitado.

No entanto, a partir de 2011, Dinamarca, Itália, França e, posteriormente, a Alemanha passaram a exigir alterações na estrutura do Tratado. Essas alterações visam tornar mais controlada a migração no interior da própria União Europeia e países signatários.

INTERCONEXÃO

Língua Portuguesa

LATUFF

Cartum do artista brasileiro Carlos Latuff, 2008.

1. Descreva a charge, comentando o que ela retrata.
2. Reflita sobre a afirmativa que segue, considerando a dinâmica demográfica europeia estudada no Capítulo 33: "Talvez, no futuro, a Europa seja obrigada a mudar a posição que mantém atualmente em relação aos imigrantes".

Reação aos estrangeiros

Nas últimas décadas, a União Europeia tem convivido com uma quantidade crescente de desempregados, que chegou a atingir mais de 10% da sua PEA – em alguns países, esse número alcançou os 20%.

No início do século XXI, o índice de desemprego havia caído, mas, com os desdobramentos da crise financeira, a partir de 2010, as taxas de desemprego subiram em vários países, assim como o número de pessoas vivendo em situação de pobreza dentro das fronteiras da União Europeia, que no início da década de 2010 era estimado em 65 milhões.

Essa conjuntura de desemprego elevado favoreceu o ressurgimento do **nacionalismo radical** de alguns grupos políticos, que lançaram a seguinte questão: se não há empregos para os europeus, por que não repatriar os numerosos estrangeiros que vivem na União Europeia? Tal situação aguçou o sentimento nacionalista e contribuiu para o crescimento de grupos de extrema direita, de caráter **xenófobo**.

Xenófobo
que demonstra aversão ao estrangeiro.

CARSTEN KOALL/GETTY IMAGES

Grupos xenófobos neonazistas em manifestações, em Magdeburgo (Alemanha), 2013.

Fluxos do Leste Europeu

A transição do socialismo para a economia de mercado enfrentou problemas maiores do que os imaginados pelos analistas mais pessimistas. A abertura econômica ocorrida durante esse processo provocou a quebra de diversas empresas do Leste Europeu por não suportarem a concorrência com as empresas da Europa Ocidental. Além do fechamento de empresas, houve queda na produção agrícola.

Toda essa situação marginalizou boa parte dos seus habitantes, deserdados pelo Estado capitalista, que não deu continuidade à política do pleno emprego do Estado socialista. Rumar para o Ocidente, tendo a fronteira alemã como o horizonte mais próximo, foi a opção de muitos imigrantes.

Em tal conjuntura, países do Leste Europeu passaram a constituir uma zona de repulsão populacional para a Europa Ocidental. Albaneses, romenos, búlgaros, tchecos, eslovacos e poloneses, além dos russos, dos ucranianos e dos bielorrussos, tentam recomeçar a vida no capitalismo já consolidado do Ocidente. Croatas, bósnios e sérvios seguiram a mesma rota na fuga da guerra civil instaurada com o desmembramento da antiga Iugoslávia[22].

Atualmente, porém, com a maioria dos países do Leste Europeu na União Europeia e a atração de investimentos produtivos nesses países, onde os custos são mais baixos, os fluxos migratórios têm sido contidos.

22 Sobre esse tema, veja o Capítulo 30.

CONTRAPONTO

TEXTO 1

Os migrantes de hoje

"O mundo nunca teve tanta gente morando fora do país de origem. [...] são milhões de migrantes vivendo fora do seu país pelas mais variadas razões – da mudança temporária por exigência do trabalho à tentativa de uma vida melhor no exterior fugindo de guerras.

Esse movimento só é comparável à grande onda migratória do início do século XX. Os especialistas calculam que naquela época cerca de 50 milhões de pessoas, a grande maioria europeus, deixaram o continente em direção ao novo mundo, como eram chamadas na época as Américas e a Oceania. [...]

Se naquela época a movimentação era da Europa para as Américas, hoje é principalmente da América Latina, Ásia, África e Leste Europeu para os Estados Unidos, Canadá e Europa. Os Estados Unidos continuam recebendo cerca de 1 milhão de imigrantes por ano, o mesmo número de um século atrás.

[...]

O impressionante é que esse número recorde de migrações ocorre num momento em que nunca houve tantas restrições para a entrada de estrangeiros nos países desenvolvidos.

Mais fácil

Mas por que o número de imigrantes aumentou tanto nos últimos anos? Para os especialistas que estudam o assunto, o aumento das comunicações e o desenvolvimento – e consequentemente barateamento – dos meios de transporte deram um grande impulso ao desejo antigo do ser humano de sair em busca de uma vida melhor.

[...]

O fim do bloco soviético e a abertura das fronteiras dos antigos países comunistas também ajudaram a aumentar o movimento migratório, à medida que essas pessoas passaram a ter liberdade para deixar os seus países.

Mas o êxodo do Leste Europeu foi menor do que se previa. O professor Koslowski lembra que em 1989 imaginava-se que 20 milhões de pessoas migrariam do leste para a Europa Ocidental, mas a movimentação foi muito menor.

[...]

A historiadora e socióloga Maria Baganha, da Universidade de Coimbra, especialista em migrações internacionais, diz que, ao contrário do que muitos pensam, não é a parte mais pobre da população que migra. 'A migração é altamente seletiva', diz. 'As pessoas começam a pensar em migrar conforme melhoram de vida e veem a possibilidade de ter uma vida ainda melhor em outro lugar', afirma.

Mas quais são as consequências da migração na sociedade que recebe os migrantes? Países como o Brasil só desenvolveram sua indústria a partir da imigração europeia do início do século XX. Mas os migrantes de hoje enfrentam mais resistência.

Nos Estados Unidos, o aumento da mão de obra sem qualificações baixou os salários dos trabalhadores locais nesse segmento e na Europa provocou o aumento do desemprego."

O mundo em movimento – Os migrantes de hoje. *BBC Brasil*. Disponível em: <www.bbc.co.uk/portuguese/>. Acesso em: dez. 2013.

TEXTO 2

Implicações para a agenda política sobre migrações internacionais

> **Conspícuos**
> no texto, importantes.

"Tomada em conjunto, a avaliação das vantagens e desvantagens da migração internacional sugere, claramente, que os aspectos positivos são bastante mais **conspícuos** do que os negativos e que estes últimos são passíveis de redução. Essa conclusão coincide com a de outra pesquisa abrangente, realizada por Skeldon, que concluía que a migração pode ser um fator significante para aliviar a pobreza. Segundo aquele autor, a evidência empírica sugere que a mobilidade promove o crescimento econômico e melhora as condições de vida da maioria da população, embora não de todos (Skeldon, 2002, p. 75-79[23]). Também coincide com a opinião de Mármora (2000, p. 17[24]) de que 'os dados e as pesquisas existentes apresentam um quadro que tem pouco a ver com esse alarme'.

Mais contundente ainda é a opinião da Cepal (2002, p. 244[25]):

[...] *É verdade que precisamos de evidências mais sólidas e passíveis de generalização, mas as que existem se distanciam das opiniões simples que enfatizam as repercussões negativas da migração, exacerbando os prejuízos e a rejeição a alguns imigrantes.*

Sendo assim, a maneira com que a comunidade dos países desenvolvidos e não desenvolvidos lida, atualmente, com os movimentos migratórios internacionais pode ser considerada inadequada. A atitude concreta dos países desenvolvidos constitui uma manifestação importante das inconsistências entre o discurso e a prática liberal na atual fase de globalização. Essa e as outras incongruências mencionadas aqui devem fazer parte da agenda de trabalho dos movimentos sociais progressistas e tornar-se objetos [...] de conscientização, de mobilização social e de reivindicação política. A eliminação dessas inconsistências certamente ajudaria na redução das brechas entre países e promoveria a convergência econômica. Por outro lado, a atitude dos países em desenvolvimento pode também ser inadequada – na medida em que ela é hesitante, ambígua e reativa.

REUTERS

Mexicanos presos ao atravessarem ilegalmente a divisa entre México e Estados Unidos, no Arizona, 2008.

23 SKELDON, R. Migration and poverty: ambivalent relationships. *Asia-Pacific Population Journal*. Bangkok, v. 17, n. 3, 2002. p. 67-82.

24 MÁRMORA, L. Perspectivas migratorias en el proceso de globalización. In: *Migrações contemporâneas*: desafios à vida, à cultura e à fé. Brasília: Centro Scalabriano de Estudos Migratórios, 2000.

25 CEPAL. *Globalización y desarrollo*. Santiago del Chile: Cepal, Naciones Unidas, 2002.

Para tirar partido das potencialidades da migração, seria necessária uma gama de atitudes proativas, baseadas na convicção de que a emigração é tanto inevitável como potencialmente benéfica para o desenvolvimento e a redução da pobreza. A redução das barreiras migratórias nos países desenvolvidos estimularia uma maior intensidade e heterogeneidade de rotas migratórias, à medida que os deslocamentos internacionais se tornassem cada vez mais parte da rotina, dentro de um mercado global de trabalho. Sem embargo, a mobilização de movimentos sociais e de organizações políticas em favor da liberalização da migração internacional tem sido relativamente morosa – em parte pela falta de consenso a respeito do significado social, econômico e político dos movimentos migratórios além fronteira.

Isso ocorre, em parte, porque a opinião pública e os meios políticos destacam as características negativas da imigração – sejam elas reais ou fictícias. De certa maneira, essa situação lembra a história das migrações rural-urbanas. Durante quase cinquenta anos, a literatura nacional e internacional tem lamentado o 'inchamento urbano' e o 'crescimento desordenado' das cidades latino-americanas, particularmente daquelas maiores e de maior crescimento absoluto. Essa metamorfose de sociedades rurais e primárias para outras urbanas e dependentes dos setores secundário e terciário tem sido, sem dúvida, rapidíssima. Também tem sido realizada a um custo social enorme. Como sempre, os setores mais pobres da sociedade foram os que pagaram esse custo. Apesar disso, não há nenhuma razão para acreditar que a situação estaria melhor se a urbanização rápida não tivesse ocorrido: muito pelo contrário.

Nesse sentido, é preciso sensibilizar aqueles que poderiam e deveriam tomar decisões tendentes a permitir que a migração internacional jogasse um papel mais eficaz no processo de desenvolvimento. Talvez seja esse o maior desafio para os estudiosos e ativistas da área de migração, hoje – não tanto no detalhamento adicional das tendências e padrões já bastante conhecidos e analisados, senão no desenvolvimento de argumentos que sejam capazes de conscientizar a sociedade civil e, por essa via, mobilizar os tomadores de decisão a empreender ações mais eficazes nessa área.

O argumento desenvolvido neste ensaio é o de que, apesar de ser possível reconhecer negatividades reais e significativas da migração internacional, estas são, no cômputo geral, muito inferiores às vantagens e aos benefícios que aportam. Além disso, os aspectos negativos são todos passíveis de serem minimizados, a partir do momento em que se reconheçam tanto a inevitabilidade como os benefícios da migração. [...]

Concluímos com uma recomendação da Cepal que nos parece muito sensata:

Em matéria de políticas de migração, a globalização fará cada vez mais necessária a transição do 'controle migratório' para a 'gestão migratória' em um sentido amplo. Isto não significa que os Estados abandonem sua atribuição de regular a entrada de estrangeiros e supervisionar suas condições de assentamento, senão aceitar formular políticas razoáveis de admissão que contemplem a permanência, o retorno, a reunificação, a revinculação, o trânsito nas fronteiras e a mudança de pessoas a outros países (Cepal, 2002, p. 267-8).

A implementação desta sugestão apressaria a formação de um 'mercado global de trabalho' condizente com o atual processo de globalização."

MARTINE, George. A globalização inacabada: migrações internacionais e pobreza no século XXI. In: *São Paulo em perspectiva*. v. 19, n. 3, jul./set. 2005. p. 3-22.

1. Exponha como cada texto aborda a questão da imigração.
2. Quais argumentos sustentam os posicionamentos expressos em cada um dos textos?

[COMPREENSÃO E ANÁLISE]

1. Por que a análise dos deslocamentos populacionais é fundamental para compreender a existência de diferentes etnias?

2. Explique as razões que levam os imigrantes ilegais a se tornarem suscetíveis a condições precárias de vida nas grandes cidades de países desenvolvidos.

3. O que justificava o incentivo que vários países europeus deram à entrada de imigrantes vindos de países subdesenvolvidos após a Segunda Guerra Mundial? Esse incentivo persiste nos dias atuais?

4. Caracterize o processo migratório das populações submetidas a condições de extrema pobreza.

5. Qual a diferença entre um refugiado e um migrante comum?

6. Leia o texto e responda às questões.

A travessia

"À noite, parti em companhia de seis passageiros. Saltamos em Monterrey para tomarmos outro ônibus até a fronteira. A pulga voltou à orelha: que raios Dom Cesar queria comigo? Chegamos à hora do almoço à rodoviária de Reynosa, onde Daniel nos identificou pelo cartão verde que cada um de nós trazia amarrado à alça da bolsa.

— Está tudo pronto – disse-me. – Às onze da noite, seu pessoal atravessa de bote o Rio Bravo e, à meia-noite, toma o caminhão.

— Que caminhão?

— Um *truck* de vinte e quatro toneladas, carregado de verduras para Houston. O pessoal vai no meio das verduras."

LEON, Thales de. *Clandestinos*. Rio de Janeiro: Domínio Público, 1996. p. 25.

a) O texto comenta uma situação ainda comum na fronteira entre dois países. Que países são esses?

b) Faça uma pesquisa e descubra como são chamadas as pessoas como o personagem Daniel.

c) Por que esse tipo de migração tem se intensificado nas últimas décadas?

7. Apresente dois fatores que justificaram a intensificação da migração leste-oeste no continente europeu na década de 1990.

8. Faça um comentário relacionando migrações internacionais, desemprego estrutural e xenofobia.

9. Observe o mapa abaixo e respondas às questões.

a) Qual a diferença entre as migrações internacionais do período entre os séculos XVI e XIX e as atuais?

b) Quais são as causas da intensificação dos movimentos populacionais entre o final do século XX e o início do século XXI?

Principais fluxos migratórios no início do século XXI

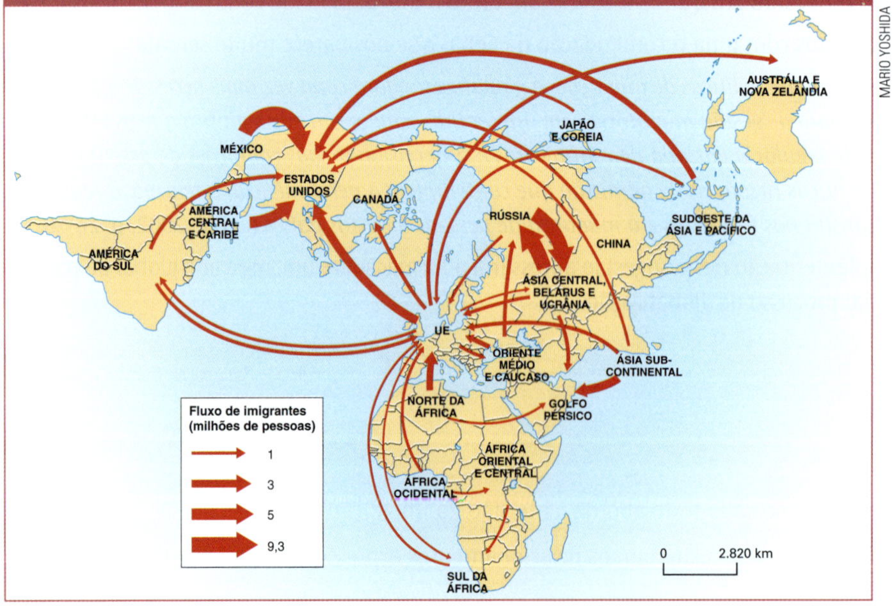

Fonte: ATELIER DE CARTOGRAPHIE. Disponível em: <http://cartographie.sciences-po.fr>. Acesso em: nov. 2013.

CAPÍTULO 36

MIGRAÇÕES NO BRASIL

CONTEXTO

Observe as imagens a seguir.

ACERVO MEMORIAL DO IMIGRANTE, SÃO PAULO (SP)

Desembarque de imigrantes europeus no Porto de Santos (SP), no final do século XIX.

ARQUIVO/AE

Chegada a São Paulo de migrantes vindos da Região Nordeste, em 1960.

DISCUTA

- As imagens representam dois momentos da dinâmica dos movimentos migratórios ocorridos no Brasil. Explique-os.

MIGRAÇÕES EXTERNAS

O Brasil foi um país de imigrantes. Primeiramente foi ocupado pelos portugueses, que, por sua vez, trouxeram para a colônia os africanos escravizados (imigração forçada). Entre 1850 e 1934, ocorreu a maior entrada de imigrantes no país, os quais vieram espontaneamente da Europa, no auge da agricultura cafeeira no Brasil. Os principais grupos que entraram no Brasil, em toda a história da imigração espontânea, foram os portugueses, os italianos, os espanhóis, os alemães e os japoneses.

DICAS

SITES

Memorial do Imigrante
www.memorialdoimigrante.org.br

O *site* tem como objetivo preservar, documentar e divulgar a história da imigração e a memória dos imigrantes no estado de São Paulo.

Revista Com Ciência – Migrações
www.comciencia.br/reportagens/migracoes/migr16.htm

Artigos sobre as migrações internacionais e identidade no Brasil.

Brasil: imigração segundo a nacionalidade – 1820-1980

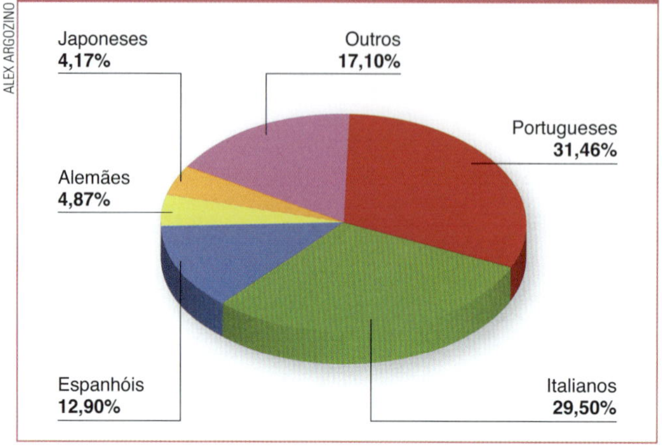

Fonte: IBGE. Disponível em: <www.ibge.gov.br>. Acesso em: jan. 2013.

Além dos imigrantes constituírem mão de obra para a lavoura cafeeira, após a proibição do tráfico de escravos em 1850 (Lei Eusébio de Queirós), vários grupos, principalmente alemães e italianos, foram utilizados para a colonização da atual Região Sul do país. Com a abolição da escravatura (1888), o número de imigrantes multiplicou-se e se manteve num volume considerável até as primeiras décadas do século XX.

A partir de **1934**, foi estabelecida a **Lei de Cotas**, que restringia a entrada de estrangeiros, com exceção dos portugueses. O declínio da economia cafeeira, decorrente da crise mundial de 1929, afetou o crescimento econômico do Brasil. A nova lei foi justificada como uma forma de evitar que o índice de desemprego aumentasse ainda mais, provocando instabilidade social. No entanto, ela estabelecia que apenas 2% do total de imigrantes de

ANDERSON BARBOSA / FOTOARENA

O bairro paulistano da Liberdade é o mais expressivo reduto japonês no Brasil. Nas últimas décadas passou a ser habitado também por coreanos e chineses. Fotografia de 2011.

cada nacionalidade, que haviam entrado nos cinquenta anos anteriores à promulgação da lei, podiam fixar residência no país.

Embora numa proporção bem menor, o Brasil continuou recebendo imigrantes. A partir da década de 1940, a imigração para o país esteve muito ligada à conjuntura da Segunda Guerra Mundial. Os principais grupos de imigrantes à época foram judeus, poloneses, japoneses e chineses, além de italianos, alemães e pessoas de outras nações europeias.

Na década de 1970, o Brasil recebeu muitos imigrantes de **Angola** e **Moçambique**. Tendo perdido privilégios com a descolonização desses países, vieram para cá diversos descendentes de portugueses que viviam naqueles países.

A partir do final do século XX, sobretudo nos anos 1990, o país passou a receber maior quantidade de imigrantes **peruanos**, **bolivianos**, **paraguaios**, **argentinos**, **coreanos** e **chineses**.

Muitos desses imigrantes estão em situação ilegal. Com vistos vencidos e vivendo na clandestinidade, não podem trabalhar com carteira assinada, adquirir casa própria ou montar o seu próprio negócio. Assim, acabam trabalhando como ambulantes e empregados em empresas também clandestinas. Na cidade de São Paulo e em outras cidades do interior paulista, por exemplo, parte desses imigrantes trabalha em confecções que funcionam ilegalmente. Nelas, submetem-se a regimes de semiescravidão, com jornada diária de até 17 horas e rendimento inferior ao do salário mínimo estabelecido no país. Apesar dos abusos sofridos, esses imigrantes se abstêm de denunciar a situação para as autoridades brasileiras justamente por terem entrado clandestinamente no país, o que resultaria em sanções e na deportação para seu país de origem.

NELSON ALMEIDA/AFP

Trabalhadores bolivianos em oficina de costura em Nova Odessa (SP), 2011. Muitos imigrantes trabalham das sete da manhã à meia-noite, com folga apenas aos domingos, por vezes apenas em troca de cama e comida, sem receber salários.

Em meados de 2009, o governo federal aprovou uma **lei anistiando** todos os **imigrantes** que entraram irregularmente no Brasil até 1º de fevereiro de 2009. Desse modo, aproximadamente 50 mil estrangeiros ilegais passaram a contar com a possibilidade de regularizar a sua permanência e obter vínculos empregatícios de acordo com a legislação trabalhista vigente ou ainda denunciar eventuais abusos cometidos por aliciadores e empregadores.

No entanto, o Brasil tem uma legislação para estrangeiros defasada, estabelecida no contexto da ditadura militar. Existe um projeto de lei em trâmite no Congresso Nacional para adequar as leis de imigração à realidade atual, pautada nos direitos humanos. Conforme dados do Ministério da Justiça, em 2010, havia 961 mil estrangeiros regularizados no Brasil, mas, com a chegada de mais imigrantes, vindos inclusive de países desenvolvidos, o número subiu para 1,46 milhão em 2011.

Com os desdobramentos da crise de 2007/2008, que abalou profundamente a economia da Europa, passaram a vir também imigrantes europeus, sobretudo **portugueses** e **espanhóis**.

Enquanto portugueses e espanhóis, por exemplo, exercem atividades mais qualificadas, como engenheiros (inclusive para o setor de petróleo e gás), advogados e arquitetos, ocupando postos gerenciais, bolivianos, peruanos e paraguaios trabalham principalmente em atividades menos qualificadas.

Comunidades com maior número de estrangeiros no Brasil (em milhares) – 2011

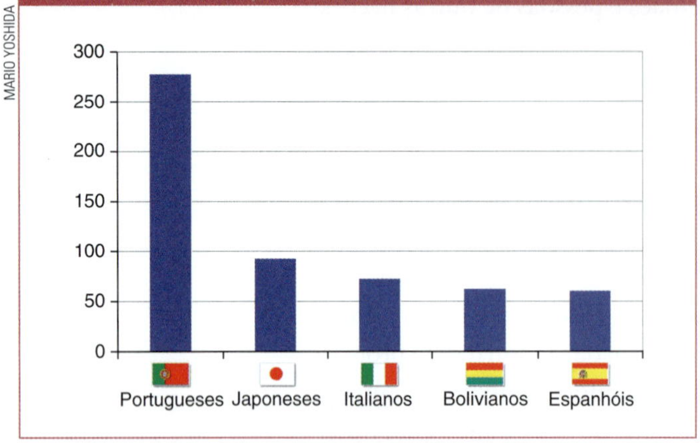

Fonte: Ministério da Justiça, Observatório das Migrações da Unicamp, Ministério do Trabalho e Associação Nacional de Estrangeiros e Imigrantes no Brasil. In: *Folha de S.Paulo*, 5 fev. 2012, p. B1.

Haitianos em Brasileia (AC), 2012, em busca de regularização de sua situação no Brasil.

A situação econômica favorável do Brasil e o fato de o país ter chefiado a missão de paz da ONU no Haiti após um período de insurgência causado pela instabilidade política com a deposição do presidente Jean-Bertrand Aristide (1953-), além do gravíssimo terremoto que atingiu o país em 2010, contribuíram para que milhares de haitianos viessem para o Brasil. Esses imigrantes viajavam primeiro para o Equador e para o Peru, e depois entravam no Brasil pelo Acre (veja a foto da página anterior).

A imigração ilegal para o país não ocorre apenas na fronteira da região amazônica. Em 2012, estrangeiros sem documentos ingressaram no Brasil escondidos em táxis, carros particulares ou barcos, principalmente pelo município gaúcho de Uruguaiana, limítrofe com a Argentina, mas bem próximo do Uruguai.

Emigrações de brasileiros

De acordo com estimativas divulgadas em 2013 pelo Ministério das Relações Exteriores do Brasil (Itamaraty), em 2012, cerca de 2,5 milhões de brasileiros viviam fora do país. Apesar de grande parte desses emigrantes ter formação profissional, na maioria das vezes exercem tarefas de baixa qualificação nos países onde residem.

> **DICA**
> *SITE*
> **Ministério das Relações Exteriores**
> www.mre.gov.br
> O *site* disponibiliza informações e dados sobre os emigrantes brasileiros.

Os primeiros movimentos mais significativos de saída de brasileiros foram registrados na década de **1970**, com a **emigração**, para o **Paraguai**, de sulistas que venderam as suas terras ou perderam o emprego. Isso ocorreu devido à expansão da soja no oeste catarinense, no noroeste paranaense e no Rio Grande do Sul, o que acarretou a queda nas ofertas de trabalho na agricultura, por conta do elevado nível de mecanização nesse tipo de lavoura. Sem perspectivas de trabalho ou terras para cultivar, muitos brasileiros buscaram terras no Paraguai.

Conhecidos à época como "**brasiguaios**", hoje vivem no Paraguai 300 mil emigrantes brasileiros e seus descendentes, representando cerca de 5% da população daquele país. A maioria deles ocupa terras na fronteira entre o Brasil e o Paraguai.

A partir da segunda metade dos anos 1980, milhares de brasileiros saíram do país, em direção aos Estados Unidos, Japão, Paraguai e países da Europa.

Muitos milhares de brasileiros de ascendência japonesa foram atraídos por ofertas de trabalho no **Japão**. Muitos tinham formação superior e emigraram para atuar como operários na indústria japonesa ou exercer atividades pouco qualificadas e com baixa remuneração para os padrões japoneses. Esses brasileiros são conhecidos por "decasséguis". Antes de o governo japonês tomar a iniciativa de utilizar mão de obra de descendentes de japoneses residentes em outros países, cerca de dois mil brasileiros já viviam no Japão.

O número de brasileiros que viviam no Japão, que chegou perto de 317 mil em 2007, caiu para pouco mais de 200 mil em 2012.

A partir da década de 1990, o Japão atravessou períodos de estagnação ou fraco crescimento da economia. Tal situação fez com que o governo japonês oferecesse uma quantia em dinheiro para muitos imigrantes em troca do seu retorno aos países de origem.

O expressivo desenvolvimento econômico estadunidense atraiu grandes levas de imigrantes, inclusive do Brasil. Os **Estados Unidos** são o principal destino dos brasileiros que deixam o país, lá conhecidos como "**brasucas**". Apesar de parte significativa desses migrantes ter alguma formação profissional, lá exercem trabalhos braçais e de menor remuneração, considerando os padrões do país. São babás, faxineiros, engraxates, balconistas, operários da construção civil, que, em sua maioria, estão em situação ilegal.

OLHO NO ESPAÇO

Leia as informações do mapa e da tabela a seguir.

Planisfério: brasileiros pelo mundo – 2012

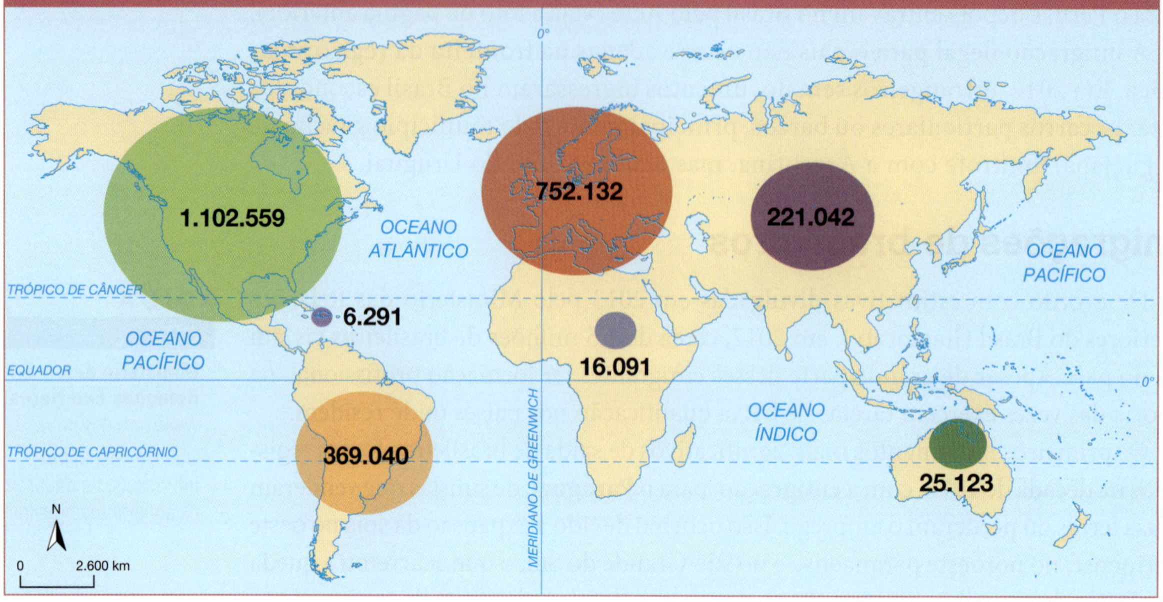

Fonte: MINISTÉRIO DAS RELAÇÕES EXTERIORES. *Brasileiros no mundo*: estimativas. Disponível em: <www.brasileirosnomundo.itamaraty.gov.br>. Acesso em: out. 2013.

***Ranking* por país – 2012**

1	Estados Unidos	1.066.559	6	Reino Unido	118.000
2	Japão	210.032	7	Alemanha	95.160
3	Paraguai	201.527	8	Itália	67.000
4	Portugal	140.426	9	França	44.662
5	Espanha	128.238	10	Bélgica	44.089

Fonte: MINISTÉRIO DAS RELAÇÕES EXTERIORES. *Brasileiros no mundo*: estimativas. Disponível em: <www.brasileirosnomundo.itamaraty.gov.br>. Acesso em: out. 2013.

1. Quais continentes ou subcontinentes concentravam maior número de brasileiros? E menor número?

2. Levante hipóteses para justificar o que foi apontado no item anterior, levando em conta também os dados da tabela.

3. Observando o mapa e a tabela, o que se pode constatar em relação aos brasileiros presentes na Ásia?

4. Do total de brasileiros no exterior, calcule o percentual aproximado dos que vivem nos Estados Unidos.

A **Europa** é outro destino procurado pelos brasileiros que migraram. Os países mais procurados foram Reino Unido, Portugal, Espanha e Alemanha. Também lá, grande parte deles desenvolve trabalhos pouco valorizados e está em situação ilegal.

ANDERSON BARBOSA/FOTOARENA

Pessoas passeiam por Nova York (Estados Unidos), durante o *Brazilian Day*, em 2012, evento anual que conta com espetáculos de artistas brasileiros, além de barracas de produtos e comidas típicas.

Com a **crise econômica mundial** iniciada em **2007/2008**, muitos imigrantes residentes nos países europeus, nos Estados Unidos e no Japão perderam seus empregos. Diante do aumento das dificuldades de sobrevivência naqueles países, milhares retornaram ao Brasil.

MIGRAÇÕES INTERNAS

Os movimentos migratórios internos foram expressivos no território brasileiro. No período colonial, as migrações internas acompanharam os sucessivos ciclos de desenvolvimento da economia regional, relacionados à agricultura de exportação, à criação bovina ou à extração mineral. A cana-de-açúcar, por exemplo, estimulou o desenvolvimento do Nordeste no início da colonização; a criação de gado contribuiu para a ocupação do Sul do país e de áreas mais afastadas do litoral; e a mineração atraiu migrantes para Minas Gerais e a região central do país.

As migrações internas também foram influenciadas pelo curto ciclo da borracha, na Amazônia (1870-1912); pelo cultivo do café – que marcou a economia brasileira entre o fim do século XIX e as primeiras décadas do século XX – e pelo crescimento industrial, no **Sudeste** (especialmente no estado de São Paulo), que se intensificou a partir da Segunda Guerra Mundial. A partir da década de 1970, devido à expansão da atividade agrícola no **Centro-Oeste** e à política de ocupação da **Amazônia**, essas regiões transformaram-se em novos polos de atração populacional (veja o mapa "Brasil: fluxos migratórios – 1970-1980", na página seguinte).

Brasil: fluxos migratórios – 1970-1980

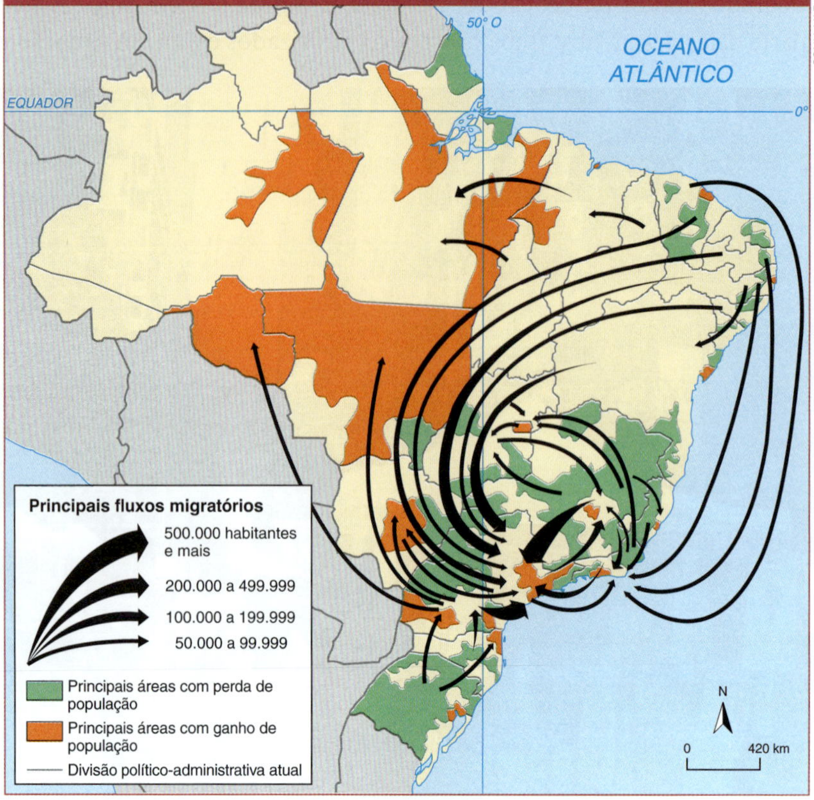

Fonte: IBGE. *Censos demográficos*, 1970 e 1980. Rio de Janeiro: IBGE, 2000.

DICAS

LEITURAS

Vidas secas
Graciliano Ramos. São Paulo: Record, 2003.

Clássico da literatura brasileira, trata da história de uma família de retirantes do Sertão nordestino.

Migrantes
Dora Martins e Sônia Vanalli. São Paulo: Contexto, 2007.

Com uma linguagem bastante acessível, o livro aborda os movimentos internos da população brasileira.

Migrações: da perda da terra à exclusão social
Ana Valim. São Paulo: Atual, 1996.

A obra oferece uma compreensão das causas e consequências do contrastante fluxo humano que cruza o Brasil; os diversos aspectos das migrações de nordestinos, gaúchos, paulistas e de outros povos brasileiros, movidos pela esperança de uma vida melhor.

A partir de 1930, os deslocamentos internos da população brasileira tornaram-se mais expressivos, promovendo uma ampla redistribuição de pessoas pelas regiões. A Lei de Cotas, que restringiu a entrada de estrangeiros, a industrialização e o desenvolvimento urbano da atual **Região Sudeste** marcaram a estruturação de um **intenso fluxo interno da população** em direção a essa região, principalmente do **Nordeste** do país.

Migração nordestina e êxodo rural

Após a década de 1950, milhões de nordestinos migraram preferencialmente para o eixo Rio-São Paulo. Secas prolongadas, alto índice de pobreza e miséria, falta de emprego e más condições de vida, associados ao grande desenvolvimento desses estados, eram os principais fatores que motivaram esse fluxo de migrantes.

Em busca de trabalho e melhores condições de vida, essa mão de obra barata foi absorvida por diversos setores (metalurgia, indústria de peças e automóveis, construção civil, empregos domésticos) e desempenhou papel importante no crescimento econômico e na urbanização da Região Sudeste.

A migração da Região Nordeste para a Sudeste (inter-regional) foi acompanhada da migração do campo para a cidade. Foi justamente na década de 1960 que a população urbana superou a população rural no Brasil (veja tabela na página seguinte).

A concentração fundiária, a mecanização do campo, o desenvolvimento industrial, a maior facilidade de acesso aos serviços sociais nas cidades e as maiores oportunidades de emprego e de melhoria das condições de vida explicam o acelerado movimento populacional em direção às principais cidades do país (ver Capítulo 32).

Brasil: evolução da população urbana – 1940 a 2010				
Ano	População total (em milhares)	Taxa de crescimento da população total (%)	População urbana (em milhares)	Índice de urbanização (%)
1940	41.326	–	10.891	26,35
1950	51.944	2,3	18.789	36,16
1960	70.191	3,1	31.956	45,52
1970	93.139	2,9	52.905	56,80
1980	119.099	2,5	82.013	68,86
1991	150.400	2,1	115.700	77,13
2000	169.555	1,6	137.700	82,00
2010	190.732	1,1	160.879	84,35

Fonte: IBGE. Censo demográfico 1940-2000. In: *Estatísticas do século XX*. Rio de Janeiro: IBGE, 2007; *Censo Demográfico 2010, Sinopse do Censo* e *Resultados Preliminares do Universo*.

INTERCONEXÃO

Arte

Retirantes

MUSEU DE ARTE DE SÃO PAULO ASSIS CHATEAUBRIAND MASP, SÃO PAULO (SP)

Série *Retirantes* (1944), óleo sobre tela de Candido Portinari.

Candido Portinari (1903-1962) nasceu na cidade de Brodósqui (SP). Durante muito tempo, trabalhou em grandes painéis e murais. Foi influenciado pelo muralismo mexicano do início do século XX, sendo boa parte de sua obra marcada pelo enfoque das desigualdades da sociedade brasileira.

1. A análise da tela de Portinari permite identificar motivos relacionados à migração dos retirantes nela representados? Justifique.
2. Candido Portinari foi um dos maiores representantes do movimento expressionista no Brasil. Pesquise sobre como essa forma de expressão artística se manifestou na pintura e identifique alguns de seus traços característicos na obra *Retirantes*.

MARCELO CORTES / FOTOARENA

Os migrantes, mesmo residindo em outras localidades, procuram preservar aspectos de seus costumes e tradições, como a culinária, a música, os festejos populares e outros hábitos culturais. Na imagem, comemoração do dia de São Pedro no Centro de Tradições Nordestinas, mais conhecido como Feira de São Cristóvão, no Rio de Janeiro (RJ), 2012.

Movimentos atuais

Atualmente, as atividades econômicas tornaram-se mais diversificadas em todas as regiões. Além disso, a "guerra fiscal" travada entre os estados, que lançam mão de isenções de impostos para atrair empresas, leva a uma relativa desconcentração industrial. Esse processo tem alterado a dinâmica do fluxo populacional, caracterizado pelo crescimento das cidades médias do interior em um ritmo superior ao das metrópoles, particularmente do Sudeste.

O Censo de 2010 apontou uma redução no volume total de migrantes, que caiu de 3,3 milhões de pessoas no quinquênio 1995-2000 para 2 milhões no quinquênio 2004-2009. O Sudeste apresentou saldo líquido migratório negativo. Outras regiões passaram a atrair população, e muitos migrantes residentes no Sudeste retornaram à sua região de origem. O Centro-Oeste, em razão do crescimento das cidades médias e do desenvolvimento agropecuário e do setor de serviços, havia apresentado o mais expressivo saldo migratório líquido positivo das regiões brasileiras. Observe a tabela.

Brasil: imigrantes, emigrantes e saldo líquido migratório, segundo as grandes regiões – 2004 e 2009

Grandes regiões	2004			2009		
	Imigrantes	Emigrantes	Saldo líquido migratório	Imigrantes	Emigrantes	Saldo líquido migratório
Norte	330.660	266.919	63.741	184.634	219.793	-35.159
Nordeste	848.002	934.589	-86.587	541.733	729.602	-187.869
Sudeste	844.605	1.059.913	-215.308	656.386	668.801	-12.415
Sul	305.063	270.477	34.586	252.947	154.094	98.853
Centro-Oeste	534.879	331.311	203.568	418.143	281.553	136.590

Fonte: IBGE. *Pesquisa Nacional por Amostra de Domicílios 2004* e *2009*; *Censo Demográfico 2010*. Disponível em: <www.ibge.gov.br>. Acesso em: dez. 2013.

DELFIM MARTINS/PULSAR IMAGENS

Cidade de Rio Verde (GO), 2012. Rio Verde é uma das cidades médias que conquistaram grande crescimento nas últimas décadas em função do desenvolvimento do agronegócio, que transformou a Região Centro-Oeste, desde a década de 1970, em importante polo de atração populacional.

DICAS

FILMES

Migrantes
Brasil, 2007. Direção: Beto Novaes, Francisco Alves e Cleisson Vidal.
Duração: 45 min.

Retrata os obstáculos que os trabalhadores que migram do Nordeste para o interior de São Paulo enfrentam no corte da cana-de-açúcar. A ruptura com a família, as condições precárias de vida, o excesso de trabalho e a falta de assistência à saúde são alguns dos problemas abordados.

O caminho das nuvens
Brasil, 2003. Direção: Vicente Amorim. Duração: 85 min.

Caminhoneiro desempregado decide partir da Paraíba, com sua mulher e cinco filhos, em busca de um salário de R$ 1.000,00, e acaba indo para o Rio de Janeiro. O filme mostra o drama dos migrantes nordestinos.

O Nordeste, apesar de permanecer ainda como polo importante de emigração, vem apresentando uma diminuição nessa perda populacional e um marcante fluxo de pessoas para a região. Em sua maioria, são nordestinos que, por conta das dificuldades encontradas no Sudeste, retornam ao seu local de origem – **migração de retorno**.

Outra tendência que vem se verificando nos fluxos migratórios internos é o deslocamento de pessoas das grandes para as médias cidades. No caso da Região Sul, os dados do Censo de 2010 também apontavam para uma migração de retorno para o Paraná, enquanto a Região Norte conheceu uma redução no número de migrantes que chegavam, resultado, provavelmente, do relativo esgotamento da expansão da fronteira agrícola para essa região.

Migração e preconceito

As migrações, apesar de serem fundamentais na história de todos os povos, promovendo desenvolvimento e intercâmbio cultural, muitas vezes são a causa de conflitos. Isso ocorre tanto nas migrações internacionais como também nas internas. No Brasil, sobretudo na Região Sudeste e também na Sul, costuma-se difundir uma visão equivocada de que a grande concentração de nordestinos nessas regiões seria a causa dos problemas sociais dos grandes centros urbanos, como, por exemplo, a violência e o desemprego. Muitas vezes são responsabilizados até mesmo por alguns problemas ambientais, pelo fato de residirem em favelas localizadas em mananciais ou outras áreas de preservação ambiental.

A **intolerância aos migrantes** às vezes pode levar a ações violentas. No final da década de 1980, diversos grupos de jovens racistas surgiram na cidade de São Paulo. Esses grupos, inspirados nos movimentos nacionalistas europeus e neonazistas (como os ***skinheads*** de extrema direita, predominantes na Alemanha), passaram a divulgar, publicamente, seu ódio a nordestinos, judeus, afrodescendentes e homossexuais.

Na atualidade, a internet também vem servindo à difusão de ideias preconceituosas e palavras agressivas contra migrantes nordestinos e seus descendentes. Na internet não são raros *sites* e *blogs* que pregam o desprezo e até mesmo o ódio contra essas pessoas.

Skinheads
em sua origem, de meados dos anos 1960, grupo apolítico de jovens ingleses, surgido nas camadas trabalhadoras da população. A partir da década seguinte, inspirados pelo nazismo, ocorreu uma divisão desse grupo em uma facção de extrema direita, chamada também de neonazistas. Estes manifestam comportamento frequentemente xenófobo e racista.

A mobilidade populacional é uma condição humana. Deslocar-se pelo espaço em busca de melhores condições de vida traduziu-se como estratégia de sobrevivência pelas sociedades humanas desde os seus primórdios. Dessa forma, é difícil conceber quem não tenha raízes, diretamente ou através de seus ascendentes, em terras diferentes das que ocupa no presente. A própria ONU destaca a mobilidade como uma das liberdades fundamentais da pessoa.

Portanto, a prática do preconceito contra migrantes evidencia desconhecimento e desprendimento das histórias pessoais. Da mesma forma, a sua persistência, em grande parte, não pode ser compreendida de modo desvinculado do preconceito contra a pobreza, pois suas maiores vítimas provêm de realidades muito adversas, dispondo de pouco estudo e qualificação profissional, o que geralmente as condena a continuar vivendo em situação de pobreza nas cidades para onde migraram. O mesmo preconceito não ocorre na mesma proporção contra os migrantes bem-sucedidos, principalmente estrangeiros.

INTERCONEXÃO

Língua Portuguesa

Chico Buarque de Hollanda (1944-), músico, dramaturgo e escritor carioca, é um dos mais famosos artistas da música popular brasileira e foi um dos mais ativos na crítica política e na luta pela democratização no país na década de 1970.

Leia, a seguir, a letra de uma de suas canções e responda à questão.

Paratodos

"O meu pai era paulista
Meu avô, pernambucano
O meu bisavô, mineiro
Meu tataravô, baiano
Meu maestro soberano
Foi Antonio Brasileiro

Foi Antonio Brasileiro
Quem soprou esta toada
Que cobri de redondilhas
Pra seguir minha jornada
E com a vista enevoada
Ver o inferno e maravilhas

Nessas tortuosas trilhas
A viola me redime
Creia, ilustre cavalheiro
Contra fel, moléstia, crime
Use Dorival Caymmi
Vá de Jackson do Pandeiro

Vi cidades, vi dinheiro
Bandoleiros, vi hospícios
Moças feito passarinho
Avoando de edifícios
Fume Ari, cheire Vinicius
Beba Nelson Cavaquinho

Para um coração mesquinho
Contra a solidão agreste
Luiz Gonzaga é tiro certo
Pixinguinha é inconteste
Tome Noel, Cartola, Orestes
Caetano e João Gilberto

Viva Erasmo, Ben, Roberto
Gil e Hermeto, palmas para
Todos os instrumentistas
Salve Edu, Bituca, Nara
Gal, Bethania, Rita, Clara
Evoé, jovens à vista

O meu pai era paulista
Meu avô, pernambucano
O meu bisavô, mineiro
Meu tataravô, baiano
Vou na estrada há muitos anos
Sou um artista brasileiro"

- Quais marcas culturais, presentes na sociedade brasileira, são reflexos da intensa mobilidade populacional entre as diversas regiões do país, evidenciada na letra da canção "Paratodos"?

PONTO DE VISTA

Governo brasileiro concede anistia a estrangeiros ilegais

"Cerca de 50 mil estrangeiros que vivem irregularmente no Brasil há alguns anos poderão ser anistiados [...]. O Projeto de Lei 1664, que foi aprovado no Congresso em junho [de 2009] e sancionado [...] pelo presidente Luiz Inácio Lula da Silva, beneficia os imigrantes que entraram no país até 1º de fevereiro de 2009 e vale tanto para quem chegou legalmente, mas ficou por período maior que o concedido no visto de entrada, quanto para quem cruzou a fronteira na clandestinidade.

Durante a cerimônia, o presidente também assinou o encaminhamento ao Congresso do projeto para uma nova lei de estrangeiros, que deve substituir a legislação vigente, de 1980. O Ministério da Justiça lançou ainda a eCertidão, que permitirá a expedição via internet de certidões negativas de naturalização e agilizará as consultas, que antes levavam anos.

[...]

A resolução, pleiteada há anos por grupos ligados aos Direitos Humanos e aos segmentos afetados, contribui para que os imigrantes tenham acesso ao mercado de trabalho com as mesmas garantias legais dos brasileiros: carteira assinada, saúde pública, educação gratuita, acesso ao sistema bancário e ao crédito e o direito de ir e vir dentro do território.

'A anistia significa ter documento de identidade, carteira de trabalho, direitos trabalhistas – trabalho de oito horas, hora extra, férias e salário maior que o mínimo vital. E, caso isso não seja cumprido, significa poder ir à Justiça. Significa também acesso a escola pública, carteira de motorista, conta bancária, CPF. Significa poder abrir uma empresa. Significa se sentir uma pessoa dentro do Brasil e isso é tudo', resume o advogado Grover Calderón, presidente da Associação Nacional de Estrangeiros e Imigrantes no Brasil (Aneib).

Esta é a quarta vez que o Brasil concede o benefício a estrangeiros que já moram no país – houve anistias em 1980, 1988 e na última, em 1998, quase 40 mil pessoas foram legalizadas.

O principal objetivo da medida é conseguir tirar os imigrantes de situações de trabalho abusivas, mas, desta vez, a proposta do governo brasileiro também embute uma intenção de marcar posição diante das últimas polêmicas envolvendo imigrantes brasileiros maltratados e detidos no exterior.

[...]

Taxas altas e medo de extradição

Apesar de esperarem ansiosas pelo benefício, as entidades que representam os imigrantes temem que as altas taxas, que juntas somam quase R$ 100, a necessidade de documentos que comprovem emprego, que impede que os explorados sejam beneficiados, e a falta de divulgação entre as pessoas que têm pouco acesso à informação virem um entrave para o sucesso da anistia.

[...]

Rosita Milesi, do Instituto Migrações e Direitos Humanos, conta que na primeira anistia (1980) houve confusão nas informações sobre o registro provisório e muitos estrangeiros irregulares que se apresentaram à Polícia Federal foram autuados com multa e notificados a deixarem o país. O medo de uma 'armadilha' também impede que os ilegais façam uso da anistia.

[...]

Outro ponto criticado por [Paulo] Illes [diretor de migração do Centro de Apoio ao Migrante] é a demora no processo de regularização. 'Desejamos que a anistia aconteça com mais agilidade, porque, antigamente, a entrega dos documentos chegava a demorar mais de dois anos', conta."

UCHINAKA, Fabiana. Governo brasileiro concede anistia a estrangeiros que vivem ilegalmente no Brasil. *Uol Notícias*, 27 jul. 2009. Disponível em: <http://noticias.uol.com.br>. Acesso em: dez. 2012.

1. Que impacto você acredita que a medida descrita no texto pode ter na vida dos imigrantes ilegais no Brasil?
2. Quais limitações contidas na lei de anistia podem restringir o processo de regularização dos imigrantes ilegais?
3. Além de regularizar a situação dos estrangeiros que vivem clandestinamente no Brasil, outro objetivo, vinculado às relações diplomáticas brasileiras, motivou a elaboração da atual lei de anistia. Identifique esse objetivo no texto e comente-o.
4. Você concorda que, além dos benefícios aos próprios imigrantes ilegais, a lei de anistia será benéfica também aos brasileiros como um todo? Justifique sua resposta.

[COMPREENSÃO E ANÁLISE]

1. Comente o processo de intensificação da entrada de imigrantes no Brasil entre o final do século XIX e o início do século XX.

2. A partir da década de 1930, a entrada de imigrantes, desejada até então, deixou de ser interessante ao Estado brasileiro, que implantou a Lei de Cotas. Explique as razões que a motivaram.

3. Por que podemos afirmar que a exploração no trabalho sofrida por parte dos atuais imigrantes que vivem no Brasil é acobertada pela condição de clandestinidade em que se encontram?

4. Explique as alterações ocorridas no fluxo imigratório para o Brasil entre o período registrado nos gráficos.

Brasil: número de imigrantes – 2000 e 2010

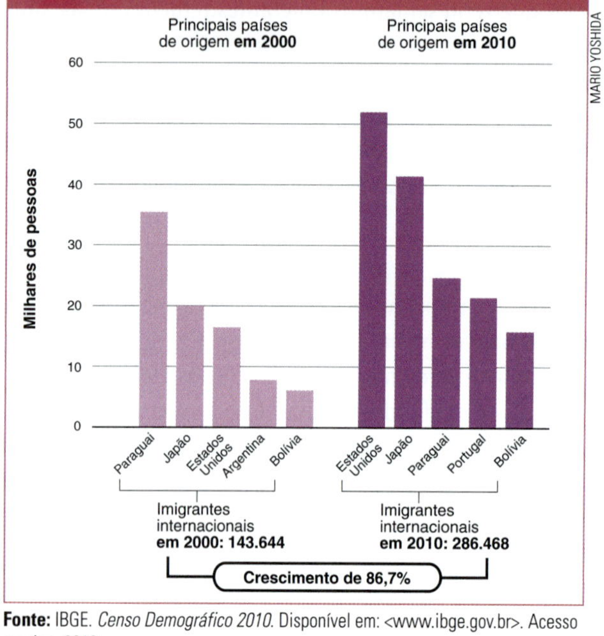

Fonte: IBGE. *Censo Demográfico 2010.* Disponível em: <www.ibge.gov.br>. Acesso em: jan. 2013.

Obs.: os valores se referem aos ingressos nos respectivos anos e incluem o retorno dos brasileiros que tinham emigrado. De acordo com a Organização Internacional para Imigração, são considerados imigrantes aqueles que retornam ao país de nascimento após terem vivido um ano em outro país.

5. Explique as causas dos fluxos migratórios entre as regiões brasileiras ao longo da história.

6. Destaque, de acordo com seu ponto de vista, os aspectos positivos dos movimentos populacionais que ocorrem entre as diferentes regiões brasileiras.

7. Leia o texto e responda às questões.

Preconceito contra nordestinos

"[...] o preconceito entre determinado tipo de paulistanos contra os nordestinos existe e, assim como o preconceito racial, não é discutido nem assumido. Não são poucos os que veem os migrantes (assim como eram vistos imigrantes) não como gente disposta a prosperar e trabalhar, mas estorvos que geram pobreza e mesmo a violência. Crianças paulistanas acostumam-se a ouvir o substantivo "baiano" transformado em adjetivo genérico e negativo para os nordestinos.

Há um indício claro deste preconceito, graças em larga medida ao próprio poder público. São Paulo é a maior cidade nordestina do Brasil, mas até hoje (e quase ninguém nem sequer pensa no assunto) não se imaginou um museu para contar a presença dos nordestinos, ao contrário do que existe para italianos, espanhóis, portugueses e judeus. Nas novelas, os personagens heroicos de São Paulo são europeus, quase nunca (para não dizer nunca) brasileiros que migraram. [...] raras escolas estimulam seus professores a discutir com os alunos a questão nordestina. Quando ocorre, geralmente é pelo lado depreciativo, como a pobreza das migrações."

DIMENSTEIN, Gilberto. *Nordestinos são vítimas de preconceito.* Disponível em: <www.folha.uol.com.br>. Acesso em: dez. 2012.

a) Comente a principal crítica do autor, expressa no texto.

b) No dia a dia, você observa ações preconceituosas contra migrantes ou outros grupos sociais? Dê exemplos.

c) Comente a afirmação: o preconceito contra os migrantes pode revelar falta de conhecimento de quem o pratica em relação a sua própria história.

8. Observe o gráfico com atenção e escreva um texto explicativo sobre a diminuição da população estrangeira no estado de São Paulo no período retratado.

São Paulo: perfil da população – 1920-1950

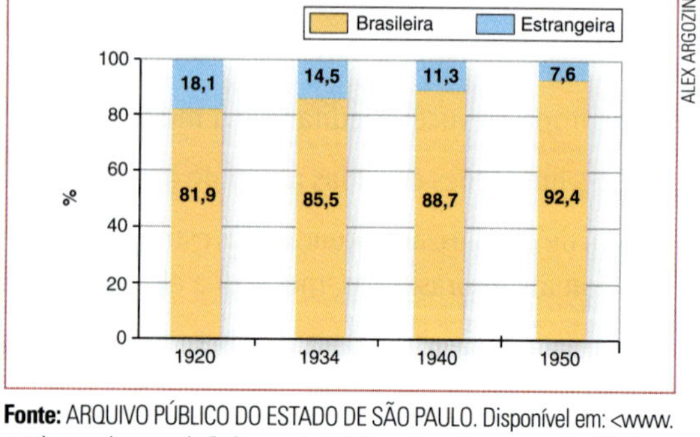

Fonte: ARQUIVO PÚBLICO DO ESTADO DE SÃO PAULO. Disponível em: <www.arquivoestado.sp.gov.br/imigracao/estatisticas.php>. Acesso em: dez. 2012.

Brasil: político – 2012

Fonte: IBGE. Disponível em: <www.ibge.gov.br>. Acesso em: jan. 2013.

Brasil: físico – 2009

Fonte: IBGE. *Atlas geográfico escolar*. Rio de Janeiro: IBGE, 2009. p. 88.

MARIO YOSHIDA

Planisfério: político - 2011

Fonte: *Heimat und Welt: Weltatlas*. Berlim: Westermann, 2011. p. 210-211.

[DICIONÁRIO GEOGRÁFICO]

Agricultura familiar

Refere-se aos estabelecimentos agrícolas que atendem aos seguintes critérios básicos: a direção das atividades é exercida pelo próprio produtor; a quantidade de trabalhadores da própria família é superior aos trabalhadores contratados; a renda familiar é originada principalmente das atividades realizadas na propriedade rural; e a área da propriedade não deve exceder a quatro módulos fiscais (ou seis módulos no caso de atividade pecuária), estabelecidos com base em lei federal de 2006.

Esse segmento da agricultura brasileira é responsável por cerca de 65% dos alimentos produzidos no Brasil e pelas matérias-primas destinadas à indústria nacional. De acordo com o Censo Agropecuário do IBGE de 2006, aproximadamente 5,2 milhões de estabelecimentos rurais tinham como base organizacional a produção rural familiar. Um dos grandes desafios dos agricultores familiares no Brasil vem sendo agregar valor a seus produtos e profissionalizar-se.

Ajustado ao poder de compra

Ajustar ao poder de compra é uma técnica usada para determinar o valor relativo de cada moeda. Considera a capacidade que determinado valor tem para adquirir mercadorias em cada país, tendo como referência o dólar. Determina-se nesse cálculo o valor que um determinado item comprado em um país custaria se fosse vendido nos Estados Unidos. Por exemplo, 10 dólares no mercado interno chinês podem comprar vários produtos, mas nos Estados Unidos é o valor de uma refeição num restaurante mediano. Normalmente os valores ajustados ao poder de compra são indicados pela sigla ppp (*purchasing power parity*), que significa paridade de poder aquisitivo ou paridade de poder de compra.

Capitalismo

As transformações socioeconômicas dos séculos XV e XVI, com a expansão da atividade comercial no continente europeu e deste com outras regiões do globo, promoveram a integração mundial da produção e a organização do espaço geográfico, marcado pelo advento do **capitalismo comercial**.

A acumulação de capital e as novas técnicas, aplicadas à produção de mercadorias e aos meios de transporte, materializaram, no século XVIII, uma nova forma de acumulação de riquezas. Foi o início da Revolução Industrial e a consolidação do **sistema capitalista**. A partir desse período as transformações geográficas aceleraram-se continuamente e atingiram todas as dimensões da vida humana.

O sistema capitalista passou por diversas fases desde suas origens até os dias atuais. Alguns de seus princípios permanecem:

- A propriedade privada dos centros de produção e dos bens pessoais é um direito que pode ser transmitido aos descendentes.
- O trabalho é assalariado, e o valor da remuneração depende da qualificação profissional e da oferta de mão de obra.
- O funcionamento desse sistema depende das diferenças socioeconômicas entre os que são proprietários dos meios de produção e a maioria da população, que depende de sua força de trabalho.
- A divisão por classes socioeconômicas e o poder econômico e político de um grupo social sobre outro.
- As atividades econômicas têm como objetivo o lucro, apropriado pelos proprietários ou acionistas e aplicado na ampliação do capital a ser reinvestido na produção.
- É um sistema produtor de mercadorias e serviços destinados ao mercado. O termo mercado refere-se a oferta e procura, tanto de mercadorias quanto de serviços e capitais. O equilíbrio do sistema capitalista depende, em grande parte, de uma oferta de mercadorias ou serviços equivalente à capacidade de consumo.

Capitalismo comercial

Etapa inicial do capitalismo, entre os séculos XV e XVIII, cuja acumulação de riquezas era apoiada no comércio a longa distância e nas conquistas coloniais. Foi uma fase de intensas transformações socioeconômicas com a expansão da atividade comercial no continente europeu e deste com outras regiões do globo, promovendo a integração mundial da produção e modificações na organização do espaço geográfico.

Cartel

Grupo de empresas independentes que formalizam um acordo para sua atuação coordenada, com vistas a interesses comuns. O tipo mais frequente de cartel é o de empresas que produzem artigos semelhantes, de forma a constituir um monopólio de mercado. O termo "cartel" refere-se em geral ao mercado internacional – onde chegam a existir cartéis de países [...]. Os objetivos mais comuns dos cartéis são:

- controle do nível de produção e das condições de venda;
- fixação e controle de preços;
- controle das fontes de matéria-prima (cartel de compradores);
- fixação de margens de lucro e divisão de territórios de operação.

As empresas que formam um cartel mantêm sua independência e individualidade, mas devem respeitar as regras aceitas pelo grupo, como a divisão do mercado e a manutenção dos preços combinados.

SANDRONI, Paulo (Org.). *Novíssimo dicionário de economia*. São Paulo: BestSeller, 1999. p. 84.

Conurbação

A conurbação, que é a junção espontânea de espaços urbanos de municípios vizinhos, ocorre em diversos espaços metropolitanos do mundo e do Brasil e também em trechos do território ocupados por cidades médias, no interior do país. O maior número de cidades, a expansão das áreas ocupadas por elas e o adensamento populacional podem acarretar áreas conurbadas.

Democracia

"Regime de governo que reconhece o direito de todos os membros da sociedade participarem das decisões políticas, direta ou indiretamente. [...] Na moderna democracia representativa, as decisões políticas são tomadas por representantes eleitos pelo povo. A democracia representativa começou a desenvolver-se durante os séculos XVIII e XIX na Inglaterra, na França e nos Estados Unidos. Sua instituição central é o Parlamento representativo, no qual se tomam decisões por maioria de votos. Instituições intrínsecas à democracia representativa são: eleições regulares, com livre escolha de candidatos; sufrágio universal; liberdade de organização de partidos políticos; independência dos poderes Executivo, Legislativo e Judiciário; liberdade de expressão e de imprensa; preservação das liberdades civis e dos direitos das minorias."

SANDRONI, Paulo. *Dicionário de economia*. Rio de Janeiro/São Paulo: Record, 2008. p. 234.

Desenvolvimentismo

"Ideologia que no Brasil caracterizou particularmente o governo Kubitschek e que identifica o fenômeno do desenvolvimento a um processo de industrialização, de aumento da renda por habitante e da taxa de crescimento. Os capitais para impulsionar o processo são obtidos junto às empresas locais, ao Estado e às empresas estrangeiras. As políticas ligadas ao desenvolvimentismo concentram sua atenção nas questões relativas à taxa de investimentos, ao financiamento externo, à mobilização da poupança interna."

SANDRONI, Paulo (Org.). *Novíssimo dicionário de economia.* São Paulo: BestSeller, 1999. p. 169.

Divisão Internacional do Trabalho (DIT)

Corresponde à repartição dos papéis de cada país na produção e no comércio globais. Com a Revolução Industrial e a consolidação do capitalismo, a DIT (denominada DIT clássica) estava estruturada em uma relação em que os países industrializados eram produtores e exportadores de bens manufaturados, e as colônias e países que não haviam realizado sua Revolução Industrial eram produtores e fornecedores de matérias-primas agropecuárias e minerais. No século XX, com o processo de expansão das multinacionais e com os investimentos de capitais nos países subdesenvolvidos, a Divisão Internacional do Trabalho (nova DIT) incorporou novas características. Diversos países subdesenvolvidos passaram a apresentar um parque industrial diversificado e a exportar diversos bens industrializados, mas de baixo aporte tecnológico. Recentemente, a partir da década de 1970, estruturaram-se redes complexas de produção que estão mundializadas, ou seja, distribuídas em diversos países. Desse modo, por exemplo, as etapas de pesquisa e de desenvolvimento de projetos de uma determinada empresa multinacional estão concentradas em um país (desenvolvido), e a produção de mercadorias, espalhada em diversas etapas em vários países ao redor do globo.

Espaço geográfico e paisagem geográfica

O espaço geográfico é o conjunto de objetos materiais (naturais e construídos pela humanidade) sob permanente ação da sociedade, que também faz parte desse espaço, modificando-o e organizando-o de acordo com as necessidades econômicas, políticas e culturais em seu processo de evolução histórica.

As relações entre sociedade e natureza e as que se estruturam dentro da própria sociedade, e que se estabelecem no espaço geográfico, estão materializadas e se tornam visíveis nas paisagens.

A paisagem geográfica é aquilo que se vê (o conjunto dos elementos materiais) e se percebe (sons, cheiros, movimentos) em determinado momento, em certo trecho do espaço. Em uma paisagem podem ser observados edifícios, áreas cultivadas, ruas, ferrovias, igrejas, aeroportos, enfim, os objetos construídos e modificados pela sociedade ao longo da história. Na paisagem também podem ser observadas formas naturais (animais, florestas, rios, formas da superfície) e as próprias pessoas.

O geógrafo Milton Santos definiu paisagem como "o domínio do visível, aquilo que a vista abarca. Não é formada apenas de volumes, mas também de cores, movimentos, odores, sons etc. [...] A dimensão da paisagem é a dimensão da percepção, o que chega aos sentidos".

O espaço geográfico contém a paisagem com suas estruturas naturais e técnicas, as atividades humanas e o sistema de valores sociais e culturais. O estudo do espaço geográfico permite entender como a sociedade opera na paisagem, interage entre si, com outros grupos e com o ambiente.

Metamorfoses do espaço habitado. 4. ed. São Paulo: Hucitec, 1996. p. 61-62.

Espaço vital

A teoria do espaço vital foi elaborada pelo geógrafo alemão Friedrich Ratzel (1844-1904), no final do século XIX, no contexto de expansão do imperialismo alemão. Segundo Ratzel, o território e o seu meio natural são a base para o desenvolvimento do Estado e do progresso social. Foi nessa perspectiva que ele propôs a teoria do espaço vital, determinada pela necessidade de busca de equilíbrio entre a sociedade e os recursos que o meio oferece. O progresso dependeria da maior possibilidade de uso desses recursos naturais. Daí surgiu a justificativa imperialista de anexação de territórios para garantir o desenvolvimento socioeconômico e a qualidade de vida do povo alemão.

Estado-Nação ou Estado Nacional

Os Estados-nação (também chamados de Estados nacionais) surgiram no século XVI, com a formação de Portugal e Espanha, e somente no século XIX passaram a ser o modelo de estruturação territorial e política predominante no mundo. Na concepção comum, o Estado é uma organização política que, por meio de um conjunto de instituições, governa a sociedade estabelecida em seu território. Ele desempenha um conjunto de funções sociais, como as relacionadas a saúde e educação. Mantém a lei e a ordem, resolve os conflitos entre grupos sociais e econômicos e é responsável pela defesa do país, além de estabelecer e controlar as regras econômicas.

Fundamentalismo

Embora as discussões atuais sobre fundamentalismo refiram-se a grupos islâmicos que fazem uma interpretação restrita do Corão, o fundamentalismo religioso teve origem nos Estados Unidos, no início do século passado. De acordo com o *Dicionário Houaiss da Língua Portuguesa*, o "Movimento religioso conservador, nascido entre os protestantes dos EUA no início do século XX, que enfatiza a interpretação literal da Bíblia como fundamental à vida e à doutrina cristãs [embora militante, não se trata de movimento unificado, e acaba denominando diferentes tendências protestantes do século XX]". Por extensão de sentido: "qualquer corrente, movimento ou atitude, de cunho conservador e integrista, que enfatiza a obediência rigorosa e literal a um conjunto de princípios básicos; integrismo".

HOUAISS, Antônio; VILAR, Mauro de Salles. *Dicionário Houaiss da Língua Portuguesa.* Rio de Janeiro: Objetiva, 2009. p. 938.

Hegemonia

É a "liderança associada à capacidade de um Estado (elite ou grupo) de se apresentar como portador de um interesse geral, e ser assim percebido pelos outros. Portanto, nação ou elite hegemônica são aquelas que produzem discursos hegemônicos que têm a competência de conduzir um sistema (de nações ou culturas) a uma direção desejada; mas, ao assim fazer, ainda conseguem ser percebidas como se buscassem o interesse geral".

DUPAS, Gilberto. *O mito do progresso.* São Paulo: Editora da Unesp, 2006. p. 16.

Iluminismo

Doutrina que valorizava a razão, baseada na ciência, como forma de conhecimento do mundo. Os iluministas acreditavam na possibilidade da convivência harmoniosa em sociedade, pregavam a liberdade individual, política, econômica e religiosa, e negavam o absolutismo monárquico. Inicialmente desenvolvido na Inglaterra, no século XVII, teve desdobramentos na Europa, na América e em outras regiões do mundo.

Incubadora

"O conceito de incubadora de empresas nasceu nos Estados Unidos e Europa [...] no Brasil, surgiu [...], em meados da década de 1980. Apesar disso, o país desenvolveu uma cultura própria para o setor, que hoje serve de exemplo para o mundo. A definição de uma incubadora se assemelha à do instrumento hospitalar que supre o recém-nascido necessitado de apoios para os primeiros dias ou semanas de vida. 'Incubadoras de empresas' se aplicam no suporte a projetos que apresentam inovação tecnológica ou desenvolvimento inédito e permitem o início de uma empresa sem o volume de capital necessário."

Disponível em: <www.allrox.com.br/wordpress/2011/01/3427/>. Acesso em: jan. 2014.

Individualismo

"Doutrina segundo a qual o centro da vida humana se encontra na ação do indivíduo, naturalmente livre, e não na coletividade ou no Estado. Fruto das ideias de John Locke, David Hume e outros pensadores dos séculos XVII e XVIII, o individualismo serviu como base ao liberalismo econômico clássico, que adotou a livre-concorrência como princípio máximo e teve em Adam Smith seu maior representante."

SANDRONI, Paulo. *Dicionário de economia*. Rio de Janeiro/São Paulo: Record, 2008. p. 424.

Isostasia

Dá-se o nome de isostasia (do grego *iso*: igual; e *stásis*: equilíbrio) ao estado de equilíbrio dos blocos da crosta terrestre que flutuam sobre a camada do manto.

Segundo a teoria do cientista inglês George B. Airu (1801-1892), considerando-se que a crosta terrestre é formada por blocos, cada qual com uma densidade, e admitindo-se como correta a hipótese de que no manto exista uma zona de material viscoso em estado de fusão, quanto mais alto for o bloco montanhoso ou continental, maior será sua raiz mergulhada no manto.

Para se ter uma imagem similar desse fenômeno, basta observar blocos de gelo boiando na água. Quanto mais volumosos, mais emergem e imergem.

Liberalismo econômico

O pensamento econômico liberal consolidou-se a partir do século XVIII durante o processo da Revolução Industrial. Defendia a livre iniciativa das pessoas e das empresas e considerava que a economia deve ser conduzida pelas leis e mecanismos próprios do mercado, sem a ação e interferência do Estado. Nesse sentido, o livre mercado, além de garantir a prosperidade econômica e trazer benefícios a toda sociedade, tem a capacidade de corrigir por si mesmo possíveis distorções, num processo natural de autorregulação. Cabe ao Estado, apenas, garantir a livre concorrência e a defesa da propriedade privada, princípios básicos do sistema capitalista.

Linha de pobreza

É determinada pelo "Nível de renda que define a população pobre de um país. Geralmente, se considera um determinado nível de consumo de bens essenciais e quanto esse conjunto representa em termos monetários. Aqueles que recebem menos do que tal montante em dinheiro estariam abaixo da linha da pobreza".

SANDRONI, Paulo. *Dicionário de economia*. Rio de Janeiro/São Paulo: Record, 2008. p. 490.

Lugar

Lugar corresponde ao espaço físico de vivência do indivíduo ou de uma comunidade, que faz parte de sua vida cotidiana. O lugar tem significado especial, pois está relacionado às experiências individuais e coletivas, incluindo a condição socioeconômica. Dessa forma, o mesmo lugar pode ter significado diverso para diferentes pessoas, de grupos sociais distintos. Uma rua, por exemplo: para uma pessoa que simplesmente a percorre de carro é vivida de uma forma; para as crianças que nela brincam, é vivida de outra maneira. O vendedor ambulante que trabalha num parque público percebe esse lugar de modo distinto das pessoas que o frequentam para lazer. O *shopping center* pode ser um lugar de compras para os clientes e de trabalho para os funcionários das lojas. Com a globalização, os lugares passaram a carregar, na visão de algumas correntes da Geografia, características tanto particulares quanto globais, uma vez que expressam, por um lado, referências socioespaciais construídas historicamente e, por outro, referências globais trazidas pela mundialização de um mesmo modo de vida.

Meio geográfico

Para o geógrafo Milton Santos, o meio geográfico é o espaço dinâmico, é "a história das chamadas relações entre sociedade e natureza em todos os lugares habitados, a da substituição de um meio natural, dado a uma determinada sociedade, por um meio cada vez mais artificializado, isto é, sucessivamente instrumentalizado por essa mesma sociedade. Em cada fração da superfície da Terra, o caminho que vai de uma situação a outra se dá de maneira particular; e a parte do 'natural' e do 'artificial' também varia, assim como mudam as modalidades do seu arranjo".

SANTOS, Milton. *A natureza do espaço*: técnica e tempo, razão e emoção. São Paulo: Edusp, 2008. p. 233.

Meio técnico-científico-informacional

O meio técnico-científico-informacional caracteriza-se pela utilização de tecnologias da informação e de comunicações (telecomunicações, informática) de forma a alterar a velocidade das relações sociais no espaço, encurtando distâncias e possibilitando uma distribuição global dos diferentes setores de uma empresa, além da criação de enclaves espaciais tecnológicos (os tecnopolos) no ambiente urbano. Outros segmentos tecnológicos deram suporte ao surgimento desse meio: a microeletrônica, que reduz os componentes eletrônicos em escala microscópica; os cabos de fibra óptica, que transportam dados e fazem as conexões entre os diversos equipamentos, entre si e entre seus provedores e satélites.

Microclima

Condição climática de uma pequena área resultante da modificação das condições climáticas gerais, por diferenças locais em elevação ou exposição.

Vocabulário básico de recursos naturais e meio ambiente. Rio de Janeiro: IBGE, 2004. p. 225.

Minério

Todo mineral com valor econômico. Os minerais são sólidos inorgânicos que têm composição química em proporções características, cujos átomos são arranjados num padrão interno sistemático. Uma rocha pode ser formada por vários minerais, como o granito (formado por feldspato, quartzo, micas e outros), ou por um único mineral, como o quartzito (quartzo).

Multimodal

"Transporte Multimodal de Cargas é aquele que, regido por um único contrato, utiliza duas ou mais modalidades de transporte, desde a origem até o destino, e é executado sob a responsabilidade única de um Operador de Transporte Multimodal – OTM. [Modal ou modalidade, por sua vez,] possuem o mesmo significado. Consideram-se cinco os modos básicos de transporte: rodoviário, ferroviário, dutoviário, aquaviário e aéreo."

ANTT. *Transporte Multimodal*. Disponível em: <http://appweb2.antt.gov.br/carga/multimodal/otm.asp> (adaptado). Acesso em: dez. 2012.

Nação

Nação é um conjunto de pessoas que têm em comum o passado histórico, a língua, os costumes, determinados valores sociais, culturais e morais e, em alguns casos, a religião. Tudo isso confere à nação uma identidade cultural, uma consciência nacional, contribuindo, dessa forma, para que os seus indivíduos compartilhem determinadas aspirações, como, por exemplo, o desejo de permanecerem unidos, de se promoverem em termos sociais e econômicos e de preservarem sua identidade nacional.

Nacionalismo

"Desde o século XIX, a ideia de nação tem sido tratada com respeito muito especial. Não era uma ideia nova. As peças de Shakespeare estão cheias de sinais do orgulho dos ingleses pelo seu senso de nacionalidade, e há muitas evidências de que, desde datas remotas, as pessoas gostavam de se considerar francesas ou espanholas. No entanto, estes sentimentos se tornaram mais difundidos nos últimos duzentos anos. Mais importante ainda, as pessoas começaram a perceber que o fato de pertencerem a uma nação em particular deveria significar também serem governadas só por homens da mesma nacionalidade e que Estado e Nação deveriam ser a mesma coisa, ou os dois lados de uma mesma moeda. Trata-se da ideia política chamada de 'nacionalismo', que aponta a nacionalidade como única base legítima para o governo. Como tantas outras declarações gerais sobre a organização dos governos, ela tem gerado muito sofrimento e violência. É difícil ver como um governo injusto ou ruim para o povo da sua própria nação seja considerado moralmente melhor do que um governo justo e bom realizado por forasteiros. Mas sem dúvida o nacionalismo tem obtido mais sucesso e tem sido uma força mais revolucionária do que qualquer outra ideia política. Nos últimos dois séculos, transformou o mapa do mundo e a vida de centenas de milhões de pessoas."

ROBERTS, J. M. *O livro de ouro da história do mundo*. 12. ed. Rio de Janeiro: Ediouro, 2003. p. 529.

Pax americana

Os Estados Unidos iniciaram o século XXI como superpotência absoluta. A forma como essa hegemonia foi implementada foi denominada "*pax americana*", comparação com a "*pax romana*", adotada pelo imperador de Roma, Otávio Augusto (63 a.C.-14 d.C.). Roma estabeleceu a paz e a ordem em todas as fronteiras do império pela violência e forte repressão a qualquer tentativa de sublevação, impondo as leis romanas a todos os territórios controlados pelo Império.

As intervenções militares dos Estados Unidos na primeira década deste século, o poder de decisão sobre questões internacionais, inclusive aquelas que afetam diretamente a soberania dos Estados, as frequentes ameaças de ocupação, a política de guerra preventiva, a imposição de seus valores e a interferência no governo de outros países – culturalmente diferentes, como é o caso do Afeganistão e do Iraque – justificaram o uso do conceito de "*pax americana*" no contexto geopolítico. A justificativa dada pelos Estados Unidos, na maioria das vezes, foi apoiada na necessidade de intervir por questões humanitárias e, portanto, buscar a paz, como no Império Romano.

Pobreza

"[É o] estado de carência em que vivem indivíduos ou grupos populacionais, impossibilitados, por insuficiência de rendas ou inexistência de bens de consumo, de satisfazer suas necessidades básicas de alimentação, moradia, vestuário, saúde e educação. O problema está ligado à capacidade produtiva da sociedade, embora atinja até mesmo camadas sociais marginalizadas de países altamente desenvolvidos. A pobreza manifesta-se mais intensamente nos países subdesenvolvidos."

SANDRONI, Paulo. *Dicionário de economia*. Rio de Janeiro/São Paulo: Record, 2008. p. 661.

População Economicamente Ativa (PEA)

É o conjunto de todas as pessoas com 15[26] ou mais anos de idade que estão no mercado de trabalho, formal ou informal. A PEA inclui tanto a população ocupada como a população desocupada, desde que esteja procurando emprego.

Recurso natural

"Denominação aplicada a todas as matérias-primas, tanto aquelas renováveis como as não renováveis, obtidas diretamente da natureza e aproveitáveis pelo homem."

Vocabulário básico de recursos naturais e meio ambiente. Rio de Janeiro: IBGE, 2004. p. 225.

Região metropolitana

"Região estabelecida por legislação estadual e constituída por agrupamentos de municípios limítrofes [que fazem limites], com o objetivo de integrar a organização, o planejamento e a execução de funções públicas de interesse comum."

Atlas geográfico escolar. Rio de Janeiro: IBGE, 2007. p. 192.

A criação de regiões metropolitanas está associada, portanto, à grande integração entre municípios vizinhos que, por essa razão, desenvolvem planejamento e administração comuns de sua infraestrutura.

Nem sempre a cidade principal da região metropolitana é uma metrópole; é o caso, por exemplo, da Baixada Santista, de Florianópolis e de Maringá, situação que o IBGE classifica como metropolização incipiente. Já no caso de São Paulo, Rio de Janeiro, Belo Horizonte, Porto Alegre, Recife, Salvador, Fortaleza, Curitiba, Goiânia, Belém, Campinas e Brasília (Região Integrada de Desenvolvimento do Distrito Federal e entorno, compreendendo Brasília e municípios dos estados de Goiás e de Minas Gerais), há metropolização plena, pois o núcleo principal ou central forma uma metrópole. A quantidade de municípios que compõem cada região também é variável e pode aumentar conforme a dinâmica da urbanização da região.

---

26 IBGE mudou a faixa de idade da população em idade ativa a partir da Pesquisa Nacional por amostra de Domicílios (PNAD) de 2011. Antes era de 10 anos ou mais e passou para 15 anos ou mais.

Rendimento Nacional Bruto (RNB)

É calculado pela soma do PIB com todos os demais rendimentos líquidos (deduzidos todos os descontos legais) recebidos do resto do mundo. Os valores enviados em forma de pagamentos a outros países são deduzidos nesse cálculo.

Sistema de castas

Apesar de extinto por lei, ainda hoje o sistema de castas tem forte influência nas relações sociais da Índia. De acordo com ele, cada indivíduo pertence a uma casta desde o nascimento, não sendo permitidos casamentos entre pessoas de castas diferentes nem a mobilidade de uma casta para outra.

A sociedade hindu divide-se basicamente em quatro castas ou ordens principais: brâmanes (monges), xátrias (guerreiros), vaixás (comerciantes e artesãos) e, na base da pirâmide, sudras (camponeses e serventes). Os indivíduos considerados impuros pelas outras castas são denominados párias ou intocáveis e exercem profissões como coveiro, trabalhador de curtume e faxineiro.

Superávit primário

O superávit primário ocorre quando o valor que o governo (federal, estadual e municipal) arrecada com impostos, taxas e tarifas é superior às despesas, como o pagamento de funcionários públicos, aposentados, fornecedores e investimentos em educação, saúde, cultura, pesquisa e outros. Esse dinheiro é destinado ao pagamento da dívida pública. O superávit primário indica a capacidade que um país tem de honrar seus compromissos. Por outro lado, o corte excessivo nos gastos do governo na tentativa de aumentar o superávit primário impossibilita investimentos necessários em infraestrutura, não contribui para o crescimento econômico e inviabiliza o atendimento às demandas sociais do país.

Território

É um espaço delimitado e apropriado por uma comunidade, grupos econômicos ou Estados, que mantêm sobre ele uma relação de controle e poder. O território é tradicionalmente identificado com o Estado que sobre ele exerce autoridade. No entanto, pode se referir a um espaço local, como uma cidade ou um bairro. Pode, ainda, ultrapassar as fronteiras de um país, designando um conjunto de países, como a União Europeia (que reúne 27 países) ou o Mercosul.

Totalitarismo

"[...] Carl J. Friedrich e Zbigniew K. Brzezinski definem o Totalitarismo com base nos traços característicos que podem ser encontrados na organização dos regimes totalitários. Segundo esta colocação, o regime totalitário é resultante da união dos seis pontos seguintes: 1) uma ideologia oficial que diz respeito a todos os aspectos da atividade e da existência do homem e que todos os membros da sociedade devem abraçar, e que critica, de modo radical, o estado atual das coisas e que dirige a luta pela sua transformação; 2) um partido único de massa dirigido tipicamente por um ditador, estruturado de uma forma hierárquica, com uma posição de superioridade ou de mistura com a organização burocrática do Estado, composto por pequena percentagem da população, onde uma parte nutre apaixonada e inabalável fé na ideologia e está disposta a qualquer atividade para propagá-la e atuá-la; 3) um sistema de terrorismo policial, que apoia e ao mesmo tempo controla o partido, faz frutificar a ciência moderna e especialmente a psicologia científica e é dirigido de uma forma própria, não apenas contra os inimigos plausíveis do regime, mas ainda contra as classes da população arbitrariamente escolhidas; 4) um monopólio tendencialmente absoluto, nas mãos do partido e baseado na tecnologia moderna, da direção de todos os meios de comunicação de massa, como a imprensa, o rádio e o cinema; 5) um monopólio tendencialmente absoluto, nas mãos do partido e baseado na tecnologia moderna, de todos os instrumentos da luta armada; 6) um controle e uma direção central de toda a economia através da coordenação burocrática das unidades produtivas antes independentes.

A combinação habilidosa de propaganda e de terror, tornada possível graças ao uso da tecnologia moderna e da moderna organização de massa, confere aos regimes totalitários uma força de penetração e de mobilização da sociedade qualitativamente nova em relação a qualquer regime autoritário ou despótico do passado e torna-os por isso um fenômeno político historicamente único."

BOBBIO, Norberto et al. *Dicionário de política*. Brasília: Editora UnB, 1998. p. 1249.

Urbanização

A urbanização é um processo caracterizado pelo aumento da população urbana num ritmo mais acelerado que o da população rural. Essa situação é decorrente, sobretudo, da migração campo-cidade. Entretanto, a urbanização não se limita apenas por essa referência quantitativa. Ela implica concentração populacional; transformações econômicas; reestruturação de redes de comunicação e de transporte que convergem para as cidades e alteram as articulações no espaço geográfico; criação de novos polos administrativos e de poder que passam a ser centralizados no espaço urbano; transformações no modo de vida, que envolvem hábitos de consumo, formas de lazer e diversão, difusão cultural, entre outros.

Valor agregado

Quanto maior é o trabalho realizado em um determinado produto, maior será seu valor comercial. Por exemplo: uma tonelada de laranja *in natura* é vendida por um preço muito mais baixo do que uma tonelada de suco de laranja, que é um produto semifaturado. Assim, o uso de tecnologia representa agregação de valor, pois envolve um grande volume de trabalho e de conhecimento materializados na forma de máquinas e equipamentos.

[BIBLIOGRAFIA]

LIVROS

AB'SÁBER, Aziz Nacib. *Ecossistemas do Brasil.* São Paulo: Metalivros, 2006.

______. *Os domínios de natureza no Brasil.* São Paulo: Ateliê, 2007.

______. *Paisagens de exceção*: o litoral e o pantanal mato-grossense. São Paulo: Ateliê, 2006.

______ (Org.). *Leituras indispensáveis.* São Paulo: Ateliê Editorial, 2010.

ALMANAQUE socioambiental 2008. São Paulo: Instituto Socioambiental, 2007.

ANDRADE, Manuel Correia. *Caminhos e descaminhos da geografia.* Campinas: Papirus, 2001.

______. *Geopolítica do Brasil.* São Paulo: Ática, 1993.

______; ANDRADE, Sandra Maria Correia de. *A federação brasileira*: uma análise geopolítica e geossocial. São Paulo: Contexto, 1999.

ANGELO, Cláudio. *O aquecimento global.* São Paulo: Publifolha, 2008.

ARNT, Ricardo (Org.). *O que os economistas pensam sobre sustentabilidade.* São Paulo: Editora 34, 2010.

ATUALIDADES. *Vestibular Abril 2006.* São Paulo: Abril, 2006.

AYOADE, Johnson Olaniyi. *Introdução à climatologia para os trópicos.* Rio de Janeiro: Bertrand Brasil, 2011.

AZEVEDO, Ana Lucia. *Novos tempos.* Rio de Janeiro: Zahar, 2012.

AZEVEDO, A. de. *Brasil*: a terra e o homem. São Paulo: Cia. Editora Nacional, 1972.

BARROS, Alexandre Rands. *Desigualdades regionais no Brasil.* Rio de Janeiro: Elsevier/Campus, 2011.

BAUER, Jürgen; MACK, Wolfgang Wilfried; NÜBLER, Klaus Rentzmann. *Mensch und Raum*: Physische Geographie. Berlim: Cornelsen, 1989.

BEAUD, Michel. *História do capitalismo*: de 1500 aos nossos dias. São Paulo: Brasiliense, 1987.

BECKER, Bertha Koiffmann. *Amazônia.* São Paulo: Ática, 1990.

______. *Geopolítica da Amazônia*: a nova fronteira de recursos. Rio de Janeiro: Zahar, 1982.

BECKOUCHE, Pierre. *Indústria*: um só mundo. São Paulo: Ática, 1995.

BENSUSAN, Nurit (Org.). *Seria melhor mandar ladrilhar?* Biodiversidade – como, para que e por quê. São Paulo/Brasília: Peirópolis/Universidade de Brasília, 2008.

BETO, Ricardo; CAMPANILI, Maura (Orgs.). *Almanaque Brasil Socioambiental.* São Paulo: Instituto Socioambiental, 2008.

BIZZI, Luiz Augusto et al. (Ed.) *Geologia, tectônica e recursos minerais do Brasil.* Brasília: CPRM, 2003.

BLAINEY, Geoffrey. *Uma breve história do século XX.* São Paulo: Fundamento, 2011.

BOBBIO, Norberto et al. *Dicionário de política.* Brasília: Editora UnB, 1998.

BOUVET, Christian. *Géographie terminales.* Paris: Hachette Èducation, 1998.

BRANCO, Adriano Murgel (Org.). *Política energética e crise de desenvolvimento.* São Paulo/Rio de Janeiro: Paz e Terra, 2002.

BRAND, Denis; DAROUSSET, Maurice. *Dictionaire tématique Histoire Géographie.* Paris: Sirey, 1993.

BREITBACH, Thomas et al. *Geografie.* Berlim: Cornelsen, 2008.

BROCKMAN, John; MATSON, Katinga (Orgs.). *As coisas são assim*: pequeno repertório científico do mundo que nos cerca. São Paulo: Companhia das Letras, 2002.

BRYSON, Bill. *Breve história de quase tudo.* São Paulo: Companhia das Letras, 2005.

CARLOS, Ana Fani A. *A cidade.* São Paulo: Contexto, 1994.

______. *O lugar no/do mundo.* São Paulo: Hucitec, 1996.

______ ; LEMOS, Amalia I. G. de. *Dilemas urbanos*: novas abordagens sobre a cidade. São Paulo: Contexto, 2003.

CARVALHO, José Murilo de. *Cidadania no Brasil.* Rio de Janeiro: Civilização Brasileira, 2001.

CASSETI, Valter. *Ambiente e apropriação do relevo.* São Paulo: Contexto, 1995.

CASTELLANOS, A. Sebastián; POUS, J. Monturiol; FONT-ALTABA, M.; PÉREZ, A. Alvarez. *Geología*: generalidades, reservas económicas. Barcelona: Fapa, 1997.

CASTELLS, Manuel. *A sociedade em rede.* São Paulo: Paz e Terra, 1999.

______. *Fim de milênio.* São Paulo: Paz e Terra, 1999.

______. *O poder da identidade.* São Paulo: Paz e Terra, 1999.

______. *A galáxia da internet*: reflexões sobre a internet, os negócios e a sociedade. Rio de Janeiro: Jorge Zahar, 2003.

CASTRO, Iná Elias de; GOMES, Paulo César da Costa; CORRÊA, Roberto Lobato (Org.). *Geografia*: conceitos e temas. Rio de Janeiro: Bertrand Brasil, 1995.

______ et al (Org.). *Olhares geográficos*: modos de ver e viver o espaço. Rio de Janeiro: Bertrand Brasil, 2012.

______. *O poder da identidade.* São Paulo: Paz e Terra, 1999.

CASTRO, Josué de. *Geografia da fome.* Rio de Janeiro: Civilização Brasileira, 2003.

CASTROGIOVANNI, Antonio Carlos et al. (Org.). *Geografia em sala de aula*: práticas e reflexões. Porto Alegre: AGB: seção Porto Alegre, 1988.

CIATTONI, Annette. *Geographie 1.* Paris: Hatier, 2011.

______. *O lucro ou as pessoas*: neoliberalismo e ordem global. Rio de Janeiro: Bertrand Brasil, 2002.

CHRISTOFOLETTI, Antônio. *Geomorfologia.* São Paulo: Edgard Blucher, 1980.

CONTI, José Bueno. *Clima e meio ambiente.* São Paulo: Atual, 2011.

CRUZ, Rita de Cássia Ariza. *Geografia do Turismo.* São Paulo: Roca, 2001.

DAMIANI, Amelia Luisa. *População e Geografia.* São Paulo: Contexto, 2000.

DASH, Joan. *O prêmio da longitude.* São Paulo: Companhia das Letras, 2002.

DAVIS, Mike. *Apologia dos bárbaros.* São Paulo: Boitempo, 2008.

DIAMOND, Jared. *Colapso*: como as sociedades escolhem o fracasso ou o sucesso. Rio de Janeiro: Record, 2005.

DIERCKE *Geography for bilingual classes.* Braunschweig: Westermann, 2006.

DUPAS, Gilberto. *Atores e poderes na nova ordem global.* São Paulo: Editora da Unesp, 2005.

______. *O mito do progresso.* São Paulo: Editora da Unesp, 2006.

ENCICLOPÉDIA do Estudante: Ciências da Terra e do Universo, v. 3. São Paulo: Moderna, 2008.

FELSCH, Matias et al. *Geographie, Oberstufe.* Berlim: Schroedel, 2011.

FERGUSON, Will. *De carona com Buda – O Japão de cabo a cabo.* São Paulo: Companhia das Letras, 2007. p. 19.

FERNANDES, Bernardo Mançano. *MST*: formação e territorialização. São Paulo: Hucitec, 1999.

FERRO, Marc. *O século XX explicado aos meus filhos.* Rio de Janeiro: Agir, 2008.

FIORI, José Luís. *O poder global.* São Paulo: Boitempo, 2007.

FLANNERY, Tim. *Os senhores do clima.* São Paulo/Rio de Janeiro: Record, 2007.

FLORENZANO, Teresa Gallotti. *Imagens de satélite para estudos ambientais.* São Paulo: Oficina de Textos, 2002.

FORUM Geschichte. Berlim: Cornelsen, 2003.

FREIDEN, Jeffry A. *O capitalismo global.* Rio de Janeiro: Zahar, 2008.

FRIEDMAN, Thomas L. *O mundo é plano.* Rio de Janeiro: Objetiva, 2005.

FURTADO, Bernardo Alves et al. *Estimativas do déficit habitacional brasileiro (2007-2010) por municípios (2010).* Brasília: Ipea, 2013.

GARCIA, Carlos. *O que é Nordeste Brasileiro.* São Paulo: Brasiliense, 1999.

GIMENEZ, Karen. *Os oceanos*. São Paulo: Atual, 2008 (Col. Geografia Sem Fronteiras).

GONÇALVES, Carlos Walter Porto. *A globalização da natureza e a natureza da globalização*. Rio de Janeiro: Civilização Brasileira, 2006.

______. *Amazônia, Amazônias*. São Paulo: Contexto, 2007.

______. *Os (des)caminhos do meio ambiente*. São Paulo: Contexto, 1990.

GORE, Albert. *Uma verdade inconveniente*: o que devemos saber (e fazer) sobre o aquecimento global. Barueri: Manole, 2006.

GUERRA, Antonio José Teixeira; MARÇAL, Mônica dos Santos. *Geomorfologia ambiental*. Rio de Janeiro: Bertrand Brasil, 2006.

GUERRA, Antonio Teixeira; GUERRA, Antonio José Teixeira. *Novo Dicionário Geológico-geomorfológico*. Rio de Janeiro: Bertrand Brasil, 2011.

HAESBAERT, Rogério. *O mito da desterritorialização*. Rio de Janeiro: Bertrand Brasil, 2004.

HARVEY, David. *A condição pós-moderna*. São Paulo: Loyola, 1992.

______. *A produção capitalista do espaço*. São Paulo: Annablume, 2006.

______. *O enigma do capital e as crises do capitalismo*. São Paulo: Boitempo, 2011.

HISSA, Cássio Eduardo Viana. *A mobilidade das fronteiras*. Belo Horizonte: Editora da UFMG, 2002.

HISTORY year by year. Londres: Dorling Kindersley, 2011.

HISTOIRE Géographie: Le monde d'aujourd'hui. Paris: Hachette Èducation, 2003.

HOBSBAWM, Eric J. *A era dos impérios*: 1875-1914. São Paulo: Paz e Terra, 2002.

______. *Era dos extremos*. São Paulo: Companhia das Letras, 1995.

______. *Globalização, democracia e terrorismo*. São Paulo: Companhia das Letras, 2007.

______. *O novo século*. São Paulo: Companhia das Letras, 2000.

______. *Da revolução industrial ao imperialismo*. Rio de Janeiro: Forense-Universitária, 1969.

HOUAISS, Antônio; VILLAR, Mauro de Salles. *Dicionário Houaiss da Língua Portuguesa*. Rio de Janeiro: Objetiva, 2009.

JOHNSON, Allan G. *Dicionário de Sociologia*: guia prático da linguagem sociológica. Rio de Janeiro: Zahar, 1997.

JOLY, Fernand. *A cartografia*. Campinas: Papirus, 1997.

JUDT, Tony. *Pós-guerra*: uma história da Europa desde 1945. São Paulo: Objetiva, 2008.

KENNEDY, Paul. *Ascensão e queda das grandes potências*. 6. ed. Rio de Janeiro: Campus, 1991.

______. *Preparando para o século XXI*. Rio de Janeiro: Campus, 1993.

KHANNA, Parag. *O segundo mundo*: impérios e influência na nova ordem global. Rio de Janeiro: Intrínseca, 2008.

KISSNER, Karl-Heinz. *Geographie*. Berlim: Verlag, 1990.

KLEIN, Naomi. *Sem Logo*: a tirania das marcas num planeta vendido. Rio de Janeiro/São Paulo: Record, 2002.

KOBIYAMA, Masato et al. *Prevenção de desastres naturais*: conceitos básicos. Curitiba: Organic Trading, 2006.

KURZ, Robert. *O colapso da modernização*. São Paulo: Paz e Terra, 1999.

______. *Os últimos combates*. Petrópolis: Vozes, 1997.

LACOSTE, Yves. *Géopolitique*: La longue histoire d'aujourd'hui. Paris: Larousse, 2008.

LEÃO, Regina Machado. *A floresta e o homem*. São Paulo: Edusp, 2000.

LEINZ, Viktor; AMARAL, Sérgio Estanislau do. *Geologia geral*. São Paulo: Cia. Editora Nacional, 1978.

LEON, Thales de. *Clandestinos*. Rio de Janeiro: Domínio Público, 1996.

LEPSCH, Igo Fernando. *Formação e conservação dos solos*. São Paulo: Oficina de Textos, 2010.

MANO, Eloisa Biasotto; PACHECO, Élen Beatriz Acordi Vasques; BONELLI, Cláudia Maria Chagas. *Meio ambiente, poluição e reciclagem*. São Paulo: Edgard Blucher, 2005.

MARCONDES, A. C. *Ecologia*. São Paulo: Atual, 1992.

MARICATO, Ermínia. *Metrópole na periferia do capitalismo*. São Paulo: Hucitec, 1996.

MARTIN, André Roberto. *Fronteiras e nações*. São Paulo: Contexto, 1997.

MARTINELLI, Marcelo. *Cartografia temática*: caderno de mapas. São Paulo: Edusp, 2003.

______. *Curso de cartografia temática*. São Paulo: Contexto, 1991.

MASI, Domenico de. *O ócio criativo*. Rio de Janeiro: Sextante, 2000.

MATHIEU, Jean-Louis. *Géographic Term S*. Paris: Nathan, 2004.

MATIAS, Eduardo F. P. *A humanidade e suas fronteiras*. São Paulo: Paz e Terra, 2005.

MATTOS, Regiane Augusto de. *História e cultura afro-brasileira*. São Paulo: Contexto, 2011.

MELLO, Patricia Toledo de Campos. *Índia*: da miséria à superpotência. São Paulo: Planeta do Brasil, 2009.

MENDONÇA, Francisco; DANNI-OLIVEIRA, Inês Moresco. *Climatologia*: noções básicas e climas do Brasil. São Paulo: Oficina de Textos, 2007.

MENDONÇA, Francisco. *Geografia e meio ambiente*. São Paulo: Contexto, 1994.

METAMORFOSES do espaço habitado. São Paulo: Hucitec, 1996.

MEYER, Michael. *1989*: o ano que mudou o mundo. Rio de Janeiro: Zahar, 2009.

MEZZETTI, Fernando. *De Mao a Deng*: a transformação da China. Brasília: Editora da UnB, 2000.

MINC, Carlos. *Ecologia e cidadania*. São Paulo: Moderna, 2005.

MINUCCI, Silvia Bertolazzi. *Marco Polo 3*: Alla scoperta del mondo. Novara: De Agostini, 2009.

MONTEIRO, Carlos Augusto de Figueiredo; MENDONÇA, Francisco. *Clima urbano*. São Paulo: Contexto, 2003.

MORAES, Antonio Carlos Robert. *Meio ambiente e ciências humanas*. São Paulo: Annablume, 2005.

______. *Território e História no Brasil*. São Paulo: Annablume, 2008.

MORAN, Emílio F. *Meio ambiente e florestas*. São Paulo: SENAC, 2010.

MUNFORD, Lewis. *A cidade na história*. São Paulo: Martins Fontes, 1991.

NEGROPONTE, Nicholas. *A vida digital*. São Paulo: Companhia das Letras, 2003. p. 184.

NETTO, Antonio Delfim (Coord.). *O Brasil no século XXI*. São Paulo: Saraiva, 2011.

NOVAIS, Fernando (Dir.); SCHWARCZ, Lilia Moritz (Org.). *História da vida privada no Brasil*. São Paulo: Companhia das Letras, 2006.

NYE JR., Joseph S. *O futuro do poder*. São Paulo: Benvirá, 2012.

______. *O paradoxo do poder americano*. São Paulo: Editora da Unesp, 2002.

OLIC, Nelson B.; CANEPA, Beatriz. *Geopolíticas asiáticas*. São Paulo: Moderna, 2007.

OLIVEIRA, Ariovaldo U. *Amazônia*: monopólio, expropriação e conflitos. Campinas: Papirus, 1989.

______. *Integrar para não entregar*: políticas públicas e Amazônia. Campinas: Papirus, 1988.

PASSOS, Messias Modesto dos. *Biogeografia e paisagem*. Maringá: [s. n.], 2003.

PEARCE, Fred. *O aquecimento global*: causas e efeitos de um mundo mais quente. São Paulo: Publifolha, 2002.

PENNAFORTE, Charles. *África*: horizontes e desafios no século XXI. São Paulo: Atual, 2006 (Col. Geografia Sem Fronteiras).

PIÑON, Ana; FUNARI, Pedro Paulo. *A temática indígena na escola*. São Paulo: Contexto, 2011.

POLITI, Maurice. *A Comissão da Verdade no Brasil* (Cartilha). São Paulo: Núcleo de Preservação da Memória Política, s.d.

PONTUSCHKA, Nídia Nacib; OLIVEIRA, Ariovaldo Umbelino (Org.). *Geografia em perspectiva*. São Paulo: Contexto, 2002.

POPP, José Henrique. *Geologia geral*. Rio de Janeiro: LTC, 2010.

PRADO, Hélio do. *Solos do Brasil*: gênese, morfologia, classificação, levantamento, manejo agrícola e geotécnico. 3. ed. Piracicaba: H. Prado, 2001.

PRESS, Frank et al. *Para entender a Terra*. Porto Alegre: Bookman, 2006.

RAMONET, Ignacio. *Geopolítica do caos*. Petrópolis: Vozes, 2001.

______. *Guerras do século XXI*. Petrópolis: Vozes, 2003.

REBOUÇAS, Aldo. *Uso inteligente da água*. São Paulo: Escrituras, 2004.

REEVES, Hubert; LENOIR, Frédéric. *Mal da Terra*. São Paulo: Paz e Terra, 2006.

REGO, Nelson; SUERTEGARAY, Dirce; HEIDRICH, Álvaro (Org.). *Geografia e educação*: geração de ambiências. Porto Alegre: Editora da UFRGS, 2000.

REINACH, Fernando. *A longa marcha dos grilos canibais e outras crônicas sobre a vida no planeta Terra*. São Paulo: Companhia das Letras, 2010.

RESS, Martin. *Hora Final. Alerta de um cientista*: o desastre ambiental ameaça o futuro da humanidade. São Paulo: Companhia das Letras, 2005.

RIBEIRO, Wagner Costa. *Geografia política da água*. São Paulo: Annablume, 2008.

RICKLEFS, Robert Eric. *A economia da natureza*. Rio de Janeiro: Koogan, 2011.

RIFKIN, Jeremy. *A Terceira Revolução Industrial*: como o poder lateral está transformando a energia, a economia e o mundo. São Paulo: Makron Books, 2012.

ROBERTS, J. M. *O livro de ouro da história do mundo*: da pré-história à idade contemporânea. Rio de Janeiro: Ediouro, 2003.

ROBINSON, Arthur H. et al. *Elements of cartography*. Nova York: John Wiley & Sons, 1995.

ROCHA, Cézar Henrique Barra. *Geoprocessamento*: tecnologia transdisciplinar. Juiz de Fora: Editora do Autor, 2000.

ROSS, Jurandyr Luciano Sanches. *Ecogeografia do Brasil*. São Paulo: Oficina de Textos, 2006.

______ (Org.). *Geografia do Brasil*. São Paulo: Edusp, 2009.

______; WILHELM, Jorge; PINHEIRO, Paulo Sérgio (Org.). *Brasil*: um século de transformações. São Paulo: Companhia das Letras, 2001.

SACHS, Ignacy. *O gato de Alice e outras crônicas*. São Paulo: Cortez, 2002.

SADER, Emir. *Século XX*: uma biografia não autorizada, o século do imperialismo. São Paulo: Fundação Perseu Abramo, 2000.

______; JINKINGS, Ivana (Coord.). *Latinoamericana*: enciclopédia contemporânea da América Latina e do Caribe. São Paulo: Boitempo, 2006.

SALVIN, Philip. *Rios e vales*. São Paulo: Scipione, 1998.

SANDRONI, Paulo. *Novíssimo dicionário de economia*. São Paulo: Best-Seller, 1999.

______ (Org.). *Dicionário de economia do século XXI*. Rio de Janeiro: Record, 2008.

SANTOS, Milton. *A natureza do espaço, técnica e tempo, razão e emoção*. São Paulo: Hucitec, 1996.

______. *A urbanização brasileira*. São Paulo: Hucitec, 1993.

______. *Da totalidade ao lugar*. São Paulo: Edusp, 2005.

______. *Economia espacial*. São Paulo: Edusp, 2003.

______. *Espaço e método*. São Paulo: Nobel, 1985.

______. *Metamorfose do espaço habitado*. 4. ed. São Paulo: Hucitec, 1996.

______. *O espaço do cidadão*. São Paulo: Nobel, 1987.

______. *Por uma outra globalização*. Rio de Janeiro: Record, 2001.

______. *Técnica, espaço, tempo*: globalização e meio técnico-científico-informacional. São Paulo: Edusp, 2008.

______; SILVEIRA, Maria Laura. *O Brasil*: território e sociedade no início do século XXI. Rio de Janeiro/São Paulo: Record, 2001.

SASSEN, Saskia. *As cidades na economia mundial*. São Paulo: Studio Nobel, 1998.

______. *Sociologia da globalização*. Porto Alegre: Artmed, 2010.

SCHILLING, Voltaire. *Ocidente × Islã*: uma história do conflito milenar entre dois mundos. Porto Alegre: L&PM, 2003.

SCHLEICHER, Yvonne (Org.). *Diercke multimediale Methoden Westermann*. Braunschweig: Westermann, 2010.

SCHLOSSER, Eric. *País do* fast-food. São Paulo: Ática, 2001.

SEBESTYEN, Victor. *A revolução de 1989*: a queda do império soviético. São Paulo: Globo, 2009.

SILVA, Edilson Adão Cândido da. *Oriente Médio*: a gênese das fronteiras. São Paulo: Zouk, 2003.

SILVA, José Graziano da. *O que é questão agrária*. 2. ed. São Paulo: Brasiliense, 1993.

SILVA, Michael; SJÖGREN, Bertil. *Europa 1992*: um novo jogo do poder mundial. São Paulo: Marlon Books, 1992.

SILVEIRA, Márcio R.; LAMOSO, Lisandra P.; MOURÃO, Paulo Fernando Cirino. *Questões nacionais e regionais do território brasileiro*. São Paulo: Expressão Popular, 2009.

SIMON, Alba; GOUVEIA, Maria Teresa de J. *O destino das espécies*. Rio de Janeiro: Garamond, 2011.

SPOSITO, Eliseu. *A vida nas cidades*. São Paulo: Contexto, 2001.

SPOSITO, Maria Encarnação B. *Capitalismo e urbanização*. São Paulo: Contexto, 1991.

STÉDILE, João Pedro. *Questão agrária no Brasil*. São Paulo: Atual, 2002.

STERN, Jessica. *Terror em nome de Deus*: por que os militantes religiosos matam. São Paulo: Barcarolla, 2004.

STIGLITZ, Joseph E. *A globalização e seus malefícios*. São Paulo: Futura, 2002.

TEIXEIRA, Wilson et al. (Org.). *Decifrando a Terra*. São Paulo: Cia. Editora Nacional, 2009.

TOFFLER, Alvin. *A terceira onda*. 25. ed. Rio de Janeiro: Record, 2001.

TRIGUEIRO, André (Coord.). *Novos rumos para a crise*. São Paulo: Globo, 2012.

VIEIRA, Eurípedes F.; VIEIRA, Marcelo Milano F. *Espaços econômicos*: geoestratégia, poder e gestão do território. Porto Alegre: Sagra Luzzatto, 2003.

VOCABULÁRIO básico de recursos naturais e meio ambiente. Rio de Janeiro: IBGE, 2004.

YÁZIGI, Eduardo. *Civilização urbana*. São Paulo: Contexto, 2003.

YERGIN, Daniel. *O petróleo*: uma história de ganância, dinheiro e poder. São Paulo: Scritta, 1994.

ATLAS

ALBUQUERQUE, Manoel M. et al. *Atlas histórico escolar*. Rio de Janeiro: MEC, 1980.

Atlas da história do mundo. São Paulo: Folha de S.Paulo/Times Books, 1985.

Atlas du 21e siècle 2009. Paris: Nathan, 2008.

Atlas geográfico do Brasil. São Paulo: Melhoramentos, 2004.

Atlas geográfico escolar. Rio de Janeiro: IBGE, 2002; 2004; 2005; 2007; 2009.

Atlas Nacional do Brasil Milton Santos. Rio de Janeiro: IBGE, 2010.

Atlas Nacional do Brasil. Rio de Janeiro: IBGE, 2007.

Atlas pratique Le Monde. Issy-les-Moulineaux: Editions Atlas, 2005.

BOCHICCHIO, Vincenzo R. *Atlas do mundo atual*. São Paulo: Atual, 2009.

CALDINI, Vera; ÍSOLA, Leda. *Atlas geográfico Saraiva*. São Paulo: Saraiva, 2009.

CENTRO Universitário de Estudos e Pesquisas Sobre Desastres (CEPED/UFSC). *Atlas brasileiro de desastres naturais 1991 a 2010* – Volume Brasil. Disponível em: <www.ceped.ufsc.br/biblioteca/projetos>.

CLARK, Robin; KING, Jannet. *O atlas da água*. São Paulo: Publifolha, 2006.

DUBY, G. *Atlas historique*. Paris: Larousse, 1996.

DURAND, Marie-Françoise et al. *Atlas de la mondialisation*. Paris: Presses de Sciences Po, 2008.

______. *Atlas da mundialização 2009*. São Paulo: Saraiva, 2009.

FERREIRA, Graça Maria Lemos. *Atlas geográfico*: espaço mundial. São Paulo: Moderna, 2010.

GIRARDI, Eduardo Paulon. *Atlas da questão agrária brasileira*. Disponível em: <www2.fct.unesp.br/nera/atlas/>.

GIRARDI, Gisele; ROSA, Jussara Vaz. *Atlas geográfico do estudante*. São Paulo: FTD, 2011.

Heimat und Welt, Weltatlas. Berlim/Brandenburgo: Westermann, 2011.

Le Géographie de l'Europe dês 15. Paris: Nathan, 1998.

KINDER, H.; HILGUEMANN, W. *Atlas histórico mundial*. Madri: Istmo, 2006.

KÖNEMANN, Ludwig; STEFÁNIL, Martin. *Historical Atlas of the world*. Bath: Parragon, 2010.

PHILLIPSON, Olly. *Atlas geográfico mundial*. Curitiba: Fundamento, 2007.

Putzger historischer weltatlas. Berlim: Cornelsen Verlag, 2011.

SCALZARETTO, Reinaldo; MAGNOLI, Demétrio. *Atlas geopolítico*. São Paulo: Scipione, 1996.

SINAÏ, Agnès et al. *Atlas do Meio Ambiente*. Le Monde Diplomatique Brasil. São Paulo: Instituto Pólis, 2008.

SMITH, Dan. *Atlas dos conflitos mundiais*. São Paulo: Cia. Editora Nacional, 2007.

World Atlas. Londres: Dorling Kindersley, 1999.

PERIÓDICOS

ANP. *Anuário Estatístico Brasileiro do Petróleo, Gás Natural e Biocombustíveis 2013*. Disponível em: <www.anp.gov.br>.

Anuário Exame 2011-2012. São Paulo: Editora Abril, out. 2011.

BATELLE. *2012 Global R&D Funding Forecast*. Disponível em: <www.batelle.org>.

BL NETHERLANDS ENVIRONMENTAL ASSESSMENT AGENCY. *Long-term trend in global CO_2 emissions*, 2012.

BRITISH PETROLEUM. *BP Statistical Review of World Energy 2012*. Disponível em: <http://www.bp.com>.

CLIMATE CHANGE RESEARCH CENTRE. *The Copenhagen Diagnosis*. Sydney: UNSW University of New South Wales, 2009.

Comissão mundial sobre meio ambiente e desenvolvimento. Nosso futuro comum. Rio de Janeiro: FGV, 1988.

CNT. *Boletim estatístico 2013*. Disponível em: <www.cnt.org.br>.

Columbia University. Asia for Educators. Disponível em: <http://afe.easia.columbia.edu>.

COSTA, Antonio Luiz M. C. *Carta na Escola*, p. 41, Edição nº 42, dez. 2008 a jan. 2010.

Dossiê Le Monde Diplomatique Brasil 10. São Paulo: Instituto Pólis, jul./ago. 2012.

Dossiê Le Monde Diplomatique. São Paulo: Instituto Pólis, jul./ago. 2003.

EPE. *Balanço Energético Nacional 2013*. Disponível em: <https://ben.epe.gov.br/>.

FAO. *Global Forest Resources Assessment*, 2010.

Financial Times. Disponível em: <www.ft.com>.

Folha de S.Paulo

GIODA, Adriana. *Saúde e Ambiente*, v. 3, n. 2, 2002. Disponível em: <http://periodicos.univille.br>.

Globo Rural. São Paulo: Globo, mai. 2012.

HAYDEN, Thomas. *Dossiê Terra*: o guia indispensável sobre as tendências globais. São Paulo: National Geographic/Abril, 2007.

IBGE. *Produção da pecuária municipal*, v. 38-39, 2011; 2012. Disponível em: <www.ibge.gov.br>.

IBGE. *Pesquisa Nacional por Amostra de Domicílios (PNAD)*: síntese de indicadores 2011. Disponível em: <www.ibge.gov.br>.

IEA. *Key World Energy Statistics 2012*. Disponível em: <www.iea.org>.

INFRAERO. *Anuário Estatístico Operacional 2011*. Disponível em: <www.infraero.gov.br>.

LA GORCE, Paul-Marie de. *Guerra preventiva, estratégia perigosa*. Le Monde Diplomatique Brasil. Ano 3, n. 32, set. 2002.

MELLO, C. L.; BERGQVIST, L. P.; SANT'ANNA, L. G. *Vegetais fósseis do terciário brasileiro*. Disponível em: <www.unb.br>.

O Estado de S. Paulo

O Globo

OMC. *World Trade Report 2013*. Disponível em: <http://www.wto.org/english/res_e/booksp_e/world_trade_report13_e.pdf>.

ONU. *O futuro que queremos*, 2012.

ONU. Organização de Cooperação de Shangai. *Novos rumos na Ásia Central e as relações com o Ocidente*, 2009.

OPEC. *Annual Statistical Bulletin 2010/2011*. Disponível em: <www.opec.org>.

ORGANIZAÇÃO DAS NAÇÕES UNIDAS PARA ALIMENTAÇÃO E AGRICULTURA (FAO). *The State of Food Insecurity in the World 2012*. Disponível em: <www.fao.org/docrep/016/i3027e/i3027e00.htm>.

PINHEIRO, Paulo Sérgio. O imperativo do consenso internacional e a crise na Síria. *Política Externa*. v. 21, n. 2. São Paulo: Paz e Terra, set./out./nov. 2012.

PNUD. *Relatório de Desenvolvimento Humano 2013*. Disponível em: <www.pnud.org.br/arquivos/rdh-2013.pdf>.

POPULATION REFERENCE BUREAU (PRB). *World Population Data Sheet 2013*. Disponível em: <www.prb.org>.

RAMONET, Ignacio. *Le monde diplomatique*. Edição brasileira, ano 2, nº 16, maio 2001.

REN21. *Renewables 2013 Global Status Report*. Disponível em: <www.map.ren21.net/GSR/>.

Revista Brasileira de Geografia. Rio de Janeiro, v. 57, out./dez. 1995.

Revista *Ciência Hoje*. v. 39, n. 234, jan./fev. 2007.

______. v. 44, n. 259, maio 2009.

Revista *Época*. São Paulo: Globo.

Revista *Horizonte Geográfico*. São Paulo: Horizonte.

Revista *IstoÉ*. São Paulo: Três, 2012.

Revista *National Geographic*. São Paulo: Abril.

Revista *Política Externa*. v. 21, n. 2. São Paulo: Paz e Terra, 2012.

Revista *Scientific American Brasil*. São Paulo: Duetto.

Revista *Veja*. São Paulo: Abril.

ROLNIK, Raquel. A lógica do caos. *Revista Carta na Escola*, ed. 30, out. 2008.

ROMANO, Jorge. *Le Monde Diplomatique Brasil*. São Paulo, maio. 2001; jul. 2008.

Rumos. Rio de Janeiro: ABDE, ano 23, n. 163, ago. 1999.

São Paulo em perspectiva. São Paulo, Fundação SEADE, v. 15, n. 1, jan./mar. 2001; v. 19, n. 3, jul./set. 2005.

SPOSITO, Maria Encarnação B. *A urbanização no Brasil*. CENP, Secretaria de Educação de São Paulo, Série Argumento, s.d.

STOCKHOLM INTERNATIONAL PEACE RESEARCH INSTITUTE (SIPRI). *Sipri yearbook 2013*. Disponível em: <www.sipri.org/yearbook/2013>.

Tea Party Tribune. Disponível em: <www.teapartytribune.com>.

UNEP. *Keeping Track of Our Changing Environment*: from Rio to Rio+20 (1992-2012). Nairobi: UNEP, 2011.

UNICEF; WHO. *Progress on Drinking Water and Sanitation*, 2012.

UNITED NATIONS CONFERENCE ON TRADE AND DEVELOPMENT (UNCTAD). *World investment report 2013*. Disponível em: <http://unctad.org/en/PublicationsLibrary/wir2013_en.pdf>.

SITES

Agência FAPESP. Disponível em: <http://agencia.fapesp.br>.

Agência Nacional das Águas (ANA). Disponível em: <www.ana.gov.br>.

Agência Nacional de Energia Elétrica (ANEEL). Disponível em: <www.aneel.gov.br>.

Agência Nacional de Transportes Aquaviários (ANTAQ). Disponível em: <www.antaq.gov.br>.

Agência Nacional de Transportes Terrestres (ANTT). Disponível em: <www.antt.gov.br>.

Agência Nacional do Petróleo, Gás Natural e Biocombustíveis (ANP). Disponível em: <www.anp.gov.br>.

ANFAVEA. Disponível em: <www.anfavea.com.br>.

ANPROTEC. Disponível em: <www.anprotec.org.br>.

Arquivo Público do Estado de São Paulo. Disponível em: <www.arquivoestado.sp.gov.br>.

Atelier de Cartographie. Disponível em: <http://cartographie.sciences-po.fr>.

Atlas da questão agrária brasileira. Disponível em: <www2.fct.unesp.br/nera/atlas/agropecuaria.htm#producao_agropecuaria>.

Banco Mundial. Disponível em: <http://datos.bancomundial.org/indicador>.

BBC Brasil. Disponível em: <www.bbc.co.uk/portuguese>.

Centro de Estudos sobre as Tecnologias da Informação e da Comunicação (Cetic). Disponível em: <www.cetic.br>.

Centro de Previsão do Tempo e Estudos Climáticos. Disponível em: <www.cptec.inpe.br>.

CIA. Disponível em: <www.cia.gov>.

Ciência Hoje On-line. Disponível em: <http://cienciahoje.uol.com.br>.

City Mayor Statistics. Disponível em: <www.citymayors.com>.

Com Ciência. Disponível em: <www.comciencia.br/comciencia/>.

Comissão Nacional de Energia Nuclear (CNEN). Disponível em: <www.cnen.gov.br>.

Companhia Hidroelétrica do São Francisco (Chesf). Disponível em: <www.chesf.gov.br/portal/page/portal/chesf_portal/paginas/inicio>.

Companhia de Pesquisa de Recursos Minerais (CPRM). Disponível em: <www.cprm.gov.br>.

Conselho de Informações sobre Biotecnologia (CIB). Disponível em: <http://cib.org.br>.

Conselho Nacional da Reserva da Biosfera da Caatinga. Disponível em: <www.biosferadacaatinga.org.br>.

Conservation International. Disponível em: <www.conservation.org.br>.

Coordenação-Geral de Observação da Terra (OBT/INPE). Disponível em: <www.obt.inpe.br/prodes/prodes_1988_2012.htm>.

Departamento de Recursos Minerais do Rio de Janeiro. Disponível em: <www.drm.rj.gov.br>.

Diário do Nordeste. Disponível em: <http://diariodonordeste.globo.com>.

Drilling Info International. Disponível em: <http://southsudaninfo.net>.

Earth Policy Institute. Disponível em: <www.earth-policy.org>.

Eletrobras. Disponível em: <www.eletrobras.com>.

Eletronorte. Disponível em: <www.eln.gov.br/opencms/opencms>.

Embaixada da Índia. Disponível em: <www.indianembassy.hr>.

Eurostat. Disponível em: <http://ec.europa.eu/eurostat>.

Fundação Nacional do Índio (Funai). Disponível em: <www.funai.gov.br>.

Geomorfologia. Disponível em: <www.funape.org.br/geomorfologia/cap2/index.php>.

Global 21. Disponível em: <www.global21.com.br>.

Grupo Escolar. Disponível em: <www.grupoescolar.com>.

Jornal de Londrina. Disponível em: <www.jornaldelondrina.com.br>.

Instituto Brasileiro do Meio Ambiente e dos Recursos Naturais Renováveis (Ibama). Disponível em: <www.ibama.gov.br>.

Instituto Humanitas Unisinos (IHU). Disponível em: <www.ihu.unisinos.br>.

Incra. Disponível em: <www.incra.gov.br>.

Institut Kurde de Paris. Disponível em: <www.institutkurde.org>.

Institute of Health Systems. Disponível em: <www.ihs.org.in>.

Instituto Brasileiro de Geografia e Estatística (IBGE). Mapas. Disponível em: <http://mapas.ibge.gov.br/>.

Instituto de Pesquisa Econômica Aplicada (Ipea). Disponível em: <www.ipea.gov.br>.

Instituto Nacional de Meteorologia. Disponível em: <www.inmet.gov.br>.

Instituto Socioambiental. Disponível em: <www.socioambiental.org>.

International Labour Office. Disponível em: <www.ilo.org>.

Internet World Stats. Disponível em: <www.internetworldstats.com/stats.htm>.

Itaipu. Disponível em: <www.itaipu.gov.br>.

Laborsta Internet (Informações Estatísticas). Disponível em: <http://laborsta.ilo.org/default_S.html>.

L'Encyclopédie de l'État du Monde. Disponível em: <www.etatdumonde.com>.

Laboratórios Virtuais de Processos Químicos. Disponível em: <http://labvirtual.eq.uc.pt>.

Marinha do Brasil. Disponível em: <www.mar.mil.br>.

Ministério da Agricultura, Pecuária e Abastecimento. Disponível em: <www.agricultura.gov.br>.

Ministério da Ciência e Tecnologia (MCT). Disponível em: <www.mct.gov.br>.

Ministério da Integração Nacional. Disponível em: <www.integracao.gov.br>.

Ministério da Fazenda. Disponível em: <www.fazenda.gov.br>.

Ministério da Saúde. Disponível em: <www.saude.gov.br>.

Ministério das Relações Exteriores. Disponível em: <www.itamaraty.gov.br>.

Ministério do Desenvolvimento, Indústria e Comércio Exterior (MDIC). Disponível em: <www.desenvolvimento.gov.br>.

Ministério do Desenvolvimento Agrário (MDA). Disponível em: <www.mda.gov.br>.

Ministério do Trabalho e Emprego. Disponível em: <http://portal.mte.gov.br>.

Ministério dos Transportes. Disponível em: <www.transportes.gov.br>.

NAFTA (Acordo de Livre-Comércio da América do Norte). Disponível em: <www.nafta-sec-alena.org>.

NASA. (Administração Nacional da Aeronáutica e do Espaço). Disponível em: <ozonewatch.gsfc.nasa.gov>.

Observatório Nacional. Divisão Serviço da Hora (DSHO). Disponível em: <http://pcdsh01.on.br>.

Organização das Nações Unidas (ONU). Disponível em: <www.un.org>.

Organização das Nações Unidas para Agricultura e Alimentação (FAO). Disponível em: <www.fao.org>.

Organização do Tratado do Atlântico Norte (Otan). Disponível em: <www.nato.int>.

Organização dos Países Exportadores de Petróleo (Opep). Disponível em: <www.opec.org>.

Organização Mundial do Comércio (OMC). Disponível em: <www.wto.org>.

Organização Mundial do Trabalho (OIT). Disponível em: <www.oitbrasil.org.br>.

Painel Intergovernamental de Mudanças Climáticas (IPCC). Disponível em: <www.ipcc.ch>.

Petrobras. Disponível em: <www.petrobras.com.br>.

Planeta Sustentável. Disponível em: <www.planetasustentavel.abril.com.br>.

Portal *Ig*. Disponível em: <www.ig.com.br>.

Portogente. Disponível em: <www.portogente.com.br>.

Programa das Nações Unidas para o Meio Ambiente (PNUMA). Disponível em: <www.brasilpnuma.org.br>.

Projeto Manejo dos Territórios Quilombolas. Disponível em: <www.cpisp.org.br>.

Sindicato Nacional da Indústria de Componentes para Veículos Automotores (SINDIPEÇAS). Disponível em: <www.sindipecas.org.br>.

South Africa: overcoming apartheid, building democracy. Disponível em: <http://overcomingapartheid.msu.edu>.

Tania Menai, uma jornalista brasileira em Nova York. Disponível em: <www.taniamenai.com>.

The Communications Network for Nuclear Energy and Ionising Radiation (NucNet). Disponível em: <www.worldnuclear.org>.

U. S. Census Bureau. Disponível em: <www.census.gov>.

U. S. Geological Survey. Disponível em: <www.usgs.gov>.

United Nations Environment Programme (UNEP). Disponível em: <www.unep.org>.

UNEP/GRID-Arendal. Disponível em: <www.grida.no>.

União Democrática Ruralista. Disponível em: <www.udr.org.br>.

União Europeia. Disponível em: <http://europa.eu/index_pt.htm>.

United Nations Environment Programme. Disponível em: <www.unep.org>.

Veja na História. Disponível em: <http://veja.abril.com.br>.

Acessos em: jan. 2014.

caderno de
competências

GEOGRAFIA

conecte

Editora Saraiva

Sumário

Enem

O Enem — Exame Nacional do Ensino Médio — foi instituído em 1998 como forma de avaliar o desenvolvimento de competências por parte dos egressos do ensino médio e, consequentemente, nortear a criação de políticas públicas que pudessem resultar em melhores desempenhos. A partir de 2009, passou a funcionar como instrumento de admissão aos cursos de destacadas universidades brasileiras. Como reflexo de sua importância, o Enem vem sendo realizado por número crescente de alunos ao longo desses 15 anos, como demonstra o gráfico a seguir.

Número de alunos inscritos em edições marcantes do Enem

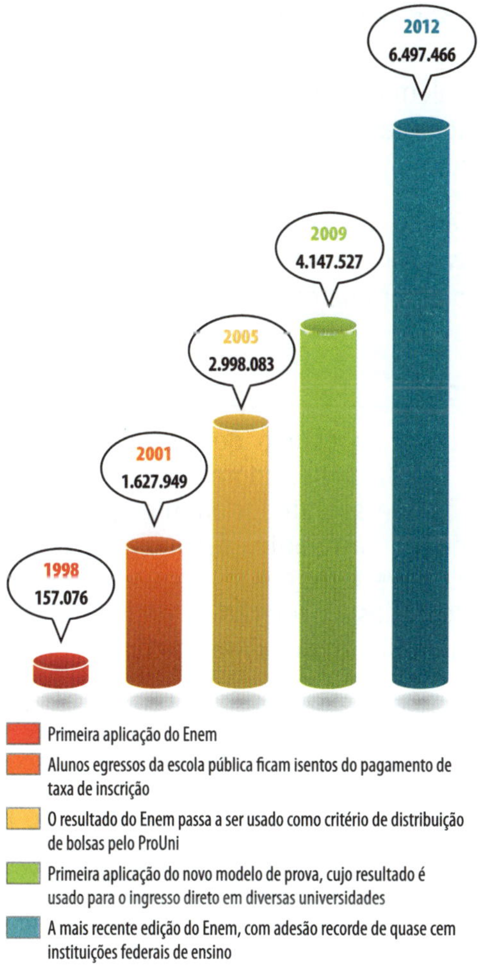

Fonte: Inep/MEC.

O sucesso no Enem necessariamente passa pelo conhecimento das características do exame, que não é mais fácil nem mais difícil do que a maioria dos vestibulares tradicionais e avaliações comuns no ensino médio, mas certamente tem diferenças em relação a eles.

Dica:

Até a época da realização da prova, consulte regularmente o portal do Enem (www.enem.inep.gov.br) e leia todas as informações disponíveis.

Os objetivos

Atualmente, os educadores concordam que uma sólida formação geral — adquirida na educação básica — é absolutamente necessária para a continuidade dos estudos e para a inserção do indivíduo no mundo do trabalho, cada vez mais exigente e competitivo. A formação não inclui apenas os conteúdos tradicionais das diversas áreas do saber científico, mas também o desenvolvimento de estratégias cognitivas que permitam enfrentar problemas e tomar decisões em situações cotidianas.

A velocidade com que a moderna arquitetura social se modifica e altera a nossa vida exige que a educação básica — educação infantil, ensino fundamental e ensino médio — desenvolva competências com as quais os cidadãos busquem e assimilem novas informações, interpretem códigos e linguagens e empreguem os conhecimentos adquiridos, tomando decisoes autónomas e socialmente relevantes.

A atual Lei de Diretrizes e Bases da Educação Nacional (LDB/1996) já propunha profundas transformações no ensino médio, para que, ao concluí-lo, o aluno fosse capaz de:

I. dominar os princípios científicos e tecnológicos que regem o atual mundo do trabalho e da produção;

II. reconhecer e decodificar as diversas formas contemporâneas de linguagem;

III. dominar conhecimentos de filosofia e de sociologia necessários ao exercício da cidadania.

Foi diante dessa perspectiva que o MEC implementou o Enem para todos os alunos concluintes do ensino médio. É importante, todavia, perceber que algumas diretrizes dessa avaliação sofreram alterações durante os últimos anos. Nos documentos que nortearam a primeira versão do Enem (1998), o objetivo fundamental era "avaliar o desempenho do aluno ao término da escolaridade básica, para aferir o desenvolvimento de competências fundamentais ao exercício pleno da cidadania".

Tal meta permanece válida, em conjunto com as que foram anunciadas na remodelação do exame, em 2009:

- servir de referência para que cada cidadão possa proceder à autoavaliação com vistas a suas escolhas futuras, tanto em relação ao mundo do trabalho quanto no que se refere à continuidade de estudos;
- funcionar como modalidade alternativa ou complementar aos processos de seleção nos diferentes setores do mundo do trabalho;
- servir como modalidade alternativa ou complementar aos exames de acesso aos cursos profissionalizantes pós-médios e à educação superior;
- possibilitar a participação e criar condições de acesso a programas governamentais, como o ProUni;
- promover a certificação de jovens e adultos no nível de conclusão do ensino médio;
- promover a avaliação do desempenho acadêmico das escolas de ensino médio, de forma que cada unidade escolar receba o resultado global;
- promover a avaliação do desempenho acadêmico dos estudantes ingressantes nas instituições de educação superior.

ProUni e Enem

O **ProUni — Programa Universidade para Todos** — foi criado pelo Ministério da Educação, em 2004, e oferece bolsa de estudo integral ou parcial em instituições privadas de educação superior a estudantes de baixa renda e que ainda não possuam diploma de nível superior. As bolsas do ProUni são destinadas a estudantes que cursaram todo o ensino médio em escola pública e aos que cursaram escola particular com bolsa integral. Em ambos os casos, os alunos devem ser provenientes de famílias de baixa renda.

O resultado do Enem é o critério utilizado para a distribuição das bolsas, concedidas conforme as notas. Os estudantes com as melhores notas no Enem terão maiores chances de escolher o curso e a instituição em que desejam estudar.

Caso o estudante obtenha acesso a uma bolsa de 50% do valor da anuidade e não possa pagar os restantes 50%, o MEC pode financiar o valor restante por meio do **Financiamento Estudantil (Fies)**. Informações atualizadas a respeito do ProUni podem ser obtidas pela internet, no endereço eletrônico http://portal.mec.gov.br/prouni. Nessa página, além de outros dados, encontra-se a relação de todas as instituições de ensino participantes do programa.

A página da Caixa Econômica Federal na internet (www.caixa.gov.br) traz mais detalhes a respeito do programa de Financiamento Estudantil.

Atenção!

Há bolsas de estudo do ProUni reservadas para cidadãos portadores de deficiência e para os que se autodeclaram negros, pardos ou índios. Entretanto, o candidato a essas bolsas deve também se enquadrar nos demais critérios de seleção do programa, como renda familiar e desempenho no Enem.

O Enem e as universidades

A partir de 1998, quando foi criado, o Enem passou a ser usado por diversas instituições de ensino superior do país como forma de acesso aos cursos.

Em 2008, já eram mais de 500 as instituições que consideravam a pontuação obtida pelos candidatos no Enem — isoladamente ou acoplada a outras formas de avaliação — como critério de acesso. Algumas instituições reservam vagas aos participantes que obtêm média igual ou superior a determinado escore; outras acrescentam pontos à nota obtida pelos candidatos na primeira ou na segunda fase de seus vestibulares tradicionais; algumas, por sua vez, aboliram seus próprios vestibulares, usando como critério de seleção, única e exclusivamente, a nota média obtida pelos concorrentes na prova do Enem.

São pelo menos quatro as formas previstas de utilização do Enem pelas universidades. As instituições podem optar por empregar a pontuação obtida no Enem:

- como critério único de seleção, em substituição do vestibular tradicional;
- como primeira fase do processo seletivo, mantendo a segunda fase elaborada pela instituição;
- com a concessão de um acréscimo à pontuação do candidato no processo seletivo elaborado pela instituição, dependendo da pontuação obtida no Enem;
- como critério de preenchimento de vagas remanescentes.

O Inep vem apontando, como vantagem do Enem e de seu uso pelas instituições de ensino superior, a promoção da mobilidade dos alunos pelo país. Dito de outra forma, um candidato de determinada região do Brasil poderá ser aprovado e passar a frequentar uma universidade federal de outra região. Espera-se, dessa forma, democratizar o acesso às universidades federais.

Até a edição de 2008, a prova do Enem trazia uma proposta de redação e, na parte objetiva, 63 itens (ou questões) interdisciplinares, sem articulação direta com os conteúdos apresentados no ensino médio. Outra característica do antigo Enem era a impossibilidade de comparação de resultados, ou seja, estatisticamente era impossível dizer se um candidato com determinada pontuação em uma prova teve um desempenho superior ou inferior a outro com a mesma pontuação em outra edição do exame.

Com a reformulação do Enem, em 2009, o exame passa a ser comparável no tempo. Em outras palavras, a pontuação obtida por um candidato na versão de 2009 pode ser cotejada com a pontuação obtida na prova de 2010, por exemplo, e assim por diante.

Além disso, a prova aborda mais explicitamente os componentes curriculares apresentados no ensino médio. Cada prova será relativa a uma área do conhecimento:

I. linguagens, códigos e suas tecnologias (incluindo a prova de redação);
II. matemática e suas tecnologias;
III. ciências da natureza e suas tecnologias;
IV. ciências humanas e suas tecnologias.

Interdisciplinaridade e contextualização

Embora as questões estejam agrupadas em quatro grandes áreas do conhecimento (linguagens e códigos, matemática, ciências da natureza e ciências humanas), não são separadas por disciplina. Isso significa que, ao se ler o enunciado da questão, pode ser difícil afirmar se ela está associada apenas à biologia ou à química. Essa estratégia evidencia que o conhecimento humano é historicamente adquirido e não se subdivide em "gavetas" e que deve ser concebido como uma ampla rede, mutável e heterogênea. Na realidade, as disciplinas escolares são "estratégias didáticas" que facilitam a caminhada pela intricada rede do conhecimento.

Outra característica das questões do Enem é a **contextualização**, cujo objetivo é estabelecer relações entre o conhecimento e o mundo que nos cerca, envolvendo aspectos sociais, políticos, culturais e tecnocientíficos, sempre ligados ao cotidiano.

No enunciado, as questões do Enem trazem uma **situação-problema**, desafiadora e claramente relacionada ao contexto. Para sua resolução, o aluno deverá apoiar-se nas informações trazidas no próprio enunciado e em conhecimentos prévios. Por isso é tão importante a leitura atenta dos enunciados de todas as questões.

Ao realizar as provas do Enem o candidato terá cinco notas diferentes, uma para cada área do conhecimento e uma para a redação. Não haverá peso diferente para cada uma dessas notas. Entretanto, ao utilizarem as notas em seus processos seletivos, as instituições de ensino superior poderão conferir a elas pesos diferenciados, a fim de classificarem os candidatos entre as carreiras pleiteadas.

O Enem é elaborado de acordo com uma metodologia baseada na **Teoria da Resposta ao Item** (TRI), que permite que as notas de diferentes edições da prova sejam comparadas. As questões das provas do Enem têm diferentes graus de dificuldade e de complexidade. Então, para efeito de cálculo da nota final de cada área, questões mais difíceis devem ter maior valor ponderal que questões mais simples.

Diferentemente do que acontece em alguns vestibulares, as provas do Enem não incluem questões regionais. Assim, as questões de geografia, história e biologia, por exemplo, têm caráter nacional e não tratam de assuntos estritamente regionais. Com isso, pretende-se garantir a isenção do processo de avaliação, dando aos candidatos oriundos de qualquer lugar do país igualdade de condições na disputa por vagas nas universidades participantes do processo.

As provas do Enem sempre foram organizadas por habilidades, explorando a capacidade de leitura e interpretação e a abordagem interdisciplinar. Desde 2009, as provas correlacionam mais diretamente as habilidades ao conjunto dos conteúdos habitualmente estudados no ensino médio. Preserva-se, dessa maneira, o predomínio absoluto de questões que buscam explorar não o simples resgate da informação, mas a aplicação prática do conhecimento.

As provas do Enem deverão manter o **caráter operatório**, não baseado na memorização e na "decoreba".

O Enem tem questões de língua estrangeira moderna, com opção entre inglês e espanhol.

Dicas para você, que vai prestar o Enem

1 Leia e analise textos predominantemente descritivos, como manuais de instrução de jogos ou de aparelhos eletrodomésticos, e tente executar uma tarefa proposta seguindo as orientações do texto. Em um texto informativo, selecione e destaque as informações principais e secundárias.

2 Leia gráficos (de barras, de setor ou linhas), diagramas, tabelas e infográficos que aparecem diariamente em jornais e revistas. Identifique as informações, reorganize-as em itens, reescreva-as em um texto discursivo, relacionando informações verbais com informações procedentes de outras fontes de referência (ilustrações, fotos, gráficos, tabelas, infográficos etc.). Nos gráficos, identifique variáveis, descubra o comportamento da variável em um dado trecho e os trechos em que ela é constante, crescente ou decrescente; analise a taxa de variação. Leia o texto que acompanha os gráficos e diagramas, verificando se as suas interpretações correspondem aos comentários do texto.

3 Leia questões de provas anteriores do Enem e assinale as palavras-chave. Destaque o problema indicado; interprete e relacione as informações disponíveis nas questões. Estude as possibilidades de resolução por meio das linguagens e métodos das áreas curriculares, integre-as ao seu conhecimento e estabeleça um processo de resolução.

4 Leia textos literários de diversas naturezas, atentando para a biografia do autor e o contexto sócio-histórico das produções, identificando as principais características dos movimentos literários dos quais fazem parte. Procure distinguir os diversos tipos de linguagem, se possível, relacionando-os a determinada produção cultural da língua portuguesa. Escreva textos baseados na linguagem coloquial, até com o registro de gírias e vícios da linguagem oral. Reescreva-os, transformando-os em textos formais.

5 Em *sites* de busca na internet, procure palavras e expressões, como fontes alternativas de energia, transformações de energia, hidreletricidade, energia nuclear etc. Analise e interprete diferentes tipos de textos e comunicações referentes ao conhecimento científico e tecnológico da área.

6 Interprete informações de caráter biológico, químico e físico em notícias e artigos de jornais, revistas e televisão, a respeito de resíduos sólidos e reciclagem, aquecimento global e efeito estufa, chuva ácida, camada de ozônio, concentração de poluentes, defensivos agrícolas, aditivos em alimentos, cloro e flúor na água. Assista a documentários que abordem a temática da água e leia documentos e livros sobre seca, poluição das águas, tratamento de esgotos, degelo das geleiras, recursos naturais não renováveis etc.

7 Em revistas e jornais, procure diferentes enfoques de autores que discorram sobre perturbações ou impactos ambientais e as implicações socioeconômicas dos processos de uso dos recursos naturais, materiais ou energéticos e tente elaborar argumentos concordantes e discordantes referentes às diversas opiniões.

8 Em *sites* da internet, procure escalas do tempo geológico, que se divide em eras, que se dividem em períodos, que se dividem em épocas. Com base nessas informações, tente compreender a estrutura da Terra, a origem e a evolução da vida e as modificações no espaço geográfico. Procure uma tabela que traga o tempo histórico (da Pré-História à Idade Contemporânea) e compare as duas diferentes escalas para compreender os tempos do Universo, do planeta e da humanidade.

9 Leia textos sobre a diversidade da vida; identifique padrões constitutivos dos seres vivos dos pontos de vista biológico, físico ou químico.

10 Pesquise e escreva sobre situações que contribuem para a melhoria da qualidade de vida em sua cidade, na defesa da qualidade de infraestruturas coletivas ou na defesa dos direitos do consumidor. Elabore um texto descrevendo as intervenções humanas no meio ambiente, fazendo relação de causa e efeito e propondo medidas que poderiam contribuir para minimizar problemas.

11 Assista a documentários que abordem situações concretas evidenciando a relação entre biologia e ética, na definição de melhores condições de vida. Sugerem-se temas como biodiversidade, biopirataria, transgênicos, bioengenharia, transplantes e doação presumida, conflitos entre necessidades humanas e interesses econômicos etc.

12 Observe os objetos a sua volta quanto à forma e ao tamanho; perceba as formas geométricas planas ou espaciais no mundo real. Identifique-os e caracterize-os de acordo com suas propriedades. Estabeleça relações entre os elementos observados; faça comparações entre objetos com o mesmo formato, avaliando quantas vezes um é maior que o outro.

13 Pesquise situações-problema ambientais ou de natureza social, econômica, política ou científica apresentadas em textos, notícias, propagandas, censos, pesquisas etc. Proponha soluções que envolvam o uso e a aplicação de conhecimentos e métodos probabilísticos e estatísticos, realizando previsão de tendência, interpolação e interpretação.

14 Elabore uma tabela com os principais poluentes ambientais e como atuam; proponha formas de intervenção para reduzir e controlar os efeitos da poluição ambiental, buscando refletir sobre a possibilidade de redistribuição espacial das fontes poluidoras. Consulte jornais, revistas e *sites* que enfoquem assuntos sobre fontes energéticas e, por meio de comparações, avalie as que proporcionam menores impactos negativos ao ambiente e mais benefícios à sociedade.

15 Como treino da capacidade de argumentação, escreva uma carta solicitando ressarcimento de eventuais gastos no conserto de eletrodomésticos que se danificaram em consequência da interrupção do fornecimento de energia elétrica, argumentando com clareza e apresentando justificativas consistentes.

16 Assista a filmes que retratem o teor político, religioso e ético de manifestações da atualidade; compare as problemáticas atuais e as de outros momentos com base na interpretação de suas relações entre o passado e o presente.

17 Analise textos e compare os diferentes contextos históricos que contribuíram para o desenvolvimento da tolerância e do respeito pelas identidades e pela diversidade cultural. Observe as diversas formas de preconceito e de racismo no cotidiano.

18 Escolha determinado tema que apresente uma realidade sócio-histórica e leia dois ou três comentaristas com opiniões divergentes sobre a questão. Identifique os pressupostos de cada um, observe e elabore uma lista dos diferentes pontos de vista.

19 Conheça a realidade social e econômica de certo país e elabore uma tabela correlacionando os aspectos socioeconômicos com traços distintivos daquele fenômeno histórico-social.

20 Escolha um acontecimento histórico e escreva sobre ele, destacando a relação entre o tempo histórico, o espaço geográfico e os fatores sociais, políticos, econômicos e culturais constitutivos desse acontecimento. Posteriormente leia sobre o assunto escolhido, identifique os aspectos que foram observados e reescreva o texto, completando-o com as informações obtidas pela leitura.

Para ler o mundo

Uma característica marcante do Enem é cobrar dos candidatos a capacidade de ler o enunciado dos itens (ou questões). Parece óbvio, mas a maioria das questões traz, no próprio enunciado, as informações necessárias e suficientes para a tomada de decisão. Mesmo com as informações introduzidas em 2009, ainda que sejam exigidos os conteúdos comumente trabalhados no ensino médio, a leitura atenta dos enunciados continua sendo a "chave" para o bom desempenho.

Para ler o texto

Se fosse necessário resumir a prova do Enem em uma competência, certamente seria a **competência leitora**, ou seja, a capacidade de ler e compreender o que se leu. E não se trata apenas da leitura de textos formais, mas também da leitura das múltiplas linguagens com as quais o conhecimento e a cultura se transmitem, entre elas o texto, os infográficos e os diagramas, os mapas, a publicidade, as tirinhas e as charges.

Infográficos

Informações de diversas naturezas são frequentemente apresentadas em jornais, noticiários de TV e revistas de circulação nacional, na forma de textos ilustrados denominados infográficos, como os que são exemplificados a seguir.

1 Atualmente, é comum as pessoas buscarem hábitos saudáveis e bons modos de vida, praticando atividades físicas e preocupando-se com a alimentação. Entretanto, fatores hereditários também são importantes na determinação de alguns problemas de saúde, como, por exemplo, níveis elevados de colesterol.

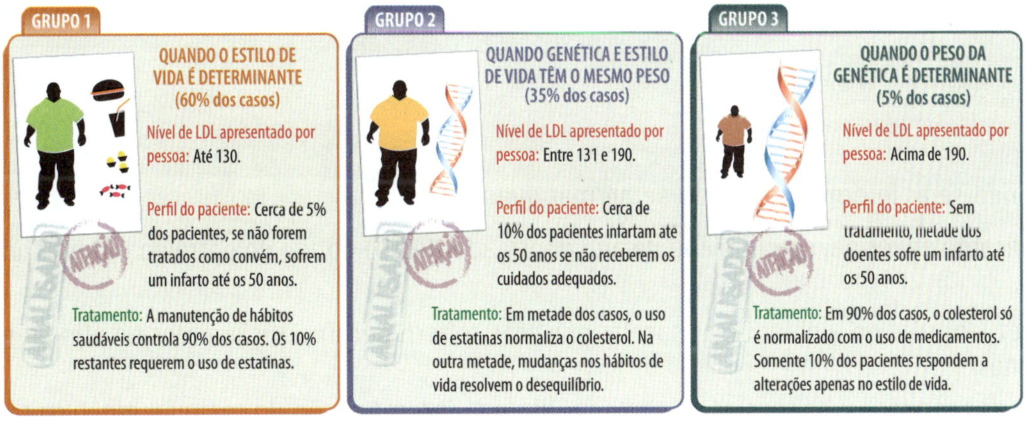

Fonte: editoria de arte, com base em informações médicas.

Com base nas informações apresentadas, é correto afirmar que:

a) fatores genéticos são os principais causadores de níveis elevados de colesterol.

b) para pessoas com níveis de LDL (popularmente chamado de "colesterol ruim") acima de 190, o estilo de vida é o principal fator determinante do colesterol elevado.

c) pacientes com LDL acima de 190 podem se manter controlados, bastando para isso que pratiquem hábitos saudáveis.

d) o uso de medicação é recomendado para controlar o colesterol das pessoas com LDL inferior a 130.

e) há pessoas para as quais os fatores hereditários parecem pesar tanto quanto a manutenção de hábitos saudáveis.

Para pessoas com LDL entre 130 e 190, parece haver equilíbrio na importância dos fatores genéticos e ambientais. Assim, está correta a alternativa e.

a) Incorreta. A afirmação é verdadeira apenas para determinado grupo de pessoas (aquelas com LDL muito elevado).
b) Incorreta. A análise das informações mostra que, para esse grupo, o fator determinante é o genético.
c) Incorreta. Dos membros desse grupo, 90% necessitam de medicação, não bastando alterar o estilo de vida.
d) Incorreta. Apenas 10% das pessoas com LDL inferior a 130 necessitam de medicação.

2 Discute-se muito o uso de sacolas plásticas descartáveis, comumente empregadas para acondicionar compras de supermercados, em razão dos potenciais danos ambientais que podem acarretar.

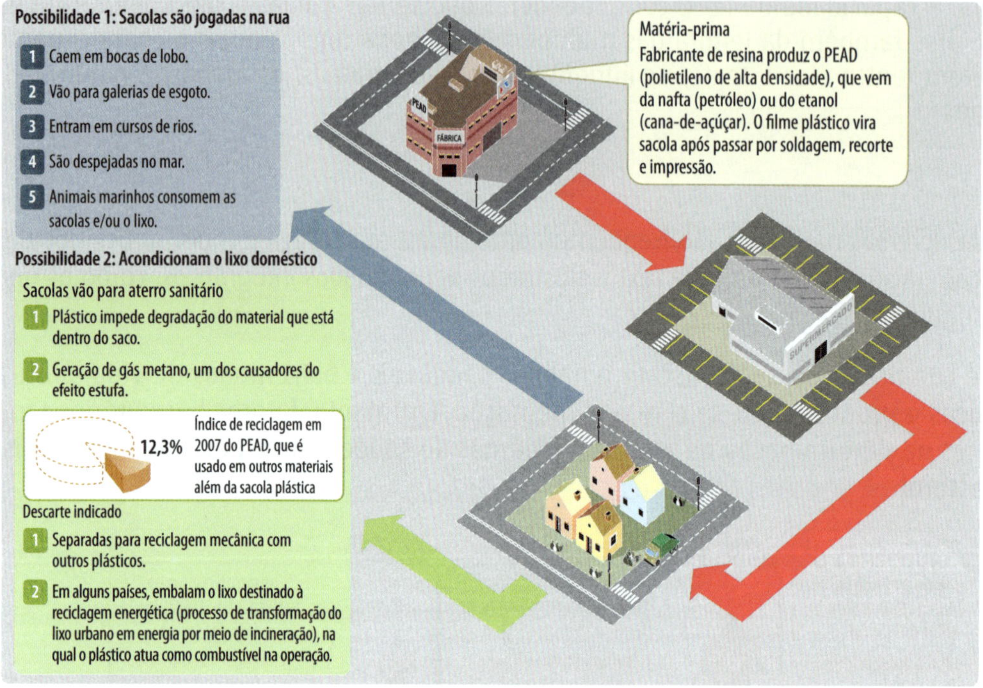

Fontes: Abrelpe, Greenpeace e Plastivida.

Considerando-se as informações, pode-se afirmar que:

a) no fabricante de resina, o polietileno de alta densidade (PEAD) obtido do petróleo é convertido em etanol.
b) uma vez lançadas no ambiente, as sacolas plásticas sofrem decomposição antes de atingirem rios e oceanos.
c) nos aterros sanitários, as sacolas plásticas facilitam a decomposição do material orgânico componente do lixo doméstico.
d) separado do lixo, o PEAD pode ser reciclado e, se for incinerado, pode ser usado na geração de energia.
e) o PEAD é usado, exclusivamente, na confecção de sacolas plásticas descartáveis.

O infográfico destaca, com a possibilidade 2, a separação dos plásticos para reciclagem e sua eventual atuação como combustível na incineração do lixo com vistas à obtenção de energia. Isso corresponde ao que afirma a alternativa d.

a) Incorreta. O PEAD pode ser obtido do petróleo ou do etanol e não convertido neste último.
b) Incorreta. As sacolas plásticas não se decompõem com facilidade e atingem rios e mares.
c) Incorreta. As sacolas plásticas dificultam a decomposição do lixo doméstico.
e) Incorreta. O PEAD é usado na confecção de outros materiais, além de sacolas.

3 Muito se discute a respeito das condições de infraestrutura do Brasil para grandes eventos esportivos, como a Copa do Mundo, em 2014, e a Olimpíada de 2016. Um dos "gargalos" está no transporte de cargas e passageiros.

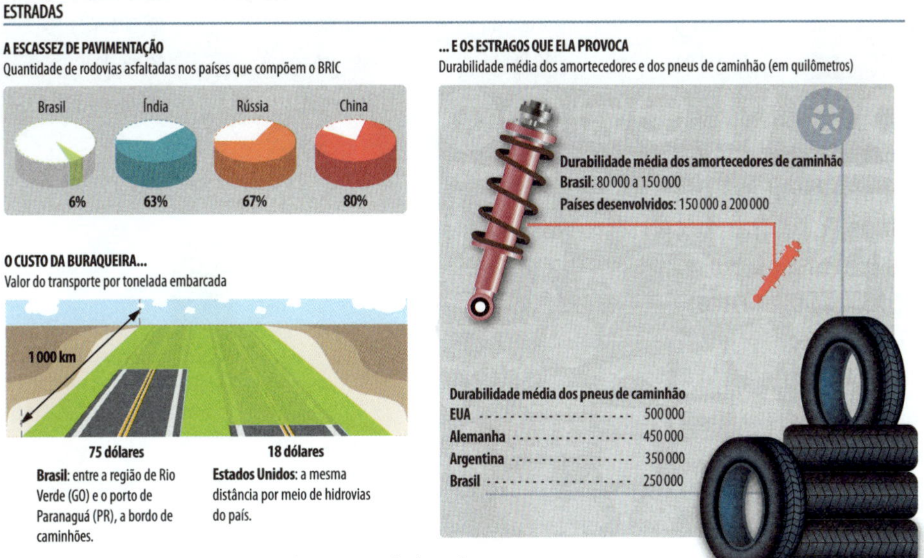

Fonte: editoria de arte, com base em dados do Ipea.

A partir das informações apresentadas, pode-se afirmar que:

a) entre os países que compõem o chamado BRIC (Brasil, Rússia, Índia e China), o Brasil é o que apresenta a maior porcentagem de estradas pavimentadas.

b) ainda que triplicasse a proporção de rodovias pavimentadas em um prazo de cinco anos, o Brasil continuaria apresentando o menor percentual de estradas pavimentadas entre os países do BRIC.

c) o transporte de 50 toneladas de Rio Verde (GO) para o porto de Paranaguá (PR) custa cerca de US$ 75,00. Nos Estados Unidos, o transporte de carga equivalente, na mesma distância, custaria US$ 18,00.

d) no Brasil, a duração média de um amortecedor de caminhão é quase o dobro da duração em países desenvolvidos.

e) rodando na Argentina, pneus de caminhão apresentam durabilidade três vezes maior do que se rodassem na Alemanha.

Mesmo triplicando o percentual de estradas pavimentadas (de 6% para 18%), o Brasil continuaria com o menor percentual entre os países do BRIC, o que torna correta a alternativa b.

a) Incorreta. O infográfico mostra exatamente o oposto.

c) Incorreta. US$ 75,00 é o preço de uma tonelada transportada entre Rio Verde e Paranaguá. Portanto, 50 toneladas custariam US$ 3.750,00.

d) Incorreta. A duração média de um amortecedor de caminhão, rodando no Brasil, equivale à metade da duração em países desenvolvidos.

e) Incorreta. Rodando na Argentina, pneus de caminhão apresentam durabilidade menor do que se rodassem na Alemanha.

Gráficos

Ao abrirmos um jornal ou revista de grande circulação, é comum encontrarmos notícias que empregam linguagem matemática expressa em equações, índices, fórmulas, tabelas e gráficos. As situações apresentadas a seguir exigem a compreensão de diferentes tipos de gráficos e seu diálogo com tabelas, diagramas e textos, mostrando como nossa compreensão do mundo é bastante facilitada pela habilidade de se trabalhar com tais recursos.

1 Uma indústria automobilística publicou, nos jornais, material publicitário com a tabela de custos de manutenção de certa marca de veículo produzido por ela.

Tabela de preços de revisão					
Quilometragem	10 000 km	20 000 km	30 000 km	40 000 km	50 000 km
Peças	R$ 200,00	R$ 200,00	R$ 400,00	R$ 200,00	R$ 400,00
Mão de obra	Gratuita	Gratuita	60 minutos	60 minutos	120 minutos

Em outra propaganda, a mesma indústria divulgou o gráfico ao lado, que traz o custo total das revisões programadas (de 10 000 km a 50 000 km).

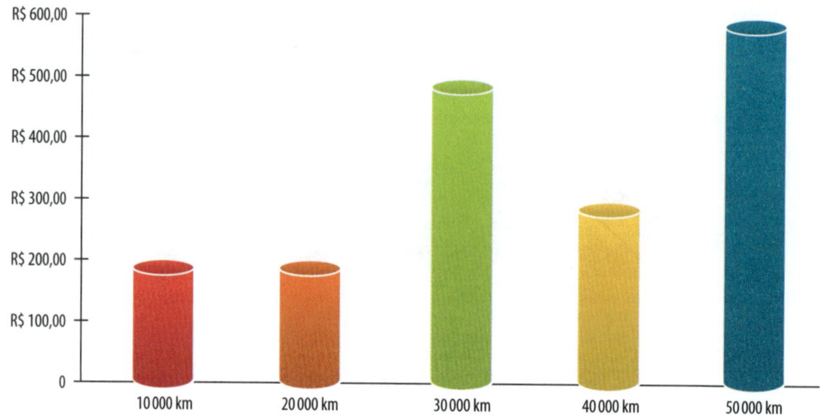

Qual é o custo de uma hora da mão de obra?

a) R$ 10,00
b) R$ 50,00
c) R$ 100,00
d) R$ 200,00
e) R$ 300,00

Vejamos, por exemplo, a revisão de 30 000 km. Ela custa R$ 500,00 (dos quais R$ 400,00 de peças) e consome 60 minutos de mão de obra. Portanto, essa hora trabalhada custa R$ 100,00. A alternativa c é a correta.

2 Três alunos de uma classe (Sandra, Pedro e Luís) tiveram seu desempenho comparado em cinco componentes curriculares (Matemática, Leitura, Ciências, História e Geografia) e em dois bimestres consecutivos. Seus escores foram distribuídos em gráficos do tipo "radar", mostrados a seguir.

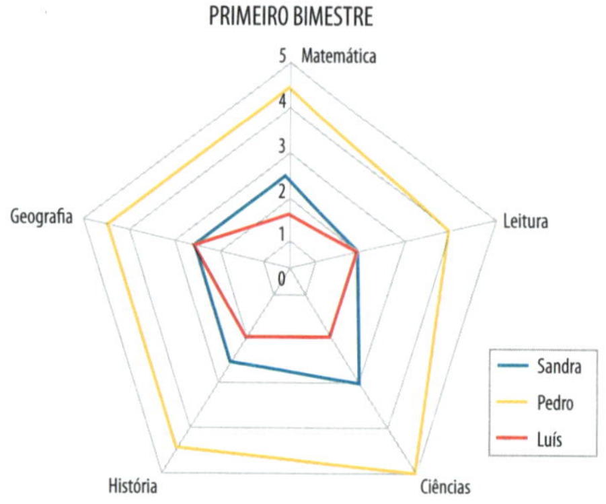

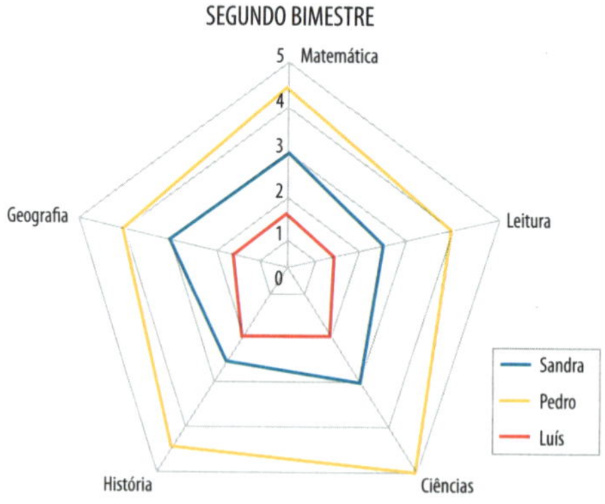

A afirmação corretamente associada aos dados apresentados pelos gráficos é:

a) No primeiro bimestre, a pontuação média de Luís foi superior à pontuação média de Sandra.
b) No primeiro bimestre, Sandra e Luís alcançaram a mesma pontuação em Leitura e em Geografia.
c) Do primeiro bimestre para o segundo bimestre, Pedro elevou seu desempenho em todos os componentes curriculares.
d) No segundo bimestre, o rendimento escolar médio de Luís foi superior ao do primeiro bimestre.
e) No segundo bimestre, o componente curricular que atingiu a maior pontuação média entre os três alunos foi Geografia.

Quando dois alunos apresentam a mesma pontuação, as curvas que os representam se tangenciam. Isso acontece duas vezes no gráfico referente ao primeiro bimestre, indicando igualdade entre as notas de Geografia e Leitura de Sandra e Luís. Dessa forma, está correta a alternativa b.

a) Incorreta. No primeiro bimestre, a média de Sandra foi maior que a de Luís.
c) Incorreta. A pontuação de Pedro em Geografia diminuiu de 4,5 para 4,0.
d) Incorreta. O desempenho médio de Luís diminuiu do primeiro para o segundo bimestre.
e) Incorreta. A maior pontuação média no segundo bimestre foi a de Ciências (média de 3,3), e não a de Geografia (média de 2,8).

3 As pirâmides a seguir mostram (*A*) a distribuição etária da população brasileira em 1960 e (*B*) a projeção para 2050.

DISTRIBUIÇÃO ETÁRIA BRASILEIRA

Pirâmides etárias

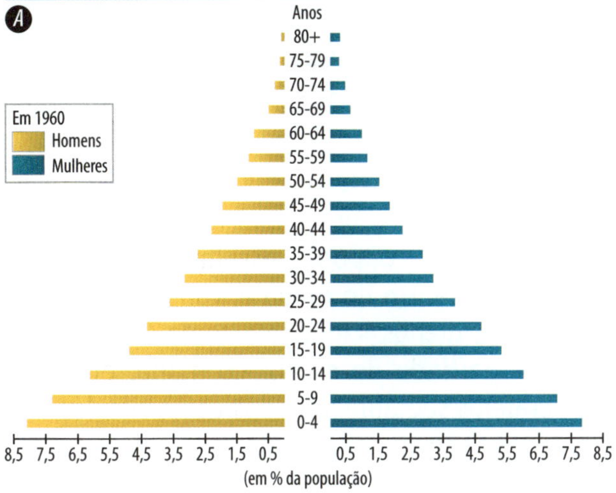

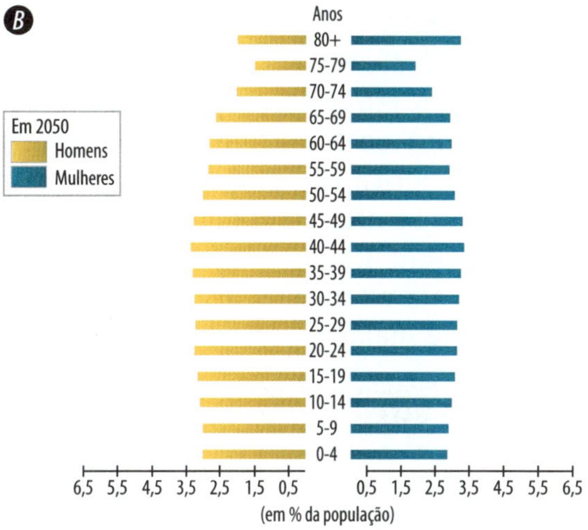

Fonte: IBGE.

Após a análise cuidadosa das pirâmides, pode-se afirmar que:

a) se nota, no período, um nítido "envelhecimento" da população brasileira.
b) a distribuição etária brasileira, em 1960, se assemelhava à distribuição etária atual de países europeus desenvolvidos e a projetada para 2050 se assemelha à atual distribuição de países da África subsaariana.
c) pirâmide de distribuição etária do tipo *A* pressiona os gastos com previdência social (aposentadorias e pensões), ao passo que distribuição do tipo *B* acarreta gastos proporcionalmente maiores com saúde e educação.
d) a transição da pirâmide etária do tipo *A* para a pirâmide do tipo *B* decorre de elevação da taxa de natalidade e redução da expectativa média de vida.
e) a transição de *A* para *B* decorre do rápido aumento da população total do país.

A comparação entre as duas pirâmides mostra redução na quantidade de jovens e ampliação da faixa etária correspondente aos idosos, o que indica aumento da expectativa de vida, como assinala a alternativa a.

b) Incorreta. A distribuição brasileira de 1960 lembra a atual pirâmide africana, enquanto a pirâmide projetada para 2050 se assemelha à atual pirâmide de países desenvolvidos europeus.
c) Incorreta. Pirâmide do tipo *A* indica país com predomínio de crianças e jovens, com maiores gastos em saúde e educação; pirâmide do tipo *B* indica população mais velha e implica maiores gastos com previdência social.
d) Incorreta. A transição da pirâmide etária do tipo *A* para a pirâmide do tipo *B* decorre de redução da taxa de natalidade e aumento da expectativa média de vida.
e) Incorreta. A transição de *A* para *B*, em geral, é acompanhada por crescimento lento, estabilização ou mesmo redução da população total do país.

Ler os mapas para ler o mundo

Assim como os gráficos, os mapas também não são livres de influências econômicas, geopolíticas, religiosas etc. Isso pode ser observado pela escolha da **projeção cartográfica**.

A **projeção de Mercator**, por exemplo, distorce a proporção do tamanho dos continentes, mas mantém correta a forma (contorno). Quanto ao aspecto ideológico, a projeção de Mercator reforça uma visão eurocêntrica — a Europa como o centro do mundo.

Repare o tamanho proporcional da Europa e da América do Norte em relação à América do Sul e à África. Na projeção de Mercator, à medida que se afastam da linha do Equador, as massas continentais em médias e altas latitudes apresentam tamanho distorcido, desproporcionalmente maior.

PROJEÇÃO DE MERCATOR

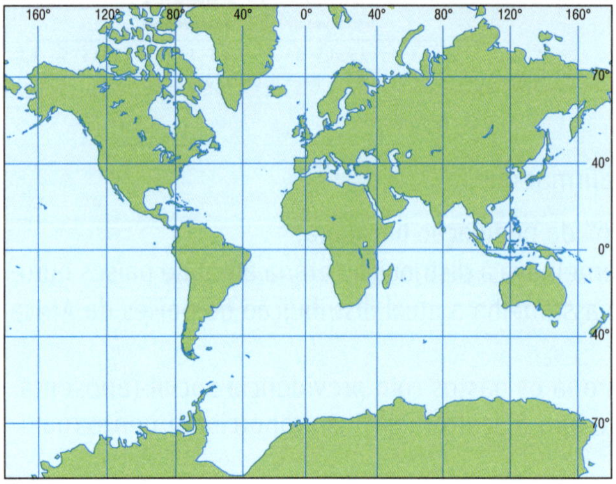

Fonte: *Atlas 2000: la France et le monde*. Paris: Nathan, 1998.

Já a **projeção de Peters** não altera as áreas relativas, mantendo verdadeiras as proporções entre a área de uma região no mapa e a área correspondente na superfície da Terra.

A projeção de Peters distorce a forma dos continentes, alongando-os no sentido norte-sul, mas mantém corretas as proporções entre suas áreas. Não por acaso, essa projeção é chamada de "mapa para um mundo solidário", pois é vista como uma representação que valoriza os países subdesenvolvidos e tenta eliminar a visão de superioridade dos países do hemisfério norte sobre os países do hemisfério sul.

PROJEÇÃO DE PETERS

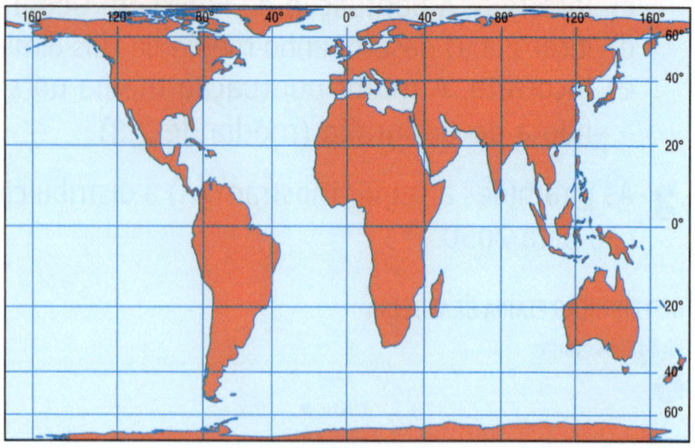

Fonte: *Atlas 2000: la France et le monde*. Paris: Nathan, 1998.

Na **projeção azimutal**, a superfície terrestre é projetada sobre um plano a partir de determinada região. O ponto escolhido é projetado sempre no centro do mapa e, consequentemente, os meridianos são vistos como linhas divergentes, partindo do centro do mapa, enquanto os paralelos são apresentados como círculos concêntricos (com o centro no ponto de onde parte a projeção). Essa projeção tem forte caráter ideológico e transmite uma ideia: determinado ponto é "o centro do planeta". Evidentemente, a escolha do ponto do qual parte essa projeção tem efeito marcante no aspecto final do mapa. Compare os exemplos a seguir:

PROJEÇÃO AZIMUTAL CENTRADA NO POLO NORTE

PROJEÇÃO AZIMUTAL CENTRADA NO BRASIL

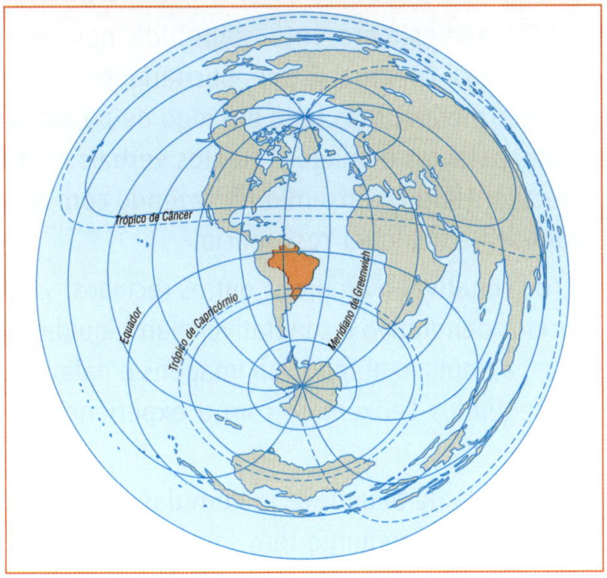

Fonte: *Atlas 2000: la France et le monde*. Paris: Nathan, 1998.

Um tipo de mapa que merece destaque é a **anamorfose** (ou cartograma). Trata-se de uma representação cartográfica em que as áreas de logradouros (municípios, estados, países ou continentes) sofrem deformações matematicamente calculadas, tornando-se diretamente proporcionais a determinado parâmetro que se está considerando. Por exemplo, numa anamorfose, a área de certa região aumenta ou diminui proporcionalmente à sua população, ao produto interno bruto (PIB), ao consumo de petróleo etc. Veja alguns exemplos.

No mapa 1, a área dos países corresponde exatamente à superfície real de cada um.

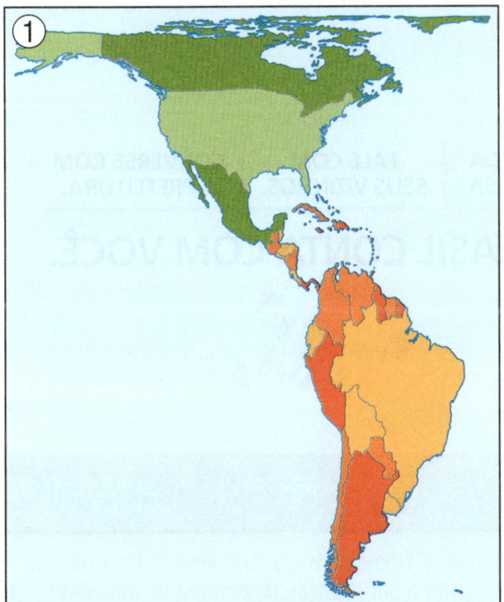

No mapa 2, a área dos países corresponde à taxa de acesso à internet em 2008.

Repare no efeito obtido. Os Estados Unidos "engordam" bastante, ao passo que o Brasil "emagrece". Isso significa que o Brasil possui, proporcionalmente, menos usuários da internet que os Estados Unidos.

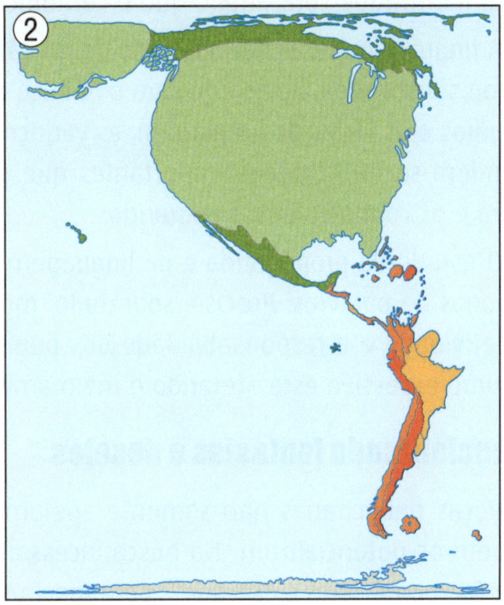

Na anamorfose 3, o parâmetro considerado é a ocorrência de mortes violentas por 100 mil habitantes.

A Colômbia fica "enorme", assim como alguns países da América Central. O México adquire quase o mesmo "tamanho" que os Estados Unidos, indicando maior taxa proporcional de mortes violentas. O Canadá, por sua vez, quase "desaparece".

A linguagem publicitária

Peça essencial em uma sociedade de consumo, a publicidade está presente, sobretudo, nos estudos da área de linguagens, mas também surge nas demais áreas. Em uma peça publicitária, é preciso não somente compreender a ideologia e o contexto que a permeiam, mas todo um jogo de palavras, cujo propósito é vender um objeto ou uma ideia. Para tanto, palavras e imagens (textos verbais e não verbais) procuram seduzir, encantar e conquistar o interlocutor (leitor/consumidor), fazendo com que ele se identifique com aquilo que é comunicado, quebrando-lhe qualquer resistência.

A linguagem publicitária faz uso da função apelativa (ou conativa) e emprega outros recursos, simples ou sofisticados, de acordo com o público-alvo: os sentidos denotativo e conotativo, a ambiguidade, as figuras e os vícios de linguagem, as variações linguísticas, a ironia, o humor. Sob imagens e palavras, escondem-se informações importantes que somente conseguimos "enxergar" com a experiência da leitura e os conhecimentos adquiridos.

O estudo da propaganda e da linguagem publicitária em sala de aula deve ir além das imagens e dos jogos de palavras. Precisa, sobretudo, mostrar o efeito que esse conjunto tem sobre o indivíduo e a coletividade e a responsabilidade dos publicitários e do próprio consumidor na sociedade, já que o consumo excessivo está afetando o meio ambiente e comprometendo a sustentabilidade do planeta.

Potencializando fantasias e desejos

Peças publicitárias não somente apelam para fantasias, sonhos e desejos do consumidor, como também os potencializam. Na busca incessante para atingir o padrão ideal de beleza de nossa sociedade (corpo perfeito e "sarado", pele macia e sem marcas de expressão, cabelos sedosos e brilhantes etc.), o consumidor se deixa seduzir, sem lhes opor resistência, pelos apelos das propagandas. Em contrapartida, existe uma (pequena) vertente da publicidade que explora o cotidiano e associa seus produtos a pessoas reais e não a estereótipos consagrados.

Mobilizando a população

A publicidade alcança pessoas dos mais longínquos lugares, com hábitos e padrões de vida distintos. As campanhas em massa do Ministério da Saúde que alertam e mobilizam a população em geral são exemplo disso.

Campanha Nacional de Combate à Dengue - 2010/2011 - Ministério da Saúde, Governo Federal

Nesta campanha referente à saúde pública, os verbos são usados no imperativo ("Cuide", "Fale", "Converse"), mas não se percebe intenção de impor ou obrigar a uma ação; o que se faz é uma solicitação à participação da população, deixando claro que evitar a dengue somente será possível se todos ajudarem a combatê-la.

Campanha Nacional de vacinação Contra a Gripe – 2011 – Ministério da Saúde, Governo Federal

A campanha de vacinação contra a gripe conquista a atenção pela simpatia de seus "modelos": artistas conhecidos do grande público que gozam de boa reputação e representam indivíduos que fazem parte dos grupos a que a peça se refere. A maioria do público-alvo se identifica com eles e age da mesma forma, buscando um posto de saúde para ser vacinada. Além disso, a peça chama a atenção da população para um direito assegurado pelo Sistema Único de Saúde (SUS), que, nas campanhas de vacinação, é bastante efetivo.

Mudando comportamentos

Existem peças publicitárias que vendem ideias capazes de levar a mudanças (positivas) de comportamento e de costumes ou, ao menos, propor uma reflexão sobre o assunto.

Controladoria Geral da União – CGU

A peça faz parte de uma campanha contra a corrupção e busca promover a reflexão sobre práticas comuns no dia a dia. Nela são apresentadas atitudes vistas com frequência na sociedade, que muitas vezes minimiza a gravidade desses comportamentos. As frases contundentes não dão margem a outras interpretações: o cidadão tem o dever de lutar contra a corrupção; do contrário, também será corrupto por omissão (e, portanto, por conivência) ou por adotar o mesmo comportamento nas situações mais corriqueiras.

Publicidade interativa

Especialistas da área de publicidade definem dois tipos de propaganda: a tradicional baseia-se em uma relação na qual o consumidor assimila a mensagem e, então, está cumprido o papel da comunicação; a moderna vislumbra o consumidor como multiplicador de opinião e, assim, a relação que há na propaganda tradicional revela-se apenas parcial.

O novo consumidor tem audiência própria, conhece o mercado e domina as redes de comunicação, especialmente as de relacionamento. Nesse contexto entra a propaganda interativa — se o consumidor é um multiplicador de conceitos, ideias e opiniões, a interatividade convoca-o a participar diretamente e, consequentemente, (com)partilhar sua experiência com grupos e pessoas, gerando novos hábitos, comportamentos e consumos.

Em 2006, uma empresa do ramo de automóveis, comemorando 30 anos no Brasil, convidou os brasileiros a pensar no futuro daqui a 30 anos. Os depoimentos foram gravados em diversos tipos de mídia. O material foi transformado em um documento e guardado para divulgação em 2036, quando se saberá o que o brasileiro pensava sobre o futuro, 30 anos antes.

TBWA SWITZERLAND/MCDonald's

Aqui, a rua, especificamente a faixa de pedestres, foi o local escolhido para interagir com as pessoas. A faixa foi substituída pelas batatas fritas de uma conhecida rede de lanchonetes, durante um festival em Zurique, na Suíça. Além de criativa, essa peça publicitária emprega estratégia ousada, usando um espaço destinado ao pedestre, que podia não decifrar os códigos como tais.

Quanto mais poderosa a publicidade, maior sua responsabilidade com o consumidor. Ela pode vender fantasias, mas não mentiras; pode induzir, mas não enganar. A leitura atenta dos textos publicitários é o caminho para compreendê-los na totalidade, incluindo informações implícitas, e deve ser reforçada no ambiente da sala de aula por meio de discussões e troca de conhecimentos, uma vez que abrangem as diversas áreas do saber.

Tiras, quadrinhos e charges

Quadrinhos e charges frequentemente estão presentes nos mais diversos exames (vestibulares, Enem, concursos públicos etc.), tratando dos mais variados temas. Como reúnem textos verbais e não verbais, empregando linguagem concisa e, comumente, bem-humorada, ganham a simpatia dos leitores, especialmente dos jovens. Embora tenham semelhanças, apresentam também diferenças significativas.

As tiras e os quadrinhos podem ou não apresentar um ponto de vista político e, usando cores, movimentos, formas, sombras e desenhos (principalmente), incitam o leitor a exercer suas habilidades interpretativas visuais e verbais. A linguagem visual é questionadora e ainda é potencializada pela criação do artista e pela interpretação do leitor.

Fernando Gonsales

Esta tira discute dois temas relacionados a disciplinas distintas: a lei da selva, expressão que, tomada ao "pé da letra", pertence à biologia ou, em sentido figurado, à sociologia; e a lei da gravidade, à física. Para o ratinho, ambas representam vida e morte: se fosse destinado à lei da selva (a sobrevivência dos mais fortes e adaptados), ele morreria; como prevaleceu a lei da gravidade (força que atrai para o centro da Terra todos os corpos), ele foi salvo.

As ciências da natureza usam esquemas e fórmulas para facilitar a apresentação, a explicação e a apreensão de determinados assuntos. Isso pode ser feito de forma descontraída e bem-humorada por meio das tiras, uma excelente ferramenta pedagógica que torna o estudo mais lúdico e produtivo.

Gaturro, Nik© 2006 Nik/Dist. by Universal Uclick

Neste exemplo, os significados diferentes de uma mesma expressão são explorados para produzir o humor.

Muitas cartilhas recorrem a histórias em quadrinhos para falar sobre assuntos polêmicos e importantes, como aids, dengue, drogas, desmatamento, desperdício de água e energia, poluição etc. Com outros meios, não atingiriam, sensivelmente, tantas pessoas.

A charge tem características peculiares. Na definição de um estudioso, "a charge é essencialmente política em todos os sentidos da palavra e, obrigatoriamente, carrega grande força crítica, poder reivindicatório e contestador. A simbologia das personagens e temáticas de que o chargista se apossa indica e aponta para um mundo vivido. Somente há sentido fazer charge de figuras públicas e que sejam reconhecidas pela grande massa da população, que é o que produz o impacto maior no humor" (CONFORTINI, 1999:84).

Embora frequentemente explore o humor, como no exemplo à esquerda, a charge não tem a obrigatoriedade de provocar o riso, até porque algumas situações retratadas não são nada engraçadas. O exemplo à direita revela a dificuldade de os japoneses lidarem com o vazamento de energia nuclear (provocado pelo maior terremoto de sua história, seguido de um tsunami), que não poderia ser controlado com medidas tradicionais (representadas pelo guerreiro samurai).

A charge reaviva a memória e a história. Como seu "prazo de validade" é curto, exige do leitor um acompanhamento dos fatos: o que aconteceu, onde, como, quando e quem está envolvido. Quem estiver desprovido dessas informações dificilmente entenderá a charge, seja no que ela tem de explícito, seja no que tem de implícito.

Neste exemplo, há uma crítica à elevação do preço do etanol, o que levou proprietários de carros *flex* a abastecê-los frequentemente com gasolina, daí a interpretação de "abstinência de álcool" do carro da charge, frequentando o Alcoólicos Anônimos (AA).

Como linguagens distintas que são, tiras, quadrinhos e charges, como quaisquer outros textos, não devem ser usados apenas como pretexto. O trabalho com as diversas áreas do saber vai muito além da transmissão de conteúdos de seus componentes curriculares. Ele adentra o domínio das linguagens, que permeia os saberes específicos. Seus esquemas e fórmulas continuam sendo importantes, mas, aliados a outros tipos de texto, tornam-se vigorosos e ganham sentidos mais concretos na vida dos alunos.

Os eixos cognitivos

O Enem está estruturado em cinco grandes **eixos cognitivos**, os mesmos para as quatro áreas do conhecimento. Até a edição de 2008, esses eixos cognitivos compunham as cinco **competências gerais**.

Afinal, o que são essas "competências"?

Imagine a seguinte situação: você está dirigindo um automóvel, à noite, por uma estrada que une duas cidades. De repente, os faróis se apagam. Você se encontra em uma autêntica **situação-problema**. Como resolvê-la, contando apenas com os recursos disponíveis?

Em primeiro lugar, você analisa a situação, respondendo a algumas questões, e a primeira delas deve ser: por que os faróis se apagaram?

Você levanta algumas hipóteses, que serão confirmadas ou refutadas. Será que a bateria está sem carga? Não, pois você verifica que outros equipamentos elétricos, como a buzina e o rádio, estão funcionando normalmente. Será que a lâmpada está queimada? Essa hipótese também não parece boa, pois os dois faróis apagaram-se simultaneamente. Nesse momento, você percebe que a causa do problema pode ser um fusível queimado. Olhando os fusíveis, você constata que, de fato, um deles está com o filamento metálico interrompido, o que ocorre em situação de sobrecarga elétrica.

Com o diagnóstico feito, como resolver o problema? Você não traz consigo fusíveis de reserva, mas encontra um clipe de metal, desses usados para prender papéis. Desfazendo as dobras do clipe, você o transforma em um "fio" improvisado, coloca-o no lugar do fusível queimado e — eureca! — os faróis voltam a funcionar.

Atenção!
Improvisar também é arriscado. Aliás, sem ter verificado a razão da sobrecarga que fez queimar o fusível, não se pode excluir a possibilidade de que o "quebra-galho" feito com o clipe de metal acabe por provocar um curto-circuito.

Para resolver a situação-problema apresentada, você precisou usar conhecimentos científicos com os quais entrou em contato durante sua vida escolar, sendo o mais relevante a informação de que metais são bons condutores de eletricidade.

O que estava em jogo não eram apenas **conhecimentos**, mas determinadas **competências**, por meio das quais você conseguiu estabelecer relações entre situações, fatos, informações, pessoas etc.

Chama-se **competência** a capacidade de agir eficazmente em determinado tipo de situação, apoiada em conhecimentos, mas sem se limitar a eles. Veja que foi fundamental saber que "metal conduz eletricidade" (esse é um conhecimento), mas só o domínio dessa informação não seria suficiente. Você empregou uma certa competência e fez a correlação que o tornou capaz de agir eficazmente nessa situação, apoiado em um conhecimento, mas sem se limitar a ele. As competências não são, em si, conhecimentos, mas são elas que mobilizam, utilizam e integram os conhecimentos.

A matriz do Enem

A matriz do Enem estrutura-se sobre os cinco eixos cognitivos, em associação com as **competências de área**, específicas de cada uma das áreas do conhecimento que compõem o exame (linguagens e códigos, ciências da natureza, ciências humanas e matemática). O cruzamento entre os eixos cognitivos e as competências de área define as **habilidades** a serem avaliadas, que decorrem das competências adquiridas e referem-se ao plano imediato do "saber fazer".

Esse cruzamento origina uma **matriz de referência**, como mostra o esquema abaixo.

	EIXOS COGNITIVOS (OU COMPETÊNCIAS GERAIS)				
Competências de área	**I**	**II**	**III**	**IV**	**V**
1	H1	H2	...		
2					
...					
...					...

Além disso, o documento oficial do Enem incorpora um conjunto de conteúdos das diferentes áreas do conhecimento, com o objetivo de atuar sobre o currículo do ensino médio. Assim, o Enem exige os mesmos conteúdos dos vestibulares, mas o formato da prova é diferente. Os estudantes precisam usar mais a capacidade de raciocínio e compreensão do que a memorização. Estes são os cinco eixos cognitivos sobre os quais se estrutura o Enem:

I. **Dominar a norma culta da língua portuguesa e fazer uso das linguagens matemática, artística e científica.** O Enem pretende verificar se o aluno é capaz de compreender as múltiplas linguagens que escrevem a realidade, se é capaz de decifrar os diversos códigos verbais e não verbais, gerando significado a partir deles.

II. **Construir e aplicar conceitos das várias áreas do conhecimento para a compreensão de fenômenos naturais, de processos histórico-geográficos, da produção tecnológica e das manifestações artísticas.** A avaliação desse eixo cognitivo procura aferir o conhecimento nas diferentes áreas do saber. É avaliada a capacidade de empregar os conceitos já aprendidos e a capacidade de inter-relacioná-los. É importante destacar, porém, que não basta ter "decorado" fórmulas, resumos e esquemas. É preciso conseguir aplicá-los para interpretar corretamente situações concretas.

III. **Selecionar, organizar, relacionar, interpretar dados e informações representadas de diferentes formas, para tomar decisões e enfrentar situações-problema.** O aluno é avaliado por sua capacidade de resolver problemas, aplicando conhecimentos adquiridos na escola, mas sem se limitar a eles, pois assim é na vida prática. O Enem procura perceber se o aluno consegue abrir a caixa de "ferramentas intelectuais" adquiridas durante a vida escolar, escolher a ferramenta mais apropriada e usá-la adequadamente.

IV. **Relacionar informações, representadas em diferentes formas, e conhecimentos disponíveis em situações concretas, para construir argumentação consistente.** A prova do Enem avalia a capacidade de argumentação, isto é, se diante de determinado assunto o aluno assume uma posição e a defende, usando para isso argumentos consistentes. Não se trata de "adivinhar" o que o examinador quer, mas de expor opiniões com convicção, fundamentação e coerência.

V. **Recorrer aos conhecimentos desenvolvidos na escola para a elaboração de propostas de intervenção solidária na realidade, respeitando os valores humanos e considerando a diversidade sociocultural.** Verifica a competência para analisar problemas concretos, opinar sobre eles e propor soluções, exercendo a cidadania em plenitude. Nesse eixo cognitivo, incluem-se ações que visam à proteção dos recursos naturais, à preservação dos valores democráticos, às estratégias de combate às desigualdades e a todas as formas de preconceito e de racismo, como atenuar os efeitos perversos da globalização da economia, como lutar pela melhoria das condições de vida, saúde e educação da população e muitos outros aspectos da vida em comunidade.

Ciências humanas e suas tecnologias

Se a Terra tem aproximadamente 4,6 bilhões de anos, pode-se afirmar que a existência das sociedades humanas corresponde a uma minúscula fração do tempo de vida do planeta. A natureza preexistiu ao homem; no entanto, foi ele quem lhe deu sentido. É a partir de sua presença que o mundo adquire significado. Dessa forma, todo conhecimento é próprio do homem; toda ciência não deixa de ser... humana!

Todavia, o que concebemos como "ciências humanas" envolve o conjunto de disciplinas que estuda as relações sociais no tempo e no espaço. A ética, a cultura, a política e a economia, por exemplo, são produtos das relações que os homens estabelecem na vida em sociedade e sobre as quais se construíram conhecimentos específicos.

Além de reproduzir informações, dominar classificações ou decodificar símbolos, o que se deve aprender? No mundo atual — de transformações tão aceleradas e de contradições tão profundas — deve-se "aprender a aprender", e o estudo das humanidades nos capacita a isso.

Cada vez mais, "conhecer" significa saber informar-se, comunicar-se, argumentar, compreender e agir, enfrentando problemas da realidade, participando politicamente, de forma solidária, elaborando críticas ou propostas para a vida em sociedade.

Aprender história, por exemplo, não significa tomar conhecimento dos fatos do passado, mas entender o processo histórico como possibilidade de mudança e transformação. Como diria o educador Paulo Freire, "o mundo não é; o mundo está sendo".

O cidadão consciente da história e da sociedade não só constata o que ocorre, mas interfere nessas ocorrências. Não somos apenas objeto da história; acima de tudo, somos sujeitos da história.

O encurtamento das distâncias — associado à expansão dos meios de transporte de pessoas, de mercadorias e de informações — permite aproximações capazes de romper barreiras culturais e aproximar mundos diferentes. Essa nova concepção de espaço influencia os modos de agir e de pensar de toda a humanidade.

A geografia também ganhou um novo olhar, ao incorporar nos espaços vividos e percebidos uma nova dimensão — o espaço virtual, no qual a compressão do tempo-espaço ocorre de forma radical, influenciando a maneira como representamos o mundo para nós mesmos, um mundo que passa por transformações que afetam a vida da comunidade planetária em suas mais diferentes escalas.

As questões ambientais rompem fronteiras, e as mudanças climáticas afetam a todos, indiscriminadamente. Conhecer a dinâmica da Terra torna-se fundamental para se agir de forma consciente e solidária, em busca de soluções coletivas que visem à preservação do planeta e à inclusão de todos.

Como participantes — e não como meros observadores — da vida social, no tempo e no espaço, devemos compreender as ciências humanas como ciências interpretativas. O conhecimento sobre o homem tem intenções políticas, econômicas, ambientais e morais; a partir dessas intenções, constroem-se pontos de vista sobre fenômenos da sociedade. Identificar pontos de vista e os interesses que representam em certo contexto é fundamental para compreendermos os discursos que se constroem sobre o mundo.

Enfim, estudamos ciências humanas para entender a realidade em que vivemos, para refletir sobre o papel de cada um na vida em sociedade e para compreender que somos agentes de mudança do mundo.

As questões do Enem procuram avaliar a capacidade de compreensão dos fenômenos geográficos, históricos, econômicos e sociológicos, bem como permitir a reflexão sobre eles. O domínio de informações sobre os temas abordados é necessário, mas é o raciocínio crítico sobre esses conceitos e informações que faz toda a diferença.

Ciências humanas e seus objetos do conhecimento

- **Diversidade cultural, conflitos e vida em sociedade.** Cultura material e imaterial; patrimônio e diversidade cultural no Brasil. A conquista da América. Conflitos entre europeus e indígenas na América colonial. A escravidão e formas de resistência indígena e africana na América. História cultural dos povos africanos. A luta dos negros no Brasil e o negro na formação da sociedade brasileira. História dos povos indígenas e a formação sociocultural brasileira. Movimentos culturais no mundo ocidental e seus impactos na vida política e social.

- **Formas de organização social, movimentos sociais, pensamento político e ação do Estado.** Cidadania e democracia na Antiguidade; Estado e direitos do cidadão a partir da Idade Moderna; democracia direta, indireta e representativa. Revoluções sociais e políticas na Europa moderna. Formação territorial brasileira; as regiões brasileiras; políticas de reordenamento territorial. As lutas pela conquista da independência política das colônias da América. Grupos sociais em conflito no Brasil imperial e a construção da nação. O desenvolvimento do pensamento liberal na sociedade capitalista e seus críticos nos séculos XIX e XX. Políticas de colonização, migração, imigração e emigração no Brasil nos séculos XIX e XX. A atuação dos grupos sociais e os grandes processos revolucionários do século XX: Revolução Bolchevique, Revolução Chinesa, Revolução Cubana. Geopolítica e conflitos entre os séculos XIX e XX: imperialismo, a ocupação da Ásia e da África, as Guerras Mundiais e a Guerra Fria. Os sistemas totalitários na Europa do século XX: nazifascismo, franquismo, salazarismo e stalinismo. Ditaduras políticas na América Latina: Estado Novo no Brasil e ditaduras na América. Conflitos político-culturais pós-Guerra Fria, reorganização política internacional e os organismos multilaterais nos séculos XX e XXI. A luta pela conquista de direitos pelos cidadãos: direitos civis, humanos, políticos e sociais. Direitos sociais nas Constituições brasileiras. Políticas afirmativas. Vida urbana: redes e hierarquia nas cidades, pobreza e segregação espacial.

- **Características e transformações das estruturas produtivas.** Diferentes formas de organização da produção: escravismo antigo, feudalismo, capitalismo, socialismo e suas diferentes experiências. Economia agroexportadora brasileira: complexo açucareiro; a mineração no período colonial; a economia cafeeira; a borracha na Amazônia. Revolução Industrial: criação do sistema de fábrica na Europa e transformações no processo de produção. Formação do espaço urbano-industrial. Transformações na estrutura produtiva no século XX: o fordismo, o toyotismo, as novas técnicas de produção e seus impactos. A industrialização brasileira, a urbanização e as transformações sociais e trabalhistas. A globalização e as novas tecnologias de telecomunicação e suas consequências econômicas, políticas e sociais. Produção e transformação dos espaços agrários. Modernização da agricultura e estruturas agrárias tradicionais. O agronegócio, a agricultura familiar, os assalariados do campo e as lutas sociais no campo. A relação campo-cidade.

- **Os domínios naturais e a relação do ser humano com o ambiente.** Relação homem-natureza, a apropriação dos recursos naturais pelas sociedades ao longo do tempo. Impacto ambiental das atividades econômicas no Brasil. Recursos minerais e energéticos: exploração e impactos. Recursos hídricos; bacias hidrográficas e seus aproveitamentos. As questões ambientais contemporâneas: mudança climática, ilhas de calor, efeito estufa, chuva ácida, a destruição da camada de ozônio. A nova ordem ambiental internacional; políticas territoriais ambientais; uso e conservação dos recursos naturais, unidades de conservação, corredores ecológicos, zoneamento ecológico e econômico. Origem e evolução do conceito de sustentabilidade. Estrutura interna da Terra. Estruturas do solo e do relevo; agentes internos e externos modeladores do relevo. Situação geral da atmosfera e classificação climática. As características climáticas do território brasileiro. Os grandes domínios da vegetação no Brasil e no mundo.

- **Representação espacial.** Projeções cartográficas; leitura de mapas temáticos, físicos e políticos; tecnologias modernas aplicadas à cartografia.

Atividades

Unidade 1

C4 • H16

1 "A maior rede de *outsourcing* (designação para a obtenção de mão de obra fora da empresa) do mundo, acabou de lançar o *site* em Portugal. [...]

Ao *site* estão ligados cerca de 7 milhões de profissionais de vários países como Austrália, Brasil, Holanda, Reino Unido, Estados Unidos da América, entre outros. Segundo a empresa, a partir desta plataforma *on-line*, mais de 4 milhões de projetos foram contratados, o que rendeu a *freelancers* e em negócios mais de 811 milhões de euros. [...]

Para o trabalhador, o *site* constitui uma entrada num mercado mundial de oportunidades de trabalho. Os pagamentos no *site freelancer* funcionam de forma a que o trabalhador receba por cada fase do projeto que vá concluindo.

O objetivo da empresa, com o lançamento do *site* em Portugal, é o de conseguir criar 50 mil novos negócios no país, em apenas seis meses e assim reduzir o desemprego. [...]."

Maior rede de *outsourcing* do mundo lançada em Portugal. *Visão*. 18 mar. 2013. Disponível em: <http://visao.sapo.pt/maior-rede-de-outsourcing-do-mundo-lancada-em-portugal=f719023>. Acesso em: 6 nov. 2013.

A partir desse texto e de seus conhecimentos sobre internet, ciberespaço, novas tecnologias e meio geográfico, considere as afirmações:

I – Com as novas tecnologias, o espaço geográfico passou a conter o ciberespaço, em que ocorrem as interações a distância entre pessoas e lugares, sem necessidade de deslocamento físico. Nesse cenário, foram criadas novas formas de exploração do trabalho, como o *outsourcing*.

II – Do ponto de vista histórico, atividades como o *outsourcing* estão situadas, no meio geográfico, no período designado meio técnico-científico-informacional.

III – Novas formas de exploração do trabalho, como o *outsourcing*, nada mais são do que derivações das formas adotadas no período designado, no meio geográfico, como meio natural.

Está correto o que foi afirmado em:

a) I, apenas.
b) II, apenas.
c) I, II e III.
d) I e II.
e) I e III.

C4 • H20

2

A figura acima sugere que, no mundo contemporâneo

a) há maior possibilidade de interações em escala global, dadas as inovações tecnológicas.

b) amplia-se a fragmentação e a separação entre diferentes povos, países, culturas e lugares.

c) as inovações nas redes de comunicação e informação aprofundam as desigualdades sociais.

d) é necessário realizar novos investimentos em infraestrutura de comunicação e informação.

e) as conexões e interações dadas por novos meios de comunicação são atributos de países ricos.

C5 • H21

3 "Faz parte da construção da imagem dos fazedores de notícia o discurso do jornalismo independente ou, ainda outro, o discurso dos que se dizem partidários e integrantes da mídia popular e democrática. Uns vendendo a imagem de que são capazes de produzir um jornalismo isento, imparcial, relatando apenas os fatos, sem prestar favores editoriais a anunciantes ou ao poder, a grupos políticos e sem relações promíscuas com suas fontes; e os outros que se dizem comprometidos com um jornalismo envolvido com os interesses populares e com a democracia. [...]

O discurso da independência jornalística não é privilégio de nenhuma empresa: uns dizem que estão de 'rabo preso com o leitor' ou compromissados com a notícia, ou o telespectador, no caso de telejornais, ou com o campo popular democrático. Arvorar-se independente surge como um dogma caro no meio jornalístico, em geral acolhido tanto à esquerda como à direita.

Manuel Castells observa, ao analisar os movimentos sociais na era da internet em *Redes de Indignação e Esperança*, o campo de atuação dos canais de comunicação em contraponto à autonomia que, na opinião do autor, as redes sociais teriam em relação a eles.

'Como os meios de comunicação de massa são amplamente controlados por governos e empresas de mídia, na sociedade em rede a autonomia de comunicação é basicamente construída nas redes da internet e nas plataformas de comunicação sem fio' (CASTELLS, 2012. p. 14). [...]."

CÂMARA, Marcelo Barbosa. Notícia e suas fantasias. *Observatório da Imprensa*. 8 out. 2013. Disponível em: <http://www.observatoriodaimprensa.com.br/news/view/_ed767_noticia_e_suas_fantasias>. Acesso em: 1º nov. 2013.

Com base no texto e em seus conhecimentos sobre meios de comunicação de massa, considere as afirmações a seguir:

I - Os jornalísticos, como jornais e telejornais — meios de comunicação de massa — têm um discurso de isenção, independência e imparcialidade. Porém, por serem, em sua maioria, controlados por governos e grandes empresas de mídia, não aplicam esse discurso na prática, exercendo, muitas vezes, um jornalismo voltado a atender os seus próprios interesses.

II - O discurso da independência jornalística é adotado pela maioria dos meios de comunicação, independentemente de sua orientação político-ideológica.

III - Manuel Castells aponta a internet como uma possibilidade de autonomia de comunicação, em meio ao poder das grandes empresas de mídia, como alternativa à mobilização de movimentos sociais.

Estão corretas as afirmações:

a) I, apenas.

b) I e II.

c) I, II e III.

d) II e III.

e) III, apenas.

C5 • H21

4 “Dizem que ideologia é o que está por trás de certas instituições ou pessoas. Não vejo assim. Ideologia é o que vai à frente. As bandeiras representam o nacionalismo, é uma ideologia, e é o que vai à frente de navios e exércitos na guerra. Nas religiões, os símbolos, o que mostra a ideologia, é o que está no início das procissões. A ideologia é prima da propaganda [...].”

GHIRALDELLI, Paulo. *O ideólogo, o marqueteiro e o filósofo*. 29 set. 2013. Disponível em: <http://ultimosegundo.ig.com.br/brasil/2013-09-29/o-ideologo-o-marqueteiro-e-o-filosofo.html>. Acesso em: 4 nov. 2013.

Com base nesse trecho de um artigo e em seus conhecimentos sobre linguagem publicitária e meios de comunicação de massa, é correto afirmar que:

a) por trás de toda propaganda existe uma mentira, camuflada em meio a conceitos colocados de forma aleatória, para que não sejam claros e facilmente percebidos.

b) a propaganda, em geral, apresenta-se de forma semelhante a uma ideologia, procurando deixar clara a sua intenção persuasiva e valendo-se de recursos cognitivos que justifiquem o seu discurso.

c) ideologia e propaganda são conceitos totalmente distintos, sem nenhuma similaridade aparente, sendo que a propaganda, em geral, é completamente desprendida de ideologia.

d) cabe à filosofia estabelecer parâmetros conceituais entre propaganda e ideologia, sendo que, sem essa intermediação, poderíamos confundir esses dois conceitos.

e) muito mais importante do que ter ideologia é saber fazer propaganda, dado que, sem divulgação adequada, nenhuma ideologia consegue ser disseminada.

C5 • H23

5 “O jornalista norte-americano Glenn Greenwald, que revelou os documentos secretos obtidos por Edward Snowden, disse em entrevista que o Brasil é o maior alvo das tentativas de espionagem dos Estados Unidos. ‘Não tenho dúvida de que o Brasil é o grande alvo dos Estados Unidos’, disse o jornalista [...].

O governo brasileiro já cobrou uma resposta formal e por escrito à Casa Branca. Em nota, o Departamento de Estado americano disse na terça-feira (3) que ‘responderá pelos canais diplomáticos’ aos questionamentos do Brasil. O departamento não comenta publicamente as denúncias, mas afirma que os EUA 'sempre deixaram claro que reúnem inteligência estrangeira'."

"Brasil é o grande alvo dos EUA", diz jornalista que obteve documentos de Snowden. *Uol notícias*. 4 set. 2013. Disponível em: <http://noticias.uol.com.br/internacional/ultimas-noticias/2013/09/04/brasil-e-o-grande-alvo-dos-eua-diz-jornalista-que-obteve-documentos-de-snowden.htm>. Acesso em: 31 out. 2013.

A qual importante incidente diplomático o texto se refere?

a) Ao direito dos Estados Unidos, enquanto grande potência hegemônica, de espionar dados do mundo inteiro, a fim de garantir sua segurança nacional.

b) Ao direito assegurado do Brasil, enquanto nação espionada, de realizar contraespionagem de dados telefônicos e de internet dos Estados Unidos e de todos os seus aliados.

c) À superioridade da Agência Nacional de Segurança dos Estados Unidos (NSA) em relação a todos os demais departamentos de inteligência mundiais, o que confere ao governo estadunidense o direito de espionar dados sigilosos de toda e qualquer nação do planeta.

d) Ao vazamento de informações sigilosas da Agência Nacional de Segurança dos Estados Unidos (NSA), por parte de um ex-funcionário, que continham provas de espionagem de dados telefônicos e de internet de cidadãos e do governo brasileiro.

e) Às falsas acusações do governo brasileiro a respeito de uma suposta espionagem da Agência Nacional de Segurança dos Estados Unidos (NSA) a dados sigilosos de cidadãos brasileiros.

C2 • H10

6

John Moore/Getty Images

"As mídias sociais foram cruciais para a derrubada de governos autoritários e ditaduras no mundo árabe, mas seu papel talvez tenha sido superestimado. Para Muzammil M. Hussain, professor do Centro de Comunicação e Engajamento Civil da Universidade de Washington, se os protestos e a mobilização na internet não tivessem repercutido nas grandes emissoras, como BBC e CNN, o resultado teria sido outro. 'As organizações de mídia tradicionais fazem parte dessa nova ecologia da informação', afirmou Hussain, que é americano de origem indiana. 'As emissoras têm um papel importante para dar voz ao movimento das ruas'."

Folha de S.Paulo. Papel das redes sociais na primavera árabe foi superestimado, diz professor. 24 nov. 2011. Disponível em: <http://www1.folha.uol.com.br/mundo/1011675-papel-das-redes-sociais-na-primavera-arabe-foi-superestimado-diz-rofessor.shtml>. Acesso em: 30 out. 2013.

De acordo com o texto, é correto afirmar que:

a) a internet, enquanto novo meio de comunicação de massa, teve papel importante na derrubada de governos autoritários em países árabes, no que se convencionou chamar de "Primavera Árabe"; porém, sem a divulgação nos meios de comunicação de massa tradicionais, como as emissoras de televisão, a mobilização popular não teria tido um resultado tão significativo.

b) emissoras de televisão, como CNN e BBC, utilizaram-se de seu poder e influência para derrubar os governos autoritários em países árabes, restando pouca importância aos movimentos sociais impulsionados através da internet.

c) a mobilização popular no mundo árabe, exclusivamente através de mídias sociais, foi a única responsável pela deposição de governos autoritários na região, no fenômeno que passou a ser conhecido como "Primavera Árabe".

d) somente uma parcela da população — a que assiste à televisão nos países árabes — participou das mobilizações populares que culminaram na derrubada de governos autoritários na região.

e) as emissoras de televisão, enquanto meios de comunicação de massa tradicionais, apresentam-se como a principal ferramenta de mobilização social para a derrubada de governos autoritários.

C2 • H6

7

PIB por estado brasileiro, 2006 (em bilhões de reais)

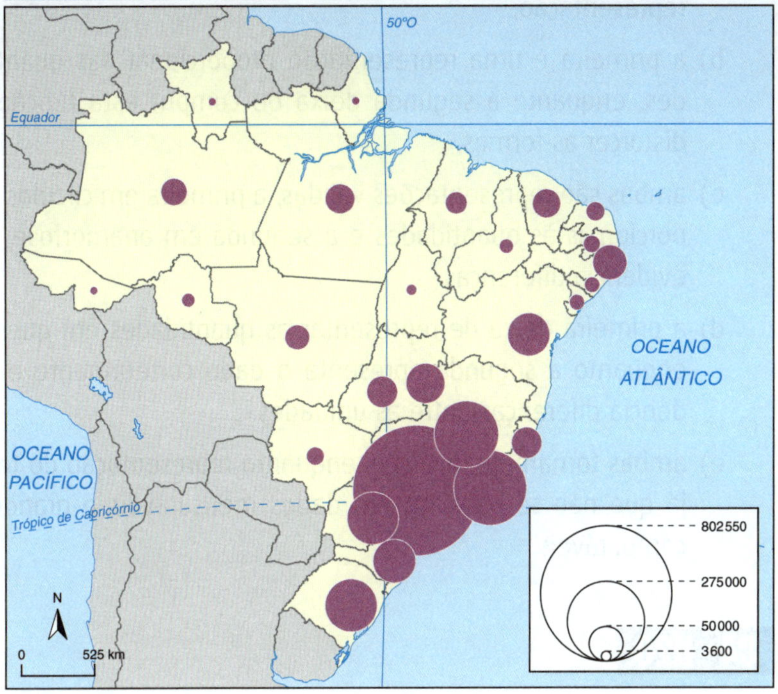

Mario Yoshida

Anamorfose

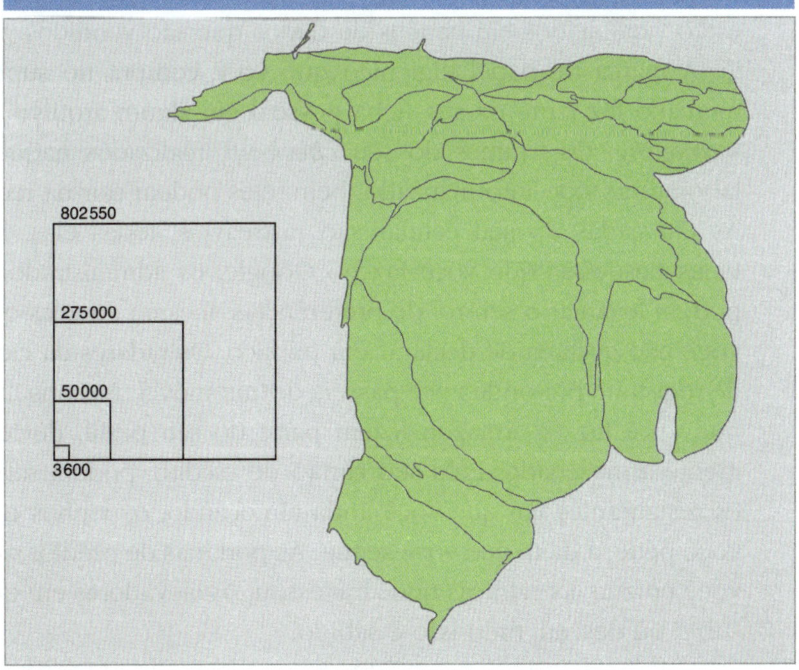

Mario Yoshida

Fonte: DURAND, M. F. et al. (Org.). *Atlas da mundialização*: compreender o espaço mundial contemporâneo. São Paulo: Saraiva, 2009. p. 16.

Comparando-se as duas representações sobre o mesmo tema, infere-se que:

a) ambas deixam de representar as proporcionalidades entre as quantidades apresentadas, tornando-se inválidas enquanto representação.

b) a primeira é uma representação proporcional das quantidades, enquanto a segunda deixa de cumprir esta função, ao distorcer as formas.

c) ambas são representações válidas, a primeira em círculos proporcionais às quantidades e a segunda em anamorfose, que evidencia diferenças.

d) a primeira deixa de representar as quantidades em questão, enquanto a segunda apresenta o dado corretamente e evidencia diferenças entre as unidades.

e) ambas tornam-se inválidas enquanto representação do tema, já que não se baseiam em dados mensuráveis e grandezas comparáveis.

C4 • H20

8 "Sorria, você está sendo filmado. Ou chore, você está sendo filmado.

A propósito, não é improvável que você esteja sendo filmado enquanto lê este artigo. Os seus hábitos de consumo estão catalogados em bancos de dados que são vendidos por aí. A marca de papel higiênico que você compra no supermercado faz parte da sua ficha pessoal em algum arquivo de *marketing*. Os exames do seu *check-up*, realizados naquele laboratório todo informatizado, bem, eles podem cair na rede. As chamadas do seu celular são rastreáveis, todas elas. [...] Pelas pesquisas que você faz no Google, os administradores podem levantar o seu rol de preferências, mesmo aquelas que você não gostaria de declarar em público. Os radares da cidade registram por onde você passeia de automóvel. As consultas que você faz na Amazon fazem parte do seu perfil, devidamente armazenado. Pelo seu cartão de crédito, podem saber os restaurantes em que você anda almoçando, os vinhos que você pede, a dieta que você segue. As portarias de prédios que você cruzou, as catracas que atravessou, os elevadores em que subiu ou desceu, tudo isso é sabido.

[...] A privacidade, nos moldes em que costumávamos imaginá-la, virou uma categoria impossível, irrealizável. A privacidade foi extinta pela História.

Mais ainda: no nosso tempo a vigilância se massificou. [...] Câmeras instaladas em celulares fizeram de cada cidadão um agente voluntário a serviço da grande rede de vigilância global."

BUCCI, E. Wikileaks ou a vingança do mundo vigiado. *O Estado de S. Paulo*, 16 dez. 2010, A2. Disponível em: <http://www.estadao.com.br/estadaodehoje/20101216/not_imp654290,0.php>. Acesso em: 14 fev. 2014.

Com base nas ideias do autor sobre o papel das novas tecnologias no mundo atual, conclui-se que

a) foi eliminado o direito à privacidade de pessoas e grupos nas sociedades modernas.

b) os recursos disponíveis permitem registrar atividades de indivíduos, pessoas e lugares.

c) o uso de tecnologias de vigilância ou de rastreamento de informações é ilegal no Brasil.

d) inexistem recursos tecnológicos que permitam vigiar e controlar a vida das pessoas.

e) utilizar sistemas de vigilância e monitoramento é prerrogativa dos poderes públicos.

C2 • H6

9

Viagens aéreas partindo de Paris

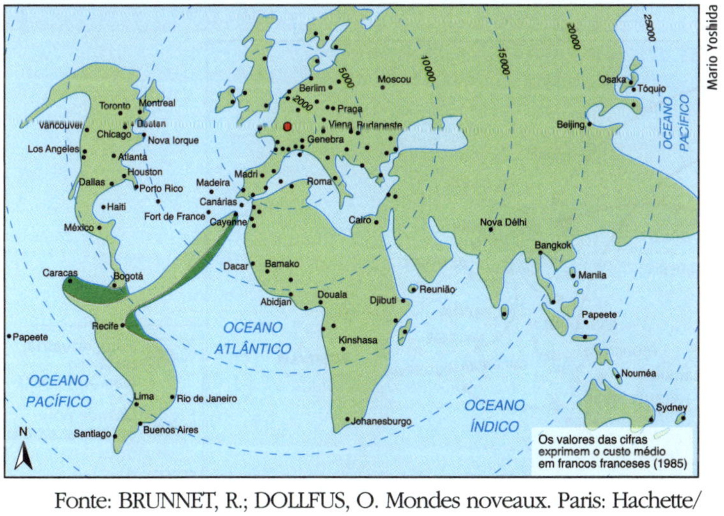

Fonte: BRUNNET, R.; DOLLFUS, O. Mondes noveaux. Paris: Hachette/Reclus, 1990. p. 413, apud COSTA, G. P. et al. *Olhar geográfico*. São Paulo: IBEP, 2007. p. 50.

O mapa acima foi construído com base na distância-custo de viagens aéreas realizadas a partir de Paris (em 1985). É correto afirmar que é uma representação

a) ordenada, em que os tons de cor assinalam ordem ou hierarquia do fenômeno.

b) em anamorfose, que altera propositalmente as formas e contornos para evidenciar os temas.

c) que destaca a diversidade, utilizando as cores para diferenciar áreas da superfície.

d) do tipo carta topográfica, que mostra variações no relevo como vales, topos e curvas de nível.

e) que utiliza a projeção conforme de Mercator, que preserva ângulos, mas altera as formas.

C4 • H17

10

Mundo: usuários de internet (2010)

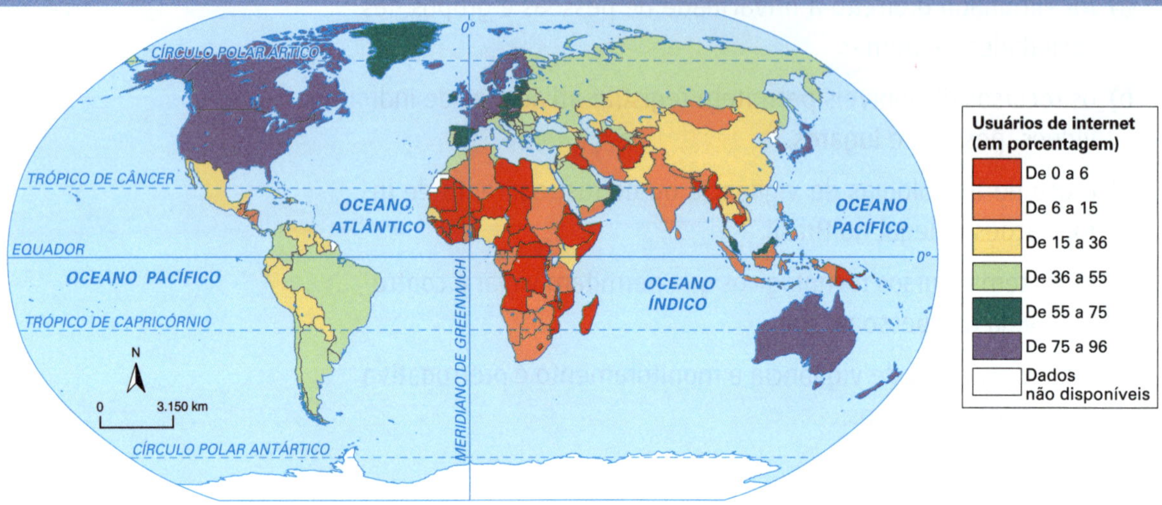

Mapas: Sonia Vaz

Fonte: elaborado com base em *L'Atlas 2013 Le Monde diplomatique*. Paris: Vuibert, 2012. p. 71.

Mundo: grandes polos industriais desde o séc. XIX

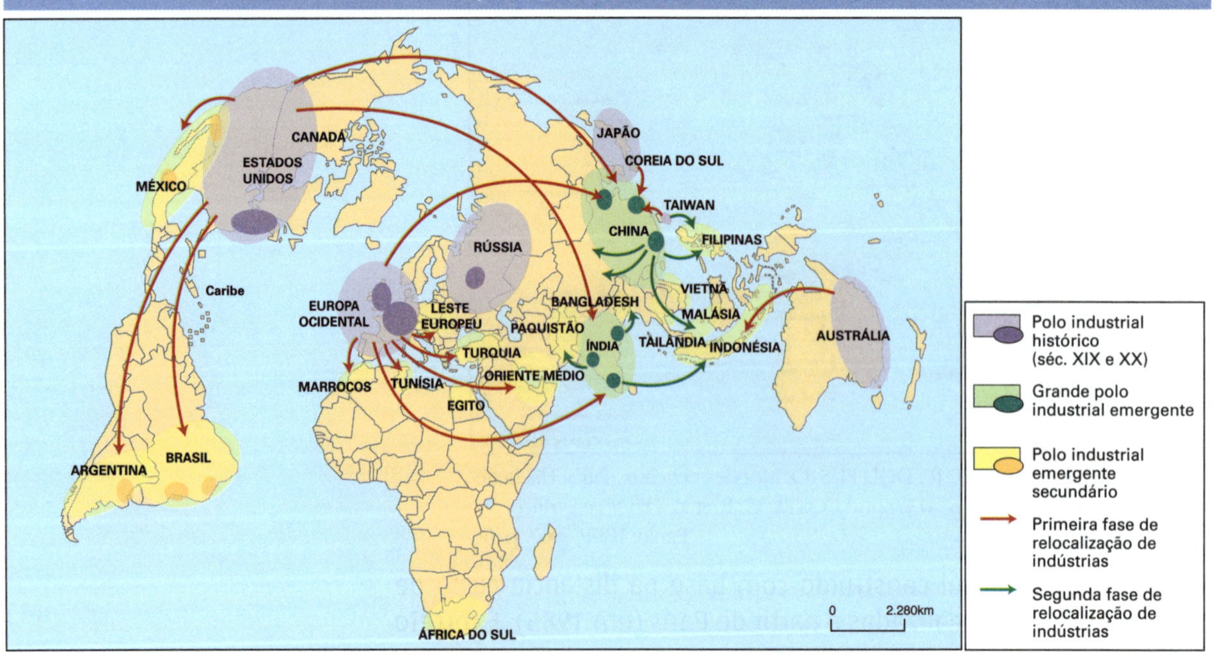

Fonte: elaborado com base em *L'Atlas 2013 Le Monde diplomatique*. Paris: Vuibert, 2012. p. 48.

A partir da análise dos dois mapas e de seus conhecimentos sobre novas tecnologias e industrialização mundial, é correto afirmar que:

a) não existe relação entre a evolução da territorialização da indústria mundial ao longo dos séculos e o percentual de população com acesso à internet nos dias atuais.

b) o baixo percentual de acesso à internet em países como Índia e China indica o atraso e a precariedade de suas indústrias nacionais.

c) os países historicamente industrializados, que consolidaram sua hegemonia entre os séculos XIX e XX, são, via de regra, os mesmos que têm os maiores índices de população com acesso à internet atualmente.

d) os países de industrialização emergente são aqueles que têm os maiores índices de população com acesso à internet atualmente.

e) existe uma relação direta e proporcional entre o tamanho do parque industrial nacional de cada país e seu índice de população com acesso à internet.

C2 • H6

11

Planisfério – População urbana (2005)

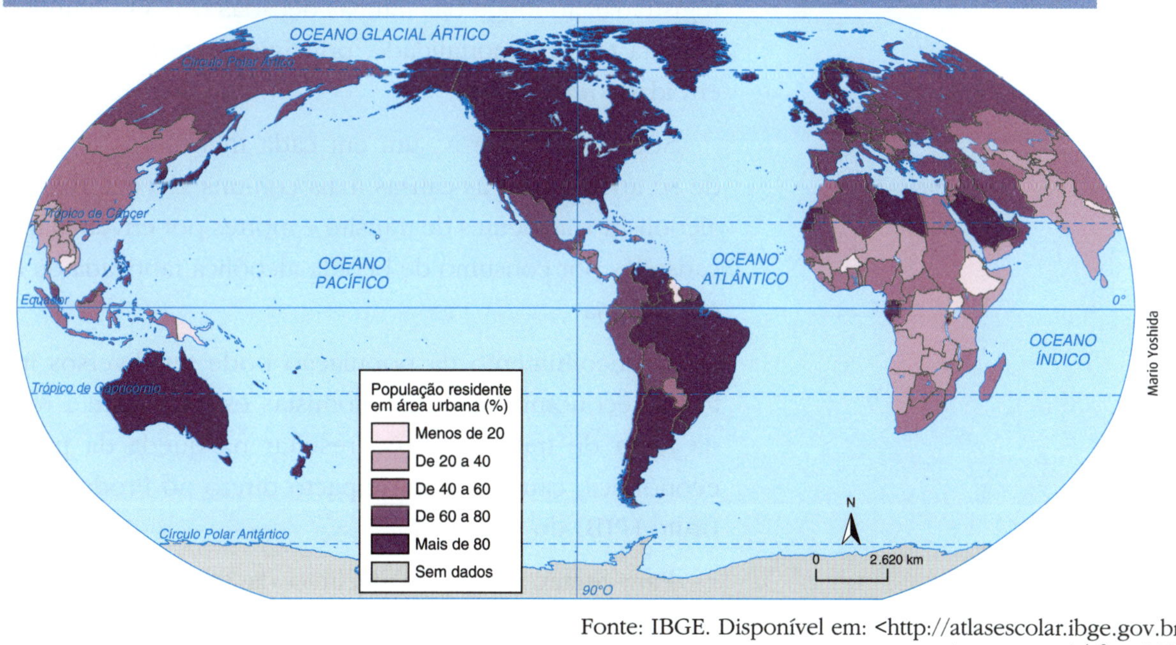

Fonte: IBGE. Disponível em: <http://atlasescolar.ibge.gov.br> Acesso em: 14 fev. 2014.

De acordo com as variáveis visuais da linguagem cartográfica, é correto afirmar que o mapa acima é uma representação

a) dinâmica, adequada para expressar fluxos de bens, pessoas ou informações no espaço geográfico.

b) em carta topográfica, que mostra as variações na topografia dos terrenos, como morros e vales.

c) da diversidade, em que cores variadas diferenciam áreas, a exemplo dos mapas de divisão política.

d) ordenada, em que os tons de cor destacam ordens ou hierarquias de um determinado fenômeno.

e) em anamorfose, que deliberadamente altera as formas dos objetos para destacar fenômenos.

C2 • H8

12 "De acordo com Sergei Zakharov, do Instituto de Demografia da *Higher School of Economics*, em Moscou, a Rússia de 2020 sofrerá os efeitos da redução da sua população. [...]

Um estudo patrocinado pelas Nações Unidas e divulgado ano passado por especialistas em demografia mostrou que a população do país poderá encolher dos atuais 142 milhões de pessoas para 100 milhões até 2050.

Dois são os principais fatores que explicam o declínio da população russa. O primeiro são as baixas taxas de natalidade registradas ao longo das últimas décadas [...]. O segundo fator é a alta taxa de mortalidade, principalmente entre os homens em idade reprodutiva.

Segundo Zakharov, um em cada três russos morre antes de se aposentar e as causas mais comuns são externas, como alcoolismo, acidentes de trânsito e mortes por envenenamento, causadas por consumo de bebida alcoólica fabricada de forma clandestina.

O encolhimento da população pode ter diversos impactos na economia russa. Economistas estimam que a redução da força de trabalho possa resultar na queda da produção econômica, causando um impacto direto no Produto Interno Bruto (PIB) do país. [...]

Para tentar reverter o declínio da população, o governo vem oferecendo, desde 2006, estímulos financeiros para famílias que decidirem ter o segundo filho. [...]."

BBC Brasil. 1º abr. 2009.
Disponível em: <http://www.bbc.co.uk/portuguese/noticias/2009/04/090401_russiapopulacaobricsfniedecker.shtml>.
Acesso em: 5 nov. 2013.

Mundo: taxa de crescimento da população – 2005-2010

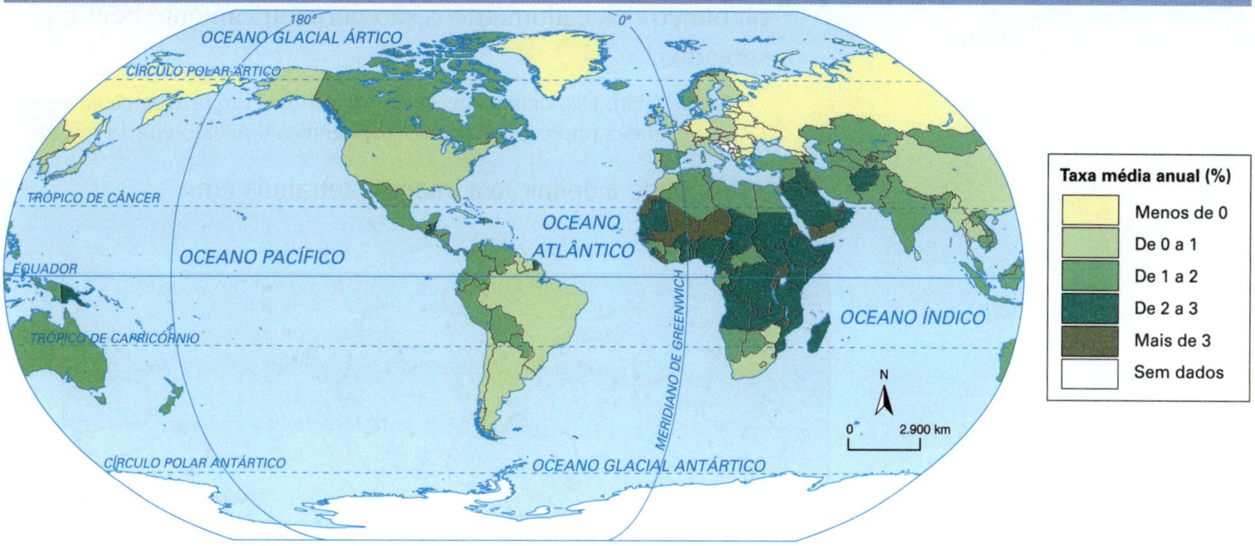

Fonte: *Atlas geográfico escolar*. Rio de Janeiro: IBGE, 2012. p. 71.

Com base nas informações contidas no texto, no mapa e em seus conhecimentos sobre cartografia e demografia, considere as afirmações:

I – De 2005 a 2010, a população russa decresceu, em decorrência de dois fatores principais, observados ao longo dos últimos anos: a baixa taxa de natalidade e a alta taxa de mortalidade. Este último afeta principalmente os homens em idade reprodutiva.

II – O mapa indica uma taxa negativa de crescimento da população russa e de outros países da Europa Oriental no período entre 2005 e 2010.

III – Como medida para conter os impactos da taxa negativa de crescimento populacional na economia do país, o governo russo vem oferecendo, desde 2006, estímulos financeiros para famílias que decidirem ter o segundo filho.

Estão corretas as seguintes afirmações:

a) I e III.

b) I, apenas.

c) II e III.

d) I e II.

e) I, II e III.

C2 • H6

13 "Que é uma carta topográfica? É uma carta elaborada mediante um levantamento original, ou compilada de outras topográficas existentes de escala maior, e que inclui os elementos naturais e os artificiais (a obra do homem), permitindo a determinação de altitudes, e, ainda, em que os acidentes planimétricos e altimétricos são geometricamente bem representados."

IGEO. UFRJ. Disponível em: <http://www.igeo.ufrj.br/fronteiras/sig/tiki-index.php?page=Carta%20Topografica>. Acesso em: 14 fev. 2014.

Corresponde à definição a imagem retratada em:

a)

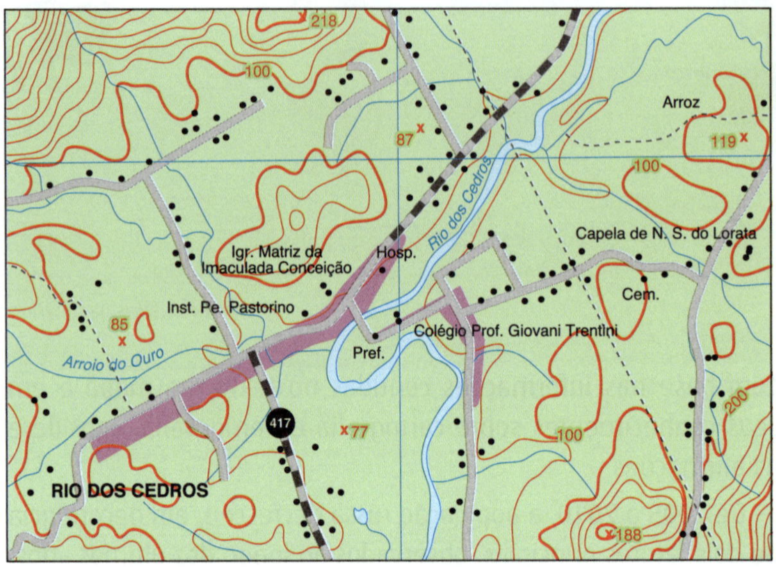

b)

Parte de Teresina, Piauí, 2005.

c) 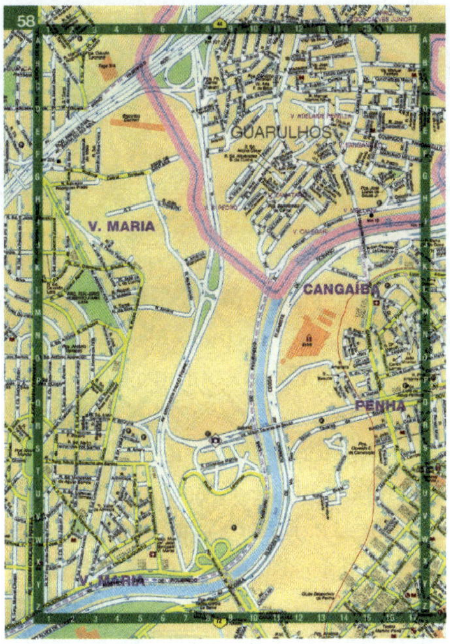

Abril Imagens

d) 

Mario Yoshida

e) 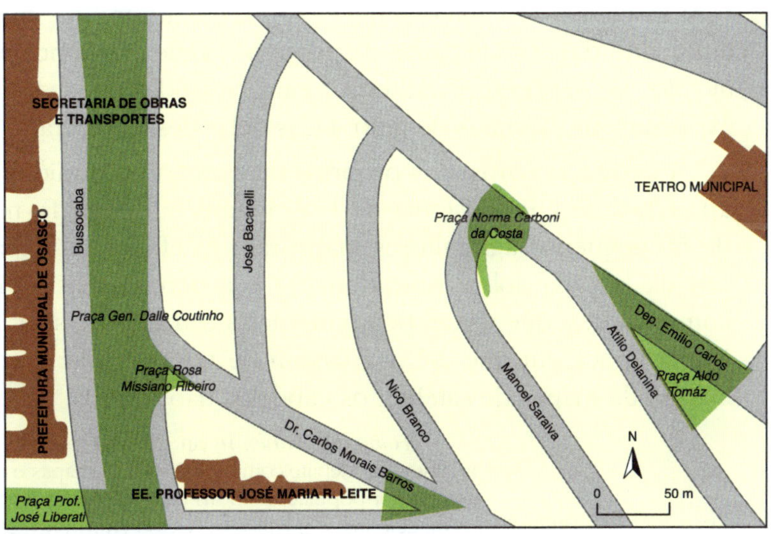

Mario Yoshida

C3 • H12

14 "[...] o Twitter, rede social de troca de mensagens curtas com mais de 10 milhões de usuários brasileiros, serviu para uma vergonhosa enxurrada de textos de cidadãos do eixo Sul-Sudeste com manifestações de intolerância contra pessoas de origem nordestina. [...] Em meio às centenas de mensagens agressivas, uma estudante de Direito [...] chamou a atenção pelo que publicou no Twitter: "Nordestino não é gente. Faça um favor a SP, mate um nordestino afogado!". Foram apenas 71 toques. Ela levou poucos segundos para digitar e apertar "enter", no conforto seguro de seu computador. Mas deverá arcar com as consequências do ato por muitos anos. A Ordem dos Advogados do Brasil em Pernambuco (OAB-PE) entrou com uma notícia-crime contra a estudante. Ela pode ser acusada de dois crimes, [...] de discriminação em meio de comunicação, [...] e de incitação ao ato criminoso (no caso, homicídio) [...]."

FERRARI, B. Não vale tudo na internet. Revista *Época*, 8 nov. 2010. p. 96.

Com base no episódio e seus desdobramentos relatados acima, conclui-se que

a) inexistem leis no país que punam manifestações de racismo e as diferentes formas de discriminação.

b) a liberdade de expressão garante o direito a manifestações de preconceito nos meios de comunicação.

c) intolerância e discriminação nas redes de internet ou fora delas são passíveis de pena judicial no Brasil.

d) as leis do país contra o racismo ou discriminação não incluem meios de informação como a internet.

e) a discriminação ou intolerância em função da origem geográfica não é passível de punição no país.

C4 • H19

15 "Um mapa lançado anteontem [17 jan. 2009] mostra que quase um quarto das comunidades de pequenos agricultores nos municípios de Santarém e Belterra foram reduzidas em razão da expansão das fazendas de grão. Duas delas desapareceram.

A denúncia partiu dos próprios comunitários. Munidos de aparelhos de GPS (Sistema de Posicionamento Global), mais de 55 pequenos agricultores mapearam os efeitos da expansão da lavoura sobre rios, florestas e a demografia de 121 comunidades, que vivem boa parte delas cercadas de soja. [...] Numa época em que até a grilagem de terras é feita com o auxílio de mapas de satélite, os caboclos dão o troco."

Folha de S.Paulo, 18 jan. 2009. Disponível em: <http://www.ecodebate.com.br/2009/01/19/mapas-e-gps-usados-por-populacoes-locais-para-se-contraporem-a-latifundiarios-madeireiros-e-grileiros/>. Acesso em: 14 fev. 2014.

Sobre a utilização de Sistemas de Informação Geográfica, pode-se afirmar que

a) essas técnicas podem ser usadas para corrigir eventuais distorções sociais e ambientais na ocupação de terras no Brasil.

b) os caboclos e pequenos agricultores estão equivocados, tendo em vista a necessidade de grande formação acadêmica para utilizar essa técnica.

c) nem os grileiros — falsificadores de títulos de terra — nem os pequenos agricultores podem utilizar, já que apenas o exército possui esse tipo de equipamento.

d) o uso de mapas de satélite não tem relevância, tendo em vista que a escala de sua observação permite que se vejam poucos detalhes do território.

e) neste caso, os grileiros podem impedir que os pequenos agricultores tenham acesso às terras.

C2 • H6

16 "Sabine Moreau, de 67 anos, saiu no sábado, dia 5 de janeiro, do vilarejo de Solre-sur-Sambre [Bélgica] para encontrar uma amiga na capital da Bélgica [Bruxelas] e colocou o endereço no aparelho de navegação por satélite.

Distraída, ela percebeu que o GPS a estava mandando seguir um caminho estranho, atravessando a Alemanha e outros países, mas, distraída, não ligou. [...]

'Eu vi todo tipo de tráfego passar. Primeiro em francês, depois em alemão. Colônia, Aachen, Frankfurt... mas eu não fazia nenhuma pergunta, apenas acelerava', disse ela, de acordo com o jornal belga *Het Niewsblad*.

Na longa viagem, Sabine Moreau reabasteceu o carro duas vezes, se envolveu em um pequeno acidente e chegou a dormir algumas horas no carro, parando ao lado da estrada. Mas, ela garante que não percebeu o que estava acontecendo até que chegou a Zagreb [capital da Croácia].

A polícia chegou a vasculhar a casa da sexagenária atrás de pistas sobre seu desaparecimento e estavam prestes a ampliar a investigação quando ela ligou e disse onde estava.

'Estranho? Talvez, mas eu só estava distraída e preocupada', disse Sabine.

Em seguida, segundo o jornal belga *La Nouvelle Gazette*, ela dirigiu de volta à Bélgica ainda usando o GPS para se orientar."

BBC Brasil. 14 jan. 2013. Disponível em: <http://www.bbc.co.uk/portuguese/noticias/2013/01/130114_gps_errobelgicarg.shtml>. Acesso em: 5 nov. 2013.

A respeito de Sistema de Posicionamento Global (GPS) e suas aplicações, é correto afirmar que:

a) uma de suas aplicações práticas é a indicação de trajetos para automóveis, realizada através de aparelho eletrônico específico.

b) suas únicas aplicações práticas recomendadas são a indicação de trajetos para navios e aviões, sendo que seu funcionamento para este tipo de finalidade em automóveis ainda não tem precisão e eficácia comprovadas.

c) a utilização desta tecnologia está autorizada somente para fins militares.

d) para fins de indicação de trajetos em automóveis, seu uso só está disponível nos Estados Unidos e na Europa Ocidental e, mesmo assim, funcionando com grande deficiência.

e) seu uso mais frequente ocorre em operações de espionagem realizadas por agências de inteligência.

C1 • H2

17 "A primeira tentativa de representar o mundo foi babilônica, mas sua concepção de mundo era limitada à região entre os rios Eufrates e Tigre [...].

Entretanto, os gregos se destacam porque foram os primeiros a usar uma base científica e a observação. Usando-se da trigonometria, Erastótenes (276-194 a.C.) mediu a circunferência da Terra chegando bem perto dos 40.076 km reais (segundo ele, eram 45.000 km) [...].

Mais tarde, Pitágoras defendeu que a Terra era esférica de acordo com suas observações práticas e filosóficas (para ele, a forma esférica era a mais perfeita) que só seriam aceitas no meio científico, anos depois, pela influência de Aristóteles. [...]

Mas, o trabalho mais importante da cartografia na época clássica foi, sem dúvida, a obra em oito volumes escrita por Claudius Ptolomeu. Sua obra, 'Geographia', contém as coordenadas de 8.000 lugares, a maioria calculada por ele próprio e, no último volume, ele dá dicas para a elaboração de mapas-múndi e discute alguns pontos fundamentais da cartografia. [...]."

História da cartografia. Disponível em: <http://www.infoescola.com/cartografia/historia-da-cartografia/>. Acesso em: 31 out. 2013.

Com base nas informações contidas no texto e em seus conhecimentos sobre cartografia, pode-se afirmar que

a) apesar de Claudius Ptolomeu ser considerado o "pai" da cartografia, os verdadeiros inventores são os babilônios, que, num período muito anterior, já tinham uma concepção muito avançada de mundo, fornecendo as coordenadas exatas de milhares de lugares ao redor do planeta.

b) apesar da indiscutível relevância de babilônios como pioneiros na tentativa de representação do planeta, foram os gregos, através de Erastótenes, Pitágoras e, principalmente, Ptolomeu que contribuíram de forma mais significativa para o desenvolvimento da cartografia, no período clássico.

c) foram os romanos, através de Erastótenes e sua teoria Geocêntrica, que contribuíram, de forma decisiva, para o desenvolvimento da cartografia moderna.

d) a cartografia moderna foi inspirada em estudos de trigonometria realizados entre os séculos III e II a.C. pelos egípcios.

e) embora os gregos tenham sido os pioneiros da cartografia, sua concepção limitada de mundo permitiu somente a representação da região localizada entre os rios Eufrates e Tigre.

C5 • H21

18 "Professores são alvo de estudantes que, por causa de uma nota baixa ou pura implicância, usam a internet para humilhá-los publicamente.

As tecnologias da informação e comunicação, os computadores e os celulares tornaram-se meios facilitadores para publicar imagens e comentários depreciativos. Em *blogs*, *fotologs* e redes sociais, alunos ofendem e fazem chacota de seus professores ou demais funcionários da escola, com discursos de ódio que muitas vezes incidem em crimes de injúria, calúnia e difamação. Essa 'nova moda' tem nome e chama-se *cyberbullying*, uma violência virtual que se multiplica de maneira inimaginável na internet. [...]

Esse tipo de violência tem contribuído ainda mais para fazer aflorar a questão da insatisfação dos professores no magistério, [...]. Fatores como o estresse da profissão, associado ao excesso de trabalho, baixos salários, desvalorização profissional, dificuldades materiais, indisciplina do aluno e violência na escola, entre outros, são entendidos como causadores do chamado 'Mal-estar docente'."

ROCHA, T. B. Na mira dos alunos. Revista *Carta na Escola*, 8 out. 2010. Disponível em: <http://www.cartacapital.com.br/carta-na-escola/na-mira-dos-alunos>. Acesso em: 14 fev. 2014.

De acordo com o texto, pode-se depreender que

a) as tecnologias de comunicação e informação são uma realidade acessível a um grande número de pessoas, no entanto suas formas de uso não refletem e não são refletidas pelas relações sociais constituídas para além dessas redes cibernéticas, já que é um "mundo virtual".

b) o *cyberbullying* é uma nova forma de intimidação e violência que, por conta do suposto anonimato da internet, é impossível de ser controlada ou mitigada.

c) uma das maiores vítimas do *cyberbullying* é o professor, já que seu ilimitado poder profissional remete a essas formas de reação por parte de seus alunos.

d) a questão, por conta de sua alta complexidade e pela dificuldade em identificar os agressores, deve ser combatida exclusivamente pela escola e pelo professor, pois é decorrente da qualidade da relação entre o professor e seus alunos.

e) a compressão espaço-tempo, causa e consequência da difusão das tecnologias da informação e comunicação, se verifica pela rapidez e amplitude da difusão de informações e dados via internet, inclusive de ofensas e humilhações, conforme é apontado pela reportagem.

C4 • H19

19 "Um avanço astronômico menos espetacular, mas talvez mais fácil de entender para o leigo, tem sido a descoberta de planetas em outros sistemas solares. Desde 1988, mais de 300 foram confirmados e os últimos dois anos trouxeram novidades importantes, inclusive planetas com temperaturas compatíveis com a vida, com moléculas orgânicas, dimensões não muito maiores que a Terra e as primeiras imagens infravermelhas e visuais de planetas extrassolares."

COSTA, A. L. M. C. Ora (direis) ouvir estrelas!
Revista *Carta Capital*, 21 jan. 2009. p. 15.

O conhecimento a respeito do Universo é dinâmico e depende de muitas variáveis. A principal delas é a aplicação de tecnologias adequadas e sofisticadas no estudo de dimensões espaciais, abstratas na escala da vida terrestre. Sobre o Universo, podemos afirmar que

a) tempo geológico e tempo astronômico estão fundidos na apreensão do cosmos, compreendendo os limites da Via Láctea, por meio de instrumentos potentes, como o telescópio Hubble.

b) o Sistema Solar é o mais importante do Universo porque possui vida, além de conter os Buracos de Minhoca e os Buracos Negros, ícones da compreensão da evolução dos astros.

c) há um profundo dinamismo em relação ao conhecimento a respeito dos astros e em sua incorporação à lógica terrestre, por meio de evidências indiretas como as decorrentes do vulcanismo.

d) a precisão na identificação dos novos astros depende das técnicas de observação, por isso Kepler e Copérnico dificilmente serão superados, apesar das tecnologias astronômicas contemporâneas.

e) a Europa é o único continente, trabalhando em conjunto com os EUA, capaz de efetuar descobertas da dimensão abordada na reportagem.

C4 • H16

20 "Especialistas da Universidade Stony Brook, em Nova York, alertaram para o risco de depressão entre meninas adolescentes pelo uso contínuo de tecnologias como redes sociais e bate-papos *on-line*. Segundo o *site* TechRadar, o alerta é fruto do estudo que analisou o comportamento de 83 garotas de treze anos e concluiu que 'troca de mensagens de celular, mensagens instantâneas e redes sociais tornam muito fácil para adolescentes se tornarem ainda mais ansiosas, o que pode levar à depressão'."

Disponível em: <http://www.clmais.com.br/informacao/143340/?old>. Acesso em: 14 fev. 2014.

O uso da tecnologia é recomendado e, na atualidade, certos aparatos se tornaram essenciais. Contudo, uma análise mais apurada do texto permite certas considerações, como

a) o estudo dos efeitos psicológicos irreversíveis do uso de certos aparelhos eletrônicos no processo de formação de um indivíduo.

b) a conspiração contra as empresas produtoras de tecnologias de informática.

c) a mediação no uso dos equipamentos eletrônicos capazes de firmarem relacionamentos virtuais, substituindo totalmente os relacionamentos diretos em todas as faixas etárias.

d) os adolescentes são mais sensibilizados ao uso intensivo de novas tecnologias no campo da comunicação, desenvolvendo, com facilidade, o manuseio delas para fins obscuros, como elaboração de perfis falsos e postagem de imagens pejorativas sobre todos os adultos que coíbem o uso desses aparatos.

e) os sintomas psicossomáticos, em muitos aspectos, envolvem consequências específicas para cada indivíduo da faixa etária em questão.

Unidade 2

C6 • H26

1 Na vastidão do território brasileiro – quebrando a aparente monotonia dos "mares de morros", chapadões interiores, terras baixas onduladas ou colinosas –, ocorrem **dois agrupamentos distanciados de pontões rochosos**: ______ no Nordeste semiárido; _______ nos rebordos do Brasil tropical atlântico. [São] feições topográficas resistentes sempre dependentes de massas rochosas cristalinas emergentes acima de morros ou colinas.

Torna-se importante saber que o que [os] diferencia é o conjunto de condições geoecológicas que envolve cada um deles. [O primeiro] é um pontão rochoso rodeado de colinas revestidas por caatingas. [Os segundos] emergem acima de morros florestados ou bordas de escarpas tropicais.

AB'SABER, A. *Escritos ecológicos*. São Paulo: Lazuli, 2006. p. 67.

As formações em questão descritas pelo autor são, respectivamente

a) pães de açúcar e campos de dunas.
b) *cuestas* e campos de dunas.
c) mares de morros e *inselbergs*.
d) chapadas e mares de morros.
e) *inselbergs* e pães de açúcar.

C6 • H27

2 Epicentros de sismos ocorridos no Brasil (1767-2006)*

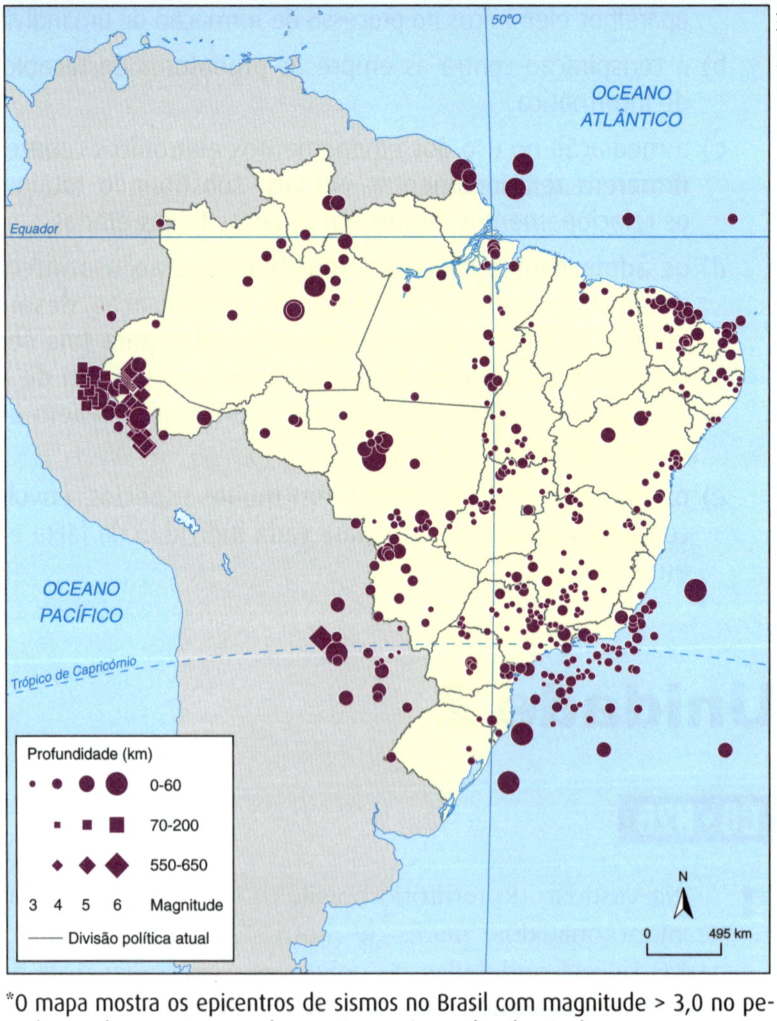

*O mapa mostra os epicentros de sismos no Brasil com magnitude > 3,0 no período. A cobertura é incompleta porque até meados do século XX apenas sismos com magnitude acima de 4 foram registrados. O maior sismo ocorrido no país foi ao norte de Cuiabá, com magnitude Richter 6,2, em 1955.

Fonte: TEIXEIRA, W. et al. (Org.). *Decifrando a Terra*. São Paulo: Cia. Editora Nacional, 2009. p. 96.

Sobre o tema em questão, considere as afirmações a seguir:

I - Ao contrário dos Andes, o território nacional está isento de sismos de quaisquer intensidades. Como não há evidências de sua ocorrência, dispensam-se os sistemas de monitoramento e preocupações com desabamentos no país.

II - Apesar da predominância de sismos de baixa intensidade, autoridades e população nacional devem se preparar para a sua ocorrência, em especial no Centro-Sul e Nordeste, áreas de ocupação mais densa.

III - Os sismos de magnitude mais elevada estão concentrados na bacia amazônica, o que dispensa sistemas de proteção contra estes episódios face à baixa ocupação e densidade populacional da área.

Sobre a ocorrência de sismos no Brasil, está correto o que foi afirmado em:

a) I, II e III.

b) II e III.

c) II, apenas.

d) I e III.

e) III, apenas.

C6 • H29

3 "Quem viaja pela Serra da Mantiqueira (sul de Minas Gerais) e vale do Paraíba, ou observa as colinas do oeste de São Paulo e norte do Paraná, nota a presença de fendas e cortes disseminados nas vertentes, cada vez mais frequentes: são as **feições erosivas**, temidas pelos moradores locais porque [...] são altamente destrutivas, que rapidamente se ampliam e ameaçam campos, solos cultivados e zonas povoadas. [...]

Estes cortes que se instalam em vertentes sobre o manto intempérico, sedimentos ou rochas sedimentares pouco consolidadas, podem ter profundidades de decímetros até vários metros e paredes abruptas e fundo plano, com seção transversal em U. [...]

A evolução desses sulcos de drenagem [...] é causada pela alteração das condições ambientais do local, principalmente por causa da retirada da cobertura vegetal, sendo quase sempre uma consequência da intervenção humana sobre a dinâmica da paisagem."

TEIXEIRA, W. et al. (Org.). *Decifrando a Terra*. São Paulo: Cia. Editora Nacional, 2009. p. 200-201.

Área localizada em Vassouras, Rio de Janeiro, 2009.

O texto e imagem anteriores se referem às feições erosivas chamadas

a) morros-testemunho.
b) voçorocas (ou boçorocas).
c) frentes de *cuesta*.
d) rochas sedimentares.
e) relevo cárstico.

C6 • H27

4 **"Após tragédia, Haiti começa a preparar plano de reconstrução**

O Haiti iniciou hoje [19 de fevereiro de 2010] a preparação de um plano de reconstrução baseado no chamado Relatório de Avaliação das Necessidades Pós-Desastre (PDNA), que delineará como o país se reerguerá da tragédia que matou mais de 217 mil pessoas e deixou outro 1,2 milhão sem casa."

Uol notícias. Disponível em: <http://noticias.uol.com.br/ultnot/efe/2010/02/19/ult1766u35223.jhtm>. Acesso em: 14 fev. 2014.

O terremoto pode ser compreendido como uma consequência das movimentações das placas tectônicas. O tipo de movimentação que provocou o terremoto no Haiti, de 12 de janeiro de 2010, foi o

a) divergente: as placas se afastam, formando novas rochas com o magma que emerge para a superfície.

b) convergente: as placas se chocam, podendo gerar cadeias montanhosas.

c) convergente: as placas se chocam e a mais pesada afunda sob a placa mais leve, liberando grande quantidade de energia.

d) transcorrente: as placas colidem, devido à liberação de uma grande quantidade de energia acumulada por movimentações anteriores.

e) transcorrente: as placas deslizam uma ao lado da outra, liberando energia acumulada e provocando rupturas do material rochoso.

C6 • H30

5 "No território brasileiro, as estruturas e formações litológicas são antigas, mas as formas do relevo são recentes."

ROSS, J. L. S. (Org.). *Geografia do Brasil*. São Paulo: Edusp, 2005. p. 45.

Em relação às estruturas litológicas e ao relevo do território brasileiro, pode-se afirmar que

a) as formações litológicas são antigas porque em nosso território predominam os dobramentos modernos, como a cordilheira dos Andes.

b) embora o território brasileiro seja majoritariamente composto de estruturas antigas, como escudos cristalinos e bacias de sedimentação antiga, as feições do relevo são recentes porque sofrem um desgaste erosivo permanente, principalmente pelo clima dinâmico que prevalece no país.

c) a base litológica, isto é, as rochas e estruturas que sustentam as formas do relevo, é anterior à atual configuração do continente sul-americano, contudo essas estruturas são recentes devido à pouca erosão, provocada pelo clima ameno.

d) quanto mais antigas são as formações — cordilheira dos Andes —, mais novas são as formas do relevo — chapadas e serras brasileiras.

e) embora o relevo seja majoritariamente composto de estruturas antigas — escudos cristalinos e dobramentos modernos —, suas feições são recentes porque não se modificam, devido à pouca erosão eólica.

C6 • H26

6 "[...] Ações preventivas e o efetivo controle da erosão exigem medidas de ordem técnica, socioeconômica e política, direcionadas à manutenção ou ao aumento do potencial produtivo das terras agrícolas, à preservação ou melhoria das condições de moradia das populações urbanas e à adequação das obras de engenharia, de maneira a minimizar os efeitos danosos ao meio ambiente."

SÃO PAULO (Estado). Secretaria do Meio Ambiente. Relatório de Qualidade Ambiental do Estado de São Paulo 2006. Disponível em: <http://www.universoambiental.com.br/SOLO/Solo_SituacaoSP.htm>. Acesso em: 16 fev. 2011.

Quais ações podem prevenir as erosões ou controlar os danos causados por elas?

a) Plantios em terraços, curvas de nível e associação de culturas; desocupação de áreas de encosta com garantia de moradia digna em locais com infraestrutura urbana; combate ao desmatamento.

b) Desocupação de áreas de encosta com garantia de moradia digna em locais com infraestrutura urbana; impermeabilização do solo; incentivo à cultura de grãos como o algodão.

c) Plantios em terraços, curvas de nível e associação de culturas; incentivo à cultura de grãos como o algodão; aumento do escoamento superficial da água.

d) Combate ao desmatamento; impermeabilização do solo; aumento do escoamento superficial da água.

e) Planejamento da ocupação urbana; plantios em terraços, curvas de nível e associação de culturas; aumento do escoamento superficial da água.

Unidade 3

C1 • H1

1 "Milhares de desenhos adornam 3,9 mil quilômetros quadrados de deserto no sul do Peru [formando os geoglifos, linhas e figuras construídas por antigas culturas da região]. Criados há mais de um milênio, incluem dezenas de figuras naturalistas. Linhas e trapézios foram adicionados posteriormente. Não sabemos ainda o que os desenhos significam, mas é provável que tivessem um papel crucial no ritual dos povos que rezavam pedindo que a chuva caísse nos Andes, a leste, e escorresse para suas plantações. [...]

A capital teocrática da Nasca antiga era Cahuachi, uma meca varrida pela areia. [...]

'Cahuachi era um centro cerimonial', diz o italiano Giuseppe Orefeci, arqueólogo que há anos chefia as escavações. 'Vinha gente das montanhas e da costa trazer oferendas'."

Revista *National Geographic Brasil*. Espíritos na areia, ano 10, nº 120, mar. 2010. p. 70-71.

© Charles Josette Lenars/Corbis/Latinstock

Geoglifo em forma de condor na região de Nasca (Peru).

Os registros apresentados acima sobre a cultura nasca

a) mostram a fragilidade dessa civilização, que desapareceu sem deixar vestígios.
b) testemunham aspectos religiosos, saberes e técnicas dessa antiga civilização.
c) indicam superioridade cultural dessa civilização em relação à europeia.
d) assinalam seu modo de vida natural e seu baixo desenvolvimento técnico.
e) revelam falta de conhecimento desse povo sobre a variação de ritmos naturais.

C6 • H29

2 As áreas metropolitanas têm apresentado um fenômeno climático conhecido como ilhas de calor. Trata-se do aumento da temperatura nas áreas mais centrais das grandes cidades, além da alteração na dinâmica dos ventos e da intensificação nos eventos de chuva.

Além das modificações ambientais, tal fenômeno também tem provocado

a) o aumento dos gastos públicos para atender à população de baixa renda, vítima de deslizamentos e enchentes.
b) maior controle governamental para o aumento das áreas verdes em grandes cidades.
c) maiores investimentos em transportes públicos e coletivos, com o objetivo de diminuir a emissão de gases poluentes.
d) maior conscientização dos empreendedores imobiliários sobre os problemas gerados pelo excesso de verticalização nas grandes cidades.
e) substituição dos combustíveis fósseis por combustíveis menos poluentes em toda a frota de automóveis particulares.

C6 • H27

3 A maior parte do território brasileiro encontra-se na zona tropical, resultando médias térmicas elevadas durante o ano todo. Dentre outros fatores, a atuação das massas de ar deve ser levada em consideração na compreensão das características das diferentes regiões climáticas brasileiras, pois provoca variações nas temperaturas e na umidade do ar.

Observe os mapas.

Brasil – atuação das massas de ar (verão/inverno)

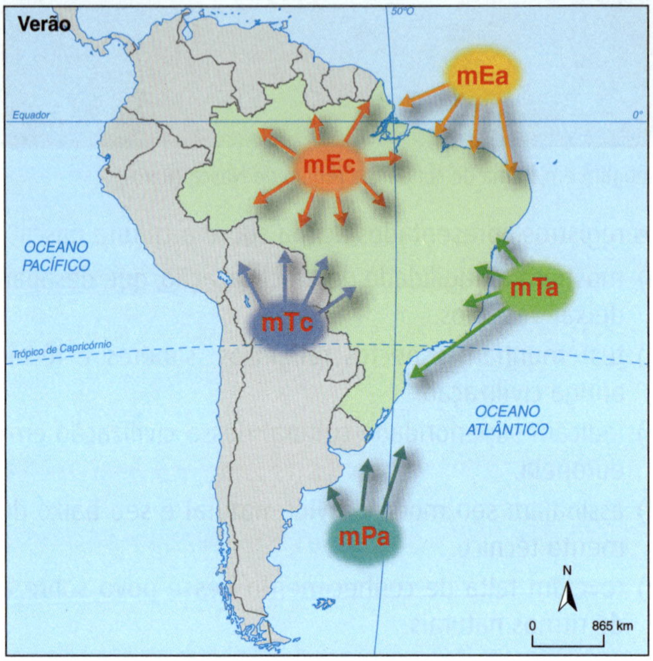

Mapas: Mario Yoshida

Brasil – atuação das massas de ar (verão/inverno)

Fonte: CALDINI, Vera; ÍSOLA, Leda. *Atlas geográfico Saraiva*. São Paulo: Saraiva, 2009. p. 35. (Com adaptações.)

Com base na observação dos mapas, vê-se que durante o

a) verão a massa Equatorial continental é responsável pelo período de estiagem em grande parte da região Norte, já que é uma massa continental e, portanto, seca.

b) verão a grande quantidade de chuvas em quase todo o território é provocada pela atuação das massas Equatorial continental e Tropical atlântica, pois são massas quentes e úmidas.

c) verão a massa Polar atlântica provoca estiagem na região central do país, em virtude das suas baixas temperaturas.

d) inverno a massa Polar atlântica atua em todo o território brasileiro provocando acentuada queda de temperaturas e muita chuva, já que é fria e úmida.

e) inverno a massa Tropical atlântica provoca queda brusca de temperatura na faixa litorânea do território brasileiro, já que é muito úmida.

C6 • H26

4 "O novo período chuvoso se aproxima. Diante das recorrentes tragédias de anos passados, quando centenas de brasileiros perderam estupidamente suas vidas em deslizamentos e enchentes que ocorreram em diversos estados e cidades brasileiras, que providências terão sido então responsavelmente tomadas pelas autoridades públicas para, se não desejavelmente evitar, ao menos reduzir a ocorrência desses eventos e minimizar suas consequências? [...] é preciso que deixemos de ver a questão das áreas de risco como um problema de Defesa Civil e Corpo de Bombeiros e passemos a entendê-la como um elemento próprio do campo das Políticas de Planejamento Urbano e Habitacionais."

SANTOS, Á. R. dos. Deslizamentos e Enchentes: Novamente as chuvas serão as culpadas? 2 dez. 2010. Disponível em: <http://www.ecodebate.com.br/2010/12/02/deslizamentos-e-enchentes-novamente-as-chuvas-serao-as-culpadas-artigo-de-alvaro-rodrigues-dos-santos/>. Acesso em: 14 fev. 2014.

Segundo o autor, o que gera tragédias em áreas de risco?

a) O excesso de chuvas.

b) A estupidez de centenas de brasileiros.

c) A ausência de vontade das autoridades públicas em resolver a situação.

d) As deficiências da Defesa Civil e do Corpo de Bombeiros.

e) As deficiências de políticas de planejamento urbanas.

C6 • H27

5 "O clima, entendido como manifestação habitual da atmosfera num determinado ponto, é um dos importantes recursos naturais à disposição do homem e foi considerado matéria de interesse comum da humanidade por decisão da ONU em 1989. É um dos principais fatores responsáveis pela repartição dos animais e vegetais sobre o globo."

ROSS, J. L. S. (Org.). *Geografia do Brasil*. São Paulo: Edusp, 2005. p. 87.

Das práticas mencionadas nas alternativas, a que não pode ser considerada uma iniciativa de proteção ao clima, enquanto recurso natural, é

a) a redução da emissão de carbono, especialmente nos países com maior nível de industrialização e consumo de recursos naturais.
b) o fim do desmatamento de florestas e outros biomas nativos.
c) o incentivo à ampla utilização de combustíveis renováveis, como os fósseis.
d) a criação de um tribunal de Justiça Climática mundial.
e) o incentivo ao uso de transporte coletivo movido a combustíveis renováveis e a ampliação das ciclovias em áreas urbanas.

C6 • H30

6 "A distribuição geográfica da chuva depende, basicamente, de quatro fatores: latitude, distância do oceano, ação do relevo e efeito das correntes marítimas. Se as chuvas fossem igualmente distribuídas no globo, a média seria de 900 mm. Há, porém, muitos contrastes, principalmente de uma latitude para outra [...], resultantes da combinação dos fatores atrás indicados."

ROSS, J. L. S. (Org.). *Geografia do Brasil*. São Paulo: Edusp, 2005. p. 94-95.

Um dos fatores climáticos que determina a ocorrência das chuvas

a) é a latitude, pois significa a proximidade ou distância das grandes massas oceânicas.
b) é a maritimidade, que é diretamente proporcional ao nível de precipitação: quanto mais distante do oceano, menor é a precipitação.
c) é o relevo, que pode funcionar como uma barreira, impedindo as nuvens carregadas de umidade de atingir níveis mais altos da atmosfera.
d) são as correntes marítimas, que podem ser frias ou quentes, influenciam na temperatura atmosférica, embora não possam causar precipitação.
e) é a latitude: quanto mais próximo da linha do Equador, maior é o aquecimento da superfície terrestre, favorecendo a evaporação e a formação de nuvens.

C4 • H17

7 “A Serra Gaúcha é referência quando se fala em produção de vinho nacional. A milhares de quilômetros de distância dali, no entanto, usando até tecnologia importada de Israel, outra região tem se destacado no setor: o Vale do São Francisco, no Sertão nordestino, cenário marcado pelas altas temperaturas (27 °C em média, mas com picos de até 40 °C) e pela pouca chuva. [...]

As empresas que atuam na região conseguiram transformar o solo pobre do sertão e o clima semiárido em aliados e conseguem obter duas safras anuais. Em outros polos produtores, no Brasil e no exterior, o comum é apenas uma safra anual. [...]

Para o diretor da Associação Brasileira de Sommeliers em São Paulo (ABS-SP), Arthur de Azevedo, a uva moscatel foi a que mais se adaptou ao clima semiárido do Vale do São Francisco. ‘Os espumantes moscatéis da região são extraordinários’.”

Nordeste usa tecnologia de Israel, vence calor de 40 °C e produz vinho. *Uol*. 7 mai. 2013. Disponível em: <http://economia.uol.com.br/noticias/redacao/2013/05/07/nordeste-usa-tecnologia-de-israel-vence-calor-de-40c-e-produz-vinho.htm>. Acesso em: 31 out. 2013.

A partir das informações fornecidas no texto e de seus conhecimentos em clima, solo e vegetação do Brasil, é correto afirmar que:

a) empresas de Israel, que possuem tecnologia para produzir vinho em regiões de clima semiárido, instalaram-se no Nordeste do Brasil para impulsionar a vinicultura nacional.

b) o Sertão nordestino ultrapassou a Serra Gaúcha e consolidou-se, nas últimas décadas, como a principal região de produção de vinhos no Brasil, valendo-se de sua avançada tecnologia importada de Israel.

c) imigrantes vindos de Israel ocuparam, de forma significativa, o Sertão nordestino nos últimos anos e estabeleceram-se como vinicultores na região.

d) a sede na Região Nordeste do Brasil diminuiu significativamente nos últimos anos, graças à avançada tecnologia israelense, capaz de transformar o vinho produzido na região em água potável.

e) graças à avançada tecnologia, importada de Israel, empresas já conseguem produzir vinho no sertão nordestino, cujos solo e clima não são naturalmente apropriados à vinicultura. O número de safras anuais, inclusive, chega ao dobro do de outras regiões.

C6 • H27

8 Observe o gráfico.

Distribuição das precipitações médias anuais conforme as latitudes

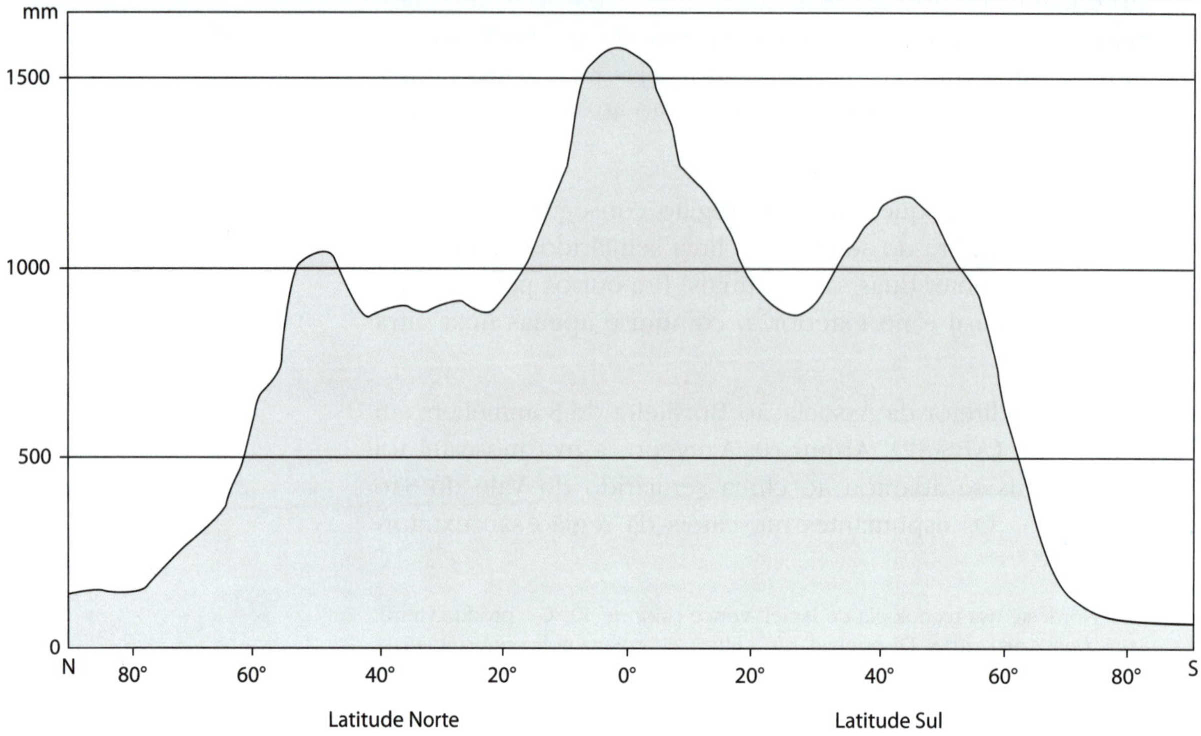

Fonte: ROSS, J. L. S. (Org.). *Geografia do Brasil*. São Paulo: Edusp, 2003. p. 96.

A partir do gráfico e de seus conhecimentos sobre o assunto, assinale a alternativa correta.

a) As latitudes entre 15° e 40° N e S são zonas de alta pressão atmosférica, e todas as áreas nesse intervalo de latitudes são desérticas.

b) As latitudes médias (40° a 60° N e S) também correspondem a zonas de constante baixa pressão atmosférica, onde as altas taxas pluviométricas possibilitam a formação de bosques tropicais.

c) As altas latitudes (60° a 90° N e S) são zonas de alta pressão atmosférica, de onde divergem sistemas circulatórios atmosféricos globais. Correspondem a áreas de altíssima pluviosidade e com desertos frios.

d) As áreas localizadas entre 40° e 60° S são mais chuvosas do que suas latitudes correspondentes no Hemisfério Norte, devido à presença da Amazônia e da Mata Atlântica nessas latitudes.

e) As latitudes baixas (0° a 15° N e S) correspondem a zonas onde as precipitações costumam ser mais elevadas devido à ocorrência de zonas de baixa pressão atmosférica constantes. Correspondem às áreas de bosques tropicais e equatoriais.

Unidade 4

C6 • H26

1 "A maioria dos estudos sobre os rios emprega uma classificação fundamentada em quatro padrões básicos de canais, designados de retilíneo, meandrante, entrelaçado e anastomosado [...]. Os quatro padrões podem ser caracterizados em função de parâmetros morfométricos dos canais, como sinuosidade, grau de entrelaçamento e relação entre largura e profundidade."

TEIXEIRA, W. et al. (Org.). *Decifrando a Terra*. São Paulo: Cia. Editora Nacional, 2009. p. 311-312.

Sobre o tema, observe as fotos a seguir:

1

© Visuals Unlimited/Corbis/Latinstock

Rio em South Island, Nova Zelândia, 2007.

© Justin Guariglia/Corbis/Latinstock

Rio no estado de Johar, na Malásia, 2009.

As fotos 1 e 2 apresentam, respectivamente, paisagens marcadas por padrões de canais fluviais do tipo

a) retilíneo e entrelaçado.

b) anastomosado e entrelaçado.

c) entrelaçado e anastomosado.

d) anastomosado e meandrante.

e) meandrante e retilíneo.

C3 • H14

2 "A Lei de Recursos Hídricos (9.433/97) determina que o Estado deve garantir a necessária disponibilidade de água para a população, onde ela reside. Além disso, a gestão dos recursos hídricos, embora realizada por bacias hidrográficas isoladas, não determina os direitos de quem pode ter acesso à água, especialmente nos rios federais, cuja água pertence a toda sociedade brasileira. O governo entende que a integração da bacia do São Francisco às do Nordeste Setentrional é essencial para promover a igualdade de oportunidades para todos os brasileiros, evitando que uns sejam prejudicados, sem necessariamente beneficiar os outros, pois existirá água para todos, ainda durante muitas décadas, sem a necessidade de trazer água de rios de outras regiões para o Nordeste."

Ministério da Integração Regional. *Perguntas e Respostas sobre a Integração do Rio São Francisco às Bacias Hidrográficas do Nordeste Setentrional.* Disponível em: <http://www.integracao.gov.br/saofrancisco/perguntas/index.asp>. Acesso em: 14 fev. 2014.

"[...] Referimo-nos ao fato de que a transposição das águas resolveria os grandes problemas sociais existentes na região semiárida do Brasil. Trata-se de um argumento completamente infeliz lançado por alguém que sabe de antemão que os brasileiros extranordestinos desconhecem a realidade dos espaços físicos, sociais, ecológicos e políticos do grande Nordeste do país, onde se encontra a região semiárida mais povoada do mundo.

O Nordeste Seco, delimitado pelo espaço até onde se estendem as caatingas e os rios intermitentes, sazonários e exorreicos (que chegam ao mar), abrange um espaço fisiográfico socioambiental da ordem de 750 mil km^2, enquanto a área que pretensamente receberá grandes benefícios abrange dois projetos lineares que somam apenas alguns milhares de quilômetros nas bacias do rio Jaguaribe (CE) e Piranhas/Açu (RN).

Portanto, dizer que o projeto de transposição de águas do São Francisco para além Araripe vai resolver problemas do espaço total do semiárido brasileiro não passa de uma distorção falaciosa."

AB'SABER, A. *A quem serve a transposição do São Francisco?* 24 fev. 2005. Disponível em: <http://www.brasilcidadao.org.br/noticias/textos.asp?id=85>. Acesso em: 14 fev. 2014.

Com base nos textos sobre o projeto de transposição das águas do rio São Francisco, é correto afirmar que

a) há consenso na sociedade brasileira sobre a viabilidade do projeto em questão.

b) embora venha sendo implantado, há críticas sobre a disposição e alcance do projeto.

c) para o governo federal e pesquisadores, a transposição do rio é tecnicamente inviável.

d) a população nordestina, incluindo políticos e intelectuais, é contra a transposição.

e) é perceptível a omissão de autoridades e acadêmicos sobre o projeto em questão.

C4 • H16

3

Luis Salvatore/Pulsar

A paisagem acima, da cidade de Manaus, no Amazonas, mostra as palafitas, edificações construídas com técnicas adaptadas a espaços como

a) áreas alagadiças ou pantanosas, margens de rios ou faixas litorâneas.

b) topos e encostas de morros, suscetíveis a deslizamentos de terra.

c) áreas de clima árido ou semiárido, sujeitas a forte insolação.

d) os de instabilidade tectônica, sujeitos a desabamentos das edificações.

e) vertentes íngremes localizadas em áreas de clima tropical úmido.

C6 • H26

4 "As cheias ocorrem quase todos os anos **neste país-delta**. Quem mora nas planícies inundáveis se adapta para enfrentar a subida das águas, que depositam um sedimento rico em suas terras e oferecem áreas para a reprodução de peixes. Mas as enchentes de 1998 bateram recordes, tanto pela quantidade de terra afetada, quanto pela duração – mais de dois meses. O resultado: 1 300 pessoas mortas, 31 milhões temporariamente desabrigadas, 16 mil quilômetros de estradas destruídas e defesas do mar avariadas.

As causas das enchentes são complexas, mas entre os fatores estão o desmatamento no Himalaia e o escoamento em áreas desenvolvidas a jusante. Esses dois fatores aumentaram os fluxos dos rios Ganges e Brahmaputra."

CLARKE, R.; KING, J. *O atlas da água*. São Paulo: Publifolha, 2005. p. 71.

O país em questão, afetado pelos elementos naturais e sociais citados no texto, é

a) o Egito.

b) os Estados Unidos.

c) o Japão.

d) a China.

e) Bangladesh.

C6 • H27

5 Mesmo que a mobilidade da costa seja um fenômeno natural por causa das ondas, ventos, correntes marinhas e da natureza litorânea, as atividades humanas não param de aumentá-la. O desenvolvimento de portos, cais e obras de proteção perturba as correntes marinhas e o transporte de sedimentos. A pressão urbana, os problemas na ocupação territorial e o agravamento das condições meteorológicas extremas ligadas ao aquecimento global também comprometem os ecossistemas litorâneos.

Sobre isso, observe os mapas:

Mapa 1

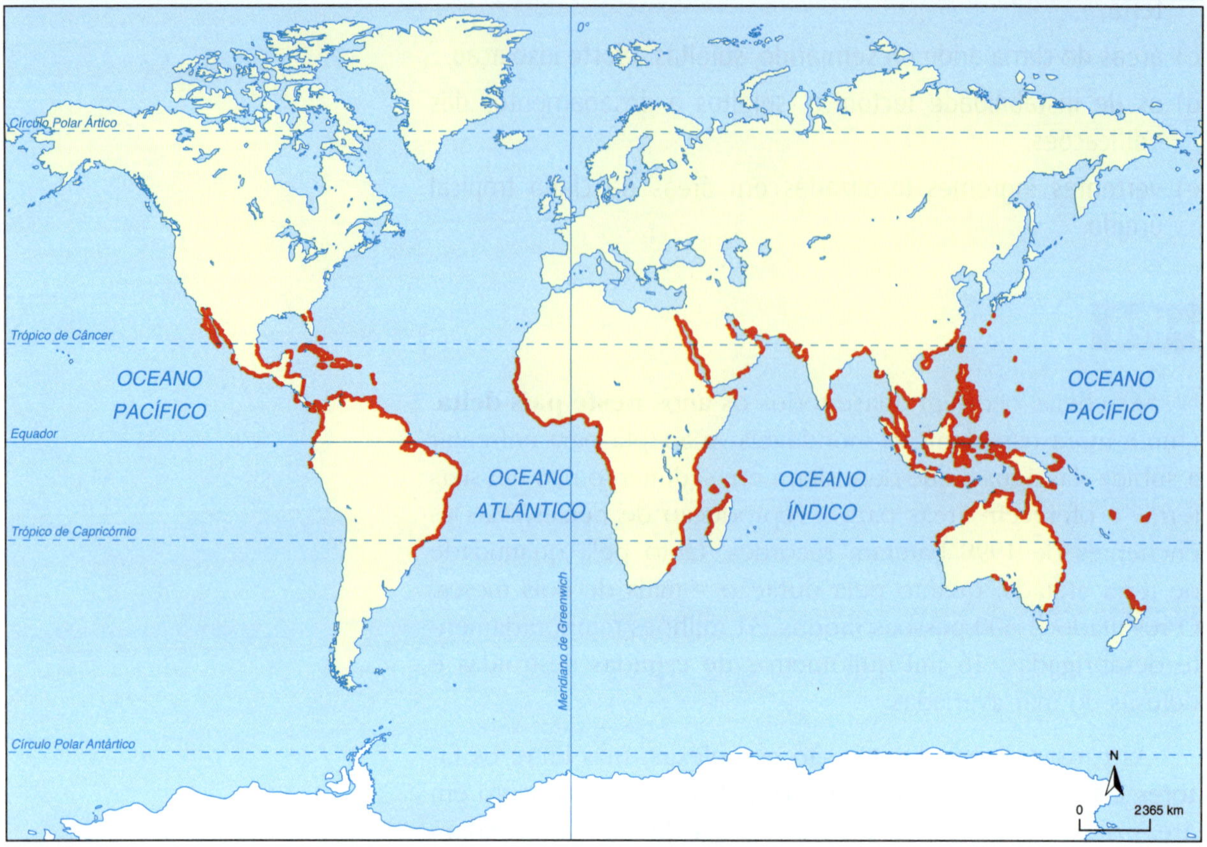

Mapas: Mario Yoshida

Mapa 2

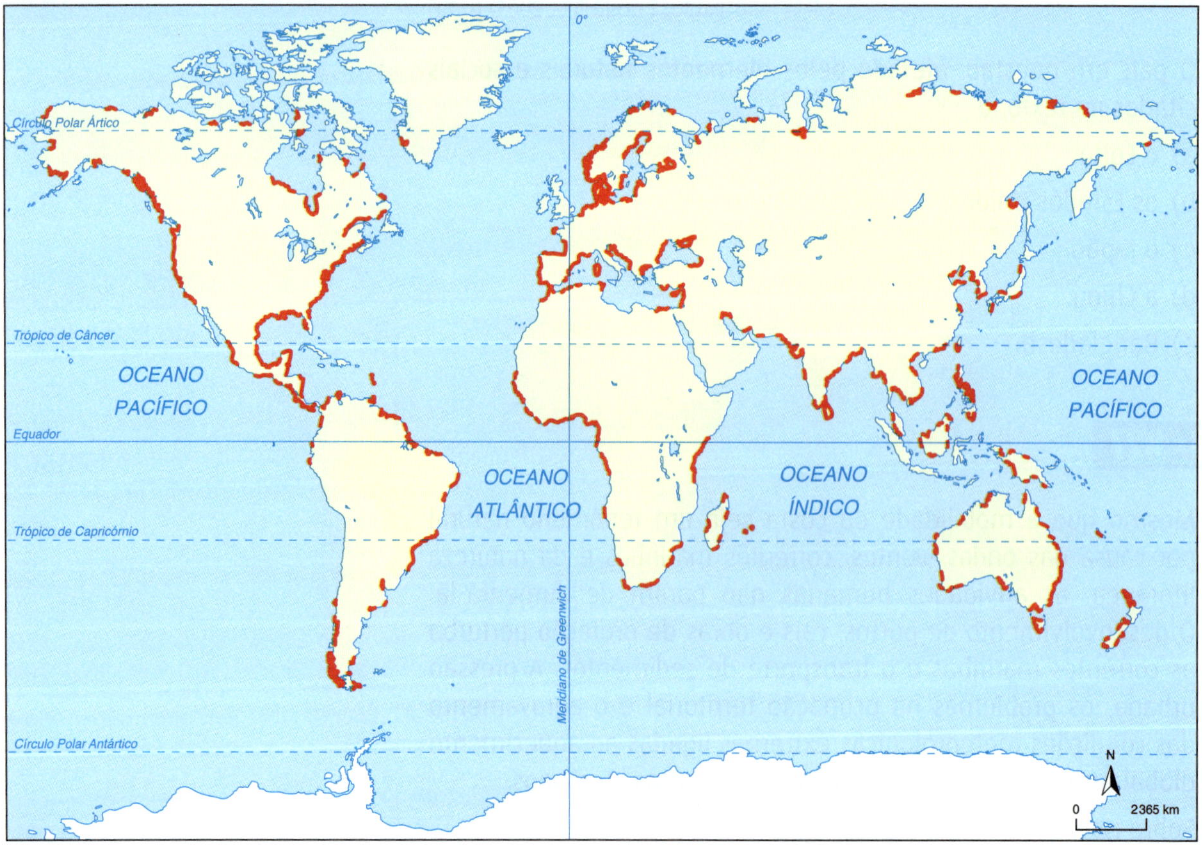

Mapa 3

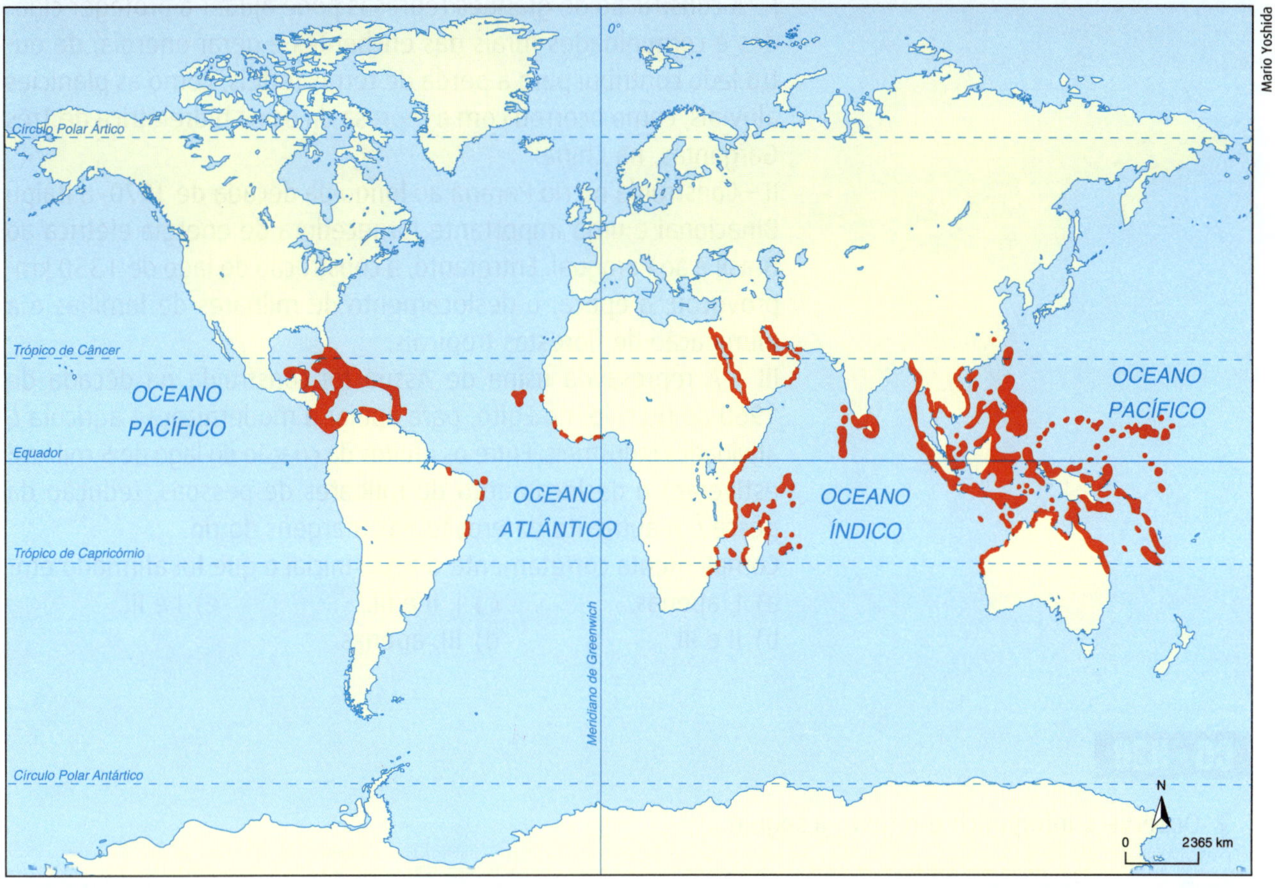

Fonte: *Atlas do Meio Ambiente*. Le Monde Diplomatique. São Paulo: Instituto Pólis, 2008. p. 54.

Três ecossistemas litorâneos, retratados nos mapas 1, 2 e 3, têm sido afetados. Eles são, respectivamente:

a) Recifes de coral – Manguezais – Deltas e estuários.

b) Manguezais – Deltas e estuários – Recifes de coral.

c) Deltas e estuários – Praias – Campos de dunas.

d) Restingas – Recifes de coral – Costões rochosos.

e) Deltas e estuários – Campos de dunas – Recifes de coral.

C6 • H28

6 "As represas armazenam recursos hídricos para produção de alimentos, geração de energia, controle de enchentes e uso doméstico. Na década de 1990, foram gastos, por ano, de 32 bilhões a 46 bilhões de dólares em grandes represas. Atualmente, quase 40% das terras irrigadas dependem de represas, e as usinas hidrelétricas geram 19% da eletricidade mundial.

Mas a que custo?"

CLARKE, R.; KING, J. *O atlas da água*. São Paulo: Publifolha, 2005. p. 44.

Sobre a questão enunciada, considere as seguintes afirmações:

I – A construção de grandes represas pode ajudar a proteger cidades e comunidades rurais das enchentes e gerar energia; de outro lado contribui para a perda de terras férteis, como as planícies aluviais, como ocorreu com a represa da usina hidrelétrica de Três Gargantas, na China.

II – Construída no rio Paraná ao longo da década de 1970, a Itaipu Binacional é uma importante fornecedora de energia elétrica ao Brasil e ao Paraguai. Entretanto, a construção do lago de 1 350 km² provocou, à época, o deslocamento de milhares de famílias e a eliminação de florestas tropicais.

III – A represa da usina de Assuã foi construída na década de 1960 no rio Nilo, no Egito, para apoiar a modernização agrícola e atividades industriais. Entre os efeitos da criação do lago de 5 mil km² estiveram o deslocamento de milhares de pessoas, redução da pesca e o aumento da erosão nas margens do rio.

Complementa corretamente o texto inicial o que foi afirmado em:

a) I, apenas.
b) II e III.
c) I, II e III.
d) III, apenas.
e) I e III.

C6 • H28

7 Observe o infográfico e o texto a seguir:

O tamanho do desafio

Abril Imagens

Chegar ao pré-sal foi difícil, mas o desafio mesmo está em tirar de lá o petróleo e o gás que farão do Brasil o sexto maior detentor de reservas.

Os estudos já disponíveis mostram que serão necessários 600 bilhões de dólares para extrair a maior parte do petróleo que se suspeita existir na ultraprofundidade.

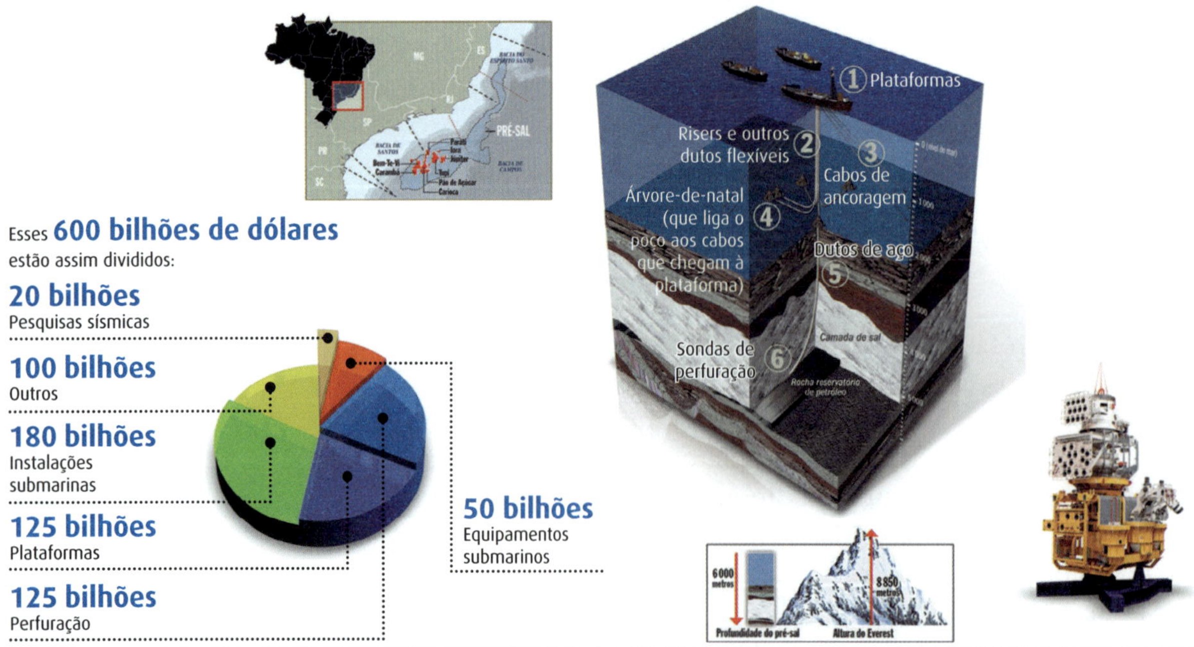

Disponível em: <http://veja.abril.com.br/030908/popup_brasil01.html>. Acesso em: 14 fev. 2014.

"O termo pré-sal refere-se a um conjunto de rochas localizadas nas porções marinhas de grande parte do litoral brasileiro, com potencial para a geração e acúmulo de petróleo. Convencionou-se chamar de pré-sal porque forma um intervalo de rochas que se estende por baixo de uma extensa camada de sal, que em certas áreas da costa atinge espessuras de até 2 000 m. O termo pré é utilizado porque, ao longo do tempo, essas rochas foram sendo depositadas antes da camada de sal. A profundidade total dessas rochas, que é a distância entre a superfície do mar e os reservatórios de petróleo abaixo da camada de sal, pode chegar a mais de 7 mil metros. [...]

Para se ter uma ideia [da quantidade potencial de petróleo a ser explorado], só a acumulação de Tupi, na Bacia de Santos, tem volumes recuperáveis estimados entre 5 e 8 bilhões de barris de óleo equivalente (óleo mais gás). Já o poço de Guará, também na Bacia de Santos, tem volumes de 1,1 a 2 bilhões de barris de petróleo leve e gás natural [...]."

PETROBRAS. Perguntas e respostas sobre o Pré-sal. Disponível em: <http://www.petrobras.com.br/minisite/presal/pt/perguntas-respostas/>. Acesso em: 14 fev. 2014.

Sobre a exploração e o uso do petróleo como fonte de energia e a descoberta noticiada, marque a alternativa correta:

a) O petróleo se encontra nos escudos cristalinos do Planalto Central Brasileiro, conforme se verifica no infográfico.

b) As bacias de exploração petrolífera são intimamente combinadas às bacias hidrográficas do Brasil.

c) O investimento em pesquisas sísmicas é menor do que os outros investimentos apontados no infográfico porque o Brasil, por se encontrar no meio da placa tectônica sul-americana, não apresenta sismos em seu território.

d) A complexidade de processos endógenos e exógenos combinados em escala geológica formou esses imensos depósitos de combustível fóssil na plataforma continental brasileira.

e) A exploração de petróleo em águas profundas é impossível, dada a grande resistência das camadas sobrepostas de rochas sobre as camadas pré-sal.

Unidade 5

C6 • H27

1

Alexandre Gondim/JC Imagem

Enchente do rio Una causou prejuízos à população de Palmares, Pernambuco, em 2010, destruindo grande parte da cidade.

Sobre o episódio apresentado na foto, considere os seguintes itens:

1 – Impermeabilização de vias e espaços públicos nas cidades.

2 – Implantação de sistemas de coleta seletiva de lixo em centros urbanos.

3 – Ausência de espaços com áreas verdes, que permitem a infiltração de água.

4 – Construção de redes e equipamentos de saneamento básico.

5 – Despejo de dejetos sólidos e outros resíduos em rios e córregos.

Colaboram para reforçar situações como as mostradas na imagem o que está descrito nos itens:

a) 1, 2, 3, 4 e 5.

b) 2, 3 e 4.

c) 1, 2, 3 e 4.

d) 1, 3 e 4.

e) 1, 2, 4 e 5.

C6 • H29

2 "O Pantanal está situado dentro dos aproximadamente 500 mil quilômetros quadrados da Bacia do Alto Paraguai – o equivalente às áreas dos estados de São Paulo, Rio de Janeiro e Paraná somadas. [...]

[Maior planície alagável do mundo,] tem qualidades ambientais específicas por ser uma "ecorregião" onde se encontram o Cerrado (leste, norte e sul), o Chaco (sudoeste), a Amazônia (norte), a Mata Atlântica (sul) e o Bosque Seco Chiquitano (noroeste). [...]

A denominação "pantanais" é utilizada para indicar onze sub-regiões distintas, determinadas pelo regime de inundação, drenagem, vegetação e relevo. [...]"

Almanaque Brasil Socioambiental. São Paulo: Instituto Socioambiental, 2004. p. 177.

Tais características explicam e justificam a presença histórica na área de atividades ligadas

a) à pecuária, condicionada pelo regime de cheias e vazantes.

b) à constituição de densa rede urbana e rodoferroviária.

c) ao turismo predatório, que eliminou sua fauna aquática.

d) à moderna agricultura de grãos para exportação.

e) à criação de polos e distritos industriais na região.

C6 • H30

3 "Uma das medidas que mais pesam sobre os projetos que podem afetar o meio ambiente é a obrigação de efetuar estudos e relatórios de impacto ambiental, cumprindo a Resolução 001/86 do Conama [Conselho Nacional do Meio Ambiente]. Esse relatório deve ser estabelecido quer seja para ordenamentos urbanos (trabalhos de urbanismo, zonas industriais, terraplanagens) e para a construção de infraestruturas (estradas, vias férreas, portos, aeroportos, oleodutos [...]), quer para a implantação de atividades econômicas (fábricas, exploração de minérios ou de florestas). No entanto, no que concerne à expansão urbana em grandes e médias cidades brasileiras, a pressão imobiliária é tão forte que transforma essa obrigação num simples ritual formal, e muitos loteamentos são abertos, constituindo projetos oficialmente menores e parcelados, de forma a não atingir o limite legal de 100 hectares e evitar tais obrigações."

THÉRY, H.; MELLO, N. *Atlas do Brasil*: disparidades e dinâmicas do território. São Paulo: Edusp, 2005. p. 82. (Com adaptações.)

Com base no exposto, conclui-se que, no Brasil

a) as leis ambientais do país não valem para núcleos urbanos de médio e grande porte.

b) vários empreendedores procuram burlar leis ambientais para desenvolver seus projetos.

c) inexistem leis e medidas ambientais para conter avanços de projetos de expansão urbana.

d) as políticas públicas e iniciativas privadas são hoje conduzidas por preocupações ambientais.

e) as leis em vigor eliminaram problemas ambientais derivados da especulação imobiliária.

C3 • H12

4 A Lei de Crimes Ambientais (Lei n. 9.605/1998) dispõe sobre as sanções penais e administrativas derivadas de condutas e atividades lesivas ao meio ambiente. Institui penas ou medidas para aqueles que cometeram crimes ambientais, na forma da lei, envolvendo prisão, multa e prestação de serviços à comunidade, entre outras.

A partir do trecho acima, considere as seguintes situações, publicadas recentemente na imprensa:

I – Em 2008, uma siderúrgica de Mato Grosso do Sul foi autuada cinco vezes pelo IBAMA por desmatar coberturas vegetais do estado.

II – Uma rede de tráfico de animais silvestres, investigada e descoberta em junho de 2010, capturava e reproduzia animais em cativeiro e também comprava ovos. As espécies eram levadas ilegalmente para a Europa.

III – Em janeiro de 2010, um boi foi abatido a tiros em rodovia do estado de Minas Gerais.

Configura crime ambiental, nos termos da Lei de Crimes Ambientais, o que está descrito em:

a) I, II e III.
b) I e III.
c) III, apenas.
d) I e II.
e) I, apenas.

C3 • H14

5 **"2010, o ano mais quente da história?**

A esperteza – para não dizer coisa pior – dos 'céticos' ou 'negacionistas' da mudança do clima não tem limites. O negócio deles é semear a dúvida, lançar suspeitas e espalhar desinformação, mesmo que isso implique destruir a confiança na própria ciência.

Um de seus argumentos é que o aquecimento global estaria virando desaquecimento global. Afinal, a temperatura média da troposfera (a camada mais baixa da atmosfera) não aumentou desde 1998, o ano mais quente no registro histórico. E se 2010 bater o recorde de 1998? [...]

De todo modo, o que os negacionistas sempre omitem é que a década de 2000-2009 foi a mais quente jamais registrada. Pouco importa se 1998 ou 2005 detêm o recorde com alguns centésimos de grau a mais. O que interessa é a tendência [...]."

LEITE, M. *Folha de S.Paulo*. Disponível em: <http://www1.folha.uol.com.br/colunas/marceloleite/2010/09/797919-2010-o-ano-mais-quente-da-historia.shtml>. Acesso em: 14 fev. 2014.

A leitura do texto demonstra que:

a) embora as temperaturas atmosféricas tenham aumentado nas últimas décadas, existem opiniões divergentes sobre um possível aquecimento global.

b) os "céticos" ou "negacionistas" aceitam a teoria do aquecimento global, mas discordam do método para a sua verificação.

c) segundo o autor, os "céticos" ou "negacionistas" estão contribuindo para o avanço da ciência do clima.

d) para os "céticos", não há como medir a tendência das temperaturas do planeta, por isso os dados não são confiáveis.

e) os "céticos" ou "negacionistas" afirmam que o desaquecimento global vem ocorrendo em razão do derretimento das geleiras, o que tem provocado queda das temperaturas em algumas regiões do planeta.

C6 • H30

6 "O Brasil é o maior mercado de agrotóxicos do mundo e representa 16% da sua venda mundial. Em 2009, foram vendidas aqui 780 mil toneladas, com um faturamento estimado da ordem de 8 bilhões de dólares. Ao longo dos últimos 10 anos, na esteira do crescimento do agronegócio, esse mercado cresceu 176%, quase quatro vezes mais do que a média mundial, e as importações brasileiras desses produtos aumentaram 236% entre 2000 e 2007."

BAVA, S. C. *Alimentos contaminados*. Disponível em: <http://www.controversia.com.br/index.php?act=textos&id=5915>. Acesso em: 14 fev. 2014.

Suponha que a partir dessa informação você deverá encaminhar uma carta à Agência Nacional de Vigilância Sanitária (Anvisa), órgão governamental responsável pela fiscalização sobre o uso de agrotóxicos no Brasil, pedindo mais controle do governo em relação ao uso deste insumo. Um dos argumentos utilizados poderia ser que o

a) uso de agrotóxicos compromete o lucro das agroindústrias nacionais, já que estes produtos são, em grande parte, produzidos por multinacionais.

b) uso de agrotóxicos tem prejudicado a imagem dos produtos agrícolas brasileiros no exterior, derrubando nossas exportações.

c) uso de agrotóxicos compromete nossos aquíferos, destrói a vida animal e vegetal, trazendo prejuízos econômicos e ambientais.

d) consumidor brasileiro já tem amplo conhecimento dos males provocados ao ambiente e à saúde do trabalhador.

e) agronegócio brasileiro não é dependente do uso de agrotóxicos, por isso ele pode ser proibido no Brasil.

C6 • H28

7

O tamanho do problema

O consumo de eletroeletrônicos cresceu muito no Brasil nos últimos anos e, com ele, a geração de lixo. Veja as vendas de alguns produtos e em quanto tempo eles costumam ser descartados.

Equipamentos vendidos no Brasil (em milhões de unidades)

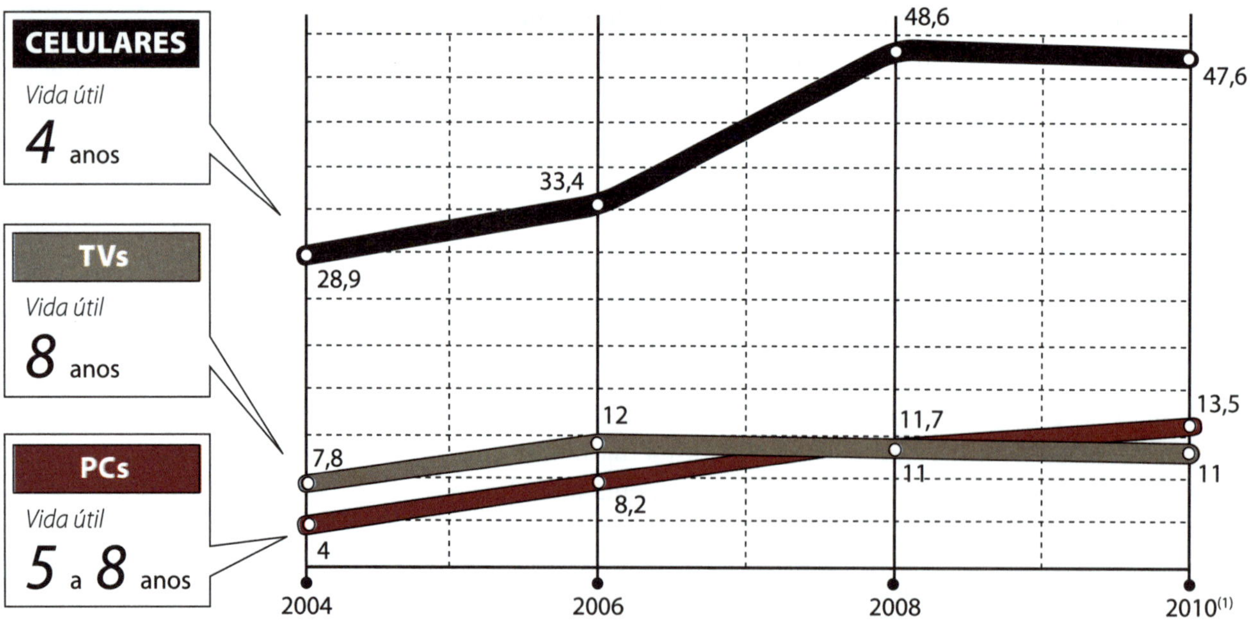

(1) Estimativa. Fontes: IT Data, Teleco, Gartner e ONU.

Fonte: *Guia Exame Sustentabilidade 2010*. Nov. 2010. p. 88.

O lixo tem sido um dos grandes problemas resultantes do modo de vida das sociedades contemporâneas.

Atualmente, soma-se a esse problema a questão da produção e destinação do lixo eletrônico.

A partir dos dados apresentados no gráfico, um aspecto coerente com a problemática do lixo é que

a) embora tenha aumentado em quantidade, o lixo eletrônico não causa problemas ao meio ambiente, já que não é produzido com materiais tóxicos.

b) o Brasil não é um grande produtor de lixo eletrônico, pois ainda não possui um mercado de consumo consolidado.

c) a produção de lixo eletrônico tende a se estabilizar a partir de 2010, tendo em vista que o pico de vendas destes equipamentos foi atingido em 2008.

d) a responsabilidade pelo descarte correto de produtos eletrônicos deve ser compartilhada pelos fabricantes, distribuidores, importadores e consumidores, conforme determina lei recentemente aprovada.

e) não há interesse dos fabricantes em reciclar os eletrônicos descartados porque não é possível reaproveitar seus componentes.

C6 • H29

8 "Apesar de não ter a mesma biodiversidade da Floresta Amazônica e da Mata Atlântica, a Caatinga – que tem como destaque plantas como a barriguda, o juazeiro e o xiquexique – está muito longe de ser considerada um deserto. Porém, é preciso lembrar que o quadro de degradação, intensificado por práticas agrícolas inadequadas, tem acelerado o processo de desertificação. Além disso, algumas espécies de sua rica fauna estão ameaçadas de extinção."

Revista *Discutindo Geografia*. Mata Branca.
Ano 4, n. 19. São Paulo: Escala. p. 58.

Sabendo que a Caatinga é o bioma que se localiza no semiárido mais populoso do mundo, as medidas mais adequadas para sua proteção são:

a) a criação de reservas, parques e áreas de conservação; a implantação de mecanismos de irrigação; o incentivo à agropecuária tradicional, utilizando corretivos de solo e agrotóxicos.

b) a criação de reservas, parques e áreas de conservação; a implantação de programas de exploração não predatória; a contenção da expansão da fronteira agrícola.

c) a implantação de programas de exploração não predatória; a criação de mecanismos de irrigação; a expansão da fronteira agrícola.

d) a implantação de programas de exploração não predatória; o incentivo à agropecuária tradicional, utilizando corretivos de solo e agrotóxicos; a expansão da fronteira agrícola.

e) a criação de reservas, parques e áreas de conservação; o incentivo à agropecuária tradicional, utilizando corretivos de solo e agrotóxicos; o incentivo ao turismo.

C3 • H14

9 "Em tempos de Efeito Estufa e mudanças globais, duas preocupações mobilizam a opinião pública: como reduzir emissões e como retirar o 'excesso' de gás carbônico da atmosfera. As soluções de grande magnitude estão na intensificação da agricultura brasileira.

A primeira delas é a cana-de-açúcar, cuja área [plantada] já ultrapassa 5 milhões de hectares. Ela retira da atmosfera mais de 50 toneladas de carbono por hectare em sua massa verde, enquanto culturas anuais e pastagens mobilizam, em geral, menos de cinco toneladas de carbono por hectare."

MIRANDA, E. de. *Cadê o carbono que estava aqui?* Disponível em: <http://www.aquecimento.cnpm.embrapa.br/conteudo/brasil_cadecarbono.htm>. Acesso em: 14 fev. 2014.

"Os impactos são muito sérios. O primeiro e menos lembrado é que os insumos químicos aplicados [na cultura de cana-de-açúcar] destroem as reservas de água potável. Adubos e fertilizantes contaminam o solo, atingem lençóis freáticos e rios. [...] Além disso, a prática da queimada ainda é muito frequente. [...] Em julho e agosto de 2005, foi decretado estado de alerta por causa das queimadas que reduziram a umidade relativa do ar em níveis baixos, e situações como essa se repetiram em outros anos. A queimada ainda destrói a camada superior de micro-organismos do solo, contribuindo para seu esgotamento."

MENDONÇA, M. L. Usineiros não são heróis. Em: Revista *Fórum*. Disponível em: <http://www.revistaforum.com.br/blog/2011/10/usineiros-nao-sao/herois/>. Acesso em: 14 fev. 2014.

Analisando as opiniões descritas, é possível dizer que elas

a) convergem para a defesa de mecanismos de preservação do meio ambiente, tendo o cultivo de cana-de-açúcar um papel fundamental nessa preservação.

b) são opostas, porque a primeira faz a defesa do plantio de cana-de-açúcar contra o aquecimento global e a segunda o critica.

c) são complementares, pois ora são convergentes, ora divergentes.

d) se referem a problemas ambientais diferentes: a primeira defende os benefícios do cultivo da cana-de-açúcar para o sequestro de carbono e a segunda mostra quais são os impactos que essa cultura pode causar no ambiente.

e) até certo ponto, concordam, pois as duas criticam o cultivo de cana-de-açúcar, mas em aspectos diferentes.

C6 • H29

10 A Floresta Amazônica no Brasil corresponde a 82% de sua área original. No entanto a devastação aumentou muito nos últimos 40 anos, tornando-se mais intensa a partir dos anos 1970 e ainda mais exacerbada nos últimos anos do século XX.

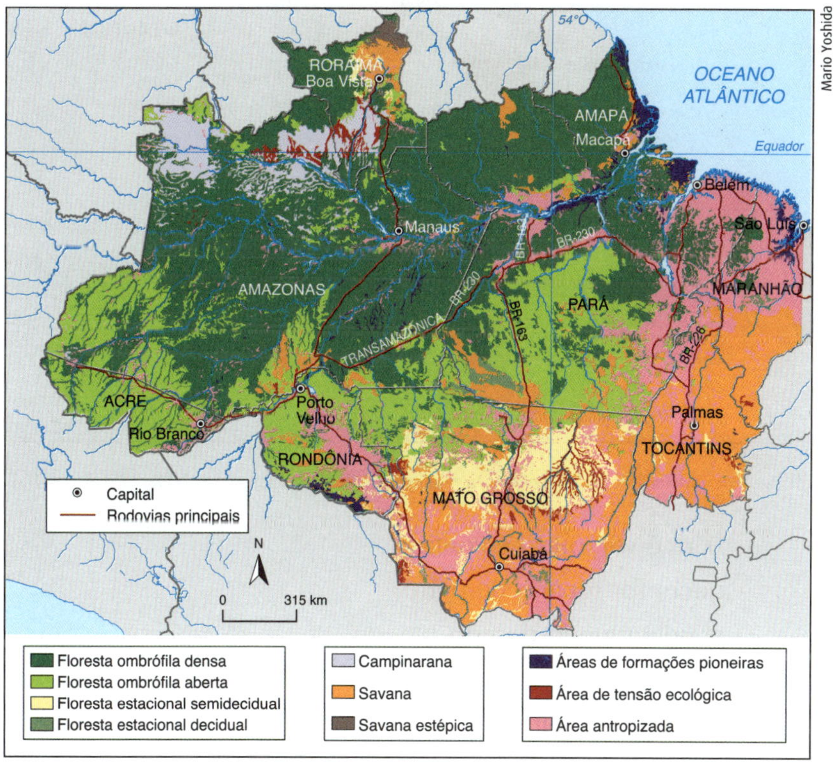

Fonte: *Atlas geográfico escolar*. 4. ed. Rio de Janeiro: IBGE, 2007. p. 103.

Qual título poderia descrever com mais precisão o mapa?

a) Amazônia: biodiversidade

b) Amazônia legal: cobertura vegetal e ação antrópica (fim do século XX)

c) Amazônia: focos de exploração de recursos naturais

d) Amazonas: jazidas metálicas

e) Amazônia legal: uso do solo

C1 • H1

11 Observe o mapa e leia o texto a seguir:

Mario Yoshida

Fonte: *Atlas geográfico escolar*. Rio de Janeiro: FNDE, 2002. p. 161.

"Um é ver, outro é contar
quem for reparar de perto
aquele mundo deserto,
dá vontade de chorar.
Ali só fica a teimar
o juazeiro copado,
o resto é tudo pelado
da chapada ao tabuleiro
onde o famoso vaqueiro
cantava tangendo o gado."

ASSARÉ, P. do. Disponível em: <http://www.revista.agulha.nom.br/anton02.html>. Acesso em: 14 fev. 2014.

O poema faz referência a uma das regiões destacadas no mapa anterior. Considerando suas características, depreende-se que a região corresponde:

a) ao Sertão do Cariri – por retratar a paisagem do semiárido nordestino.
b) à Zona do Cacau – por descrever o cenário típico de uma fazenda de cacau.
c) às Gerais – por fazer referência ao cenário sertanejo do norte de Minas Gerais.
d) à Campanha Gaúcha – por retratar a figura do vaqueiro típico dos pampas gaúchos.
e) ao Sertão de Goiás – pela referência à fisionomia do relevo goiano.

C6 • H29

12 Observe as figuras e o texto a seguir:

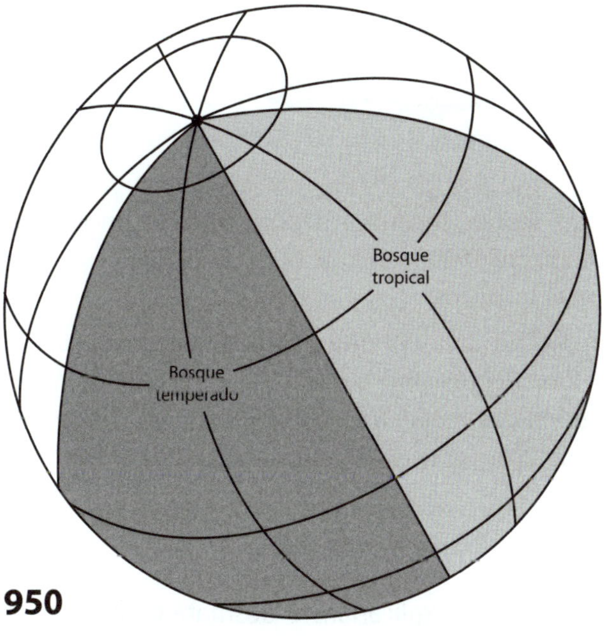

1950

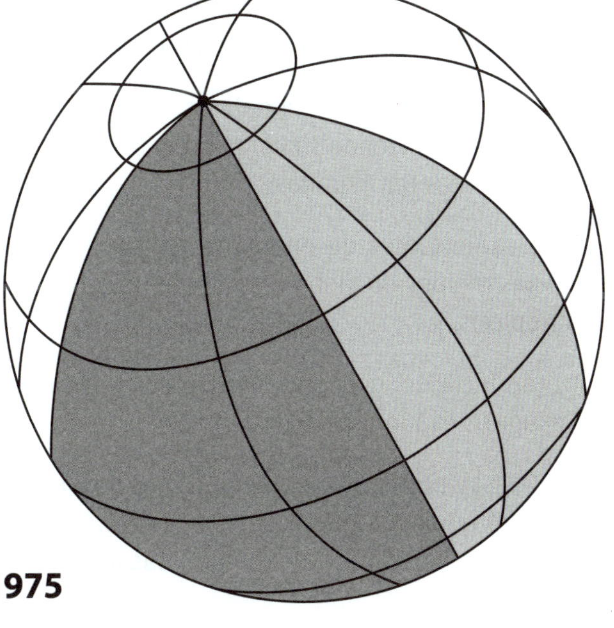

1975

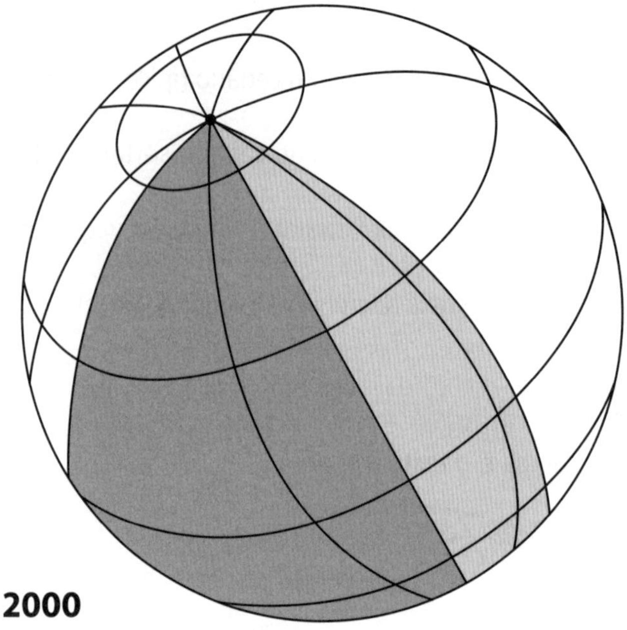

2000

"Os três globos mostram a porcentagem de terra coberta por florestas. Em 1950, cerca de 30% do planeta estava coberto por florestas tropicais.

Já em 1975 a área coberta por florestas havia diminuído a 12%. [...] Este decréscimo contrasta notavelmente com as florestas temperadas, cuja superfície permanece pouco alterada, em torno de 20% (graças ao reflorestamento)."

Figura e texto: El Atlas GAIA de la Gestión del Planeta, 1987, apud. ROSS, J. L. S. *Geografia do Brasil*. São Paulo: Edusp, 2005. p. 145.

Um dos fatores que explicariam o desmatamento mais intenso dos bosques tropicais seria

a) a maior incidência de políticas públicas de preservação de áreas florestadas de todo o mundo, por conta da "onda ambientalista".

b) o acirramento dos eventos climáticos extremos (furacões, tempestades etc.), trazendo maiores prejuízos às áreas tropicais do que às áreas temperadas.

c) a maior busca de fontes de energia e a ampliação de áreas de cultivo nas regiões do globo originalmente ocupadas pelos bosques tropicais.

d) a maior ocorrência de incêndios, devido aos regimes climáticos áridos típicos das regiões tropicais.

e) o pouco interesse econômico em relação aos bosques temperados, que não possuem boas reservas de recursos naturais e constituem áreas impróprias à expansão das atividades agropecuárias.

C3 • H12

13 "Ao estabelecer, como ação voluntária, a redução de emissões de CO_2 em um patamar entre 36,1% e 39%, o Brasil leva para Copenhague algo além de números a serem alcançados até 2020. O compromisso é uma evolução de paradigma nas negociações brasileiras junto à Conferência das Partes sobre o Clima, influenciando uma mudança de posição no processo de decisões. Nosso propósito é estabelecer um forte acordo político, um espaço possível e pragmático de negociação, tanto no grupo G-77, quanto entre os integrantes do Anexo I e do Protocolo de Kyoto, os países desenvolvidos que devem entrar com uma cota expressiva de reduções de emissões. De acordo com o IPCC (Painel Intergovernamental de Mudança Climática), o limite máximo de emissões previsto para o século XXI é de 1,8 trilhão de toneladas de CO_2 equivalente. Até 2005, já havíamos lançado 45 bilhões delas na atmosfera, ritmo que nos levará a estourar as previsões iniciais em 2030. Essa limitação nos conduz, sobretudo, à busca urgente de uma nova fórmula para abordar o delicado balanço emissões-desenvolvimento, estabelecendo como objetivo a ampliação de economias de baixo carbono."

MINC, C.; KAHN, S. Compartilhar as responsabilidades. Em: *Le Monde Diplomatique*. Disponível em: <http://diplomatique.org.br/artigo.php?id=511>. Acesso em: 14 fev. 2014.

Qual o significado da "evolução de paradigma nas negociações brasileiras junto à Conferência das Partes sobre o clima", conforme proferido pela posição do Brasil no encontro COP 15, realizado em Copenhague, em dezembro de 2009?

a) Diminuir a emissão de CO_2 seria fatalmente desindustrializar o Brasil, por isso a necessidade de defender a cota-parte de emissão dos países em desenvolvimento.

b) O Brasil, dada sua quantidade de biomassa disponível, pode se configurar como uma potência energética do século XXI. Daí, sua capacidade de colocar propostas e negociar com todos os países nesses encontros.

c) Os países desenvolvidos costumeiramente aceitam bem e adotam as propostas de diminuição de emissão de gases-estufa.

d) O G-77, grupo dos países menos desenvolvidos, aceita tranquilamente quaisquer propostas dos países desenvolvidos do G-8.

e) O delicado balanço emissões-desenvolvimento revela a impossibilidade do desenvolvimento sustentável, conforme se verifica no teor do artigo.

C6 • H30

14 "Durante a sanção do projeto de lei que cria a Política Nacional de Resíduos Sólidos [Lei Federal n. 12.305, de 02/08/2010] no país, o presidente Luiz Inácio Lula da Silva disse que a lei é uma revolução em termos ambientais no Brasil. [...]

Com a sanção da lei, o Brasil passa a ter um marco regulatório na área de resíduos sólidos. A lei faz a distinção entre resíduo (lixo que pode ser reaproveitado ou reciclado) e rejeito (o que não é passível de reaproveitamento). A lei se refere a todo tipo de resíduo: doméstico, industrial, construção civil, eletroeletrônico, lâmpadas de vapores mercuriais, agrosilvopastoril, da área de saúde, perigosos etc.

A Política Nacional de Resíduos Sólidos reúne princípios, objetivos, instrumentos e diretrizes para a gestão dos resíduos sólidos. O projeto de lei, que tramitou por mais de 20 anos no Congresso Nacional até que fosse aprovado, responsabiliza as empresas pelo recolhimento de produtos descartáveis (logística reversa), estabelece a integração de municípios na gestão dos resíduos e responsabiliza toda a sociedade pela geração de lixo."

Disponível em: <http://exame.abril.com.br/economia/meio-ambiente-e-energia/noticias/lula-sanciona-lei-politica-nacional-reciclagem-583969>. Acesso em: 14 fev. 2014.

"[Marco regulatório] é um conjunto de normas, leis e diretrizes que regulam o funcionamento dos setores nos quais agentes privados prestam serviços de utilidade pública. Parece complicado, mas não é. Um exemplo clássico de setor que precisa de marco regulatório no Brasil é o de telefonia. Em 1998, empresas privadas passaram a atuar no ramo e foi necessário o estabelecimento de critérios rígidos para garantir a continuidade, a qualidade e a confiabilidade dos serviços prestados à população. O mesmo aconteceu com a área de energia elétrica e a de administração de rodovias."

WOLFFENBÜTTEL, A. Marco regulatório. Revista *Desafios do Desenvolvimento*, n. 19, maio. 2005. Disponível em: <http://www.ipea.gov.br/desafios/index.php?option=com_content&view=article&id=2093&catid=41&/temid=49>. Acesso em: 14 fev. 2014.

A partir da leitura dos dois textos e dos seus conhecimentos sobre políticas públicas ambientais, assinale a afirmativa correta.

a) A lei, que faz a distinção entre resíduo sólido e rejeito, trata exclusivamente do primeiro, pois nenhum rejeito pode ser reaproveitado e, portanto, não faz parte da Política Nacional de Resíduos Sólidos.

b) A instituição do marco regulatório coloca a questão da corresponsabilidade de agentes públicos e privados quanto ao tratamento dado aos resíduos sólidos, no caso citado acima.

c) Os impactos ambientais, que ocorrem apenas em áreas urbanas, são provenientes do mau direcionamento dos resíduos sólidos, daí a importância da referida lei.

d) A grande diversidade de resíduos sólidos, provenientes de todas as formas de consumo da sociedade contemporânea, exige que a lei desobrigue o Estado da gestão desses resíduos, bem como seu tratamento e destino final.

e) A logística reversa diz respeito à responsabilidade que o Estado tem sobre o tratamento dos resíduos gerados a partir do consumo das mercadorias produzidas pelas indústrias.

C1 • H3

15 "[...] O ar é precioso para o homem vermelho, pois dele todos se alimentam. Os animais, as árvores, o homem, todos respiram o mesmo ar. O homem branco parece não se importar com o ar que respira. Como um cadáver em decomposição, ele é insensível ao mau cheiro. Mas se vos vendermos nossa terra, deveis vos lembrar que o ar é precioso para nós, que o ar insufla seu espírito em todas as coisas que dele vivem. O ar que nossos avós inspiraram ao primeiro vagido foi o mesmo que lhes recebeu o último suspiro. [...]"

Carta do índio. Disponível em: <http://www.culturabrasil.pro.br/cartaindio.htm>. Acesso em: 14 fev. 2014.

O trecho é atribuído ao chefe dos povos indígenas que habitavam o norte do atual estado de Washington ao então presidente dos EUA. O discurso, proferido em 1855, é considerado um dos mais belos manifestos ecológicos ainda na atualidade. Sobre as relações das diversas sociedades com a natureza, podemos afirmar que

a) os indígenas possuíam um modo de vida que alterava consideravelmente a qualidade do ar.

b) as atividades agropastoris contribuem na elevação das taxas de poluição atmosférica devido à realização de queimadas e à criação de diferentes rebanhos, responsáveis pela produção de CO_2 e de gás metano.

c) a deterioração do ar nas grandes metrópoles é fruto, principalmente, das atividades industriais e do uso de veículos automotivos, responsáveis por uma alteração química irreversível da atmosfera.

d) a qualidade do ar se manteve estável ao longo do século XX, depois de encerrado o surto de expansão da atividade industrial, ocorrido nos séculos XVIII e XIX.

e) as nações autóctones deixaram valiosas lições para as sociedades contemporâneas, particularmente em relação aos ambientes naturais. Esse aprendizado foi totalmente posto em prática.

C6 • H27

16 A Amazônia é um bioma em evidência, com forte apelo ambiental planetário e significativa riqueza em recursos naturais. A crescente valorização da Amazônia incorreu em muitas suposições a respeito de seu funcionamento endêmico. Esse domínio

a) vem sofrendo queimadas em demasia, que podem causar a alteração do clima do planeta, porque a floresta fixa carbono.

b) funciona como "pulmão do mundo", sendo a principal fonte produtora de oxigênio, fundamental aos seres vivos.

c) possui a maior bacia hidrográfica do mundo, drenando expressiva quantidade de água doce para os oceanos, portanto não haverá significativas alterações na vazão em razão da devastação.

d) possui solos de alta fertilidade, fenômeno explicado pela elevada concentração de matéria orgânica.

e) apresenta a maior biodiversidade do planeta, porém 70% da área sofreram perdas irreversíveis.

C6 • H26

17 Segundo estudo publicado pela Revista *Scientific American*, Edição Especial Amazônia, por diferentes razões, a Amazônia tornou-se uma questão global, mas permanece periférica dentro dos próprios países que a compartilham. Conhecimento de potencialidades e relações com atividades econômicas exigem ações mais efetivas para a região.

O texto remete ao fato de

a) a Amazônia ser um espaço periférico, porém muito integrado com o resto do país que mais a detém, no caso, o Brasil.

b) que a proposta de produção de conhecimento prescinde de maior conectividade entre os vários países da Amazônia natural, sem considerar, por exemplo, as limitações científicas dos povos nativos de cada local da imensa região.

c) a Amazônia ser um vasto território sem grandes riquezas locais, por isso há exigência de criar uma política de assentamento de atividades produtivas na região, por meio de uma ampla retirada da mata.

d) a Amazônia estar vinculada a uma questão global, porque é um gigantesco "pulmão do mundo", logo, mantém relações com a manutenção da temperatura do planeta.

e) amplos estudos sobre florestas tropicais apontarem para a riqueza dos recursos biológicos, com significativa aplicabilidade, exigindo a incorporação do conhecimento local.

Unidade 6

C3 • H12

1 "O tribunal militar de Roma condenou à prisão perpétua nesta sexta-feira um nazista de 90 anos por ter participado da execução de 120 oficiais italianos na ilha grega de Cefalônia em 1943. [...]

Entre 3.000 e 4.000 soldados italianos foram mortos no massacre de uma semana, em setembro de 1943. As tropas italianas que ocupavam a Grécia com os seus aliados alemães, de repente, encontraram-se em território inimigo, quando a Itália assinou um armistício com os Aliados após a queda do líder fascista Benito Mussolini. [...]."

Justiça italiana condena nazista por assassinatos da Segunda Guerra Mundial. *Folha de S.Paulo*. 18 out. 2013. Disponível em: <http://www1.folha.uol.com.br/mundo/2013/10/1358708-justica-italiana-condena-nazista-por-assassinatos-da-segunda-guerra-mundial.shtml>. Acesso em: 22 nov. 2013.

A notícia apresenta o julgamento de um criminoso de guerra, condenado por crimes cometidos em qual importante conflito ocorrido no século XX?

a) Na Primeira Guerra Mundial, conflito de escala global ocorrido na primeira metade do século XX e que teve como vencedora a aliança militar liderada por Reino Unido, França e Império Russo, a Tríplice Entente, que derrotou a Tríplice Aliança, liderada por Alemanha, Áustria-Hungria e Itália.

b) Na Guerra do Vietnã, em que os Estados Unidos e seus aliados ocuparam, num primeiro instante, o Sudeste Asiático e, posteriormente, avançaram pelo sudeste da Europa.

c) Na Guerra Fria, conflito que colocou em lados opostos a Alemanha nazista de Hitler e seus aliados contra a aliança militar liderada por Estados Unidos e Grã-Bretanha, que saíram-se vencedores após inúmeros combates ocorridos em todo o território europeu.

d) Na Guerra dos Balcãs, em que nações da antiga União Soviética contaram com o apoio de Alemanha e Itália para conseguir a sua independência da Rússia, promovendo uma série de combates em territórios estratégicos.

e) Na Segunda Guerra Mundial, conflito de escala global ocorrido entre 1939 e 1945, e que envolveu a maioria dos países do planeta e todas as grandes potências, divididos em duas alianças militares opostas: os Aliados, liderados por França, Grã-Bretanha e, mais tarde, Estados Unidos, que se saíram vencedores; e o Eixo, capitaneado pela Alemanha nazista de Hitler e contando com o apoio de Itália e Japão, que foram derrotados.

C5 • H24

2

Ivan Cosenza de Souza (henfil@globo.com)

Charge do cartunista Henfil.

A charge acima, elaborada pelo cartunista Henfil, é uma referência à

a) ditadura militar, que suprimiu liberdades democráticas no Brasil.
b) conquista de eleições diretas para todos os cargos no país.
c) corrupção e desestruturação da política no Brasil atual.
d) pobreza e desigualdades sociais existentes no país.
e) Era Vargas, ditadura que reprimia fortemente seus opositores.

C2 • H7

3

Angeli

Angeli. *Folha de S.Paulo*, 16 set. 2001, p. A2.

A charge faz referência

a) aos atentados cometidos pelas redes terroristas em países subdesenvolvidos.

b) aos efeitos dos conflitos e disputas entre palestinos e israelenses.

c) à incapacidade da ONU para solucionar guerras e conflitos no mundo atual.

d) ao poder destrutivo dos efetivos militares e arsenal bélico-nuclear dos EUA.

e) à disputa atual entre Estados Unidos e Rússia pela hegemonia militar mundial.

C1 • H3

4 "Três dias depois de sua morte, em Roma, aos 100 anos, o criminoso nazista alemão Erich Priebke continua suscitando controvérsia devido ao repúdio do Vaticano, da Argentina, da Alemanha e da Prefeitura de Roma em realizar seu funeral.

O enterro do capitão das SS [organização paramilitar, considerada a 'polícia política' da Alemanha nazista de Hitler], condenado em 1998 à prisão perpétua pela participação na morte de 335 civis italianos, ainda não pôde ser resolvido. [...].

O diretor do Centro *Simon Wiesenthal*, organização que zela para que os criminosos nazistas respondam por seus crimes, [Efraim Zuroff], propôs que o corpo do oficial nazista seja enviado para a Alemanha para ser cremado. [...]

Detido na Argentina em 1994 após ter vivido tranquilamente nesse país por mais de 40 anos, extraditado e julgado na Itália, Priebke jamais pediu desculpas ou manifestou algum arrependimento por seus atos.

'A Alemanha tem as leis adequadas para evitar que os funerais e a incineração se transformem em uma festa de neonazistas', destacou Zuroff.

A cremação do capitão das SS 'é uma solução eficaz', disse após lembrar que o corpo de Hitler também foi cremado. 'Com esse gesto se destrói tudo o que representa o nazismo', avaliou. [...]."

Ninguém quer o corpo do criminoso nazista Erich Priebke, morto há três dias. *Correio Braziliense*. 14 out. 2013. Disponível em: <http://www.correiobraziliense.com.br/app/noticia/mundo/2013/10/14/interna_mundo,393346/ninguem-quer-o-corpo-do-criminoso-nazista-erich-priebke-morto-ha-tres-dias.shtml>. Acesso em: 19 nov. 2013.

O incidente relatado no texto se refere a qual lamentável página da história recente da humanidade?

a) Ao Holocausto, que, sob a liderança da Alemanha nazista de Hitler, representou o extermínio de milhões de pessoas de origem judaica em toda a Europa, sendo um dos principais motivos para a eclosão da Segunda Guerra Mundial.

b) Ao Tratado de Versalhes, que representou a unificação dos estados alemães em detrimento da expulsão dos judeus da antiga Prússia.

c) À Convenção de Viena, marcada pelo famoso atentado terrorista cometido por grupos nazistas alemães contra a comitiva de Israel.

d) Ao Terceiro Reich, como é chamado o Estado fascista de Mussolini na Itália, responsável pela morte de milhões de judeus em toda a Europa.
e) Ao Pacto de Varsóvia, que estabelecia a expulsão das pessoas de origem judaica de toda a Europa.

C3 • H13

5 "A particularidade do momento atual da Rússia é que o país está passando do primeiro estágio da revolução – que deu o poder à burguesia, pelo fato do proletariado não ter o suficiente nível de consciência e de organização – ao segundo estágio, que deve colocar o poder nas mãos do proletariado e dos setores mais pobres do campesinato. [...]

[A missão dos bolcheviques é] explicar às massas que os sovietes de deputados operários são a única forma possível de governo revolucionário [...]"

LENIN, V. I. *Teses de Abril*, 1917. Disponível em: <http://www.dominiopublico.gov.br/>. Acesso em: 14 fev. 2014.

Entre as medidas defendidas pelo líder revolucionário russo, no contexto do que ele chamou de segundo estágio da revolução em seu país, estão

a) retirar os camponeses de suas terras e concentrar poder nos sovietes.
b) nacionalizar todas as terras e privatizar os grandes bancos.
c) investir em infraestruturas e criar sovietes de camponeses pobres.
d) criar a nova política econômica (NEP) e eliminar a oposição socialista.
e) confiscar os latifúndios e promover a nacionalização de todas as terras.

C3 • H14

Texto 1

6 "Estados Unidos e Coreia do Sul adotaram nesta quarta-feira (2) um plano de dissuasão ante a ameaça nuclear representada pela Coreia do Norte.

A conclusão do plano foi anunciada no último dia da visita a Seul do secretário de Defesa americano, Chuck Hagel, que insistiu que Washington está decidido a preservar a segurança do aliado sul-coreano.

O acordo estabelece um 'marco estratégico' entre os dois aliados para responder a diversos 'cenários de ameaças nucleares norte-coreanas' em tempos de paz ou guerra, afirmam os dois países em um comunicado conjunto. [...]

Washington insistiu no compromisso de manter o atual nível de presença militar, 28.500 homens, na Coreia do Sul e de 'recorrer a todos os meios militares', inclusive nucleares, para proteger Seul.

Os dois países decidiram 'prosseguir as consultas sobre a transição' do controle operacional do exército sul-coreano em tempo de guerra, afirmou o ministro Kim Kwan-jin.

Este controle operacional prevê que o general americano que dirige as forças americanas presentes na Coreia (USFK) assuma o comando dos 640.000 soldados do exército sul-coreano em caso de guerra com o Norte. [...]."

Aliados adotam plano de dissuasão ante ameaça da Coreia do Norte. *G1*. 2 out. 2013. Disponível em: <http://g1.globo.com/mundo/noticia/2013/10/washington-e-seul-adotam-plano-de-dissuasao-ante-ameaca-nuclear-da-coreia-do-norte.html>. Acesso em: 19 nov. 2013.

Texto 2

"[...] O que quer de fato a Coreia do Norte, partindo de um julgamento mais pautado pela história? É evidente que o regime busca sobrevida e para isso nega a lógica da rendição incondicional tão cara a outras experiências, entre elas as da URSS [União das Repúblicas Socialistas Soviéticas], Leste Europeu e recentemente da Líbia.

Uma nação que historicamente teve seu território sob a cobiça estrangeira, cercada de grandes potências por todos os lados, passando por uma sanguinária ocupação japonesa e que sabe do que são capazes os EUA, não pode se dar ao luxo de esperar o bonde da história passar. [...] O bloqueio, a fome imposta de fora para dentro e as inúmeras ameaças militares e provocações (Coreia do Norte como parte do 'Eixo do Mal', segundo [o ex-presidente estadunidense George W.] Bush) só fez restar ao governo norte-coreano a opção de se 'armar até os dentes' diante do que ocorria em Belgrado sob as hostes das chamadas 'intervenções humanitárias'. [...]."

O que, finalmente, quer a Coreia do Norte?. 10 abr. 2013. *Pragmatismo Político*. Disponível em: <http://www.pragmatismopolitico.com.br/2013/04/o-que-quer-a-coreia-do-norte.html>. Acesso em: 19 nov. 2013.

O apoio dos Estados Unidos à Coreia do Sul contra a Coreia do Norte evidencia uma rivalidade que remonta a qual importante conflito do século XX?

a) À Primeira Guerra Mundial, em que os Estados Unidos se posicionaram, ao lado de França e Inglaterra, contra as nações orientais.

b) À Guerra Fria (1945-1991), marcada pela disputa ideológica e estratégica entre as duas potências hegemônicas: Estados Unidos (capitalista) e União Soviética (socialista).

c) À Guerra do Vietnã, em que as forças armadas estadunidenses tiveram importância fundamental para o resultado do conflito.

d) À Guerra do Afeganistão, símbolo da postura imperialista estadunidense perante as nações orientais.

e) Ao Holocausto, marcado pela postura estadunidense e de seus aliados de combate ao regime nazista de Hitler na Alemanha.

C5 • H21

7

JAGUAR. O Pasquim nº 60, agosto de 1970. Em: AUGUSTO, S.; JAGUAR (Org.). *O melhor do Pasquim*. Rio de Janeiro: Desiderata, 2006. p. 154.

O cartum acima, feito pelo cartunista Jaguar e publicada no jornal *O Pasquim*, denuncia a(o)

a) questão do analfabetismo da população pobre no país na década de 1970.

b) fracasso de equipes brasileiras em competições esportivas mundiais da época.

c) injustiça social e traços ideológicos do período do regime militar no Brasil.

d) aumento das influências norte-americanas sobre a cultura brasileira.

e) elevado crescimento econômico do país na era do chamado milagre brasileiro.

C5 • H23

8 “Mais de 450 peças teatrais foram proibidas, e um número infinitamente maior foi modificado pela ação de cortes dos censores. [...]

Em 1973, *Calabar* ou *O elogio da traição*, de Chico Buarque e Ruy Guerra, foi inicialmente liberada pela censura e os ensaios começaram normalmente em São Paulo. A peça musical, repleta de grandes canções como “Fado tropical”, “Tatuagem”, “Ana de Amsterdã”, “Não existe pecado ao sul do Equador” e “Tire as mãos de mim”, explorava o episódio da colonização de Pernambuco pelos holandeses [...]. Já no meio dos ensaios começaram a circular rumores de que tudo era em vão, porque as autoridades jamais permitiriam que a peça fosse encenada. [...] Depois de sete meses de trabalho, o ensaio geral foi marcado, e como manda o figurino a Censura foi comunicada. Retrucou afirmando que o ensaio geral da peça não seria apreciado para a liberação [...]. A classe artística fez petições, a atriz Bibi Ferreira vai a Brasília conversar pessoalmente com o General Médici. Tudo em vão. Calabar entra para o estranho purgatório do que poderia ter sido [...].”

BAHIANA, A. M. *Almanaque Anos 70*. Rio de Janeiro: Ediouro, 2006. p. 114.

O episódio descrito evidencia

a) a tolerância do regime militar no Brasil nos anos 1970 em relação a manifestações artísticas.

b) a ausência de resistência do povo brasileiro às imposições da ditadura militar no período.

c) os efeitos do colonialismo cultural imposto pelos europeus ao Brasil no regime militar.

d) a ação de artistas na defesa da liberdade de expressão no período da ditadura militar.

e) que os artistas e intelectuais evitavam o confronto com órgãos do regime militar da época.

C4 • H18

9 “**A Mundialização do capitalismo**

O desenvolvimento do capitalismo no pós-Segunda Guerra Mundial deve ser entendido como o processo de consolidação dos oligopólios internacionais que deu origem às empresas multinacionais, sejam elas cartéis, trustes ou monopólios industriais e/ou financeiros. Esse processo histórico teve como sujeitos principais a emergência dos Estados Unidos como potência econômica capitalista e a transformação interna das empresas norte-americanas.

A generalização da presença das empresas multinacionais como característica do mundo pós-guerra está intimamente ligada ao processo de reconstrução da economia capitalista destruída pela guerra na Europa e no Japão. Mas está também relacionada com a expansão da indústria norte-americana em decorrência da Segunda Guerra e da Guerra Fria."

OLIVEIRA, A. U. de. A mundialização do capitalismo e a geopolítica mundial do fim do século XX. Em: ROSS, J. L. S. (Org.). *Geografia do Brasil*. São Paulo: Edusp, 1995. p. 242.

O texto evidencia

a) o processo de concentração e centralização de capital, após a Segunda Guerra Mundial, favorecendo a economia americana no mercado mundial.

b) o poder econômico das empresas europeias após a Segunda Guerra Mundial, em território americano.

c) a retomada do poder europeu no controle da expansão da economia capitalista.

d) a descentralização do capital, o que favoreceu uma forte expansão capitalista para as diversas regiões do Planeta.

e) o papel econômico e político da Guerra Fria na retomada da hegemonia europeia nas relações internacionais.

C2 • H9

10 "A reunião de terça-feira passada, 26 de outubro, da Assembleia Geral da ONU, que se supõe seja a máxima autoridade política do planeta, foi convocada com um objetivo tantas vezes repetido que já se torna familiar: 'Necessidade de pôr fim ao bloqueio econômico, comercial e financeiro imposto pelos Estados Unidos da América contra Cuba'. É o projeto mais discutido, mais aprovado e nunca cumprido na história das Nações Unidas. [...] Já são mais de 19 as vezes que, a partir do ano 1992, a referida resolução foi aprovada pela Assembleia Geral, exigindo o fim dessa abusiva e criminosa ação. [...]"

Fidel Castro Ruz é ex-presidente de Cuba.

Revista *Caros Amigos*. Nov. 2010. Disponível em: <http://carosamigos.com.br>. Acesso em: 14 fev. 2014.

O texto de Fidel Castro nos revela que o bloqueio econômico, comercial e financeiro vivido por Cuba é uma

a) política externa de pressão a Cuba, quando esta se tornou independente do domínio espanhol, ao final do século XIX.

b) atitude adotada pelos EUA como uma forma de punição aos cubanos pelo apoio ao regime socialista implantado na União Soviética.

c) política de comércio internacional adotada pelos EUA, durante a Guerra Fria, praticada com todos os países que adotaram o socialismo.

d) tentativa de pressionar o governo cubano a desistir das relações comerciais e financeiras firmadas com os países socialistas do Leste Europeu.

e) forma de retaliação à Revolução Cubana, especialmente quando a ex-URSS decidiu instalar uma base de mísseis nucleares apontados para os EUA, em território cubano, em 1962.

C3 • H15

11 "Enquanto existiu, a URSS foi o maior país do mundo em extensão. Com cerca de 22,5 milhões de km^2, seu território se estendia do Báltico ao Pacífico e do Oceano Ártico até quase ao Oceano Índico, englobando parte considerável do continente euro-asiático. Ao se desintegrar, deu origem a 15 novos Estados que eram anteriormente as repúblicas que formavam a União das Repúblicas Socialistas Soviéticas. Nesse novo desenho geopolítico, uma das novas repúblicas, a Federação Russa, herdou cerca de 75% do território do antigo país e também metade dos quase 280 milhões que compunham o efetivo populacional, assim como grande parte dos recursos e da estrutura militar da URSS. A Rússia herdou também uma série de problemas no relacionamento político e econômico com vários dos novos países que se formaram, muitos deles com expressivas minorias russas em seu interior, das quais o governo russo se julga protetor."

OLIC, N. B. Revista *Pangea*. 9 mar. 2009. Disponível em: <http://www.clubemundo.com.br/>. Acesso em: 14 fev. 2014.

Os conflitos mencionados no texto são resultado

a) da desintegração do antigo espaço soviético, após forte expansão industrial provocada pelo modelo de planificação da economia, em todas as repúblicas que compunham a URSS.

b) dos problemas sociais e econômicos enfrentados com o fim da URSS e de tensões entre uma minoria populacional de grande diversidade étnica que sempre foi duramente reprimida.

c) do final do modelo de economia planificada que gerou em poucos anos uma grande riqueza que hoje é disputada pelas diferentes etnias.

d) da forte influência cultural europeia no território da ex-URSS.

e) da formação da Comunidade dos Estados Independentes (CEI), o que contribuiu para intensificar disparidades econômicas na região.

C2 • H7

12

Europa – Guerra Fria

Fonte: MAGNOLI, D. *O mundo contemporâneo*. São Paulo: Atual, 2008. p. 95.

O mapa da Europa – Guerra Fria nos revela que

a) a Comunidade Europeia teve o seu espaço geográfico protegido pela Otan, mas também se beneficiou do Pacto de Varsóvia.

b) a Cortina de Ferro é a materialização do limite provocado pela disputa ideológica entre as potências capitalistas e socialistas.

c) o Pacto de Varsóvia buscou criar um mercado comum entre os países socialistas, com o objetivo de acelerar o crescimento econômico destes países.

d) alguns países europeus tornaram-se membros da Otan, mas não participaram de acordos militares entre os países capitalistas.

e) o Pacto de Varsóvia, embora tenha sido criado pelo bloco socialista, também integrava países capitalistas.

C4 • H18

13 "Em menos de duas décadas, o mercado imobiliário moscovita saiu da propriedade coletiva para a proibitiva. Moscou lidera as recomendações para a compra de imóveis na Europa, na edição de 2008 do relatório anual Emerging Trends in Real Estate. 'Esse mercado tem enorme profundidade e fôlego', assinala o relatório, elaborado pelo Urban Land Institute e pela empresa de consultoria Pricewaterhouse Coopers. [...] O preço da moradia, combinado com a valorização do rublo em relação ao dólar, leva Moscou a encabeçar as listas de cidades mais caras do mundo."

O Estado de S. Paulo, ago. 2008. p. 30.

Qual alternativa melhor explica o texto?

a) Boa parte da burocracia, característica do estalinismo russo, permanece no país, assim como os métodos proibitivos da propriedade privada.

b) O crescimento do mercado imobiliário moscovita é reflexo da ascensão econômica da Rússia, chegando a rivalizar com as grandes potências, como demonstra a valorização do rublo em relação ao dólar.

c) A derrocada do socialismo soviético possibilitou grande especulação imobiliária, valorizando o espaço urbano de Moscou e, consequentemente, uma maior segregação social devido ao aumento no custo de vida russo.

d) Após o fim da URSS consolidou-se uma importante aliança capitalista entre Rússia e EUA, que propiciou um plano de valorização de Moscou como uma das cidades mais caras do mundo.

e) Com a queda do Muro de Berlim, houve a expansão do mercado das ex-repúblicas soviéticas, valorizando o espaço urbano do leste em detrimento das cidades da Europa Ocidental.

Unidade 7

C5 • H21

1

© Images.com/Corbis/Latinstock

Disponível em: <http://www.images.com>. Acesso em: 2 dez. 2010.

Para as sociedades contemporâneas, as redes mostradas na figura acima representam o(a)

a) permanência do desenvolvimento desigual entre as nações do planeta.
b) potencial de comunicação e transmissão de informações em escala global.
c) aumento das desigualdades de acesso a novas tecnologias de comunicação.
d) constituição de sistemas de vigilância e controle social das populações.
e) dificuldade de comunicação e interações sociais entre os diferentes países.

C3 • H14

Texto 1

2 "Um dos pilares do paradigma liberal é a crença de que livre mercado e democracia são termos que nunca podem entrar em contradição.

Segundo essa vulgata, por meio do livre mercado garante-se a liberdade individual de empreender e defender seus próprios interesses. [...]

Nesse contexto, 'democracia' só pode significar 'o regime que não interfere nos contratos firmados por pessoas livres'. Quanto menos interferência estatal, mais liberdade; é o que diz o velho mantra. No entanto, foi esse mantra que levou o mundo a uma das piores crises do capitalismo. [...]."

SAFATLE, Vladimir. Contra a democracia. *Folha de S.Paulo*. 19 fev. 2013. Disponível em: <http://www1.folha.uol.com.br/colunas/vladimirsafatle/1232787-contra-a-democracia.shtml>. Acesso em: 7 nov. 2013.

Texto 2

"A agenda política neoliberal realiza uma ruptura entre Estado e cidadão. Uma indiferença recíproca matiza as relações entre indivíduo e poder, circunstância de fácil percepção e constatada com os eventuais baixíssimos níveis de interesse popular no voto e na participação no debate político. Tem-se a impressão de que o Estado teria deixado de preocupar-se com as pessoas e de que os indivíduos evitariam qualquer contato não obrigatório com as fontes de poder.

O neoliberalismo é o substrato conceitual que caracteriza o modelo econômico da globalização. [...]."

GODOY, Arnaldo Sampaio de Moraes. A trajetória da agenda política neoliberal. *Consultor Jurídico*. 26 mai. 2013. Disponível em: <http://www.conjur.com.br/2013-mai-26/embargos-culturais-trajetoria-agenda-politica-neoliberal>. Acesso em: 7 nov. 2013.

Com base nas informações contidas nos textos e em seus conhecimentos sobre Geografia Econômica, considere as seguintes afirmações:

I – O primeiro texto faz referência à primeira grande crise do capitalismo, representada historicamente pela "Crise de 1929", iniciada pela quebra da Bolsa de Valores de Nova York naquele ano, e que foi o estopim para o subsequente período conhecido como "Grande Depressão".

II – O segundo texto faz referência às políticas econômicas neoliberais, adotadas como modelo pelos Estados Unidos, e reproduzidas pela maioria dos demais Estados capitalistas, a partir da década de 1980, como eixo teórico central, e que impulsionaram o crescimento da atual economia mundial globalizada e agravaram as suas contradições.

III – Existe um claro paralelo entre os dois textos, posto que ambas as políticas econômicas resultaram em grandes crises, como a de 1929 e a de 2008.

Está correto o que foi afirmado em:

a) I, II e III.

b) I e II.

c) I e III.

d) III, apenas.

e) II e III.

C5 • H24

3 **Restos de Política**

- Houve época em que ainda depositavam em recintos fechados. Hoje, não estão nem aí, vão despejando em qualquer lugar.

Angeli. *Restos de política*. 7 mar. 2010. Disponível em: <http://noticias.uol.com.br/humor/1001_album.jhtm#fotoNav=6>. Acesso em: 16 mar. 2014.

A charge do cartunista Angeli, retratada acima, faz referência à

a) corrupção e desmandos na política.

b) degradação ambiental nas cidades.

c) ausência de organização social.

d) falta de saneamento básico no país.

e) supressão de eleições livres e diretas.

C3 • H14

Texto 1

4 "Para recordar: neste dia 4 de novembro, completaram-se oito anos de uma data memorável para as lutas anti-imperialistas de nossa América. Nesse mesmo dia, mas do ano 2005, enterrava-se em Mar del Plata o mais ambicioso projeto dos Estados Unidos para as Américas. Foi uma batalha decisiva, dada no marco da IV Cúpula de Presidentes das Américas, com uma ausência que repercutia: Cuba, mas que estava presente e falava nada menos do que pela voz de Hugo Chávez.

A batalha de Mar del Plata foi de extraordinária importância [...]. O estrategista desse combate foi Fidel, e o grande marechal de campo foi Chávez, contando com a importantíssima colaboração de Néstor Kirchner e Lula. [...]."

BORON, Atilio. Há oito anos a ALCA era enterrada. *Instituto Humanitas Unisinos*. 7 nov. 2013. Disponível em: <http://www.ihu.unisinos.br/noticias/525411-ha-oito-anos-a-alca-era-enterrada-artigo-de-atilio-a-boron>. Acesso em: 7 nov. 2013.

Texto 2

"[...] A negociação da ALCA fracassou em parte pela oposição do Brasil e da Argentina, a partir da eleição de Lula, em 2002, e de Kirchner, em 2003 e, em parte, devido à recusa americana de negociar os temas de agricultura e de defesa comercial, o que permitiu enviar os temas de propriedade intelectual, compras governamentais e investimentos para a esfera da OMC, o que esvaziou as negociações.

O objetivo estratégico americano, todavia, passou a ser executado, agora com redobrada ênfase, através da negociação de tratados bilaterais de livre comércio, que concluíram com o Chile, a Colômbia, o Peru, a América Central e República Dominicana, só não conseguindo o mesmo com o Equador e a Venezuela devido à eleição de Rafael Correa e de Hugo Chávez e à resistência do Mercosul às investidas feitas junto ao Uruguai.

Assim, a estratégia americana tem tido como resultado, senão como objetivo expresso, impedir a integração da América do Sul e desintegrar o Mercosul através da negociação de acordos bilaterais, incorporando Estado por Estado na área econômica americana, sem barreiras às exportações e capitais americanos e com a consolidação legal de políticas econômicas internas, em cada país, nas áreas de propriedade intelectual, compras governamentais, defesa comercial, investimentos [...]."

GUIMARÃES, Samuel Pinheiro. Mercosul *versus* a nova Alca *versus* a China. *Carta Maior*. 17 ago. 2012. Disponível em: <http://www.cartamaior.com.br/?/Editoria/Internacional/Mercosul-versus-a-nova-Alca-versus-a-China/6/25716>. Acesso em: 7 nov. 2013.

Levando em consideração seus conhecimentos sobre geopolítica e blocos econômicos, é correto afirmar que os dois textos

a) concordam, posto que ambos exploram o tema do fracasso da ALCA, consolidado na IV Cúpula de Presidentes das Américas, realizada na Argentina em 2005, e que pôs fim às pretensões americanas de realizar acordos comerciais com nações sul-americanas.

b) discordam, dado que o primeiro relata uma vitória militar de aliados sul-americanos contra uma investida estadunidense em Cuba, e o segundo apresenta as novas estratégias estadunidenses para o comércio exterior nos países do Cone Sul.

c) discordam, pois o primeiro refere-se à expulsão de tropas estadunidenses de bases militares em Cuba e o segundo escancara as tensões diplomáticas entre Estados Unidos e Venezuela.

d) concordam, posto que ambos se referem ao fracasso da ALCA, consolidado na IV Cúpula de Presidentes das Américas, realizada em Mar del Plata, na Argentina, em 2005. Porém, o segundo texto acrescenta que os Estados Unidos adotaram uma nova estratégia para alcançar seus objetivos comerciais na América do Sul: a negociação de acordos bilaterais de livre comércio com diversos países da região, buscando, dessa forma, enfraquecer o bloco econômico sul-americano.

e) concordam, dado que ambos escancaram as práticas comerciais ilegais dos Estados Unidos, no intuito de impor suas políticas econômicas imperialistas às nações sul-americanas.

C2 • H9

5 "A partir de 2004, os encontros e declarações sucessivas dos chefes de Estado resultam na criação da **entidade**, rebatizada [...] em 2007. Esse projeto tem a ambição de afirmar a autonomia da região diante dos Estados Unidos, de desenvolver a integração física (infraestruturas energéticas, de transporte e telecomunicação, [...]) e construir uma identidade e uma cidadania [regional]. O projeto visa a considerar todas as dimensões das sociedades, a fim de desenvolver o continente e promover a luta contra a pobreza e as desigualdades sociais. No entanto, muito heterogênea e sem personalidade jurídica, [...] fundamenta-se, essencialmente, no Conselho dos Chefes de Estado (uma presidência rotativa anual e um secretariado de pouco peso). As principais críticas a esse projeto dizem respeito ao risco de que seja simples retórica e de instaurar uma concorrência, ou mesmo ruptura, nos demais processos de integração regional [...]."

DURAND, M. F. et al. (Org.). *Atlas da mundialização*: compreender o espaço mundial contemporâneo. São Paulo: Saraiva, 2009. p. 57.

A descrição corresponde à organização

a) União das Nações Sul-Americanas (Unasul).
b) Comunidade da África Meridional para o Desenvolvimento (SADC).
c) Comunidade Andina de Nações (CAN).
d) Mercado Comum do Sul (Mercosul).
e) Associação das Nações do Sudeste Asiático (Asean).

C5 • H25

6 "A língua portuguesa é falada por Angola, Brasil, Cabo Verde, Guiné-Bissau, Macau, Moçambique, Portugal, São Tomé e Príncipe, Timor-Leste e outras comunidades, como por exemplo, as presentes em Goa, na Índia; e em Guiné Equatorial. Esses países são referidos como países lusófonos e mantêm a identidade da Lusofonia, conjunto de aspectos linguísticos e culturais compartilhados entre as comunidades de língua portuguesa no mundo. [...]."

Lusofonia. *InfoEscola*. Disponível em: <http://www.infoescola.com/portugues/lusofonia/>. Acesso em: 18 nov. 2013.

"O Programa de Qualificação de Docentes e Ensino de Língua Portuguesa no Timor-Leste (PQLP) oferece neste ano 50 bolsas a brasileiros que desejem trabalhar naquele país em 2014. Podem se candidatar professores das redes públicas da educação básica, estudantes de cursos de pós-graduação e professores de instituições de ensino superior. [...]

Os profissionais que seguem para o Timor-Leste vão desenvolver uma série de atividades sob a coordenação acadêmica da Universidade Federal de Santa Catarina (UFSC): elaborar e revisar materiais didáticos a serem usados no contexto educacional timorense; atuar na formação de professores nas etapas primária, pré-secundária e secundária vigentes no país; orientar pesquisas de iniciação científica; ensino da Língua Portuguesa como segunda língua; elaborar materiais didáticos apropriados ao tipo e nível de curso no contexto do Timor-Leste. O articulador pedagógico terá a responsabilidade de planejar o desenvolvimento do projeto para a área onde foi selecionado, organizar, articular e supervisionar as ações descritas no edital.

[...] A permanência no país será de seis a 18 meses."

Professores receberão bolsas para trabalhar no Timor-Leste. *MEC*. 12 nov. 2013. Disponível em: <http://portal.mec.gov.br/index.php?option=com_content&view=article&id=19240>. Acesso em: 18 nov. 2013.

Taxas de analfabetismo do Timor-Leste (2004) em porcentagem

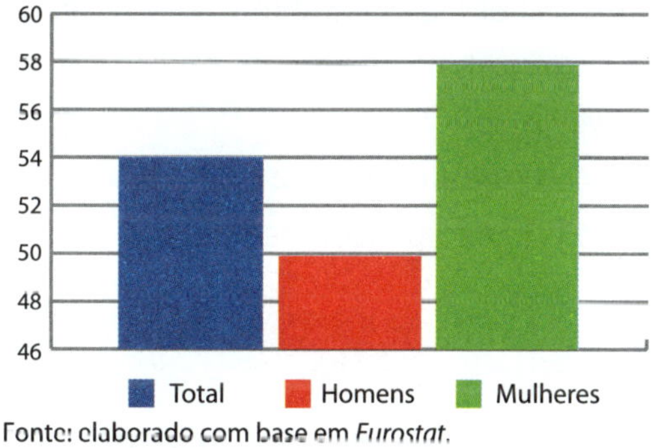

Fonte: elaborado com base em *Eurostat*.

A partir dos textos, do gráfico e de seus conhecimentos sobre educação e cidadania, é correto depreender que:

a) docentes brasileiros têm muito a aprender no Timor Leste, dado que o sistema de educação neste país lusófono é um dos mais avançados do mundo.

b) a integração do Brasil com os demais países lusófonos por meio de projetos educacionais não configura uma boa estratégia, posto que no Brasil não há docentes suficientemente qualificados.

c) a estratégia de contratar professores brasileiros pode ser muito importante para a diminuição da alta taxa de analfabetismo no Timor Leste, dado que ambas as nações têm o português como língua oficial.

d) a prática, por parte do Brasil, de oferecer professores ao Timor Leste configura uma estratégia imperialista de dominação cultural.

e) o envio de professores brasileiros ao Timor Leste faz parte da estratégia do governo timorense para combater a extinção da língua portuguesa no país.

C3 • H13

7

Carlos Rodrigues/Agência Estado

Manifestação do movimento dos "caras-pintadas", em 1992.

A foto acima mostra uma manifestação que tinha como principal objetivo

a) instituir eleições livres e diretas para todos os cargos no Brasil.
b) garantir a liberdade de imprensa no território nacional.
c) depor o presidente Fernando Collor de Mello, acusado de corrupção.
d) combater a censura e repressão impostos pela ditadura militar.
e) eleger o primeiro presidente operário na história do país.

C4 • H17

8 A globalização pode ser lida sob diferentes prismas na contemporaneidade. Eventos aparentemente nacionais ganham magnitude planetária em tempo recorde, particularmente quando países de expressiva influência são atingidos por crises em determinados segmentos. A questão imobiliária nos Estados Unidos revelou o papel que o superendividamento exerce, bem como suas limitações no processo contínuo de crescimento econômico.

Sobre a crise imobiliária estadunidense, na ótica do mundo globalizado, é correto afirmar que

a) os juros bancários são compatíveis entre economia concreta e recursos imateriais fomentadores do consumo.
b) a especulação na bolsa de valores cria uma economia virtual capaz de ser acompanhada pelo ritmo de crescimento do setor produtivo.
c) a crise americana tornou-se instantaneamente global, em razão das tecnologias aplicadas aos meios de comunicação, profundamente conectados em rede.

d) os efeitos de tal crise atingiram, em diferentes proporções, cada país do mundo, fenômeno explicado pelo nível de inserção na lógica globalizante contemporânea, porém a Europa permaneceu imune a tal processo.

e) o Brasil ficou imune à crise americana, porque possui uma balança comercial superavitária, cuja potência permite blindar o território nacional de quaisquer catástrofes financeiras mundiais.

C2 • H10

9

Mapas: Mario Yoshida

Greenpeace no mundo

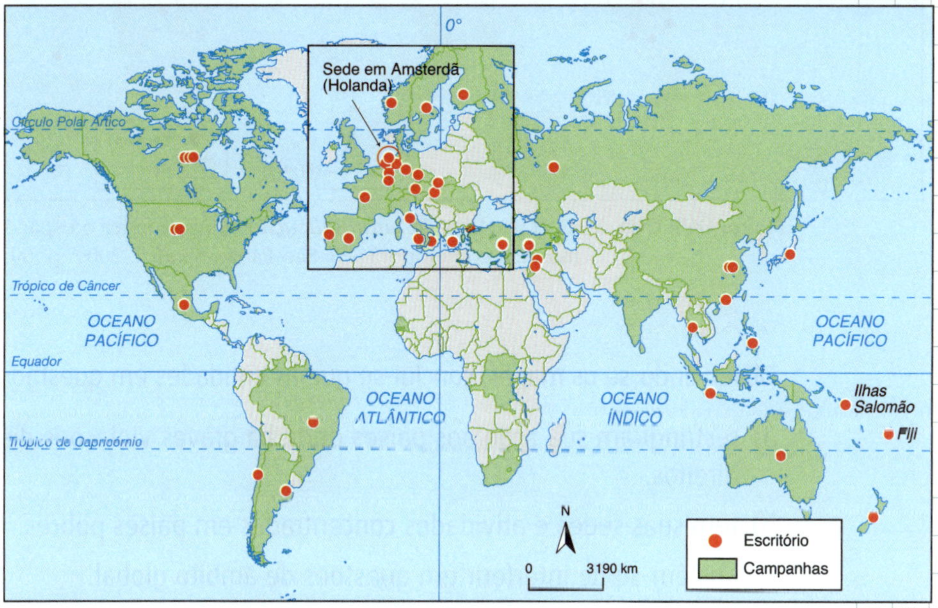

WWF no mundo

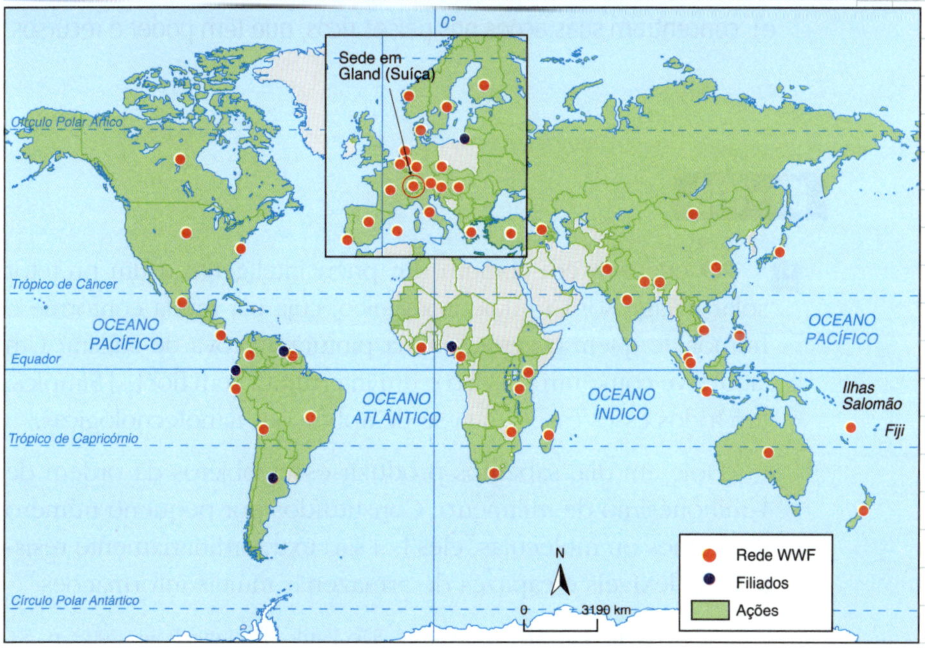

Anistia Internacional no mundo

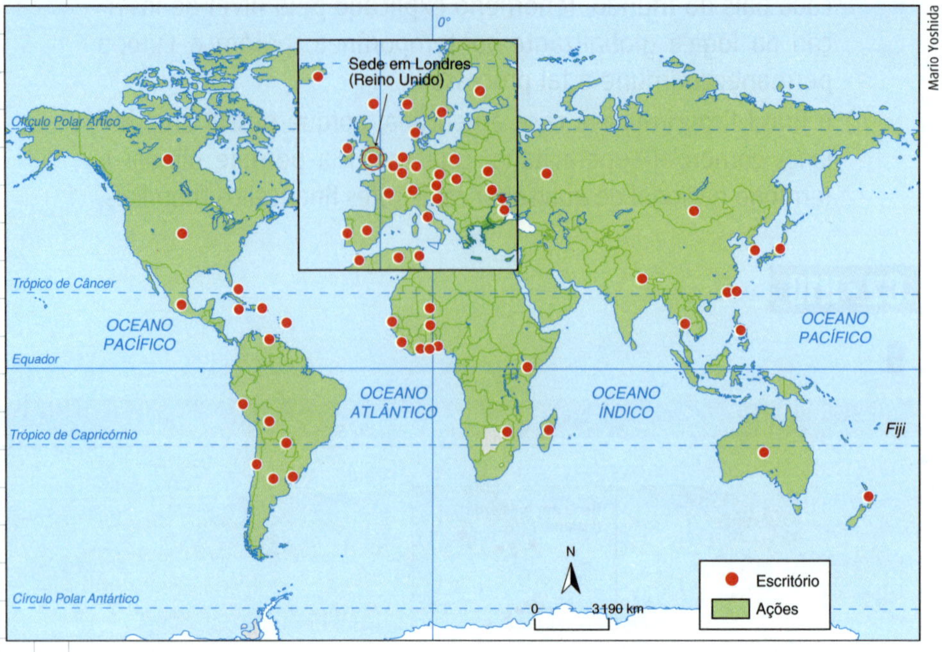

Fonte: DURAND, M. F. et al. *Atlas da mundialização*: compreender o espaço mundial contemporâneo. São Paulo: Saraiva, 2009. p. 69.

Observando-se os mapas, conclui-se que as entidades em questão

a) restringiram sua ação aos países onde há graves violações de direitos.

b) têm suas sedes e atividades concentradas em países pobres.

c) abstêm-se de interferir em questões de âmbito global.

d) organizam-se hoje em redes globais, atuando em escala planetária.

e) concentram suas ações nos países ricos, que têm poder e recursos.

C4 • H16

10 "O que têm em comum um pneu inteligente e um protetor solar milagroso? Um traje isotérmico, cuja cor muda conforme o humor de quem o veste, e uma pintura à prova de sujeira? Um 'aço' leve como um plástico e um interruptor sem fio? [...] Simples: em todos esses casos, trata-se de aplicações nanotecnológicas.

Hoje em dia, sabemos produzir esses objetos da ordem de 1 milionésimo de milímetro. Constituídos por pequeno número de átomos ou moléculas, eles [...] são extraordinariamente resistentes, flexíveis e capazes de armazenar muitas informações."

Atlas do Meio Ambiente. São Paulo: Instituto Pólis, 2008. p. 58.

Polos nanotecnológicos mundiais (2007)

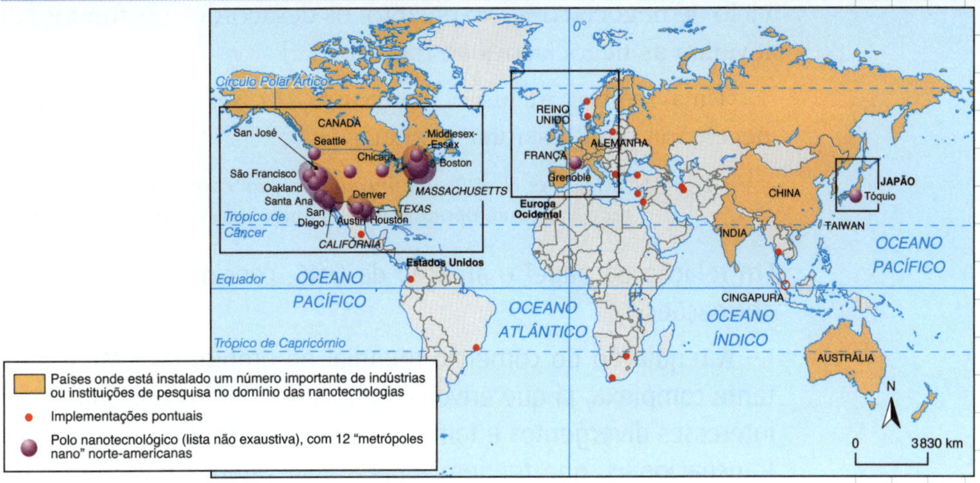

Fonte: *Atlas do Meio Ambiente*. São Paulo: Instituto Pólis, 2008. p. 58.

Sobre a produção científico-tecnológica em questão, é correto afirmar que ela

a) caracteriza-se pela concentração da geração dos conhecimentos em países desenvolvidos.

b) origina-se em países pobres, desiguais socialmente, mas possuidores de grande biodiversidade.

c) é gerada em polos tecnológicos situados nos países pobres, onde a mão de obra é mais barata.

d) revela a hegemonia dos países emergentes na geração de novos conhecimentos e tecnologias.

e) mostra o recuo dos incentivos a inovações científico-tecnológicas no mundo contemporâneo.

C2 • H9

11 "A Organização Mundial do Comércio (OMC), com sede em Genebra, contava, no final de 2008, com 153 membros (a Comissão Europeia negocia em nome do conjunto dos Estados-membros da UE), 30 Estados observadores e organizações internacionais. [A OMC sucedeu o Acordo Geral de Tarifas e Comércio (Gatt), criado logo após a 2ª Guerra Mundial, em 1947.]

[...] A vocação do Gatt era a de promover o livre-comércio e facilitar negociações, fixando normas e arbitrando acordos negociados. [Ao longo do tempo,] o Gatt transformou-se em instrumento perene de regulação multilateral, sem dispor de instâncias permanentes nem poder de sanção. [...]

[Seu] último ciclo terminou em 1994, em Marrakesh, com o acordo que criou a OMC. [...]

Em 1999, a conferência de Seattle deveria abrir um novo ciclo de negociações. No entanto, os desacordos profundos [...] levaram as negociações ao fracasso. [...]

Uma melhor inclusão dos países do Sul pareceu, então, necessária para restaurar a confiança."

DURAND, M. F. et al. *Atlas da mundialização*: compreender o espaço mundial contemporâneo. São Paulo: Saraiva, 2009. p. 106-107.

Em relação ao papel e atuação da OMC, considere as seguintes afirmações:

I – A regulação do comércio mundial no âmbito da OMC é bastante complexa, já que envolve lógicas de Estados nacionais com interesses divergentes e também dinâmicas de firmas globais ou transnacionais, que tendem a pressionar Estados nacionais para obter facilidades tarifárias e não tarifárias.

II – Os impasses verificados na Rodada Doha da OMC, em especial em 2003, cuja pauta está centrada na questão dos subsídios agrícolas concedidos por países ricos aos seus agricultores, tiveram desfecho positivo a favor dos países emergentes e menos avançados, tradicionais produtores agrícolas.

III – O peso comercial dos diferentes Estados nacionais que negociam barreiras tarifárias e não tarifárias na OMC, além de acordos bilaterais, é muito variável, assim como sua capacidade de negociação.

Sobre a OMC, está correto o que foi afirmado em:

a) I, apenas.
b) I e III.
c) I, II e III.
d) III, apenas.
e) I e II.

C2 • H9

12 A união econômica e monetária é um estágio de integração regional que visa a harmonizar as políticas econômicas, orçamentárias e monetárias e prevê, portanto, importantes transferências de soberania. Nela, os países que formam um mercado comum adotam uma moeda também comum e procuram alinhar suas políticas econômicas e de desenvolvimento. Em concordância, os países facilitam também o trânsito de trabalhadores nos integrantes do bloco.

A descrição anterior corresponde a organismos supraestatais de integração regional como:

a) o Mercosul, na América do Sul.
b) o Nafta, na América do Norte.
c) a União Europeia (UE).
d) a OEA, integrando países da América.
e) a Apec, na região da Ásia e Pacífico.

C2 • H10

13

Alguns encontros da sociedade civil organizada, 1996-2009

Mario Yoshida

Fonte: DURAND, M. F. et al. *Atlas da mundialização*: compreender o espaço mundial contemporâneo. São Paulo: Saraiva, 2009. p. 67.

De acordo com o mapa, é correto afirmar que, hoje, a sociedade civil organizada

a) manifesta-se em eventos paralelos aos fóruns intergovernamentais, mas sem contar com encontros e instâncias próprias de organização e ação política.

b) organiza-se e atua em problemas de âmbito local, abstendo-se de interferir em questões de interesse global ou da comunidade de Estados-nacionais.

c) restringiu sua ação aos países menos desenvolvidos, marcados pela forte desigualdade social interna e fragilidades diante dos interesses dos países ricos.

d) atua hoje em redes globais, em seus próprios fóruns de discussão ou exercendo pressão em eventos paralelos aos de organismos intergovernamentais e multilaterais.

e) concentra sua ação no Brasil, país que apoia politicamente as entidades e movimentos sociais e cede espaços para a realização do Fórum Social Mundial.

C2 • H8

14 "[...] nesta última década, a economia nordestina cresceu 4,2%, enquanto a média nacional foi de 2,3%, até 2009. Para este ano, a previsão é de crescimento em torno de 10%, o mesmo da China. [...] Não é para menos, nos últimos cinco anos, mais de duas mil empresas de grande e médio porte se instalaram na região, gerando 1,2 milhão de novos empregos. Segundo maior mercado consumidor do país, com um crescimento previsto de R$ 40 bilhões em relação ao ano passado, a região conta com 23 novos polos de desenvolvimento industriais e agrícolas, com destaque para o Complexo Industrial Portuário de Suape, próximo a Recife [...]."

KOTSCHO, R. Revista *Brasileiros*. Disponível em: <http://www.revistabrasileiros.com.br/>. Acesso em: 14 fev. 2014.

O recente crescimento econômico do Nordeste, apontado no texto da reportagem, pode ser atribuído

a) à ampliação da produtividade das agroindústrias sucroalcooleiras que aumentaram a produção de etanol para o mercado interno e externo.

b) ao forte investimento dos governos federal e estaduais, realizados nos últimos anos, através de políticas de isenções de impostos, obras públicas de infraestuturas e financiamentos bancários para novos investimentos.

c) à realização de amplo projeto de reforma agrária na região, criando um grande mercado consumidor de produtos agrícolas e de bens industrializados.

d) ao desenvolvimento específico da indústria automobilística, especialmente aquelas oriundas do continente asiático.

e) aos benefícios econômicos frutos das obras de transposição do rio São Francisco.

C6 • H27

15 "O Projeto de Integração do rio São Francisco com as bacias hidrográficas do Nordeste setentrional é a mais importante ação estruturante, no âmbito da política nacional de recursos hídricos, tendo por objetivo a garantia de água para o desenvolvimento socioeconômico dos estados mais vulneráveis às secas (Ceará, Paraíba, Rio Grande do Norte e Pernambuco). Neste sentido, ao mesmo tempo em que garante o abastecimento por longo prazo de grandes centros urbanos da região (Fortaleza, Juazeiro do Norte, Crato, Mossoró, Campina Grande, Caruaru, João Pessoa) e de centenas de pequenas e médias cidades inseridas no semiárido, o projeto beneficia áreas do interior do Nordeste com razoável potencial econômico, estratégicas no âmbito de uma política de desconcentração do desenvolvimento, polarizado até hoje, quase exclusivamente, pelas capitais dos estados."

Ministério da Integração Nacional. Disponível em: <http://www.integracao.gov.br/saofrancisco/integracao/beneficios.asp>. Acesso em: 14 fev. 2014.

O projeto tem recebido críticas por parte de alguns representantes da sociedade brasileira. Um dos argumentos utilizados pelos críticos é que o projeto

a) abarcará uma pequena área do Nordeste, beneficiando menos de 5% da população sertaneja.

b) não prevê tratamento de parte da água, já contaminada por esgotos que têm o rio como destino.

c) trará impactos socioambientais na área da sua foz.

d) não resolverá os complexos problemas sociais existentes na região, além disso, beneficiará apenas os grandes proprietários de terras e não o habitante mais pobre do sertão.

e) trará problemas de enchentes para algumas regiões, no período de chuvas, já que o rio São Francisco se tornará muito volumoso.

C2 • H6

16 Observe o mapa abaixo.

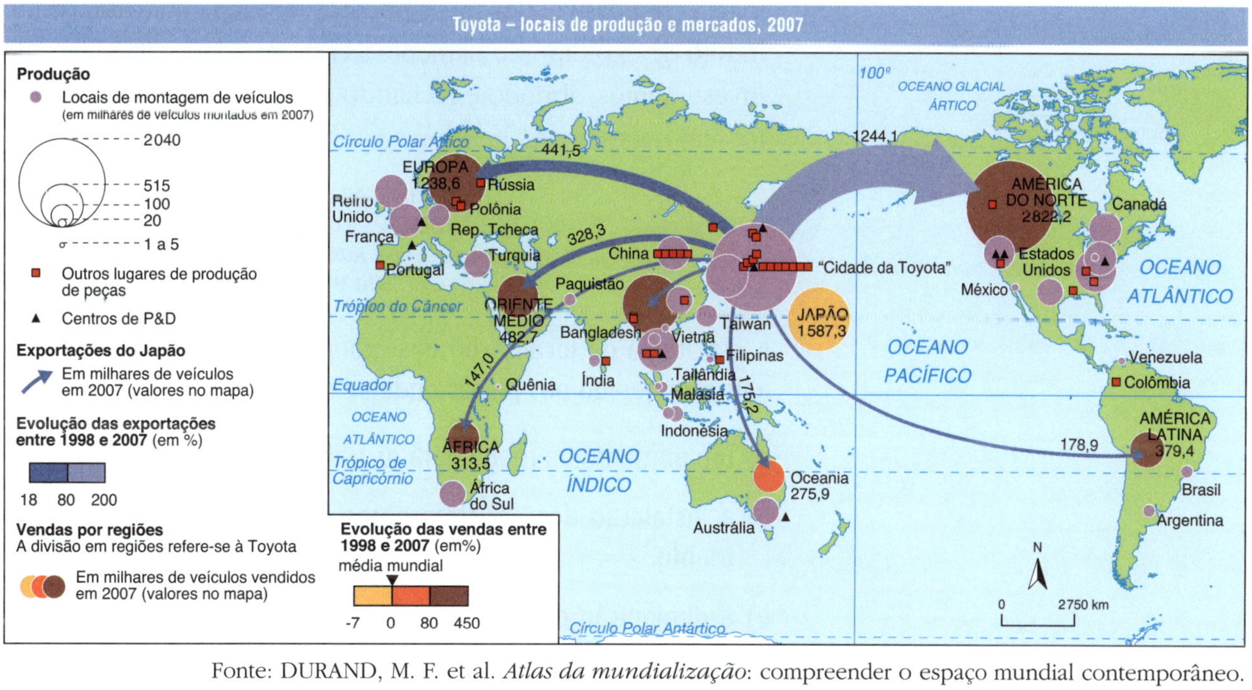

Fonte: DURAND, M. F. et al. *Atlas da mundialização*: compreender o espaço mundial contemporâneo. São Paulo: Saraiva, 2009. p. 62.

A partir das informações cartografadas sobre a produção da Toyota é possível verificar que

a) o processo produtivo desta empresa é concentrado no Japão, embora seus automóveis sejam comercializados no mercado mundial.

b) o processo produtivo busca apenas países que investem fortemente em desenvolvimento e pesquisas.

c) a multilocalização da produção é possível graças às novas tecnologias de comunicação e transportes e ao menor custo da mão de obra em relação ao Japão.

d) a América Latina é a região que mais tem sido beneficiada com a transferência de ciência e tecnologia produzida pela Toyota.

e) a Europa é apenas um grande centro consumidor dos automóveis produzidos pela Toyota.

C4 • H17

17 "[...] a atuação mais recente das corporações transnacionais tendeu a se diferenciar do padrão dos anos [19]50 a [19]70, quando havia uma séria intenção de suas filiais de internalizar plantas industriais que guardavam alguma relação com a matriz. Ao longo da década de 1990, a estratégia marcante das corporações transnacionais foi a de procurar permanecer o mais livre possível dos investimentos de longa duração, com o intuito de explorar rapidamente as oportunidades lucrativas de investimentos, abrindo e fechando plantas produtivas, quantas fossem necessárias."

POCHMANN. M. Globalização e desemprego.
Em: ARBIX, G.; ZILBOVICIUS, M.; ABRAMOVAY, R.
Razões e ficções do desenvolvimento.
São Paulo: Edusp/Unesp, 2001. p. 252.

A estratégia de localização das grandes corporações transnacionais tem gerado nos países onde se hospedam

a) um aumento da renda para os trabalhadores industriais.

b) a instalação dos departamentos de pesquisas e desenvolvimento.

c) a diminuição da diferença da renda entre trabalhadores dos países centrais, semiperiféricos e periféricos do sistema capitalista.

d) uma nova divisão internacional do trabalho, onde as periferias estão se especializando em produtos industriais de maior valor agregado.

e) a precarização das condições de trabalho em diversos setores industriais.

C4 • H18

18 Pilares da globalização das firmas multinacionais, os fluxos de Investimentos Estrangeiros Diretos, multiplicaram-se 70 vezes em 30 anos, passando de 27 bilhões de dólares em 1977 a 1 trilhão e 833 bilhões em 2007. Esse aumento espetacular é muito mais elevado do que o do comércio internacional (multiplicado 12 vezes desde 1977) e mais ainda que o do PIB mundial (3 vezes em 30 anos, atingindo, hoje, 65 trilhões de dólares).

DURAND, M. F. et al. *Atlas da mundialização*: compreender o espaço mundial contemporâneo. São Paulo: Saraiva, 2009. p. 60.

Ao observar a cartografia dos Investimentos Estrangeiros Diretos (IED), é possível verificar que

Mundo – Investimentos Estrangeiros Diretos (IED), 1998-2007

Mario Yoshida

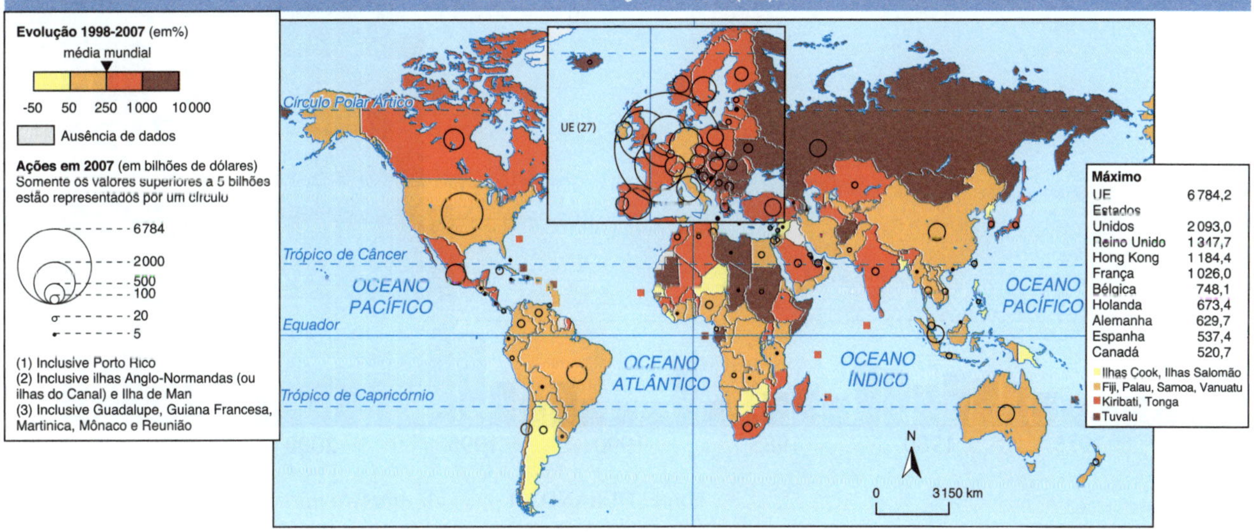

Fonte: DURAND, M. F. et al. *Atlas da mundialização*: compreender o espaço mundial contemporâneo. São Paulo: Saraiva, 2009. p. 60.

a) os países emergentes são aqueles que receberam o maior fluxo de investimentos no período.

b) a China vem apresentando um forte crescimento industrial porque é a região que recebeu o maior investimento no período.

c) a maior parcela destes investimentos tem sido direcionada para os países que compõem o hemisfério Sul.

d) os fluxos destes investimentos ainda direcionam-se majoritariamente aos países do Norte.

e) os EUA é a região do planeta que mais recebe estes investimentos.

C2 • H8

19 Observe o gráfico com informações sobre os Investimentos Estrangeiros Diretos no Brasil, no período de 1970 a 2008.

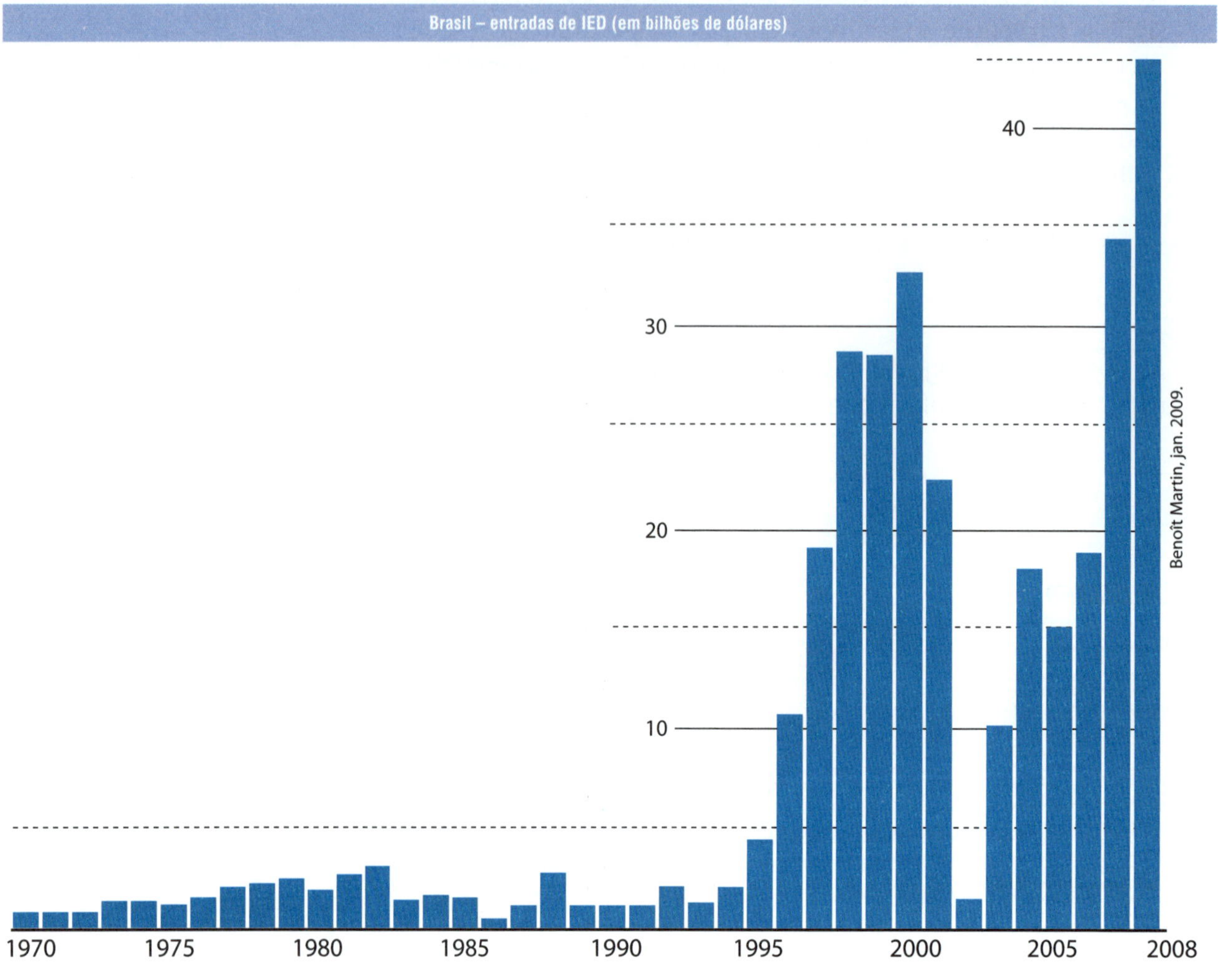

Fonte: DURAND, M. F. et al. *Atlas da mundialização*: compreender o espaço mundial contemporâneo. São Paulo: Saraiva, 2009. p. 123.

Uma característica da sociedade brasileira que favoreceu o aumento do IED no Brasil é

a) a continuidade da política de substituição das importações adotada desde o governo de Getúlio Vargas.

b) a abertura do país para os processos de globalização econômica conjuntamente com as privatizações de diversas empresas estatais.

c) a adoção de uma política de Estado baseada nos princípios keynesianistas.

d) seu vasto território, com grandes diferenças ambientais e sociais, que facilita investimentos em várias regiões do país.

e) a economia predominantemente agrícola, favorecendo investimentos no agronegócio.

C2 • H10

20 "O FSM é um espaço de debate democrático de ideias, aprofundamento da reflexão, formulação de propostas, troca de experiências e articulação de movimentos sociais, redes, ONGs e outras organizações da sociedade civil que se opõem ao neoliberalismo e ao domínio do mundo pelo capital e por qualquer forma de imperialismo. Após o primeiro encontro mundial, realizado em 2001, se configurou como um processo mundial permanente de busca e construção de alternativas às políticas neoliberais. [...]

O Fórum Social Mundial se caracteriza também pela pluralidade e pela diversidade, tendo um caráter não confessional, não governamental e não partidário. [...]"

Disponível em: <http://www.nossasaopaulo.org.br/portal/node/9219>. Acesso em: 14 fev. 2014.

O Fórum Social Mundial se opõe às políticas neoliberais porque elas preveem

a) forte controle estatal da economia através da estatização de várias empresas privadas que prestam serviços públicos.

b) o controle da liberdade de mercado, comprometendo a atuação das empresas públicas e privadas.

c) uma desregulamentação do mercado internacional, comprometendo o poder de intervenção dos Estados diante das grandes corporações.

d) privatização das empresas públicas ligadas aos setores de comunicação através de rigorosas políticas estatais.

e) um forte controle do setor financeiro, através do Estado, comprometendo a liberdade de escolha da sociedade de mercado.

C4 • H18

21 Brasil – dívida externa (1967-1988)*

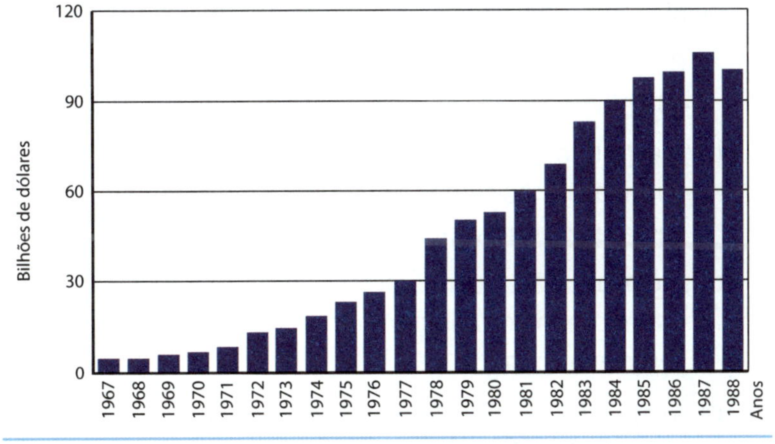

* Em 2008, a dívida externa brasileira líquida foi zerada, mas a dívida total, ou bruta, permanecia. Ao final daquele ano, ela girava em torno de 200 bilhões de dólares.

Fonte: BECKER, B. K.; EGLER, C. A. G. *Brasil*: uma nova potência regional na economia mundial. Rio de Janeiro: Bertrand Brasil, 1993. p. 238.

O aumento da dívida externa brasileira a partir da década de 1980 pode ser explicado, entre algumas razões, pela

a) intensidade do processo de privatizações das indústrias de base e dos setores extrativista mineral.

b) política neoliberal que prevê total liberdade às empresas e ao governo.

c) ampliação dos juros no mercado internacional e pela ineficiência do governo militar em administrar o dinheiro captado no exterior.

d) abertura do mercado brasileiro para entrada de produtos industrializados de alta tecnologia.

e) quantidade de investimentos realizados nas indústrias de base, como a CSN, a Vale do Rio Doce, a Petrobras.

C2 • H9

22 "Se olho o território brasileiro hoje, vejo primeiro que é um território nacional, mas da economia internacional. Quer dizer, o esforço de quem manda, no sentido de moldar o território — porque o território vai sendo sempre moldado por quem manda —, é no sentido de favorecer o trabalho dos atores da economia internacional. Não são apenas as multinacionais estrangeiras, mas todas as grandes firmas estrangeiras ou brasileiras, são elas que trazem para o território uma lógica globalizante. Na realidade, uma lógica globalitária, há mais do que globalização, há globaritarismo."

SANTOS, M. Revista *Caros Amigos*.
São Paulo: Casa Amarela, 1998.

Considerando o tema abordado, aponte qual das afirmações seguintes não corresponde à argumentação do texto.

a) O Brasil tem uma economia internacionalizada, isto é, tudo o que produz é voltado à exportação.

b) A estruturação do território brasileiro não segue somente determinações nacionais, mas é pensada com políticas, valores e interesses que vêm de fora.

c) A globalização, quando desconsidera interesses que não condizem com os das grandes empresas, assemelha-se a um governo autoritário.

d) As grandes firmas brasileiras são em parte responsáveis por transformar o território nacional em território globalizado.

e) Quem manda no território brasileiro faz um grande esforço para moldá-lo em função da economia global.

C2 • H6

23

Angeli

Angeli, charge *Geografia brasileira*.

Ao observar a imagem acima, pode-se afirmar que se trata de uma representação

a) temática, que aponta, por meio de símbolos lineares, quais as principais atividades de corrupção por Estado.

b) topográfica, que aponta, por meio de símbolos pontuais, os principais municípios que são focos de corrupção.

c) artística, que usa a linguagem cartográfica ironicamente, associando o território às práticas de corrupção.

d) topográfica, que tem a função de explicitar comicamente as atividades de corrupção no país.

e) artística, que aponta as principais ilegalidades cometidas respectivamente em cada Estado.

C4 • H18

24

Gênese do território: um modelo

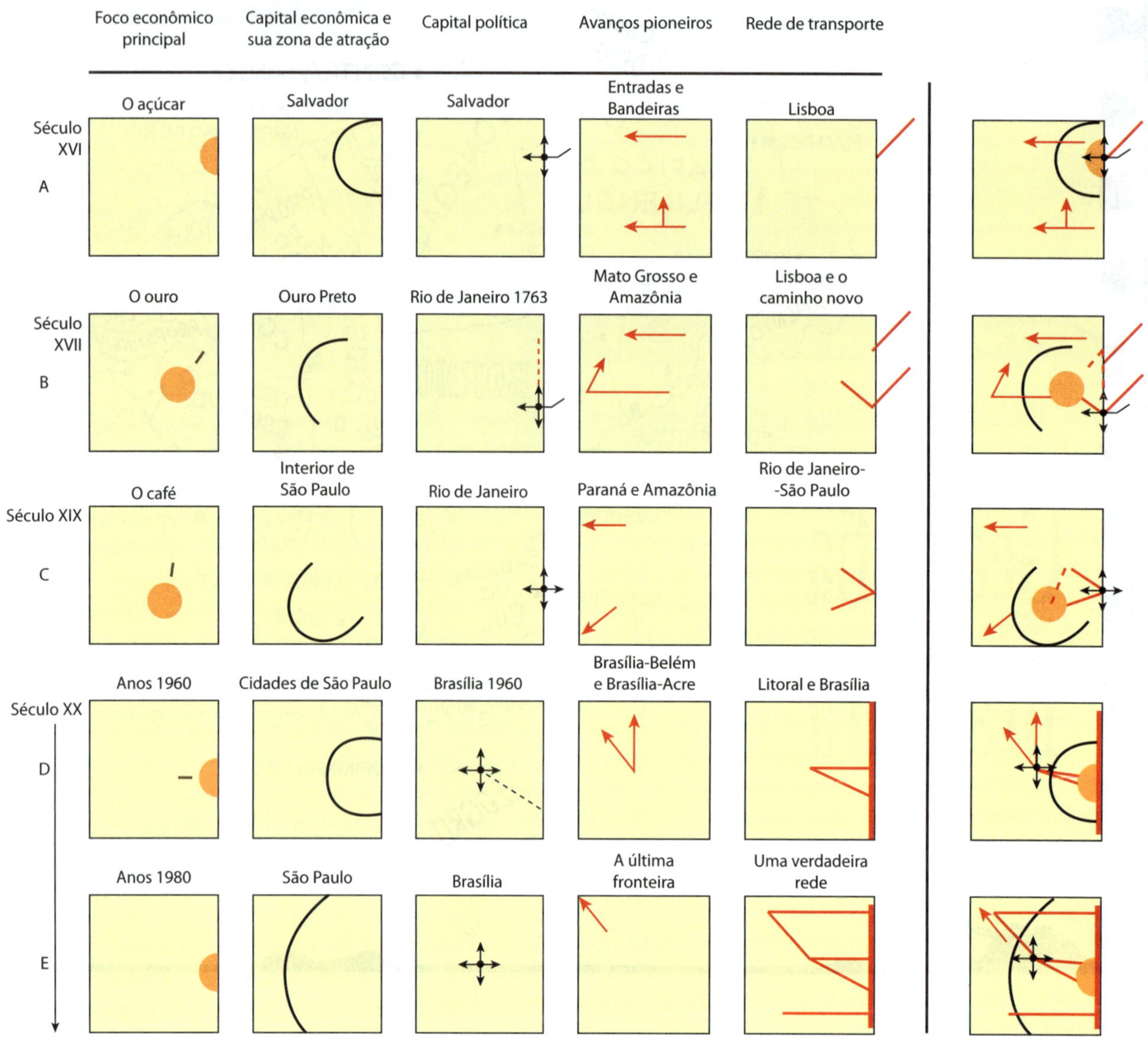

Fonte: THÉRY, H.; MELLO, N. A. de. *Atlas do Brasil*: disparidades e dinâmicas do território. São Paulo: Edusp, 2008. p. 44.

A imagem acima mostra um modelo da gênese do território brasileiro. A partir de sua análise, conclui-se que o título que menos se enquadra a cada momento histórico da estruturação do território do país é:

a) A – A economia nordestina da cana e o início da colonização.

b) B – A mineração e a nova economia comandada pelo Sudeste.

c) C – A consolidação da megalópole Rio-São Paulo.

d) D – De São Paulo a Brasília: integração econômica nacional.

e) E – Brasil em rede: consolidação econômica do território nacional.

C4 • H18

25

Mapas: Mario Yoshida

Brasil – do arquipélago ao continente

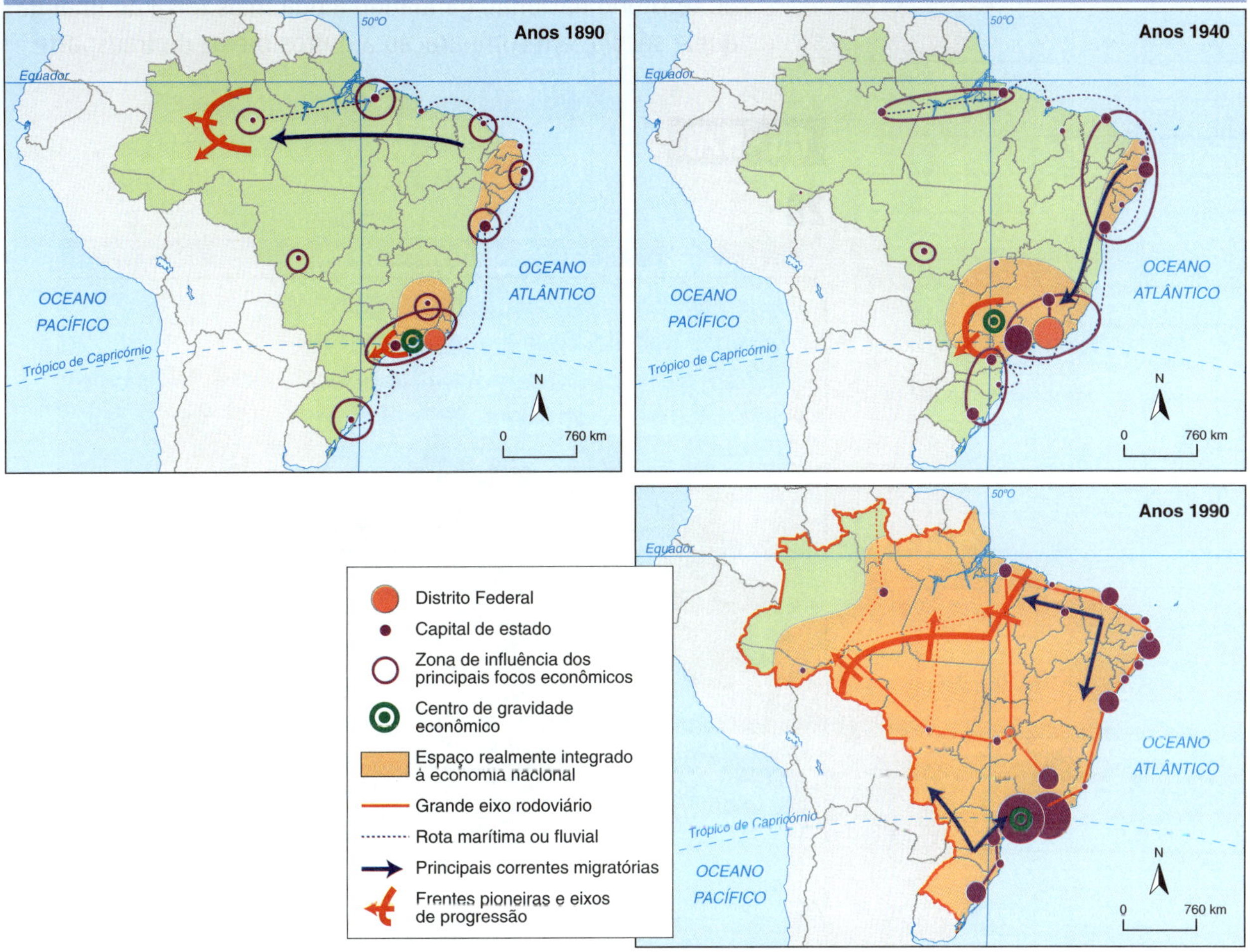

Fonte: THÉRY, H.; MELLO, N. A. de. *Atlas do Brasil*: disparidades e dinâmicas do território. São Paulo: Edusp, 2008. p. 43

A partir da leitura do mapa, é possível inferir que

a) de 1940 a 1990, houve a consolidação da integração econômica dos interiores do Brasil à dinâmica nacional, tendo como fator preponderante o deslocamento da capital para Brasília, fato que levou à substituição da força política e econômica dos estados do Sudeste.

b) nos anos 1940, o Brasil já havia deixado de ser um "arquipélago", consolidando-se uma disposição territorial que já chegava aos interiores e sertões de todo o país por meio de extensa malha de transportes.

c) ainda no século XIX, o país logrou estruturar uma verdadeira rede entre as principais cidades nacionais, o que é evidenciado pelo sistema nacional de transportes e comunicações por volta de 1890.

d) o século XX marca a efetiva integração econômica de todo o território brasileiro, em um processo que se acelerou especialmente a partir da última metade daquele século com a consolidação do parque industrial e do mercado interno.

e) ao longo do século XX o papel dos transportes marítimo e fluvial foi determinante para a integração econômica efetiva do território nacional, ganhando ainda mais força ao final daquele século, em comparação a outros meios de transporte.

C6 • H26

26

Um país de dimensões continentais

Mapas: Mario Yoshida

Fonte: THÉRY, H.; MELLO, N. A. de. *Atlas do Brasil*: disparidades e dinâmicas do território. São Paulo: Edusp, 2008. p. 19.

As dimensões territoriais do Brasil contam com números maiores até que todo o continente europeu. Qual das assertivas abaixo está relacionada com a grande extensão do território brasileiro?

a) Baixa riqueza climática e biodiversidade.

b) Facilidades para implantar um sistema de transportes que conecte todo o país.

c) Grande homogeneidade cultural e regional.

d) Dificuldade de controle rígido nas fronteiras.

e) Relevo que oscila de elevadas altitudes a grandes depressões.

C2 • H8

27 "Precisamos promover essa arrancada, sob todos os aspectos e com todos os métodos, a fim de suprirmos os vazios demográficos do nosso território e fazermos com que as fronteiras econômicas coincidam com as fronteiras políticas. Eis o nosso imperialismo. Não ambicionamos um palmo de território que não seja nosso, mas temos um expansionismo, que é o de crescermos dentro de nossas próprias fronteiras."

VARGAS, G. Discurso em Goiânia, 8 ago. 1940. Em: PALADIM JÚNIOR, H. A.; MITIDIERO JÚNIOR, M. A. *A questão agrária no Brasil.* São Paulo: Escolas Associadas. p. 11.

De acordo com o texto, qual o significado das fronteiras e do *nosso imperialismo*?

a) Para Vargas as fronteiras políticas eram mais importantes que as econômicas. Por isso propôs o *nosso imperialismo* para que o território nacional fosse configurado a partir do que já havia consolidado do ponto de vista econômico.

b) O discurso opõe-se à expansão para além das fronteiras políticas, entretanto propõe um colonialismo econômico interno. O *nosso imperialismo* pode ser entendido como a ampliação das desigualdades regionais brasileiras.

c) No discurso, o conceito de fronteiras aparece como algo apenas econômico, isto é, no sentido de que onde há a possibilidade de avançar economicamente. Neste caso o *nosso imperialismo* seria o crescimento econômico independente dos limites políticos.

d) Vargas baseia seu discurso na expansão política do território brasileiro por meio do colonialismo econômico. Assim, o *nosso imperialismo* seria o expansionismo brasileiro para os "vazios demográficos" do território sul-americano.

e) O discurso baseia-se em um falso argumento de "vazios demográficos" no território nacional para reforçar a hegemonia política sulista no Brasil. O *nosso imperialismo* seria a demonstração de força do Paraná, estado natal do presidente.

C2 • H7

28

Angeli

– Veja! Ali sob os escombros, podemos ver a África, parte da Ásia e toda a América Latina!

Escolha a melhor interpretação para a charge.

a) Demonstra de forma caricata o interesse dos EUA pela enorme quantidade de recursos naturais presentes na África, Ásia e América Latina como solução para a *fissura* da economia capitalista daquele país.

b) Refere-se ao desenvolvimento desigual e combinado do capitalismo, tendo em vista que uma *fissura* nos EUA – maior economia do mundo – traz grandes prejuízos às economias mais pobres, notadamente da África, Ásia e América Latina.

c) Fala sobre o interesse dos políticos e da grande imprensa que desviam as atenções da *fissura do sistema capitalista norte-americano* para os *escombros* de África, Ásia e América Latina, revelando implicitamente os graves problemas sociais dessas regiões.

d) Mostra de forma irônica a arrogância política dos EUA – maior economia do mundo – que, mesmo com uma grave *fissura* em seu sistema econômico, permanece apontando os problemas dos outros, notadamente África, Ásia e América Latina.

e) Compara a magnitude da *fissura no sistema capitalista norte-americano* aos graves desastres naturais que assolaram a África, a Ásia e a América Latina, deixando parte de seus territórios sob escombros.

C2 • H10

29 "Hoje, assistimos a uma rebelião muito ampliada contra as influências e efeitos do eurocentrismo elitista e hegemônico nos campos cultural, econômico, científico e tecnológico. É uma rebeldia por justiça e se expressa na glocalização. Esta oferece um interessante enfoque alternativo para o que fazer, que também é mundial; mas desde o lado oposto na estrutura social e territorial para buscar a emancipação dos povos, algo que pode equilibrar as forças monopólicas e opressoras do Ocidente."

BORDA, O. F. Glocalização e segunda República. *Le Monde Diplomatique Brasil*, nº 14, set. 2008.

O autor utiliza o termo glocalização, que, dentro do contexto, pode ser entendido como

a) a construção de um novo modelo mundial por meio do fortalecimento das características locais contra a globalização desigual, baseada no eurocentrismo.

b) a oposição das ações locais e globais, tendo em vista os resultados perversos da disseminação de um modelo de mundo integrado por meio da tecnologia da comunicação.

c) um equilíbrio harmonioso entre as forças monopólicas e os povos em busca de emancipação.

d) uma rebelião dos povos orientais em busca de emancipação contra as forças monopólicas e opressoras ocidentais.

e) a construção de uma nova hegemonia e uma nova elite nos campos cultural, econômico, científico e tecnológico, contra o eurocentrismo monopólico ocidental.

C5 • H25

30 "A taxa de reincidência de prisioneiros libertados nos Estados Unidos é de 60%. Na Inglaterra, é de 50% (a média europeia é de 55%). A taxa de reincidência na Noruega é de 20% [...]. Os EUA têm 730 prisioneiros por 100 mil habitantes. Essa taxa é bem menor nos países escandinavos: Suécia (70 presos/100 mil habitantes), Noruega (73/100 mil) e Dinamarca (74/100 mil). Mais ao Sul, a europeia Holanda tem uma taxa de 87/100 mil, e uma situação peculiar: o sistema penitenciário do país tem 'capacidade ociosa' e celas estão disponíveis para aluguel. A Bélgica já alugou espaço em uma prisão da Holanda para 500 prisioneiros. Ou seja, o melhor espelho para os interessados de qualquer país em melhorar seus próprios sistemas, está na Escandinávia e arredores, não nos Estados Unidos. [...]

'Fundamentalmente, acreditamos que a reabilitação do prisioneiro deve começar no dia em que ele chega à prisão', explicou a ministra júnior da Justiça da Noruega, Kristin Bergersen, à BBC. 'A reabilitação do preso é do maior interesse público, em termos de segurança', disse. O sistema de execução penal da Noruega exclui a ideia de vingança, que não funciona, e se foca na reabilitação do criminoso, que é estimulado a fazer sua parte através de um sistema progressivo de benefícios — ou privilégios — dentro das instituições penais. [...]."

Conheça o País que consegue reabilitar 80% dos seus criminosos. 3 jul. 2012. *Pragmatismo Político*. Disponível em: <http://www.pragmatismopolitico.com.br/2012/07/noruega-reabilita-maioria-criminosos-presidiarios-mundo.html>. Acesso em: 19 nov. 2013.

A que contradição o texto se refere?

a) Ao fato de a Noruega, enquanto grande potência econômica da Europa, oferecer um modelo de prisão tão permissivo e de foro privilegiado a presos comuns.

b) À falta de estrutura prisional na Bélgica, país desenvolvido da Europa, que precisa alugar espaço para seus condenados em prisões na Holanda.

c) À carência de vagas para detentos em prisões na Suécia, principal potência econômica da Escandinávia.

d) À ineficiência da polícia dinamarquesa que, mesmo sendo parte de um dos países mais desenvolvidos do planeta, apresenta baixíssimos índices de captura de criminosos.

e) Ao fato de os Estados Unidos, enquanto detentor da supremacia econômica mundial, ter um sistema prisional que está longe de ser modelo, estatisticamente muito menos eficaz do que os dos países escandinavos e o da Holanda.

Unidade 8

C5 • H22

1 "[...] Três grandes conquistas vieram com os protestos de junho. Primeiro, as manifestações marcaram o despertar político de uma nova geração – principalmente, mas não exclusivamente, dos jovens, dos trabalhadores oprimidos. Segundo, ao forçar espetacularmente governantes a recuar no aumento das tarifas de transporte público em grandes cidades, eles fizeram surgir uma compreensão do empoderamento social (de dimensão potencialmente nacional) para setores até então passivos da população. Por último, e não menos importante, levantaram a questão da distribuição escandalosamente distorcida das despesas públicas* no Brasil. [...]."

ANDERSON, Perry. In: A rua e o poder. *O Estado de S. Paulo*. 2 nov. 2013. Disponível em: <http://www.estadao.com.br/noticias/suplementos,a-rua-e-o-poder,1092517,0.htm>. Acesso em: 18 nov. 2013.

*O governo arrecada impostos, que são organizados num orçamento, elaborado pelo Poder Legislativo, que visa estabelecer onde e como os recursos serão investidos para a melhoria de vida da população.

O texto se refere aos protestos de junho e julho de 2013, que tiveram como objetivo a revogação dos aumentos ou a simples diminuição nos preços das tarifas de ônibus, ocorridos em importantes cidades brasileiras. A respeito deste fato, considere as afirmações a seguir:

I – Os protestos pela redução das tarifas de ônibus representaram um forte indício de aprimoramento da cidadania de uma importante parcela da população brasileira.

II – Os protestos pela redução das tarifas de ônibus demonstraram o despertar político dos jovens, em meio à massa que foi às ruas, exigindo, diretamente dos governantes, o atendimento de demandas populares.

III – Os protestos pela redução das tarifas de ônibus escancararam à população o escândalo da distribuição das despesas públicas no Brasil, um antigo mal à democracia e à justiça social no país.

Está correto o que foi afirmado em:

a) I e II.

b) II, apenas.

c) III, apenas.

d) I, II e III.

e) II e III.

C1 • H3

2 "Há uma geração [...] os intelectuais e artistas brasileiros equacionavam o problema cultural do país tendo como horizonte dois fatores preponderantes: o papel predador das nossas elites e o imperialismo norte-americano. O golpe militar havia mostrado claramente as intenções dos Estados Unidos de interferir no desenvolvimento de uma política cultural adequada às necessidades do nosso país. Trinta anos depois é possível constatar, por um lado, que a intervenção cultural norte-americana no Brasil é infinitamente mais agressiva, e sua presença, tão disseminada na sociedade brasileira como nunca antes esteve; e, por outro, que os intelectuais, em sua grande maioria, se calam diante dessa presença que continua entrando aqui sem pedir licença."

CARVALHO, José Jorge de. Imperialismo cultural hoje: uma questão silenciada. *Revista USP*, n. 32, p. 66-89, dez./fev. 1996/1997. Disponível em: <http://www.usp.br/revistausp/32/05-josejorge.pdf>. Acesso em: 13 nov. 2013.

Brasil: obras de longa-metragem exibidas na TV aberta por país de origem – 2008

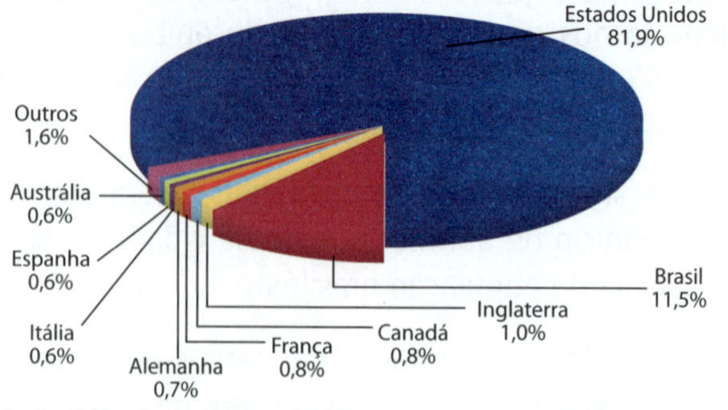

Fonte: elaborado com base em *Ancine*.

A partir da análise do texto e do gráfico e de seus conhecimentos sobre o poder da indústria cultural, é correto afirmar que:

a) os intelectuais brasileiros, em sua maioria, apoiam a política de imperialismo cultural exercida pelos Estados Unidos, em detrimento da produção cultural brasileira.

b) a produção cinematográfica estadunidense apoia-se em projetos de baixo custo; por isso, tem grande volume de lançamentos anuais e mais oferta de produtos para exportação.

c) como berço cultural do Ocidente, a Europa destaca-se como principal exportador de produção cinematográfica para o Brasil.

d) o Golpe Militar de 1964 rompeu com os Estados Unidos e bloqueou a entrada de produção cinematográfica estadunidense no Brasil.

e) a supremacia econômica dos Estados Unidos reflete-se também na indústria cultural, como no cinema, em que o país concentra os maiores estúdios de produção e distribuição do mundo, exercendo o que podemos chamar de imperialismo cultural em todo o planeta.

C6 • H28

3 "Um ditado popular no Brasil aponta 'lá onde o vento faz a curva', em referência a um lugar que é muito, muito distante. Soa pejorativo na maior parte dos usos, mas, para os moradores de Osório (RS), esse lugar é a casa deles – e com orgulho. Localizado no pé da serra Geral, em uma vasta planície repleta de rios e 23 lagoas, a cidade é um corredor natural para a passagem do vento e a criação de correntes ascendentes. É na região do morro da Borússia, por exemplo, que o sopro austral conhecido como minuano [...] surge de sua jornada desde o interior gaúcho em direção ao oceano Atlântico. O seco e gélido minuano, que ultrapassa com facilidade os 30 quilômetros por hora, não é o único nem o mais temido vento que costuma fazer a curva em Osório. O nordeste, ou 'nordestão', como é chamado pelos moradores, pode atingir 100 quilômetros por hora. Comum no verão, dura três dias, mas acaba com a paciência dos osorienses em bem menos tempo."

Revista *National Geographic Brasil*, ano 11, nº 129, dez. 2010. p. 44.

As condições apresentadas transformaram o município em questão num(a)

a) área arrasada pelos fortes ventos, que impede o desenvolvimento de atividades.

b) povoado pequeno e pouco desenvolvido, que perde população a cada ano.

c) núcleo urbano marcado pela poluição e contaminação dos recursos hídricos.

d) base de geração eólica, colaborando para atenuar a emissão de gases-estufa.

e) território caracterizado pela presença de areais, dada a intensificação da pecuária.

C6 • H28

4 Inversões globais em fontes alternativas de energia (2006), percentual por setor (*)

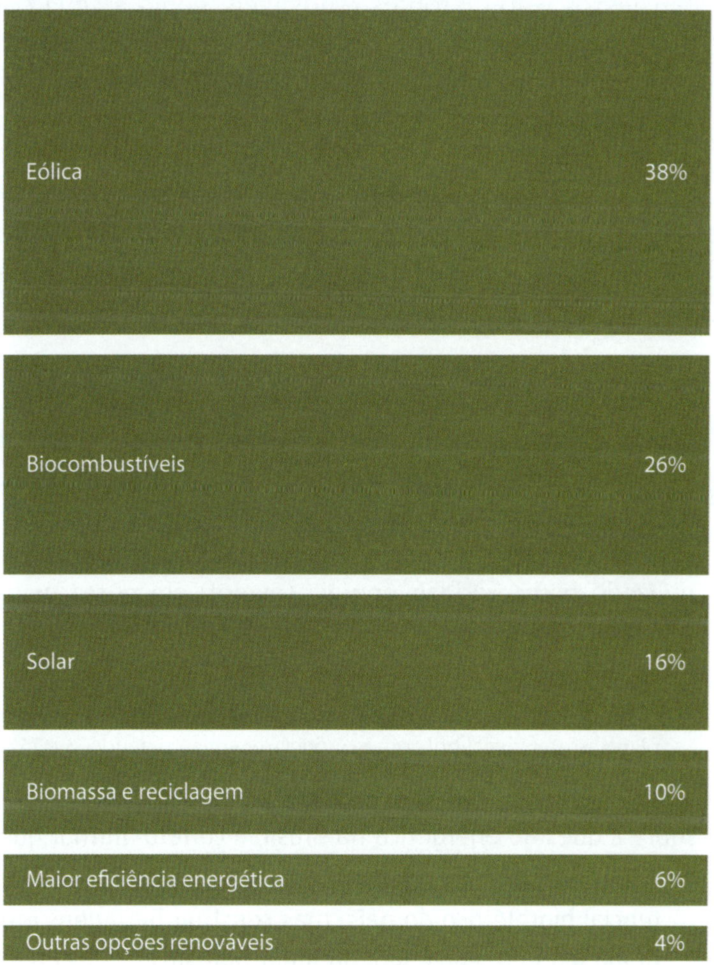

(*) em 2006, US$ 71 bilhões foram destinados à pesquisa e produção no setor, um aumento de 46% em relação ao ano anterior.

Fonte: Dossiê Terra. Revista *National Geographic*. São Paulo: Abril, 2007. p. 68.

Os novos investimentos nas fontes de energia citadas no gráfico revelam a

a) presença de medidas para viabilizar fontes limpas, renováveis e sustentáveis.

b) substituição da matriz energética mundial, hoje baseada em combustíveis fósseis.

c) ausência de tecnologias e recursos em energia para substituir fontes poluentes.

d) falta de viabilidade técnica e econômica de fontes alternativas como a eólica e a solar.

e) eliminação de fontes responsáveis pela emissão de gases--estufa, como o carvão mineral.

C6 • H29

5 "No ano passado [2009], 45,8% da energia usada pelos brasileiros veio de fontes renováveis, como a água corrente e a cana-de-açúcar, e o restante, de fontes não renováveis, principalmente petróleo e gás natural. É a matriz mais equilibrada entre as nações mais populosas ou ricas do planeta. A média mundial de uso de energias renováveis é de 12,7%; essa média cai para 6,2% entre os 30 países-membros da Organização para a Cooperação e o Desenvolvimento Econômico (OCDE), que inclui os EUA e as nações mais ricas do globo.

Outro componente invejável de nossa matriz é que o país, recentemente, equilibrou sua produção e seus gastos de petróleo e continua avançando nessa autonomia. Neste momento, também consegue ampliar de forma significativa o uso de fontes renováveis de energia. Em 2007, pela primeira vez, a cana-de-açúcar ocupou a segunda posição como material mais utilizado para produzir energia (etanol) em nossa matriz, suplantando a água – ou seja, a energia hidrelétrica, gerada pela força dos rios e das águas represadas."

Planeta Sustentável. *Brasil, energia múltipla*. Disponível em: <http://planetasustentavel.abril.com.br/noticia/energia/conteudo_394752.shtml>. Acesso em: 14 fev. 2014.

Sobre a questão energética no Brasil, é correto afirmar que

a) a bacia Amazônica e a do Araguaia-Tocantins têm o maior potencial hidrelétrico do país, mas construir barragens em topografia plana e baixa pode inundar florestas nestas áreas.

b) mesmo com recursos naturais que favorecem a geração eólica, solar e hidrelétrica, o país optou por matriz energética centrada em combustíveis fósseis como o petróleo e o carvão mineral.

c) as condições naturais do território favorecem a geração eólica e solar, mas estão ausentes do país programas e investimentos nestas fontes de energia alternativas.

d) com os investimentos em etanol e geração hidrelétrica, favorecidos pelas condições naturais, o país eliminou sua dependência em relação aos combustíveis fósseis.

e) uma das bases da matriz energética nacional, a geração hidrelétrica é uma fonte limpa, renovável e isenta de danos ambientais, sociais e econômicos.

C6 • H27

6 “**Pré-sal pode ameaçar biodiversidade marinha do Brasil, diz Greenpeace**

O Greenpeace Brasil lançou nesta quinta-feira um relatório sobre biodiversidade marinha e exploração de petróleo *offshore* (no oceano). Mar, petróleo e biodiversidade: a geografia do conflito traça um raio X da costa brasileira e contrapõe os setores de Meio Ambiente e Energia, fazendo a relação entre áreas prioritárias para a criação de Unidades de Conservação Marinhas e áreas onde a prospecção e a exploração de petróleo já acontecem. [...]

O economista e consultor Adriano Pires, diretor do Centro Brasileiro de Infraestrutura, confirma [...] a atividade tem riscos e um bom planejamento deve ser o início de toda iniciativa de exploração de petróleo no mar – principalmente no caso do pré-sal.

Temos a seguinte situação: a tecnologia hoje é muito incipiente para dar conta de casos como o vazamento do Golfo do México. O pré-sal é um projeto de risco porque nunca ninguém foi tão fundo e nem tão longe da costa para buscar petróleo. Se há um acidente, é capaz de acontecer igual ou pior do que o que ocorreu no Golfo, com meses de vazamento, diz Pires.”

NINNI, K. Disponível em: <http://www.estadao.com.br/noticias/vidae,pre-sal-pode-ameacar-biodiversidade-marinha-do-brasil-diz-greenpeace,645309,0.htm>. Acesso em: 17 fev. 2014.

O texto aponta para a

a) necessidade de se pensar em um modelo de exploração de petróleo de forma sustentável.

b) compatibilidade da extração de petróleo e a preservação da vida marinha.

c) exploração brasileira, que não deveria explorar o petróleo do pré-sal, já que não há tecnologia capaz de sanar possíveis acidentes em áreas tão profundas.

d) exploração do petróleo no pré-sal, que não tem permitido criar unidades de conservação marinhas.

e) matriz energética brasileira, que é composta 80% de combustíveis fósseis. Assim, não poderá deixar de explorar o pré-sal, mesmo que isso implique ameaças à biodiversidade marinha.

C6 • H28

7

"**Nova fronteira exploratória representa desafio tecnológico**

Com a descoberta de novas reservas, como o megacampo de Tupi, na Bacia de Santos, a Petrobras se coloca diante de um novo desafio para a indústria petrolífera mundial: produzir petróleo e gás natural em áreas localizadas abaixo da camada de sal. Para isso, a Petrobras tem concentrado esforços para gerar e disseminar tecnologias para incorporar reservas e desenvolver a futura produção das descobertas exploratórias da seção pré-sal, nas bacias de Santos e Campos."

Disponível em: <http://www2.petrobras.com.br/portal/tecnologia.htm>. Acesso em: 17 fev. 2014.

A exploração de petróleo e gás na camada pré-sal representa

a) um grande desenvolvimento tecnológico da Petrobras, permitindo-lhe solucionar todos os problemas com possíveis vazamentos de petróleo, decorrentes da exploração da camada pré-sal.

b) um grande desenvolvimento tecnológico capaz de localizar a camada do pré-sal, sob as águas oceânicas, abaixo de uma espessa camada de sal, que se estende por 800 km entre o litoral de Santa Catarina e o litoral do Espírito Santo.

c) o início das pesquisas brasileiras para exploração de petróleo e gás em plataforma continental.

d) o fim da grande dependência do Brasil do petróleo importado do Oriente Médio.

e) a importação, de países mais desenvolvidos, de novas tecnologias, permitindo a localização e a exploração da camada de pré-sal em território brasileiro.

C3 • H15

8 "O secretário-geral da ONU, Ban Ki-moon destacou nesta quarta-feira (6) a importância de proteger o meio ambiente em tempos de conflito armado e ressaltou que uma forte governança dos recursos naturais pode ajudar a prevenir conflitos e contribuir para a paz a longo prazo.

'Fortalecer o gerenciamento dos recursos naturais e melhorar o monitoramento dos Estados afetados por conflitos pode ajudar a evitar que os recursos alimentem os conflitos e direcionar receitas muito necessárias para a revitalização econômica e contribuir para a paz mais duradoura', disse Ban em sua mensagem marcando o Dia Internacional para a Prevenção da Exploração do Meio Ambiente em Tempos de Guerra e Conflito Armado.

De acordo com o Programa das Nações Unidas para o Meio Ambiente (PNUMA), pelo menos 40% de todos os conflitos internos nos últimos 60 anos têm sido associados com a exploração dos recursos naturais – sejam os recursos de alto valor como madeira, diamantes, ouro e petróleo, como recursos escassos como a terra fértil e água.

Na Somália, por exemplo, estima-se que o comércio ilegal de carvão vegetal representa uma receita anual de até 384 milhões de dólares para grupos insurgentes e terroristas."

ONU: 40% de conflitos internos nos últimos 60 anos têm vínculo com exploração dos recursos naturais. *Nações Unidas Brasil.* 7 nov. 2013. Disponível em: <http://www.onu.org.br/onu-40-de-conflitos-internos-nos-ultimos-60-anos-tem-vinculo-com-exploracao-dos-recursos-naturais/>. Acesso em: 8 nov. 2013.

Mundo: conflitos e intervenções militares

Sonia Vaz

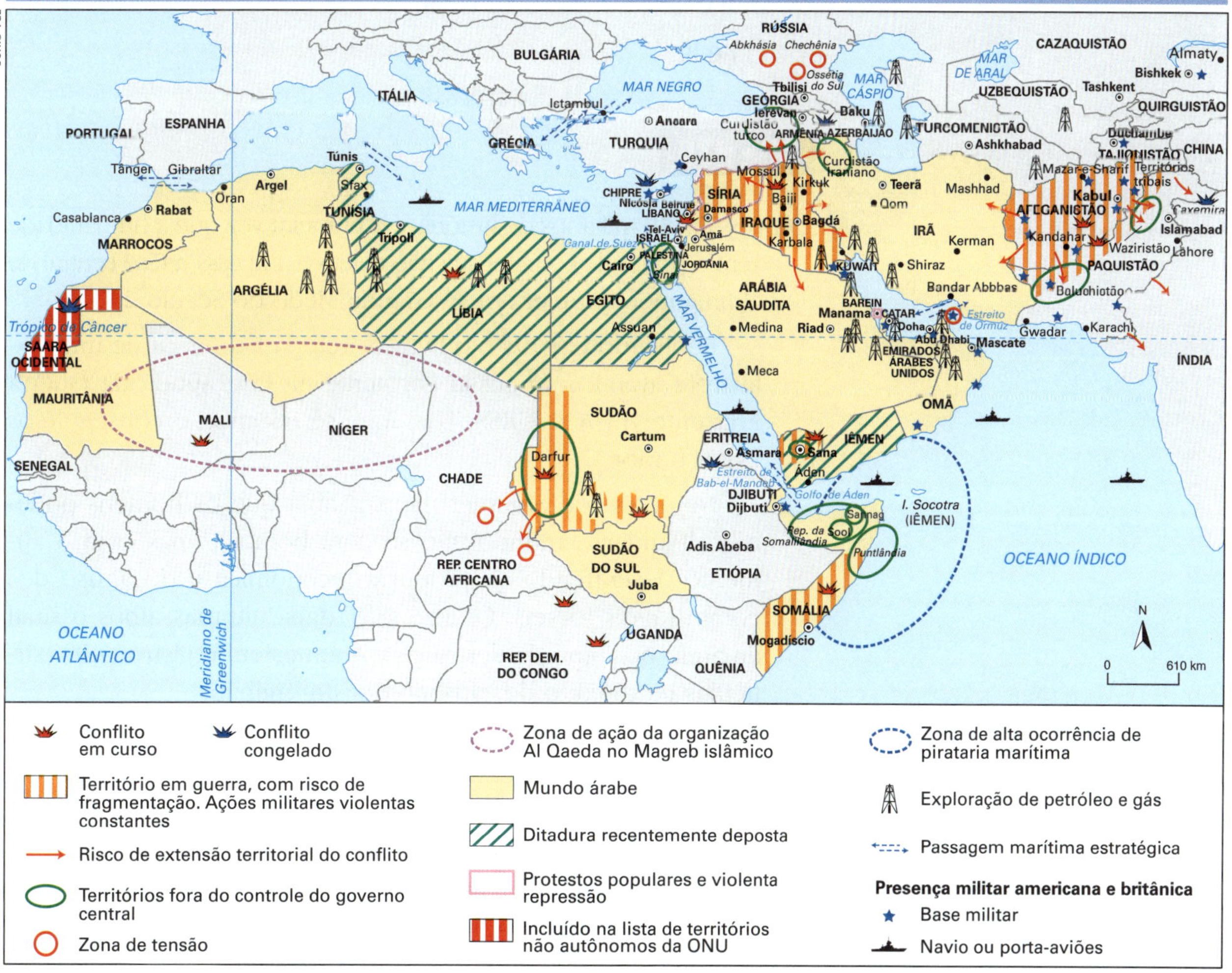

Fonte: elaborado com base em *L'Atlas 2013 Le Monde diplomatique*. Paris: Vuibert, 2012. p. 148-149.

Com base nas informações contidas no texto, na análise do mapa e em seus conhecimentos em geopolítica e conflitos, considere as seguintes afirmações:

I – As grandes potências capitalistas, sob a liderança dos Estados Unidos, têm no petróleo um dos recursos naturais de maior importância para a manutenção de sua hegemonia econômica.

II – Para garantir o pleno fornecimento de petróleo, as grandes potências capitalistas, lideradas pelos Estados Unidos, contribuem historicamente, de forma decisiva, direta ou indiretamente, para conflitos armados que possam favorecer suas empresas petrolíferas que atuam em regiões subdesenvolvidas produtoras de petróleo, como a África Setentrional e o Oriente Médio.

III – Os contrabandos de ouro e de carvão vegetal são as atividades criminosas responsáveis pelo financiamento do maior número de operações de grupos terroristas na África Setentrional e no Oriente Médio.

Está correto o que foi afirmado em:

a) I, apenas
b) II e III.
c) I e II.
d) I, II e III.
e) I e III.

C6 • H30

9 "Em 10 mil anos de história, é a primeira vez que a humanidade tem o poder de cometer suicídio coletivo. Era essa a tese central de Emmanuel Mounier em 'O Grande Medo do Século 20'.

Publicado em 1947, o livro se referia à ameaça de uma catástrofe atômica, angústia constante na fase aguda da Guerra Fria entre EUA e URSS. Passaram-se 66 anos e conseguimos evitar o pior.

Na época de Mounier não se sabia que os homens poderiam liquidar o mundo não só com bombas, mas com o aumento desenfreado da produção econômica e do abuso dos combustíveis fósseis. Quinze dias atrás, ultrapassamos o sinal amarelo no rumo da destruição. A atmosfera registrou 400 partículas de dióxido de carbono por um milhão.

É preciso recuar 4,5 milhões de anos para encontrar concentração comparável. O clima era então muito mais quente, quatro ou cinco graus a mais em média. No ritmo atual, não existe nenhuma possibilidade de limitar o aquecimento global a dois graus como decidido em Copenhague. Se algo não mudar, vamos chegar ao fim do século com 800 partículas e mudança de clima de dimensões que ameaçam a sobrevivência da civilização tal como a conhecemos.

A violação da marca simbólica de 400 por milhão não provocou nenhuma declaração ou alerta de chefes de Estado. Um dia depois, os jornais esqueceram o assunto e voltou-se ao dia a dia como se nada tivesse acontecido. Como explicar tal indiferença diante da morte anunciada que espera o mundo dos homens? [...]."

RICUPERO, R. É inevitável o suicídio coletivo?. *Folha de S.Paulo*. 27 mai. 2013. Disponível em: <http://www1.folha.uol.com.br/colunas/rubensricupero/2013/05/1285414-e-inevitavel-o-suicidio-coletivo.shtml>. Acesso em: 7 nov. 2013.

O texto afirma que:

a) se mantidos os níveis atuais de poluição atmosférica no planeta, dentro de aproximadamente 80 anos a humanidade será totalmente extinta, por conta do aquecimento global e da má qualidade do ar.

b) a continuidade do modelo desenvolvimentista, que promove o constante crescimento da produção industrial para a manutenção da sociedade de consumo, provoca alarmantes níveis de poluição atmosférica, já percebidos através da ameaça do aquecimento global, e, se não for modificado substancialmente, poderá ocasionar, em última instância, a extinção da raça humana.

c) o aquecimento global se dá, fundamentalmente, por causa do volume de dióxido de carbono despejado na atmosfera terrestre durante o período da Guerra Fria, marcado pela corrida armamentista e tecnológica, travada entre União Soviética e Estados Unidos.

d) a camada de ozônio na atmosfera tem alcançado níveis alarmantes e, se dentro de um século, nenhuma medida for tomada pelos órgãos ambientais dos governos mundiais e da ONU, a raça humana pode ser, simplesmente, extinta.

e) com a violação da marca de 400 partículas de dióxido de carbono por milhão, os chefes de Estado já estão preparando o seu discurso para anunciar o fim da humanidade dentro de 20 anos.

C6 • H30

10 "Os agrocombustíveis vêm sendo apresentados por seus defensores como solução para graves problemas que preocupam a humanidade neste início de século. Defende-se que, de um lado, poderiam resolver ou pelo menos mitigar significativamente a crescente crise energética (e econômica) provocada pelo aumento brutal dos preços do petróleo. De outro, poderiam diminuir a emissão de gases de efeito estufa, contribuindo, portanto, para enfrentar o problema do aquecimento global."

WEID, J. M. von der. Agrocombustíveis: Solução ou Problema? Em: ABRAMOVAY, R. (Org.). *Biocombustíveis:* a energia da controvérsia. São Paulo: Senac, 2009. p. 101.

A situação dos agrocombustíveis, na matriz energética brasileira, pode ser caracterizada

a) pelos altos investimentos públicos no pré-sal, realizados desde 2007, como uma estratégia do governo para a substituição da matriz energética brasileira, que privilegiaria o gás natural no lugar da biomassa.

b) por sua contribuição no aumento de CO_2 na atmosfera, já que várias áreas florestadas estão sendo desmatadas para o cultivo de cana-de-açúcar.

c) pelos altos investimentos brasileiros, já que a matriz energética do país tem mais de 80% em sua composição de energia hidráulica.

d) pelo privilégio da produção de energia eólica e solar, já que os agrocombustíveis também são responsáveis pelo lançamento de CO_2 na atmosfera.

e) por sua contribuição em diminuir a emissão de CO_2 do país.

C6 • H29

11

"Brasil aumentou em 77% capacidade de geração de energia eólica

A capacidade de geração de energia eólica no Brasil aumentou 77,7% em 2009, em relação ao ano anterior. Com isso, o país passou a ter uma capacidade instalada de 606 megawatts (MW), contra os 341 MW de 2008.

Os dados, divulgados hoje [3 fev. 2010] pelo Conselho Global de Energia Eólica (GWEC, na sigla em inglês), mostram que o Brasil cresceu mais do que o dobro da média mundial: 31%.

O crescimento brasileiro foi maior, por exemplo, que o dos Estados Unidos, que teve aumento de 39%, o da Índia (13%) e o da Europa (16%), mas menor que o da China, cuja capacidade de geração ampliou-se em 107%.

O Brasil também cresceu menos do que a média da América Latina, cujo aumento foi de 95%, puxado, em grande parte, pelas expansões de capacidade do México (137%), Chile (740%), da Costa Rica (67%) e Nicarágua (que saiu de zero para 40 MW).

[...] O Brasil responde por cerca da metade da capacidade instalada na América Latina, mas representa apenas 0,38% do total mundial. Para o diretor-executivo da Associação Brasileira de Energia Eólica (ABEEólica), Pedro Perrelli, o desenvolvimento do parque eólico do país só não é maior porque o Brasil tem muita capacidade hidrelétrica instalada e potencial. [...]."

ABDALA, V. Disponível em: <http://www1.folha.uol.com.br/folha/ambiente/ult10007u689283.shtml>. Acesso em: 17 fev. 2014.

Uma das razões que justificaria a situação brasileira, em relação à energia eólica, é:

a) as condições naturais desfavoráveis para instalação de parques eólicos em seu território.

b) o elevado custo de implantação e manutenção de parques eólicos.

c) os grandes impactos socioambientais gerados por esta fonte energética.

d) o interesse dos setores público e privado nesta fonte de energia é muito recente.

e) a exploração do pré-sal inviabilizou investimentos em energia eólica, já que a produção de petróleo e gás será suficiente para abastecer diversas centrais termelétricas em todo o território brasileiro.

C6 • H27

12 "Com 53 áreas indígenas em diversos estágios de estudo e demarcação, o Mato Grosso do Sul (MS) tem se destacado, historicamente, como o Estado brasileiro com o maior número de casos de violência e de conflitos envolvendo a disputa de terras entre indígenas e produtores rurais. [...]

Os conflitos têm se intensificado na última década com a expansão das culturas de soja e cana nas regiões sudoeste e sul do Estado [...].

Nos últimos anos, o setor sucroalcooleiro, fortemente incentivado pelo governo estadual, foi um dos que mais cresceu no Mato Grosso do Sul. [...]

O crescente número de usinas tem demandado uma área cada vez maior de cana. Como grande parte delas vem se instalando nas regiões sudeste e sul do Estado, onde se concentram os territórios Guarani, a atividade sucroalcooleira acabou impulsionando a produção de matéria-prima em fazendas que incidem sobre terras indígenas.

Além de ser um vetor de conflitos sociais e fundiários – tratados neste relatório nos estudos de caso –, o plantio de cana em áreas indígenas (assim como no Pantanal, na Amazônia e na Bacia do Alto Paraguai) passou a ser considerado irregular e inapto a receber financiamento público com a publicação do Decreto Nº 6.961, de 17 de setembro de 2009, que aprovou o Zoneamento Agroecológico da Cana-de-açúcar (ZAE). O decreto foi regulamentado pelo Conselho Monetário Nacional (CMN) em outubro do mesmo ano."

Em terras alheias: A produção de soja e cana em áreas Guarani no Mato Grosso do Sul. *Repórter Brasil*. Disponível em: <http://reporterbrasil.org.br/documentos/emterrasalheias.pdf>. Acesso em: 11 nov. 2013.

Retração da vegetação nativa – 1980-2010

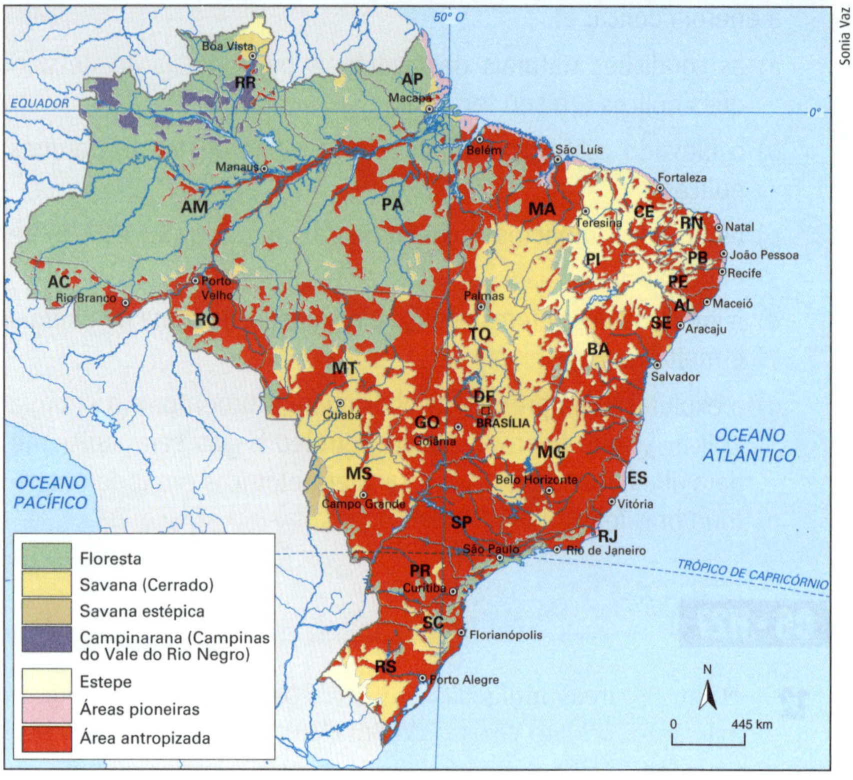

Fonte: *Atlas geográfico escolar*. Rio de Janeiro: IBGE, 2012. p. 102.

A partir das informações contidas no texto, da análise do mapa e de seus conhecimentos a respeito do tema abordado, considere as seguintes afirmações:

I – O plantio de cana-de-açúcar para a produção de etanol, como combustível automotivo, começou no Brasil no final da década de 1970, impulsionado pelo Programa Nacional do Álcool (Pro-Álcool), que consistia numa série de incentivos dados pelo governo brasileiro a montadoras de automóveis e usineiros, com o objetivo de minimizar os efeitos da crise do petróleo.

II – A produção de cana-de-açúcar para fins de etanol combustível, desde o seu início até os dias atuais, agravou a questão fundiária no Brasil, dado que grandes empresas do setor passaram a adquirir inúmeras pequenas propriedades agrícolas produtoras de alimentos para expandir a sua produção.

III – O aumento significativo do número de usinas sucroalcooleiras em regiões do Mato Grosso do Sul, nos últimos anos, acabou impulsionando a produção de matéria-prima em fazendas que ocupam terras indígenas, o que, além de expropriar os nativos de suas terras, promove o desmatamento de espécies nativas e fomenta conflitos fundiários. Na tentativa de amenizar esses efeitos, o governo, por meio de decreto, passou a desautorizar financiamento público a produtores de cana que atuem em terras indígenas.

Está correto o que foi afirmado em:

a) I, II e III.
b) III, apenas.
c) II e III.
d) I, apenas.
e) I e III.

C2 • H7

13 **"A geografia**

Em Chicago, não há ninguém que não seja negro. Em pleno inverno, em Nova York, o sol frita as pedras. No Brooklyn, as pessoas que chegam vivas aos trinta anos mereceriam uma estátua. As melhores casas de Miami são feitas de lixo. Perseguido pelas ratazanas, Mickey foge de Hollywood.

Chicago, Nova York, Brooklyn, Miami e Hollywood são os nomes de alguns dos bairros de Cite Soleil, o subúrbio mais miserável da capital do Haiti."

GALEANO, E. *Bocas do Tempo*. Porto Alegre: L&PM, 2004. p. 206.

Assinale a alternativa que melhor explicita o conteúdo do texto.

a) O domínio colonial estadunidense influenciou imensamente a língua e a cultura haitianas, por isso os nomes dos bairros são Chicago, Nova York, Brooklyn, Miami e Hollywood.

b) A imigração de escravos vindos de Chicago, nos EUA, determinou o perfil absolutamente negro da população do Haiti, por isso *Em Chicago, não há ninguém que não seja negro*.

c) Por ser um país localizado na região caribenha, o Haiti tem um clima com temperaturas semelhantes a Nova York, por isso *Em pleno inverno, em Nova York, o sol frita as pedras*.

d) O Haiti vive há anos uma situação de violência, ausência de legitimidade do poder estatal e interferências estrangeiras, por isso *No Brooklyn, as pessoas que chegam vivas aos trinta anos mereceriam uma estátua*.

e) Como resultado de uma grande campanha ecológica promovida pelos seguidos governos, os bairros do Haiti passaram a construir casas de material reciclável, por isso *As melhores casas de Miami são feitas de lixo*.

C4 • H16

14 Em termos de esgotamento dos potenciais, verifica-se que as bacias mais saturadas são a do Paraná e a do São Francisco, com índices de aproveitamento (razão entre potencial aproveitado e potencial existente) de 64,5% e 39,2%, respectivamente [...]. As menores taxas de aproveitamento são verificadas nas bacias do Amazonas e Atlântico Norte/Nordeste. Em nível nacional, cerca de 25,6% do potencial hidrelétrico estimado já foi aproveitado. Em relação ao potencial inventariado, essa proporção aumenta para 37,3%. A tabela a seguir ilustra os índices de aproveitamento dos potenciais hidráulicos brasileiros por sub-bacia hidrográfica.

Bacia Hidrográfica	Inventariado (MW) [a]	Inventariado + Estimado (MW) [b]	Capacidade Instalada (MW) [c]	Índices de aproveitamento	
				[c/a]	[c/b]
Bacia do Rio Amazonas	40 883,07	105 047,56	667,30	1,6%	0,6%
Bacia do Rio Tocantins	24 620,65	26 639,45	7 729,65	31,4%	29,0%
Bacia do Atlântico Norte/Nordeste	2 127,85	3 198,35	300,92	14,1%	9,4%
Bacia do Rio São Francisco	24 299,84	26 217,12	10 289,64	42,3%	39,2%
Bacia do Atlântico Leste	12 759,81	14 539,01	2 589,00	20,3%	17,8%
Bacia do Rio Paraná	53 783,42	60 902,71	39 262,81	73,0%	64,5%
Bacia do Rio Uruguai	11 664,16	12 815,86	2 859,59	24,5%	22,3%
Bacia do Atlântico Sudeste	7 296,77	9 465,93	2 519,32	34,5%	26,6%
Brasil	177 435,57	258 825,99	66 218,23	37,3%	25,6%

Evolução da concentração das usinas hidrelétricas do Brasil (1950-2000)

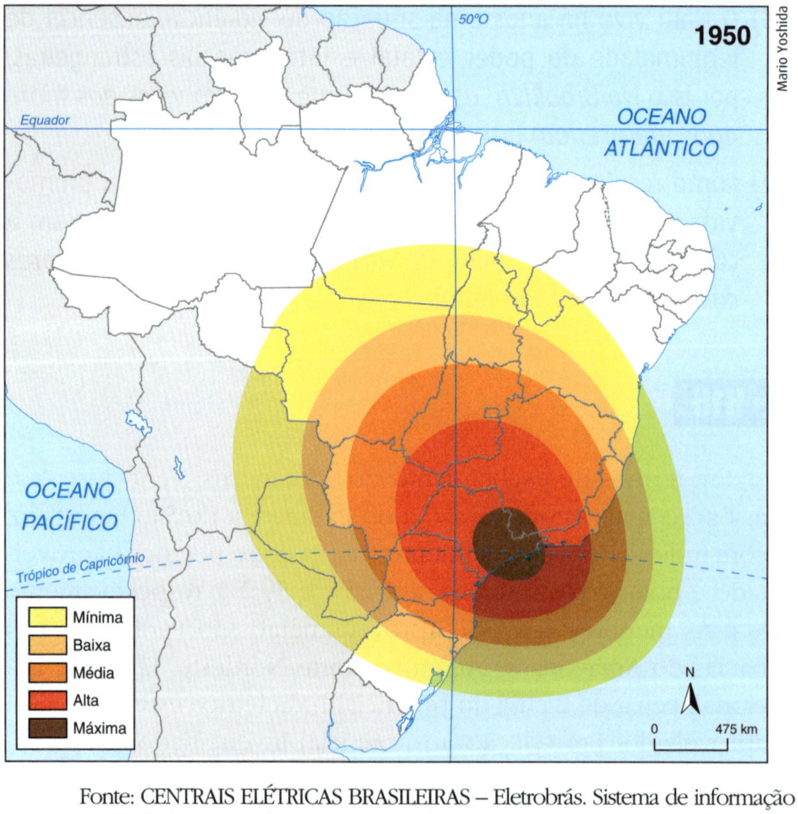

Fonte: CENTRAIS ELÉTRICAS BRASILEIRAS – Eletrobrás. Sistema de informação do potencial hidrelétrico brasileiro – Sipot. Rio de Janeiro, abr. 2003. Disponível em: <http://www.aneel.gov.br/aplicacoes/atlas/energia_hidraulica/4_5.htm>. Acesso em: 17 fev. 2014.

Evolução da concentração das usinas hidrelétricas do Brasil (1950-2000)

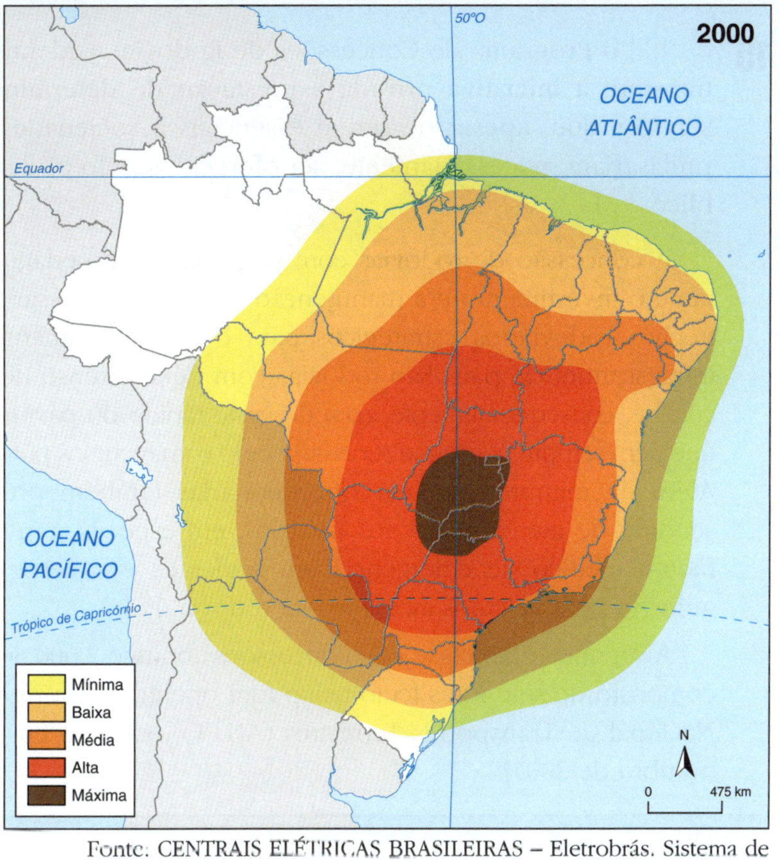

Fonte: CENTRAIS ELÉTRICAS BRASILEIRAS – Eletrobrás. Sistema de informação do potencial hidrelétrico brasileiro – Sipot. Rio de Janeiro, abr. 2003. Disponível em: <http://www.aneel.gov.br/aplicacoes/atlas/energia_hidraulica/4_5.htm>. Acesso em: 17 fev. 2014.

De posse das informações anteriores, pode-se inferir que o aproveitamento hidrelétrico das bacias hidrográficas no Brasil

a) é realizado, cada vez mais, nas bacias hidrográficas de grande vazão e fluxo fluvial, de modo que as bacias hidrográficas da Amazônia e do Cerrado possuem os maiores índices de aproveitamento.

b) se deslocou, conforme o mapa, da região de São Paulo e Rio de Janeiro, em 1950, para a região de Brasília, em 2000, devido à mudança da capital do Brasil para essa área do interior do país.

c) ainda não é muito alto, considerando-se que entre 62% e 74% não estão aproveitados. Nota-se que a bacia onde existe o maior potencial estimado é a região que tem a maior demanda de produção de energia no Brasil.

d) embora tenha se interiorizado sobremaneira entre 1950 e 2000, ainda responde, prioritariamente, a uma demanda dos maiores centros urbanos, localizados nas áreas litorâneas, sobretudo.

e) não prioriza o uso das bacias hidrográficas litorâneas que, além de possuírem alto potencial hidrelétrico, é onde estão justamente as maiores metrópoles do país.

C4 • H18

15 "[...] o Programa de Concessões de Rodovias Federais [...] transfere à iniciativa privada a prestação de determinados serviços que, apesar de serem essenciais à sociedade, não precisariam, necessariamente, ser oferecidos pelo poder público. [...]

A concessão de rodovias com pagamento de pedágio garante o investimento e a manutenção constante necessária em trechos rodoviários estratégicos para o desenvolvimento da infraestrutura do país. São rodovias com fluxo intenso de veículos e, consequentemente, com desgaste rápido do pavimento, que nem sempre consegue ser recuperado com recursos públicos. Além da manutenção, as concessionárias também prestam serviços de atendimento aos usuários, em especial, o atendimento médico de emergência em acidentes e o serviço de guincho para veículos avariados na rodovia. [...]

A segunda etapa fase I de concessões abrange 2 600,80 km, composto de sete lotes [cujo leilão fora operado pela Agência Nacional de Transportes Terrestres (ANTT), ocorrido em 9 de outubro de 2007].

Rodovias	Trecho	Extensão (km)
BR-116/PR/SC	Curitiba-Div. SC/RS	412,70
BR-376/PR – BR-101/SC	Curitiba-Florianópolis	382,33
BR-116/SP/PR	São Paulo-Curitiba (Régis Bitencourt)	401,60
BR-381/MG/SP	Belo Horizonte-São Paulo (Fernão Dias)	562,10
BR-393/RJ	Div. MG/RJ-Entroncamento com a Via Dutra	200,40
BR-101/RJ	Ponte Rio-Niterói -Div. RJ/ES	320,10
BR-153/SP	Div. MG/SP -Div. SP/PR	321,60
TOTAL	7 TRECHOS	2 600,80

A segunda etapa fase II de concessões abrange 680,6 km, composto de 1 (um) lote [cujo leilão fora operado pela ANTT em 21 de janeiro de 2009].

Rodovias	Trecho	Extensão (km)
BR-116/324 BA	BR-116 – Feira de Santana	554,10
	BR-324 – Salvador-Feira	113,20
	BR-526 / BR-324 / BA-528	9,30
	BA-528 / BA-526 / Aratu	4,00
TOTAL		680,60

Em ambos os casos, esses trechos de rodovias federais serão explorados e administrados pela iniciativa privada durante 25 anos."

Disponível em: <http://www.antt.gov.br/concessaorod/apresentacaorod.asp>. Acesso em: 17 fev. 2014.

A partir das informações anteriores e de seus conhecimentos sobre o assunto, pode-se inferir que:

a) O Brasil, possuindo um território de dimensões continentais, possui vasta diversificação em sua matriz de transporte. Assim, conceder trechos de rodovias federais à iniciativa tem pouco impacto nos custos de produção e circulação de mercadorias pelo país.

b) O programa de concessões consiste em transferir boa parte dos custos de manutenção dessas rodovias para a Agência Nacional de Transportes Terrestres (ANTT), órgão estatal criado especialmente para essa finalidade.

c) As rodovias são eixos de circulação vitais em várias regiões do país. Contudo, tanta importância tem consequências: a necessidade de reparos constantes no pavimento da malha rodoviária brasileira e a apregoada incapacidade do Estado em efetivar constantemente essa manutenção.

d) As tabelas anteriores mostram o alcance desse programa: a maior parte dos trechos concedidos atravessam as regiões mais distantes do litoral brasileiro, áreas que mais necessitam de políticas constantes de manutenção da malha rodoviária pelo seu isolamento em relação às demais regiões do país.

e) O programa de concessões prevê que esses trechos, que são muito importantes para a circulação de pessoas e mercadorias pelo território nacional, sejam perpetuamente administrados pelas empresas privadas.

C4 • H16

16 "Os donos do poder nunca entram em diálogo pessoal com o povo. Eles se servem do instrumental fantástico dos meios de comunicação de massa, para distração geral; para que o povo não pense em si mesmo e não enxergue o buraco em que está metido. Daí a intoxicação futebolística."

COMPARATO, F. K. Revista *Caros Amigos*. São Paulo: Casa Amarela, 2010. p. 12-16.

Estendendo a compreensão do fenômeno abordado no texto para o conjunto da televisão aberta no Brasil, temos que

a) os canais refletem o gosto do brasileiro, por isso a densidade de programação destinada ao esporte, em particular o futebol.

b) a qualidade das imagens no país é excepcional, colocando-nos dentre os primeiros do mundo em produção de uma programação muito variada.

c) o pessimismo não leva a lugar algum, a televisão nacional apresenta alguns problemas, mas devido ao enorme potencial deste país, eles serão solucionados por si só.

d) a mídia de massa é oportuna ao tratar de temas de interesse público, futebol é um exemplo, porque as pesquisas de opinião determinam a programação, tendo em vista as aspirações dos telespectadores.

e) salvo algumas exceções, a programação apresenta baixa qualidade de conteúdo, não há estimulo à reflexão tampouco à criatividade, revelando-se em um amplo processo de alienação.

C4 • H16

17 "[...] o etanol utiliza a cotação do petróleo como parâmetro, a taxa média de lucro na agricultura subiu de patamar e puxou consigo o preço médio de todos os produtos alimentícios. Ou seja, a população em geral, consumidora de alimentos, teve de ajudar a pagar a taxa média de lucro que os capitalistas e os fazendeiros impuseram em função da produção dos agrocombustíveis."

STEDILE, J. P. Uma outra matriz produtiva. Em: *Le Monde Diplomatique Brasil*. Disponível em: <http://www.diplomatique.org.br/artigo.php?id=417>. Acesso em: 17 fev. 2014.

A relação estabelecida pelo texto evidencia a(s)

a) interdependência de alguns setores da economia, traduzida em impactos na cadeia produtiva e refletindo-se, ao final, no nível de preço de alguns produtos.

b) questões ambientais contemporâneas, por isso qualquer alternativa energética é viável, independentemente das consequências.

c) solução para os problemas econômicos do Brasil contemporâneo, justificando a abertura do território brasileiro para quaisquer grupos que pretendam expandir a produção de etanol.

d) independência da formação da matriz energética de um país, levando à conclusão de que o Brasil não possui limites para expandir a produção de etanol.

e) modernização do campo, com base no *agrobusiness*, viabilizando um combustível ambientalmente correto, capaz de eliminar as distorções históricas da estrutura fundiária do Brasil.

Unidade 9

C2 • H7

1 "Pelos finais de Oitocentos e meados do século XX, o continente europeu mantinha uma posição hegemônica relativamente aos restantes continentes. Esta supremacia advinha do imperialismo. Os países mais fortes da Europa, grandes potências industrializadas, governavam o mundo, que se encontrava dividido em territórios coloniais e áreas geográficas onde exerciam uma forte influência política e econômica. [...]

No início do século XX, a Europa prosseguia o processo de europeização do mundo, mas agora contava já com a concorrência dos Estados Unidos e do emergente Japão, que à semelhança da Europa tiravam partido de uma política de expansionismo territorial para atingir as suas principais metas: o crescimento econômico e o poderio político.

Os Estados Unidos entraram numa fase de industrialização logo após o término da Guerra da Secessão (1861-1865), passando automaticamente a poder estar em pé de igualdade com as grandes potências europeias. [...]."

Imperialismo e Colonialismo: a Partilha do Mundo (1860-1914). *Infopédia*. Porto: Porto Editora, 2003-2013. Disponível em: <http://www.infopedia.pt/$imperialismo-e-colonialismo-a-partilha-do>. Acesso em: 14 nov. 2013.

Com base nas informações contidas no texto e em seus conhecimentos sobre geopolítica mundial, podemos depreender que:

a) Estados Unidos e Japão não podem ser consideradas nações imperialistas, posto que consolidaram sua condição de potência somente no início do século XX.

b) Estados Unidos e Japão, como se apresentam no atual quadro geopolítico mundial, com todo o seu poderio econômico e influência política, tiveram a consolidação da sua condição de potência através de práticas imperialistas, como o expansionismo territorial, após a Segunda Revolução Industrial.

c) as antigas nações desenvolvidas da Europa Ocidental tiveram sua posição enfraquecida após a Segunda Revolução Industrial, perdendo sua condição de potência nos dias atuais.

d) as nações expansionistas europeias mantêm-se, desde o século VIII até os dias de hoje, como as maiores potências econômicas do mundo.

e) desde a Segunda Revolução Industrial, o mundo está dividido entre duas superpotências hegemônicas: Estados Unidos e Japão.

C4 • H20

2 "[Nos] idos da década de 1990, o pensamento neoliberal mostrava-se como uma formidável máquina de produção de consensos. Seu aparato ideológico foi (e é) sumamente eficaz na reverberação de um pensamento único que glorificava o individualismo, o empreendedorismo e o fim dos direitos sociais. [...] Provocava desemprego, precarização do trabalho, privatizações e ataques aos direitos sociais. [...] Formas clássicas de organização política entravam em crise, como os sindicatos e os movimentos sociais. [...]. A realidade dos mais pobres era desesperadora. No entanto, para o discurso hegemônico, a sociedade havia chegado ao seu melhor momento [...]. Em síntese, aquele era um tempo histórico em que se via acentuada uma das principais características das formas sociais capitalistas: o descompasso entre a realidade e o discurso que se fazia desta. [...]."

D'ANDREA, Tiarajú. Fim de semana no parque: vinte anos. *Le Monde Diplomatique Brasil*. 1º nov. 2013. Disponível em: <http://www.diplomatique.org.br/artigo.php?id=1539>. Acesso em: 22 nov. 2013.

No texto, são apresentadas as consequências de qual processo socioeconômico observado a partir das últimas décadas do século XX?

a) O da privatização, que promoveu a substituição de importações e provocou o declínio do comércio informal de produtos contrabandeados nas regiões de periferia, resultando na marginalização de muitas famílias de trabalhadores informais.

b) O da mecanização da indústria, responsável pela demissão de inúmeros trabalhadores das fábricas, a maioria destes moradores das periferias.

c) O da militarização dos cargos públicos, que fundou uma maneira de governar, nas grandes cidades brasileiras, calcada em conceitos discriminatórios e de exclusão social, em benefício de uma minoria abastada.

d) O da globalização que, apoiada em conceitos neoliberais, promoveu privatizações e a enxurrada de produtos importados no Brasil, incentivando o consumo das classes abastadas, e que, em contrapartida, provocou desemprego em massa da classe trabalhadora, com o fechamento de muitas indústrias nacionais incapazes de competir com a concorrência estrangeira, evidenciando, assim, enorme desigualdade social.

e) O do ilusionismo, que dedica-se, através de eficazes aparatos de publicidade em massa, a apresentar uma realidade muito diferente da que se vivencia nas periferias brasileiras cotidianamente.

C6 • H30

3 "A exploração de alumínio se tornou um problema de saúde pública no município de Barcarena, no estado do Pará. A cidade, de 120 mil habitantes, concentra a maior refinaria do metal do mundo. Toda a movimentação em torno da atividade industrial seria responsável por problemas ambientais, sociais e trabalhistas. A qualidade da água nas áreas do entorno das atividades industriais foi reprovada em mais de 90% dos casos por fatores de controle químico ou microbiológicos. [...]

'O mais grave é a forma de relação e atuação das empresas, que poderiam ter muito mais respeito com o meio ambiente e os seres humanos que residem naquela região. Associado a isso, temos a clara omissão do poder público', aponta o pesquisador da Seção de Meio Ambiente do IEC [Instituto Evandro Chagas], Marcelo Lima. 'Diante disso, temos uma população que observa sua condição de qualidade de vida gradativamente piorar, agravados por tantos impactos ambientais', conclui. [...]."

Estudo indica que indústria do alumínio no Brasil prejudica saúde pública. *Deutsche Welle*. 12 set. 2013. Disponível em: <http://www.dw.de/estudo-indica-que-ind%C3%BAstria-do-alum%C3%ADnio-no-brasil-prejudica-sa%C3%BAde-p%C3%BAblica/a-17071842>. Acesso em: 21 nov. 2013.

Com base nas informações contidas no texto e em seus conhecimentos sobre o setor industrial no Brasil e a questão ambiental, considere as seguintes afirmações:

I – Segundo estudos ambientais realizados no município de Barcarena, no Pará, lugar onde está localizada a maior refinaria de alumínio do mundo, a exploração deste metal na região não afeta a qualidade da água oferecida à população.

II – As autoridades e o poder público têm enfrentado seriamente a degradação ambiental ocasionada pela produção de alumínio no município de Barcarena, no Pará.

III – O município de Barcarena, no Pará, enfrenta enorme problema ambiental em decorrência da produção de alumínio na região, que contamina seriamente as águas no entorno de onde se realiza esta atividade industrial. O poder público tem se mostrado omisso no combate a este grave problema.

Está correto o que foi afirmado em:

a) I, II e III.
b) II e III.
c) III, apenas.
d) I e II.
e) II, apenas.

C4 • H17

4 A Embrapa é um sistema formado por quinze unidades administrativas e por quarenta e quatro Unidades de Pesquisa e de

Serviços, distribuídas em todas as regiões do Brasil e atuando segundo demandas regionais específicas. Seu edifício-sede se localiza em Brasília (DF). A Embrapa se dedica à pesquisa e ao desenvolvimento de insumos, envolvendo cultivos (grãos, frutas tropicais, algodão, hortaliças etc.), sementes melhoradas, criação de animais, pesca, recursos florestais e do cerrado, agroindústrias, biotecnologias e outros.

Brasil – Embrapa

Mario Yoshida

Fonte: Embrapa. Disponível em: <http://www.cnpm.embrapa.br/apres/embrapa.html>. Acesso em: 17 fev. 2014. (Com adaptações).

O texto e o mapa sobre pesquisa e produção no setor agropecuário permitem afirmar que, no país

a) o Estado se omitiu do esforço de desenvolvimento científico-tecnológico da agricultura.

b) empresas públicas como a citada foram decisivas no processo de modernização do campo.

c) a baixa produtividade agropecuária no país é resultado da falta de investimentos no setor.

d) o avanço científico-tecnológico da agropecuária se concentra no setor de grãos para exportação.

e) as unidades de empresas públicas de pesquisa agropecuária existentes estão no Centro-Sul.

C4 • H17

5 "Inovações técnicas e organizacionais na agricultura concorrem para criar um novo uso do tempo e um novo uso da terra. O aproveitamento de momentos vagos no calendário agrícola ou o encurtamento do ciclo dos vegetais, a velocidade da circulação de produtos e informações, a disponibilidade de crédito e a preeminência dada à exportação constituem, certamente, dados que vão permitir reinventar a natureza, modificando solos, criando sementes e até buscando, embora pontualmente, impor leis ao clima. Eis o novo uso agrícola do território no período técnico-científico-informacional."

SANTOS, M.; SILVEIRA, M. L. *Brasil*: território e sociedade no início do século XXI. Rio de Janeiro: Record, 2008. p. 118.

Associam-se às inovações técnicas e territoriais no Brasil mencionadas processos como o(a)

a) criação de reservas extrativistas na Amazônia, a exemplo das de seringueiros e castanheiros.

b) cultivo de bens para o abastecimento do mercado interno por pequenos produtores.

c) delimitação de territórios das populações tradicionais como indígenas e quilombolas.

d) expansão da cultura moderna de soja para exportação na Região Centro-Oeste do país.

e) persistência de latifúndios improdutivos e de estrutura fundiária concentrada no país.

C4 • H18

6

Evolução de algumas exportações do Brasil, 1989-2007

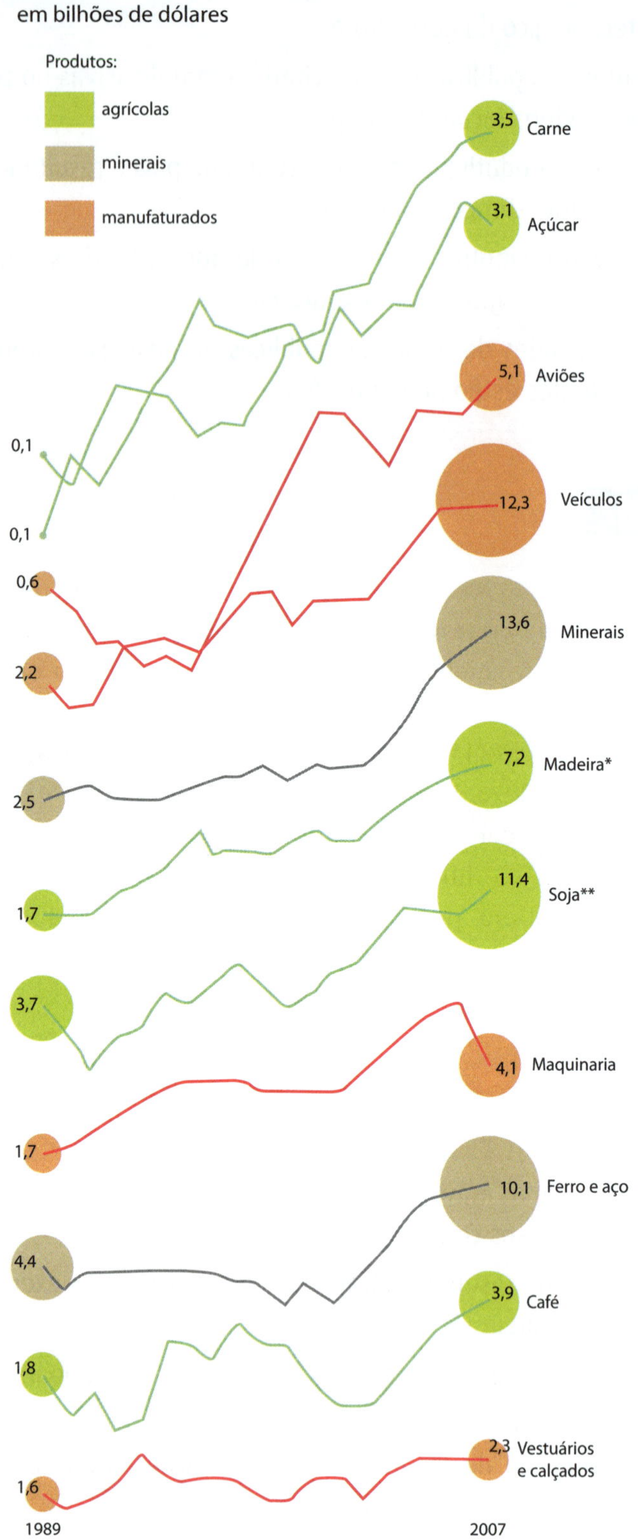

*madeira (bruta e folheada), cortiça, papel, pasta de papel, papelão.
**resíduos, grãos e óleo.

DURAND, M. F. et al. *Atlas da mundialização*: compreender o espaço mundial contemporâneo. São Paulo: Saraiva, 2009. p. 125.
Fonte: Nações Unidas UN Comtrade (http://comtrade.un.org).

Analisando-se o gráfico anterior, conclui-se que, em relação à sua produção econômica, o Brasil

a) continua em desvantagem no mercado mundial, dada a sua posição de exportador de matérias-primas de baixo valor agregado, como a soja e a carne.
b) vem registrando aumento tanto na produção e exportação de bens primários (carne, soja, minérios) como de manufaturados (veículos, aviões etc.).
c) tem um sistema produtivo hoje concentrado na produção e exportação de bens de alto teor tecnológico, como veículos e aviões.
d) registra elevado crescimento na produção e venda de bens agrícolas e queda na extração, processamento e exportação de minérios.
e) revela a decadência do setor de produção de bens agropecuários (carne, soja, açúcar e outros), dados o esgotamento e a perda dos solos no país.

C4 • H18

7 "[...] A agricultura consome 70% da água doce no mundo e os produtos agrícolas são negociados globalmente. [...] A água contida nos produtos, não de fato, mas a que foi utilizada para a sua produção, é chamada de "água virtual" (HOESKTRA, 2003). [Carne bovina e suína, soja e arroz contêm grande quantidade de água virtual.]

[...] A ideia de água virtual permite calcular se um país ou região é importador ou exportador líquido de água."

BECKER, B. K.; STENNER, C. *Um futuro para a Amazônia*. São Paulo: Oficina de Textos, 2008. p. 69-70.

Examine o mapa a seguir, dividido em 13 grandes regiões do planeta.

Mundo – balanço do comércio de água virtual (1995-1999)

Fonte: HOEKSTRA, A. Y. Virtual water trade, 2003. Em: BECKER, B. K.; STENNER, C. *Um futuro para a Amazônia*. São Paulo: Oficina de Textos, 2008. p. 72.

A partir do texto e do mapa, considere as afirmações a seguir:

I – Há um equilíbrio entre os diferentes países e regiões do mundo na exportação e importação de água, já que a compra e venda de bens ocorre na mesma proporção entre os envolvidos.

II – Dadas as suas condições naturais, Austrália, Canadá e EUA estão entre os grandes exportadores de água. O Brasil também é exportador do recurso, dada a sua elevada produção e exportação de carne e soja.

III – Países como China, Índia e Japão terminam se apropriando de riquezas naturais disponíveis em outros territórios, já que, no balanço de água virtual no mundo, eles são grandes importadores.

Está correto o que foi afirmado em:

a) I, II e III.

b) II, apenas.

c) II e III.

d) III, apenas.

e) I e II.

C4 • H18

8 "No Censo Agropecuário de 2006 foram identificados 4.367.902 estabelecimentos de agricultura familiar. Eles representavam 84,4% do total, mas ocupavam apenas 24,3% (ou 80,25 milhões de hectares) da área dos estabelecimentos agropecuários brasileiros. Já os estabelecimentos não familiares representavam 15,6% do total e ocupavam 75,7% da sua área.

[...] O Censo Agropecuário registrou 12,3 milhões de pessoas trabalhando na agricultura familiar (74,4% do pessoal ocupado no total dos estabelecimentos agropecuários) [...], com uma média de 2,6 pessoas de 14 anos ou mais de idade, ocupadas. Os estabelecimentos não familiares ocupavam 4,2 milhões de pessoas, o que corresponde a 25,6% da mão de obra ocupada."

Disponível em: <http://www.ibge.gov.br/home/presidencia/noticias/noticia_impressao.php?id_noticia=1466>. Acesso em: 4 fev. 2011.

Os dados presentes no texto demonstram que

a) grande parte dos itens agropecuários de exportação é produzida pela agricultura familiar.

b) a agricultura familiar desempenha um importante papel econômico e social na sociedade brasileira.

c) há um forte processo de desconcentração fundiária no Brasil.

d) o número de empregos gerados pela agricultura familiar é inferior ao número gerado pelas grandes propriedades.

e) a agricultura familiar tem gerado muitos empregos na área rural em virtude da incorporação das novas tecnologias em seu processo produtivo.

C3 • H15

9 Observando a territorialização da produção de soja no estado de Mato Grosso é possível inferir que:

Mato Grosso – Terras Indígenas e cultivo de soja (2008)

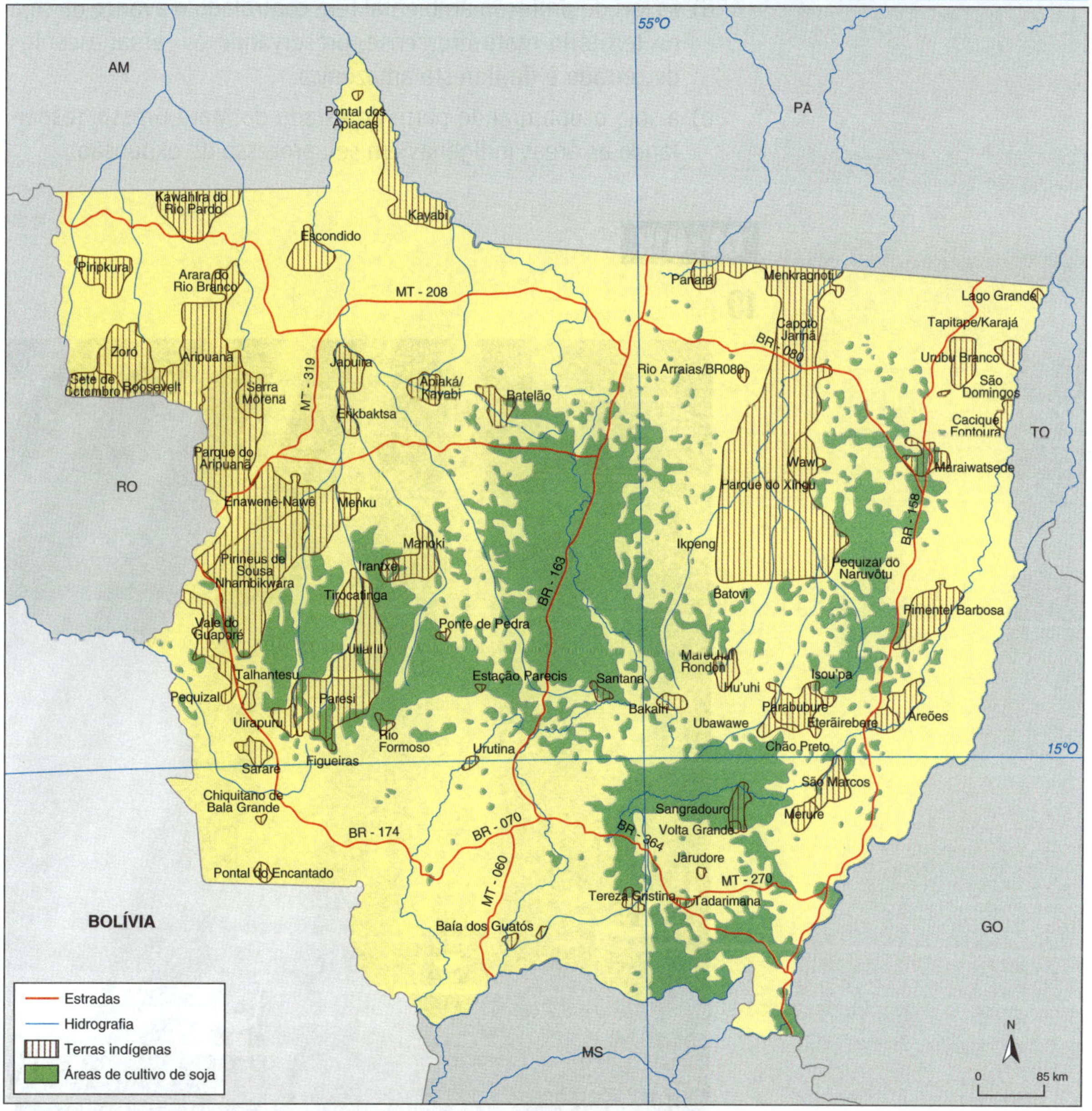

Mario Yoshida

Fonte: *Impactos da soja sobre Terras Indígenas no estado de Mato Grosso.* Repórter Brasil – Organização e Comunicação de Projetos Sociais, 2010. p. 4. Disponível em: <http://www.reporterbrasil.org.br/documentos/indigenas_soja_MT.pdf>. Acesso em: 17 fev. 2014.

a) a expansão da soja no estado do Mato Grosso tem representado uma ameaça direta e indireta aos diversos grupos indígenas da região, pois faz uso intensivo de agrotóxicos e provoca desmatamento, comprometendo o Cerrado e a floresta Amazônica.

b) os grupos indígenas presentes no Estado do Mato Grosso estão protegidos do avanço da soja, já que se encontram distantes das áreas onde ela é cultivada.

c) a expansão da soja no estado do Mato Grosso tem sido realizada de forma orgânica, portanto não traz impactos socioambientais para os grupos indígenas e para os biomas presentes na região.

d) as leis de proteção ambiental têm controlado o avanço da soja no território mato-grossense, preservando os remanescentes de cerrado e de floresta amazônica.

e) a soja ocupa grande parte do estado do Mato Grosso, respeitando as áreas indígenas em seu processo de expansão.

C4 • H19

10

Paulo Fridman/Pulsar Imagens

Colheita de soja em fazenda no município de Correntina, Bahia, 2010.

A imagem revela algumas características do atual momento da produção agrícola brasileira. É possível identificar nessa paisagem

a) a constituição do meio técnico-científico-informacional presente em algumas áreas rurais.
b) o processo produtivo incorporando técnicas menos agressivas ao ambiente.
c) o atraso tecnológico da agricultura brasileira.
d) o processo de valorização da agricultura familiar.
e) a subordinação da produção agrícola ao ritmo da natureza.

C4 • H19

11 "Até Altamira já havíamos rodado mais de oitocentos quilômetros na Transamazônica e não tínhamos ouvido sequer uma resposta objetiva à pergunta inicial: para que serve a Transamazônica? Os mais entusiasmados com a estrada arriscavam justificativas com chavões: 'Serve para integrar a Amazônia', ou 'A maior obra do século a gente não pergunta para que serve" – ou ainda, como disse um agrônomo do Incra: "Não faz sentido perguntar qual a finalidade de uma estrada que poderá ser vista pelos primeiros habitantes da Lua". [...] pudemos compreender o entusiasmo das pessoas que chegam a comparar a Transamazônica à Muralha da China: era indiscutível que para vencer aquelas árvores gigantes, para cortar de ponta a ponta, com uma rodovia, a maior floresta do planeta, fora preciso muita coragem. Mas a pergunta continuava no ar, apesar de tudo isso: para quê?"

MORAIS, F. *Cem quilos de ouro*: e outras histórias de um repórter. São Paulo: Cia. das Letras, 2003. p. 63.

A resposta que o governo militar daria à pergunta do repórter e escritor seria:

– É uma rodovia que

a) permitirá o mapeamento das terras indígenas da Amazônia Legal.
b) ligará a Região Sul do país à Região Norte, facilitando a entrada das multinacionais automobilísticas no país.
c) favorecerá a integração da Região Norte ao restante do território brasileiro, facilitando o seu processo de ocupação e desenvolvimento econômico.
d) interligará toda a Região Norte e Nordeste do Brasil aos demais países do continente Sul-Americano.
e) facilitará o escoamento da exploração mineral da Região Norte para o Porto de Itaqui, em São Luís do Maranhão.

C6 • H27

12 "A ação do Estado na articulação e formação de grandes cooperativas no Sul do Brasil, via política de cooperativismo, abriu a possibilidade de expansão da cultura de soja no planalto meridional brasileiro. [...] É importante salientar, também, que a soja é responsável pela transformação radical do cerrado brasileiro, tendo se expandido para novas áreas produtoras nos Estados do Mato Grosso [...], Goiás [...], Bahia [...], Tocantins [...]."

OLIVEIRA, A. U. Agricultura brasileira: transformações recentes. Em: ROSS, J. L. S. (Org.). *Geografia do Brasil*. São Paulo: Edusp, 2001. p. 519; 521.

Há alguns anos o tema das fronteiras agrícolas assume destaque na discussão sobre a organização do território brasileiro. A partir do texto, pode-se inferir que a expansão das fronteiras agrícolas no Brasil

a) é bastante abrangente, envolvendo culturas diversificadas e voltadas para o consumo interno. Conta com incentivo do governo para produções sustentáveis como as agroflorestas.

b) tem crescimento negativo em regiões de biomas importantes, como a Amazônia, causado pelos programas de contenção do desmatamento.

c) é vinculada à cultura da soja. É associada, também, à expansão de importantes biomas como o cerrado e os pampas do planalto meridional.

d) é pouco diversificada, pois prioriza as culturas de exportação. A expansão tem o aval dos organismos estatais e causa grandes impactos ambientais, atingindo diversos biomas.

e) é baseada na produção coletiva e em pequenas propriedades. Tem baixo índice de produtividade, não compensando o impacto ambiental que proporcionam.

C3 • H13

13

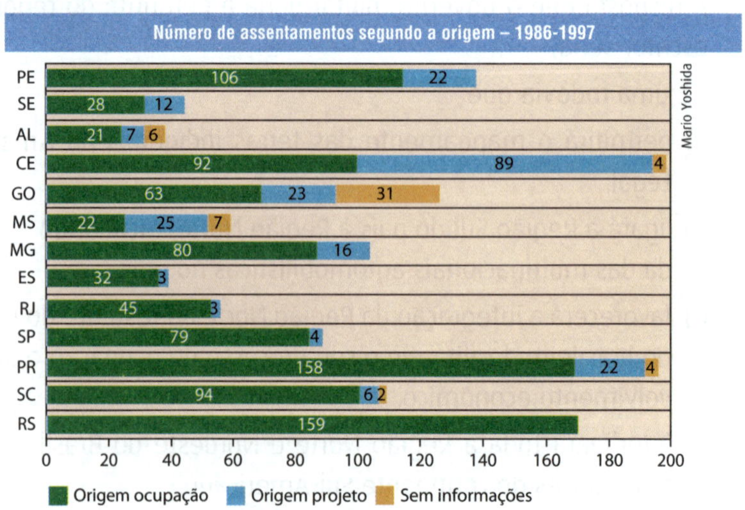

Fonte: PALADIM JÚNIOR, H. A.; MITIDIERO JÚNIOR, M. A. *A questão agrária no Brasil*. São Paulo: Escolas Associadas. p. 25.

"Art. 184. Compete à União desapropriar por interesse social, para fins de reforma agrária, o imóvel rural que não esteja cumprindo sua função social [...].

Art. 186. A função social é cumprida quando a propriedade rural atende, simultaneamente, segundo critérios e graus de exigência estabelecidos em lei, aos seguintes requisitos:

I – aproveitamento racional e adequado;

II – utilização adequada dos recursos naturais disponíveis e preservação do meio ambiente;

III – observância das disposições que regulam as disposições de trabalho;

IV – exploração que favoreça o bem-estar dos proprietários e dos trabalhadores."

Constituição Federal Brasileira. Disponível em: <http://www.planalto.gov.br/ccivil_03/constituicao/constituicao.htm>. Acesso em: 17 fev. 2014.

Escolha qual das alternativas a seguir melhor relaciona o gráfico ao texto.

a) Por sua posse ser resultado de um método ilegítimo, as terras ocupadas são excluídas pelo governo da seleção de imóveis a serem desapropriados para a reforma agrária.

b) As ocupações de terras convertem-se em assentamentos porque contrariam a Constituição utilizando um método de coerção contra os governos.

c) Os projetos são os principais elementos de origem dos assentamentos porque funcionam para convencer o governo do não cumprimento da função social das terras.

d) Quando as terras não cumprem sua função social, a melhor forma de que a Constituição seja cumprida é aguardar as ações do governo, como mostra o gráfico.

e) As ocupações de terras aceleram o processo de cumprimento da Constituição porque o maior número de assentamentos rurais é proveniente dessas ações.

C4 • H16

14 As indústrias buscam vantagens diferenciais no processo de instalação de suas plantas. Assim, cada setor entende como essencial determinado fator na escolha do sítio para as unidades produtivas. Com o período técnico-científico, muitas empresas pulverizaram sua produção. Considerando o setor de laticínios, pode-se afirmar que sua logística, essencialmente, requer a

a) proximidade com as fontes de matérias-primas, pois o leite é uma *commodity* excessivamente cara em países de baixo poder aquisitivo.

b) proximidade com os maiores mercados, a exemplo do *dairy belt* estadunidense.

c) proximidade com mercados consumidores, portanto as unidades produtivas de maior expressividade são situadas na porção centro-setentrional do Canadá, uma importante bacia leiteira.

d) automação do processo nas unidades produtivas derivativas do leite. Assim, não existe mais a necessidade de integração das fábricas com polos de fornecimento de mão de obra.

e) gestão agregada de negócios, pois os produtos *commodities*, como o leite, possuem elevado valor incorporado.

C3 • H15

15

Amazônia Legal – disputa agrária (2004)

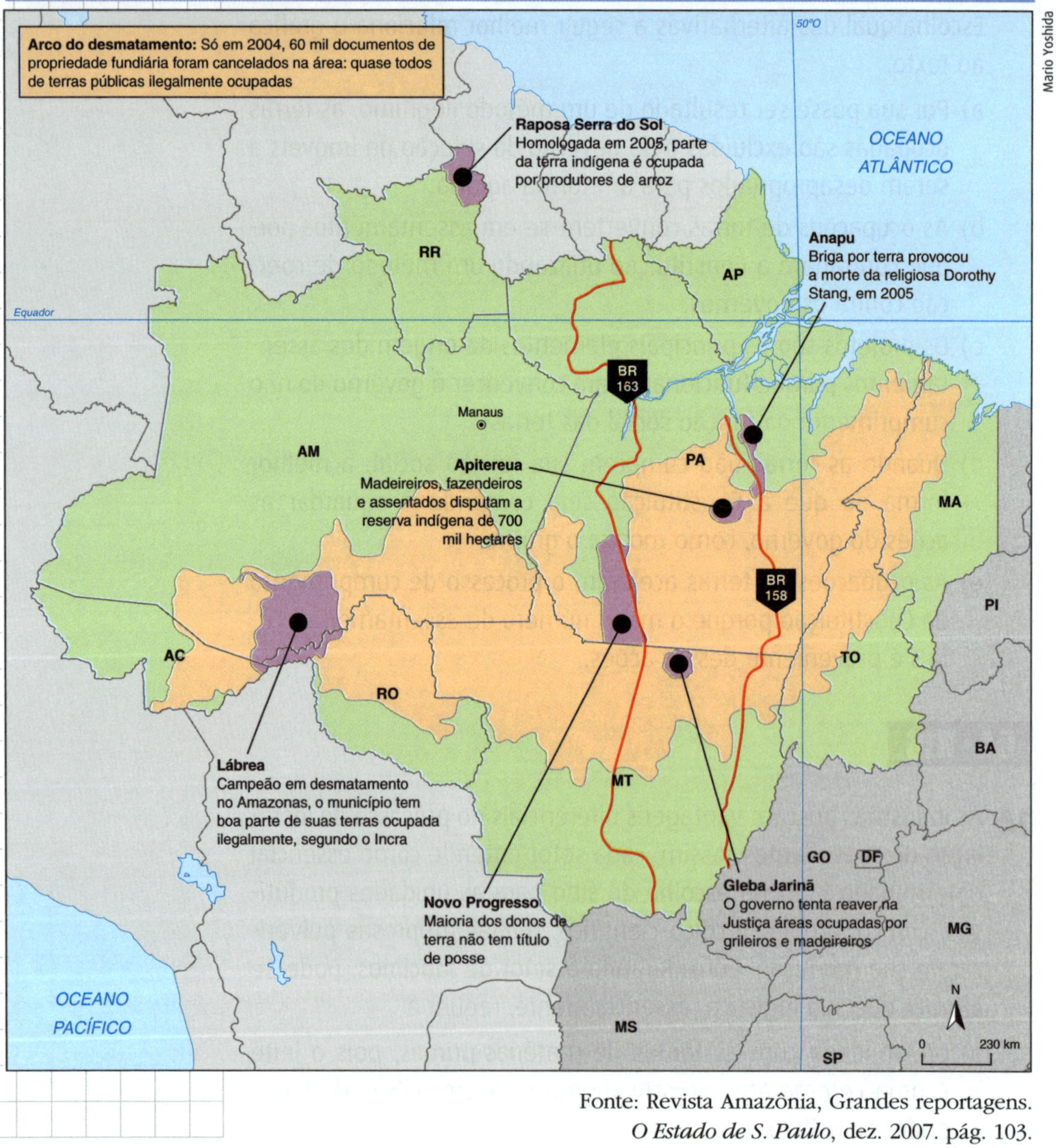

Fonte: Revista Amazônia, Grandes reportagens. *O Estado de S. Paulo*, dez. 2007. pág. 103.

Escolha uma das sentenças a seguir para melhor descrever as consequências das situações expressas no mapa.

a) Embora o governo tenha controle total sobre a regularização fundiária na área destacada, posseiros, fazendeiros e indígenas usam o expediente da grilagem para ampliar a produção agrícola e, consequentemente, o arco do desmatamento.

b) A ocupação ilegal de terras pelas tribos indígenas provoca conflitos e problemas para a economia brasileira. A luta pela propriedade das terras públicas faz com que os empreendimentos agrícolas deixem de produzir e exportar como deveriam.

c) A expansão da fronteira agrícola leva à ampliação dos conflitos e mortes no campo. Os novos empreendimentos agropecuários chocam-se com a posse das terras públicas habitadas secularmente por colonos, ribeirinhos, índios e caboclos em geral.

d) Embora os fazendeiros tentem ocupar pacificamente as terras regularizadas, encontram forte resistência dos habitantes da região. A tradição hostil de colonos, ribeirinhos, índios e caboclos mantém a tensão permanente no campo.

e) As leis ambientais e as demarcações de terras indígenas excessivamente rigorosas impõem uma situação no campo que não condiz com o desenvolvimento do país. Os produtores agrícolas não encontram terras boas para o plantio e por isso ocorrem os conflitos.

C4 • H17

16 O gráfico abaixo mostra a produção total de grãos no Brasil por ano e sua relação com a área cultivada. A partir de sua observação, pode-se depreender que:

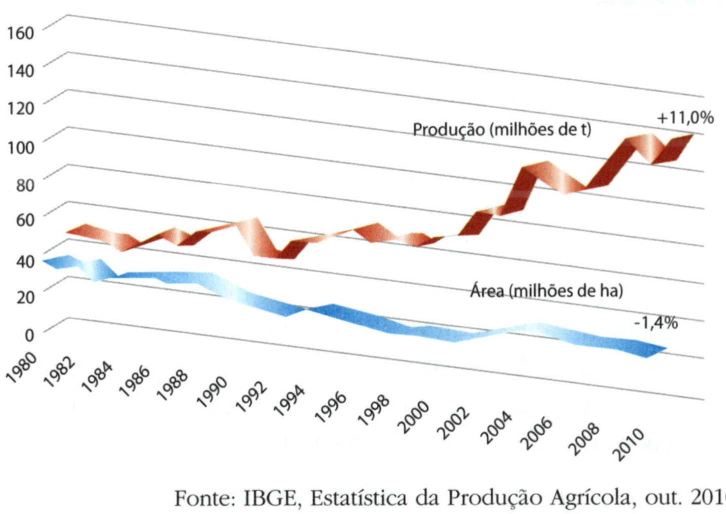

Fonte: IBGE, Estatística da Produção Agrícola, out. 2010.

a) há uma tendência de estagnação na área cultivada por grãos no país entre 1980 e 2010, o que dificultou o aumento da produtividade desses alimentos.

b) a razão entre a área cultivada e produtividade de grãos se alterou sobremaneira entre 1980 e 2010.

c) em 2010 a produção total em toneladas cresceu cerca de 10% em relação à produção de 1980.

d) embora houvesse alguns aumentos no período compreendido, a tendência geral entre 1980 e 2010 foi sempre a de estagnação na produtividade de grãos no país.

e) a área de cultivo de grãos se alterou significativamente no período assinalado.

C4 • H19

17 Em relação às articulações dos setores da atividade econômica nos complexos agroindustriais, escolha a alternativa que melhor explique os efeitos deste tipo de estrutura de produção nos dias de hoje.

a) Concentração de terras nas mãos de fomentadores da produção e o estabelecimento de relações de trabalho tipicamente capitalistas.

b) Ampliação do mercado de trabalho e facilidade de acesso à terra.

c) Reforço da produção de subsistência e deslocamento da população do campo para a cidade.

d) Diversificação da produção para a exportação e subordinação do setor industrial ao capital agrário.

e) Democratização no acesso aos meios de produção na agropecuária e fixação da população no campo.

Unidade 10

C4 • H17

1 "A Rota da Seda ferroviária irá inaugurar um novo capítulo na história **da região**. [Repúblicas que acabaram de se tornar independentes] reconquistaram sua importância estratégica. O reconhecimento da enormidade das reservas de petróleo e gás debaixo e ao longo do mar Cáspio deflagrou nas faixas mais ao sul **dessa região** uma onda frenética de instalação de oleodutos para levar esses recursos ao mercado europeu. Hoje, os oleodutos encontram-se operacionais, e a TBK [a nova ferrovia] está sendo construída com o intuito de incentivar um surto comercial, transportando produtos europeus para o Oriente e gás e petróleo para o Ocidente [...]."

Revista *National Geographic Brasil*. A nova Rota da Seda, ano 11, n. 126. p. 80.

O trecho anterior descreve transformações recentes

a) no Cáucaso, onde ficam as ex-repúblicas soviéticas como a Geórgia, a Armênia e o Azerbaijão.

b) no Oriente Médio, onde os recursos do petróleo estão sendo aplicados em melhorias sociais.

c) na Rússia, que vem se recuperando economicamente após a implosão da federação soviética.

d) na China, hoje chamada de "oficina do mundo" em função do elevado crescimento industrial.

e) nos Bálcãs, onde florescem países como Croácia e Eslovênia após a guerra civil dos anos 1990.

C1 • H1

2

Sítio histórico de Tiahuanaco (Bolívia).

© Nigel Pavitt/JAI/Corbis/LatinStock

Santuário histórico de Machu Picchu (Peru).

© Melvyn Longhurst/Corbis/LatinStock

Cidade pré-hispânica de Teotihuacán (México), de ocupação multiétnica, incluindo Maias, Zapotecas, Mixtecas, Nahuas e outros povos.

As obras e edificações mostram que na América Latina

a) há registros da diversidade cultural, artística e técnica de povos pré-colombianos.

b) houve grande decadência dos povos americanos antes da chegada dos europeus.

c) não houve técnicas construtivas antes da chegada dos europeus.

d) inexistem sítios históricos relevantes para a história da humanidade.

e) havia predominância da vida urbana entre as civilizações pré-colombianas.

C1 • H1

3 "Hans Staden [aventureiro alemão] fez duas viagens ao Brasil, a primeira entre 1547 e 1548, e a segunda de 1549 a 1554.

Na segunda viagem, sua embarcação naufragou e ele foi um dos poucos sobreviventes. [...] em São Vicente, passou a trabalhar ao lado dos colonizadores portugueses. Foi capturado por um grupo de índios Tupinambá e levado para sua aldeia em Ubatuba, onde permaneceu por nove meses. Ao voltar para a Europa, em 1557, lançou o livro *Duas Viagens ao Brasil* [...].

Hans Staden

Gravura de Hans Staden, *A carne é assada.*

'Foi assim que Deus Todo-poderoso, o Deus de Abraão, Isaac e Jacó, ajudou-me a escapar da violência dos terríveis selvagens' (Hans Staden)."

A imagem acima foi publicada no livro *Hans Staden* e descreve parte do ritual antropofágico praticado pelos Tupinambá.

CATELLI JR., R. *História*: texto e contexto. São Paulo: Scipione, 2006. p. 153-154.

Com base nas informações, é correto afirmar que os registros de Hans Staden

a) mostraram a similaridade existente na época entre hábitos culturais indígenas e europeus.
b) auxiliaram a disseminar a visão de que esta terra era habitada por selvagens antropófagos.
c) indicavam aceitação de práticas antropofágicas como traço cultural peculiar dos nativos.
d) condenavam a visão da Igreja Católica, que aceitava os rituais antropofágicos dos indígenas.
e) revelavam compreensão do significado dos rituais antropofágicos entre nativos do Brasil.

C1 • H2

4 "Uma das lembranças mais agradáveis que tenho da minha infância é a de meu avô me ensinando a ler. Mas não ler as palavras dos livros e, sim, os sinais da natureza, sinais que estão presentes na floresta e que são necessários saber para poder nela sobreviver. Meu avô deitava-se sobre a relva e começava a nos ensinar o alfabeto da natureza: apontava para o alto e nos dizia o que o voo dos pássaros queria nos informar.

[...] E ele nos ensinava com muita paciência, com a certeza que estava sendo útil para nossa vida adulta. Aos poucos fui percebendo que aquilo era uma forma natural de aprendizado e que tudo era real. [...]

Hoje, pensando naquele tempo, sinto que a sabedoria dos povos indígenas está além da compreensão dos homens e mulheres da cidade. Não apenas pelo fato de serem sociedades diferenciadas, mas por terem desenvolvido uma leitura do mundo que sempre dispensou a escrita, pois entendiam que o próprio mundo desenvolve um código que precisa ser compreendido. E apenas os alfabetizados nesta linguagem são capazes de fazer esta leitura."

MUNDURUKU, Daniel. A escrita e a autoria fortalecendo a identidade. Disponível em: <http://pib.socioambiental.org/pt/c/iniciativas-indigenas/autoria-indigena/a-escrita-e-a-autoria-fortalecendo-a-identidade>. Acesso em: 17 fev. 2014.

Com base no depoimento de Daniel Munduruku, é correto afirmar que

a) os meios necessários para registrar saberes que constituem sua memória e identidade estão ausentes nas sociedades tradicionais.

b) a linguagem oral, diferentemente de outras expressões, não é um meio válido para registrar e comunicar saberes que constituem a identidade de um povo.

c) saberes sobre o mundo natural transmitidos pela linguagem oral estão ausentes da lista de elementos que fazem a memória e identidade dos povos.

d) tradicionalmente, os povos ágrafos abriram mão de registrar saberes construídos ao longo do tempo, vivendo numa espécie de presente eterno.

e) a linguagem oral é utilizada por povos tradicionais para construir e transmitir saberes de uma geração a outra e preservar conhecimentos e sua memória e identidade.

C1 • H3

5 "O Círio de Nazaré, uma das maiores festas religiosas do mundo, levou [...] cerca de 2,2 milhões de pessoas às ruas de Belém (PA). [...]

Durante o percurso, a multidão de fiéis segue uma imagem de Nossa Senhora de Nazaré desde a Igreja da Sé até a Igreja Basílica da cidade. O trajeto tem 3,6 quilômetros.

[...] O cortejo de hoje [10 out. 2010] demorou 5 horas e 30 minutos, o que é considerado rápido.

Como é tradicional – esta foi a 218ª edição do Círio na cidade –, o local mais dramático e extenuante da procissão foi a corda, que fica atrelada à berlinda na qual a imagem da santa é colocada."

MAGALHÃES, João C. Círio de Nazaré reúne 2,2 milhões em Belém (PA). *Folha de S.Paulo*. Disponível em: <http://www1.folha.uol.com.br/poder/812738-cirio-de-nazare-reune-22-milhoes-em-belem-pa.shtml>. Acesso em: 17 fev. 2014 (com adaptações).

Rogerio Reis/Pulsar Imagens

O Círio de Nazaré reúne 2,2 milhões em Belém (PA).

A notícia se refere a um(a)

a) evento que simboliza o sincretismo religioso na região.
b) culto associado à difusão de religiões afro-brasileiras.
c) dramatização de ritual pagão comum nos países ibéricos.
d) festa religiosa da tradição católica implantada no país.
e) ritual que combina tradições religiosas católicas e africanas.

C1 • H4

6 "Eu diria que a gente tem uma grande mudança no sentido de cultura durante o século XX. Até uma certa fase do século XX, cultura é um cabedal, um capital, é algo que se acumula. Então, a pessoa culta é a pessoa que conhece línguas etc. Num certo momento do século XX, começa a mudar isso. Começa a haver uma explosão de outras formas culturais e, ao mesmo tempo, uma não aceitação dessa ideia de que eu vou acumulando conhecimento."

Renato Janine Ribeiro. Filósofo e professor da Universidade de São Paulo. Coleção Cultura Viva, Cenpec, São Paulo, 2010 (vol. 1, *CD-ROM*).

"Alguns trabalham [com a ideia] de cultura em oposição à natureza, mas a leitura contemporânea que todos nós fazemos cada vez mais pensa a cultura dentro do ambiente, dentro da própria relação com a natureza."

Alfredo Manevy. Secretário Executivo do Ministério da Cultura. Coleção Cultura Viva, Cenpec, São Paulo, 2010 (vol. 1, *CD-ROM*).

Com base nas concepções expostas, infere-se que

a) se ampliou a noção de cultura, envolvendo hoje variadas dimensões da vida social.

b) a noção de cultura permanece ligada ao seu sentido original, de cultivo da terra.

c) nas sociedades contemporâneas, a cultura é pensada separadamente da natureza.

d) a cultura hoje é adquirida na escola, com a apropriação de conhecimentos científicos.

e) houve estagnação do significado de cultura, dada a redução das manifestações culturais.

C1 • H5

7 "Em 1980, tais atributos [...] levaram Ouro Preto a ser a primeira cidade brasileira agraciada pela Unesco [...]. Trinta anos depois, o desafio de aliar a preservação dos seus bens com a crescente urbanização persiste. De acordo com um estudo da Universidade Federal de Viçosa [MG], há proliferação de cupins, as encostas vêm sendo ocupadas de forma ilegal e o tráfego de veículos provoca rachaduras nas antigas moradias."

Revista *National Geographic Brasil*, ano 11, n. 127, out. 2010. p. 27.

Os atributos da cidade e o título com o qual ela foi agraciada são, respectivamente:

a) sítios arqueológicos com vestígios do antigo homem americano – Patrimônio Cultural Nacional.

b) remanescentes de flora e fauna tropicais – Reserva da Biosfera da Mata Atlântica.

c) traçado das vias e edificações do período colonial – Patrimônio Cultural da Humanidade.

d) arquitetura, objetos e modos de vida pré-colombianos – Patrimônio Cultural Nacional.

e) arquitetura e traçado urbano modernos – uma das Sete Maravilhas do Mundo Moderno.

C3 • H11

8 "Eu, EL REI, faço saber aos que este Meu Alvará de Lei virem que, considerando o quanto convém que os Meus Reais domínios da América se povoem, e que para este fim pode concorrer muito a comunicação com os Índios por meio de casamentos, declaro que Meus Vassalos deste Reino e da América que casarem com as Índias não ficarão com infâmia alguma, antes se farão dignos de Minha Real atenção; e que nas terras em que se estabelecerem serão preferidos para aqueles lugares e ocupações que couberem na graduação de suas pessoas, e que seus filhos e descendentes serão hábeis e capazes de qualquer emprego, honra ou dignidade [...]."

D. José I, Rei de Portugal, Alvará de 4 de abril de 1755. Em: DIMENSTEIN, G.; RODRIGUES, M. A.; GIANSANTI, A. C. *Dez lições de sociologia para um Brasil cidadão*. São Paulo: FTD, 2008. p. 28.

O alvará assinado pelo rei português instituiu, no Brasil colonial,

a) a proibição da miscigenação, condenando casamentos entre brancos e indígenas.

b) o patriarcalismo poligâmico, permitindo ao colonizador português ter várias esposas.

c) a autorização para a vida conjugal entre brancos europeus e mulheres indígenas.

d) a permissão para a vida conjugal envolvendo pessoas brancas, negras ou indígenas.

e) a eliminação da discriminação racial, a permitir união conjugal entre os que aqui viviam.

C3 • H11

9 "Durante a colonização do Brasil, entre as ações da Contrarreforma apoiadas declaradamente pelo governo português, a Inquisição teve especial destaque. Esse tribunal havia sido criado em 1203 pelo papa Inocêncio III para 'inquirir' os acusados de desvirtuar ou abandonar os ensinamentos cristãos. Sua atuação foi tão eficiente que em 1229 se tornou uma instituição permanente com a finalidade específica de julgar como 'criminosas' as pessoas adeptas de heresias [...].

No Brasil, para fiscalizar práticas religiosas de colonos, escravos e indígenas, houve visitas de inquisidores ao nordeste em 1591, 1618 e 1627, ao sul em 1605 e 1627 e ao Pará entre 1763 e 1769."

DIMENSTEIN, G.; RODRIGUES, M. A.; GIANSANTI, A. C. *Dez lições de sociologia para um Brasil cidadão*. São Paulo: FTD, 2008. p. 83.

Com base no exposto acima, é correto afirmar que havia no Brasil, no período,

a) liberdade religiosa e ampla diversidade cultural.

b) separação entre Estado e igrejas no projeto colonial.

c) estímulo oficial a crenças não católicas.

d) valorização do sincretismo religioso na colônia.

e) repressão a cultos que não fossem os católicos.

C3 • H11

10 "Contemporâneas dos incas e dos maias, [as civilizações amazônicas] eram autoras de uma arte sofisticada. Só agora a arqueologia começa a decifrar quem foram esses antigos habitantes da *terra brasilis*.

[...] Se pudéssemos voltar no tempo e visitar a Amazônia de mil anos atrás, veríamos um mundo diferente. [...] Em trechos hoje cobertos por selvas densas, se destacariam sinais claros de ocupação humana: grandes aldeias ou mesmo cidades, cercadas de áreas de roças e matas secundárias [...]. Em pontos distantes como a ilha de Marajó e no Acre, aterros artificiais eram espaços de moradia e rituais. E, no que é a Amazônia boliviana, poderíamos contemplar um labirinto de diques, barragens e canais [...].

[...] a calha do Amazonas e do Solimões estava repleta de índios até o século XVI, mas eles foram os primeiros a perecer com a colonização. [...]

Enquanto a Europa vivia a Baixa Idade Média e lutava para reconquistar a península Ibérica dos árabes, os povos da Amazônia vivenciavam, na mesma época, profundo florescimento cultural. Alguns séculos antes de a Renascença surgir na Itália, cerâmicas com padrões gráficos sofisticados eram produzidas em Marajó e nas regiões de Manaus e Santarém."

NEVES, E. Amazônia, ano 1000. Revista *National Geographic Brasil*, n. 122, maio 2010, p. 30-49.

As pesquisas e os documentos sobre antigas sociedades da Amazônia, retratadas acima, revelam que

a) com efeito, a região foi historicamente habitada por povos e culturas com baixo grau de desenvolvimento técnico e social.

b) as culturas amazônicas possuíam arte sofisticada e criativa, em detrimento de técnicas construtivas e de uso dos recursos naturais.

c) as sociedades que habitavam a Amazônia há mil anos eram culturalmente superiores aos europeus que aqui chegaram.

d) há cerca de mil anos, povos da Amazônia possuíam arte e técnicas sofisticadas e capacidade de organização do espaço.

e) os colonizadores europeus encontraram na região povos e sociedades culturalmente inferiores, vivendo em estado natural.

C3 • H14

11 "Deveis saber [...] que existem duas formas de se combater: uma, pelas leis; outra, pela força. A primeira é própria do homem; a segunda, dos animais. Como, porém, muitas vezes, a primeira não seja suficiente, é preciso recorrer à segunda. Ao príncipe torna-se necessário, porém, saber empregar convenientemente o animal e o homem."

MAQUIAVEL, N. *O príncipe*. Rio de Janeiro: Ediouro, s/d. p. 82.

"A cada Estado corresponde um certo número de missões. Uma delas é assegurar a ordem interna do país e a paz civil pelo exercício da violência legítima – ideia desenvolvida pelo pensador alemão Max Weber (1864-1920). Além disso, deve assegurar sua soberania e legitimidade em relação a outros Estados, seus parceiros no diálogo internacional."

DOLLFUS, O. *La Mondialisation*. Paris: Presse des Sciences Po, 1997. p. 92. (traduzido pelo autor.)

A partir das leituras do papel do Estado moderno e dos governantes, conclui-se que

a) o Estado tem o monopólio legítimo da violência, utilizando-a quando for preciso em nome da sociedade.

b) o uso da força e da violência é consentido aos diferentes atores da sociedade moderna.

c) uma vez no poder, os políticos estão autorizados a usar indiscriminadamente a violência, acima das leis.

d) está vedado o uso da violência no Estado moderno, onde os conflitos se resolvem por meio das leis.

e) o uso legítimo da força é atributo de atores sociais em conflito e não dos ocupantes do poder no Estado.

C1 • H2

12 "O que poderia ser mais solitário do que estar na pele do último falante vivo de sua língua materna? Este, porém, é o destino de milhares de seres humanos: segundo os linguistas, até o fim deste século, dos quase 7 mil idiomas falados em 2007, metade irá à extinção com a morte de seu derradeiro falante.

A perda de uma língua muitas vezes começa com a discriminação e termina com a assimilação de seu falante. Nosso mundo urbano e globalizado é desfavorável a milhares de idiomas locais que antes estreitavam os vínculos de família, tribo e nação. Na época mais interconectada da história, estamos perdendo elos vitais com a história remota."

Dossiê Terra. São Paulo: Abril, 2007, p. 84.

Sobre o tema em questão, considere as seguintes afirmações:

I – O risco de extinção de idiomas afeta a permanência de saberes, culturas e identidades construídos historicamente pelos diferentes povos.

II – Diferentes povos e culturas tradicionais resolveram reconstituir sua memória e identidade coletivas a partir de influências externas, adotando padrões e hábitos culturais de países dominantes.

III – Quando uma língua desaparece, corre-se o risco de também desaparecer uma cultura, já que a língua é uma forma de expressar saberes e visões de mundo.

Está correto o que foi afirmado em:

a) I, apenas.
b) I, II e III.
c) II, apenas.
d) I e III.
e) II e III.

C1 • H3

13 "A denominação 'candomblé' é o termo genérico com que, no Brasil, a partir da Bahia e desde o início do século XIX, se designa o culto aos orixás jeje-nagôs (iorubanos e daomeanos, oriundos da região que corresponde ao sudoeste da Nigéria e sudeste do Benin), bem como algumas formas dele derivadas, manifestas em diversas 'nações'. Por extensão, o nome designa também a celebração, a festa dessa tradição; e a comunidade onde se realizam essas festas. Ex.: 'Hoje tem 'candomblé' no Candomblé de F'.

A modalidade original do candomblé consiste em um sistema religioso autônomo e específico que ganhou forma e se desenvolveu no Brasil, a partir da Bahia, com base em diversas tradições religiosas de origem africana, notadamente da região do Golfo da Guiné. [...]"

LOPES, N. *Candomblés em festa!* Disponível em: <http://www.neilopes.blogger.com.br/2009_07_01_archive.html>. Acesso em: 4 mar. 2014.

Sobre o tema mencionado, considere as afirmações a seguir:

I – A repressão realizada pelos colonizadores portugueses às práticas religiosas afro-brasileiras eliminou do território nacional essas expressões culturais.

II – Cultos religiosos hoje praticados no Brasil, como o candomblé, originaram-se na África e desenvolveram-se posteriormente em regiões do país como o estado da Bahia.

III – O termo candomblé designa ritos religiosos de tradição africana, mas não traz referência direta aos lugares ou comunidades onde são praticados.

Sobre os cultos religiosos em questão, está correto o que foi afirmado em:

a) I, II e III.
b) I, apenas.
c) II e III.
d) II, apenas.
e) I e II.

C5 • H22

14 "Art. 1º

Esta Lei institui o Estatuto da Igualdade Racial, destinado a garantir à população negra a efetivação da igualdade de oportunidades, a defesa dos direitos étnicos individuais, coletivos e difusos e o combate à discriminação e às demais formas de intolerância étnica.

Parágrafo único. Para efeito deste Estatuto, considera-se:

I – discriminação racial ou étnico-racial: toda distinção, exclusão, restrição ou preferência baseada em raça, cor, descendência ou origem nacional ou étnica que tenha por objeto anular ou restringir o reconhecimento, gozo ou exercício, em igualdade de condições, de direitos humanos e liberdades fundamentais nos campos político, econômico, social, cultural ou em qualquer outro campo da vida pública ou privada;

II – desigualdade racial: toda situação injustificada de diferenciação de acesso e fruição de bens, serviços e oportunidades, nas esferas pública e privada, em virtude de raça, cor, descendência ou origem nacional ou étnica;

III – desigualdade de gênero e raça: assimetria existente no âmbito da sociedade que acentua a distância social entre mulheres negras e os demais segmentos sociais;

IV – população negra: o conjunto de pessoas que se autodeclaram pretas e pardas, conforme o quesito cor ou raça usado pela Fundação Instituto Brasileiro de Geografia e Estatística (IBGE), ou que adotam autodefinição análoga;

[...]"

Lei nº 12.288, de 20 jul. 2010.

Observando-se o trecho da lei, é correto afirmar que ela é uma conquista social porque

a) é um mecanismo de combate à discriminação em função de origem étnico-racial e geográfica e gênero.

b) tem como função primordial a de evitar distorções que afetam mulheres no mercado de trabalho.

c) protege aqueles que se autodeclaram pretos, mas não os contingentes de população parda do país.

d) torna obrigatórias as cotas para ingresso em universidades públicas, em favor de negros e pobres.

e) elimina as desigualdades sociais e discriminação que afetam as populações afrodescendentes no país.

C1 • H5

15 Observe as fotos a seguir:

Marcio Vasconcelos

Ritual do tambor de mina, em São Luís, Maranhão.

Delfim Martins/Pulsar Imagens

Indígenas Kalapalo se preparam para ritual durante o Quarup, em Querência, Mato Grosso.

Celso Pupo/Fotoarena/Folhapress

Ensaio oficial de escola de samba, no sambódromo do Rio de Janeiro, estado do Rio de Janeiro.

Delfim Martins/Pulsar Imagens

Grupo de dança típica gaúcha do CTG Guapos do Itapuí, apresentando-se em Olímpia, São Paulo.

As manifestações apresentadas nas fotos demonstram que a cultura brasileira é essencialmente marcada pela

a) negação de suas raízes.

b) homogeneidade.

c) ausência de elementos africanos.

d) diversidade.

e) dominação europeia.

C2 • H10

16

Adem Altam/AFP

"O levante, agora persistente, na Turquia foi seguido por uma revolta ainda maior no Brasil, que por sua vez foi acompanhada por manifestações menos noticiadas, mas não menos reais, na Bulgária. Obviamente, estes protestos não foram os primeiros, e muito menos os últimos, em uma série realmente mundial de revoltas, nos últimos anos. Há muitas maneiras de analisar este fenômeno. Eu o vejo como um processo contínuo de algo que começou com a revolução mundial de 1968. [...]."

WALLERSTEIN, Immanuel. Novas revoltas globais: o sentido está em disputa. *Outras Palavras*. 15 jul. 2013. Disponível em: <http://outraspalavras.net/posts/novas-revoltas-globais-o-sentido-esta-em-disputa/>. Acesso em: 28 fev. 2014.

A respeito dos movimentos sociais e sua importância para a construção da sociedade, pode-se afirmar que:

a) o engajamento social da população, em seus diversos setores, através da organização de movimentos sociais, é de fundamental importância para a transformação da realidade.

b) os movimentos sociais, historicamente, não têm força para modificar a realidade e tendem sempre a serem derrotados pelos exércitos nacionais, sob o pretexto da manutenção da ordem.

c) os movimentos sociais, em geral, servem muito mais para perturbar a paz dos cidadãos de bem do que para lutar por alguma melhoria de vida para a sociedade, como um todo.

d) os movimentos sociais têm, por concepção, o objetivo de atender os interesses de uma minoria intelectual abastada em detrimento da massa trabalhadora.

e) a predominante postura esquerdista dos movimentos sociais confere um caráter totalitário em seu discurso, comum à grande maioria dessas organizações.

C2 • H7

17

Mundo: conflitos armados ao longo de 2008

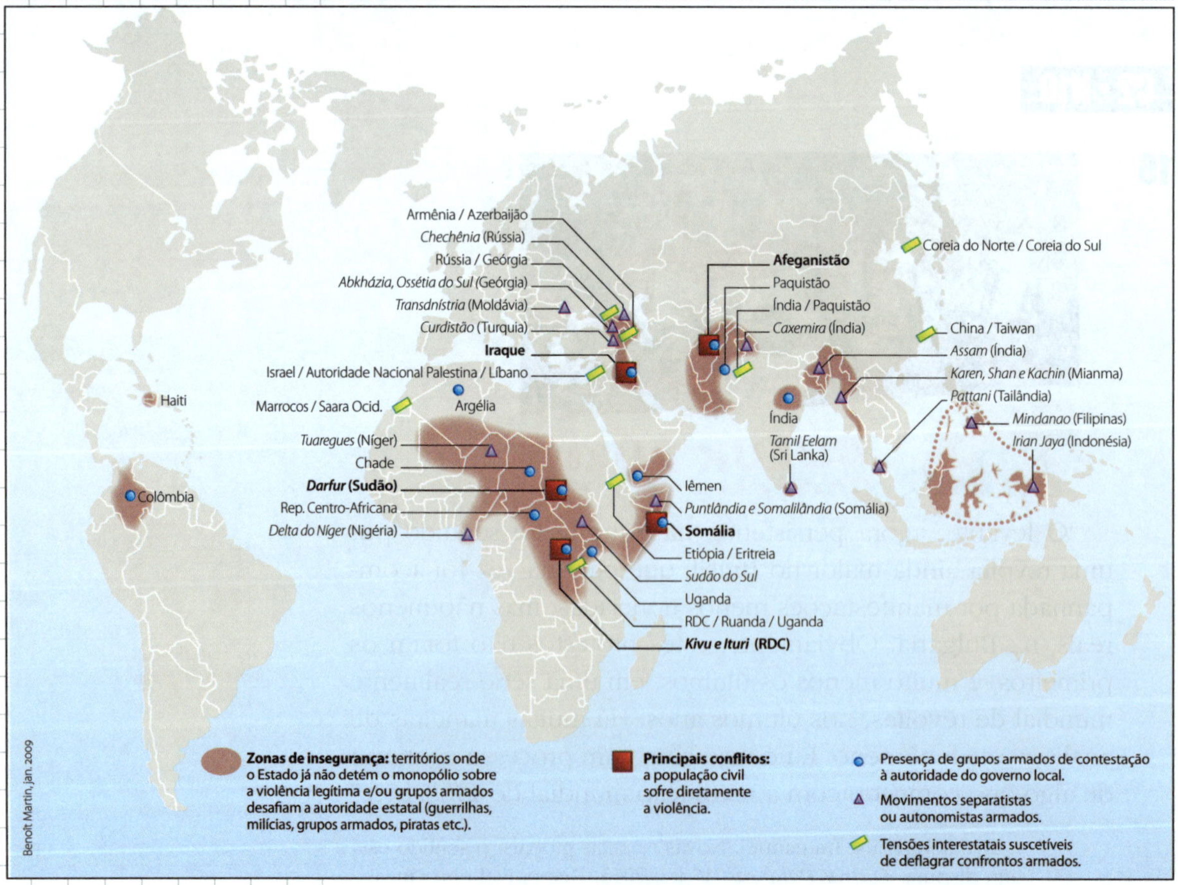

Fonte: DURAND, M. Françoise et al. *Atlas da mundialização*: compreender o espaço mundial contemporâneo. São Paulo: Saraiva, 2009. p. 87.

Observando-se o mapa anterior, conclui-se que

a) prevalecem no mundo os conflitos interestatais, a exemplo das guerras mundiais do século XX.

b) persistem as instabilidades políticas na América Latina, fonte de conflitos desde o século passado.

c) os conflitos atuais estão circunscritos ao Oriente Médio, marcados pelas tensões árabe-israelenses.

d) estão em reconstrução os Estados falidos na África subsaariana e central, região hoje livre de conflitos.

e) há inúmeras guerras civis, tensões ou separatismos na África central, no Cáucaso e no Oriente Médio.

C2 • H7

18 Observe o mapa e o gráfico a seguir sobre os curdos:

Terras Curdas

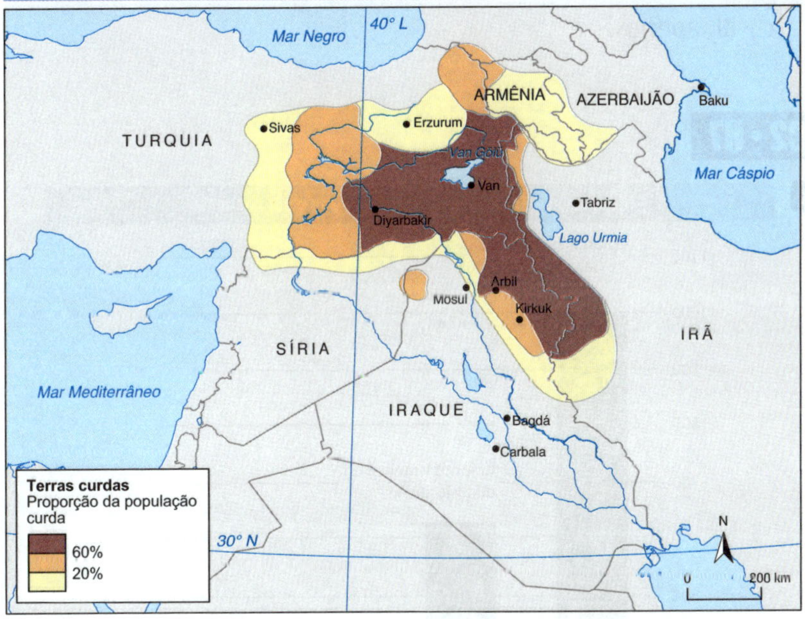

Fonte: SMITH, D. *Atlas dos conflitos mundiais.* São Paulo: Companhia Editora Nacional, 2007. p. 62-63.

Onde os curdos vivem

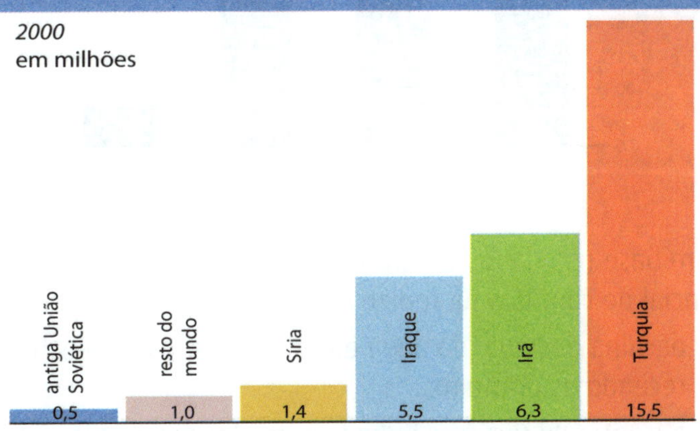

Fonte: SMITH, D. *Atlas dos conflitos mundiais.* São Paulo: Companhia Editora Nacional, 2007. p. 62-63.

A respeito do tema, considere as seguintes afirmações:

I – Os curdos formam um grupo étnico-nacional sem Estado ou território próprio, vivendo distribuídos em diferentes países, entre eles a Turquia, o Irã e o Iraque.

II – As reivindicações de soberania curda não encontram apelo na comunidade internacional em função dos baixos índices populacionais e da nula importância política deste grupo étnico-nacional para a estabilidade política do Oriente Médio.

III – A escalada de confrontos entre curdos e iraquianos levou ao massacre, em 1988, de cerca de 5 mil curdos do Iraque pelas forças armadas do país, então governado por Saddam Hussein. Na ocasião, foram utilizadas armas químicas contra os curdos.

Sobre a situação dos curdos ao longo do tempo, está correto o que foi afirmado em:

a) I e III.
b) I, II e III.
c) III, apenas.
d) I e II.
e) II, apenas.

C2 • H7

19

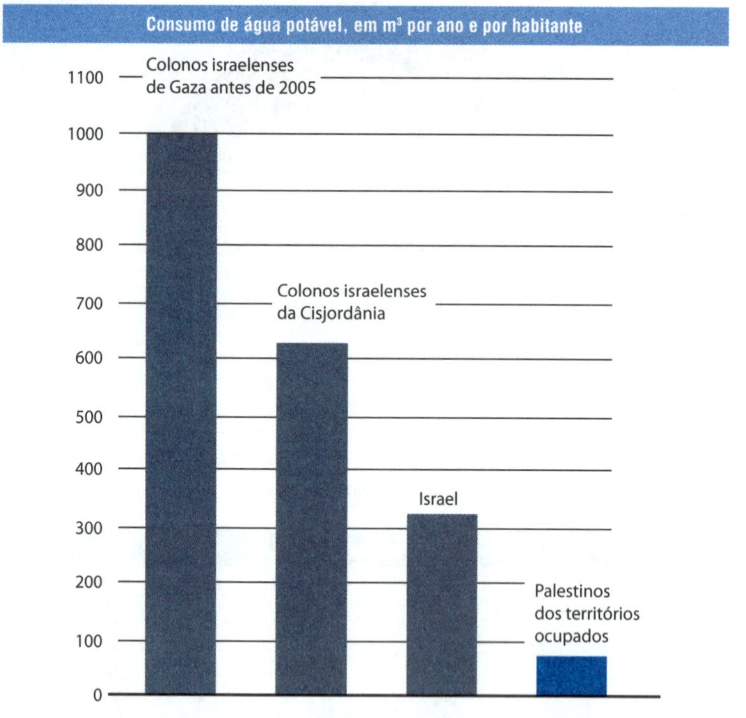

Fonte: Le Monde Diplomatique Brasil. *Atlas do Meio Ambiente*. São Paulo: Instituto Pólis, 2008. p. 27.

Com base nos dados do gráfico, conclui-se que há uma fonte potencial de conflitos na região em questão derivada da

a) partilha desigual da água entre israelenses e palestinos, favorecendo os primeiros.

b) ausência de recursos hídricos para atender os diferentes povos e países da área.

c) posse pelos palestinos hoje do controle dos recursos hídricos da bacia do rio Jordão.

d) falta de interesse dos israelenses pelos recursos hídricos disponíveis na área.

e) iniciativa de palestinos e israelenses de bombardear sistemas de captação de água.

C3 • H13

Texto 1

20 "[...] Há momentos em que você precisa saber como se organizar institucionalmente. A Primavera Árabe demonstra isso claramente. Começou, sempre, com movimentos jovens: na Tunísia, diplomados desempregados; no Egito, o movimento 6 de Abril, composto por jovens de várias tendências políticas. Conseguiram resultados imediatos mas, na hora de gerir o processo, não existia uma estrutura institucional, uma organização. Quem colheu todos os frutos do processo foram os partidos islâmicos, mais organizados e com capilaridade popular.

Qual o modelo de organização para grupos que não admitem o partido como a figura clássica de organização? Uma nova estrutura política? Frentes mais flexíveis? É algo que precisaremos, em algum momento, responder. Do contrário, todas as estruturas institucionais serão dominadas por aqueles que já sabem operá-las. E elas não vão desaparecer. O Estado, as eleições, os sindicatos não vão desaparecer. [...]."

SAFATLE, Vladimir. Safatle: juventude perdeu o medo do capitalismo. *Outras Palavras*, 3 jul. 2012. Disponível em: <http://outraspalavras.net/posts/safatle-juventude-perdeu-o-medo-do-capitalismo/>. Acesso em: 4 mar. 2014.

Texto 2

"Uma coalizão islamita liderada pela Irmandade Muçulmana convocou neste sábado o 'diálogo' para 'sair' da crise política no Egito, sem pedir explicitamente o retorno ao poder do presidente Mohamed Mursi, destituído pelo exército. [...]

Desde que o exército derrubou Mursi, o primeiro presidente eleito democraticamente no país, o governo interino organiza uma repressão implacável contra seus partidários.

Mais de mil pessoas, em sua maioria manifestantes pró-Mursi, morreram desde meados de agosto e milhares de islamitas foram detidos, incluindo quase todos os dirigentes da Irmandade Muçulmana.

A coalizão pede 'a volta à legitimidade constitucional e ao processo democrático, incluindo todos os movimentos políticos, sem que nenhum monopolize o processo ou seja excluído deste'."

Irmandade Muçulmana pede diálogo para superar a crise no Egito. *AFP*. 16 nov. 2013. Disponível em: <http://www.afp.com/pt/node/1162325>. Acesso em: 26 nov. 2013.

Com base nas informações contidas nos textos e em seus conhecimentos sobre movimentos sociais, questões culturais, religiosas e relações de poder nos países árabes, considere as afirmações:

I - De fato, o partido islâmico no Egito conseguiu vencer as eleições presidenciais, porém, posteriormente, o presidente democraticamente eleito foi deposto pelo exército.

II - A instabilidade política é uma característica comum em nações que passaram longos períodos sob governos ditatoriais e conquistaram a democracia recentemente, como ocorre nos países da Primavera Árabe.

III - O islã é a religião predominante nas culturas ocidentais, tendo sido imposta pelo Império Britânico, no século XIX, às suas colônias, dentre elas, o Egito.

Está correto o que foi afirmado em:

a) I, II e III.
b) I e II.
c) I, apenas.
d) II, apenas.
e) II e III.

C5 • H23

21 "Na então filonazista França de Vichy, o lema da Revolução Francesa, 'liberdade, igualdade e fraternidade', foi substituído por 'trabalho, família e pátria', para não desagradar a Hitler. Agora, como ficará o lema revolucionário de 1789 após a expulsão da menor Leonarda Dibrani da França e da escola André Malraux, da cidade de Levier? O que fazer, no berço do Iluminismo, com o princípio republicano de não se tocar na escola e nos alunos? [...]

Em 9 de outubro, policiais interromperam, próximo à escola André Malraux, o curso do ônibus que transportava alunos em retorno de um passeio escolar. Diante de seus colegas, Leonarda foi retirada do veículo. Nascida na cidade italiana de Fano e de etnia *rom*, acabou despachada de avião com a mãe e os irmãos para a cidade kosovar de Mitrovica. A propósito, Leonarda e os irmãos não falam nem albanês nem romanês, línguas correntes no ex-enclave sérvio e atual Estado do Kosovo. [...]."

MAIEROVITCH, Wálter. O socialista e a xenofobia. *Carta Capital*. 28 out. 2013. Disponível em: <http://www.cartacapital.com.br/revista/772/o-socialista-e-a-xenofobia-7041.html>. Acesso em: 30 out. 2013.

Sobre o tema apresentado na reportagem, considere as seguintes afirmações:

I – Apesar de sua inclinação à esquerda no campo político-ideológico, o governo francês adota, com a expulsão da família de etnia *rom* de seu território, uma postura, para esse caso específico, essencialmente de direita, apoiada em nacionalismo e práticas xenófobas.

II – As atitudes do governo francês, em relação à família expulsa da cidade de Levier, revelam uma postura socialista, localizada à esquerda no campo político-ideológico, e aproximam-se das práticas da Alemanha nazista de Hitler.

III – Os governos socialistas têm, como característica comum, práticas voltadas à desvalorização e marginalização da família e das crianças. Portanto, a expulsão da família de etnia *rom* do território francês pelo seu governo é uma atitude coerente com a sua ideologia.

Diante da leitura do texto e das afirmações acima, está correto o que foi afirmado em:

a) II e III
b) I e III
c) I, apenas.
d) II, apenas.
e) I e II.

C1 • H3

22 "Impossível não se surpreender com a notícia [...] sobre o impressionante achado de 1.406 obras de arte num apartamento em um bairro nobre na cidade alemã de Munique. Tinham sido ocultadas na penumbra e disfarçadas por uma barreira de comidas enlatadas, muitas delas vencidas desde os anos 1980, por Cornelius Gurlitt, filho do marchand Hildebrand Gurlitt (1895-1956). [...]

As surpresas se sobrepõem em cascatas: a quantidade e a qualidade de obras (seu valor é estimado em 1 bilhão de euros) é impressionante; o lote está intimamente ligado à terrível história de censura e espoliação perpetradas pelo regime nazista; e é chocante imaginar que tal tesouro tenha permanecido invisível das autoridades por tanto tempo, tendo sido descoberto de forma quase fortuita. [...]

Dentre as inúmeras vítimas do regime, inclui-se a arte moderna, com especial desprezo pela arte expressionista, considerada portadora de valores antialemães e vinculadas ao judaísmo e bolchevismo. Em 1937, é realizada a exposição de Arte Degenerada em Munique, com centenas de obras vilipendiadas. Muitos trabalhos foram queimados, outros tantos negociados para ajudar a financiar o regime e muitos constam simplesmente como 'desaparecidos'. [...]."

HIRSZMAN, Maria. Acervo recuperado na Alemanha deve mudar a historiografia do século 20. *O Estado de S. Paulo*. 8 nov. 2013. Disponível em: <http://www.estadao.com.br/noticias/arteelazer,acervo-recuperado-na-alemanha-deve-mudar-a-historiografia-do-seculo-20,1094712,0.htm>. Acesso em: 2 dez. 2013.

Com base nas informações contidas no texto e em seus conhecimentos sobre o terrorismo de Estado na Alemanha nazista de Hitler, considere as afirmações a seguir:

I – Todas as obras de arte de autoria de artistas judeus, produzidas durante o regime nazista de Hitler na Alemanha, foram encontradas recentemente num apartamento na cidade alemã de Munique.

II – Entre as práticas autoritárias, conhecidas como terrorismo de Estado, adotadas pela Alemanha nazista de Hitler, está a perseguição a artistas opositores ao regime, assim como a destruição de suas obras.

III – O regime nazista de Hitler na Alemanha ignorou as manifestações artísticas, praticamente não interferindo na produção cultural daquele país na época.

Está correto o que foi afirmado em:

a) II, apenas.
b) I e II.
c) II e III.
d) I, II e III.
e) I, apenas.

C2 • H9

23 "A 'atitude de guerra' não significa que inexistam alianças ou cooperação prolongada entre unidades políticas. Significa que, em última análise, o aliado de hoje pode ser o inimigo de amanhã, pois, no fim das contas, cada Estado depende de si mesmo para garantir a sua segurança. Eis o motivo pelo qual praticamente todos os Estados, mesmo os mais frágeis, mantêm forças armadas."

MAGNOLI, D. *O mundo contemporâneo*: os grandes acontecimentos mundiais da Guerra Fria aos nossos dias. São Paulo: Atual, 2008. p. 39.

A frase que melhor define o conflito retratado no texto é:

a) *A política é quase tão excitante como a guerra e não menos perigosa. Na guerra a pessoa só pode ser morta uma vez, mas na política diversas vezes.* (Winston Churchill)

b) *O sistema internacional de Estados é o conjunto constituído pelas unidades políticas que mantêm relações regulares entre si e que são suscetíveis de entrar numa guerra geral.* (Raymond Aaron)

c) *O povo que subjuga outro forja suas próprias cadeias.* (Karl Marx)

d) *A invencibilidade está na defesa; a possibilidade de vitória, no ataque. Quem se defende mostra que sua força é inadequada; quem ataca mostra que ela é abundante.* (Sun Tzu)

e) *A Geografia, isto serve, em primeiro lugar, para fazer a guerra.* (Yves Lacoste)

C5 • H24

24 "[...] Ainda hoje a tortura dos presos políticos na ditadura, a maioria deles de classe média, recebe muito mais atenção do que a tortura sistemática dos presos comuns que perdura na democracia. Sem esquecer que a maioria dos presos torturados e confinados no sistema carcerário brasileiro é composta por negros e pobres. [...]."

BRUM, Eliane. Dois Josés e um Amarildo. *El País Brasil*. 26 nov. 2013. Disponível em: <http://brasil.elpais.com/brasil/2013/11/25/opinion/1385417332_769557.html>. Acesso em: 5 dez. 2013.

O texto estabelece uma relação entre um período histórico do Brasil e graves problemas sociais atuais. A respeito do tema, é correto afirmar que:

a) a tortura, praticada contra presos políticos durante a Ditadura Militar no Brasil, ainda existe, como triste legado, dentro do sistema prisional brasileiro; porém, pouco se faz para combatê-la, o que evidencia um grave problema social institucionalizado, que abrange preconceito racial e de classe.

b) desde que o Regime Militar deixou de governar o Brasil, em 1985, os casos de tortura praticamente se extinguiram dentro do sistema prisional, fazendo-se presentes apenas em situações isoladas, direcionados principalmente a negros e pobres infratores.

c) o texto faz referência a um período de exceção de Estado, em que o Brasil era governado pelo exército, por meio de decretos, e em que a tortura era permitida somente contra negros e pobres.

d) a classe média foi a camada social mais perseguida pelo Regime Militar, o qual tinha como um de seus ideais promover a igualdade socioeconômica entre negros, pobres e a elite branca.

e) os preconceitos racial e de classe praticamente inexistem na sociedade brasileira, ficando restritos apenas a casos isolados, direcionados, principalmente, de setores da classe média contra negros e pobres.

C5 • H24

25 "[...] 'Não era para matar! Não era para matar!'. A discussão entre os agentes torturadores trazia a certeza que Ivan Seixas, então com 16 anos, mais temia: a morte de seu pai, que militava com o codinome Roque, no Movimento Revolucionário Tiradentes. A morte de Joaquim Seixas nas dependências do DOI-Codi de São Paulo – mesmo local onde o jornalista Vladimir Herzog foi encontrado morto em 1975 – é um dos 52 casos que confirmam o prédio da Rua Tutoia, 921, na Vila Mariana, como centro de repressão durante o regime militar. [...]."

GOMBATA, Marsílea. No DOI-Codi de São Paulo, a luta dos ex-presos políticos. *Carta Capital*. 28 nov. 2013. Disponível em: <http://www.cartacapital.com.br/sociedade/no-doi-codi-de-sao-paulo-a-luta-dos-ex-presos-politicos-3534.html>. Acesso em: 3 dez. 2013.

A partir de seus conhecimentos sobre a história política do Brasil, é correto afirmar que o texto se refere:

a) ao Estado Novo, regime político fundado por Getúlio Vargas, responsável pela instauração de uma ditadura que perdurou por 15 anos.

b) à Ditadura Militar, regime político autoritário que governou o Brasil entre 1964 e 1985, responsável por inúmeros casos de tortura e assassinato de pessoas que se opunham ao governo.

c) à Proclamação da República, em que muitas pessoas que defendiam a manutenção da monarquia foram assassinadas pelo governo.

d) ao processo de redemocratização do Brasil, em que muitos militares, opostos a esse movimento, foram torturados e mortos.

e) à Revolução Constitucionalista de 1932, em que muitas pessoas que se opunham aos ideais revolucionários foram assassinadas.

C5 • H24

26 "Há exatos quarenta anos após o golpe militar que marcou a história do Chile, três dos nove candidatos à Presidência do país são filhos de personagens ligados diretamente ao período sombrio e violento da ditadura.

Adversários na eleição, cujo primeiro turno será no dia 17 de novembro, a ex-presidente e candidata da oposição Michelle Bachelet, a candidata do governo, Evelyn Matthei, e o também opositor Marco Enríquez-Ominami, também representam, de certa forma, a realidade política e ideológica de um país que continua dividido.

Os pais de Bachelet e de Matthei eram amigos e generais na Força Aérea chilena até pouco antes do golpe de 1973, mas estiveram em lados opostos durante a ditadura militar.

O pai de Bachelet, Alberto Bachelet, foi preso, torturado e morreu na prisão. Ele era ligado ao ex-presidente Salvador Allende, derrubado pelos militares que tomaram o Palácio presidencial de La Moneda. O pai de Matthei, Fernando Jorge Matthei, foi chefe da Força Aérea na era Pinochet — que comandou o país de 1973 e 1990. [...]

Por sua vez, o pai de Ominami, Miguel Enríquez, que era médico e integrante do grupo guerrilheiro Movimento de Esquerda Revolucionária (MIR), foi morto em um tiroteio com a polícia de Pinochet, a Dina. [...]

Mas, para o analista político chileno Guillermo Holzmann, professor de ciências políticas na Universidade de Valparaíso, o fato de serem filhas de personagens de peso naquele período do Chile não deverá influenciar o voto dos chilenos.

'A cidadania chilena reconhece a trajetória das duas, mas não se sente motivada a votar por elas por causa do passado. Os chilenos entendem que elas hoje possuem trabalho e identidade próprias nas quais a cidadania percebe virtudes e debilidades.' [...]."

Candidatos no Chile têm passado marcado por ditadura. *BBC Brasil*. 8 nov. 2013. Disponível em: <http://www.bbc.co.uk/portuguese/noticias/2013/11/131108_candidatos_historia_chile_fl.shtml>. Acesso em: 28 fev. 2014.

A respeito das ditaduras militares na América Latina, exemplificadas no texto pelo caso chileno, é correto afirmar que:

a) ocorreram entre os anos de 1964 e 1985, tendo sido perpetradas exclusivamente por uma parcela rebelde dos exércitos latino-americanos; representaram o maior avanço econômico e social da história das nações da América Latina.

b) ocorreram entre 1968 e 1990 e contaram com forte oposição estadunidense contra a sua implantação, caso a caso, sob o argumento de que desrespeitavam o princípio da democracia; representaram anos de efervescência econômica e cultural.

c) concentraram-se, em sua absoluta maioria, entre os anos 1970 e 1980 e não tiveram, como era de se supor, qualquer interferência estadunidense em sua implantação e manutenção; foi uma época de ouro para os avanços na educação.

d) ocorreram nos anos 80 do século XX e tiveram apoio logístico e militar dos Estados Unidos; foram os famosos "anos de chumbo", pois tiveram, como principal marca, o crescimento da indústria bélica na América Latina, que impulsionou uma década de resultados positivos na economia da região.

e) concentraram-se entre meados dos anos 60 e início dos anos 90 do século XX e tiveram total apoio estadunidense em sua implantação, através de ajuda logística e militar, e manutenção, através de aporte financeiro vindo do FMI; caracterizaram-se por sua política repressora, calcada em censura às manifestações de oposição, prisões em massa, tortura e extermínio dos opositores.

C2 • H8

27 "[...] A comparação com o regime sul-africano vem sendo feita por diversos ativistas palestinos, israelenses de grupos de esquerda e observadores internacionais. [...] Ainda que as analogias entre violações de direitos humanos ou de resoluções da ONU sejam pouco precisas e produtivas, elas ajudam a entender o impacto que o muro e as barreiras de controle – dentro do contexto da ocupação, da desproporção de forças e do massacre – têm na vida dos palestinos. [...]"

MASSAD, A. Pior do que o *Apartheid*. Revista *Fórum*. Disponível em: <http://revistaforum.com.br/blog/2011/10/pior-do-que-o-apartheid/>. Acesso em: 28 fev. 2014.

A partir do texto, localize: 1 – de qual conflito se trata; 2 – qual o contexto; 3 – qual a analogia utilizada.

a) 1 – disputa territorial entre palestinos e israelenses pelo território das Colinas de Golã; 2 – violações dos direitos humanos israelenses com a construção de um muro e de barreiras de controle da água por parte de Israel, que separa os palestinos dos mananciais de água; 3 – comparação com o *Apartheid*, regime de segregação racial imposto por uma minoria branca na África do Sul.

b) 1 – disputa entre muçulmanos e judeus por Jerusalém; 2 – conflito religioso pela terra santa com a construção do muro da discórdia e de barreiras de controle religioso pela maioria judia contra a minoria muçulmana; 3 – comparação com o *Apartheid* e a segregação religiosa imposta pela minoria branca e católica à maioria negra candomblecista.

c) 1 – disputa territorial entre palestinos e israelenses pelo território da Palestina; 2 – violações dos direitos humanos palestinos com a construção de um muro e de barreiras de controle por parte de Israel, que separa aquele país de cidades e territórios palestinos; 3 – comparação com o *Apartheid*, regime de segregação racial imposto por uma minoria branca na África do Sul.

d) 1 – disputa territorial entre palestinos e israelenses pelo território da península do Sinai; 2 – violações dos direitos humanos com a construção de um muro e de barreiras de controle por parte de Israel, que separa os palestinos de cidades e territórios israelenses; 3 – comparação com o *Apartheid*, regime de segregação racial imposto por uma minoria branca na África do Sul.

e) 1 – disputa entre muçulmanos e judeus por Jerusalém; 2 – conflito religioso pela terra santa com a construção do muro da discórdia e de barreiras de controle religioso pela maioria muçulmana contra a minoria judia; 3 – comparação com o *Apartheid* e a segregação religiosa imposta pela minoria branca e católica à maioria negra candomblecista.

C2 • H7

28 "O suposto traficante de armas russo Viktor Bout, conhecido como 'mercador da morte', [...] cujo nome aparece em inúmeros relatórios da ONU por transgredir sanções internacionais e embargos de armas, foi acusado de fazer negócios com regimes e grupos da África e Ásia, com ditadores como o liberiano Charles Taylor e o líbio Muammar Gaddafi; e organizações como os talebans e a Al-Qaeda.

Ele teria aproveitado o fim da União Soviética para comprar de generais corruptos e a baixos preços, arsenais inteiros na Bulgária, Moldávia ou Ucrânia, para vendê-los a regiões de conflito, principalmente à África."

Folha de S.Paulo, 30 ago. 2010. Disponível em: <http://www1.folha.uol.com.br/mundo/790935-mercador-da-morte-apela-ao-premie-tailandes-para-evitar-extradicao-aos-eua.shtml>. Acesso em: 17 fev. 2014.

O texto retrata um detalhe do evento de extradição de Bout da Tailândia para julgamento nos Estados Unidos, em fins de 2010. O continente africano é apontado como principal destino do mercado ilegal de armas. Isso pode ser explicado, entre outros motivos, por causa

a) da constituição das fronteiras dos países africanos pelos colonizadores, que não respeitaram as nações existentes, reunindo em um mesmo território grupos étnicos rivais.

b) da base de apoio que o mercador possuía no continente a partir da Cortina de Ferro.

c) da antiga União Soviética, que estimulava a prática de venda de armas no continente, a fim de firmar posições estratégicas na lógica da Guerra Fria.

d) do fim do *Apartheid*, que ocorreu no período descrito e fomentou conflitos entre brancos e negros na África do Sul.

e) do fechamento de outros mercados para armas, devido a uma fiscalização mais incisiva das fronteiras.

C2 • H7

29 "O governo do Reino Unido fechou um acordo e irá indenizar 16 ex-prisioneiros de Guantánamo. Eles processam o Estado britânico por participação ou cumplicidade nas sessões de tortura que afirmam ter sofrido na prisão, que é controlada pelos Estados Unidos.

Todos foram detidos por agentes britânicos após o 11 de Setembro, sob acusação de terem ligações com redes terroristas."

MARINHEIRO, V. Londres indenizará presos de Guantánamo. *Folha de S.Paulo*. 17 out. 2010. p. A20.

A prisão mantida pelos Estados Unidos em Cuba foi aberta em janeiro de 2002 para abrigar os presos da "Guerra contra o Terror". Foi lançada pelo ex-presidente George W. Bush, após os atentados de 11 de setembro de 2001. Sem qualquer acusação formal, muitos suspeitos foram mantidos no centro de detenção durante anos e, atualmente, mais de uma centena ainda o são.

O mesmo presidente lançou um livro enaltecendo a importância da "Guerra contra o Terror", que contradiz os Direitos Humanos Internacionais, quando o assunto é a segurança do povo estadunidense. Trata-se do *Decision points*, publicado pela editora Randon House em novembro de 2010. As ações contra o terrorismo

a) justificam qualquer ação efetiva dos Estados.
b) terminaram e a base de Guantánamo será fechada porque já cumpriu sua função de eliminar os focos do terrorismo no Afeganistão.
c) não trazem resultados efetivos, além de ferirem os Direitos Humanos Internacionais.
d) podem ser consideradas legítimas, pois os Direitos Humanos não consideram os horrores provocados pelas práticas terroristas.
e) são legitimadas pela dinâmica das alianças econômicas contemporâneas dos Estados.

C1 • H5

30 "'Eu entendo que o Brasil tem a ambição de se tornar um país desenvolvido, o que ele já é em grande parte, mas existe uma contradição entre essa ambição e o respeito integral a culturas indígenas. É preciso dar a esses povos a oportunidade de fazerem, eles mesmos, suas escolhas. Isso representará uma força para o Brasil! As civilizações indígenas são uma chance para o Brasil conservar essa diversidade interior que é uma fonte de enriquecimento', disse Lévi-Strauss."

LAGO, J. Na trilha de Lévi-Strauss. *Le Monde Diplomatique Brasil*. Disponível em: <http://www.diplomatique.org.br/artigo.php?id=801>. Acesso em: 17 fev. 2014.

A situação dos povos descrita no texto refere-se à

a) falta de interesse dos grupos indígenas em ingressar na sociedade capitalista contemporânea.
b) prática xenófoba dos grupos autóctones, em razão da constante violação do artigo 231 da Constituição brasileira, que prevê a impossibilidade de atividade produtiva em reservas nativas.
c) necessidade de conhecimento das culturas nativas, revertendo um quadro histórico no qual referência alguma foi deixada na sociedade.
d) ausência de autonomia dada aos indígenas, causando o empobrecimento da cultura brasileira, e um entrave para o desenvolvimento do país.
e) expansão do agronegócio pelo Rio Grande do Sul que extinguiu as comunidades tupamaros.

C6 • H28

31 "Cinco meses após o início dos conflitos armados entre Costa Rica e Nicarágua por causa de limites fronteiriços, o Google alterou a linha da fronteira entre os países no serviço do Google Earth.

Em novembro do ano passado [2010], a Costa Rica denunciou a Nicarágua perante a CIJ (Corte Internacional de Justiça) por considerar que seu território foi ocupado militarmente na área compreendida entre os rios San Juan e Colorado [...].

A Nicarágua, porém, alega que suas tropas se limitaram a fazer patrulhas por água, onde possui jurisdição para proteger os trabalhadores das máfias e para a luta contra o narcotráfico. [...].

O governo da Costa Rica rejeita qualquer tipo de modificação na fronteira entre os países e sustenta que a justificativa de defesa nicaraguense contra [a violência promovida pelo] o narcotráfico [na região] é uma 'desculpa' para a ocupação militar.

Diante do conflito, os serviços do Google foram responsabilizados por demarcar a fronteira sem exatidão, já que, nos mapas da internet, o território nicaraguense se estende até as margens do rio, enquanto os mapas oficiais dizem que a Costa Rica tem soberania nas duas margens do rio. O fato serviu como pretexto para o governo da Nicarágua justificar a invasão do território da Costa Rica. [...]."

Após conflitos, Google altera fronteira entre Nicarágua e Costa Rica em seus mapas. *Opera Mundi*. 19 abr. 2011. Disponível em: <http://operamundi.uol.com.br/conteudo/noticias/11358/conteudo+opera.shtml>. Acesso em: 4 mar. 2014.

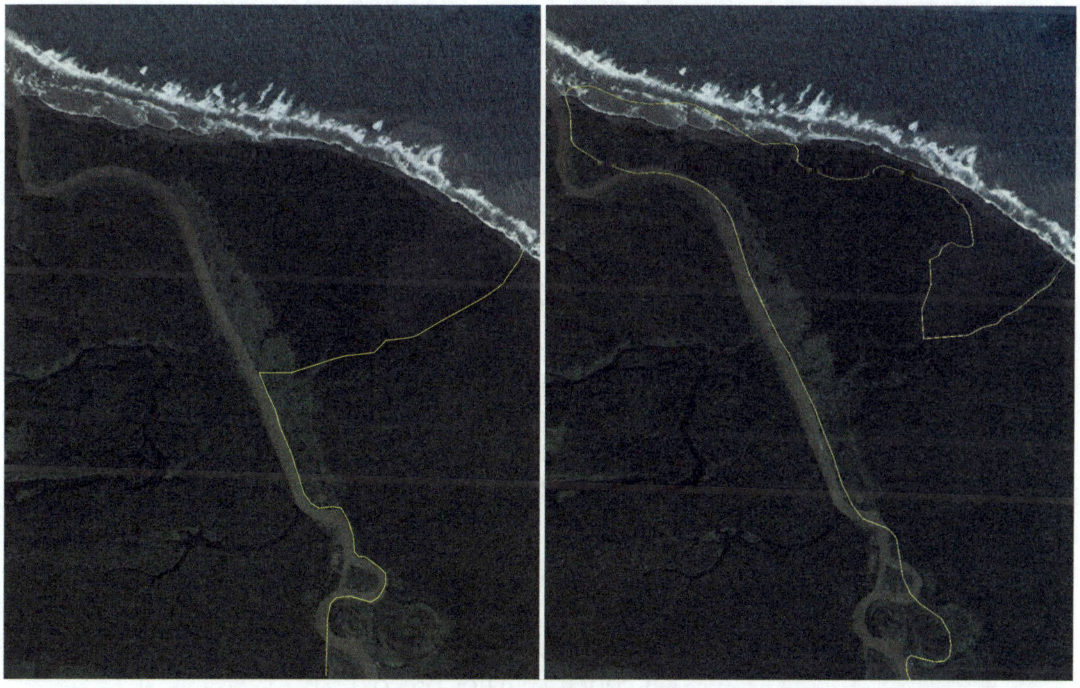

À esquerda, a versão antiga, reivindicada pela Nicarágua. À direita, a versão do mapa já atualizada.

Fonte: Google Earth/Reprodução. Disponível em: <http://operamundi.uol.com.br/conteudo/noticias/11358/conteudo+opera.shtml>. Acesso em: 26 nov. 2013.

A respeito do conteúdo do texto, da imagem e de seus conhecimentos sobre novas tecnologias e geopolítica atual, considere as afirmações a seguir:

I – O exército da Nicarágua ocupou parte do território da Costa Rica com base em mapas da internet que demarcavam de forma errada a fronteira entre os dois países.

II – O governo dos Estados Unidos, através de seu serviço de cartografia oficial, demarcou propositalmente de forma errada a fronteira entre Nicarágua e Costa Rica e disponibilizou o mapa na internet.

III – A ocupação de parte do território da Costa Rica pelo exército da Nicarágua teve como "desculpa" a proteção a trabalhadores nicaraguenses da violência promovida pelo narcotráfico daquela região.

Está correto o que foi afirmado em:

a) I e II.
b) II e III.
c) I, II e III.
d) I e III.
e) I, apenas.

Unidade 11

C4 • H18

1 "[...] Os movimentos sociais ligados à causa [da reforma urbana e da reforma fundiária/imobiliária] se acomodaram no espaço institucional em que muitas das lideranças foram alocadas [nos últimos anos]. Sem tradição de controle sobre o uso do solo, as prefeituras viram a multiplicação de torres e veículos privados como progresso e desenvolvimento. [...]

Com exceção da oferta de emprego na indústria da construção, para a maioria sobrou o pior dos mundos. Em São Paulo, o preço dos imóveis aumentou 153% entre 2009 e 2012. No Rio de Janeiro, o aumento foi de 184%. A terra urbana permaneceu refém dos interesses do capital imobiliário e, para tanto, as leis foram flexibilizadas ou modificadas, diante de urbanistas perplexos. A disputa por terras entre o capital imobiliário e a força de trabalho na semiperiferia levou a fronteira da expansão urbana para ainda mais longe: os pobres foram para a periferia da periferia. [...]

Mas é com a condição dos transportes que as cidades acabam cobrando a maior dose de sacrifícios por parte de seus moradores. E embora a piora de mobilidade seja geral – isto é, atinge a todos –, é das camadas de rendas mais baixas que ela vai cobrar o maior preço. [...]."

MARICATO, Ermínia. É a questão urbana, estúpido! *Le Monde Diplomatique Brasil*. 1º ago. 2013. Disponível em: <http://www.diplomatique.org.br/artigo.php?id=1465>. Acesso em: 3 dez. 2013.

O texto relaciona um processo e uma questão problemáticos, comuns nas metrópoles brasileiras. Quais são?

a) Moradia e automóvel.

b) Aviação civil e habitação.

c) Urbanização e transportes.

d) Reforma agrária e industrialização.

e) Globalização e periferia.

C4 • H19

2 "As grandes inovações que permitiram o crescimento e a verticalização das cidades aconteceram há mais de cem anos: eletricidade, automóvel, sistemas de abastecimento de água, concreto armado etc.

Hoje em dia, não acredito que inovações urbanas sejam necessariamente tecnologias milagrosas ou fórmulas mágicas que automaticamente resolverão todos os desafios. Inovações são processos, não são eventos pontuais. [...]

Com frequência, apenas fazer com que a administração pública acompanhe as mudanças já necessita inovações. Além disso, enxergar a cidade de forma integrada, eliminar as fontes de corrupção, engajar a população [...], aumentar a transparência e o acesso aos serviços públicos são elementos comuns a várias cidades inovadoras.

Por exemplo, Curitiba mostrou que é possível controlar e direcionar seu crescimento. Em Seul, Coreia do Sul, os cidadãos participam de decisões sobre políticas públicas por meio de seus computadores. Na Índia, estado de Gujarat, os cidadãos usam o computador para monitorar a qualidade da água. Em Zâmbia, África, as administrações locais usam clínicas ambulantes em ônibus para levar saúde básica para áreas periféricas.

E mais: em Antígua e Barbuda, os ônibus são salas de aula para estudos de computação para crianças da periferia. [...]"

RABINOVITCH, J. O futuro do planeta está nas cidades. *Folha de S.Paulo*. 1º mar. 2010. Disponível em: <http://www1.folha.uol.com.br/fsp/opiniao/fz0103201008.htm>. Acesso em: 17 fev. 2014.

Com base no texto, é correto afirmar que cidades inovadoras são aquelas que

a) combinam a adoção de novas tecnologias com a participação dos cidadãos na gestão pública.

b) ampliam a adoção de tecnologias convencionais, como concreto armado e uso de automóveis.

c) estimulam a verticalização a partir de tecnologias, como concreto armado e uso de elevadores.

d) modernizam seu sistema de gestão sem adotar novas tecnologias, que são caras e inacessíveis.

e) suspendem sua expansão física e abandonam as tecnologias modernas, como computadores.

C5 • H24

3 "Serão extremamente úteis para o País, qualquer que seja o desfecho, as conclusões do atual debate que se trava em toda parte sobre mobilidade urbana, a partir das recentes manifestações de rua [de junho e julho de 2013], assim como da criação de faixas exclusivas para ônibus na cidade de São Paulo. [...]

A questão vai chegando a níveis tais que o prefeito de São Paulo [Fernando Haddad] já diz que 'o usuário terá que repensar o uso do carro' (*Folha de S.Paulo*, 8/8). Para ele, 'não é simples mudar uma cultura — se fosse, alguém já teria feito'. Mas terá de fazer. E aceitar — como já foi discutido tantas vezes neste espaço — prioridades para o transporte público, sobre o transporte individual. E isso pode traduzir-se também em zonas de pedágio urbano, investimentos maciços e prioritários em metrô e trens urbanos, etc. [...]."

NOVAES, Washington. A mobilidade urbana não pode esperar mais. *O Estado de S. Paulo*. 16 ago. 2013. Disponível em: <http://www.estadao.com.br/noticias/impresso,a-mobilidade-urbana-nao-pode-esperar-mais-,1064596,0.htm>. Acesso em: 4 mar. 2014.

São Paulo (SP): número de automóveis – 2001 a 2011

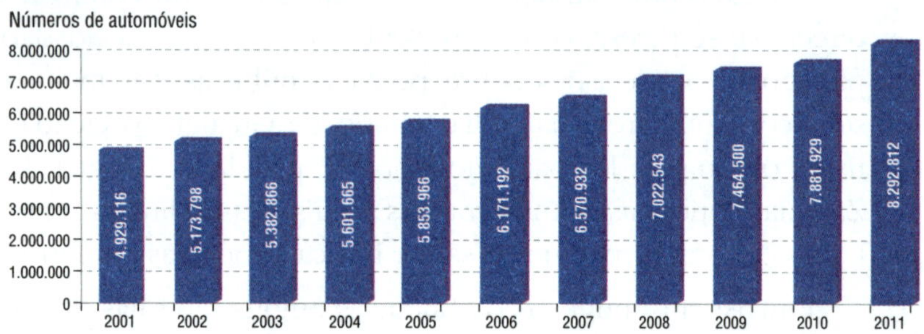

Fonte: Denatran.

Sobre o tema abordado no texto, os dados do gráfico e seus conhecimentos sobre a questão do transporte e da mobilidade urbana nas grandes cidades brasileiras, é correto depreender que:

a) somente com grandes incentivos fiscais à indústria automobilística, aliados a um substancial aumento das linhas de crédito destinadas ao financiamento de automóveis, o problema da mobilidade urbana nas grandes cidades poderá ser resolvido.

b) somente por meio de políticas públicas que privilegiem a construção de túneis e viadutos, aliadas à promoção de estratégias para o aumento da fiscalização no trânsito das grandes cidades brasileiras, poderá se resolver a questão do transporte urbano.

c) somente com a proibição oficial do uso do automóvel nas grandes cidades brasileiras, o problema da mobilidade urbana nesses lugares poderá ser resolvido.

d) somente com investimentos públicos maciços em meios de transporte coletivo, aliados a políticas que inibam o uso do transporte individual, o problema de mobilidade urbana nas grandes cidades brasileiras poderá ser minimizado.

e) somente com o aumento das multas de trânsito, aliado à destruição compulsória dos automóveis antigos nas grandes cidades brasileiras, o problema da mobilidade urbana poderá ser resolvido.

C6 • H30

4 "As cidades respondem por cerca de 75% de todo o consumo global de energia e por 80% das emissões de gases associados ao efeito estufa. Mesmo que apenas metade de todas as pessoas viva em centros urbanos, são neles que vivemos, trabalhamos e produzimos com maior intensidade.

Os prefeitos de 40 das maiores aglomerações urbanas do mundo [entre elas, São Paulo, Rio de Janeiro, Caracas, Nova York, Madri, Paris e Londres] juntaram-se para tornar suas metrópoles mais verdes, mais limpas e sobretudo mais eficientes em termos energéticos."

Revista *National Geographic Brasil*. Dossiê Terra. O pacto das cidades em favor do verde. São Paulo: Abril, 2007. p. 70.

Sobre o tema em questão, considere as seguintes medidas:

(1) Oferta de créditos para a compra de carros populares, medida implementada no Brasil.

(2) Criação de ciclovias, como já ocorre em Berlim, Amsterdã, Santos (SP) e Rio de Janeiro (RJ).

(3) Reforma de prédios oficiais e públicos para reduzir seu consumo de energia.

(4) Disposição final de resíduos em aterros e "lixões", aliada a campanhas de reciclagem.

(5) Uso de painéis para gerar eletricidade a partir da energia solar em prédios novos ou reformados, como vem sendo instituído em Barcelona.

Colaboram para viabilizar o pacto entre cidades as iniciativas descritas em:

a) 1, 2 e 5.

b) 1, 3 e 5.

c) 2, 3 e 5.

d) 3, 4 e 5.

e) 2, 3 e 4.

C3 • H30

5 "Logo abaixo das ruas de Barcelona, existe uma outra malha de tráfego. A uma profundidade de 5 metros, o lixo das casas, escritórios e até hospitais da capital catalã viaja a uma velocidade de cerca de 70 quilômetros por hora por meio de 113 quilômetros de tubulações, rede a vácuo que literalmente suga todos os resíduos produzidos pela população [...]. Todas as vias conduzem aos mesmos destinos, centrais de armazenamento onde o material é processado, [separado] e estocado em contêineres e finalmente levado a estações de reciclagem ou de incineração.

[...] Pode parecer futurista demais, mas já existem 600 redes semelhantes espalhadas por 150 cidades de todo o planeta."

BONFIGLIOLI, G. Em Barcelona, o lixo corre no subsolo. *O Estado de S. Paulo*. 24 nov. 2008. Disponível em: <http://www.estadao.com.br/noticias/impresso,em-barcelona-lixo-corre-no-subsolo,644440,0.htm>. Acesso em: 17 fev. 2014.

Sobre a iniciativa citada, é correto afirmar que ela

a) coleta e processa os resíduos, mas inviabiliza sua reciclagem.
b) evita o uso de caminhões de lixo e deposição de resíduos nas vias públicas.
c) eliminou a produção e deposição de dejetos sólidos na capital catalã.
d) contamina os cursos d'água da cidade, já que é um sistema subterrâneo.
e) é um tratamento sustentável do lixo, mas estimula o consumismo como modo de vida.

C1 • H1

6

Misty Morning, Rouen 1896/Camille Pissarro

Camille Pissarro. *Misty Morning, Rouen*. Óleo sobre tela, 1896. Hunterian Art Gallery, Universidade de Glasgow, Escócia.

Camille Pissarro (1830-1903), pintor nascido no Caribe, foi um dos principais expoentes do impressionismo francês. A obra da página ao lado apresenta um retrato da(o)

a) precária situação dos trabalhadores na 1ª Revolução Industrial.
b) moderna cidade industrial da Europa do século XIX.
c) processo de urbanização ocorrido em cidades do Novo Mundo.
d) situação adversa dos transportes e da mobilidade humana na França.
e) êxodo de camponeses para as cidades na França industrial do século XIX.

C3 • H15

7 "A violência e o medo combinam-se a processos de mudança social nas cidades contemporâneas, gerando novas formas de segregação espacial e discriminação social. Nas duas últimas décadas, em cidades tão diversas como São Paulo, Los Angeles, Johannesburgo, Buenos Aires, Budapeste, Cidade do México e Miami, diferentes grupos sociais, especialmente das classes [sociais] mais altas, têm usado o medo da violência e do crime para justificar tanto novas tecnologias de exclusão social quanto sua retirada dos bairros tradicionais dessas cidades."

CALDEIRA, T. P. do R. *Cidade de muros*: crime, segregação e cidadania em São Paulo. São Paulo: Editora 34/Edusp, 2000. p. 9.

Pode ser citada como exemplo da produção do espaço urbano, nos dias de hoje, a

a) construção de bairros-jardins, inspirados nos modelos europeus do início do século XX.
b) revalorização das áreas centrais das grandes metrópoles.
c) chegada de serviços de lazer, como restaurantes, casas noturnas, museus em antigas áreas industriais das metrópoles.
d) expansão dos enclaves fortificados, como os *shoppings*, os condomínios de luxo para residência e trabalho e os bairros com segurança privativa.
e) ocupação de espaços públicos por diferentes classes sociais, vigiados por meio das novas tecnologias de segurança.

C4 • H16

8 "Li, em meados de 2000, um dos representantes mais destacados do ramo prevendo mais uma vez o fim das cidades e declarando que a internet seria a oportunidade de ouro para as regiões rurais do mundo, como a América do Sul – que, é claro, na mesma data já era pelo menos 80% urbana. Assim, os dados reais sobre a configuração espacial dos assentamentos humanos são um saudável lembrete das realidades de nosso mundo quando tentamos descobrir a dimensão espacial da internet. Mas, em segundo lugar, o que é ainda mais importante, a internet é de fato o meio tecnológico que permite que a concentração metropolitana e a interconexão global prossigam simultaneamente. [...]"

CASTELLS. M. *A galáxia da internet*: reflexões sobre a internet, os negócios e a sociedade. Rio de Janeiro: Zahar Editor, 2004. p. 185.

As áreas metropolitanas continuam a crescer em tamanho e complexidade mesmo havendo condições tecnológicas para trabalhar e interagir a distância. Isto ocorre porque a(s)

a) áreas rurais não se modernizam, acarretando um forte êxodo rural.

b) áreas rurais concentram as atividades que exigem maior qualificação profissional, quando comparadas com as grandes cidades.

c) áreas metropolitanas ainda são os centros culturais de inovação e difusão de conhecimento, portanto são áreas atrativas para a Economia da Informação e para todo tipo de mão de obra.

d) internet ainda não realiza de forma eficiente a comunicação entre fornecedores e clientes das grandes empresas nacionais e internacionais.

e) internet ainda não conseguiu conectar de forma eficiente as grandes áreas metropolitanas às áreas rurais.

C6 • H26

Texto 1

9 "[...] Desde a última quinta-feira, 25 de julho [de 2013], cerca de 250 famílias ocupam um terreno público e parte de um terreno privado abandonados no bairro Jardim Ideal, distrito do Grajaú, na Zona Sul da cidade de São Paulo. O movimento nasceu espontaneamente a partir da iniciativa de famílias da localidade [...], que não suportavam mais arcar com o alto custo dos aluguéis ou se acomodar em fundos de casa e em quartos de favor. [...]

Segundo as famílias que vão se alojando no local, a parte maior do terreno – a primeira a ser ocupada – pertence à Prefeitura de São Paulo e está há dez anos abandonada. [...] Embora esteja destinada há muito tempo para a construção de um parque linear, tem servido apenas para abrigar diversas cenas de violência no bairro, como estupros e assassinatos. [...]

As famílias exigem que o próprio local se torne um conjunto habitacional [...]."

"Povo unido para vencer" – nasce uma nova ocupação por moradia no Grajaú. *Passa Palavra*. 29 jul. 2013. Disponível em: <http://passapalavra.info/2013/07/81720>. Acesso em: 3 dez. 2013.

Texto 2

"[...] O extremo sul é uma das regiões mais verdes da cidade de São Paulo e que abriga mananciais que abastecem de água 30% da população. Mas, o avanço sobre o verde até as margens é antigo e nas mais variadas condições de legalidade [...].

A maior pressão, hoje, é sobre a Represa Billings, diz o ambientalista Eduardo Merlander Filho. 'Houve [...] um *boom* de invasões nessa área. [...] São ocupações assim organizadas, resultantes, obviamente, da falta de moradia'. [...]

O terreno pertence à Secretaria do Verde e Meio Ambiente e está destinado a virar um parque linear. A criação de parques lineares, que ficam em torno de cursos d'água, é uma das soluções propostas para evitar mais desmatamentos e recuperar parte do verde em regiões de mananciais.

A Secretaria de Habitação informa que vai identificar as famílias que ocupam a área que deve virar parque linear para encaminhá-las a programas habitacionais. [...]."

Ocupações ilegais comprometem áreas de mananciais em SP. *G1*. 21 out. 2013. Disponível em: <http://g1.globo.com/sao-paulo/verdejando/noticia/2013/10/ocupacoes-ilegais-comprometem-areas-de-mananciais-em-sp.html>. Acesso em: 3 dez. 2013.

Com base nas informações contidas nos textos e em seus conhecimentos sobre questões de moradia urbana e de meio ambiente, considere as afirmações:

I – A ocupação de áreas de mananciais no extremo sul do município de São Paulo é um fenômeno que tem como raiz a ineficácia das políticas públicas de planejamento urbano na cidade, que não privilegiam a população de baixo poder aquisitivo.

II – O problema apresentado como tema central do Texto 2 decorre do problema apresentado como tema central do Texto 1.

III – É justificável o uso da força policial para a expulsão das famílias que ocupam as áreas de mananciais no extremo sul de São Paulo, como medida de preservação da cidadania e da justiça social.

Está correto o que foi afirmado em:

a) I e II.
b) I, apenas.
c) II, apenas.
d) I, II e III.
e) II e III.

C4 • H16

10 "Criadora do conceito de cidade global, a socióloga americana Saskia Sassen diz que a 'economia do conhecimento', o *know-how* acumulado ao longo da história, é vital para metrópoles serem competitivas. Ela afirma que São Paulo, com seu passado industrial, pode ter trajetória semelhante à de Chicago. Lá, a experiência de décadas de centro exportador de carne de porco, uma 'indústria velha', ajudou na transição para cidade globalizada. Autora do livro *A Cidade Global,* de 1991, Saskia define essas cidades como a plataforma de operação de empresas transnacionais, o ponto de encontro do conhecimento e dos talentos que fazem a ponte entre atores globais e especificidades nacionais."

DANTAS, F.; MARCHI, C. Disponível em: <http://www.estadao.com.br/megacidades/entrevista_saskia.shtm>. Acesso em: 17 fev. 2014.

As cidades globais representam o lócus de atuação do capital transnacional. Essas novas configurações urbanas, especialmente as presentes em regiões em desenvolvimento, têm apresentado como característica

a) as pequenas taxas de desemprego, porque as novas empresas de tecnologia geram grande diversidade de postos de trabalho bem remunerados.
b) a grande capacidade de resolver os problemas ambientais dos grandes centros urbanos, já que possuem uma variedade de empresas ligadas às tecnologias ambientais.
c) a ausência de grandes disparidades sociais, já que os trabalhadores de baixa renda têm migrado juntamente com a saída das antigas indústrias.
d) a exclusão social, pois geram empregos de alta remuneração para os profissionais qualificados e baixa remuneração para boa parte da população, além das altas taxas de desemprego.
e) a pouca competitividade no cenário global, já que possuem em seus territórios sedes de grandes empresas internacionais.

C3 • H15

11 "O tráfico emprega na cidade do Rio [de Janeiro] 16 mil pessoas, vende mais de cem toneladas de droga e arrecada R$ 633 milhões por ano, aponta estudo que dimensionou essa economia subterrânea [...].

Ou seja, gera tantos empregos quanto a Petrobras na capital fluminense, arrecada o mesmo que o setor têxtil no estado e vende o equivalente a cinco vezes mais do que o total de apreensão anual de cocaína pela Polícia Federal em todo o país.

O economista e professor do Ibmec-RJ Sérgio Ferreira Guimarães, subsecretário da Adolescência e Infância da Secretaria de Estado de Ação Social, usou pesquisas de consumo de entorpecentes, custos médios da venda de droga no varejo e no atacado calculados pela ONU e projeções de ocupação de mão de obra em favelas para fazer uma contabilidade simulada do tráfico: faturamento de R$ 317 milhões (versão mais conservadora) a R$ 633 milhões por ano (teto imaginado a partir dos números de que dispõe)."

FRAGA, P.; LAGE, J. Tráfico "emprega" 16 mil no Rio, diz estudo. *Folha de S.Paulo.* 28 nov. 2010. Disponível em: <http://www1.folha.uol.com.br/cotidiano/837373-trafico-emprega-16-mil-pessoas-no-rio-de-janeiro-diz-estudo.shtml>. Acesso em: 17 fev. 2014.

A partir da leitura dos dados apresentados pela reportagem é possível inferir que a

a) ofensiva militar aos traficantes no Complexo do Alemão, com o objetivo de retomada do território, solucionará o problema de uso de drogas ilícitas.

b) ampliação do tráfico ganhou força na cidade do Rio de Janeiro porque não houve nenhuma forma de repressão ao uso de drogas ilícitas.

c) ampliação do mercado de drogas ilícitas é apenas uma questão econômica.

d) questão das drogas nas grandes metrópoles é reveladora de problemas complexos, como a baixa escolaridade da população mais pobre, a falta de perspectivas de inserção no mercado de trabalho para os mais jovens e as políticas de segurança pública inadequadas.

e) venda de drogas ilícitas deve ser resolvida pelos moradores das comunidades envolvidas, sem a intervenção do Estado.

C2 • H8

12

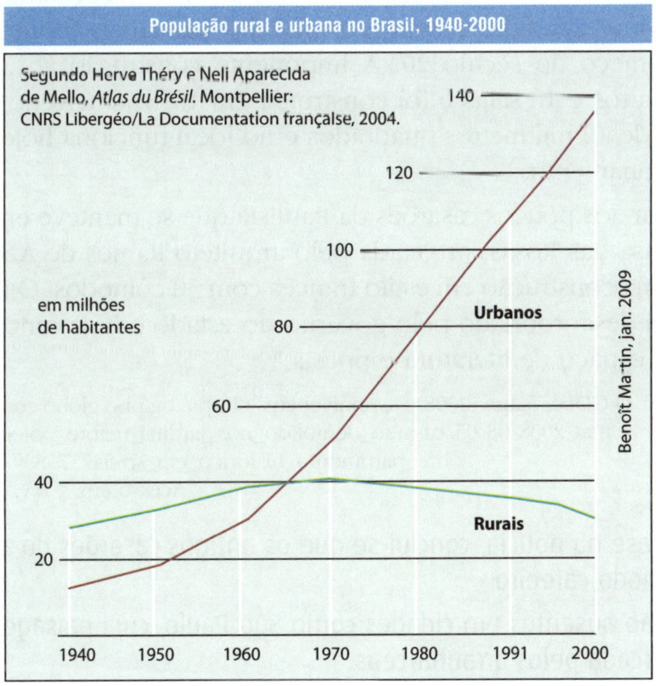

DURAND, M. Françoise et al. *Atlas da mundialização*: compreender o espaço mundial contemporâneo. São Paulo: Saraiva, 2009. p. 121.

Sobre o tema exposto no gráfico acima, considere os seguintes processos e iniciativas:

1 – Êxodo rural, motivando migrações campo-cidade.

2 – Consolidação de um mercado de trabalho e consumo urbano.

3 – Avanços do processo de modernização do campo no país.

4 – Decadência das atividades do setor primário no Brasil.

5 – Criação de Brasília e consolidação de São Paulo e Rio de Janeiro como metrópoles industriais nacionais.

Colaboraram para reforçar os dados expressos no gráfico as iniciativas e processos descritos em:

a) 1, 3 e 5.
b) 1, 2, 3 e 4.
c) 2, 3 e 5.
d) 3, 4 e 5.
e) 1, 2, 3 e 5.

C1 • H4

13 "Mais um casarão antigo foi abaixo em São Paulo para dar lugar a novos empreendimentos imobiliários. O casarão, da década de [19]50, ficava num terreno na rua Antilhas, nos Jardins [bairros de classe média alta]. [...]

A Subprefeitura de Pinheiros, responsável pelo Jardim América, interditou a obra, que não tinha autorização. O casarão está numa área tombada pelo Patrimônio Histórico. [...]

Na década de [19]80, vários casarões tombados na Avenida Paulista [em São Paulo] foram derrubados à noite ou em fins de semana. Entre eles, o palacete do Conde Matarazzo, dono das Indústrias Reunidas Matarazzo, um dos principais industriais do começo do século 20. A imponente construção abrigava 19 quartos e 16 salas e foi construída em 1898. O terreno tem cerca de 12 mil metros quadrados e no local funciona hoje um estacionamento.

Um dos poucos casarões da Paulista que se manteve em pé é a Casa das Rosas, projetada pelo arquiteto Ramos de Azevedo, uma construção em estilo francês com 30 cômodos. O imóvel foi desapropriado pelo governo do estado e hoje funciona como espaço de literatura e poesia."

O Globo. 5 ago. 2008. Disponível em: <http://oglobo.globo.com/sp/mat/2008/08/05/casarao_demolido_nos_jardins_reabre_polemica_sobre_patrimonio_historico_em_sp-547575889.asp>. Acesso em: 7 fev. 2011.

Com base na notícia, conclui-se que os antigos casarões do auge do período cafeeiro

a) estão ausentes em cidades como São Paulo, cuja paisagem é marcada pelos arranha-céus.
b) devem ser demolidos, já que inexistem leis para preservá-los na cidade de São Paulo.
c) são irrelevantes para a memória de São Paulo, já que pertenciam às elites econômicas.
d) podem ser dispensados, já que a cidade precisa de terrenos para novos prédios e estacionamentos.
e) devem ser preservados para manter a memória histórica e o patrimônio cultural da cidade.

C1 • H5

14

Mauricio Simonetti/Pulsar Imagens

Fundada por Thomé de Souza em 1549, Salvador situa-se entre o mar e as colinas da Baía de Todos os Santos. Sua organização assemelha-se às cidades do Porto e Lisboa, com forte caráter defensivo. Ao nível do mar, a Cidade Baixa forma uma estreita faixa entre o litoral e uma escarpa, delimitando a Cidade Alta.

Thomaz Vita Neto/Pulsar Imagens

Em fins do século XVII, animados pela descoberta do ouro, bandeirantes e aventureiros embrenhavam-se pelo interior do Brasil. Nos primeiros anos do século XVIII, uma bandeira seguiu o curso do Rio Jequitinhonha. Ao encontrar grande quantidade do minério, estabeleceu-se às margens do córrego do Tijuco, fundando o arraial de mesmo nome, que mais tarde se tornou a cidade de Diamantina. Porém, não foi o ouro e sim a descoberta de diamantes que marcou a história de Diamantina, diferenciando-a das outras cidades mineradoras.

As duas cidades brasileiras em questão têm em comum o fato de

a) terem sido declaradas como patrimônio cultural da humanidade.
b) constituírem dois núcleos históricos da região Nordeste do país.
c) serem metrópoles modernas, irradiando influências por vastos territórios.
d) terem sido criadas durante o período da mineração no Brasil.
e) possuírem traçado urbano e estilo arquitetônico modernos.

C6 • H29

15

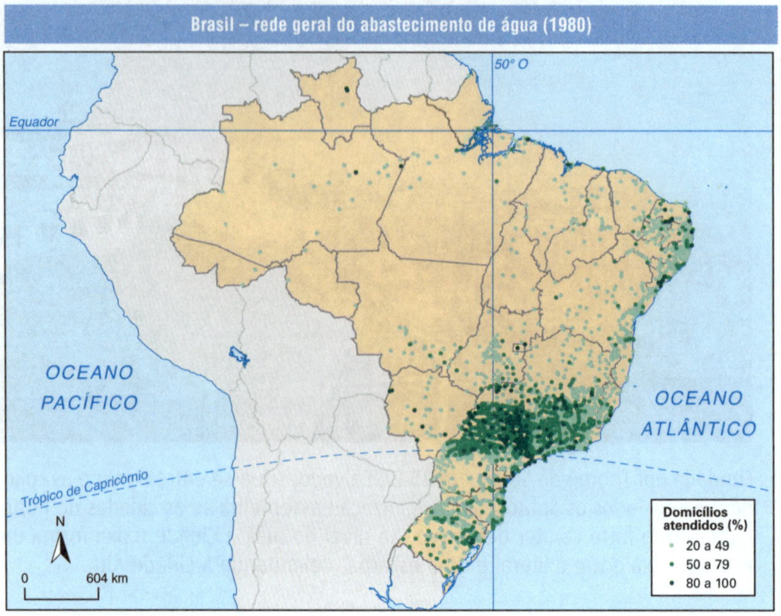

Fonte: *Atlas geográfico escolar*. 4. ed. Rio de Janeiro: IBGE, 2007. p. 148.

Fonte: *Atlas geográfico escolar*. 4. ed. Rio de Janeiro: IBGE, 2007. p. 148.

A comparação dos mapas nos leva a concluir que

a) a concentração do atendimento de abastecimento de água nas capitais e regiões metropolitanas reflete um processo de concentração populacional nessas cidades cada vez maior entre 1980 e 2000, em contradição com as cidades médias.

b) o aumento no número de domicílios atendidos pela rede de abastecimento de água no interior do Brasil reflete o processo de êxodo urbano verificado entre 1980 e 2000, isto é, a população migrando das cidades para o campo.

c) de 1980 a 2000, como se verifica no Norte e no Nordeste, inverteu-se a dinâmica que predominava no Brasil, isto é, concentração do atendimento de abastecimento de água a capitais e regiões metropolitanas.

d) em razão de seu imenso potencial hídrico, a região amazônica não necessita de rede de abastecimento de água, o que justifica o pequeno aumento no número de domicílios atendidos entre 1980 e 2000.

e) embora haja um aumento de domicílios atendidos pela rede de abastecimento de água no período de 1980 a 2000, a Amazônia continua sendo a menos atendida, o que contrasta com o imenso potencial hídrico natural da região.

C4 • H19

16 "Em menos de 40 anos, entre as décadas de 1940 e 1980, a população brasileira passou de predominantemente rural para majoritariamente urbana. Impulsionado pela migração de um vasto contingente de pobres, esse movimento socioterritorial, um dos mais rápidos e intensos de que se tem notícia, ocorreu sob a égide de um modelo de desenvolvimento urbano que privou as faixas de menor renda de condições básicas de urbanidade e de inserção efetiva à cidade. Além de excludente, tal modelo mostrou-se também altamente concentrador: 60% da população urbana vive hoje em 224 municípios com mais de 100 mil habitantes, dos quais 94 pertencem a aglomerados urbanos e regiões metropolitanas com mais de 1 milhão de habitantes."

ROLNIK, R. A lógica da desordem. *Le Monde Diplomatique Brasil*. nº 13, ago. 2008. Disponível em: <http://www.diplomatique.org.br/artigo.php?id=220>. Acesso em: 17 fev. 2014.

Qual dos itens abaixo se refere ao processo de urbanização da população brasileira?

a) Êxodo urbano, conurbação, segregação urbana.

b) Metropolização, megacidades, hipertrofia urbana.

c) Êxodo urbano, favelização, hipertrofia urbana.

d) Megalopolização, desconcentração urbana, megacidades.

e) Metropolização, desconcentração urbana, segregação urbana.

C2 • H6

17

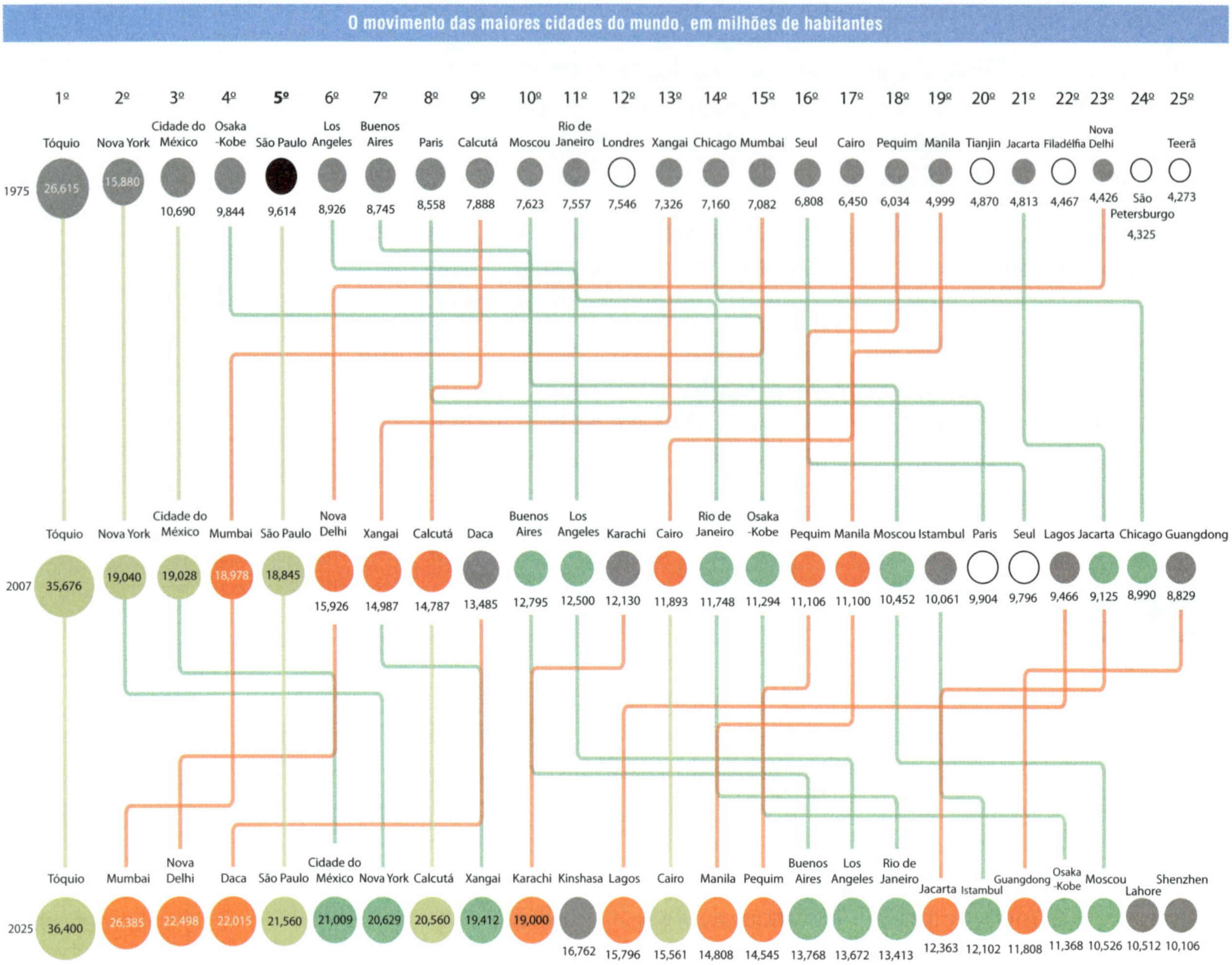

Fonte: Revista *Megacidades*. Grandes reportagens. *O Estado de S. Paulo*. ago. 2008. p. 10-11.

De acordo com os dados e previsões do gráfico, pode-se dizer que a tendência das maiores cidades do mundo é que

a) em 2025 as 25 maiores cidades do mundo serão megacidades, sendo a maioria de países da Ásia, como Mumbai e Nova Délhi.

b) por ser berço da Revolução Industrial, Londres tornou-se uma das maiores metrópoles do planeta e seguirá essa tendência até o ano de 2025.

c) em 50 anos, as cidades americanas mostraram expressivo crescimento populacional, elevando a América a continente com maior número de megacidades no mundo.

d) em geral, o crescimento das megacidades é apoiado no crescimento do setor industrial, como em São Paulo, que mantém a 5ª posição.

e) a ausência de Paris entre as 25 maiores cidades do mundo reflete a decadência econômica francesa e a dificuldade dessa cidade de rivalizar a competição asiática.

C4 • H19

18 Nas grandes cidades brasileiras, é muito comum sermos surpreendidos, constantemente, por anúncios de empreendimentos imobiliários voltados à habitação: casas, apartamentos etc., comercializados pelo mercado imobiliário tradicional. No entanto, avalia-se que o déficit habitacional no Brasil em 2009 estava em 7 934 719 moradias, número correspondente a 14,5% dos domicílios do país, segundo a Fundação João Pinheiro, base de dados para o Ministério das Cidades. Marque a alternativa que mais esclarece esse paradoxo.

a) As moradias oferecidas pelo mercado imobiliário tradicional resolverão, em longo prazo, o déficit habitacional, pois verifica-se que, quanto mais moradias são construídas, mais famílias abandonam as moradias precárias.

b) A maior parte das moradias construídas e comercializadas estão em áreas centrais e com maior quantidade de empregos, o que atrai as pessoas com menor renda para essas áreas, pois essas moradias são as mais baratas.

c) Grande parte dos empreendimentos imobiliários lançados pelo mercado imobiliário tradicional exigem uma renda familiar mensal maior do que a auferida pela maioria das famílias brasileiras.

d) Os programas habitacionais do passado e do presente, empreendidos pelo Estado, resolveram o problema habitacional no Brasil. No entanto, o crescimento vegetativo da população brasileira ainda é muito alto, o que dificulta a construção de novas moradias.

e) As maiores metrópoles do Brasil (São Paulo e Rio de Janeiro) são as que mais recebem os atuais fluxos migratórios do país, o que dificulta o acesso desse contingente populacional a moradias mais adequadas.

C4 • H16

19 "Os moradores das favelas têm um cotidiano estranho para as classes com mais renda em São Paulo. Não é só pelas condições precárias e a difícil luta pelo direito a uma moradia digna. Nem pela exclusão social, preconceito, presença da tropa de choque na vizinhança ou pelo descaso do poder público. É também pela convivência constante com incêndios, que estão fazendo desses moradores especialistas na contenção de fogo.

Segundo dados do Corpo de Bombeiros de São Paulo, a cidade registrou 113 incêndios em favelas desde o início do ano até a última semana de setembro e, enquanto esta reportagem era apurada, um novo incêndio deixou cerca de 1 200 pessoas sem casa na [favela] Real Parque, na zona Sul [localizada na região do Morumbi, uma das regiões mais ricas e valorizadas da cidade]. [...]

A professora Ermínia Maricato, da Universidade de São Paulo (USP), explica que as favelas mais bem localizadas passam por um processo de adensamento muito grande e esse movimento, aliado às condições precárias – inclusive de instalações elétricas –, gera um quadro de maior risco de incêndio. [...] [Segundo Ermínia, esse quadro é fruto da ausência de uma política fundiária para diminuir o preço e a especulação com terra e viabilizar a moradia para a população de baixa renda.]"

PRADO, D. Favelas incendiadas: onde há fumaça, há fogo. Revista *Caros Amigos*. 27 out. 2010. Disponível em: <http://carosamigos.terra.com.br/index_site.php?pag=revista&id=148&iditens=771>. Acesso em: 14 fev. 2011.

Segundo a reportagem, o contexto social, econômico e político desses incêndios seria

a) um processo de encarecimento generalizado das tarifas de energia elétrica em todo o Brasil, em especial no município de São Paulo, o que explica as precárias e perigosas instalações elétricas nas moradias mais pobres.
b) uma situação de adensamento (aumento da população) nas favelas próximas a regiões ricas das grandes metrópoles, resultado das políticas públicas de construção de moradias populares nessas áreas.
c) uma amostra das precárias condições de habitação de uma parcela razoável apenas das grandes cidades.
d) um sintoma do agravamento da segregação socioespacial, comum à maior parte das grandes metrópoles do Brasil.
e) um indício de que está havendo uma diminuição da quantidade de população favelada nas grandes metrópoles do país.

C4 • H19

20 Observe o gráfico a seguir:

Taxa de crescimento populacional e renda domiciliar média por área de ponderação na mancha urbana de São Paulo (1991-2000)

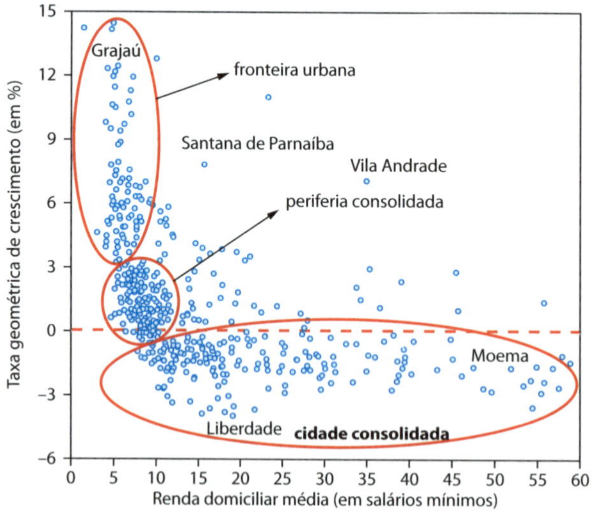

Fonte: MARQUES, E. C.; TORRES, H. da G. *São Paulo*: segregação, pobreza e desigualdades sociais. São Paulo: Senac, 2005. p. 108.

A taxa geométrica de crescimento expressa o aumento médio da população em um determinado período de tempo. No caso do gráfico acima, refere-se à taxa média anual de crescimento demográfico dos lugares destacados no período entre 1991 e

2000. A partir da análise do gráfico e da informação, pode-se inferir que

a) a fronteira urbana e a cidade consolidada vivem situações de renda e crescimento demográfico bastante diferentes.
b) a periferia consolidada pode ser entendida como um estágio intermediário entre a situação de renda e crescimento demográfico da cidade consolidada e a da fronteira urbana.
c) Liberdade e Moema podem ser considerados bairros de classe alta em São Paulo, por causa do baixo crescimento demográfico verificado no período.
d) Grajaú e Moema apresentam situações favoráveis de infraestrutura urbana, já que ambos os bairros aparecem nas extremidades do gráfico.
e) Santana de Parnaíba e Vila Andrade podem ser considerados lugares pobres da Grande São Paulo, já que apresentaram forte crescimento demográfico na década de 1990.

C6 • H27

21 "No dia 22 de dezembro de 2013, completam-se 25 anos do assassinato de Chico Mendes (1944-1988), morto em Xapuri, no estado do Acre, por defender a Amazônia contra o desmatamento. Chico Mendes era um seringueiro, e foi um sindicalista que defendia os seringueiros contra os poderosos fazendeiros que queimavam a floresta. Ele havia aprendido a ler, ainda menino, com um velho comunista que vivia escondido nessa fronteira entre o Brasil e a Bolívia, um sobrevivente da Coluna Prestes.

Desde então, longe de diminuir, os conflitos decorrentes do desmatamento e da expansão da fronteira agropecuária continuam crescendo por toda a Amazônia. Repetidas vezes, são produzidas mortes por causa dessa expansão. Mas, também há outros conflitos que decorrem de injustiças ambientais, além do desmatamento e da fronteira agropecuária, como pela expansão da mineração, por infraestrutura (estradas, grandes usinas) e por contaminação de agrotóxicos. [...]."

MARTINEZ-ALIER, Joan. O mapeamento dos conflitos ambientais no Brasil. *Carta Capital*. 27 nov. 2013. Disponível em: <http://www.cartacapital.com.br/blogs/blog-do-milanez/o-mapeamento-dos-conflitos-ambientais-no-brasil-por-joan-martinez-alier-2033.html/view>. Acesso em: 28 nov. 2013.

Brasil: taxa de desmatamento na Amazônia Legal – 1988-2013

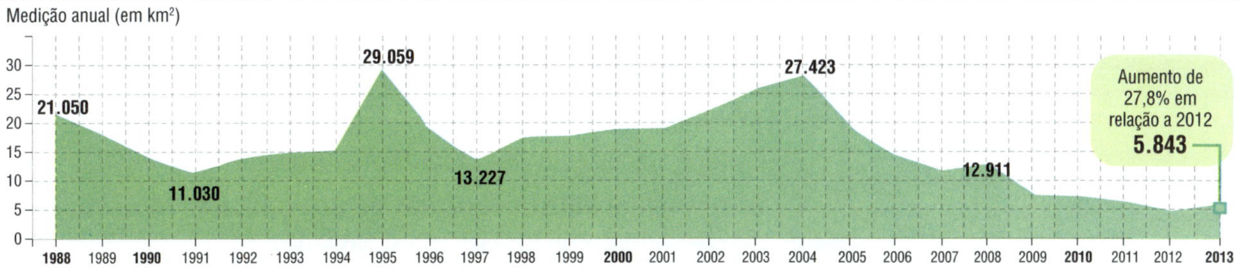

Fonte: Elaborado com base em dados do Sistema Prodes/INPE. Disponível em: <http://g1.globo.com/natureza/noticia/2013/11/dados-do-inpe-apontam-aumento-de-28-no-desmatamento-da-amazonia.html>. Acesso em: 14 fev. 2014.

Com base na análise do texto, do gráfico e em seus conhecimentos sobre problemas ambientais e conflitos na Amazônia, é correto afirmar que:

a) mesmo com a redução contínua das taxas de desmatamento da Amazônia Legal desde 2004, exceção feita aos anos de 2008 e 2013, esse problema ambiental ainda é muito grave no Brasil e causa enormes consequências socioeconômicas.

b) desde 1988, as taxas de desmatamento da Amazônia Legal vêm diminuindo continuamente, sendo que a perspectiva é que fiquem próximas de zero dentro de, no máximo, 25 anos.

c) políticas públicas eficientes, executadas de 25 anos para cá, têm reduzido gradativamente o desmatamento da Amazônia Legal e os conflitos advindos dessa prática, de modo que os níveis atuais já podem ser considerados satisfatórios.

d) o governo brasileiro tem sido permissivo, nas últimas décadas, em relação ao desmatamento da Amazônia Legal, o que acarretou um crescimento significativo das taxas de desmatamento desde 1988.

e) de 1988 até os dias de hoje, o principal problema socioambiental da Amazônia deixou de ser o desmatamento e passou a ser a contaminação de agrotóxicos.

Unidade 12

C5 • H22

1 "Art. 1º É instituído o Estatuto do Idoso, destinado a regular os direitos assegurados às pessoas com idade igual ou superior a 60 (sessenta) anos.

Art. 2º O idoso goza de todos os direitos fundamentais inerentes à pessoa humana, sem prejuízo da proteção integral de que trata esta Lei, assegurando-se-lhe, por lei ou por outros meios, todas as oportunidades e facilidades, para preservação de sua saúde física e mental e seu aperfeiçoamento moral, intelectual, espiritual e social, em condições de liberdade e dignidade."

Estatuto do Idoso. Lei nº 10.741/2003. Disponível em: <http://www.planalto.gov.br/ccivil_03/Leis/2003/L10.741.htm>. Acesso em: 5 mar. 2014.

Os artigos de lei apresentados acima asseguram conquistas e preveem medidas como

a) instituir que o cuidado com o idoso é atribuição dos familiares, face aos vínculos que mantêm entre si.

b) revogar políticas e medidas de assistência ao idoso, hoje um contingente minoritário na sociedade.

c) abrir mão dos direitos do idoso à inviolabilidade de sua integridade física, psíquica e moral.

d) dar atendimento preferencial ao idoso em órgãos públicos ou empresas privadas que prestam serviços.

e) obrigar as famílias a manter os idosos em clínicas ou casas de repouso, mais preparadas para a tarefa.

C5 • H22

2 **"Título III – Do Direito à Educação e do Dever de Educar**

Art. 4º O dever do Estado com educação escolar pública será efetivado mediante a garantia de:

I – ensino fundamental, obrigatório e gratuito, inclusive para os que a ele não tiveram acesso na idade própria; [...]."

Lei nº 9.394/1996, que estabelece as diretrizes e bases da educação nacional. Disponível em: <http://www.planalto.gov.br/ccivil_03/Leis/L9394.htm>. Acesso em: 17 fev. 2014.

A leitura do fragmento da lei em questão permite afirmar que

a) o ensino deverá ser público e obrigatório para todos os níveis e modalidades do ensino.

b) deve-se assegurar o acesso ao ensino fundamental para crianças, jovens e adultos.

c) o poder público abriu mão de universalizar o acesso de crianças e adultos à educação básica.

d) foram eliminadas no país as situações de crianças que não têm acesso ao ensino básico.

e) com a universalização do ensino, crianças e jovens hoje permanecem na escola em tempo integral.

C5 • H23

3 "Nossa consciência moral é posta à prova quando temos de tomar uma decisão, julgar uma situação ou fazer nossas escolhas. Ter consciência moral não significa agir de acordo com os padrões vigentes ou com normas socialmente impostas. Pelo contrário, ter consciência moral significa ter capacidade de escolher, ter autonomia, questionar valores, pensar antes de agir e agir com integridade.

A consciência moral implica entendermos nossas ações como intencionais e voluntárias, sermos responsáveis por nossas escolhas e atos. Nossa integridade é justamente essa coerência entre nossos valores e nosso comportamento."

DIMENSTEIN, G.; STRECKER, H.; GIANSANTI, A. C. *Dez lições de Filosofia para um Brasil cidadão*. São Paulo: FTD, 2008. p. 154.

Considerando a vida prática, estão em sintonia com os princípios enunciados situações como

a) compactuar com casos de violência familiar ou direcionada a crianças.

b) omitir-se diante de episódio de discriminação racial ou de gênero.

c) protestar contra o uso da violência ou violação da integridade de outros.

d) receber dinheiro para facilitar a resolução de processos em órgãos públicos.

e) impedir que um idoso ou uma gestante tenha atendimento preferencial em serviço público.

C5 • H24

4 **"Trabalho escravo na moda: os grilhões ocultos da elite brasileira**

Se o assunto é a transformação da realidade social, a dissimulação é a tônica dentre os detentores do poder econômico. [...] É assim na indústria da moda. Grandes grifes hasteiam a bandeira da responsabilidade social, do respeito, do comportamento ético e do compromisso com a verdade. [...]

Mascara-se, no entanto, uma realidade cruel e pungente: uma produção barata e degradante. [...] Paga-se pouco, muito pouco: o limite necessário para garantir o lucro máximo.

A consequência não é outra, senão uma tragédia social. Milhares de costureiros, brasileiros e imigrantes, homens e mulheres, socialmente vulneráveis, submetidos a condições de trabalho ofensivas à dignidade. [...]

Mais das vezes, o Judiciário afasta a responsabilidade jurídica daqueles que contribuem diretamente para o ilícito, seja por desconhecer o conceito contemporâneo de trabalho escravo, seja por aceitar as escusas defensivas das grandes grifes, que possuem notória capacidade de mobilização político-jurídica. [...]

A situação exige reflexão [...] [e] colaboração da sociedade civil organizada, dos órgãos públicos responsáveis pela luta contra a escravidão e, especialmente, do Judiciário. Impõe-se que os magistrados assumam um papel político proativo, tomando para si o dever de contribuir para a transformação da realidade social. [...]."

CAVALCANTI, Tiago Muniz. Trabalho escravo na moda: os grilhões ocultos da elite brasileira. *Repórter Brasil*. 26 nov. 2013. Disponível em: <http://reporterbrasil.org.br/2013/11/os-grilhoes-ocultos-da-elite-brasileira/>. Acesso em: 4 dez. 2013.

O texto aponta um grave problema urbano e apresenta alternativas para a transformação dessa dura realidade. Qual é o problema e quais as alternativas apresentadas?

a) Como solução para o problema do trabalho escravo no Brasil, o texto sugere que o Judiciário, por meio de seus magistrados, decrete o encerramento das atividades da indústria têxtil nacional.

b) Para a transformação da realidade de inúmeros trabalhadores submetidos ao trabalho escravo em indústrias têxteis, o texto sugere que a sociedade civil organizada colabore, que os órgãos públicos se mobilizem e, principalmente, que o Judiciário, por meio de seus magistrados, assuma um papel proativo na condenação daqueles que contribuem para essa atividade ilícita.

c) Como alternativa à realidade social de escravidão de muitos trabalhadores da indústria têxtil no Brasil, o autor sugere a prisão de todos os proprietários de indústrias desse setor no país.

d) Para a modificação da dura realidade a que são submetidos os costureiros brasileiros, o texto propõe que o governo promova cursos profissionalizantes que incentivem o empreendedorismo individual na área da indústria da moda.

e) Como alternativa para o problema da morosidade do Judiciário, o texto propõe que a sociedade civil se mobilize, elegendo melhores governantes nas próximas eleições.

C4 • H16

5

Images.com/Corbis/LatinStock

Disponível em: <http://www.illustrationsource.com>.
Acesso em: 6 dez. 2010.

A figura acima é uma alusão

a) ao papel das novas tecnologias no mercado de trabalho atual.

b) às relações desiguais entre países desenvolvidos e países pobres.

c) às facilidades de conexão entre pessoas diante das redes globais.

d) ao impacto mundial causado pela ampliação do consumo de bens.

e) à recente crise financeira que abalou os mercados globais.

C4 • H20

6 **"Homem joga fora HD com R$ 17 milhões em *bitcoins***

17,418 milhões de reais. Esse é o valor atual das 7.500 unidades da moeda virtual chamada *bitcoin* armazenadas em um HD que o profissional de tecnologia da informação James Howells jogou fora [...].

Howells não pagou quase nada pelos *bitcoins* em 2009 e poderia agora ser um milionário: o valor do *bitcoin* chegou a 1.000 dólares nesta semana, ou seja, 2.322 reais.

Após ter derramado uma bebida sobre seu computador, o morador do País de Gales, no Reino Unido, o desmontou e removeu o HD.

"Guardei o HD em uma gaveta por três anos e esqueci completamente dos *bitcoins*", disse Howells.

Neste ano, ele resolveu jogar fora antigos equipamentos de TI e o HD foi um dos que foi para o lixo. [...]."

Homem joga fora HD com R$ 17 milhões em *bitcoins*. *Info*. 28 nov. 2013. Disponível em: <http://info.abril.com.br/noticias/tecnologia-pessoal/2013/11/homem-joga-fora-hd-com-r-17-milhoes-em-bitcoins.shtml>. Acesso em: 5 dez. 2013.

Com base nas informações fornecidas pelo texto e em seus conhecimentos sobre globalização e sociedade da informação, considere as seguintes afirmações:

I – O HD é o órgão regulador da economia virtual, correspondente ao FMI no cenário econômico mundial.

II – O *bitcoin* é uma moeda virtual, sendo parte das profundas transformações impostas pela chamada "nova economia", formada pelas empresas que exploram a área de tecnologia de comunicações, informática e internet.

III – No contexto da "nova economia", foram fundadas novas formas de relações econômicas e humanas, com tarefas que podem ser realizadas de forma virtual e, dessa maneira, transformar o espaço geográfico.

Está correto o que foi afirmado em:

a) II, apenas.

b) I e II.

c) III, apenas.

d) I, II e III.

e) II e III.

C2 • H8

7

© Chappatte in "NZZ am Sonntag" (Zurich)

Sobre a globalização, a charge acima defende que

a) no atual sistema, há livre circulação de bens, pessoas e informações entre os países.

b) países desenvolvidos colocam restrições à entrada de imigrantes de países mais pobres.

c) as fronteiras entre os Estados nacionais perderam o significado no mundo contemporâneo.

d) face às disputas territoriais, é preciso melhor delimitar e demarcar as fronteiras entre países.

e) os muros que separam povos e culturas foram abandonados, aumentando as interações sociais.

C4 • H18

8 "De encontros odontológicos a feiras de cachorrinhos, *shows* de bandas estrangeiras, Mostra de Cinema, Salão do Automóvel, Fórmula 1 e concursos de beleza, um evento ocorre a cada seis minutos na cidade de São Paulo. É um mercado de 90 mil eventos por ano, o equivalente a 75% do que ocorre em todo o país. Nas duas primeiras semanas de novembro de 2007, São Paulo vai receber 400 mil turistas, que devem movimentar cerca de R$ 385 milhões. O problema é que como São Paulo só tem o Parque Anhembi para os grandes encontros, não há mais como crescer. Assim, eventos de médio porte, que não encontram teto na capital paulista, começam a se mudar para Tóquio, Munique, Buenos Aires e Rio de Janeiro."

O Estado de S. Paulo. Turismo cresce em São Paulo e chega ao limite. Disponível em: <http://www.estadao.com.br/noticias/cidades,turismo-cresce-e-sp-chega-ao-limite,635727,0.htm>. Acesso em: 17 fev. 2014.

A partir dos dados expostos acima, é correto afirmar que a cidade de São Paulo

a) apresenta hoje decadência econômica e social, provocando a perda de novos investimentos.

b) tem vocação para sediar grandes unidades industriais, dispensando atividades do setor de serviços.

c) perdeu a hegemonia no turismo face à precariedade das infraestruturas de apoio ao setor.

d) consolida sua posição de liderança no chamado turismo de negócios (feiras, congressos etc.).

e) deixou de sediar eventos, congressos e convenções face à ausência de atrativos turísticos na cidade.

C4 • H18

9

Desembarque de turistas internacionais por região (2005), em milhões de pessoas

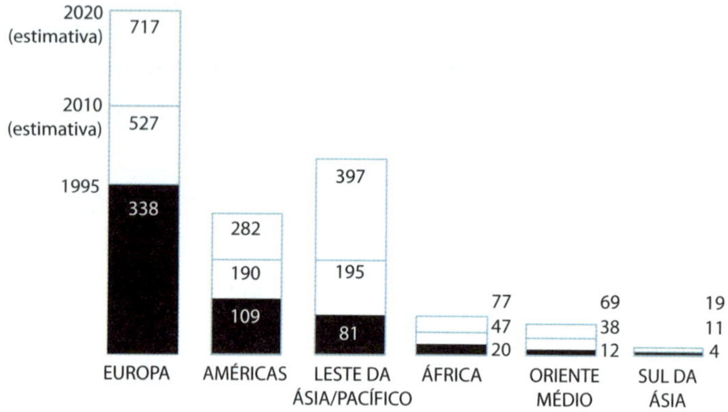

Fonte: Organização Mundial de Turismo, ONU. Dossiê Terra. Revista *National Geographic*. São Paulo: Abril, 2007. p. 86.

Com base nos dados do gráfico, é correto afirmar que

a) apesar de suas riquezas culturais, vem caindo a visitação à Europa e ao leste da Ásia/Pacífico.

b) África e Ásia são as regiões mais visitadas, dadas as infraestruturas de recepção ali existentes.

c) a ausência de infraestruturas (hotéis, transportes etc.) impede a visitação ao continente americano.

d) conflitos regionais e presença de grupos terroristas vêm impedindo a visitação ao Oriente Médio.

e) o destino mais procurado é a Europa, colaborando para isso o rico patrimônio histórico ali presente.

C4 • H20

10 "A mudança nas tecnologias altera as dimensões espaciais do trabalho, na medida em que as finanças, o comércio e os diversos serviços 'intangíveis' que hoje assumem tanta importância, como publicidade, advocacia e gerenciamento a distância, circulam nas 'ondas' do novo sistema de informações em segundos (as tecnologias de informação e comunicação – TICs), fazendo, por exemplo, uma secretária que trabalha em Washington perder o emprego para outra que vai realizar o mesmo trabalho por computador, na Índia."

DOWBOR, L. *O que acontece com o trabalho?* São Paulo: Senac, 2004. p. 15-16.

"Agora, pela primeira vez, o trabalho humano está sendo sistematicamente eliminado do processo de produção. Em menos de um século, o trabalho 'em massa' [...] será provavelmente eliminado em praticamente todas as nações industrializadas do mundo. Uma nova geração de sofisticadas tecnologias de informação e comunicação está sendo introduzida aceleradamente nas mais diversas situações de trabalho. Máquinas inteligentes estão substituindo seres humanos em incontáveis tarefas, forçando milhões de trabalhadores de escritório e operários para as filas do desemprego ou, pior, para as filas do auxílio-desemprego."

RIFKIN, J. *O fim dos empregos*: o declínio inevitável dos níveis dos empregos e a redução da força global de trabalho. São Paulo: Makron Books, 1995. p. 3.

Com base nas posições expostas acima, é correto afirmar que

a) as novas tecnologias em questão afetam as estruturas de emprego em diferentes partes do mundo.
b) as inovações tecnológicas afetam os empregos no mundo desenvolvido, mas não em países pobres.
c) com as inovações tecnológicas, vem ocorrendo aumento exponencial da oferta de empregos no mundo.
d) os efeitos das inovações tecnológicas restringem-se aos países do mundo em desenvolvimento.
e) com as inovações tecnológicas, há perdas no setor produtivo, mas não no setor de serviços.

C5 • H24

11

Carlos Eduardo Novaes e César Lobo/Ed. Ática

NOVAES, C. E.; LOBO, C. *Cidadania para principiantes*: a história dos direitos do homem. São Paulo: Ática, 2003. p. 199.

A charge mostra, em relação à cidadania e aos direitos políticos e sociais no Brasil, que

a) estão ausentes da Constituição Federal em vigor artigos que garantam os direitos de cidadania.
b) a garantia de direitos depende da ação de profissionais especializados, como juristas e psicólogos.
c) a sociedade brasileira vem se abstendo de lutar pela garantia de direitos previstos nas leis do país.
d) dispensa-se a participação popular na garantia dos direitos previstos na Constituição Federal.
e) os cidadãos devem participar ativamente da aplicação dos direitos previstos nas leis do país.

C5 • H25

12 "[...] os processos de exclusão que ocorrem na escola, além de muito sofisticados e violentos, lesam, às vezes de forma irreparável, as gerações que passam por ela, por convencerem centenas e centenas de crianças e jovens do país que não conseguem construir conhecimento, que estão destinados ao mundo do trabalho, quando há trabalho, concebido como execução da técnica. Trabalho em que pensar e fazer estão apartados.

[...] Os planos [educacionais] podem e devem nascer de um novo pacto da sociedade com a educação [...]. Esse novo pacto não envolve só os níveis de ensino sob a responsabilidade do município. [...]

É necessário chamar a cidade para discutir as questões educacionais; assim como os movimentos sociais, os empresários, as igrejas e as promotorias. Chamar quem tem poder e quem não tem para refletir sobre a política educacional. [...]

Se esses propósitos se concretizarem, temos uma pequena chance de melhorar a educação."

ROCHA, S. Qual cidade educadora queremos. *Cadernos Cenpec*, n. 1, 1º semestre 2005. p. 22.

Com base no texto acima, conclui-se que

a) o papel das escolas do país é preparar a população pobre para o mercado de trabalho.
b) as escolas do país abriram mão de seu papel de formar diferentes gerações de crianças e jovens.
c) definir rumos da educação inclusiva e de qualidade é atribuição exclusiva do diretor da escola.
d) alcançar uma escola e uma educação de qualidade para todos envolve a participação social.
e) a escola e as políticas educacionais têm como objetivo formar os alunos mais bem preparados.

C2 • H8

13

Evolução da família (%)		
Tipo/Ano	1999	2009
Casal sem filhos*	13,3	17,1
Casal com filhos*	55,0	47,3
Mulher sem cônjuge com filhos	17,1	17,4
Outros tipos	5,5	6,2

(*) Entre os que preferem o casamento, quase 44% têm entre 25 e 34 anos.

Famílias unipessoais por idade (%)						
	Até 19 anos	20 a 29 anos	30 a 39 anos	40 a 49 anos	50 a 59 anos	60 anos ou mais
Brasil	0,8	11,1	12,5	15,4	18,4	41,89**
Norte	1,5	17,3	16,5	17,5	18,2	29,0
Nordeste	1,0	11,8	14,4	15,9	16,5	40,4
Sudeste	0,6	9,2	11,7	15,0	19,0	44,5
Sul	0,8	11,9	10,4	15,3	18,0	43,5
Centro-Oeste	1,3	15,3	13,4	14,6	21,0	34,5

(**) A maioria (51%) das chamadas famílias unipessoais é formada por mulheres

Fonte: IBGE. *Síntese de Indicadores Sociais 2010.*

A partir dos dados contidos nas tabelas, considere as afirmações a seguir:

I – Famílias unipessoais e casais sem filhos são características demográficas de regiões mais pobres e sem estímulos do Estado, onde há dificuldades para manter núcleos familiares numerosos.

II – As famílias brasileiras estão ficando menores, enquanto aumenta o número de mulheres que passam a ser as pessoas de referência (chefes de família) do núcleo familiar.

III – Face a políticas antinatalistas, ao aumento de famílias unipessoais e do número de casais sem filhos, desaparece o núcleo tradicional de organização familiar no país (pai, mãe, filhos).

Está correto o que foi afirmado em:

a) I, apenas.
b) I e III.
c) II, apenas.
d) I, II e III.
e) II e III.

C3 • H15

14 Para o historiador Durval Muniz de Albuquerque Jr. (2007), "uma baianada passa a ser toda atitude que desobedece aos códigos pretensamente mais civilizados e modernos de se comportar; assim como tudo que é considerado malfeito é visto como coisa de baiano". O autor lembra também que os nordestinos em geral passam a ser chamados pejorativamente de baianos desde a década de 1920, com a chegada das primeiras levas de migrantes a São Paulo.

A situação descrita acima caracteriza um preconceito em função

a) de necessidades físicas especiais das pessoas.
b) da orientação sexual de homens ou mulheres.
c) do gênero, vitimando as mulheres.
d) da origem geográfica ou de lugar.
e) da religião, contra os cultos de origem africana.

C3 • H15

15 Leia a charge e os gráficos:

Angeli

Disponível em: <http://www2.uol.com.br/angeli/chargeangeli/chargeangeli.htm?imagem=267&total=335>. Acesso em: 17 fev. 2014.

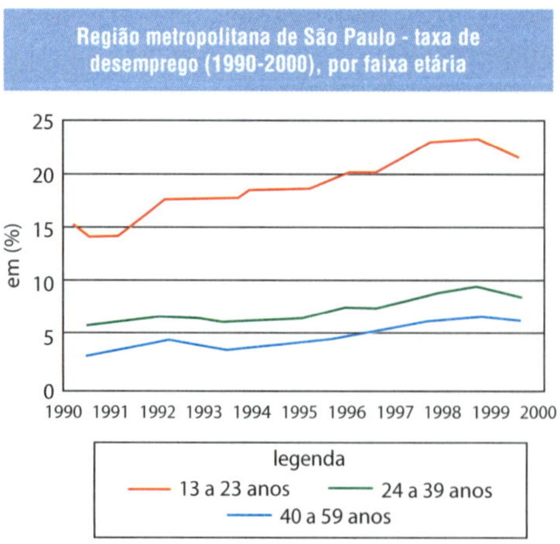

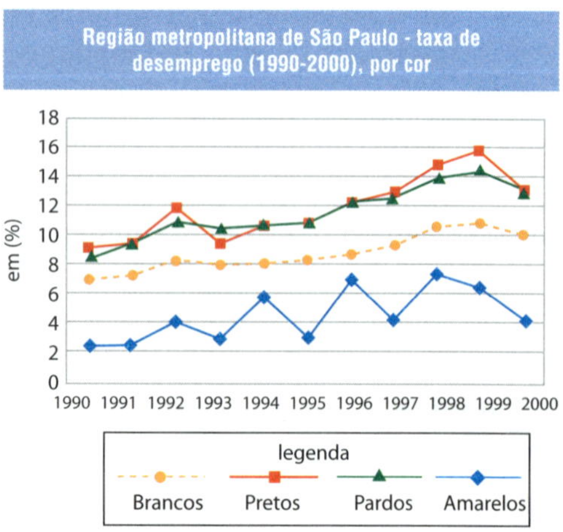

Fonte: GOMES, Sandra; AMITRANO, Claudio. Local de moradia na metrópole e vulnerabilidade ao [emprego e] desemprego. In: MARQUES, Eduardo; TORRES, Haroldo (Orgs.). *São Paulo*: segregação, pobreza e desigualdades sociais. São Paulo: Editora Senac, 2005. p. 172.

Os dados dos gráficos

a) não confirmam a realidade retratada na charge, porque o desemprego não aumentou para a população jovem.

b) confirmam em parte a realidade da charge, pois apenas para os adultos entre 24 e 39 anos houve aumento das taxas de desemprego.

c) refletem plenamente a realidade retratada na charge, pois a taxa de desemprego foi maior para os jovens pretos e pardos.

d) confirmam a realidade da charge apenas para os jovens pretos, que tiveram um aumento na taxa de desemprego.

e) não refletem a realidade da charge, pois apenas os adultos, entre 24 e 59 anos, pretos e pardos tiveram sua taxa de desemprego elevada.

C2 • H8

Os mapas a seguir serão utilizados nas questões 16 e 17.

Idosos e jovens (2005)

Mapas: Mario Yoshida

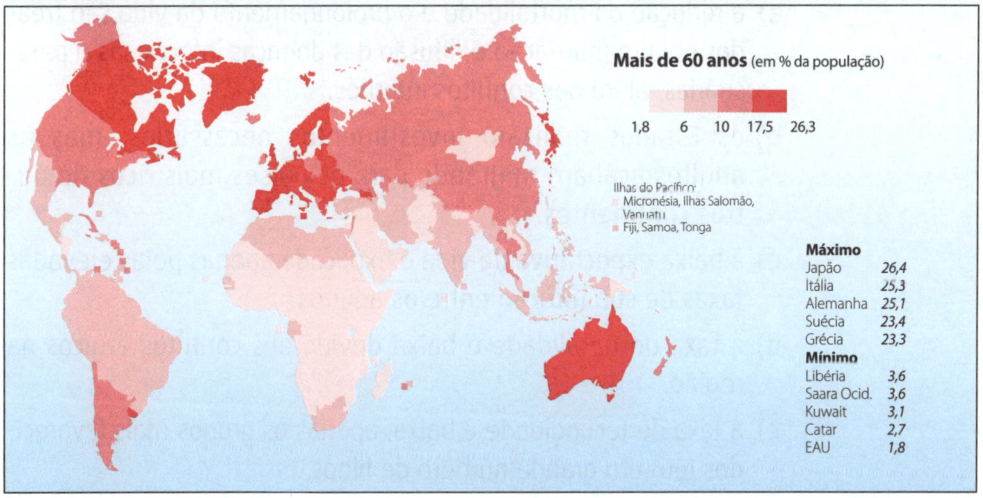

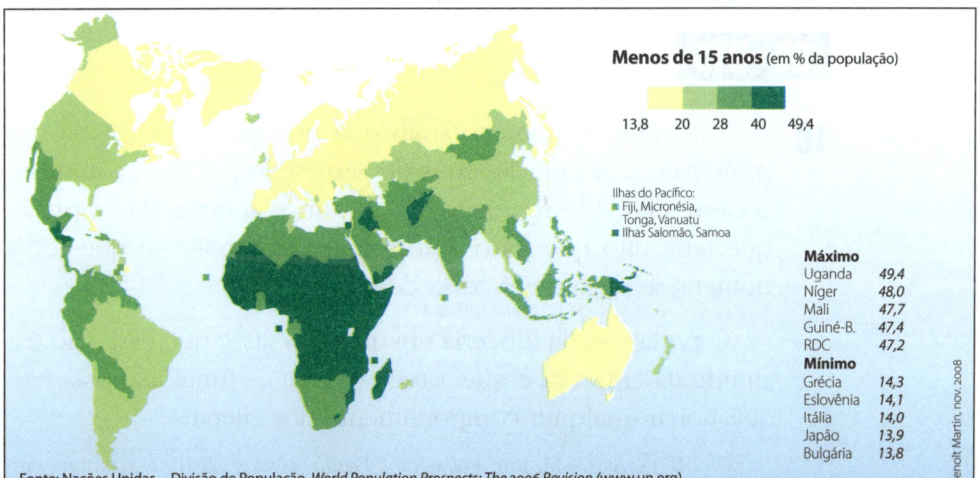

Fonte: Nações Unidas – Divisão de População. *World Population Prospects: The 2006 Revision* (www.un.org).

DURAND, M. Françoise et al. *Atlas da mundialização*: compreender o espaço mundial contemporâneo. São Paulo: Saraiva, 2009. p. 34.

16 O número elevado de população idosa nas regiões mais desenvolvidas do planeta é fruto do(a)

a) grande número de imigrantes adultos e pobres que buscam melhores condições de vida nessas regiões.

b) programa governamental para atrair os melhores pesquisadores e cientistas das diversas regiões do mundo.

c) elevada taxa de mortalidade infantil e baixa taxa de mortalidade de jovens e adultos.

d) melhoria na qualidade de vida, políticas de controle de natalidade e políticas sociais de proteção ao cidadão, criadas no pós-Segunda Guerra Mundial.

e) elevada taxa de mortalidade de jovens durante a Segunda Guerra Mundial.

C2 • H6

17 Podemos afirmar que na África Subsaariana

a) a redução da mortalidade e o prolongamento da vida são freados pela manutenção e difusão das doenças infecciosas e parasitárias, além dos conflitos internos.

b) os Estados realizam investimentos necessários, mas os adultos acabam migrando para os países mais ricos de outros continentes.

c) a baixa expectativa de vida é explicada apenas pelas elevadas taxas de subnutrição entre os adultos.

d) a taxa de natalidade é baixa devido aos conflitos étnicos na região.

e) a taxa de fecundidade é baixa, apenas os grupos mais favorecidos têm um grande número de filhos.

C3 • H15

18 "Um casal de homossexuais está processando [...] uma das principais redes de docerias de São Paulo [...]. Ao se abraçar, o casal teria sido repreendido por um segurança da empresa, que teria dito que "isso aqui é lugar de família" e que "dois homens se pegando é coisa de bicha".

O porta-voz da [doceria em questão] disse que essa não é a atitude da empresa e que a rede orienta os funcionários a não questionar qualquer comportamento dos clientes."

BERGAMO, M. Em: *Folha de S.Paulo*. 29 nov. 2010. Disponível em: <http://www1.folha.uol.com.br/cotidiano/837718-monica-bergamo-casal-de-homossexuais-processa-doceria-ofner-por-homofobia.shtml>. Acesso em: 17 fev. 2014.

O episódio constitui violação aos direitos fundamentais dos indivíduos por se tratar de

a) desagregação dos núcleos familiares tradicionais.

b) discriminação em virtude da renda e origem das vítimas.

c) violência em função do gênero, afetando as mulheres.

d) discriminação em função da orientação sexual.

e) preconceito de classe, privilegiando os mais abastados.

C5 • H25

19

Brasil – Malária (2000)

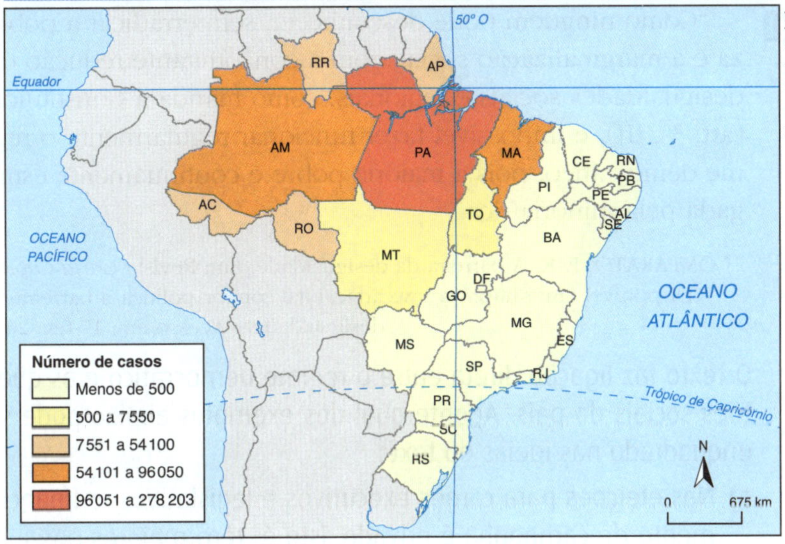

Brasil – Dengue (2000)

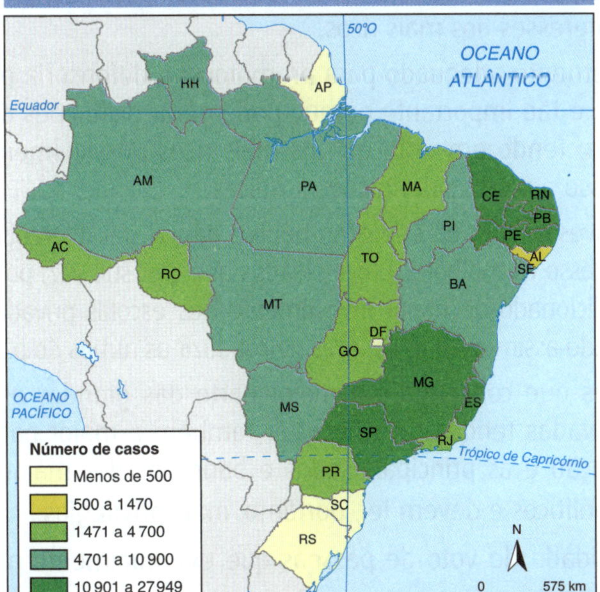

Brasil – Aids (2000)

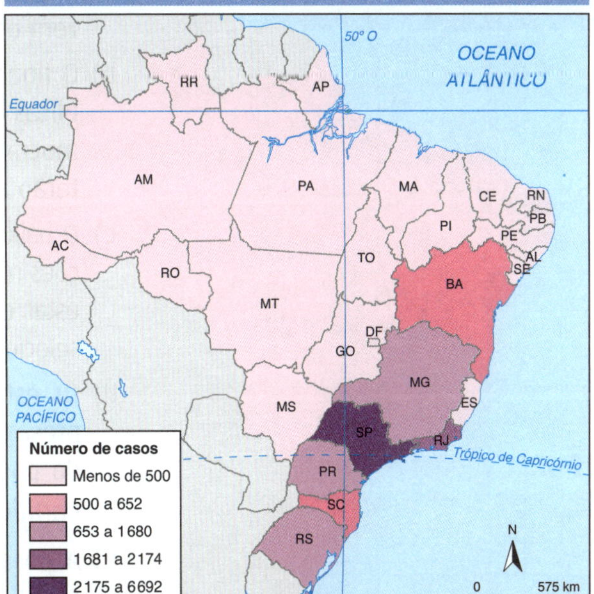

Fonte: *Atlas geográfico escolar*. Rio de Janeiro: IBGE, 2002. p. 125.

A partir da observação dos mapas de endemias no território brasileiro, os critérios prioritários mais adequados para que se formule um plano nacional de combate a essas endemias no país são:

a) desigualdades regionais; favelização; geomorfologia; perfis étnicos.

b) urbanização; geomorfologia; densidade demográfica; pedologia.

c) perfil da vegetação; regime de chuvas; urbanização; densidade demográfica.

d) favelização; hidrografia; meio ambiente; migração.

e) perfis étnicos; pedologia; hidrografia; migração.

C3 • H12

20 "Como ninguém pode desconhecer, sem erradicar a pobreza e a marginalização social, com a concomitante redução das desigualdades sociais e regionais, como manda a Constituição (art. 3º, III), é impossível fazer funcionar regularmente o regime democrático, pois a maioria pobre é continuamente esmagada pela minoria rica."

COMPARATO, F. K. A barreira da desigualdade. Em: Revista *Carta Capital*. Disponível em: <http://www.cartacapital.com.br/politica/a-barreira-da-desigualdade>. Acesso em: 17 fev. 2014.

O texto faz ligação direta entre o regime democrático e as questões sociais do país. Aponte qual dos exemplos abaixo pode ser enquadrado nas ideias do texto.

a) Nas eleições para cargos executivos e legislativos, o financiamento de campanha é privado, isto é, têm maiores possibilidades de divulgação os que têm maior captação de recursos, o que pode gerar dificuldades para candidaturas que contradizem os interesses dos mais ricos.

b) O financiamento adequado para promotoria e defensoria públicas não é tão importante porque pode gerar distorções democráticas, tendo em vista que os mais ricos possivelmente terão acesso a piores orientações jurídicas.

c) O baixo investimento na educação pública básica cria diferenciações no acesso às melhores universidades que, por sua vez, pode estar condicionado ao maior investimento nas escolas privadas, selecionando assim os mais capazes de conduzir os rumos do país.

d) Os estados que concentram a maior parte das grandes empresas privadas tendem a concentrar também a maior parte da população e as principais sedes e bancadas dos maiores partidos políticos e devem ter, portanto, mais privilégios.

e) A possibilidade de voto de pessoas que eventualmente não tenham grande preparação acadêmica pode gerar grandes distorções porque diminui a qualidade de sua opção política.

C4 • H18

21

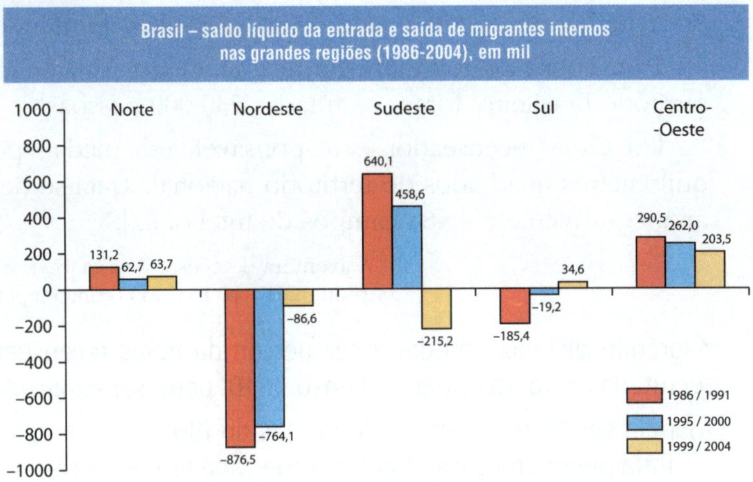

Fonte: Nova geografia da migração interna. Revista *Fórum*. n. 48, 2007. São Paulo: Publisher Brasil. p. 21.

Aponte qual alternativa melhor explica o panorama apontado pelo gráfico.

a) Embora a região Norte tenha tido uma pequena alteração, permanece como expulsora de mão de obra, reforçando a tendência de migração para a região Sudeste em virtude da constante evolução econômica dessa região.

b) O gráfico registra a alteração da tendência migratória da região Sul que comprova a inversão de posições na economia nacional, com a consolidação dessa região como a de mais forte economia do país, superando o Sudeste.

c) Embora tenha havido uma significativa queda no balanço entre saídas e entradas de migrantes na região Nordeste a partir do final da década de 1990, essa região continua como a maior expulsora de mão de obra e migrantes do país.

d) O gráfico reforça a posição da região Sudeste como polo de atração populacional em virtude do conhecido dinamismo econômico da região em comparação com as demais regiões brasileiras.

e) Desde os anos 1990 há uma alteração do quadro migratório nacional, com destaque para a região Sudeste, que, tendo diminuídas suas taxas de expansão econômica nesse período, deixou de ser expulsora para se transformar em receptora de mão de obra.

C4 • H19

22 Leia o texto a seguir:

"Está em curso no Brasil o mais abrangente de todos os levantamentos demográficos – o censo. [...] O grau de dificuldade de um levantamento como esse pode ser aferido de várias maneiras. Um bom termômetro é a extensão da área a ser percorrida, em média, por cada recenseador – parâmetro em que o Brasil chama atenção. [...] Até o término do censo, no fim de outubro [de 2010], o périplo do batalhão recrutado pelo Instituto Brasileiro de Geografia e Estatística (IBGE), à frente do trabalho, equivalerá a algo como 447 voltas ao mundo. [...]

Para cobrir os 8,5 milhões de quilômetros quadrados do território brasileiro, foram recrutadas 230 000 pessoas.

[...] Cada recenseador é responsável, em média, por 37 quilômetros quadrados do território nacional. Trata-se de uma área equivalente a 4 484 campos de futebol [...]."

A aventura do censo. Revista *Veja*. n. 2185, 6 out. 2010. p. 134; 136 (com adaptações).

A grande distância média a ser percorrida pelos recenseadores recrutados pelo IBGE, para o Censo 2010, pode ser explicada

a) pela constante restrição de verbas do IBGE, que sempre contrata poucos recenseadores e torna cada um deles responsável pela contagem de grandes populações, principalmente nas grandes aglomerações urbanas.

b) pela dificuldade em circular em todas as regiões do país, mesmo no Sul e Sudeste do Brasil.

c) pelas altas densidades demográficas em todas as regiões do país, o que torna maior o trabalho dos recenseadores.

d) pelo alto custo do transporte, que os obriga a caminhar a pé por longas distâncias, tanto em áreas urbanas como em áreas rurais.

e) pelos vazios demográficos em certas áreas do país, o que torna alguns recenseadores responsáveis por grandes áreas censitárias nessas regiões, mesmo que sejam pouco populosas.

C3 • H14

23

Angeli

Disponível em: <http://www2.uol.com.br/angeli/chargeangeli/chargeangeli.htm?imagem=306&total=335>. Acesso em: 5 dez. 2013

"[...] [O] padrão, em que a periferia cresceu mais do que a capital, foi observado em sete das nove grandes metrópoles brasileiras [entre 2001 e 2009, segundo a Pnad (Pesquisa Nacional por Amostra de Domicílios)].

Similarmente, a renda cresceu mais nas áreas pobres rurais, com 49,1%, ante 16% das metrópoles e 26,8% das demais cidades. Os setores de atividade com desempenho acima da média incluem aqueles que abrigam a parcela mais pobre do país, como o de serviços domésticos, agricultura e construção (vide www.fgv.br/cps/construcao).

De maneira geral, a renda de grupos tradicionalmente excluídos, como negros, analfabetos, mulheres, nordestinos, moradores das periferias, campos e construções, cresceu mais no século 21. [...]

Mais do que o país do futuro entrando no novo milênio, o Brasil começa a se libertar da herança escravagista aqui vigente até o final do século 19."

NERI, Marcelo. O país do passado. *Folha de S.Paulo*. 10 abr. 2011. Disponível em: <http://www1.folha.uol.com.br/fsp/mercado/me1004201113.htm>. Acesso em: 4 mar. 2014.

Sobre o cartum, as informações contidas no texto e seus conhecimentos sobre distribuição de renda no Brasil, é correto afirmar que:

a) na última década, o Estado brasileiro realizou significativos esforços para a diminuição das desigualdades sociais e, graças a isso, conseguiu atingir um patamar similar ao de países como Alemanha e França.
b) apesar de todas as políticas públicas adotadas pelo governo brasileiro para reduzir a desigualdade social, esse quadro só piorou na última década.
c) mesmo com o aumento da renda média em todas as camadas sociais no Brasil, o nível de desigualdade social no país segue, em análise comparativa, como o maior do planeta.
d) apesar dos avanços na diminuição da desigualdade social no Brasil na última década, esse problema ainda se faz presente de forma muito acentuada no país.
e) após uma década de esforços, o Brasil, finalmente, conseguiu colocar-se entre os dez países de menor desigualdade social do mundo.

C5 • H25

24 "Sexta maior economia do mundo, o Brasil ainda está entre os cem países com os piores indicadores de trabalho escravo, segundo o primeiro Índice de Escravidão Global.

O Brasil ocupa o 94º lugar no índice de 162 países (com a Mauritânia no topo da lista, apontado como o pior caso). Trata-se da primeira edição do *ranking*, lançado pela Walk Free Foundation, ONG internacional que se coloca a missão de identificar países e empresas responsáveis pela escravidão moderna.

Um relatório que acompanha o índice elogia iniciativas do governo brasileiro contra o trabalho forçado, apesar do país ainda ter, segundo estimativas dos pesquisadores, cerca de 200 mil pessoas nesta condição. [...]."

Brasil é elogiado, mas fica entre 100 piores em *ranking* de trabalho escravo. *BBC Brasil*. 17 out. 2013. Disponível em: <http://www.bbc.co.uk/portuguese/noticias/2013/10/131016_indice_escravidao_global_brasil_mm.shtml>. Acesso em: 2 dez. 2013.

Brasil: quadro geral das operações de fiscalização para erradicação do trabalho escravo – 2000 a 2012

Ano	Nº de operações*	Nº de estabelecimentos inspecionados	Trabalhadores resgatados**	Pagamento de indenização*** (em R$)	Autos de infração lavrados****
2012	141	255	2750	9676387,36	3.753
2011	170	341	2485	6159707,42	4.493
2010	142	310	2628	8786424,89	3.976
2009	156	350	3769	5908897,07	4.535
2008	158	301	5016	9011762,84	4.892
2007	116	206	5999	9914276,59	3.139
2006	109	209	3417	6299650,53	2.772
2005	85	189	4348	7820211,26	2.286
2004	72	276	2887	4905613,13	2.465
2003	67	188	5223	6085918,49	1.433
2002	30	85	2285	2084406,41	621
2001	29	149	1305	957936,46	796
2000	25	88	516	472849,69	522

**Operações*: constitui-se na ação de uma equipe formada por auditores fiscais do trabalho, procurador do Ministério Público do Trabalho (MPT), agentes da polícia federal (eventualmente, delegado) e motoristas, com vistas a verificar *in loco* denúncia de prática de trabalho análogo a de escravo. A operação também pode ser impulsionada a partir do planejamento interno do MTE. Uma operação pode abranger a fiscalização de um ou mais estabelecimentos.

***Trabalhador resgatado*: refere-se ao trabalhador encontrado em situação análoga a de escravo incurso em uma ou mais hipóteses do artigo 149 do Código Penal. São elas: trabalho forçado, servidão por dívida, jornada exaustiva e/ou trabalho degradante.

****Pagamento de indenização*: trata-se das verbas salariais devidas ao empregado, cujo pagamento no curso da ação fiscal é decorrente do rompimento do contrato de trabalho por causa dada pelo empregador. Compreende saldo de salários, de férias, décimo terceiro (gratificação natalina), entre outros. Não se confunde com as multas impostas pela auditoria trabalhista ou com as indenizações por danos morais propostas pelo Ministério Público do Trabalho (MPT).

*****Autos de infração lavrados*: documento fiscal imposto ao empregador em virtude de infração à legislação trabalhista. Cada auto de infração dará início a processo administrativo com duplo grau recursal, que ao final, declarado subsistente, redundará na imposição de multa pecuniária.

Fonte: *Ministério do Trabalho e Emprego* – Relatórios Específicos de Fiscalização para Erradicação do Trabalho Escravo, 2013.

Com base nos dados da tabela e nas informações contidas no texto, é correto afirmar que:

a) as eficazes medidas adotadas pelo governo nos últimos anos, para a erradicação do trabalho escravo no Brasil, surtiram efeito e, dentro de, no máximo, dez anos, o Brasil estará livre desse grave problema social.

b) apesar dos esforços do governo em erradicar o trabalho escravo no país, o Brasil ainda ocupa a primeira colocação no Índice de Escravidão Global.

c) embora tenha sido combatido com mais intensidade pelo governo nos últimos anos, o trabalho escravo ainda é um grave problema social no Brasil, ocupando um dos maiores índices de ocorrência do mundo.

d) mesmo com os esforços do governo para erradicar o trabalho escravo no país, o Brasil ainda é a nação com maior número de ocorrências dessa natureza na América do Sul, utilizando-se de mão de obra oriunda, principalmente, de países da África, como a Mauritânia.

e) os esforços do governo na última década, no intuito de erradicar o trabalho escravo no Brasil, surtiram efeito positivo e colocaram o país entre as nações de Primeiro Mundo, no que se refere ao Índice de Escravidão Global.

C1 • H4

25 "Atuais restrições aos ciganos na Europa Ocidental são consequência do preconceito antigo contra uma população associada ao nomadismo.

Os ciganos por vezes aparecem como povo 'à parte', não pertencente a nações territoriais, com vida nômade ou seminômade, provocando estranheza numa sociedade com valores associados à sedentarização, como a Europa.

Junto disso, é bom lembrar que, na sociedade moderna, pessoas partem em busca de novos lugares para viver e se estabilizar, por causas econômicas, políticas e religiosas. São as migrações.

Ao mesmo tempo, há movimentos associados à 'errância', ao nomadismo ou à incapacidade de estabelecer relações duradouras com os lugares e as formas de trabalho mais tradicionais, que são fortemente estigmatizados, levando a iniciativas de assimilação ou sedentarização forçada. Os povos ciganos já foram alvo de tais processos, embora muitos mantenham seu estilo de vida característico. Costumam atuar em ofícios ligados à arte e às atividades mágicas, com uma existência tida como 'aventureira', suscitando atitudes ambíguas da parte dos que vivem em sociedades não nômades."

Anatomia de um povo desprezado. Revista *Carta na Escola*. 10 nov. 2010. Disponível em: <http://www.cartacapital.com.br/carta-na-escola/anatomia-de-um-povo-desprezado>. Acesso em: 17 fev. 2014.

Escolha a alternativa que concorda com o argumento do texto.

a) Num contexto em que as migrações são uma constante em várias populações do mundo, a vida "aventureira" e "errante" está ligada ao pertencimento às nações territoriais.

b) O nomadismo é associado ao desenraizamento contemporâneo, onde não pertencer a nenhuma nação territorial aparece como um dado positivo no mundo globalizado.

c) Os ciganos, povos associados às migrações do mundo contemporâneo, são bem aceitos em várias partes do mundo, sobretudo na Europa Ocidental.

d) As atitudes ambíguas das sociedades não nômades em relação aos ciganos explicam-se pelo desprezo à vida "errante" e pelo encantamento com a vida "aventureira", "mágica" e "poética" desses últimos.

e) A sedentarização é uma tendência absoluta em todas as partes do mundo e tende a atingir todos os povos do mundo, sem grandes resistências.

C5 • H21

26 Observe o gráfico e o texto a seguir:

Brasil – pirâmide etária (1980, 1991 e 2000)

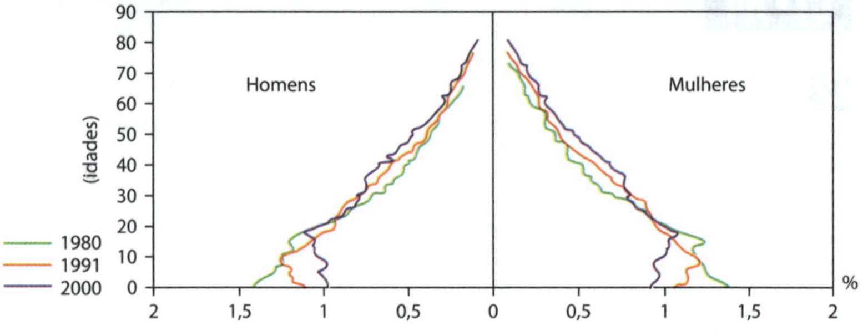

Fonte: IBGE. *Atlas geográfico escolar*. Disponível em: <www.ibge.gov.br/ibgeteen/>. Acesso em: 17 fev. 2014.

"Durante boa parte da segunda metade do século XX, o Brasil foi caracterizado por analistas e pesquisadores como o 'País do futuro' e o 'País dos jovens', graças ao número de jovens e adolescentes que perfaziam a nossa população, num percentual bem maior do que aquele reservado aos mais velhos e idosos.

Essa característica da população brasileira, porém, mudou. Os jovens de duas, três décadas atrás envelheceram e não chegaram novos atores sociais para tomar seus lugares nas estatísticas populacionais. Resultado: o Brasil, antes um país de jovens, se prepara para ser um país de velhos nos próximos anos. Segundo dados do IBGE, em 2025 – logo ali, na escala cronológica e histórica – a maioria da população brasileira será composta por velhos. [...] E não se trata de uma aritmética simples nem de resultados rápidos. É bem conhecida a (triste) situação do idoso no Brasil, principalmente quando se trata de questões previdenciárias e hospitalares."

Jornal da USP. Envelhecer com dignidade. Nov. 2010. Disponível em: <http://www.usp.br/jorusp/>. Acesso em: 17 fev. 2014.

Confrontando a reportagem com o gráfico, marque a alternativa correta:

a) O gráfico torna clara a transição demográfica em curso no Brasil e o texto aborda seus efeitos presentes e futuros na sociedade brasileira.

b) Embora o texto diga que o Brasil está envelhecendo, o gráfico mostra uma grande população de jovens, que não teve muita alteração entre 1980 e 2000.

c) O comparativo das pirâmides etárias do país entre 1980 e 2000 não deixa evidências claras de envelhecimento, pois a população idosa não cresceu muito no período.

d) O gráfico mostra que a população de zero a 10 anos era a mais numerosa em 2000, o que confirma que ainda somos um país de crianças.

e) A situação do idoso no Brasil, embora seja considerada triste pela reportagem acima, não é tão relevante assim em nossa população, já que atinge a minoria da sociedade brasileira.

C2 • H7

27 "Ao não lidar com os problemas estruturais, atuando para amenizar as consequências das tragédias ao invés de buscar combater suas causas, o Estado haitiano e a comunidade internacional transformam as catástrofes naturais e a miséria no Haiti numa fonte inesgotável de lucros. Aos 163,9 milhões de dólares demandados pela ONU para combater a atual epidemia de cólera, podemos somar os 126 milhões que a ONG estadunidense Usaid está investindo no campo haitiano, os 9,9 bilhões de dólares para a reconstrução do país pós-terremoto prometidos por Bill Clinton e seus doadores, os 3,6 bilhões consumidos para manter as tropas da Minustah no país e os 7,5 milhões de dólares gastos mensalmente somente com o aluguel dos banheiros químicos para os desabrigados em Porto Príncipe.

É essa atitude que explica a situação paradoxal de ser o Haiti o país mais pobre das Américas mesmo sendo o maior destinatário da ajuda internacional no mundo. 60% do PIB haitiano é oriundo de verbas estrangeiras que, assim como os furacões e ciclones, apenas passam pelo território haitiano, mantendo a infraestrutura e os altos salários dos funcionários da ONU e das milhares de ONGs, sem chegar às mãos da população e sem alterar as condições socioeconômicas do país."

GOMES, T. Haiti: cólera, furacão e lucro. *Brasil de Fato*. 18 out. 2010. Disponível em: <http://www.brasildefato.com.br/node/5080>. Acesso em: 17 fev. 2014.

De acordo com o artigo,

a) as epidemias de cólera decorrem de fatores ambientais desfavoráveis, ou seja, das ocorrências constantes de catástrofes ambientais no território haitiano.

b) os investimentos externos têm sido direcionados ao desenvolvimento autônomo da economia haitiana, por meio de programas voltados à reconstrução do país e à recomposição de sua atividade agropecuária.

c) os banheiros químicos instalados para os desabrigados em Porto Príncipe, capital destruída pelos terremotos de janeiro de 2010, diminuíram os efeitos das epidemias causadas pela destruição da abrangente estrutura preexistente de saneamento básico do país.

d) a presença da ONU e das milhares de ONGs no território haitiano é imprescindível para o funcionamento das estruturas mínimas do país, tanto no passado quanto no presente.

e) as diversas formas de ajuda internacional têm contribuído de forma paliativa na manutenção dos efeitos das catástrofes sociais e ambientais que sempre assolaram o Haiti; no entanto, não as resolvem.

C5 • H25

28 Observe a charge e o artigo a seguir, que tratam do conflito no Complexo do Alemão, Rio de Janeiro, em novembro de 2010.

Alpino. Disponível em: <http://colunistas.yahoo.net/posts/6773.html>. Acesso em: 14 fev. 2011.

"Quando a bola começar a rolar na Copa do Mundo em 2014, aqui no Brasil, os atletas talvez não imaginem o rastro de sangue necessário para fazer do evento uma realidade possível. A violência terá sido, então, sanitarizada com o verde-amarelo e a estética do horror já terá sido varrida para os cemitérios. [...]

Não é exagero: a reestruturação urbana das metrópoles brasileiras requer a remoção em massa tanto das residências quanto dos corpos negros. [...]

No Rio de Janeiro [...] o caveirão faz parte, há tempos, da geografia racializada da cidade (assim como o Blaser da Rota se confunde com o cinza da tragédia urbana paulistana). Os mais recentes 'confrontos' são apenas um ensaio do que vem por aí nos anos que precedem os dois megaeventos esportivos. Como demonstrado na filosofia dos 'choques de ordem' da prefeitura do Rio, é preciso pavimentar o caminho para garantir a circulação do capital e das 'pessoas de bem' na Cidade Maravilhosa. Foi assim na África do Sul, e será assim no Brasil. Como justificar a morte de jovens negros, o encarceramento em massa, a remoção de comunidades inteiras senão pela lógica da purificação total? Essa coisa chamada 'sociedade civil' precisa – e a retórica da guerra fartamente disseminada pelo jornalismo criminoso sustenta – que alguns grupos sejam sacrificados em nome da nação verde-amarela."

AMPARO-ALVES, J. A morte dos maus. *Brasil de Fato*. 26 nov. 2010. Disponível em: <http://www.brasildefato.com.br/node/5151>. Acesso em: 17 fev. 2014.

A partir da leitura da charge e do artigo, pode-se perceber que

a) tanto a charge quanto o artigo defendem os choques de ordem, a segurança das pessoas de bem e o fortalecimento da sociedade civil.

b) existe uma relação entre política urbana, criminalização da pobreza e racismo.

c) ambos reiteram que essa política de segurança é lastreada pela perseguição aos traficantes de drogas e pela libertação das comunidades vitimizadas pelo tráfico.

d) os megaeventos esportivos vindouros – Copa do Mundo e Olimpíadas – são apontados como um incentivo à implantação de políticas públicas reiterativas da paz social universal.

e) ambos chamam a atenção para os "sacrifícios" da ofensiva estatal no Complexo do Alemão, que seriam suficientes ao enfrentamento das estruturas sociais, econômicas e políticas.

C5 • H24

29

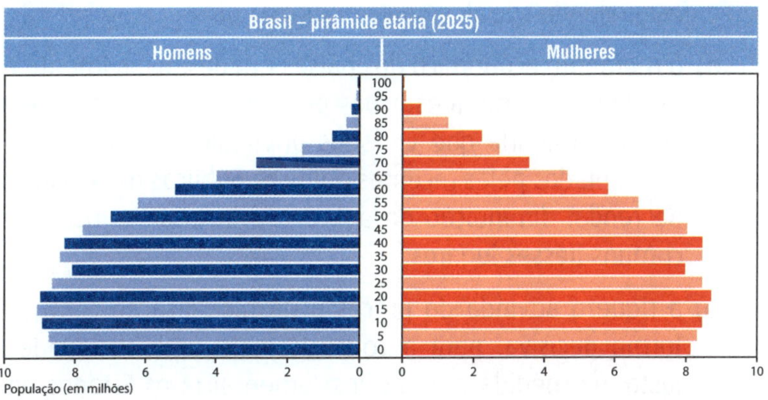

Fonte: Census Bureau. Disponível em: <http://www.census.gov/ipc/www/idb/country.php>. Acesso em: 17 fev. 2014.

Considerando a projeção da população brasileira para 2025, é possível levantar hipóteses acerca das diretrizes políticas a serem adotadas pelo governo brasileiro. Escolha a alternativa que melhor se enquadra nesse contexto.

a) Investimentos capitalizados na previdência social, a fim de proporcionar o colapso do sistema na gestão das aposentadorias.

b) Forte aporte de capital em apoio à primeira infância.

c) Reorganização dos recursos dos setores improdutivos, privilegiando a educação básica.

d) As políticas sociais, muito centradas na infância, deverão passar, em parte, para outras faixas etárias.

e) Alterar a idade mínima para a aposentadoria, diminuindo-a.

C4 • H18

30 "Há um grande descontentamento pelo mundo. O capital está indo bem, mas as pessoas estão indo mal. E essa diferença é vista de forma mais clara na qualidade da vida urbana. As pessoas estão vendo recursos enormes gastos em obras e projetos espetaculares, mas que não são gastos para melhorar a vida da maioria da população.

Por isso, há uma raiva dissipada que é alavancada por um motivo particular. Aqui, foi a questão das tarifas. Em Istambul, o governo queria colocar um *shopping* no lugar de um parque tradicional. Nestes e outros casos, é uma insatisfação com a qualidade de vida urbana. E a insatisfação com a vida urbana é construída pelo capitalismo. [...]."

HARVEY, David. O capital está indo bem, mas as pessoas estão indo mal. *Carta Capital*. 2 dez. 2013. Disponível em: <http://www.cartacapital.com.br/sociedade/201co-capital-esta-indo-bem-mas-as-pessoas-estao-indo-mal201d-5940.html>. Acesso em: 2 dez. 2013.

A respeito do texto e de seus conhecimentos sobre globalização e desigualdade social, é correto afirmar que:

a) o momento econômico dos países em desenvolvimento é maravilhoso e as manifestações populares não passam de gritos de uma minoria que viu seus privilégios serem reduzidos e até anulados pelas recentes políticas públicas de redistribuição de renda, diminuição da pobreza e inclusão e justiça social, comuns nesses lugares.

b) a riqueza advinda do processo de globalização contribui, de forma decisiva, para a construção de uma sociedade mais justa, na medida em que instrumentaliza os Estados em desenvolvimento para promoverem políticas públicas voltadas à diminuição da pobreza e da desigualdade social.

c) os lucros exorbitantes colhidos pelas grandes empresas globais beneficiam diretamente os países pobres, na medida em que essas empresas passam a investir pesado em obras assistenciais em todo o planeta.

d) o capitalismo tem suas bases teóricas fincadas em conceitos de justiça social e comprova, na prática, esse preceito, na medida em que nunca foi tão próspera a vida dos cidadãos nas grandes cidades dos países em desenvolvimento.

e) as extraordinárias conquistas econômicas advindas da globalização beneficiam as grandes empresas e, principal e consequentemente, os países desenvolvidos, enquanto que as desigualdades e o nível de exclusão social só se acentuam nos países subdesenvolvidos.

C3 • H12

31 "Diversos estudos revelam que a carga tributária brasileira aumentou muito nos últimos anos. De fato, já é mais alta que a de muitos países desenvolvidos. Mas, ao contrário desses países, o Brasil tira a maior parte de sua receita de tributos indiretos e cumulativos, que oneram mais o trabalhador e a classe média. Na composição da receita tributária, mais de metade da carga provém de tributos que incidem sobre bens e serviços, enquanto a tributação sobre a renda não ultrapassa 25% do total."

SALVADOR, E. *Questão tributária no Brasil.* Disponível em: <http://www.inesc.org.br/biblioteca/textos/questao-tributaria-no-brasil/>. Acesso em: 17 fev. 2014.

Sobre a questão da renda, é possível afirmar que

a) existe uma equidade tributária no Brasil, pois o número absoluto de trabalhadores supera, em muito, os detentores das maiores riquezas nacionais.

b) é uma das dimensões da expressiva desigualdade de classes no Brasil, tornando emergencial uma justa reforma tributária no país.

c) existe uma tendência à ascensão da classe média brasileira em médio prazo, pois as últimas políticas econômicas proporcionam significativa elevação do PIB nacional.

d) os impostos "em cascata" tendem a penalizar as populações com menos recursos, contudo políticas sociais como a Bolsa Escola e a Bolsa Família revertem totalmente esse quadro de desigualdade.

e) o Brasil apresenta uma distribuição de recursos similar à dos países desenvolvidos, porque o PIB nacional está entre os 9 maiores do mundo (em 2010), compensando as distorções em nível de arrecadação de impostos.

Conecte Território e sociedade no mundo globalizado – Caderno de competências – Volume único (Ensino Médio)

Direitos desta edição:
Saraiva S.A. – Livreiros Editores, São Paulo, 2014

Gerente editorial M. Esther Nejm
Editor responsável Wagner Nicaretta
Editores Diego Emanuel Campos Oliveira, Brunna Paulussi, Raquel Maygton Vicentini
Assistentes editoriais Felipe Rodrigues Sanches
Coordenador de revisão Camila Christi Gazzani
Revisores Ana Paula Enes, Cristiane Bernardi Elias
Coordenador de iconografia Cristina Akisino
Pesquisa iconográfica Thiago Fontana, Gustavo Bortolazzo
Licenciamento de textos Érica Brambila
Gerente de artes Ricardo Borges
Coordenador de artes Aderson Oliveira
Design Homem de Melo & Troia Design
Foto de capa Marc Moritsch/National Geographic/Getty Images
Diagramação Wilson Santos da Silva Junior
Assistentes Jacqueline Ortolan, Paula Regina Costa de Oliveira
Ilustrações Jhoao Henr, Denis Freitas, Lucas Biazon
Cartografia Mario Yoshida, Sonia Vaz
Tratamento de imagens Emerson de Lima
Produtor gráfico Robson Cacau Alves

074.786.001.001 **Impressão e acabamento** Eskenazi Indústria Gráfica Ltda

Editora Saraiva

SAC 0800-0117875
De 2ª a 6ª, das 8h30 às 19h30
www.editorasaraiva.com.br/contato

Rua Henrique Schaumann, 270 – Cerqueira César – São Paulo/SP – 05413-909

caderno de
revisão

GEOGRAFIA

conecte

Editora
Saraiva

Sumário

Cartografia e regionalização do território brasileiro

1. Coordenadas e fusos

Coordenadas geográficas

As coordenadas geográficas são linhas imaginárias traçadas sobre o globo terrestre que permitem a localização de qualquer ponto sobre sua superfície. Essa rede de linhas é composta pelos meridianos e pelos paralelos, que se cruzam perpendicularmente.

O Equador – o principal paralelo – é a linha que circunda o globo dividindo os hemisférios Norte e Sul. A distância, em graus, de qualquer ponto da superfície terrestre à Linha do Equador recebe o nome de **latitude**, variando de 0 a 90 graus (Norte e Sul).

Os meridianos, diferentemente dos paralelos, não circundam totalmente a esfera terrestre, indo apenas de um polo ao outro. Desse modo, o meridiano principal (Greenwich) só delimita o planeta em hemisférios leste e oeste, junto com seu meridiano oposto, chamado antimeridiano.

A distância de qualquer ponto da superfície terrestre ao Meridiano de Greenwich recebe o nome de **longitude** e é dada em graus. A longitude de Greenwich é 0° e os demais variam até 180 graus a Leste e a Oeste. Assim, os meridianos 180° leste e oeste coincidem.

Para determinar as **coordenadas** de um ponto na superfície terrestre, basta assinalar a sua latitude e a sua longitude. Os pontos A e B assinalados no mapa ao final da página estão situados nas coordenadas:

A. 40° N e 80° O

B. 40° S e 120° L

Fusos horários

Cada fuso horário corresponde a 15° de longitude e é delimitado por dois meridianos. Todas as localidades situadas dentro dos limites de um fuso têm o mesmo horário. Existem 24 fusos.

Planisfério: coordenadas geográficas de algumas cidades

Fonte: *Atlas geográfico escolar*. Rio de Janeiro: IBGE, 2009. p. 35.

O fuso referencial para a determinação das horas é o de Greenwich, cujo centro é 0°. Os limites desse fuso são os meridianos 7°30′ L e 7°30′ O. A hora determinada pelo fuso de Greenwich recebe o nome de GMT (Greenwich Meridian Time). A partir disso, são estabelecidos os outros limites de fusos horários, cada um com um meridiano no centro. Por exemplo, uma localidade situada a 50° O (como a cidade A indicada no esquema) tem como centro de seu fuso horário o meridiano de 45° O, cujos limites são 37°30′ O e 52°30′ O. A cidade B, situada a 28° L, pertence ao fuso de 30° L, cujos limites são 22°30′ L a 37°30′ L.

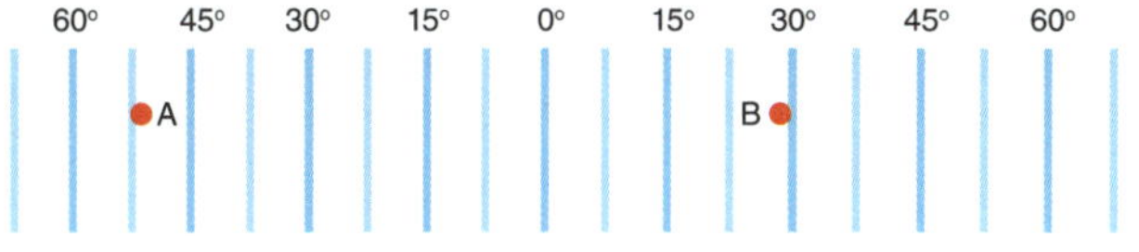

2. Escalas

A escala estabelece a relação entre as dimensões apresentadas num mapa ou num globo e as dimensões reais da superfície terrestre. Elas podem ser apresentadas de duas formas: gráfica ou numérica.

Escala gráfica

A escala gráfica é representada por um pequeno segmento de reta graduado, sobre o qual está estabelecida diretamente a relação entre as distâncias no mapa, indicadas a cada trecho deste segmento, e a distância real de um território. Observe:

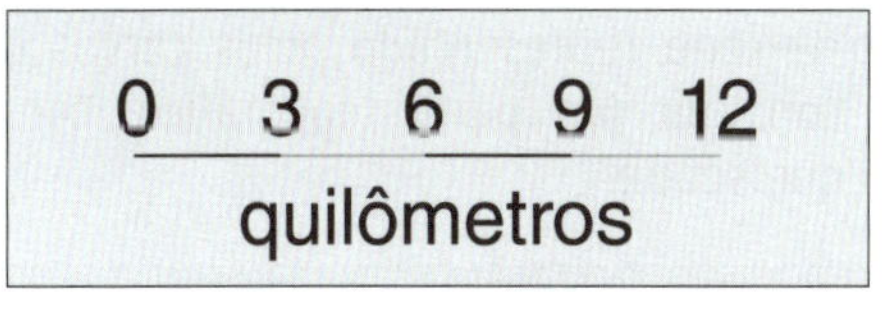

Escala numérica

A escala numérica é estabelecida através de uma relação matemática, normalmente representada por uma razão, por exemplo: 1: 300.000 (1 por 300.000). Na escala numérica as unidades, tanto do numerador como do denominador, são indicadas em centímetros. O numerador é sempre 1 e indica o valor de 1 cm no mapa. O denominador é a unidade variável e indica o valor em centímetros correspondente no território. No caso da escala exemplificada (1: 300.000), 1 cm no mapa representa 300.000 cm no terreno, ou 3 km. Trata-se, portanto, da representação numérica da mesma escala gráfica apresentada anteriormente.

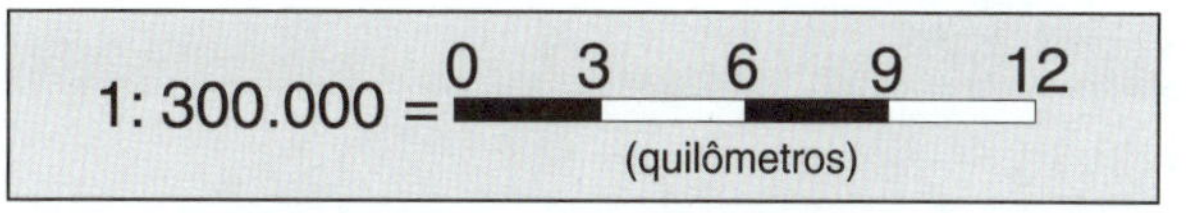

As escalas consideradas grandes são aquelas que reduzem em menor dimensão o espaço representado e, por essa razão, é possível um maior detalhamento dos elementos existentes. Portanto, o denominador é menor. As escalas maiores normalmente são denominadas plantas e são utilizadas em projetos arquitetônicos ou para representar uma cidade. Como exemplo, a escala 1: 300 é maior do que a escala 1: 300.000.

3. Projeções cartográficas

Na elaboração de um mapa, é importante assegurar a correta relação entre a localização real dos logradouros na superfície da Terra e os pontos que os representam no mapa. A principal dificuldade é representar o "arredondado" da Terra. O primeiro passo é a escolha da **projeção cartográfica** mais adequada.

Na **projeção cilíndrica**, os paralelos e os meridianos são projetados na superfície do cilindro, tornando-o plano. Essa projeção mostra os paralelos como linhas perfeitamente retas e horizontais, e os meridianos como linhas perfeitamente retas e verticais. Esse tipo de projeção provoca deformação das áreas localizadas em latitudes elevadas; é o tipo mais empregado na confecção dos mapas-múndi.

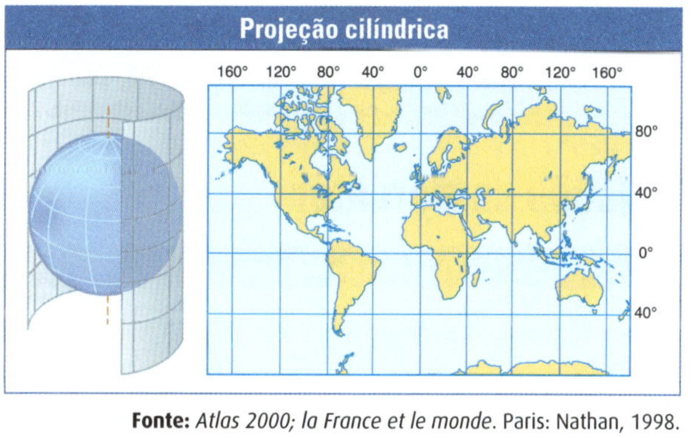

Fonte: *Atlas 2000; la France et le monde*. Paris: Nathan, 1998.

Projeção cilíndrica, evidenciando a deformação das áreas próximas ao Polo Norte. Repare que a Groenlândia (2,1 milhões de km²) não parece ser tão menor que a América do Sul (17 milhões de km²).

A **projeção cônica** é o resultado da projeção do globo terrestre sobre um cone, que em seguida é planificado. Mostra os paralelos circulares, enquanto os meridianos são vistos como retas radiais, todas com origem em um único ponto. Esse tipo de projeção reduz a deformação das regiões de latitude elevada e intermediária, portanto pode ser empregado para qualquer região do planeta.

Projeção cônica

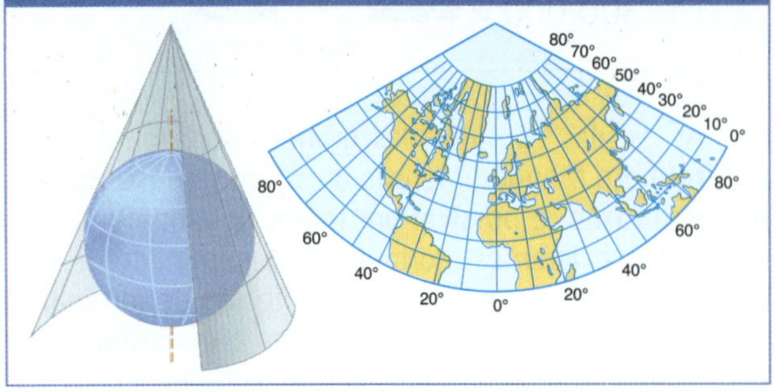

Fonte: *Atlas 2000; la France et le monde*. Paris: Nathan, 1998.

Na **projeção azimutal**, a superfície terrestre é projetada sobre um plano tangente a uma determinada região. Nesse tipo de projeção, o ponto escolhido é sempre o centro do mapa; os meridianos são vistos como linhas divergentes, partindo do centro do mapa, enquanto os paralelos são apresentados como círculos concêntricos.

Projeção azimutal centrada no Polo Sul

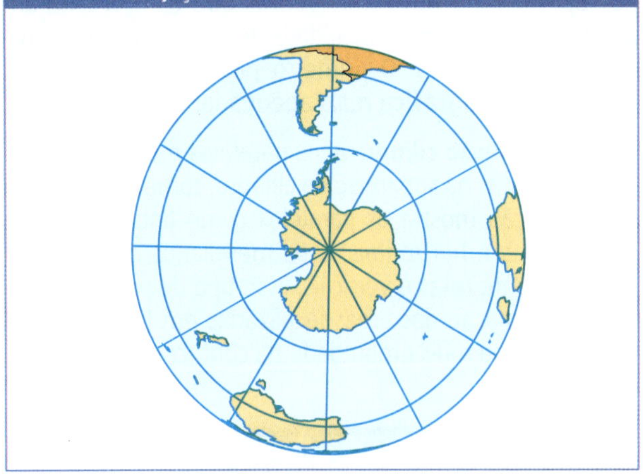

Fonte: elaborado com base em FERREIRA, Graça Maria Lemos. *Atlas geográfico: espaço mundial*. São Paulo: Moderna, 2003.

Projeção de Mercator

Projeção de Mercator

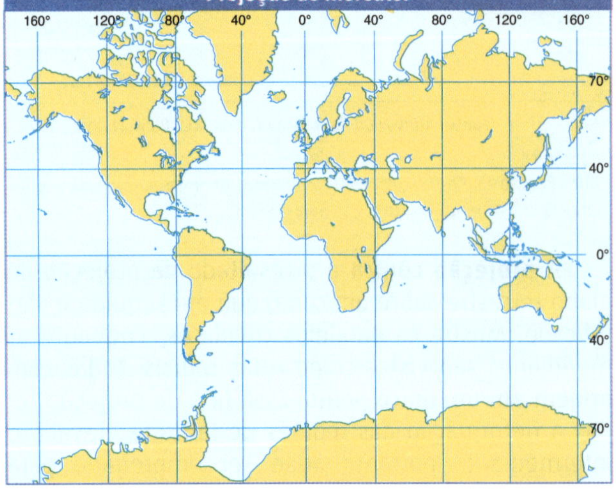

Fonte: *Atlas 2000; la France et le monde*. Paris: Nathan, 1998.

A projeção de **Mercator** é uma projeção **cilíndrica conforme**, que distorce a proporção do tamanho dos continentes, mas **mantém correta a forma** (contorno). Por isso, **é conforme** (preserva a forma). Essa projeção reforça a **visão eurocêntrica** – a Europa como centro do mundo.

Projeção de Peters

A **projeção cilíndrica equivalente**, ou projeção de Peters, distorce a forma dos continentes, alongando-os no sentido norte-sul, **mas mantém corretas as proporções** entre suas áreas.

Projeção de Peters

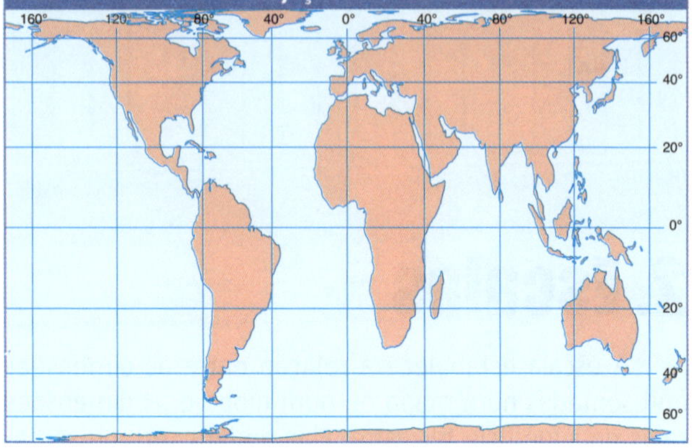

Fonte: *Atlas 2000; la France et le monde*. Paris: Nathan, 1998.

4. Representação topográfica

Nos mapas ou cartas topográficos são empregadas as curvas de nível, linhas que ligam os pontos de igual altitude de uma determinada superfície da Terra representada. Para obter a visualização de um determinado plano do terreno representado pelas curvas de nível, pode-se construir um perfil topográfico, conforme o exemplo que segue.

Perfil topográfico

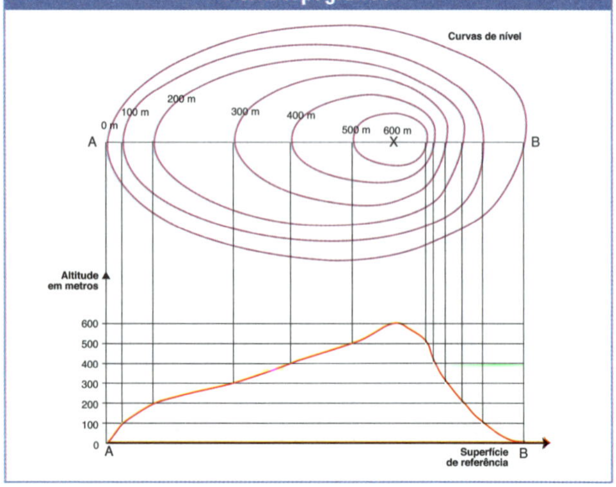

Fonte: elaborado pelos autores.

5. Regionalização do território brasileiro

Macrorregiões do IBGE

A atual divisão regional do Brasil foi estabelecida pela Constituição de 1988 e incorporada pelo IBGE em 1990. O território foi dividido em **macrorregiões** com base nos aspectos naturais e socioeconômicos dos estados que compõem cada região. O IBGE considera cinco macrorregiões (regiões administrativas): **Norte**, **Centro-Oeste**, **Nordeste**, **Sudeste** e **Sul**. Veja o mapa abaixo.

Complexos regionais

Em 1967 o geógrafo Pedro Pinchas Geiger propôs a regionalização do território brasileiro em três **complexos regionais** (Regiões Geoeconômicas): **Amazônia**, **Nordeste** e **Centro-Sul**.

Essa regionalização considera a formação socioespacial do território brasileiro e a modernização econômica em curso desde a década de 1960, que criou uma nova dinâmica nas relações entre os lugares e entre a sociedade e a natureza. Ela não obedece aos limites entre os estados, havendo aqueles com parte do território em uma região e parte em outra. Veja o mapa na página seguinte.

"Quatro Brasis"

Essa divisão regional do Brasil, do geógrafo Milton Santos, tem como referência o **meio técnico-científico-informacional**. Para essa regionalização, foram considerados os seguintes aspectos: os recursos tecnológicos avançados (redes de telecomunicações e de energia, equipamentos de informática); o volume de atividades econômicas modernas nas áreas financeira, comercial, industrial e de serviços; a situação da agropecuária em relação à mecanização e à integração com a indústria.

Essa divisão foi denominada de **"quatro Brasis"** e divide o território brasileiro em quatro regiões: **Região Concentrada**, **Centro-Oeste**, **Nordeste** e **Amazônia**. Veja o mapa na página seguinte.

Brasil: divisão regional do IBGE – 1990

Fonte: *Atlas geográfico escolar*. Rio de Janeiro: IBGE, 2004. p. 101.

Brasil: complexos regionais – 1967

Fonte: MAGNANO, Angélica A. *Revista Brasileira de Geografia*. Rio de Janeiro, v. 57, out./dez. 1995. p. 77.

Brasil: divisão regional segundo Milton Santos – 1999

Fonte: SANTOS, Milton; SILVEIRA, Maria Laura. *O Brasil*: território e sociedade no início do século XXI. São Paulo/Rio de Janeiro: Record, 2001. p. 268-273.

Atividades

1 (Unicentro-PR 2014) Analise o mapa a seguir.

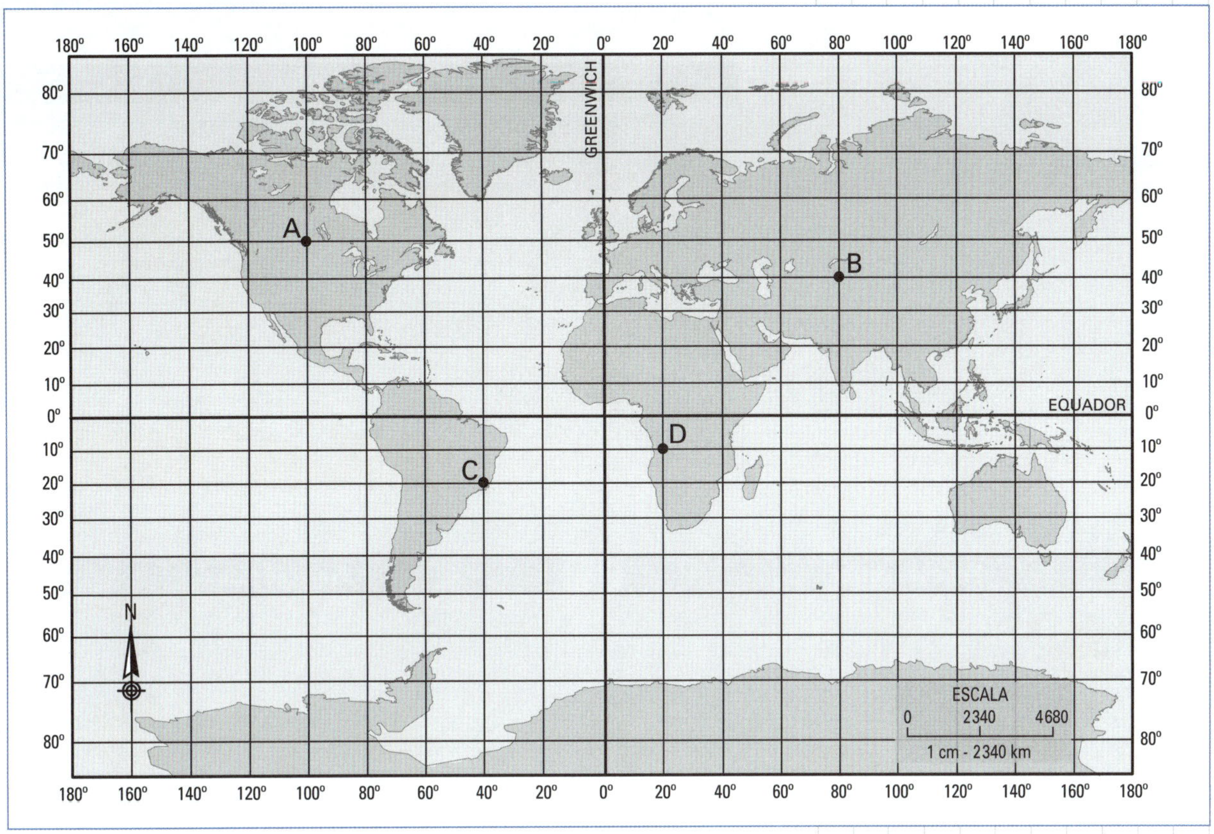

Fonte: Geogratando. Disponível em: <http://f1colombo-geografando.blogspot.com.br/2011/04/mapas-coordenadas-geograficas.html>. Acesso em: abr. 2014.

Assinale a alternativa que apresenta, correta e respectivamente, as coordenadas geográficas (latitude e longitude) dos pontos A, B, C e D marcados no mapa.

a) 50° N e 100° L; 80° N e 40° O; 40° S e 20° L; 20° S e 10° O

b) 50° N e 100° O; 40° N e 80° L; 20° S e 40° L; 10° S e 20° O

c) 50° N e 100° O; 40° N e 80° L; 20° S e 40° O; 10° S e 20° L

d) 100° S e 50° L; 80° S e 40° L; 20° N e 40° O; 20° N e 10° O

e) 100° S e 50° O; 40° S e 80° O; 40° N e 20° L; 10° N e 20° L

2 (Mackenzie-SP 2014) Em um mapa com escala de 1:70.000.000, foi traçada uma rota de navegação aérea entre dois pontos, A e B. O ponto A, está a 45° oeste de Greenwich, enquanto o ponto B, a 75° oeste de Greenwich. Entre os pontos A e B, a rota de navegação media, no mapa, 20 mm. Sabendo-se que um avião partiu de A para B, às 14h, no dia 7 de novembro, em um voo de 2 horas, está correto afirmar que a distância percorrida e o horário local de chegada foram, respectivamente,

a) 14.000 km e às 16h.

b) 140 km e às 10h.

c) 1.400 km e às 14h.

d) 1.400 km e às 16h.

e) 140 km e às 16h.

3 (UEM-PR 2005) As projeções cartográficas permitem representar a superfície esférica da Terra em um plano – o mapa. Assinale o que for correto sobre as projeções cartográficas, recorrendo às figuras, quando necessário.

Projeção cilíndrica

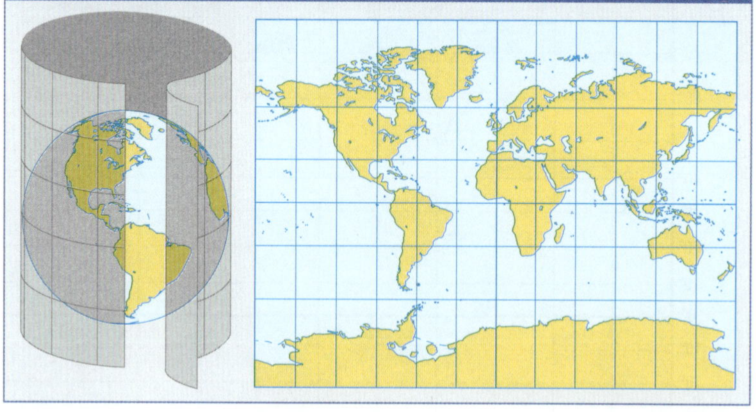

Projeção cônica

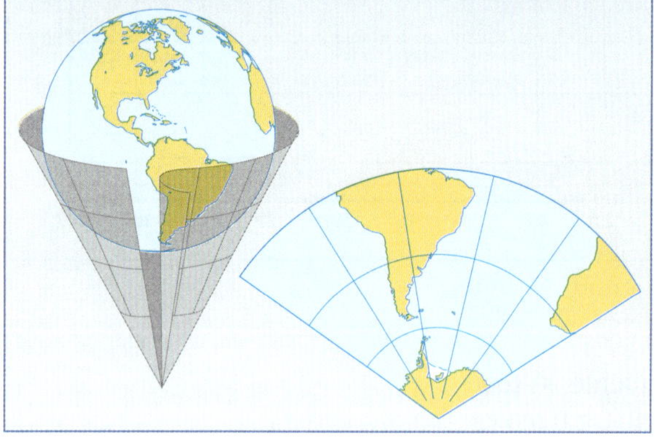

Projeção plana

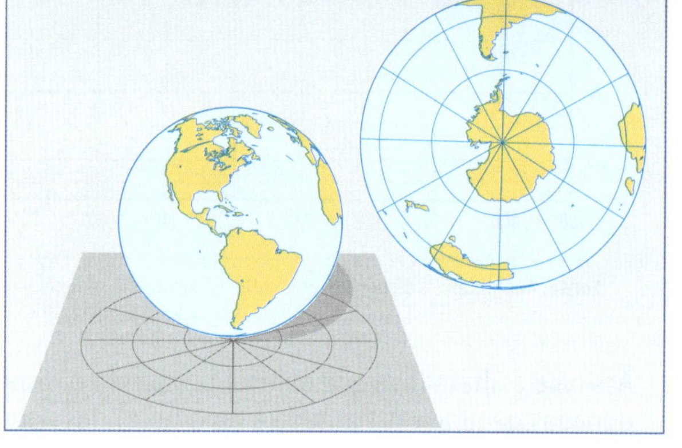

(01) A projeção cônica é usada principalmente para a representação de países ou de regiões localizadas em baixas latitudes, que quase não sofrem deformação.

(02) Enquanto na projeção cilíndrica paralelos e meridianos ficam retos e perpendiculares, a projeção cônica contém paralelos projetados em círculos concêntricos e meridianos projetados em linhas retas e paralelas. O ponto concêntrico pode ser um dos polos.

(04) A projeção cilíndrica possibilita a representação total da Terra e é muito usada na confecção de planisférios. Ela reproduz mais ou menos corretamente o tamanho e o formato das áreas situadas nas zonas temperadas e polares, porém exagera na projeção das áreas situadas na zona intertropical.

(08) Todas as projeções apresentam deformações em relação às distâncias, às áreas ou aos ângulos. Assim, cabe ao cartógrafo escolher o tipo de projeção que melhor atenda aos objetivos do mapa.

(16) A projeção cilíndrica de Mercator é um tipo de projeção classificado como conforme, porque não deforma os ângulos, porém deforma a área e a forma dos continentes.

Dê a soma dos números dos itens corretos.

4 (UFPR 2014) A figura abaixo é o recorte de uma carta topográfica contendo dois possíveis traçados para uma rodovia estadual, com elevado fluxo de caminhões. Considerando os traçados sugeridos, aponte o mais adequado à rodovia, justificando a escolha a partir da análise do recorte da carta topográfica.

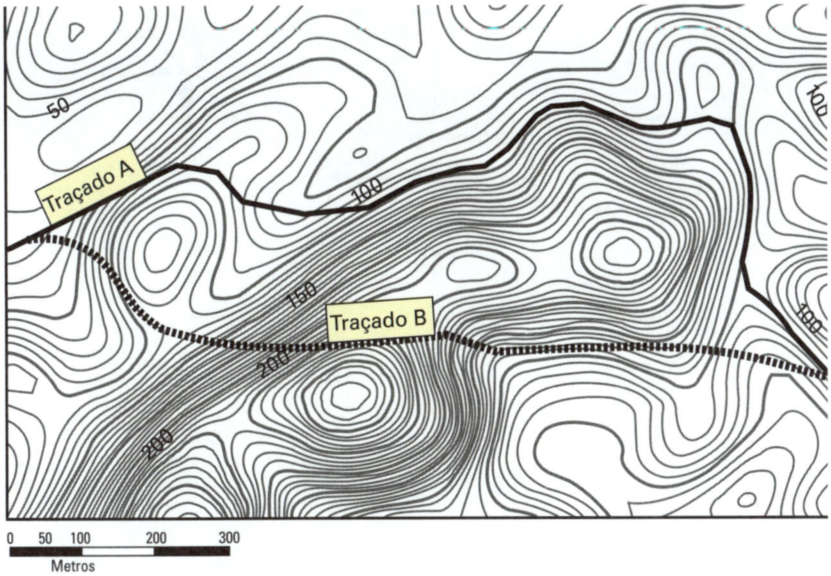

Exercícios complementares

1 (UEL-PR 2014) Na cartografia, a escala é a relação matemática entre as dimensões do terreno e a representação no mapa e constitui-se em um de seus elementos essenciais. Considere uma viagem do Rio de Janeiro até Belo Horizonte, passando por Vitória. Para uma viagem mais segura, é importante calcular a distância do trajeto e a direção geográfica a seguir, desde o ponto de partida até o destino.

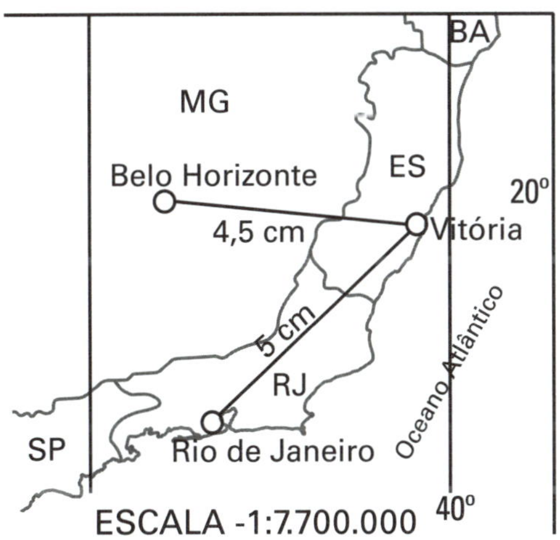

Com base no texto e na figura,

a) calcule a distância entre Rio de Janeiro e Vitória; entre Vitória e Belo Horizonte e entre Vitória e Rio de Janeiro.

Apresente os cálculos utilizados para encontrar essas distâncias.

b) indique a direção geográfica do ponto de partida até o destino (Rio de Janeiro a Vitória e Vitória a Belo Horizonte).

2 (UERJ 2014) Os mapas são representações da superfície terrestre, elaborados com base em critérios previamente convencionados. Observe o mapa a seguir, que difere da representação usual do Brasil.

Fonte: Disponível em: <http://www.aprendendofisica.com.br>. Acesso em: mar. 2014.

Considerando as normas da cartografia, indique se o mapa está corretamente elaborado e apresente uma justificativa para essa resposta.

3 (UERJ 2014) Observe na imagem uma feição de relevo em escarpa, área de desnível acentuado de altitude, encontrada geralmente nas bordas de planalto, como os trechos da Serra do Mar no estado do Rio de Janeiro.

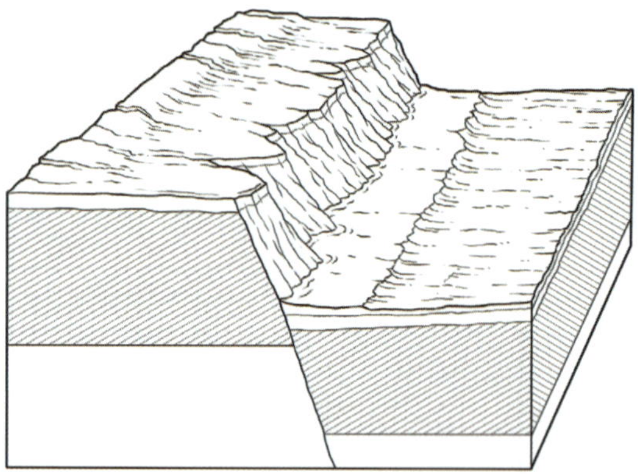

Fonte: <http://www4.fet.unesp.br>.

Utilizando a técnica das curvas de nível, uma representação aproximada dessa imagem em uma carta topográfica está indicada em:

a) 
b) 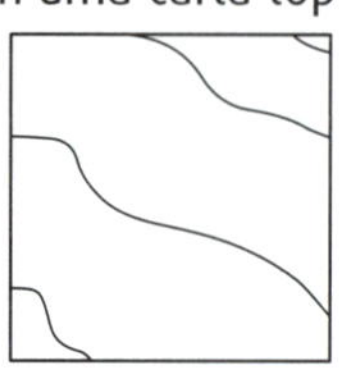
c) 
d) 

Fonte: <http://www4.fet.unesp.br>.

4 (UFRN 2006) As figuras seguintes exemplificam alguns dos recursos que o ser humano usa para facilitar sua orientação espacial.

Bússola

Cruzeiro do Sul

GPS
(Global Positioning System)

Rosa dos ventos

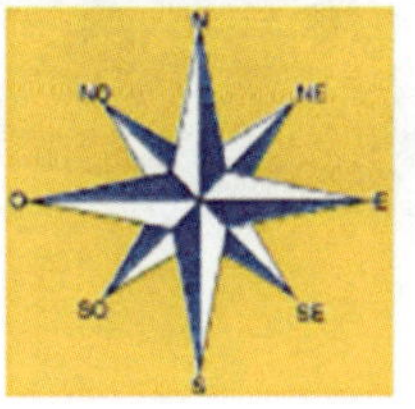

Considerando-se cada um desses recursos, é correto afirmar:

a) A bússola, utilizada desde a Antiguidade, é um instrumento de orientação que possibilita a localização exata das coordenadas geográficas na superfície terrestre.

b) A orientação pelo Cruzeiro do Sul é de base astronômica, sendo utilizada para indicar com exatidão a localização dos polos.

c) O GPS, utilizado mais recentemente, é um sistema que funciona com base em rede de satélites e, por isso, possibilita a localização mais precisa de qualquer ponto da superfície terrestre.

d) A orientação pela rosa dos ventos é de base geográfica, sendo, por isso, muito utilizada para localizar com precisão as latitudes e as distâncias entre os lugares.

5 (UFPR 2014) Ao selecionar um terreno, um comprador observou pela planta do loteamento que esse lote apresentava as seguintes medidas: 1 cm (frente) por 2 cm (lateral). A área informada era de 800 m². Considerando as medidas observadas, assinale a alternativa que apresenta a escala da planta do loteamento.

a) 1: 15.000

b) 1: 10.000

c) 1: 5.000

d) 1: 2.000

e) 1: 1.000

6 (UECE 2013) As regiões brasileiras são agrupamentos das unidades da federação com o propósito de ajudar as interpretações estatísticas, implantar sistemas de gestão de funções públicas de interesse comum ou orientar a aplicação de políticas públicas dos governos federal e estadual. Há também outra forma de regionalização não oficial, criada por especialistas em geografia, na qual o Brasil é dividido em três complexos geoeconômicos. Assinale, nas opções abaixo, aquela que apresenta, de forma correta, os três complexos geoeconômicos.

a) Amazônia, Centro-Sul e Pantanal

b) Centro-Sul, Nordeste e Pantanal

c) Amazônia, Nordeste e Centro-Sul

d) Nordeste, Sudeste e Centro-Sul

Estrutura geológica e mineração

1. Estrutura da Terra

A Terra possui uma estrutura em camadas concêntricas, do interior para a superfície. As três camadas – o núcleo, o manto e a crosta – possuem características diferenciadas de pressão, temperatura e composição.

A crosta terrestre é formada principalmente por rochas, como o arenito, o granito, o mármore, o calcário e a argila. As rochas são agregados de um ou mais minerais solidificados, que, por sua vez, são elementos ou compostos inorgânicos. O granito, por exemplo, é composto por três minerais: quartzo, mica e feldspato. Quanto à origem, as rochas classificam-se em magmáticas ou ígneas, sedimentares e metamórficas.

Na parte externa do manto, encontra-se a **astenosfera**, formada por um material pastoso chamado magma, onde ocorrem movimentos de convecção: o magma aquecido sobe das porções internas da Terra em direção à crosta e depois volta para o interior, à medida que se resfria. Os movimentos de convecção dão origem a terremotos e erupções vulcânicas.

O raio da Terra é de 6.370 km, ao passo que as mais profundas sondagens de subsolo feitas pelo ser humano não ultrapassam 12 km. O que se conhece das camadas mais profundas da Terra deve-se à sismologia (estudo dos terremotos e da estrutura da Terra) e, comparativamente, à análise dos meteoritos.

Diversos tremores de terra já foram detectados em Minas Gerais, em São Paulo, no Rio de Janeiro, no Ceará e particularmente no Rio Grande do Norte (no município de João Câmara, nos anos 1980, foram destruídas várias casas), mas sem a ocorrência de tragédias, como as que fazem parte da história de países como a Colômbia, o Chile ou o Peru, situados próximo às regiões em que ocorre o choque entre a Placa Sul-Americana e a de Nazca.

Camadas da Terra

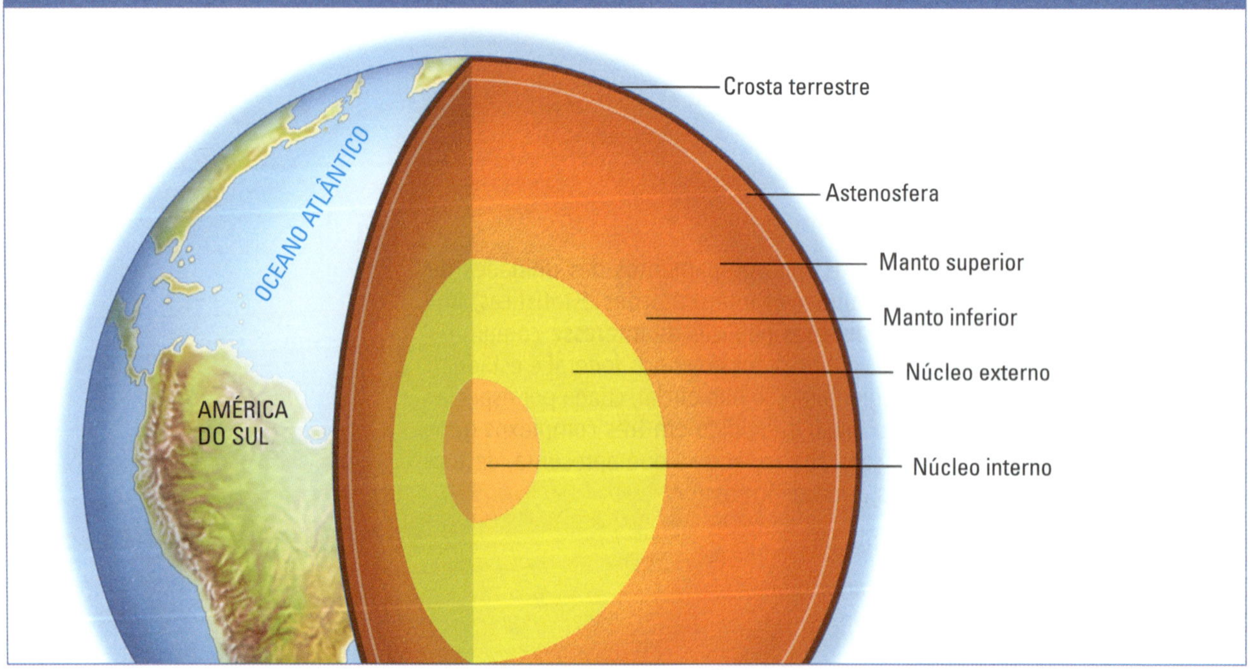

Fonte: CALDINI, Vera; ÍSOLA, Leda. *Atlas geográfico Saraiva*. São Paulo: Saraiva, 2007. p. 20.

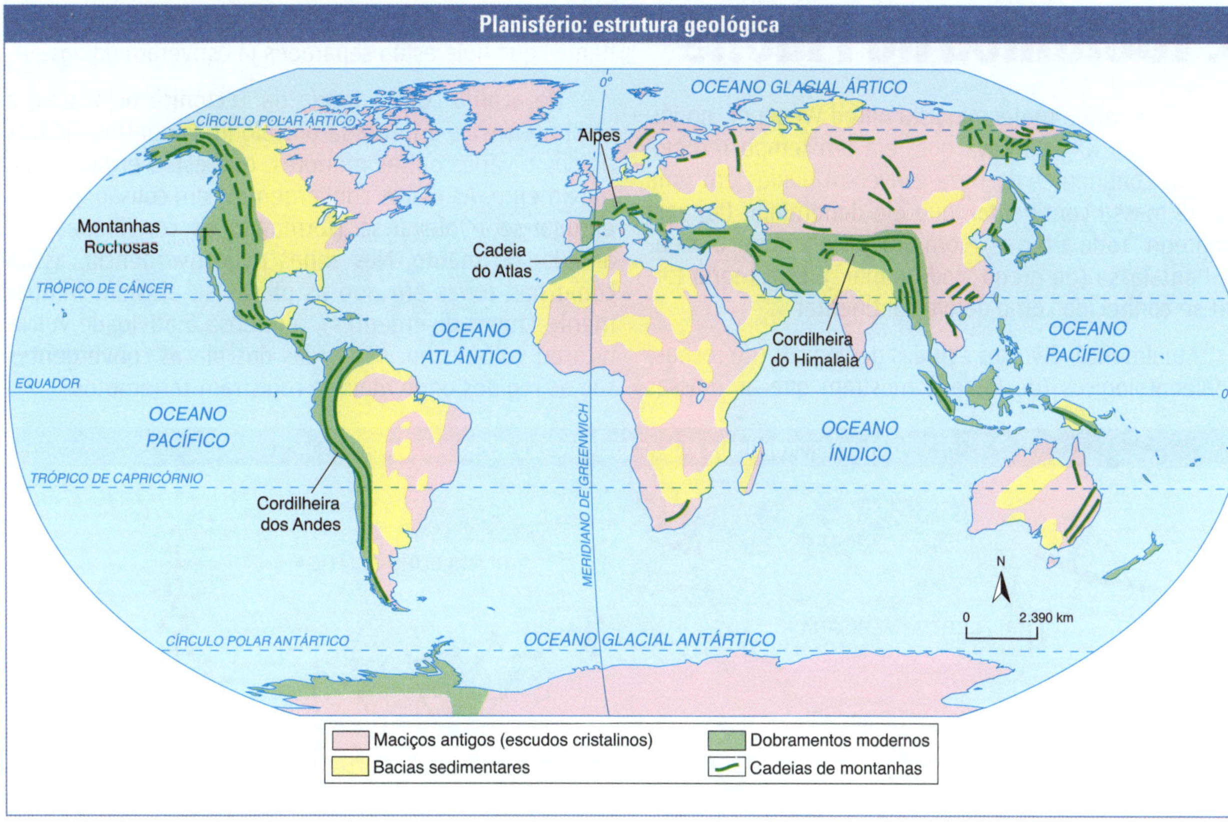

Fonte: elaborado com base em *Atlas geográfico escolar*. Rio de Janeiro: IBGE, 2007. p. 57; ROSS, Jurandyr (Org.). *Geografia do Brasil*. São Paulo: Edusp, 2009. p. 46.

2. Evolução da Terra

O tempo total de existência de nosso planeta (cerca de 4,6 bilhões de anos) pode ser dividido em eras geológicas, subdivididas em éons (períodos). Eras e suas divisões estão cronologicamente relacionadas à formação geológica, bem como à biodiversidade característica de cada período (fósseis).

A divisão cronológica da Terra não é unanimidade entre os cientistas. Periodicamente, geólogos e outros pesquisadores de diversas áreas atualizam as tabelas com suas descobertas.

Eras geológicas

Eras (ocorrência aproximada em milhões de anos atrás)	Principais eventos que ocorreram ao longo do período
Cenozoica (66)	Caracterização das formas de relevo recentes. Aparecimento do ser humano e das atuais formas de vida. Configuração dos oceanos e dos continentes. Formação das cadeias montanhosas (Alpes, Andes, Rochosas, Himalaia, Atlas e da África oriental) no período terciário.
Mesozoica (250)	Intenso trabalho de erosão e sedimentação. Erupções vulcânicas em muitos pontos da Terra (no centro-sul do Brasil). Divisão do continente de Gondwana no hemisfério sul. No norte, formam-se o continente Atlântico Norte e o Sino-Siberiano, a partir do continente Laurásia. Formação das principais reservas de petróleo.
Paleozoica (550)	Rochas metamórficas e sedimentares. Diastrofismos e orogênese (movimentos tectônicos horizontais). Formação dos Apalaches, Alpes escandinavos, maciço da Floresta Negra. Formação das bacias sedimentares antigas com ricos depósitos de carvão mineral.
Proterozoica (2.500)	Rochas magmáticas e metamórficas. Movimentos orogênicos e vulcanismo intenso com a formação das jazidas de minerais metálicos.
Arqueozoica (4.600)	Formação dos escudos e núcleos. Rochas magmáticas ou ígneas. Desenvolvimento da vida.

3. Tectônica de Placas

O geógrafo e meteorologista Alfred Wegener, no início do século XX, afirmava que, em um tempo remoto, todos os continentes da Terra estiveram unidos em uma grande massa continental, que ele denominou Pangeia (do grego "toda a terra"), com um único e imenso oceano, Pantalassa (do grego "todo o mar"). Essa teoria tornou-se conhecida como deriva continental.

Atualmente, diversos estudos geológicos (de rochas) e paleontológicos (de fósseis) mostram que as massas continentais se deslocam lenta e continuamente. Continentes que hoje estão separados já estiveram unidos.

De acordo com a teoria da Tectônica de Placas, a crosta terrestre é formada por algumas enormes placas rígidas e várias outras menores, que estão em contínuo movimento. As placas convergentes, em colisão, podem enrugar-se e elevar-se (formando as cordilheiras) ou afundar no manto. Nas zonas de convergência, assim como nas zonas em que as placas se afastam mutuamente (zonas divergentes), é intensa a atividade vulcânica ou vulcanismo. As bordas das placas convergentes são as regiões onde mais se registram terremotos.

Planisfério: principais placas tectônicas e zonas vulcânicas

Fonte: TEIXEIRA, Wilson et al. (Org.). *Decifrando a Terra*. São Paulo: Companhia Editora Nacional, 2009. p. 86.

4. Estrutura geológica e mineração no Brasil

A disposição das rochas condiciona estruturas de relevo, como as seguintes:

- Escudos (ou crátons) cristalinos. Imensas áreas de rochas cristalinas, essas formações geológicas são estáveis, muito antigas e bastante desgastadas pela erosão.
- Bacias sedimentares. São depressões preenchidas com sedimentos. A maioria dos fósseis e as reservas de petróleo, gás natural e carvão são nelas formadas.
- Cadeias orogênicas. São dobramentos modernos recentes, resultantes das compressões de placas tectônicas convergentes, que formaram cordilheiras e montanhas. Apresentam as maiores altitudes do planeta, com áreas mais propensas a terremotos e vulcanismo.

Veja o mapa da página seguinte.

Mineração no Brasil

O Brasil é um dos grandes produtores mundiais de minérios. Os países que contam com recursos comparáveis aos brasileiros têm, também, grande dimensão territorial, como Estados Unidos, Canadá, Austrália, Rússia e China. As principais reservas brasileiras localizam-se nos maciços antigos (escudos cristalinos) e, por essa razão, a extração dos minérios metálicos é a atividade de mineração que mais contribui para a balança comercial do país. Nas bacias sedimentares são explorados, entre outros, o petróleo, o carvão mineral e o calcário, este último utilizado para a produção de cimento.

Três importantes áreas de extração de minerais metálicos são: Quadrilátero Ferrífero, em Minas Gerais; Serra dos Carajás, no Pará; e Maciço do Urucum, no Mato Grosso do Sul. Veja no mapa da página seguinte as áreas de extração, com destaque para as mais importantes.

Brasil: estrutura geológica

Fonte: ROSS, Jurandyr (Org.). *Geografia do Brasil*. São Paulo: Edusp, 2009. p. 47.

* Crátons correspondem aos terrenos mais antigos extremamente erodidos, do Pré-Cambriano, com grandes extensões de coberturas sedimentares.

** Dobramentos antigos ou cinturões orogenéticos correspondem a antigas cadeias de montanhas muito erodidas, mas que ainda mantêm grandes extensões de aspecto serrano.

Brasil: recursos minerais e energéticos – Início do século XXI

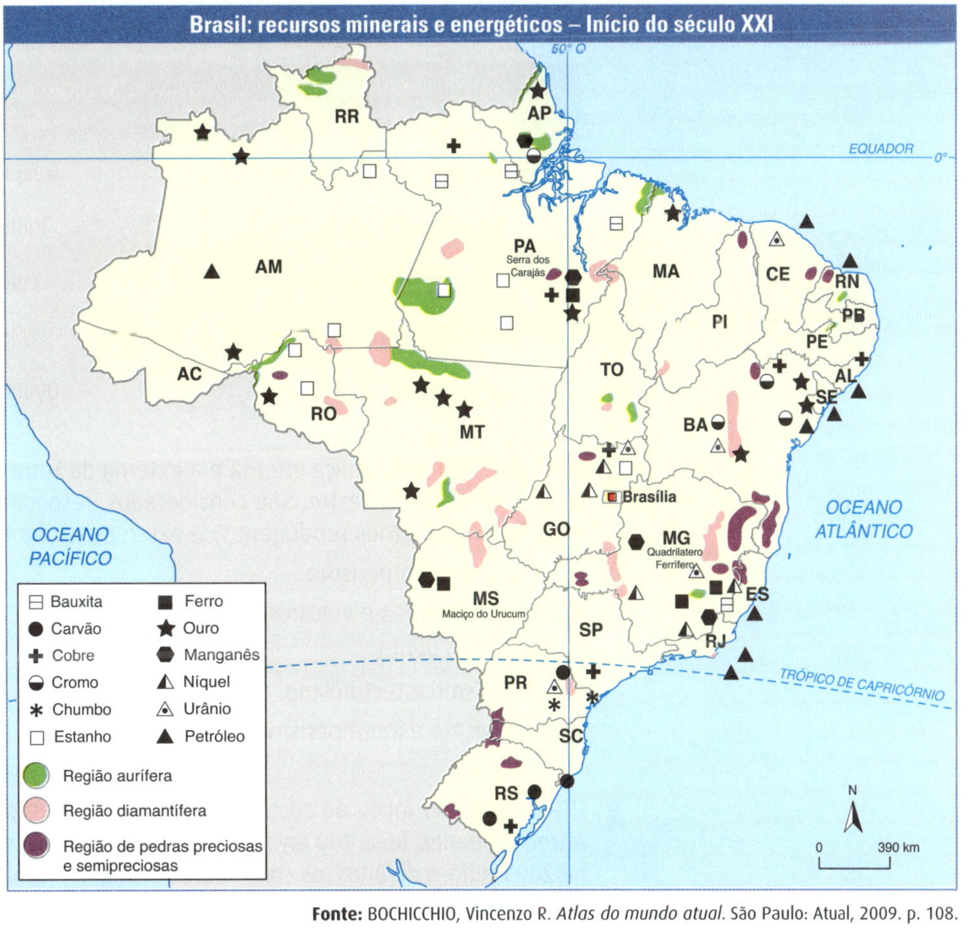

Fonte: BOCHICCHIO, Vincenzo R. *Atlas do mundo atual*. São Paulo: Atual, 2009. p. 108.

Atividades

1 (Católica-SC 2014) Rocha é um agregado natural, formado de um ou mais minerais que constitui parte essencial da crosta terrestre. São exemplos de rochas magmáticas, sedimentares e metamórficas, respectivamente:

a) mármore, basalto e calcário.

b) arenito, basalto e gnaisse.

c) basalto, mármore e petróleo.

d) gnaisse, granito, arenito.

e) diabásio, arenito e mármore.

2 (Fuvest-SP 2014) Leia o texto sobre os pedidos de exploração de minérios no Vale do Ribeira-SP.

O Departamento Nacional de Produção Mineral (DNPM) registrou em 2012 um recorde de pedidos de mineração no Vale do Ribeira, região sul do Estado de São Paulo. Entre os processos que foram abertos, encontram-se pedidos para pesquisa, licença ou concessão de lavras que vão desde calcário até minérios nobres como níquel, prata e ouro. O DNPM concedeu 422 autorizações para pesquisas minerais na região, sendo que 112 já tiveram autorizadas as extrações de minérios.

O Estado de S. Paulo, 1º jul. 2013. Adaptado.

Essa exploração poderá afetar o meio físico e a ocupação humana tradicional dessa região, caso regras de controle não sejam rigorosamente estabelecidas e cumpridas. Assinale a alternativa que indica as áreas onde interferências negativas poderão ocorrer.

	Predomínio da estrutura geológica	Significativa ocupação humana tradicional
a)	Dobramentos do Cenozoico	Quilombola
b)	Escudo do Brasil Central	Indígena
c)	Escudo Atlântico	Caiçara
d)	Escudo do Brasil Central	Caiçara
e)	Dobramentos do Atlântico	Quilombola

3 (UFP-PE 2014) A dinâmica interna e a externa da Terra provocam modificações no relevo terrestre. São considerados, respectivamente, agentes modeladores internos (endógenos) e externos (exógenos) da Terra:

a) Erosão e intemperismo.

b) Águas correntes e vulcanismo.

c) Geleiras e vento.

d) Vulcanismo e tectonismo.

e) Tectonismo e intemperismo.

4 (IFPR 2014) No início do século XX, um jovem meteorologista alemão, Alfred Wegener, levantou uma hipótese que hoje se confirma, qual seja: há 200 milhões de anos, os continentes formavam uma só massa, a Pangeia, que em grego quer dizer "toda a terra", rodeada por um oceano contínuo chamado de Pantalassa. Com a intensificação das pesquisas, também se pode afirmar que, além dos continentes, toda a litosfera se movimenta, pois se encontra seccionada em placas, conhecidas como "placas tectônicas", que flutuam e deslizam sobre a astenosfera, carregando massas continentais e oceânicas. Muitas teorias foram elaboradas para tentar explicar tais movimentos e, recentemente, descobriu-se que a explicação está relacionada:

a) ao vulcanismo que movimenta o magma.
b) ao princípio da isostasia (*ísos* = igual em força + *stásis* = parada).
c) ao princípio formador de montanhas conhecido por orogênese.
d) aos terremotos e vulcanismos, em razão de sua força na alteração das paisagens.
e) ao movimento das correntes de convecção que ocorrem no interior do planeta.

5 (Unitau-SP 2014) Placas tectônicas são gigantescos blocos que compõem a camada sólida externa do planeta e que estão suspensas pelo magma incandescente do interior da Terra. Existem 10 placas tectônicas na crosta terrestre que provocam dobramentos e falhas. São exemplos desses dobramentos e falhas, respectivamente:

a) terremotos e cordilheiras montanhosas.
b) cordilheiras montanhosas e terremotos.
c) terremotos e *tsunamis*.
d) terremotos e erupções vulcânicas.
e) cordilheiras montanhosas e erupções vulcânicas.

Exercícios complementares

1 (Mackenzie-SP 2014)

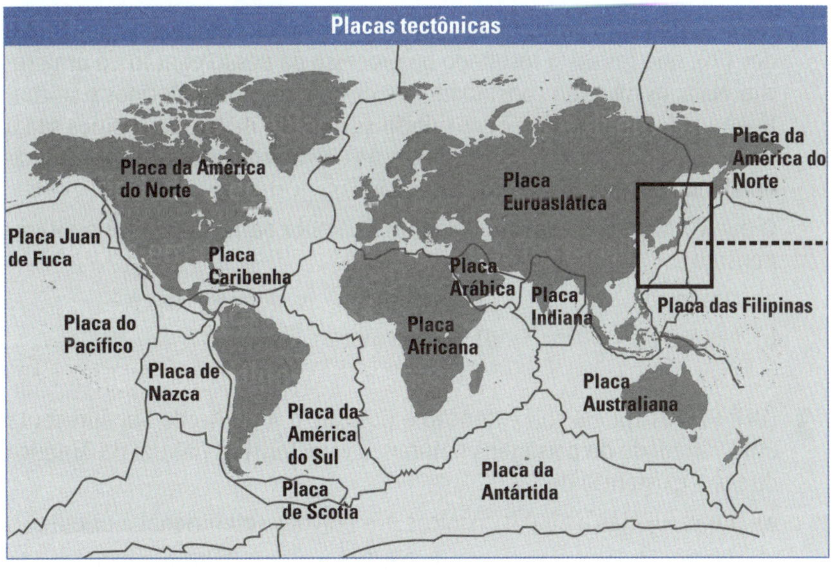

Observando a figura, podemos afirmar que

I - Alfred Wegener, meteorologista alemão, levantou a hipótese, no início do século XX, afirmando que, há 220 milhões de anos, os continentes formavam uma única massa denominada Pangeia, rodeada por um oceano chamado Pantalassa. Essa suposição foi rejeitada pela comunidade científica da época.

II – A litosfera encontra-se em movimento, uma vez que é composta por placas tectônicas seccionadas que flutuam deslocando-se lentamente sobre a astenosfera.

III – A cordilheira dos Andes é um dobramento recente. Datando do período Terciário da era Cenozoica, surge do intenso entrechoque das placas do Pacífico e Sul-Americana promovendo o fenômeno de obducção.

IV – A Dorsal Atlântica estende-se desde a costa da Groenlândia até o sul da América do Sul. Os movimentos divergentes entre as placas Africana e Sul-Americana permitiram intensos derramamentos magmáticos originando rochas basálticas que foram incorporadas às bordas das referidas placas.

Estão corretas.

a) I e III, apenas.
b) II e III, apenas.
c) I, II e III, apenas.
d) I, II e IV, apenas.
e) I, II, III e IV.

2 (Uema 2014) Analise a imagem abaixo.

Cássio Aoqui/Folhapress

Fonte: ECIENCIA-USP. Disponível em: <http://www.eciencia.usp.br/>. Acesso em: jul. 2013.

Trata-se da Pedra da Tartaruga, situada no Parque Nacional de Sete Cidades (PI), que retrata o resultado do processo da desagregação de uma rocha. Nela, os minerais constituintes se dilatam quando aquecidos e se contraem quando resfriados. Seus principais agentes de intemperismos são a variação de temperatura e a cristalização que ocorrem nas áreas de grande amplitude térmica, desérticas e semiáridas.

O que caracterizou essa modelagem da Pedra da Tartaruga foi o intemperismo

a) cratônico.
b) biológico.
c) químico.
d) fluvial.
e) físico.

3 (UFP-PE 2014) Pela sua extensão e posição, a América do Sul apresenta uma variedade de paisagens naturais. É característica natural da América do Sul a existência de:

a) áreas sujeitas a abalos sísmicos nas porções setentrional e oriental.
b) rios que drenam a vertente do Pacífico mais caudalosos e extensos do que aqueles que deságuam no Atlântico.
c) vegetação de pradarias na porção norte e de coníferas no sul.
d) maciços antigos no centro-leste; planícies sedimentares no centro, dobramentos modernos no extremo oeste.
e) clima temperado úmido no norte; clima desértico quente no oeste e clima tropical no sul.

4 (UEA-AM 2013)

Região Norte: unidades político-administrativas

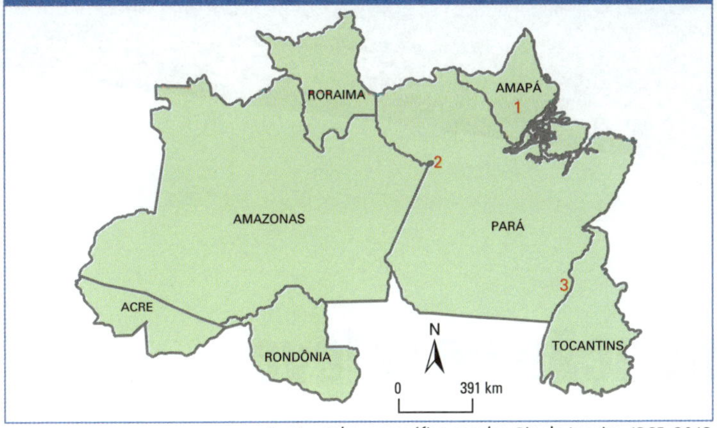

Fonte: *Atlas geográfico escolar*. Rio de Janeiro: IBGE, 2012.

Os pontos numerados no mapa indicam importantes áreas de exploração mineral na Região Norte do país, com extração de manganês, bauxita, ferro, cobre, ouro e níquel. Os grandes projetos relacionados aos pontos 1, 2 e 3 são, respectivamente,

a) Trombetas, Carajás e Quadrilátero Ferrífero.

b) Serra do Navio, Trombetas e Carajás.

c) Serra do Navio, Carajás e Maciço do Urucum.

d) Trombetas, Serra do Navio e Paragominas.

e) Maciço do Urucum, Alumar e Carajás.

5 (UENP-PR 2014) Observe a região destacada no mapa a seguir e assinale a alternativa correta.

a) A área em destaque refere-se à Serra dos Carajás, no sudeste do estado do Pará. A área da serra está totalmente inserida no Projeto Grande Carajás, um projeto de extração mineral em operação. Anteriormente à colonização, esse território era povoado pelos povos Karajá e Kayapó.

b) A área corresponde à Usina Hidrelétrica de Belo Monte, uma central hidrelétrica que está sendo construída no rio Xingu, no estado do Pará, nas proximidades da cidade de Altamira.

c) A área equivale ao território do futuro estado do Tapajós, que, devido à grande extensão territorial do Pará, tem sido um dos argumentos utilizados para uma divisão desse território e a consequente formação de dois novos estados, além do atual Pará: Tapajós e Carajás.

d) O estado de Tapajós terá 722.000 quilômetros quadrados, sendo, portanto, o mais extenso. Apesar de compreender a maior área do Pará, essa região é a menos populosa: cerca de 1 milhão de habitantes. Sua capital será a cidade de Santarém. Essa região apresenta pouco desenvolvimento econômico, composta por grandes áreas preservadas e muitos rios.

e) A região corresponde à área de cultivo da pimenta-do-reino (pipericultura) no Pará (maior produtor e exportador nacional), que vai receber uma "injeção" tecnológica concentrada com as atividades de um novo projeto da Embrapa Amazônia Oriental, a ser lançado na cidade de Bragança (PA).

Serra dos Carajás

1. Processos de formação do relevo

Formação do relevo

O relevo é formado pela ação do magma sob a crosta terrestre. Essa permanente pressão pode causar três fenômenos: **tectonismo**, **vulcanismo** e **abalos sísmicos**. Esses fenômenos são chamados de **agentes internos** de formação do relevo.

O tectonismo é o processo de deformação da crosta, causado por pressões horizontais (orogênese) ou movimentos verticais (epirogênese).

Na **orogênese**, o movimento do magma sob a crosta terrestre provoca o deslocamento das placas tectônicas. As placas em pressão, uma contra a outra, podem se dobrar ou se fragmentar. As dobras são responsáveis pela formação das montanhas e ocorrem em estruturas geológicas recentes (era Cenozoica), que possuem rochas pouco consolidadas.

A **epirogênese** ocorre nas estruturas mais antigas, em rochas mais sólidas (escudos cristalinos). O movimento das placas provoca fraturas e o posterior deslocamento vertical por pressão do magma.

Modelagem do relevo

Enquanto a pressão exercida pelo magma na crosta provoca o deslocamento e deformações na superfície, na parte externa, os ventos, as geleiras, as variações de temperatura (que contraem e dilatam rochas e solos), a água das chuvas, dos rios e do mar modelam ou esculpem o relevo. São chamados de **agentes externos**.

Essa modelagem é realizada pela atividade **erosiva**, em três momentos: **intemperismo**[1] (desintegração das rochas), **transporte** e **sedimentação**.

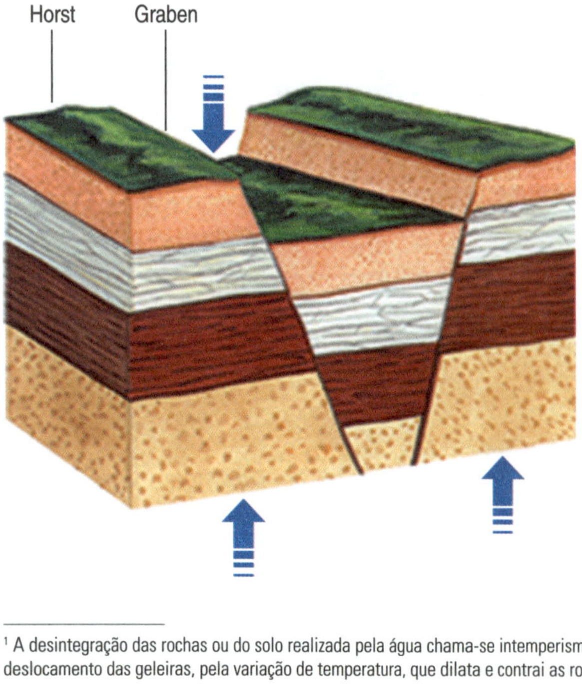

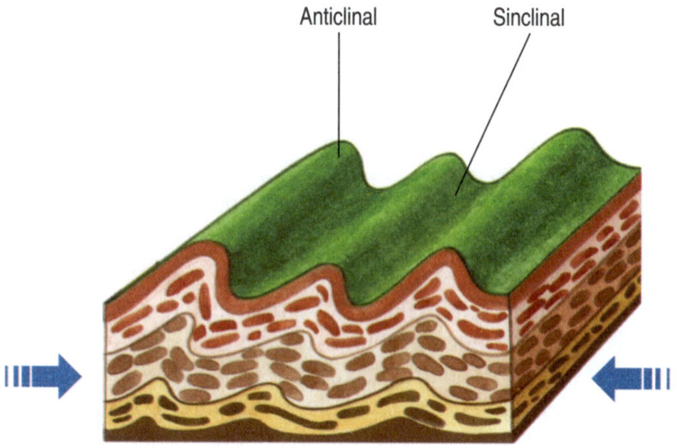

[1] A desintegração das rochas ou do solo realizada pela água chama-se intemperismo químico. Quando não há ação da água, como é o caso do desgaste causado pelo vento, pelo deslocamento das geleiras, pela variação de temperatura, que dilata e contrai as rochas, denomina-se intemperismo físico.

2. Relevo terrestre

Planisfério: físico

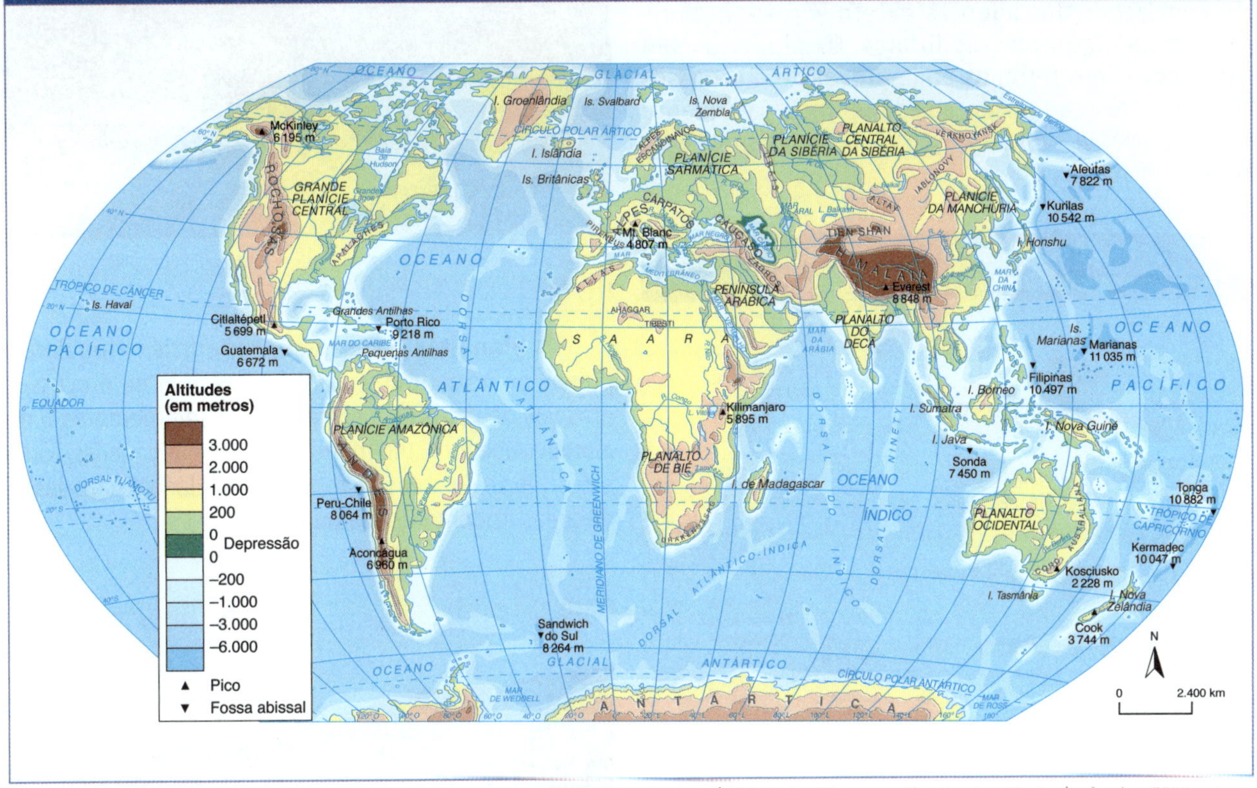

Fonte: CALDINI, Vera; ÍSOLA, Leda. *Atlas geográfico Saraiva*. São Paulo: Saraiva, 2009. p. 166.

O relevo terrestre é classificado em quatro unidades principais: montanhas, planaltos, planícies e depressões (unidades situadas abaixo do nível do mar).

Tipos de relevo

Montanhas: formam-se nos pontos de atrito entre placas tectônicas convergentes. As principais cadeias montanhosas encontram-se na orla americana do oceano Pacífico, desde o Alasca até a Terra do Fogo (Montanhas Rochosas e Andes), na Europa (Alpes, Pireneus, Apeninos, Cáucaso, Cárpatos, Bálcãs e Alpes Dináricos), no Oriente Médio (montes Taurus e Zagros) e no Sudoeste Asiático (Himalaia).

Planaltos: apresentam superfície relativamente plana e com encostas variadas; as bordas são delimitadas por declives resultantes do processo de erosão. A maior parte do relevo dos continentes caracteriza-se por planaltos denominados chapadas ou maciços.

Planícies: correspondem a áreas predominantemente planas, sedimentares, delimitadas por aclives.

Depressões: áreas em altitudes inferiores às das demais formas de relevo que as circundam. Estando abaixo do nível do mar, denominam-se depressões absolutas. A principal é a depressão do Mar Morto (−394 m).

3. Relevo do Brasil

O relevo brasileiro, como o de toda a Terra, é resultado da atuação de agentes internos e externos. Enquanto a estrutura geológica do Brasil é, na maior parte, bastante antiga (Arqueozoica e Proterozoica para os terrenos cristalinos e Paleozoica e Mesozoica para boa parte dos sedimentares), os processos que modelaram suas formas são, de modo geral, recentes (Era Cenozoica) e continuam atuando.

O maior conhecimento do território e as novas tecnologias para a observação da superfície proporcionaram um grande avanço para a geomorfologia[2] brasileira e alterações nas classificações de relevo. Observe as duas classificações que seguem.

2 Geomorfologia é a ciência que estuda as formas da superfície (relevo), as suas características estruturais e os processos de formação.

Classificação de Aziz Ab'Saber

O geógrafo **Aziz Ab'Saber**[3] considerou em sua classificação a existência no Brasil apenas de **planaltos** e **planícies**, mas definiu essas unidades de acordo com ações dos agentes externos responsáveis pela modelagem dessas formas. Os planaltos são definidos como terrenos onde prevalece o processo de desgaste em relação à sedimentação, enquanto nas planícies a sedimentação é predominante. Veja o mapa a seguir.

Brasil: classificação do relevo brasileiro segundo Aziz Ab'Saber – década de 1960

Fonte: AZEVEDO, A. de (Dir.). *Brasil*: a terra e o homem. São Paulo: Nacional, 1972. v. 1. p. 155.

G. Evangelista/Opção Brasil Imagens

Depressão Cuiabana, na região do Parque Nacional da Chapada dos Guimarães (MT).

Os **planaltos** apresentam superfícies irregulares, planas ou acidentadas, com predomínio de processos erosivos de estruturas cristalinas ou sedimentares e de altitude superior a 300 metros, com formas variadas, como a ocorrência de áreas de topo largo e plano (chapadas) e de áreas acidentadas, como serras.

João Prudente/Pulsar Imagens

Planaltos e serras do Atlântico-Leste-Sudeste, na Serra da Mantiqueira (SP).

As **planícies** são terrenos sujeitos a constante inundação, com intensa sedimentação e ocorrem apenas em estruturas sedimentares. As altitudes variam entre 0 e 100 metros. Elas estão restritas às margens de grandes rios, como o Amazonas e alguns afluentes, ao Rio Araguaia, no Pantanal, à faixa litorânea e ao redor das Lagoas dos Patos e Mirim, no Rio Grande do Sul.

Ernesto Reghran/Pulsar Imagens

Planície e Pantanal Mato-Grossense (MS).

Classificação de Jurandyr Ross

Em 1985, o geógrafo **Jurandyr Ross**, apoiado em levantamentos do Projeto Radambrasil, fez uma apresentação mais detalhada do relevo brasileiro, que associava as informações relacionadas às altitudes com os processos de erosão, sedimentação e gênese, integrando-os às estruturas geológicas nas quais ocorrem. O relevo brasileiro passou, então, a ser classificado a partir de três formas: depressões, planaltos e planícies. Veja o mapa na página seguinte.

As **depressões** foram definidas pelos terrenos relativamente inclinados, com predomínio de processos erosivos que ocorrem em estruturas cristalinas ou sedimentares, com altitudes entre 100 e 500 m.

3 Aziz Ab'Saber foi geógrafo, professor-emérito da Faculdade de Filosofia, Letras e Ciências Humanas da Universidade de São Paulo (USP) e professor convidado do Instituto de Estudos Avançados da USP.

Brasil: relevo segundo Jurandyr L. S. Ross – 1990

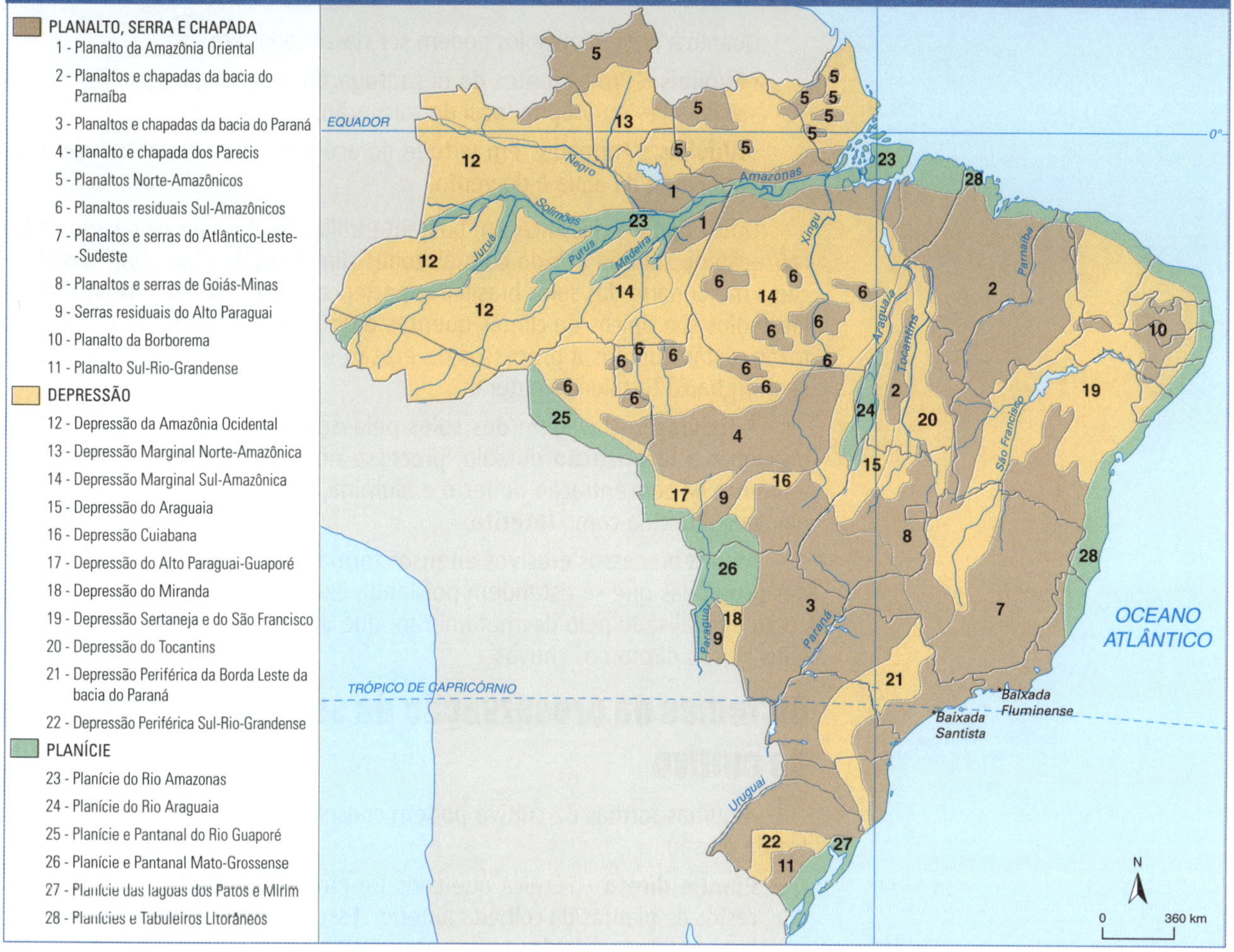

Fonte: ROSS, Jurandyr L. S. (Org.). *Geografia do Brasil*. São Paulo: Edusp, 2009. p. 53.

4. Solos no Brasil

Os solos são resultantes do processo de desintegração e **decomposição das rochas pela ação do intemperismo**. Eles apresentam camadas ou **horizontes** diferentes, que indicam os estágios da sua formação. O conjunto desses horizontes, desde a superfície até a rocha matriz que lhe deu origem, é denominado perfil do solo. Os solos maduros ou bem desenvolvidos apresentam quatro horizontes, identificados por letras maiúsculas.

Perfil do solo

Horizonte	Descrição
O	Camada superficial, constituída por boa quantidade de matéria orgânica em diferentes graus de decomposição. É chamada, por isso, de horizonte orgânico.
A	Camada com matéria orgânica em decomposição e relativa concentração de minerais, constituindo-se na camada mineral mais próxima da superfície. Perde minerais em virtude do processo de **lixiviação**.
B	Camada com grande concentração de minerais e pouca matéria orgânica. É chamada de horizonte de acumulação, porque recebe grande quantidade dos materiais e lixiviados do horizonte A.
C	Camada inferior, que fica em contato com a rocha matriz ou inalterada, formada por material decomposto dessa rocha.

Fonte: Disponível em: <http://en.wikipedia.org/wiki/File:SOIL_PROFILE.png>. Acesso em: mar. 2014.

Classificação dos solos

Quanto à origem, os solos podem ser classificados em:

- **Eluviais** – Provenientes da desagregação e decomposição das rochas existentes no próprio local de formação.
- **Aluviais** – Formados em virtude do acúmulo de material transportado pela ação da água e do vento.

Outro tipo de classificação, bastante utilizado, é o que se baseia na localização do solo de acordo com as zonas climáticas. Dentro dessa classificação a maior parte dos solos brasileiros pertence à categoria dos **latossolos**. Os latossolos são típicos de climas quentes e úmidos e semiúmidos e, por essa razão, estão sujeitos a processos de erosão e lixiviação e geralmente apresentam baixa fertilidade natural.

A **lixiviação** (lavagem dos solos pela ação da água das chuvas) pode ocasionar a **laterização** do solo, processo no qual há remoção da sílica e aumento da concentração de ferro e alumina, formando uma camada ferruginosa conhecida como **laterita**.

Alguns processos erosivos intensos formam **voçorocas**, que são cavidades profundas que se estendem por longa extensão da superfície. Esse processo é catalisado pelo desmatamento, que deixa o solo desprotegido e sujeito à ação direta das chuvas.

Sistemas de preservação do solo através da forma de cultivo

Algumas formas de cultivo podem conservar o solo e amenizar os efeitos da erosão.

- **Plantio direto** – Técnica que consiste em plantar diretamente sobre os restos de plantas da colheita anterior. Essa técnica contribui para aumentar a umidade do solo, assim como seus nutrientes, reduzindo a necessidade de aragem excessiva, que promove a perda de solo pela erosão.
- **Rotação de culturas** – Cultivo alternado de produtos, pois cada produto absorve nutrientes diferentes do solo.
- **Plantação em curvas de nível** ou **terraceamento** – Linhas que ligam pontos de mesma cota altimétrica, sobre as quais se faz a semeadura, estabelecendo-se fileiras de plantas. Em terrenos inclinados, a água escorre mais lentamente.
- **Afolhamento ou pousio** – Método no qual o terreno é dividido em três partes: enquanto duas partes são cultivadas, a terceira permanece em repouso (pousio) por um ou dois anos para recuperar as propriedades retiradas com as colheitas anteriores.

Atividades

1 (Unicamp-SP 2014) Para compreender as características geomorfológicas de um terreno, é necessário entender a influência dos agentes internos ou endógenos, que definem a estrutura e geram as formas do relevo, e dos agentes externos ou exógenos, que modelam as feições do relevo. O modelamento das feições do relevo é realizado pelos processos de intemperismo físico e químico.

a) Aponte a ação de quatro fenômenos naturais responsáveis pela alteração do relevo de determinada área: dois que correspondem aos agentes internos e dois que correspondem aos agentes externos.

b) Explique o que são os processos de intemperismo físico e químico.

2 (UEL-PR 2012) O relevo corresponde ao conjunto de formas apresentadas na superfície terrestre. Essas formas são definidas pela estrutura geológica combinada com as ações da dinâmica interna e externa da Terra. Em 1985, o professor Jurandyr Ross elaborou uma classificação do relevo brasileiro com base em três fatores geomorfológicos: 1. morfoestrutura - origem geológica; 2. paleoclima - ação de antigos agentes climáticos; 3. morfoclima - influência dos atuais agentes climáticos. Essa classificação associa o passado geológico e o passado climático com os atuais agentes escultores do relevo.

Com base nessa associação, o professor Ross identificou três tipos de relevo.

a) Indique cada tipo de relevo e descreva suas características.

b) De que forma essas características influenciam a vida nas cidades?

3 (Fuvest-SP 2012) Do ponto de vista tectônico, núcleos rochosos mais antigos, em áreas continentais mais interiorizadas, tendem a ser os mais estáveis, ou seja, menos sujeitos a abalos sísmicos e deformações. Em termos geomorfológicos, a maior estabilidade tectônica dessas áreas faz com que elas apresentem uma forte tendência à ocorrência, ao longo do tempo geológico, de um processo de

a) aplainamento das formas de relevo, decorrente do intemperismo e da erosão.

b) formação de depressões absolutas, gerada por acomodação de blocos rochosos.

c) formação de *canyons*, decorrente de intensa erosão eólica.

d) produção de desníveis topográficos acentuados, resultante da contínua sedimentação dos rios.

e) geração de relevo serrano, associada a fatores climáticos ligados à glaciação.

4 (Ufal 2014)

Gerson Gerloff/Pulsar Imagens

Fonte: Disponível em: <http://www.botanic.com.br>. Acesso em: dez. 2013.

A imagem mostra um dos maiores problemas da atualidade, a perda de solo devido à ocupação irregular ou ao mau aproveitamento da terra. O processo de destruição do solo mostrado na figura, uma vez iniciado, não tem retorno; há medidas para conter seu avanço, mas não há garantias de recuperação da fertilidade perdida. Esses buracos são chamados de

a) deslizamento.

b) voçoroca.

c) afundamento.

d) assoreamento.

e) lixiviação.

5 (Unicamp-SP 2014) Solo é a camada superior da superfície terrestre, onde se fixam as plantas, que dependem de seu suporte físico, água e nutrientes. Um perfil de solo é representado na figura a seguir. Sobre o perfil apresentado é correto afirmar que:

Perfil do solo

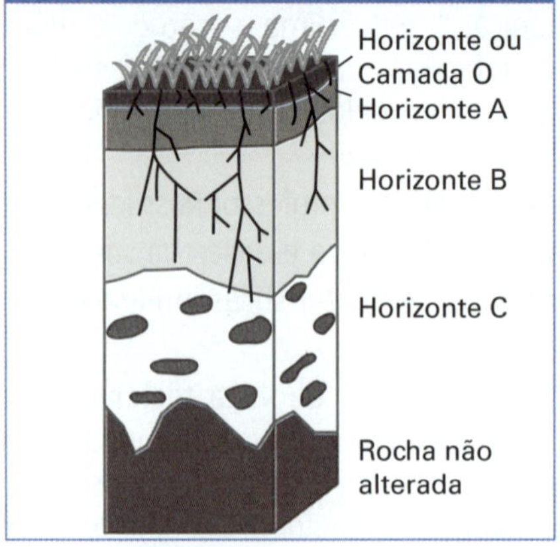

a) O horizonte (ou camada) O corresponde ao acúmulo de material orgânico que é gradualmente decomposto e incorporado aos horizontes inferiores, acumulando-se nos horizontes B e C.

b) O horizonte A apresenta muitos minerais não alterados da rocha que deu origem ao solo, sendo normalmente o horizonte menos fértil do perfil.

c) O horizonte C corresponde à transição entre solo e rocha, apresentando, normalmente, em seu interior, fragmentos da rocha não alterada.

d) O horizonte B apresenta baixo desenvolvimento do solo, sendo um dos primeiros horizontes a se formar e o horizonte com a menor fertilidade em relação aos outros horizontes.

Exercícios complementares

1 (Unifesp 2006) O mapa aponta três grandes unidades do relevo brasileiro.

Perfil AB

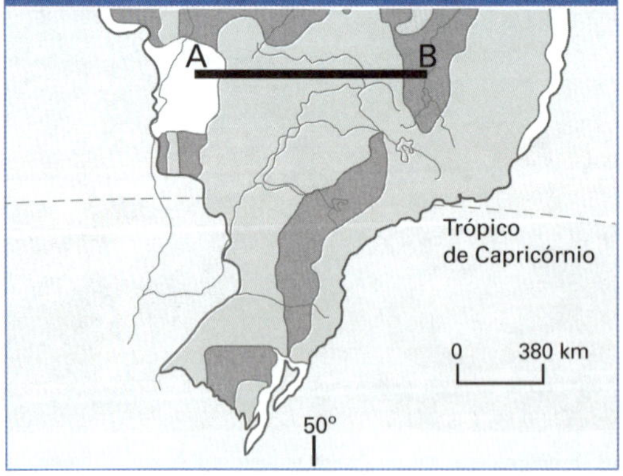

Fonte: ROSS, J. L. S. *Geomorfologia, Ambiente e Planejamento*. 1. ed. São Paulo: Contexto, 1990.

Assinale a alternativa que as identifica corretamente no perfil AB e o processo que predominou na sua formação.

a) Planaltos, sedimentação; Depressões, dobramentos; Planícies, erosão.

b) Planícies, dobramentos; Planaltos, sedimentação; Depressões, sedimentação.

c) Depressões, erosão; Planícies, erosão; Planaltos, dobramentos.

d) Planícies, sedimentação; Planaltos, erosão; Depressões, erosão.

e) Planaltos, erosão; Depressões, sedimentação; Planícies, sedimentação.

2 (Udesc 2012) Em março de 2012 a Geografia Brasileira perdeu um grande colaborador, o geógrafo Aziz Nacib Ab'Saber, falecido em Cotia. Entre as contribuições desse renomado professor está(ão):

a) a classificação do relevo brasileiro, utilizada por décadas nos manuais escolares.

b) a classificação climática brasileira, em vigor nos dias de hoje.

c) a defesa das teorias do aquecimento global causado pela ação antrópica.

d) os estudos da fauna e flora marinhas de América Latina e Ásia.

e) a classificação da população urbana brasileira que data dos anos 1930.

3 (FGV-SP 2001) As áreas assinaladas no mapa por X-Y-Z correspondem, respectivamente, às seguintes unidades do relevo brasileiro:

Classificação do relevo brasileiro segundo Jurandyr Ross

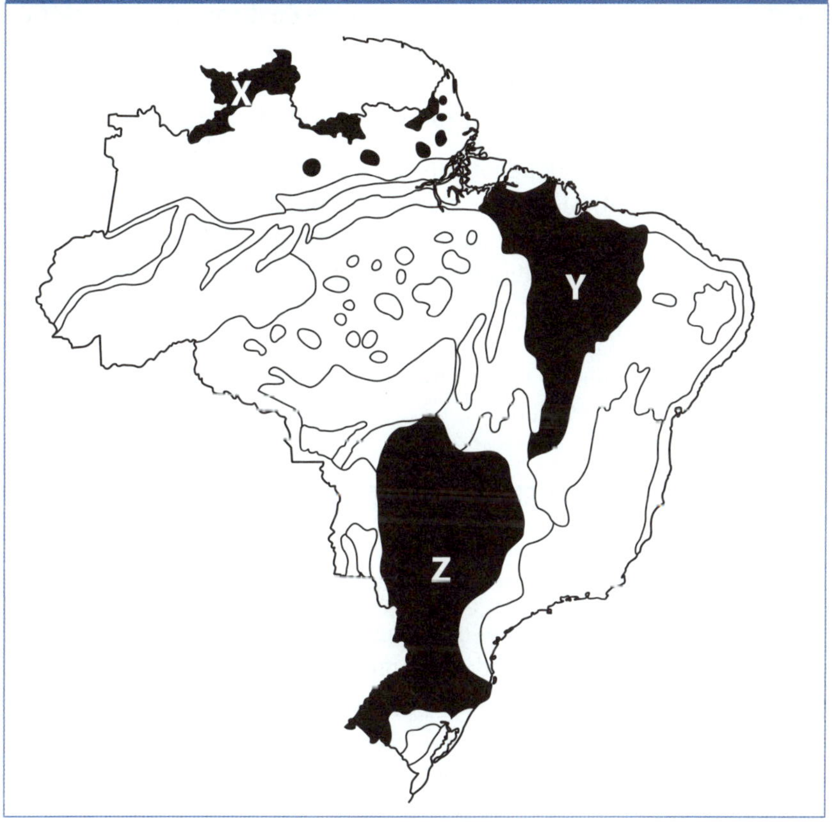

Fonte: ROSS, J. L. S. (Org.). *Geografia do Brasil*. São Paulo: Edusp, 1996.

a) Planaltos Residuais Norte-Amazônicos / Planaltos e Chapadas da Bacia do Parnaíba / Planaltos e Chapadas da Bacia do Paraná.

b) Depressões Marginais Amazônicas / Depressão Sertaneja e do São Francisco / Depressão Periférica Sul-Rio-Grandense.

c) Planaltos Residuais Norte-Amazônicos / Depressão Sertaneja e do São Francisco / Chapadas da Bacia do Paraná.

d) Depressões Marginais Amazônicas / Planaltos e Chapadas da Bacia do Parnaíba / Chapadas da Bacia do Paraná.

e) Planaltos Residuais Norte-Amazônicos / Planalto da Borborema / Depressão Periférica Sul-Rio-Grandense.

4 (UFPR 2014) Cite e explique quais são os fatores que participam do processo de formação dos solos.

Chris Boswell/Alamy/Glow Images

Clima e formações vegetais

1. Dinâmica climática

Os **elementos do clima** são formados por: temperatura, umidade, pressão atmosférica e vento. Esses elementos variam de uma região para outra e servem como indicadores dos tipos climáticos. Os **fatores do clima** são: latitude, altitude, maritimidade, continentalidade, massas de ar, correntes marinhas e relevo, que **influenciam** e **modificam** a ação dos elementos do clima.

Latitude

As **baixas latitudes** (entre 0° e 30°), as **médias latitudes** (entre 30° e 60°) e as **altas latitudes** (entre 60° e 90°) são áreas que recebem diferentes graus de **insolação**; por isso, apresentam grandes variações térmicas e de precipitação.

Altitude

Quanto maior a altitude, mais rarefeito é o ar e menores serão as temperaturas médias. A variação da altitude interfere na distribuição do calor na superfície terrestre. O aquecimento do ar não se dá apenas pela passagem dos raios solares pela atmosfera, mas também pelo aquecimento das superfícies continentais e oceânicas e a consequente **irradiação** de calor e retenção dele pelas partículas atmosféricas (**efeito adiabático**).

Maritimidade e continentalidade

Quando aquecidas, as grandes massas de água armazenam calor por mais tempo que as massas continentais; por isso, as regiões litorâneas, normalmente, apresentam menores amplitudes térmicas. A esse fenômeno damos o nome de **maritimidade**.

Quando se analisam as variações térmicas de uma região interiorana, percebe-se que a amplitude térmica é maior. Trata-se do fenômeno da **continentalidade**.

Massas de ar

As áreas com menores temperaturas provocam alta pressão. São um **centro de dispersão atmosférico** (anticiclonal). Nas áreas com temperaturas maiores, o ar é menos denso e apresenta baixa pressão; funciona como um **centro de recepção de ar** (ciclonal).

Dependendo da origem, essas grandes porções atmosféricas – chamadas **massas de ar** – podem ser quentes (equatoriais e tropicais) ou frias (polares); secas (continentais) – exceto as que se formam sobre as enormes áreas florestais equatoriais (Amazônica e do Congo) – ou úmidas (oceânicas). As massas de ar ou ventos são os principais distribuidores de temperatura e umidade.

O regime das monções

A porção sul do continente asiático sofre os efeitos de um fenômeno bastante peculiar – as **monções**.

Durante os meses de inverno, no Hemisfério Norte, os centros de alta pressão, localizados sobre a massa continental, criam correntes de vento que sopram do continente para o oceano (de norte para sul), frias e secas. Já nos meses de verão, os centros de alta pressão localizam-se sobre os oceanos Índico e Pacífico, enquanto a massa continental é área de baixa pressão e atrai ventos que sopram do oceano para o continente. Essas grandes massas de ar, originadas sobre o oceano, são úmidas e provocam as famosas **chuvas de monções**, características dessa parte do planeta.

Correntes marinhas

São correntes regulares, com composição, características e temperaturas próprias.

Ao atingirem os continentes, interferem na pluviosidade (quantidade de chuvas) e nas temperaturas das faixas litorâneas. Sua influência sobre uma região pode estabelecer climas chuvosos ou agravar a aridez de desertos.

El Niño e La Niña

O fenômeno **El Niño** é caracterizado pela elevação das águas do Oceano Pacífico Central e Oriental, próximo ao litoral do Peru, na América do Sul. Nessas condições, diminui a quantidade de pescado na costa do Peru. Suas causas são desconhecidas, mas as consequências desse fenômeno são múltiplas, afetando, em decorrência da forte relação entre oceano e atmosfera, as condições do estado do tempo em várias regiões da Terra, como secas na Austrália, elevação de temperaturas no Canadá, mais chuvas na costa oeste dos Estados Unidos e na região da Flórida.

Já o fenômeno **La Niña** é caracterizado pelo resfriamento das águas do Oceano Pacífico Central e Oriental. Quando ele ocorre, há um aumento na quantidade de chuvas na Austrália e secas em alguns países da Oceania, além de uma intensificação dos tornados nos Estados Unidos.

Veja no mapa a seguir, os efeitos do El Niño e do La Niña no Brasil, quando esses fenômenos se verificam.

Brasil: efeitos do El Niño e do La Niña

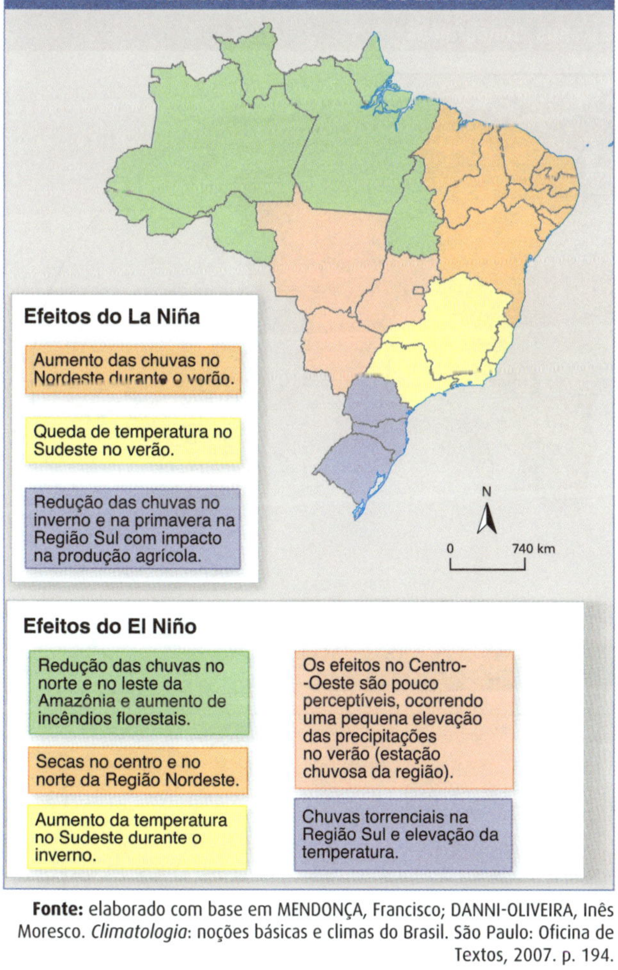

Fonte: elaborado com base em MENDONÇA, Francisco; DANNI-OLIVEIRA, Inês Moresco. *Climatologia*: noções básicas e climas do Brasil. São Paulo: Oficina de Textos, 2007. p. 194.

Relevo

A disposição do relevo pode interferir no clima, podendo facilitar ou dificultar a circulação do ar atmosférico (**efeito orográfico**).

Colidindo com a barreira do relevo, as massas de ar úmidas (barlavento), vindas do oceano, sobem e encontram camadas mais frias. O vapor d'água se condensa, provocando as chamadas chuvas de relevo ou chuvas orográficas. O ar (sotavento) que segue para o interior tem pouca umidade. Nas planícies, a distribuição de umidade é mais regular.

2. Tipos climáticos do mundo

É necessário diferenciar tempo e clima.

O **tempo** é o estado momentâneo da atmosfera e pode alterar-se inúmeras vezes em um dia.

O **clima** é a sucessão regular de estados do tempo por um longo período, o que permite sua caracterização.

De modo geral, os **tipos de clima** são classificados de acordo com alguns critérios, tais como o comportamento térmico, o padrão e a quantidade de chuvas e a açao das massas de ar.

Podem ser agrupados em três grandes categorias:

- **climas quentes**, situados na zona intertropical, de baixas latitudes, controlados por massas de ar equatoriais e tropicais;
- **climas mesotérmicos**, situados na zona temperada, de latitudes médias, controlados por massas equatoriais e polares;
- **climas frios**, situados na zona glacial, de latitudes altas, controlados por massas polares.

Veja o mapa da página seguinte.

O **Clima Equatorial** tem médias térmicas elevadas, baixa amplitude térmica e elevados índices pluviométricos (acima de 2.000 mm/ano). Aparece ao longo do eixo equatorial e é uma área de convergência dos **ventos alísios**, que sopram dos trópicos para o equador.

Ao longo do ano, o **Clima Tropical** apresenta duas estações bem definidas: verão quente e chuvoso e inverno mais frio e seco. Abrange grandes extensões de terras na América Latina, na África e na Ásia.

O **Clima Semiárido** apresenta precipitações maiores que as do Clima Desértico (entre 250 mm e 750 mm/

ano) e é encontrado, indistintamente, nas zonas temperadas e tropicais. Sua existência está ligada à atuação das massas de ar.

O **Clima Desértico** evidencia grandes amplitudes térmicas diárias (temperaturas elevadas durante o dia e muito baixas à noite) e baixo índice pluviométrico (inferior a 250 mm/ano). Grandes desertos estão próximos aos trópicos (alta pressão) e sujeitos à ação de correntes marítimas frias, como o Deserto de Atacama (no Chile e no Peru) e o Deserto da Namíbia (no sudoeste africano).

O **Clima Temperado** é um clima mesotérmico, que sofre grande influência das massas de ar e da maritimidade. Por ser encontrado em regiões de latitudes médias, apresenta as quatro estações climáticas bem definidas. É típico da Europa, da América anglo-saxônica e do extremo Oriente (Japão e China). Existem variações de climas temperados, como o **Continental** (com grandes amplitudes térmicas anuais) e o **Oceânico** (com verões e invernos brandos).

O **Clima Mediterrâneo** apresenta verões quentes e secos e invernos chuvosos. Ocorre, predominantemente, na borda mediterrânea da Europa, no extremo norte e no extremo sul da África, no oeste dos Estados Unidos, no sul da Austrália e no centro do Chile.

O **Clima Subtropical** é um tipo climático de transição entre o Temperado e o Tropical, apresenta grande amplitude térmica e ausência de estação seca. Ocorre ao longo do Trópico de Capricórnio na América do Sul e também no sudeste dos Estados Unidos, no sul do Japão e no sudeste da China.

O **Clima Frio**, também chamado Subpolar, está na faixa de transição entre as regiões temperadas e polares. Apresenta baixa pluviosidade e grande amplitude térmica anual. Ocorre no norte dos continentes americano, europeu e asiático.

O **Clima Frio de Montanha** é encontrado em regiões de grande altitude, que apresentam temperatura e pressão atmosférica baixas.

O **Clima Polar** verifica-se nos extremos norte e sul da Terra e caracteriza-se pelo inverno longo e rigoroso. Durante a curta estação quente, as temperaturas não chegam a 10 °C. O grau de reflexão da luz solar (ou **albedo**) é muito intenso, graças à permanente cobertura de neve e gelo.

Principais tipos climáticos e seus climogramas

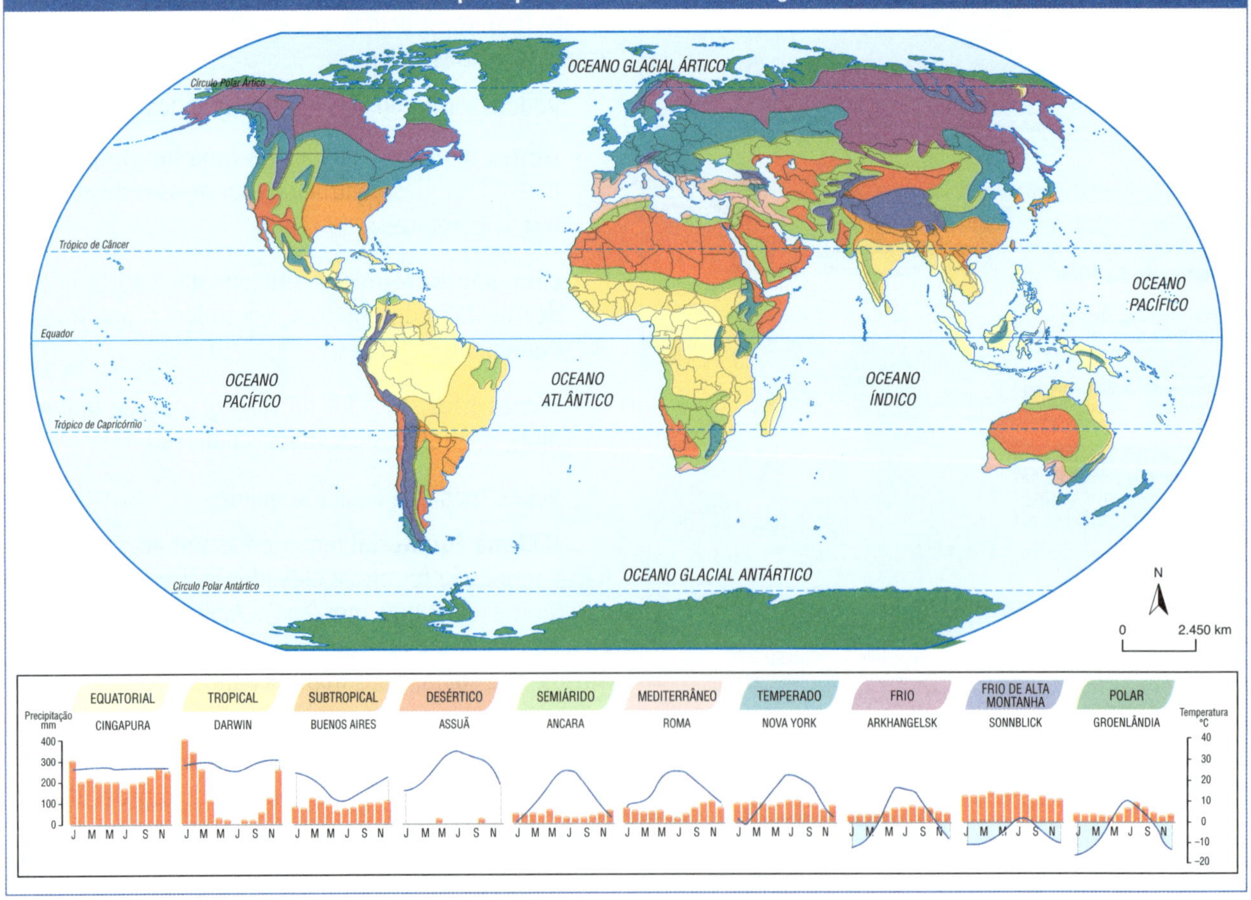

Fonte: FERREIRA, Graça Maria Lemos. *Atlas geográfico: espaço mundial*. São Paulo: Moderna, 2010. p. 22.

3. Formações vegetais

As características dos solos, a diversidade climática e a disponibilidade de água existente na superfície da Terra condicionam a variedade e a distribuição dos ecossistemas, uma vez que seu elemento-síntese é a **paisagem vegetal**. Veja o mapa da página seguinte.

Tundra

A Tundra é a vegetação polar (altas latitudes). Apresenta musgos, liquens e vegetação rasteira, que só aparecem nos curtos períodos de verão. O *permafrost*, camada congelada do solo e situada logo abaixo da superfície, associado ao rigor climático, impede a formação de raízes profundas e o desenvolvimento de formações vegetais de maior porte.

Floresta Boreal

A Floresta Boreal, também conhecida como **Taiga** (ou **Floresta de Coníferas**), é pouco diversificada em espécies, predominando árvores de até 20 m de altura. Sua presença é marcante no Hemisfério Norte, especialmente na Europa setentrional (Noruega, Suécia e Finlândia), na Rússia, no Canadá, no norte dos Estados Unidos e no extremo Oriente (Japão e China).

Vegetação de Altitude

A altitude e as condições climáticas, nas regiões montanhosas, condicionam, em cada faixa altimétrica, diferentes formação vegetais.

Florestas Temperadas

As Florestas Temperadas situam-se nas grandes extensões da América do Norte, na Europa e na Ásia. Possuem quatro estações bem definidas. É marcante a queda das folhas (**vegetação decídua**) no outono e no inverno. Atualmente, encontram-se devastadas, e grandes extensões foram substituídas pela agricultura e por atividades urbano-industriais.

Pradarias e Estepes

Pradarias (ou Campos) são áreas cobertas por vegetação herbácea, que aparecem em regiões temperadas dos Hemisférios Norte e Sul. No Hemisfério Norte, são típicas nas planícies centrais americanas e canadenses. Em terras europeias, são comuns na Rússia e na Ucrânia. No Hemisfério Sul, aparecem na Argentina, no Brasil, no Uruguai e na Austrália.

As Estepes são uma vegetação campestre de baixa densidade herbácea que normalmente aparece na orla de regiões desérticas. Apresentam plantas xerófitas, e predominam gramíneas que se distribuem de forma espaçada. Aparecem nas proximidades de desertos africanos, no norte da Europa e Ásia, sudoeste dos Estados Unidos, pampas sul-americanos e Austrália.

Vegetação Mediterrânea

A Vegetação Mediterrânea está condicionada às regiões com chuvas escassas, como o sul da Europa, os extremos norte e sul da África, o sul da Austrália, o litoral do Chile e o sudoeste dos Estados Unidos.

Savanas e Cerrados

As Savanas e os Cerrados são típicos de Climas Tropicais, com verão chuvoso e inverno seco. São paisagens arbustivas-herbáceas, mas com aumento de umidade tornam-se arbóreo-arbustivas, que apresentam casca grossa, troncos e galhos retorcidos e raízes profundas. Os solos das Savanas são geralmente ácidos e necessitam de correção de pH e fertilizantes para a agricultura. Essa formação vegetal está presente na África tropical, na América do Sul e na Austrália.

Desertos

Os Desertos caracterizam-se por apresentar baixos índices pluviométricos e podem ocorrer tanto em regiões tropicais como em regiões de Clima Frio. Em geral, estão próximos aos trópicos e perdem umidade, principalmente por causa dos ventos alísios e da ação das correntes marítimas frias.

Apresentam plantas rasteiras (estepes secas) e arbustos espinhosos, quase sem folhas e cactos. Essas espécies, em conjunto, recebem o nome de xerófilas.

Florestas Ombrófilas Tropicais

As Florestas Ombrófilas Tropicais são grandes conjuntos de florestas latifoliadas (de folhas largas), que aparecem na zona intertropical do planeta, notadamente na América do Sul, na África central e no Sudeste Asiático. Elas apresentam grande biodiversidade, principalmente a Floresta Equatorial.

Planisfério: vegetação original

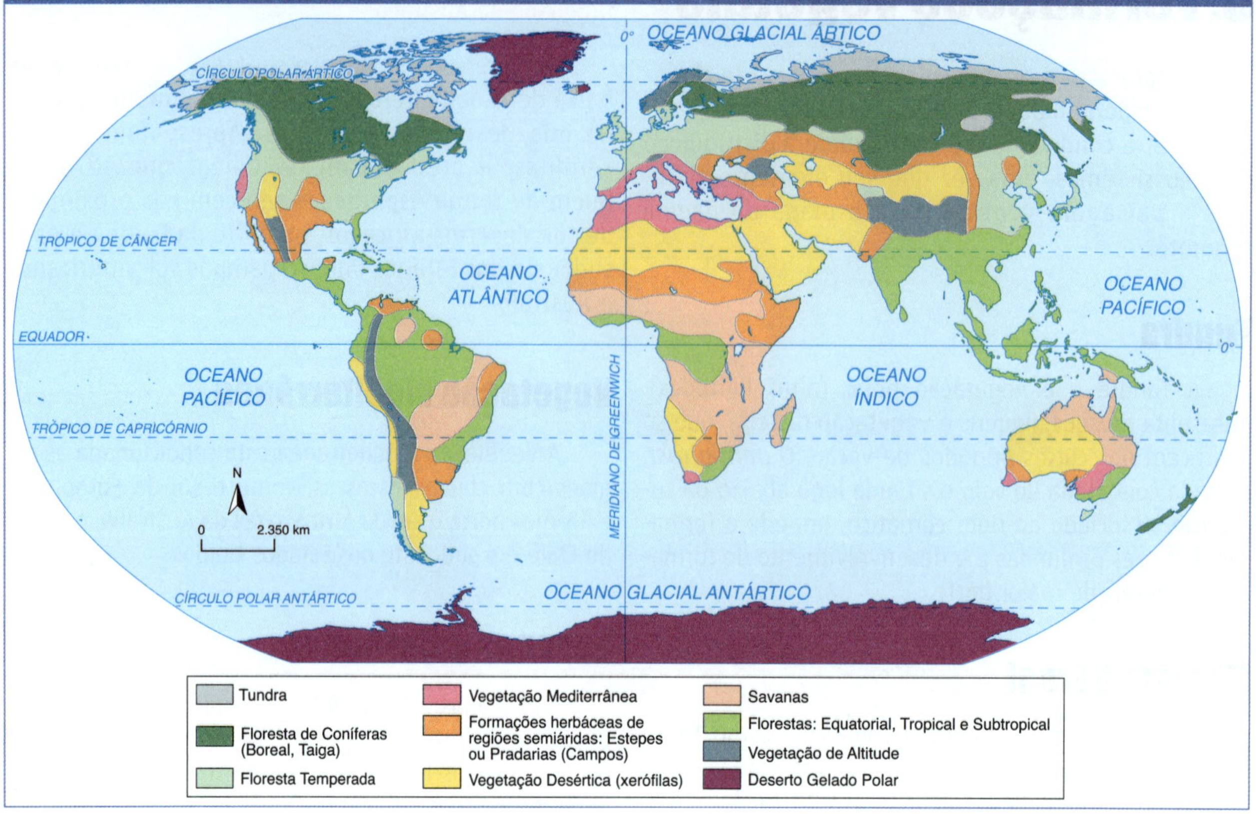

Fonte: CALDINI, Vera; ÍSOLA, Leda. *Atlas geográfico Saraiva*. São Paulo: Saraiva, 2009. p. 172.

Atividades

1 (Urca-CE 2014) Marque a única assertiva que traz somente fatores climáticos, isto é, aqueles que contribuem para determinar as condições climáticas de uma região do globo.

a) Correntes marítimas, temperatura do ar, umidade relativa do ar e amplitude térmica.

b) Latitude, pressão, altitude, hidrografia e massas de ar.

c) Altitude, massas de ar, maritimidade e latitude.

d) Hidrografia, correntes marítimas, latitude e pressão.

e) Temperatura do ar, umidade relativa do ar, insolação e média térmica.

2 (IFBA 2014)

"Desde a construção dos primeiros termômetros até a análise de dados por meio de satélites e supercomputadores, a meteorologia – a ciência que estuda os fenômenos atmosféricos – aumentou enormemente o grau de previsão do tempo."

Geografia atualidades 2014, p. 46.

Baseando-se nessa afirmação e em seus conhecimentos sobre os fenômenos atmosféricos terrestres, pode-se dizer que

a) a chuva frontal ou orográfica ocorre quando a massa de ar sobe por causa de algum obstáculo de relevo, como uma montanha.

b) a chuva orográfica, também chamada de chuva convectiva, ocorre quando a massa de ar sobe por causa de algum obstáculo de relevo, como uma montanha.

c) a massa de ar constitui-se como um corpo de ar com características próprias de umidade, pressão e temperatura, herdadas, por sua vez, das diferentes regiões da superfície terrestre.

d) a Troposfera, também conhecida como Tropopausa, representa a camada atmosférica mais importante para o ser humano, por concentrar a maioria dos fenômenos atmosféricos.

e) geralmente as áreas anticiclonais ou de baixa pressão atmosférica são áreas dispersoras de ventos, enquanto as áreas de alta pressão atmosférica ou ciclonais são zonas receptoras de ventos.

3 (UNISC 2014) O aquecimento da superfície da Terra controla o aquecimento do ar sobrejacente. Portanto, para entender variações nas temperaturas do ar, deve-se examinar as propriedades das várias superfícies, que refletem e absorvem energia solar em quantidades diferentes. O quadro abaixo mostra que as variações nas amplitudes médias anuais de temperatura são consideravelmente menores no Hemisfério Sul que no Hemisfério Norte.

Variação na amplitude média anual da temperatura com a latitude

Latitude (°)	Hemisfério Norte (°C)	Hemisfério Sul (°C)
0	0	0
15	3	4
30	13	7
45	23	6
60	30	11
75	32	26
90	40	31

Fonte: UFPR. Disponível em: <http://fisica.ufpr.br/grimm/aposmeteo/>. Acesso em: mar. 2014.

Sobre as diferenças nas amplitudes médias anuais da temperatura podemos dizer que:

I - As localidades longe da costa, embora situadas praticamente à mesma latitude, ostentam curvas com amplitudes muito maiores que as litorâneas. Essa influência é chamada efeito de continentalidade.

II - O Hemisfério Norte é coberto, aproximadamente por 61% de água; a terra ocupa os outros 39%. O Hemisfério Sul tem apenas 19% de terra, com 81% de água. Logo, o mar atua como um regulador da temperatura do ar, tendendo a suavizar as flutuações e, portanto, a reduzir a sua amplitude anual.

III - A amplitude térmica é a soma da temperatura máxima do ar com a temperatura mínima do ar dividida por dois.

Assinale a alternativa correta.

a) Somente a afirmativa I está correta.

b) Somente a afirmativa III está correta.

c) Todas as afirmativas estão corretas.

d) Somente as afirmativas I e II estão corretas.

e) Somente as afirmativas II e III estão corretas.

4 (FGV-SP 2014) Analise o mapa que representa uma anomalia climática.

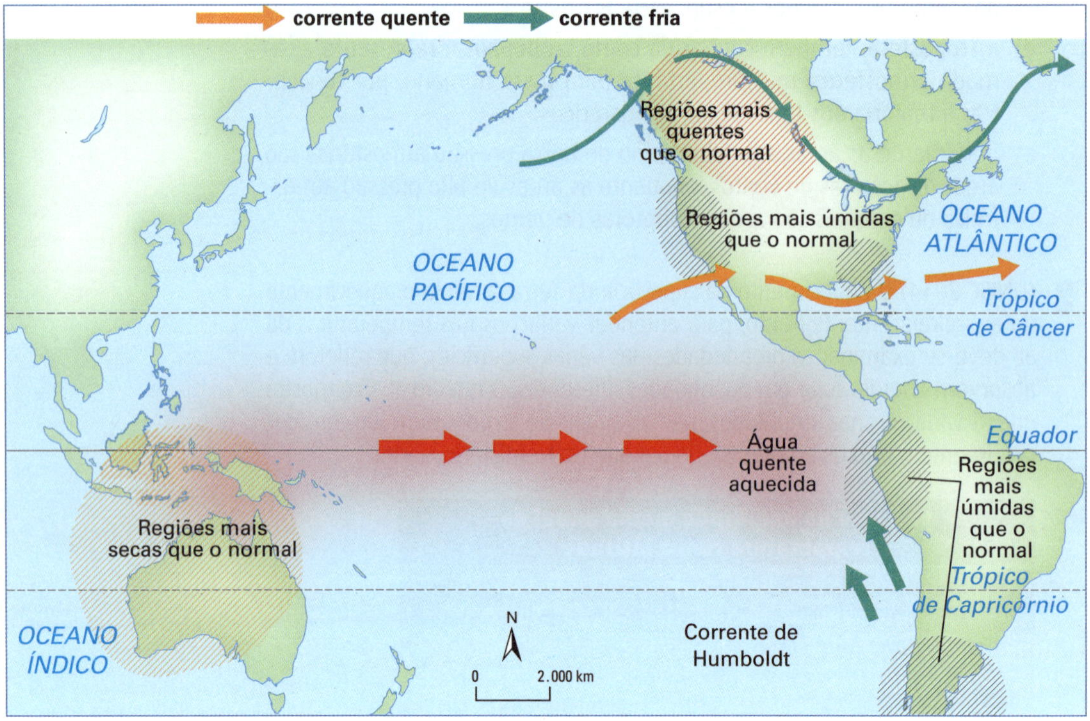

Fonte: BLANCHON, David. *Atlas Mondial de l'eau*. Paris: Autrement, 2013. p. 20.

Com base nos conhecimentos sobre a dinâmica climática mundial, pode-se concluir que se trata

a) da presença de La Niña no Oceano Pacífico.

b) de mudanças provocadas pelo aquecimento global.

c) da ocorrência de furacões no oeste do continente americano.

d) do fenômeno El Niño e suas consequências.

e) de alterações na circulação dos ventos alísios.

5 (PUC-RJ 2014)

Dmitry Rukhlenko - Photos of India/Alamy/Glow Images

Fonte: Disponível em: <http://www.gophoto.it/view.php?i=http://static.hsw.com.br>. Acesso em: abr. 2014.

Levando-se em consideração a paisagem selecionada, a única característica climática correta para a região destacada é:

a) alta amplitude térmica.
b) elevada evapotranspiração.
c) reduzida taxa de insolação.
d) inexistência de pluviosidade.
e) intensa umidade relativa do ar.

Exercícios complementares

1 (Unimontes-MG 2014) Observe a figura abaixo.

Biomas, altitude e latitude

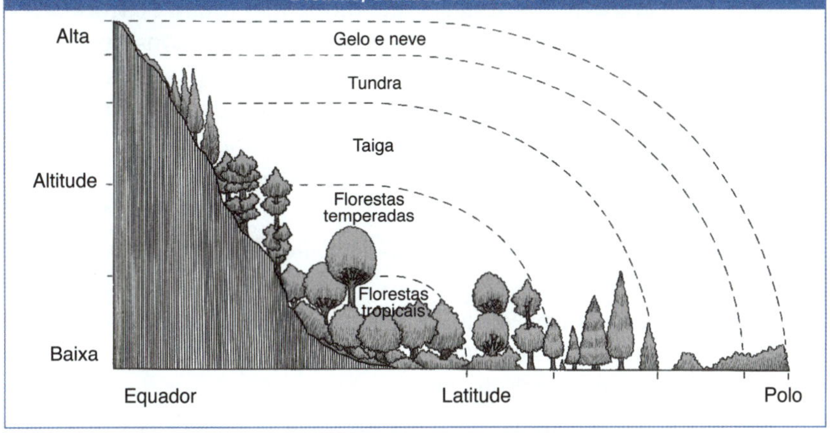

Utilizando seus conhecimentos e as informações da figura, assinale a alternativa **correta**.

a) A tundra constitui o bioma mais devastado do mundo, pois seu solo fértil foi muito aproveitado para a agricultura.
b) As savanas localizam-se entre o bioma da floresta tropical e a taiga, apresentando reduzida biodiversidade.
c) As florestas temperadas, nas áreas próximas ao Equador, apresentam árvores de várias alturas e tipos.
d) As formações vegetais estão diretamente ligadas ao clima, que varia de acordo com a altitude e latitude.

2 (FGV-SP 2014) Analise a figura que relaciona temperatura, pluviosidade e vegetação.

Temperatura, precipitação e evaporação

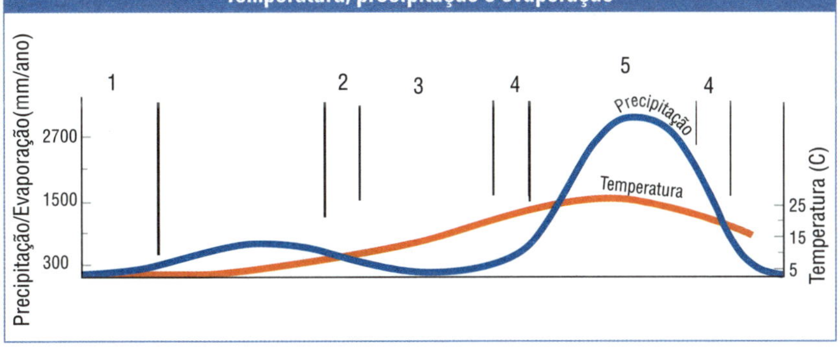

Fonte: elaborado com base em TEIXEIRA, Wilson *et al* (Org.). *Decifrando a Terra*. São Paulo: Oficina de Textos, 2003. p. 154.

Considerando que a vegetação está diretamente relacionada às condições climáticas, sobretudo da temperatura e da pluviosidade, identifique dois tipos de vegetação na figura.

a) 1 - tundra e 4 - deserto e semideserto.

b) 1 - estepe e 3 - savana.

c) 2 - tundra e 5 - savana.

d) 3 - taiga e 4 - estepe.

e) 4 - savana e 5 - floresta tropical.

3 (UFPE 2014)

"Biodiversidade é um termo que engloba todas as coisas vivas que existem atualmente na Terra. Abrange todos os animais e plantas que os zoólogos e botânicos já descobriram e descreveram, bem como todos aqueles que ainda não foram descobertos e aguardam uma descrição científica. Se desejamos conservar a biodiversidade, o que muitos ecologistas acreditam ser basicamente um objetivo sensível, então a conservação dos ecossistemas e seus habitats são o ponto de partida mais indicado."

COX, C. B.; MOORE, Peter D. *Biogeografia*. Uma abordagem ecológica e evolucionária. Rio de Janeiro: LTC, 2009.

Sobre esse tema abordado no texto, de conteúdo biogeográfico, analise as afirmações abaixo.

( ) A proteção da biodiversidade, na atualidade, que tem sido o centro das atenções dos ambientalistas, justifica-se por razões: éticas, estéticas, ecológicas e econômicas.

( ) A Biologia da Conservação tem como principal objetivo estudar como as espécies vegetais e animais estão sendo extintas e quais as estratégias para conservá-las.

( ) Com relação aos biomas brasileiros, o maior número de espécies ameaçadas ocorre, atualmente, no frágil ecossistema florestal amazônico, especialmente na floresta latifoliada perenifólia.

( ) O número de espécies ameaçadas no território brasileiro é variável nos diversos níveis taxonômicos, nos biomas e nos Estados do país.

( ) No conceito de biodiversidade, estão incluídos a variedade de ecossistemas, as espécies, as subespécies, as populações e o DNA.

4 (UPF-RS 2013) Estabeleça a relação entre as duas colunas, considerando as principais formações vegetais do planeta.

1) Floresta Tropical	( ) Própria de verões quentes e secos e invernos amenos. No sul da Europa foi intensamente desmatada para o cultivo de oliveiras e videiras.
2) Mediterrânea	( ) Ocorre em altas latitudes do Hemisfério Norte, típica de clima temperado. Predominam as coníferas, bastante exploradas para a utilização de madeira e fabricação de papel.
3) Pradaria	( ) Composta basicamente por gramíneas, ocorre em áreas de clima temperado e solos ricos em matéria orgânica.
4) Taiga	( ) Ocorre em áreas delimitadas pelos trópicos, com temperaturas e pluviosidade elevadas. Concentra a maior biodiversidade entre os demais biomas.
	( ) Utilizada como pastagem, é encontrada nos Pampas argentinos, no Uruguai e no sul do Brasil. Originalmente, ocupou praticamente metade da área do Rio Grande do Sul.

A ordem **correta** da relação estabelecida está na opção:

a) 2, 4, 3, 1, 3.
b) 1, 4, 3, 2, 3.
c) 2, 1, 3, 2, 4.
d) 2, 1, 4, 3, 4.
e) 3, 1, 4, 1, 3.

5 (PUC-RS 2013) Resolver a questão com base nos climogramas que tratam da situação climática de três diferentes cidades.

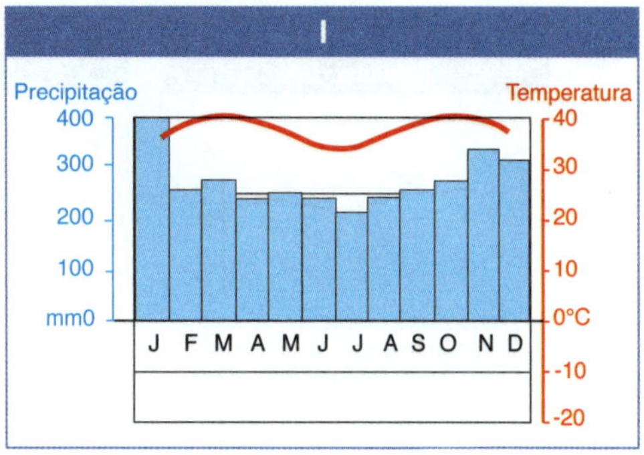

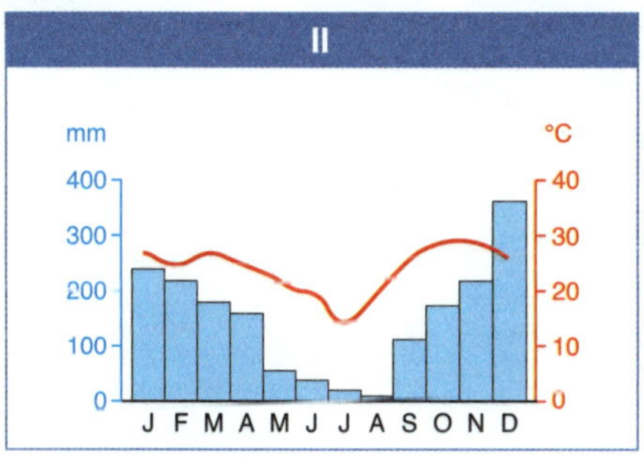

Fonte: CALDINI, Vera; ÍSOLA, Leda. *Atlas geográfico Saraiva*. São Paulo: Saraiva, 2009. p. 34

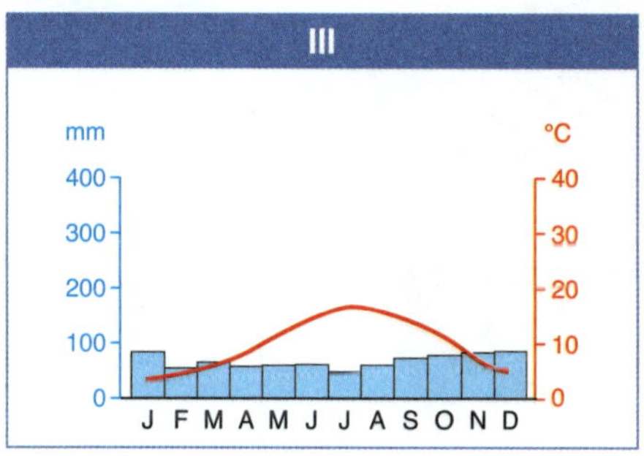

Fonte: *Heimat und Welt*: Weltatlas. Berlim/Bradenburgo: Westermann, 2011. p. 61.

Gráficos: BIS

	I	II	III
a)	- Mediterrâneo - Valparaíso	- Temperado Continental - Varsóvia	Subtropical - Porto Alegre
b)	- Temperado Oceânico - Nova Iorque	- Mediterrâneo - Barcelona	- Semiárido - Recife
c)	- Equatorial - Cingapura	- Tropical Continental - Cuiabá	- Temperado Oceânico - Londres
d)	- Temperado Continental - Berlim	- Equatorial - Manaus	- Semiárido - Nova Orleans
e)	- Equatorial - Campo Grande	- Semiárido - Teresina	- Desértico - Riad

Clima e formações vegetais no Brasil

Ricardo Azoury/Pulsar Imagens

1. Clima

Observe o mapa de climas do Brasil, relacione aos climogramas e leia o texto a seguir.

Brasil: clima

Fonte: FERREIRA, Graça Maria Lemos. *Atlas geográfico*: espaço mundial. São Paulo: Moderna, 2010. p. 123.

Clima Equatorial Superúmido: São Gabriel da Cachoeira (AM)

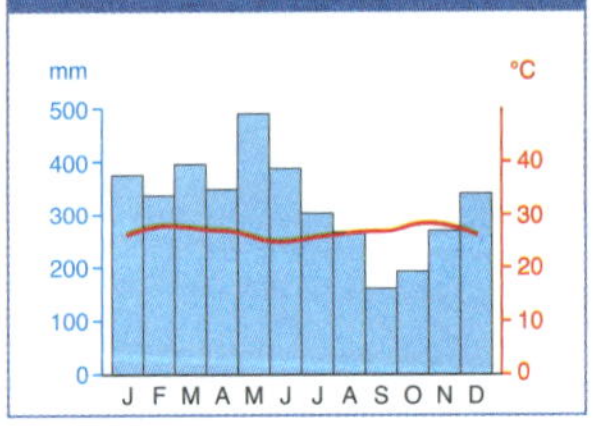

Fonte: CALDINI, Vera; ÍSOLA, Leda. *Atlas geográfico Saraiva*. São Paulo: Sarai°va, 2009. p. 34.

Clima Equatorial com Subseca: Belém (PA)

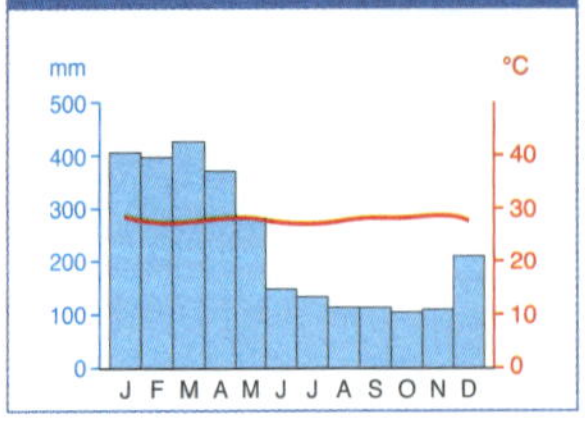

Fonte: MENDONÇA, F.; DANNI-OLIVEIRA, I. M. *Climatologia*: noções básicas e climas do Brasil. São Paulo: Oficina de Textos, 2007. p. 154.

Clima Tropical Litorâneo: Salvador (BA)

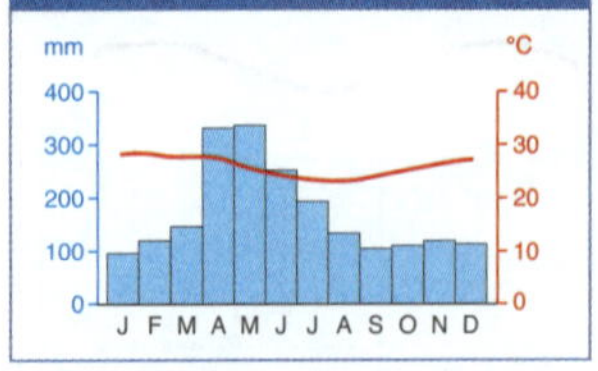

Fonte: MENDONÇA, F.; DANNI-OLIVEIRA, I. M. *Climatologia*: noções básicas e climas do Brasil. São Paulo: Oficina de Textos, 2007. p. 165.

Clima Tropical de Altitude: São Paulo (SP)

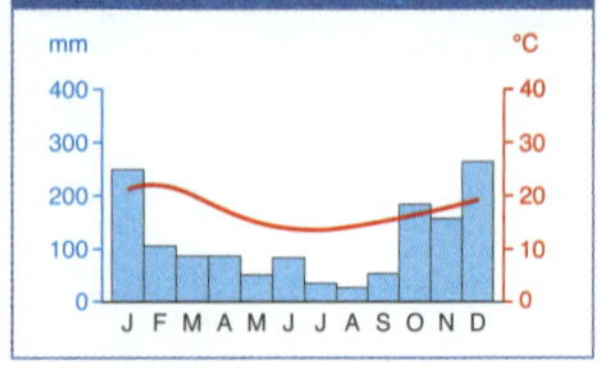

Fonte: MENDONÇA, F.; DANNI-OLIVEIRA, I. M. *Climatologia*: noções básicas e climas do Brasil. São Paulo: Oficina de Textos, 2007. p. 170.

Clima Subtropical: Lages (SC)

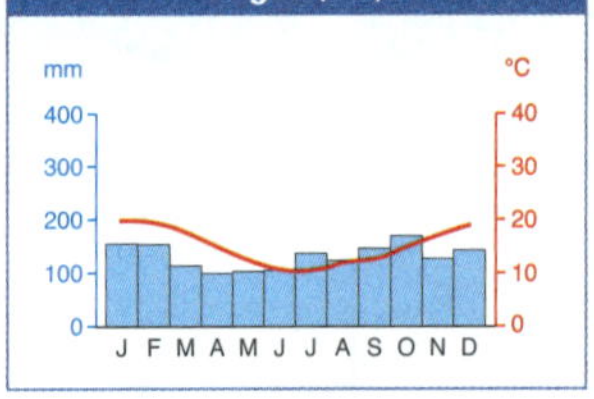

Fonte: MENDONÇA, F.; DANNI-OLIVEIRA, I. M. *Climatologia*: noções básicas e climas do Brasil. São Paulo: Oficina de Textos, 2007. p. 179.

Clima Tropical Semiárido: Mossoró (RN)

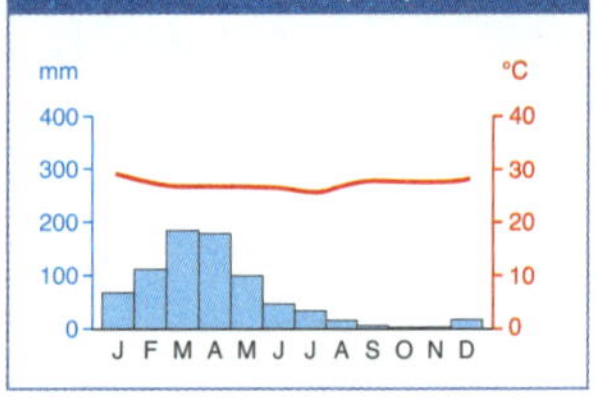

Fonte: MENDONÇA, F.; DANNI-OLIVEIRA, I. M. *Climatologia*: noções básicas e climas do Brasil. São Paulo: Oficina de Textos, 2007. p. 162.

Clima Tropical Semiúmido: Cuiabá (MT)

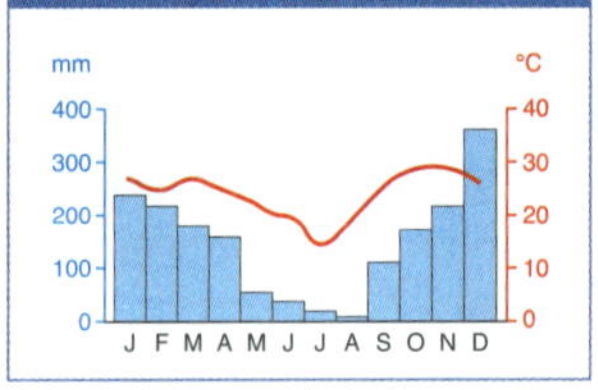

Fonte: CALDINI, Vera; ÍSOLA, Leda. *Atlas geográfico Saraiva*. São Paulo: Saraiva, 2009. p. 34.

A atuação das massas de ar, associada a fatores como relevo, maritimidade, continentalidade, latitude, altitude, explica a diversidade de **climas** encontrados no país.

- **Clima Equatorial Úmido**. Predominante em quase toda a Amazônia, caracteriza-se por altas temperaturas e elevada pluviosidade.
- **Clima Equatorial Semiúmido ou com Subseca**. Difere do anterior por apresentar pluviosidade menor e chuvas mais concentradas em alguns meses do ano.

- **Clima Tropical Litorâneo Úmido**. É o clima característico de toda a faixa litoral, do Nordeste ao Sudeste. No litoral do Nordeste, as chuvas são mais intensas no outono e no inverno. No verão, a massa tropical atlântica provoca **chuvas orográficas** (ou chuvas de relevo) nas encostas das Serras do Mar e da Mantiqueira e na Chapada da Borborema.
- **Clima Tropical**. É o que predomina na maior parte do país, incluindo parte do Sudeste e todo o Brasil central. Tem duas estações bem definidas: inverno seco e verão quente e chuvoso.
- **Clima Tropical de Altitude**. Manifesta-se nas regiões mais elevadas do Sudeste. Suas temperaturas mais baixas devem-se à altitude mais elevada que a dos territórios ao redor.
- **Clima Semiárido**. É o clima típico do sertão do Nordeste, até o norte do estado de Minas Gerais. Temperaturas elevadas, chuvas escassas e irregularmente distribuídas, estação seca muito prolongada são suas características e os índices pluviométricos anuais ficam entre 300 e 800 mm.
- **Clima Subtropical Úmido**. Clima típico do Sul. As estações são bem definidas, as chuvas distribuem-se regularmente, e os invernos são frios. Chega a existir precipitação de neve nos locais mais elevados, como nas serras catarinense e gaúcha.

2. Vegetação

Observe o mapa da vegetação original do Brasil.

Fonte: GIRARDI, Gisele; ROSA, Jussara Vaz. *Novo atlas geográfico do estudante*. São Paulo: FTD, 2005. p. 26.

Floresta Amazônica

Na região amazônica, onde predomina o Clima Equatorial, se desenvolve a **Floresta Amazônica** – a maior da Zona Intertropical do globo e a que apresenta maior biodiversidade. As formações florestais da Amazônia apresentam árvores de médio e grande porte, com ocorrência de cipós, bromélias e orquídeas.

A Floresta Amazônica se divide em três grupos:

- Floresta ou Mata de Igapó – Situada nas áreas permanentemente inundadas pelos rios;
- Floresta ou Mata de Várzea – Situada nas áreas inundadas apenas durante as cheias;
- Floresta de Terra Firme – Situada nas áreas mais elevadas, onde se encontram árvores de grande porte, como a andiroba, o cedro, o castanheiro e o mogno. Esse tipo de floresta abrange entre 70% e 80% da extensão florestal amazônica.

Em uma extensa área da bacia do Rio Negro, ocorre a **Campinarana**, tipo de vegetação que se desenvolve em solos caracterizados pela falta de nutrientes minerais. Ela ocorre sob a fisionomia arbórea e gramíneo-lenhosa.

A Floresta Amazônica ocupava originalmente uma área de cerca de 5 milhões de km² na América do Sul. Atualmente, devido ao desmatamento intensivo, a Floresta Amazônica já perdeu cerca de 17% de sua área original. A construção de rodovias e a expansão das fronteiras agropecuárias na região contribuíram enormemente para acelerar o processo de desmatamento.

Como visto, a biodiversidade encontrada no Brasil é uma das maiores do mundo. Em termos regionais, a Floresta Amazônica apresenta, no conjunto, a maior concentração de espécies animais, vegetais e de microrganismos da Terra. Segundo dados do IBGE e do Ibama, são cerca de 3 mil espécies medicinais catalogadas, muitas delas sujeitas por atividades ligadas à biopirataria e à etnobiopirataria, contrabando de produtos da fauna e da flora de um país, com finalidade de exploração comercial.

Mata Atlântica

A **Mata Atlântica** é a formação mais devastada de todo o território brasileiro. Calcula-se que restem atualmente cerca de 7% de sua cobertura original; das 200 espécies vegetais brasileiras ameaçadas de extinção, 117 são da Mata Atlântica.

Do período colonial, em que se verificou a expansão da agricultura canavieira, aos dias atuais, a região da Mata Atlântica foi intensamente explorada. A mineração do século XVIII e a agricultura cafeeira também contribuíram para a devastação de grandes extensões da mata, nas quais se estabeleceram os mais importantes núcleos de povoamento e as primeiras cidades. Atualmente, nessa área concentram-se as principais regiões urbanas, instalações industriais e vias de transporte do país, além de atividades agropecuárias.

Mangues

Os **Mangues** são formados por plantas de raízes aéreas, ou seja, que se projetam acima do nível do solo e das águas. Eles constituem a área de reprodução de muitas espécies, sendo por isso chamados de berçários marinhos. Neles se desenvolvem camarões, caranguejos e pequenos organismos. Esses últimos servem de alimento para os plânctons, microrganismos animais (zooplânctons) e vegetais (fitoplânctons), que, por sua vez, estão na base da cadeia marinha.

Cerrado

O **Cerrado** é uma formação arbustiva, mas também ocorrem trechos com árvores e campos. Apresenta espécies caducifólias e tropófilas (vegetação que se adapta à alternância entre estações prolongadas de chuva e de seca), raízes profundas, galhos retorcidos e casca grossa. Trata-se de um conjunto de ecossistemas dos mais ricos do país e o que sofreu a maior devastação nas últimas quatro décadas.

O Cerrado, um dos *hotspots* de biodiversidade, abriga mais de 11 mil espécies de plantas, 200 espécies de mamíferos, 800 espécies de aves e cerca de 1,2 mil espécies de peixes.

Atualmente, essa região constitui área de pastagem da maior parte do rebanho bovino e de expansão agrícola da soja, entre outras culturas. As atividades agrícolas modernas e o uso de agrotóxicos provocam não só a devastação do Cerrado, mas também impactos ambientais profundos em toda a região.

Complexo do Pantanal

O **Complexo do Pantanal** reúne espécies encontradas em todas as demais regiões brasileiras, formando um conjunto atípico e adaptado às condições locais. A pecuária é a mais tradicional atividade econômica. A caça predatória e a extração mineral que emprega mercúrio causam grandes danos ao meio ambiente pantaneiro, que vem sendo afetado também pela prática da agricultura no Cerrado, uma vez que os rios, que nascem e percorrem trechos nessa formação e adentram o ecossistema do Pantanal, são poluídos por agrotóxicos e sofrem com o processo de assoreamento.

Caatinga

A **Caatinga** abriga formações rasteiras, arbustos e cactos, além de grande diversidade de animais. É formada por espécies xerófitas, plantas que se adaptam à baixa umidade, das quais muitas são endêmicas, ou seja, ocorrem apenas nessa formação. A atividade econômica predominante na região é a pecuária extensiva, além da agricultura irrigada em alguns trechos e familiar em muitas propriedades. No entanto, a maior parte das terras está concentrada nas mãos de poucos proprietários e muitas das propriedades possuem baixos índices de produtividade.

Os solos da Caatinga são em geral férteis, contendo boa quantidade de minerais, porém rasos, pedregosos e com pouca umidade, o que dificulta a atividade agrícola. O aspecto rude da paisagem esconde uma rica biodiversidade, porém, com o intenso processo de desmatamento – que já provocou a derrubada de aproximadamente 50% da cobertura vegetal original –, essa riqueza também vai desaparecendo.

Outro problema extremamente grave é a desertificação em alguns trechos. Os casos mais graves estão no Piauí (Gilbués), entre os estados da Paraíba e do Rio Grande do Norte (Seridó) e em Pernambuco (Cabrobó). Nas áreas desertificadas, o cultivo excessivo, a irrigação, o desmatamento e a atividade mineradora estão entre as principais causas do problema.

Mata dos Cocais

Entre os estados do Piauí e do Maranhão, em uma faixa de transição entre o Sertão nordestino (Caatinga) e a Amazônia (Floresta Amazônica) há uma extensa área conhecida por **Mata dos Cocais**, um tipo de mata de transição, constituída principalmente pelas palmeiras carnaúba e babaçu, muito aproveitadas economicamente.

Mata de Araucária

A **Mata de Araucária** (Mata dos Pinhais ou Floresta de Araucária) é um tipo de cobertura semi-homogêneo, com predomínio da araucária – ou pinheiro-do-paraná. Tem como característica a folhagem pontiaguda (aciculifoliada). A devastação da Mata de Araucária, bastante intensa, foi ocasionada principalmente pelo setor de construção civil e pelas indústrias de papel. Sua área remanescente original é de cerca de 2%, ou de 10% considerando as áreas replantadas.

Campos

No extremo sul, no estado do Rio Grande do Sul, situam-se os **Campos dos Pampas**, com vegetação de gramíneas – área típica de pecuária extensiva, hoje também ocupada pela soja.

Arenização

No sudoeste do estado do Rio Grande do Sul, nos Pampas ou Campanha Gaúcha, há extensas superfícies sem vegetação, recobertas por areia. Esse processo é denominado de **arenização**. Apesar de ser um processo natural, ele é acelerado pelo uso intensivo do solo pelas atividades agropecuárias combinado às condições naturais da região.

Biomas

As formações vegetais no Brasil fazem parte dos seguintes biomas: Amazônia, Caatinga, Cerrado, Pantanal, Mata Atlântica e Pampa. Observe no mapa a seguir.

Brasil: biomas

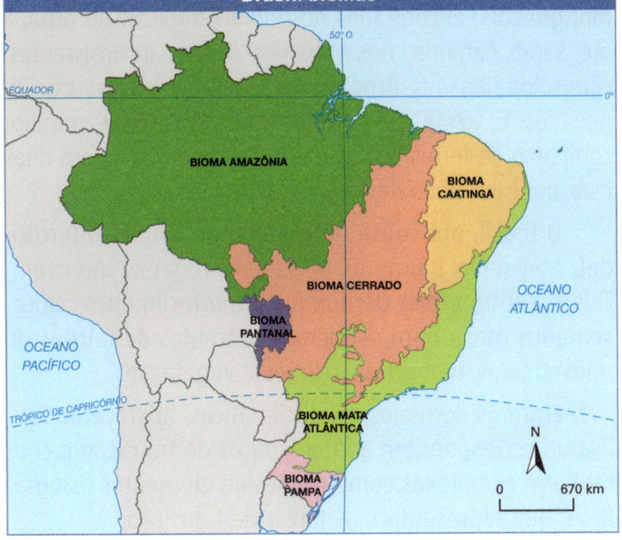

Fonte: IBGE. Disponível em: <www.ibge.gov.br>. Acesso em: out. 2013.

Zoneamento Ecológico-Econômico e Unidades de Conservação Ambiental

O Zoneamento Ecológico-Econômico (ZEE) é responsável pela avaliação e proteção dos recursos existentes no Brasil. Cada ecossistema brasileiro é dividido em zonas, nas quais são identificados o potencial natural, a vulnerabilidade e os conflitos sociais existentes. O objetivo é orientar políticas públicas voltadas para a exploração racional dos recursos, de acordo com o critério de sustentabilidade socioeconômica e ambiental, ou impedir qualquer forma de exploração.

As Unidades de Conservação Ambiental (UCs) são espaços geralmente formados por áreas contínuas, estabelecidos com a finalidade de preservar ou conservar a flora, a fauna, os recursos hídricos, as características geológicas e geomorfológicas (formas do relevo), as belezas naturais, zonas costeira e marinha, enfim, a integridade do ambiente.

Há diversos tipos de Unidades de Conservação no Brasil. A definição de cada um dependerá de algumas características e objetivos aos quais se destina, como exploração sustentável de recursos naturais ou preservação total do ecossistema.

3. Domínios morfoclimáticos

Um **domínio morfoclimático** representa um tipo de ambiente natural com distribuição em várias partes do mundo; apresenta vegetação típica, que é produto das condições do meio. Os principais determinantes do padrão de vegetação de um domínio morfoclimático são o **relevo**, a **temperatura**, a **insolação**, a **pluviosidade** e as **relações ecológicas** que se estabelecem entre as diversas espécies de seres vivos (a comunidade biológica). Observe o mapa abaixo.

Brasil: domínios morfoclimáticos (Aziz Ab'Saber)

Fonte: AB'SABER, Aziz. *Os domínios da natureza no Brasil*: potencialidades paisagísticas. São Paulo: Ateliê Editorial, 2003. p. 16-17.

O território brasileiro é dividido, em geral, em três categorias de domínios morfoclimáticos: **Domínios de Florestas** (ou florestados), **Domínios Herbáceos** e **Faixas de Transição**.

Os **Domínios de Florestas** subdividem-se em:

- **Domínio Amazônico**, cujo Clima Equatorial caracteriza-se por médias térmicas e pluviosidade elevadas. A floresta é densa, higrófila, perenefólia, quase impenetrável. A Bacia Amazônica forma o mais complexo sistema de água doce do mundo.
- **Domínio dos Mares de Morros**, cujas paisagens são compostas por numerosos morros arrendondados, que eram paisagens florestadas pela presença da Mata Atlântica, atualmente reduzida a cerca de 7% de sua dimensão original;
- **Domínio das Araucárias**, onde predominam o Clima Subtropical Úmido, com as menores médias térmicas do Brasil, e chuvas bem distribuídas ao longo do ano. A vegetação característica é representada pela araucária (ou pinheiro-do-paraná), que foi indiscriminadamente usada na fabricação de móveis e na construção de casas.

Os **Domínios Arbustivos** e **Herbáceos** subdividem-se em:

- **Domínio dos Cerrados**, formado por chapadões tropicais com cerrados e florestas de galerias. Ocupa o Brasil central. Nele predomina o Clima Tropical, com médias térmicas elevadas, chuvas concentradas no verão e estiagem no inverno;
- **Caatinga**, que ocupa 10% do território brasileiro, com Clima Tropical Semiárido, médias térmicas e pluviosidade reduzida e irregular. A vegetação xerófita reflete a escassez de água nesse domínio;
- **Domínio das Pradarias**, com vegetação herbácea de Pradarias ou Campos (os Pampas, que se estendem até a Argentina) e das **coxilhas** (relevo baixo, levemente arredondado). Está sob domínio do Clima Subtropical.

As **Faixas de Transição** são faixas que delimitam os dois ou mais domínios morfoclimáticos. São denominadas **ecótonos** (do grego *oikos*, "casa", "ambiente" e do latim *tonus*, "tensão").

Como **Faixas de Transição**, temos a **Mata dos Cocais**, situada no Meio-Norte, marcada pela presença do babaçu, da carnaúba e do buriti, entre a Amazônia e a Caatinga; os **Manguezais**, encontrados nos litorais tropicais do Amapá até Santa Catarina, nos estuários de rios inconsistentes, com solos alagados, ricos em matéria orgânica e pouco oxigenados; e, ainda, o **Pantanal Mato-Grossense**, o maior complexo de terras baixas e úmidas do mundo, com duas estações bem definidas: a chuvosa e a seca.

O Brasil, por causa da sua grande extensão territorial, apresenta inúmeras paisagens vegetais intertropicais e subtropicais. Os domínios morfoclimáticos apresentados mostraram esquemas coerentes de feições de relevo, solos, hidrografia, climas e vegetação.

Entre os domínios morfoclimáticos, aparecerão áreas que correspondem a interespaços de transição e contato, em complexas combinações de elementos fisiográficos, que representam as faixas de transição.

Cobrindo mais de um milhão de quilômetros quadrados, as faixas de transição possuem complexas combinações de elementos das áreas principais, com componentes paisagísticos e ecológicos de domínios envolventes, apresentando ainda subnúcleos de vegetação, diferenciados das paisagens predominantes ao seu redor.

Atividades

1 (UFPE 2014) A subtropicalidade é a característica dominante das condições climáticas da Região Sul do Brasil. Isso acontece porque ali:

( ) a Mata Atlântica, de características eminentemente tropicais, é o bioma dominante nas áreas mais elevadas e úmidas do Planalto Meridional e influencia marcadamente o regime térmico subtropical.

( ) nos vales fluviais mais destacados, situados na porção ocidental da Região, como, por exemplo, o Vale do Paraná, observa-se um déficit hídrico durante mais de 6 meses por ano, o que é uma característica comum do clima subtropical.

( ) os verões são quentes, e os invernos, brandos, com ocorrência de geadas e até queda de neve nas áreas topograficamente mais altas.

( ) registram-se as mais baixas médias térmicas do país, alcançando cifras de até 16 °C. Esse fato é explicado pela ação combinada da altitude com a latitude.

( ) os totais anuais de chuvas, em geral entre 800 e 1.000 mm, repartem-se regularmente durante o ano, exercendo uma benéfica ação sobre o cultivo de soja.

2 (Uema 2014)

"Uma das principais conclusões do Relatório Planeta Vivo 2010, divulgado pela organização WWF em outubro de 2010, aponta que, em um período inferior a 40 anos, o mundo perdeu 30% de sua biodiversidade. Nos países tropicais, a queda foi muito maior, atingindo 60% da fauna e flora originais. Muito desse fato se dá pela exploração ilegal de material genético, retirada de espécies da fauna e a apropriação da sabedoria popular de uma nação com fins de exploração comercial em outro local, sem pagamento de *royalties* ou de qualquer direito por seu uso comercial."

RELATÓRIO PLANETA VIVO. Disponível em: <http://www.wwf.org.br/informações/biblioteca>. Acesso em: 25 jul. 2013.

O Relatório em referência registra um problema conhecido como:

a) biopirataria.
b) sustentabilidade.
c) transnacionalização.
d) territorialidade.
e) privatização.

3 (UEA-AM 2014)

"Atuam com o objetivo específico de promover a conectividade entre fragmentos de áreas naturais. Eles são definidos no SNUC (Sistema Nacional de Unidades de Conservação) como porções de ecossistemas naturais ou seminaturais, ligando unidades de conservação, que possibilitam entre elas o fluxo de genes e o movimento da biota, facilitando a dispersão de espécies e a recolonização de áreas degradadas, bem como a manutenção de populações que demandam para sua sobrevivência áreas com extensão maior do que aquelas das unidades individuais."

MINISTÉRIO DO MEIO AMBIENTE. Disponível em: <http://www.mma.gov.br/areas-protegidas/acoes-e-iniciativas/gestao-territorial-para-a-conservacao/corredores-ecologicos>. Acesso em: 25 mar. 2014. Adaptado.

O instrumento de gestão territorial definido pelo texto é conhecido como:

a) parque nacional.
b) reserva extrativista.
c) reserva de desenvolvimento sustentável.
d) refúgio de vida silvestre.
e) corredor ecológico.

4 (UERJ 2014) Nos mapas a seguir, são representadas as médias históricas de variação da chuva no território brasileiro, em milímetros, por estação do ano.

Considere os seguintes climogramas:

Brasil: mapas das médias históricas de chuvas por estações do ano

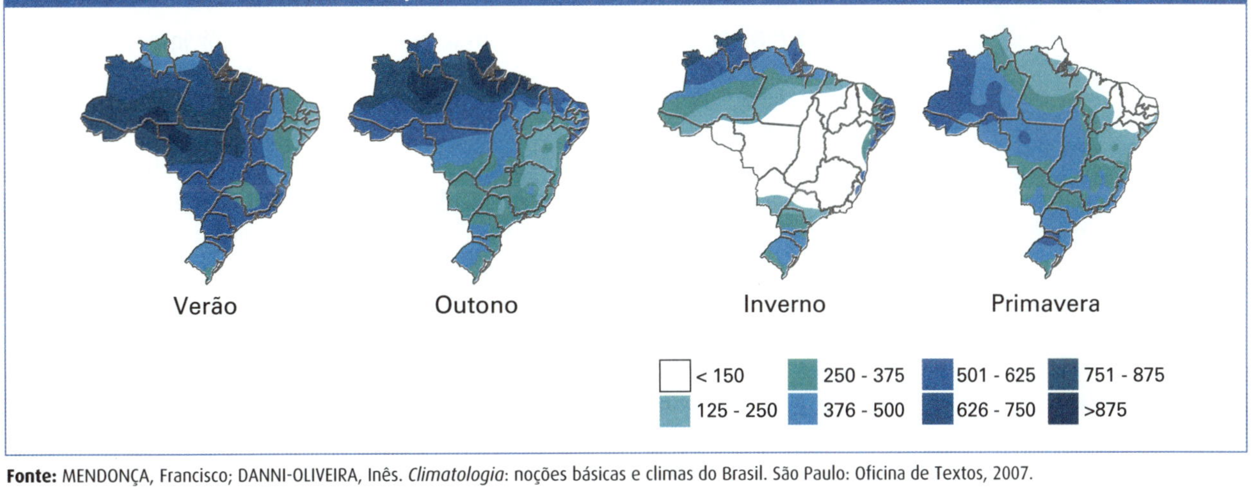

Fonte: MENDONÇA, Francisco; DANNI-OLIVEIRA, Inês. *Climatologia*: noções básicas e climas do Brasil. São Paulo: Oficina de Textos, 2007.

Climogramas A e B

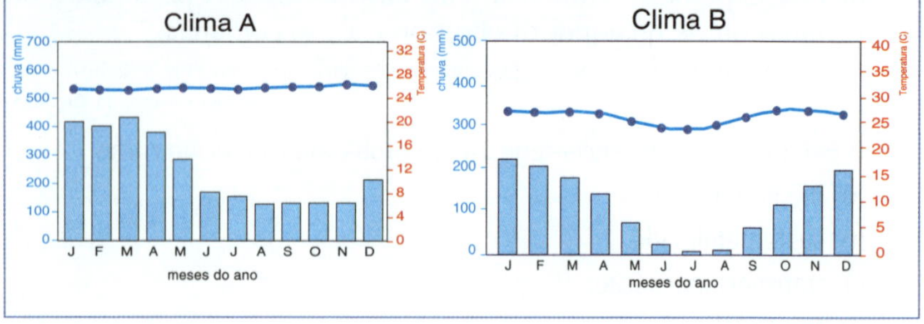

Fonte: MENDONÇA, Francisco; DANNI-OLIVEIRA, Inês. *Climatologia*: noções básicas e climas do Brasil. São Paulo: Oficina de Textos, 2007.

Comparando os mapas com os gráficos, identifique as macrorregiões brasileiras nas quais predominam os climas A e B, respectivamente. Em seguida, explique a pequena variação anual da temperatura em ambos os climas.

Exercícios complementares

1 (Unicamp-SP 2014) Conforme os estudos de Carlos Augusto de Figueiredo Monteiro (*A dinâmica climática e as chuvas do Estado de São Paulo*: estudo geográfico em forma de atlas. São Paulo: USP, Instituto de Geografia, 1973), o clima do litoral do Estado de São Paulo resulta da interação de três grandes controles atmosféricos de ordem regional: a circulação secundária, sob a forma dos frequentes embates entre as três massas de ar mais atuantes na região; o oceano, matéria-prima da umidade disponível; e o relevo (Serra do Mar, de orientação SO-NE, que atua como barreira aos ventos úmidos predominantes de SE).

a) Quais são as três massas de ar mais atuantes no litoral de São Paulo?

b) Como o relevo atua para formar as chuvas orográficas?

2 (Unitau-SP 2014) A distribuição irregular de calor e a precipitação propiciam o desenvolvimento de diferentes tipos de vegetação na superfície terrestre, com sua fauna associada. São exemplos de biomas no Brasil:

a) Floresta Amazônica e Antártica.

b) Pampas e Ilhas Oceânicas.

c) Floresta Amazônica e Restinga.

d) Floresta Amazônica e Pampas.

e) Pampas e restinga.

3 (FGV-SP 2014) De acordo com Indicadores do Desenvolvimento Sustentável 2012, do Instituto Brasileiro de Geografia e Estatística, o Pampa é o segundo bioma com maior índice de desmatamento do país, com cerca de 54% de sua cobertura vegetal removida até 2009. Sobre as causas e as consequências da degradação desse bioma, é correto afirmar:

a) mais de metade da soja produzida no Brasil é cultivada dentro dos limites originais desse bioma, fato que ajuda a explicar o desmatamento.

b) o desmatamento vem aumentando a frequência de deslizamentos de terra em suas encostas íngremes, com graves consequências sociais e materiais.

c) o elevado índice de desmatamento resulta, principalmente, da exploração de madeiras de elevado valor comercial.

d) a pecuária extensiva e a ampliação da área dedicada ao cultivo de arroz figuram entre as principais causas do desmatamento.

e) nos pampas de Santa Catarina, o desmatamento acelerado está associado à perda de fertilidade dos solos e à ocorrência de extensas manchas de arenização.

4 (Fuvest-SP 2014) Estas fotos retratam alguns dos tipos de formação vegetal nativa encontrados no território nacional.

Fabio Colombini

Fabio Colombini

Palê Zuppani/Pulsar Imagens

Cesar Diniz/Pulsar Imagens

Fabio Colombini

Correlacione as formações vegetais retratadas nas fotos às áreas de ocorrência indicadas nos mapas abaixo.

a)

Brasil: mapas da vegetação brasileira 1

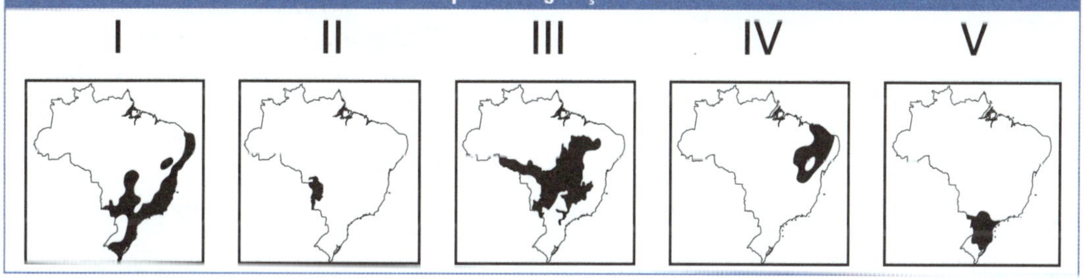

b)

Brasil: mapas da vegetação brasileira 2

c)

Brasil: mapas da vegetação brasileira 3

d) Brasil: mapas da vegetação brasileira 4

e) Brasil: mapas da vegetação brasileira 5

5 (Unesp 2014) Leia as notícias.

"As fortes chuvas na região litorânea do Nordeste causam problemas a moradores de pelo menos quatro capitais. Maceió, Recife e João Pessoa sofrem com transtornos e ruas alagadas nesta quarta-feira [03.07.2013]. Natal ainda se recupera da maior chuva do ano, registrada nessa terça-feira."

Disponível em: <http://noticias.uol.com.br>. Acesso em abr. 2014.

"As fortes chuvas que atingem Salvador desde a madrugada provocaram alagamentos em diversas ruas da capital baiana nesta quarta-feira [03.07.2013]. Segundo a Defesa Civil do município, da meia-noite até o meio-dia foram registradas 31 solicitações de emergência, incluindo 14 deslizamentos de terra. [...] De acordo com a Climatempo, entre 1h e 8h, o Instituto Nacional de Meteorologia (Inmet) registrou quase 37 milímetros de chuva acumulados em Salvador, com rajadas de vento atingindo 40 km/h."

Disponível em: <http://noticias.terra.com.br>. Acesso em abr. 2014.

A maior incidência de chuvas entre os meses de maio e julho no Nordeste brasileiro pode ser explicada pela ocorrência de alguns fenômenos atmosféricos, como

a) a atuação dos ventos alísios e a formação de áreas de alta pressão atmosférica.

b) a atuação dos ventos alísios e a ação de frentes frias.

c) a atuação de frentes frias e a formação de tornados.

d) a atuação da zona de convergência do Atlântico Norte e a formação de tornados.

e) a atuação da zona de convergência do Atlântico Norte e a formação de áreas de alta pressão atmosférica.

Nelson Lage-Amazon Fishing

Águas oceânicas e águas continentais no Brasil

1. O ciclo hidrológico

As **águas salgadas dos mares e dos oceanos correspondem a 97,5% da água da Terra**; a água doce (2,5%) é encontrada nos polos, nas altas montanhas, em lençóis subterrâneos (ou aquíferos), em rios, lagos, na atmosfera e nos solos. A maior parte da água doce da Terra está em estado sólido (geleiras).

Essa massa líquida, em constante movimento entre os continentes, os oceanos e a atmosfera, compõe o ciclo hidrológico. A evaporação das massas líquidas e a transpiração da vegetação transferem umidade para a atmosfera. Essa umidade, ao se condensar, forma nuvens e volta à superfície na forma de chuva, granizo, neve ou neblina. Parte dessa água infiltra-se no solo e alimenta os lençóis subterrâneos, que dão origem às nascentes ou olhos d'água, retomando o ciclo.

2. Águas oceânicas

Relevo submarino

O relevo submarino divide-se em **plataforma continental** (0 a 200 metros abaixo do nível médio do mar), **talude continental** (escarpa que separa a plataforma da bacia oceânica), **bacia oceânica** (a maior parte da superfície), **dorsal** (montanhas oceânicas) e **fossa abissal** (pode atingir cerca de 11.000 metros de profundidade). Observe o perfil.

Relevo submarino – Perfil esquemático

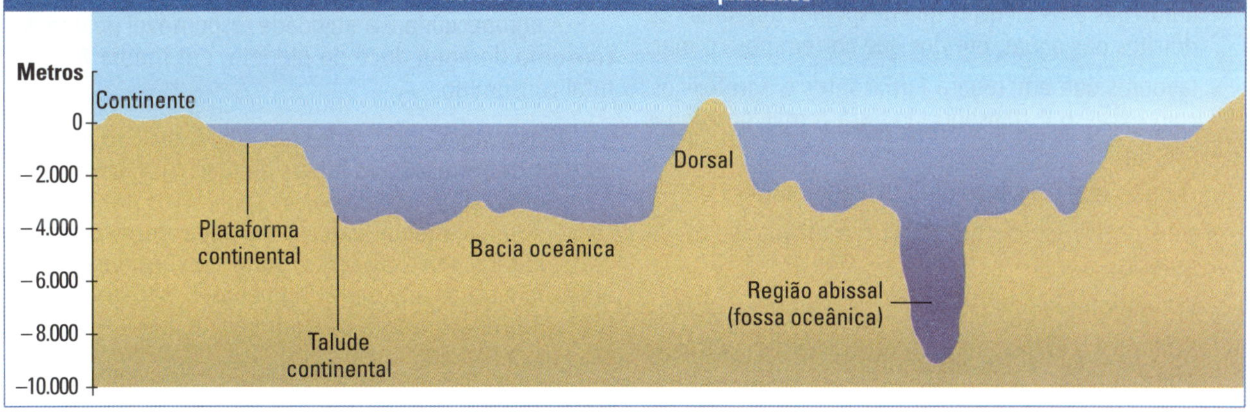

Correntes marítimas

As **correntes oceânicas** superficiais fluem no oceano em um padrão relativamente regular quanto à direção e à velocidade e apresentam temperaturas diferentes da massa de água oceânica por onde passam. Isso ocorre em razão da diferença de temperatura e salinidade, que modifica sua densidade. O movimento e a direção das correntes dependem de ventos regulares (principalmente os alísios), do movimento de rotação da Terra e do contorno dos continentes.

As correntes na superfície do oceano movimentam-se em padrões circulares: no sentido horário, no Hemisfério Norte, e anti-horário, no Hemisfério Sul.

Planisfério: correntes marítimas

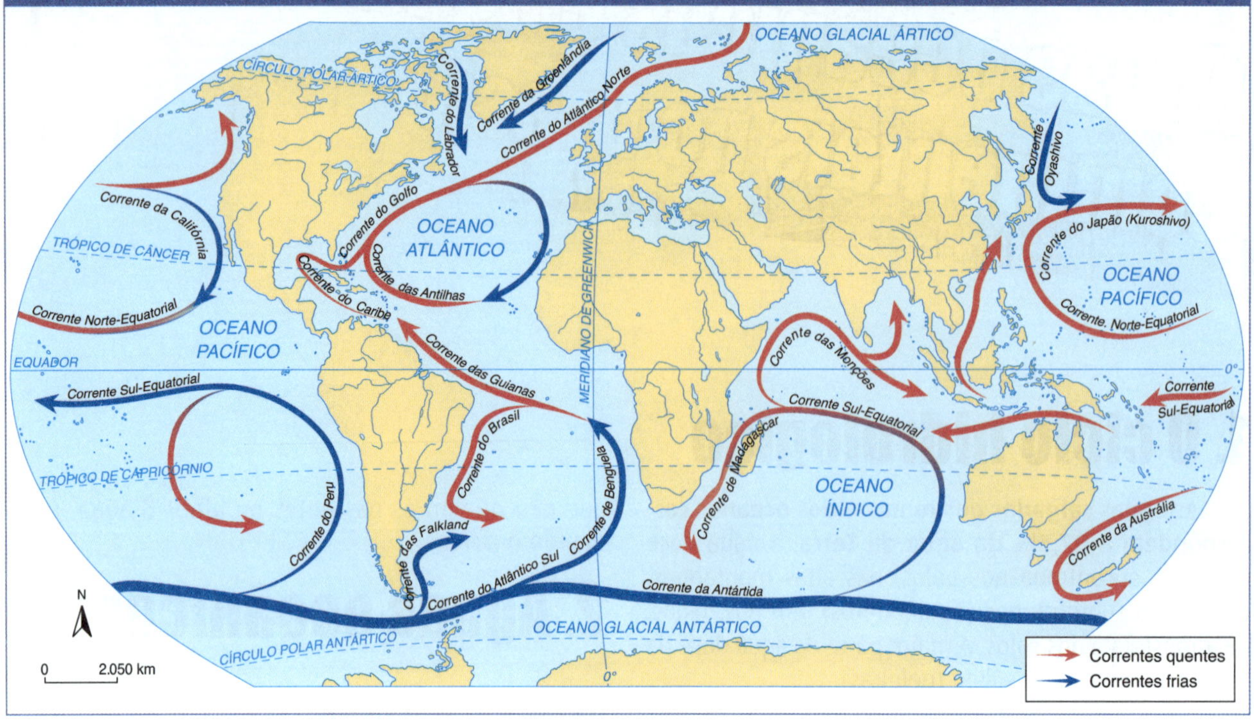

Fonte: CALDINI, Vera; ÍSOLA, Leda. *Atlas geográfico Saraiva*. São Paulo: Saraiva, 2009. p. 170.

Poluição marinha

O ambiente marinho, portanto, está sujeito a múltiplas influências e perturbações, cujas causas se encontram principalmente no continente, de onde são lançados dejetos e resíduos resultantes das atividades humanas. Exemplos:

- indústrias e residências que despejam toneladas de detritos nas águas, em rios que correm para o mar;
- lavouras que empregam fertilizantes e agrotóxicos, cujo excesso é transportado para o mar nas águas dos rios;
- cidades que lançam esgoto na água do mar;
- substâncias tóxicas utilizadas em atividades mineradoras;
- vazamento de petroleiros;
- acidentes em plataformas oceânicas de petróleo; entre outras.

Os impactos nos ecossistemas marinhos são inevitáveis. De acordo com a UNESCO existem no mundo cerca de 500 áreas oceânicas conhecidas como "**zonas mortas**", que apresentam baixas taxas de oxigenação, impedindo a sobrevivência da maior parte da vida marinha. Nas áreas costeiras, a poluição marinha, além de afetar a pesca e o turismo, pode provocar doenças à população, devido ao contato com águas do mar contaminadas ou consumo de animais marinhos infectados nessas águas.

3. Águas continentais

O uso dos cursos fluviais é bastante expressivo em vários setores das atividades humanas, como na geração de eletricidade, na agricultura, no transporte, no abastecimento urbano, na pesca e no lazer.

A agropecuária é a atividade responsável pelo maior consumo de água doce do planeta, em média 70% do total consumido.

Rios e lagos, localizados nas diferentes bacias hidrográficas da Terra, são as fontes de mais fácil acesso para o consumo humano e de outros seres vivos. No entanto, concentram a menor parcela da água doce, cerca de 0,3% do total. Por essa razão, parte significativa da água utilizada para as atividades humanas é extraída de fontes subterrâneas, como os aquíferos.

Aquíferos

Aquíferos são **reservatórios subterrâneos**, com grande volume de água, localizados a centenas de metros de profundidade. Em muitos aquíferos a água é adequada ao consumo humano, mas necessita de manejo adequado para evitar a contaminação oriunda das atividades humanas que se desenvolvem sobre eles. O Brasil apresenta diversos aquíferos, entre os quais tem destaque o Guarani. Ele se estende por uma enorme área situada no subsolo dos países do Mercosul (menos a Venezuela), sendo que 71% sob o território brasileiro. O **Aquífero Guarani** já é intensamente utilizado para abastecimento público, industrial e irrigação, entre outras finalidades, e está localizado numa região de grande concentração populacional e de intensa ocupação do solo.

Poluição dos rios

A poluição dos rios em diversos países está basicamente relacionada ao lançamento de três produtos principais em suas águas: esgotos urbanos sem tratamento; pesticidas e fertilizantes químicos utilizados na agricultura, levados para os rios pela água da chuva; e resíduos industriais.

4. Bacias hidrográficas do Brasil

Brasil: bacias hidrográficas

Fonte: *Atlas geográfico escolar*. Rio de Janeiro: IBGE, 2007. p. 105.

O Brasil tem uma das mais ricas redes hidrográficas do globo. Sozinho detém cerca de **13% de toda a água doce do planeta**. Assim mesmo, o país enfrenta problemas em relação ao abastecimento de água. O crescimento populacional, o desenvolvimento industrial, o intenso processo de urbanização, o crescimento do agronegócio e a consequente elevação da demanda de água para a irrigação de gigantescas lavouras têm colocado em xeque a disponibilidade da água com qualidade para os brasileiros.

As bacias brasileiras de grande extensão são: a **Amazônica**, a do **Tocantins**, a do **São Francisco** e a **Platina**. Essa última compreende as bacias do Paraná, do Paraguai e do Uruguai. Observe o mapa.

Bacia Amazônica

A **Bacia Amazônica** é a mais extensa e de maior densidade de água do mundo.

O Rio Amazonas é muito plano. O desnível entre o ponto em que ele entra no Brasil até a sua foz é de apenas 100 metros. Sendo um rio largo e de grande quantidade de água, possibilita a navegação por navios de grande porte. Trechos de seus afluentes próximos também são navegáveis e formam o principal meio de transporte da região.

A produção de soja do norte do Mato Grosso tem sido escoada através do Rio Madeira, principal afluente do Amazonas, tornando o custo final do produto mais barato, devido ao preço mais baixo do frete em comparação a outras zonas produtoras do centro e sul do país.

A Bacia Amazônica também possui o maior potencial de produção de energia hidrelétrica do país e é onde se encontram os maiores projetos para geração de energia hidrelétrica. Nos rios Madeira e Xingu, dois afluentes do Rio Amazonas, grandes usinas hidrelétricas irão contribuir para a ampliação da geração de energia no Brasil. Destacam-se o Complexo do Rio Madeira, que envolve as Usinas Santo Antônio e Jirau, em Rondônia, e a Usina de Belo Monte, no Rio Xingu, no Pará, entre outras. Observe a tabela abaixo.

Usinas	Potência (megawatts)	Rio
São Luiz de Tapajós	6.133	Tapajós
Santo Antônio	3.150	Madeira
Jirau	3.300	Madeira
Belo Monte	11.300	Xingu

Fonte: EPE. Disponível em: <www.epe.gov.b>. Acesso em: mai. 2014.

Os **impactos** ambientais previstos são diversos: cachoeiras podem ser eliminadas; as populações que vivem no entorno desses rios, como pescadores, indígenas, ribeirinhos e moradores urbanos, têm sido deslocadas. As barragens de Santo Antônio e Jirau já provocaram enchentes em Rondônia, no Acre e na Bolívia, no início de 2014. Ao mesmo tempo, esses projetos atraíram milhares de pessoas para a construção, as quais, conforme exemplos históricos, acabam se fixando na região, após a conclusão das obras. O incremento populacional agravará a pressão sobre os recursos naturais da Amazônia.

Bacia do Tocantins-Araguaia

A **Bacia do Tocantins-Araguaia** está ligada ao mesmo ecossistema da Bacia Amazônica, e seus rios têm grande importância na ocupação do espaço regional da Amazônia Oriental. Nessa bacia está situada a **Usina de Tucuruí** (no Rio Tocantins, no Pará). Essa usina alimenta os projetos minerais implantados no Pará, como o Grande Carajás, e, principalmente, as grandes indústrias de alumínio.

Bacia do São Francisco

A **Bacia do São Francisco** estende-se da Região Sudeste (Minas Gerais) à Região Nordeste, percorrendo áreas úmidas na montante e grande extensão de áreas semiáridas em boa parte do seu curso.

Apresenta geração de hidreletricidade através das usinas de **Três Marias** (MG), de **Sobradinho** (PE/BA), de **Paulo Afonso** (AL/BA), **Xingó** (AL/SE), **Itaparica** (PE/BA) e **Apolônio Sales**, ex-Moxotó (AL).

Ao lado da represa de Sobradinho foi desenvolvido um dos mais importantes **projetos de irrigação** que propiciou o desenvolvimento de um grande **polo de fruticultura** destinado principalmente a exportações de frutas como manga, melão, uva, entre outras.

Nessa bacia está em execução o polêmico projeto de transposição das águas do Rio São Francisco para o abastecimento hídrico de parte da região do Polígono das Secas.

Bacia Platina

A **Bacia Platina** ou **do Prata** reúne as **bacias dos rios Paraná**, **Paraguai** e **Uruguai**, que nascem em território brasileiro e se estendem também para os países platinos (Paraguai, Uruguai e Argentina).

A **Bacia do Paraná ocupa o primeiro lugar em produção hidrelétrica** do país. Isso se explica pela situação favorável dos terrenos (planaltos acidentados) para a geração de energia, pela concentração populacional e urbana e pelo dinamismo econômico existente em seu entorno. A **Hidrovia Tietê-Paraná** está entre os grandes projetos da Bacia do Paraná. Do município de Conchas, situado às margens do Rio Tietê, a cerca de 170 quilômetros da cidade de São Paulo, o percurso navegável é de 2.400 quilômetros até a barragem de Itaipu, no Paraná, na fronteira com o Paraguai. Ela compõe o sistema de transporte hidro-rodo-ferroviário que forma um corredor de exportação até o Porto de Santos e é parte de um sistema maior que liga as bacias do Uruguai, do Paraguai e do Prata (Hidrovia do Mercosul).

A **Bacia do Uruguai** apresenta bom aproveitamento hidrelétrico em seu alto curso. Além disso, a pecuária, o cultivo de soja e arroz e outras atividades agroindustriais são beneficiados pelas águas dos diversos rios que formam a bacia.

A **Bacia do Paraguai** é típica de planície. Sua maior extensão no Brasil está situada no Complexo do Pantanal e forma uma importante hidrovia brasileira.

Atividades

1 (Unicentro-PR 2014) Observe a charge a seguir.

Alves

Fonte: Disponível em: <http://naturezaepaz.blogspot.com.br/2013/04/charges-ecologicas.html>. Acesso em: abr. 2014.

Sobre a poluição das águas denunciada na charge, assinale a alternativa correta.

a) A contaminação dos peixes não representa, em regra, um grande perigo para a população que se alimenta deles.

b) A relação sociedade-natureza resultou em um estado de desequilíbrio nos ambientes aquáticos, particularmente nos oceanos e mares.

c) Em sua relação com a natureza, a sociedade reserva os oceanos e os mares para absorção dos seus dejetos e purificação das águas, devido à sua capacidade autodepurativa.

d) O lixo hospitalar é tratado de forma adequada antes de ser jogado nos ambientes aquáticos, por isso não se constitui em grandes riscos ao ambiente.

e) Os diversos fatores químicos, físicos e biológicos presentes em ambientes marinhos atuam em favor da recuperação das águas.

2 (PUC-RJ 2014)

Esquema da morfologia do assoalho marinho

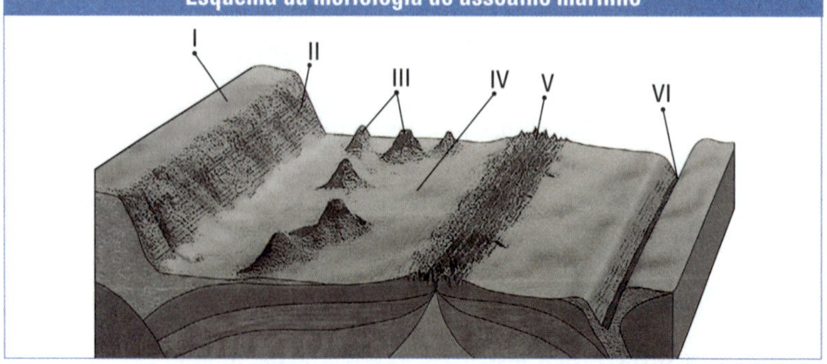

Fonte: elaborado com base em <http://ccsstomasdelemos.blogaliza.org/2010/10/>. Acesso em: abr. 2014.

A superfície da Terra tem morfologias muito distintas, de acordo com o posicionamento continental ou oceânico da litosfera. A partir da morfologia do assoalho marinho, assinale a opção que apresenta a única sequência correta (I / II / III / IV / V / VI):

a) Talude / Plataforma continental / Dorsal oceânica / Fossa oceânica / Ilhas vulcânicas / Dorsal oceânica.

b) Plataforma continental / Talude / Ilhas vulcânicas / Bacia oceânica / Dorsal oceânica / Fossa marinha.

c) Talude / Plataforma continental / Ilhas vulcânicas / Bacia oceânica / Dorsal oceânica / Fossa marinha.

d) Plataforma continental / Dorsal oceânica / Ilhas vulcânicas / Talude / Fossa Marinha / Bacia oceânica.

e) Talude / Plataforma continental / Dorsal oceânica / Ilhas vulcânicas / Fossa marinha / Bacia oceânica.

3 (Unicamp-SP 2014)

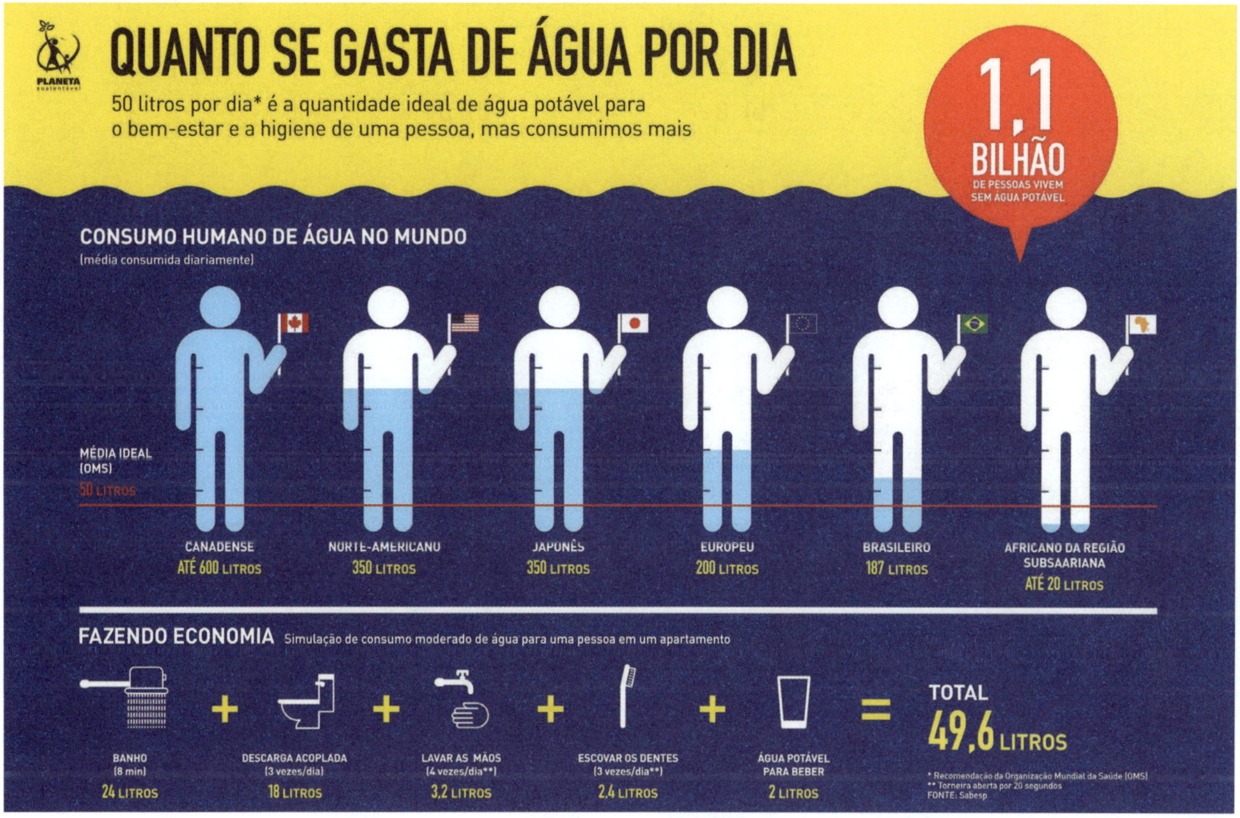

Planeta Sustentável/Editora Abril - Imagens/Conteúdo Expresso

Fonte: elaborado com base em *Planeta Sustentável*. Disponível em: <http://planetasustentavel.abril.com.br/download/stand2-painel5-agua-por-pessoa2.pdf>. Acesso em: mar. 2014.

a) Os infográficos apresentam informações de forma sintética, utilizando imagens, cores, organização gráfica etc. Indique dois exemplos, do infográfico reproduzido acima, em que a informação é apresentada por meio de linguagem não verbal.

b) Considerando o veículo em que foi publicado, a revista *Planeta Sustentável*, qual é a finalidade desse infográfico?

4 (ESPM-SP 2014) Observe o texto e os mapas que seguem:

"Responsável por 13% das reservas de água doce disponíveis no mundo, o Brasil possui oito principais bacias hidrográficas, distribuídas desigualmente em seu território. Enquanto 70% do volume da água brasileira se concentra na ____________, um volume inferior a 5% das reservas está na Região Nordeste do País. Tal divisão dificulta o acesso nacional à água tratada e exige ainda mais de cada estado nos cuidados com o recurso natural."

Fonte: Governo Federal, 2009.

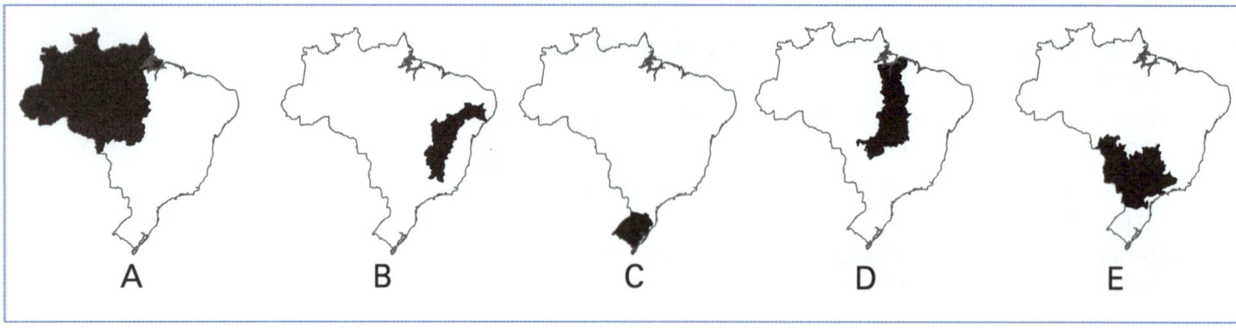

A bacia hidrográfica que preenche o espaço no texto está representada pela letra:

a) A
b) B
c) C
d) D
e) E

5 (Fatec-SP 2014) Observe os mapas:

Brasil: bacias hidrográficas

Fonte: Elaborado com base em *Atlas geográfico escolar*. Rio de Janeiro: IBGE, 2007.

Transposição do Rio São Francisco – 2007

Fonte: *Folha de S.Paulo*, 15 dez. 2007.

Podemos relacionar corretamente esses mapas a um projeto que tem suscitado calorosas discussões sobre

a) a construção da usina de Belo Monte junto à bacia hidrográfica I.
b) a transposição do principal rio da bacia hidrográfica III.
c) sistemas de agricultura de irrigação junto à bacia hidrográfica II.
d) a mais nova usina hidrelétrica construída junto à bacia hidrográfica IV.
e) a construção da usina de Belo Monte no rio Xingu, na bacia hidrográfica II.

Exercícios complementares

1 (CEFET-MG) Sobre as bacias hidrográficas brasileiras, afirma-se que

I - a Bacia Amazônica, de regime pluvial e nival, é a maior do Brasil.

II - a característica climática semiárida inviabiliza a geração hidrelétrica na Bacia do São Francisco.

III - a maior produção hidroelétrica brasileira é verificada na Bacia do Paraná.

IV - a expansão da soja tem impactado os rios da Bacia do Paraguai.

V - a maior ilha fluvial do mundo, a do Bananal, encontra-se no interior da Bacia do Rio Parnaíba.

Estão corretas apenas as afirmativas:

a) I, II e III.
b) I, II e V.
c) I, III e IV.
d) II, IV e V.
e) III, IV e V.

2 (UPE 2013) A água é uma condição básica para a vida no planeta Terra. Mantém a biodiversidade e impulsiona os ciclos biogeoquímicos, por exemplo. Como tem, também, importância para a economia dos continentes, ela precisa ser melhor gerenciada. Sobre os problemas referentes aos recursos hídricos em escala global, analise os itens a seguir:

1 - Esses problemas podem ser muito bem sintetizados no conjunto de situações que resultam do crescimento populacional, da intensa urbanização e da contaminação de recursos hídricos superficiais e subterrâneos.

2 - O aumento da população e a urbanização provocam uma intensa pressão de usos múltiplos dos recursos hídricos e impactos na qualidade da água.

3 - A infraestrutura de baixa qualidade ou incompleta ocasiona distribuição ineficiente da água tratada e perdas de boa parte dela.

4 - É necessário ampliar, em escala global, a mobilização pública no processo de decisão e desenvolver a capacidade de informação eficiente para melhorar a educação relacionada à água.

5 - Todos os processos relativos à água estão inter-relacionados, são de natureza complexa, dinâmicos e demandam conhecimento multidisciplinar.

Estão **corretos**

a) apenas 1 e 4.
b) apenas 2 e 5.
c) apenas 1, 2 e 3.
d) apenas 2, 4 e 5.
e) 1, 2, 3, 4 e 5.

3 (Fuvest-SP 2013) Observe o mapa.

Considere as afirmações sobre o Sistema Aquífero Guarani.

I - Trata-se de um corpo hídrico subterrâneo e transfronteiriço que abrange parte da Argentina, do Brasil, do Paraguai e do Uruguai.

II - Representa o mais importante aquífero da porção meridional do continente sul-americano e está associado às rochas cristalinas do Pré-Cambriano.

III - A grande incidência de poços que se observa na região A é explicada por sua menor profundidade e intensa atividade econômica nessa região.

IV - A baixa incidência de poços na região indicada pela letra B deve-se à existência, aí, de uma área de cerrado com predomínio de planaltos.

Está correto o que se afirma em

a) I, II e III, apenas.
b) I e III, apenas.
c) II, III e IV, apenas.
d) II e IV, apenas.
e) I, II, III e IV.

Sistema Aquífero Guarani

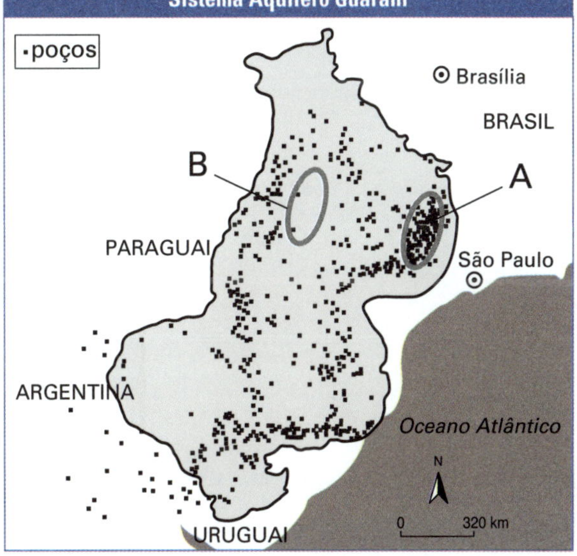

Fonte: elaborado com base em *Ministério do Meio Ambiente*, 2009.

Questões ambientais no mundo atual

Eye Ubiquitous/Glow Images

1. Atmosfera e meio ambiente

Uma das características mais marcantes das cidades é a quantidade de **poluentes** na atmosfera provenientes da atividade industrial, da queima de combustíveis fósseis e de resíduos, como o lixo urbano.

O **material particulado** em suspensão na atmosfera, frequentemente, provoca a formação de névoas ou *smog*, porque funciona como núcleo de condensação do vapor-d'água na atmosfera, prejudicando a visibilidade nas áreas densamente urbanizadas e agravando as condições de saúde de toda a sua população.

Aquecimento global

O gás carbônico e outros gases de efeito estufa permitem a entrada da radiação solar, mas impedem a liberação de boa parte do calor, que fica aprisionado na baixa atmosfera, próximo à superfície. Isso faz com que haja uma ampliação do calor retido no planeta.

Essa **intensificação do efeito estufa** é responsável pelo **aquecimento global** e acarreta consequências diversas: alterações na dinâmica das chuvas e dos ventos; extinção e deslocamento de espécies em alguns ecossistemas; modificações nos padrões de produção e produtividade agrícolas; derretimento das calotas polares e elevação do nível médio dos oceanos, ocasionando, assim, a inundação de áreas costeiras; ampliação da superfície afetada pela seca; maior ocorrência de inundações e de incêndios em áreas florestais.

Efeito estufa

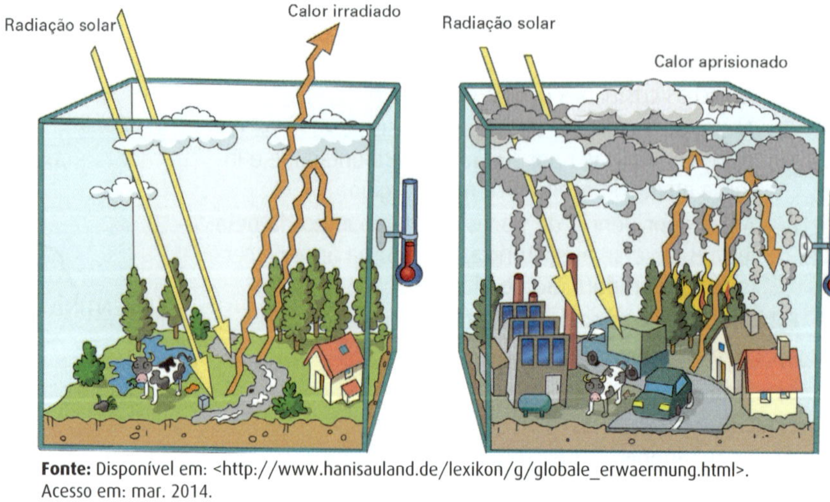

Fonte: Disponível em: <http://www.hanisauland.de/lexikon/g/globale_erwaermung.html>. Acesso em: mar. 2014.

Inversão térmica

Em condições normais, as camadas atmosféricas mais próximas da superfície são mais quentes, as mais altas são mais frias. É um fenômeno climático natural.

No inverno, pode ocorrer a chamada **inversão térmica**, quando as camadas mais próximas do solo ficam mais frias, quando as massas de ar frio deslocam o ar quente para cima, ou quando a temperatura cai muito durante a noite. A inversão térmica dificulta a dispersão de poluentes e mantém a camada saturada de poluentes junto à superfície.

Chuva ácida

O dióxido de enxofre (SO_2) e os óxidos de nitrogênio, combinados com a água atmosférica, formam ácido sulfúrico e ácidos nítrico e nitroso. Quando a água se precipita sobre a superfície, ocorre o fenômeno da **chuva ácida**, que pode deteriorar edifícios, a saúde humana, plantas e animais.

Os ventos podem transportar, por longas distâncias, as nuvens carregadas de acidez, e as precipitações podem ocorrer sobre oceanos, lagos, lavouras ou florestas. Muitos ecossistemas naturais já mostram sinais evidentes de degradação.

Ilhas de calor

A medição da temperatura no centro de uma cidade e nas áreas periféricas, do centro para a área rural, forma faixas concêntricas de temperaturas, fenômeno conhecido por **ilha urbana de calor**. É a concentração de calor junto às áreas mais densamente edificadas, que utilizam asfalto, concreto e vidro. Além de possuírem pouca arborização, aumentam a absorção e a irradiação de calor para a atmosfera. Em uma grande cidade, encontram-se vários **núcleos de aquecimento**, dependendo do grau de edificação e de arborização, que possuem importantes diferenças térmicas entre si. Observe o esquema ao final da página.

Ação humana e camada de ozônio

O aparecimento de organismos fotossintetizantes, produtores de oxigênio, deu à Terra um "filtro solar" representado pela **camada de ozônio**, localizada na estratosfera. Ela protege a vida na Terra, porque retém maior parcela da radiação ultravioleta solar. Mesmo na estratosfera, o ozônio sofre os efeitos da atuação humana: poluentes liberados como o clorofluorcarbono (CFC) destroem o ozônio e rompem a barreira contra a radiação ultravioleta (particularmente do tipo UVB).

Variações das temperaturas da superfície e do ar

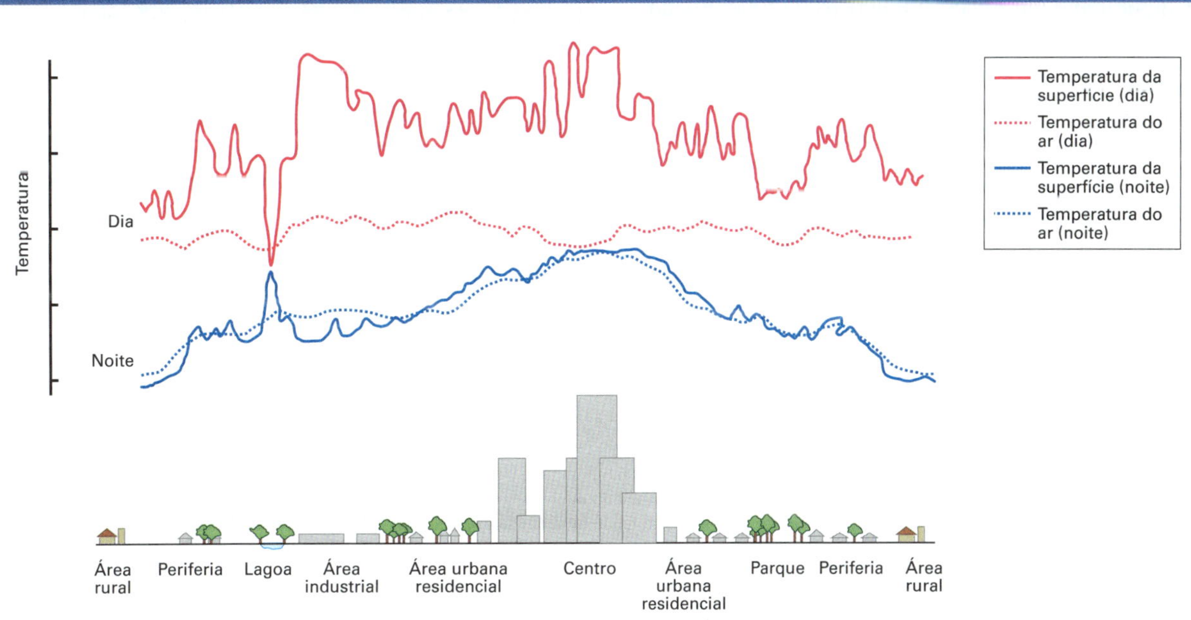

Fonte: UNITED STATES ENVIRONMENTAL PROTECTION AGENCY (EPA). *Reducing urban heat islands*: compendium of strategies. Urban heat island basics. p. 4. Disponível em: <www.epa.gov>. Acesso em: dez. 2013.

As temperaturas do ar e da superfície variam conforme o uso da terra. Como podemos observar no gráfico acima, as temperaturas da superfície variam mais que as temperaturas do ar durante o dia, mas ambas são bastante semelhantes à noite.
A queda e o aumento das temperaturas da superfície sobre a lagoa durante o dia e à noite, respectivamente, demonstram que a água mantém a temperatura relativamente constante, devido ao seu alto poder de retenção do calor.

A camada de ozônio, principalmente sobre a Antártida, reduz-se em até 50%. Essa redução tem sido incorretamente chamada "buraco na camada de ozônio". A expressão tecnicamente mais correta seria **rarefação da camada de ozônio**.

Em 1987 foi assinado o **Protocolo de Montreal** com objetivo de eliminar as substâncias que prejudicam a camada de ozônio. Ele estabelece o fim da produção e consumo de qualquer artigo nocivo às moléculas de ozônio. Em 2012 o protocolo conquistou ratificação universal. O buraco na camada de ozônio não está mais se expandindo, mas a recuperação total ainda está longe de ser atingida.

2. Resíduos sólidos e o lixo urbano

A produção de lixo de qualquer natureza é crescente no mundo moderno e urbano. Além da **quantidade**, o problema é a **destinação** final dos resíduos sólidos. Muitas soluções estão sendo adotadas para diminuir o acúmulo de lixo urbano, como a **coleta seletiva** para reciclagem e a produção de embalagens e recipientes biodegradáveis. Nos países subdesenvolvidos, o problema é mais grave; a maioria das cidades não dispõe de sistemas de coleta ou de locais adequados para a armazenagem do lixo.

Em muitos países, a maior parte do lixo urbano é depositada a céu aberto, nos **lixões**, áreas de grande extensão, geralmente nas regiões periféricas da zona urbana.

A decomposição do lixo orgânico produz **metano** e **chorume**, substâncias altamente prejudiciais ao meio ambiente.

Soluções possíveis:

- **Aterros controlados**: o lixo é levado para determinadas áreas onde é recoberto por camadas de terra, com a finalidade de diminuir os impactos dos lixões.
- **Aterros sanitários**: o lixo é compactado e depositado em áreas subterrâneas, geralmente com o solo impermeabilizado, e recoberto com camadas de terra, evitando prejuízos à saúde e ao meio ambiente.
- **Compostagem**: o lixo orgânico é tratado e transformado em adubo.
- **Incineração**: processo de queima controlada com a finalidade de se reduzir o volume total do lixo. Indicado especialmente para certos tipos de resíduos, como o hospitalar.
- **Reciclagem**: muitos materiais (vidros, plásticos, papéis, metais) podem ser novamente industrializados e reaproveitados para a produção. Atualmente, os custos menores compensam aproveitar os recicláveis.

Em 2010 foi estabelecida, no Brasil, a **Política Nacional dos Resíduos Sólidos (PNRS)**. O principal instrumento da PNRS é a **logística reversa**. Pela logística reversa as empresas tornam-se responsáveis pelo pós-consumo dos produtos que colocaram no mercado, de forma que os produtos descartados retornem à sua origem. Cabe à empresa estabelecer mecanismos de reaproveitamento dos materiais que formam os produtos após o seu uso ou dar-lhes o destino adequado de forma que minimize os prejuízos ao meio ambiente.

Acrescenta-se ainda que o Brasil é signatário da "**Convenção de Basileia** sobre o Controle de Movimentos Transfronteiriços de Resíduos Perigosos e seu Depósito", ocorrida em 1989 na Suíça. Nesse sentido um dos artigos da PNRS determina a proibição da "importação de resíduos sólidos perigosos e rejeitos, bem como de resíduos sólidos cujas características causem dano ao meio ambiente, à saúde pública e animal e à sanidade vegetal".

3. Principais conferências da ONU sobre o meio ambiente

A Revolução Industrial é o marco da deterioração acelerada da natureza. Já no século XIX, Henry David Troreau manifestou, em seu livro *Walden*, a importância da vida em harmonia com a natureza, antecipando ideias ambientalistas que ganharam força a partir da segunda metade do século XX. Em 1962, Rachel Carson, em seu livro *A primavera silenciosa*, denuncia o uso agrícola de pesticidas e outros produtos químicos nocivos à saúde e discute a necessidade de preservação dos ecossistemas, de proteger a saúde humana e o ambiente em que vivemos. A repercussão dessa obra deu grande impulso aos movimentos ambientalistas e à consciência ambiental de diversos segmentos da sociedade em diversos países do mundo.

Conferência de Estocolmo

Em 1972, a ONU, em função das pressões de movimentos ambientalistas e da maior consciência sobre a problemática ambiental, promoveu o primeiro encontro mundial sobre o meio ambiente com objetivo de envolver governos e instituições e buscar soluções universais para minimizar as ameaças sobre natureza: a **Conferência das Nações Unidas sobre o Ambiente Humano**, em Estocolmo (Suécia).

Nessa conferência foram delineados alguns princípios universais que orientaram o estabelecimento de metas e políticas ambientais futuras e associaram o conceito de qualidade de vida à qualidade ambiental e à justiça social.

Em 1983, a ONU criou a Comissão Mundial sobre Meio Ambiente e Desenvolvimento chefiada pela primeira-ministra norueguesa Gro Harlem Brundtland. Os levantamentos e as pesquisas dessa comissão foram divulgados em 1987, com o nome de "Nosso futuro comum" ou "Relatório Brundtland". Pela primeira vez a expressão **desenvolvimento sustentável** foi empregada oficialmente, buscando conciliar desenvolvimento econômico e preservação ambiental, isto é, um modelo de desenvolvimento que garanta a qualidade de vida hoje, mas que não destrua os recursos necessários às gerações futuras.

Rio-92

Em 1992, o Rio de Janeiro abrigou a Conferência das Nações Unidas sobre o Ambiente e o Desenvolvimento, ou **Rio-92**. Da Rio-92 resultaram metas e compromissos, como a **Agenda 21**, a **Convenção da Biodiversidade**, a **Convenção do Clima** e a **Declaração de Princípios sobre Florestas**. De acordo com a Agenda 21, a conservação ambiental do planeta não pode ser alcançada sem a erradicação da pobreza.

A Convenção da Biodiversidade discute a necessidade de conservação dos recursos biológicos do planeta e tem três alvos principais: a conservação da diversidade biológica, o uso sustentável da biodiversidade e a repartição justa e equitativa dos benefícios provenientes da utilização dos recursos genéticos.

A Declaração de Princípios sobre Florestas reforça o direito soberano dos Estados de aproveitar suas florestas para atender às necessidades de desenvolvimento, com a recomendação de que sejam utilizadas de modo sustentável.

A Convenção do Clima estabeleceu pela primeira vez a discussão sobre o combate às mudanças climáticas e, a partir das suas discussões, foi formulado o **Protocolo de Kyoto** com metas de redução das emissões de CO_2.

Rio+10

Na **Rio+10**, ou Cúpula Mundial sobre Desenvolvimento Sustentável, as discussões sobre o avanço da conquista de maior sustentabilidade ambiental apontavam para o aumento do uso de fontes renováveis de energia (sem consenso entre os participantes); a recuperação dos estoques pesqueiros e sua sustentabilidade; e reforçavam a preservação da biodiversidade.

Foram, ainda, reafirmados os **Objetivos de Desenvolvimento do Milênio** (**ODM**), apresentados pela ONU no ano 2000, a serem atingidos até 2015.

PROGRAMA DAS NAÇÕES UNIDAS PARA O DESENVOLVIMENTO (PNUD)

Fonte: ONU. *8 jeitos de mudar o mundo*. Disponível em: <www.objetivosdomilenio.org.br>. Acesso em: abr. 2014.

Rio+20

Novamente o Rio de Janeiro sediou um novo encontro promovido pela ONU: a **Rio+20** ou Conferência das Nações Unidas sobre Desenvolvimento Sustentável.

O documento final, intitulado **O Futuro que Queremos**, reafirmou compromissos e princípios das cúpulas anteriores, introduziu outros, mas não definiu os meios e as metas para sua implantação.

As principais decisões desse encontro foram:

- a criação de um grupo de trabalho para definir os Objetivos de Desenvolvimento Sustentável (ODS), que irão substituir os Objetivos de Desenvolvimento do Milênio a partir de 2015;
- a busca para a construção de políticas econômicas que visem à transição para uma **economia verde**, isto é, uma economia de baixo carbono, uso eficiente de recursos naturais e socialmente inclusiva;
- a necessidade do estabelecimento de leis internacionais para conservação e uso sustentável dos oceanos para manter e proteger a biodiversidade dos ecossistemas marinhos e a segurança alimentar;
- o incentivo à eficiência energética e ao uso de fontes de energias renováveis.

Atividades

1 (Unicentro-PR 2013) A maior incidência de radiação ultravioleta na superfície da Terra está relacionada ao fenômeno conhecido por

a) efeito estufa.

b) ilha de calor no meio urbano.

c) domo de poluição atmosférica.

d) aquecimento global.

e) destruição da camada de ozônio.

2 (FGV-SP 2013) Analise o esquema a seguir.

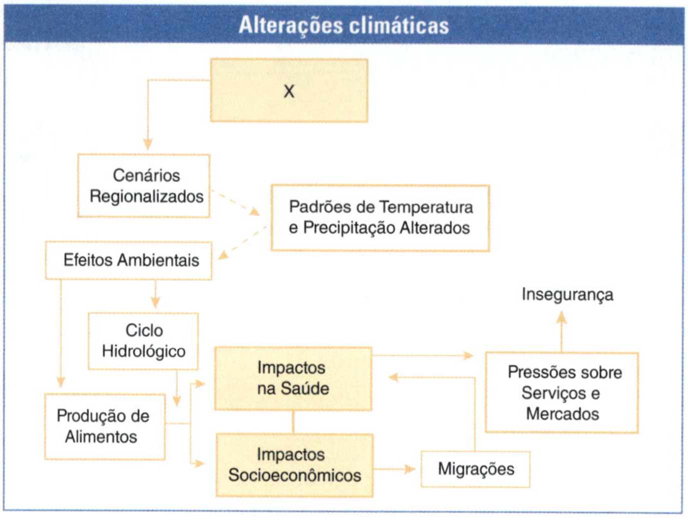

Fonte: Disponível em: <http://www.proclira.uevora.pt/modulos/modulo19.pdf>. Acesso em: mar. 2014.

Assinale a alternativa que identifica o processo X desencadeador das situações mostradas no esquema.

a) Inversão térmica.

b) Perda da biodiversidade.

c) Redução da camada de ozônio.

d) Poluição atmosférica.

e) Mudanças climáticas.

3 (UENP-PR 2014) Observe a figura abaixo e assinale a alternativa correta.

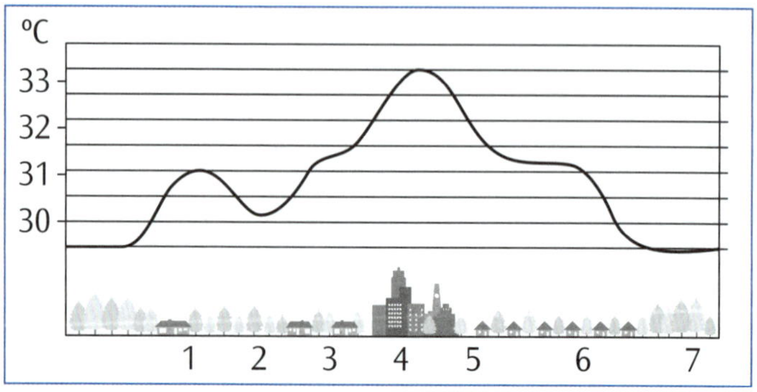

Fonte: Agência de Proteção Ambiental dos Estados Unidos. Disponível em: <www.epa.gov>. Acesso em 26 mar. 2014.

a) A figura representa um esquema de aquecimento da temperatura nas áreas urbanas dos países situados na zona intertropical do planeta.

b) A figura representa o fenômeno conhecido por ilhas de calor, que ocorrem durante o dia nas cidades de latitudes subtropicais e tropicais devido à alta intensidade da radiação solar incidente, agravando a sensação e o desconforto devido à elevação da temperatura e à redução da umidade relativa do ar.

c) A figura representa uma ilha de calor, que significa aumento significativo das chuvas convectivas e frontais que acontecem nos grandes centros urbanos do mundo.

d) A figura representa uma anomalia climática que provoca o aquecimento dos centros urbanos, decorrente das mudanças climáticas globais, sobretudo em virtude do derretimento do gelo das regiões polares e do aumento da média térmica do planeta.

e) A figura representa a inversão térmica, por ser um fenômeno de curta duração, variando tipicamente de algumas horas a alguns dias. Está intimamente relacionada às variações climáticas do tempo meteorológico. O fenômeno é mais comum nas áreas urbanas, após a passagem de uma frente fria, quando o tempo se abre e uma massa de ar fria e seca, de ventos fracos, recobre uma região que recebeu as chuvas recentes.

4 (ENEM 2013)

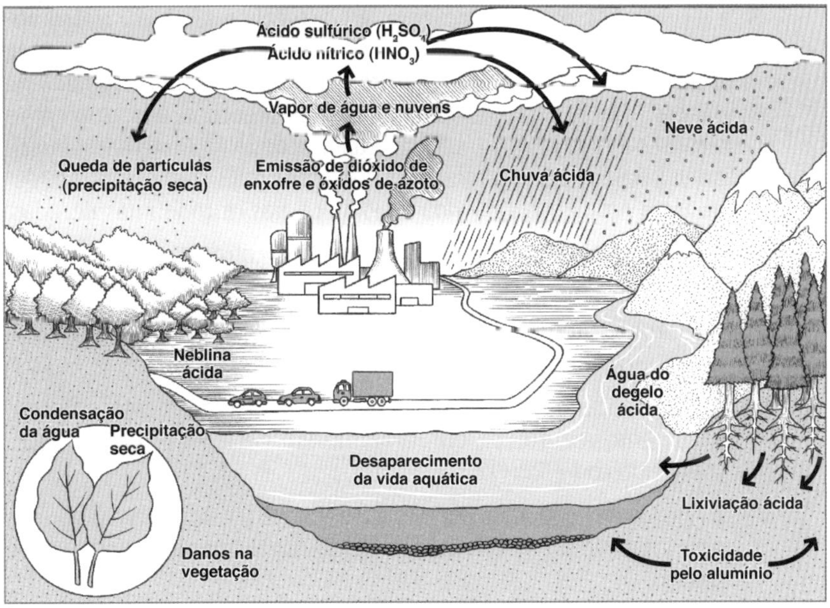

Fonte: Disponível em <http://ig.com.br>. Acesso em: ago. 2011.

No esquema, o problema atmosférico relacionado ao ciclo da água acentuou-se após as revoluções industriais. Uma consequência direta desse problema está na

a) redução da flora.

b) elevação das marés.

c) erosão das encostas.

d) laterização dos solos.

e) fragmentação das rochas.

5 (UFSM-RS 2013)

A charge satiriza a dicotomia: evolução tecnológica × lixo eletrônico. Nesse sentido, é correto afirmar:

I - No Brasil, a Política Nacional de Resíduos Sólidos (PNRS) institui a logística reversa, obrigando fabricantes, importadores, distribuidores e vendedores a coletarem esses lixos e a darem o melhor destino a eles, uma vez descartados pelos consumidores.

II - A evolução tecnológica cria equipamentos que facilitam a vida moderna; no entanto, na atualidade, estamos "engolidos" pelo lixo eletrônico gerado a partir desses símbolos da nossa própria evolução, uma vez que estão sendo inadequadamente descartados, causando problemas ambientais.

III - Em nível mundial, o Brasil está entre os países signatários da convenção de Basileia que regulamenta o movimento transfronteiriço de resíduos tóxicos, entre eles, os resíduos eletrônicos.

Está(ão) correta(s)

a) apenas I.

b) apenas I e II.

c) apenas III.

d) apenas II e III.

e) I, II e III.

6 (Udesc 2013) Em 1972, foi realizada a Conferência das Nações Unidas sobre o Homem e o Meio Ambiente, em Estocolmo (Suécia). Nesse encontro os chefes de Estado debateram questões sobre o meio ambiente e o desenvolvimento, reunião que ficou conhecida como a "tomada de consciência". De lá para cá, muitas foram as preocupações ambientais que mobilizaram governos e ONGs (Organizações Não Governamentais). Analise as proposições em relação aos eventos mais conhecidos em defesa do Meio Ambiente e da vida no Planeta, nas cinco últimas décadas.

I - A Assembleia Geral da ONU, de 1983, encarregou uma comissão para estudar o binômio desenvolvimento × meio ambiente.

II - O Relatório Brundtland, de 1987, cunhou pela primeira vez a ideia de desenvolvimento sustentável.

III - A Conferência das Nações Unidas sobre o Meio Ambiente e Desenvolvimento realizou-se em 1992, no Rio de Janeiro, ficando mais conhecida como Rio-92.

IV - A Agenda 21, elaborada durante a Rio-92, era um ambicioso programa para implantação de um modelo de desenvolvimento sustentável no mundo.

V - A Conferência das Nações Unidas sobre Desenvolvimento Sustentável (CNUDS), conhecida também como Rio+20 (2012), discutiu a renovação do compromisso em relação ao desenvolvimento sustentável.

Assinale a alternativa correta.

a) ( ) Somente as afirmativas II e IV são verdadeiras.

b) ( ) Somente as afirmativas I, II e V são verdadeiras.

c) ( ) Somente as afirmativas I e III são verdadeiras.

d) ( ) Somente a afirmativa V é verdadeira.

e) ( ) Todas as afirmativas são verdadeiras.

Exercícios complementares

1 (Acafe-SC 2014)

"É comum um telefone celular ir ao lixo com menos de oito meses de uso ou uma impressora nova durar apenas um ano. Em 2005, mais de 100 milhões de telefones celulares foram descartados nos Estados Unidos. Uma CPU de computador, que nos anos 1990 durava até sete anos, hoje dura dois anos. Telefones celulares, computadores, aparelhos de televisão, câmeras fotográficas caem em desuso e são descartados com uma velocidade assustadora. Bem-vindo ao mundo da obsolescência planejada."

Revista Fórum, n. 74, setembro de 2013.

A partir da leitura do texto acima, assinale a alternativa **correta**.

a) O padrão de sociedade citado é a "sociedade de consumo", que teve seu início na sociedade americana com o "american way of life" e cujo modelo se espalhou pelo mundo, atingindo todos os países.

b) A mudança dos bens de consumo citados é um processo natural, decorrente do crescimento econômico e do aumento do poder aquisitivo da população.

c) A obsolescência é planejada pelos próprios consumidores, que detêm o controle do consumo, bem como do padrão de qualidade dos produtos consumidos.

d) A obsolescência de que fala o texto é o resultado de um modelo de consumo e de crescimento irracional, que leva a não sustentabilidade ambiental.

2 (PUC-RJ 2014)

"Reaproveitar resíduos orgânicos é bom tanto para quem os transforma em adubo quanto para quem protege a saúde do planeta e da humanidade. (...) A relação custo-benefício desse reaproveitamento, tanto em residências individuais quanto em condomínios e empresas, é positiva não apenas levando-se em conta o futuro do meio ambiente, mas pensando no retorno imediato para a saúde humana. Dados de 2011 mostram que, só no estado do Paraná, os resíduos orgânicos são formados por mais de 50% do lixo doméstico, sendo este descartado em aterros ou lixões. Porém, somente entraram nessa estatística os aterros licenciados para receber resíduos sólidos urbanos."

Disponível em: <http://geracaosustentavel.com.br>.
Acesso em: 25 jul. 2013. Adaptado.

Das possibilidades de reaproveitamento de rejeitos orgânicos caseiros e de empresas, destaca-se o processo de:

a) nitrogenação do solo.

b) reciclagem de fertilizantes.

c) produção de adubos químicos.

d) reaproveitamento de cálcio e fosfato.

e) compostagem de resíduos alimentares.

3 (Unesp 2014) Analise o gráfico.

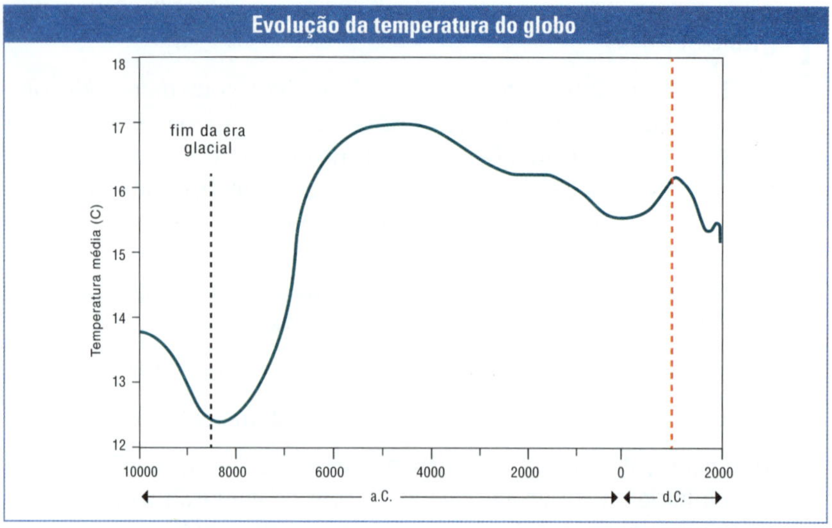

Fonte: ROSS, Jurandyr L. Sanches (Org.) *Geografia do Brasil*. São Paulo: Edusp, 2009.

Considerando as relações existentes entre condições climáticas, dinâmica hidrológica e distribuição dos biomas no planeta, faça uma comparação do nível médio dos oceanos e da distribuição das florestas tropicais e equatoriais nos momentos em que a temperatura média do planeta alcançou um ponto de mínimo e de máximo no período destacado pelo gráfico.

4 (UEL-PR 2014) Em um ambiente com elevado número de indústrias e de circulação de veículos, como as regiões metropolitanas, as partículas em suspensão e os gases poluentes são levados pelas correntes de convecção para as camadas mais altas da atmosfera, onde se dissipam. O fenômeno meteorológico da inversão térmica, que ocorre geralmente no inverno, tem como consequência o impedimento da dispersão dos poluentes, causando problemas respiratórios na população.

Assinale a alternativa que apresenta, corretamente, a causa da inversão térmica.

a) Uma massa de ar frio ascendente impede o movimento descendente de uma camada de ar quente.

b) Uma massa de ar quente descendente impede o movimento ascendente de uma camada de ar frio.

c) Uma massa de ar frio penetra entre camadas de ar quente, impedindo o movimento descendente do ar.

d) Uma massa de ar quente penetra entre camadas de ar frio, impedindo o movimento descendente do ar.

e) Uma massa de ar quente penetra entre camadas de ar frio, impedindo o movimento ascendente do ar.

Andrey Stenin/Ria Novosti/AFP

Contexto histórico e geopolítico do mundo atual

1. O mundo entre guerras

Primeira Guerra Mundial

A **Primeira Guerra Mundial** (1914-1918) envolveu vários países do globo e atingiu, direta ou indiretamente, todos os continentes. Considerada uma disputa imperialista, teve início com a oposição de dois blocos militares: a **Tríplice Aliança** (Alemanha, Império Austro-Húngaro e Itália), com apoio posterior do Império Turco-Otomano e da Bulgária, e a **Tríplice Entente** (Rússia, França e Grã-Bretanha).

A Itália declarou neutralidade num primeiro momento e, mais tarde, entrou na guerra, junto com o Japão e os Estados Unidos, ao lado da Tríplice Entente, lutando contra seus ex-aliados. A Tríplice Entente saiu vitoriosa, e os Estados Unidos tornaram-se, ao final da Primeira Guerra, a principal economia do planeta.

Revolução Russa

Em 1917, ainda durante a Primeira Guerra Mundial, ocorreu a **Revolução Socialista**. O movimento implantou uma concepção econômica com repercussões radicais na forma de organização do espaço geográfico: houve modificação no regime de propriedade, nas formas de produção e comercialização de mercadorias, que passaram a ser estruturadas por uma **economia planificada**.

A instauração do socialismo na Rússia constituiu a primeira grande ruptura com o capital internacional e uma ameaça à sua supremacia. A vitória da Revolução Russa disseminou e fortaleceu os ideais socialistas mundo afora.

Transformações geopolíticas e tratados pós-Primeira Guerra Mundial

O fim da Primeira Guerra Mundial e a derrota dos países ligados à Tríplice Aliança provocaram mudanças territoriais e geraram um rearranjo geopolítico no mundo, com consequências diversas:

- criação da **Liga das Nações** (**Sociedade das Nações**), com o princípio de assegurar a paz e a segurança internacional;
- o **desmembramento do Império Austro-Húngaro** em diversos países como Áustria, Hungria, Tchecoslováquia e Reino dos Sérvios, Croatas e Eslovenos (Iugoslávia em 1929);
- **fim do Império Turco-Otomano**, reduzido apenas à Turquia, e o surgimento de novos países no Oriente Médio sob as tutelas de França e Inglaterra;
- A retirada da Rússia da guerra, após a **Revolução Russa**, através do Tratado de **Brest-Litovski**, selado entre a Rússia e os países da Tríplice Aliança. Com o tratado, os países ocupados pelo Império Russo conquistaram independência. São os casos de Finlândia, Estônia, Letônia, Lituânia e Polônia.
- o **Tratado de Versalhes**, que encerrou definitivamente a Primeira Guerra Mundial, impôs duras punições à Alemanha, com perdas territoriais e de suas colônias, limitações às suas forças armadas e pesadas indenizações aos países vencedores do conflito.

Crise de 1929

Na segunda metade do século XIX, o sistema capitalista ampliou a sua produção numa proporção muitas vezes maior que a capacidade de consumo (**superpro-**

dução). Esse descompasso levou empresas à falência, provocou desemprego em massa e quebrou a Bolsa de Valores de Nova York, o principal centro internacional de investimentos. A crise nos Estados Unidos abalou a economia mundial, que dependia de seu mercado e de seus investimentos.

A partir de 1933, o governo estadunidense, liderado pelo presidente Franklin Roosevelt, iniciou um amplo programa de recuperação econômica, o **New Deal**, estruturado num plano de obras públicas (financiadas pelo Estado), com o objetivo de dinamizar a economia e retomar os investimentos privados. O New Deal, baseado nas ideias do economista John Maynard Keynes, colocou por terra os ideais do livre mercado (liberalismo econômico): o Estado passou a planejar e a intervir na economia, além de regular as distorções do mercado.

A Segunda Guerra Mundial

O Tratado de Versalhes arruinou a economia alemã, fragmentou seu território e disseminou forte sentimento nacionalista. Em 1933, Adolf Hitler, ao conquistar o cargo de chanceler, rompeu com as cláusulas impostas pelo Tratado de Versalhes. Com a Alemanha econômica e militarmente fortalecida, Hitler deu início à retomada dos territórios perdidos após a Primeira Guerra Mundial e a colocar em prática o projeto de expansão, sem limites, da área de influência alemã, justificada pelo *Lebensraum* ("Espaço Vital"), necessário à conquista da hegemonia internacional. A estruturação de um pacto militar (Eixo) e as sucessivas invasões territoriais da Alemanha nos países europeus aguçaram a situação de conflito com França e Inglaterra (Aliados). A invasão da Polônia pela Alemanha foi o fator detonador da Segunda Guerra Mundial, que foi vencida pelos Aliados, com apoio dos Estados Unidos e da União Soviética. Esses dois últimos países saíram fortalecidos e transformaram-se nas principais potências mundiais da segunda metade do século XX. O acontecimento final da Segunda Guerra Mundial foi o lançamento das bombas atômicas sobre as cidades de Hiroshima e Nagasaki, selando a rendição incondicional do Japão.

Organismos internacionais pós-Segunda Guerra Mundial

A **ONU** (**Organização das Nações Unidas**) foi criada em 1945 pela **Conferência de São Francisco**, em substituição à Liga das Nações, com o objetivo de assegurar a paz mundial e promover a cooperação entre os países.

Entre os princípios da **Carta das Nações Unidas** está registrado que todos os Estados-membros são soberanos e iguais entre si. As resoluções tomadas pela **Assembleia Geral**, onde cada país tem direito a um voto, têm que ser aprovadas por pelo menos nove dos quinze países que formam o **Conselho de Segurança** (cinco membros permanentes e dez temporários), sendo que os cinco **membros permanentes** (**Estados Unidos, Rússia, França, Reino Unido** e **China**) têm poder de veto.

Em 1944, na Conferência de Bretton Woods, nos Estados Unidos, os governos dos países capitalistas definiram uma nova ordem econômica, que estimulou a retomada do desenvolvimento capitalista e a maior integração da economia mundial. Essa conferência estabeleceu o **dólar como moeda universal** e criou os três principais organismos financeiros internacionais: o **Banco Internacional para Reconstrução e Desenvolvimento** (**Banco Mundial**), o **Fundo Monetário Internacional** (**FMI**) e o **Acordo Geral sobre Tarifas Aduaneiras e Comércio** (**Gatt**). Em 1995, o Gatt foi substituído pela **Organização Mundial do Comércio** (**OMC**).

2. A Guerra Fria

Geopolítica bipolar

A Guerra Fria – período da **geopolítica bipolar** – entre Estados Unidos e União Soviética estendeu-se de 1947 até a queda do Muro de Berlim, em 1989. Esse período foi caracterizado pelo "**equilíbrio do terror**" por meio das corridas armamentista e aeroespacial, pelas guerras regionais, por disputas ideológicas e por áreas de influência no globo.

Hulton-Deutsch Collection/Corbis/Latinstock

Carregamento de açúcar, vindo do Chile, chega a Londres, Inglaterra, por meio do Plano Marshall, 1949.

Em fevereiro de 1945, na **Conferência de Yalta**, com União Soviética, Estados Unidos e Reino Unido, foi decidido que o Leste Europeu seria de influência soviética. Em julho de 1945, a **Conferência de Potsdam** marcou divergências entre Estados Unidos e União Soviética e a divisão da Alemanha em quatro zonas de ocupação, controladas por Reino Unido, Estados Unidos, França e União Soviética. Veja o mapa da Alemanha no pós-Segunda Guerra abaixo.

Em 1947, o presidente Harry Truman deu início à chamada **Doutrina Truman**, com o objetivo de conter o expansionismo da União Soviética e, por meio do **Plano Marshall**, promoveu a reconstrução dos países da parte ocidental da Europa, assegurando-os em sua área de influência. É o início da **Guerra Fria**.

Em 1949, Estados Unidos e seus aliados criaram a **Organização do Tratado do Atlântico Norte** (Otan), uma aliança militar, logo depois de a União Soviética ter realizado seu primeiro teste nuclear. Em 1955, a União Soviética e seus aliados formaram o **Pacto de Varsóvia**, extinto em 1991 com o fim da URSS.

A divisão da Alemanha – Após a Segunda Guerra

Fonte: DUBY, G. *Atlas historique*. Paris: Larousse, 1996.

Tensões internacionais na Guerra Fria

O Bloqueio de Berlim

Berlim, situada no interior da zona de ocupação soviética, também foi dividida em quatro zonas. Berlim Oriental foi ocupada pela União Soviética, e Berlim Ocidental, por França, Inglaterra e Estados Unidos.

Entre 1948 e 1949, a União Soviética bloqueou o acesso terrestre a Berlim Ocidental (**Bloqueio de Berlim**), isolando esta parte da cidade e dificultando o seu abastecimento. Todo o suprimento teve que ser realizado por via aérea durante 462 dias. A União Soviética mantinha a esperança, com esta medida, de que toda a cidade caísse sob o seu controle.

A crise dos mísseis

Em 1962, ocorreu o momento de maior tensão da Guerra Fria. A União Soviética instalou uma **base de mísseis nucleares** apontados para o território estadunidense. O objetivo era conter qualquer tentativa de invasão a Cuba.

A retirada dos mísseis soviéticos de Cuba envolveu pressões, com manobras militares dos Estados Unidos e da União Soviética, e esforços diplomáticos. O governo russo desativou a base de mísseis diante do compromisso assumido pelos Estados Unidos de não invadir o território cubano e de retirar os mísseis instalados na Turquia dirigidos para o território soviético.

A descolonização

O final da Segunda Guerra Mundial desencadeou a luta pela **descolonização dos países africanos e asiáticos**. Esse processo de luta pela independência encontrou conjuntura favorável após a Segunda Guerra em função:

- do **enfraquecimento dos países europeus** que controlavam a quase totalidade das colônias afro-asiáticas;

- da **criação da ONU** e da consagração, em um dos seus artigos, do princípio de **autodeterminação** dos povos;
- do **apoio dos Estados Unidos e da União Soviética**, com o objetivo de ampliar suas esferas de influência.

3. Crise do Socialismo

A partir da década de 1970, os países socialistas entram em crise profunda, arrastada pelas contradições do modelo soviético. Os gastos excessivos com a indústria bélica e aeroespacial comprometeram a produção voltada para a economia civil, resultando em prolongada crise de endividamento e de abastecimento à população. Acrescenta-se ainda a insatisfação popular com o autoritarismo e a ausência de liberdades democráticas.

Em 1985 o então presidente soviético **Mikhail Gorbachev** implementou reformas econômicas (***perestroika***) e a abertura política (***glasnost***[1]), com o objetivo de debelar a crise. Os países do leste europeu ganharam maior autonomia e seguiram seus próprios caminhos de democratização e reestruturação das suas economias.

Em **1989 caiu o Muro de Berlim** e em **1990 a Alemanha foi reunificada**.

As repúblicas soviéticas elegeram seus próprios representantes e tornaram-se independentes da URSS, decretando, em 1991, o seu fim e a formação de 15 países independentes.

4. Nova ordem mundial

A partir dos anos 1990, com o fim da Guerra Fria, diversas circunstâncias políticas e econômicas determinaram novas orientações às questões internacionais e às relações entre os países: a queda do socialismo; o fim da União Soviética; o processo de democratização dos países da Europa Oriental; a reunificação da Alemanha; os conflitos étnicos responsáveis por guerras civis e reconfigurações territoriais; e o vigoroso crescimento da China.

Nesse contexto, apesar da supremacia estadunidense, outros atores (China, União Europeia – liderada pela Alemanha –, Japão e Rússia) também conquistaram maior poder de decisão nas questões políticas e econômicas internacionais, configurando um mundo **multipolar**.

1 O termo ***glasnost*** significa transparência.

Três protagonistas atores no cenário mundial

Estados Unidos

Os Estados Unidos são responsáveis por cerca de **22% de toda a produção de bens e geração de serviços no mundo**, ou seja, um quinto do PIB mundial (16,24 trilhões de dólares em 2012), número quase equivalente à soma do PIB dos outros três países mais ricos do mundo (Japão, China e Alemanha). O país possui **a maior capacidade bélica e tecnologia militar do planeta**. O orçamento militar anual dos Estados Unidos é superior ao dos outros dez países que mantêm os maiores gastos militares do mundo somados.

Os Estados Unidos **destacam-se**, ainda, **pelo uso de satélites artificiais e radares**, pela **poderosa frota de porta-aviões** (cada qual com poder de ataque superior ao da maior parte dos exércitos do planeta), **submarinos nucleares** e bem equipada força aérea, que inclui aviões não detectáveis por radar e aviões não tripulados controlados por computadores (**drones**). Os drones permitem que seus "pilotos" trabalhem em total segurança, no caso de guerras, longe do palco de batalhas e sem contato com os massacres.

A supremacia estadunidense é manifestada também nas decisões tomadas pela ONU e nos organismos internacionais, como o FMI e o Banco Mundial, em cujas resoluções o voto dos Estados Unidos tem peso decisivo.

Rússia

Com o colapso da União Soviética, as transformações na ordem mundial e, a partir da década de 1990, o fim da Guerra Fria, a Rússia passou a participar de uma nova agenda internacional, tanto no campo político como no militar. Atualmente, o país exige maior participação no contexto internacional e busca reafirmar-se como potência.

A **Rússia é a segunda potência nuclear do planeta** e seu imenso território dispõe de grandes reservas minerais, entre elas as de petróleo e gás natural. É responsável pelo fornecimento de cerca de 40% do gás natural que abastece a Europa e usa-o como forma de pressão em suas estratégias geopolíticas.

A Rússia opõe-se a qualquer ação contra o Irã (acusado pelo Ocidente de desenvolver tecnologia nuclear para fins militares) e mantém acordos de cooperação econômica e científica com o país do Oriente Médio. Em 2003, na guerra anglo-americana contra o Iraque, a Rússia também se posicionou contra a intervenção militar estadunidense no país, não sendo conivente com os avanços da política intervencionista dos Estados Unidos. Posição semelhante foi adotada nas guerras civis na Líbia e na Síria.

Em 2008, tropas russas entraram em conflito com a **Geórgia** ao apoiar a luta pela independência da **Ossétia do Sul** e da **Abcásia**, repúblicas autônomas controladas pelo Estado georgiano. Em 2014, a Rússia mandou tropas para a **Ucrânia** (Crimeia), após manifestações que levaram à deposição do governo ucraniano, aliado à Rússia, e incentivou o movimento separatista na **Crimeia** (região autônoma da Ucrânia), onde está instalada a base militar russa de **Sebastopol**.

China

Um dos acontecimentos mais importantes das últimas décadas foi o surgimento de mais uma potência na Ásia: **a China**. Esse país **é a segunda economia do mundo**, faz parte do **Conselho de Segurança da ONU**, dispõe do segundo orçamento militar do planeta **e faz parte do seleto clube nuclear** com mais de 200 ogivas disponíveis. Tem importante rede de satélites e o maior número de usuários de internet. Abriga, ainda, a maior população do globo – mais de 1,3 bilhão de habitantes –, o que lhe garante grande potencial de mercado e abriga o **maior efetivo de força armada do mundo** – cerca de 2,3 milhões de pessoas.

Em 1996, a China patrocinou a formação da **Organização de Cooperação de Shangai** (ou Pacto de Shangai), com o objetivo de reforçar a cooperação econômica entre os países-membros e combater o tráfico de drogas, o terrorismo e o separatismo. A organização delineia a possibilidade de formação de uma organização militar ampla de defesa e de segurança multinacional, capaz de contrabalançar a influência da Otan e dos Estados Unidos na Ásia Central.

Atividades

1 (UPF-RS 2014) Leia alguns dos artigos do Tratado de Versalhes.

"Art. 45 – (...) a Alemanha cede à França a propriedade absoluta, com direitos exclusivos de exploração, desimpedidos e livres de todas as dívidas e despesas de qualquer tipo, as minas de carvão situadas na bacia do rio Sarre.

Art. 119 – A Alemanha renuncia em favor do Principal Aliado e das Potências Associadas todos os seus direitos e títulos sobre as possessões de ultramar.

Art. 198 – As forças armadas da Alemanha não devem incluir quaisquer forças militares ou navais.

Art. 232 – Os Governos Aliados e Associados exigem e a Alemanha promete que fará compensações por todos os danos causados à população civil das Potências Aliadas e Associadas e a sua propriedade durante o período de beligerância de cada uma."

MARQUES, Adhemar; BERUTTI, Flávio; FARIA, Ricardo. *História contemporânea através de textos.* São Paulo: Contexto, 2008. p. 115-117.

A partir da leitura dos artigos transcritos, é correto afirmar que o Tratado de Versalhes:

a) encerrou a Segunda Guerra Mundial, fazendo com que a Alemanha perdesse as colônias ultramarinas para os países Aliados.

b) extinguiu a Liga das Nações, propondo a criação da Organização das Nações Unidas (ONU), em 1945, com o objetivo de preservar a paz mundial.

c) estimulou a competição econômica e colonial entre os países europeus, resultando na Primeira Guerra Mundial.

d) permitiu que as potências aliadas dividissem a Alemanha, no fim da Segunda Guerra Mundial, em quatro zonas de ocupação: francesa, britânica, americana e soviética.

e) impôs duras sanções à Alemanha, no final da Primeira Guerra Mundial, fazendo ressurgir um nacionalismo exacerbado e reorganizando as forças políticas do país.

2 (UPF-RS 2013) Após a Primeira Guerra Mundial os Estados Unidos da América destacaram-se no contexto internacional como um dos vencedores do conflito e como principal país industrial do mundo. Sua riqueza contrastava com a Europa, devastada com o conflito e ainda buscando sua reconstrução. Todavia, a prosperidade dos anos 1920 não duraria muito para os estadunidenses. Em 1929 a queda brusca dos valores das ações negociadas na Bolsa de Nova York desencadeou uma das mais graves crises do capitalismo mundial. Sobre o contexto mencionado acima é correto afirmar que:

a) a Primeira Guerra Mundial foi muito vantajosa para os estadunidenses, pois, para suprir a demanda de produtos e alimentos da Europa em guerra, os EUA tiveram sua indústria ampliada, diversificada e consolidada.

b) as vendas de produtos foram estimuladas pela oferta de crédito facilitado e de parcelamento das compras de bens duráveis.

c) a situação de depressão econômica nos EUA começou a ser diminuída com a eleição do democrata Franklin Delano Roosevelt e a posterior implantação do *New Deal* (Novo Acordo).

d) o cotidiano dos cidadãos norte-americanos foi bruscamente alterado pela crise iniciada em 1929. A Cruz Vermelha organizava filas para a distribuição de comida e roupas, em um contraste com o anunciado *american way of life* (estilo de vida americano), que tinha como pressupostos o consumismo e o liberalismo econômico.

e) todas as alternativas estão corretas.

3 (UEA-AM 2013)

"Durante a Primeira Guerra Mundial, os Estados Unidos deixaram de ser o primeiro país devedor do mundo para transformarem-se no principal credor. Um credor precisa importar um valor maior do que exporta para que seus devedores tenham como pagar. De outra forma o credor será forçado a cancelar as dívidas ou a fazer novos empréstimos para que os velhos débitos sejam saldados."

GALBRAITH, John Kenneth. *História do século XX – 1919-1934*, s/d. Adaptado.

Percebe-se pelo texto acima que a ordem econômica internacional modificou-se após a Primeira Guerra Mundial e os Estados Unidos experimentaram, então, uma fase de grande crescimento econômico. Esse período de euforia econômica foi, no entanto, interrompido pela crise de 1929, que se propagou para fora dos Estados Unidos devido à

a) destruição da economia europeia pela guerra e às despesas norte-americanas nas guerras do Oriente Médio.

b) especulação financeira dos bancos internacionais e às restrições impostas à indústria norte-americana pelo governo.

c) falência dos pequenos proprietários rurais no meio-oeste norte-americano e ao fim das importações de maquinários agrícolas pelos Estados Unidos.

d) retirada de capitais norte-americanos aplicados no exterior e à diminuição de suas importações.

e) intervenção estatal na economia norte-americana e à crise do liberalismo no mundo economicamente globalizado.

4 (Uece 2014) Após o fim do conflito da Segunda Guerra Mundial (1939-1945), emergiram como superpotências antagônicas os Estados Unidos da América – EUA – e a União das Repúblicas Socialistas Soviéticas – URSS –, ambas vitoriosas sobre o eixo. A disputa entre os EUA, representante do mundo capitalista e a URSS, líder do bloco socialista, ia desde aspectos ideológicos, políticos e econômicos, até conflitos regionais em que cada superpotência apoiava um dos lados envolvidos como forma de afirmar sua superioridade. Essa época de enfrentamento durou até o início da década de 1990, quando a URSS passou por profundas transformações de ordem política e econômica.

No que diz respeito à disputa entre os EUA e a URSS, neste período da História do século XX, assinale a afirmação verdadeira.

a) A disputa entre as duas superpotências foi chamada de Guerra Fria, pelo fato de não ter ocorrido nenhum conflito em que ambas tenham se envolvido, mesmo isoladamente.

b) Dentre as principais manifestações de disputa entre as potências capitalista e socialista, estavam a corrida armamentista nuclear e a corrida espacial.

c) Na Guerra da Coreia (1950-1953), os EUA deram apoio ao governo marxista-leninista norte-coreano, liderado por Kim Il-Sung; hoje a Coreia do Norte é governada por seu filho, Kim Jong-il.

d) O apoio soviético aos insurgentes muçulmanos, chamados de mujahidin, no Afeganistão, levou-os a derrubar o regime comunista no país.

5 (Urca-CE 2014) O mundo que se originou no pós-Segunda Guerra Mundial era muito diferente do que originou a própria guerra e muito diferente do que se tem hoje, após a Queda do Muro de Berlim. Considerando este recorte temporal, assinale a alternativa que apresenta corretamente uma característica desse período.

a) O fato do sistema capitalista demonstrar uma grande capacidade de produção para todo o mundo, fez com que aumentasse a fé nesse sistema, o que inviabilizou o crescimento do mundo socialista além das fronteiras estabelecidas nos acordos de paz do final da Guerra.

b) Após a Guerra, o Partido Trabalhista venceu as eleições na Inglaterra, o que gerou uma onda de neoliberalismo nos anos de 1950, com privatizações de bancos, ferrovias e sistema de saúde.

c) O fim da Guerra deu origem a uma nova configuração de potências mundiais, a China, a Rússia, os Estados Unidos, a Inglaterra e a França, que passaram a ocupar lugar de destaque na Organização das Nações Unidas.

d) Logo após o fim da Guerra, os Estados Unidos da América emergiram como grande potência, sendo a Alemanha a única capaz de fazer-lhe frente na hegemonia mundial.

e) Nos Estados Unidos, a Doutrina Truman e o Plano Marshall tinham como principal objetivo a aproximação com a União Soviética, como forma de amenizar um possível nuclear conflito mundial.

Exercícios complementares

1 (Unisinos-RS 2013)

"A essência da visão pessoal de mundo de Hitler compreendia a crença na história como uma luta racial, o antissemitismo radical, a convicção de que o futuro da Alemanha só poderia ser garantido através da conquista de *Lebensraum* ('espaço vital') à custa da Rússia, e a união de todas essas linhas de pensamento na noção de uma luta de vida ou morte, até o fim, contra o marxismo – personificado, da maneira mais concreta, no 'bolchevismo judaico' da União Soviética."

KERSHAW, Ian. *Hitler*. Um perfil do poder. Rio de Janeiro: Jorge Zahar, 1993. p. 25.

Que circunstâncias históricas do início do século XX podem ser associadas ao surgimento e desenvolvimento dessas ideias, na Alemanha?

a) 1ª Guerra Mundial – Tratado de Versalhes – Revolução Russa.
b) Guerra Franco-Prussiana – Imperialismo – Crise do Capitalismo.
c) 2ª Guerra Mundial – Criação da ONU – Divisão da Alemanha.
d) República de Weimer – Sionismo – Guerra Fria.
e) Crise de 1929 – Criação do Estado de Israel – Guerra Árabe-Israelense.

2 (Unicentro-RS 2014) Na URSS, governada por Mikhail Gorbachev, foram implementadas reformas denominadas de *Perestroika* e *Glasnost* que vieram contribuir para o término do bloco socialista. Em relação a essas reformas, considere as afirmativas a seguir.

I – A *Glasnost* possibilitou a transparência dos atos governamentais.
II – A *Perestroika* reestruturou e dinamizou o sistema econômico.
III – A *Perestroika* aboliu a exigência do partido único comunista.
IV – As reformas foram executadas pelo presidente Boris Yeltsin.

Assinale a alternativa correta.

a) Somente as afirmativas I e II são corretas.
b) Somente as afirmativas I e IV são corretas.
c) Somente as afirmativas III e IV são corretas.
d) Somente as afirmativas I, II e III são corretas.
e) Somente as afirmativas II, III e IV são corretas.

3 (UFSM-RS 2014)

"Em 9 de novembro é derrubado o Muro de Berlim. O governo [da Alemanha Oriental] não tinha condições de mantê-lo, a menos que partisse para uma repressão sangrenta. [...] Em apenas 3 dias, pelo menos 2 milhões de alemães-orientais passaram para Berlim Ocidental. [...] Já no lado ocidental, os alemães-orientais formavam filas enormes diante das discotecas e de lojas pornôs [...]. Embora não tivessem dinheiro suficiente para comprar, as pessoas olhavam tudo como se fosse um grande parque de diversões."

ARBEX JR., José. *Revolução em 3 tempos*: URSS, Alemanha, China. SP. São Paulo: Moderna, 1993. p. 54-56.

Reuters/Latinstock

A partir do texto, pode-se afirmar que a queda do Muro de Berlim, em 1989, indica

a) a falência do modelo socialista soviético em atender às demandas da população quanto à liberdade individual e ao consumo de bens e serviços.
b) as grandes realizações do modelo socialista na saúde e educação, capazes de manter as massas distantes dos apelos do mundo do consumo de bens privados, próprios da economia capitalista.
c) o resultado do cerco militar das potências capitalistas e, consequentemente, o esgotamento do sistema socialista de atender às demandas das populações dos países do Leste Europeu.

d) o vigor do modelo socialista adotado pela Alemanha Oriental, o qual repetia o padrão soviético, porém era mais brando quanto à livre organização da sociedade e à liberdade de imprensa.

e) a crise do capitalismo dos países da Europa Ocidental e dos Estados Unidos, com o esgotamento do Estado do Bem-Estar Social e a retração da sociedade de consumo.

4 (FGV-SP 2014)

"O 'socialismo real' agora enfrentava não apenas seus próprios problemas sistêmicos insolúveis mas também os de uma economia mundial mutante e problemática, na qual se achava cada vez mais integrado.

Com o colapso da URSS, a experiência do 'socialismo realmente existente' chegou ao fim. Pois, mesmo onde os regimes comunistas sobreviveram e tiveram êxito, como na China, abandonaram a ideia original de uma economia única, centralmente controlada e estatalmente planejada, baseada num Estado completamente coletivizado."

HOBSBAWM, Eric J. *Era dos extremos*. São Paulo: Companhia das Letras, 1995. p. 458; 481 (adaptado).

A partir do texto, é correto afirmar que:

a) os países do socialismo real, como a União Soviética, acompanharam em parte as mudanças da década de 1970 e sobreviveram sem reformas, pois, mesmo sem o grande avanço técnico-científico, conseguiram neutralizar os graves efeitos da burocratização, da economia planificada, da proletarização da classe média e do obsoleto parque industrial e, ainda, mantiveram a unidade do bloco socialista.

b) nos anos 1980, as reformas econômicas e políticas – a *Perestroika* colocaram os países do socialismo real no rumo do capitalismo, substituindo a ação estatal pelo mercado, com ênfase nas privatizações e na abertura para o capital estrangeiro, medidas que obtiveram pleno êxito e fizeram a economia perder suas características estatizantes, impedindo, ainda, o fim do bloco socialista.

c) a unidade do bloco do socialismo real foi motivada pelo equilíbrio da estrutura política dos Estados em se adaptar às necessidades da economia de mercado, pois a planificação pelo Estado burocratizado é incompatível com a economia de mercado, apoiada no desenvolvimento técnico-científico, nas crescentes privatizações, no apoio do capital externo e nas diferenciações salariais.

d) nos países do socialismo real, os problemas externos, isto é, da economia mundial, a partir dos anos 1970, responsáveis pelas oscilações do comércio internacional, prevaleceram sobre os problemas internos, como a burocratização do Estado e o atraso técnico-científico, que sofreram reformas estatais nos anos 1980 e minimizaram as graves tensões sociais, mantendo a união do bloco socialista.

e) além dos problemas internos da própria estrutura política endurecida pela burocracia e pelo autoritarismo, os países do socialismo real, a partir dos anos 1970, já inseridos no mercado mundial, enfrentaram o baixo desenvolvimento técnico-científico e as tensões sociais e ensaiaram, sem êxito, nos anos 1980, reformas políticas e econômicas para manter a unidade do bloco socialista.

Globalização, comércio internacional e blocos econômicos

Steve Vidler/Alamy/Glow Images

1. Evolução do capitalismo

A formação ou construção do sistema capitalista, ao longo de seu processo histórico, apresentou etapas distintas, geralmente denominadas fases do capitalismo. São três as fases do capitalismo atualmente desencadeadas, havendo a possibilidade da estruturação de uma nova fase, resultado das transformações provocadas pela Terceira Revolução Industrial, chamada fase do capitalismo informacional. É o sistema econômico mais dinâmico e socialmente mais perverso conhecido até hoje.

Século XV → Século XVIII → Século XX

Absolutismo monárquico → Liberalismo → Keynesianismo → Neoliberalismo

Capitalismo comercial

- Política mercantilista
  - colônias: de exploração / de povoamento
- Expansão ultramarina
- Características do mercantilismo:
  - acumulação primitiva de capital
  - metalismo
  - protecionismo alfandegário
  - superávit comercial
- Expansão do espaço geográfico (mundialização)
  - pré-ordem mundial metrópole × colônia

Capitalismo industrial

- Política imperialista
  - neocolonialismo (Congresso de Berlim-1885)
- Partilha da África e Ásia
  - investimento de capital
  - abastecimento de matéria-prima
  - excedente populacional na Europa
  - expansão de mercados
  - liberalismo
- Mundialização do espaço econômico
- Ordem da evolução industrial ou da divisão internacional do trabalho clássica: áreas centrais × áreas periféricas

Capitalismo financeiro

1. Período bipolar (até 1989-1991)
- Guerra Fria
  - manutenção e expansão do capitalismo
  - elevados investimentos em tecnologia (P&D)
  - corrida espacial e bélica
- Oligopolização
  - blocos econômicos
- Ordem da Guerra Fria ou velha ordem mundial
  - países desenvolvidos × países subdesenvolvidos

2. Período multipolar ou monopolar (depois de 1991)
- Globalização
  - intensificação dos conflitos geopolíticos
  - aldeia global
  - combate ao terrorismo
- Política neoliberal (Consenso de Washington)
  - abertura de mercado
  - estado mínimo
- Nova ordem internacional: Norte rico × Sul pobre

2. O mundo socialista

A Primeira Revolução Industrial transformou o modo de produção; o artesanato e a manufatura deram lugar à **maquinofatura**, e o desenvolvimento tecnológico – representado pela máquina a vapor e pelo tear mecânico – provocou aumentos na produção jamais vistos. A cada ano, mais fábricas abriam as portas, aumentava a necessidade de mão de obra e de matérias-primas, e os lucros dos empresários industriais cresciam consideravelmente.

Por que a classe trabalhadora vivia em condições tão precárias se a acumulação de riquezas era tão grande e crescente?

Com base nesse questionamento, surgiram propostas para se pôr fim à exploração dos trabalhadores. A questão social mobiliza a Inglaterra, a França, a Alemanha e outros países no fim do século XVIII e no início do século XIX.

Para o francês Charles Fourier (1772-1837), o trabalho seria uma atividade voluntária e fonte de prazer individual. Saint-Simon (1760-1825) propôs a formação de uma sociedade mundial, liderada por um grupo de cientistas e economistas. Ideias de cunho social também foram apresentadas por Louis Blanc (1811-1882) e Pierre-Joseph Proudhon (1809-1865). Nenhuma dessas propostas conseguiu tirar os trabalhadores da situação de pobreza e exploração em que viviam. Por isso, esses pensadores foram considerados **socialistas utópicos** (ou **românticos**).

O nascimento do socialismo científico

Em 1848, Karl Marx e Friedrich Engels publicam *O manifesto comunista*, que causou grande impacto entre filósofos, políticos, economistas, empresários e trabalhadores. As reações que despertou iam da desconfiança dos empresários à euforia de grande parcela da classe trabalhadora. Nessa obra, propunha-se que a única maneira de se chegar ao socialismo seria pela **organização da classe trabalhadora** e pela **luta de classes**. Se a luta fosse bem-sucedida, os próximos passos seriam a **tomada dos meios de produção** – fonte geradora das riquezas – e a **ditadura do proletariado**. Estabelecia-se, assim, o confronto entre a **burguesia** (detentora dos meios de produção) e o **proletariado** (vendedores da força de trabalho).

Na construção do socialismo, desapareceriam a propriedade privada, a livre iniciativa e as classes sociais; a administração de todos os meios de produção estaria com o Estado, órgão burocrático que daria início à **planificação econômica** e à satisfação das necessidades básicas de toda a população por igual.

Nos textos de Marx e Engels, em que se encontram as ideias básicas do **socialismo científico**, estão visíveis as influências da filosofia alemã, dos ideais políticos de pensadores franceses (socialistas utópicos) e de teorias econômicas inglesas. Essas influências são chamadas "os três pilares da teoria marxista".

3. Globalização

O período posterior à Segunda Guerra Mundial caracterizou-se pela expansão das **multinacionais** e dos investimentos dos países de economia mais avançada em diversas regiões do planeta. As grandes corporações multinacionais em movimento de produção, em outras regiões do mundo, estavam de olho no potencial de mercado oferecido por alguns países e tinham como objetivo reduzir seus custos de produção com mão de obra e impostos mais baratos. Estava em curso um amplo processo de globalização da economia.

A **globalização econômica** é um fenômeno típico da intensificação das transformações tecnológicas e de sua expansão por diversas regiões do globo, após a Segunda Guerra, mas que ocorreu com maior intensidade a partir da década de 1970. Essas transformações são caracterizadas pela automação e pela disseminação do uso da informática e dos diversos meios de comunicação, associados tanto à atividade produtiva (industrial e agropecuária) como às atividades bancárias, financeiras, comerciais, de entretenimento.

Essa nova fase de desenvolvimento tecnológico passou a ser classificada como **Terceira Revolução Industrial**, ou **Revolução Técnico-Científica**, em razão do aumento da capacidade de produção das empresas, das redes de infraestrutura (energia e telecomunicações) e da presença de sistemas informatizados nas mais variadas atividades econômicas e na vida cotidiana das pessoas.

4. O Estado na economia globalizada

O processo de globalização abriu uma nova discussão sobre o papel do Estado na economia. A economia globalizada exige a existência de um Estado não intervencionista, que promova o livre-comércio e a livre circulação de capitais, que cobre menos impostos e que reduza seus gastos, inclusive nos setores sociais (saúde, educação, moradia, previdência). Essa concepção econômica, conhecida como **neoliberalismo**, concretizou-se na década de 1980 nos Estados Unidos, com Ronald Reagan, e no Reino Unido, com Margaret Thatcher. No entanto, o Chile foi o grande laboratório das ideias neoliberais. Em 1973, jovens economistas chilenos formados na Universidade de Chicago (*Chicago Boys*) implantaram os preceitos neoliberais no governo do general Augusto Pinochet.

Em 2008, uma séria **crise financeira** abalou a economia mundial. Os principais fatores que originaram essa crise foram as negociações arriscadas sobre títulos relacionados ao mercado imobiliário e a falta de controle (regulamentação) do governo sobre os instrumentos financeiros empregados nessas transações. A partir da crise, a desregulamentação do sistema financeiro internacional e a não intervenção do Estado, pilares do neoliberalismo, passaram a ser questionadas.

5. Por uma outra globalização

Os movimentos contra os rumos da globalização tornaram-se frequentes a partir do final do século XX, quando a Organização Mundial do Comércio (OMC) organizou em **Seattle** (Estados Unidos) a Rodada do Milênio, para discutir as perspectivas do comércio internacional, e que foi acompanhada, do lado de fora, por violentas manifestações.

Os grupos de oposição aos rumos da globalização incluem ambientalistas voltados para os grandes problemas ecológicos mundiais; manifestações contra as elites financeiras nos Estados Unidos (**Occupy Wall Street**); manifestações espontâneas contra o desemprego, a corrupção e os excessos do liberalismo na Espanha (**Movimento dos Indignados**); sindicalistas preocupados com os direitos dos trabalhadores; nacionalistas que pregam maior defesa do mercado nacional; enfim, grupos que se posicionam a favor de uma globalização mais solidária e menos excludente.

6. Comércio internacional

A globalização econômica e o neoliberalismo impulsionaram o comércio internacional nas últimas quatro décadas, tornando as atividades comerciais cada vez mais expressivas na composição do PIB mundial. Entre os fatores dessa expansão destacam-se: a crescente integração das economias através de **acordos bilaterais** entre países e formação de **blocos econômicos**; a **liberalização de tarifas** e outras barreiras ao comércio; **inovações tecnológicas** nos **transportes** e **comunicações**.

No entanto, as transações internacionais estruturadas através do neoliberalismo econômico persistem em promover a desigualdade entre os países. Os **países subdesenvolvidos** dependem ainda da **exportação** de produtos primários ou industriais de **baixo valor agregado**, e da **importação** de tecnologia, manufaturados e de serviços de **alto valor agregado** e, portanto, de maior valor de mercado. É o que acontece em grande parte da África, da Ásia e da América Latina. É o que acontece com o **Brasil** que, apesar de ter construído um parque industrial diversificado, tem uma **pauta de exportações** ancorada principalmente em ***commodities* agrominerais.**

Exportações brasileiras – 2013

	US$ (milhões)	% do total exportado
Básicos*	113.023	46,7
Semimanufaturados**	30.526	12,6
Manufaturados***	93.090	38,4
Outros	5.539	2,3
Total	242.178	100

Fonte: SECEX/MDIC 2014.

***Básicos**: **aumento** => soja, milho, carnes bovina e de frango, minérios de ferro e de cobre; **redução** => petróleo, café e algodão.

****Semimanufaturados**: **aumento** => celulose, couros e peles; **redução** => semimanufaturados de ferro/aço e açúcar.

*****Manufaturados**: **aumento** => automóveis, plataforma, veículos de carga, resinas plásticas, tratores; **redução** => óleos combustíveis e aviões.

A Rodada de Doha e o Acordo de Bali

A **Rodada de Doha** (2001) é a mais importante rodada de negociações comerciais no âmbito da OMC. Seu objetivo é reestruturar o comércio internacional através da diminuição de barreiras e subsídios. Apesar da consolidação do neoliberalismo, países do mundo desenvolvido, como Estados Unidos, Japão e membros da União Europeia, mantêm proteção excessiva ao setor agrícola, através de barreiras tarifárias e não tarifárias e de fartos subsídios governamentais ao setor agrícola. Essas barreiras comerciais dificultam o comércio internacional dos países menos desenvolvidos, exportadores de produtos agropecuários. Os países desenvolvidos, em contrapartida, reivindicam maior abertura aos produtos industrializados e aos serviços no mercado internacional e o respeito à propriedade intelectual.

Depois de mais de uma década sem avanço, em 2013 as negociações de Doha foram destravadas. Os 159 países da OMC chegaram a um consenso no **Acordo de Bali**, Indonésia, no sentido de reduzir os subsídios agrícolas, facilitar a exportação de serviços, estabelecer regras mais consistentes sobre o direito de patente (propriedade intelectual) e de promover a redução alfandegária. Outro ponto fundamental é o compromisso dos países em **reduzir a burocracia** para importação e exportação.

7. Blocos econômicos

Além das negociações **multilaterais** para a liberalização comercial no âmbito da OMC, existem outras modalidades de acordos: **bilaterais** (entre dois países) e **regionais** (através da formação de **blocos econômicos**).

Os blocos econômicos podem ter diferentes configurações:

- **Zona de livre-comércio**: acordos comerciais para a redução ou eliminação de tarifas aduaneiras entre os países-membros do bloco. Pertencem a esta categoria o Acordo de Livre-Comércio da América do Norte (**Nafta**), formado por Estados Unidos, Canadá e México e a **Aliança do Pacífico** que entrou em pleno funcionamento em 2013, formada por Chile, Peru, Colômbia e México. Outro bloco em formação é a Cooperação Econômica da Ásia e do Pacífico (**Apec**) que tem como meta entrar em vigor no ano 2020.

- **União aduaneira**: além de reduzir ou eliminar as tarifas aduaneiras entre os países do bloco, estabelece as mesmas tarifas de exportação e importação para o comércio internacional fora do bloco, com a implantação da Tarifa Externa Comum (TEC). Um exemplo desse tipo de bloco é o Mercado Comum do Sul (**Mercosul**), composto por Brasil, Argentina, Uruguai, Paraguai e Venezuela (este último teve sua adesão aprovada definitivamente em 2012).

- **Mercado comum**: visa à livre circulação de pessoas, mercadorias, capitais e serviços. O único exemplo é a União Europeia.

- **União econômica e monetária**: é o caso dos países da União Europeia que adotam o euro.

8. O Brasil no mundo globalizado

Consenso de Washington

A maior inserção do Brasil na economia globalizada ocorreu a partir da década de 1990. O Brasil apresentava déficit público vultoso, agravado pelas dívidas externas e internas, e taxas de inflação que chegaram a atingir, no início dos anos 1990, mais de 80% ao mês.

Diante deste contexto o país incorporou parte das receitas neoliberais, ditadas pelo **Consenso de Washington**, um conjunto de propostas do economista John Williamson, mas que resumiam as formulações defendidas tanto pelo FMI como pelo Banco Mundial:

- **reforma fiscal**, isto é, diminuição da carga tributária, para que as empresas pudessem pagar menos taxas e impostos e adquirir maior competitividade;

- **abertura econômica**, com liberalização das exportações e das importações e facilitação do fluxo de capitais externos;

- **privatização**, que englobava tanto a venda das empresas estatais, como a concessão para exploração privada das rodovias, ferrovias e outros setores de infraestrutura como energia e telecomunicações;

- **redução dos gastos públicos**, através de corte de salários e a demissão dos funcionários públicos, de mudanças na previdência social, de alteração nas leis trabalhistas e no sistema de aposentadoria. O objetivo era diminuir a dívida do governo (a chamada dívida pública).

Abertura econômica

As **reformas econômicas neoliberais** tiveram início no governo Collor e concretizaram-se nos governos posteriores, especialmente no governo Fernando Henrique Cardoso. A abertura econômica acelerada provocou a **quebra** de muitas **indústrias nacionais**, despreparadas para enfrentar a concorrência exterior, especialmente da China, que naquele momento invadiu o país com uma oferta de produtos com preços imbatíveis no mercado nacional. Nesse sentido, a indústria brasileira foi o setor mais atingido pela abertura econômica, provocando um processo de **desindustrialização**, ainda em andamento nos dias atuais. A abertura, além de acelerada, não foi acompanhada pela diminuição da carga tributária, o que atinge negativamente tanto o consumidor como as atividades econômicas. Em 1991, quando tiveram início as reformas neoliberais, a carga tributária brasileira representava aproximadamente 25% do Produto Interno Bruto. Em 2013, ela correspondia a cerca de 36% do PIB.

A privatização provocou um processo de **desnacionalização** da economia com a venda de muitas empresas estatais a grandes conglomerados estrangeiros.

Atividades

1 (Fuvest-SP 2014)

"O local e o global determinam-se reciprocamente, umas vezes de modo congruente e consequente, outras de modo desigual e desencontrado. Mesclam-se e tensionam-se singularidades, particularidades e universalidades. Conforme Anthony Giddens, 'A globalização pode assim ser definida como a intensificação das relações sociais em escala mundial, que ligam localidades distantes de tal maneira que acontecimentos locais são modelados por eventos ocorrendo a muitas milhas de distância e vice-versa. Este é um processo dialético porque tais acontecimentos locais podem se deslocar numa direção inversa às relações muito distanciadas que os modelam. A transformação local é, assim, uma parte da globalização'."

IANNI, Octávio. *Estudos Avançados*. São Paulo: USP, 1994. Adaptado.

Neste texto, escrito no final do século XX, o autor refere-se a um processo que persiste no século atual. A partir desse texto, pode-se inferir que esse processo leva à

a) padronização da vida cotidiana.

b) melhor distribuição de renda no planeta.

c) intensificação do convívio e das relações afetivas presenciais.

d) maior troca de saberes entre gerações.

e) retração do ambientalismo como reação à sociedade de consumo.

2 (Ufal 2014)

"No campo político, 'o capitalismo transformado em sentido neoliberal minou as bases da democracia liberal representativa' e ocorre 'ampla submissão da sociedade civil e do Estado à economia', [...]. O processo de globalização é na essência um ataque às conquistas democráticas do século 19 e, sobretudo, do século 20. O objetivo exitoso da 'grande contraofensiva neoliberal' era criar um sistema político-econômico livre de 'interferências democráticas'."

Carta Capital. Disponível em: http://www.cartacapital.com.br. Acesso em: abr. 2014. (adaptado).

O texto defende um argumento bastante presente nas críticas ao neoliberalismo. Ele se baseia no fato do neoliberalismo

a) aumentar o número de empresas que fornecem produtos e serviços aos governos.

b) focar suas forças na ampliação da rede de relações comerciais entre países.

c) se concentrar na oferta do bem-estar social sem o auxílio das instituições oficiais.

d) buscar a não intervenção do Estado na economia e a privatização de estatais.

e) deixar a escolha das regras econômicas por conta dos consumidores.

3 (Ufam-AM 2014) No planisfério está destacado em negrito um bloco econômico que não foi motivado pela proximidade geográfica, pois vários países de continentes diferentes participam dele. Foi oficializado em 1993 e pretende estabelecer a livre troca de mercadorias entre os países-membros até 2020. Identifique-o.

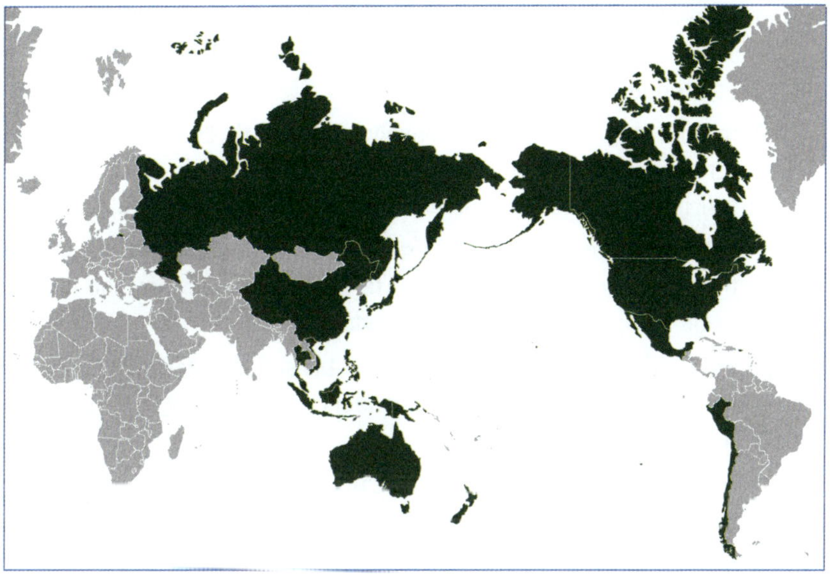

Fonte: WIKIPEDIA. Disponível em: <http://pt.wikipedia.org/wiki/Ficheiro:APEC_members_180E.svg>. Acesso em: mar. 2014.

a) Comunidade Econômica Eurasiática (CEEA)

b) Cooperação Econômica da Ásia e do Pacífico (APEC).

c) Associação de Nações do Sudeste Asiático (ASEAN).

d) Comunidade dos Estados Independentes (CEI).

e) Associação de países da África, Caribe e Pacífico (ACP).

4 (FGV-SP 2014) A questão está relacionada ao gráfico e ao texto apresentados.

Perfil das importações brasileiras por valor agregado (1995) em porcentagem

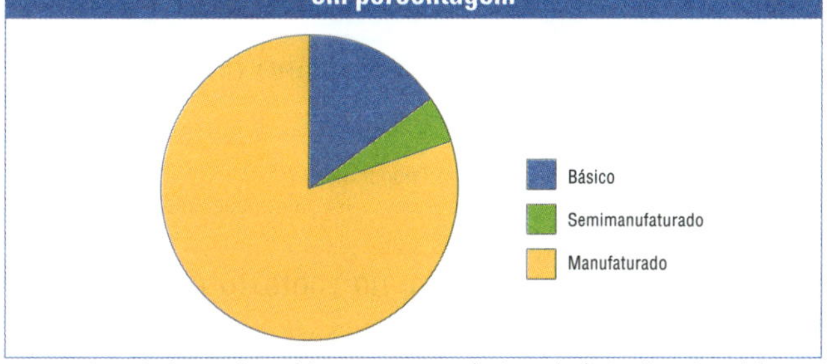

Fonte: Disponível em: <http://www.mme.gov.br/sgm/galerias/arquivos/plano_duo_decenal/estudos_economia_setor_mineral/P01_RT03_Perspectivas_de_evoluxo_das_trocas_setoriais_entre_as_economias_brasileira_e_mundial_a_mxdio_e_longo_prazos.pdf>

Desde 2007, os produtos básicos sinalizam uma estabilização no *quantum* importado, apresentando pequena variação entre as quantidades máxima e mínima em cada ano. Por sua vez, os produtos semimanufaturados, após período de estabilidade, começam a mostrar tendência de crescimento.

Enquanto isso, as quantidades importadas de produtos manufaturados tiveram crescimento contínuo e foram fortemente aceleradas nos dois últimos anos, impulsionadas pela demanda doméstica e pela forte valorização do real.

A leitura das características do comércio internacional do Brasil em dois momentos (1995 e 2007) permite concluir que:

a) somente uma maior nacionalização da economia permitirá ao Brasil superar o atraso tecnológico que o torna dependente da importação de produtos industrializados.

b) mesmo com os esforços desenvolvimentistas do Estado, o Brasil conserva sua vocação agrícola, já que a exportação de *commodities* é suficiente para custear a importação de produtos industrializados.

c) embora o Brasil se equipare em termos de competitividade com outros países industrializados, o forte crescimento do mercado interno exige a importação de manufaturados.

d) apesar da posição do Brasil na Nova Divisão Internacional do Trabalho, o país ainda mantém a dependência na importação de produtos de alto valor agregado.

e) o fato de as atividades industriais manterem-se fortemente concentradas explica a baixa produção e a necessidade de importação de bens manufaturados.

5 (Enem 2013)

Disneylândia

"Multinacionais japonesas instalam empresas em Hong-Kong
E produzem com matéria-prima brasileira
Para competir no mercado americano
[...]
Pilhas americanas alimentam eletrodomésticos ingleses na Nova Guiné
Gasolina árabe alimenta automóveis americanos na África do Sul
[...]
Crianças iraquianas fugidas da guerra
Não obtêm visto no consulado americano do Egito
Para entrarem na Disneylândia"

ANTUNES, A. Disponível em: <http://www.arnaldoantunes.com.br/new/sec_discografia_todas.php?page=2>. Acesso em: mar. 2014.

Na canção, ressalta-se a coexistência, no contexto internacional atual, das seguintes situações:

a) Acirramento do controle alfandegário e estímulo ao capital especulativo.

b) Ampliação das trocas econômicas e seletividade dos fluxos populacionais.

c) Intensificação do controle informacional e adoção de barreiras fitossanitárias.

d) Aumento da circulação mercantil e desregulamentação do sistema financeiro.

e) Expansão do protecionismo comercial e descaracterização de identidades nacionais.

Exercícios complementares

1 (UFSM-RS 2014)

Asserção		Razão
O novo paradigma tecnológico do mundo atual, com as inovações tecnológicas e as descobertas científicas a elas associadas, como o desenvolvimento de novos materiais, a biotecnologia e a microeletrônica, tem contribuído para modificar as sociedades e as sociabilidades em escala global,	**porque**	os desenvolvimentos de novas tecnologias de informação e comunicação, como a internet e os telefones celulares, tornaram possível ampliar e consolidar o processo de globalização do mundo contemporâneo, fazendo com que a tecnologia penetrasse em todas as esferas da vida humana.

Assinale a alternativa correta.

a) Asserção correta, razão correta, e a razão justifica a asserção.

b) Asserção correta, razão correta, mas a razão não justifica a asserção.

c) Asserção correta, razão errada.

d) Asserção errada, razão correta.

e) Asserção e razão erradas.

2 (Uerj-RJ 2014)

"O que unia toda a oposição ao programa de Margaret Thatcher era uma suspeita de que a filha do merceeiro estava determinada a monetarizar o valor humano, de que ela não tinha coração. Mas, se os leitores de hoje voltassem no tempo até o fim dos anos 70, poderiam ficar irritados ao descobrir que a programação da TV do dia seguinte era um segredo de Estado que não se compartilhava com os jornais. Thatcher transformou de tal maneira a vida cotidiana que hoje mal nos damos conta. A morte de Margaret Thatcher, em abril de 2013, ocasionou muitos debates na imprensa acerca de suas ações como primeira-ministra do Reino Unido entre 1979 e 1990, como exemplifica o texto."

McEWAN, Ian. *Folha de São Paulo*, 14 abr. 2013.

No contexto internacional da época, a política econômica da governante britânica foi associada a estratégias vinculadas à prática do:

a) fordismo

b) trabalhismo

c) corporativismo

d) neoliberalismo

3 (Uerj 2014)

Produção tecnológica no mundo

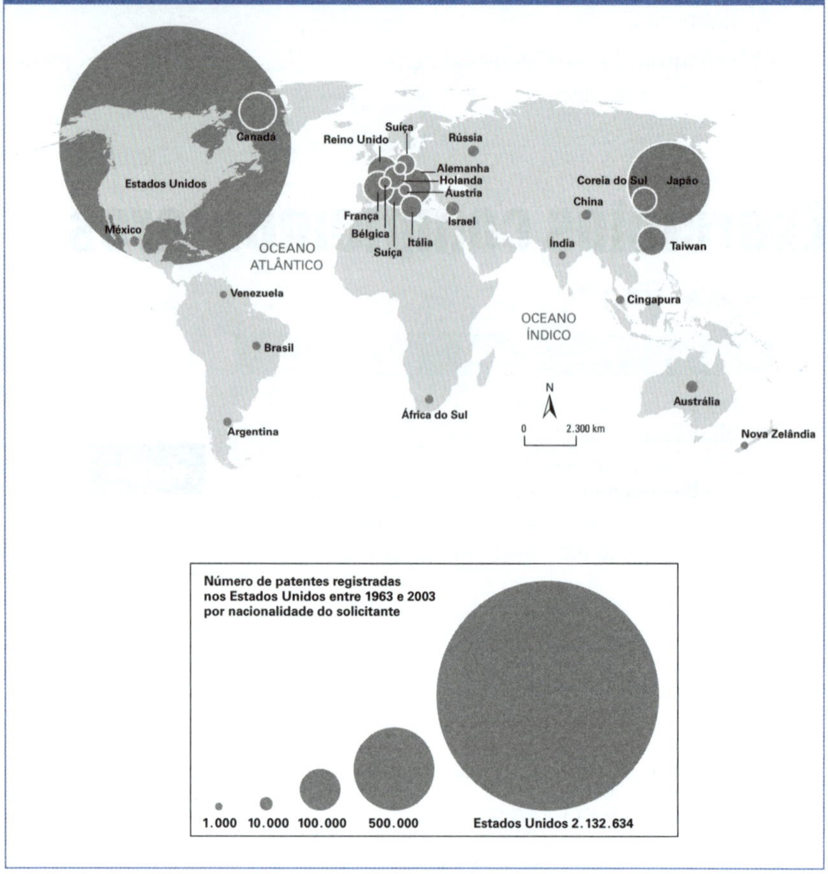

Fonte: elaborado com base em *Le Monde Diplomatique II*. Buenos Aires: Capital Intelectual, 2006.

A distribuição espacial da produção técnico-científica entre os países, parcialmente apresentada no mapa, é um dos fatores que explicam as desigualdades socioeconômicas entre as nações. Pela importância do mercado consumidor norte-americano, quase todos os produtos ou tecnologias relevantes desenvolvidos no mundo são registrados nesse país.

Um resultado dessa espacialidade diferenciada é a formação de um grande fluxo financeiro internacional para as empresas dos países desenvolvidos.

Esse fluxo está mais adequadamente associado a:

a) pagamentos de licenças.

b) capitais para especulação.

c) compensações de impostos.

d) investimentos em infraestrutura.

4 (UCS-RS 2014) Os blocos regionais surgiram devido às reformas econômicas impulsionadas pelo processo de globalização, pelo desenvolvimento das comunicações e pela ampliação das trocas comerciais. O objetivo era facilitar o comércio entre os países-membros. Analise a veracidade (V) ou a falsidade (F) das proposições a seguir sobre os blocos econômicos.

Assinale a alternativa que completa correta e respectivamente os parênteses, de cima para baixo.

	Nível de integração	Características/objetivos	Exemplos
( )	Zona de livre comércio	Eliminação de algumas barreiras tarifárias e de tarifas que incidem sobre o comércio entre os países do grupo.	Mercosul
( )	União econômica e monetária	Os países-membros de uma zona de livre comércio adotam uma mesma tarifa nas importações provenientes de mercados externos, a Tarifa Externa Comum (TEC), com moeda única.	Nafta
( )	Mercado comum	Adoção de níveis tarifários preferenciais: tarifas comerciais entre os países-membros do grupo são inferiores às tarifas cobradas de países não membros.	União Europeia

a) V-V-V
b) V-F-F
c) F-V-V
d) V-F-V
e) F-F-F

5 (Unicamp-SP 2014)

Cinco primeiros destinos das exportações de mercadorias brasileiras (2011)

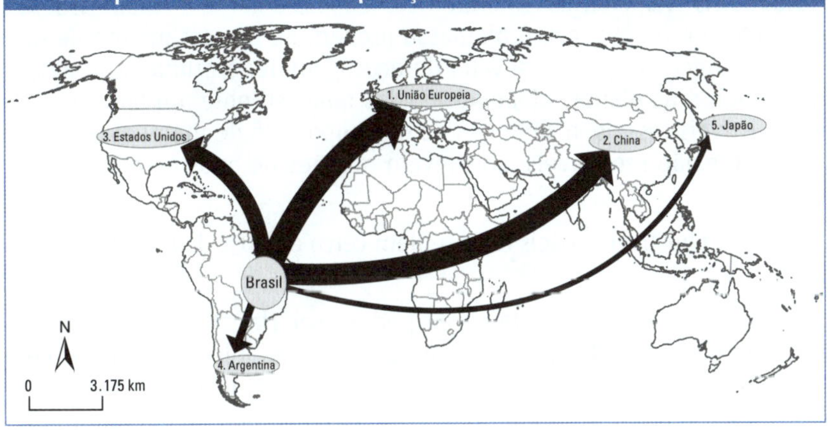

Fonte: Organização Mundial do Comércio (OMC), 2012.

Considerando os Blocos Econômicos, a União Europeia (27 países em 2011) permanece como relevante importador de mercadorias brasileiras. Considerando os países individualmente, a China vem se destacando, desde 2009, como o principal destino das exportações brasileiras: em 2005 era o terceiro importador brasileiro, atrás da Alemanha (1º) e dos EUA (2º). Outro destaque importante das relações comerciais do Brasil é a Argentina: nos últimos dez anos, o valor das exportações para esse país saltou de US$ 5 bilhões para US$ 23 bilhões.

a) Quais são os principais produtos que o Brasil exporta para a China?

b) Fator Agregado é um conceito que agrupa os produtos exportados em três categorias: básicos, semimanufaturados e manufaturados. Considerando o Fator Agregado, qual é a categoria de produtos que o Brasil mais exporta para a Argentina e que contexto institucional tem permitido avançar numa melhor integração com os vizinhos brasileiros da América do Sul?

Energia e transportes

Boris Roessler/AFP

1. Energia no mundo atual

O grau de desenvolvimento econômico de um país tem relação direta com o consumo de energia. Os países desenvolvidos são grandes consumidores de energia devido ao dinamismo da sua economia e ao elevado padrão de consumo de sua população.

As fontes de energia podem ser classificadas em **renováveis** e **não renováveis**. As energias hidrelétrica, eólica, solar e a biomassa são exemplos de renováveis. A biomassa provém do processamento de matéria orgânica viva, como a cana-de-açúcar, matéria-prima da produção do etanol, e as plantas oleaginosas, das quais se obtém o biodiesel. Os combustíveis fósseis, resultantes da decomposição de material orgânico, são fontes não renováveis, pois levam milhões de anos para serem formados.

Os combustíveis fósseis representam cerca de 80% da matriz energética mundial.

As fontes de energia também podem ser classificadas em **primárias**, quando utilizadas sem transformação, como a lenha queimada em um fogão, e **secundárias**, quando o calor gerado é destinado, por exemplo, a uma termelétrica, para obtenção de outro tipo de energia (a eletricidade).

Podem ainda ser classificadas em **convencionais** – a base energética da sociedade na qual vivemos, como o carvão, o petróleo, o gás natural e a hidreletricidade – ou **alternativas**, que constituem uma possibilidade ao modelo energético tradicional, tanto por sua disponibilidade como por seu menor impacto ambiental.

Petróleo

A formação do petróleo deve-se à alteração de matéria orgânica vegetal ou animal de origem oceânica retida no subsolo. Assim, encontra-se petróleo nos subsolos oceânicos ou em locais que estiveram cobertos por mares (terrenos sedimentares do Período Cretáceo da Era Mesozoica e do Período Terciário da Era Cenozoica).

A maior parte da produção mundial é destinada à produção de combustível para o setor de transporte, para as atividades industriais, para a calefação doméstica e para a geração de energia termelétrica.

É utilizado também na indústria química, como matéria-prima para a produção de plásticos, borrachas, solventes, cosméticos, medicamentos, detergentes, tintas, fibras sintéticas e fertilizantes.

As mais importantes reservas mundiais de petróleo estão concentradas em algumas poucas regiões: Oriente Médio (cerca de 48%), Golfo do México,

Planisfério: principais produtores e maiores reservas de petróleo – 2012

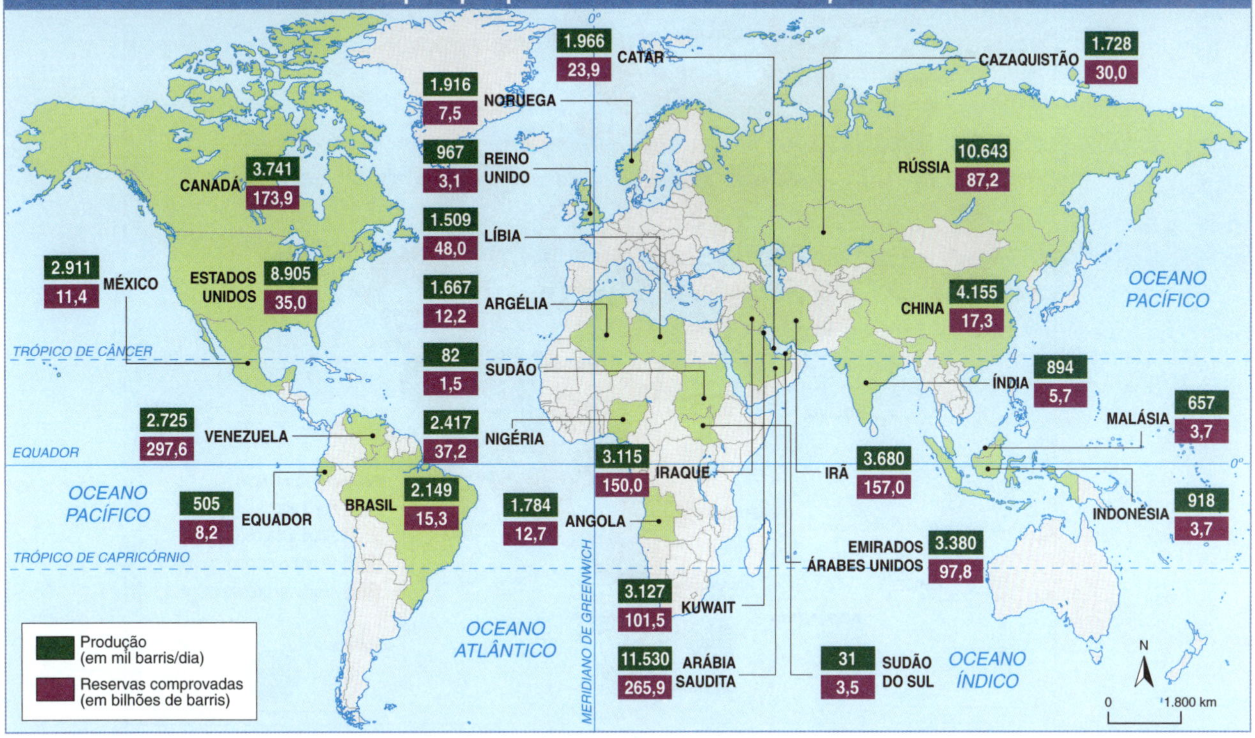

Fonte: AGÊNCIA NACIONAL DO PETRÓLEO, GÁS NATURAL E BIOCOMBUSTÍVEIS (ANP). *Anuário estatístico 2013*. Disponível em: <www.anp.gov.br>. Acesso em: abr. 2014.

sul dos Estados Unidos, Lago de Maracaibo e Bacia do Rio Orinoco (Venezuela), Sibéria (Rússia) e Golfo de Bohai (China).

Arábia Saudita, Rússia, Estados Unidos, Irã, China, México e Canadá são os maiores produtores, responsáveis por cerca de 90% do petróleo produzido no mundo.

2. Fontes de energia no Brasil

A atual matriz energética brasileira é resultante de políticas nacionais de desenvolvimento adotadas no decorrer do processo de industrialização do Brasil, especialmente a partir de 1960.

No que se refere às possibilidades de geração de energia, o Brasil apresenta grande vantagem em relação à maioria dos países, pois as condições naturais – clima, relevo, hidrografia, solo, estrutura geológica – e a extensão territorial brasileiras permitem que o país disponha de várias opções energéticas, muitas delas renováveis e menos poluentes que os combustíveis fósseis. No entanto, esses combustíveis (petróleo, carvão mineral e gás natural) perfazem cerca de metade da oferta de energia primária no Brasil.

No Brasil, o uso de energia renovável é de quase 45%, bem acima da média mundial, que está por volta de 11%.

Energia hidrelétrica

A energia hidrelétrica é a principal fonte de eletricidade do Brasil, responsável por mais de 80% do total da energia elétrica gerada no país. No território brasileiro estão algumas das maiores hidrelétricas do mundo, como Itaipu e Tucuruí, e estão sendo construídas outras, como as de Santo Antônio e Jirau (RO), no Rio Madeira, e Belo Monte (PA), no Rio Xingu.

Apesar de a fonte hídrica ser renovável, poupar o país da necessidade de importar energia e ainda possuir grande potencial para ser explorado no Brasil – cerca de 65% do total – diversas críticas podem ser feitas a esses investimentos, entre elas: a concentração de grandes projetos na região da Amazônia e os impactos ambientais e sociais que produzem.

De modo geral, as principais bacias dos estados do Nordeste (São Francisco) e do Sudeste e Sul (Paraná) têm seu potencial hidrelétrico bastante aproveitado. Já a Amazônica, com grande potencial excedente, tem sido alvo dos grandes investimentos em usinas hidrelétricas. Apesar do argumento de que elas podem beneficiar todo o Brasil, a transmissão dessa energia para o Centro-Sul tem um custo muito alto, em razão das enormes distâncias. Veja o mapa da página seguinte.

Brasil: potencial hidrelétrico por bacia hidrográfica – 2012

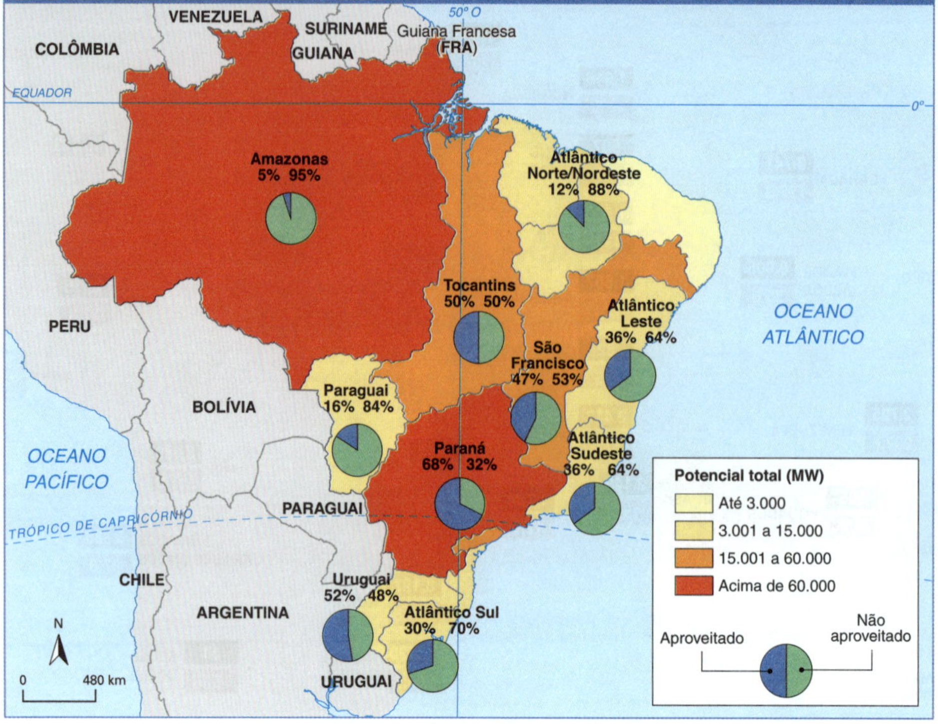

Fonte: ELETROBRAS. Disponível em: <www.eletrobras.com>. Acesso em: abr. 2014.

Gás natural

O gás natural polui menos e contribui com 22% da termeletricidade gerada no mundo. O governo estimulou investimentos em termelétricas movidas a gás natural para solucionar o problema do déficit energético e evitar novo racionamento.

Destacam-se, como produtores, especialmente os EUA, a Rússia, o Canadá e os países do Oriente Médio, sobretudo o Irã.

O Brasil é dependente do gás natural e importa cerca da metade do que consome. Nesse contexto, o governo brasileiro apoiou a construção de um gasoduto, concluído em março de 2000, que liga Santa Cruz de la Sierra, na Bolívia, a estados do Sul e Sudeste brasileiros.

Carvão mineral

O carvão é formado pela deposição de restos orgânicos vegetais em ambientes subaquáticos continentais. Geologicamente formou-se no paleozoico e historicamente marcou a Primeira Revolução Industrial.

Atualmente, os maiores produtores são: China, Estados Unidos, Índia, Austrália, Indonésia, Rússia, África do Sul, Alemanha, entre outros.

A queima de carvão acentua o efeito estufa e o aquecimento global.

No Brasil, praticamente todo o carvão mineral procede da Região Sul, onde estão concentradas as reservas. O estado do Rio Grande do Sul atualmente é o maior produtor do país, seguido de Santa Catarina.

O carvão nacional, do tipo hulha, tem, em tese, grande capacidade energética; no entanto, não é de boa qualidade, pois possui elevados teores de cinza e enxofre.

O Brasil importa cerca de 50% do carvão que consome.

Carvão vegetal e lenha

O carvão vegetal é obtido pela queima de madeira a uma temperatura superior a 400 °C. Pode ser utilizado como combustível em residências, usinas siderúrgicas e termelétricas ou como elemento redutor em siderúrgicas. No Brasil, 70% da lenha provêm de vegetação nativa do Cerrado, o que provoca grande desmatamento. Apenas 30% são obtidos de árvores cultivadas para esse fim.

Hidreletricidade

Para a produção de hidreletricidade, os rios devem possuir desníveis no relevo, permitindo a construção de barragens para represamento de águas. Diversas consequências ambientais decorrem da formação de represas, como a liberação de gases de efeito estufa, destruição de formações vegetais, modificação no ciclo natural de água e comprometimento da vida aquática, deslocamento de população, entre outros.

Os países com maior potencial hidráulico são: Canadá, Rússia, Brasil, Estados Unidos e China, que respondem por mais de 50% da produção mundial de energia hidrelétrica.

Atualmente, destacam-se como grandes usinas hidrelétricas: Itaipu no Rio Paraná (Brasil/Paraguai) e Três Gargantas no Rio Yang-tse-kiang (China).

Energia nuclear

Energia nuclear é a obtenção de eletricidade por meio de usina termelétrica cujo combustível é a liberação do calor do urânio enriquecido – U^{238} – de alto poder calorífico.

Apesar de utilizar pequena quantidade de matéria-prima, a produção de energia nuclear é mais cara que a hidrelétrica e pode provocar danos ambientais (lixo atômico e riscos de contaminação radioativa).

Os principais problemas na produção e utilização são: aquecimento da água do mar, destinação do lixo atômico, acidentes e vazamentos. Há também questões geopolíticas relacionadas ao domínio da tecnologia nuclear.

A construção de usinas nucleares no Brasil fez parte de um projeto desenvolvido nos anos 1960 e 1970 entre os governos militares, que consideravam a possibilidade de produzir armamentos nucleares.

Em Angra dos Reis, no litoral sul do Rio de Janeiro, estão em funcionamento duas usinas (Angra 1 e 2) e uma terceira está em construção.

O atual projeto nuclear brasileiro (Plano Nacional de Energia) prevê a construção de quatro a oito usinas até o ano 2030.

Em 2009, porém, inaugurou-se uma usina de enriquecimento de urânio, controlada pelas Indústrias Nucleares do Brasil (INB), no município de Resende (RJ).

O governo brasileiro declara que o programa nuclear se destina apenas a finalidades pacíficas e está sujeito a inspeções internacionais da Agência Internacional de Energia Atômica (AIEA), organismo das Nações Unidas que controla as instalações nucleares.

Petróleo

A Petróleo Brasileiro S.A. (**Petrobras**), estatal criada em 1953, é responsável pelo monopólio de todas as atividades referentes ao petróleo (prospecção, extração, refino e distribuição de petróleo e derivados).

Com as crises do petróleo (1973 e 1979), a empresa decidiu explorar petróleo na plataforma continental. Na ocasião, foram descobertas jazidas de petróleo na **Bacia de Campos** (RJ), atualmente responsável por cerca de 73% da extração nacional. Outros estados produtores mais importantes são: Espírito Santo, Rio Grande do Norte, Bahia, Sergipe e São Paulo.

A partir de 1997, com o fim do monopólio da Petrobras, várias empresas internacionais ganharam concessões para explorar áreas no país.

A camada pré-sal corresponde às reservas de petróleo descobertas sob o leito oceânico. Estende-se de Santa Catarina ao Espírito Santo, destacando a Bacia de Santos. A origem remonta às eras geológicas, quando ocorreu a separação Brasil-África, formando lagos e mares interiores, com deposição de matéria orgânica no fundo. A intensificação da separação provocou a deposição de sal sobre a matéria orgânica, formando o petróleo, de excelente qualidade, via aumento de pressão e temperatura. A exploração atual exige elevados investimentos, devido à distância da costa (350 km), bem como profundidade (aproximadamente 7 mil metros), mas poderá transformar o Brasil num grande exportador. As reservas estão concentradas na Bacia de Santos e na Bacia de Campos.

Distribuição percentual das reservas provadas de petróleo, segundo unidades da federação – 2012

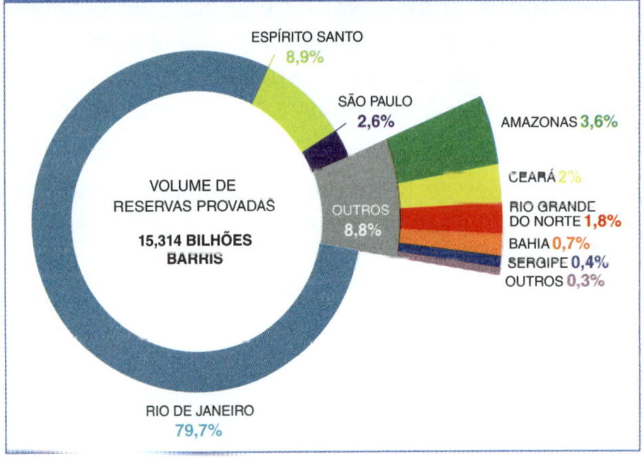

Fonte: ANP. *Anuário Estatístico Brasileiro do Petróleo, Gás Natural e Biocombustíveis*, 2013. Disponível em <http://www.anp.gov.br>. Acesso em: mar. 2014.

Fontes alternativas de energia

Para que seja considerada eficiente, uma fonte alternativa de energia deve ser capaz de manter o padrão de desenvolvimento do mundo moderno. Ao mesmo tempo, não deve agredir o ambiente, como é o caso da biomassa, da energia solar e da energia eólica.

A **biomassa** (matéria orgânica biodegradável) é composta de: madeira, folhas, restos de lavouras comerciais, palhas de arroz, plantas aquáticas, esterco animal, papel, lixo orgânico e restos de alimentos, bagaços de cana etc.

A energia da biomassa pode ser obtida de forma **direta**, por meio da queima do material, ou **indireta**, por meio da produção de um biocombustível líquido (como o etanol) ou gasoso (como o "gás do lixo"). No Brasil, usinas produtoras de açúcar e álcool estão gerando eletricidade pela queima do bagaço de cana-de-açúcar.

Energia solar (obtida de forma direta) captada por **coletores**: são placas pintadas com cores escuras (que aumentam a absorção do calor), dispostas de maneira a obter a maior exposição possível ao sol, captando seu calor. Esse método já é bastante utilizado em residências, escolas e indústrias.

Podemos citar, ainda, como fontes alternativas de energia os **ventos** (energia eólica) e as **marés**. De forma indireta, a geração de energia elétrica a partir do Sol pode ser feita em usinas, com estruturas mais complexas.

Energia eólica

Apesar da pequena participação na geração mundial de energia eólica (menos de 1%, em 2012), o Brasil tem evoluído nos últimos anos, com destaque aos estados do Ceará, Rio Grande do Norte, Santa Catarina e Rio Grande do Sul.

Etanol

As **fontes alternativas de energia** – por exemplo, energia solar, eólica, maremotriz e álcool combustível (etanol) – podem ser utilizadas no Brasil, por ser um país de grande extensão territorial e com abundantes recursos naturais.

As regiões do Brasil que mais produzem cana-de-açúcar e etanol são o Sudeste (principalmente São Paulo) e o Nordeste. O Brasil é o maior produtor mundial de cana-de-açúcar, seguido pela Índia e pela Austrália.

Proálcool

O **Programa Nacional do Álcool** (Proálcool) foi uma estratégia governamental desenvolvida, a partir dos anos 1970, por meio de incentivos fiscais e subsídios, para substituir a gasolina pelo etanol como combustível da frota nacional de veículos leves (principalmente automóveis), numa tentativa de reduzir as importações de petróleo, que vinham comprometendo a balança comercial brasileira por causa dos aumentos de preço ocorridos nas décadas de 1970 e 1980.

Entretanto, a queda dos preços internacionais do petróleo, a partir de 1986, reduziu muito a competitividade do álcool combustível, pois barateou a gasolina.

Além disso, com a alta do preço do açúcar no mercado internacional, priorizou-se a produção dessa mercadoria e chegou a faltar álcool nos postos, no final dos anos 1980, e o programa entrou em descrédito. No século XXI, o programa foi reativado e criou-se o motor bicombustível (flex).

Outro fator em jogo foi o crescente sucesso da Petrobras na prospecção e na extração de petróleo, a partir dos anos 1980 e 1990, o que reduziu a necessidade de importação do produto e o impacto da conta-petróleo na balança comercial brasileira.

Apesar desses percalços, o Proálcool permitiu ao país desenvolver tecnologia própria em todas as etapas da cadeia produtiva. No entanto, alguns problemas decorrentes do programa são a ampliação da concentração fundiária e redução da área destinada à produção de alimentos.

Biodiesel

Estima-se que, para os próximos vinte anos, o **biodiesel** seja uma alternativa interessante para o transporte de carga e de passageiros (para uso em tratores, caminhões e ônibus). No Brasil, o biodiesel tem sido produzido com etanol e óleos de soja, de mamona e dendê.

O governo tem aumentado gradativamente a mistura do biodiesel ao óleo diesel, reduzindo a poluição, além de promover a inclusão de pequenos proprietários rurais.

3. Transportes no mundo atual e no Brasil

A evolução dos meios de transporte foi um dos eventos que possibilitaram ao ser humano ocupar todo o planeta, explorar os recursos da natureza nos mais diferentes lugares, ampliar o comércio e impulsionar outras atividades econômicas.

A infraestrutura de transporte num território organiza-se na forma de redes. As redes de transporte baseiam-se nos sistemas de deslocamento de mercadorias e passageiros, sendo formadas pelas vias de navegação marítima e fluvial, ferrovias, rodovias e aerovias, além da rede de dutos.

Brasil: composição do transporte de carga – 2013

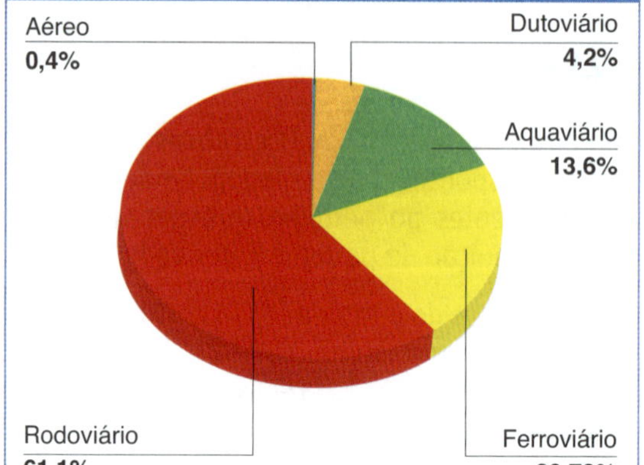

Fonte: CNT. *Boletim Estatístico 2013*. Disponível em: <www.cnt.org.br>. Acesso em: set. 2013.

A economia globalizada ampliou o volume dos deslocamentos, tanto em escala nacional como internacional. Produtos perecíveis são transportados rapidamente de um continente a outro, por via aérea ou marítima, em contêineres com refrigeração.

As principais rotas comerciais mundiais concentram-se no Hemisfério Norte, onde estão os países de maior dinamismo econômico e os principais portos e aeroportos, por onde entram e saem os grandes fluxos de mercadorias e passageiros.

No Brasil, a logística do circuito que liga as áreas de produção ao mercado interno e à exportação foi moldada a partir dos chamados corredores de exportação: eixos do território que articulam os meios de transporte e o sistema de armazenamento.

Brasil: portos dos corredores de exportação e outros – 2013

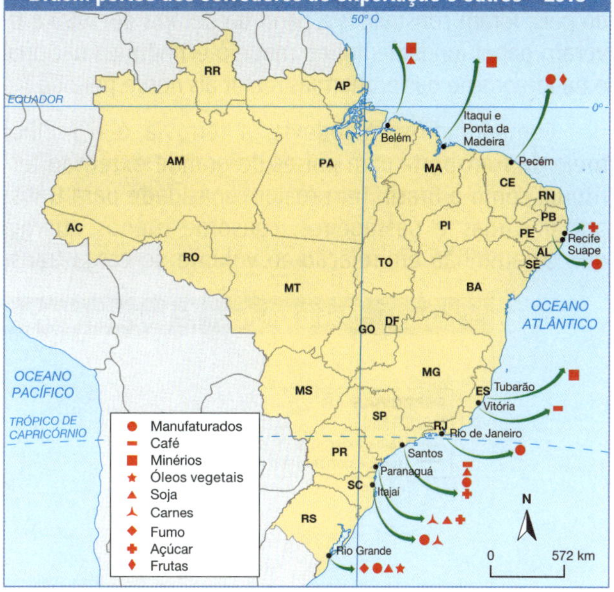

Fonte: *Atlas geográfico do Brasil*. São Paulo: Melhoramentos, 2004; MINISTÉRIO DOS TRANSPORTES. Disponível em: <www.transportes.gov.br>. Acesso em: set. 2013.

Rodovias e ferrovias

O setor de transportes no Brasil apresenta diversos problemas. Isso pode ser explicado pela grande extensão do território e pelas políticas governamentais adotadas no decorrer do século XX, que não levaram em consideração a necessidade de diversificar as modalidades de transportes no país.

O alto custo para transportar mercadorias por rodovia, das regiões produtoras até os portos nacionais, é um dos fatores que diminuem a competitividade da produção nacional no mercado externo e, em muitos casos, encarece o preço das mercadorias no mercado interno.

As rodovias no Brasil são a base do transporte de passageiros e por elas circulam cerca de 61% das cargas transportadas no país. A malha rodoviária brasileira é uma das maiores do mundo: mais de 1 milhão e 580 mil quilômetros de estradas de rodagem, mas com apenas 214 mil quilômetros pavimentados. Além disso, 70% delas estão em más condições de tráfego.

Brasil: Programa de Investimentos em Logística (concessão de rodovias) – 2013

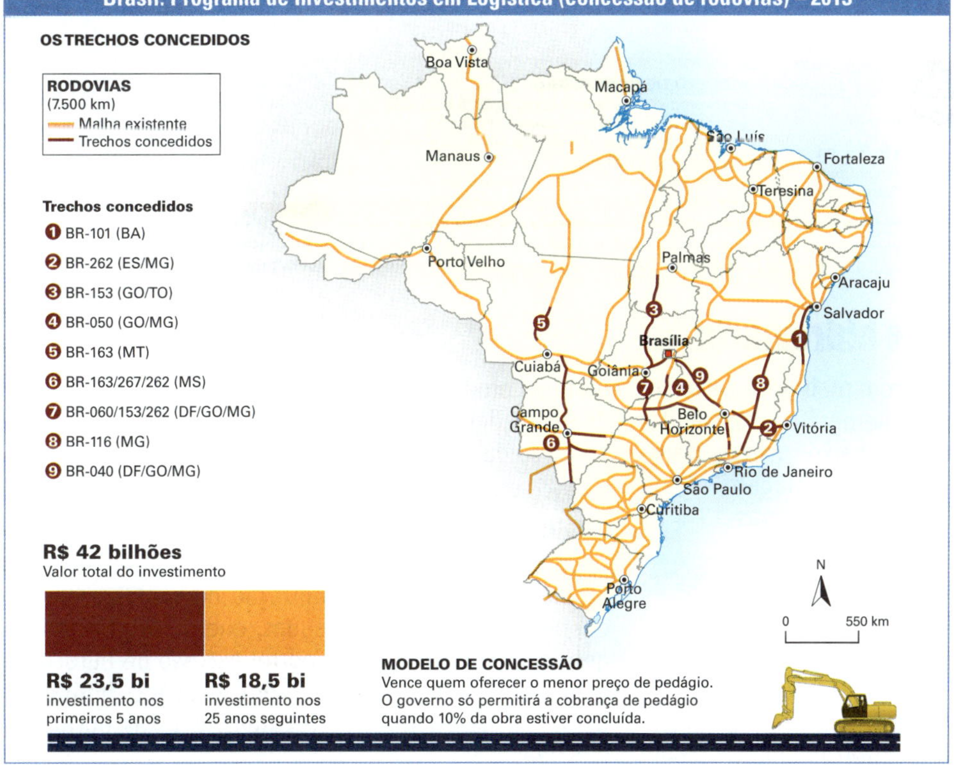

Fonte: *Folha de S.Paulo*, 16 ago. 2012. Caderno B5; Ministério da Casa Civil. Disponível em: <www.casacivil.gov.br>. Acesso em: set. 2013.

As grandes rodovias, que interligam as várias regiões do país, foram construídas a partir da década de 1950 e tiveram papel fundamental no modelo econômico nacional e na integração das economias regionais nesse período.

Comparando-se à rodovia, a ferrovia é o melhor meio de transporte para países de grande extensão territorial como o Brasil. Tem maior capacidade para transportar cargas e passageiros, consome menos energia que o caminhão em relação ao volume de carga transportado e pode ser eletrificada, não dependendo exclusivamente do petróleo como fonte de energia.

Apesar dessas vantagens, a extensão da malha ferroviária brasileira, comparada à de outros países, é muito pequena.

Em 2012, a concessão das rodovias federais entrou numa nova etapa com o "Programa de Investimentos em Logística: Rodovias e Ferrovias".

Brasil: Programa de Investimentos em Logística (concessão de ferrovias) – 2013

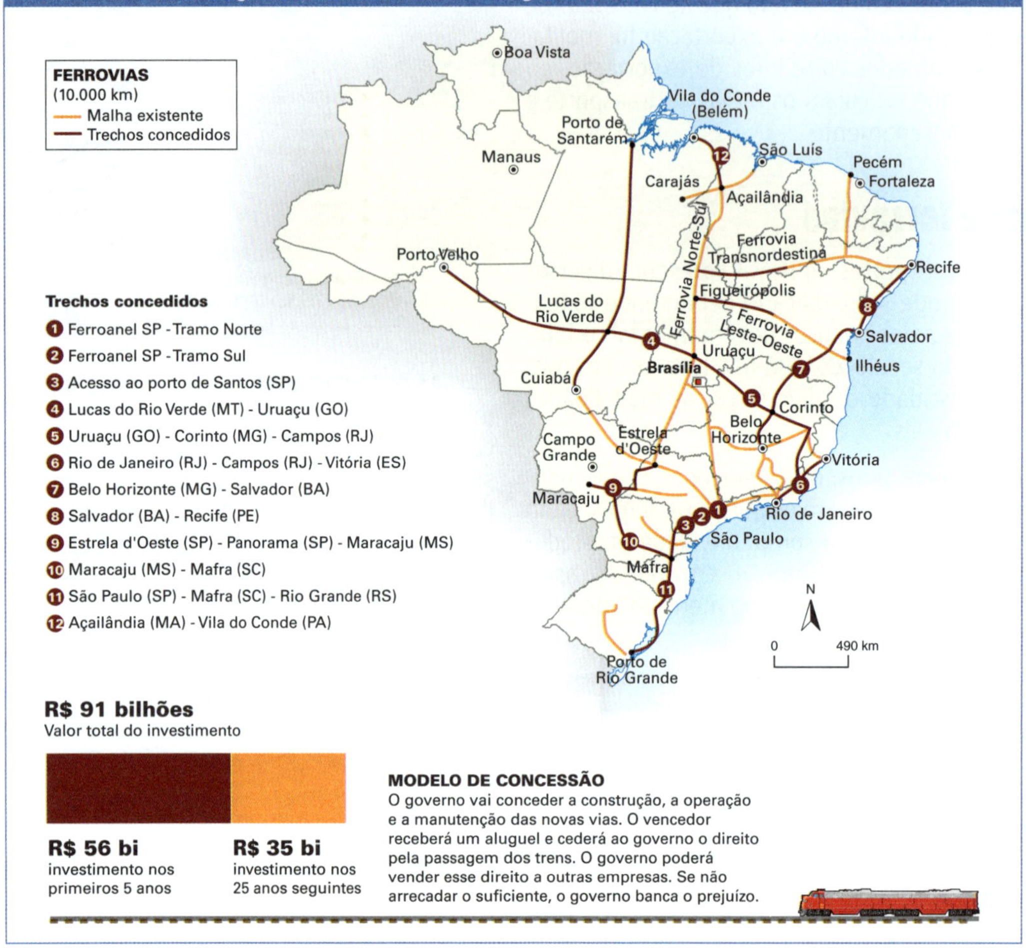

Fonte: *Folha de S.Paulo*, 16 ago. 2012. Caderno B5; Ministério dos Transportes. Disponível em: <www2.transportes.gov.br>. Acesso em: set. 2013.

Transporte marítimo e hidroviário

O território brasileiro conta com mais de 7 mil quilômetros de litoral e extensa rede hidrográfica. Apesar das condições naturais favoráveis e do baixo custo do transporte hidroviário e da navegação de cabotagem, no início do século XXI eles representavam apenas 13% da carga transportada no país.

As duas principais hidrovias do Brasil em volume de carga transportada estão integradas à rede de transporte dos países do Mercosul: as hidrovias Paraná-Paraguai e Tietê-Paraná.

A hidrovia Araguaia-Tocantins, em fase de conclusão após trinta anos de obras interrompidas, escoará parte da produção agrícola do Centro-Oeste, enquanto a do Rio Madeira já representa uma importante via de exportação da soja dessa região.

Para a navegação marítima de cabotagem e para a exportação, há vários portos instalados no imenso litoral brasileiro. Eles, no entanto, apresentam diversos problemas, como baixa utilização de contêineres; pequena profundidade das águas, que dificulta a atracagem de navios de grande porte; excesso de burocracia e demora na liberação das embarcações; limitações para o armazenamento de cargas; e taxas portuárias elevadas.

Brasil: principais portos e hidrovias – 2013

Fonte: CALDINI, Vera; ÍSOLA, Leda. *Atlas geográfico Saraiva*. 3. ed. São Paulo: Saraiva, 2009. p. 51; MINISTÉRIO DOS TRANSPORTES. Disponível em: <www2.transportes.gov.br>. Acesso em: set. 2013.

Contêineres e terminal multimodal

Até chegar ao local de destino, as mercadorias podem passar por sucessivas etapas de carga e descarga. A variedade de tipos de transportes utilizados ao mesmo tempo e entre países levou à criação de sistemas para que os processos de carga e descarga sejam realizados no menor tempo possível.

Entre os sistemas utilizados, o contêiner é o mais eficiente. São grandes caixas metálicas, de tamanho padronizado para todos os países do mundo, que se adaptam ao navio, ao trem e ao caminhão.

O armazenamento das cargas em contêineres possibilita a interligação de vários tipos de transporte: o ferroviário, o rodoviário, o hidroviário, o marítimo e o aeroviário. Os terminais que fazem essa interligação são chamados de multimodais. Alguns terminais multimodais de carga podem estar interligados a oleodutos e gasodutos, que transportam petróleo e gás natural. Nos grandes centros urbanos, também existem terminais multimodais de passageiros, os quais interligam meios de transporte como ônibus e trens urbanos, ônibus interurbanos e interestaduais e metrô.

O transporte aéreo

A estrutura dos aeroportos brasileiros ainda precisa de muito investimento para atender o crescimento do número de pousos e decolagens. Atrasos e cancelamento de voos marcaram a imagem dos principais aeroportos nacionais nos últimos anos, sinalizando que a estrutura aeroportuária, em má condição de atender ao movimento atual de passageiros, precisa de investimentos bilionários em curto prazo, para atender ao que o setor projeta para um futuro próximo.

O modelo de concessões para a exploração privada tem sido o caminho adotado pelo governo para a ampliação dos aeroportos.

Transporte urbano

Os meios de transporte de passageiros nas cidades podem ser coletivos, como ônibus, trens e metrô, ou individuais, como automóveis, motocicletas e bicicletas. Com a maior parte da população brasileira vivendo nos centros urbanos, o transporte, sobretudo nas grandes cidades (com mais de 500 mil habitantes), é serviço essencial, devendo ser tratado pelos governos municipal, estadual e federal como prioridade.

O transporte coletivo urbano insuficiente para toda a população acaba por estimular a utilização do transporte individual, elevando substancialmente o número de veículos que transitam diariamente nas grandes cidades. Isso causa enormes congestionamentos, que levam as pessoas a desperdiçar muito tempo para se deslocar da residência ao trabalho e vice-versa. O **problema da mobilidade urbana** foi uma das principais questões levantadas nas manifestações de rua ocorridas em 2013 em diversas cidades brasileiras.

Atividades

1 (Enem 2013)

"Empresa vai fornecer 230 turbinas para o segundo complexo de energia à base de ventos, no sudeste da Bahia. O Complexo Eólico Alto Sertão, em 2014, terá capacidade para gerar 375 MW (megawatts), total suficiente para abastecer uma cidade de 3 milhões de habitantes."

MATOS, C. GE busca bons ventos e fecha contrato de R$ 820 mi na Bahia. *Folha de S.Paulo*, 2 dez. 2012.

A opção tecnológica retratada na notícia proporciona a seguinte consequência para o sistema energético brasileiro:

a) Redução da utilização elétrica.
b) Ampliação do uso bioenergético.
c) Expansão de fontes renováveis.
d) Contenção da demanda urbano-industrial.
e) Intensificação da dependência geotérmica.

2 (IFBA 2014)

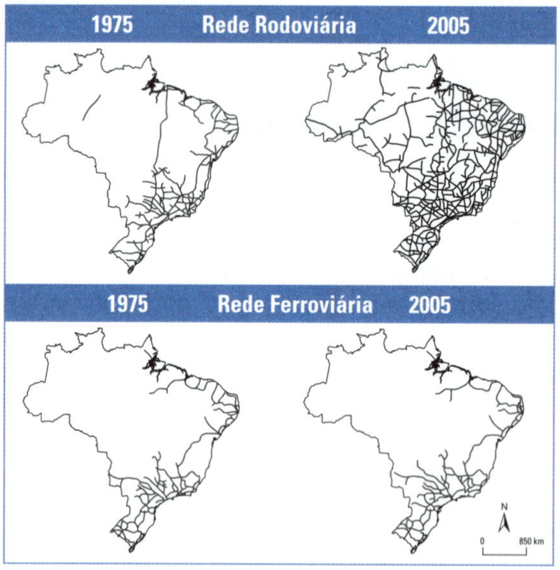

Fonte: Telles, Guimarães e Roessing, 2009. p. 9. Disponível em: <http://www.partes.com.br/2012/10/08/estado-circulacao-e-logistica-uma-abordagem-baseada-no-transporte-da-soja-no-brasil/>. Acesso em: mar. 2014.

A análise das figuras e seus conhecimentos sobre o setor de transporte brasileiro permitem afirmar que

a) a opção pelo maior investimento nas rodovias se inicia com Juscelino Kubitschek e seu "plano de metas".
b) apesar do baixo crescimento, a expansão das ferrovias, entre 1975 e 2005, ocorreu principalmente na região Norte do país.
c) o modal rodoviário recebeu maior investimento por ser mais vantajoso nos deslocamentos de longa distância.

d) durante todo o século XX, o Brasil priorizou os investimentos no modal rodoviário, abandonando o modal ferroviário.

e) entre 1975 e 2005, os investimentos em expansão da malha ferroviária foram similares aos investimentos em expansão da malha rodoviária.

3 (PUC-RJ 2014)

Brasil: portos secos no estado de São Paulo – 2011

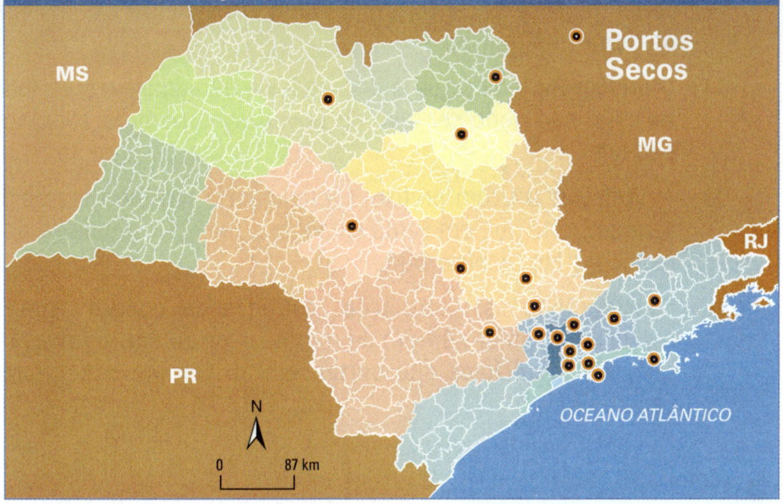

Fonte: CIDADES PAULISTAS. Disponível em: <http://www.cidadespaulistas.com.br/prt/cnt/mp-portos-secos.htm>. Acesso em: mar. 2014.

O sistema portuário brasileiro está sendo reorganizado para eliminar parte dos gargalos infraestruturais que reduzem os investimentos nacionais e internacionais no país. Chama-se atenção, nesse processo, para o crescimento e valorização cada vez maior dos portos secos no território nacional. Porto seco é:

a) um terminal intermodal terrestre diretamente ligado por estrada, via férrea e/ou aérea, em zona fora do porto, geralmente no interior.

b) uma estação aduaneira com o papel de salvaguardar todos os investimentos em tecnologias de ponta produzidos em território nacional.

c) um silo que armazena, sem impostos, a mercadoria importada por investidores nacionais para o abastecimento agroalimentar do país.

d) uma infraestrutura portuária fluvial que segue o curso dos principais rios estaduais para complementar o sistema portuário de cabotagem.

e) um sistema intermodal de transporte ferroviário e metroviário que facilita a distribuição de bens para os aeroportos e portos do país.

4 (UFSC 2014)

Brasil: os cinco trechos mais letais das rodovias federais em 2012

Rodovia	Município	Número de acidentes	Número de mortos
BR 316	Ananindeua (PA)	1.355	32
BR 381	Betim (MG)	1.084	23
BR 101	Serra (ES)	1.209	20
BR 277	Guaraniaçu (PR)	46	20
BR 040	Juiz de Fora (MG)	16	18

Fonte: *VEJA*. São Paulo: Abril, n. 2333, 7 ago. 2013.

Assinale a(s) proposição(ões) **correta(s)**.

01 - Infere-se do quadro acima que o maior número de acidentes ocorreu no Agreste, uma das sub-regiões do Complexo Regional do Nordeste.

02 - Nos últimos anos, a frota de motocicletas aumentou consideravelmente. Menos seguras que os automóveis, elas costumam ser o primeiro veículo motorizado de muitos brasileiros que ascenderam socialmente, explicando, em parte, o crescimento das estatísticas de mortos no trânsito.

04 - O prefixo BR indica que é uma rodovia de administração federal, ou seja, não pode ser alvo de privatização nem de cobrança de pedágio.

08 - As rodovias BR com prefixo 3 interligam o território brasileiro no sentido Norte-Sul; em Santa Catarina, a BR-375 estende-se de Florianópolis até Dionísio Cerqueira.

16 - Considerando as informações contidas no quadro acima, no conjunto, o maior número de mortos ocorreu em rodovias federais, em municípios que pertencem ao Complexo Regional do Centro-Sul.

5 (Cefet-MG 2014)

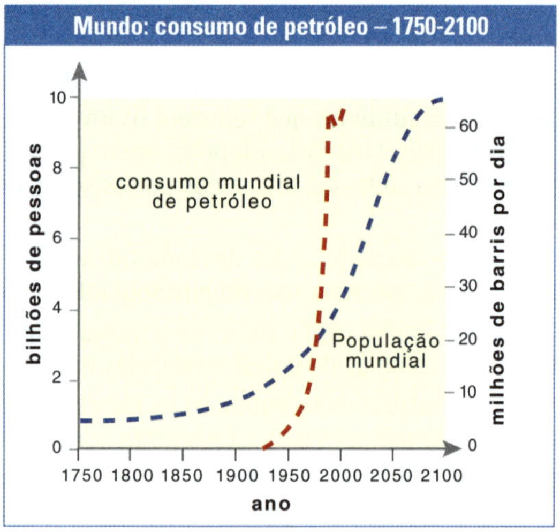

Fonte: TEIXEIRA,W. et al. *Decifrando a Terra*. São Paulo: Oficina de Textos, 2000.

Com o avanço do consumo como lógica de expansão capitalista, a demanda por energia tende a crescer em todo o mundo. A partir da análise do gráfico, é correto inferir que a(o)

a) estabilização do crescimento da população assegurará o decréscimo da utilização de petróleo.

b) consumo gradativo do combustível fóssil possibilitará a equalização do acesso ao recurso no mundo.

c) relação direta entre natalidade e utilização energética permitirá o controle de crises nos formigueiros humanos.

d) ampliação gradual do uso do hidrocarboneto revelará a inserção crescente da população no circuito consumista.

e) limitação espacial das reservas de petróleo impedirá a expansão industrial nas áreas economicamente desenvolvidas.

Exercícios complementares

1 (Unimontes-MG 2014)

"A Federação das Indústrias de São Paulo comparou indicadores de transporte do Brasil com equivalentes de países que são referência para o mundo todo. A conclusão do estudo é que, em dez anos, a eficiência de nossa infraestrutura não avançou. O Brasil é grande, mas parece maior ainda para quem leva peças de São Paulo a Manaus. 'Demora de 15 a 20 dias. O caminhão sai daqui carregado, vai até Rio Branco, de Rio Branco é transportado para a balsa e vai via fluvial até Manaus', conta o empresário José Kovacs."

Jornal Nacional. 6 mar. 2013.

Assinale a alternativa que **não** indica um dos fatores que contribuem para o problema abordado no texto.

a) A reduzida exploração do potencial de navegação dos rios.

b) As condições precárias das rodovias que cortam o país.

c) A saturação da capacidade operacional de portos e aeroportos.

d) A prioridade dada ao modal ferroviário pela política de transporte nacional.

2 (Fuvest-SP 2014) Considere o mapa esquemático do Rodoanel na região metropolitana de São Paulo.

Mapa: Brasil: Rodoanel em São Paulo (SP)

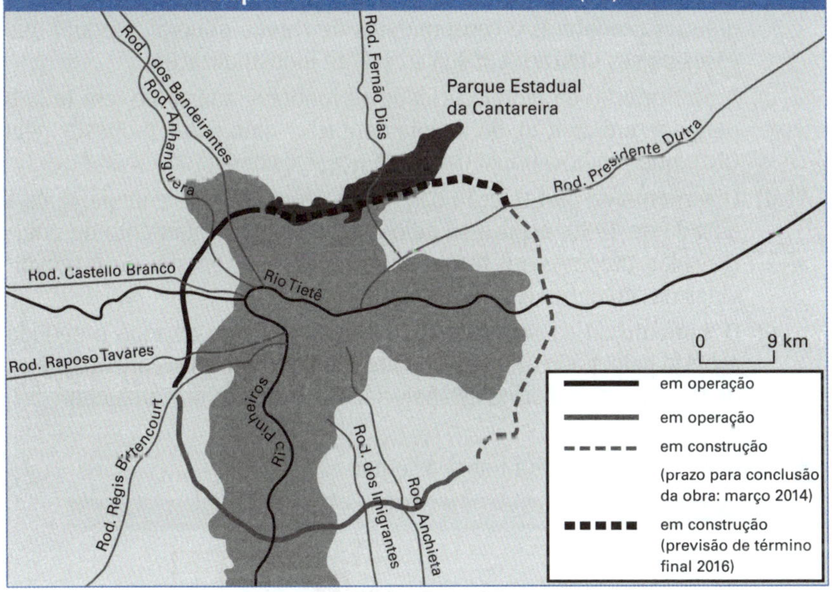

Fonte: *Dersa*. Disponível em: <http://www.dersa.sp.gov.br>. Acesso em: out. 2013.

Com base no mapa e em seus conhecimentos, atenda ao que se pede.

a) Identifique um impacto ambiental e um impacto social que poderão ocorrer nessa região com a construção do trecho norte do Rodoanel. Explique.

b) O estado de São Paulo é um importante produtor/exportador de laranja e de seus derivados. Cite uma área com importante produção no Estado e identifique, a partir do mapa, os trajetos rodoviários mais utilizados para o escoamento dessa produção até o seu principal porto de exportação.

3 (Fuvest-SP 2014) O gráfico a seguir exibe a distribuição percentual do consumo de energia mundial por tipo de fonte.

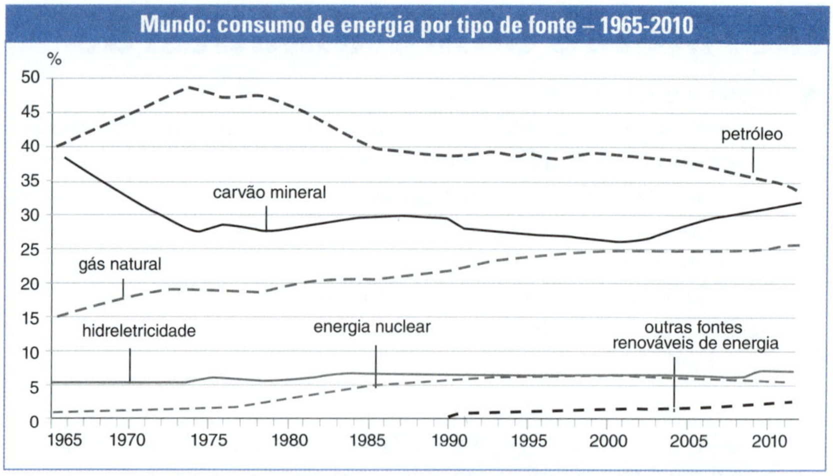

Fonte: *BP*. Statistical Review of World Energy 2012. Disponível em: <http://www.bp.com/assets/bp_internet/globalbp/globalbp_uk_english/reports_and_publications/statistical_energy_review_2011/STAGING/local_assets/pdf/statistical_review_of_world_energy_full_report_2012.pdf>. Acesso em: abr. 2014.

Com base no gráfico e em seus conhecimentos, identifique, na escala mundial, a afirmação correta.

a) A queda no consumo de petróleo, após a década de 1970, é devida à acentuada diminuição de sua utilização no setor aeroviário e, também, à sua substituição pela energia das marés.

b) O aumento relativo do consumo de carvão mineral, a partir da década de 2000, está relacionado ao fato de China e Índia estarem entre os grandes produtores e consumidores de carvão mineral, produto que esses países utilizam em sua crescente industrialização.

c) A participação da hidreletricidade se manteve constante, em todo o período, em função da regulamentação ambiental proposta pela ONU, que proíbe a implantação de novas usinas.

d) O aumento da participação das fontes renováveis de energia, após a década de 1980, explica-se pelo crescente aproveitamento de energia solar, proposto nos planos governamentais, em países desenvolvidos de alta latitude.

e) O aumento do consumo do gás natural, ao longo de todo o período coberto pelo gráfico, é explicado por sua utilização crescente nos meios de transporte, conforme estabelecido no Protocolo de Cartagena.

4 (FGV-SP 2014) Analise a figura a seguir.

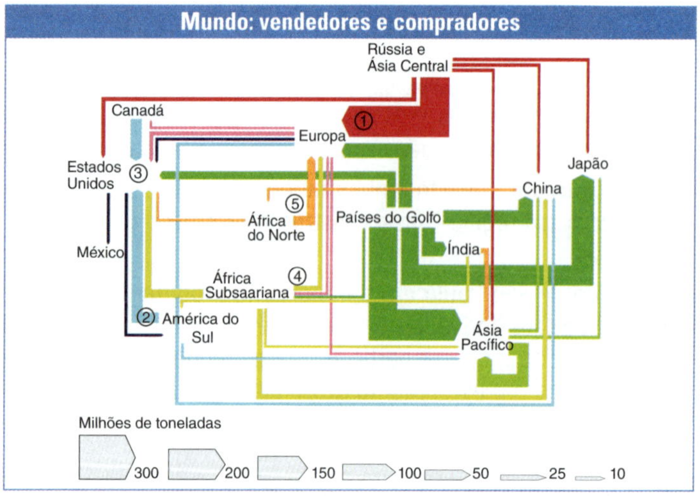

Fonte: elaborado com base em *L'Atlas 2013 Le Monde Diplomatique*. Paris: Vuibert, 2012. p. 48.

Os fluxos na figura identificam a circulação de um produto entre as áreas vendedoras e as compradoras.

Assinale a alternativa que identifica corretamente um dos fluxos numerados.

a) 1 - O carvão mineral da Rússia e dos países da CEI, principais produtores mundiais, é vendido para a Europa e a Ásia.

b) 2 - A água virtual, *commodity* valorizada no mercado mundial, é comercializada da América do Sul para os Estados Unidos.

c) 3 - O petróleo é vendido por um grande número de fornecedores de vários continentes para os Estados Unidos, grande consumidor mundial.

d) 4 - Os minérios radioativos são vendidos pelos países do Sul para as centrais nucleares de países desenvolvidos.

e) 5 - O xisto betuminoso e o gás natural são vendidos pelos países do norte da África para a Europa ocidental.

5 (PUC-RS 2014) Para responder à questão, analise a figura, que apresenta a estratificação das camadas rochosas do subsolo marinho, e preencha os parênteses com a numeração correspondente.

Brasil: camadas do pré-sal

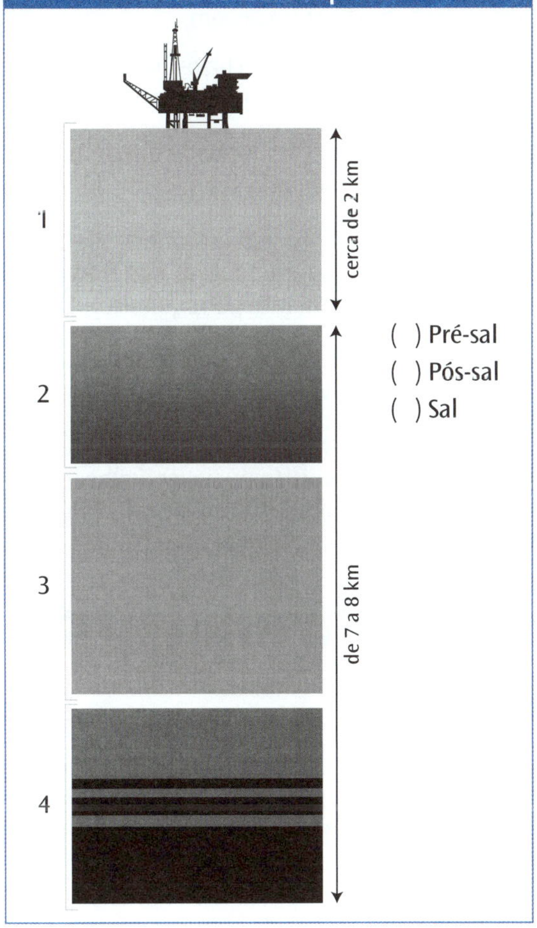

A numeração correta dos parênteses, de cima para baixo, é

a) 1 - 3 - 4

b) 2 - 1 - 3

c) 3 - 2 - 4

d) 4 - 2 - 3

e) 4 - 3 - 1

Kazohiro Nogi/AFP

1. Classificação das atividades industriais

A indústria moderna surgiu com a produção fabril inaugurada pela Revolução Industrial, com o uso de máquinas e a divisão do trabalho. Nos dias atuais, a atividade industrial utiliza tecnologias cada vez mais sofisticadas, como robôs e equipamentos de alta precisão.

As indústrias podem ser classificadas em:

- **Indústria extrativa** (extração de recursos naturais de origens diversas, principalmente de minerais).
- **Indústria de transformação** (produção de bens a partir da transformação de matérias-primas), que pode ser dividida de acordo com a finalidade em:
    - **bens de produção** – produzem matérias-primas (metalúrgica, siderúrgica, cimento, petroquímica);
    - **bens de capital** – produzem máquinas, peças e equipamentos para outras indústrias.
- **Indústrias de bens de consumo** – produzem mercadorias para consumo direto. Podem ser duráveis (móveis, aparelhos eletrônicos, eletrodomésticos, automóveis, computadores) e não duráveis (alimentos, bebidas, medicamentos, vestuário, calçados).

2. Evolução da indústria moderna

Em meados do século XVIII, ocorreu a mais profunda transformação espacial e econômica no planeta. Trata-se da **Primeira Revolução Industrial**, resultante da introdução da indústria moderna na Inglaterra e que marcou o início do capitalismo industrial. O pioneirismo da Inglaterra foi possível em função de conquistas tecnológicas aplicadas à produção de mercadorias e ao amplo excedente de capital, acumulado com a exploração de seu vasto império colonial. Com o uso do **carvão mineral** como fonte de energia e a invenção da **máquina a vapor**, incorporada às **fiações e tecelagens**, a produção industrial ganhou impulso. Os trabalhadores foram concentrados num mesmo local de produção – a fábrica –, e consolidou-se a relação de trabalho assalariado.

A industrialização expandiu-se para outros países europeus e se estabeleceu uma **Divisão Internacional do Trabalho** entre os países industriais e as regiões fornecedoras de produtos agrícolas e minerais.

A Primeira Revolução Industrial também foi impulsionada pela introdução de novos meios de transporte (ferrovia e navio a vapor) e teve como principal consequência espacial um amplo processo de **urbanização**.

Na segunda metade do século XIX, a industrialização entrou em nova fase de transformações que ficou conhecida como **Segunda Revolução Industrial**. A **eletricidade** e o **petróleo** ampliaram a capacidade de produção de energia e acrescentaram novas possibilidades à tecnologia de produção, criando condições para o desenvolvimento de produtos e invenções, como o motor a combustão. Nessa etapa a industrialização foi liderada por Alemanha, Estados Unidos e Japão.

Os principais setores desenvolvidos pela Segunda Revolução Industrial foram o **siderúrgico**,o **metalúrgico**,o **químico** eo **automobilístico**. Esses novos setores dependiam de investimentos vultosos e exigiram a associação e a participação do capital bancário e financeiro. Além disso, grandes empresas passaram a monopolizar o mercado através da formação de **trustes** e **cartéis**.

3. Terceira Revolução Industrial e nova Divisão Internacional do Trabalho

A **Terceira Revolução Industrial** está relacionada a uma série de inovações e aprimoramentos tecnológicos. Entre eles destacam-se:

- desenvolvimento e utilização da **informática** (equipamentos e programas) e forte integração desta com as **telecomunicações**;
- desenvolvimento da **microeletrônica** e da **robótica**;
- avanço nos sistemas de telecomunicações e transportes.

As grandes corporações multinacionais possuem seus próprios centros de pesquisa. Isso faz com que, em curto tempo, as inovações tecnológicas sejam aplicadas na produção de mercadorias e de serviços e difundidas mundialmente. Alguns produtos industriais, classificados em princípio como bens de consumo duráveis (especialmente os ligados aos setores de ponta, como a microeletrônica e a informática), são cada vez mais descartáveis, tornando-se obsoletos pela rapidez com que são desenvolvidas novas tecnologias.

A Terceira Revolução Industrial criou uma nova **Divisão Internacional do Trabalho**. Os países desenvolvidos têm se dedicado prioritariamente às atividades de administração e ao desenvolvimento de novos produtos. Nesses países, apenas as indústrias que envolvem tecnologia avançada (caso dos *softwares*, da biotecnologia e da tecnologia médica) expandiram suas atividades. Foram criados os **tecnopolos**, regiões que concentram o desenvolvimento de produtos que incorporam alta tecnologia, situadas próximas a universidades e institutos de pesquisas, com apoio de empresas e de investimentos governamentais. Uma boa parte dos outros setores industriais mais tradicionais foi deslocada para países subdesenvolvidos. Nesse sentido, permitiu uma desconcentração da produção industrial.

4. Tecnologias de processo de produção

A elevação da produtividade industrial não dependeu apenas das máquinas, mas também das tecnologias aplicadas ao processo de produção. No início do século XX, na **Segunda Revolução Industrial**, foram criadas novas formas de organização do trabalho e técnicas de produção industrial: o **taylorismo** e o **fordismo**.

O **taylorismo** é um sistema de gestão científica da produção industrial elaborado por Frederick Winslow Taylor. Na visão de Taylor, existia um modo certo e preciso para o trabalhador realizar uma determinada tarefa em cada etapa da produção. Esse sistema determinou os movimentos individuais de cada trabalhador para que a produção fosse realizada com o máximo de eficiência e em menor tempo.

O **fordismo** foi implantado pelo empresário estadunidense Henry Ford (1863-1947) no processo de produção de automóveis, no início do século XX. O modelo de produção fordista associava a **linha de montagem** às técnicas de organização do taylorismo. No processo de produção fordista, a mercadoria (no caso, o automóvel), deslocava-se no interior da fábrica para a realização de cada etapa de produção. O trabalhador, especializado em determinada tarefa, cumpria-a num tempo predeterminado, e o automóvel continuava a se deslocar até a instalação da última peça.

Na **Terceira Revolução Industrial** surgiu um novo processo de produção, denominado de sistema ***just-in-time*** ou **toyotismo**.

No **toyotismo** as diferentes etapas de produção, desde a entrada das matérias-primas até a saída do produto, são realizadas de forma combinada entre fornecedores, produtores e compradores. A matéria-prima que entra na fábrica corresponde exatamente à quantidade de mercadorias que será produzida, o que é feito dentro de um prazo estipulado e de acordo com o pedido dos compradores. Dessa forma, o sistema just-in-time permite **eliminar o custo de estocagem** e **reduzir os riscos dos investimentos**.

O trabalho especializado e rotineiro da linha de montagem do sistema fordista foi substituído por um **sistema flexível**, em que o trabalhador qualificado pode ser deslocado para executar diferentes funções, de acordo com as necessidades da produção de cada momento.

5. Principais centros industriais

Estados Unidos, União Europeia, Japão e China constituem as principais sedes dos principais conglomerados industriais.

Estados Unidos

Nos Estados Unidos estão localizadas as sedes dos maiores grupos empresariais do setor industrial do planeta. A produção industrial em seu próprio território está concentrada na região nordeste onde se destaca o ***Manufacturing Belt*** (Cinturão Fabril), na região dos Grandes Lagos e no nordeste do país. Nessa região industrial estão localizados: o principal **centro siderúrgico e metalúrgico**, na cidade de Pittsburg, junto às jazidas de minério de ferro do Lago Superior; alguns setores de tecnologia de ponta na ***Route 128***, em Massachusetts; e o centro tradicional da **indústria automobilística**, em **Detroit**, sede das montadoras de automóveis General Motors (GM), Ford e Chrysler.

No conjunto da produção industrial, a participação dessa região diminuiu a partir dos anos 1970. Parte das indústrias mais tradicionais foram transferidas para outros países e alguns setores como o automobilístico (com a concorrência japonesa) e metalúrgico, junto aos Grandes Lagos, entraram em decadência. A região metalúrgica passou a ser denominada de ***rust belt*** (cinturão da ferrugem). Ela ainda detém a maior concentração de indústrias do país e foi revitalizada com a instalação de indústrias de tecnologia de ponta.

Diversos polos tecnológicos de ponta têm se desenvolvido no país, sobretudo no ***Sun Belt*** (Cinturão do Sol), faixa que se estende do litoral do Atlântico ao litoral do Pacífico, passando pelo sul do território. No *Sun Belt*, destacam-se: na região sudoeste, o ***Silicon Valley*** (Vale do Silício), na Califórnia; na região sudeste, a ***Silicon Beach*** (Praia do Silício), na Flórida; no sul, a ***Silicon Prairie*** (Campina do Silício), no Texas; no nordeste, o ***Research Triangle Park***, entre outros.

A **indústria petrolífera** está concentrada nos estados do Texas e da Califórnia. No Estado de Washington destacam-se a **Boeing** e a **Microsoft**. Na Flórida e no Texas estão os principais centros da industrial **aeroespacial**, a **NASA**.

Estados Unidos: atividade industrial – Início do século XXI

Fontes: BOUVET, Christian. *Géographie terminales*. Paris: Hachette Éducation, 1998. p. 115; MATHIEU, Jean-Louis (Dir.). Géographie Term. S. Paris: Nathan, 2004. p. 113.

União Europeia

Os países da União Europeia (UE) apresentam diferenças significativas do ponto de vista industrial. Alemanha, França, Itália e Reino Unido, por exemplo, têm maior participação industrial entre os países desse bloco, enquanto Estônia, Letônia, Lituânia, Bulgária, Romênia e Eslováquia apresentam desenvolvimento industrial abaixo da média.

A UE tem várias regiões industriais tradicionais, muitas delas surgidas ainda nos séculos XVIII e XIX. É o caso de Manchester, Birmingham, Cardiff e várias cidades ao longo do Rio Tâmisa, no **Reino Unido**; dos vales do Reno e do Ruhr, onde estão as cidades de Duisburgo, Düsseldorf, Essen e Colônia, na **Alemanha**; da região de Paris, Lyon e da Alsácia-Lorena (Metz e Estrasburgo), na **França**; das cidades de Milão, Turim e Gênova, **no norte da Itália**; entre outras. Além dessas regiões tradicionais, centenas de polos tecnológicos foram instalados na UE, nas últimas décadas.

Japão

A industrialização do Japão ocorreu a partir de 1868, início da **Era Meiji**, que corresponde ao reinado do Imperador Mutsuhito (1868-1912). Nesse período foram realizadas profundas reformas voltadas para a modernização do país, tornando-o potência regional e imperialista já no final do século XIX. O período marcou o fim do xogunato (estrutura econômica de base rural e fragmentada) e o surgimento de grandes empresas industriais familiares denominadas **zaibatsus**. As *zaibatsus* foram proibidas durante a ocupação estadunidense, após a Segunda Guerra, mas ressurgiram durante o processo de recuperação econômica japonesa. É o caso, por exemplo, das empresas Mitsubishi, Mitsui e Sumitomo.

Embora derrotado pelos Estados Unidos na Segunda Guerra Mundial, o país tornou-se contraditoriamente seu aliado durante a Guerra Fria e a expansão do socialismo no extremo oriente da Ásia. Diante desse contexto o Japão recebeu apoio financeiro de seu oponente de guerra para a reconstrução do país, através do **Plano Colombo**.

Outros fatores contribuíram para a recuperação da economia industrial japonesa após a Segunda Guerra: oferta de mão de obra qualificada e barata; realização de grandes investimentos em educação e pesquisa; desenvolvimento tecnológico; incentivo à poupança interna; redução substancial dos gastos militares; e adoção de uma política agressiva de conquista de mercados externos.

Na década de 1970, o país consolidou uma base industrial apoiada na microeletrônica e na informática, com a automatização das linhas de montagem industriais; e transformações no processo de produção com a introdução do sistema ***just-in-time*** e a formação das redes de produção industrial (*keiretsus*).

China

A China é hoje o **maior produtor industrial** do planeta. O país teve um crescimento surpreendente a partir de 1976, com a morte de Mao Tse-tung. No mesmo ano, **Deng Xiaoping** assumiu a liderança do partido e do governo chinês e implantou, em 1978, uma ampla reforma econômica conhecida como "**Quatro Modernizações**" que abrangia agricultura, indústria, comércio, ciência e tecnologia. Com o objetivo de atrair investimentos, Deng Xiaoping criou as **Zonas Econômicas Especiai**s (ZEE) para acolher empresas multinacionais que tivessem interesse em produzir em parceria com empresas chinesas. Em pouco tempo as ZEE cobriram as áreas litorâneas da China, provocando uma intensa urbanização no país.

As reformas econômicas transformaram a China no país de maior crescimento econômico nas últimas três décadas, com taxas anuais entre 7% e 10% de ampliação do PIB – sempre superiores ao crescimento da economia mundial. O país dispõe de um parque industrial diversificado, com indústrias tradicionais, que fabricam bens de baixo índice tecnológico (têxteis, brinquedos, por exemplo), e bens de alto índice tecnológico (como as de computadores e de aviões) de grande competitividade internacional e é hoje a maior **plataforma de exportação do planeta**.

Tigres asiáticos

A partir da década de 1960, quatro países da Ásia (**Cingapura**, **Hong Kong**, **Coreia do Sul** e **Taiwan**) promoveram um rápido processo de industrialização. Com agilidade administrativa, competitividade, participação crescente no mercado internacional e uma política agressiva de exportações, passaram a ser chamados de **Tigres Asiáticos**.

Também de modo diferente dos países latino-americanos, os Tigres Asiáticos apoiaram-se na chamada **industrialização orientada para a exportação** (**IOE**). As multinacionais que se estabeleceram nesses países, e mesmo as empresas nacionais, tinham como objetivo principal o comércio externo. Daí a expressão "**plataformas de exportação**".

Embora cada Tigre tenha traçado seu modelo de desenvolvimento industrial, os Tigres tiveram conjuntamente forte apoio de seus respectivos governos, que criaram a infraestrutura necessária (transporte, comunicações e energia), financiaram as instalações industriais e investiram maciçamente em educação e treinamento de mão de obra.

A partir da década de 1990 este modelo foi estendido para outros países do sudeste asiático, que passaram a ser chamados de "**Novos Tigres**": Vietnã, Malásia, Indonésia, Tailândia e Filipinas.

Atividades

1 (UCB-DF 2014)

"Revolução Industrial

A primeira etapa da Revolução Industrial

Entre 1760 e 1860, a Revolução Industrial ficou limitada, primeiramente, à Inglaterra. Houve o aparecimento de indústrias de tecidos de algodão com o uso do tear mecânico. Nessa época, o aprimoramento das máquinas a vapor contribuiu para a continuação da Revolução.

A segunda etapa da Revolução Industrial

A segunda etapa ocorreu no período de 1860 a 1900. Ao contrário da primeira fase, países como Estados Unidos da América, Alemanha, França, Rússia e Itália também se industrializaram. O emprego do aço, a utilização da energia elétrica e dos combustíveis derivados do petróleo, a invenção do motor a explosão e o desenvolvimento de produtos químicos foram as principais inovações desse período.

A terceira etapa da Revolução Industrial

Alguns historiadores têm considerado os avanços tecnológicos do século 20 e 21 como a terceira etapa da Revolução Industrial. O computador, o fax, a engenharia genética, o celular são algumas das inovações dessa época."

Disponível em: <http://www.sohistoria.com.br/resumos/ revolucaoindustrial.php>. Acesso em: abr. 2014.

Quanto à dinâmica da Revolução Industrial, julgue os itens a seguir.

( ) O capital acumulado com a exploração das colônias americanas foi fundamental para que a Inglaterra promovesse a primeira Revolução Industrial.

( ) A Revolução Industrial foi também uma evolução energética. A descoberta de novas fontes de energia impulsionou e revolucionou a produção fabril.

( ) Com o advento da Terceira Revolução Industrial, a exploração da mão de obra chega ao fim. O desenvolvimento tecnológico atual exige trabalhadores qualificados e bem remunerados.

( ) A Terceira Revolução representa o momento de eliminação das barreiras tecnológicas entre os países. Eles se tornam equânimes, independentes do seu posicionamento geográfico.

( ) O Brasil, em função do seu posicionamento na divisão internacional do trabalho, participou ativamente da dinâmica das três revoluções.

2 (UEA-AM 2014) No contexto da revolução técnico-científica, governantes e empresas de países desenvolvidos, como Estados Unidos, Canadá, Alemanha, França e Japão, têm estimulado a criação de arranjos territoriais chamados tecnopolos, caracterizados por:

a) centros tecnológicos de pesquisa e desenvolvimento que apresentam concentração de mão de obra qualificada capaz de gerar novos produtos de alta tecnologia que poderão ser absorvidos pelas indústrias.

b) centros tecnológicos de pesquisa e desenvolvimento instalados em fazendas que utilizam ferramentas tradicionais e mão de obra intensiva para realizar estudos que aumentem a produtividade.

c) áreas centrais das grandes cidades que apresentam alta concentração de compra e venda de produtos tecnológicos e serviços de manutenção com mão de obra pouco qualificada.
d) conjuntos empresariais voltados para a prestação de serviços avançados a distância com o emprego de mão de obra barata adaptada ao uso de sistemas de comunicação e informação.
e) áreas centrais das grandes metrópoles que apresentam elevado dinamismo para a recepção de eventos e congressos especializados em biotecnologia e saúde para soluções de demandas em mercados emergentes.

3 (Enem 2013)

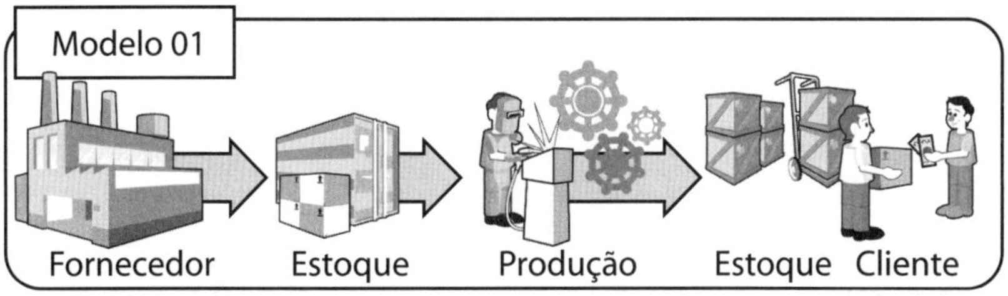

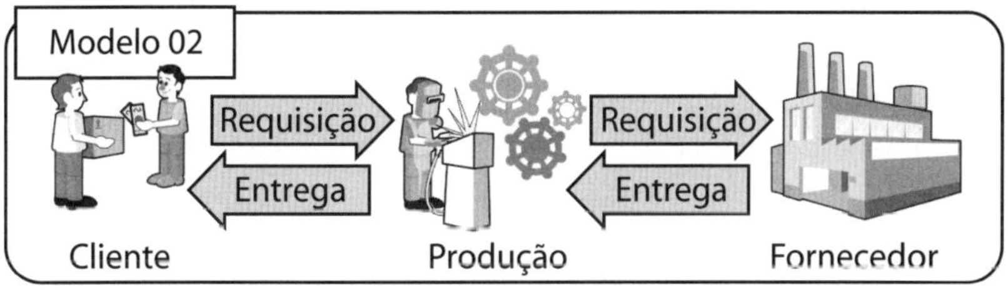

Fonte: Disponível em: <http://ensino.univates.br>. Acesso em: abr. 2014.

Na imagem, estão representados dois modelos de produção. A possibilidade de uma crise de superprodução é distinta entre eles em função do seguinte fator:

a) Origem da matéria-prima.
b) Qualificação da mão de obra.
c) Velocidade de processamento.
d) Necessidade de armazenamento.
e) Amplitude do mercado consumidor.

4 (Unicamp-SP 2014) Sobre a Revolução Informacional e suas implicações para a reorganização do mundo contemporâneo, podemos afirmar que:

a) Alguns Estados e um conjunto diminuto de grandes empresas controlam o essencial da revolução tecnológica em curso, atualizando o desenvolvimento geograficamente desigual.
b) Dado o alcance planetário do sistema técnico informacional, a população tem amplo acesso a uma informação verdadeira que unifica os lugares, tornando o mundo uma democrática aldeia global.
c) Há um acentuado enfraquecimento das funções de gestão das metrópoles, processo determinado pela descentralização da produção, apoiada no uso intensivo das tecnologias da informação e comunicação.

d) Os mais diversos fluxos de informações perpassam as fronteiras nacionais, anulando o papel do Estado-Nação como ente regulador e definidor de estratégias no jogo político mundial.

5 (PUC-RS 2014) Para responder à questão, analise as afirmativas que podem completar a frase abaixo:

A China se tornou uma potência industrial e exportadora nos últimos anos. Esse fenômeno deve-se _________.

I - às vantagens concedidas pelo governo chinês às companhias transnacionais

II - à mão de obra barata e abundante do país

III - à política de liberalização econômica, que abriu o país para investimentos estrangeiros

IV - à atuação da Comunidade Europeia do Carvão e do Aço (CECA), que unificou fretes e tarifas em toda a região

Estão corretas apenas as afirmativas

a) I e II.
b) II e III.
c) III e IV.
d) I, II e III.
e) II, III e IV.

Exercícios complementares

1 (Unimontes-MG 2014) Sobre a geografia econômica dos Estados Unidos, assinale a alternativa **correta**.

a) O território dos EUA é dividido entre a área industrial na parte leste e o setor agrícola na região oeste.

b) Os tecnopolos estão localizados nas grandes cidades da costa leste, principalmente na megalópole entre Boston e Washington.

c) A região nordeste, primeira área de industrialização, passa por mudanças econômicas com a saída das indústrias tradicionais para outros países.

d) O cinturão da plantação de laranja e produção de suco está na parte mais setentrional, próximo à fronteira com Canadá.

2 (Fuvest-SP 2013) Os centros de inovação tecnológica são exemplos de transformações espaciais originados da chamada Terceira Revolução Industrial.

Centros de Inovação Tecnológica

Fonte: *PNUD*, 2001. Adaptado.

a) Com base no mapa e em seus conhecimentos, aponte duas características da Terceira Revolução Industrial que favoreceram o aparecimento dos centros de inovação tecnológica. Explique.

b) Identifique e caracterize o conjunto de centros de inovação tecnológica destacado na porção sudoeste dos Estados Unidos.

3 (PUC-PR 2014) Hu Jintao (dirigente chinês) foi substituído em março de 2013 por Xi Jinping que terá desafios importantes a enfrentar na 2ª maior economia do planeta: corrupção, degradação ambiental, desaceleração do crescimento econômico entre outros. Com relação à China, assinale a alternativa **correta**.

a) A abertura econômica transformou a China numa das maiores plataformas de exportação de bens de consumo do mundo. Na atualidade, está entre os principais parceiros comerciais do Brasil, destacando-se em nossa pauta de exportações para esse país, a soja e o minério de ferro.

b) A China, apesar de não ser membro do Conselho de Segurança da ONU (Organização das Nações Unidas), possui participação importante nas grandes decisões mundiais tendo apoiado os Estados Unidos nos últimos conflitos ocorridos no Norte da África e Oriente Médio.

c) Apesar da crescente industrialização, o governo chinês não demonstra preocupação ambiental, visto que sua matriz energética é predominantemente limpa e renovável.

d) Recentemente, a China deu total autonomia à região do Tibete, encerrando um longo período de dominação dessa região por Pequim.

e) O crescimento chinês iniciou-se com a implantação do "socialismo de mercado" através das Zonas Econômicas Especiais, programa desenvolvido por Mao Tsé-Tung com apoio, na época, dos Estados Unidos e da Ex-URSS.

4 (UEL-PR 2014) No início do século XX, o desenvolvimento industrial das cidades criou as condições necessárias para aquilo que Thomas Gounet denominou "civilização do automóvel". Nesse contexto, um nome se destacou, o de Henry Ford, cujas indústrias aglutinavam contingentes de trabalhadores maiores que o de pequenas cidades com menos de 10.000 habitantes. O nome de Ford ficou marcado pela forma de organização de trabalho que propôs para a indústria.

Com base nos conhecimentos sobre a organização do trabalho nos princípios propostos por Ford, assinale a alternativa correta.

a) A organização dos sindicatos de trabalhadores dentro da fábrica transformou-os em colaboradores da empresa.

b) A implantação da produção flexível de automóveis garantiu uma variedade de modelos para o consumidor.

c) A produção em massa foi substituída pela de pequenos lotes de mercadorias, a fim de evitar estoques de produtos.

d) O método de Ford potencializou o parcelamento de tarefas, largamente utilizado por Taylor.

e) Para obter ganhos elevados, a organização fordista implicava uma drástica redução dos salários dos trabalhadores.

Indústria no Brasil

1. Industrialização no Brasil

No Brasil, a indústria deu seus primeiros passos ainda no século XIX. A economia cafeeira, dominante nesse período, dinamizou as atividades urbanas, estimulou a imigração europeia e gerou um empresariado nacional com capacidade de investir em alguns setores industriais. Aos poucos, formou-se um mercado interno, que se ampliou, no final do século XIX, com a abolição da escravidão e a intensificação do processo de imigração. Indústrias de alimentos, calçados, tecidos, confecções, velas, móveis, fundições e bebidas eram os setores predominantes, sobretudo no estado de São Paulo.

A crise mundial de 1929 abalou profundamente o mundo capitalista. Num primeiro momento, a depressão econômica teve efeito devastador também no Brasil. O país tinha estruturado sua economia com base no mercado externo e dependia basicamente da exportação do café, e importava grandes quantidades de bens industrializados. A crise econômica agravou, em parte, a insatisfação política, e **Getúlio Vargas** tomou o poder por meio de um golpe de Estado.

O violento corte nas importações de bens de consumo criou uma conjuntura favorável ao investimento na indústria nacional. Os produtos industrializados no Brasil passaram a ocupar então boa parte do mercado interno, antes praticamente abastecido só por produtos importados: inaugurava-se o período da **industrialização por substituição de importações (ISI)**.

A primeira metade da década de 1940, ainda no governo Vargas, foi decisiva para a criação da **infraestrutura industrial**, com a fundação da Companhia Siderúrgica Nacional (CSN) e da Companhia Vale do Rio Doce (atualmente Vale), entre outras. No segundo governo de Getúlio Vargas (1950-1954) seria criada a Petrobras (1953). Todas essas empresas tinham participação majoritária do capital estatal.

O ano de 1956 inaugurou uma nova etapa do desenvolvimento industrial, com o governo **Juscelino Kubitschek (JK)**. O modelo de substituição de importações permaneceu, mas apoiado nas multinacionais que impulsionavam o novo processo de industrialização, especialmente com a produção de bens de consumo duráveis. O projeto do governo ficou conhecido como "**desenvolvimentismo**", e foi apoiado por um slogan de forte apelo popular: "50 anos em 5".

Para atrair o capital estrangeiro, o Estado brasileiro ofereceu **incentivos fiscais** (isenção e redução de impostos) e outros benefícios às **empresas multinacionais**, investiu em infraestrutura de transportes, principalmente rodoviário e portuário, e ampliou o investimento na indústria de base (metalurgia e siderurgia) e a capacidade de geração de energia elétrica. As montadoras de automóveis estrangeiras marcaram a imagem dessa fase de desenvolvimento.

O setor de construção civil teve um desenvolvimento surpreendente (construção de cidades, inclusive Brasília, hidrelétricas, rodovias).

Os primeiros anos da década de 1960 foram marcados pela instabilidade política e pelas pressões dos movimentos sociais. Houve desaceleração da economia.

Posteriormente, os **governos militares (1964-1985)** retomaram o modelo do desenvolvimentismo, mas foram protecionistas em relação a setores considerados estratégicos. Dificultaram a importação de diversos produtos – estabelecendo uma "reserva de mercado" para as empresas nacionais –, investiram na indústria bélica (Engesa), na aeronáutica (Embraer) e no desenvolvimento da tecnologia nuclear.

O período entre **1969 e 1973**, que corresponde ao governo de Emílio Garrastazu Médici, ficou conhecido como a época do "**milagre brasileiro**", quando o PIB atingiu médias de crescimento superiores a 10% ao ano. O "milagre" foi possível devido à conjuntura externa favorável, com muitos recursos financeiros disponíveis.

Entretanto o aumento nos juros internacionais, a má gestão do dinheiro captado no exterior e a incapacidade do governo brasileiro de saldar seus compromissos externos com recursos internos levaram a uma ampliação significativa da dívida externa.

No período entre a segunda metade dos anos 1970 e a década de 1980 houve também diminuição dos investimentos estrangeiros, elevação nos gastos com a importação de petróleo e queda nos preços de diversas matérias-primas agrícolas e minerais exportadas pelo Brasil.

Eram altos os índices de inflação e de desemprego e baixos os níveis de crescimento do PIB. Esse quadro levou ao **esgotamento do modelo desenvolvimentista**.

A partir da **década de 1990**, com o governo Collor, houve uma **inserção mais profunda do Brasil no mundo globalizado**, com a adoção de **políticas neoliberais**, intensificadas nos governos de Fernando Henrique Cardoso (1995-2002), quando o país se abriu às importações e aos investimentos estrangeiros em detrimento de uma política industrial voltada para o fortalecimento da indústria nacional. A **abertura econômica** levou à falência várias indústrias nacionais.

O **processo de privatização** das indústrias de base, dos setores extrativista mineral, de distribuição de energia e de telefonia, dentre outros, resultou num processo de **desnacionalização da indústria brasileira**.

O Plano Real, lançado em 1994 para combater a inflação e estabilizar a economia, valorizou a moeda brasileira, barateando os produtos importados, mas também prejudicou o empresariado nacional. Os juros altos para inibir o crédito e atrair capital estrangeiro, além de afetar a produção interna, elevaram as dívidas interna e externa, também na medida em que provocaram déficit na balança comercial e no balanço de pagamentos.

Brasil: participação da indústria de transformação no PIB, em % – 1956-2012

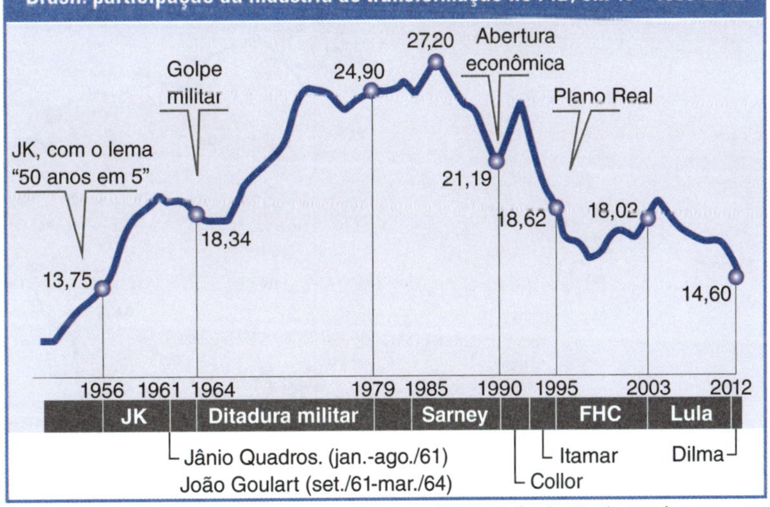

Fonte: *Folha de S.Paulo*, 27 jul. 2012. p. B6.

A polêmica da desindustrialização

A participação da indústria de transformação no PIB recuou de aproximadamente 25% em 1979 para cerca de 13% em 2012. Alguns economistas, estudiosos e empresários industriais sustentam que o Brasil perdeu competitividade em diversos setores industriais, em razão da abertura econômica e do chamado **Custo Brasil** (carga tributária elevada, infraestrutura deficitária, energia cara, excessiva burocracia exigida nos negócios, moeda valorizada, além de juros mais altos que os praticados em outros países); afirmam, ainda, que houve uma **reprimarização** das exportações, nas quais as *commodities* perfazem cerca de 50% das mercadorias vendidas. Esse processo é chamado de **desindustrialização**.

Outros economistas e estudiosos entendem que esse processo ocorre em escala mundial e que o Brasil apresentou crescimento expressivo na produção agropecuária (que é moderna) e na produção mineral, dinamizando nossas exportações, e isso beneficiou a economia nacional em seu conjunto.

Algumas medidas têm sido tomadas recentemente para melhorar a competitividade da indústria, inclusive, com a criação do **Plano Brasil Maior**, em 2011, que estabeleceu menos impostos para diversos setores industriais.

Desconcentração industrial

A economia brasileira na década de 1990 foi marcada por outro fenômeno: a **guerra fiscal**. Trata-se da competição entre estados e municípios brasileiros para a instalação de indústrias e empresas, oferecendo vantagens fiscais (isenção de impostos), terreno, infraestrutura e mão de obra acessível.

O processo de desconcentração industrial envolveu outros setores e ocorreu em todas as regiões brasileiras. No entanto, na maioria dos casos, o fenômeno foi mais marcante nos estados das regiões Sul e Sudeste do Brasil, o que leva esse processo a ser definido como uma "**desconcentração concentrada**". Além disso, os escritórios centrais das empresas industriais, onde são tomadas as decisões estratégicas sobre produção, inovação e novos investimentos, continuaram sobretudo na região metropolitana de São Paulo e nas principais regiões metropolitanas do Sudeste.

2. As principais regiões industriais

A desconcentração industrial não modificou a liderança do Sudeste, responsável por quase dois terços do valor da produção industrial nacional. Nas duas últimas décadas, a Região Sul foi a que mais aumentou sua participação, continuando em segundo lugar. A Região Nordeste também mostra uma significativa elevação (terceiro lugar). O Norte e o Centro-Oeste têm a menor participação na produção industrial (respectivamente quarto e quinto lugares), mas outras atividades têm dinamizado a economia dessas regiões.

Na **Região Sudeste** as maiores concentrações industriais estão no estado de São Paulo, que abriga 40% da produção nacional.

Brasil: distribuição espacial das empresas industriais – Início do século XXI

Fonte: *Atlas geográfico escolar*. Rio de Janeiro: IBGE, 2009. p. 136.

As principais regiões industriais do Sudeste estão dispostas nas seguintes localidades:

- ao longo da Rodovia Presidente Dutra, na região do Vale do Paraíba, que se estende de São Paulo ao Rio de Janeiro, formou-se a maior concentração industrial do país, com destaque para São José dos Campos (SP);
- as rodovias Anchieta e dos Imigrantes, além de cruzarem a região conhecida como ABCD (Santo André, São Bernardo, São Caetano e Diadema), na área metropolitana de São Paulo, atingem o polo petroquímico e siderúrgico situado no município de Cubatão (SP), na Baixada Santista;
- próximo à Rodovia Castelo Branco, a 80 km da capital do estado, merece destaque a cidade de Sorocaba;
- ligada à capital pelas vias Anhanguera e dos Bandeirantes, fica a cidade de Campinas;
- Rodovia Washington Luís, até a cidade de São José do Rio Preto, e na via Anhanguera, até Ribeirão Preto;
- no Rio de Janeiro, além da região metropolitana e do Vale do Paraíba, onde se destaca Volta Redonda;
- em Minas Gerais, a indústria concentra-se na Grande Belo Horizonte, com destaque para os distritos industriais de Betim e Contagem. Ao sul de Belo Horizonte, situa-se o Quadrilátero Ferrífero; em Ipatinga, na região do Vale do Aço, a siderurgia;

As duas principais áreas industriais na **Região Sul** são o trecho entre a Grande Porto Alegre e Caxias do Sul (RS), e a região metropolitana de Curitiba (PR). Em Santa Catarina, destaca-se o Vale do Itajaí. Na região do litoral sul do estado, nas cidades de Criciúma, Uruçanga e Araranguá, desenvolvem-se tradicionalmente a indústria de cerâmica e a extração de carvão mineral.

A indústria da **Região Nordeste** representa cerca da décima parte do valor da produção industrial do país e concentra-se em torno de três regiões metropolitanas principais: Salvador (BA), Recife (PE) e Fortaleza (CE). Os setores dominantes são tradicionais, como as indústrias têxtil e alimentícia. Cerca de metade da produção industrial do Nordeste concentra-se na Bahia, na Grande Salvador, no Centro Industrial de Aratu. Em Camaçari, também na Grande Salvador, situa-se o principal polo petroquímico da região Nordeste, além de montadoras e outros setores industriais.

Nas **regiões Norte e Centro-Oeste** predominam, em geral, indústrias tradicionais, especialmente de alimentos e bebidas, incluindo as agroindústrias. Na região Norte, porém, destaca-se a produção industrial concentrada na Zona Franca de Manaus.

É expressivo, na **Região Norte**, o setor de mineração de ferro e outros minerais, localizado na Serra dos Carajás (PA); de alumínio, do Projeto Trombetas, em Oriximiná (PA) e Paragominas (PA), e de cassiterita, no estado de Rondônia.

Atividades

1 (Urca-CE 2014) Sobre a indústria brasileira e sua distribuição espacial, assinale o que for correto.

a) O Nordeste brasileiro, sem tradição industrial, embora com grandes cidades como Fortaleza, Recife e Salvador, não participa das atividades industriais brasileiras, pois as indústrias instaladas nestas cidades capitais são de bens de capital.

b) A segunda maior área industrial brasileira é formada pelo Complexo do Carajás que inclui Manaus, Belém e São Luís, onde se encontra a maior concentração de indústrias de bens de consumo duráveis do Brasil.

c) Um processo de desconcentração industrial ocorreu no Brasil beneficiando a Região Norte que, com a criação do Mercosul, abriu um amplo mercado nos países do Cone Sul, e graças à densa rede de comunicações e de transportes, teve várias empresas nacionais e estrangeiras atraídas para essa região.

d) O Centro-Oeste é uma região carente de indústrias, merece destacar a presença da agroindústria que está ligada ao setor petroquímico, devido a forte presença de poços de petróleo nesta região.

e) A maior diversificação e maior concentração fabril do país ocorrem na capital paulista e arredores, o que se constitui no chamado ABCD paulista, que concentra hoje o maior número de empregos no setor secundário brasileiro.

2 (IFBA-BA 2014)

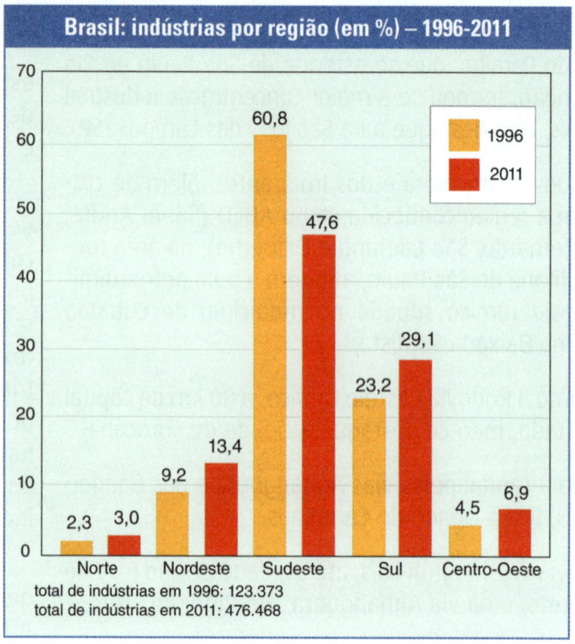

Fonte: ALMANAQUE ABRIL. Disponível em: <https://almanaque.abril.com.br/graficos_e_tabelas/Brasil>. Acesso em: abr. 2014.

De acordo com o gráfico e com base em seus conhecimentos a respeito do processo de desconcentração industrial no Brasil, é possível afirmar que

a) a desconcentração espacial das indústrias diminuiu no período entre 1996 e 2008.

b) a Região Sudeste foi a que menos sofreu redução no percentual de estabelecimentos industriais.

c) a desconcentração industrial no Brasil, no período entre 1996 e 2008, foi reduzida devido à baixa oferta de mão de obra qualificada fora das capitais.

d) o aumento de 6,3% do total de indústria na Região Sul, deve-se, em parte, a sua proximidade com os países do Mercosul.

e) as regiões Nordeste e Centro-Oeste foram as que mais aumentaram seu percentual de indústrias no total do país.

3 (UFPE-PE 2014) Em relação ao tema "industrialização do Brasil", considere o que é afirmado a seguir.

( ) A abundante mão de obra e a disponibilidade de matérias-primas, em grande quantidade e variadas, foram alguns dos fatores responsáveis pela industrialização da Região Sudeste.

( ) Foi no governo de Getúlio Vargas que a industrialização foi lançada de maneira mais eficiente. Esse presidente incentivou o nacionalismo e a criação de empresas estatais para que o país não dependesse muito do capital estrangeiro.

( ) No governo de Juscelino Kubitschek, foi criado um Plano de Metas que dedicou muitos recursos para estimular o setor de transporte e de energia, que são fundamentais à produção industrial.

( ) A atividade industrial no país, sobretudo a partir da década de 1940, caracterizou-se, ao contrário da atividade agrícola, pela marcante dispersão no espaço geográfico.

( ) A redução das importações, em decorrência da crise econômica mundial e da 2ª Grande Guerra, favoreceu o desenvolvimento industrial, livre de concorrência estrangeira.

4 (Ufal 2014) Leia os textos a seguir para responder à questão.

Texto 1

"No campo econômico, o governo estabeleceu uma política cujo objetivo era superar o modelo agrário-exportador, passando a incentivar a expansão das atividades industriais, abriu linhas de crédito para a instalação de novos estabelecimentos e estimulou a criação de conselhos, companhias e fundações para debater a questão da industrialização e da produção industrial."

Texto 2

"A economia também passou a estar diretamente subordinada ao presidente da República, que governava com o auxílio dos conselhos técnicos, o governo do Estado Novo deu muita importância à indústria nacional, para ajudar a desenvolvê-la, planejou a hidrelétrica de Paulo Afonso, no Rio São Francisco, para o fornecimento de energia; fundou a Companhia Siderúrgica Nacional, em Volta Redonda, em 1943. Sua importância foi muito grande, pois passou a fornecer aço à indústria nacional."

Disponível em: <http://keullysbraz.no.comunidades.net>. Acesso em: abr. 2014.

Os textos se referem a dois momentos distintos da Era Vargas, marcados, respectivamente, pelo(a)

a) combate a crise do café e implantação de multinacionais em território brasileiro.

b) busca de combustíveis fósseis e criação da Petrobras.

c) recuperação do preço do café e abertura da economia aos produtos estrangeiros.

d) implantação da indústria de base e expansão da industrialização nacional.

e) processo de substituição de importação e implantação da base industrial brasileira.

5 (UEL-PR 2014) A construção da cidade de Brasília fez parte do processo desenvolvimentista dos anos 1950 liderado pelo presidente Juscelino Kubitschek e seu vice, João Goulart. O projeto modernizante de JK assentava-se na política do "50 anos em 5", que preconizava, entre outras coisas, dotar o país de uma infraestrutura suficiente para sustentar a industrialização.

Com base nos conhecimentos sobre a política econômica desse período histórico brasileiro, assinale a alternativa correta.

a) Disseminou o ensino técnico para todas as regiões do país, por meio dos institutos técnicos federais.

b) Expandiu a construção de usinas hidrelétricas e abasteceu de energia o setor produtivo.

c) Implantou a Sudam, que realizou a modernização e a transformação da região amazônica.

d) Priorizou a importação de veículos automotores para o país se inserir no mercado internacional.

e) Privatizou a Companhia Siderúrgica Nacional, com a abertura do seu capital para investidores estrangeiros.

Exercícios complementares

1 (ESPM-SP 2014)

"Com investimentos de US$ 50 bi, Nordeste vira rota de grandes empresas. Já se foi o tempo em que as belas praias impulsionavam quase solitariamente a economia do Nordeste. Nos últimos anos, a região deixou de apenas atrair turistas e passou a ser receptora também de investimentos de peso, ajudando os Estados a se industrializarem."

UOL. Disponível em: <http://economia.uol.com.br/noticias/redacao/2013/02/19/com-investimentos-de-mais-de-r-100-bi-nordeste-vira-rota-de-grandes-empresas.htm>. Acesso em: ago. 2013.

Comprovam a informação fornecida na matéria:

a) A ampliação da rede hoteleira em Alagoas com a conclusão do complexo de Sauípe.

b) A consolidação da agroindústria e setor sucro-alcooleiro no sul da Bahia.

c) A instalação de uma indústria automobilística em Sergipe e Rio Grande do Norte.

d) a instalação de complexos industrial-portuários em Pecém (CE) e Suape (PE).

e) A migração da indústria siderúrgica do Sudeste para o Nordeste.

2 (Unitau-SP 2014) Desindustrialização significa a redução da participação na geração de riquezas da indústria em relação a outros setores da economia.

"A participação da indústria de transformação no Produto Interno Bruto (PIB) foi de 13,3% em 2012, retrocedendo ao nível que o setor tinha na economia em 1955, antes da implantação do Plano de Metas de Juscelino Kubitschek. Mantidas as atuais condições de crescimento, essa participação deverá cair para 9,3%, em 2029."

O Estado de S. Paulo, 28 ago. 2013.

Sobre isso, **não** podemos afirmar:

a) A desindustrialização é preocupante, pois os efeitos de encadeamento para frente e para trás são mais fortes na indústria do que nos setores agrícolas e de comércio.

b) A desindustrialização é preocupante, pois grande parte do processo de inovação tecnológica que ocorre na economia é difundida a partir do setor manufatureiro.

c) A desindustrialização pode provocar maior desequilíbrio na balança comercial brasileira, com o aumento das importações.

d) A desindustrialização é um fenômeno que tem impacto negativo sobre o potencial de crescimento de longo prazo, pois reduz a geração de retornos crescentes, diminui o ritmo de progresso técnico e aumenta a restrição externa ao crescimento.

e) A desindustrialização é um fenômeno exclusivo dos países em desenvolvimento, como o Brasil.

3 (Unicamp-SP 2014)

"Nos anos 1990, foi retomado o incentivo específico à indústria automotiva, tendo como foco a descentralização geográfica. Segundo a Anfavea (Associação Nacional dos Fabricantes de Veículos Automotores), em 2012 havia 53 fábricas em 9 Estados. Estas fábricas pertencem a 26 empresas que fabricam automóveis, veículos comerciais leves, caminhões e ônibus (9 produzem carros de passeio). Com 3,3 milhões de unidades produzidas, o Brasil é o sexto maior produtor do mundo."

O Estado de S. Paulo. Adaptado de Fatia da indústria automobilística no PIB cresce 45,6% em 11 anos. Disponível em: <http://economia.estadao.com.br/noticias/economia-geral>. Acesso em: abr. 2014.

a) A partir dos anos 1990, a distribuição geográfica da indústria automotiva no Brasil desencadeou uma forte tensão nas relações entre Estado, mercado, sociedade e território, que ficou conhecida como "guerra fiscal" ou "guerra dos lugares". Explique o que é a guerra fiscal ou dos lugares.

b) Além de São Paulo, berço tradicional da indústria automobilística brasileira, indique outros três Estados que possuem esse tipo de indústria.

4 (Uerj 2014) Acompanhando uma tendência mundial, a partir dos anos 1970, houve uma série de mudanças na localização das atividades industriais brasileiras, como representado, por exemplo, no mapa do estado de São Paulo.

Brasil: localização da atividade industrial em São Paulo (SP) – 1975-1986

Fonte: SANTOS, Douglas. *Geografia das redes*: o mundo e seus lugares. São Paulo: Editora do Brasil, 2010.

Indique duas causas para a desconcentração industrial nesse estado e duas consequências desse processo para a região metropolitana paulista.

5 (Unicentro-PR 2014) Sobre a distribuição regional das indústrias, no Brasil, assinale a alternativa correta.

a) Ainda se observa uma nítida concentração industrial na região Sudeste, sendo este um reflexo das desigualdades sociais e econômicas que marcaram a evolução política e econômica do País.

b) Os ciclos do ouro e da cana-de-açúcar desencadearam, respectivamente, os processos de industrialização das regiões Sudeste e Nordeste.

c) A liberação da mão de obra escrava, no estado de São Paulo, foi importante para o desenvolvimento da indústria local, pois os negros livres engajaram-se no processo industrial, constituindo a mão de obra principal do setor secundário.

d) A região Centro-Oeste destaca-se pela indústria pesada, ligada à construção de barragens e pela indústria aeronáutica, sediada em Brasília.

e) Por razões históricas, a indústria nordestina desenvolveu-se principalmente no sertão semiárido, pois o litoral úmido manteve o perfil da economia agrária agroexportadora de cana-de-açúcar.

Ag. Stock Images, Inc./Alamy/Glow Images

A agricultura no mundo atual e no Brasil

1. A atividade agrícola

A agricultura é uma das atividades básicas da humanidade e foi responsável pelas primeiras grandes transformações no espaço geográfico. Surgiu há cerca de 12 mil anos, no Período Neolítico, quando as comunidades primitivas passaram de um modo de vida nômade, baseado na caça e na coleta de alimentos, para um modo de vida sedentário, viabilizado pelo cultivo de plantas e pela domesticação de animais.

2. Revolução Agrícola, Revolução Verde e Biotecnologia agrícola

A Revolução Industrial foi acompanhada, também, de uma **Revolução Agrícola**, os desenvolvimentos de tecnologias elevaram a produtividade e a produção e, consequentemente, liberaram mão de obra para atender a demanda de empregos industriais urbanos.

Após a Segunda Guerra Mundial, ocorreu outro grande avanço na tecnologia agrícola, baseado na utilização de sementes geneticamente melhoradas (sementes híbridas) que ficou conhecido como **Revolução Verde**. Concebida nos Estados Unidos, apresentava-se como estratégia para combater a fome e a miséria nos países subdesenvolvidos, por meio da introdução de um "pacote tecnológico" contendo novas técnicas de cultivo, equipamentos para mecanização, fertilizantes, defensivos agrícolas e sementes híbridas (obtidas por polinização induzida e cruzada entre dois vegetais).

No entanto, a dificuldade de acesso a essas tecnologias por parte do pequeno produtor agravou a concentração fundiária e impactou negativamente a produção de subsistência.

A partir da década de 1980, disseminou-se a produção baseada na **biotecnologia**, isto é, na produção de sementes geneticamente modificadas, mais produtivas e com maior resistência às pragas, tornando-se dominante no mundo atual.

Os **organismos geneticamente modificados (OGMs)** são produzidos por grandes corporações multinacionais, como a estadunidense Monsanto, cujas mudas e sementes têm sido patenteadas. Essas variedades só podem ser utilizadas mediante o pagamento pelo uso das patentes e do pacote tecnológico desenvolvido para o cultivo. Com isso, fica reduzida a quantidade de beneficiados por essas técnicas, além de se acentuar a dependência tecnológica dos países subdesenvolvidos em relação aos desenvolvidos. Ambientalistas criticam o seu uso alegando que não existem pesquisas suficientes para avaliar os seus impactos no meio ambiente e na saúde humana.

3. Política agrícola nos países desenvolvidos

A União Europeia, os Estados Unidos e o Japão há anos estabelecem tarifas elevadas à importação de alimentos e matérias-primas de origem agropecuária. Essa **política agrícola protecionista** é um dos pontos mais importantes nas negociações no interior da OMC, já que os produtos dos países com menor desenvolvimento perdem competitividade naqueles mercados. A questão dos subsídios agrícolas mantidos pelos países desenvolvidos é um dos fatores que emperraram as negociações no âmbito da Rodada de Doha (ver p. 79 – Globalização, comércio internacional e blocos econômicos). Em 2013, nas negociações da OMC em Bali (Indonésia), foram firmados alguns acordos que podem caminhar para uma maior flexibilidade do comércio agrícola mundial e avançar nas negociações iniciadas na Rodada de Doha (2001), que até então estavam bloqueadas.

Outras **barreiras não tarifárias**, regulamentadas pela OMC, são também aplicadas para justificar o bloqueio à importação de determinados produtos agropecuários: **barreiras zoossanitárias** e **fitossanitárias**; **barreiras ambientais**, quando a produção agropecuária causa grande impacto ao meio ambiente; e barreiras relativas às práticas de ***dumping* social**, quando há superexploração da mão de obra utilizada na atividade agrícola.

Estados Unidos: espaço agropecuário – início do século XXI

* *Dry-farming*: técnica utilizada na Califórnia que consiste em revolver o solo em regiões áridas para trazer à superfície solo mais úmido.

Fonte: LANGROGNET, Michel (Dir.). *Le Grand Atlas Geo-Gallimard pour le XXIe. Siècle*. Paris: Gallimard, 2008. p. 19.

4. Agricultura na União Europeia

A União Europeia apresenta uma importante e diversificada produção agrícola, com grande aproveitamento de seus solos, em geral férteis, com uso de técnicas modernas.

O **cultivo de cereais** predomina, com destaque para o **trigo**, seu produto mais importante. Outros cereais importantes são o **centeio**, a **aveia** e a **cevada**, produtos típicos das áreas de **Clima Temperado**. O centeio substitui o trigo em áreas de clima mais frio e é importante na fabricação do pão. A aveia é produzida principalmente para alimentação do gado (forragem). A cevada é matéria-prima básica da cerveja, produto importante em vários países europeus. Os maiores produtores desses cereais são Alemanha, França, Espanha, Polônia e Reino Unido.

Nas regiões de **Clima Mediterrâneo**, destaca-se o **cultivo de oliveira** para produção de azeitonas e azeite, sendo Portugal, Espanha, Grécia, França e Itália os maiores e melhores produtores mundiais. Outro cultivo especial é o da **videira**, para produção de vinhos.

5. Agropecuária nos Estados Unidos

Os Estados Unidos são os maiores produtores e exportadores agrícola do planeta, apesar de absorverem por volta de 3% de sua população economicamente ativa nas atividades agropecuárias. A elevada produção e a alta produtividade devem-se, sobretudo, à mecanização e ao uso de tecnologias agrícolas avançadas. Acrescentam-se ainda outras características importantes:

- forte apoio do Estado aos produtores rurais, por meio de subsídios e práticas protecionistas;

- atuação em vários países do mundo, por meio de empresas que produzem, distribuem e comercializam alimentos, sementes e outros insumos agrícolas. São exemplos a **Chiquita Brands International** (ex-United Fruit), que atua sobretudo na América Central, e a **Monsanto**, a **Cargill** e a **Bunge**, que mantêm operações em vários países e estão vinculadas à produção e ao desenvolvimento de biotecnologia;

- organização do espaço agrário em **cinturões agrícolas**, onde predomina determinado produto, adaptado às condições de clima, solo e mercado.

6. Questão agrária e agrícola no Brasil

Estrutura fundiária

O **Brasil está entre os países com a maior concentração da propriedade rural da América** e é um dos mais desiguais do mundo nesse quesito. De acordo com dados oficiais, a distribuição de terras vem se mantendo, desde o Censo Agropecuário de 1985, praticamente inalterada.

Brasil: estrutura fundiária – 2012		
Tamanho dos estabelecimentos (em ha)	% dos estabelecimentos	% da área ocupada pelos estabelecimentos
Menos de 10	31,01	1,32
De 10 a menos de 100	53,58	14,66
De 100 a menos de 500	11,97	21,35
De 500 a menos de 1.000	1,82	10,33
De 1.000 a menos de 5.000	1,45	24,77
Mais de 5.000	0,17	27,57

Fonte: MINISTÉRIO DO DESENVOLVIMENTO AGRÁRIO (MDA) e INSTITUTO NACIONAL DE COLONIZAÇÃO E REFORMA AGRÁRIA (Incra). *Relação total de imóveis rurais Brasil* (abril 2012). Disponível em: <www.incra.gov.br>. Acesso em: set. 2013.

A **grilagem**, praticada no Brasil desde o século XIX, foi uma das principais responsáveis pela concentração de terras no meio rural.

O problema da concentração da propriedade rural no Brasil remonta ao período colonial. Em **1850**, a chamada **Lei de Terras** consolidou o domínio do latifúndio no Brasil. De acordo com essa lei, as terras só poderiam ser vendidas pelo governo, que estabelecia preços elevados (muito acima do mercado), comercializava apenas grandes áreas e exigia dos compradores pagamento à vista.

Em **1964**, no governo de Castelo Branco, foi criado o **Estatuto da Terra**, reconhecendo-se a necessidade da reforma agrária no Brasil, mas a reforma agrária, objetivo principal do Estatuto, não saiu do papel.

Nas décadas de **1990 e de 2000**, multiplicaram-se as pressões pela reforma agrária, e foi nesse período que ocorreu também o **maior volume de assentamentos**. Mesmo assim, continua grande o número de trabalhadores que reivindicam terras para trabalhar.

Conflitos fundiários

A luta pela terra ganhou impulso no século XIX, por causa das ideias liberais europeias e dos ideais socialistas, que influenciaram vários movimentos populares ao redor do mundo. No Brasil, essa luta envolveu indígenas, posseiros, grileiros, pequenos proprietários, grandes fazendeiros e até empresas dos mais variados ramos de negócio.

No século XX, dois movimentos de trabalhadores rurais ganharam destaque no país: as **Ligas Camponesas**, nas décadas de 1950 e 1960, e o **Movimento dos Trabalhadores Rurais Sem-Terra** (**MST**), fundado oficialmente em 1984, após o fim da ditadura militar, cujos integrantes são desempregados do campo e da cidade, antigos boias-frias, operários, trabalhadores da construção civil, empregados de fazendas. A estratégia do MST baseia-se em fazer pressão permanente sobre os órgãos do governo responsáveis pela questão da terra, valendo-se da ocupação de latifúndios improdutivos, manifestações públicas e passeatas.

Sistemas de uso da terra e relações de trabalho no campo

Identificam-se duas formas de exploração da terra: a **direta**, feita pelo próprio proprietário, e a **indireta**, feita por alguém que não detém a posse da terra.

Uma forma de exploração indireta é aquela em que o proprietário aluga a terra para ser explorada por terceiros. Essa modalidade chama-se **arrendamento**, e o pagamento pelo aluguel pode ser efetuado mensal, semestral ou anualmente, dependendo do acordo prévio entre o proprietário e o arrendatário.

Na **parceria**, o proprietário cede a terra para ser explorada por uma determinada atividade agrícola ou pela criação de animais. Mediante acerto prévio, o parceiro remunera ao proprietário um valor correspondente a certo percentual do que for colhido ou dos animais abatidos.

Na exploração direta, o proprietário contrata trabalhadores e remunera-os pelo trabalho executado. O vínculo empregatício entre o proprietário e os trabalhadores pode se dar de diversas formas:

- **Trabalho assalariado**: muitos proprietários rurais preferem estabelecer com os funcionários uma relação de trabalho que respeita as leis vigentes, pagando um salário mensal, registrando-os regularmente e garantindo-lhes direitos trabalhistas.
- **Morador** (ou **agregado**): até a década de 1960, era comum o proprietário manter o trabalhador rural morando em casas construídas nas propriedades. Em geral, idênticas e edificadas uma ao lado das outras, essas casas compunham as chamadas **colônias**.
- **Trabalhador temporário**: também chamado boia-fria, trabalha quase sempre sem registro e apenas durante determinados meses do ano (na colheita ou no plantio); fora dessa época, é dispensado.

O grileiro

Chama-se grileiro a pessoa que tenta se apossar da terra de terceiros por meio de uma falsa escritura de propriedade.

O posseiro

Posseiro é a pessoa ou família que ocupa uma determinada área com policultura de subsistência.

No Brasil, principalmente em terras devolutas ou lugares com antigos conflitos agrários, são comuns os conflitos entre posseiros e grileiros. Ainda hoje, emboscadas, assassinatos e chacinas têm sido a tônica em algumas áreas das regiões Norte e Nordeste.

7. Produção agropecuária no Brasil

O agronegócio

O **agronegócio** (*agribusiness*) apresenta elevada produtividade e a coloca entre as mais competitivas do mundo. Formado por uma cadeia de produção que envolve diversos segmentos – **fornecimento de insumos**, **agropecuária**, **processamento** e **distribuição** – é o principal setor exportador brasileiro e responsável por **parcela significativa do PIB nacional** (mais de 20%). A renda gerada pelas vendas externas desse segmento concentra-se nas mãos dos grandes proprietários rurais e nas corporações do setor agroindustrial.

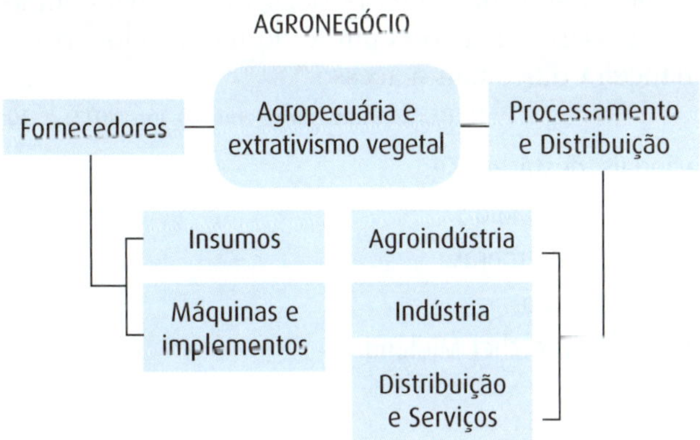

Uma questão que envolve diretamente o agronegócio no Brasil é o novo **Código Florestal Brasileiro**, conjunto de leis que normatiza a ocupação do espaço no território, com o objetivo de preservar trechos de vegetação original nacional em **Áreas de Preservação Permanentes** (**APPs**) – margens de rios, topos de morros e encostas – e **Reservas Legais** (**RLs**) – trecho que deve ser preservado em cada propriedade rural de acordo com o bioma: no da Amazônia é de 80% em floresta e de 35% em trechos de cerrado existentes nesse bioma. Nos demais biomas é de 20%. Os setores ligados ao agronegócio, representados por uma forte bancada ruralista no Congresso, fizeram muita pressão para um maior afrouxamento dessa legislação ambiental.

Agricultura no Brasil

Cerca de **65% dos alimentos produzidos** e das matérias-primas destinadas à indústria nacional no Brasil são fornecidos **pela agricultura familiar**. No entanto, os principais produtos de exportação da agropecuária são produzidos em grandes propriedades, pelo agronegócio. **O principal produto, destinado sobretudo ao mercado externo, é a soja**, que expandiu a sua área de cultivo da Região Sul para o cerrado, principalmente no Mato Grosso. Entre os produtos agrícolas do Brasil, destacam-se a **soja**, o **café**, a **laranja**, o **milho** e a **cana-de-açúcar**.

As principais áreas produtoras de trigo no Brasil estão na Região Sul, mas a produção é insuficiente para atender ao mercado interno.

Principais produtos do agronegócio e os principais estados produtores – 2012/2013

Produto	Estados produtores
Soja	Mato Grosso, Paraná e Goiás
Laranja	São Paulo (75% do total da produção brasileira), Bahia e Minas Gerais
Açúcar	São Paulo (60% do total da produção brasileira), Minas Gerais e Paraná
Etanol	São Paulo (51% do total da produção brasileira), Goiás e Minas Gerais
Milho	Mato Grosso, Paraná e Minas Gerais
Café	Minas Gerais (53% do total da produção brasileira), Espírito Santo e São Paulo
Algodão	Mato Grosso, Bahia e Goiás
Arroz	Rio Grande do Sul (66% do total da produção brasileira), Santa Catarina e Maranhão
Carne bovina	Mato Grosso, Mato Grosso do Sul e São Paulo.

Fonte: CONAB. *Indicadores da Agropecuária 2013*. Disponível em: <www.conab.gov.br>; IBGE. *Indicadores IBGE*: estatística da produção pecuária 2013. Disponível em: <www.ibge.gov.br>. Acessos em: set. 2013.

Pecuária no Brasil

A pecuária do Brasil ocupa lugar de destaque no mercado mundial, particularmente na criação de aves e bovinos.

Os dois principais sistemas de criação de gado bovino são:

Pecuária intensiva: em pequenas áreas, em regime de confinamento; a alimentação é feita à base de ração concentrada e silagem (capim, milho ou feno). Pode ser destinada ao abate, mas é principalmente destinada à produção de leite.

Pecuária extensiva: o gado é criado solto em grandes áreas e alimenta-se de pastagem natural.

Destina-se à engorda e ao abate, mas com produtividade baixa, por hectare.

Pecuária semiextensiva: trata-se de uma forma intermediária entre a criação intensiva e a extensiva. Nessa forma de manejo, durante os meses chuvosos, o rebanho é mantido nos pastos; na época da seca, o gado é recolhido e alimentado com ração e silagem. Com isso, evita-se a perda de peso dos animais.

O avanço da pecuária bovina na Amazônia provocou graves problemas ambientais com a derrubada da floresta e perda da biodiversidade.

Brasil: efetivo dos principais tipos de criação – 2012

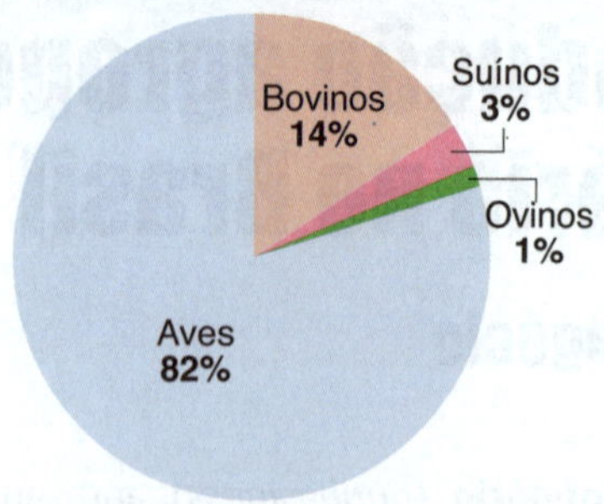

Fonte: IBGE. *Produção da Pecuária Municipal*, v. 40, 2012. Disponível em: <www.ibge.gov.br>. Acesso em: mar. 2014.

Atividades

1 (IFSUL-RS 2014)

"Uma criança morre de fome a cada 5 segundos. Existem alimentos para suprir quase o dobro da população mundial com as calorias diárias necessárias, mas o controle de multinacionais e a especulação financeira dificultam o acesso."

NABUCO, Aray. *Caros Amigos*, jun. 2013. p. 10.

Entre as multinacionais, destacam-se:

a) Panasonic, Nestlé e McDonald's.

b) Samsung, Coca-Cola e Petrobras.

c) Cargill, Bunge e Monsanto.

d) Dreyfus Brothers, Tim e Archer Midland.

2 (Enem 2013)

Texto I

A nossa luta é pela democratização da propriedade da terra, cada vez mais concentrada em nosso país. Cerca de 1% de todos os proprietários controla 46% das terras. Fazemos pressão por meio da ocupação de latifúndios improdutivos e grandes propriedades, que não cumprem a função social, como determina a Constituição de 1988. Também ocupamos as fazendas que têm origem na grilagem de terras públicas.

Disponível em: <http://www.mst.org.br>. Acesso em: abr. 2014.

Texto II

O pequeno proprietário rural é igual a um pequeno proprietário de loja: quanto menor o negócio mais difícil de manter, pois tem de ser produtivo e os encargos são difíceis de arcar. Sou a favor de propriedades produtivas e sustentáveis e que gerem empregos. Apoiar uma empresa produtiva que gere emprego é muito mais barato e gera muito mais do que apoiar a reforma agrária.

LESSA, C. Disponível em: <http://www.observadorpolitico.org.br>. Acesso em: abr. 2014.

Nos fragmentos dos textos, os posicionamentos em relação à reforma agrária se opõem. Isso acontece porque os autores associam a reforma agrária, respectivamente, à:

a) redução do inchaço urbano e à crítica ao minifúndio camponês.
b) ampliação da renda nacional e à prioridade ao mercado externo.
c) contenção da mecanização agrícola e ao combate ao êxodo rural.
d) privatização de empresas estatais e ao estímulo ao crescimento econômico.
e) correção de distorções históricas e ao prejuízo ao agronegócio.

3 (Uerj 2014) A agricultura familiar, apesar das críticas quanto à sua viabilidade econômica, mantém-se como um segmento produtivo importante do setor primário brasileiro. Observe nos gráficos as proporções percentuais do número de estabelecimentos da agricultura familiar e da área ocupada por eles por macrorregião em relação ao total do país.

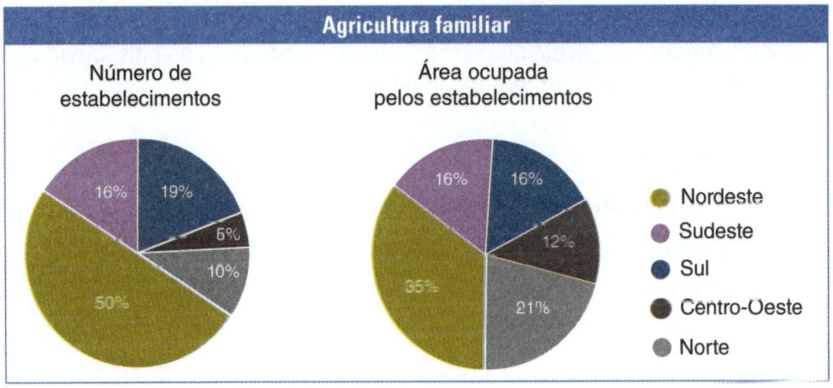

Fonte: MST. Disponível em: <www.mst.org.br>. Acesso em: abr. 2014.

O tamanho médio das propriedades familiares é maior nas seguintes regiões brasileiras:

a) Sul e Nordeste
b) Nordeste e Norte
c) Centro-Oeste e Sul
d) Norte e Centro-Oeste

4 (Unimontes-MG 2014)

"A expansão da produção agrícola para o Cerrado, onde a terra é menos fértil e as dificuldades logísticas são maiores, estimulou esse novo modelo de negócios.

A maior necessidade de investimento está no Cerrado. Lá, é preciso 'fazer o solo', no jargão do setor, o que significa promover consecutivas aplicações de nutrientes para melhorar a fertilidade. Para que os padrões da nova fronteira agrícola se assemelhem ao solo do Sul do país, demora cerca de cinco anos.

'A frase 'em se plantando, no Brasil, tudo dá' é lenda. Temos sol, mas o solo é pouco fértil em relação ao dos EUA e da Argentina. Precisamos investir na terra', diz Júlio Piza, presidente da BrasilAgro, que atua no desenvolvimento de áreas agrícolas.

Apesar do baixo valor agregado dos produtos vendidos, esse modelo de negócios proporciona boas margens de lucro. Segundo Lopes, da FGV, uma taxa de retorno de 12% é o mínimo exigido pelos investidores nessas empresas – que vão desde pessoas físicas que operam na Bolsa até fundos internacionais.

Além do lucro na operação, as empresas ganham com a valorização da terra. Segundo a Informa Economics FNP, o preço da terra de alta produtividade em Uruçuí (PI), uma das principais áreas do Mapitoba, subiu 256% de 2003 a 2013.

'Quanto mais elevado o preço da terra, mais difícil para o médio produtor encontrar área para produzir. Para o pequeno, nem se fala. O mercado acabou dando preferência a empresas maiores'."

"Megafazendas" lideram crescimento no cerrado.
Folha de S.Paulo, São Paulo, 6 out. 2013.

De acordo com o texto, podemos concluir que:

a) o rico solo do Cerrado apresenta alta produtividade, gerando lucros expressivos para as grandes fazendas.

b) a exploração agrícola do Cerrado está concentrada nos grandes produtores que possuem capital para investimento no aumento da produtividade.

c) o maior problema enfrentado pelos fazendeiros que exploram o Cerrado é a escassez de chuva.

d) a produção agrícola do Cerrado é uma das menores do país, devido ao baixo investimento em tecnologia.

5 (Urca-CE 2014)

"Canção dos sem-terra

A enxada sobe e desce na terra encharcada
Sobe e desce
A vontade do homem que a sustenta,
de ser dono da terra lavrada,
da terra tratada.
A enxada sobe e desce no massapé moreno,
Desde o nascer do sol ao cair do sereno.
A enxada cortando e a terra cavando
vai no homem plantando
a noção da injustiça que faz dele um escravo.
E a noção da injustiça lhe traz outra noção,
Que a ele pertence o tesouro maior,
A força do braço, a vontade do bravo,
Os caminhos da terra.
Então vai percebendo e daí entendendo
uma nova noção, que os caminhos da terra conduzem eles a libertação."

BRITO, Olival Honor de. *Crônicas do Milênio*. Ceará: Membro do Instituto Cultural do Cariri (Coleção Itaytera). n. 25.

No texto acima, verificam-se tanto um alerta quanto à necessidade de uma reforma agrária quanto um fato evidenciado nos últimos anos, que é o da necessidade dos trabalhadores se organizarem para conquistar seus objetivos.

As alternativas abaixo expressam corretamente os processos que envolvem as relações de trabalho e produção no campo brasileiro, **exceto**:

a) O processo de modernização na agropecuária brasileira somente foi possível a partir da promulgação da "Lei de Terras" de 1850, onde a mesma permitiu uma lenta mas efetiva reforma agrária ao longo dos anos.

b) Estudos da Pastoral da Terra denunciam que o aumento dos conflitos no campo vêm crescendo de forma vertiginosa, e que os mesmos são decorrentes, por um lado, da ação histórica arbitrária e opressiva do Estado e, de outro, da ofensiva dos trabalhadores rurais sem-terra na ocupação dos latifúndios.

c) O modelo agrícola de exportação brasileira é baseado na monocultura e apoia-se na concentração da propriedade rural, como por exemplo o cultivo da monocultura soja.

d) Mesmo com a mecanização e o avanço tecnológico, as atividades agrícolas estão sujeitas à forte influência dos fatores naturais. A interferência pode-se dar de várias maneiras, destacando-se, porém, os limites impostos pelo clima e solo.

e) Uma política consistente de soberania alimentar no Brasil passa, necessariamente, por uma Reforma Agrária ampla e massiva e por uma política agrícola de apoio às pequenas unidades de produção.

Exercícios complementares

Observe com atenção o mapa e os gráficos a seguir para responder às questões 1 e 2.

Principais países que desenvolvem organismos transgênicos – 2011

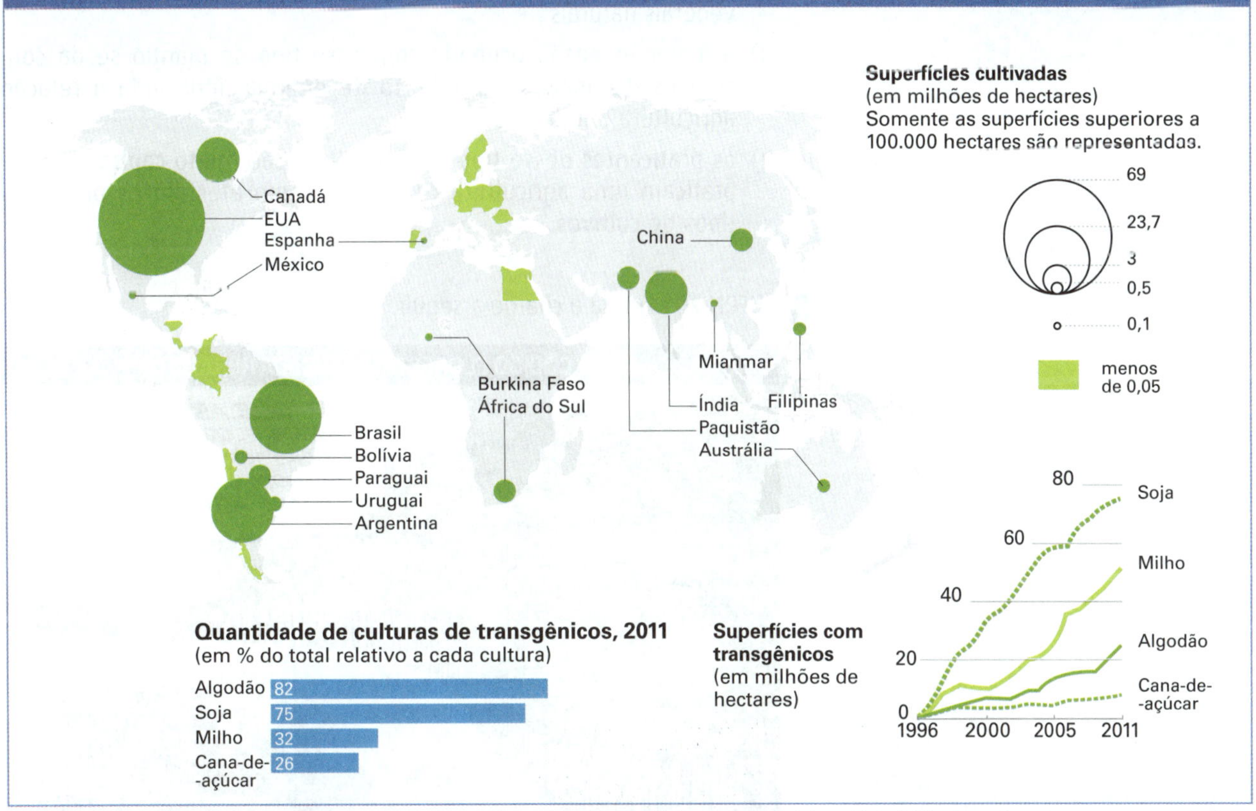

Fonte: ATELIER DE CARTOGRAPHIE – SCIENCES PO. 2012. Disponível em: <http://cartographie.sciences-po.fr/sites/default/files/maps/076_Pays_OGM_2011-01_4.jpg>. Acesso em: abr. 2014.

1 (PUC-SP 2014) O tema representado na escala mundial permite-nos ver que:

a) a agricultura que faz uso de transgênicos se desenvolve nos países ricos, já que nem os ditos emergentes têm condições de bancar essa tecnologia.

b) as áreas que se destacam com a produção de transgênicos não coincidem com aquelas que realmente são as grandes produtoras agrícolas do planeta.

c) os países com grandes territórios destinados ao plantio e com tradição de grande produtor agrícola comercial são os que mais fazem uso de transgênicos.

d) ainda não se criaram plantios transgênicos que se adaptem bem aos climas tropicais, como fica evidente observando-se os dados mundiais espacializados.

e) os transgênicos são cultivados em terras agrícolas já exauridas pelo plantio tradicional, não sendo adequados para novas terras agrícolas.

2 (PUC-SP 2014) Agora, considerando os tipos de cultivos transgênicos praticados no planeta, é possível concluir que:

a) na América do Sul a produção transgênica é grande, mas minoritária no conjunto da agricultura, pois somente a soja e o milho usam esses organismos.

b) as proporções elevadas desses cultivos referem-se aos não comestíveis, o que atenua os riscos para a saúde humana que são gerados pelos transgênicos.

c) a vantagem dos transgênicos é que as áreas de plantio não são grandes, o que garante uma razoável preservação de coberturas vegetais naturais.

d) a maior extensão ocupada com esse tipo de plantio se dá com cultivos destinados à produção de energia, indicando a relação agricultura e indústria.

e) os praticantes desse tipo de agricultura são muito capitalizados e praticam uma agricultura comercial, como atestam os principais tipos de cultivos.

3 (UFRN 2014) Leia a charge a seguir.

Disponível em: <www.fernandaprofessorageografia.blogspot>. Acesso em: abr. 2014.

A charge coloca em evidência um conflito que está presente no espaço rural brasileiro. Esse conflito envolve duas lógicas: a preservação da floresta e a expansão do agronegócio. No Brasil, o desenvolvimento do agronegócio

a) requer grandes extensões de terra para o cultivo de monoculturas, degradando áreas de floresta nativa.
b) baseia-se no uso intensivo do solo para a prática da policultura, provocando desmatamento em reservas florestais.
c) favorece a desconcentração de terras para a produção agrícola, provocando a erosão de solos em áreas de floresta.
d) fundamenta-se na diversificação do uso do solo para fins agrícolas, degradando o ecossistema florestal.

4 (Ufal 2014)

Delfim Martins/Pulsar Imagens

A pecuária desenvolvida com o gado confinado, utilizando ração, cuidados sanitários constantes, visando à precocidade do crescimento e do abate ou o aumento da produção de leite é conhecida como criação:

a) intensiva.
b) extensiva.
c) semi-intensiva.
d) semiextensiva.
e) natural.

5 (Uerj 2014)

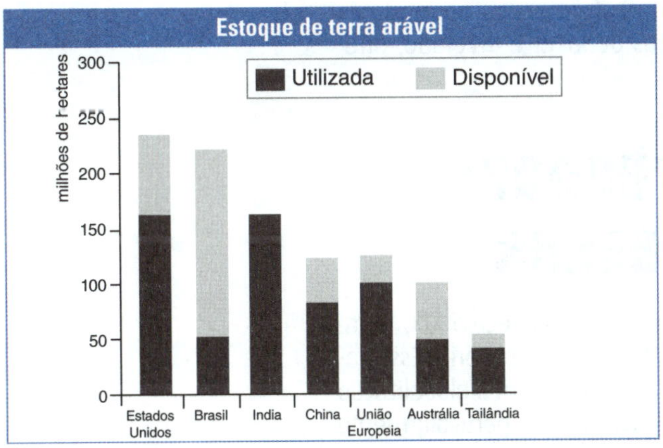

Fonte: Disponível em: <http://www.dailyreckoning.com>. Acesso em: abr. 2014.

A ampliação da oferta de alimentos é um dos maiores desafios da humanidade para as próximas décadas.

Com base na disponibilidade do recurso natural representada no gráfico, o país com maior potencial para expansão do seu setor agropecuário é:

a) Índia.
b) China.
c) Brasil.
d) Estados Unidos.

Urbanização

Paulo Fridman/Corbis/Latinstock

1. Urbanização

A partir do século XVIII, com a Revolução Industrial, teve início um desenvolvimento urbano nunca visto antes. A cidade consolidou o papel de comando da economia e da sociedade do mundo europeu e de base do desenvolvimento capitalista, centralizando a atividade produtiva, comercial e de serviços.

A população urbana passou a crescer mais do que a rural, e as cidades cresceram em termos populacionais e em grau de importância como centros econômicos, culturais e de gestão político-administrativa. Nelas, viabilizaram-se com maior facilidade as articulações políticas e a organização da produção, do comércio e do consumo.

A **urbanização** é um processo caracterizado pelo aumento da população urbana num ritmo mais acelerado que o da população rural. Essa situação é decorrente, sobretudo, da migração campo-cidade que, quando ocorre em larga escala, de modo intenso e num curto espaço de tempo, é denominada **êxodo rural**. Entretanto a urbanização não se limita apenas por essa referência quantitativa. Ela implica concentração populacional; transformações econômicas; reestruturação de redes de comunicação e de transporte que convergem para as cidades e alteram as articulações no espaço geográfico; criação de novos polos administrativos e de poder que passam a ser centralizados no espaço urbano; transformações no modo de vida, que envolvem hábitos de consumo, formas de lazer e diversão, difusão cultural, entre outros.

2. Aglomerações urbanas: conceitos e processos

Hoje, as cidades se diferenciam daquelas existentes no século XIX, entre outros fatores, pelas funções ligadas principalmente ao setor terciário. Essa característica dá nova dimensão à forma de conceber a cidade. Com a globalização e o aumento da oferta e da demanda de serviços, as cidades, particularmente as grandes, reforçaram seu papel de comando na economia nacional e mundial.

Outra questão é a intensidade da urbanização nas últimas décadas nos países subdesenvolvidos. Atualmente, a população urbana desses países ultrapassa a rural e poderá chegar a 60% em 2025.

Algumas cidades atingiram dimensões gigantescas, abrigando uma população que chega a ser superior à de alguns países e criando um novo fenômeno urbano: as **megacidades**. Trata-se de aglomerações com mais de 10 milhões de habitantes, a maior parte situada nos países subdesenvolvidos.

Planisfério: megacidades e cidades mais populosas – 2011

Fonte: CITY MAYOR STATISTICS. Disponível em: <www.citymayors.com>. Acesso em: out. 2013.

As cidades estão ligadas entre si por uma estrutura de transportes e meios de comunicação, formando uma rede articulada, integrada, em que se estabelecem fluxos de mercadorias, pessoas, capital e informações, havendo dessa forma uma **polarização** entre as aglomerações urbanas que se relacionam continuamente. A **rede urbana** é constituída por cidades de pequeno, médio e grande porte, as quais cumprem a função de nós nessa rede de fluxos. Porém as relações entre elas são hierárquicas, pois algumas exercem papel de comando, estando no topo da hierarquia urbana, como as metrópoles e as cidades globais, as quais irradiam e recebem grande parte desses fluxos.

A **hierarquia urbana** refere-se aos papéis ocupados pelas cidades na organização socioeconômica e espacial, considerando, por exemplo, a capacidade de concentração dos fluxos e a extensão da área de influência de cada cidade, numa rede urbana.

Com o processo de modernização do território brasileiro, o geógrafo Milton Santos apontava que, a partir do final do século XX, as relações entre as cidades com diferentes papéis ocupados numa rede urbana não se dava a partir de uma hierarquia rígida, ou seja, da vila para a **cidade local**, desta para o **centro regional**, deste para a **metrópole regional** e desta para a **metrópole nacional**.

As metrópoles são cidades populosas, adaptadas à economia globalizada. As metrópoles são polos cuja influência se estende sobre cidades de uma vasta região geográfica. Constituem grandes centros de atração de investimentos e estão articuladas com as cidades globais, podendo, em alguns casos, ser classificadas como tais.

Várias metrópoles tornaram-se **cidades globais** a partir da década de 1990, fruto do processo de globalização ocorrido até mesmo nos países subdesenvolvidos classificados como emergentes.

Nos territórios dos países mais integrados à economia globalizada, as conexões com a economia global são feitas a partir das cidades globais. Elas possuem uma dimensão econômica e política, pois promovem a regulação das operações financeiras de mercados e empresas, além de serem consideradas centros de poder político nacional e internacional.

No **mundo desenvolvido**, a população urbana ultrapassa, em média, os 75%, e em muitos países já se verifica uma estabilidade na porcentagem da população urbana em relação ao total da população.

Em alguns países, como os Estados Unidos, o processo de **suburbanização** e de expansão das grandes cidades levou à ampliação da mancha urbana, caracterizada pela presença de metrópoles e de diversas cidades. Houve crescimento das metrópoles e aumento da população e da importância econômica das cidades vizinhas aos grandes centros urbanos. Esse processo resultou na formação das **megalópoles**, imensos aglomerados urbanos entre duas ou mais metrópoles, praticamente contínuos, resultado de várias **conurbações**.

A conurbação, que é a junção espontânea de espaços urbanos de municípios vizinhos, ocorre em diversos espaços metropolitanos do mundo e do Brasil e também em trechos do território ocupados por cidades médias, no interior do país.

No **mundo subdesenvolvido**, grupos de países apresentam diferenças no que se refere à urbanização.

Os maiores índices de população urbana nesse conjunto verificam-se na América Latina, onde em média entre 75% e 80% dos habitantes vivem em cidades.

A mecanização das atividades agrícolas nos países subdesenvolvidos e o aumento das atividades econômicas dos setores secundário e terciário nas cidades contribuíram para esse processo. Mas, de modo geral, a estrutura fundiária concentradora constituiu um fator relevante dessa migração acelerada, pois reduziu as possibilidades de o trabalhador permanecer no campo e cultivar a terra para o seu sustento.

3. Problemas sociais urbanos

A questão da moradia urbana

Um traço marcante do rápido processo de urbanização no mundo subdesenvolvido, e em particular no Brasil, é a precariedade das condições de moradia de parcela considerável da população, sobretudo nas grandes cidades. Isso reflete a própria dinâmica do processo de modernização de alguns países subdesenvolvidos, marcado pela concentração de renda e de propriedades e pela exclusão de parte da população dos benefícios produzidos por essa modernização.

O processo de **favelização** é a face mais crítica do problema habitacional no Brasil. A falta de emprego e as sucessivas crises econômicas, consequentemente, forçam uma parte da população a viver sob essas condições.

Historicamente, a ocupação do solo urbano levou grande parte da população mais pobre para a periferia, resultado da ação dos responsáveis pelo planejamento urbano, que, via de regra, não priorizaram a questão da habitação para a população de baixo poder aquisitivo. As empresas imobiliárias também participaram ativamente desse processo, loteando a cidade de acordo com os interesses de valorização de seus imóveis no mercado. Esse modelo de ocupação urbana tornou-se, assim, amplamente favorável à **especulação imobiliária**.

A partir dos anos 1970, começaram a se manifestar formas de organização social no espaço urbano, como os movimentos sociais que lutam por moradia digna, inclusive em áreas centrais degradadas, por meio, por exemplo, da ocupação de prédios abandonados.

A questão dos transportes

O trânsito caótico e os transportes coletivos lotados, principalmente nos horários de pico, fazem parte da rotina dos moradores das grandes cidades brasileiras. Essa situação traz sérios prejuízos ambientais, sociais e econômicos à cidade e a seus habitantes, pois provoca intensa poluição do ar e sonora, eleva o gasto com combustíveis e o custo do frete do transporte de carga, resultando no aumento do preço das mercadorias comercializadas. Além disso, provoca uma retração de investimentos na cadeia produtiva, em virtude do alto custo arcado pelas empresas com o transporte de mercadorias.

Para solucionar esse grave problema urbano de modo efetivo, é necessária a ampliação de investimentos no transporte coletivo, sobretudo na malha metroviária das grandes cidades.

A questão da violência urbana

A violência urbana é mais um dos sérios problemas das grandes cidades. Entre as principais causas sociais e econômicas que aumentam os índices de violência nas cidades brasileiras estão os altos índices de pobreza, a falta de direitos a uma vida digna e a falta de oportunidades de empregos com remuneração adequada à satisfação das necessidades básicas da população.

O tráfico de drogas e a fraca presença do poder público na efetivação de políticas sociais e de segurança agravam ainda mais o problema e aumentam os índices de criminalidade, que atinge todas as camadas da população.

4. A urbanização brasileira

De modo geral, o processo de urbanização no Brasil apresenta características próprias do padrão de urbanização dos países subdesenvolvidos:

- foi marcado pela formação de algumas grandes cidades, que concentram parcela expressiva das riquezas e também da população brasileira, responsável por um processo de metropolização;
- ocorreu com expressivo crescimento de atividades terciárias, incluindo as do setor formal e do setor informal da economia;
- ocorreu em ritmo acelerado, principalmente entre as décadas de 1950 a 1990, e sem planejamento urbano adequado;
- apresenta padrão periférico de crescimento, com a formação de amplas manchas urbanas e a população de baixa renda sendo empurrada para áreas distantes do centro.

A urbanização brasileira intensificou-se a partir dos anos 1940/1950. Decorreu do êxodo rural e do desenvolvimento industrial que impulsionou a atração populacional para as cidades e dinamizou as atividades comerciais e de serviços nesses espaços.

No caso do êxodo rural, é preciso considerar que, além dos fatores de atração nas cidades (perspectiva de maior acesso a serviços e mercadorias, por exemplo), existem os fatores de repulsão no campo – associados à concentração da propriedade rural, aos baixos salários, à falta de políticas que beneficiem o pequeno proprietário e à mecanização das atividades rurais.

A urbanização brasileira teve um caráter **concentrador e excluiu** boa parte da sociedade de seus benefícios.

Brasil: evolução da população rural e urbana – 1940-2010

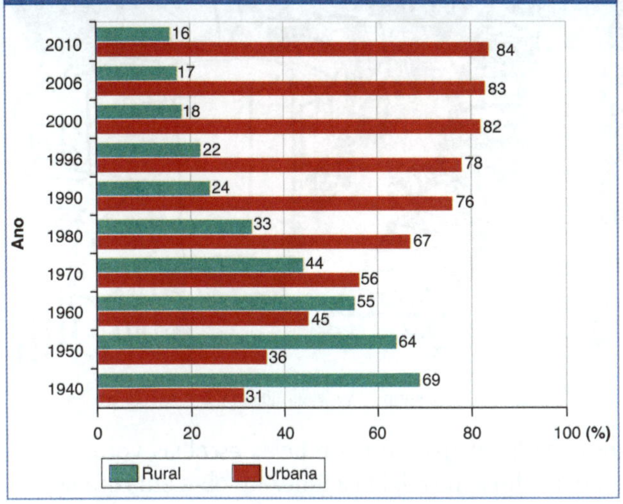

Fonte: IBGE. Disponível em: <www.ibge.gov.br>. Acesso em: out. 2013.

Brasil: rede urbana – 2007

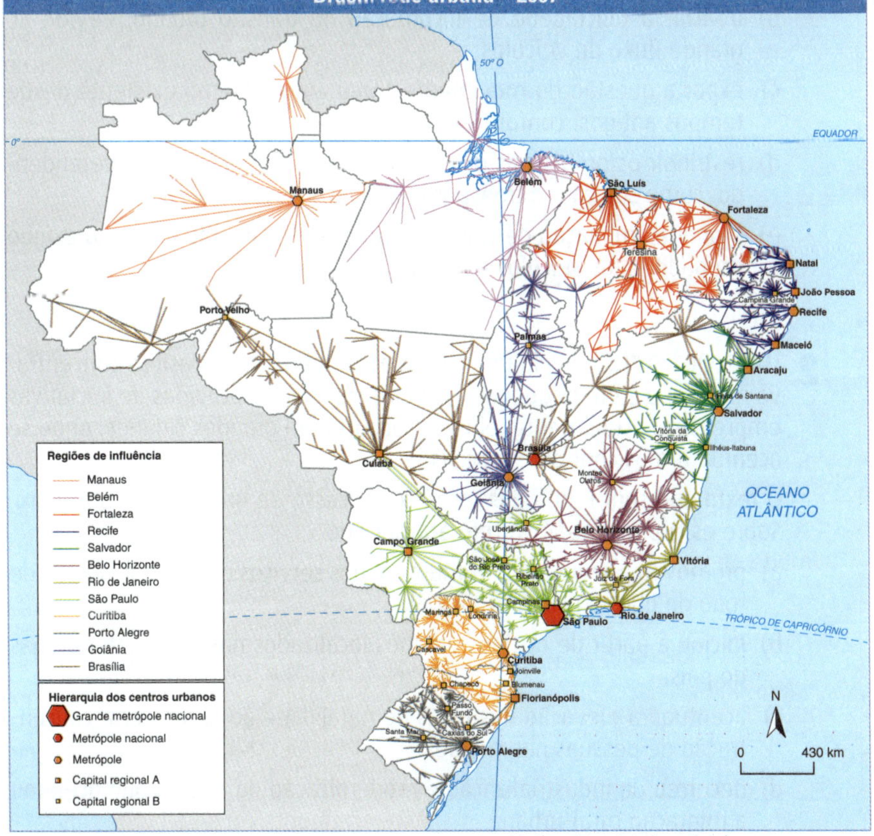

Fonte: *Atlas Nacional do Brasil Milton Santos*. Rio de Janeiro: IBGE, 2010.

Principalmente a partir da década de 1990, vêm se delineando novas tendências no processo de urbanização brasileiro:

- diminuição do ritmo das migrações inter-regionais;
- expansão das áreas de ocupação irregular e de condomínios fechados nas zonas próximas aos grandes centros urbanos;
- ritmo de crescimento menos acelerado das grandes cidades, entre elas as metrópoles;
- intensificação no ritmo de crescimento das cidades médias;
- custo de vida mais alto nas metrópoles (incluindo aluguel de imóveis).

O crescimento das cidades médias próximas às regiões metropolitanas tem ampliado a formação de áreas conurbadas ou em processo de conurbação. **Região metropolitana**, por definição, é "região estabelecida por legislação estadual e constituída por agrupamentos de municípios limítrofes, com o objetivo de integrar a organização, o planejamento e a execução de funções públicas de interesse comum" (Instituto Brasileiro de Geografia e Estatística – IBGE).

As metrópoles brasileiras

As doze metrópoles brasileiras são divididas em três grupos, de acordo com a sua importância, a complexidade dos equipamentos urbanos disponíveis, a funcionalidade que exercem na rede urbana e a extensão de sua área de influência:

- Grande metrópole nacional: São Paulo;
- Metrópoles nacionais: Rio de Janeiro e Brasília.
- Metrópoles: Belém, Manaus, Goiânia, Fortaleza, Recife, Salvador, Belo Horizonte, Curitiba e Porto Alegre, nas regiões onde estão situadas.

Entre as metrópoles de **São Paulo** e **Rio de Janeiro** estende-se uma longa **mancha urbana** caracterizando a configuração da **única megalópole no território brasileiro**. Num trecho do estado de São Paulo, que engloba as regiões metropolitanas de São Paulo, Baixada Santista, Campinas, além dos espaços densamente urbanizados de São José dos Campos e Sorocaba, há a metrópole expandida ou **macrometrópole**, que tem como centro São Paulo.

Atividades

1 (Enem 2013)

Disponível em: <http://www.filosofia.com.br>. Acesso em: abr. 2014.

Pelas características da linguagem visual e pelas escolhas vocabulares, pode-se entender que o texto possibilita a reflexão sobre uma problemática contemporânea ao

a) criticar o transporte rodoviário brasileiro, em razão da grande quantidade de caminhões nas estradas.

b) ironizar a dificuldade de locomoção no trânsito urbano, devida ao grande fluxo de veículos.

c) expor a questão do movimento como um problema existente desde tempos antigos, conforme frase citada.

d) restringir os problemas de tráfego a veículos particulares, defendendo, como solução, o transporte público.

e) propor a ampliação de vias nas estradas, detalhando o espaço exíguo ocupado pelos veículos nas ruas.

2 (UFRN 2014) "[...] Há algumas décadas, a pobreza no Brasil se concentrava no campo e em pequenas e médias cidades desprovidas de iniciativas empresarias. Atualmente, ela se concentra em grandes cidades, onde se acentuaram os contrastes sociais."

O texto apresenta uma das faces do processo de urbanização brasileiro. Sobre esse processo, é correto afirmar que

a) promoveu a redução do comércio e dos serviços devido à absorção de mão de obra no setor industrial.

b) iniciou a partir de núcleos urbanos localizados nas áreas interioranas do país.

c) acentuou a elevação das taxas de natalidade ao favorecer a concentração de pessoas nas cidades.

d) decorreu da industrialização e modernização do campo que acelerou a migração rural-urbana.

3 (IFS-SE 2014) Sobre as questões de violência urbana no Brasil, responda "V" – Verdadeiro e "F" – Falso, e depois assinale a sequência correta:

( ) No Brasil, a violência tem feito milhares de vítimas. Em alguns casos, esse ato é praticado pela própria família, além de inúmeros outros ocorridos nas ruas.

( ) O crescimento desordenado das cidades e o êxodo rural pouco influenciam o aumento da violência urbana.

( ) Em vários momentos, o crime organizado consegue superar a ação do governo.

( ) Problemas sociais como desemprego, deficiência dos serviços públicos, principalmente os de segurança pública, contribuem para o aumento da violência.

( ) A violência urbana está atrelada às classes menos favorecidas do Brasil.

a) V, F, V, V, F.
b) F, V, F, F, F.
c) V, F, F, V, V.
d) F, F, V, V, V.
e) F, V, F, V, F.

4 (Ufal 2014) A urbanização trouxe um desafio crescente ao poder público. Como trazer diariamente pessoas de bairros distantes para o centro da cidade e levá-las de volta? A resolução desse problema é a solução para o movimento migratório conhecido como

a) transumância.
b) êxodo urbano.
c) emigração.
d) sazonal.
e) pendular.

5 (IFG-GO 2014) Observe a figura do Projeto do Plano Piloto de Brasília e assinale a alternativa correta sobre o processo histórico de transferência da capital brasileira em diferentes momentos.

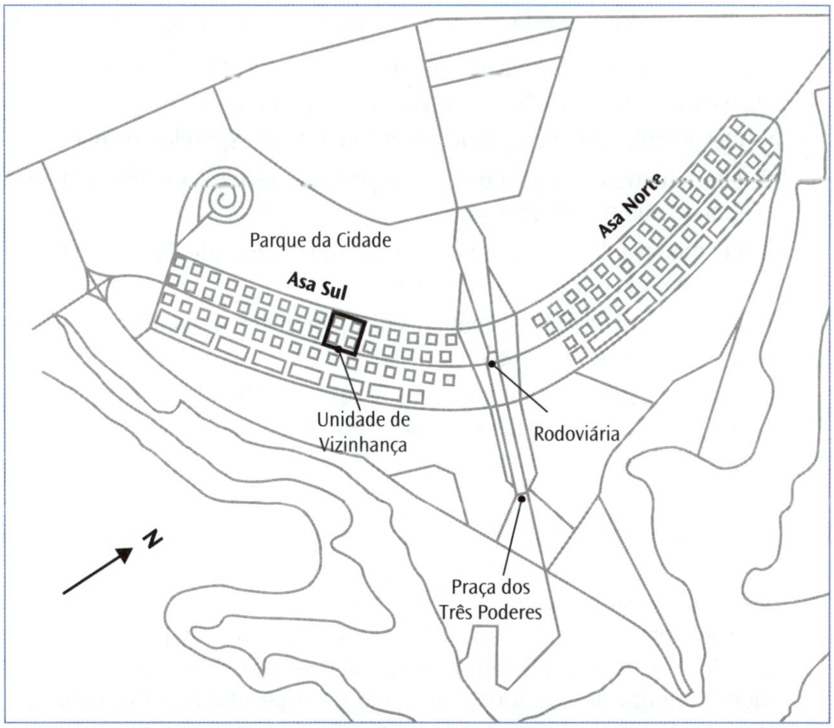

Fonte: COSTA, L. *Projeto do Plano Piloto de Brasília*, 1957. Disponível em: <http://www.arquitetonico.ufsc.br/wp-content/uploads/Imagem7.jpg>. Acesso em: abr. 2014

a) No século XX, o país teve a sua capital transferida por duas vezes: no primeiro momento, de Salvador para o Rio de Janeiro e, no segundo, para Brasília. Nas duas ocasiões, isso ocorreu como resultado de movimentos emancipacionistas de ruptura política.

b) A transferência da capital brasileira, de Salvador para o Rio de Janeiro, resultou, principalmente, do processo de independência política em 1822, como conotação de elemento subversivo da ordem colonial.

c) A transferência da capital para Brasília traduziu a plataforma política do nacionalismo desenvolvimentista de Juscelino Kubitscheck e concretizou as estratégias das elites políticas e econômicas brasileiras em distanciar a administração federal das grandes aglomerações urbanas do sudeste e, portanto, das pressões políticas dos diversos setores sociais.

d) A ocupação histórica humana e econômica do Plano Piloto de Brasília permitiu a redução das disparidades socioeconômicas existentes entre as diferentes regiões brasileiras e também daquelas no interior da própria capital federal.

e) O contexto histórico de transferência da capital federal para Brasília foi marcado pela repressão política da Era Vargas e representou a afirmação das ideias do nacionalismo fascista do Estado Novo.

Exercícios complementares

1 (Enem 2013)

"Trata-se de um gigantesco movimento de construção de cidades, necessário para o assentamento residencial dessa população, bem como de suas necessidades de trabalho, abastecimento, transportes, saúde, energia, água etc. Ainda que o rumo tomado pelo crescimento urbano não tenha respondido satisfatoriamente a todas essas necessidades, o território foi ocupado e foram construídas as condições para viver nesse espaço."

MARICATO, E. *Brasil, cidades*: alternativas para a crise urbana. Petrópolis: Vozes, 2001.

A dinâmica de transformação das cidades tende a apresentar como consequência a expansão das áreas periféricas pelo(a)

a) crescimento da população urbana e aumento da especulação imobiliária.

b) direcionamento maior do fluxo de pessoas, devido à existência de um grande número de serviços.

c) delimitação de áreas para uma ocupação organizada do espaço físico, melhorando a qualidade de vida.

d) implantação de políticas públicas que promovem a moradia e o direito à cidade aos seus moradores.

e) reurbanização de moradias nas áreas centrais, mantendo o trabalhador próximo ao seu emprego, diminuindo os deslocamentos para a periferia.

2 (UNISC-RS 2014) A Copa do Mundo de 2014 e os Jogos Olímpicos de 2016, que acontecerão no Brasil, deram início a uma série de projetos de revitalização direcionados a determinadas zonas urbanas em cidades como Rio de Janeiro (RJ), São Paulo (SP), Porto Alegre (RS), Belo Horizonte (MG) e Manaus (AM). Um dos possíveis efeitos disto diz respeito ao enobrecimento dessas zonas por meio da especulação imobiliária que ocasionará, em muitos casos, a valorização de terrenos, casas e apartamentos. Consequentemente, poderá haver uma transformação, pautada em condições econômicas, no perfil das pessoas que passarão a viver e a consumir serviços em tais áreas.

Qual alternativa apresenta o nome deste processo?

a) Conurbação.
b) Macrocefalia urbana.
c) Gentrificação.
d) Verticalização.
e) Urbanização.

3 (Unioeste-PR 2014) Considere as afirmativas abaixo sobre a rede urbana brasileira.

I – As cidades médias ganham mais importância quando exercem novo poder de atração auxiliado por fatores como: a imagem negativa das grandes cidades (associada à violência, a problemas no trânsito e à poluição) e a imagem positiva das cidades médias (associada à melhor qualidade de vida e boa infraestrutura).

II – A existência de espaços pouco povoados no território nacional, as disparidades regionais e a forte concentração econômica no Centro-Sul são elementos que limitam a articulação da rede urbana brasileira.

III – Apesar da desconcentração industrial, São Paulo manteve o papel de comando na rede urbana brasileira e concentra serviços especializados de apoio à atividade produtiva.

IV – A rede urbana da Região Norte caracteriza-se como densa, com grande número de centros urbanos bem articulados e distribuídos no território, liderados pelas metrópoles de Manaus e Belém.

V – A metrópole de Curitiba caracteriza-se pela oferta de um amplo conjunto de bens e serviços, dos mais simples aos mais sofisticados, destacando-se na rede urbana da Região Sul.

Assinale a alternativa **correta**.

a) Somente as afirmativas I, III e V são corretas.
b) Somente as afirmativas I, II e IV são corretas.
c) Somente as afirmativas III, IV e V são corretas.
d) Somente as afirmativas I, III, IV e V são corretas.
e) Somente as afirmativas I, II, III e V são corretas.

4 (Fuvest-SP 2014) Considere os gráficos sobre a urbanização no Brasil.

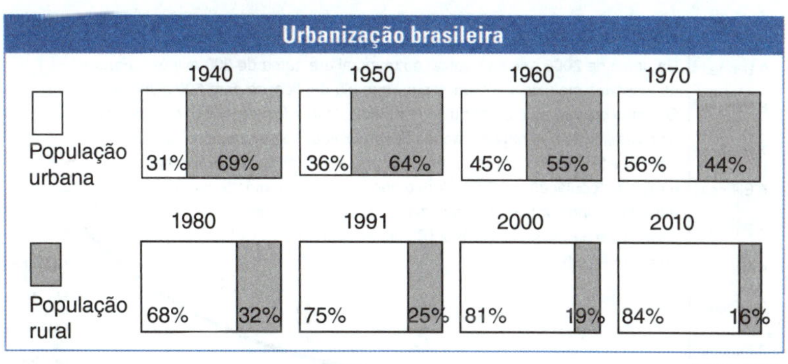

Fonte: IBGE.

Com base nos gráficos e em seus conhecimentos, explique

a) a mudança do predomínio da população rural para o da população urbana;

b) o fenômeno da urbanização, na última década acima representada, comparando as regiões Nordeste e Sudeste.

Crescimento populacional: tendências e dilemas

ALMEIDA ROCHA/FOLHAPRESS

1. Crescimento da população mundial

A população mundial atingiu **7 bilhões de pessoas** no início da primeira década do século XXI, com quase 80% dela vivendo em países subdesenvolvidos.

A partir dos séculos XVIII e XIX, **com a Revolução Industrial, o crescimento da população acelerou-se**. Houve intenso processo de migração do campo para a cidade, além de mudanças nos hábitos sociais e alimentares. As condições de vida nas áreas industriais, inicialmente precárias, sofreram aos poucos melhorias sanitárias significativas, assegurando maior acesso da população aos serviços de saúde. Os avanços **médico-sanitários** contribuíram para a **diminuição da mortalidade**, para a **elevação da expectativa** de vida e, consequentemente, para o **crescimento populaciona**l mais acelerado dos países pioneiros no processo de industrialização.

Um **segundo momento do crescimento populacional** ocorreu **a partir da década de 1940**, após a Segunda Guerra Mundial, denominado por alguns demógrafos como o início do período de "**explosão demográfica**" mundial, que correspondeu a um crescimento vertiginoso da população do planeta devido, fundamentalmente, ao **crescimento populacional dos países subdesenvolvidos**, que passaram a ter maior acesso às conquistas médicas e a adotar novos padrões de higiene e medidas preventivas relacionadas à saúde.

Anos em que a população mundial alcançou aumentos de 1 bilhão

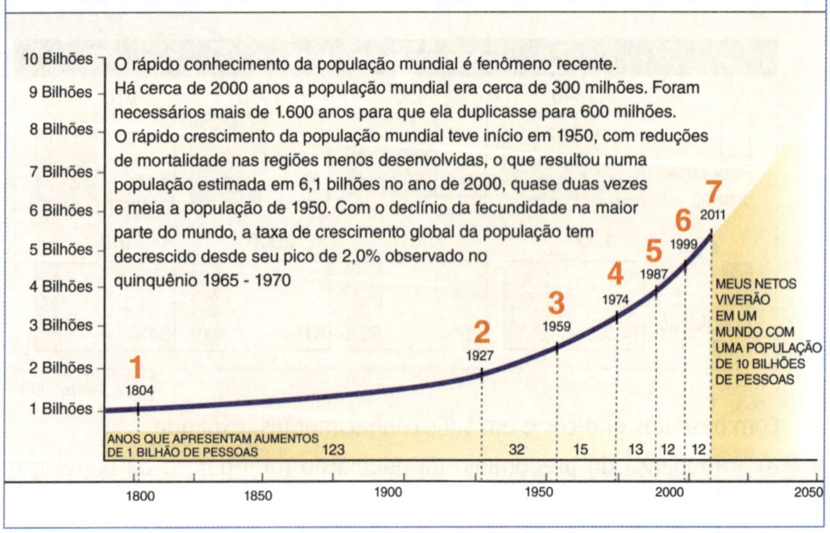

Fonte: UNFPA. *Relatório sobre a Situação da População Mundial 2011*. Disponível em: <www.unfpa.org.br>. Acesso em: abr. 2014

2. Teorias demográficas

O crescimento populacional verificado desde a Revolução Industrial, provocou a reflexão sobre os fatores responsáveis por esse fenômeno e suas consequências. Surgiram teorias demográficas diversas e antagônicas entre si, prevalecendo aquelas que veem o crescimento como um grande problema a ser enfrentado. Observe o quadro.

Teorias demográficas				
	Malthusiana	Neomalthusiana	Reformista ou marxista	Ambientalista ou ecomalthusiana
Argumentos	A população cresce em PG (Progressão Geométrica) enquanto a produção de alimentos cresce em PA (Progressão Aritmética), provocando fome, epidemias e alastrando a pobreza.	O crescimento populacional elevado é o principal responsável pela condição de subdesenvolvimento dos países.	A pobreza e a desigualdade nos países subdesenvolvidos são responsáveis pelo crescimento demográfico elevado.	Os recursos naturais do planeta não têm condições de suportar constantes acréscimos de população, o que contribui, também, para agravar o problema da poluição ambiental.
Propostas	Controle moral da natalidade através da abstinência sexual, inversão dos horários de trabalho entre homens e mulheres para evitar contato entre sexos, proibição de casamentos quando não comprovada a capacidade econômica de manter filhos etc.	Controle da natalidade através de métodos contraceptivos.	Reformas sociais pautadas na distribuição de renda e elevação do padrão de vida e cultural das classes menos favorecidas da população.	Controle da natalidade através de métodos contraceptivos e transformação no modo de vida baseado na sociedade de consumo.

Transição demográfica

Em oposição à ideia de explosão demográfica, os demógrafos retomaram a **teoria da transição demográfica**, elaborada ainda na primeira metade do século XX. Ela afirma que todos os países, em um determinado momento da história, tendem a estabilizar o seu crescimento populacional. Nesse sentido, os países podem atravessar quatro fases em relação ao crescimento populacional.

Na **primeira fase**, conhecida como **pré-transição**, as sociedades humanas convivem com elevadas taxas de natalidade e de mortalidade, constituindo um longo período de crescimento lento.

A **segunda fase** corresponde ao período de **aceleração demográfica**, iniciada nos países mais desenvolvidos com a Revolução Industrial. Caracterizada pela queda acentuada das taxas de mortalidade, mas com permanência de taxas de natalidade ainda elevadas. Os países de industrialização tardia, como o Brasil, iniciaram a segunda fase de transição demográfica apenas na segunda metade do século XX.

A **terceira fase** corresponde à **desaceleração demográfica** e ocorre em países em que a natalidade apresenta declínio mais intenso que a mortalidade. É a situação atual do Brasil desde a década de 1960.

A **quarta**, e última **fase**, é a de **estabilização demográfica**, e ocorre em países onde as taxas de natalidade e de mortalidade atingem patamares baixos, mas semelhantes, e praticamente anulam o crescimento vegetativo. A maioria dos países europeus no fim do século XX atingiu esta fase.

Esquema da transição demográfica

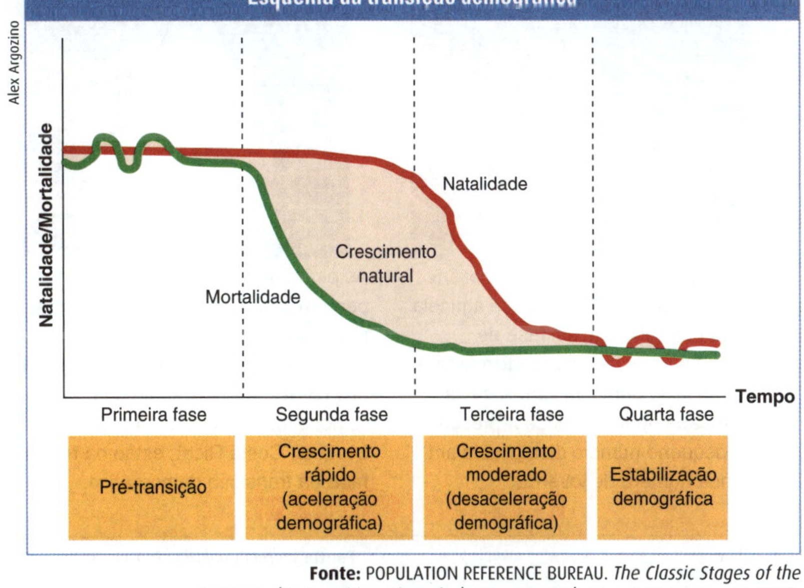

Fonte: POPULATION REFERENCE BUREAU. *The Classic Stages of the Demographic Transition*. Disponível em: <www.prb.org>. Acesso em: nov. 2013.

3. Crescimento da população brasileira

Em 2013, o Brasil atingiu 201 milhões de habitantes. É o quinto país mais populoso do mundo, abaixo apenas de China, Índia, Estados Unidos e Indonésia.

O marco do crescimento demográfico brasileiro ocorreu a **partir de 1940**, com a queda das taxas de mortalidade nos países subdesenvolvidos em razão das conquistas na medicina e do relativo avanço na área do saneamento básico. O Brasil entrava na **segunda fase de transição demográfica (aceleração demográfica)**.

A partir da década de 1960, teve início no país a **terceira fase de transição demográfica (desaceleração demográfica)**. As taxas de crescimento começaram a declinar devido ao intenso processo de **urbanização**: as mulheres conquistaram maior espaço no mercado de trabalho e tiveram maior acesso aos métodos anticonceptivos; e parte das famílias começou a exercer o planejamento familiar em função do maior custo de criação da criança no meio urbano. A taxa de fecundidade da mulher brasileira caiu de 6,2 filhos, em 1960, para 1,9 filho, em 2010.

Evolução da população brasileira através dos recenseamentos – 1872-2010

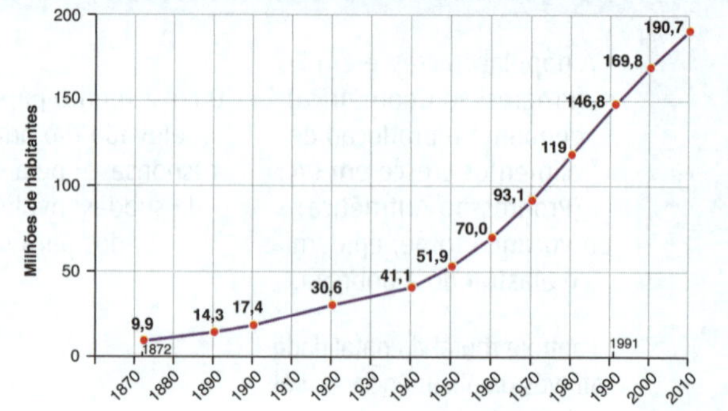

Fonte: IBGE. *Sinopse do Censo 2010*. Disponível em: <www.ibge.gov.br>. Acesso em: nov. 2013.

4. Composição etária

A **composição etária** da população tem estreita relação com o **desenvolvimento econômico** e as respectivas fases de transição demográfica atingidas por cada país. O seu conhecimento é fundamental para o planejamento governamental e a distribuição dos recursos destinados a saúde, educação, formação profissional e outros.

A distribuição da população por faixas de idade é representada através de **pirâmides etárias**. Observe três exemplos que relacionam a composição etária às suas respectivas fases de transição demográfica.

Pirâmides etárias – 2015*

BURKINA FASO

Pirâmide típica de países subdesenvolvidos, de economia com base agrícola e que permanecem em fase de crescimento acelerado (**segunda fase** da transição demográfica). A curva acentuada do topo à base representa um pequeno número de idosos e um grande número de **jovens**.

BRASIL

As pirâmides que apresentam um pequeno estreitamento na base, mas o restante triangular, como as de alguns países subdesenvolvidos industrializados (Brasil, México, Argentina) ou nível sociocultural mais elevado (Chile, Uruguai, Costa Rica), estão na **terceira fase** da transição demográfica.

BÉLGICA

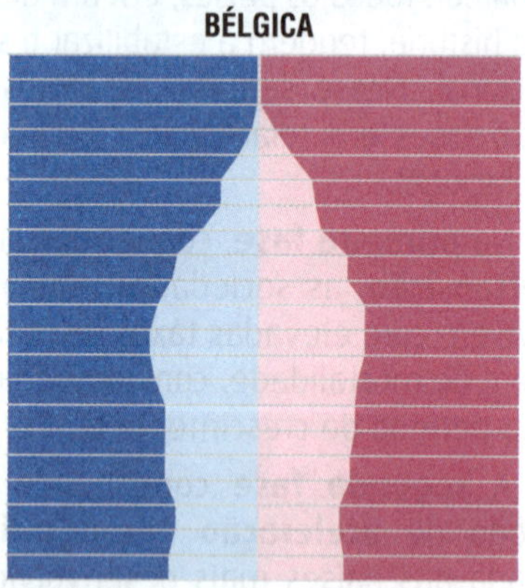

As pirâmides com formas irregulares, trechos intermediários e topos um pouco mais largos, que chegam a idades mais avançadas, correspondem aos países com predomínio de população adulta e grande quantidade de idosos, caso dos países desenvolvidos que atingiram a fase de estabilização demográfica (**quarta fase**).

*estimativa

Fonte: *World Population Prospects*: The 2012 Revision. Disponível em <http://populationpyramid.net/>. Acesso em: abr. 2014.

Estrutura etária no Brasil

A diminuição da porcentagem de jovens e a maior participação de adultos no conjunto da sociedade brasileira foram muito expressivas nas últimas décadas. A ampliação da população adulta significou um aumento da população potencialmente apta ao mercado de trabalho e tal situação criou um período conhecido como de "**bônus demográfico**", bastante favorável ao crescimento econômico. Esta situação explica-se pelo fato de o número de pessoas economicamente produtivas ser maior do que o número das que estão fora do mercado de trabalho.

Dessa maneira, o bônus demográfico provoca uma **redução da taxa de dependência** entre os que trabalham e os que não trabalham e poderia contribuir para a redução do **déficit da previdência social**. No entanto o brasileiro está vivendo cada vez mais, e a população idosa mais numerosa é um dos grandes problemas orçamentários do Brasil. A tendência é que nas próximas décadas se amplie a desproporção entre o número de aposentados e a receita da contribuição previdenciária daqueles que estão no mercado de trabalho. De acordo com o IBGE, a população idosa era de 14,9 milhões (7,4% do total), em 2013, e deverá atingir 58,4 milhões (26,7% do total), em 2060.

5. Distribuição da população brasileira

Em 2010, a população brasileira era de 192,5 milhões de habitantes, com a maior parte concentrada na fachada atlântica, nas regiões Nordeste, Sudeste e Sul.

Em 2010, a soma das populações das regiões Sul, Sudeste e Nordeste atingiu 162,6 milhões de habitantes, ou seja, 84% do total do país. As regiões Norte e Centro-Oeste somavam apenas 29,9 milhões de habitantes (16% do total).

Brasil – Densidade demográfica (2007)

Fonte: *Atlas geográfico escolar*: ensino fundamental – do 6º ano ao 9º ano. Rio de Janeiro: IBGE, 2009. p. 23.

Essa distribuição desigual da população vem desde o início da colonização, que ocorreu a partir da costa atlântica (em geral, no sentido leste-oeste) e se fortaleceu com os **ciclos da cana-de-açúcar** no Nordeste (séculos XVI e XVII), o **ciclo da mineração** em Minas Gerais (século XVIII), o **ciclo da cafeicultura**, no vale do Paraíba (estados do Rio de Janeiro e de São Paulo, no século XIX) e com a **industrialização**, concentrada no Sudeste (principalmente nos estados de São Paulo, Rio de Janeiro e Minas Gerais), em meados do século XIX e durante todo o século XX.

Atividades

1 (Enem 2013)

Taxa de fecundidade total – Brasil – 1940-2010

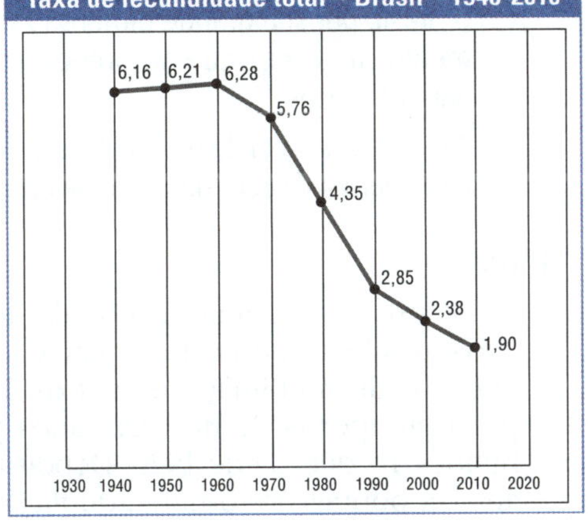

Fonte: IBGE. *Censo demográfico 2010*: resultados gerais da amostra.

O processo registrado no gráfico gerou a seguinte consequência demográfica:

a) Decréscimo da população absoluta.
b) Redução do crescimento vegetativo.
c) Diminuição da proporção de adultos.
d) Expansão de políticas de controle da natalidade.
e) Aumento da renovação da população economicamente ativa.

2 (UCB-DF 2014)

O crescimento da população mundial

"A população mundial chegará a mais de 9,2 bilhões de habitantes em 2050, segundo um relatório divulgado pela ONU (Organização das Nações Unidas). Os motivos do aumento da população são, segundo o estudo, maior longevidade e melhora de acesso ao tratamento do HIV e da AIDS.

O estudo, elaborado pela divisão de população do Departamento de Assuntos Sociais e Econômicas da ONU (DESA), analisa as tendências demográficas no âmbito nacional, regional e mundial, com a ideia de servir como indicador para as pesquisas e estatísticas que são feitas no órgão.

De acordo com a pesquisa, o mundo terá um aumento de 2,5 bilhões de habitantes nos próximos 43 anos, passando dos 6,7 bilhões que deverá alcançar em julho deste ano a 9,2 bilhões em 2050, segundo o informe.

O aumento equivale ao tamanho total da população do mundo no ano de 1950 e será absorvido, em sua maioria, pelos países em desenvolvimento.

Sozinhos, estes países devem passar de 5,4 bilhões de habitantes em 2007 para 7,9 bilhões de habitantes em 2050."

Folha de S.Paulo. Disponível em: <http://www1.folha.uol.com.br/folha/mundo/ult94u373836.shtml>. Acesso em: abr. 2014.

Acerca do crescimento demográfico, julgue os itens a seguir.

( ) O texto infere que o crescimento demográfico ocorrerá de forma constante nos diferentes grupos de países do globo.

( ) Nos países africanos, mesmo com uma grande parte da população contaminada pela AIDS e outras doenças, existe uma grande diferença entre as taxas de natalidade e as de mortalidade. Esse fato explica o incremento populacional na África.

( ) O aumento da expectativa de vida, além de promover a elevação populacional, também provoca preocupações institucionais e sociais acerca da qualidade de vida oferecida para a população idosa.

( ) O Brasil, por sua grande dimensão territorial e baixo índice de povoamento, não tem que se preocupar com políticas públicas voltadas para os idosos.

( ) A redução na taxa de mortalidade infantil e na mortalidade infantil tardia é um bom indicador da melhoria das condições de vida em um país.

3 (Uerj 2014)

"Pense no seguinte: a população da Terra levou milhares de anos, desde a aurora da humanidade até o início do século XIX, para atingir um bilhão de pessoas. Então, de forma estarrecedora, precisou apenas de uns cem anos para duplicar e chegar a dois bilhões, na década de 1920. Depois disso, em menos de cinquenta anos, a população tornou a duplicar para quatro bilhões, na década de 1970. Como a senhora pode imaginar, muito em breve chegaremos aos oito bilhões. Pense nas implicações. [...]

Espécies animais estão entrando em extinção num ritmo aceleradíssimo. A demanda por recursos naturais cada vez mais escassos é astronômica. É cada vez mais difícil encontrar água potável."

BROWN, Dan. *Inferno*. São Paulo: Arqueiro, 2013.

A fala do personagem no trecho citado ilustra o ponto de vista defendido por uma teoria demográfica.
Nomeie essa teoria e explicite o ponto de vista que ela defende. Nomeie, também, a teoria demográfica que defende o ponto de vista contrário.

4 (Fuvest-SP 2014) Os gráficos abaixo representam a composição da população brasileira, por sexo e idade, nos anos de 1990 e 2013, bem como sua projeção para 2050. Observe que, para cada ano, está destacado o percentual da população economicamente ativa (PEA).

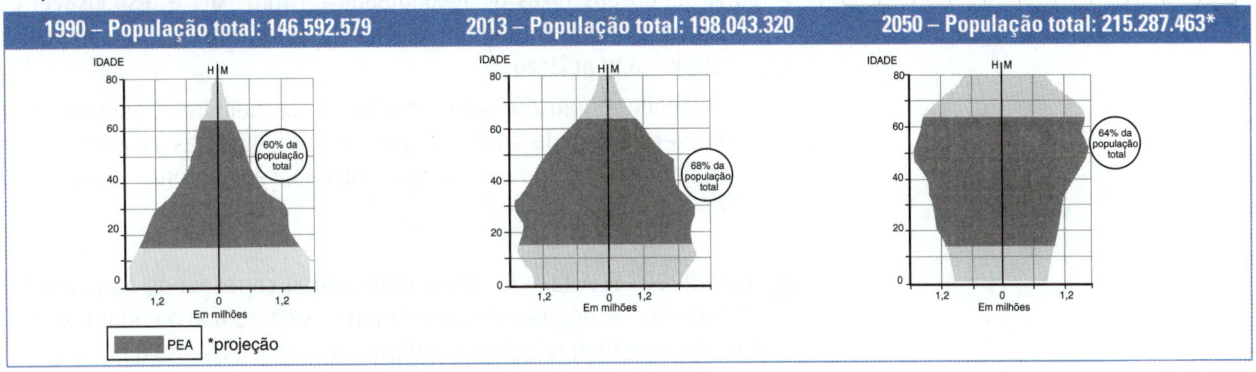

Fonte: IBGE.

Com base nas informações acima e em seus conhecimentos, atenda ao que se pede.

a) Na atualidade, o Brasil encontra-se no período denominado "janela demográfica". Caracterize esse período.

b) Analise a pirâmide etária de 2050 e cite duas medidas que poderão ser tomadas pelo governo brasileiro para garantir o bem-estar da população nesse contexto demográfico. Explique.

5 (UFSC-SC 2014)

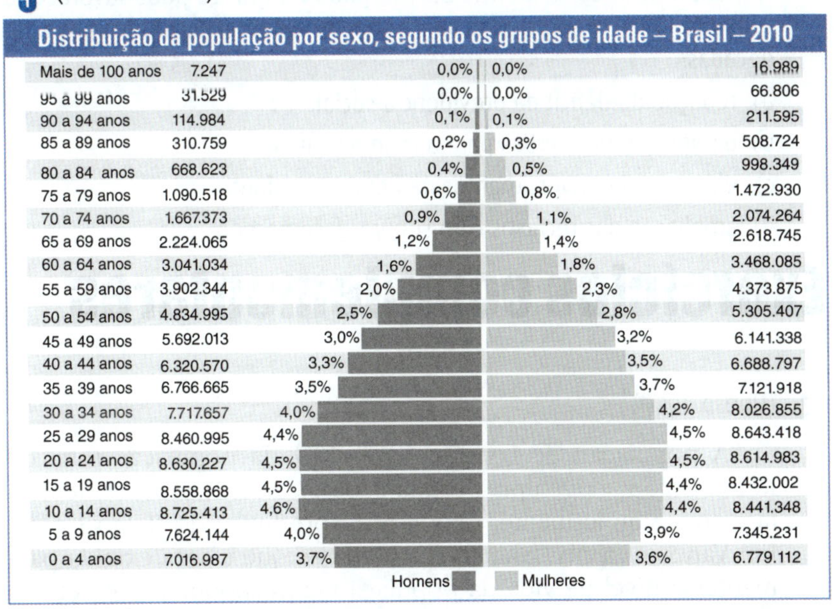

Fonte: IBGE.

Disponível em: <http://www.ibge.gov.br/home/estatistica/populacao/>. Acesso em: 3 jul. 2013.

Assinale a(s) proposição(ões) **correta(s)**.

01. Os romances *Helena* (Machado de Assis) e *Clarissa* (Erico Veríssimo) foram escritos, respectivamente, nos séculos XIX e XX. Se compararmos a evolução demográfica da população brasileira desses períodos, ocorreram poucas alterações, pois desde o Império o Brasil já era considerado um país "maduro".

02. Desde o final do século XIX, a subnutrição e a fome crônica foram erradicadas no Brasil, contradizendo a teoria malthusiana, segundo a qual a população cresce em progressão aritmética e os recursos alimentares em progressão geométrica.

04. Considerando o gráfico anterior, infere-se que o número de mulheres é superior ao de homens, sobretudo a partir da faixa etária dos 25 anos, apesar de nascerem mais homens do que mulheres.

08. A queda das taxas de fecundidade em um país é responsável por novos arranjos demográficos, entre eles a mudança na composição etária da população.

16. Segundo o gráfico anteiror, o número de mulheres é superior ao de homens na idade adulta, o que significa que elas se inserem com maior facilidade no mercado de trabalho, sem sofrerem nenhum tipo de discriminação.

6 (UERJ-RJ 2014) A taxa de dependência total corresponde ao percentual do conjunto da população jovem (menores de 15 anos) e idosa (com 60 anos ou mais) em relação à população total. Ela expressa a proporção da população sustentada pela população economicamente ativa.

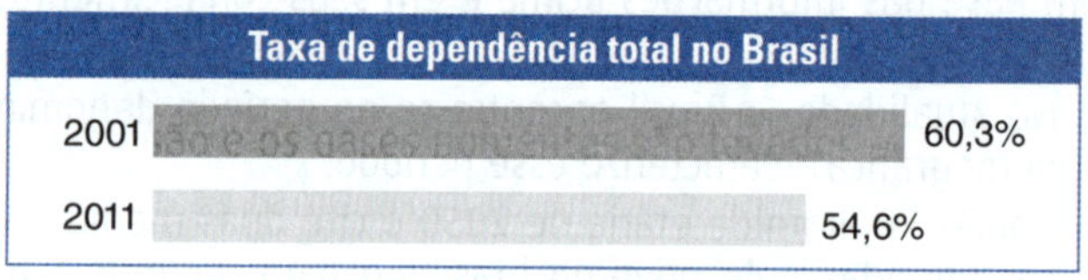

Fonte: *Veja*. Disponível em <http://veja.abril.com.br>. Acesso em: nov. 2012.

A manutenção da tendência apresentada no gráfico pode favorecer o seguinte impacto sobre as despesas governamentais nas próximas duas décadas:

a) redução do déficit da previdência social.

b) diminuição das verbas para a rede de saúde.

c) elevação dos investimentos na educação infantil.

d) ampliação dos recursos com seguro-desemprego.

Exercícios complementares

1 (Unesp 2014)

"A população de Londres, com 12% da população total do Reino Unido, exige uma pegada ecológica de 21 milhões de hectares ou, simplesmente, toda a terra produtiva do Reino Unido. Em Vancouver, no Canadá, constatou-se que a área exigida para manter o nível de vida da população corresponde a 174 vezes a área de sua própria jurisdição. Um habitante de uma cidade típica da América do Norte tem uma pegada ecológica de 461 hectares, enquanto na Índia a pegada ecológica per capita é de 45 hectares. Assim, o planeta sofre um impacto dez vezes maior quando nasce um bebê no primeiro mundo do que quando nasce um bebê na Índia, na China ou no Paquistão. Um malthusianismo cego, ainda hegemônico nas lides ambientalistas, está infelizmente muito mais preocupado com o controle da população na Índia do que com a injustiça ambiental que sustenta a injusta ordem de poder mundial."

COSTA, Rogério H. da; GONÇALVES, Carlos Walter Porto. *A nova des-ordem mundial*. São Paulo: Editora UNESP, 2005.

No texto, os autores fazem uma crítica à abordagem malthusiana, que tende a considerar o tamanho da população como o fator principal do impacto sobre os recursos naturais existentes no planeta. Dessa forma, para se entender a atual "crise ambiental", outros fatores, também importantes, devem ser levados em consideração, a saber,

a) o tamanho dos territórios de cada país e a falta de conhecimento sobre a quantidade de recursos naturais que cada população dispõe.

b) o baixo nível de renda das populações dos países desenvolvidos e seu reduzido grau de desenvolvimento tecnológico.

c) o modelo de desenvolvimento econômico adotado pelos países e os padrões de consumo difundidos em escala mundial.

d) o tamanho das populações dos países subdesenvolvidos e seu baixo nível de escolaridade.

e) o baixo desenvolvimento técnico-científico dos países e a ausência de conhecimentos sobre a finitude dos recursos naturais existentes no planeta.

2 (Unimontes-MG 2014) Analise a figura abaixo.

População em 2013 nos estados
(em milhões)

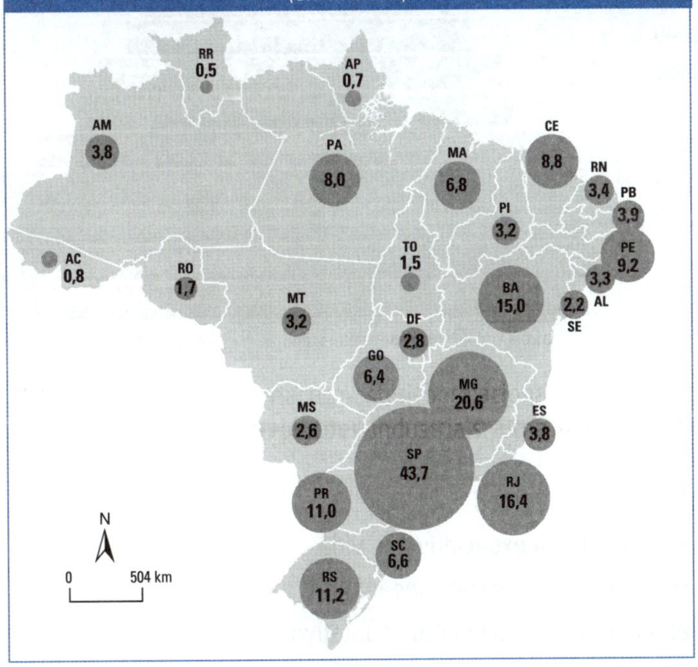

Fonte: IBGE.

Sobre a distribuição territorial da população brasileira, é **correto** afirmar que:

a) o estado com menor participação quantitativa é Roraima, enquanto a maior concentração é verificada em São Paulo, no Sudeste do país.

b) o Rio Grande do Sul se equipara, em termos populacionais, ao estado do Ceará, ambos com pequena densidade demográfica.

c) os estados da região Centro-Oeste abrigam, em conjunto, cerca de 40% da população nacional, só sendo superados pelos estados da Amazônia.

d) o Nordeste brasileiro é a terceira região mais populosa do país, com uma população de mais de 70 milhões de pessoas.

3 (Cefet-MG 2014) Analise os gráficos a seguir.

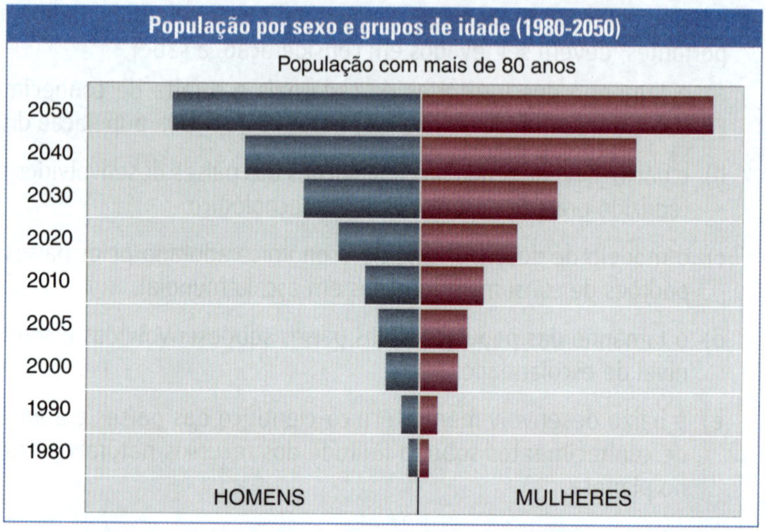

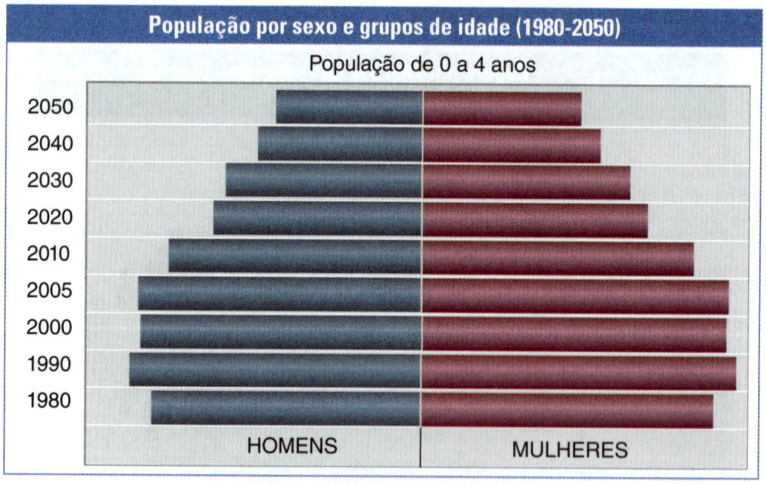

Fonte: IBGE.

A partir da leitura dos dados, é correto inferir que, no período analisado, houve:

a) redução constante da natalidade.

b) incremento na expectativa de vida.

c) crescimento da mortalidade infantil.

d) ampliação do crescimento vegetativo.

e) minimização da demanda previdenciária.

Sociedade e economia

Friedrich Stark/Alamy/Glow Images

1. Setores de atividade econômica

As diferentes atividades econômicas são tradicionalmente agrupadas em três setores:

- **Primário**: agrupa as atividades agropecuárias, o extrativismo vegetal e a pesca.
- **Secundário**: reúne os diversos ramos industriais.
- **Terciário**: reúne as atividades comerciais e de serviços (educação, comunicações, saúde, bancos, transportes, turismo, administração pública etc.).

Nos países desenvolvidos, o setor terciário também absorve a maior parte da **População Economicamente Ativa (PEA)**[1], geralmente acima de 70%. Em seguida, vem o setor secundário e, muito depois, o setor primário. Esse processo significativo de crescimento do setor terciário é denominado **terciarização da economia**, formado por um setor terciário moderno e inserido na economia formal.

Nos países com menor grau de desenvolvimento econômico e nos emergentes, o deslocamento de empregos dos setores primário e secundário para o terciário ocorre, em grande parte, pela ampliação da **economia informal** (ver item 4).

Distribuição da População Ocupada* por Setores de Atividade Econômica

Países	Primário (%)	Secundário (%)	Terciário (%)	ano (estimativas)
Países mais desenvolvidos				
Estados Unidos	1,1	19,2	79,7	2012
Suíça	0,7	26,8	75,5	2012
Países emergentes				
Brasil	15,7	13,3	71	2011
Argentina	9,1	30,5	60,4	2012
Países menos desenvolvidos				
Congo	46,3	20,8	32,9	2012
Paquistão	45,1	20,7	34,2	2010

*população ocupada é a parte da PEA que se encontra efetivamente empregada.

Fonte: *The World Factbook*. Disponível em: <https://www.cia.gov/library/publications/the-world-factbook/index.html>. Acesso em: mar. 2014.

1 População Economicamente Ativa (PEA) é o conjunto de todas as pessoas com 15 ou mais anos de idade que estão no mercado de trabalho, formal ou informal. A PEA inclui tanto a população ocupada, como a população desocupada, desde que esta última esteja procurando emprego.

2. Transformações no mundo do trabalho e desemprego

As novas tecnologias da Terceira Revolução Industrial provocaram profundas transformações no mundo do trabalho. Ao mesmo tempo que elevaram a produtividade, eliminaram determinadas profissões e provocaram o desemprego de categorias de baixa qualificação. Trata-se do desemprego tecnológico ou estrutural, comum também a outros momentos da história em que ocorreram transformações nas tecnologias de produção.

Acrescenta-se ainda que o menor controle do Estado e a maior conexão entre as economias, com a consolidação de **políticas neoliberais**, tornaram o mundo mais suscetível a crises. A velocidade de propagação das crises, em tempos de globalização, tem contagiado o mundo de forma indiscriminada. O desemprego decorrente de uma situação econômica temporária, provocada por um refluxo da produção e diminuição do mercado de trabalho é denominado de desemprego conjuntural.

3. Trabalho e emprego no Brasil

Desocupação no Brasil

O Brasil suportou ao longo dos anos de 1980 (década perdida) e de 1990 (anos de reestruturação da economia e de combate à inflação) elevados índices de desemprego. A partir da primeira década de 2000, o país retomou o crescimento econômico, priorizou investimentos em **programas sociais** e melhorou a distribuição de renda. São exemplos destes programas: **Bolsa Família**, programa de transferência direta de renda para famílias em situação de pobreza e de extrema pobreza; **Pronatec**, voltado à concessão de bolsas de estudo no Ensino Técnico; **Brasil sem Miséria**, com foco na erradicação da pobreza extrema é uma extensão do programa Bolsa Família; e **Brasil Carinhoso**, adiciona beneficio às famílias que recebem o Bolsa Família, tenham crianças até seis anos de idade e ainda vivam em extrema pobreza.

Essas medidas foram fundamentais para estimular o mercado interno e diminuir as taxas de desemprego. Embora o crescimento da economia tenha desacelerado nos últimos anos, principalmente após a crise de 2007/2008, as taxas de desemprego no Brasil têm se mantido em queda e apresentado índices muito baixos em relação a outros momentos da história.

Brasil: taxa média de desemprego anual – 2003-2013*

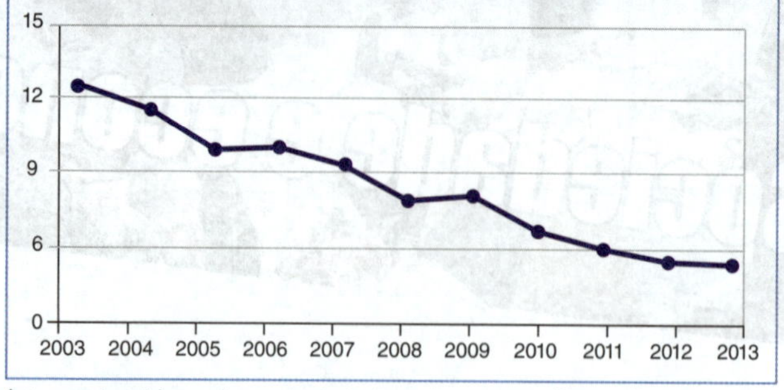

* A pesquisa é baseada nas 6 principais regiões metropolitanas do país: Rio de Janeiro, Porto Alegre, São Paulo, Recife, Salvador e Belo Horizonte.

Fonte: IBGE.

4. Formalização do mercado de trabalho

No início da década, mais da metade dos trabalhadores brasileiros não eram registrados e não gozavam das garantias trabalhistas, isto é, predominava no país o mercado de **trabalho informal**. Apesar de ainda apresentar elevado grau de informalidade em sua economia, o Brasil mostrou, na última década, uma **melhoria expressiva nos índices de formalização do mercado de trabalho**. Essa mudança é importante para a sociedade, pois o aumento de trabalhadores no mercado formal representa um aumento na contribuição para a Previdência Social.

Observe os dados:

Trabalho formal e informal no Brasil - 2002 a 2012*

	Economia formal (%)	Economia informal (%)
2002	44,7	55,3
2012	56,9	43,1

* Percentual de pessoas de 16 anos ou mais de idade ocupadas

Fonte: IBGE. Pesquisa Nacional por Amostra de Domicílios (PNAD) 2002; Síntese de Indicadores Sociais, 2013.

5. A mulher no mercado de trabalho

No Brasil, o aumento da participação da mulher no mercado de trabalho está entre os fenômenos mais importantes de transformação ocorridos nos últimos anos.

Foi a partir de 1960 que as conquistas femininas se tornaram mais evidentes. No contexto da industrialização e da urbanização, a partir desse momento, elas começaram a ter participação mais ativa no mercado de trabalho.

No entanto, os **rendimentos da mulher são significativamente menores** que os da população masculina. Apesar de pequena melhora, a remuneração média das mulheres ocupadas, no início da segunda década do século XXI, representava aproximadamente 70% em relação à dos homens. Além disso, muitas trabalhadoras brasileiras estão submetidas ao regime de **dupla jornada**, não havendo uma divisão equitativa com os seus parceiros em relação ao cuidado com os filhos e as tarefas no lar, situação mais acentuada nos segmentos sociais mais pobres. Essas circunstâncias evidenciam a **forte discriminação de gênero** presente na sociedade brasileira.

6. Trabalho infantil

A pobreza é a principal causa do ingresso das crianças no mundo do trabalho. As famílias pobres são impelidas a utilizar os próprios filhos para complementar a renda familiar e garantir a sua sobrevivência. As crianças trabalhadoras são impedidas de desenvolver uma infância saudável e de estudar, bloqueando por gerações a ascensão social de milhões de famílias. Além da aprendizagem, a convivência com outras crianças na escola promove a socialização e o estabelecimento de relações sociais de convivência saudáveis.

7. Trabalho escravo

Em 2013, cerca de 30 milhões de pessoas viviam em condição análoga à escravidão em todo o mundo. As formas de escravidão moderna envolvem mulheres e meninas forçadas à prostituição, trabalhadores que trabalham sem remuneração para saldar dívidas contraídas, trabalhadores agrícolas mantidos por meios ilegais ou com remuneração e condições de trabalho subumanas, imigrantes ilegais que se sujeitam a longas jornadas de trabalho e com péssima remuneração. De acordo com a ONG Walk Free, **o Brasil tem mais de 200 mil pessoas em situação de trabalho similar à escravidão**.

8. Distribuição da renda

Em 2013, cerca de 17% da população mundial vivia em situação de extrema pobreza. Esses índices já indicam uma redução percentual significativa nas duas últimas décadas daqueles que vivem abaixo da linha de pobreza, mas ainda são elevados quando comparados ao progresso econômico conquistado no mesmo período. De acordo com o Banco Mundial, pessoas com renda individual inferior a US$ 1,25 ao dia encontram-se nessa situação. Parte expressiva dessa população habita o sul da Ásia (especialmente a Índia) e a África Subsaariana.

No entanto, apesar de relativo avanço no combate à pobreza, a desigualdade aumentou e a riqueza ficou mais concentrada. De acordo com a OXFAN internacional, em publicação de 2014 (Trabalhando para poucos), 1% das famílias ricas de todo o mundo possuem quase metade (46%) da riqueza do mundo e **a metade mais pobre da população possui menos do que as 85 pessoas mais ricas no mundo**.

No século XXI, ocorreu uma melhoria na renda de uma parcela importante da população brasileira. **Milhões de brasileiros libertaram-se das classes pobres e extremamente pobres**, para categorias de renda com capacidade de consumo além dos produtos básicos de subsistência. Apesar do o Brasil ainda estar entre os países mais desiguais do mundo, houve também uma pequena redução da desigualdade. Esses dados refletem um período de crescimento econômico e de adoção de políticas sociais de transferência de renda (ver item 3) que provocaram transformações na sociedade brasileira. Observe as tabelas.

Rendimento mensal total destinado aos mais ricos e aos mais pobres (em percentual) - 2002-2012

	2002	2012
40% mais pobres	9,9	13,2
10% mais ricos	47,1	41,9
1% mais ricos	13,5	12,9

Fonte: IBGE. Pesquisa Nacional por Amostra de Domicílios (PNAD) 2002; Síntese de Indicadores Sociais, 2013.

Rendimento mensal em Reais (R$) e fator de desigualdade entre os mais ricos e os mais pobres - 2002-2012

	2002	2012
40% mais pobres	158	478
10% mais ricos	2.991	6.017
1% mais ricos	8.548	18.550
Desigualdade entre os 10% mais ricos e os 40% mais pobres	18,9 vezes	12,8 vezes
Desigualdade entre os 1% mais ricos e os 40% mais pobres	54,3 vezes	38,8 vezes

Fonte: IBGE. *Pesquisa Nacional por Amostra de Domicílios (PNAD), 2002; Síntese de Indicadores Sociais, 2013.*

9. Índice de Desenvolvimento Humano

O Índice de Desenvolvimento Humano (IDH), criado pela ONU no início da década de 1990, atualmente resulta do cruzamento de três indicadores básicos:

- o **Rendimento Nacional Bruto** (RNB) **per capita** (por indivíduo), que é a renda nacional bruta dividida pelo número de habitantes do país, expresso em dólares e ajustado ao poder de compra da população de cada país;
- o grau de conhecimento, baseado na **escolaridade**;
- a expectativa de vida, denominada **longevidade**.

O Brasil apresentou avanço significativo em seus índices de IDH, contudo, apesar de estar colocado entre as dez maiores economias do mundo, ocupava (de acordo com Relatório de Desenvolvimento Humano de 2013) a 85ª posição em IDH no mundo. Na América do Sul o país é superado pelo Chile (40ª posição), Argentina (45ª), Uruguai (51ª) e Peru (77ª).

Planisfério: distribuição do desenvolvimento humano – 2012

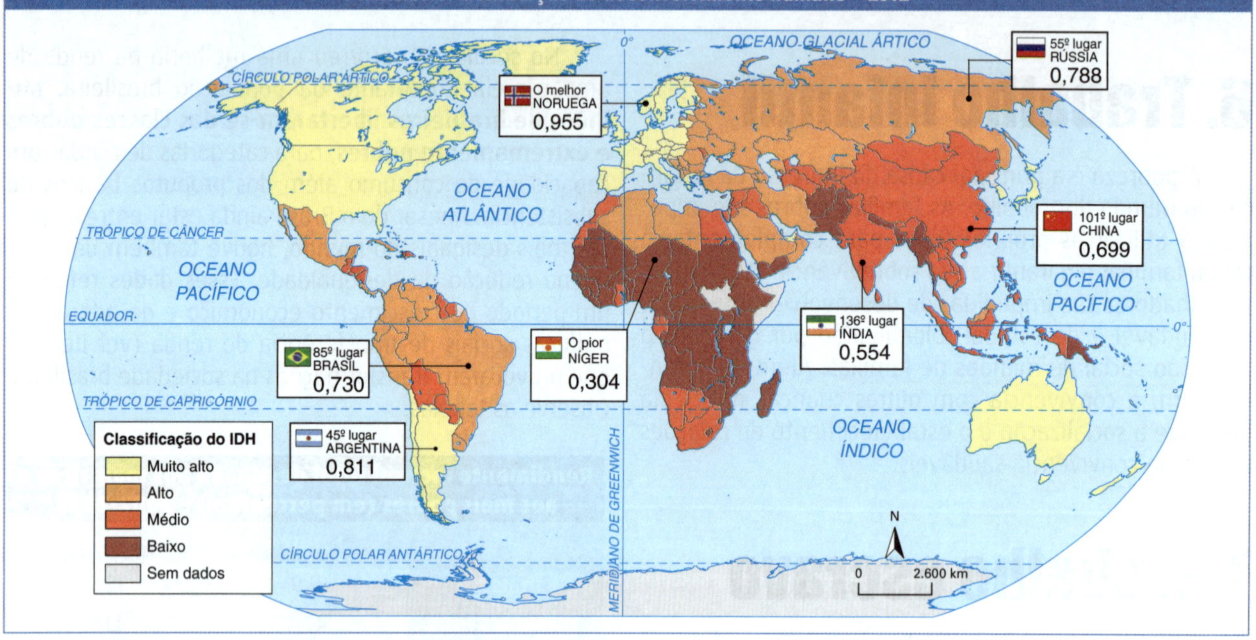

Fonte: PNUD. In: *Folha de S.Paulo*, 15 mar. 2013.

As classificações do IDH são relativas, baseadas em quatro grupos de distribuição do IDH pelos países: IDH muito alto, alto, médio e baixo. Dessa forma, entre os 187 países avaliados, dois grupos têm de ter países a mais. Os grupos de IDH muito alto e baixo têm 46 países cada, o grupo de IDH alto tem 47 países e o grupo de IDH médio tem 48 países.

Atividades

1 (Uerj 2014)

Brasil: empregos formais e informais – 2000 e 2012

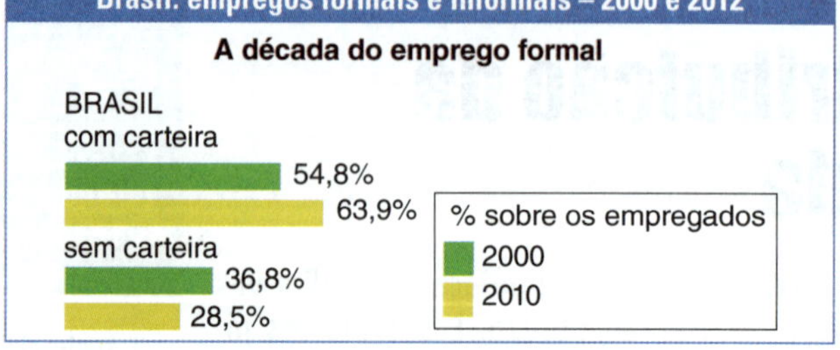

Fonte: *O Globo*, 28 abr. 2012.

De acordo com o gráfico, o mercado de trabalho formal no Brasil se ampliou na última década.

Cite duas vantagens para os trabalhadores nacionais propiciadas pela carteira assinada e duas vantagens para o governo brasileiro decorrentes da ampliação desse benefício.

2 (IFS-SE 2014) Quando se trata de ciência e tecnologia no Brasil, podemos dizer que se configuram como grandes desafios, **exceto**:

a) A inclusão digital.

b) A absorção de grande contingente de mão de obra especializada disponível.

c) A garantia da democracia e da liberdade individual.

d) A proteção contra as espionagens.

e) O desenvolvimento de tecnologias capazes de melhorar a qualidade de vida dos brasileiros.

3 (Ufal 2014)

Brasil: empregos formais e informais – 2000 e 2012

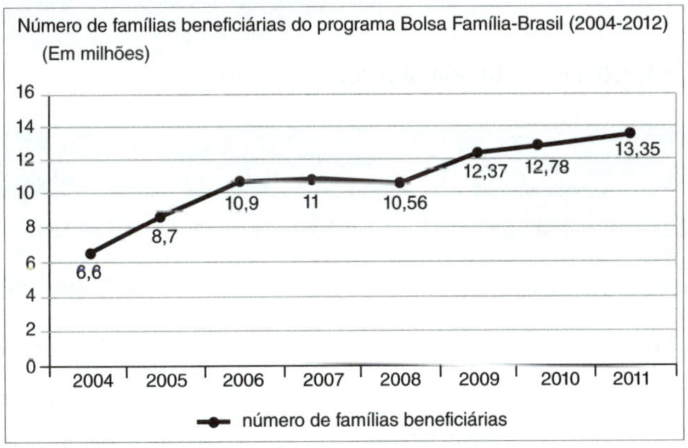

Fonte: IPEA. Disponível em: http://www.ipea.gov.br/portal/images/stories/PDFs/politicas_sociais/bps_2 1_completo.pdf. Acesso em: abr. 2014.

O programa Bolsa Família brasileiro mais que dobrou o número de beneficiários nos últimos anos. Ele tem servido de modelo para vários outros países e se caracteriza por ser a principal ação governamental de

a) distribuição de renda e combate à pobreza e à miséria.

b) formação de mão de obra para o mercado rural.

c) incentivo ao aumento da escolaridade e da busca por emprego.

d) diminuição de despesas com a previdência social.

e) criação de novos empregos e de inserção no mercado de trabalho.

4 (IFG-GO 2014) Os indicadores sociais de uma localidade refletem seu nível de desenvolvimento. Assim, observe os dados, que referem-se a dois países que, no passado, foram metrópole e colônia.

Indicadores sociais (2011)	País A	País B
IDH	0,863	0,336
Longevidade	80,2 anos	47,8 anos
População subnutrida	5%	47%
Calorias consumidas	3.424 kcal/dia	1.912 kcal/dia
População com acesso a água potável	100%	49%
População com acesso a rede sanitária	100%	13%
Taxa de alfabetização	100%	41,4%

Fonte: IBGE. Disponível em: <http://www.ibge.gov.br/paisesat/>. Acesso em: abr. 2014.

País A e País B são, respectivamente:

a) Portugal e Brasil.

b) Reino Unido e Canadá.

c) Rússia e Polônia.

d) Espanha e Argentina.

e) Reino Unido e Serra Leoa.

5 (UFPR 2014) Observe a tabela abaixo:

Países selecionados	População (2011)	PIB (2011)	Índice de Gini (2011)	Crescimento do PIB (2012)	IDH (2011)
Brasil	194 milhões	US$ 2,5 trilhões	0,539	1,5%	0,718 (alto)
China	1,34 bilhão	US$ 7,32 trilhões	0,474(*)	7,8%	0,687 (médio)
EUA	313,8 milhões	US$ 15,09 trilhões	0,450	2,2%	0,910 (muito alto)

*Dado para 2012.

Fontes: *Época*, n. 756, 12 nov. 2012; *The Economist*, 23 jan. 2013; *UNDP*. Human development report 2011.

Com base na tabela e nos conhecimentos de Geografia, assinale a alternativa correta.

a) O índice de Gini revela que a tradição liberal dos EUA se reflete em uma desigualdade de renda mais elevada que a dos outros países selecionados.

b) A grande população da China torna difícil para esse país alcançar um IDH elevado devido aos custos dos sistemas de saúde e de educação.

c) Os EUA possuem o maior PIB em virtude do volume de suas exportações de alta tecnologia e das remessas de lucros de empresas multinacionais desse país para suas sedes.

d) Embora possua o segundo maior PIB, o elevado contingente populacional da China implica uma renda *per capita* baixa, refletida no seu nível de desenvolvimento humano.

e) A comparação entre Brasil e China mostra que o crescimento do PIB não tem efeito sobre o IDH porque esse índice é calculado com base nas estatísticas de saúde e de educação.

6 (Enem 2013)

Disponível em: <http://capu.pl>. Acesso em: 3 ago. 2012.

O artista gráfico polonês Pawel Kuczynski nasceu em 1976 e recebeu diversos prêmios por suas ilustrações.

Nessa obra, ao abordar o trabalho infantil, Kuczynski usa sua arte para

a) difundir a origem de marcantes diferenças sociais.

b) estabelecer uma postura proativa da sociedade.

c) provocar a reflexão sobre essa realidade.

d) propor alternativas para solucionar esse problema.

e) retratar como a questão é enfrentada em vários países do mundo.

Exercícios complementares

1 (ESPM-SP 2014) Observe o mapa:

Planisfério: IDH mundial – 2012

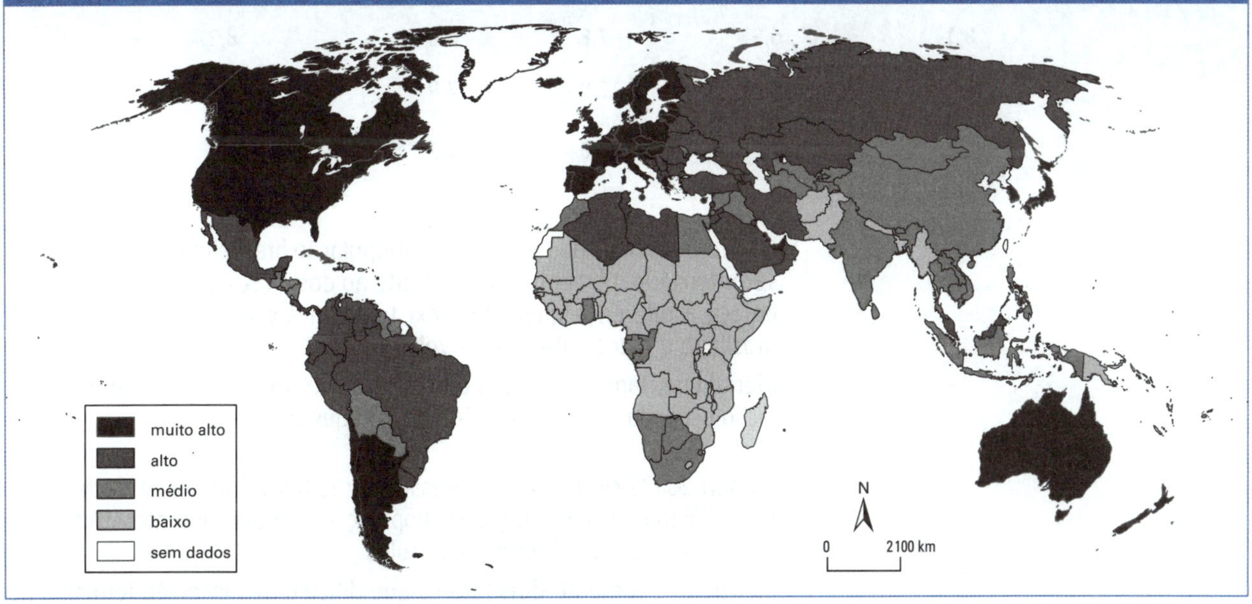

Fonte: PNUD, 2012.

Ele está representando:

a) A densidade demográfica mundial.

b) O PIB mundial.

c) O IDH.

d) Os países mais populosos.

e) Emissão de CO_2.

2 (FGV-SP 2014) Baseado na análise de pesquisas e nos dados de várias Pnad (Pesquisa Nacional de Análise de Domicílios) sobre o mercado de trabalho nos últimos 20 anos, o Ipea (Instituto de Pesquisa Econômica Aplicada) lançou, em outubro de 2013, um relatório com informações precisas sobre o trabalho no Brasil. Entre as informações apontadas, destaca-se que:

a) à semelhança do que ocorre em países europeus, o desemprego de jovens supera os 20% há mais de uma década.

b) comércio e serviços aumentaram sua participação no emprego total de 1992 a 2012, enquanto a indústria acumulou pequena queda.

c) a informalidade aumentou em todos os níveis de qualificação profissional, principalmente entre os superqualificados.

d) a grande maioria das vagas oferecidas nas atividades industriais ocorre fora das áreas metropolitanas.

e) o desemprego feminino tornou-se menor do que o masculino, e as diferenças salariais entre os gêneros também diminuíram.

3 (Uerj 2014) Na tabela, estão apresentados os percentuais da população brasileira ocupada por atividade econômica em 2009.

Atividade econômica	Norte	Nordeste	Sudeste	Sul	Centro-Oeste	Brasil
Agricultura	20,2	29,6	8,8	17,5	15,1	17,0
Indústria	11,5	9,3	17,5	18,6	11,8	14,7
Construção	8,1	6,9	7,8	6,8	8,2	7,4
Comércio	19,1	17,0	17,9	17,9	18,4	17,8
Serviços e outros	41,1	37,2	48,0	39,2	46,5	43,1

Fonte: IBGE.

De acordo com os dados, 60,9% da população brasileira encontram-se no setor terciário, percentual semelhante ao dos países desenvolvidos. Estabeleça a diferença qualitativa existente, neste caso, entre o contexto brasileiro e o dos países desenvolvidos.

Identifique, também, a região brasileira com maior percentual de população ocupada no setor primário e justifique essa situação.

4 (Cederj 2014) No Brasil, o ingresso da mulher no mercado de trabalho formal, isto é, a sua inserção na População Economicamente Ativa (PEA) ainda esbarra em inúmeros obstáculos.

Mencione e comente **dois** fatores que dificultam a inserção feminina no mercado de trabalho formal brasileiro.

Povos em movimento e migrações no Brasil

Petros Giannkouris/Ap Photo/Glow Images

1. Os fluxos internacionais de pessoas no capitalismo

Na história do capitalismo, até meados do século XX, os principais movimentos migratórios em escala transcontinental ocorriam da Europa para outras regiões do globo, como a América, a África e a Ásia.

Hoje, os fluxos se inverteram. **Prevalecem os fluxos das regiões menos desenvolvidas para as de maior desenvolvimento socioeconômico.**

Países com maior número de migrantes internacionais – 2013

País	Número de imigrantes (em milhões)	População total do país (em milhões)
Estados Unidos	45,8	316,2
Federação Russa	11,0	143,5
Alemanha	9,8	80,6
Arábia Saudita	9,1	30,1
Emirados Árabes Unidos	7,8	9,3
Reino Unido	7,8	64,1
França	7,4	63,9
Canadá	7,3	35,3
Austrália	6,5	23,1
Espanha	6,5	46,6

Fonte: ONU. Department of Economic and Social Affairs. Population Division. *Global migration statistics reveal.* Disponível em: <http://esa.un.org>; PRB. *2013 World Population Data Sheet.* Disponível em: <www.prb.org>. Acessos em: abr. 2014.

Milhões de pessoas cruzam as fronteiras entre os países todos os anos em busca de oportunidades de estudo, ascensão profissional e pessoal, ou fugindo da violência, de guerras e perseguições políticas e religiosas. Veja o mapa na página seguinte.

Parte expressiva das migrações internacionais é formada por **refugiados**. De acordo com o Alto Comissariado das Nações Unidas para Refugiados (ACNUR), "são refugiados as pessoas que se encontram fora de seu país por causa de fundado temor de perseguição por motivos de raça, religião, nacionalidade, opinião política ou participação em grupos sociais, e que não possam (ou não queiram) voltar para casa".

A **maioria dos imigrantes recebe baixa remuneração**, e os que vivem em condição ilegal sofrem com a **falta de assistência social**, **de acesso aos sistemas públicos de seguridade social**, como saúde e previdência, de educação, de habitação, de transporte, entre outros. Ainda assim, de maneira geral, têm melhores perspectivas em outros países do que em seus países de origem.

2. Barreiras aos imigrantes

A intensificação das migrações internacionais das últimas décadas coincidiu com transformações que tornaram o mercado de trabalho mais restritivo e seletivo no mundo desenvolvido. Os **Estados Unidos** fecharam as suas fronteiras com a construção de um extenso **muro contornando a linha de divisa com o México**.

Depois da **desintegração do socialismo**, os principais países da União Europeia receberam quantidades expressiva de imigrantes oriundos do leste do continente, que foram somados aos imigrantes tradicionais como os turcos (Alemanha), indianos e paquistaneses (Reino Unido), argelinos, marroquinos e tunisianos (França) e uma quantidade expressiva que todos os anos tentam cruzar o Mediterrâneo em embarcações precárias, que muitas vezes são atingidas por tragédias. A Europa começou a adotar políticas rígidas de controle à imigração e viu crescer **movimentos nacionalista xenófobos** que exigem a repatriação de imigrantes.

Há, no entanto, o outro lado da moeda. Muitos países desenvolvidos estimulam o ingresso de imigrantes com alta qualificação: cientistas, pesquisadores e outros profissionais ligados à área de informática. Dessa forma, esses profissionais, em lugar de contribuir para o desenvolvimento técnico-científico de seus países de origem, o fazem para os mais desenvolvidos. Esse fenômeno é conhecido como "**migração de cérebros**".

3. Migração forçada ou tráfico humano

O século XXI ainda registra casos de migração forçada e escravidão: são grupos de pessoas deslocados de seus países e submetidos a trabalhos forçados em fábricas, fazendas e residências (serviços domésticos); e mulheres e meninas vítimas de exploração sexual. De acordo com o Serviço de Investigação do Congresso dos Estados Unidos, o **tráfico de pessoas ocupa hoje a terceira fonte de renda do crime organizado**, perdendo apenas para o tráfico de drogas e de armas. Dados estimados da ONU indicam que essa atividade criminosa movimentava cerca de 32 bilhões de dólares em 2011.

4. Brasil país de imigrantes

O Brasil foi ocupado pelos portugueses, que, por sua vez, trouxeram para a colônia cerca de 4 milhões de africanos escravizados (imigração forçada).

A imigração espontânea para o Brasil, expressiva a partir de 1808, pode ser dividida em três fases.

Principais fluxos migratórios no início do século XXI

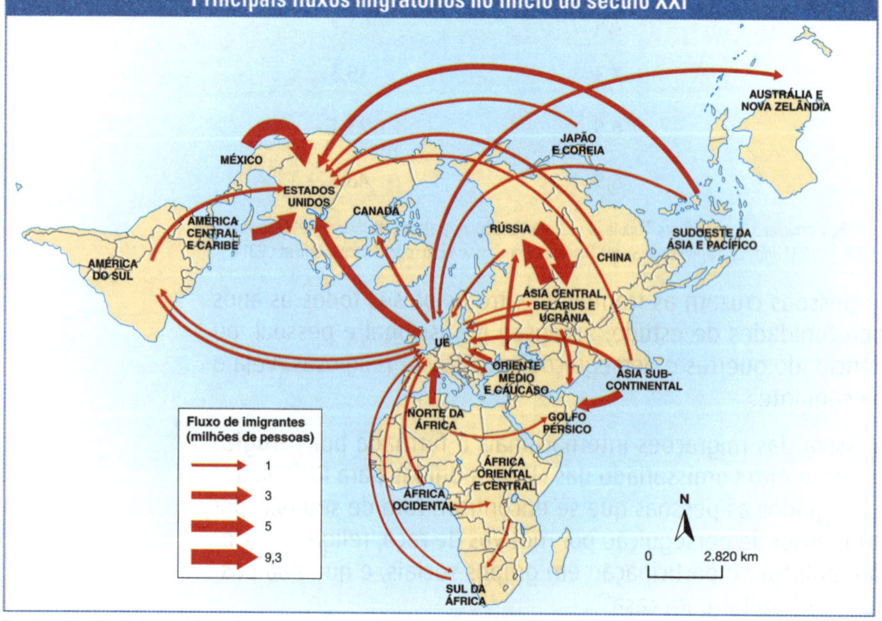

Fonte: ATELIER DE CARTOGRAPHIE. Disponível em: <http://cartographie.sciences-po.fr>. Acesso em: abr. 2014.

Primeira fase – 1808 a 1850

Durante o período colonial (até 1800), vieram para o Brasil cerca de 500 mil portugueses, aos quais se somaram mais de quatro milhões de africanos.

Em **1808**, com a vinda da família real, ocorreu o primeiro incentivo à imigração espontânea para o Brasil.

Entretanto a imigração ficou limitada a alguns grupos. O primeiros foram os **açorianos** que se instalaram na região da atual cidade de Porto Alegre e na ilha de Santa Catarina (atual Florianópolis). No período entre 1818 e 1824, vieram os **suíços** (Nova Friburgo, RJ) e **alemães** que se fixaram nas atuais cidades de São Leopoldo e Novo Hamburgo (RS) e também na cidade de Rio Negro (PR).

Segunda fase – 1850 a 1934

O grande fluxo imigratório ocorreu a partir de 1850, com a entrada de portugueses, italianos, espanhóis, alemães e japoneses. Além de os imigrantes constituírem mão de obra para a lavoura cafeeira, após a proibição do tráfico de escravos em 1850 (**Lei Eusébio de Queirós**), vários grupos, principalmente alemães e italianos, foram utilizados para a colonização da atual Região Sul do país. Com a abolição da escravatura (1888), o número de imigrantes multiplicou-se e se manteve num volume considerável até as primeiras décadas do século XX. Observe os principais grupos e os principais destinos no território brasileiro.

Alemães: Santa Catarina, no vale do Itajaí (Blumenau, Joinville, Itajaí e Brusque).

Italianos: São Paulo (interior e capital), Santa Catarina, no vale do Tubarão (Criciúma, Uruçanga, Imbituba, Laguna etc.), Nova Trento e Nova Veneza.

Espanhóis: Região Sudeste, especialmente São Paulo (capital e interior) e Rio Grande do Sul (região dos Pampas).

Brasil: imigração segundo a nacionalidade – 1820-1980

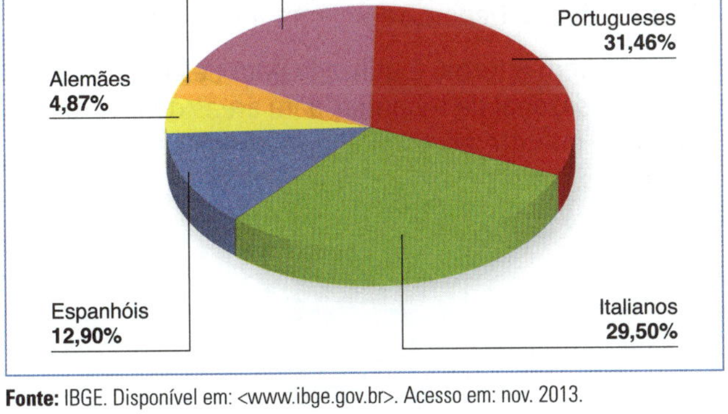

Fonte: IBGE. Disponível em: <www.ibge.gov.br>. Acesso em: nov. 2013.

Japoneses: São Paulo (capital e interior); norte do Paraná (Londrina, Maringá e Apucarana); Mato Grosso do Sul (Campo Grande); Amazonas (Maués e Parintins) e Pará (Tomé-Açu).

Terceira fase – pós-1934

A partir de 1934, foi estabelecida a **Lei de Cotas**, que restringia a entrada de estrangeiros, com exceção dos portugueses. O declínio da economia cafeeira, decorrente da crise mundial de 1929, afetou o crescimento econômico do Brasil. A nova lei foi justificada como uma forma de evitar que o índice de desemprego aumentasse ainda mais, provocando instabilidade social. Ela estabelecia que apenas 2% do total de imigrantes de cada nacionalidade, que haviam entrado nos cinquenta anos anteriores à promulgação da lei, podiam fixar residência no país.

Na década de 1970, o Brasil recebeu muitos imigrantes de Angola e Moçambique. Tendo perdido privilégios com a descolonização, vieram para cá diversos descendentes de portugueses que viviam naqueles países. A partir do final do século XX, sobretudo nos anos 1990, o país passou a receber maior quantidade de imigrantes peruanos, bolivianos, paraguaios, argentinos, coreanos e chineses. Muitos desses imigrantes estão em situação ilegal. Assim, acabam trabalhando como ambulantes e empregados em empresas também clandestinas onde se sujeitam a situações de trabalho sub-humanas.

Recentemente o Brasil tem recebido grande quantidade de haitianos, após o gravíssimo terremoto que atingiu o país em 2010. Os haitianos são tradicionais migrantes, devido à situação de pobreza e miséria do país. Cerca de 20% do PIB haitiano são formados por remessa de dinheiro de haitianos que trabalham fora do país. A presença de tropas brasileiras no comando da MINUSTAH (Missão das Nações Unidas para a Estabilização do Haiti) e um maior dinamismo da economia brasileira na primeira década do século XX foram fatores que colocaram o Brasil na rota da imigração haitiana.

5. Emigrações de brasileiros

De acordo com o Ministério das Relações Exteriores do Brasil (Itamaraty), em 2012, cerca de 2,5 milhões de brasileiros viviam fora do país. Apesar de grande parte desses emigrantes ter formação profissional, na maioria das vezes exercem tarefas de baixa qualificação nos países onde residem. A saída de brasileiros ocorreu em grande quantidade a partir da década de 1970 com o deslocamento de agricultores para o **Paraguai**. A partir da década de 1980 a estagnação da economia brasileira e o decréscimo de ofertas de trabalho são fatores que levam brasileiros a migrar para outros países, especialmente para os **Estados Unidos**, o **Japão** e **países europeus**.

Emigrantes brasileiros – 2012		
1	Estados Unidos	1.066.559
2	Japão	210.032
3	Paraguai	201.527
4	Portugal	140.426
5	Espanha	128.238
6	Reino Unido	118.000
7	Alemanha	95.160

Fonte: MINISTÉRIO DAS RELAÇÕES EXTERIORES. Brasileiros no mundo: estimativas. Disponível em: <www.brasileirosnomundo.itamaraty.gov.br>. Acesso em: abr. 2014.

6. Migrações internas no Brasil

Os movimentos migratórios internos foram expressivos no território brasileiro. No período colonial, as **migrações internas acompanharam os sucessivos ciclos de desenvolvimento da economia regional**, relacionados à agricultura de exportação, à criação bovina ou à extração mineral. A cana-de-açúcar, por exemplo, estimulou o desenvolvimento do Nordeste no início da colonização; a criação de gado contribuiu para a ocupação do Sul do país e de áreas mais afastadas do litoral; e a mineração atraiu migrantes para Minas Gerais e a região central do país.

As migrações internas também foram influenciadas pelo curto ciclo da borracha, na Amazônia (1870-1912); pelo cultivo do café – que marcou a economia brasileira entre o fim do século XIX e as primeiras décadas do século XX – e pelo crescimento industrial, no Sudeste (especialmente no estado de São Paulo), que se intensificou a partir da Segunda Guerra Mundial. A partir da década de 1970, devido à expansão da atividade agrícola no Centro-Oeste e à política de ocupação da Amazônia, essas regiões transformaram-se em novos polos de atração populacional.

7. Migração rural-urbana

As migrações internas no Brasil caracterizaram-se pelos fluxos inter-regionais e pela migração rural-urbana.

As migrações inter-regionais foram, no século XX, pautadas pela repulsão na região Nordeste e atração na região Sudeste. A partir da década de 1970, o Sul do Brasil transformou-se em região de repulsão, com a expansão da grande lavoura sobre as pequenas propriedades agrícolas, forçando os agricultores a migrarem para o Centro-Oeste e a Amazônia, que passaram a atrair população.

As migrações em direção às cidades tornaram-se acentuadas na segunda metade do século XX, provocadas pela industrialização. Os migrantes foram atraídos para as grandes metrópoles, especialmente São Paulo, Rio de Janeiro e Belo Horizonte. Atualmente, as atividades econômicas tornaram-se mais diversificadas em outras regiões e em outras cidades de menor porte. Tais circunstâncias determinaram novas dinâmicas migratórias: a migração de retorno – do Sudeste para o Nordeste – e um grande fluxo para cidades médias do interior, especialmente na região Sudeste.

8. Migrações diárias ou pendulares

O crescimento urbano e a configuração de metrópoles e de áreas metropolitanas deu origem a deslocamentos diários de pessoas que trabalham ou estudam em locais distantes do seu local de residência. Esse deslocamento é denominado **migrações diárias ou pendulares** e envolve pessoas que moram na periferia da cidade e trabalham nas áreas centrais ou diametralmente opostas ao local de morada ou de pessoas que moram em um município e se deslocam diariamente para trabalhar ou estudar em um município diferente do seu local de morada.

9. Transumância

A transumância é um movimento temporário, reversível e sazonal (relacionado às estações do ano) **relacionado a questões climáticas** e envolve, por exemplo, pessoas que se deslocam do sertão nordestino nos períodos de seca para trabalhar na lavoura do litoral (Zona da Mata nordestina) em atividade de plantio ou colheita. Depois, regressam ao local de morada.

Também o termo é utilizado para designar o deslocamento sazonal de rebanhos para áreas de invernadas ou locais que oferecem melhores condições climáticas e naturais.

Atividades

1 (FMJ-SP 2014)

"Passava das 22 horas de 17 de setembro quando Condé Karouno, de 18 anos, recebeu o sinal. Depois de três meses de espera e duas tentativas frustradas, uma massa humana de centenas de imigrantes, como ele, correu montanha abaixo, saltou as valas escavadas na areia e se jogou sobre as grades que demarcam a fronteira entre Nador, no Marrocos, e Melilla, enclave da Espanha no Norte da África."

O Estado de S. Paulo, São Paulo, 3 nov. 2013.

Para combater o acesso ilegal ao continente europeu, a Espanha e outros países têm reforçado a repressão com a construção de barreiras em suas fronteiras. A partir da notícia, é correto afirmar que

a) a intolerância aos imigrantes africanos é um sinal da inabilidade diplomática europeia, diferente do que ocorre, por exemplo, nas fronteiras sul-americanas.

b) os imigrantes africanos fogem da fome, da miséria e das guerras civis, sujeitando-se ao risco da travessia e da permanência ilegais em território europeu.

c) os fluxos oriundos da África são motivados pela busca de formação escolar sólida, deficitária nas regiões de fronteira e incentivada pelos países europeus.

d) as barreiras possuem caráter simbólico e temporário, financiadas pelo governo marroquino até a melhora concreta em seus índices de desenvolvimento humano.

e) o governo espanhol vê nas barreiras uma frente de investimentos no atual período de crise, ao ampliar postos de trabalho nas áreas de fronteira.

2 (UFMT 2013) O Brasil tem recebido um elevado número de migrantes haitianos, que entram no Brasil pelo Acre e acabam chegando à cidade de São Paulo. Sobre esse fluxo migrante, é correto afirmar que

a) a destruição de parte do Haiti, observada principalmente em Porto Príncipe, a capital, devido a um intenso terremoto ocorrido em 2010, permitiu grande ajuda internacional, que incluiu estímulo à migração.

b) o Brasil é o país com maior comércio externo com o Haiti, com protocolos de troca de mão de obra entre esses países.

c) a crise econômica que assola o Haiti gera uma elevada taxa de migração, apoiada pelo programa Minustah, do NAFTA.

d) as forças de ocupação, lideradas pelos EUA, exercem forte ação repressiva sobre a população, que tem emigrado em massa.

e) o crescimento econômico do Brasil é um fator favorável à entrada de um grande número desses haitianos, atraídos pela possibilidade de melhores empregos e salários.

3 (Uespi 2014)

"Naquela época não tinha maquinaria, meu pai trabalhava na enxada. Meu pai era de Módena, minha mãe era de Capri e ficaram muito tempo na roça. Depois a família veio morar nessa travessa da avenida Paulista; agora está tudo mudado, já não entendo nada dessas ruas."

Esse trecho de um depoimento de um descendente de imigrante, transcrito na obra *Memória e Sociedade*, de Ecléa Bosi, constitui um documento importante para a análise

a) do processo de crescimento urbano paulista no início do século atual, que desencadeou crises constantes entre fazendeiros de café e industriais.
b) da imigração europeia para o Brasil, organizada pelos fazendeiros de café nas primeiras décadas do século XX, baseada em contratos de trabalho conhecidos como "sistema de parceria".
c) da imigração italiana, caracterizada pela contratação de mão de obra estrangeira para a lavoura cafeeira, e do posterior processo de migração e de crescimento urbano de São Paulo.
d) do percurso migratório italiano promovido pelos governos italiano e paulista, que organizavam a transferência de trabalhadores rurais para o setor manufatureiro.
e) da crise na produção cafeeira da primeira década do século XX, que forçou os fazendeiros paulistas a desempregar milhares de imigrantes italianos, acelerando o processo de industrialização.

4 (Uenp-PR 2014) De acordo com os fluxos migratórios no Brasil, assinale a alternativa correta.

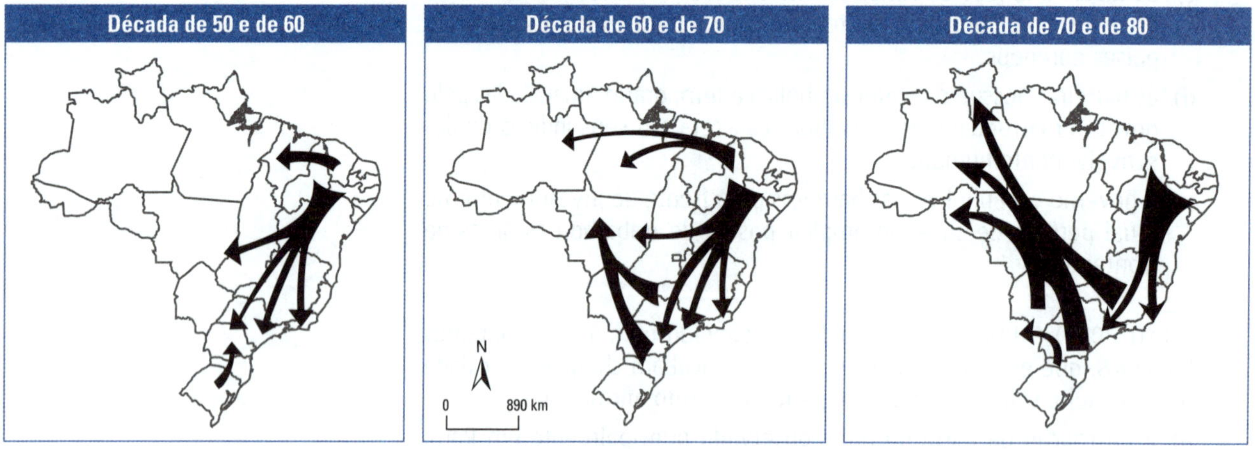

a) Os fluxos migratórios do Nordeste para os grandes centros urbanos do Sudeste, sobretudo em direção ao estado de São Paulo, ocorreram a partir da década de 1970.
b) Os fluxos migratórios do Nordeste para a Amazônia, em direção a novas áreas agrícolas e garimpos, ocorreram a partir da década de 1980.
c) Os fluxos migratórios do Nordeste e sudeste para a região Centro-Oeste ocorreram entre o final da década de 1970 e a de 1980, principalmente em razão da construção de Brasília.
d) Os fluxos migratórios dos estados do Sul, além de São Paulo e de Minas Gerais, para as regiões Centro-Oeste e Norte, ocorreram especialmente a partir da década de 1960/70, graças à expansão das áreas de fronteira agrícola na região Centro-Oeste e na Amazônia.
e) O fluxo contínuo e constante de nordestinos para o Sudeste e para a Amazônia ocorreu a partir da segunda metade do século XIX.

5 (Unicentro-PR 2014) Leia o texto a seguir.

"Um fenômeno urbano, visto especialmente nas grandes cidades. Esse processo ocorre na medida em que milhões de pessoas que compõem o PEA (População Economicamente Ativa) deixam suas residências antes do horário comercial para chegar ao trabalho e, no final da tarde, ou do expediente, voltam para casa. Esse processo significa simples fluxos populacionais que não configuram propriamente como migração, isso porque não se trata de uma transferência definitiva e sim momentânea. Existem vários casos que se enquadram. Entre eles está o fluxo de boias-frias que residem geralmente na cidade e se deslocam até o campo onde desenvolvem suas atividades, de pessoas que moram em uma determinada cidade e trabalham em outra, além de viagens de final de semana, feriados e férias. Decorrente desse fenômeno, ocorre nos grandes centros urbanos a hora de *rush*, que são determinados horários do dia nos quais os trabalhadores se aglomeram no trajeto tanto para chegar ao trabalho como para regressar a casa. Outro tipo de fluxo é o *commuting*, pessoas que moram em um determinado país e se deslocam para outro para trabalhar ou procurar uma ocupação."

Disponível em: <http://www.brasilescola.com/geografia/migracao-pendular.htm>. Acesso em: abr. 2014.

Assinale a alternativa que apresenta, corretamente, o tipo de migração descrita no texto.

a) Êxodo rural.
b) Migração espontânea.
c) Migração pendular.
d) Migração inter-regional.
e) Migração intrarregional.

Exercícios complementares

1 (Enem 2014)

"Ninguém desconhece a necessidade que todos os fazendeiros têm de aumentar o número de seus trabalhadores. E como até há pouco supriam-se os fazendeiros dos braços necessários? As fazendas eram alimentadas pela aquisição de escravos, sem o menor auxílio pecuniário do governo. Ora, se os fazendeiros se supriam de braços à sua custa, e se é possível obtê-los ainda, posto que de outra qualidade, por que motivo não hão de procurar alcançá-los pela mesma maneira, isto é, à sua custa?"

ALENCASTRO, L. F. (Org.). *História da vida privada no Brasil.* São Paulo: Cia. das Letras, 1988.

O fragmento do discurso dirigido ao parlamentar do Império refere-se às mudanças então em curso no campo brasileiro, que confrontam o Estado e a elite agrária em torno do objetivo de

a) fomentar ações públicas para ocupação das terras do interior.
b) adotar o regime assalariado para proteção da mão de obra estrangeira.
c) definir uma política de subsídio governamental para o fomento da imigração.
d) regulamentar o tráfico interprovincial de cativos para a sobrevivência das fazendas.
e) financiar a fixação de famílias camponesas para estímulo da agricultura de subsistência.

2 (Uepa 2014) Leia o texto para responder à questão.

"As pessoas tendem a fugir quando sentem que suas vidas e comunidades estão sob risco. Assim, uma grande movimentação de populações pode ser um sinal de alerta para a ameaça ou a concretização de um genocídio."

United States Holocaust Memorial Museum, Washington, D.C. *Os Refugiados Hoje*. Disponível em: <http://www.ushmm.org/wlc/ptbr/article.php>. Acesso em: abr. 2014.

A partir da análise do texto e a compreensão de como a globalização tem gerado transformações econômicas, políticas, sociais e culturais que alteram a dinâmica espacial das diferentes regiões do mundo contemporâneo, afirma-se que:

a) o sucesso moral quanto à ajuda aos judeus e a outros grupos étnicos e religiosos que já fugiam da perseguição nazista antes da Segunda Guerra e a necessidade de lidar com as muitas pessoas deslocadas, sem ter para onde retornar, após a Guerra, explicam a expansão dos campos de refugiados no atual contexto de globalização mundial.

b) a Convenção das Nações Unidas sobre o Estatuto dos Refugiados classifica a situação desse grupo como responsabilidade dos governos locais, daí as organizações dos direitos humanos serem desfavoráveis à determinação de políticas internacionais para resolver os problemas gerados pelos refugiados.

c) no contexto da globalização, refugiados são todas as pessoas que vivem em áreas periféricas de seus países e temem serem perseguidas por motivos étnicos, religiosos, de nacionalidade, de grupos sociais ou opiniões políticas e, por isso, temem valer-se da proteção de seu país de origem, necessitando da ajuda das organizações internacionais.

d) a quantidade e a magnitude das crises de refugiados em todo o mundo – assim como a expectativa por ajuda – geralmente são menores do que a capacidade da comunidade internacional em auxiliar, o que explica o crescente número de refugiados concentrados em diversos locais do espaço geográfico mundial.

e) sempre que as populações correm risco, existem aqueles que tentam fugir para países mais seguros, porém os problemas relativos às respostas adequadas quanto à proteção dos direitos dos refugiados, tais como lugares seguros para viver e o fornecimento de ajuda em momentos de grande desordem mundial, são sempre garantidos.

3 (UFRN 2014)

"O Ministério da Justiça brasileira, entre 2009 e o primeiro semestre de 2011, regularizou a permanência no Brasil de 18.004 bolivianos. De acordo com as estatísticas, os bolivianos são a comunidade estrangeira que mais cresce em São Paulo, e a principal motivação para esse deslocamento é a busca por emprego."

Disponível em: <http://bolivianosnobrasil.blogspot.com.br/2012/05/bolivianos-sao-comunidade-estrangeira.html>. Acesso em: abr. 2014.

Nesse contexto, o deslocamento feito pelos bolivianos:

a) coloca-os na condição de imigrantes em território brasileiro.

b) corresponde a um processo de migração pendular.

c) classifica-os como emigrantes no espaço brasileiro.

d) configura um processo de migração sazonal.

Questão étnica no Brasil

1. Os povos indígenas

Atualmente, 817 mil indígenas vivem no país, formam 227 povos conhecidos e se comunicam em 180 línguas e dialetos. Apesar da redução em relação à população original, o último censo registrou um aumento da população indígena na última década, o que muitos atribuem a uma maior atenção à causa indígena e à demarcação de algumas terras desses povos tradicionais.

O universo indígena brasileiro é bastante diferenciado. Algumas nações indígenas mantêm a sua identidade e as suas tradições, apesar de terem algum grau de contato com o restante da sociedade. Há também nações que só falam o português e adquiriram hábitos da civilização ocidental, como o consumo de produtos industrializados.

Existem, ainda, alguns grupos indígenas que se mantêm isolados em áreas próximas às fronteiras ou de difícil acesso, sem nenhum contato com outras comunidades.

Terras indígenas

A Fundação Nacional do Índio (FUNAI) reconhece 683 Terras Indígenas no Brasil, das quais cerca de 70% estão localizadas na Amazônia. Boa parte dessas terras, no entanto, ainda não foi demarcada.

De acordo com a lei, as terras demarcadas são de uso exclusivo e posse das populações indígenas, que asseguram para si o direito sobre a exploração dos recursos naturais nelas existentes.

A Constituição brasileira de 1988 reconheceu os direitos dos povos indígenas como primeiros habitantes de suas terras e estabeleceu que elas fossem demarcadas até 1995. Decorrida a primeira década do século XXI, esse processo encontra-se ainda em andamento, muitas vezes envolvendo grandes conflitos.

As Terras Indígenas são frequentemente invadidas pelas grandes empresas madeireiras, por garimpeiros e agropecuaristas, entre outros grupos.

Brasil: Terras Indígenas – 2013

Fonte: FUNAI. Disponível em: <http://mapas.funai.gov.br>. Acesso em: out. 2013.

2. Os afrodescendentes

Os africanos trazidos como escravos para o Brasil eram principalmente da África Ocidental, habitada por diversos grupos étnicos sudaneses (Iorubás, Jejes, Malês, Ibos, entre outros), e de Angola e Moçambique, habitados principalmente por grupos étnicos bantos (como Cabindas, Bengalas, Banquistas, Tongas).

O Brasil é o país que abriga a maior população negra fora da África: na última década, a população negra superou a população branca. No entanto, os descendentes dos negros africanos enfrentam inúmeras dificuldades, como consequência das desigualdades sociais e do preconceito.

Racismo e mercado de trabalho

No Brasil, os indicadores sociais demonstram que afrodescendentes ganham salários menores que os brancos e têm menor grau de escolaridade.

Além disso, a origem étnica dificulta a inserção do indivíduo no mercado de trabalho. Os afrodescendentes são os mais atingidos pelo desemprego, e a maioria dos que conseguem trabalho exerce atividades de baixa qualificação. Em consequência, no geral, moram em lugares mais distantes do local de trabalho, onde não dispõem de serviços básicos (saúde, educação, saneamento, entre outros), nem de opções de lazer.

Além da raiz histórica – marcada por quase quatro séculos de escravidão –, a situação de desigualdade social entre brancos e afrodescendentes se mantém em função da educação pública deficiente, do difícil acesso às informações que estão associadas a novas tecnologias (computador, serviços de banda larga, internet etc.), da necessidade de a criança ter que ajudar na complementação da renda familiar e do preconceito.

Dessa forma, é negado aos afrodescendentes – e também aos indígenas – o princípio básico das sociedades democráticas, que é a igualdade de oportunidades. Segundo a atual Constituição Brasileira, o racismo é considerado crime.

Ações afirmativas

A pressão dos movimentos sociais, especialmente do movimento negro, e o reconhecimento inegável de que as diferenças sociais e econômicas são visíveis pela cor da pele, impulsionou a implementação de **ações afirmativas** no Brasil.

O sistema de cotas nas universidades públicas é a mais polêmica das ações afirmativas postas em prática. Aqueles que as combatem argumentam que o sistema fere o princípio constitucional de igualdade entre os cidadãos e estimula a cisão racial no país, opondo os afrodescendentes aos brancos. Mais ainda, defendem que o governo deveria investir no ensino público fundamental e médio de qualidade, criando as condições necessárias para que a população pobre (independentemente da cor da pele) possa competir por vagas nas universidades em igualdade de condições.

Os argumentos favoráveis às cotas alegam que o sistema é a única solução para resolver a exclusão racial em curto prazo e que já existem na sociedade brasileira "cotas invisíveis", contempladas pela população branca. Acrescentam que a política de cotas nas universidades destinada à população afrodescendente é vista como uma forma de saldar uma dívida histórica da sociedade, considerando o seu passado escravista.

Comunidades quilombolas

São chamadas quilombolas as comunidades de quilombos, formadas por escravizados fugitivos e também ex-escravizados que receberam doações ou conseguiram comprar terras. As comunidades quilombolas foram formadas em fazendas abandonadas, terras doadas pelo Estado – por serviços prestados principalmente em guerras –, terras antes ocupadas por ordens religiosas e deixadas às comunidades negras locais.

A Constituição de 1988, após 100 anos da abolição da escravidão, garantiu o direito legítimo das terras quilombolas aos membros da comunidade. No entanto nem todas receberam titulação definitiva que lhes garantam a propriedade das terras.

Atividades

1 (PUC-SP 2014) Leia:

"Por causa do risco iminente de extinção, a UNESCO produziu o Livro Vermelho das Línguas Ameaçadas, hoje substituído pelo Atlas das línguas ameaçadas do mundo [...]."

Os países que têm o maior número de línguas em risco de desaparecimento, segundo o atlas, são:

País	Total
Índia	197
Brasil	190
Indonésia	146
China	144
México	143
Rússia	131
Austrália	108
Papua Nova-Guiné	98

Fonte: BAGNO, Marcos. *Línguas*: quantas são?. Disponível em: <http://e-proinfo.mec.gov.br/eproinfo/blog/preconceito/línguas-quantas-são.html>. Acesso em: 3 nov. 2013.

Tendo em conta os processos e as localizações geográficas implicadas na questão das línguas ameaçadas de extinção, nota-se que

a) várias das línguas ameaçadas são línguas de grupos nativos preexistentes em países originários da colonização europeia, nos quais houve a imposição da língua do colonizador.
b) essa perda iminente da diversidade linguística, nos países listados, deve-se à necessidade de eliminar a própria diversidade cultural, condição necessária para o desenvolvimento social em ambientes mais comunicativos.
c) no Brasil, as línguas ameaçadas são várias das indígenas, em função do interesse dos falantes dessas línguas de pertencer ao conjunto da sociedade moderna e romper com o isolamento social em que vivem.
d) as línguas ameaçadas, nos países listados, sobrevivem por esforço dos estados, visto que as sociedades desses locais defendem que existam políticas públicas para preservar as culturas minoritárias.
e) a modernização e a globalização dominante da sociedade contemporânea tendem a reverter o processo de ameaça de extinção de várias línguas nativas, pela sua lógica de valorização da diversidade cultural.

2 (Enem 2013)

Mapa 1 – Distribuição espacial atual da população brasileira

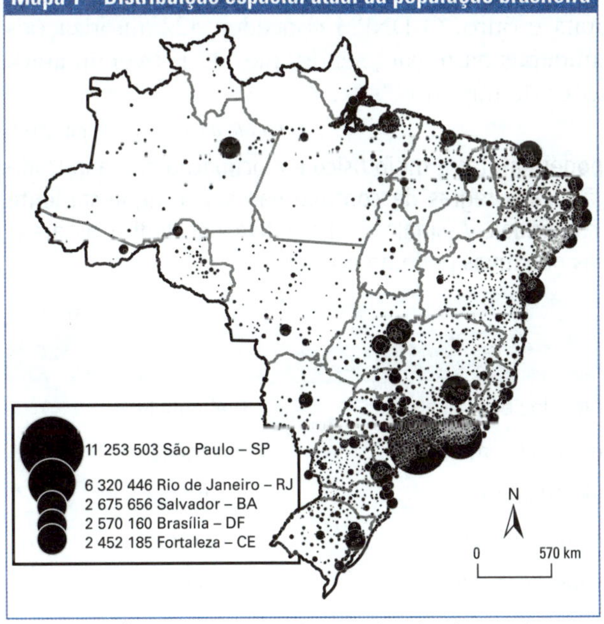

Fonte: THÉRY, H. As boas-novas sobre a população brasileira. *Conhecimento Prático Geográfico*, n. 41, jan. 2012.

Mapa 2 – Conflitos em terras indígenas

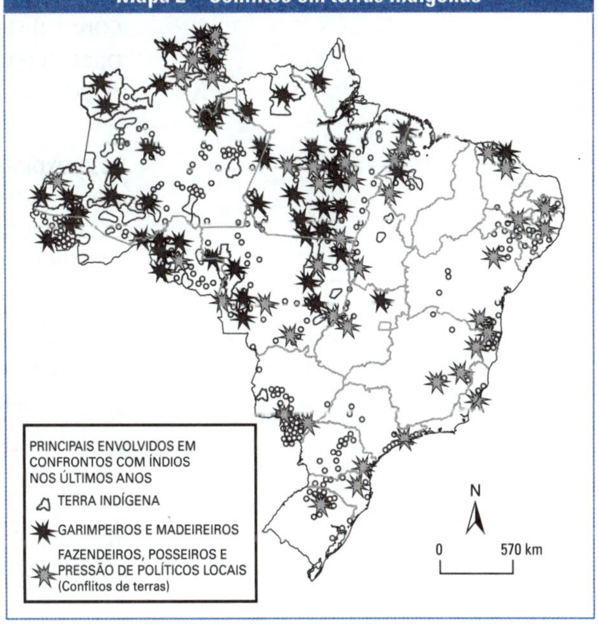

Fonte: SIMIELLI, M. E. *Geoatlas*. São Paulo: Ática, 2009.

Os mapas representam distintos padrões de distribuição de processos socioespaciais. Nesse sentido, a menor incidência de disputas territoriais envolvendo povos indígenas se explica pela

a) fertilização natural dos solos.
b) expansão da fronteira agrícola.
c) intensificação da migração de retorno.
d) homologação de reservas extrativistas.
e) concentração histórica da urbanização.

Exercícios complementares

1 (Unicamp-SP 2013)

"Em novembro de 2011, o cacique Nísio Gomes de Tekoha Guaiviry foi morto nas proximidades da rodovia MS-386, entre os municípios de Ponta Porã e Amambaí, no Estado do Mato Grosso do Sul (MS). O assassinato de indígenas nessa região é um fato frequente. Os povos indígenas Guarani e Kaiowá vivem em situações precárias e em constantes conflitos com os fazendeiros da região."

CIMI. Documento Final Aty Guasu Kaiowá e Guarani: Aldeia Rancho Jacaré–Laguna. Disponível em: <http://www.cimi.org.br/site/pt-br/?system=news&action=read&id=6406>. Acesso em: abr. 2014.

a) Apresente os principais motivos de conflitos entre indígenas e fazendeiros como os da região mencionada no texto.

b) Cite duas ações coordenadas pela FUNAI direcionadas para a proteção das populações indígenas brasileiras.

2 (Fuvest-SP 2014) Leia o texto sobre os pedidos de exploração de minérios no Vale do Ribeira - SP.

"O Departamento Nacional de Produção Mineral (DNPM) registrou em 2012 um recorde de pedidos de mineração no Vale do Ribeira, região sul do Estado de São Paulo. Entre os processos que foram abertos, encontram-se pedidos para pesquisa, licença ou concessão de lavras que vão desde calcário até minérios nobres como níquel, prata e ouro. O DNPM concedeu 422 autorizações para pesquisas minerais na região, sendo que 112 já tiveram autorizadas as extrações de minérios."

O Estado de S. Paulo, 1º jul. 2013.

Essa exploração poderá afetar o meio físico e a ocupação humana tradicional dessa região, caso regras de controle não sejam rigorosamente estabelecidas e cumpridas. Assinale a alternativa que indica as áreas onde interferências negativas poderão ocorrer.

	Predomínio da estrutura geológica	Significativa ocupação humana tradicional
a)	Dobramentos do Cenozoico	Quilombola
b)	Escudo do Brasil Central	Indígena
c)	Escudo Atlântico	Caiçara
d)	Escudo do Brasil Central	Caiçara
e)	Dobramentos do Atlântico	Quilombola

Principais conflitos étnico-nacionalistas

Altaf Quadri/AP/Glow Images

1. Conflitos étnico-nacionalistas na Europa

Fragmentação da Iugoslávia

Os conflitos na Iugoslávia estão relacionados à complexa colcha de retalhos, formada por várias nações que compunham o país e às rivalidades históricas entre elas. Algumas nações encontravam-se espalhadas por praticamente todas as seis repúblicas que formavam o país: **Eslovênia, Croácia, Macedônia, Bósnia-Herzegovina, Sérvia e Montenegro**. Além disso, no país predominavam três religiões (a muçulmana, a cristã ortodoxa e a católica romana) e falavam-se cinco idiomas (o sérvio-croata, o esloveno, o albanês, o húngaro e o macedônio).

Com a **morte de Tito**, líder comunista que manteve o acordo do país, e as transformações ocorridas no Leste Europeu após o fim da União Soviética, as várias regiões que haviam sido integradas à República Iugoslava passaram a reivindicar autonomia. O governo central da República, composto majoritariamente por sérvios, opôs-se à separação e usou o poderio militar da federação iugoslava para tentar impedir a independência dessas repúblicas.

Em junho de 1991, a **Eslovênia e a Croácia declararam a independência**, que foi reconhecida pelo governo central após breve período de violentos conflitos. A Macedônia seguiu o mesmo caminho alguns meses depois. Nesse caso, não houve guerra. Em abril de 1992, a **Bósnia-Herzegovina também declarou independência**, dando origem ao mais violento e intenso conflito da região balcânica. Finalmente, em 1995 conquistou sua independência.

Em 1995, o **Tratado de Dayton selou o fim da guerra na Bósnia**. Por esse acordo, a Bósnia-Herzegovina continua existindo como estado, mas internamente foi dividida em **Federação da Bósnia (muçulmano-croata), com 51% do território, e em República Sérvia da Bósnia (República Srpska), com 49%, além do distrito neutro de Brcko, sob supervisão internacional**. O governo central é formado por uma presidência colegiada, e o Parlamento, por representantes de bósnios, sérvios e croatas.

Em 2003, o Parlamento da Iugoslávia, aprovou a constituição do novo **Estado da Sérvia e Montenegro**. Esse novo Estado foi desmembrado novamente em 2006, com a constituição de duas repúblicas. Montenegro foi reconhecido internacionalmente, inclusive pela Sérvia, e tornou-se o 192º membro da ONU.

Em 2008, o parlamento de **Kosovo declarou independência**. No entanto a maior parte da comunidade internacional não reconhece Kosovo como estado soberano. A formalização da independência de Kosovo pela ONU era barrada pelos vetos tanto da Rússia como da China no Conselho de Segurança.

Estados da antiga Iugoslávia – 2014

Fonte: LACOSTE, Yves. *Géopolitique*: la longue histoire d'aujourd'hui. França: Larousse, 2009. p. 253; *Unsere Welt-Mensch und Raum*. Berlim: Cornelsen, 2011. p. 83.

2. Conflitos no Cáucaso

A separação da Ossétia do Sul e da Abkházia

Outro movimento separatista, ocorrido no compasso da instabilidade econômica e política que levou ao colapso da União Soviética, deu-se na Ossétia do Sul.

Apesar de situada no território da Geórgia, a Ossétia do Sul mantinha relações de identidade com a Ossétia do Norte, com a qual compartilha raízes étnicas e culturais comuns, já os georgianos da Ossétia do Sul representavam menos de um terço da população. A guerra separatista foi desencadeada no início de 1990 e estendeu-se por mais de um ano.

A Geórgia abrigava ainda outra república autônoma, a Abkházia.

A tensão entre as repúblicas separatistas e a Geórgia aguçou-se com a eleição de Mikhail Saakashvili, em 2004, cuja política externa esteve direcionada a integrar a Geórgia à União Europeia e à Otan. Essa política pró-Ocidente aproximou ainda mais o governo russo dos separatistas.

O conflito chegou ao ápice em 2008, quando o governo georgiano lançou um cerco à Ossétia do Sul, para debelar com violência o movimento separatista. Com o apoio dos russos a Ossétia do Sul e a Abkházia conquistaram a independência da Geórgia.

Apesar das disputas econômicas com as outras potências pelos recursos econômicos e naturais das regiões do Caúcaso e do Mar Cáspio, os interesses e a presença ostensiva da Rússia deverão prevalecer por longo tempo.

Chechênia

Em 1991, as repúblicas soviéticas tornaram-se Estados independentes, dos quais 12 se uniram na Comunidade dos Estados Independentes (CEI), cada um deles com presidente, uma Constituição, exército próprio e ocupando uma cadeira da ONU.

Com a independência, as minorias étnicas do antigo império russo lutam pela autonomia. Alguns desses povos vivem há séculos no Cáucaso, no sudoeste da Rússia e sob seu domínio, entre os mares Negro e Cáspio. Uma parte dessa área – a Chechênia – tem como capital a cidade de Grozni e população superior a um milhão de habitantes, de origem predominantemente muçulmana.

Cáucaso – Instabilidade das fronteiras

Fonte: Elaborado com base em BOCHICCHIO, Vincenzo Raffaele. *Atlas Mundo Atual*. São Paulo: Atual, 2009.

Nos anos que se seguiram ao fim da União Soviética, os emancipacionistas chechenos foram reprimidos pelo governo russo que, por meio de ataques, tentava impedir a estruturação da resistência dos chechenos. A partir de dezembro de 1994, os conflitos intensificaram-se por quase dois anos, deixando milhares de mortos. Os combates terminaram com a retirada dos russos e, a partir de então, a Chechênia passou a ter autonomia (não é independência).

Em 2000, a Rússia elegeu Vladimir Putin, que, durante a campanha eleitoral, prometeu tratar com rigor militar o conflito da Chechênia. Ordenou que o exército russo se deslocasse para o Cáucaso e combatesse chechenos e daguestaneses. A crise entre a Rússia e a Chechênia agravou-se em 2004, com o massacre de crianças cometido por terroristas chechenos em uma escola da cidade de Beslan, na Ossétia do Norte. A situação continua instável atualmente.

3. A questão basca

O povo basco e sua língua (chamada *euskera*) existem há cerca de quatro mil anos. Sabe-se que esse idioma não tem origem latina. Os bascos ocupam parte do território no golfo de Biscaia, fronteira entre a Espanha e a França. Têm uma população com mais de 2,5 milhões de habitantes.

Euzkadi Ta Askatasuna (ETA) significa "Pátria Basca e Liberdade". O ETA foi fundado em 1959, com a missão de difundir a cultura e a língua basca nas escolas do território.

Os bascos haviam definido sua bandeira e possuíam um hino que era executado pelas emissoras de rádio. Livros começaram a ser editados na língua. Todavia, a iniciativa foi proibida pelo governo ditatorial do general Francisco Franco. A atitude de Franco foi interpretada como revanchista, pois a região basca havia lutado contra o exército do ditador durante a Guerra Civil Espanhola (entre 1936 e 1939).

País Basco

Fonte: CALDINI, Vera; ÍSOLA, Leda. *Atlas geográfico Saraiva*. São Paulo: Saraiva, 2009. p. 127.

O ETA optou pela luta armada e atos terroristas. A partir de 1969, ocorreram na Espanha vários atos terroristas, sempre visando a locais com grande concentração de população. Policiais e políticos ligados ao governo eram assassinados. A intenção dos atos era causar pânico e insegurança na população, pressionando o governo espanhol para que concedesse autonomia política à região.

Com a morte de Francisco Franco, em 1975, a Espanha retornou ao regime monárquico. Em 1979, o rei Juan Carlo concedeu autonomia política para a Catalunha e o País Basco. Essa ação dividiu internamente o ETA: para alguns, a autonomia era suficiente; porém, aos mais radicais, representou apenas um paliativo, e eles queriam a independência política, ou seja, a criação de um novo Estado.

Muitos seguidores do ETA abandonaram o grupo e filiaram-se a partidos políticos, enfraquecendo o grupo; todavia os terroristas remanescentes mantiveram a prática de ações terroristas.

4. Conflitos étnicos na África

A origem dos conflitos étnicos na África está ligada à partilha do continente feita no final do século XIX pelos colonizadores europeus, que criaram fronteiras artificiais. São chamadas artificiais pelo fato de diversos grupos étnicos, muitas vezes rivais, terem sido aglutinados num mesmo território colonial, enquanto outros, de uma mesma etnia ou de convivência pacífica, terem sido separados. Contribuem também para a multiplicação dos conflitos na África o baixíssimo nível socioeconômico, a falta de democracia e as interferências das grandes potências mundiais.

África do Sul

Os conflitos entre o estado segregacionista comandado pelos brancos e os movimentos negros tiveram início ainda na primeira década do século XX. Criada em 1910, a República da África do Sul promulgou a Lei de Terras, que destinava 87% das terras sul-africanas para os 18% que formavam a população branca. Em 1912, foi criado o **Congresso Nacional Africano (CNA)**, em defesa dos direitos da população negra.

A partir de 1948, o ***apartheid*** (separação), que já existia de fato, passou a fazer parte da própria Constituição do país. Os negros utilizavam serviços públicos (transporte, assistência médica e escola) separados dos brancos. Proibiram-se, também, casamentos e relações sexuais inter-raciais. Em defesa dessa política, afirmava-se que brancos, negros e mestiços eram iguais, mas deveriam viver separados.

A política segregacionista tornou-se cada vez mais dura, principalmente no governo de Balthazar Johannes Vorster (1915-1983). Em 1971, foram criados os **bantustões**, territórios negros independentes, separados da África do Sul, situados nas piores terras e desprovidos de qualquer obra de infraestrutura.

Os habitantes (negros) dos bantustões tinham como única alternativa de sobrevivência trabalhar fora de seu território, como estrangeiros que trabalham em outro país, continuando a prover a mão de obra necessária à economia sul-africana. A estratégia do governo da África do Sul provocou indignação de toda a comunidade internacional, resultando na exclusão do país da ONU, em 1974, e na adoção de sanções econômicas com o objetivo de pressionar o governo a acabar com o *apartheid*.

A reação internacional e a luta dos negros contra o regime segregacionista obrigaram os governantes da África do Sul a revogar as leis raciais, a libertar Nelson Mandela, presidente do CNA preso desde 1962, e a promover uma transição do sistema político. E também com o CNA, realizando **eleições democráticas multirraciais (1994)**. Desde então, o país passou a ser governado por presidentes e ministros negros.

Apesar do fim do *apartheid*, a emancipação da população negra ainda não é uma realidade. O acesso à terra ainda é restrito para a grande maioria da população negra, pela ausência de uma política voltada a essa finalidade. Nas cidades, os negros circulam livremente, mas muitos vivem em busca de trabalho, realizando uma vez ou outra alguma atividade temporária ou vendendo mercadorias como ambulantes. O Censo de 2011 realizado na África do Sul, duas décadas após o fim do *apartheid*, revelou que os brancos ganham seis vezes mais que os negros.

Ruanda

Ruanda, no sudeste do continente africano, foi colônia belga desde o final da Primeira Guerra Mundial até o início da década de 1960, quando se tornou independente. Durante esse período, os belgas fomentaram a rivalidade entre os dois grupos étnicos que ocupavam essa região africana – **tutsis e hutus** – como estratégia para manter o domínio sobre Ruanda. Os tutsis tinham privilégios na administração belga, tornaram-se funcionários públicos, membros do exército colonial e conquistaram inclusive cargos importantes.

Em 1962, após a conquista da independência, sob a liderança dos hutus, os tutsis passaram a ser perseguidos. Exilados nos países vizinhos, formaram a Frente Patriótica Ruandesa (FPR), retornando a Ruanda em 1990 e dando início a uma guerra civil que arrasou o país e produziu mais de 800 mil mortes e cerca de 2 milhões de refugiados.

Em 2000, Paul Kagame tornou-se o primeiro tutsi a assumir a presidência do país. No entanto os problemas entre os dois grupos étnicos, amenizados neste início de século, estão longe da solução definitiva, dada a violência da guerra.

Sudão

Como no restante da África, as fronteiras estabelecidas no Sudão reuniram realidades étnicas e religiosas distintas: o centro-norte abriga população majoritariamente muçulmana e que se expressa em língua árabe; o Noroeste – região de **Darfur** – reúne, além de muçulmanos, grupos de origem centro-africana; o sul tem maioria cristã, mas há também grupos animistas de diversas etnias. O controle do estado sudanês pela população muçulmana e o descaso aos demais grupos geraram conflitos permanentes entre o governo, sediado no centro-norte, e as regiões de Darfur e do sul. Na região de Darfur, o conflito é travado entre grupos étnicos diferentes e grupos muçulmanos que têm como braço armado a milícia da Janjaweed.

No sul do Sudão a situação era similar à de Darfur. Em 2011, o Sudão foi dividido em Sudão e **Sudão do Sul** (o mais novo país da ONU), com o objetivo de colocar fim a quase três décadas de guerra. No entanto os dois países são dependentes da sua produção de petróleo e o acordo de independência estabelece que as vendas de petróleo sejam divididas igualmente entre ambos os países. As maiores reservas estão no Sudão do Sul, mas os únicos oleodutos existentes correm em direção ao norte (Sudão), passam por refinarias e atingem o Porto do Sudão, no Mar Vermelho, o único caminho existente para a exportação do petróleo do Sudão do Sul.

Sudão e Sudão do Sul – área de conflito e infraestrutura do petróleo – 2014

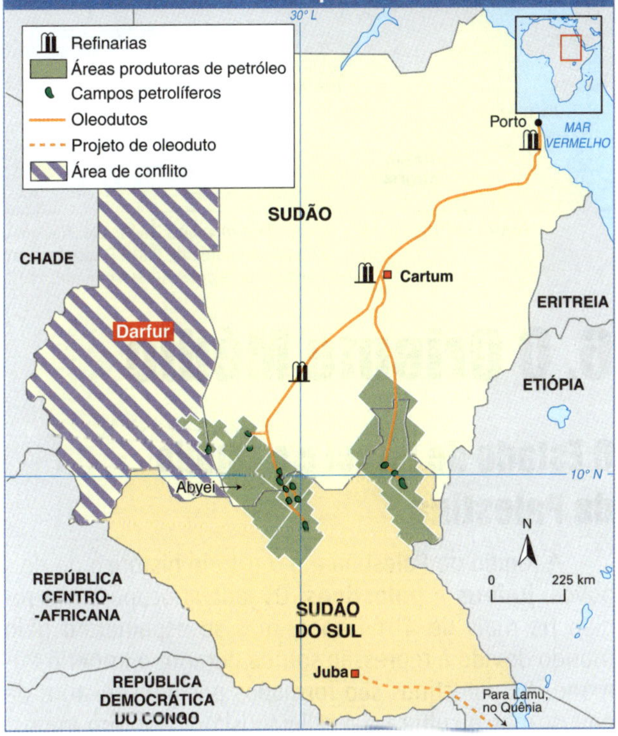

Fonte: DRILLING INFO INTERNATIONAL. Disponível em: <http://southsudaninfo.net>. Acesso em: out. 2013.

A região de Abyei, rica em petróleo, é ainda uma região de disputa entre o Sudão e o Sudão do Sul, cuja tensão pode provocar um confronto direto entre os dois países. Como alternativa para a exportação do petróleo do Sudão do Sul existe um projeto de construção de um oleoduto para ligar a cidade de Juba (capital do Sudão do Sul) ao porto de Lamu, no Quênia.

5. Conflitos étnico--nacionalistas na Ásia

Índia: Caxemira e Punjab

A região da **Caxemira**, situada entre o norte da Índia, o nordeste do Paquistão e o sudoeste da China ocupa um extenso vale fértil, habitado principalmente pela **população muçulmana**, sendo que a maioria da população da Índia (82%) é **hindu**. Além da localização estratégica, junto à fronteira da China, o controle da Caxemira significa dispor das águas do curso médio do Rio Indo.

A maior parte da região está sob domínio da Índia, mas os **paquistaneses** e a guerrilha muçulmana separatista querem anexá-la integralmente ao Paquistão. Essa disputa territorial preocupa o mundo, pois tanto o Paquistão quanto a Índia possuem armas nucleares. O limite entre a Caxemira indiana e a paquistanesa não é uma fronteira reconhecida internacionalmente.

Na região do **Punjab**, norte da Índia, conflitos étnico-religiosos violentos têm marcado a história do país nas últimas décadas. O conflito opõe os **sikhs**, minoria étnica, seguidora de uma seita própria, que difunde elementos do islamismo e hinduísmo, aos hindus. Os sikhs lutam pela independência e pela formação do Estado do Kalistan, idealizado pelos separatistas.

Caxemira e Punjab – 2014

Fonte: EMBAIXADA DA ÍNDIA. Disponível em: <www.indianembassy.hr>. Acesso em: out. 2012.

China: Tibet e Xinjiang

Dos cerca de 1 bilhão e 350 milhões de habitantes da China, mais de 90% pertencem à etnia han. No entanto, outras 55 etnias que representam menos de 10% da população total do país ocupam mais da metade do território.

Tibet

O Tibet é uma vasta região situada a sudoeste do território da China. Apesar de ter constituído um Estado independente entre 1911 e 1950, a China alega que o Tibet faz parte do seu território desde o século XIII. Os tibetanos afirmam que o domínio chinês na região não foi constante nem contínuo. No ano posterior à Revolução Socialista de 1949, o Tibet foi novamente anexado pela China Popular.

Em 1989, uma onda de movimentos pela democratização do regime chinês foi acompanhada por uma nova revolta separatista de monges budistas e de civis. O governo chinês, além de impor a lei marcial (situação em que o Estado passa a ser gerido por uma autoridade militar), restringiu a relativa autonomia religiosa e cultural ainda presente no Tibet. Em 2008, novas manifestações levaram monges e jovens separatistas às ruas.

Xinjiang

A província autônoma de Xinjiang está situada ao norte do Tibet e no noroeste do território chinês. Ocupada originalmente por muçulmanos da etnia uigure, foi anexada pela China no século XIX, e hoje corresponde a 15% do seu território. A terra dos uigures passou a ter importância econômica estratégica com a descoberta de grandes reservas de petróleo, correspondendo à terça parte das reservas existentes em toda a China.

O partido comunista utilizou em Xinjiang a mesma política de ocupação empregada no Tibet: estimulou a migração de colonos chineses para que estes suplantassem numericamente os uigures. Atualmente, 41% da população são formados pela etnia han.

As ações do governo chinês em relação à população uigure são responsáveis pelo recrudescimento dos conflitos étnicos locais e pelo crescimento dos adeptos do separatismo.

A questão curda

Outro conflito étnico-nacionalista no continente asiático é bastante peculiar, pois envolve uma nação cuja população se encontra distribuída por seis países: Iraque, Armênia, Azerbaijão, Turquia, Síria e Irã. Trata-se dos curdos, que constituem a maior nação do mundo sem Estado, somando mais de 26 milhões de pessoas, dos quais 14 milhões vivem na Turquia.

Os curdos têm raízes muito remotas no Oriente Médio, na antiga Mesopotâmia. Apesar de serem um povo islâmico, mantêm suas próprias tradições e costumes e habitam a região conhecida como Curdistão há mais de 2.600 anos. O movimento separatista curdo sofreu e sofre repressão no Iraque e na Turquia.

Na Turquia, o ensino da língua curda nas escolas é proibido, assim como a comemoração de suas datas nacionais. A luta pela formação de um Curdistão independente sempre foi duramente reprimida pelos sucessivos governos turcos. Por outro lado, grupos guerrilheiros ligados ao Partido dos Trabalhadores Curdos (PKK) promoveram uma série de atentados com o objetivo de desestabilizar o governo e conquistar a independência.

População curda – 2014

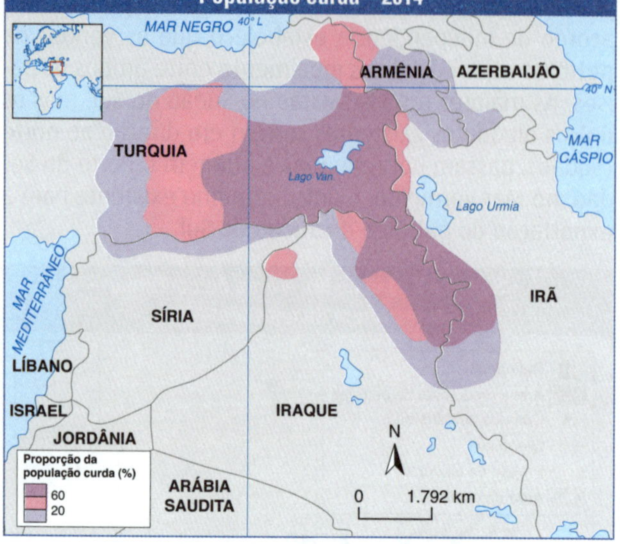

Fonte: SMITH, Dan. *Atlas dos conflitos mundiais*. São Paulo: Nacional, 2007. p. 62. Institute Kurde de Paris. Disponível em: <www.institutkurde.org>. Acesso em: out. 2012.

6. O Oriente Médio

O Estado de Israel e o Estado da Palestina

A região da Palestina é o território histórico de dois povos: **judeus** e **palestinos**. Os judeus ocuparam a região há mais de 4 mil anos, mas se espalharam pelo mundo devido à repressão sofrida durante o Império Romano. Os palestinos são formados por uma mistura de povos, mas a cultura e a religião islâmica foram impostas pelos árabes.

A partir do final do século XIX, com a criação da Organização Sionista Mundial (1897), cuja sede fica na Suíça, o movimento sionista (que tinha como objetivo a formação de um Estado na Terra Prometida) começou a organizar a migração de judeus à Palestina, visando à formação de uma pátria judaica.

A perseguição e o massacre impostos aos judeus pelos nazistas, na Segunda Guerra Mundial, foi fundamental para o apoio internacional à formação do Estado de Israel, em 1948.

Em 1947, a ONU aprovou o plano de **partilha da região da Palestina e a criação do Estado de Israel**, que ocupava 57% daquele território. A formação de um Estado judaico no Oriente Médio provocou a reação contrária dos países árabes. Ainda em 1948, Egito, Jordânia, Líbano e Síria invadiram Israel, dando início à **Primeira Guerra Árabe-Israelense (1948-1949)**.

A partilha da Palestina – 1947

Fonte: KINDER, H.; HILGUEMANN, W. *Atlas histórico mundial.* Madri: Istmo, 2006. p. 278.

Israel e Palestina após a primeira Guerra Árabe-Israelense – 1949

Fonte: KINDER, H.; HILGUEMANN, W. *Atlas histórico mundial.* Madri: Istmo, 2006. p. 278.

Em 1956, ocorreu a **Segunda Guerra Árabe-Israelense**, quando o Egito nacionalizou o canal de Suez e proibiu a passagem de navios israelenses. Israel, apoiado pela França e pelo Reino Unido, ocupou todo o Sinai. A pressão dos Estados Unidos e da União Soviética fez com que os judeus abandonassem o Sinai e os egípcios recuassem em sua posição de impedir a navegação israelense.

Em 1967, a Síria tentou desviar o fluxo de água do Rio Jordão mediante a construção de uma grande represa, nas Colinas de Golã. Em junho daquele ano, os israelenses iniciaram um fulminante ataque ao Egito, à Jordânia e à Síria, que imobilizou totalmente as tropas árabes numa das guerras mais curtas da história, denominada Guerra dos Seis Dias ou Terceira Guerra Árabe-Israelense. Nesse terceiro conflito, os israelenses anexaram a Península do Sinai e a Faixa de Gaza, pertencentes aos egípcios; as Colinas de Golã, que pertenciam à Síria; e a Cisjordânia, que fazia parte da Jordânia.

Em 1973, na tentativa de reaver os territórios ocupados, Egito e Síria atacaram Israel de surpresa, dando início à Quarta Guerra Árabe-Israelense — **Guerra do Yom Kippur** (Dia do Perdão). A princípio, conquistaram algumas posições, mas foram obrigados a recuar com a forte reação do exército israelense. Em 1979, Israel concordou em devolver ao Egito a Península do Sinai, mediante o Acordo de Camp David, intermediado pelos Estados Unidos.

Israel após a Guerra dos Seis Dias – 1967

Fonte: KINDER, H.; HILGUEMANN, W. *Atlas histórico mundial.* Madri: Istmo, 2006. p. 278.

A questão palestina

Nos conflitos ocorridos após a criação do Estado de Israel, os palestinos foram bastante prejudicados. Na partilha estabelecida pela ONU, eles ficaram com 43% das terras da região. Após a Primeira Guerra Árabe-Israelense, transformaram-se em uma nação sem território. As guerras envolvendo árabes e israelenses expulsaram milhares de palestinos de suas terras.

No final da década de 1960, a **OLP** (Organização para a Libertação da Palestina) foi reconhecida pela ONU como única e legítima organização representante dos interesses do povo palestino. Em 1969, Yasser Arafat assumiu a presidência da organização. Até 1987, Arafat utilizava métodos extremistas – atos de terrorismo – para alcançar seus objetivos. Em 1988, o líder da OLP apresentou um plano de paz na Assembleia Geral da ONU, no qual reconhecia o Estado de Israel.

Em 1993, após negociações secretas mediadas pelo governo da Noruega, Arafat e o primeiro-ministro israelense, Yitzhak Rabin, assinaram um acordo de paz na Casa Branca, Estados Unidos, que ficou conhecido como **Acordo de Oslo**.

Por esse acordo, a Faixa de Gaza e parte da Cisjordânia – incorporadas por Israel, em 1967, na Guerra dos Seis Dias – foram devolvidas aos palestinos e se tornaram regiões autônomas. Foi criada, também, a Autoridade Nacional Palestina (ANP), entidade liderada por Arafat, com sede em Ramallah, na Cisjordânia.

No final da década de 1990, as negociações entre Israel e a ANP tornaram-se extremamente difíceis. Em 2000, Ariel Sharon, que no ano seguinte seria escolhido primeiro-ministro de Israel, visitou a Esplanada das Mesquitas (local mais sagrado para os muçulmanos em Jerusalém), provocando a **segunda Intifada** (Revolta das Pedras, manifestação por meio da qual a população lança pedras contra tanques e soldados).

A partir desse acontecimento, instaurou-se uma espiral de violência: de um lado, atentados suicidas fomentados por grupos radicais palestinos contra israelenses; de outro, retaliações a essas agressões, com ações militares promovidas pelo exército israelense.

Em 2003, contando com o apoio da ONU, da União Europeia, dos Estados Unidos e da Rússia (Quarteto de Madri), líderes palestinos e judeus reuniram-se na capital espanhola para estabelecer os primeiros passos na consolidação de um acordo de paz proposto pelos Estados Unidos. Chamado de **Mapa do Caminho**, objetivava amenizar o sentimento antiamericano e demonstrar o interesse do governo Bush em buscar uma solução negociada para a crise no Oriente Médio. O acordo previa, entre outras medidas, a constituição de um Estado palestino em 2005, cujas fronteiras seriam aquelas existentes até a Guerra dos Seis Dias.

Com a morte de Arafat em 2004, a ANP passou a ser presidida por Mahmoud Abbas, cujas ações foram pautadas pelas negociações com o governo de Israel e com os grupos radicais palestinos com o objetivo de retomar e avançar as questões traçadas pelo Mapa do Caminho. Essas negociações levaram à retirada dos assentamentos judaicos da Faixa de Gaza e de uma pequena parte da Cisjordânia. Apesar disso, o governo de Israel insistiu em dar continuidade à construção de um **muro que separa Israel da parte da Cisjordânia controlada pelos palestinos**.

Israel e territórios palestinos – 2011

Fonte: ONU. Escritório das Nações Unidas para Coordenação de Assuntos Humanitários para Território palestino ocupado. *Humanitarian Atlas*, 2011. p. 51. Disponível em: <www.ochaopt.org>. Acesso em: out. 2012.

O muro inviabiliza a demarcação das fronteiras acertadas pelo Mapa do Caminho: confisca cerca de 50% das terras situadas na Cisjordânia e anexa a Israel os assentamentos judaicos construídos nos territórios ocupados.

Cisjordânia: ocupação e fronteiras

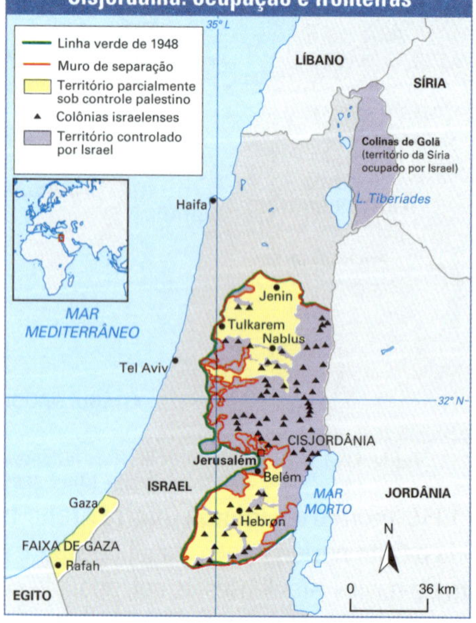

Fonte: LACOSTE, Yves. *Géopolitique*: la longue histoire d'aujourd'hui. Paris: Larousse, 2009.

Existem ainda outros impasses para se atingir um acordo de paz definitivo entre israelenses e palestinos. Um deles é a cidade de Jerusalém. Israel a declara capital indivisível do país; já os palestinos não abrem mão de incorporá-la a um futuro Estado da Palestina. O extremismo de grupos judeus e palestinos, contrários a qualquer processo de negociação, constitui outro obstáculo à paz na região.

O governo dos Estados Unidos, em 2009, com Barack Obama, pela primeira vez, endossaram a posição palestina nas negociações de paz, no que diz respeito à interrupção dos assentamentos judaicos. Em 2013, Obama voltou a declarar apoio à criação de um Estado da Palestina independente e soberano.

A Primavera Árabe

A **Primavera Árabe** caracterizou-se por uma série de **movimentos contra o autoritarismo dos Estados árabes**. Tais movimentos reivindicavam inicialmente democracia e melhores oportunidades sociais e econômicas. Embora grupos nacionalistas e islâmicos organizados acabassem por assumir posição de liderança nessas manifestações, o processo foi desencadeado por mobilizações populares, encabeçadas, muitas vezes, por jovens descontentes com a falta de perspectiva.

A **Primavera Árabe teve início na Tunísia,** em 2010, e levou à queda do presidente Zein al-Abedin Ben Ali. Em janeiro de 2011, os protestos atingiram a **Jordânia** e o **Egito**, neste último, derrubando o presidente **Hosni Mubarak**. Em 15 de fevereiro de 2011, os protestos atingiram a **Líbia** e transformaram-se em uma guerra civil que derrubou o governo **Muammar al-Gaddafi**. Ainda em fevereiro de 2011, manifestações antigoverno foram organizadas no Bahrein e no Iêmen. No Iêmen caiu o presidente Ali Abdullah Saleh.

Em março de 2011, foi a vez da **Síria**. As forças de segurança sírias abriram fogo contra as pessoas que discutiam sobre a prisão de alunos que escreveram *slogans* contra o regime nas paredes de suas escolas, em uma mesquita no sul do país. A revolta contra esse massacre desencadeou uma série de manifestações antigoverno e **transformou-se numa guerra civil**, em que os grupos rebeldes de oposição lutavam para depor o presidente **Bashar al-Assad**. Até o início de 2013 o conflito sírio havia custado a vida de cerca de 140 mil pessoas, e os combates ainda permaneciam vigorosos. Os Estados Unidos acusam o governo sírio de financiar grupos terroristas, como o palestino Hamas e o libanês Hezbollah.

Esse conjunto de movimentos acenou com possibilidades de mudanças nos países árabes e colocou, em diversos momentos, as grandes potências mundiais em rota de colisão, demonstrando seus conflitos de interesses no norte da África e no Oriente Médio. No entanto poucos acreditam que ocorra uma alteração imediata de rumo no mundo árabe. Conflitos religiosos, políticos e sociais deverão ainda permanecer por longo tempo. Um longo caminho ainda deverá ser percorrido para que novos governos na região sejam mais democráticos e tenham perspectivas mais humanitárias.

7. Outros fatores de conflito

Iraque

Encerrada a guerra no Afeganistão (2003), o presidente dos Estados Unidos, George W. Bush, e o primeiro-ministro britânico, Tony Blair, utilizando informações fornecidas pelas centrais de inteligência de seus países, convenceram o Congresso estadunidense e o Parlamento britânico da necessidade de retirar Saddam Hussein do poder no Iraque, que, depois de 1991, derrotado na Guerra do Golfo, teria iniciado a produção de armamentos de destruição em massa (armas químicas, biológicas ou nucleares), instabilizando o Oriente Médio. Os dois líderes solicitaram que o Conselho de Segurança da ONU desse aval para que os Estados Unidos e a Inglaterra invadissem o Iraque.

Atendendo parcialmente às reivindicações, a ONU convocou um grupo de cientistas para visitar e inspecionar instalações iraquianas e verificar se, de fato, o país estaria produzindo esse tipo de arma.

Dos cinco membros do Conselho de Segurança com direito a veto, apenas a Inglaterra daria apoio incondicional às pretensões estadunidenses. Antecipando-se a uma inevitável derrota diplomática, Bush ordenou a invasão do Iraque no início de abril de 2003. A decisão foi tomada com apoio da Inglaterra, passando por cima das decisões da ONU e em desrespeito às decisões do órgão.

Com recuo estratégico e a clandestinidade das tropas de Saddam Hussein, estadunidenses e britânicos deram início à segunda fase da ocupação do Iraque, cuja finalidade era estabelecer um governo provisório, aglutinando as forças políticas do país. O governo provisório, comandado pelo primeiro-ministro Iyad Allawi, tentou diversas vezes negociar com os rebeldes xiitas e seus líderes, mas os acordos firmados nem sempre foram respeitados.

Com quase dois anos de ocupação, o próprio governo estadunidense deu por encerradas as buscas pelas armas de destruição em massa. Esse fato desgastou a imagem de George W. Bush e de Tony Blair, que foram acusados de manipular e falsear informações sobre o Iraque, apenas para justificar a invasão do país. Outro desgaste havia sido provocado quando foram divulgadas fotos da prisão de Abu Ghraib, em Bagdá, nas quais apareciam soldados estadunidenses torturando, física e psicologicamente, prisioneiros iraquianos. As fotos correram o mundo e aumentaram a pressão internacional para que os Estados Unidos e a Inglaterra deixassem o país.

Eleições no Iraque ocorreram no início de 2005, em um ambiente marcado por sangrentos atentados terroristas quase diários em todo o país.

Afeganistão

O dia 11 de setembro de 2001 acabou convertendo-se em um fator determinante nas relações políticas internacionais. Logo após os atos terroristas contra o World Trade Center e o Pentágono, George W. Bush, o então presidente dos Estados Unidos, declarou, em pronunciamento à nação, que aquela data seria um marco histórico na luta contra o terrorismo. Segundo ele, o mundo passaria a ser dividido entre as "forças do bem", que combateriam os grupos terroristas, e as "forças do mal", representadas pelos países que apoiam e financiam grupos e ações terroristas. Na mesma ocasião, Bush declarou que Afeganistão, Iraque, Irã e Coreia do Norte eram os principais representantes do chamado "eixo do mal" e que seriam combatidos.

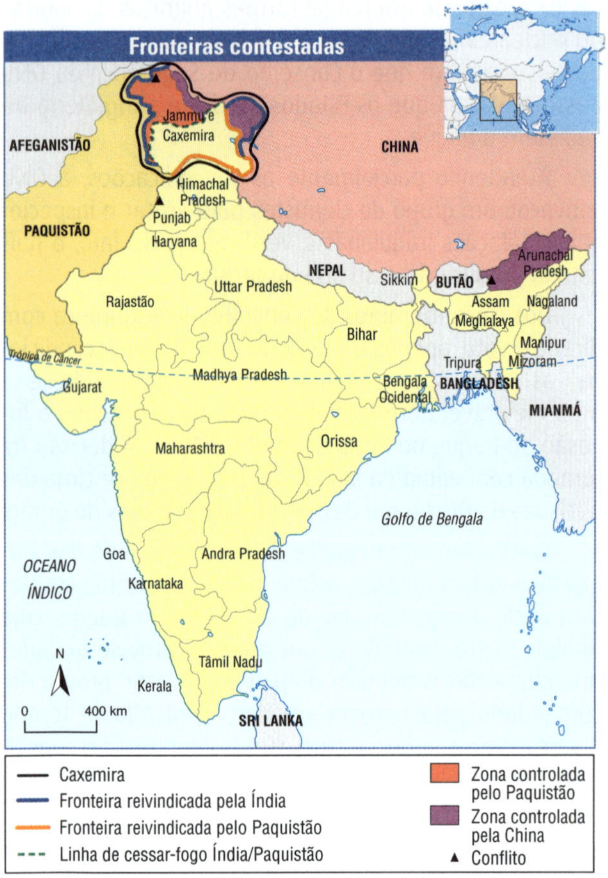

Fonte: elaborado com base em FERREIRA, Graça Maria Lemos. *Atlas geográfico: espaço mundial*. São Paulo: Moderna, 2013. p. 101.

Definia-se a **Doutrina Bush**, segundo a qual os estadunidenses iriam atuar preventivamente com suas forças militares em qualquer parte do globo, independentemente do aval de organismos internacionais, desde que se sentissem ameaçados.

No início de 2002, com o apoio da Inglaterra e utilizando bases na Turquia, os Estados Unidos invadiram o Afeganistão. Após os primeiros combates, o presidente Bush declarava que a invasão tinha a finalidade de desmobilizar a infraestrutura montada em território afegão pelo grupo terrorista **Al Qaeda**, comandado pelo saudita **Osama bin Laden**. Outro objetivo era retirar do poder no país os integrantes do grupo Taleban, movimento fundamentalista islâmico (radical-xiita) que havia assumido o poder depois da retirada dos soldados soviéticos.

A ação inglesa e estadunidense obteve êxito, conseguindo retirar o grupo Taleban do poder e destruir os campos de treinamento da Al Qaeda; entretanto, naquela ocasião não foi possível capturar Bin Laden. Após o desmantelamento de quase todo o aparato militar dos grupos Taleban e Al Qaeda, as tropas de ocupação iniciaram a formação de um conselho de administração nacional, em que as várias etnias e tribos estariam representadas. E assim garantiram, também, a construção de um importante oleoduto do mar Cáspio, que atravessa o Afeganistão até o porto de Islamabad, no Paquistão.

Caxemira

A independência da Índia, em 1947, interrompeu um longo período de dominação inglesa na Ásia meridional. Contudo, para se retirar da região, a Inglaterra impôs, como condição, a criação de um Estado que acolhesse os muçulmanos que habitavam a Índia. Foi criado, então, o Estado do Paquistão.

Desde essa época, os paquistaneses iniciaram uma disputa pelo domínio da Caxemira, região localizada ao norte da Índia. O território é indiano, porém a maioria da população é muçulmana.

Em 1965, os exércitos do Paquistão e da Índia entraram em confronto na fronteira da Caxemira, mas o episódio durou poucos dias e não teve maiores desdobramentos.

Em 1971, o Paquistão oriental declarou guerra ao Paquistão ocidental e conseguiu a independência política, passando a constituir uma república autônoma, denominada Bangladesh. Essa divisão enfraqueceu o Paquistão ocidental, que passou a ser chamado apenas Paquistão.

Em 1974, os indianos detonaram sua primeira arma nuclear. A Índia mostrava ao mundo e, principalmente ao Paquistão, o seu poderio bélico. Durante muitos anos, apenas os Estados Unidos, a União Soviética, a Inglaterra, a França e a China dominaram a tecnologia para desenvolver e detonar artefatos nucleares. Surpresa ainda maior foi propiciada pelo Paquistão, que, em 1998, realizou seu primeiro teste atômico bem-sucedido.

A sucessão de "bravatas atômicas" chamou a atenção do Conselho de Segurança da ONU, pois esses dois países poderiam utilizar as armas para "resolver" problemas de fronteiras.

Coreia do Norte

Em 1944, soldados soviéticos entraram na península da Coreia pelo norte; ao mesmo tempo, soldados estadunidenses entraram pelo sul, e os dois exércitos dividiram a península pelo paralelo 38 °N. A operação tinha como objetivo derrotar o exército japonês que ocupava a Coreia para, em seguida, atacar o arquipélago japonês.

Após a rendição do Japão, em agosto de 1945, as tropas estadunidenses e soviéticas permaneceram estacionadas, cada qual em uma porção da península. Na parte norte, com o aval da URSS, foi fundado o Partido Comunista Coreano, cujo principal líder era Kim Il-Sung.

Em 1947, os Estados Unidos começavam a adotar a **Doutrina Truman** também no Oriente.

Em 1950, a Coreia do Norte – apoiada pela União Soviética e pela China – invadiu, com sucesso, o sul da península, com o objetivo de reunificar os dois territórios e criar um único Estado comunista. Imediatamente, a Organização das Nações Unidas (ONU), os Estados Unidos e as potências ocidentais europeias intervieram para conter o avanço. Durante a **Guerra da Coreia**, que durou de 1950 a 1953, o norte recebia ajuda da China e da União Soviética, enquanto o sul era apoiado pelos Estados Unidos.

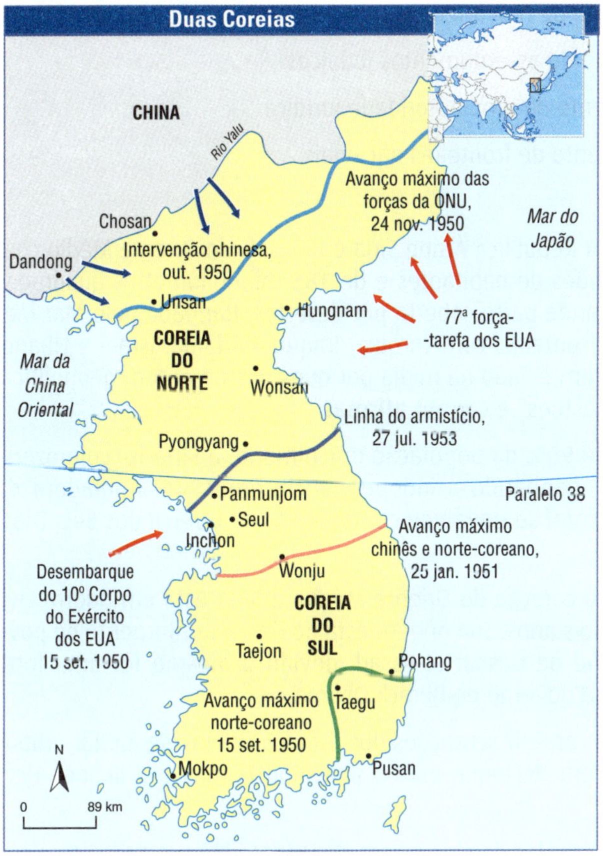

Fonte: *Atlas da história do mundo.* São Paulo: Times/Folha de S.Paulo, 1995. p. 274.

Com a morte de Stalin (1953), a ascensão de Nikita Krushev ao poder na URSS e com a eleição do republicano Dwight Eisenhower para a Presidência dos Estados Unidos, os dois lados em conflito resolveram iniciar conversações para chegar a um acordo. Assinaram um tratado de paz, restabelecendo as antigas fronteiras (paralelo 38° N).

O ditador norte-coreano tem impedido que os inspetores da ONU façam visitas de rotina às instalações nucleares do país, e essa atitude tem provocado reações dos Estados Unidos no Conselho de Segurança da ONU. O governo Bush declarou acreditar que o projeto nuclear norte-coreano visa desenvolver armas atômicas.

Nos últimos anos, como a Coreia do Norte não tem conseguido produzir alimentos em quantidade suficiente para seus habitantes, as potências europeias, os Estados Unidos e o Japão resolveram promover uma campanha de ajuda humanitária à população daquele país.

Não bastassem os problemas internos enfrentados pela população norte-coreana (escassez de alimentos, desnutrição e queda da expectativa de vida), as belicosas ações do governo norte-coreano colocam o país na condição de membro do "eixo do mal" e alvo potencial da fúria estadunidense.

Em 2001, antes dos atentados ao World Trade Center (Nova York), os governos da Coreia do Norte e da Coreia do Sul permitiram o trânsito de pessoas pela fronteira, deixando no ar a esperança de que uma reaproximação poderia ocorrer. No entanto, depois de 11 de setembro de 2001, voltou a imperar o distanciamento entre as duas Coreias, principalmente após o discurso do presidente Bush.

Colômbia

A Colômbia, país com mais de 46 milhões de habitantes, está localizada na América do Sul, a oeste do Brasil, com o qual compartilha centenas de quilômetros de fronteiras e imensas áreas na floresta amazônica.

No governo do presidente José Sarney, foi criado o projeto **Calha Norte**; durante a administração de Fernando Henrique Cardoso, foi inaugurado o projeto **Sivam** (Sistema de Vigilância da Amazônia). O objetivo desses dois projetos é proteger as fronteiras do Brasil e a floresta amazônica e combater o narcotráfico.

Em território colombiano, há problemas bem mais agudos. O governo combate grupos guerrilheiros há mais de 40 anos. Na última década, alguns desses grupos se uniram e formaram dois verdadeiros exércitos fortemente armados. O mais poderoso é o das Forças Armadas Revolucionárias da Colômbia (Farc), com mais de 18 mil soldados. O outro é o Exército de Libertação Nacional (ELN), com mais de cinco mil soldados.

Além dos problemas com a guerrilha, o país enfrenta ainda os cartéis do narcotráfico.

O outro desafio colombiano é representado pelos **grupos paramilitares**, que se armam para combater os guerrilheiros. As ações desses grupos têm se caracterizado pela violência e por brutalidades sem limites, que não respeitam sequer as populações que alegavam proteger. Esses grupos, que acabaram se convertendo em uma espécie de poder paralelo, são financiados por industriais, comerciantes e fazendeiros. O mais numeroso (8 mil homens) e atuante denomina-se Autodefesas Unidas da Colômbia (AUC), grupo de extrema direita, aparentemente também envolvido com o narcotráfico.

Atividades

1 (Enem 2013)

"Um gigante da indústria da internet, em gesto simbólico, mudou o tratamento que conferia à sua página palestina. O *site* de buscas alterou sua página quando acessada da Cisjordânia. Em vez de 'territórios palestinos', a empresa escreve agora 'Palestina' logo abaixo do logotipo."

BERCITO, D. Google muda tratamento de territórios palestinos. *Folha de S.Paulo*, São Paulo, 4 maio 2013.

O gesto simbólico sinalizado pela mudança no status dos territórios palestinos significa o:

a) surgimento de um país binacional.

b) fortalecimento de movimentos antissemitas.

c) esvaziamento de assentamentos judaicos.

d) reconhecimento de uma autoridade jurídica.

e) estabelecimento de fronteiras nacionais.

2 (Urca-CE 2014) A República Árabe Síria é um país do Oriente Médio com mais de 22 milhões de habitantes e de 185 mil quilômetros quadrados de extensão, grande parte coberta por desertos. Banhada pelo Mar Mediterrâneo tem fronteiras com Turquia, Iraque, Jordânia, Israel e Líbano. Recentemente tem estado na mídia por questões de ordem geopolítica. Sobre essas "questões" é correto **afirmar**:

a) Com cerca de 90% da população muçulmana, a Síria foi colonizada pela França, ganhando a independência em 1946. Apoiadora da política de Israel se envolveu como aliada na Guerra dos Seis Dias, em 1967.

b) Localizada no coração do Oriente Médio, a Síria está em guerra civil há mais de dois anos. Sua origem está no descontentamento do povo com o regime de Bashar al-Assad, devido o mesmo ter uma forte aliança com o governo de Barack Obama.

c) Sobre a Síria recaem acusações dos Estados Unidos de ajudar grupos terroristas, com destaque para o palestino Hamas e o libanês Hezbollah.

d) Diferentemente dos demais países do Oriente Médio, a Síria tem sua economia baseada principalmente na indústria e na agricultura. A exploração de petróleo é quase inexistente.

e) A oposição Síria é formada por todos os grupos que desafiam o regime do presidente Bashar al-Assad na guerra civil Síria, onde esses grupos têm apoio de diversos países ocidentais, destacando-se como principal aliado a França.

3 (Unama-AM 2014) Há 20 anos, quando o Acordo de Oslo foi assinado, o mundo enxergou na fotografia do aperto de mão entre o premiê israelense Yitzhak Rabin e o líder palestino Yasser Arafat, mediado pelo presidente americano Bill Clinton, um indício de que a paz estava próxima entre judeus e palestinos.

J. DAVID AKE/AFP

A figura e o texto fazem referência ao Acordo de Oslo, assinado em 13 de setembro de 1993. Sobre este acordo, é correto afirmar que

a) foi determinante para limitar as áreas territoriais de atuação de Israel, principalmente no que diz respeito aos territórios conquistados e ocupados nas guerras de Suez e dos Seis Dias.
b) apesar de não ter obtido a paz entre palestinos e judeus, proporcionou a devolução dos territórios da Península do Sinai para o Egito, as Colinas de Golan para a Síria e a faixa de Gaza para os palestinos.
c) proporcionou o reconhecimento recíproco de Israel e da OLP (Organização para libertação da Palestina) como representante do povo palestino, prevendo também a devolução da Faixa de Gaza e da Cisjordânia para os palestinos.
d) ratificou o Acordo de Camp David, de 1979, devolvendo para a autoridade palestina os territórios de Gaza, das Colinas de Golan e da Península do Sinai.

4 (Ufam 2014) Com o colapso do socialismo real no Leste Europeu, um dos estados mais afetados foi a Iugoslávia que, ao longo da década de 1990, foi desaparecendo aos poucos. Com o fim da federação iugoslava, surgiram vários pequenos estados que, atualmente, fazem parte do mapa político europeu.

Assinale a alternativa que **não** corresponde a um desses estados surgidos da ex-Iugoslávia.

a) Eslovênia
b) Bósnia
c) Sérvia
d) Lituânia
e) Macedônia

5. (Udesc 2014) Analise as proposições sobre Israel e Palestina.

I – O conflito entre Israel e Palestina começou no século XX, quando os judeus começaram a comprar terras na Palestina. Na década de 30, milhares de judeus já viviam nesta região.

II – O primeiro confronto armado entre Israel e Palestina aconteceu em 1967, o que se convencionou chamar de Guerra dos Sete Dias.

III - A mais importante tentativa de paz entre Israel e Palestina, durante o século XX, aconteceu em 1993. O acordo foi assinado entre Yasser Arafat, líder da OLP (Organização para a Libertação da Palestina), e o primeiro ministro de Israel, Yitzhak Rabin.

IV - Em 2000, nova tentativa de paz foi negociada pelos EUA, sem sucesso, dando início à segunda intifada, o levante armado palestino.

Assinale a alternativa **correta**.

a) Somente as afirmativas I, II e III são verdadeiras.
b) Somente as afirmativas I, III e IV são verdadeiras.
c) Somente as afirmativas II e IV são verdadeiras.
d) Somente as afirmativas I e IV são verdadeiras.
e) Todas as afirmativas são verdadeiras.

Exercícios complementares

1 (ESPM-SP 2014) No momento em que Israel e palestinos retomaram negociações de paz, após quase três anos de interrupção, cabe lembrar um momento referencial para essa questão. Encerrada a Segunda Guerra Mundial e sob o impacto da revelação dos horrores dos campos de concentração nazistas na Europa, na sessão da Assembleia Geral das Nações Unidas de 1947 foi aprovada a resolução nº 181 que recomendava:

a) a confirmação do mandato de ocupação britânica em toda a Palestina, onde deveriam viver como súditos britânicos tanto judeus como palestinos;
b) a partilha da Palestina em dois Estados, um árabe e um judeu;
c) a concessão de todo o território da Palestina para a criação de um Estado judeu;
d) o reconhecimento do direito dos árabes muçulmanos ao território da Palestina, negando qualquer direito aos judeus;
e) o estabelecimento de um mandato da ONU sobre o território da Palestina a partir daquela data.

2 (Uerj 2014) A Declaração Universal dos Direitos Humanos (ONU, 1948) conta hoje com a adesão da maioria dos estados-nacionais. O conteúdo desse documento, no entanto, permanece como um ideal a ser alcançado. Observe o que está disposto em seu artigo XV:

1. Toda pessoa tem direito a uma nacionalidade.
2. Ninguém será arbitrariamente privado de sua nacionalidade, nem do direito de mudar de nacionalidade.

Desde a década de 1960, em virtude de conflitos, o direito expresso nesse artigo vem sendo sonegado à maior parte da população pertencente ao seguinte povo e respectivo recorte espacial:

a) árabe - regiões ocupadas pela Índia
b) esloveno - distritos anexados pela Sérvia
c) palestino - territórios controlados por Israel
d) afegão - províncias dominadas pelo Paquistão

3 (Unitau-SP 2014) Qual país da África apresentava uma violenta segregação racial (política do *apartheid*), com a minoria branca dominando política, social e economicamente a grande maioria negra? Essa segregação foi encerrada em 1993, e é uma das razões da grande concentração de renda em um país com grandes riquezas naturais e muita miséria.

a) Nigéria.

b) África do Sul.

c) Angola.

d) Egito.

e) Costa do Marfim.

4 (Ufes 2013) A onda de protestos, revoltas e revoluções populares contra governos de países árabes, conhecida como Primavera Árabe, tem provocado a queda de alguns governos ditatoriais.

a) Cite 4 (quatro) países árabes onde ocorreram as manifestações referidas acima.

b) Explique como as redes sociais (Facebook, Twitter) e os meios de comunicação têm contribuído para o desenvolvimento dos conflitos em países árabes de governos ditatoriais.

5 (UEA-AM 2013) Índia e Paquistão disputam a região da Caxemira desde 1947. Os intensos conflitos armados entre esses países os levaram a uma acirrada corrida armamentista que culminou com a sua entrada no grupo de países detentores de armas nucleares. As causas dos conflitos na região da Caxemira estão relacionadas:

a) ao imperialismo francês, que colonizou a região e juntou povos com diferentes religiões e culturas.

b) à sua posição geográfica estratégica, localizada no sul da Índia, sendo a principal rota marítima das grandes embarcações.

c) às diferenças religiosas entre a Índia, de maioria hindu, e a região da Caxemira, de maioria muçulmana.

d) às rivalidades milenares entre povos paquistaneses, de origem báltica, e os indianos de origem muçulmana.

e) à presença de fartas reservas de petróleo, que torna a região estratégica para o desenvolvimento da Índia.

Gerente editorial	M. Esther Nejm
Editor responsável	Wagner Nicaretta
Editores	Brunna Paulussi, Raquel Maygton Vicentini
Assistente editorial	Felipe Rodrigues Sanches
Coordenador de revisão	Camila Christi Gazzani
Revisores	Fausto Barreira, Larissa Vazquez, Ricardo Miyake
Coordenador de iconografia	Cristina Akisino
Pesquisa iconográfica	Cesar Atti
Licenciamento de textos	Érica Brambila
Gerente de artes	Ricardo Borges
Coordenador de artes	Aderson Oliveira
Produtor de artes	Narjara Lara
Capa	Homem de Melo & Troia Design
Design	Homem de Melo & Troia Design
Diagramação	Benedito Reis Minotti
Edição de arte	Daniela Máximo
Assistentes	Jacqueline Ortolan, Paula Regina Costa de Oliveira
Ilustrações	Jhoao Henr, Denis Freitas, Lucas Biazon
Cartografia	Mario Yoshida, Sonia Vaz, Alex Argozino, Alex Silva, Portal de Mapas
Tratamento de imagens	Emerson de Lima
Produtor gráfico	Robson Cacau Alves
Impressão e acabamento	Eskenazi Indústria Gráfica Ltda

074.786.001.001

Editora Saraiva

SAC 0800-0117875
De 2ª a 6ª, das 8h30 às 19h30
www.editorasaraiva.com.br/contato

Rua Henrique Schaumann, 270 – Cerqueira César – São Paulo/SP – 05413-909